注册结构工程师规范条文解读
——极限状态设计

高洪健　张江华　于晓东　王文剑　编著

天津大学出版社

TIANJIN UNIVERSITY PRESS

图书在版编目(CIP)数据

注册结构工程师规范条文解读. 极限状态设计 / 高洪健等编著. -- 天津 : 天津大学出版社, 2024.11
ISBN 978-7-5618-7707-4

Ⅰ.①注… Ⅱ.①高… Ⅲ.①建筑结构－资格考试－自学参考资料 Ⅳ.①TU3

中国国家版本馆CIP数据核字(2024)第079024号

出版发行	天津大学出版社	
地　　址	天津市卫津路92号天津大学内(邮编:300072)	
电　　话	发行部:022-27403647	
网　　址	www.tjupress.com.cn	
印　　刷	廊坊市瑞德印刷有限公司	
经　　销	全国各地新华书店	
开　　本	889mm×1194mm　1/16	
印　　张	39.5	
字　　数	1335千	
版　　次	2024年11月第1版	
印　　次	2024年11月第1次	
定　　价	120.00元	

前　言

　　通过多年来的探索和实践,工程结构设计理论及材料技术的发展日臻完善,各类结构设计规范也随之进行了多次更新和修订。但由于篇幅的限制,对大部分规范的条文说明进行了精简,使得专题研究组所做的大量工作并没有被提及,这也就导致大部分初学者对条文的理解特别生硬,对规范的整体把握并不充分。

　　本书结合近年来的理论、试验研究成果以及工程经验,对结构设计工作和注册结构工程师考试中涉及的主要规范条文进行深度解读。同时,通过对各规范的主要条文按章节进行有逻辑性的梳理和阐述,帮助读者进一步把握相关规范的整体脉络。我们希望本书能成为结构工程师手中一本有用的工具书。

　　工程结构设计需要解决的根本问题是确保结构在使用期间能够抵抗各种自然或人为的作用,这也就涉及极限状态设计时的两个基本变量——作用效应 S(内力、变形等)及结构抗力 R。针对如恒荷载、活荷载、地震等引起结构作用效应 S 的各种作用的取值及组合,编者已在《注册结构工程师规范条文解读——工程可靠性、作用效应及抗震设计》一书中进行了详细的阐述。因此,本书将主要围绕结构抗力 R 的各种影响因素及计算方法进行梳理和解读。

　　本书共有 14 章,参加本书编写工作的有中铁建设集团有限公司华北分公司王文剑(第 1 章及第 8 章)、张江华(第 11 章)、于晓东(第 13 章),中国二十冶集团有限公司广东分公司王宇(第 3~4 章)、陈航宇(第 5~6 章),天津市地质工程勘测设计院有限公司熊迪、陈丰、胡正亮、李守庆共同编写第 9~10 章,高洪健负责剩余章节的编写并组织全书的通审定稿。

　　由于编者水平和时间的限制,书中难免存在疏漏和不妥之处,真诚期待读者提出宝贵的批评意见和建议,以便再版时进行更新与修正。

2024 年 10 月 6 日

前　言

目　　录

《混凝土结构设计规范(2015 年版)》
(GB 50010—2010)
《公路钢筋混凝土及预应力混凝土桥涵设计规范》(JTG 3362—2018)

第1章 材料的基本性能

混凝土通常被认为是一种力学性能复杂的多相混合"脆性"材料,这主要取决于它的非均质性、各向异性以及随时间和环境条件而变化的特点。

钢筋是以铁元素为主的合金材料经加工而成的细长杆状材料,由于其加工机械化程度非常高,因此其力学性能稳定、离散程度小,可认为是各向同性的均质材料。

钢筋和混凝土的材料本质及力学性能均有着巨大差异。钢筋混凝土作为一种组合材料,其力学性能显然取决于钢筋和混凝土各自的性能。掌握结构中两种常见材料的力学性能及破坏机理是研究钢筋混凝土结构构件强度理论的重要依据,也是进行工程结构极限状态设计的前提。

1.1 混凝土的力学性能

混凝土是以水泥为主要胶凝材料,拌合一定比例的水、砂、石子,必要时掺入适量的化学外加剂和矿物掺合料,经过均匀搅拌、浇筑振捣、密实成型以及一定龄期和条件的养护,逐渐凝结硬化而成的人造混合材料。

实际钢筋混凝土结构中的梁、板、柱等构件,其受力一般处于复杂的应力状态,但是研究简单应力状态下混凝土的强度及变形性质,仍然具有重要的意义。混凝土的强度及变形性质作为衡量混凝土力学性能的重要指标,是评定混凝土强度等级的唯一依据,也是确定混凝土材料参数设计时所需的如弹性模量、峰值应变、多轴强度等物理力学参数的最主要影响因素。

1.1.1 抗压强度

混凝土材料的主要组成成分包括粗骨料、水泥砂浆以及孔隙填充物。水泥砂浆是由细骨料和水泥、水按一定比例混合并搅拌均匀构成的,水泥砂浆的水化作用使其表面形成凝胶体,因此逐渐变稠、硬化后的水泥砂浆将粗骨料包围在其内部,并黏结成整体。粗骨料以及水泥砂浆在混凝土内部的随机分布以及两部分组成材料的物理力学性能差异是造成混凝土材料非均质性特点的主要原因。

混凝土在凝固过程中,由于粗骨料的变形(可忽略不计)远小于水泥砂浆失水收缩产生的变形,两者的变形差导致粗骨料受压、水泥砂浆受拉,这一局部应力场使得黏结在一起的两部分材料在粗骨料界面处产生微观裂缝。同时,由于粗骨料和水泥砂浆的线膨胀系数有差别,当水泥水化产生水化热或是外界环境温度变化时,在混凝土内部形成的不均匀温度场导致的不均匀应力场,促使内部微观裂缝的发展,严重时甚至能够形成表面可见的宏观裂缝。大部分工程试验均已证实,混凝土结构在承受外力前,内部就已存在少量的微观裂缝,宽度为 $(2\sim5)\times10^{-3}$ mm,长度最大可达 2 mm。

混凝土受压全过程从微观角度可概括如下:粗骨料和水泥砂浆界面的微观裂缝,在混凝土受外力作用后得到延伸和发展;随着应力的增大,微观裂缝逐步扩展并连通成整体,变为宏观可见的裂缝;水泥砂浆的损伤及宏观裂缝的形成使得粗骨料和水泥砂浆逐渐分离,混凝土的整体性被破坏,进而丧失承载力。

1. 立方体抗压强度和强度等级

我国采用立方体抗压强度标准值作为评判混凝土强度等级的唯一标准。《混凝土物理力学性能试验方法标准》(GB/T 50081—2019)中规定:标准试件采用边长为 150 mm 的立方体,经浇筑振捣、密实成型且静置 1~2 昼夜,拆模后立即放入温度为 (20±2) ℃、相对湿度为 95% 以上的标准养护室中养护 28 d,按标准试验方法测得的抗压强度作为混凝土的立方体抗压强度 f_{cu},单位为 "N/mm²" 或 "MPa"。《混凝土结构设计规范(2015 年版)》(GB 50010—2010)(以下简称《混规》)中规定:混凝土强度等级由立方体抗压强度标准值确定,立方体抗压强度标准值用 $f_{cu,k}$ 表示,其中下标 "cu" 表示立方体,"k" 表示标准值。标准值的取值则为立方体抗压强度总体分布的平均值减去 1.645 倍标准差,即混凝土强度等级的保证率为 95%。

据此,《混规》根据实际工程需要将混凝土的强度等级分为 14 个等级:C15、C20、C25、C30、C35、C40、C45、C50、C55、C60、C65、C70、C75、C80,其中 C50~C80 属于高强度混凝土。

> **4.1.1** 混凝土强度等级应按立方体抗压强度标准值确定。立方体抗压强度标准值系指按标准方法制作、养护的边长为 150 mm 的立方体试件,在 28 d 或设计规定龄期以标准试验方法测得的具有 95% 保证率的抗压强度值。

采用较高强度等级的混凝土结构,能够有效地减轻结构自重、提高材料利用率。相比于发达国家的相关设计要求,我国建筑工程中实际采用的混凝土强度和钢筋强度均较低,这就使得工程结构在增加材料用量的同时,并没有有效提高结构的安全度,因此适当提高实际工程中的混凝土强度等级是有必要的。

对于有抗震设计要求的混凝土结构,强度等级的提高能够有效减小混凝土的相对受压区高度,进而能够保证构件塑性铰区发挥延性能力、减小构件的轴压比,对改善结构构件延性有重要的作用,因此对于有较高抗震设计要求的结构构件,混凝土最低强度等级应比非抗震情况要求更高。但是混凝土强度等级的提高并不是没有限制的,基于近年来混凝土结构的试验及工程应用结果,高强度等级的混凝土表现出更加明显的"脆性",并且因侧向变形系数较小而使得箍筋对混凝土的约束效果受到一定的限制,因此高烈度地区在应用高强度等级混凝土时应做出必要的限制。我国相关规范规定如下。

> ### 《混凝土结构设计规范(2015 年版)》(GB 50010—2010)
>
> **4.1.2** 素混凝土结构的混凝土强度等级不应低于 C15;钢筋混凝土结构的混凝土强度等级不应低于 C20;采用强度等级 400 MPa 及以上的钢筋时,混凝土强度等级不应低于 C25。
>
> 预应力混凝土结构的混凝土强度等级不宜低于 C40,且不应低于 C30。
>
> 承受重复荷载的钢筋混凝土构件,混凝土强度等级不应低于 C30。
>
> **11.2.1** 混凝土结构的混凝土强度等级应符合下列规定。
>
> 1　剪力墙不宜超过 C60;其他构件,9 度时不宜超过 C60,8 度时不宜超过 C70。
>
> 2　框支梁、框支柱以及一级抗震等级的框架梁、柱及节点,不应低于 C30;其他各类结构构件,不应低于 C20。
>
> ### 《高层建筑混凝土结构技术规程》(JGJ 3—2010)
>
> **3.2.2** 各类结构用混凝土的强度等级均不应低于 C20,并应符合下列规定:
>
> 1　抗震设计时,一级抗震等级框架梁、柱及其节点的混凝土强度等级不应低于 C30;
>
> 2　筒体结构的混凝土强度等级不宜低于 C30;
>
> 3　作为上部结构嵌固部位的地下室楼盖的混凝土强度等级不宜低于 C30;
>
> 4　转换层楼板、转换梁、转换柱、箱形转换结构以及转换厚板的混凝土强度等级均不应低于 C30;
>
> 5　预应力混凝土结构的混凝土强度等级不宜低于 C40、不应低于 C30;
>
> 6　型钢混凝土梁、柱的混凝土强度等级不宜低于 C30;
>
> 7　现浇非预应力混凝土楼盖结构的混凝土强度等级不宜高于 C40;
>
> 8　抗震设计时,框架柱的混凝土强度等级,9 度时不宜高于 C60,8 度时不宜高于 C70;剪力墙的混凝土强度等级不宜高于 C60。
>
> ### 《建筑抗震设计规范(2016 年版)》(GB 50011—2010)
>
> **3.9.2** 结构材料性能指标,应符合下列最低要求。
>
> 2　混凝土结构材料应符合下列规定。
>
> 1)混凝土的强度等级,框支梁、框支柱及抗震等级为一级的框架梁、柱、节点核心区,不应低于 C30;构造柱、芯柱、圈梁及其他各类构件不应低于 C20。

　　2）抗震等级为一、二、三级的框架和斜撑构件（含梯段），其纵向受力钢筋采用普通钢筋时，钢筋的抗拉强度实测值与屈服强度实测值的比值不应小于1.25；钢筋的屈服强度实测值与屈服强度标准值的比值不应大于1.3，且钢筋在最大拉力下的总伸长率实测值不应小于9%。

3.9.3　结构材料性能指标，尚宜符合下列要求。

　　2　混凝土结构的混凝土强度等级，抗震墙不宜超过C60；其他构件，9度时不宜超过C60，8度时不宜超过C70。

　　为了测定混凝土的立方体抗压强度，压力机通过钢垫板对试件施加压力，混凝土试件在单轴受压的情况下发生竖向压缩和横向扩张。由于钢垫板和试件的弹性模量以及泊松比均不相等，在相同应力条件下，钢垫板的横向变形要远小于混凝土试件的横向变形，因此加载过程中试件的上、下两端因受到钢垫板的约束，相应部位的横向变形要比试件中部小，如图1.1（a）所示。在试件的加载过程中，试件的变形逐渐加快，在破坏前将首先在沿试件高度的中央位置、侧表面的位置出现平行于加载方向的竖向裂缝，随着试件应力的增大，裂缝逐渐向两端角部延伸，形成两个对顶的角锥形破坏面，如图1.1（b）所示。如果在钢垫板上涂抹一定的润滑剂，在加载过程中试件与钢垫板之间的摩擦约束将大大减小，试件最终将沿着平行于力的作用方向产生几条比较宽的宏观裂缝而破坏，如图1.1（c）所示。

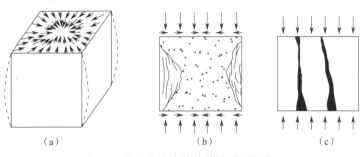

图 1.1　混凝土立方体试件的受压及变形
（a）试件的端面约束及横向变形　（b）标准试验破坏形态　（c）理想单轴受力破坏形态

　　上述钢垫板对混凝土试件端部的约束作用常被称为"套箍作用"。我国采用的测定混凝土立方体抗压强度的标准试验方法中，钢垫板是没有涂抹润滑剂的，因此由于套箍作用的影响，标准试验方法并未在试件中建立起均匀的单轴受压应力状态，测得的抗压强度也要比理想单轴受压时的抗压强度高。尽管如此，混凝土的立方体抗压强度仍是评定混凝土强度等级和质量的重要指标。

2. 轴心抗压强度

　　圣维南原理表明，荷载的具体分布只影响荷载作用区附近的应力分布。因此，混凝土试件加载面上的不均匀竖向应力及因套箍作用产生的水平应力，只会影响试件端部一定范围内的应力分布，当试件的高度足够大时，试件中部的混凝土将接近均匀单轴受压状态。这也就意味着，为消除套箍作用对立方体试件上、下两端的约束作用，最简单的办法是采用棱柱体（或圆柱体）试件进行抗压试验。

　　混凝土棱柱体试件的抗压强度比立方体试件的抗压强度要小，这是由于棱柱体试件的高度越大，试验机钢垫板与试件加载面之间的摩擦力对试件高度中部的横向变形约束越小。工程试验结果表明，棱柱体的抗压强度随试件高宽比的增大而单调减小，但当高宽比 $h/b \geq 2$ 以后，强度值已趋于稳定。我国《混凝土物理力学性能试验方法标准》（GB/T 50081—2019）中规定，以 150 mm × 150 mm × 300 mm 的棱柱体作为混凝土轴心抗压强度试验的标准试件，按标准试验方法测得的抗压强度作为混凝土的棱柱体抗压强度 f_c，单位为"N/mm²"或"MPa"。

　　《混规》基于混凝土的立方体抗压强度（标准值）与轴心抗压强度（标准值）的关系，确定不同强度等级混凝土的轴心抗压强度标准值 f_{ck}：

$$f_{ck}=0.88\alpha_{c1}\alpha_{c2}f_{cu,k} \tag{1.1}$$

式中　0.88——混凝土的强度折减系数，这是考虑到实际工程构件在制作、养护和受力等方面与试件之间存在差异，根据以往的经验，结合试验数据分析，并参考其他国家的有关规定所定取值；

α_{c1}——混凝土棱柱体抗压强度与立方体抗压强度之比,试验结果表明,混凝土的棱柱体抗压强度随立方体抗压强度的增大而单调增大,由于混凝土材料的非均质性以及试验条件、量测方法等各方面条件的差异,试验结果会有一定的离散性,其变化范围为$f_c/f_{cu}=0.70\sim0.92$,强度高者取大值,总体上看,各国设计规范均偏于安全考虑选用较低值,我国对于C50及以下普通混凝土给出的强度关系为0.76,对高强度混凝土C80取0.82,中间按线性插值取值;

α_{c2}——高强度混凝土的脆性折减系数,C40及以下取1.00,C80取0.87,中间按线性插值取值。

《混规》有如下规定。

4.1.3　混凝土轴心抗压强度的标准值f_{ck}应按表4.1.3-1采用。

表4.1.3-1　混凝土轴心抗压强度标准值（N/mm²）

强度	混凝土强度等级													
	C15	C20	C25	C30	C35	C40	C45	C50	C55	C60	C65	C70	C75	C80
f_{ck}	10.0	13.4	16.7	20.1	23.4	26.8	29.6	32.4	35.5	38.5	41.5	44.5	47.4	50.2

4.1.4　混凝土轴心抗压强度的设计值f_c应按表4.1.4-1采用。

表4.1.4-1　混凝土轴心抗压强度设计值（N/mm²）

强度	混凝土强度等级													
	C15	C20	C25	C30	C35	C40	C45	C50	C55	C60	C65	C70	C75	C80
f_c	7.2	9.6	11.9	14.3	16.7	19.1	21.1	23.1	25.3	27.5	29.7	31.8	33.8	35.9

4.1.4 条文说明

混凝土的强度设计值由强度标准值除以混凝土材料分项系数γ_c确定。**混凝土的材料分项系数取为1.40。**

1　轴心抗压强度设计值f_c

轴心抗压强度设计值等于$f_{ck}/1.40$,结果见表4.1.4-1。

1.1.2　轴心抗拉强度

混凝土的抗拉强度也是其重要的力学性能之一,它是研究混凝土破坏机理和强度理论的重要依据,也是结构构件进行承载能力极限状态设计、正常使用极限状态设计及耐久性极限状态设计的重要设计参数。

混凝土的抗拉强度通常用f_t表示,其标准值用f_{tk}表示。国内外大量的抗拉试验结果均表明,混凝土的抗拉强度随立方体抗压强度的增大而单调增大,但混凝土的强度等级越高,增大趋势减缓,总体上轴心抗拉强度只有立方体抗压强度的$\dfrac{1}{17}\sim\dfrac{1}{8}$。

由于混凝土材料的非均质性以及试验条件、量测方法等各方面条件的差异,试验结果会有一定的离散性,因此各国经统计回归分析得到的经验公式在形式上各不相同,但总体上差别不大,都处于试验允许的离散范围之内。

考虑到实际工程构件在制作、养护和受力等方面与试件之间存在差异,以及从普通混凝土到高强度混凝土的变化规律,《混规》中取轴心抗拉强度标准值与立方体抗压强度标准值之间的关系为

$$f_{tk}=0.88\times0.395f_{cu,k}^{0.55}(1-1.645\delta)^{0.45}\times\alpha_{c2} \tag{1.2}$$

式中　δ——立方体试件抗压强度的变异系数;

系数0.88,α_{c2}——同式（1.1）;

系数0.395,指数0.55——轴心抗拉强度与立方体抗压强度的折算关系,其是根据试验数据经统计分析以后确定的。

《混规》有如下规定。

4.1.3　轴心抗拉强度的标准值 f_{tk} 应按表 4.1.3-2 采用。

表 4.1.3-2　混凝土轴心抗拉强度标准值(N/mm²)

强度	混凝土强度等级													
	C15	C20	C25	C30	C35	C40	C45	C50	C55	C60	C65	C70	C75	C80
f_{tk}	1.27	1.54	1.78	2.01	2.20	2.39	2.51	2.64	2.74	2.85	2.93	2.99	3.05	3.11

4.1.4　轴心抗拉强度的设计值 f_t 应按表 4.1.4-2 采用。

表 4.1.4-2　混凝土轴心抗拉强度设计值(N/mm²)

强度	混凝土强度等级													
	C15	C20	C25	C30	C35	C40	C45	C50	C55	C60	C65	C70	C75	C80
f_t	0.91	1.10	1.27	1.43	1.57	1.71	1.80	1.89	1.96	2.04	2.09	2.14	2.18	2.22

4.1.4 条文说明

　　混凝土的强度设计值由强度标准值除以混凝土材料分项系数 γ_c 确定。混凝土的材料分项系数取为 1.40。

　　2　轴心抗拉强度设计值 f_t

　　轴心抗拉强度设计值等于 $f_{tk}/1.40$,结果见表 4.1.4-2。

1.1.3　应力应变关系

　　混凝土材料的变形特征也是其重要的物理力学性能之一。混凝土材料组成成分的随机分布以及物理力学性质的差异,致使混凝土材料并非各向同性的均质材料。因此,混凝土在不同的加载形式(瞬时加载、长期加载、循环加载等)下会产生不同的变形,也会随着混凝土的收缩以及外界环境温度、湿度条件的变化发生体积变形。下面仅介绍混凝土在单轴受压情况下的应力应变关系。

　　混凝土的受压应力-应变曲线是其最基本的本构关系,也是研究其多轴本构关系数学模型的基础。在结构的弹性分析中,通过应力应变关系取得合理的弹性模量、泊松比等参数;在结构的非线性分析中,对于构件的截面刚度、应力分布、承载能力计算以及延性等,都具有不可或缺的重要意义。

1. 单轴受压应力应变关系

　　我国采用棱柱体试件来测定混凝土在短期加载情况下的应力-应变曲线,其典型的全过程曲线如图 1.2 (a)所示。该曲线可明显地分为上升段和下降段两个主要部分。结合混凝土内部的微观变化,上升段又可细分为三段。混凝土受压所能达到的峰值应力 σ_{max} 为棱柱体试件抗压强度试验的测定值,用 f_c^0 表示。

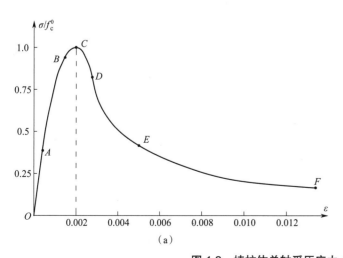

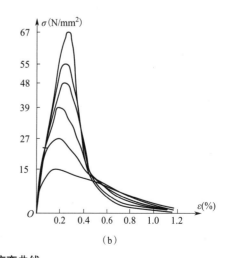

(a)　　　　　　　　　　　　　(b)

图 1.2　棱柱体单轴受压应力-应变曲线

(a)单个棱柱体试件　(b)不同强度混凝土棱柱体试件

1）微观裂缝稳定发展期（$\sigma/f_c^0 < 0.3 \sim 0.4$）

当混凝土应力较小时，少数粗骨料表面的微观裂缝尖端因应力集中而略有发展，但因混凝土所受压应力而闭合，混凝土的变形（OA 段）主要是粗骨料和水泥胶凝材料的弹性变形，此阶段若进行反复加载或持荷较长时间，微观裂缝不会有较大发展，材料的残余变形很小，A 点为加载的比例极限点。

2）稳定裂缝发展期（$\sigma/f_c^0 < 0.75 \sim 0.9$）

随着应力的增大，该阶段混凝土内的微观裂缝发展较多、变形较大。一方面原有的存在于粗骨料表面的微观裂缝逐渐延伸和扩展，另一方面其他粗骨料界面处也产生了新的黏结裂缝。但当应力不超过临界点 B 时，如果荷载不继续增大，微观裂缝的发展亦将停滞，裂缝的发展基本稳定。临界点 B 的应力可作为混凝土长期抗压强度的依据。

3）稳定裂缝发展期（$\sigma/f_c^0 > 0.75 \sim 0.9$）

混凝土在更高的应力状态下，位于粗骨料表面的界面黏结裂缝加速延伸和变宽，并且大量的裂缝延伸进入水泥砂浆内部。这些裂缝逐个连通，构成了大致平行于压应力方向的连续纵向劈裂裂缝，从而形成裂缝快速发展的不稳定状态直至峰值点 C，即峰值应力 σ_{max}，相应的峰值应变为 ε_0，其值基本处于 0.001 5~0.002 5，通常取 $\varepsilon_0 = 0.002$。

进入下降段 CE，裂缝继续扩展、贯通，从而使应力应变关系发生变化。在峰值应力以后，混凝土内部的裂缝迅速发展，内部结构的整体性遭受严重的破坏，纵向贯通裂缝将试件分隔成多个小柱体，以致传递荷载的路径不断减少，应力-应变曲线向下弯曲，出现拐点 D。E 点以后的试件，纵向贯通裂缝已经发展得很宽，水泥砂浆的损伤不断积累，切断了与粗骨料之间的受力联系，混凝土内部的内聚力几乎为零，只能靠粗骨料间的咬合力和摩擦来承受荷载，E 点称为收敛点，对于没有侧向约束的混凝土，收敛段 EF 对结构构件是没有意义的。

试验表明，不同强度等级的混凝土，其应力-应变曲线形状基本相似，但是随着强度等级的提高，下降段的形状有着较大的差异。总体上，强度等级越高的混凝土，下降段越陡，即在应力下降相同幅度时变形越小，混凝土的脆性特征越明显。

2. 单轴受拉应力应变关系

试验表明，混凝土轴心受拉时的应力-应变曲线与受压类似，同样具有上升段和下降段。自加载初始至峰值应力的 40%~50% 达到比例极限；加载至峰值应力的 75%~85% 区段为裂缝稳定发展段；达到峰值应力时对应的峰值应变仅为（$75 \sim 115$）$\times 10^{-6}$；曲线的下降段同样随着混凝土强度等级的提高而变得更加陡峭。

3. 变形模量及泊松比

作为衡量材料变形性能的重要指标，变形模量及泊松比也是混凝土的重要力学性能参数。变形模量 E_c 是指材料在外力作用下产生单位变形所需要的应力，其值越大，材料刚度越大，使材料发生一定变形所需的应力也越大，亦即在一定应力作用下，发生变形越小。泊松比 ν_c 是指材料在单向受拉或受压时，横向正应变与轴向正应变的绝对值的比值，也称横向变形系数，它是反映材料横向变形的（弹性）常数。

在工程结构设计中，常把处于弹性阶段的混凝土构件视为各向同性的均质材料，此时根据变形模量 E_c 和泊松比 ν_c 两个基本材料常数，便可确定混凝土的弹性性质。

1）变形模量

对于理想的线弹性材料，在不同应力阶段，其应力与应变之比为一常数，此时材料的变形模量可称为弹性模量。由上述单轴受拉、受压状态下的应力应变关系可知，混凝土具有明显的非线性，其变形模量值随应力的变化而连续变化，因此其变形模量不能称为弹性模量。

混凝土的变形模量一般有如下三种表示方法。

Ⅰ. 弹性模量 $E_{c,o}$

在混凝土应力-应变曲线的原点处作一切线，如图 1.3 中过 O 点的切线所示。该切线的斜率即为混凝土的弹性模量，其数学表达式为

$$E_{c,o} = \tan \alpha_0 \qquad (1.3\text{-}a)$$

式中　α_0——混凝土应力-应变曲线原点处的切线与横坐标的夹角。

Ⅱ．割线模量 $E_{c,s}$

连接图 1.3 中 O 点至应力-应变曲线上任一点（ε_c，σ_c）后所形成的割线的斜率，称为混凝土的割线模量，其数学表达式为

$$E_{c,s} = \frac{\sigma_c}{\varepsilon_c} = \tan \alpha_1 \qquad (1.3\text{-}b)$$

式中　α_1——割线与横坐标的夹角。

Ⅲ．切线模量 $E_{c,t}$

在图 1.3 所示混凝土的应力-应变曲线上任一点（ε_c，σ_c）处作切线，切线与横坐标的夹角为 α，该处应力增量与应变增量的比值称为应力 σ_c 时的混凝土切线模量，其数学表达式为

$$E_{c,t} = \frac{\mathrm{d}\sigma}{\mathrm{d}\varepsilon}\bigg|_{\sigma=\sigma_c} = \tan \alpha \qquad (1.3\text{-}c)$$

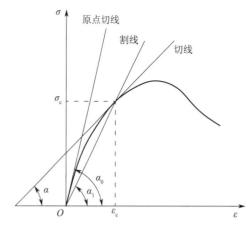

图 1.3　混凝土变形模量的表示方法

为了比较混凝土的变形性能或进行构件的变形计算，需要一个标定的混凝土弹性模量 E_c。大量试验结果表明，混凝土的受拉、受压弹性模量大致相等。《混规》规定，混凝土的弹性模量 E_c 以其强度等级值 $f_{cu,k}$ 为代表按下式计算：

$$E_c = \frac{10^5}{2.2 + \dfrac{34.7}{f_{cu,k}}} \qquad (1.4)$$

值得注意的是，由于混凝土不是弹性材料，因此用已知的应变乘以标定的弹性模量 E_c 并不一定等于混凝土的真实应力，只有当应力水平较低、材料处于近似弹性阶段（图 1.2（a）中 OA 段）时，弹性模量才与变形模量近似相等。当混凝土进入塑性阶段后，变形模量应采用割线模量或切线模量来表示此时的应力应变关系。

2）泊松比

通过对混凝土单轴抗压试验的量测，试件的泊松比受量测位置、裂缝的出现和发展影响较大，特别是当应力-应变曲线进入下降段时，泊松比的取值离散程度更大。总体上，在加载初期，混凝土泊松比 $\nu_c = 0.16 \sim 0.23$，一般取 0.2；当混凝土处于不稳定裂缝发展期时，泊松比的取值飞速增大。

同样，通过试验量测得出，受拉混凝土在加载初期的泊松比取值与受压时基本相等，因此也取 0.2；但不同的是，当拉应力接近混凝土的抗拉强度时，泊松比逐渐减小，这与受压混凝土的泊松比随应力增长的趋势恰好相反。

《混规》有如下规定。

4.1.5　混凝土受压和受拉的弹性模量 E_c 宜按表 4.1.5 采用。

混凝土的剪切变形模量 G_c 可按相应弹性模量值的 40% 采用。

混凝土泊松比 ν_c 可按 0.2 采用。

表 4.1.5　混凝土的弹性模量（$\times 10^4$ N/mm²）

弹性模量	混凝土强度等级													
	C15	C20	C25	C30	C35	C40	C45	C50	C55	C60	C65	C70	C75	C80
E_c	2.20	2.55	2.80	3.00	3.15	3.25	3.35	3.45	3.55	3.60	3.65	3.70	3.75	3.80

注：1. 当有可靠试验依据时，弹性模量可根据实测数据确定；
　　2. 当混凝土中掺有大量矿物掺合料时，弹性模量可按规定龄期根据实测数据确定。

1.1.4　多轴强度

工程结构中的混凝土构件极少处于理想的单轴受压或受拉状态,例如框架梁在弯矩和剪力的共同作用下在横截面上产生正应力和剪应力,框架柱除承受弯矩和剪力外还要承受轴向力,框架节点域混凝土的受力状态则更为复杂,混凝土都处于事实上的二维或三维应力状态。

在多轴应力状态下,混凝土的正应变和横向应变相互约束,影响其内部微裂缝的出现和发展。随着各主应力的增减,混凝土也会出现不同的破坏过程和形态。研究混凝土的多轴强度和破坏形态,主要用于在结构计算及有限元分析过程中建立混凝土的破坏准则及多轴本构关系,了解此部分内容,能够加深对混凝土基本力学性能以及横向箍筋对钢筋混凝土构件承载能力提高的基本原理的理解。

1. 双向应力状态

当混凝土仅在两个平面上受法向应力($\sigma_3=0$)时,试验所得的混凝土强度包络图如图 1.4 所示,其中 f_c 为混凝土单轴受压状态下的抗压强度。

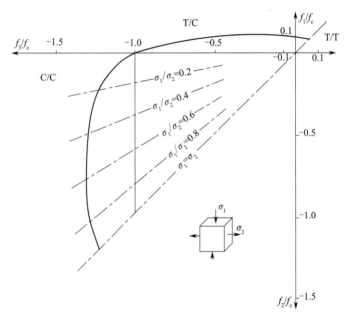

图 1.4　双向应力状态下的混凝土强度包络图

图 1.4 中第一象限为双向受拉区(T/T),在任意应力比例($\sigma_1/\sigma_2=0\sim1$)下,混凝土的双向受拉强度 f_1 均接近于其单向受拉强度 f_t,应力-应变曲线与单轴受拉时形状相同,变形值和曲率都很小。

图 1.4 中第三象限为双向受压区(C/C),在任意应力比例(σ_1/σ_2)下,混凝土的双向受压强度 f_2 和 f_3 均超过其单向受压强度 f_c,当 $\sigma_1/\sigma_2=0.2\sim0.7$ 时,混凝土的双向受压强度提高最大,可较单轴抗压强度提高 30% 左右。此时混凝土的应力-应变曲线与单向受压时相似,但试件破坏时的峰值强度及峰值应变均大于单向受压情形。

图 1.4 中第二象限为拉/压状态(T/C)下的混凝土强度,此时试件的抗压强度 f_3 随另一方向拉应力的增大而降低,抗拉强度 f_1 随另一方向压应力的增大而减小。总体上,在任意应力比例情况下,混凝土的双向拉/压强度均低于其单向强度。

2. 三向应力状态($\sigma_1>\sigma_2=\sigma_3$)

混凝土的常规三轴试验是采用圆柱体试件,在加压过程中保持周围液体压力为常值,通过逐渐增加轴向应力 σ_1 直至破坏而量测的应力-应变曲线如图 1.5 所示。在三向受压状态下,由于侧向应力($\sigma_2=\sigma_3$)约束了混凝土的横向变形,阻滞了纵向劈裂裂缝的出现及发展,因此混凝土的三向抗压强度 f_{cc} 较单向受压时有较大程度的增长,且随着侧向压力的加大而成倍增长。在其极限强度提高的同时,混凝土试件的塑性变形也有很大的发展,应力-应变曲线上升段较单向受压时平缓,并且随着侧向压力的增长,曲线的峰值段逐渐抬高,近乎平台,应力-应变曲线与单向受压时不再相似,破坏形态也出现了显著的不同。

工程上常通过设置箍筋来约束核心混凝土,改善钢筋混凝土构件的受力性能。当混凝土所受的轴向力很小时,由于横向变形较小,箍筋几乎不受力,混凝土受到的侧向约束作用很微弱。只有当混凝土所受的轴向应力达到一定值时才能使横向箍筋受拉,反过来箍筋又会给混凝土提供侧向约束,进而使钢筋混凝土构件的承载性能得到提高和改善,钢管混凝土的原理与此相同。

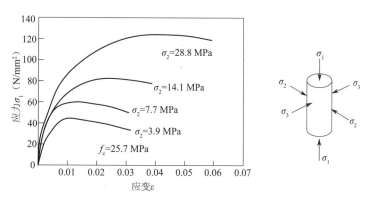

图 1.5 混凝土三向受压应力-应变曲线

1.2 钢筋的力学性能

在工程应用中,将钢筋布置在混凝土构件的受拉区域承受拉应力,可以极大地弥补混凝土自身抗拉强度较低、延性较差的不足。一般认为,钢筋在受拉和受压时的应力-应变曲线相同,因此钢筋的抗压强度和弹性模量等参数都采用受拉试验所得的相同值。根据钢筋应力-应变曲线上有无明显的流幅,可以将其分为“软钢”和“硬钢”两类。

如图 1.6 所示,软钢的应力-应变拉伸曲线通常可以分为 OA 弹性段、AD 屈服段、DE 加强段及 EF 缩颈段四个部分。

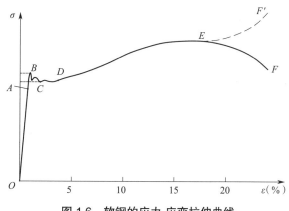

图 1.6 软钢的应力-应变拉伸曲线

在钢筋受力初始阶段,应力应变成比例增长,直至比例极限 A 点。过 A 点后,应变比应力增长稍快、曲线微曲,到达 B 点的小尖峰后,应力基本不变,而应变急剧增长,直至 D 点,其中 B 点称为钢筋的屈服上限,其大小受加载速度、试件截面形状等因素影响在一定范围内波动,而屈服段内的屈服下限 C 点则相对稳定。D 点以后,应力缓慢上升,直至极限强度 E 点。试验表明,E 点以后的钢筋在某一薄弱面处将会显著缩小,发生局部缩颈,变形迅速增加,应力随之下降,最终试件在 F 点被拉断。由于缩颈段的应力-应变曲线是以钢筋圆截面为基准所得的,若以缩颈部位的钢筋截面面积计算,则可以得到持续上升的 EF' 段曲线。

对于有明显屈服台阶的热轧钢筋,屈服强度一般取数值相对稳定且偏低的屈服下限 C 点,相应的应力值称为屈服强度标准值 f_{yk};极限强度取应力-应变曲线的峰值 E 点,相应的应力值称为极限强度 f_{stk}。我国钢筋及预应力筋的强度标准值均参照相关现行国家标准的规定,取试件样本总体分布的 0.95 分位值,即使其具有不小于 95% 的保证率。

由于钢筋在达到应力屈服点后将产生较大的塑性变形,对于钢筋混凝土来说将会出现较大的变形和裂缝,影响结构的正常使用,因此我国相关设计规范采用钢筋的屈服强度作为设计依据,《混规》依照国产普通钢筋屈服强度标准值的高低,将其分为 300 MPa、335 MPa、400 MPa、500 MPa 等 4 个强度等级,分别俗称为Ⅰ级钢、Ⅱ级钢、Ⅲ级钢、Ⅳ级钢。同时,基于结构抗倒塌设计的需要,《混规》增列了钢筋极限强度(即钢筋拉断前相应于最大拉力下的强度)的标准值 f_{stk}。

根据混凝土构件对受力的性能要求,各种牌号的钢筋选用原则及总体趋势如下:推广 400 MPa、500 MPa 级高强热轧带肋钢筋作为纵向受力的主导钢筋;限制并准备逐步淘汰 335 MPa 级热轧带肋钢筋的应用;用 300 MPa 级光圆钢筋取代 235 MPa 级光圆钢筋。在《混规》的过渡期及对既有结构进行设计时,235 MPa 级光圆钢筋的设计值仍按原规范取值。

对比不同强度等级钢筋的性能,可发现如下规律:

(1)强度等级越高的钢材,塑性变形越小,即屈服台阶越短;

(2)钢材的屈强比即屈服强度和极限强度的比值满足

$$f_y \approx (0.7 \sim 0.8) f_{st} \tag{1.5}$$

《混规》建议采用的国产普通钢筋共有 8 个牌号。其中,热轧光圆钢筋 HPB300,用符号 Φ 表示;热轧带肋钢筋 HRB335,HRB400,HRB500,分别用符号 Φ、Φ、Φ 表示;细晶粒热轧带肋钢筋 HRBF335,HRBF400,HRBF500,分别用符号 Φ^F、Φ^F、Φ^F 表示;余热处理带肋钢筋 RRB400,用符号 Φ^R 表示。

上述普通钢筋按其外形又可分为光圆和带肋两种。带肋钢筋根据其表面形状的不同主要包括螺旋纹、人字纹、月牙纹三类,钢筋表面带肋的主要作用是增强钢筋与混凝土之间的黏结作用,改善钢筋混凝土构件的受力性能。按与光圆钢筋相同质量的原则计算的带肋钢筋的等效直径称为带肋钢筋的公称直径。

《混规》有如下规定。

4.2.2 钢筋的强度标准值应具有不小于 95% 的保证率。普通钢筋的屈服强度标准值 f_{yk}、极限强度标准值 f_{stk} 应按表 4.2.2-1 采用。

表 4.2.2-1　普通钢筋强度标准值(N/mm²)

牌号	符号	公称直径 d(mm)	屈服强度标准值 f_{yk}	极限强度标准值 f_{stk}
HPB300	Φ	6~14	300	420
HRB335	Φ	6~14	335	455
HRB400 HRBF400 RRB400	Φ Φ^F Φ^R	6~50	400	540
HRB500 HRBF500	Φ Φ^F	6~50	500	630

4.2.3 普通钢筋的抗拉强度设计值 f_y、抗压强度设计值 f'_y 应按表 4.2.3-1 采用。

当构件中配有不同种类的钢筋时,每种钢筋应采用各自的强度设计值。

对轴心受压构件,当采用 HRB500、HRBF500 钢筋时,钢筋的抗压强度设计值 f'_y 应取 400 N/mm²。

横向钢筋的抗拉强度设计值 f_{yv} 应按表中 f_y 的数值采用;当用作受剪、受扭、受冲切承载力计算时,其数值大于 360 N/mm² 时应取 360 N/mm²。

表 4.2.3-1 普通钢筋强度设计值(N/mm²)

牌号	抗拉强度设计值f_y	抗压强度设计值f_y'	横向钢筋抗拉强度设计值f_{yv}	
			剪、扭、冲切	箍筋
HPB300	270	270	270	270
HRB335	300	300	300	300
HRB400、HRBF400、RRB400	360	360	360	360
HRB500、HRBF500	435	435(400)	360	435

编者注:对轴心受压构件,当采用 HRB500、HRBF500 钢筋时,钢筋的抗压强度设计值f_y'应取 400 N/mm²,这是由于构件中钢筋受到混凝土极限受压应变的控制,受压强度受到制约的缘故(详见本书 3.1 节)。

4.2.1 条文说明

5 箍筋用于抗剪、抗扭及抗冲切设计时,其抗拉强度设计值发挥受到限制,不宜采用强度高于 400 MPa 级钢筋。当用于约束混凝土的间接配筋(如连续螺旋配箍或封闭焊接箍等)时,钢筋的高强度可以得到充分发挥,采用 500 MPa 级钢筋具有一定的经济效益。

4.2.3 条文说明

钢筋的强度设计值由强度标准值除以材料分项系数γ_s得到。**延性较好的热轧钢筋,γ_s取 1.10**;对本次修订列入的 500 MPa 级高强钢筋,为了适当提高安全储备,γ_s取 1.15。

根据试验研究结果,限定受剪、受扭、受冲切箍筋的抗拉强度设计值f_{yv}不大于 360 N/mm²;但用作围箍约束混凝土的间接配筋时,其强度设计值不受此限制。

2.1.23 横向钢筋 transverse reinforcement

垂直于纵向受力钢筋的箍筋或间接钢筋。

对于高碳钢、钢绞线,由于其拉伸应力-应变曲线没有明显的屈服台阶,因此一般采用极限强度标准值f_{ptk}。但是,在进行结构设计时,需要给这类钢筋定义一个名义屈服强度。我国一般取 0.002 的残余应变所对应的应力$\sigma_{p0.2}$作为其条件屈服强度标准值f_{pyk}。

4.2.2 钢筋的强度标准值应具有不小于 95% 的保证率。

预应力钢丝、钢绞线和预应力螺纹钢筋的屈服强度标准值f_{pyk}、极限强度标准值f_{ptk}应按表 4.2.2-2 采用。

表 4.2.2-2 预应力筋强度标准值(N/mm²)

种类		符号	公称直径d(mm)	屈服强度标准值f_{pyk}	极限强度标准值f_{ptk}
中强度预应力钢丝	光面螺旋肋	ϕ^{PM} ϕ^{HM}	5、7、9	620	800
				780	970
				980	1 270
预应力螺纹钢筋	螺纹	ϕ^T	18、25、32、40、50	785	980
				930	1 080
				1 080	1 230
消除应力钢丝	光面螺旋肋	ϕ^P ϕ^H	5	—	1 570
				—	1 860
			7	—	1 570
				—	1 470
			9	—	1 570

续表

种类		符号	公称直径 d(mm)	屈服强度标准值 f_{pyk}	极限强度标准值 f_{ptk}
钢绞线	1×3(三股)	ϕ^s	8.6、10.8、12.9	—	1 570
				—	1 860
				—	1 960
	1×7(七股)		9.5、12.7、15.2、17.8	—	1 720
				—	1 860
				—	1 960
			21.6	—	1 860

注:极限强度标准值为 1 960 N/mm² 的钢绞线作后张预应力配筋时,应有可靠的工程经验。

4.2.3 预应力筋的抗拉强度设计值 f_{py}、抗压强度设计值 f'_{py} 应按表 4.2.3-2 采用。

表 4.2.3-2 预应力筋强度设计值(N/mm²)

种类	极限强度标准值 f_{ptk}	抗拉强度设计值 f_{py}	抗压强度设计值 f'_{py}
中强度预应力钢丝	800	510	410
	970	650	
	1 270	810	
消除应力钢丝	1 470	1 040	410
	1 570	1 110	
	1 860	1 320	
钢绞线	1 570	1 110	390
	1 720	1 220	
	1 860	1 320	
	1 960	1 390	
预应力螺纹钢筋	980	650	400
	1 080	770	
	1 230	900	

注:当预应力筋的强度标准值不符合表 4.2.3-2 的规定时,其强度设计值应进行相应的比例换算。

4.2.3 条文说明(部分)

对预应力筋的强度设计值,取其条件屈服强度标准值除以材料分项系数 γ_s,**由于延性稍差**,预应力筋 γ_s 一般取不小于 1.20。对传统的预应力钢丝、钢绞线取 $0.85\sigma_b$ 作为条件屈服点,材料分项系数取 1.2,保持原规范值;对新增的中强度预应力钢丝和螺纹钢筋,按上述原则计算并考虑工程经验适当调整,列于表 4.2.3-2 中。

钢筋抗压强度设计值 f'_y 取与抗拉强度相同,而预应力筋较小,这是由于构件中钢筋受到混凝土极限受压应变的控制,受压强度受到制约的缘故。

……无黏结预应力筋不考虑抗压强度。预应力筋配筋位置偏离受力区较远时,应根据实际受力情况对强度设计值进行折减。

对于有抗震设计要求的钢筋混凝土结构,《混规》对钢筋的强屈比、屈强比及伸长率提出了一定的延性要求。

11.2.3 按一、二、三级抗震等级设计的框架和斜撑构件,其纵向受力普通钢筋应符合下列要求:

1 钢筋的抗拉强度实测值与屈服强度实测值的比值不应小于 1.25;

2 钢筋的屈服强度实测值与屈服强度标准值的比值不应大于 1.30;

3 钢筋最大拉力下的总伸长率实测值不应小于 9%。

要求纵向受力钢筋检验所得的抗拉强度实测值(即实测最大强度值)与受拉屈服强度的比值(强屈比)不小于1.25,以保证钢筋塑性流幅段长度,目的是使结构某部位出现较大塑性变形或塑性铰后,钢筋在大变形条件下具有必要的强度潜力,保证构件的基本抗震承载力。要求钢筋受拉屈服强度实测值与钢筋受拉强度标准值的比值(屈强比)不应大于1.3,主要是为了保证"强柱弱梁""强剪弱弯"设计要求的效果不致因钢筋屈服强度离散性过大而受到干扰。要求钢筋最大拉应力下的总伸长率不应小于9%,主要为了保证在抗震大变形条件下,钢筋具有足够的塑性变形能力。

1.3 钢筋与混凝土的黏结

钢筋和混凝土形成组合材料、共同参与受力的基本条件是两者之间有可靠的黏结和锚固。钢筋与混凝土间的黏结应力可分为钢筋端部的锚固黏结应力和裂缝间的局部黏结应力两种,如图1.7所示。

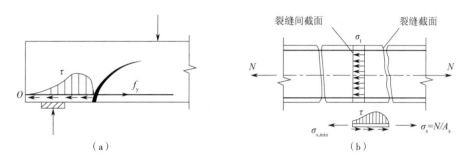

图 1.7 钢筋和混凝土间的黏结应力
(a)锚固黏结应力 (b)裂缝间的黏结应力

受拉区钢筋理论截断点以外的部分,例如简支梁的下部钢筋或连续梁中承受负弯矩的上部钢筋在跨中截断时需要伸出一段长度,即为锚固长度。如图1.7(a)所示,在钢筋锚固长度的端部,钢筋的应力为零,要使钢筋能够承受所需的拉应力f_y,锚固长度需要足够长以积累足够的黏结应力,此黏结应力称为锚固黏结应力。如果锚固黏结应力不足,钢筋将不能充分利用其设计强度,或在未达到设计强度时发生滑动,导致构件的承载力下降或开裂而提前发生脆性破坏。对于锚固长度的概念,《混规》有如下规定。

> 2.1.19 锚固长度 anchorage length
> 受力钢筋依靠其表面与混凝土的黏结作用或端部构造的挤压作用而达到设计承受应力所需的长度。

例如,对于配置在梁跨中正弯矩区段、连续梁支座负弯矩区段参与受拉的钢筋,与混凝土的黏结应力属于裂缝间的黏结应力。如图1.7(b)所示,当受拉区混凝土退出工作后,裂缝截面处的钢筋拉应力突然增大,但由于相邻两裂缝之间的混凝土参与受拉,即周围混凝土提供了可靠的黏结力,使得该区段的钢筋应变沿纵向分布不均匀。如果裂缝间的黏结应力$\tau = 0$,钢筋和混凝土因材料变形性能的不同,将会产生相对滑移变形,构件也会因截面刚度降低而出现过大的裂缝或变形,甚至提前破坏。

1.3.1 基本锚固长度 l_{ab}

《混规》中规定,受拉钢筋锚固长度l_{ab}为钢筋的基本锚固长度。当直径为d的受拉钢筋的应力达到抗拉强度设计值时,钢筋所受的拉力为$f_y \pi d^2/4$,设所需钢筋基本锚固长度内的黏结应力平均值为τ,则对于截离体钢筋,根据其受力平衡条件可得

$$l_{ab} = \frac{f_y}{4\tau}d \tag{1.6}$$

《混规》中规定,在计算受拉钢筋的基本锚固长度时,以混凝土的抗拉强度设计值f_t取代平均黏结强度,并引入钢筋外形系数α(0.13~0.17),以考虑不同种类以及表面形状钢筋对平均黏结强度的影响。

8.3.1   当计算中充分利用钢筋的抗拉强度时,受拉钢筋的锚固应符合下列要求。

　　1   基本锚固长度应按下列公式计算:

普通钢筋

$$l_{ab} = \alpha \frac{f_y}{f_t} d \qquad\qquad (8.3.1\text{-}1)$$

预应力钢筋

$$l_{ab} = \alpha \frac{f_{py}}{f_t} d \qquad\qquad (8.3.1\text{-}2)$$

式中　l_{ab}——受拉钢筋的基本锚固长度;

　　　f_y、f_{py}——普通钢筋、预应力筋的抗拉强度设计值;

　　　f_t——混凝土轴心抗拉强度设计值,当混凝土强度等级高于 C60 时,按 C60 取值;

　　　d——锚固钢筋的直径;

　　　α——锚固钢筋的外形系数,按表 8.3.1 取用。

表 8.3.1　锚固钢筋的外形系数 α

钢筋类型	光圆钢筋	带肋钢筋	螺旋肋钢丝	三股钢绞线	七股钢绞线
α	0.16	0.14	0.13	0.16	0.17

注:光圆钢筋末端应做 180° 弯钩,弯后平直段长度不应小于 3d,但作受压钢筋时可不做弯钩。

1.3.2　受拉钢筋的锚固长度 l_a

　　实际结构中的受拉钢筋锚固长度 l_a 还应考虑锚固条件的不同进行修正,并且不应小于 200 mm。

8.3.1   当计算中**充分利用钢筋的抗拉强度**时,受拉钢筋的锚固应符合下列要求。

　　2   受拉钢筋的锚固长度应根据锚固条件按下列公式计算,**且不应小于 200 mm**:

$$l_a = \zeta_a l_{ab} \qquad\qquad (8.3.1\text{-}3)$$

式中　l_a——受拉钢筋的锚固长度;

　　　ζ_a——锚固长度修正系数,对普通钢筋按本规范第 8.3.2 条的规定取用,**当多于一项时,可按连乘计算,但不应小于 0.6;对预应力筋,可取 1.0。**

　　梁柱节点中纵向受拉钢筋的锚固要求应按本规范第 9.3 节(Ⅱ)中的规定执行。

　　3   当锚固钢筋的保护层厚度不大于 5d 时,锚固长度范围内应配置横向构造钢筋,其直径不应小于 d/4;对梁、柱、斜撑等构件间距不应大于 5d,对板、墙等平面构件间距不应大于 10d,且均不应大于 100 mm,此处 d 为锚固钢筋的直径。

8.3.1 条文说明(部分)

　　公式(8.3.1-3)规定,工程中实际的锚固长度 l_a 为钢筋基本锚固长度 l_{ab} 乘以锚固长度修正系数 ζ_a 后的数值。修正系数 ζ_a 根据锚固条件按第 8.3.2 条取用,且可连乘。为保证可靠锚固,在任何情况下受拉钢筋的锚固长度不能小于最低限度(最小锚固长度),其数值不应小于 0.6l_{ab} 及 200 mm。

　　本条还提出了当混凝土保护层厚度不大于 5d 时,在钢筋锚固长度范围内配置构造钢筋(箍筋或横向钢筋)的要求,以防止保护层混凝土劈裂时钢筋突然失锚。其中对于构造钢筋的直径,根据最大锚固钢筋的直径确定;对于构造钢筋的间距,按最小锚固钢筋的直径取值。

8.3.2   纵向受拉普通钢筋的锚固长度修正系数 ζ_a 应按下列规定取用:

　　1   当带肋钢筋的公称直径大于 25 mm 时取 1.10;

　　2   环氧树脂涂层带肋钢筋取 1.25;

3　施工过程中易受扰动的钢筋取 1.10；

4　当纵向受力钢筋的实际配筋面积大于其设计计算面积时，修正系数取设计计算面积与实际配筋面积的比值，但对有抗震设防要求及直接承受动力荷载的结构构件，不应考虑此项修正；

5　锚固钢筋的保护层厚度为 3d 时修正系数可取 0.80，保护层厚度为 5d 时修正系数可取 0.70，中间按内插取值，此处 d 为锚固钢筋的直径。

8.3.2 条文说明

本条介绍了不同锚固条件下的锚固长度的修正系数。这是通过试验研究并参考了工程经验和国外标准而确定的。

为反映粗直径带肋钢筋相对肋高减小对锚固作用降低的影响，直径大于 25 mm 的粗直径带肋钢筋的锚固长度应适当加大，乘以修正系数 1.10。

为反映环氧树脂涂层钢筋表面光滑状态对锚固的不利影响，其锚固长度应乘以修正系数 1.25。这是根据试验分析的结果并参考国外标准的有关规定确定的。

施工扰动（例如滑模施工或其他施工期依托钢筋承载的情况）对钢筋锚固作用的不利影响，反映为施工扰动的影响。修正系数与原规范数值相当，取 1.10。

配筋设计时实际配筋面积往往因构造原因大于计算值，故钢筋实际应力通常小于强度设计值。根据试验研究并参照国外规范，受力钢筋的锚固长度可以按比例缩短，修正系数取决于配筋裕量的数值。但其适用范围有一定限制：不适用于抗震设计及直接承受动力荷载结构中的受力钢筋锚固。

锚固钢筋常因外围混凝土的纵向劈裂而削弱锚固作用，当混凝土保护层厚度较大时，握裹作用加强，锚固长度可以减短。经试验研究及可靠度分析，并根据工程实践经验，当保护层厚度大于锚固钢筋直径的 3 倍时，可乘以修正系数 0.80；保护层厚度大于锚固钢筋直径的 5 倍时，可乘以修正系数 0.70；中间情况插值。

1.3.3　锚固措施

当在钢筋末端设置弯钩或机械锚固措施时，受力钢筋端部锚头能够通过对混凝土施加挤压作用进而提高钢筋的锚固承载力，但锚头前必须有一定的直段锚固长度，以控制锚固钢筋的滑移，使构件不致发生较大的裂缝和变形。对此，《混规》有如下规定。

8.3.3　当纵向受拉普通钢筋末端采用弯钩或机械锚固措施时，包括弯钩或锚固端头在内的锚固长度（投影长度）可取为基本锚固长度 l_{ab} 的 60%。弯钩和机械锚固的形式（图 8.3.3）和技术要求应符合表 8.3.3 的规定。

表 8.3.3　钢筋弯钩和机械锚固的形式和技术要求

锚固形式	技术要求
90° 弯钩	末端 90° 弯钩，弯钩内径 4d，弯后直段长度 12d
135° 弯钩	末端 135° 弯钩，弯钩内径 4d，弯后直段长度 5d
一侧贴焊锚筋	末端一侧贴焊长 5d 同直径钢筋
两侧贴焊锚筋	末端两侧贴焊长 3d 同直径钢筋
焊端锚板	末端与厚度 d 的锚板穿孔塞焊
螺栓锚头	末端旋入螺栓锚头

注：1. 焊缝和螺纹长度应满足承载力要求；
2. 螺栓锚头和焊接锚板的承压净面积不应小于锚固钢筋截面面积的 4 倍；
3. 螺栓锚头的规格应符合相关标准的要求；
4. 螺栓锚头和焊接锚板的钢筋净间距不宜小于 4d，否则应考虑群锚效应的不利影响；
5. 截面角部的弯钩和一侧贴焊锚筋的布筋方向宜向截面内侧偏置。

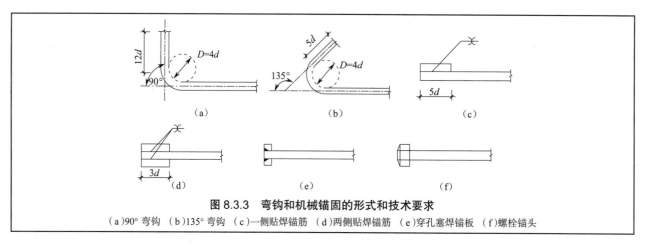

图8.3.3　弯钩和机械锚固的形式和技术要求

（a）90°弯钩　（b）135°弯钩　（c）一侧贴焊锚筋　（d）两侧贴焊锚筋　（e）穿孔塞焊锚板　（f）螺栓锚头

1.3.4　受压钢筋锚固长度

前述钢筋和混凝土的黏结性能分析是基于钢筋的拉拔试验结果得出的。对于受压钢筋,由于受到压力作用后钢筋的横向变形会被周围混凝土约束,提高了钢筋与混凝土黏结界面的摩阻力,使黏结强度有所提高。《混规》规定,当在计算中充分利用了钢筋的抗压强度时,实际锚固长度可取不小于受拉钢筋锚固长度的70%。

> 8.3.4　混凝土结构中的纵向受压钢筋,**当计算中充分利用其抗压强度时,锚固长度不应小于相应受拉锚固长度的70%。**
> 　　受压钢筋不应采用末端弯钩和一侧贴焊锚筋的锚固措施。
> 　　受压钢筋锚固长度范围内的横向构造钢筋应符合本规范第8.3.1条的有关规定。

1.3.5　抗震设计要求

钢筋锚固端在地震作用下可能处于拉、压反复受力状态或拉力大小交替变化状态,其黏结锚固性能较静力时偏弱（锚固强度退化,锚固段的滑移量偏大）。为保证在反复荷载作用下钢筋与其周围混凝土之间具有必要的黏结锚固性能,《混规》根据试验结果并参考国外规范的规定,在静力要求的纵向受拉钢筋锚固长度 l_a 的基础上,对一、二、三级抗震等级的构件,规定应乘以不同的锚固长度修正系数 ζ_a。

> 11.1.7　混凝土结构构件的纵向受力钢筋的锚固和连接除应符合本规范第8.3节和第8.4节的有关规定外,尚应符合下列要求。
> 　　1　纵向受拉钢筋的抗震锚固长度 l_{aE} 应按下式计算:
> $$l_{aE} = \zeta_{aE} l_a \qquad (11.1.7\text{-}1)$$
> 式中　ζ_{aE} ——纵向受拉钢筋抗震锚固长度修正系数,**对一、二级抗震等级取1.15,对三级抗震等级取1.05,对四级抗震等级取1.00;**
> 　　　　l_a ——纵向受拉钢筋的锚固长度,按本规范第8.3.1条确定。

1.3.6　锚固构造要求

参照国外相关设计规范和工程经验,为了方便设计和施工,对于工程中具有不同受力变形性能的构件,《混规》规定了不同构件、不同部位纵向钢筋的锚固构造要求,包括非抗震设计及抗震设计两种工况。其中,由于支座负弯矩区域受拉钢筋的实际截断位置以及该钢筋强度充分利用截面伸出的锚固长度是影响钢筋混凝土受弯构件承载能力和破坏形态的两个重要因素和控制条件,两者应同时考虑,因此钢筋混凝土梁支座截面负弯矩区域纵向受拉钢筋考虑截断时的伸出长度将在第2章受弯构件的斜截面受弯承载力部分进行阐述。

1. 非抗震设计

《混规》有如下规定。

9.1 板

9.1.4 采用分离式配筋的多跨板,板底钢筋宜全部伸入支座;支座负弯矩钢筋向跨内延伸的长度应根据负弯矩图确定,并满足钢筋锚固的要求。

简支板或连续板**下部纵向受力钢筋伸入支座的锚固长度不应小于钢筋直径的 5 倍,且宜伸过支座中心线**。当连续板内温度、收缩应力较大时,伸入支座的长度宜适当增加。

9.2 梁

9.2.2 钢筋混凝土简支梁和连续梁简支端的**下部纵向受力钢筋**,从支座边缘算起伸入支座内的锚固长度应符合下列规定。

1 当 V 不大于 $0.7f_tbh_0$ 时,不小于 $5d$;当 V 大于 $0.7f_tbh_0$ 时,对带肋钢筋不小于 $12d$,对光圆钢筋不小于 $15d$,d 为钢筋的最大直径。

2 如纵向受力钢筋伸入梁支座范围内的锚固长度不符合本条第 1 款要求,可采取弯钩或机械锚固措施,并应满足本规范第 8.3.3 条的规定。

3 支承在砌体结构上的钢筋混凝土独立梁,在纵向受力钢筋的锚固长度范围内应配置不少于 2 个箍筋,其直径不宜小于 $d/4$,d 为纵向受力钢筋的最大直径;间距不宜大于 $10d$,当采取机械锚固措施时箍筋间距尚不宜大于 $5d$,d 为纵向受力钢筋的最小直径。

注:**混凝土强度等级为 C25 及以下的简支梁和连续梁的简支端**,当距支座边 $1.5d$ 范围内作用有集中荷载,且 V 大于 $0.7f_tbh_0$ 时,对带肋钢筋宜采取有效的锚固措施,或取锚固长度不小于 $15d$,d 为锚固钢筋的直径。

附录 G 深受弯构件

G.0.9 深梁的**下部纵向受拉钢筋**应全部伸入支座,不应在跨中弯起或截断。在简支单跨深梁支座及连续深梁梁端的简支座处,纵向受拉钢筋应沿水平方向弯折锚固(图 G.0.8-1),其锚固长度应按本规范第 8.3.1 条规定的受拉钢筋锚固长度 l_a 乘以系数 1.1 采用;当不能满足上述锚固长度要求时,应采取在钢筋上加焊锚固钢板或将钢筋末端焊成封闭式等有效的锚固措施。连续深梁的下部纵向受拉钢筋应全部伸过中间支座的中心线,其自支座边缘算起的锚固长度不应小于 l_a。

G.0.9 条文说明

深梁在垂直裂缝以及斜裂缝出现后将形成拉杆拱的传力机制,此时下部受拉钢筋直到支座附近仍拉力较大,应在支座中妥善锚固。鉴于在"拱肋"压力的协同作用下,钢筋锚固端的竖向弯钩很可能引起深梁支座区沿深梁中面的劈裂,故钢筋锚固端的弯折建议改为平放,并按弯折 180° 的方式锚固。

9.7 预埋件

9.7.4 受拉直锚筋和弯折锚筋的锚固长度不应小于本规范第 8.3.1 条规定的受拉钢筋锚固长度;当锚筋采用 HPB300 级钢筋时末端还应有弯钩。当无法满足锚固长度的要求时,应采取其他有效的锚固措施。受剪和受压直锚筋的锚固长度不应小于 $15d$,d 为锚筋的直径。

9.3 柱、梁柱节点及牛腿

(Ⅱ)梁柱节点

9.3.4 梁纵向钢筋在框架中间层端节点的锚固应符合下列要求。

1 梁上部纵向钢筋伸入节点的锚固。

1)当采用直线锚固形式时,锚固长度不应小于 l_a,且应伸过柱中心线,伸过的长度不宜小于 $5d$,d 为梁上部纵向钢筋的直径。

2）当柱截面尺寸不满足直线锚固要求时,梁上部纵向钢筋可采用本规范第8.3.3条钢筋端部加机械锚头的锚固方式。梁上部纵向钢筋宜伸至柱外侧纵向钢筋内边,包括机械锚头在内的水平投影锚固长度不应小于$0.4l_{ab}$(图9.3.4(a))。

3）梁上部纵向钢筋也可采用90°弯折锚固的方式,此时梁上部纵向钢筋应伸至柱外侧纵向钢筋内边并向节点内弯折,其包含弯弧在内的水平投影长度不应小于$0.4l_{ab}$,弯折钢筋在弯折平面内包含弯弧段的投影长度不应小于$15d$(图9.3.4(b))。

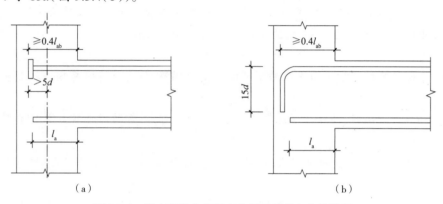

图9.3.4　梁上部纵向钢筋在中间层端节点内的锚固

(a)钢筋端部加锚头锚固　(b)钢筋末端90°弯折锚固

2　框架梁**下部纵向钢筋**伸入端节点的锚固:

1）当计算中充分利用该钢筋的抗拉强度时,钢筋的锚固方式及长度应与上部钢筋的规定相同;

2）当计算中不利用该钢筋的强度或仅利用该钢筋的抗压强度时,伸入节点的锚固长度应分别符合本规范第9.3.5条中间节点梁下部纵向钢筋锚固的规定。

9.3.5　框架**中间层中间节点或连续梁中间支座**,梁的上部纵向钢筋应贯穿节点或支座。**梁的下部纵向钢筋**宜贯穿节点或支座。当必须锚固时,应符合下列锚固要求:

1　当计算中**不利用该钢筋的强度**时,其伸入节点或支座的锚固长度对带肋钢筋不小于$12d$,对光面钢筋不小于$15d$,d为钢筋的最大直径;

2　当计算中充分利用钢筋的抗压强度时,钢筋应按受压钢筋锚固在中间节点或中间支座内,其直线锚固长度不应小于$0.7l_a$;

3　当计算中充分利用钢筋的抗拉强度时,钢筋可采用直线方式锚固在节点或支座内,锚固长度不应小于钢筋的受拉锚固长度l_a(图9.3.5(a));

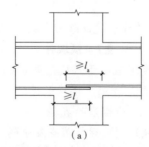

图9.3.5　梁下部纵向钢筋在中间节点或中间支座范围的锚固

(a)下部纵向钢筋在节点中直线锚固

4　当柱截面尺寸不足时,宜按本规范第9.3.4条第1款的规定采用钢筋端部加锚头的机械锚固措施,也可采用90°弯折锚固的方式。

9.3.6　柱纵向钢筋应贯穿中间层的中间节点或端节点,接头应设在节点区以外。柱纵向钢筋在顶层中节点的锚固应符合下列要求。

　　1　柱纵向钢筋应伸至柱顶,且自梁底算起的锚固长度不应小于 l_a。

　　2　当截面尺寸不满足直线锚固要求时,可采用 90° 弯折锚固措施。此时,包括弯弧在内的钢筋垂直投影锚固长度不应小于 $0.5 l_{ab}$,在弯折平面内包含弯弧段的水平投影长度不宜小于 12d(图 9.3.6(a))。

　　3　当截面尺寸不足时,也可采用带锚头的机械锚固措施。此时,包含锚头在内的竖向锚固长度不应小于 $0.5 l_{ab}$(图 9.3.6(b))。

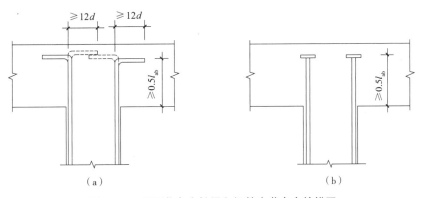

图 9.3.6　顶层节点中柱纵向钢筋在节点内的锚固
(a)柱纵向钢筋 90° 弯折锚固　(b)柱纵向钢筋端头加锚板锚固

　　4　当柱顶有现浇楼板且板厚不小于 100 mm 时,柱纵向钢筋也可向外弯折,弯折后的水平投影长度不宜小于 12d。

(Ⅲ)牛腿

9.3.12　沿牛腿顶部配置的纵向受力钢筋,宜采用 HRB400 级或 HRB500 级热轧带肋钢筋。全部纵向受力钢筋及弯起钢筋宜沿牛腿外边缘向下伸入下柱内 150 mm 后截断(图 9.3.10)。

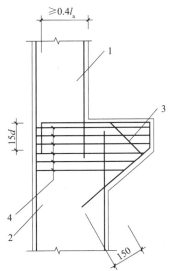

图 9.3.10　牛腿的外形及钢筋配置
1—上柱;2—下柱;3—弯起钢筋;4—水平箍筋
注:图中尺寸单位 mm。

　　纵向受力钢筋及弯起钢筋**伸入上柱的锚固长度**,当采用直线锚固时不应小于本规范第 8.3.1 条规定的受拉钢筋锚固长度 l_a;当上柱尺寸不足时,钢筋的锚固应符合本规范第 9.3.4 条梁上部钢筋在框架中间层端节点中带 90° 弯折的锚固规定。此时,锚固长度应从上柱内边算起。

2. 抗震设计

　　在进行抗震设计时,上述构件的钢筋锚固长度及构造措施基本类似,但应考虑纵向受拉钢筋的抗震锚固长度修正系数 ζ_a,即用应力受拉钢筋的抗震(基本)锚固长度 $l_{aE}(l_{abE})$ 代替 $l_a(l_{ab})$,详见《混规》第 11.5.4 及

11.6.7 条。对预埋件,锚筋的锚固长度偏保守的取为静力值的 1.10 倍,详见《混规》第 11.1.9 条及条文说明,本章节不再列出。

综上所述,在设计纵向钢筋的锚固长度时,应按下列步骤进行求解。

（1）f_y、f_t（$\leqslant 2.04$ MPa）、α、l_{ab}。

《混规》第 4.1.4 条、第 4.2.3 条、第 8.3.1 条

（2）ζ_a（$\geqslant 0.6$,预应力筋取 1.0）、l_a（$\geqslant 200$ mm）。

《混规》第 8.3.2 条、第 8.3.4 条、第 8.3.1 条

（3）ζ_{aE}、l_{aE}。

《混规》第 11.1.7 条

（4）非抗震锚固构造要求。

《混规》第 9.1.4 条、第 9.2.2~9.2.4 条、第 G.0.9 条、第 9.3.4~9.3.7 条、第 9.3.12 条、第 9.7.4 条

（5）抗震锚固构造要求。

《混规》第 11.1.9 条、第 11.5.4 条第 2 款、第 11.6.7 条

第2章 受弯构件的承载力

构件中的剪力和弯矩总是并存的,因此工程设计中的受弯构件主要是指同时受到弯矩和剪力的共同作用,且轴向力可以忽略不计的构件,如钢筋混凝土梁和板。将受弯构件沿垂直于中轴线的平面切开,所得的两个对称面即为正截面,而与正截面相差一定角度的截面则称为斜截面。

如图 2.1 所示采用两点加载的简支梁,在忽略自重的假设下,根据其弯矩和剪力图可知,位于两对称集中力之间的梁段,其正截面只受弯矩作用而无剪力,称为纯弯段;集中力与支座之间的梁段因为受到剪力和弯矩的共同作用,称为弯剪段。根据材料力学可知,在受弯构件的纯弯段,主应力 σ_1、σ_3 为任一正截面上的垂直应力,而在构件的弯剪段,主应力则为某一斜截面上的垂直应力,两个主要受力区段内主应力方向的不同会造成整个受弯构件在受力性能和破坏形态上有着本质的区别,因此在计算构件的承载力时,需要同时考虑对其正截面和斜截面进行验算。

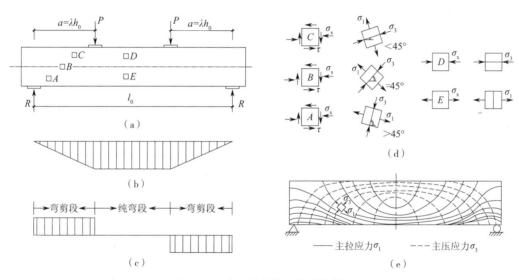

图 2.1 两点加载的简支梁受力分析
(a)两点集中加载的简支试验梁 (b)试验梁弯矩图 (c)试验梁剪力图 (d)微元体受力分析 (e)主应力分布轨迹

钢筋混凝土构件受弯时会在主要承受弯矩的区段产生竖向裂缝,如果正截面承载能力不足,则受弯构件将会沿着竖向斜裂缝发生正截面受弯破坏。同时,对于跨高比很小的梁、薄腹梁以及高层建筑的剪力墙,由于其剪跨比 λ 较小,还有可能在支座附近的弯剪区段沿斜裂缝发生斜截面受剪破坏或斜截面受弯破坏。在工程设计中,受弯构件的正截面受弯承载力以及斜截面受剪承载力是通过计算和构造来满足的,而斜截面受弯承载力则通过对纵筋和箍筋的构造要求来保证。

2.1 矩形梁正截面承载力计算

根据钢筋混凝土梁截面的配筋情况,常将其分为单筋梁和双筋梁两类。如果只在正截面受拉区配置纵向受拉钢筋,而通过受压区的纵向架立筋以及箍筋形成钢筋骨架,这种梁截面称为单筋梁截面。单筋梁由于受压区纵向架立筋主要是形成钢筋骨架的一种措施,虽然参与受压,但对正截面受弯承载力的贡献很小,因此在计算中是不考虑受压区架立筋影响的。相反,如果在受压区配置的纵向受压钢筋面积较大,则构件在受力过程中这部分钢筋对构件正截面承载力的影响便不可忽略,这样的配筋截面称为双筋梁截面。

诸多工程试验均已证明,受弯构件正截面的破坏形态与纵向受拉钢筋的配筋率有关,因此本节将以单筋梁试验说明受弯构件的受力过程和破坏形态,通过建立一定的基本假定,建立适筋梁正截面承载能力的计算公式及适用条件。

2.1.1　受力过程和破坏形态

1. 适筋梁受弯承载破坏的受力过程

当梁内配置的纵向受拉钢筋能使正截面受弯破坏的形态属于延性破坏时,称为适筋梁。以适筋梁为例,通过如图2.1(a)所示的两点对称加载方式,对梁逐级施加荷载,直至正截面受弯破坏。同时,为了研究位于纯弯段梁体正截面的受力全过程,在试验过程中量测跨中附近混凝土截面及钢筋的(平均)应变、中和轴位置以及曲率等参数,典型结果如图2.2所示。

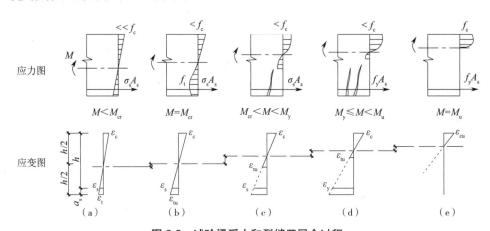

图2.2　试验梁受力和裂缝开展全过程
(a)开裂前　(b)即将开裂　(c)开裂后　(d)钢筋屈服　(e)极限状态

钢筋混凝土梁从受力初始到破坏的全过程可分为以下3个受力阶段。

1)开裂前阶段($M \leq M_{cr}$)

加载初期,由于纯弯段的弯矩M很小,应力、应变沿梁截面高度均为直线变化,如图2.2(a)所示,试件处于弹性阶段,混凝土的应力、应变以及曲率φ与弯矩成正比,由于钢筋的换算面积较大,中和轴位置与构件中轴线相比略偏下。

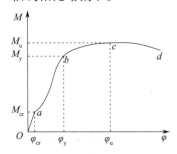

图2.3　试验梁的弯矩-曲率 (M-φ)[①] 图

如图2.2(b)所示,随着弯矩的增大,受拉区混凝土会出现少量塑性变形,拉应力曲线逐渐弯曲,直至弯矩增加到M_{cr}时,受拉区混凝土边缘纤维应变值即将达到极限拉应变ε_{cu},截面即将开裂;而此时受压区混凝土由于应力远小于其抗压强度f_c而保持直线变化;同时,为保持截面上力的平衡,中和轴会稍有上升,截面曲率增长略快,但截面弯矩-曲率(M-φ,图2.3)基本上呈直线关系;由于黏结力的存在,钢筋的应变ε_s与同水平处混凝土纤维的拉应变相同,接近ε_{cu}。

由于该阶段混凝土尚未开裂,因此该阶段可作为受弯构件抗裂的计算依据。

2)带裂缝工作阶段($M_{cr} < M < M_y$)

当跨中弯矩超过开裂弯矩M_{cr}后,受拉区混凝土会在薄弱截面出现一条肉眼可见的裂缝,即标志着带裂缝工作阶段的开始。该阶段由于受拉区部分混凝土开裂而逐渐退出工作,钢筋的应力突增,中和轴位置明显上升,截面曲率也稳定增大并呈现曲线关系。因为受压区高度减小、弯矩增大,受压区混凝土进入塑性工作

---

① 注:弯矩的作用将使纯弯段的梁体正截面发生转动,单位长度上正截面的转动角度即为截面曲率φ,单位1/mm。$\varphi = \dfrac{\bar{\varepsilon}_c + \bar{\varepsilon}_s}{h_0}$,其中$\bar{\varepsilon}_c$为受压区混凝土边缘纤维的平均压应变,$\bar{\varepsilon}_s$为受拉钢筋的平均拉应变,$h_0$为截面的有效高度。

阶段,应力快速增长,压应力曲线逐渐弯曲,应变增幅较应力大,如图 2.2(c)所示。

一般正常使用阶段的结构在受弯时就处于这一带裂缝工作状态,因此该阶段可作为正常使用阶段验算变形和裂缝宽度的依据。

3)钢筋屈服至破坏的工作阶段($M_y \leqslant M \leqslant M_u$)

如图 2.2(d)所示,当钢筋屈服时,裂缝随之开展并向上延伸,受拉区混凝土已大部分退出工作,中和轴向上移动,受压区混凝土高度进一步减小;受压区混凝土塑性特征更加明显,但应力仍小于其抗压强度 f_c。

如图 2.2(e)所示,随着弯矩继续增大,受压区混凝土边缘纤维压应变逐渐接近并达到极限压应变 ε_{cu},标志着截面开始破坏并达到受弯承载力极限值 M_u。随后,梁能够继续变形,但承受的弯矩有所降低,直至受拉区裂缝中的一条明显增宽、上移,受压区混凝土被压酥甚至剥落,梁因丧失承载能力而彻底破坏。在该阶段的整个受力过程中,钢筋的拉应力保持不变,但由于中和轴上移造成力臂增大,因此极限承载力 M_u 略大于钢筋屈服初始时梁的弯矩 M_y。

综上所述,正截面的受弯破坏是始于受拉钢筋的屈服,终于受压区混凝土的压碎,该阶段可作为构件正截面受弯承载力的计算依据。

2. 正截面受弯的三种破坏形态

试验结果证明,当梁内纵向受拉钢筋的配筋率($\rho = A_s/bh_0$)不同时,受弯构件正截面的破坏形态和受力过程都会发生较大的变化,主要可分为以下 3 类。

1)少筋梁的破坏

当梁内纵向受拉钢筋的配筋率过小时,一旦少筋梁达到开裂弯矩 M_{cr},裂缝的出现会导致钢筋的拉应力突增并迅速达到屈服强度,有时可迅速经历钢筋的整个流幅并进入强化阶段,受拉钢筋应变的加速增长促使裂缝快速开展并向上延伸,最后裂缝发展到一定宽度后梁体破坏;甚至有些时候会因梁体开裂后钢筋被立即拉断而宣告破坏。

少筋梁破坏时会出现极限弯矩 M_u 小于开裂弯矩 M_{cr} 的情况,并且破坏前的截面应力、中和轴以及曲率的变化与素混凝土梁接近,开裂弯矩比素混凝土梁的增大有限。由于破坏过程短促,受拉区混凝土一裂即坏,因此少筋梁的破坏取决于混凝土的抗拉强度,属于脆性破坏的类型。

2)超筋梁的破坏

当钢筋的配置过多时,开裂前的换算截面中和轴下移,使得受压区混凝土边缘的纤维应变小于受拉区混凝土底面的拉应变,梁体的开裂弯矩增大。出现裂缝后,钢筋的应力虽有突增,但因配筋面积较大,钢筋应力的增幅很小,并且随着弯矩的增大,裂缝的开展很缓慢,中和轴向上移动很少便可维持截面上力的平衡。直到受压区混凝土达到其抗压强度并被压碎,梁体因丧失承载力而破坏,受拉钢筋都没有达到屈服强度,这种破坏形态为超筋破坏,可见超筋破坏是由混凝土的抗压强度控制的。

由于混凝土被压碎前,梁体的曲率和竖向变形都很小,裂缝开展不宽,因此超筋梁破坏前没有明显的征兆,属于脆性破坏的类型。并且过度配置纵向受拉钢筋不但对梁正截面极限承载力的提高幅度有限,反而使钢筋的强度得不到充分利用,既不安全又不经济,因此工程中一般不允许采用超筋梁。

3)适筋梁的破坏

如前所述,适筋梁的破坏始自受拉钢筋达到屈服强度,终于受压区混凝土的压碎。而从钢筋开始屈服到梁最终破坏的过程中,钢筋会经历较大的塑性变形,裂缝会逐渐开展并延伸,梁的挠度和曲率也会显著增大,由于破坏前具有明显的征兆,因此适筋梁的破坏属于延性破坏的类型。

随着梁内配筋率的增大或减小,适筋梁的破坏特征开始向超筋梁或少筋梁过渡,而符合适筋梁延性破坏特征的下限和上限配筋率即梁的最小和最大配筋率。最小配筋率 $\rho_{s,min}$ 由梁的开裂弯矩确定,而最大配筋率 $\rho_{s,max}$ 则由混凝土的界限受压区高度 x_b 确定,详见 2.1.4 节。

2.1.2　性能分析基本假定

由上一小节可知,钢筋混凝土受弯构件的受力及正截面承载性能是非常复杂的,在满足工程需求的前提下,通过建立一些比较符合实际受力性能的基本假定,能够简化分析、计算过程,方便工程设计。在受力分析、计算承载力等过程中,《混规》采用了以下五个基本假定。

6.2.1　正截面承载力应按下列基本假定进行计算。

1　截面应变保持平面。

2　不考虑混凝土的抗拉强度。

3　混凝土受压的应力与应变关系按下列规定取用:

当 $\varepsilon_c \leqslant \varepsilon_0$ 时

$$\sigma_c = f_c \left[1 - \left(1 - \frac{\varepsilon_c}{\varepsilon_0} \right)^n \right] \qquad (6.2.1\text{-}1)$$

当 $\varepsilon_0 < \varepsilon_c \leqslant \varepsilon_{cu}$ 时

$$\sigma_c = f_c \qquad (6.2.1\text{-}2)$$

$$n = 2 - \frac{1}{60}(f_{cu,k} - 50) \qquad (6.2.1\text{-}3)$$

$$\varepsilon_0 = 0.002 + 0.5(f_{cu,k} - 50) \times 10^{-5} \qquad (6.2.1\text{-}4)$$

$$\varepsilon_{cu} = 0.003\,3 - (f_{cu,k} - 50) \times 10^{-5} \qquad (6.2.1\text{-}5)$$

式中　σ_c——混凝土压应变为 ε_c 时的混凝土压应力;

　　　f_c——混凝土轴心抗压强度设计值,按本规范表 4.1.4-1 采用;

　　　ε_0——混凝土压应力达到 f_c 时的混凝土压应变,当计算的 ε_0 值小于 0.002 时,取为 0.002;

　　　ε_{cu}——正截面的混凝土极限压应变,**当处于非均匀受压且按公式(6.2.1-5)计算的值大于 0.003 3 时,取为 0.003 3**,当处于轴心受压时取为 ε_0;

　　　$f_{cu,k}$——混凝土立方体抗压强度标准值,按本规范第 4.1.1 条确定;

　　　n——系数,**当计算的 n 值大于 2.0 时,取为 2.0。**

4　纵向受拉钢筋的极限拉应变取为 0.01。

5　纵向钢筋的应力取钢筋应变与其弹性模量的乘积,但其值应符合下列要求:

$$-f_y' \leqslant \sigma_{si} \leqslant f_y \qquad (6.2.1\text{-}6)$$

$$\sigma_{p0i} - f_{py}' \leqslant \sigma_{pi} \leqslant f_{py} \qquad (6.2.1\text{-}7)$$

式中　σ_{si}、σ_{pi}——第 i 层纵向普通钢筋、预应力筋的应力,正值代表拉应力,负值代表压应力;

　　　σ_{p0i}——第 i 层纵向预应力筋截面重心处混凝土法向应力等于零时的预应力筋应力,按本规范公式(10.1.6-3)或公式(10.1.6-6)计算;

　　　f_y、f_{py}——普通钢筋、预应力筋抗拉强度设计值,按本规范表 4.2.3-1、表 4.2.3-2 采用;

　　　f_y'、f_{py}'——普通钢筋、预应力筋抗压强度设计值,按本规范表 4.2.3-1、表 4.2.3-2 采用。

6.2.1 条文说明

1　平截面假定

试验表明,在纵向受拉钢筋的应力达到屈服强度之前及达到屈服强度后的一定塑性转动范围内,截面的平均应变基本符合平截面假定。因此,按照平截面假定建立判别纵向受拉钢筋是否屈服的界限条件和确定屈服之前钢筋的应力 σ_s 是合理的。平截面假定作为计算手段,即使钢筋已达屈服,甚至进入强化段时,也还是可行的,计算值与试验值符合较好。

引用平截面假定可以将各种类型截面(包括周边配筋截面)在单向或双向受力情况下的正截面承载力计算贯穿起来,提高了计算方法的逻辑性和条理性,使计算公式具有明确的物理概念。引用平截面假定也为利用电算进行混凝土构件正截面全过程分析(包括非线性分析)提供了必不可少的截面变形条件。

国际上的主要规范,均采用了平截面假定。

2　混凝土的应力-应变曲线

随着混凝土强度的提高,混凝土受压时的应力-应变曲线将逐渐变化,其上升段将逐渐趋向线性变化,且对应于峰值应力的应变稍有提高;下降段趋于变陡,极限应变有所减小。为了综合反映低、中强度混凝土和高强度混凝土的特性,与 2002 年版规范相同,本规范对正截面设计所用的混凝土应力-应变关系采用如下简化表达形式:

上升段　　$\sigma_c = f_c\left[1-\left(1-\dfrac{\varepsilon_c}{\varepsilon_0}\right)^n\right]$　$(\varepsilon_c \leq \varepsilon_0)$

下降段　　$\sigma_c = f_c$　$(\varepsilon_0 < \varepsilon_c \leq \varepsilon_{cu})$

根据国内中、低强度混凝土和高强度混凝土偏心受压短柱的试验结果,在条文中给出了有关参数 n、ε_0、ε_{cu} 的取值,与试验结果较为接近。

3　纵向受拉钢筋的极限拉应变

纵向受拉钢筋的极限拉应变,本规范规定为 0.01,作为构件达到承载能力极限状态的标志之一。对有物理屈服点的钢筋,该值相当于钢筋应变进入了屈服台阶;对无屈服点的钢筋,设计所用的强度是以条件屈服点为依据的。**极限拉应变的规定是限制钢筋的强化强度,同时也表示设计采用的钢筋的极限拉应变不得小于 0.01,以保证结构构件具有必要的延性。**对预应力混凝土结构构件,其极限拉应变应从混凝土消压时的预应力筋应力 σ_{p0} 处开始算起。

对非均匀受压构件,混凝土的极限压应变达到 ε_{cu} 或者受拉钢筋的极限拉应变达到 0.01,即这两个极限应变中只要具备其中一个,就标志着构件达到了承载能力极限状态。

2.1.3　受压区等效应力图形

图 2.4 所示为我国规范(《混规》第 6.2.1 条)在进行受弯构件正截面承载力计算时采用的混凝土应力应变关系基本假定。

设 D_{cu} 为混凝土应力-应变曲线与 ε_c 轴围成的面积,y_{cu} 为该面积形心到坐标原点的水平距离,则根据假定的应力应变关系可得

$$D_{cu} = \int_0^{\varepsilon_{cu}} \sigma_c(\varepsilon_c)\mathrm{d}\varepsilon_c \tag{2.1}$$

$$y_{cu} = \frac{\int_0^{\varepsilon_{cu}} \sigma_c(\varepsilon_c)\cdot\varepsilon_c\mathrm{d}\varepsilon_c}{D_{cu}} \tag{2.2}$$

为方便后续计算分析,令 $k_1 f_c = \dfrac{D_{cu}}{\varepsilon_{cu}}$,$k_2 = \dfrac{y_{cu}}{\varepsilon_{cu}}$。其中,$k_1$ 的数学意义为 D_{cu} 与 f_c-ε_{cu} 所围成矩形面积的比值;k_2 为 D_{cu} 的面积形心与混凝土极限压应变的比值。由此可见,k_1、k_2 的取值取决于混凝土受压应力-应变曲线的形状。

　　图 2.5 中虚线为单筋梁受弯极限状态下的正截面混凝土压应力分布,此时受压区边缘纤维的混凝土压应变为 ε_{cu}。假定极限状态下截面上的混凝土受压区高度为 x_u,则根据(平均应变)平截面假定,沿截面高度距离中和轴 y 处的混凝土压应变为

$$\varepsilon_c = \frac{\varepsilon_{cu}}{x_u} y \tag{2.3}$$

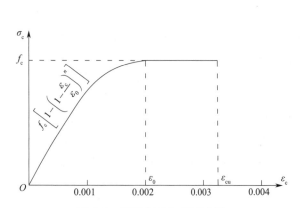

图 2.4　混凝土应力-应变曲线

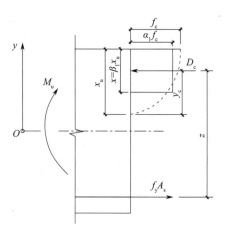

图 2.5　极限状态和等效应力矩形图

　　同时,极限状态下受压区混凝土的总应力值 D_c,即压应力分布图形的面积,为

$$D_c = \int_0^{x_u} \sigma(\varepsilon_c) \cdot b \mathrm{d}y \tag{2.4}$$

联立式(2.3)、式(2.4)及式(2.1)可得

$$D_c = b \cdot \frac{x_u}{\varepsilon_{cu}} \int_0^{\varepsilon_{cu}} \sigma(\varepsilon_c) \mathrm{d}\varepsilon_c = b \cdot x_u \cdot \frac{D_{cu}}{\varepsilon_{cu}} = k_1 f_c b x_u \tag{2.5}$$

同理,可得该应力图形的合力作用点到截面中和轴的距离 y_c 为

$$y_c = \frac{b \left(\dfrac{x_u}{\varepsilon_{cu}} \right)^2 \int_0^{\varepsilon_{cu}} \sigma(\varepsilon_c) \cdot \varepsilon_c \mathrm{d}\varepsilon_c}{D_c} = x_u \cdot \frac{y_{cu}}{\varepsilon_{cu}} = k_2 x_u \tag{2.6}$$

　　由此可见,由于受压区混凝土的实际应力分布图形较为复杂,在应用式(2.6)求取构件的正截面受弯极限弯矩时,增加了计算工作量。为了简化计算过程,可以采用等效矩形应力图形来代替受压区混凝土的实际应力分布。一般简化条件如下:

　　(1)受压区混凝土等效矩形应力图与实际应力分布图的合力相等;

　　(2)两图形的合力作用点位置 y_c 不变。

　　如图 2.5 中的等效矩形应力分布所示,根据上述两个条件可建立如下二元一次方程:

$$\left. \begin{array}{l} \alpha_1 f_c b x = k_1 f_c b x_u \\ x = 2(x_u - y_c) = 2(1 - k_2) x_u \end{array} \right\} \tag{2.7}$$

　　进一步求解可得:$\beta_1 = x/x_u = 2(1 - k_2)$;$\alpha_1 = k_1/\beta_1 = k_1/(2 - 2k_2)$。可见,等效矩形应力图系数 α_1、β_1 也是仅与混凝土受压应力-应变曲线形状有关的系数。对于中、低强度等级的混凝土,《混规》规定了两系数的取值,并给出了采用高强度混凝土时的计算方法。

> **6.2.6**　受弯构件、偏心受力构件正截面承载力计算时,受压区混凝土的应力图形可简化为等效的矩形应力图。
>
> **矩形应力图的受压区高度 x 可取截面应变保持平面的假定所确定的中和轴高度乘以系数 β_1。当混凝土强度等级不超过 C50 时,β_1 取为 0.80;当混凝土强度等级为 C80 时,β_1 取为 0.74;其间按线性内插法确定。**

矩形应力图的应力值可由混凝土轴心抗压强度设计值 f_c 乘以系数 α_1 确定。当混凝土强度等级不超过 C50 时，α_1 取为 1.0；当混凝土强度等级为 C80 时，α_1 取为 0.94；其间按线性内插法确定。

6.2.6 条文说明（部分）

对高强度混凝土，用随混凝土强度提高而逐渐降低的系数 α_1、β_1 值来反映高强度混凝土的特点，这种处理方法能适应混凝土强度进一步提高的要求，也是多数国家规范采用的处理方法。上述的简化计算与试验结果对比大体接近。应当指出，将上述简化计算的规定用于三角形截面、圆形截面的受压区，会带来一定的误差。

为方便计算使用，在此将两系数的具体取值列于表 2.1 中。

表 2.1　等效矩形应力图系数取值

混凝土强度等级	≤ C50	C55	C60	C65	C70	C75	C80
α_1	1.0	0.99	0.98	0.97	0.96	0.95	0.94
β_1	0.8	0.79	0.78	0.77	0.76	0.75	0.74

2.1.4　最小配筋率和界限受压区高度

国内外的大量试验均表明，包括矩形、I 形、T 形及环形截面在内的钢筋混凝土构件受弯后，截面上各点混凝土和钢筋的纵向应变沿截面高度方向呈直线变化，即符合平截面假定。当构件开裂后，由于裂缝截面上的钢筋和混凝土存在相对滑移，该截面不再符合这一假定，但沿梁中轴线、跨越多条裂缝的一定标距内，混凝土和钢筋的平均应变仍满足此假定。因此，从工程应用的角度来讲，受弯构件的变形规律是始终符合"平均应变平截面假定"的，这一假定也是推导适筋梁界限配筋率以及受弯构件正截面承载力的计算依据。

1. 最小配筋率

根据前面可知，少筋梁的开裂弯矩 M_{cr} 比素混凝土梁的增大有限。如果忽略纵向受拉钢筋的作用，则求少筋梁的开裂弯矩问题便转换为求素混凝土梁的开裂弯矩问题。

假定素混凝土梁受拉区即将开裂时，截面上的应力分布如图 2.6（b）所示，此时受压区混凝土的应力很小，仍为直线分布，受拉区混凝土的应力分布则为曲线。为简化计算，假定该截面的应力分布为受拉区梯形、受压区三角形的形式（图 2.6（c）），根据截面上力的平衡条件可得到梁的开裂弯矩为

$$M_{cr}=0.256f_t bh^2 \tag{2.8}$$

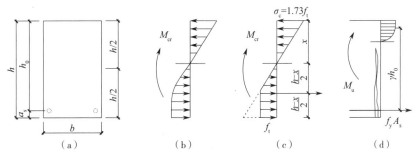

图 2.6　少筋梁的开裂弯矩和极限弯矩
（a）梁正截面　（b）开裂实际应力分布　（c）开裂简化应力分布　（d）极限应力分布

此外，少筋梁的极限弯矩可根据极限状态下截面上的应力分布建立力矩平衡条件求得。如图 2.6（d）所示，可得

$$M_u=f_y A_s \gamma h_0 \tag{2.9}$$

由于少筋梁破坏时会出现 $M_u < M_{cr}$ 的情况,因此根据式(2.8)及式(2.9)可得

$$A_s < \frac{0.256}{\gamma} \frac{f_t}{f_y} \frac{bh^2}{h_0} \tag{2.10-a}$$

式(2.10-a)说明,当梁的配筋面积小于上述临界值时,钢筋混凝土受弯构件的正截面破坏形态会转变为少筋梁的破坏。换言之,只有当梁的配筋面积大于上述临界值时,才属于适筋梁。因此,适筋梁的配筋面积下限为

$$A_{s,min} = \frac{0.256}{\gamma} \frac{f_t}{f_y} \frac{bh^2}{h_0} \tag{2.10-b}$$

需要注意的是,由于在计算少筋梁的开裂弯矩时混凝土尚未开裂,因此在计算受弯构件的最小配筋率时,采用的是混凝土的全截面面积 bh,而不是有效截面面积 bh_0,因此适筋梁的最小配筋率为

$$\rho_{s,min} = \frac{A_{s,min}}{bh} = \frac{0.256}{\gamma} \frac{f_t}{f_y} \frac{h}{h_0} \tag{2.10-c}$$

当构件的计算配筋小于受弯构件的最小配筋率时,一般应按 ρ_{min} 进行构造配筋。实际工程中,考虑到混凝土材料强度的离散性以及收缩、徐变等外界环境条件的影响,受弯构件的最小配筋率一般都是结合工程经验得出的。《混规》规定,受弯构件一侧受拉钢筋的最小配筋率不应小于 0.2% 和 $0.45f_t/f_y$ 中的较大值,详见规范 8.5 节。

8.5.1 钢筋混凝土结构构件中纵向受力钢筋的配筋百分率 ρ_{min} 不应小于表 8.5.1 规定的数值。

表 8.5.1 纵向受力钢筋的最小配筋百分率 ρ_{min}(%)

受 力 类 型			最小配筋百分率
受压构件	全部纵向钢筋	强度等级 500 MPa	0.50
		强度等级 400 MPa	0.55
		强度等级 300 MPa、335 MPa	0.60
	一侧纵向钢筋		0.20
受弯构件、偏心受拉、轴心受拉构件一侧的受拉钢筋			0.20 和 $45f_t/f_y$ 中的较大值

注:2. 板类受弯构件(不包括悬臂板)的受拉钢筋,当采用强度等级 400 MPa、500 MPa 的钢筋时,其最小配筋百分率应允许采用 0.15 和 $45f_t/f_y$ 中的较大值;

5. 受弯构件、大偏心受拉构件一侧受拉钢筋的配筋率应按全截面面积扣除受压翼缘面积 $(b_f' - b)h_f'$ 后的截面面积计算;

6. 当钢筋沿构件截面周边布置时,"一侧纵向钢筋"系指沿受力方向两个对边中一边布置的纵向钢筋。

---

2. 界限受压区高度

由 2.1.1 节可知,适筋梁的破坏始自纵向受拉钢筋的屈服,超筋梁的破坏始自受压区混凝土的压碎,因此总会有一个配筋率 ρ_b 使得受压区混凝土的极限压应变 ε_{cu} 和纵向受拉钢筋的屈服应变 ε_y 同时达到,此时的破坏称为"界限破坏",相应的配筋率则为"界限配筋率"。

受弯构件发生正截面破坏时,沿梁截面高度方向的应变分布如图 2.7 所示,其中发生界限破坏时的混凝土受压区高度常被称为"界限受压区高度",用 x_b 表示。

基于平截面假定和应变分布图形的几何关系,可得出如下关系:

$$\frac{x_b}{h_0} = \frac{\varepsilon_{cu}}{\varepsilon_{cu} + \varepsilon_y} \tag{2.11}$$

考虑到应力的分布采用等效矩形分布图形,因此界限受压区高度 x_b 将减小为 $\beta_1 x_b$。如果令 $\xi_b = \frac{\beta_1 x_b}{h_0}$ 为相对界限受压区高度,则根据材料力学基本知识和式(2.11)可得

$$\xi_b = \frac{\beta_1 \varepsilon_{cu}}{\varepsilon_{cu} + \varepsilon_y} = \frac{\beta_1}{1 + \frac{f_y}{E_s \varepsilon_{cu}}} \tag{2.12}$$

式中　f_y——纵向受拉钢筋的抗拉强度设计值。

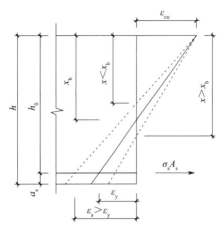

图 2.7　梁破坏时的正截面平均应变分布图

按等效应力图形计算构件的正截面承载力时,如果 $\xi \leqslant \xi_b$,则构件达到极限受弯承载能力时,受拉钢筋将会首先屈服,即适筋梁破坏;相反,如果 $\xi > \xi_b$,则构件达到极限状态时,受压区混凝土边缘纤维应变值将会首先达到极限压应变 ε_{cu},而受拉钢筋达不到屈服强度,即发生超筋破坏。

对于相对界限受压区高度 ξ_b 的计算,《混规》有如下规定。

6.2.7　纵向受拉钢筋屈服与受压区混凝土破坏同时发生时的相对界限受压区高度 ξ_b 应按下列公式计算:

1　钢筋混凝土构件:

有屈服点普通钢筋

$$\xi_b = \frac{\beta_1}{1 + \dfrac{f_y}{E_s \varepsilon_{cu}}} \tag{6.2.7-1}$$

无屈服点普通钢筋

$$\xi_b = \frac{\beta_1}{1 + \dfrac{0.002}{\varepsilon_{cu}} + \dfrac{f_y}{E_s \varepsilon_{cu}}} \tag{6.2.7-2}$$

2　预应力混凝土构件:

$$\xi_b = \frac{\beta_1}{1 + \dfrac{0.002}{\varepsilon_{cu}} + \dfrac{f_{py} - \sigma_{p0}}{E_s \varepsilon_{cu}}} \tag{6.2.7-3}$$

式中　ξ_b——相对界限受压区高度,取 x_b/h_0;

x_b——界限受压区高度;

h_0——截面有效高度,即纵向受拉钢筋合力点至截面受压边缘的距离;

E_s——钢筋弹性模量,按本规范表 4.2.5 采用;

σ_{p0}——受拉区纵向预应力筋合力点处混凝土法向应力等于零时的预应力筋应力,按本规范公式 (10.1.6-3) 或公式 (10.1.6-6) 计算;

ε_{cu}——非均匀受压时的混凝土极限压应变,按本规范公式 (6.2.1-5) 计算;

β_1——系数,按本规范第 6.2.6 条的规定计算。

注:当截面受拉区内配置有不同种类或不同预应力值的钢筋时,受弯构件的相对界限受压区高度应分别计算,并取其较小值。

6.2.7 条文说明（部分）

　　构件达到界限破坏是指正截面上受拉钢筋屈服与受压区混凝土破坏同时发生时的破坏状态。对应于这一破坏状态，受压边混凝土应变达到 ε_{cu}；对配置有屈服点钢筋的钢筋混凝土构件，纵向受拉钢筋的应变取 f_y/E_s。

　　对配置无屈服点钢筋的钢筋混凝土构件或预应力混凝土构件，根据条件屈服点的定义，应考虑 0.2% 的残余应变，普通钢筋应变取（$f_y/E_s+0.002$），预应力筋应变取[（$f_{py}-\sigma_{p0}$）$/E_s+0.002$]。根据平截面假定，可得公式（6.2.7-2）和公式（6.2.7-3）。

　　在钢筋标准中，有屈服点钢筋的屈服强度以 σ_s 表示，无屈服点钢筋的屈服强度以 $\sigma_{p0.2}$ 表示。

2.1.5　计算公式及适用条件

　　当采用等效矩形应力图形进行受弯构件的截面性能计算时，假定混凝土的实际受压区高度用 x_c 表示，矩形应力图中采用的计算受压区高度为 x，则有 $x_c=x/\beta_1$。图 2.8（a）所示为双筋梁在极限状态下的截面平均应变图，基于平截面假定，则纵向受拉钢筋的应变 ε_s 可表示为：

$$\varepsilon_s = \frac{h_0-x_c}{x_c}\varepsilon_{cu} = \left(\frac{\beta_1 h_0}{x}-1\right)\varepsilon_{cu} \tag{2.13}$$

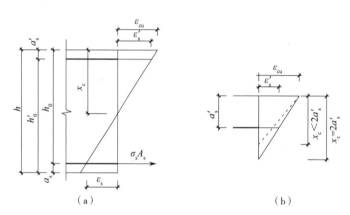

图 2.8　极限状态下双筋梁的平均应变分布图
（a）全截面应变分布　（b）中和轴以上混凝土受压区应变分布

　　由前述章节可知，当构件配筋率在适筋梁的范畴内时，受拉区钢筋的拉应力已经达到抗拉强度 f_y，因此受弯构件一般不需要计算其纵向受拉侧钢筋的应力。纵向受压钢筋的应力可按下式计算：

$$\varepsilon_s' = \frac{x_c-a_s'}{x_c}\varepsilon_{cu} = \left(1-\frac{\beta_1 a_s'}{x}\right)\varepsilon_{cu} \tag{2.14}$$

　　如图 2.8（b）所示，当 $x \geqslant 2a_s'$ 时，根据式（2.14）可得

$$\varepsilon_s' \geqslant (1-0.5\beta_1)\varepsilon_{cu} \tag{2.15}$$

　　若钢筋的弹性模量 E_s 近似按 2×10^5 MPa 考虑，则对于不同强度等级的钢筋混凝土受弯构件，钢筋的压应力值见表 2.2。

表 2.2　等效矩形应力图系数取值

混凝土强度等级	≤ C50	C55	C60	C65	C70	C75	C80
$1-0.5\beta_1$	0.6	0.605	0.61	0.615	0.62	0.625	0.63
ε_{cu}	0.003 3	0.003 25	0.003 20	0.003 15	0.003 10	0.003 05	0.003 00
ε_s'	0.001 98	0.001 97	0.001 95	0.001 94	0.001 92	0.001 91	0.001 89

混凝土强度等级	≤ C50	C55	C60	C65	C70	C75	C80
E_s（MPa）	2×10^5	2×10^5	2×10^5	2×10^5	2×10^5	2×10^5	2×10^5
σ'_s（MPa）	396	393.25	390.4	387.45	384.4	381.25	378

可见，对于 300 MPa 和 400 MPa 的钢筋，σ'_s 均已经超过其抗压强度设计值。换言之，当计算受压区高度 $x \geq 2a'_s$ 时，受压区钢筋的强度得到了充分利用，在建立正截面承载力计算模型中，对纵向受拉钢筋的截面重心取矩，便可以直接采用钢筋的抗压强度设计值 f'_y 参与计算；而当 $x < 2a'_s$ 时，结合图 2.8（b）中的虚线可知，钢筋的压应变 ε'_s 将进一步减小，纵向受压钢筋的应力将达不到其强度设计值，需要以受压钢筋的截面重心为中心，建立截面的力矩平衡条件，以进行正截面设计和校核。

由于钢筋混凝土构件在进行正截面分析时不考虑混凝土的抗拉强度，因此对于翼缘位于受拉侧的倒 T 形截面受弯构件，可直接按与其腹板宽度等宽的矩形截面进行计算。对于双筋梁，通过其正截面上的力平衡条件和力矩平衡条件，可建立如《混规》第 6.2.10 条的方程。

6.2.10　矩形截面或翼缘位于受拉边的倒 T 形截面受弯构件，其正截面受弯承载力应符合下列规定（图 6.2.10）：

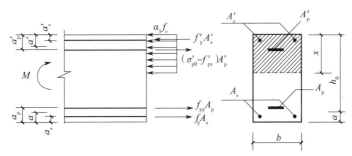

图 6.2.10　矩形截面受弯构件正截面受弯承载力计算

$$M \leq \alpha_1 f_c b x \left(h_0 - \frac{x}{2} \right) + f'_y A'_s (h_0 - a'_s) - (\sigma'_{p0} - f'_{py}) A'_p (h_0 - a'_p) \qquad (6.2.10\text{-}1)$$

混凝土受压区高度应按下列公式确定：

$$\alpha_1 f_c b x = f_y A_s - f'_y A'_s + f_{py} A_p + (\sigma'_{p0} - f'_{py}) A'_p \qquad (6.2.10\text{-}2)$$

混凝土受压区高度尚应符合下列条件：

$$x \leq \xi_b h_0 \qquad (6.2.10\text{-}3)$$
$$x \geq 2a' \qquad (6.2.10\text{-}4)$$

式中　M——弯矩设计值；

　　　α_1——系数，按本规范第 6.2.6 条的规定计算；

　　　f_c——混凝土轴心抗压强度设计值，按本规范表 4.1.4-1 采用；

　　　A_s、A'_s——受拉区、受压区纵向普通钢筋的截面面积；

　　　A_p、A'_p——受拉区、受压区纵向预应力筋的截面面积；

　　　σ'_{p0}——受压区纵向预应力筋合力点处混凝土法向应力等于零时的预应力筋应力；

　　　b——矩形截面的宽度或倒 T 形截面的腹板宽度；

　　　h——截面有效高度；

　　　a'_s、a'_p——受压区纵向普通钢筋合力点、预应力筋合力点至截面受压边缘的距离；

　　　a'——受压区全部纵向钢筋合力点至截面受压边缘的距离，**当受压区未配置纵向预应力筋或受压区纵向预应力筋应力（$\sigma'_{p0} - f'_{py}$）为拉应力时，公式（6.2.10-4）中的 a' 用 a'_s 代替。**

由于规范的上述计算公式是基于适筋梁破坏时的受力性能来计算受弯构件的正截面承载力,因此为防止超筋破坏,规范要求采用等效矩形应力图形计算的混凝土受压区高度应满足 $x \leq \xi_b h_0$ 的要求。

同时,结合前述分析可知,构件中如无纵向受压钢筋或不考虑纵向受压钢筋的有利作用,则不需要符合混凝土的计算受压区高度 $x \geq 2a'$ 的要求。但当考虑受压区钢筋的作用时,若混凝土的计算受压区高度 $x<2a'$,钢筋的应力将有可能出现达不到其强度设计值的情况($\sigma'_s<f'_y$),此时仍采用 f'_y 参与计算,将会高估纵向受压钢筋对受压区混凝土的协助作用,使计算结果偏大。对于此类情况,可以受压侧钢筋的截面重心为中心,建立截面的力矩平衡条件。《混规》的如下规定。

6.2.14　当计算中计入纵向普通受压钢筋时,应满足本规范公式(6.2.10-4)的条件;当不满足此条件时,正截面受弯承载力应符合下列规定:

$$M \leq f_{py}A_p(h-a_p-a'_s) + f_yA_s(h-a_s-a'_s) + (\sigma_{p0}-f'_{py})A'_p(a'_p-a'_s) \tag{6.2.14}$$

式中　　a_s、a_p——受拉区纵向普通钢筋、预应力筋至受拉边缘的距离。

从承载力计算的角度出发(《混规》式(6.2.10-1)),通过配置纵向受压钢筋可以分担混凝土受压区的部分压应力,间接提高梁的正截面承载能力,但这一措施相比于增大梁截面尺寸、提高混凝土强度是很不经济的,仅适用于以下两种情况:

(1)单筋梁截面相对受压区高度 $\xi>\xi_b$,而梁截面尺寸受到限制,混凝土强度等级又不能提高;

(2)构件沿长度方向弯矩异号。

但是,从截面延性、变形及抗裂角度来讲,配置纵向受压钢筋则是有利的。

2.1.6　截面计算方法

对于不配置预应力筋的钢筋混凝土受弯构件,在截面设计或复核时,按需要求解参数的不同,分别将求解步骤及所涉及的条文总结如下。

1. 承载力复核

已知截面尺寸 $b \times h$、混凝土强度等级和钢筋等级以及配筋面积 A_s、A'_s,求构件正截面受弯承载力 M_u。

(1)计算参数 f_c、f_y、f'_y、α_1。

《混规》表 4.1.4-1、表 4.2.3-1、第 6.2.6 条(或本章表 2.1)

(2)受压区高度 x:

$$x = \frac{f_yA_s - f'_yA'_s}{\alpha_1 f_c b}$$

《混规》式(6.2.10-2)

(3)混凝土极限压应变 ε_{cu}、系数 β_1、界限受压区高度 ξ_b。

《混规》式(6.2.1-5)、第 6.2.6 条(或本章表 2.1)、式(6.2.7-1)(含注释)

(4)纵向钢筋合力点至截面受压边缘的距离 a_s/a'_s、截面有效高度 h_0 和 h'_0。

当设置单排钢筋时,可按 $a_s/a'_s=c+\phi+d/2$ 计算,其中 c 为构件受拉侧或受压侧的混凝土保护层厚度,ϕ 为箍筋直径,d 为受拉或受压纵向钢筋的直径。

《混规》表 8.2.1(注 1)、第 8.2.1 条第 1 款

当纵向、横向钢筋的直径未知或纵向钢筋为多排时,可按下列情况取值:

①纵向受力钢筋为一排时,梁取 $a_s/a'_s=40$ mm,板取 $a_s/a'_s=20$ mm;

②纵向受力钢筋为两排时,梁取 $a_s/a'_s=65$ mm。

(5)验算受压区高度:

$$2a' \leq x \leq \xi_b h_0$$

《混规》式(6.2.10-3)、式(6.2.10-4)

(6)正截面受弯承载力 M_u。

《混规》式（6.2.10-1）

（7）当 $x \geqslant \xi_b h_0$ 时，应按 $x = \xi_b h_0$ 计算正截面承载力 M_u：

$$M_u = \alpha_1 f_c b h_0^2 \xi_b (1 - 0.5\xi_b) + f'_y A'_s (h_0 - a'_s)$$

《混规》式（6.2.10-1）

（8）当考虑纵向受压钢筋的作用且 $x < 2a'_s$ 时，由于 $\sigma'_s < f'_y$，应对纵向受压钢筋取矩，建立平衡条件。

$$M_u = f_y A_s (h - a_s - a'_s)$$

《混规》式（6.2.14）

2. 配筋计算

（1）已知截面尺寸 $b \times h$、混凝土强度等级和钢筋等级、设计使用年限内承受的最大（非抗震设计）弯矩 M，求配筋面积 A_s、A'_s。

注：应按 $\gamma_0 M$ 与正截面受弯承载力设计值 M_u 相等计算，即 $\gamma_0 M = M_u$。

①计算参数 f_c、f_y、f'_y、α_1。

《混规》表 4.1.4-1、表 4.2.3-1、第 6.2.6 条（或本章表 2.1）

②混凝土极限压应变 ε_{cu}、系数 β_1、界限受压区高度 ξ_b。

《混规》式（6.2.1-5）、第 6.2.6 条（或本章表 2.1）、式（6.2.7-1）（含注释）

③纵向钢筋合力点至截面受压边缘的距离 a_s、a'_s，截面有效高度 h_0、h'_0。

同上

④求纵向受压钢筋的面积 A'_s。

假定构件的破坏为适筋梁的界限破坏，则充分利用了受压区混凝土强度，此时混凝土的受压区计算高度为 $x = \xi_b h_0$，便可根据截面的力矩平衡条件求解纵向受压钢筋面积，若 $A'_s < 0$，表明无须配置纵向受压钢筋，后续可取 $A'_s = 0$。

$$A'_s = \frac{\gamma_0 M - \alpha_1 f_c b h_0^2 \xi_b (1 - 0.5\xi_b)}{f'_y (h_0 - a'_s)}$$

《混规》式（6.2.10-1）

⑤求纵向受拉钢筋的面积 A_s：

$$A_s = \frac{\alpha_1 f_c b \xi_b h_0 + f'_y A'_s}{f_y}$$

《混规》式（6.2.10-2）

⑥验算最小配筋率，防止少筋破坏。

《混规》表 8.5.1、注 2（高强度钢筋配筋率调整）、注 5（含翼缘面积与否）

（2）已知截面尺寸 $b \times h$、混凝土强度等级和钢筋等级、设计使用年限内承受的最大（非抗震设计）弯矩 M、受压区纵向钢筋配筋面积 A'_s，求纵向受拉钢筋配筋面积 A_s。

注：应按 $\gamma_0 M$ 与正截面受弯承载力设计值 M_u 相等计算，即 $\gamma_0 M = M_u$。

①计算参数 f_c、f_y、f'_y、α_1。

《混规》表 4.1.4-1、表 4.2.3-1、第 6.2.6 条（或本章表 2.1）

②混凝土极限压应变 ε_{cu}、系数 β_1、界限受压区高度 ξ_b。

《混规》式（6.2.1-5）、第 6.2.6 条（或本章表 2.1）、式（6.2.7-1）（含注释）

③纵向钢筋合力点至截面受压边缘的距离 a_s、a'_s，截面有效高度 h_0、h'_0。

同上

④受压区高度 x，由《混规》式（6.2.10-1）可得

$$x = h_0 - \sqrt{h_0^2 - \frac{2[\gamma_0 M - f'_y A'_s (h_0 - a'_s)]}{\alpha_1 f_c b}}$$

⑤验算受压区高度：

$$2a_{\mathrm{s}}' \leq x \leq \xi_{\mathrm{b}} h_0$$

《混规》式（6.2.10-3）、式（6.2.10-4）

⑥纵向受拉钢筋配筋面积 A_{s}：

$$A_{\mathrm{s}} = \frac{\alpha_1 f_{\mathrm{c}} b x + f_{\mathrm{y}}' A_{\mathrm{s}}'}{f_{\mathrm{y}}}$$

《混规》式（6.2.10-2）

⑦当 $x \geq \xi_{\mathrm{b}} h_0$ 时，说明受压区钢筋配筋面积 A_{s}' 过小，应按 A_{s}' 未知，重新计算 A_{s}、A_{s}'。

⑧当考虑纵向受压钢筋的作用且 $x < 2a_{\mathrm{s}}'$ 时，由于 $\sigma_{\mathrm{s}}' < f_{\mathrm{y}}'$，应对纵向受压钢筋取矩，建立平衡条件。

$$A_{\mathrm{s}} = \frac{\gamma_0 M}{f_{\mathrm{y}}(h - a_{\mathrm{s}} - a_{\mathrm{s}}')}$$

《混规》式（6.2.14）

⑨验算最小配筋率，防止少筋破坏。

《混规》表 8.5.1、注 2（高强度钢筋配筋率调整）、注 5（含翼缘面积与否）

2.2　T 形梁正截面承载力计算

2.2.1　翼缘的有效宽度

由于受弯构件在正截面破坏时，大部分受拉区的混凝土早已退出工作，因此在计算构件正截面承载力时不考虑混凝土的受拉强度。也正是基于此原因，对于倒 T 形截面受弯构件，需按肋宽为 b 的矩形截面计算受弯承载力，如图 2.9 所示为现浇肋梁楼盖连续梁受弯时支座附近截面。

相反，对于翼缘位于受压区的 T 形梁横断面，在保证结构抗剪承载力、梁肋屈曲稳定、混凝土主拉应力等满足设计要求且不致使混凝土浇筑困难的前提下，由于尽可能挖空了受拉区的混凝土，在极大程度上减轻了结构的自重，进而能够充分发挥受压区混凝土的抗压能力，因此在计算时应考虑翼缘受压对正截面受弯承载力的贡献。

但由于剪力滞后效应的影响，使得在 T 形、I 形、箱形以及其他闭合薄壁受弯构件中，翼缘板上的实际正应力分布是不均匀的，实际应力分布和按平截面假定计算的应力分布如图 2.10 所示。若薄壁受弯构件很宽，则远离梁肋处的翼缘正应力很小，仍按应力均匀分布的假定进行计算，会过高地估计翼缘全宽对正截面承载力的贡献，当梁内受拉钢筋达到屈服点时，靠近梁肋处的混凝土由于实际压应力过高而首先破坏。

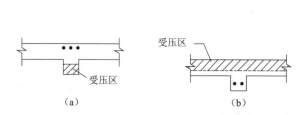

图 2.9　连续梁受弯时支座与跨中截面
（a）支座截面　（b）跨中截面

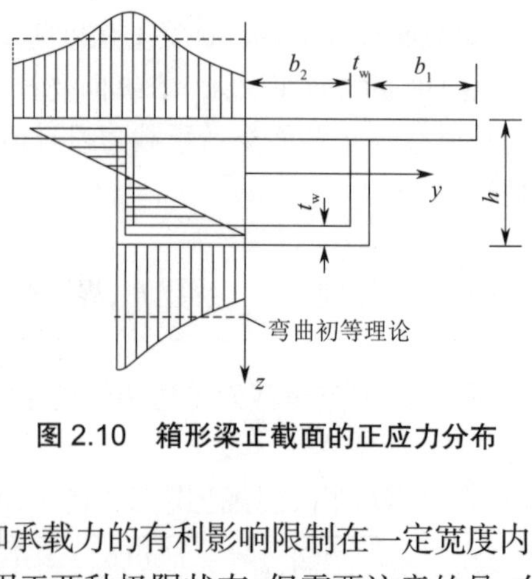

图 2.10　箱形梁正截面的正应力分布

基于上述原因，一般在进行结构设计时应将翼缘对梁刚度和承载力的有利影响限制在一定宽度内，即翼缘的有效计算宽度。对于薄壁受弯构件，翼缘有效宽度的规定适用于两种极限状态，但需要注意的是，有效宽度用于考虑受弯构件存在的剪滞效应，因此仅适用于受弯构件，轴向力产生的应力应按全宽计算。《混规》有如下规定。

5.2.4　对现浇楼盖和装配整体式楼盖,宜考虑楼板作为翼缘对梁刚度和承载力的影响。梁受压区有效翼缘计算宽度 b'_f 可按表 5.2.4 所列情况中的**最小值**取用;也可采用**梁刚度增大系数法近似考虑**,刚度增大系数应根据梁有效翼缘尺寸与梁截面尺寸的相对比例确定。

表 5.2.4　受弯构件受压区有效翼缘计算宽度 b'_f

情况		T 形、I 形面积		倒 L 形截面
		肋形梁(板)	独立梁	肋形梁(板)
1	按计算跨度 l_0 考虑	$l_0/3$	$l_0/3$	$l_0/6$
2	按梁(肋)净距 s_n 考虑	$b+s_n$	—	$b+s_n/2$
3	按翼缘高度 h'_f 考虑　$h'_f/h_0 \geqslant 0.1$	—	$b+12h'_f$	—
	$0.05 \leqslant h'_f/h_0 < 0.1$	$b+12h'_f$	$b+6h'_f$	$b+5h'_f$
	$h'_f/h_0 < 0.05$	$b+12h'_f$	b	$b+5h'_f$

注:1. 表中 b 为梁的腹板厚度;($h_0=h-a_s$ 详见规范图 6.2.11)

　　2. 肋形梁在梁跨内设有间距小于纵肋间距的横肋时,可不考虑表中情况 3 的规定;

　　3. 加腋的 T 形、I 形和倒 L 形截面,当受压区加腋的高度 h_h 不小于 h'_f 且加腋的长度 b_h 不大于 $3h_h$ 时,其翼缘计算宽度可按表中情况 3 的规定分别增加 $2b_h$(T 形、I 形截面)和 b_h(倒 L 形截面);

　　4. 独立梁受压区的翼缘板在荷载作用下经验算沿纵肋方向可能产生裂缝时,其计算宽度应取腹板宽度 b。

2.2.2　正截面受弯承载力计算

在按规范要求确定受压区翼缘的有效计算宽度后,同样可以基于 2.1.2 节所述的基本假定建立截面上力及力矩的平衡条件,对构件进行承载力设计。根据极限状态下截面中和轴位置的不同,可将 T 形截面受弯构件的受力和正截面承载力计算分为两种类型。

(1)当中和轴位于翼缘内,即计算受压区高度小于翼缘板厚度, $x \leqslant h'_f$ 时,由于不考虑混凝土的抗拉强度,因此当 T 形受弯构件极限状态下的中和轴位于翼缘内,可按与受压翼缘宽度 b'_f 相等的矩形截面进行设计,唯一需要注意的是,在计算梁肋纵向受拉钢筋的最小配筋率时,应扣除受压翼缘的面积[①],即 $b'_f(h'_f-h)$。

(2)当中和轴位于梁肋内,即 $x>h'_f$ 时,需要分区域考虑受压区混凝土对正截面受弯承载力的贡献,重新建立计算公式。

对于极限状态下的两种受压类型,应首先进行判别,再进行截面承载力计算。《混规》有如下规定。

6.2.11　翼缘位于受压区的 T 形、I 形截面受弯构件(图 6.2.11),其正截面受弯承载力计算应符合下列规定。

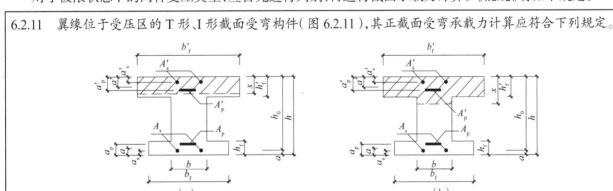

图 6.2.11　I 形截面受弯构件受压区高度位置

(a) $x \leqslant h'_f$ 　(b) $x>h'_f$

1　当满足下列条件时,应按宽度为 b'_f 的矩形截面计算(第一种类型):

---

① 　最小配筋率是按钢筋混凝土受弯构件极限弯矩 M_u 与同尺寸的素混凝土受弯构件的开裂弯矩 M_y 相等的原则得出的,而素混凝土的开裂弯矩取决于混凝土的抗拉强度,因此 T 形截面素混凝土梁比同截面但扣除受压翼缘矩形梁的开裂弯矩提高有限。结合工程设计经验,此处偏于保守地按无翼缘的矩形截面计算最小配筋率。

$$f_y A_s + f_{py} A_p \leqslant \alpha_1 f_c b_f' h_f' + f_y' A_s' - (\sigma_{p0}' - f_{py}') A_p' \qquad (6.2.11\text{-}1)$$

2　当不满足公式（6.2.11-1）的条件时，应按下列公式计算（第二种类型）：

$$M \leqslant \alpha_1 f_c b x \left(h_0 - \frac{x}{2} \right) + \alpha_1 f_c (b_f' - b) h_f' \left(h_0 - \frac{h_f'}{2} \right) + f_y' A_s' (h_0 - a_s') - (\sigma_{p0}' - f_{py}') A_p' (h_0 - a_p') \qquad (6.2.11\text{-}2)$$

混凝土受压区高度应按下列公式确定：

$$\alpha_1 f_c [b x + (b_f' - b) h_f'] = f_y A_s - f_y' A_s' + f_{py} A_p + (\sigma_{p0}' - f_{py}') A_p' \qquad (6.2.11\text{-}3)$$

式中　　h_f'——T 形、I 形截面受压区的翼缘高度；

　　　　b_f'——T 形、I 形截面受压区的翼缘计算宽度，按本规范第 6.2.12 条的规定确定。

按上述公式计算 T 形、I 形截面受弯构件时，混凝土受压区高度仍应符合本规范公式（6.2.10-3）和公式（6.2.10-4）的要求。

6.2.12　**T 形、I 形及倒 L 形截面受弯构件位于受压区的翼缘计算宽度 b_f' 可按本规范表 5.2.4 所列情况中的最小值取用。**

2.2.3　截面计算方法

1. 计算类型的判定

由前面可知，两种计算类型的临界条件是计算受压区高度 $x = h_f'$。对于不配置预应力筋的钢筋混凝土受弯构件，以此时的截面建立平衡条件可得如下方程：

$$\sum x = 0 \quad \alpha_1 f_c b_f' h_f' + f_y' A_s' = f_y A_s \qquad (2.16\text{-}a)$$

$$\sum M = 0 \quad M = \alpha_1 f_c b_f' h_f' \left(h_0 - \frac{h_f'}{2} \right) + f_y' A_s' (h_0 - a_s') \qquad (2.16\text{-}b)$$

（1）当已知截面配筋而进行承载力计算时，可根据式（2.16-a）进行判定，即：

当 $f_y A_s \leqslant \alpha_1 f_c b_f' h_f' + f_y' A_s'$ 时，为第一种计算类型；

当 $f_y A_s > \alpha_1 f_c b_f' h_f' + f_y' A_s'$ 时，为第二种计算类型。

（2）当已知承载力设计值（$M_u = \gamma_0 M$）而进行配筋计算时，可根据式（2.16-b）进行判定，即：

当 $\gamma_0 M \leqslant \alpha_1 f_c b_f' h_f' \left(h_0 - \dfrac{h_f'}{2} \right) + f_y' A_s' (h_0 - a_s')$ 时，为第一种计算类型；

当 $\gamma_0 M > \alpha_1 f_c b_f' h_f' \left(h_0 - \dfrac{h_f'}{2} \right) + f_y' A_s' (h_0 - a_s')$ 时，为第二种计算类型。

2. 第二种类型的承载力计算方法

1）截面承载力计算

已知截面尺寸 $b \times h$、混凝土强度等级和钢筋等级及配筋面积 A_s、A_s'，求构件正截面受弯承载力 M_u。

（1）计算参数 f_c、f_y、f_y'、α_1。

《混规》表 4.1.4-1、表 4.2.3-1、第 6.2.6 条（或本章表 2.1）

（2）判定计算类型：

当为第一种计算类型时，应按截面为 $b_f' \times h$ 的矩形构件计算受压区高度和承载力，详见 2.1.6 节；

当为第二种计算类型时，按下列步骤进行计算。

《混规》式（6.2.11-1）

（3）计算受压区高度 x：

$$x = \frac{f_y A_s - f_y' A_s' - \alpha_1 f_c (b_f' - b) h_f'}{\alpha_1 f_c b}$$

《混规》式（6.2.11-3）

（4）混凝土极限压应变 ε_{cu}、系数 β_1、界限受压区高度 ξ_b。

《混规》式（6.2.1-5）、第 6.2.6 条（或本章表 2.1）、式（6.2.7-1）（含注释）

（5）纵向钢筋合力点至截面受压边缘的距离 a_s/a'_s、截面有效高度 h_0、h'_0。

同 2.1.6 节

（6）验算受压区高度：

$$2a'_s \le x \le \xi_b h_0$$

《混规》式（6.2.10-3）、式（6.2.10-4）

（7）正截面受弯承载力 M_u。

《混规》式（6.2.11-2）

（8）当 $x \ge \xi_b h_0$ 时，应按 $x=\xi_b h_0$ 计算正截面承载力 M_u。

《混规》式（6.2.11-2）

（9）当考虑纵向受压钢筋的作用且 $x<2a'_s$ 时，由于 $\sigma'_s<f'_y$，应对纵向受压钢筋取矩，建立平衡条件。

$$M_u = f_y A_s(h - a_s - a'_s)$$

《混规》式（6.2.14）

2）非抗震设计配筋计算

（1）已知截面尺寸 $b \times h$、混凝土强度等级和钢筋等级、设计使用年限内承受的最大弯矩设计值 M，求配筋面积 A_s、A'_s。

注：应按 $\gamma_0 M$ 与正截面受弯承载力设计值 M_u 相等计算，即 $\gamma_0 M=M_u$。

①计算参数 f_c、f_y、f'_y、α_1。

《混规》表 4.1.4-1、表 4.2.3-1、第 6.2.6 条（或本章表 2.1）

②混凝土极限压应变 ε_{cu}、系数 β_1、界限受压区高度 ξ_b。

《混规》式（6.2.1-5）、第 6.2.6 条（或本章表 2.1）、式（6.2.7-1）（含注释）

③纵向钢筋合力点至截面受压边缘的距离 a_s/a'_s、截面有效高度 h_0、h'_0。

同 2.1.6 节

④求纵向受压钢筋的面积 A'_s。

假定构件的破坏为适筋梁的界限破坏，则充分利用了受压区混凝土强度，此时混凝土的受压区计算高度为 $x=\xi_b h_0$，便可根据截面的力矩平衡条件求解纵向受压钢筋面积。

当 $x \le h'_f$ 时：

$$A'_s = \frac{\gamma_0 M - \alpha_1 f_c b'_f x(x - 0.5 h_0)}{f'_y(h_0 - a'_s)}$$

《混规》式（6.2.10-1）

当 $x>h'_f$ 时：

$$A'_s = \frac{\gamma_0 M - \alpha_1 f_c (b'_f - b) h'_f\left(h_0 - \dfrac{h'_f}{2}\right) - \alpha_1 f_c b x\left(h_0 - \dfrac{x}{2}\right)}{f'_y(h_0 - a'_s)}$$

《混规》式（6.2.11-2）

若 $A'_s<0$，表明无须配置纵向受压钢筋，后续可取 $A'_s=0$。

⑤求纵向受拉钢筋的面积 A_s。

当 $x \le h'_f$ 时：

$$A_s = \frac{\alpha_1 f_c b'_f x + f'_y A'_s}{f_y}$$

《混规》式（6.2.10-2）

当 $x>h'_f$ 时：

$$A_s = \frac{\alpha_1 f_c [bx + (b_f' - b)h_f'] + f_y' A_s'}{f_y}$$

《混规》式（6.2.11-3）

⑥验算最小配筋率，防止少筋破坏。

《混规》表 8.5.1、注 2（高强度钢筋配筋率调整）、注 5（含翼缘面积与否）

（2）已知截面尺寸 $b \times h$、混凝土强度等级和钢筋等级、设计使用年限内承受的最大弯矩设计值 M、受压区纵向钢筋配筋面积 A_s'，求纵向受拉钢筋配筋面积 A_s。

注：应按 $\gamma_0 M$ 与正截面受弯承载力设计值 M_u 相等计算，即 $\gamma_0 M = M_u$。

①计算参数 f_c、f_y、f_y'、α_1。

《混规》表 4.1.4-1、表 4.2.3-1、第 6.2.6 条（或本章表 2.1）

②混凝土极限压应变 ε_{cu}、系数 β_1、界限受压区高度 ξ_b。

《混规》式（6.2.1-5）、第 6.2.6 条（或本章表 2.1）、式（6.2.7-1）（含注释）

③纵向钢筋合力点至截面受压边缘的距离 a_s / a_s'、截面有效高度 h_0、h_0'。

同上

④判断受压类型。

本节式（2.16-b）

⑤受压区高度 x。

当 $\gamma_0 M \leqslant \alpha_1 f_c b_f' h_f' \left(h_0 - \dfrac{h_f'}{2} \right) + f_y' A_s' (h_0 - a_s')$，即为第一类计算类型时：

$$x = h_0 - \sqrt{h_0^2 - \frac{2[\gamma_0 M - f_y' A_s' (h_0 - a_s')]}{\alpha_1 f_c b_f'}}$$

《混规》式（6.2.10-1）

当 $\gamma_0 M > \alpha_1 f_c b_f' h_f' \left(h_0 - \dfrac{h_f'}{2} \right) + f_y' A_s' (h_0 - a_s')$，即为第二类计算类型时：

$$x = h_0 - \sqrt{h_0^2 - \frac{2\left[\gamma_0 M - \alpha_1 f_c (b_f' - b) h_f' \left(h_0 - \dfrac{h_f'}{2} \right) - f_y' A_s' (h_0 - a_s') \right]}{\alpha_1 f_c b}}$$

《混规》式（6.2.11-2）

⑥验算受压区高度：

$$2a_s' \leqslant x \leqslant \xi_b h_0$$

《混规》式（6.2.10-3）、式（6.2.10-4）

⑦纵向受拉钢筋配筋面积 A_s。

当为第一类计算类型时：

$$A_s = \frac{\alpha_1 f_c b_f' x + f_y' A_s'}{f_y}$$

《混规》式（6.2.10-2）

当为第二类计算类型时：

$$A_s = \frac{\alpha_1 f_c [bx + (b_f' - b)h_f'] + f_y' A_s'}{f_y}$$

《混规》式（6.2.10-2）

⑧当 $x \geqslant \xi_b h_0$ 时，说明受压区钢筋配筋面积 A_s' 过小，应按 A_s' 未知，重新计算 A_s、A_s'。

⑨当考虑纵向受压钢筋的作用且 $x < 2a_s'$ 时，由于 $\sigma_s' \leqslant f_y'$，应对纵向受压钢筋取矩，建立平衡条件。

$$A_s = \frac{\gamma_0 M}{f_y(h - a_s - a_s')}$$

《混规》式（6.2.14）

⑩验算最小配筋率,防止少筋破坏。

《混规》表 8.5.1、注 2(高强度钢筋配筋率调整)、注 5(含翼缘面积与否)

2.3 受弯构件的斜截面承载力

实际经验及试验结果均表明,在保证受弯构件正截面承载力的同时,钢筋混凝土受弯构件还有可能在剪力和弯矩共同作用的支座附近即弯剪区段内,沿着斜向裂缝发生斜截面受剪破坏或斜截面受弯破坏。

通常情况下,弯剪区段的截面破坏主要是由斜截面受剪承载力不足引起的,因此在进行工程设计中,斜截面受剪承载力主要是通过计算来满足的,而斜截面受弯承载力则是通过对纵向钢筋和箍筋的构造要求来满足的。《混规》有如下规定。

> 6.3.10 受弯构件中配置的纵向钢筋和箍筋,当符合本规范第 8.3.1 条~第 8.3.5 条、第 9.2.2 条~第 9.2.4 条、第 9.2.7 条~第 9.2.9 条规定的构造要求时,可不进行构件斜截面的受弯承载力计算。

2.3.1 无腹筋梁的破坏形态

工程试验表明,对于配置箍筋、弯起钢筋等横向钢筋的有腹筋梁,其斜截面受剪承载力有显著提高,但是横向钢筋对承载力的影响规律较难掌握,因此一般均基于无腹筋梁的试验结果计算钢筋混凝土构件的斜截面承载力。

1. 弯剪区段斜裂缝的产生机理

如图 2.1(a)所示两点集中加载的简支梁,当所受集中荷载 P 较小,梁处于弹性工作阶段时,可将钢筋混凝土梁视为均质弹性体。以沿梁的跨度方向为 x 轴方向,则梁中任一点的主拉应力和主压应力可按材料力学公式计算。

主拉应力:

$$\sigma_1 = \frac{\sigma_x}{2} + \sqrt{\frac{\sigma_x^2}{4} + \tau}$$

（2.17-a）

主压应力:

$$\sigma_3 = \frac{\sigma_x}{2} - \sqrt{\frac{\sigma_x^2}{4} + \tau}$$

（2.17-b）

式中 σ_x——梁横截面上任一点处沿 x 轴方向的压应力。

根据上述公式便可以绘制出构件的主应力轨迹线,如图 2.1(e)所示,其中实线为主拉应力轨迹,虚线为主压应力轨迹。显然,当混凝土的主拉应变超其极限拉应变时,裂缝将会沿着垂直于主拉应力方向开展。由于在跨中纯弯段,主拉应力轨迹近乎与梁的中轴线平行,因此纯弯段产生的主要为竖向裂缝。相反,在梁的弯剪区段产生的裂缝则由梁底部向荷载作用方向倾斜发展,称为斜裂缝。

2. 剪跨比 λ

对于如图 2.11 所示两点集中加载的简支梁,根据材料力学可求得截面上任一点处的正应力和剪应力值。

正应力:

$$\sigma_x = \frac{M_y}{I_y} z$$

（2.18-a）

剪应力:

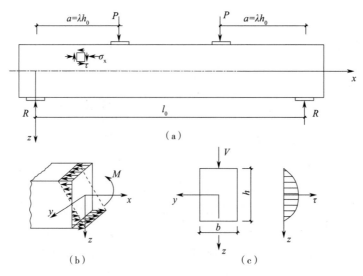

图 2.11　两点集中加载的简支梁弯剪段任一截面应力分析
（a）两点集中加载的简支试验梁　（b）截面正应力分布　（c）截面剪应力分布

$$\tau = \frac{VS_y}{I_y b} \tag{2.18-b}$$

式中　M_y、V——作用于梁截面上绕 y 轴方向的弯矩和剪力，两者与梁的边界条件、荷载的作用形式及横截
面的位置有关；

　　　　I_y——截面对其中性轴（y 轴）的惯性矩，矩形截面为 $\frac{bh^3}{12}$；

　　　　S_y——截面上所求剪应力处的水平线以下（或以上）部分面积对中性轴的静矩。

对于矩形截面梁，简化计算时截面上任一点的正应力和剪应力可分别表示如下。

正应力：

$$\sigma_x = \alpha_1 \frac{M_y}{bh_0^2} \tag{2.19-a}$$

剪应力：

$$\tau = \alpha_2 \frac{V}{bh_0} \tag{2.19-b}$$

式中　α_1、α_2——系数，与所求点与截面中性轴的距离 z 有关。

　　根据式（2.19-a）及式（2.19-b）可得

$$\frac{\sigma_x}{\tau} = \frac{\alpha_1}{\alpha_2} \cdot \frac{M_y}{Vh_0} = \frac{\alpha_1}{\alpha_2} \cdot \lambda \tag{2.20}$$

其中，λ 称为广义剪跨比。

　　广义剪跨比的大小能从微观上反映梁内任一点主应力和剪应力的比值，也能直观地反映出该点所在截
面上弯矩和剪力的相对大小，同时正应力和剪应力的相对大小决定了该点主应力的方向，因此广义剪跨比的
大小也在一定程度上影响了梁内主应力迹线的分布。当剪跨比较大时，主拉应力线在该点处接近水平，裂缝
的发展形态接近竖向裂缝，随着剪跨比的减小，主拉应力线逐渐倾斜，裂缝的形态逐渐变为斜裂缝。

　　对于承受集中荷载的简支梁，若令最外侧集中力到临近支座的距离为 a，则该集中力作用位置处的梁截
面上的弯矩和剪力分别为 $M_y = Ra$、$V = R$，此时式（2.20）可简化为 $\lambda = \frac{a}{h_0}$，称为计算剪跨比，其中 a 称为剪
跨。不同剪跨比下梁内的主应力线轨迹分布如图 2.12 所示，其中实线为梁内各点的主拉应力方向连线，虚
线为梁内各点的主压应力方向连线。

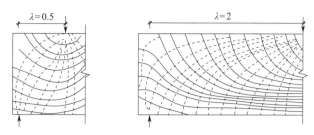

图 2.12　简支梁不同剪跨比下的主应力线轨迹

显然,最外侧荷载作用在梁截面上的剪跨比决定了无腹筋梁弯剪段斜截面受剪破坏的最终形态,因此也对构件的斜截面承载力有很重要的影响。

3. 三种破坏形态

试验表明,相同条件下的两点集中加载的简支梁,随着集中荷载的作用位置与支座距离(剪跨) a 的不同,梁将出现三种不同的斜截面破坏形态,即最外侧集中荷载作用截面上弯矩和剪力的相对值($a=M/V$)决定了梁端的斜截面破坏形态。

1)斜压(短柱)破坏

如图 2.13(a)所示,当剪跨比较小($\lambda<1$)时,弯剪段内剪力大而弯矩小,由于集中荷载距离支座较近,该区段内主压应力的方向大致平行于集中力和支座反力的连线。随着集中荷载的增大,混凝土被斜裂缝分割成若干个斜向短柱,最终梁会因为斜向短柱被压碎而破坏。此破坏是由梁中主压应力控制,表现为混凝土被压碎的脆性破坏,因此梁的受剪承载力取决于混凝土的抗压强度和梁的截面尺寸。斜压破坏是斜截面承载力最大的一种破坏形态,常见于梁腹板很薄的 T 形截面或 I 形截面梁内。

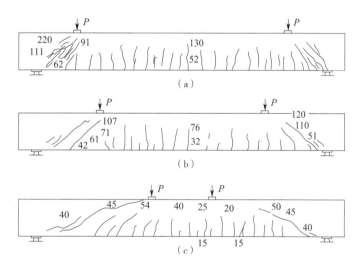

图 2.13　无腹筋梁弯剪区段的主要破坏形态(单位:kN)

(a)斜压破坏　(b)剪压破坏　(c)斜拉破坏

为了防止构件发生斜压破坏,《混规》有如下规定。

6.3.1　矩形、T 形和 I 形截面受弯构件的受剪截面应符合下列条件:

当 $h_w/b \leqslant 4$ 时(普通构件)

$$V \leqslant 0.25\beta_c f_c bh_0 \qquad (6.3.1\text{-}1)$$

当 $h_w/b \geqslant 6$ 时(薄腹构件)

$$V \leqslant 0.2\beta_c f_c bh_0 \qquad (6.3.1\text{-}2)$$

当 $4<h_w/b<6$ 时,按线性内插法确定。

式中　 V ——构件斜截面上的最大剪力设计值;

β_c——混凝土强度影响系数,当混凝土强度等级不超过 C50 时 β_c 取 1.0,当混凝土强度等级为 C80 时 β_c 取 0.8,其间按线性内插法确定;

b——矩形截面的宽度,T 形截面或 I 形截面的腹板宽度;

h_0——截面的有效高度;

h_w——截面的腹板高度,矩形截面取有效高度,**T 形截面取有效高度减去翼缘高度,I 形截面取腹板净高。**

注:1. 对 T 形或 I 形截面的简支受弯构件,当有实践经验时,公式(6.3.1-1)中的系数可改用 0.3;

2. 对受拉边倾斜的构件,当有实践经验时,其受剪截面的控制条件可适当放宽。

6.3.1 条文说明(部分)

规定受弯构件的受剪截面限制条件,其目的首先是防止构件截面发生斜压破坏(或腹板压坏),**其次是限制在使用阶段可能发生的斜裂缝宽度**,同时也是构件斜截面受剪破坏的最大配箍率条件。

本条同时给出了划分普通构件与薄腹构件截面限制条件的界限,以及两个截面限制条件的过渡办法。

6.3.2 计算斜截面受剪承载力时,剪力设计值的计算截面应按下列规定采用:

1   支座边缘处的截面(图 6.3.2(a)(b)截面 1—1);

2   受拉区弯起钢筋弯起点处的截面(图 6.3.2(a)截面 2—2、3—3);

3   箍筋截面面积或间距改变处的截面(图 6.3.2(b)截面 4—4);

4   截面尺寸改变处的截面。

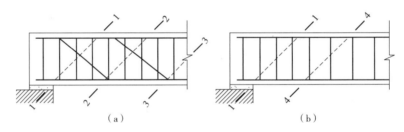

图 6.3.2   斜截面受剪承载力剪力设计值的计算截面

(a)弯起钢筋   (b)箍筋

1—1 支座边缘处的斜截面;2—2、3—3 受拉区弯起钢筋弯起点的斜截面;4—4 箍筋截面面积或间距改变处的斜截面

注:1. 受拉边倾斜的受弯构件,尚应包括梁的高度开始变化处、集中荷载作用处和其他不利的截面;

2. 箍筋的间距以及弯起钢筋前一排(对支座而言)的弯起点至后一排的弯终点的距离,应符合本规范第 9.2.8 条和第 9.2.9 条的构造要求。

2)剪压破坏

如图 2.13(b)所示,对于中等剪跨比(1≤λ≤3)的梁,在加载初期集中荷载较小时,竖向裂缝的发展趋势和斜拉破坏的梁趋势相同。随后,梁在距离支座约 h_0 的截面高度中央位置出现约 45° 的腹剪斜裂缝;随着集中荷载的增大,纯弯段内受弯裂缝的发展逐渐停滞,弯剪段内靠近集中力位置处的斜裂缝继续向斜上方发展,腹剪斜裂缝同时向支座和集中力两个方向发展;集中荷载再增大,梁内裂缝逐渐贯通成一条主要的斜裂缝,称为临界斜裂缝,临界斜裂缝出现后迅速延伸,截面顶部剪压区面积或高度缩小,混凝土在正应力和剪应力的共同作用下达到双向抗压强度而破坏,斜截面承载能力丧失。这种典型的破坏形态被称为剪压破坏,剪压破坏的梁斜截面承载力介于斜压破坏和斜拉破坏之间,由于破坏比较迅速,因此也属于脆性破坏。

3)斜拉破坏

如图 2.13(c)所示,当剪跨比较大(λ>3)时,集中荷载距离支座较远,靠近集中荷载作用位置处的弯剪段内弯矩相比于剪力较大。当集中荷载较小时,竖向裂缝率先出现在纯弯段以及靠近集中力处的弯剪段内;随着集中荷载的逐渐增大,斜裂缝出现,并和弯剪段内的竖向裂缝一起迅速向受压区斜向延伸而破坏。斜拉破坏的特点是裂缝一出现构件便很快破坏,由于裂缝的发展和延伸是由主拉应力控制的,因此构件表现为混凝土被拉断的脆性破坏。该破坏形态下梁的斜截面受剪承载力取决于混凝土的抗拉强度和梁的截面尺寸。斜拉破坏是斜截面承载力最小的一种破坏形态,破坏前梁的变形很小,具有明显的脆性。

工程设计中一般通过构造措施来保证构件不发生斜拉破坏。

4. 斜截面受剪机理

在临近破坏时,无腹筋梁的受力可以看成是如图 2.14(a)所示的多组底部带拉杆的变截面两铰拱。纵向钢筋可视为底部受力均匀的拉杆,梁内未产生裂缝的区域为受压的混凝土拱体,主拱(Ⅰ)及副拱(Ⅱ)的传力与梁内的主压应力轨迹一致。显然,当拱顶剪压区的承载力不足时,构件将产生剪压或斜拉破坏;当拱体的受压承载力不足时,将产生斜压破坏。

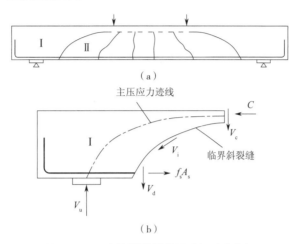

图 2.14　无腹筋梁的斜截面破坏受力分析
(a)拉杆拱受力模型　(b)主拱受力分析

通过建立主拱的受力条件(图 2.14(b))可知,当发生剪压或斜拉破坏时,无腹筋梁的斜截面承载力 V_u 主要由顶部残余剪压区混凝土的受剪承载力 V_c、沿(即将贯通的)临界斜裂缝截面的骨料咬合力 V_i 以及纵筋的销栓力[①]V_d 三部分组成。

2.3.2　无腹筋梁的斜截面承载力

基于构件"强剪弱弯"的延性设计理念,受弯构架斜截面破坏的三种形态在工程设计中都应予以避免。结合理论计算及试验结果的统计分析,一般通过计算和一定的构造要求便可以防止构件的剪压和斜拉破坏形态。

1. 承载力影响因素

1)剪跨比

剪跨比的大小能够从宏观上反映梁弯剪区段的应力状态。当剪跨比较小时,梁会首先发生斜截面破坏,并且破坏形态随着剪跨比的增大逐渐由斜压破坏向剪压和斜拉破坏过渡,脆性特征越来越明显。剪跨比再增大,梁的破坏形态将转变为正截面受弯破坏,弯剪段内的斜截面不再破坏。

2)混凝土强度

斜截面破坏是混凝土达到其极限强度时产生的,因此混凝土强度对斜截面承载力有很大的影响。当发生斜压破坏时,极限承载力取决于混凝土的抗压强度;斜拉破坏则取决于混凝土的抗拉强度;对于剪压破坏的梁,极限承载力取决于残余剪压区混凝土的抗压强度以及斜裂缝截面骨料的咬合作用。

3)纵向配筋率

根据试验分析,纵向受拉钢筋的配筋率 ρ 对无腹筋梁受剪承载力 V_u 的影响可用系数 $\beta_\rho = 0.7+20\rho$ 来表示。但通常当 $\rho > 1.5\%$ 时,纵向受拉钢筋的配筋率 ρ 对无腹筋梁受剪承载力的影响才较为明显。因此,我国规范在计算时,一般不考虑纵向配筋率对无腹筋梁的斜截面抗剪承载力的贡献。

---

① 由于斜裂缝两侧混凝土在剪切变形过程中发生上下错动,使纵筋像插销一样承受一部分剪力作用,故称为销栓力。销栓作用很难精确计算,因此在各国规范中通常不考虑销栓作用的影响。(见上)

4）截面形状和尺寸

采用T形截面构件能够通过增大剪压区高度来间接提高梁的弯剪承载力,增大构件的截面高度除上述作用外,还能够相对增加斜裂缝界面的骨料咬合力。但构件截面增高后,斜裂缝的宽度也随着加大,骨料咬合作用逐渐减弱,并且两者对于斜拉破坏形态的作用不大,梁的极限弯剪承载力提高有限。

2. 承载力计算公式

对于集中力作用下无腹筋简支梁的斜截面承载力,文献[6]通过国内外相关试验成果的整理,建立了斜截面承载力与剪跨比 λ、混凝土抗压强度 f_c 以及纵向配筋率 $\mu=A_s/bh_0$ 三个因素的回归公式。

考虑到钢筋混凝土构件斜截面破坏的脆性特征以及试验数据的离散性,在工程设计中原则上一般应取斜截面承载力的下限值,以保证构件的弯剪承载力比受弯承载力具有更高的安全度。因此,基于上述考虑得出的下限回归公式为

$$\frac{V_c}{f_c bh_0}=\frac{0.175}{\lambda+1} \tag{2.21}$$

此外,上述分析得出的公式是基于强度等级 ≤C50 的混凝土构件得出的。对于高强度混凝土,斜截面抗剪承载力 V_u 的增长幅度小于混凝土抗压强度设计值 f_c 的增长率,而约与抗拉强度设计值 f_t 呈正比,因此《混规》在计算构件的斜截面承载力时取 $f_c=0.1f_t$ 代入上述公式进行计算。

6.3.3 不配置箍筋和弯起钢筋的一般板类受弯构件,其斜截面受剪承载力应符合下列规定:

$$V \leqslant 0.7\beta_h f_t bh_0 \tag{6.3.3-1}$$

$$\beta_h = \left(\frac{800}{h_0}\right)^{1/4} \tag{6.3.3-2}$$

式中 β_h——截面高度影响系数。当 h_0 小于 800 mm 时,取 800 mm;当 h_0 大于 2 000 mm 时,取 2 000 mm。

6.3.3 条文说明(部分)

对无腹筋受弯构件的斜截面受剪承载力计算。

2 对第 6.3.3 条中的<u>一般板类受弯构件</u>,主要指受均布荷载作用下的单向板和双向板需按单向板计算的构件。

4 这里应当说明,以上虽然分析了无腹筋梁受剪承载力的计算公式,但并不表示设计的梁不需配置箍筋。<u>考虑到剪切破坏有明显的脆性,特别是斜拉破坏,斜裂缝一旦出现梁即告剪坏,单靠混凝土承受剪力是不安全的。除了截面高度不大于 150 mm 的梁外,一般梁即使满足 $V \leqslant V_c$ 的要求,仍应按构造要求配置箍筋。</u>

6.3.7 矩形、T形和I形截面的一般受弯构件,当符合下式要求时,可不进行斜截面的受剪承载力计算,其箍筋的构造要求应符合本规范第 9.2.9 条的有关规定。

$$V \leqslant \alpha_{cv} f_t bh_0 + 0.05 N_{p0} \tag{6.3.7}$$

式中 α_{cv}——截面混凝土受剪承载力系数,按本规范第 6.3.4 条的规定采用。

6.3.7 条文说明(部分)

试验表明,<u>箍筋能抑制斜裂缝的发展,在不配置箍筋的梁中,斜裂缝的突然形成可能导致脆性的斜拉破坏。</u>因此,本规范规定当剪力设计值小于无腹筋梁的受剪承载力时,应按本规范第 9.2.9 条的规定配置最小用量的箍筋;这些箍筋还能提高构件抵抗超载和承受由于变形所引起应力的能力。

2.3.3 有腹筋梁的斜截面承载力

1. 腹筋的作用

构件中配置的箍筋以及弯起钢筋(纵筋的弯起部分)统称为梁的腹筋。箍筋一般垂直于纵筋并沿构件中轴线方向布置,弯起钢筋则与构件中轴线呈 30°～60° 的夹角。

试验表明,增设腹筋对于提高梁的开裂荷载作用不大,主要是由于混凝土开裂之前,箍筋或者弯起钢筋的

应力非常低;但斜裂缝产生后,与斜裂缝相交的横向钢筋在裂缝位置应力突增,承担了原本由混凝土承受的拉力;随着荷载的增大,钢筋的受力抑制了斜裂缝的发展,直至与斜裂缝相交的横向钢筋达到屈服,此时钢筋已经不能限制裂缝的发展;最终剪压区混凝土在剪应力和正应力的共同作用下被压碎,构件形成剪压破坏形态。

对于 $\lambda<1$ 的梁,由于横向钢筋尚未屈服,梁腹混凝土便会因为抗压强度不足而发生破坏,这意味着横向钢筋的作用并不大,因此工程设计时一般通过控制构件的截面尺寸来防止斜压破坏。

对于 $\lambda>3$ 的梁,当配置适量的腹筋时,构件的破坏形态可以由斜拉破坏转变为上述剪压破坏;但当腹筋的配置数量较少时,裂缝开展后箍筋有可能因为截面面积小而立即屈服,破坏特征与无腹筋梁的斜拉破坏形态相同。

2. 斜截面承载力的组成

如图 2.15 所示,临近破坏时,沿临界斜裂缝截面的受力即组成有腹筋梁的斜截面抗剪承载力的主要组成为

$$V_u=V_c+V_s+V_{sb}+V_i+V_d \qquad (2.22)$$

式中 V_c——顶部残余剪压区混凝土提供的受剪承载力设计值;

$\quad\quad V_s$——箍筋的抗剪承载力设计值;

$\quad\quad V_{sb}$——弯起钢筋的抗剪承载力设计值;

$\quad\quad V_i$——沿临界斜裂缝截面的骨料咬合力;

$\quad\quad V_d$——纵筋的销栓力。

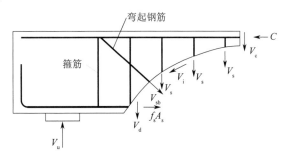

图 2.15 有腹筋梁的斜截面破坏受力分析

箍筋除能够直接提供抗剪承载力外,还能抑制斜裂缝的发展、增大破坏时混凝土的剪压区高度而间接提高构件的抗剪承载力,因此我国在进行构件的斜截面承载力设计时,一般在无腹筋梁的基础上取两项合计即 $V_{cs}=V_c+V_s$ 来考虑, V_s 中则间接地计入了箍筋对混凝土剪压区抗剪承载力的小部分贡献。另外,由前面可知,工程设计时一般不考虑沿临界斜裂缝截面的骨料咬合力 V_i 以及纵筋销栓力 V_d 对抗剪承载力的贡献。由此,有腹筋梁斜截面抗剪承载力的计算公式为

$$V_u=V_{cs}+V_{sb} \qquad (2.23)$$

3. 承载力计算公式

根据图 2.15 可知,并不是所有位于弯剪区段的腹筋都能够在构件达到斜截面承载力极限状态时达到屈服强度,而是在很大程度上取决于裂缝的发展形态和钢筋的布置。对于受弯构件中配有腹筋的斜截面承载力的计算,《混规》有如下规定。

6.3.4 当仅配置箍筋时,矩形、T 形和 I 形截面受弯构件的斜截面受剪承载力应符合下列规定:

$$V\leqslant V_{cs}+V_p \qquad (6.3.4\text{-}1)$$

$$V_{cs}=\alpha_{cv}f_tbh_0+f_{yv}\frac{A_{sv}}{s}h_0 \qquad (6.3.4\text{-}2)$$

$$V_p=0.05N_{p0} \qquad (6.3.4\text{-}3)$$

式中 V_{cs}——构件斜截面上混凝土和箍筋的受剪承载力设计值;

$\quad\quad V_p$——由预加力所提高的构件受剪承载力设计值;

α_{cv}——斜截面混凝土受剪承载力系数,对于①一般受弯构件取0.7;对②集中荷载作用下的独立梁(包括作用有多种荷载,其中集中荷载对支座截面或节点边缘所产生的剪力值占总剪力的75%以上的情况),取 $\alpha_{cv} = \dfrac{1.75}{\lambda+1}$,$\lambda$ 为计算截面的剪跨比,可取 $\lambda=a/h_0$,③<u>当 λ 小于 1.5 时,取 1.5,当 λ 大于 3 时,取3</u>,a 取集中荷载作用点至支座截面或节点边缘的距离;

A_{sv}——④<u>配置在同一截面内箍筋各肢的全部截面面积,即 nA_{sv1}</u>,n 为在同一个截面内箍筋的肢数,A_{sv1} 为单肢箍筋的截面面积;

s——沿构件长度方向的箍筋间距;

f_{yv}——箍筋的抗拉强度设计值,按本规范第4.2.3条的规定采用;

N_{p0}——计算截面上混凝土法向预应力等于零时的预加力,按本规范第10.1.13条计算;⑤<u>当 N_{p0} 大于 $0.3f_cA_0$ 时,取 $0.3f_cA_0$,A_0 为构件的换算截面面积。</u>

注:1. 对预加力 N_{p0} 引起的截面弯矩与外弯矩方向相同的情况,以及预应力混凝土连续梁和允许出现裂缝的预应力混凝土简支梁,均应取 V_p 为0;

2. 先张法预应力混凝土构件,在计算预加力 N_{p0} 时,应按本规范第7.1.9条的规定考虑预应力筋传递长度的影响。

6.3.5 当配置箍筋和弯起钢筋时,矩形、T形和I形截面受弯构件的斜截面受剪承载力应符合下列规定:

$$V \leq V_{cs} + V_p + 0.8f_{yv}A_{sb}\sin\alpha_s + 0.8f_{py}A_{pb}\sin\alpha_p \qquad (6.3.5)$$

式中 V——配置弯起钢筋处的剪力设计值,按本规范第6.3.6条的规定取用;

V_p——由预加力所提高的构件受剪承载力设计值,按本规范公式(6.3.4-3)计算,但计算预加力 N_{p0} 时不考虑弯起预应力筋的作用;

A_{sb}、A_{pb}——同一平面内的弯起普通钢筋、弯起预应力筋的截面面积;

α_s、α_p——斜截面上弯起普通钢筋、弯起预应力筋的切线与构件纵轴线的夹角。

6.3.5、6.3.6 条文说明

试验表明,与破坏斜截面相交的非预应力弯起钢筋和预应力弯起钢筋可以提高构件的斜截面受剪承载力,因此除垂直于构件轴线的箍筋外,弯起钢筋也可以作为构件的抗剪钢筋。公式(6.3.5)给出了箍筋和弯起钢筋并用时,斜截面受剪承载力的计算公式。<u>考虑到弯起钢筋与破坏斜截面相交位置的不确定性,其应力可能达不到屈服强度,因此在公式中引入了弯起钢筋应力不均匀系数0.8。</u>

由于每根弯起钢筋只能承受一定范围内的剪力,当按第6.3.6条的规定确定剪力设计值并按公式(6.3.5)计算弯起钢筋时,其配筋构造应符合本规范第9.2.8条的规定。

6.3.6 计算弯起钢筋时,截面剪力设计值可按下列规定取用(图6.3.2(a)):

1 计算第一排(对支座而言)弯起钢筋时,取支座边缘处的剪力值;

2 计算以后的每一排弯起钢筋时,取前一排(对支座而言)弯起钢筋弯起点处的剪力值。

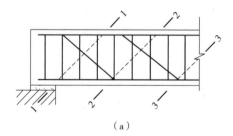

(a)

图6.3.2 斜截面受剪承载力剪力设计值的计算截面

(a)弯起钢筋

1—1 支座边缘处的斜截面;2—2、3—3 受拉区弯起钢筋弯起点的斜截面

对于规范计算公式中箍筋抗剪承载力设计值的计算式 $f_{yv}\dfrac{A_{sv}}{s}h_0$,其意义为假定构件破坏时,临界斜裂缝在沿构件中轴线方向(水平方向)的投影长度为 h_0,则该范围内配置的数量为 $\dfrac{h_0}{s}$ 的箍筋可以达到屈服强度并得到充分利用。若同一截面内箍筋各肢的全部截面面积为 A_{sv},则箍筋的抗剪承载力贡献即为 $V_s=f_{yv}\dfrac{A_{sv}}{s}h_0$,计算时需要注意箍筋作为抗剪的横向钢筋时,$f_{yv}\leqslant 360$ MPa。

2.4　受弯构件的斜截面受弯承载力

受弯构件在出现斜裂缝后,斜截面上不仅存在剪力,还有弯矩的作用。如图 2.16 所示受均布荷载作用的简支梁及弯矩图,沿着斜裂缝截面 CD 取左半部分梁为隔离体,对斜截面上受压区混凝土的合力作用点取矩,则有

$$M_{u,CD}=f_y(A_s-A_{sb})z+f_yA_{sb}z_{sb}+f_{yv}A_{sv}z_{sv} \tag{2.24}$$

式中　$M_{u,CD}$——斜截面 CD 的受弯承载力;

　　　A_s——纯弯段的纵筋总截面面积(计入弯起钢筋);

　　　A_{sb}——斜截面 CD 上弯起钢筋的总截面面积;

　　　A_{sv}——斜截面 CD 上箍筋的总截面面积。

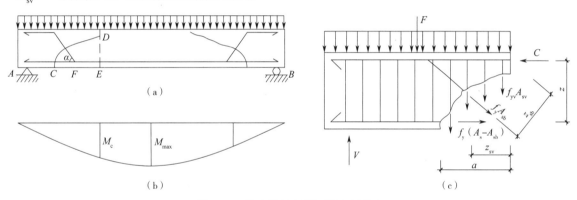

图 2.16　简支梁的斜截面受弯承载力
(a)简支梁加载简图　(b)弯矩图　(c)斜截面破坏受力分析

与斜截面末端 D 相对应的正截面 DE 的受弯承载力为

$$M_{u,DE}=f_yA_sz \tag{2.25}$$

由于斜截面 CD 和正截面 DE 所承受的外弯矩均等于 M_c,因此按跨中最大弯矩 M_{max} 所配置的钢筋 A_s 只要沿梁长既不弯起也不截断,必然满足斜截面 CD 的受弯承载力需求。

在工程设计中,纵向受拉钢筋有时需要截断和弯起,但这会造成构件斜截面受弯承载力的降低。这也就意味着,纵筋的截断和弯起需要至少保证相应斜截面受弯承载力与正截面受弯承载力相等,即 $M_{u,CD}=M_{u,DE}$。

2.4.1　正截面受弯承载力图

通过钢筋和混凝土的共同工作,对梁各个截面产生的受弯承载力设计值 M_u 所绘制的图形称为抵抗弯矩图,又称为材料图。

1. 纵筋沿梁长不变时的抵抗弯矩图

假定在均布荷载作用下的简支梁,按跨中弯矩需配置的纵向受拉钢筋为 $2\,\underline{\Phi}\,25+2\,\underline{\Phi}\,22$,则该简支梁能承受的最大弯矩为

$$M_u=f_yA_s\left(h_0-\frac{f_yA_s}{2\alpha_1f_cb}\right) \tag{2.26}$$

根据式（2.26），任意一根钢筋所提供的受弯承载力 M_{ui} 可近似按钢筋截面面积 A_{si} 与纵向受拉钢筋的总截面面积 A_s 的比值乘以 M_u 求得，即

$$M_{ui} = \frac{A_{si}}{A_s} M_u \qquad (2.27)$$

如果全部纵筋沿梁全长贯通，并且在支座处有足够的锚固长度，则沿梁长度方向各个正截面抵抗弯矩的能力相等，此时梁的抵抗弯矩图为图 2.17 中的矩形 abdc，其中每根钢筋所提供的抵抗弯矩可按式（2.27）计算，分别用水平线示于图上。可见，除跨中位置，其他正截面处的抵抗弯矩 M_u 均比弯矩设计值 M 大很多，尤其是临近支座附近梁的正截面受弯承载力更是大大富裕。因此，工程设计时常将部分纵筋弯起抗剪，以达到经济效果。

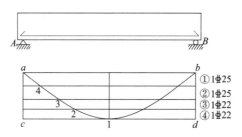

图 2.17　简支梁的抵抗弯矩图

在图 2.17 中，跨中截面 1 点为 4 根钢筋的强度均被充分利用处，2 点为①、②、③（2Φ25+1Φ22）号钢筋的强度被充分利用处，而④号钢筋则不被需要。通常将 1 点称为④号钢筋的"充分利用点"，2 点称为④号钢筋的"理论截断点"或"不需要截面"，3、4 点以此类推。

2. 纵筋沿梁长弯起时的抵抗弯矩图

如果将图 2.17 中简支梁的④号纵筋在临近支座附近的截面处弯起，如图 2.18 所示，则弯起点 E、F 必须在截面 2 以外。同时，也可近似地认为，弯起后的钢筋在与梁截面高度的中心线相交处已进入受压区，故不再提供抵抗弯矩，则弯起后简支梁的抵抗弯矩图为图 2.18 中的 igefhj。其中，e、f 点分别对应弯起点 E、F，g、h 点分别对应弯起钢筋与梁体中轴线的交点 G、H。由于弯起钢筋对所在正截面混凝土受压区合力作用点的力臂逐渐减小，即承担的正截面受弯承载力相应减小，因此反映在弯矩抵抗图中的 ge 和 fh 呈斜线，且因为弯矩抵抗图必须能够完全包络住简支梁弯矩图（M 图），因此 g、h 点必须落在 M 图之外。

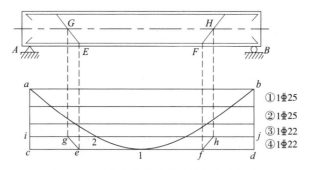

图 2.18　配弯起钢筋的简支梁抵抗弯矩图

3. 纵筋沿梁长截断时的抵抗弯矩图

图 2.19 所示为一钢筋混凝土连续梁中间支座附近的设计弯矩图、抵抗弯矩图及配筋图。假定通过计算得到的负弯矩受拉区所需配置的钢筋为 2Φ16+2Φ18，则相应的抵抗弯矩为 GH。同时，根据上述设计弯矩图和抵抗弯矩图的关系可知，图 2.19 中①号负弯矩筋的理论截断点为 J、L 点，因此 $JIKL$ 即为①号负弯矩筋被截断后的抵抗弯矩的一部分。

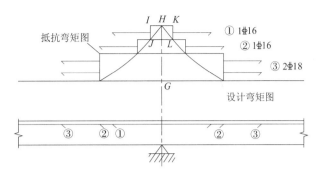

图 2.19 负弯矩钢筋截断的连续梁中间支座抵抗弯矩图

2.4.2 纵筋的弯起

本章在 2.4.1 节中讲述的钢筋的弯起仅从正截面受弯承载力的角度出发是不够安全和全面的。下面主要阐述钢筋混凝土受弯构件中纵向受拉钢筋弯起点和弯终点的基本设计要求。

1. 弯起点的位置

在实际工程中,钢筋的弯起点需要考虑以下两个方面。

1)保证正截面受弯承载力

根据式(2.24)及式(2.25)可知,纵向受拉钢筋弯起后的正截面受弯承载力降低。为了保证正截面受弯承载力能够满足设计要求,纵向受拉钢筋的弯起点必须位于按正截面受弯承载力计算所得的该纵筋强度被充分利用截面即充分利用点外,且能保证抵抗弯矩图位于设计弯矩图的外面,即弯起钢筋与梁中轴线的交点应位于按计算不需要该钢筋的截面以外。

2)保证斜截面受弯承载力

根据前述可知,纵筋的弯起需要至少保证相应斜截面受弯承载力与正截面受弯承载力相等,这实质上也是要求弯起点应能使 $z_{sb} \geqslant z$(图 2.16),即在该钢筋被充分利用截面以外一定的距离,推导如下。

以图 2.16 所示的隔离体为分析对象,对受弯构件剪压区混凝土的合力作用点取矩,则根据正截面 DE 和斜截面 CD 的力矩平衡条件(忽略箍筋的作用)可得

$$f_y(A_s - A_{sb})z + f_y A_{sb} z_{sb} \geqslant f_y A_s z \tag{2.28-a}$$

对式(2.28-a)进行化简后可知,其实质即要求弯起钢筋与压区混凝土合力间的力臂应不小于弯起前,即

$$z_{sb} \geqslant z \tag{2.28-b}$$

假定钢筋弯起的角度与梁中轴线的夹角为 α,则根据几何关系可知:

$$\frac{z_{sb}}{\sin\alpha} = z\cot\alpha + a \tag{2.29}$$

联立式(2.28-b)及式(2.29)并简化后可得

$$a \geqslant \frac{z(1-\cos\alpha)}{\sin\alpha} \tag{2.30}$$

在实际工程中,可近似取 $z=0.9h_0$,且 α 一般为 45° 或 60°,则 $a=(0.373\sim0.52)h_0$。为了方便设计,《混规》规定弯起点与按计算充分利用该钢筋截面之间的距离应满足 $a \geqslant 0.5h_0$。

9.2.7 混凝土梁宜采用箍筋作为承受剪力的钢筋。

当采用弯起钢筋时,弯起角宜取 45° 或 60°;在弯终点外应留有平行于梁轴线方向的锚固长度,且在受拉区不应小于 20d,在受压区不应小于 10d,d 为弯起钢筋的直径;梁底层钢筋中的角部钢筋不应弯起,顶层钢筋中的角部钢筋不应弯下。

9.2.8 (部分)在混凝土梁的受拉区中,弯起钢筋的弯起点可设在按正截面受弯承载力计算不需要该钢筋的截面之前,但弯起钢筋与梁中心线的交点应位于不需要该钢筋的截面之外(图 9.2.8);同时弯起点与按计算充分利用该钢筋的截面之间的距离不应小于 $h_0/2$。

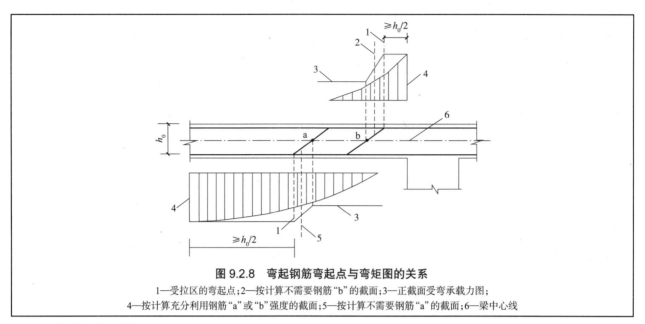

图 9.2.8 弯起钢筋弯起点与弯矩图的关系
1—受拉区的弯起点；2—按计算不需要钢筋"b"的截面；3—正截面受弯承载力图；
4—按计算充分利用钢筋"a"或"b"强度的截面；5—按计算不需要钢筋"a"的截面；6—梁中心线

2. 弯终点的位置

除上述要求外，纵筋弯起的数量需要满足斜截面受剪承载力的需求。在集中荷载作用下，弯起钢筋应能覆盖计算斜截面的初始点至相邻集中荷载作用点之间的范围，因为梁在该区段的剪力是大小不变的。此外，《混规》对于弯终点到支座边缘或前一排弯起钢筋之间的距离也做出了基本要求。

9.2.8 （部分）当按计算需要设置弯起钢筋时，从支座起前一排的弯起点至后一排的弯终点的距离不应大于本规范表 9.2.9 中"$V>0.7f_tbh_0+0.05N_{p0}$"时的箍筋最大间距。弯起钢筋不得采用浮筋。

表 9.2.9 梁中箍筋的最大间距（mm）

梁高 h	$V>0.7f_tbh_0+0.05N_{p0}$	$V \leqslant 0.7f_tbh_0+0.05N_{p0}$
$150<h \leqslant 300$	150	200
$300<h \leqslant 500$	200	300
$500<h \leqslant 800$	250	350
$h>800$	300	400

这一规定是考虑到当 $V>0.7f_tbh_0+0.05N_{p0}$ 时，梁在使用阶段有可能出现斜裂缝，斜裂缝水平投影长度近似取 h_0，则限制弯起点到支座边缘或前一排弯起钢筋之间的距离便能使每根弯起钢筋都与斜裂缝相交，进而保证斜截面的受剪和受弯承载力。

2.4.3 纵筋的截断

1. 支座负弯矩区钢筋的截断

对于连续梁和框架梁来说，梁的正弯矩区段通常较长，几乎覆盖整个跨度。因此，一般情况下，正弯矩区段内的梁底受拉纵筋都是采用钢筋弯起的方式减小纵筋的数量，而不是采用截断的方式。相比之下，梁的负弯矩区段范围不大，因此可以采用截断的方式来减少上部纵筋的数量，但不宜在上部受拉区截断，当需要截断时，则需要符合《混规》的以下规定。

9.2.3 钢筋混凝土梁支座截面负弯矩纵向受拉钢筋不宜在受拉区截断，当需要截断时，应符合以下规定：
　　1 当 V 不大于 $0.7f_tbh_0$ 时，应延伸至按正截面受弯承载力计算不需要该钢筋的截面以外不小于 $20d$ 处截断，且从该钢筋强度充分利用截面伸出的长度不应小于 $1.2l_a$；

2　当 V 大于 $0.7f_tbh_0$ 时,应延伸至按正截面受弯承载力计算不需要该钢筋的截面以外不小于 h_0 且不小于 $20d$ 处截断,且从该钢筋强度充分利用截面伸出的长度不应小于 $1.2l_a$ 与 h_0 之和;

3　若按本条第 1、2 款确定的截断点仍位于负弯矩对应的受拉区内,则应延伸至按正截面受弯承载力计算不需要该钢筋的截面以外不小于 $1.3h_0$ 且不小于 $20d$ 处截断,且从该钢筋强度充分利用截面伸出的长度不应小于 $1.2l_a$ 与 $1.7h_0$ 之和。

9.2.3 条文说明(部分)

当梁端作用剪力较大时,在支座负弯矩钢筋的延伸区段范围内将形成由负弯矩引起的垂直裂缝和斜裂缝,并可能在斜裂缝区前端沿该钢筋形成劈裂裂缝,使纵筋拉应力由于斜弯作用和黏结退化而增大,并使钢筋受拉范围相应向跨中扩展。因此,钢筋混凝土梁的支座负弯矩纵向受力钢筋(梁上部钢筋)不宜在受拉区截断。

国内外试验研究结果表明,为了使负弯矩钢筋的截断不影响它在各截面中发挥所需的抗弯能力,应通过两个条件控制负弯矩钢筋的截断点。第一个控制条件(即从不需要该批钢筋的截面伸出的长度)是使该批钢筋截断后,继续前伸的钢筋能保证通过截断点的斜截面具有足够的受弯承载力;第二个控制条件(即从充分利用截面向前伸出的长度)是使负弯矩钢筋在梁顶部的特定锚固条件下具有必要的锚固长度。根据对分批截断负弯矩纵向钢筋时钢筋延伸区段受力状态的实测结果,规范作出了上述规定。

当梁端作用剪力较小($V \leqslant 0.7f_tbh_0$)时,控制钢筋截断点位置的两个条件仍按无斜向开裂的条件取用。**(编者注:此时,两个控制条件与正截面受弯承载力有关,而与斜截面受弯承载力无关)**

当梁端作用剪力较大($V > 0.7f_tbh_0$),且负弯矩区相对长度不大时,规范给出的第二个控制条件可继续使用;第一个控制条件从不需要该钢筋截面伸出长度不小于 $20d$ 的基础上,**增加了同时不小于 h_0 的要求。** **(编者注:即不小于斜裂缝的水平投影长度 h_0)**

若负弯矩区相对长度较大,按以上两个条件确定的截断点仍位于与支座最大负弯矩对应的负弯矩受拉区内时,延伸长度应进一步增大。增大后的延伸长度分别为自充分利用截面伸出长度以及自不需要该批钢筋的截面伸出长度,在两者中取较大值。

2. 悬臂梁负弯矩区钢筋的截断

由于悬臂梁剪力较大且全长承受负弯矩,"斜弯作用"及"沿筋劈裂"引起的受力状态更为不利。试验表明,在作用剪力较大的悬臂梁内,因梁全长受负弯矩作用,临界斜裂缝的倾角明显较小,因此悬臂梁的负弯矩区纵向受力钢筋不宜切断,而应按弯矩图分批下弯,且必须有不少于 2 根上部钢筋伸至梁端,并向下弯折锚固。《混规》有如下规定。

9.2.4　在钢筋混凝土悬臂梁中,应有不少于 2 根上部钢筋伸至悬臂梁外端,并向下弯折不小于 $12d$;其余钢筋不应在梁的上部截断,而应按本规范第 9.2.8 条规定的弯起点位置向下弯折,并按本规范第 9.2.7 条的规定在梁的下边锚固。

2.5　深受弯构件承载能力设计

当钢筋混凝土梁的跨度与其截面高度之比较小时,其受力性能与一般梁会有明显的区别。依据试验研究和理论计算结果,在参考国际相关规范的基础上,《混规》和《公路钢筋混凝土及预应力混凝土桥涵设计规范》(JTG 3362—2018)(以下简称《公路桥规》)提出将跨高比 $l/h < 5$ 的梁统称为深受弯构件。同时,深受弯构件又可分为短梁和深梁两类,其中 $l/h < 2$ 的简支梁及 $l/h < 2.5$ 的连续梁为深梁; $2 \leqslant l/h < 5$ 的简支梁及 $2.5 \leqslant l/h < 5$ 的连续梁为短梁。

《混凝土结构设计规范（2015年版）》（GB 50010—2010）

2.1.11 深受弯构件 deep flexural member

跨高比小于5的受弯构件。

2.1.12 深梁 deep beam

跨高比小于2的简支单跨梁或跨高比小于2.5的多跨连续梁。

《公路钢筋混凝土及预应力混凝土桥涵设计规范》（JTG 3362—2018）

8.4.2 条文说明（部分）

近20年来国内外试验研究表明，简支梁2.0<l/h<5.0，连续梁2.5≤l/h<5.0称为"短梁"，其受力特征类似于深梁，与一般梁有所区别。所以，水工部门[见《水工混凝土结构设计规范》（DL/T 5057—1996）（以下简称《DL/T 5057—1996规范》）]和建筑部门将l/h≤5的梁统称为深受弯构件（包括短梁和深梁）。深受弯构件的截面计算不同于一般受弯构件；对于深受弯构件中的深梁，其构造有特殊要求。

2.5.1 受力性能和破坏形态

20世纪70年代以来，我国钢筋混凝土深梁专题研究组进行了大量的相关试验，结果表明深梁的内力属于平面应力问题，截面应变不符合平截面假定，因此深梁在外荷载作用下的受力机理及破坏形态与一般梁有明显的不同。

各类深受弯构件在开裂前的弹性阶段，垂直于截面的应力及应变分布基本符合弹性理论的计算结果，且不受配筋形式、配筋量大小的影响。如图2.20所示，深受弯构件截面应变 ε_x 的分布，随跨高比的增减而变化。同时，连续深受弯构件的内力也与一般连续梁有显著的不同，当l/h≈1时，截面最大拉应变并不在受拉区边缘，而向下移动至截面形心之下。连续深受弯构件的跨中弯矩较支座负弯矩大，且边跨较中间跨差别最大，这种趋势随着跨高比的减小以及跨数的减小而增大。

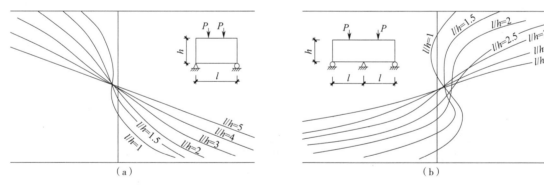

图2.20 弹性阶段梁的截面应变 ε_x 分布
（a）简支梁跨中截面 （b）连续梁中间支座截面

开裂后的构件进入带裂缝工作阶段，此时由于梁的内部发生内力重分布，因此配筋形式以及配筋量都会对深受弯构件的受力性能及破坏形态有显著的影响。试验研究表明，深受弯构件的破坏主要分为弯曲破坏、剪切破坏两种类型，基于深受弯构件的受力特点，还有可能发生纵筋锚固失效以及集中荷载作用处或支座处的局部承压破坏。在现阶段深受弯构件的设计中，主要通过构造措施预防其发生纵筋锚固失效和局部承压破坏。

G.0.9 深梁的**下部纵向受拉钢筋**应全部伸入支座，不应在跨中弯起或截断。在简支单跨深梁支座及连续深梁梁端的简支支座处，纵向受拉钢筋应沿水平方向弯折锚固（图G.0.8-1），其锚固长度应按本规范第8.3.1条规定的受拉钢筋锚固长度 l_a 乘以系数1.1采用；当不能满足上述锚固长度要求时，应采取在钢筋上加焊锚固钢板或将钢筋末端焊成封闭式等有效的锚固措施。连续深梁的下部纵向受拉钢筋应全部伸过中间支座的中心线，其自支座边缘算起的锚固长度不应小于 l_a。

G.0.9 条文说明

　　深梁在垂直裂缝以及斜裂缝出现后将形成拉杆拱的传力机制,此时下部受拉钢筋直到支座附近仍拉力较大,应在支座中妥善锚固。鉴于在"拱肋"压力的协同作用下,钢筋锚固端的竖向弯钩很可能引起深梁支座区沿深梁中面的劈裂,故钢筋锚固端的弯折建议改为平放,并按弯折 180° 的方式锚固。

G.0.6　钢筋混凝土深梁在承受支座反力的作用部位以及集中荷载作用部位,应按本规范第 6.6 节的规定进行局部受压承载力计算。

G.0.6 条文说明

　　深梁支座的支承面和深梁顶集中荷载作用面的混凝土都有发生局部受压破坏的可能性,应进行局部受压承载力验算,在必要时还应配置间接钢筋。按本规范第 G.0.7 条的规定,将支承深梁的柱伸到深梁顶部能够有效地降低支座传力面发生局部受压破坏的可能性。

　　简支深梁在不同条件下的破坏形态如下。

1. 弯曲破坏

　　当纵向受拉钢筋的配筋率 ρ 较低时,随着荷载的增加,构件将首先在跨中最大弯矩区段出现垂直裂缝并逐渐发展为临界裂缝,直至受拉钢筋达到屈服强度,构件将产生正截面弯曲破坏,如图 2.21(a)所示。

　　当纵向受拉钢筋的配筋率 ρ 稍高时,构件也会首先在跨中最大弯矩区段产生垂直裂缝,但随着荷载的增加,弯剪区段内也会出现斜裂缝并迅速发展,此时垂直裂缝相对发展变缓,梁内产生明显的应力重分布,深梁形成了以纵向受拉钢筋为拉杆、斜裂缝上部混凝土为拱腹的"拉杆拱"受力体系,如图 2.21(b)所示。拉杆拱的形成,使梁的中下部在跨中最大弯矩区段为低应力区,这也是垂直裂缝发展变缓的原因。纵向受拉钢筋屈服后,位于受拉区且与斜裂缝相交的水平分布筋也相继达到屈服强度,导致构件发生斜截面弯曲破坏,如图 2.21(c)所示。

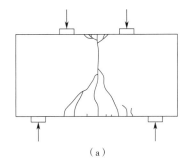 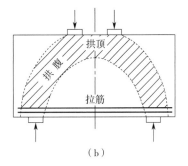 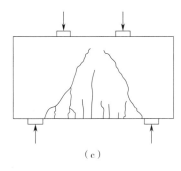

　　　　　　　(a)　　　　　　　　　　　　　　　(b)　　　　　　　　　　　　　　　(c)

图 2.21　简支深梁的弯曲破坏

(a)正截面弯曲破坏　(b)拉杆拱受力图式　(c)斜截面弯曲破坏

　　试验表明,不管深梁发生正截面弯曲破坏还是斜截面弯曲破坏,受压区混凝土均未被压碎,因此影响深梁正截面承载能力的主要因素是纵向受拉钢筋的配筋面积和屈服强度。

2. 剪切破坏

　　当纵向受拉钢筋的配筋率高于某一界限时,随着荷载的增加,跨中裂缝首先出现并随着斜裂缝的出现而发展缓慢,同时斜裂缝的发展使深梁形成拉杆拱受力体系,由于纵筋配置较多,此时的深梁会出现拉杆未达到屈服强度而拱腹被压碎的斜压破坏,如图 2.22(a)所示,但即使是配置足够多的横向钢筋,深梁也不会出现拱顶被压碎,即不会出现一般受弯构件的超筋破坏特征。

　　试验表明,对于无腹筋的深梁,当拱肋中斜向压力较大时,有可能发生沿深梁中面劈开的侧向劈裂型斜压破坏,如图 2.22(b)所示。如果在梁的两侧配置正交的腹筋网片,但两钢筋网片之间不设置拉筋,由于受压混凝土在沿梁的截面高度方向没有侧向约束,还是会发生侧向劈裂的斜压破坏。当深梁下部承受集中荷载时,若剪跨比 $\lambda > 0.7$ 且弯剪段内无竖向分布筋,深梁还有可能发生斜拉破坏,由于斜拉破坏由混凝土的抗拉强度控制且属于脆性破坏,因此弯剪范围内应配置足够多的竖向分布钢筋以防止深梁发生斜拉破坏。

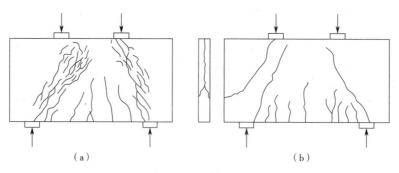

图 2.22　梁的剪切破坏

（a）斜压破坏　（b）纵向劈裂破坏

对于深受弯构件两侧分布钢筋（钢筋网）以及吊筋的配置，《混规》有如下规定。

G.0.10　深梁应配置双排钢筋网，水平和竖向分布钢筋直径均不应小于 8 mm，间距不应大于 200 mm。

当沿深梁端部竖向边缘设柱时，水平分布钢筋应锚入柱内。在深梁上、下边缘处，竖向分布钢筋宜做成封闭式。

在深梁双排钢筋之间应设置拉筋，拉筋沿纵、横两个方向的间距均不宜大于 600 mm，在支座区高度为 <u>0.4h，宽度为从支座伸出 0.4h 的范围内</u>（图 G.0.8-1 和图 G.0.8-2 中的虚线部分），<u>尚应适当增加拉筋的数量。</u>

G.0.10 条文说明

试验表明，当仅配有两层钢筋网时，如果网与网之间未设拉筋，由于钢筋网在深梁平面外的变形未受到专门约束，当拉杆拱拱肋内斜向压力较大时，有可能发生沿深梁中面劈开的侧向劈裂型斜压破坏，故应在双排钢筋网之间配置拉筋。而且，在本规范图 G.0.8-1 和图 G.0.8-2 深梁支座附近由虚线标示的范围内应适当增配拉筋。

同时，鉴于混凝土的抗拉强度很低的缘故，当荷载作用在深梁的下部时，梁顶受拉很容易产生裂缝。若配置适量的吊筋，钢筋的强化作用能够明显地抑制裂缝的发展，并且能够将斜裂后的深梁转化为"下承式拉杆拱"的受力模式。

对于一般梁和深梁中设置吊筋的要求，《混规》有如下规定。

G.0.11　当深梁全跨沿下边缘作用有均布荷载时，应沿梁全跨均匀布置附加竖向吊筋，吊筋间距不宜大于 200 mm。

当有**集中荷载**作用于**深梁下部 3/4 高度范围内**时，该集中荷载应全部由附加吊筋承受，吊筋应采用竖向吊筋或斜向吊筋。竖向吊筋的水平分布长度 s 应按下列公式确定（图 G.0.11-a）。

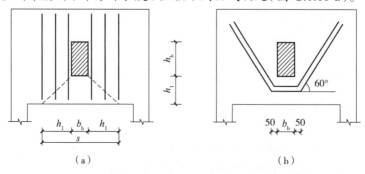

图 G.0.11　深梁承受集中荷载作用时的附加吊筋

（a）竖向吊筋　（b）斜向吊筋

注：图中尺寸单位 mm。

当 h_1 不大于 $h_b/2$ 时

$$s = b_b + h_b \tag{G.0.11-1}$$

当 h_1 大于 $h_b/2$ 时

$$s=b_b+2h_1 \qquad (G.0.11\text{-}2)$$

式中 b_b——传递集中荷载构件的截面宽度；

h_b——传递集中荷载构件的截面高度；

h_1——从深梁下边缘到传递集中荷载构件底边的高度。

竖向吊筋应沿梁两侧布置，并从梁底伸到梁顶，在梁顶和梁底应做成封闭式。

附加吊筋总截面面积 A_s 应按本规范第9.2节进行计算，但吊筋的设计强度 f_y 应乘以承载力计算附加系数0.8。

G.0.11 条文说明

深梁下部作用有集中荷载或均布荷载时，**吊筋的受拉能力不宜充分利用**，其目的是控制悬吊作用引起的裂缝宽度。当作用在深梁下部的集中荷载的计算剪跨比 $\lambda > 0.7$ 时，按第9.2.11条规定设置的吊筋和按第G.0.12条规定设置的竖向分布钢筋仍不能完全防止斜拉型剪切破坏的发生，故应在剪跨内适度增大竖向分布钢筋的数量。

9.2.11 位于梁下部或梁截面高度范围内的集中荷载，应全部由附加横向钢筋承担；附加横向钢筋宜采用箍筋。

箍筋应布置在长度为 $2h_1$ 与 $3b$ 之和的范围内（图9.2.11）。当采用吊筋时，弯起段应伸至梁的上边缘，且末端水平段长度不应小于本规范第9.2.7条的规定。

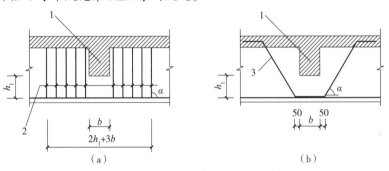

图9.2.11 梁截面高度范围内有集中荷载作用时附加横向钢筋的布置

（a）附加箍筋 （b）附加吊筋

1—传递集中荷载的位置；2—附加箍筋；3—附加吊筋

注：图中尺寸单位 mm。

附加横向钢筋所需的总截面面积应符合下列规定：

$$A_{sv} \geqslant \frac{F}{f_{yv}\sin\alpha} \qquad (9.2.11)$$

式中 A_{sv}——承受集中荷载所需的附加横向钢筋总截面面积（**编者注：各肢截面面积之和**），当采用附加吊筋时，A_{sv} 应为左、右弯起段截面面积之和；

F——作用在梁的下部或梁截面高度范围内的集中荷载设计值；

α——附加横向钢筋与梁轴线间的夹角。

9.2.11 条文说明（部分）

本条为梁腰集中荷载作用处附加横向配筋的构造要求。

当集中荷载在梁高范围内或梁下部传入时，为防止集中荷载影响区下部混凝土的撕裂及裂缝，并弥补间接加载导致的梁斜截面受剪承载力降低，应在集中荷载影响区 s 范围内配置附加横向钢筋。试验研究表明，当梁受剪箍筋配筋率满足要求时，由本条公式计算确定的附加横向钢筋能较好发挥承剪作用，并限制斜裂缝及局部受拉裂缝的宽度。

在设计中，不允许用布置在集中荷载影响区内的受剪箍筋代替附加横向钢筋。

对于跨高比 $2 \leqslant l_0/h < 5$ 的简支深受弯构件,其破坏形态将随着跨高比的不同而变化。例如,$2 \leqslant l_0 \leqslant 3$ 构件的破坏特征类似于深梁,受拉钢筋屈服之后,斜截面也同时破坏;而 $3 < l_0/h < 5$ 构件的破坏形态则类似于一般受弯构件,所以 $2 \leqslant l_0/h < 5$ 的"短梁"处于一般梁与深梁受力变化的过渡段。在计算构件的弯、剪承载力时,最新修订的《混规》中根据国内外已有的试验成果,结合深、短梁的受力特点,提出可与深梁衔接的深受弯构件承载力计算公式。而对于短梁的构造要求,《混规》则有如下规定。

G.0.13 除深梁以外的深受弯构件,其纵向受力钢筋、箍筋及纵向构造钢筋的构造规定与一般梁相同,但其截面下部 1/2 高度范围内和中间支座上部 1/2 高度范围内布置的纵向构造钢筋宜较一般梁适当加强。

2.5.2 正截面承载能力

试验表明,在截面和材料强度均相同的条件下,影响深受弯构件正截面承载能力的主要因素是纵向受拉钢筋的配筋率以及跨高比两个因素。

结合图2.5,当构件的配筋率变小时,根据内力平衡条件可知,截面混凝土的受压区高度也会相应减小,纵向钢筋提供的拉力与受压区混凝土提供的压力合力间的内力臂 z 将增大,因此深受弯构件中纵向受拉钢筋配筋率的变化会影响构件受弯承载力的变化。结合图2.20可知,随着构件跨高比 l/h 的减小,截面应变 ε_x 的分布曲线将偏离直线越多,梁截面的内力臂也随之减小,因此与一般梁不同的是,深受弯构件跨高比的大小显著影响梁的正截面承载能力。

结合国内外相关规定,深受弯构件正截面承载力 M_u 的计算公式采用内力臂表达式:

$$M_u = f_y A_s z \tag{2.31-a}$$

式中 f_y——纵向受拉钢筋的屈服强度;

A_s——纵向受拉钢筋的截面面积;

z——截面抗弯内力臂。

根据2.1节可知,一般梁由于不受跨高比 l/h 的影响,其内力臂 z 可表示为

$$z = \alpha_d h_0 = (1 - 0.5\xi) h_0 \tag{2.31-b}$$

式中 α_d——内力臂系数。

对于跨高比 $l/h < 5$ 的深受弯构件,由于内力臂随着跨高比的减小而减小,为了反映这一影响,结合相关试验结果的回归分析,《混规》和《公路桥规》在计算深受弯构件的正截面承载力时,均将内力臂系数 α_d 乘以小于1的系数。

《混凝土结构设计规范(2015年版)》(GB 50010—2010)

G.0.2 钢筋混凝土深受弯构件的正截面受弯承载力应符合下列规定:

$$M = f_y A_s z \tag{G.0.2-1}$$

$$z = \alpha_d (h_0 - 0.5x) \tag{G.0.2-2}$$

$$\alpha_d = 0.80 + 0.04 \frac{l_0}{h} \tag{G.0.2-3}$$

当 $l_0 < h$ 时,取内力臂 $z = 0.6 l_0$。

式中 x——截面受压区高度,按本规范第6.2节计算,当 $x < 0.2 h_0$ 时,取 $x = 0.2 h_0$;

h_0——截面有效高度,$h_0 = h - a_s$,其中 h 为截面高度,当 $l_0/h \leqslant 2$ 时(深梁),跨中截面 a_s 取 0.1h,支座截面 a_s 取 0.2h;当 $l_0/h > 2$ 时(短梁),a_s 按受拉区纵向钢筋截面重心至受拉边缘的实际距离取用。

G.0.2 条文说明

深受弯构件的正截面受弯承载力计算采用内力臂表达式,该式在 $l_0/h = 5.0$ 时能与一般梁计算公式衔接。试验表明,水平分布筋对受弯承载力的作用占 10%~30%。故在正截面计算公式中忽略了这部分钢筋的作用,这样处理偏安全。

《公路钢筋混凝土及预应力混凝土桥涵设计规范》(JTG 3362—2018)

8.4.2 盖梁应按下列规定进行结构设计。

1 当盖梁跨中部分的跨高比 $l/h>5.0$ 时,按第 5 章~第 7 章钢筋混凝土一般构件计算;当盖梁跨中部分的跨高比为 $2.5<l/h\leq5.0$ 时,按第 8.4.3 条~第 8.4.5 条进行承载力验算。此处,l 为盖梁的计算跨径,h 为盖梁的高度。

8.4.2 条文说明(部分)

据调查分析,公路桥的墩台盖梁,其跨高比 l/h 绝大多数在 3~5 之间,属于深受弯构件的短梁,但未进入深梁范围,所以其计算方法应按深受弯构件计算,而其构造则不必按深梁的特殊要求。

8.4.3 钢筋混凝土盖梁的正截面抗弯承载力应满足下列公式要求:

$$\gamma_0 M_d \leqslant f_{sd} A_s z \qquad\qquad (8.4.3\text{-}1)$$

$$z = \left(0.75 + 0.05\frac{l_0}{h}\right)(h_0 - 0.5x) \qquad\qquad (8.4.3\text{-}2)$$

式中 M_d——盖梁最大弯矩设计值;

f_{sd}——纵向普通钢筋的抗拉强度设计值;

A_s——受拉区普通钢筋截面面积;

z——内力臂;

x——截面受压区高度,按公式(5.2.2-2)计算;

h_0——截面有效高度。

2.5.3 斜截面承载能力

如前所述,深受弯构件主要有斜压破坏、劈裂破坏及斜拉破坏三种剪切破坏形态,除斜压破坏外,在梁中配置适当的水平、竖向分布钢筋及拉筋,便可避免斜拉破坏和侧向劈裂的斜压破坏。因此,深受弯构件的斜截面受剪承载力计算公式主要是以斜压破坏的模式建立。

1. 影响因素

试验分析表明,对于截面尺寸相同的深受弯构件,其受剪承载力主要受以下几个因素的影响。

1)混凝土的强度等级

与一般梁的试验结论一致,当其他因素均相同时,梁的受剪承载力将随混凝土强度等级的提高而增加,二者呈线性关系。

2)剪跨比 λ 和跨高比 l/h

对于集中荷载作用下的深受弯构件,剪跨比 λ 是影响其受剪承载力的主要因素,且承载力随剪跨比的增大而下降;对于均布荷载作用下的深受弯构件,跨高比 l/h 是影响其受剪承载力的主要因素,且承载力随跨高比的增大而下降。

根据 2.4.1 节可知,斜裂缝产生后,梁内产生应力重分布并形成拉杆拱体系,剪力便主要通过拱肋传到支座。对于集中荷载作用下的深梁,斜裂缝的方向大致与支座和加载点的连线平行,因此拱体可假定为如图 2.23(a)所示的等截面梯形拱;对于均布荷载作用下的深梁,相应的受力模型可假定为如图 2.23(b)所示的变截面拱。比较两种拉杆拱模型中的拱肋面积,不难发现,其他条件相同时,均布荷载作用下深梁的受剪承载力较集中荷载作用时高。

同时,根据图 2.23 可知,剪跨比 a/h_0 对集中荷载作用下深梁的受力模型影响较大,而对于均布荷载作用下的深梁,根据变截面拱这一传力模型可推导出当量剪跨 $\lambda=0.25$。

3)纵向受拉钢筋配筋率

梁底纵向受拉钢筋可限制斜裂缝的开展,增强骨料咬合能力并提供一定的销栓力,因此增大纵向受拉钢筋的配筋率可以提高构件的受剪承载力。试验表明,当剪跨比或跨高比较小时,纵筋对受剪承载力的提高较为明显,随着剪跨比或跨高比的增大,这种趋势逐渐稳定。

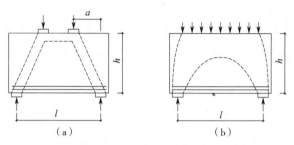

图 2.23　深梁在不同荷载形式下的拉杆拱模型
（a）梯形截面拱　（b）变截面拱

4）腹筋配筋率

在梁内配置适量的水平及分布钢筋,不仅可以防止斜拉破坏和纵向劈裂的斜压破坏,还可以提高深受弯构件的斜截面受剪承载力,这主要是由于斜裂缝开裂后,与临界斜裂缝相交的分布钢筋可以承担一部分应力的缘故。

试验分析表明,与临界斜裂缝相交的腹筋在斜截面破坏时是否可以达到屈服强度主要与构件的跨高比有关。由于深梁的跨高比均较小,产生的斜裂缝的水平倾角均大于 45°,因此水平分布钢筋发挥的作用比竖向分布钢筋大;对于一般梁来说,竖向钢筋的作用则比较明显;对介于深梁和一般梁之间的短梁,则两者兼有之。

并且,随着腹筋配筋率的提高,深梁受剪承载力在提高 20%~25%后趋于稳定,说明水平及竖向分布钢筋对受剪承载力的作用有限。当深梁受剪承载力不足时,应主要通过调整截面尺寸或提高混凝土强度等级来满足受剪承载力要求。

2. 承载力计算公式

为了与一般梁的受剪承载力公式相衔接,《混规》中深受弯构件的承载力计算公式与一般梁相同,即同样由混凝土项和钢筋项提供的抗剪承载力组成。

G.0.4　矩形、T 形和 I 形截面的深受弯构件,在均布荷载作用下,当配有竖向分布钢筋和水平分布钢筋时,其斜截面的受剪承载力应符合下列规定:

$$V \leqslant 0.7\frac{8-l_0/h}{3}f_t bh_0 + \frac{l_0/h-2}{3}f_{yv}\frac{A_{sv}}{s_h}h_0 + \frac{5-l_0/h}{6}f_{yh}\frac{A_{sh}}{s_v}h_0 \qquad (G.0.4\text{-}1)$$

对集中荷载作用下的深受弯构件（包括作用有多种荷载,且其中集中荷载对支座截面所产生的剪力值占总剪力值的 75%以上的情况）,其斜截面的受剪承载力应符合下列规定:

$$V \leqslant \frac{1.75}{\lambda+1}f_t bh_0 + \frac{l_0/h-2}{3}f_{yv}\frac{A_{sv}}{s_h}h_0 + \frac{5-l_0/h}{6}f_{yh}\frac{A_{sh}}{s_v}h_0 \qquad (G.0.4\text{-}2)$$

式中　λ——计算剪跨比,<u>当 l_0/h 不大于 2.0 时（深梁）,取 $\lambda=0.25$;当 l_0/h 大于 2 且小于 5 时（短梁）,取 $\lambda=a/h_0$,其中 a 为集中荷载到深受弯构件支座的水平距离; λ 的上限值为（$0.92l_0/h-1.58$）,下限值为（$0.42l_0/h-1.58$）;</u>

l_0/h——跨高比,<u>l_0/h 小于 2 时,取 2.0。</u>

G.0.4 条文说明（部分）

此外,公式中混凝土项反映了随着 l_0/h 的减小,剪切破坏模式由剪压型向斜压型过渡,混凝土项在受剪承载力中所占的比例增大。而竖向分布筋和水平分布筋项则分别反映了从 $l_0/h=5.0$ 时只有竖向分布筋（箍筋）参与受剪,过渡到 l_0/h 较小时只有水平分布筋能发挥有限受剪作用的变化规律。在 $l_0/h=5.0$ 时,该式与一般梁受剪承载力计算公式相衔接。

在主要承受集中荷载的深受弯构件的受剪承载力计算公式中,含有跨高比 l_0/h 和计算剪跨比 λ 两个参数。对于 $l_0/h \leqslant 2.0$ 的深梁,统一取 $\lambda = 0.25$;而 $l_0/h \geqslant 5.0$ 的一般受弯构件的剪跨比上、下限值则分别为 3.0、1.5。为了使深梁、短梁、一般梁的受剪承载力计算公式连续过渡,本条给出了深受弯构在 $2.0 < l_0/h < 5.0$ 时 λ 上、下限值的线性过渡规律。

应注意的是,由于深梁中水平及竖向分布钢筋对受剪承载力的作用有限,当深梁受剪承载力不足时,应主要通过调整截面尺寸或提高混凝土强度等级来满足受剪承载力要求。

对于深受弯构件受剪承载力的上限值问题,为了与一般受弯构件受剪截面的控制条件相衔接,《混规》有如下规定。

G.0.3　钢筋混凝土深受弯构件的受剪截面应符合下列条件:
当 h_w/b 不大于 4 时

$$V \leqslant \frac{1}{60}(10 + l_0/h)\beta_c f_c b h_0 \qquad (G.0.3\text{-}1)$$

当 h_w/b 不小于 6 时

$$V \leqslant \frac{1}{60}(7 + l_0/h)\beta_c f_c b h_0 \qquad (G.0.3\text{-}2)$$

当 h_w/b 大于 4 且小于 6 时,按线性内插法取用。

式中　V——剪力设计值;

l_0——计算跨度,**当 l_0 小于 $2h$ 时,取 $2h$**;

b——矩形截面的宽度以及 T 形、I 形截面的腹板宽度;

h、h_0——截面高度、截面有效高度;

h_w——截面的腹板高度。矩形截面,取有效高度 h_0;**T 形截面,取有效高度减去翼缘高度;I 形截面和箱形截面,取腹板净高;**

β_c——混凝土强度影响系数,按本规范第 6.3.1 条的规定取用。

《公路桥规》中在计算一般梁的斜截面受剪承载力时,对混凝土项和钢筋项的抗剪强度贡献做综合考虑,相较于《混规》中一般受弯构件的承载力计算公式可得出偏低值,且可将使用阶段的斜裂缝控制在 0.2 mm 以内。为了与一般梁的受剪承载力计算公式相衔接,《公路桥规》中规定的深受弯构件的斜截面承载力计算公式及抗剪截面的规定如下。

8.4.4　钢筋混凝土盖梁的抗剪截面应满足下列要求:

$$\gamma_0 V_d \leqslant 0.33 \times 10^{-4}\left(\frac{l}{h} + 10.3\right)\sqrt{f_{cu,k}}\, b h_0 \qquad (8.4.4)$$

式中　V_d——验算截面处的剪力设计值(kN);

b——盖梁截面宽度(mm);

h_0——盖梁截面有效高度(mm);

$f_{cu,k}$——混凝土立方体抗压强度标准值(MPa)。

8.4.4 条文说明

钢筋混凝土盖梁的抗剪面尺寸控制条件系按照本规范公式(5.2.11),并参考建筑部门有关资料制定。按本条公式,当 $l/h \leqslant 5$ 时,其计算结果与本规范公式(5.2.11)一致;当 $l/h = 2$ 时,其计算结果为本规范公式(5.2.11)的 80%,这个比例与建筑部门有关资料相应公式的对比值是一致的。

8.4.5　钢筋混凝土盖梁的斜截面抗剪承载力应满足下列要求:

$$\gamma_0 V_d \leqslant 0.5 \times 10^{-4}\alpha_1\left(14 - \frac{l}{h}\right)b h_0\sqrt{(0.2 + 0.6P)\sqrt{f_{cu,k}}\,\rho_{sv}f_{sv}} \qquad (8.4.5)$$

式中　V_d——验算截面处的剪力设计值(kN);

α_1——连续梁异号弯矩影响系数,计算近边支点梁段的抗剪承载力时,$\alpha_1=1.0$;计算中间支点梁段及钢构各节点附近时,$\alpha_1=0.9$;

P——受拉区纵向受拉钢筋的配筋百分率,$P=100\rho$,$\rho=A_s/bh_0$,当 $P>2.5$ 时,取 $P=2.5$;

ρ_{sv}——箍筋配筋率,$\rho_{sv}=A_{sv}/b_{sv}$,此处 A_{sv} 为同一截面内箍筋各肢的总截面面积,s_v 为箍筋间距;箍筋配筋率应符合本规范第 9.3.12 条规定;

f_{sv}——箍筋的抗拉强度设计值(MPa)。

8.4.5 条文说明

钢筋混凝土盖梁的斜截面抗剪承载力计算公式系按本规范公式(5.2.9-2),并参考《DL/T 5057—1996 规范》第 10.6.4 条及建筑部门有关资料制定。按本条公式,当 $l/h=5$ 时,其计算结果与本规范公式(5.2.9-2)一致,随着跨高比的减小而增大;当 $l/h=2$ 时,其计算结果为 $l/h=5$ 的 1.33 倍,这个比例与建筑部门有关资料相应公式的对比值接近。

3. 斜截面抗裂验算

斜裂缝出现的机理是由于在荷载作用下梁腹相应位置的主拉应力超过混凝土的抗拉强度所致。深受弯构件中一旦出现斜裂缝,缝宽且长,或短或密,将严重影响构件的适用性和耐久性。对于跨高比或剪跨比较小的深梁,斜裂缝甚至会先于垂直裂缝出现,因此在对深受弯构件进行设计时,验算斜截面的抗裂度以控制截面尺寸是非常有必要的。

我国钢筋混凝土深梁专题研究组通过对大量构件的试验发现,深梁斜截面抗裂度随混凝土抗拉强度以及截面尺寸的增加而增加,且大致呈线性关系;随剪跨比或跨高比的增加而减小,其他因素影响很小。专题研究组建议取集中荷载作用下简支及约束深梁具有一定保证率的偏下限回归分析式作为验算各类深梁斜截面抗裂度的计算公式:

$$V_{cr} = \frac{0.8}{\lambda + 0.5} f_{tk} bh \tag{2.32}$$

当不考虑剪跨比的影响时,统一按下式验算:

$$V_{cr} = 0.5 f_{tk} bh \tag{2.33}$$

式中　V_{cr}——斜裂缝出现时支座边缘的剪力值;

f_{tk}——混凝土的抗拉强度标准值;

b——矩形截面宽度;

h——矩形截面高度。

试验表明,斜裂荷载 V_{cr} 约为构件受剪承载力 V_u 的 50%,因此当满足上述式(2.32)及式(2.33)的要求时,深受弯构件可只按构造要求配置钢筋,不必进行抗剪强度的计算。

《混规》有如下规定。

G.0.5　一般要求不出现斜裂缝的钢筋混凝土深梁,应符合下列条件:

$$V_k \leqslant 0.5 f_{tk} bh_0 \tag{G.0.5}$$

式中　V_k——按荷载效应的标准组合计算的剪力值。

此时可不进行斜截面受剪承载力计算,但应按本规范第 G.0.10 条、第 G.0.12 条的规定配置分布钢筋。

2.5.4　其他构造措施

1. 纵向受拉钢筋及分布钢筋的最小配筋率

纵向受拉钢筋最小配筋率是根据配筋构件正截面破坏时的极限弯矩不小于相应素混凝土构件的开裂弯矩确定的。

从破坏形态的角度分析,在深梁中布置一定数量的水平及竖向分布筋,防止构件发生斜拉破坏及侧向劈裂型斜压破坏;从受力角度分析,腹筋的配置虽然不能提高构件的抗裂度,但能抑制斜裂缝的发展,并在一定程度上能够提高深梁的受剪承载力。基于上述因素,并考虑到混凝土收缩、徐变及温度应力的影响,《混规》有如下规定。

G.0.12　深梁的纵向受拉钢筋配筋率 ρ ($\rho = \dfrac{A_s}{bh}$)、水平分布钢筋配筋率 ρ_{sh} ($\rho_{sh} = \dfrac{A_{sh}}{bs_v}$, s_v 为水平分布钢筋的间距)和竖向分布钢筋配筋率 ρ_{sv} ($\rho_{sv} = \dfrac{A_{sv}}{bs_h}$, s_h 为竖向分布钢筋的间距)不宜小于表 G.0.12 规定的数值。

表 G.0.12　深梁中钢筋的最小配筋百分率(%)

钢筋牌号	纵向受拉钢筋	水平分布钢筋	竖向分布钢筋
HPB300	0.25	0.25	0.20
HRB400、HRBF400、RRB400、HRB335	0.20	0.20	0.15
HRB500、HRBF500	0.15	0.15	0.10

注:当集中荷载作用于**连续深梁**上部 1/4 高度范围内且 l_0/h 大于 1.5 时,**竖向分布钢筋**最小配筋百分率应增加 0.05。

2. 纵向受拉钢筋的配置

在弹性受力阶段,连续深梁支座截面中的正应力分布规律随深梁的跨高比变化。结合图 2.20(b)可知,当 $l/h>1.5$ 时,支座截面受压区在梁底以上 $0.2h$ 的高度范围内,再向上为拉应力区,最大拉应力位于梁顶;随着 l/h 的减小,最大拉应力下移;到 $l/h = 1.0$ 时,较大拉应力位于从梁底算起 $0.2h\sim0.6h$ 的范围内,梁顶拉应力相对偏小。达到承载力极限状态时,支座截面因开裂导致的应力重分布使深梁支座截面上部钢筋拉力增大。

《混规》根据深梁弹性阶段的受力特点,给出了受拉钢筋沿截面高度的分区布置规定,比较符合正常使用极限状态截面的受力特点。

这种分区布置规定,虽未充分反映承载能力极限状态下的受力特点,但更有利于正常使用极限状态下支座截面的裂缝控制。同时,纵向受拉钢筋分散布置时的内力臂 z 虽然较集中布置时低,但纵筋配置范围的增大同样也减少了水平分布钢筋的配置数量,因此当考虑到水平分布钢筋对深梁正截面承载能力的贡献时,深梁在承载力极限状态下的安全性并未受过大的影响。

G.0.8　钢筋混凝土深梁的纵向受拉钢筋宜采用较小的直径,且宜按下列规定布置。

　　1　单跨深梁和连续深梁的**下部纵向钢筋**宜均匀布置在梁下边缘以上 $0.2h$ 的范围内(图 G.0.8-1 及图 G.0.8-2)。

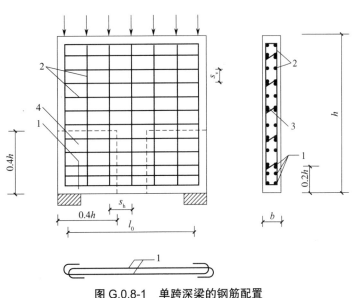

图 G.0.8-1　单跨深梁的钢筋配置
1—下部纵向受拉钢筋及弯折锚固;2—水平及竖向分布钢筋;3—拉筋;4—拉筋加密区

2 连续深梁**中间支座截面**的纵向受拉钢筋宜按图 G.0.8-3 规定的高度范围和配筋比例均匀布置在相应高度范围内。对于 l_0/h 小于 1 的连续深梁，在中间支座底面以上 $0.2l_0 \sim 0.6l_0$ 高度范围内的纵向受拉钢筋配筋率尚不宜小于 0.5%。水平分布钢筋可用作支座部位的**上部纵向受拉钢筋**，不足部分可由附加水平钢筋补足，附加水平钢筋自支座向跨中延伸的长度不宜小于 $0.4l_0$（图 G.0.8-2）。

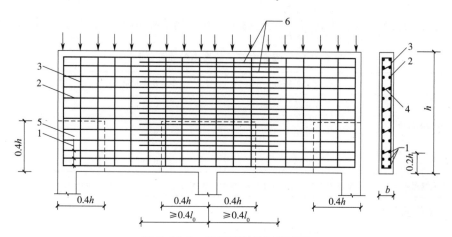

图 G.0.8-2 连续深梁的钢筋配置

1—下部纵向受拉钢筋；2—水平分布钢筋；3—竖向分布钢筋；4—拉筋；5—拉筋加密区；6—支座截面上部的附加水平钢筋

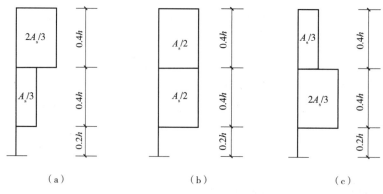

图 G.0.8-3 连续深梁中间支座截面纵向受拉钢筋在不同高度范围内的分配比例

（a）$1.5 < l_0/h \leqslant 2.5$ （b）$1 < l_0/h \leqslant 1.5$ （c）$l_0/h \leqslant 1$

3. 深梁的平面外稳定

对于深梁的平面外稳定，《混规》有如下规定。

G.0.7 深梁的截面宽度不应小于 140 mm。当 l_0/h 不小于 1 时，h/b 不宜大于 25；当 l_0/h 小于 1 时，l_0/b 不宜大于 25。深梁的混凝土强度等级不应低于 C20。当深梁支承在钢筋混凝土柱上时，宜将柱伸至深梁顶。深梁顶部应与楼板等水平构件可靠连接。

G.0.7 条文说明

为了保证深梁平面外的稳定性，本条对深梁的高厚比 h/b 或跨厚比 l_0/b 作了限制。此外，简支深梁在顶部、连续深梁在顶部和底部应尽可能与其他水平刚度较大的构件（如楼盖）相连接，以进一步加强其平面外稳定性。

2.6 抗震承载力计算

在对钢筋混凝土构件进行承载能力极限状态设计时，对有抗震设防要求的结构，抗震承载力计算是极为重要的一部分。《混规》有如下规定。

3.3.1　混凝土结构的承载能力极限状态计算应包括下列内容：

1　结构构件应进行承载力(包括失稳)计算；

2　直接承受重复荷载的构件应进行疲劳验算；

3　有抗震设防要求时,应进行抗震承载力计算；

4　必要时尚应进行结构的倾覆、滑移、漂浮验算；

5　对于可能遭受偶然作用,且倒塌可能引起严重后果的重要结构,宜进行防连续倒塌设计。

3.3.2　对持久设计状况、短暂设计状况和地震设计状况,当用内力的形式表达时,结构构件应采用下列承载能力极限状态设计表达式：

$$\gamma_0 S \leqslant R \tag{3.3.2-1}$$

$$R = R(f_c, f_s, a_k, \cdots)/\gamma_{Rd} \tag{3.3.2-2}$$

式中　γ_0——结构重要性系数,在持久设计状况和短暂设计状况下,对安全等级为一级的结构构件不应小于 1.1,对安全等级为二级的结构构件不应小于 1.0,对安全等级为三级的结构构件不应小于 0.9；**对地震设计状况下应取 1.0；**

S——承载能力极限状态下作用组合的效应设计值,对持久设计状况和短暂设计状况应按作用的基本组合计算,对地震设计状况应按作用的地震组合计算；

R——结构构件的抗力设计值；

$R(\cdot)$——结构构件的抗力函数；

γ_{Rd}——结构构件的抗力模型不确定性系数,**静力设计取 1.0**,对不确定性较大的结构构件根据具体情况取大于 1.0 的数值,**抗震设计应采用承载力抗震调整系数 γ_{RE} 代替 γ_{Rd}**；

f_c、f_s——混凝土、钢筋的强度设计值,应根据本规范第 4.1.4 条及第 4.2.3 条的规定取值；

a_k——几何参数的标准值,当几何参数的变异性对结构性能有明显的不利影响时,应增减一个附加值。

注：公式(3.3.2-1)中的 $\gamma_0 S$ 为内力设计值,在本规范各章中用 N、M、V、T 等表达。

结构或构件在抗震工况与非抗震工况下承载力设计和计算的不同,主要包括承载力抗震调整系数 γ_{RE} 和结构抗力函数 R_d 两方面。承载力抗震调整系数 γ_{RE} 体现了结构可靠性设计的一般要求,而结构抗力函数 R_d 则体现了构件在拉、压、弯、剪、扭等不同作用形态以及不同截面尺寸和配筋率等因素下的受力性能和破坏形态。

2.6.1　承载力抗震调整系数

以最新修订的《建筑抗震设计规范(2016 年版)》(GB 50011—2010)(以下简称《抗规》)为例,其规定在进行结构或构件承载能力极限状态设计时,应分别按下列公式进行作用效应的组合或计算。

5.4.1　结构构件的地震作用效应和其他荷载效应的基本组合,应按下式计算：

$$S = \gamma_G S_{GE} + \gamma_{Eh} S_{Ehk} + \gamma_{Ev} S_{Evk} + \psi_w \gamma_w S_{wk} \tag{5.4.1}$$

式中　S——结构构件内力组合的设计值,包括组合的弯矩、轴向力和剪力设计值等；

γ_G——重力荷载分项系数,一般情况应采用 1.2,**当重力荷载效应对构件承载能力有利时,不应大于 1.0；**

γ_{Eh}、γ_{Ev}——水平、竖向地震作用分项系数,应按表 5.4.1 采用；

γ_w——风荷载分项系数,应采用 1.4；

S_{GE}——重力荷载代表值的效应,可按本规范第 5.1.3 条采用,**但有吊车时,尚应包括悬吊物重力标准值的效应；**

S_{Ehk}——水平地震作用标准值的效应,尚应乘以相应的增大系数或调整系数；

S_{Evk}——竖向地震作用标准值的效应,尚应乘以相应的增大系数或调整系数；

ψ_w——风荷载组合值系数,一般结构取 0.0,**风荷载起控制作用的建筑应采用 0.2。**

注:本规范一般略去表示水平方向的下标。

表 5.4.1　地震作用分项系数

地震作用	γ_{Eh}	γ_{Ev}
仅计算水平地震作用	1.3	0.0
仅计算竖向地震作用	0.0	1.3
同时计算水平与竖向地震作用(水平地震为主)	1.3	0.5
同时计算水平与竖向地震作用(竖向地震为主)	0.5	1.3

在明确上述公式中重力荷载、地震作用及风荷载的分项系数后,为使得结构的可靠指标满足目标可靠指标的要求,可进一步得到与抗力标准值 R_k 相应的地震作用下的抗力分项系数 γ_{dE},进而确定结构抗力函数 $R_{dE}(\cdot)$。

而在抗震工况下,结构承载能力极限状态表达式 $S_d \leqslant R_d/\gamma_{RE}$ 中的抗力函数 R_d 是由各规范直接给出的相应材料的强度设计值 f_d 计算得到的,即材料分项系数 γ_d 包含在内($f_d=f_k/\gamma_d$),因此在进行截面抗震验算时抗力分项系数就只能在各规范已有的设计值基础上进行调整。《抗规》引入"承载力抗震调整系数 γ_{RE}"将 γ_d 调整为 γ_{dE},以使得 $R_{dE}=R_d/\gamma_{RE}$,进而确保抗震设计与可靠性设计相统一。由于各规范中不同材料、受力形态下的材料分项系数取值不同,导致承载力抗震调整系数各有不同,详见《抗规》表 5.4.2。

表 5.4.2　承载力抗震调整系数

材料	结构构件	受力状态	γ_{RE}
钢	柱、梁、支撑、节点板件、螺栓、焊缝	强度	0.75
	柱、支撑	稳定	0.80
砌体	两端均有构造柱、芯柱的抗震墙	受剪	0.9
	其他抗震墙	受剪	1.0
混凝土	梁	受弯	0.75
	轴压比小于 0.15 的柱	偏压	0.75
	轴压比不小于 0.15 的柱	偏压	0.80
	抗震墙	偏压	0.85
	各类构件	受剪、偏拉	0.85

5.4.3　当仅计算竖向地震作用时,各类结构构件承载力抗震调整系数均应采用 1.0。

对于钢筋混凝土构件,在进行局部受压抗震承载力计算及预埋件锚筋截面面积计算时,《混规》规定,承载力抗震调整系数均应采用 1.0,即按非抗震工况进行设计。

但预埋件反复荷载作用试验表明,弯剪、拉剪、压剪情况下锚筋的受剪承载力降低的平均值在 20% 左右。故将考虑地震作用组合的预埋件的锚筋截面面积偏保守地取为静力计算值的 1.25 倍,锚筋的锚固长度偏保守地取为静力值的 1.10 倍。构造上要求在靠近锚板的锚筋根部设置一根直径不小于 10 mm 的封闭箍筋,以起到约束端部混凝土、保证受剪承载力的作用。

11.1.6　考虑地震组合验算混凝土结构构件的承载力时,均应按承载力抗震调整系数 γ_{RE} 进行调整,承载力抗震调整系数 γ_{RE} 应按表 11.1.6 采用。

表 11.1.6　承载力抗震调整系数

结构构件	正截面承载力计算				斜截面承载力计算		受冲切承载力计算	局部受压承载力计算
	受弯构件	偏心受压柱		偏心受拉构件	剪力墙	各类构件及框架节点		
		轴压比小于 0.15	轴压比不小于 0.15					
γ_{RE}	0.75	0.75	0.8	0.85	0.85	0.85	0.85	1.0

注:当仅计算竖向地震作用时,各类结构构件的承载力抗震调整系数 γ_{RE} 均应取为 1.0。

11.1.9　考虑地震作用的预埋件,应满足下列规定。

　　1　直锚钢筋截面面积可按本规范第 9 章的有关规定计算并增大 25%,且应适当增大锚板厚度。

　　2　锚筋的锚固长度应符合本规范第 9.7 节的有关规定并增加 10%;当不能满足时,应采取有效措施。在靠近锚板处,宜设置一根直径不小于 10 mm 的封闭箍筋。

　　3　预埋件不宜设置在塑性铰区;当不能避免时应采取有效措施。

2.6.2　截面抗震承载力计算

1. 正截面抗震承载力计算

大量各类构件的试验研究结果表明,构件在多次反复荷载试验下荷载-位移滞回曲线的骨架线与一次单调加载的受力曲线具有足够程度的一致性,且各项指标的变化规律相同,故可认为在抗震和非抗震设计工况下,构件的抗力函数 R_d 是基本相同的。因此,在进行正截面抗震承载力计算时,《混规》将框架梁、框架柱、框支柱以及剪力墙的抗震正截面承载力做了统一规定,即所有这些构件的正截面设计均可按非抗震情况下正截面设计的同样方法完成,只需在承载力计算公式右边除以相应的承载力抗震调整系数 γ_{RE}。

11.1.6　(部分)正截面抗震承载力应按本规范第 6.2 节的规定计算,但应在相关计算公式右端项除以相应的承载力抗震调整系数 γ_{RE}。

　　当仅计算竖向地震作用时,各类结构构件的承载力抗震调整系数 γ_{RE} 均应取为 1.0。

根据上述规定,钢筋混凝土矩形截面受弯构件的正截面抗震承载力计算可表示为

$$M_u = \left[\alpha_1 f_c bx \left(h_0 - \frac{x}{2} \right) + f_y' A_s' (h_0 - a_s') - (\sigma_{p0}' - f_{py}') A_p' (h_0 - a_p') \right] \Big/ \gamma_{RE} \tag{2.34}$$

对于 T 形、I 形截面及深受弯构件抗震承载力的计算公式,此处不再单独列出。

2. 斜截面抗震承载力设计

国内外低周反复荷载作用下钢筋混凝土连续梁和悬臂梁受剪承载力试验表明,低周反复荷载作用使梁的斜截面受剪承载力降低,其主要原因是起控制作用的梁端下部混凝土剪压区因表层混凝土在上部纵向钢筋屈服后的大变形状态下剥落而导致的剪压区抗剪强度的降低,以及交叉斜裂缝的开展所导致的沿斜裂缝混凝土咬合力及纵向钢筋暗销力的降低。试验表明,在抗震受剪承载力中,箍筋项承载力 R_{ds} 降低不明显。因此,仍以截面总受剪承载力试验值的下包络线作为计算公式的取值标准,将混凝土项 R_{dc} 取为非抗震情况下的 60%,箍筋项则不予折减。同时,对各抗震等级均近似取用相同的抗震受剪承载力计算公式,这在抗震设防烈度偏低时略偏安全。

对于受弯构件受剪要求的截面控制条件即斜截面抗震承载力上限值,考虑反复荷载作用的不利影响,在非抗震工况受剪要求的基础上降低约 20% 后确定。

《混规》有如下规定。

11.3.3　考虑地震组合的矩形、T 形和 I 形截面框架梁,当跨高比大于 2.5 时,其受剪截面应符合下列条件:

$$V_b \leqslant \frac{1}{\gamma_{RE}} (0.20\beta_c f_c bh_0) \tag{11.3.3-1}$$

　　当跨高比不大于 2.5 时,其受剪截面应符合下列条件:

$$V_b \leqslant \frac{1}{\gamma_{RE}} (0.15\beta_c f_c bh_0) \tag{11.3.3-2}$$

11.3.4　考虑地震组合的矩形、T 形和 I 形截面框架梁,其斜截面受剪承载力应符合下列规定:

$$V_{cs} = \frac{1}{\gamma_{RE}} \left(0.6\alpha_{cv} f_t bh_0 + f_{yv} \frac{A_{sv}}{s} h_0 \right) \tag{11.3.4}$$

式中　α_{cv}——截面混凝土受剪承载力系数,按本规范第 6.3.4 条的规定取值。

　　通过上述对比可知,低周反复荷载的作用使得梁的斜截面受剪承载力降低,因此抗震斜截面受剪承载力设计需要在对静力设计方法中得出的抗力函数 R_d 调整后的基础上进行,而抗震正截面承载力设计则均可按非抗震情况下正截面承载力设计的同样方法完成,只需在承载力计算公式右边除以相应的承载力抗震调整系数 γ_RE。

第3章 轴心受力构件的承载力

以承受垂直于构件正截面作用力为主的构件称为受压或受拉构件。工程中常见的如框架柱、剪力墙、桥墩、桩等主要受力构件均为受压构件。当轴向力的作用点位于构件的截面中心时,称为轴心受力构件。相应的,当轴向力的作用位置相对于构件正截面的两主轴有一定的距离时,称为单向或双向偏心受力构件。

在实际工程中,考虑施工偏差、荷载作用位置不准确等各类原因的影响,理想的轴心受力构件几乎不存在,但是对于以承受恒载为主的房屋内柱或桁架中的拉压腹杆,在设计时近似按轴心受力构件进行计算便可以满足工程需求。同时,轴心受压构件正截面承载力的计算还经常用于单向偏心受压构件垂直于弯矩作用平面的正截面承载力验算。

3.1 轴心受压短柱

根据箍筋的配置数量以及轴压构件破坏前箍筋所发挥作用的不同,一般将钢筋混凝土柱分为普通钢筋混凝土柱和钢筋混凝土螺旋箍筋柱两种,本节主要介绍普通钢筋混凝土短柱的受力性能。对于普通钢筋混凝土柱中箍筋的配置,《混规》有如下规定。

> 9.3.2 柱中的**箍筋**应符合下列规定。
>
> 1 箍筋直径不应小于 $d/4$,且不应小于 6 mm,d 为纵向钢筋的最大直径。
>
> 2 箍筋间距不应大于 400 mm 及构件截面的短边尺寸,且不应大于 15d,d 为纵向钢筋的最小直径。
>
> 3 柱及其他受压构件中的周边箍筋应做成封闭式;对圆柱中的箍筋,搭接长度不应小于本规范第8.3.1条规定的锚固长度,且末端应做成 135° 弯钩,弯钩末端平直段长度不应小于 5d,d 为箍筋直径。
>
> 4 当柱截面短边尺寸大于 400 mm 且各边纵向钢筋多于 3 根时,或当柱截面短边尺寸不大于400 mm 但各边纵向钢筋多于 4 根时,应设置复合箍筋。
>
> 5 柱中全部纵向受力钢筋的配筋率大于 3% 时,箍筋直径不应小于 8 mm,间距不应大于 10d,且不应大于 200 mm,d 为纵向受力钢筋的最小直径;箍筋末端应做成 135° 弯钩,且弯钩末端平直段长度不应小于箍筋直径的 10 倍。
>
> 9.3.2 条文说明(部分)
>
> 柱中配置箍筋的作用是为了架立纵向钢筋,承担剪力和扭矩,并与纵筋一起形成对芯部混凝土的围箍约束。为此对柱的配箍提出系统的构造措施,包括直径、间距、数量、形式等。
>
> 对纵筋较多的情况,为防止受压屈曲,还提出设置复合箍筋的要求。

柱在压力作用下均会发生压缩变形,对于轴心受压柱,如果构件从开始受力直至破坏的整个过程中,钢筋和混凝土黏结良好、不发生相对滑移,那么构件在任一正截面上各点的应变是相等的,即

$$\varepsilon_c = \varepsilon_s = \varepsilon \tag{3.1}$$

在对柱子施加轴向压力的初始阶段,钢筋和混凝土材料均处于弹性阶段,随着 ε 的逐渐增加,钢筋和混凝土的应力均成正比例增长;轴向力增大后,混凝土开始产生塑性变形,在相同的荷载增量下,钢筋的压应力比混凝土的增长得快,直至钢筋达到其屈服强度 f_y,此时构件的竖向应变为 $\varepsilon = \varepsilon_y$;轴向力再增大,钢筋的应力维持不变,而应变继续增加($\varepsilon_s > \varepsilon_y$),此时轴力的增量全部由混凝土承担,混凝土的压应力 σ_c 迅速增长,直至达到其抗压强度 f_c,此时柱的极限轴力为

$$N_u = f_c A_c + f_y A_s \tag{3.2}$$

一般情况下,由于纵筋对轴向应力的分担作用,普通钢筋混凝土短柱在达到极限轴力时的应变为0.002 5~0.003 5,相比素混凝土棱柱体构件有较大的提高。但在计算时,仍以构件的压应变达到 0.002 为控

制条件,即认为此时的混凝土已达到其抗压强度。

　　根据上述控制条件,对于配置 HPB300、HRB400 或 RRB400 级钢筋的轴心受压构件,在达到极限轴力时,钢筋均能够达到屈服。但对于配置 500 MPa 级纵筋的轴心受压构件,在达到极限轴力时,钢筋的应力为 $\sigma_s=0.002 \times 2.0 \times 10^5=400$ MPa,这就意味着该类构件在混凝土达到极限压应变时,钢筋没有屈服,即钢筋的材料强度没有得到充分的利用,这便是《混规》的规定:对轴心受压构件,当采用 HRB500、HRBF500 钢筋时,钢筋的抗压强度设计值应取 400 N/mm² 的原因。

3.2　轴心受压长柱

　　从结构设计和施工的角度出发,实际工程中的轴心受压构件不可避免地会受到各类因素的影响而造成轴向力的作用位置产生一定的初始偏心距。当构件的长细比较大时,初始偏心距引起的截面附加弯矩会使构件产生较大的侧向挠度,而反过来侧向挠度的增大又会进一步加剧轴向力的附加偏心距和截面的附加弯矩(P-δ 效应)。在如此的相互影响下,构件的破坏过程加剧,其极限受压承载力会比相同截面尺寸、材料和配筋的短柱有较大程度的降低。

　　从理论上讲,即使是理想的轴心受压构件,当其长细比达到一定程度时,构件也会发生失稳破坏。在轴向压力作用下,构件不仅会产生轴向压缩变形,还会在侧向产生挠曲变形。当轴向作用力较小时,即使构件产生一定的侧向弯曲变形,但轴向力去除后构件仍能恢复原来的直线平衡状态,可认为构件是稳定的;但当轴向力达到或超过某一临界值时,附加弯矩的叠加影响会导致构件的侧向弯曲变形加剧增长,构件在去除轴向力的作用后无法恢复原来的直线平衡状态,甚至会提前破坏,称为失稳破坏。由失稳破坏控制的长柱,其极限受压承载力也会比相同截面尺寸、材料和配筋的短柱有很大程度的降低。

　　《混规》采用稳定系数 φ 来表征长柱承载力的相对降低程度,即

$$\varphi = \frac{N_u^l}{N_u^s} \tag{3.3}$$

式中　N_u^l、N_u^s——长柱和短柱的轴心受压承载力极限值。

　　国内外的相关试验结果均表明,稳定系数 φ 的大小主要与构件的长细比 l_0/i 有关,其中 l_0 为构件的计算长度,i 为截面的最小回转半径。在实际工程中,为了便于设计计算,矩形、圆形截面一般分别采用 l_0/b、l_0/d 来表征构件的长细比,其中 b 为矩形截面的短边尺寸,d 为圆形截面的直径。通过对相关试验结果的统计分析,当 $l_0/b \leq 8$、$l_0/d \leq 7$ 时,柱的轴心受压承载力不再降低,即属于短柱的范畴,可取 $\varphi=1$,对于具有不同长细比的长柱,《混规》中规定了其稳定系数的具体取值。

表 6.2.15　钢筋混凝土轴心受压构件的稳定系数										
l_0/b	≤ 8	10	12	14	16	18	20	22	24	26	28
l_0/d	≤ 7	8.5	10.5	12	14	15.5	17	19	21	22.5	24
l_0/i	≤ 28	35	42	48	55	62	69	76	83	90	97
φ	1	0.98	0.95	0.92	0.87	0.81	0.75	0.70	0.65	0.60	0.56
l_0/b	30	32	34	36	38	40	42	44	46	48	50
l_0/d	26	28	29.5	31	33	34.5	36.5	38	40	41.5	43
l_0/i	104	111	118	125	132	139	146	153	160	167	174
φ	0.52	0.48	0.44	0.40	0.36	0.32	0.29	0.26	0.23	0.21	0.19

注:1. l_0 为构件的计算长度,对钢筋混凝土柱可按本规范第 6.2.20 条的规定取用;

　　2. b 为矩形截面的短边尺寸,d 为圆形截面的直径,i 为截面的最小回转半径。

　　从理论上讲,构件的计算长度 l_0 与其两端的边界条件有关:两端铰接时,$l_0=l$;一端固接、一端铰接时,$l_0=0.7l$;一端固接、一端自由时,$l_0=2l$;两端固接时,$l_0=0.5l$。但对于结构中的轴心受压构件,构件的边界条件

并不处于上述理想状态。结合弹性分析结果和工程经验,《混规》给出了常见受压构件计算长度的计算方法。

6.2.20　**轴心受压和偏心受压柱**的计算长度 l_0 可按下列规定确定。

1　刚性屋盖单层房屋排架柱、露天吊车柱和栈桥柱,其计算长度 l_0 可按表 6.2.20-1 取用。

表 6.2.20-1　刚性屋盖单层房屋排架柱、露天吊车柱和栈桥柱的计算长度

柱的类别		l_0		
		排架方向	垂直排架方向	
			有柱间支撑	无柱间支撑
无吊车房屋柱	单跨	$1.5H$	$1.0H$	$1.2H$
	两跨及多跨	$1.25H$	$1.0H$	$1.2H$
有吊车房屋柱	上柱	$2.0H_u$(**注2、3**)	$1.25H_u$	$1.5H_u$
	下柱	$1.0H_l$(**注2**)	$0.8H_l$	$1.0H_l$
露天吊车柱和栈桥柱		$2.0H_l$	$1.0H_l$	—

注:1. 表中 H 为从基础顶面算起的柱子全高;H_l 为从基础顶面至装配式吊车梁底面或现浇式吊车梁顶面的柱子下部高度;H_u 为从装配式吊车梁底面或从现浇式吊车梁顶面算起的柱子上部高度;

　　2. 表中有吊车房屋排架柱的计算长度,当计算中不考虑吊车荷载时,可按无吊车房屋柱的计算长度采用,但上柱的计算长度仍可按有吊车房屋采用;

　　3. 表中有吊车房屋排架柱的上柱在排架方向的计算长度,仅适用于 H_u/H_l 不小于 0.3 的情况;当 H_u/H_l 小于 0.3 时,计算长度宜采用 $2.5H_u$。

2　一般多层房屋中梁柱为刚接的框架结构,各层柱的计算长度 l_0 可按表 6.2.20-2 取用。

表 6.2.20-2　框架结构各层柱的计算长度

楼盖类型	柱的类别	l_0
现浇楼盖	底层柱	$1.0H$
	其余各层柱	$1.25H$
装配式楼盖	底层柱	$1.25H$
	其余各层柱	$1.5H$

注:表中 H 为底层柱从基础顶面到一层楼盖顶面的高度;对其余各层柱为上下两层楼盖顶面之间的高度。

6.2.20 条文说明

本规范第 6.2.20 条第 2 款表 6.2.20-2 中框架柱的计算长度 l_0 主要用于计算轴心受压框架柱稳定系数 φ,以及计算偏心受压构件裂缝宽度的偏心距增大系数时采用。

3.3　普通柱的轴心受压承载力

对于普通钢筋混凝土柱,当箍筋的配置满足一定的构造要求时,其主要作用是能够与纵向钢筋形成钢筋骨架,防止纵筋在强度充分利用前屈曲;纵筋的主要作用是提高构件的轴心受压承载力,减小构件截面尺寸并能够改善构件的延性。

对于普通钢筋混凝土柱轴心受压承载力的计算,《混规》有如下规定。

6.2.15　钢筋混凝土轴心受压构件,当配置的箍筋符合本规范第 9.3 节的规定时,其正截面受压承载力应符合下列规定(图 6.2.15):

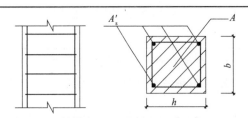

图6.2.15 配置箍筋的钢筋混凝土轴心受压构件

$$N \leqslant 0.9\varphi(f_c A + f_y' A_s') \tag{6.2.15}$$

式中 N——轴向压力设计值；

φ——钢筋混凝土构件的稳定系数，按表6.2.15采用；

f_c——混凝土轴心抗压强度设计值，按本规范表4.1.4-1采用；

A——构件截面面积；

A_s'——全部纵向普通钢筋的截面面积。

当纵向普通钢筋的配筋率大于3%时，公式（6.2.15）中的 A 应改用（$A-A_s'$）代替。

6.2.15 条文说明

保留了2002年版规范的规定。为保持与偏心受压构件正截面承载力计算具有相近的可靠度，在正文公式（6.2.15）右端乘以系数0.9。

3.4 约束混凝土柱轴心受压承载力

沿构件轴力方向设置的纵向钢筋，能够直接参与受力并提高构件的抗拉或抗压承载力，因此这类钢筋也称为直接配筋；沿垂直于轴向力方向设置的钢筋，由于能够约束核心混凝土的横向变形，使混凝土处于三向受压状态，而间接提高构件的抗压承载力，因此这类钢筋也称为间接钢筋。同时，对于这类受到约束的混凝土，均统称为"约束混凝土"，例如钢管混凝土。

试验表明，当钢筋混凝土柱内配置螺旋箍筋或封闭式的环形箍筋（图3.1），且箍筋的设置满足一定的要求时，构件在轴向受压时的受力性能较普通钢筋混凝土柱会有较大的改善和提升。

9.3.2 柱中的箍筋应符合下列规定：

6 在配有螺旋式或焊接环式箍筋的柱中，如在正截面受压承载力计算中考虑间接钢筋的作用，箍筋间距**不应大于80 mm及 $d_{cor}/5$，且不宜小于40 mm**，d_{cor} 为按箍筋内表面确定的核心截面直径。

1. 受力机理

当构件所受轴力较小时，混凝土的横向变形很小，箍筋所受的径向压应力 σ_{cr} 也很小，对核心混凝土的约束作用也不明显。随着轴向力的加大，柱的轴向应变和径向应变随之增大，核心区混凝土因被箍筋施加径向压应力所约束，使其处于三向受压应力状态（$\sigma_1 = \sigma_2 = \sigma_{cr}$），纵向抗压强度得到提高。

继续增大轴向压力，箍筋的应力也会随之不断增加直至达到其屈服强度，如图3.1所示。此时箍筋对核心混凝土的约束应力已达到最大值，但核心混凝土尚未达到三轴抗压强度，柱的承载力还能继续上升。再增大轴向压力直至核心混凝土达到其三轴抗压强度 $f_{c,c}$，此时柱会沿轴向产生明显的缩短变形，同时局部也会因为横向变形过大而起鼓外凸，箍筋甚至会被拉断。

一般情况下，当箍筋抗剪、抗扭以及抗冲切时，其抗拉强度的发挥受到限制，一般不会超过360 N/mm²，根据上述受力分析可知，箍筋用作约束混凝土的间接钢筋时，其强度可以得到充分的发挥，此时便可采用500 MPa级的钢筋。

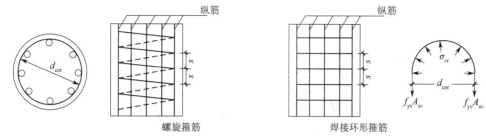

图 3.1　螺旋箍筋及焊接环形箍筋

2. 极限承载力计算

考虑到当螺旋箍筋或者焊接环形箍筋承受较大拉应力时,箍筋外侧的表层混凝土已经开裂或脱落,对柱抗压承载力的贡献微弱,因此在计算时不考虑此部分混凝土的作用。对于配置上述箍筋的钢筋混凝土柱,《混规》规定其正截面受压承载力的计算公式如下。

6.2.16　钢筋混凝土轴心受压构件,当配置的螺旋式或焊接环式间接钢筋符合本规范第 9.3.2 条的规定时,其正截面受压承载力应符合下列规定(图 6.2.16):

$$N \leqslant 0.9(f_c A_{cor} + f'_y A'_s + 2\alpha f_{yv} A_{ss0})\qquad(6.2.16\text{-}1)$$

$$A_{ss0} = \frac{\pi d_{cor} A_{ss1}}{s}\qquad(6.2.16\text{-}2)$$

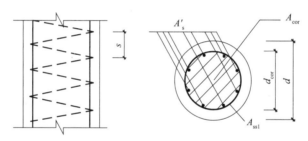

图 6.2.16　配置螺旋式间接钢筋的钢筋混凝土轴心受压构件

式中　f_{yv}——间接钢筋的抗拉强度设计值,按本规范第 4.2.3 条的规定采用;

A_{cor}——构件的核心截面面积,取间接钢筋内表面范围内的混凝土截面面积;

A_{ss0}——螺旋式或焊接环式间接钢筋的换算截面面积;

d_{cor}——构件的核心截面直径,取间接钢筋内表面之间的距离;

A_{ss1}——螺旋式或焊接环式单根间接钢筋的截面面积;

s——间接钢筋沿构件轴线方向的间距;

α——间接钢筋对混凝土约束的折减系数,当混凝土强度等级不超过 C50 时取 1.0,当混凝土强度等级为 C80 时取 0.85,其间按线性内插法确定。

6.2.16 条文说明

6.2.16　保留了 2002 年版规范的规定。根据国内外的试验结果,当混凝土强度等级大于 C50 时,间接钢筋混凝土的约束作用将会降低,因此在混凝土强度等级为 C50 ~ C80 的范围内,给出折减系数 α 值。基于与第 6.2.15 条相同的理由,在公式(6.2.16-1)右端乘以系数 0.9。

为了更好地理解《混规》式(6.2.16-1)及式(6.2.16-2)的含义,令单位体积的核心混凝土内箍筋和混凝土的强度比值为配箍特征值 λ_v,则式(6.2.16-1)右侧第三项在不考虑折减系数 α 时可变换为

$$2f_{yv} A_{ss0} = 2f_c \frac{\pi d_{cor} A_{ss1}}{s A_{cor}} \frac{f_{yv}}{f_c} A_{cor} = 2f_c \lambda_v A_{cor}\qquad(3.4)$$

将式(3.4)代入《混规》式(6.2.16-1)右侧并进一步变换可得

$$N_u = 0.9[(1 + 2\lambda_v) f_c A_{cor} + f'_y A'_s] = 0.9[f_{c,c} A_{cor} + f'_y A'_s]\qquad(3.5)$$

也可知,箍筋的配箍特征值即配箍量对构件的轴心受压承载力影响较大。

当配置的箍筋数量较少时,箍筋由于约束作用对柱承载力的提高可能不足以弥补表层混凝土强度的损失,作为此类构件轴心受压承载力的计算控制条件,《混规》有如下规定。

> 6.2.16　钢筋混凝土轴心受压构件,当配置的螺旋式或焊接环式间接钢筋符合本规范第9.3.2条的规定时,其正截面受压承载力应符合下列规定。
>
> 　　注:2. 当遇到下列任意一种情况时,不应计入间接钢筋的影响,而应按本规范第6.2.15条的规定进行计算:
>
> 　　2)当按公式(6.2.16-1)算得的受压承载力小于按本规范公式(6.2.15)算得的受压承载力时;
>
> 　　3)当间接钢筋的换算截面面积 A_{ss0} 小于纵向普通钢筋的全部截面面积的25%时。

当配置的箍筋数量过多时,虽然构件的承载能力满足设计要求,但是构件可能会因为外围混凝土剥落、纵向裂缝的发展或横向变形较大而影响正常使用,因此《混规》也同时规定了此类构件的配箍上限作为计算控制条件。

> 6.2.16　钢筋混凝土轴心受压构件,当配置的螺旋式或焊接环式间接钢筋符合本规范第9.3.2条的规定时,其正截面受压承载力应符合下列规定。
>
> 　　注:1. 按公式(6.2.16-1)算得的构件受压承载力设计值不应大于按本规范公式(6.2.15)算得的构件受压承载力设计值的1.5倍。

此外,考虑到当轴心受压构件的长细比过大时,柱的横向挠曲会影响箍筋强度的发挥,因此在计算时长细比较大的构件仍应按普通钢筋混凝土轴心受压构件进行计算。

> 6.2.16　钢筋混凝土轴心受压构件,当配置的螺旋式或焊接环式间接钢筋符合本规范第9.3.2条的规定时,其正截面受压承载力应符合下列规定。
>
> 　　注:2. 当遇到下列任意一种情况时,不应计入间接钢筋的影响,而应按本规范第6.2.15条的规定进行计算:
>
> 　　1)当 $l_0/d > 12$ 时。

3. 承载力验算

当已知圆柱的截面尺寸 d、高度 H、钢筋及混凝土的强度等级、纵筋以及箍筋的配置,求构件的轴心受压承载力设计值时,承载力的求解可按下列顺序进行。

(1)计算参数 f_c、f'_y($\leqslant 400\ \text{MPa}$)、f_{yv}。

《混规》表4.1.4-1、表4.2.3-1

(2)构件的计算长度 l_0 及稳定系数 φ。

《混规》第6.2.20条、表6.2.15

(3)纵筋配筋面积 A'_s 和配筋率 ρ。

(4)构造要求。

《混规》第9.3.2条第2、6款

(5)按普通钢筋混凝土柱计算轴心受压承载力 N_{u1}。

《混规》式(6.2.15)

当纵向普通钢筋的配筋率大于3%时,公式(6.2.15)中的 A 应改用($A-A'_s$)代替。

(6)当箍筋配置满足一定要求时,按约束混凝土计算轴心受压承载力 N_{u2},否则不继续计算。

《混规》第9.3.2条第6款、第6.2.16条注2

(7) $N_{u1} \leqslant N_{u2} \leqslant 1.5 N_{u1}$。

4. 纵筋的构造要求

对于纵筋的构造要求,《混规》有如下规定。

9.3.1　柱中纵向钢筋的配置应符合下列规定:

　1　纵向受力钢筋直径不宜小于 12 mm,全部纵向钢筋的配筋率不宜大于 5%;

　2　柱中纵向钢筋的净间距不应小于 50 mm,且不宜大于 300 mm;

　4　圆柱中纵向钢筋不宜少于 8 根,不应少于 6 根,且宜沿周边均匀布置。

9.3.1 条文说明(部分)

柱宜采用大直径钢筋作纵向受力钢筋。配筋过多的柱在长期受压混凝土徐变后卸载,钢筋弹性回复会在柱中引起横裂,故应对柱最大配筋率作出限制。

此外还规定了柱中纵向钢筋的间距。间距过密影响混凝土浇筑密实;过疏则难以维持对芯部混凝土的围箍约束。同样,柱侧构造筋及相应的复合箍筋或拉筋也是为了维持对芯部混凝土的约束。

8.5.1　钢筋混凝土结构构件中纵向受力钢筋的配筋百分率 ρ_{min} 不应小于表 8.5.1 规定的数值。

表 8.5.1　纵向受力钢筋的最小配筋百分率 ρ_{min}(%)

受力类型			最小配筋百分率
受压构件	全部纵筋	强度等级 500 MPa	0.50
		强度等级 400 MPa	0.55
		强度等级 300、335 MPa	0.60
	一侧纵筋		0.20

注:1. 受压构件全部纵向钢筋最小配筋百分率,当采用 C60 以上强度等级的混凝土时,应按表中规定增加 0.10;

　4. 受压构件的全部纵向钢筋和一侧纵向钢筋的配筋率以及轴心受拉构件和小偏心受拉构件一侧受拉钢筋的配筋率均应按构件的全截面面积计算;

　6 当钢筋沿构件截面周边布置时,"一侧纵向钢筋"系指沿受力方向两个对边中一边布置的纵向钢筋。

8.5.1 条文说明(部分)

受压构件是指柱、压杆等截面长宽比不大于 4 的构件。规定受压构件最小配筋率的目的是改善其性能,避免混凝土突然压溃,并使受压构件具有必要的刚度和抵抗偶然偏心作用的能力。本次修订规范对受压构件纵向钢筋的最小配筋率基本不变,即受压构件一侧纵筋最小配筋率仍保持 0.2% 不变,而对不同强度的钢筋分别给出了受压构件全部钢筋的最小配筋率——0.50、0.55 和 0.60 三档,比原规范稍有提高。考虑到强度等级偏高时混凝土脆性特征更为明显,故规定当混凝土强度等级为 C60 以上时,最小配筋率上调 0.1%。

3.5　局部受压承载力

工程结构中经常会出现局部压应力作用面积 A_l 小于承压构件截面面积 A_0 的情况,如梁端支承于墙上、柱端支承在基础上、预应力筋锚固板支承在构件端截面等。集中力通过局部作用面积 A_l 传递到支承构件上,由于直接传力面积下的混凝土相对于周边混凝土受力较大,会产生较大的膨胀变形,因此也必然会受到周边混凝土的约束,局部作用面积下的混凝土因处于三轴受压状态,其局部抗压强度会有不同程度的提高。

试验表明,对于高度远大于其截面宽度($H \gg 2b$)的局部承压构件,影响混凝土局部抗压强度和破坏形态的主要因素包括面积比(A_0/A_l)、集中力的作用位置和形状、混凝土的抗压强度、配筋构造和数量。

总体上,混凝土的局部受压承载力随面积比的增大而单调增大。当面积比 $A_0/A_l \leqslant 9$ 时,构件局部承压区的开裂荷载一般为极限荷载的 50%~90%;当面积比 $9 < A_0/A_l \leqslant 36$ 时,局部受压区一旦出现裂缝,试件立即发生劈裂脆性破坏,开裂荷载与极限荷载非常接近;当面积比 $A_0/A_l > 36$ 时,承压区下的混凝土被压陷,周边混凝土发生脆性剪切破坏。随着混凝土强度等级的提高,其塑性变形能力以及三轴抗压强度增量都相对下降,因此构件的局部抗压强度的提高幅度也会逐渐减小。

在构件的局部受压区内配置各类横向钢筋,能够增强对核心区混凝土的约束力,从而限制内部裂缝的发展,显著提高混凝土的局部抗压强度,这也是当前改善局部承压构件受力性能的主要措施。但当局部受压区间接钢筋配置过多时,该区域的混凝土会产生过大的下沉变形,不能满足结构构件的使用要求。

　　基于上述破坏形态及结构的抗裂要求,我国规范在计算混凝土的局部受压承载力时,要求在保证构件局部受压承载力满足要求的同时,还应对局部受压区的面积做出一定的限制,并且采用局部受压计算面积A_b参与承载力计算,要求$A_b/A_l \leq 9$。

　　《混规》有如下规定。

6.6.1　配置间接钢筋的混凝土结构构件,其**局部受压区的截面尺寸**应符合下列要求:

$$F_l \leq 1.35\beta_c\beta_l f_c A_{ln} \tag{6.6.1-1}$$

$$\beta_l = \sqrt{\frac{A_b}{A_l}} \tag{6.6.1-2}$$

式中　F_l——局部受压面上作用的局部荷载或局部压力设计值;

　　　f_c——混凝土轴心抗压强度设计值,在后张法预应力混凝土构件的张拉阶段验算中,可根据相应阶段的混凝土立方体抗压强度f'_{cu}值按本规范表4.1.4-1的规定以线性内插法确定;

　　　β_c——混凝土强度影响系数,按本规范第6.3.1条的规定取用;

　　　β_l——混凝土局部受压时的强度提高系数;

　　　A_l——混凝土局部受压面积;

　　　A_{ln}——混凝土局部受压净面积,对后张法构件,应在混凝土局部受压面积中扣除孔道、凹槽部分的面积;

　　　A_b——局部受压的计算底面积,按本规范第6.6.2条确定。

6.6.1　条文说明

　　本条对配置间接钢筋的混凝土结构构件局部受压区截面尺寸规定了限制条件,其理由如下。

　　1　试验表明,当局压区配筋过多时,局压板底面下的混凝土会产生过大的下沉变形;当符合公式(6.6.1-1)时,可限制下沉变形不致过大。为适当提高可靠度,将公式右边抗力项乘以系数0.9。式中系数1.35系由1989年版规范公式中的系数1.5乘以0.9而给出。

　　2　为了反映混凝土强度等级提高对局部受压的影响,引入了混凝土强度影响系数β_c。

　　3　在计算混凝土局部受压时的强度提高系数β_l(也包括本规范第6.6.3条的β_{cor})时,不应扣除孔道面积,经试验校核,此种计算方法比较合适。

　　4　在预应力锚头下的局部受压承载力的计算中,按本规范第10.1.2条的规定,当预应力作为荷载效应且对结构不利时,其荷载效应的分项系数取为1.2。

6.6.2　局部受压的计算底面积A_b,**可由局部受压面积与计算底面积按同心、对称的原则**确定;常用情况可按图6.6.2取用。

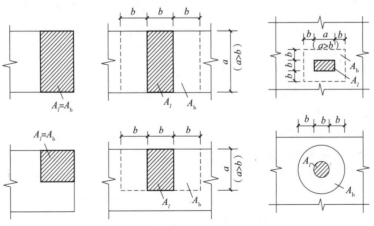

图6.6.2　局部受压的计算底面积

A_l—混凝土局部受压面积;A_b—局部受压的计算底面积

6.6.2 条文说明(部分)

　　要求计算底面积 A_b 与局压面积 A_l 具有相同的重心位置,并呈(两主轴)对称;沿 A_l 各边向外扩大的有效距离不超过受压板短边尺寸 b(对圆形承压板,可沿周边扩大一倍直径),此法便于记忆和使用。

6.6.3　配置方格网式或螺旋式间接钢筋(图 6.6.3)的局部受压承载力应符合下列规定:

$$F_l \leqslant 0.9(\beta_c\beta_l f_c + 2\alpha\rho_v\beta_{cor}f_{yv})A_{ln} \tag{6.6.3-1}$$

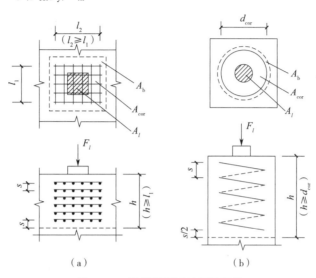

图 6.6.3　局部受压区的间接钢筋

(a)方格网式配筋　(b)螺旋式配筋

A_l—混凝土局部受压面积;A_b—局部受压的计算底面积;A_{cor}—方格网式或螺旋式间接钢筋内表面范围内的混凝土核心面积

　　当为方格网式配筋(图 6.6.3(a))时,钢筋网两个方向上单位长度内钢筋截面面积的比值不宜大于1.5,其体积配筋率 ρ_v 应按下列公式计算:

$$\rho_v = \frac{n_1 A_{s1}l_1 + n_2 A_{s2}l_2}{A_{cor}s} \tag{6.6.3-2}$$

　　当为螺旋式配筋(图 6.6.3(b))时,其体积配筋率 ρ_v 应按下列公式计算:

$$\rho_v = \frac{4A_{ss1}}{d_{cor}s} \tag{6.6.3-3}$$

式中　β_{cor}——配置间接钢筋的局部受压承载力提高系数,可按本规范公式(6.6.1-2)计算,但公式中 A_b 应代之以 A_{cor},且当 A_{cor} 大于 A_b 时, A_{cor} 取 A_b;当 A_{cor} 不大于混凝土局部受压面积 A_l 的 1.25 倍时,β_{cor} 取 1.0;

　　　　α——间接钢筋对混凝土约束的折减系数,按本规范第 6.2.16 条的规定取用;

　　　　f_{yv}——间接钢筋的抗拉强度设计值,按本规范第 4.2.3 条的规定采用;

　　　　A_{cor}——方格网式或螺旋式间接钢筋内表面范围内的混凝土核心截面面积,应大于混凝土局部受压面积 A_l,其重心应与 A_l 的重心重合,计算中按同心、对称的原则取值;

　　　　ρ_v——间接钢筋的体积配筋率;

　　　　n_1、A_{s1}——方格网沿 l_1 方向的钢筋根数、单根钢筋的截面面积;

　　　　n_2、A_{s2}——方格网沿 l_2 方向的钢筋根数、单根钢筋的截面面积;

　　　　A_{ss1}——单根螺旋式间接钢筋的截面面积;

　　　　d_{cor}——螺旋式间接钢筋内表面范围内的混凝土截面直径;

　　　　s——方格网式或螺旋式间接钢筋的间距,宜取 30~80 mm。

　　间接钢筋应配置在图 6.6.3 所规定的高度 h 范围内,**方格网式钢筋**,不应少于 4 片;**螺旋式钢筋**,不应少于 4 圈。柱接头,h 尚不应小于 15d,d 为柱的纵向钢筋直径。

6.6.3 条文说明

　　试验结果表明,配置方格网式或螺旋式间接钢筋的局部受压承载力,可表达为混凝土项承载力和间接钢筋项承载力之和。间接钢筋项承载力与其体积配筋率有关;且随混凝土强度等级的提高,该项承载力有降低的趋势。为了反映这个特性,公式中引入了系数α。为便于使用且保证安全,系数α与本规范第6.2.16条的取值相同。基于与本规范第6.6.1条同样的理由,在公式(6.6.3-1)也考虑了折减系数0.9。

　　本条还规定了 A_{cor} 大于 A_b 时,在计算中只能取为 A_b 的要求。此规定用以保证充分发挥间接钢筋的作用,且能确保安全。此外,当 A_{cor} 不大于混凝土局部受压面积 A_l 的1.25倍时,间接钢筋对局部受压承载力的提高不明显,故不予考虑。

　　为避免长、短两个方向配筋相差过大而导致钢筋不能充分发挥强度,对公式(6.6.3-2)规定了配筋量的限制条件。

　　间接钢筋的体积配筋率取为核心面积 A_{cor} 范围内单位混凝土体积所含间接钢筋的体积,**是在满足方格网式或螺旋式间接钢筋的核心面积 A_{cor} 大于混凝土局部受压面积 A_l 的条件下计算得出的。**

　　结合体积配箍率 ρ_v 和配箍特征值 λ_v 的基本概念,对《混规》式(6.6.3-1)进行类似于本节式(3.4)、式(3.5)的变换,也能体现出间接钢筋对混凝土局部受压承载力的贡献与箍筋配置数量的重要关系。对于素混凝土局部受压承载力的计算,详见《混规》D.5.1条。

3.6　轴心受拉承载力

　　一般的钢筋混凝土轴心受拉杆件,在轴向力的作用下,混凝土会首先开裂,钢筋承担全部应力,由于混凝土开裂时的应变较低,此时钢筋的应力虽有突增,但仍低于其屈服强度。随着轴心作用力的增大,钢筋屈服,构件因出现较大的变形而破坏。不考虑钢筋强化段的作用,以其屈服作为构件的轴心受拉极限状态,对于其承载力的计算,《混规》有如下规定。

6.2.22　轴心受拉构件的正截面受拉承载力应符合下列规定:

$$N \leqslant f_y A_s + f_{py} A_p \tag{6.2.22}$$

式中　N——轴向拉力设计值;

　　　A_s、A_p——纵向普通钢筋、预应力筋的全部截面面积。

　　钢筋混凝土轴心受拉构件的开裂荷载 N_{cr} 取决于混凝土的抗拉强度,其极限承载力 N_y 完全取决于纵向受力钢筋的配置数量。当配筋率过小($\rho < \rho_{min}$)时,可能会出现极限承载力 N_y 小于开裂荷载 N_{cr} 的情况,类似于受弯构件中的少筋梁,这种构件也称为少筋构件。由于少筋破坏属于脆性破坏,工程中应该予以避免,因此《混规》有如下规定。

8.5.1　钢筋混凝土结构构件中**纵向受力钢筋的配筋百分率** ρ_{min} 不应小于表8.5.1规定的数值。

表8.5.1　纵向受力钢筋的最小配筋百分率 ρ_{min} (%)

受力类型	最小配筋百分率
受弯构件、偏心受拉、轴心受拉构件一侧的受拉钢筋	0.20和 $45f_t/f_y$ 中的较大值

注:4.轴心受拉构件一侧受拉钢筋的配筋率均应按构件的全截面面积计算。

第4章 偏心受力构件的承载力

偏心受力构件尤其是偏心受压柱是工程中最常见的受力构件,例如钢筋混凝土柱、剪力墙等。对于一个承受轴向力 N 以及弯矩 M 作用的构件,由于两作用力都只在截面上产生正应力,故可以等效为一个偏心作用($e_0=M/N$)的轴向力 N,因此这类压弯构件也属于偏心受力构件。

4.1 偏心受压构件的正截面承载力

工程试验表明,影响偏心受压构件受力性能的主要因素包括偏心距 e_0、纵筋配筋率 ρ 以及构件的长细比(l_0/i)。

4.1.1 短柱的破坏形态

偏心受压短柱在极限状态下,截面的应力、应变分布以及破坏形态随偏心距 e_0 的变化如图 4.1 所示。由于 $e_0=0$ 时构件为轴心受压状态,截面均匀受压,此处不再阐述。

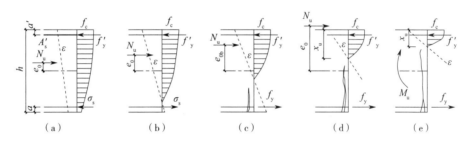

图 4.1 偏心受压短柱极限状态下的受力性能

(a)$e_0<e_{cor}$ (b)$e_{cor}<e_0<e_{0b}$ (c)$e_0=e_{0b}$ (d)$e_0>e_{0b}$ (e)$e_0 \gg e_{0b}$

随着偏心距的增大,远离偏心作用力一侧(以下简称"远侧")的混凝土边缘纤维在极限状态下会逐渐地由受压转变为受拉。若令构件远侧边缘纤维在极限状态下应力为零时所对应的偏心距为 e_{cor},则有如下情况。

当偏心距 $e_0<e_{cor}$ 时,轴向压力作用下的构件仍全截面受压,只不过应力分布较不均匀,在极限状态下(图4.1(a)),距离偏心力较近一侧(以下简称"近侧")的混凝土将首先被压碎,同侧的受压钢筋达到屈服强度;远侧的钢筋和混凝土因为承受的压应力较小而没有明显的破坏现象。

当偏心距满足 $e_{cor}<e_0<e_{0b}$ 时,远侧混凝土出现受拉区,随着轴向力 N 的增大,该侧混凝土出现横向裂缝并退出工作。如图 4.1(b)所示,构件在极限状态下,同样是近侧的混凝土被压碎,钢筋达到屈服;远侧的钢筋承受拉应力,但并未达到其屈服强度,即 $\sigma_s<f_y$。

对于偏心距较大($e_0>e_{0b}$)的柱,轴力作用下的截面受拉区面积和远侧混凝土的拉应变相应增大,构件将首先在受拉区出现横向裂缝;随着轴力的增大,受拉区的混凝土裂缝逐渐开展,钢筋的应力突增,并达到屈服强度;荷载再增大,远侧受拉钢筋开始进入流幅阶段,由于受拉区的变形大于受压区,截面的中和轴明显上升,混凝土的截面受压区高度逐渐减小,应力快速增长;如图 4.1(d)和(e)所示,在极限状态下构件因近侧混凝土被压碎而破坏。

显然,当 $e_0<e_{0b}$ 时,偏心受压短柱的破坏由混凝土的受压控制,表现为近侧混凝土被压碎,这类受力构件被称为"小偏心受压构件",由于破坏前没有明显征兆,这种破坏属于脆性破坏,也称"受压破坏"。当 $e_0>e_{0b}$ 时,偏心受压短柱的破坏由远侧受拉钢筋的屈服控制,始于远侧钢筋的屈服,终于近侧混凝土被压碎,这类受力构件被称为"大偏心受压构件",其破坏特征类似于适筋梁的受弯破坏,属于延性破坏,也称"受拉破坏"。

随着偏心距的增大,构件逐渐由受压破坏转变为受拉破坏的形态。在两种破坏形态之间也必然存在一种界限破坏形态,使远侧(受拉区)受拉钢筋屈服时,近侧(受压区)混凝土正好被压碎,相应的偏心距被称为界限偏心距 e_{0b}。

对于一组材料强度、截面尺寸及配筋均相同的构件,随着偏心距的增大,根据构件的极限轴力 N_u 与正截面受弯承载力 $M_u(N_u e_0)$ 绘制出的关系曲线如图 4.2 所示,为偏心受压构件的 N_u-M_u 包络图。该曲线有以下特点。

(1)AB 段曲线为受压破坏形态,由混凝土的受压控制,增大轴向力,极限弯矩随之减小;增大弯矩或偏心距,极限轴力也相应减小。

(2)BC 段曲线为构件的受拉破坏形态,由远侧受拉钢筋的屈服控制,增大轴力对于提高极限弯矩有利;增大弯矩对于提高构件的极限轴力也是有利的。

(3)弯矩为零时,构件的极限轴力 N_u 最大;界限破坏时,极限弯矩 M_u 最大。

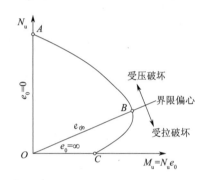

图 4.2　偏心受压构件的 N_u-M_u 包络图

偏心受压构件从加载初始直至构件破坏,沿截面高度各点的平均应变均较好地符合平截面假定,这一点已被国内外诸多试验证明。不管是受拉破坏还是受压破坏,极限状态下近侧混凝土均被压碎,即受压区边缘纤维混凝土达到极限压应变。因此,基于平截面假定,可求得极限状态时远侧钢筋的应力。《混规》有如下规定。

6.2.8　纵向钢筋应力应按下列规定确定。

1　纵向钢筋应力宜按下列公式计算:

普通钢筋

$$\sigma_{si} = E_s \varepsilon_{cu} \left(\frac{\beta_1 h_{0i}}{x} - 1 \right) \tag{6.2.8-1}$$

预应力筋

$$\sigma_{pi} = E_s \varepsilon_{cu} \left(\frac{\beta_1 h_{0i}}{x} - 1 \right) + \sigma_{p0i} \tag{6.2.8-2}$$

2　纵向钢筋应力也可按下列近似公式计算:

普通钢筋

$$\sigma_{si} = \frac{f_y}{\xi_b - \beta_1} \left(\frac{x}{h_{0i}} - \beta_1 \right) = \frac{\xi - \beta_1}{\xi_b - \beta_1} f_y \tag{6.2.8-3}$$

预应力筋

$$\sigma_{pi} = \frac{f_{py} - \sigma_{p0i}}{\xi_b - \beta_1} \left(\frac{x}{h_{0i}} - \beta_1 \right) + \sigma_{p0i} \tag{6.2.8-4}$$

式中　h_{0i}——第 i 层纵向钢筋截面重心至截面受压边缘的距离;

x——等效矩形应力图形的混凝土受压区高度;

σ_{si}、σ_{pi}——第 i 层纵向普通钢筋、预应力筋的应力，正值代表拉应力，负值代表压应力；

σ_{p0i}——第 i 层纵向预应力筋截面重心处混凝土法向应力等于零时的预应力筋应力，按本规范公式（10.1.6-3）或公式（10.1.6-6）计算。

　　3　按公式（6.2.8-1）~公式（6.2.8-4）计算的纵向钢筋应力应符合本规范第 6.2.1 条第 5 款的相关规定。

6.2.8 条文说明

　　钢筋应力 σ_s 的计算公式是以混凝土达到极限压应变 ε_{cu} 作为构件达到承载能力极限状态标志而给出的。

　　按平截面假定可写出截面任意位置处的普通钢筋应力 σ_{si} 的计算公式（6.2.8-1）和预应力筋应力 σ_{pi} 的计算公式（6.2.8-2）。

　　为了简化计算，根据我国大量的试验资料及计算分析表明，小偏心受压情况下实测受拉边或受压较小边的钢筋应力 σ_s 与 ξ 接近直线关系。考虑到 $\xi=\xi_b$ 及 $\xi=\beta_1$ 作为界限条件，取 σ_s 与 ξ 之间为线性关系，就可得到公式（6.2.8-3）、公式（6.2.8-4）。

　　按上述线性关系式，在求解正截面承载力时，一般情况下为二次方程。

　　对于非预应力构件，基于远侧钢筋应力 σ_s 与 ξ 接近直线关系的假定，以下三种界限状态下钢筋的应力分别如下：

　　当 $\xi=\beta_1$ 时，$\sigma_s=0$；

　　当 $\xi=\xi_b$ 时，$\sigma_s=f_y$；

　　当 $\xi=2\beta_1-\xi_b$ 时，$\sigma_s=-f_y$。

　　对于预应力构件，规范规定其应力的计算是从混凝土构件计算正截面消压时的预应力筋应力 σ_{p0} 起算的。

4.1.2　长柱的二阶弯矩

　　在轴向力作用下，当偏心受压构件产生侧移或挠曲时，产生的附加弯矩或附加曲率称为偏心受压构件的二阶作用效应，简称二阶效应。如图 4.3（a）所示无侧移的框架结构，假定偏心受压柱承受的轴向力为 P，则因构件侧向挠曲产生的二阶弯矩为 $P \cdot \delta$，该类二阶效应简称为 P-δ 效应或挠曲二阶效应。如图 4.3（b）所示有侧移的框架结构，在水平向力作用下，框架将产生水平向的侧移 Δ，假定柱承受的轴向力为 P，则因构件侧移产生的附加弯矩为 $P \cdot \Delta$，该类二阶效应简称为 P-Δ 效应，由于实际工程的轴向力主要为其自身重力，该效应也被俗称为重力二阶效应。

　　严格来讲，利用 P-Δ 效应和 P-δ 效应进行结构分析，应考虑材料的非线性和裂缝、构件的曲率和层间侧移、荷载的持续作用、混凝土的收缩和徐变等因素。但要实现这样的分析，在目前条件下还有困难，工程分析中一般都采用简化的分析方法。

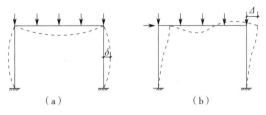

图 4.3　偏心受压构件的二阶效应示意图
（a）无侧移框架的 P-δ 效应　（b）有侧移框架的 P-Δ 效应

1. P-Δ 效应

　　在实际工程中，如果结构的整体抗侧刚度较弱，在水平风荷载或地震作用下将产生较大的水平位移 Δ，在竖向荷载 P 的作用下，结构的水平位移会进一步增加且会引起结构内部各构件产生附加内力。由于 P-Δ 效应的影响，将降低结构构件的承载能力和结构的整体稳定。

重力二阶效应计算属于结构整体层面的问题,一般在结构整体分析中考虑,我国规范给出了两种计算方法:有限元法和增大系数法。《混规》有如下规定。

5.3.4 当结构的二阶效应可能使作用效应显著增大时,在结构分析中应考虑二阶效应的不利影响。

混凝土结构的重力二阶效应可采用有限元分析方法计算,也可采用本规范附录B的简化方法。当采用有限元分析方法时,宜考虑混凝土构件开裂对构件刚度的影响。

附录 B　近似计算偏压构件侧移二阶效应的增大系数法

B.0.1 在框架结构、剪力墙结构、框架-剪力墙结构及筒体结构中,当采用增大系数法近似计算结构因侧移产生的二阶效应(P-Δ效应)时,应对未考虑P-Δ效应的一阶弹性分析所得的柱、墙肢端弯矩和梁端弯矩以及层间位移分别按公式(B.0.1-1)和公式(B.0.1-2)乘以增大系数η_s:

$$M = M_{ns} + \eta_s M_s \qquad (B.0.1\text{-}1)$$

$$\Delta = \eta_s \Delta_1 \qquad (B.0.1\text{-}2)$$

式中　M_s——引起结构侧移的荷载或作用所产生的一阶弹性分析构件端弯矩设计值;

　　　M_{ns}——不引起结构侧移的荷载所产生的一阶弹性分析构件端弯矩设计值;

　　　Δ_1——一阶弹性分析的层间位移;

　　　η_s——P-Δ效应增大系数,按第B.0.2条或第B.0.3条确定,其中梁端η_s取为相应节点处上、下柱端或上、下墙肢端η_s的平均值。

B.0.1 条文说明(部分)

因P-Δ效应既增大竖向构件中引起结构侧移的弯矩,同时也增大水平构件中引起结构侧移的弯矩,因此公式(B.0.1-1)同样适用于梁端控制截面的弯矩计算。另外,根据本规范第11.4.1条的规定,抗震框架各节点处柱端弯矩之和$\sum M_c$应根据同一节点处的梁端弯矩之和$\sum M_b$进行增大,因此按公式(B.0.1-1)用η_s增大梁端引起结构侧移的弯矩,也能使P-Δ效应的影响在$\sum M_b$和增大后的$\sum M_c$中保留下来。

B.0.2 在**框架结构**中,所计算楼层各柱的η_s可按下列公式计算:

$$\eta_s = \frac{1}{1 - \dfrac{\sum N_j}{D H_0}} \qquad (B.0.2)$$

式中　D——所计算楼层的侧向刚度,在计算结构构件弯矩增大系数与计算结构位移增大系数时,应分别按本规范第B.0.5条的规定取用结构构件刚度;

　　　N_j——所计算楼层第j列柱轴力设计值;

　　　H_0——所计算楼层的层高。

B.0.3 **剪力墙结构、框架-剪力墙结构、筒体结构**中的η_s可按下列公式计算:

$$\eta_s = \frac{1}{1 - 0.14 \dfrac{H^2 \sum G}{E_c J_d}} \qquad (B.0.3)$$

式中　$\sum G$——各楼层重力荷载设计值之和;

　　　$E_c J_d$——与所设计结构等效的竖向等截面悬臂受弯构件的弯曲刚度,可按该悬臂受弯构件与所设计结构在倒三角形分布水平荷载下顶点位移相等的原则计算,在计算结构构件弯矩增大系数与计算结构位移增大系数时,应分别按本规范第B.0.5条规定取用结构构件刚度;

　　　H——结构总高度。

B.0.5 当采用本规范第B.0.2条、第B.0.3条计算各类结构中的弯矩增大系数η_s时,宜对构件的弹性抗弯刚度E_cI乘以折减系数,对梁取0.4,对柱取0.6,对剪力墙肢及核心筒壁墙肢取0.45;**当计算各结构中位移的增大系数η_s时,不对刚度进行折减**。

注:当验算表明剪力墙肢或核心筒壁墙肢各控制截面不开裂时,计算弯矩增大系数η_s时的刚度折减系数可取为0.7。

2. P-δ 效应

以框架柱为例,实际工程中的偏心受力构件通常长细比较大,在偏心力的作用下,构件会产生侧向挠曲变形,并且随着轴向力的增大,侧向挠曲变形也在不断增大。如图 4.4(a)所示,假定构件的初始偏心距为 e_0,当偏心受压柱达到极限状态时,构件的侧向挠度为 f,此时作用在截面上的实际弯矩为 $N_u(e_0+f)$,其中 $N_u \cdot f$ 为附加弯矩或二阶弯矩。

在侧向挠度的影响下,偏压构件可能发生材料破坏和失稳破坏两类破坏。当构件的长细比较大,但在一定范围内时,虽然构件的正截面承载力受到二阶弯矩的影响而降低,但其破坏最终还是缘于材料的强度被耗尽。当构件的长细比超过一定的范围后,会因为侧向挠曲变形较大而在横向失去平衡,称为“失稳破坏”。

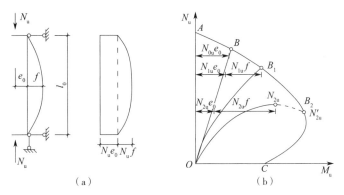

图 4.4　长柱的二阶弯矩及极限包络图
(a)附加弯矩　(b)N_u-M_u 包络图

图 4.4(b)所示的曲线 ABB_1B_2C 表示某一偏心受压短柱发生材料破坏时的 N_u-M_u 包络曲线。如直线 OB 所示,当偏心受压构件的长细比较小时,在偏心压力的作用下构件的挠曲变形 f 可以忽略不计,即整个加载过程中可认为 M/N 始终保持常数,变化轨迹呈直线关系,直至到达 B 点,构件的极限轴力为 N_{0u}。

如曲线 OB_1 所示,随着偏心受压构件长细比的加大,挠曲变形 f 以及二阶弯矩的影响逐渐非线性增加,$M/N(=e_0+f)$ 不能保持常数而是逐渐变大,变化轨迹呈逐渐偏离直线 OB 的曲线,最终达到 B_1 点,构件的极限轴力为 N_{1u}。构件的长细比越大,曲线 OB_1 偏离直线 OB 越远,但长细比在一定范围内时,其破坏仍为材料破坏。

如曲线 OB_2 所示,当构件的长细比很大时,加载途径偏离直径 OB 已经很远,在发生材料破坏之前,构件会首先达到其极限轴力 $N_{max}=N_{2u}$,此时钢筋和混凝土均未达到强度设计值。随后由于构件的侧向挠曲急剧增大,所能承受的轴力虽然减小但弯矩仍继续增大,曲线开始转入下降段,直至与包络线交于 B_2 点,B_2 点对应的极限轴力 N'_{2u} 小于加载过程中的最大轴力 N_{2u},此类破坏为失稳破坏。

上述偏心受压构件,虽然初始偏心距 e_0 相同,但随着长细比的增大,承受轴向力的能力逐渐变小,其根本原因是纵向挠曲引起了不可忽略的附加弯矩。下面简单讨论随构件两端初始弯矩值(偏心距)大小及作用方向不同时对构件的影响。

1)两端弯矩同号

如图 4.5(a)所示两端铰接偏心受压柱,在两端弯矩 M_1、M_2($M_2 \geqslant M_1$)以及轴向力 N 的共同作用下,构件将发生单向曲率的挠曲变形。

在进行构件的承载能力设计时,如果不考虑构件的 $P-\delta$ 效应,杆件的弯矩图如图 4.5(b)所示,显然构件所受的弯矩极值为 M_2,承载力计算将以该弯矩值所对应的端截面作为控制截面。

但是,实际构件受到二阶弯矩(图 4.5(c))的影响,构件在任一截面的实际弯矩值为 $M_0+N\delta$,其中 M_0 为该截面处的初始弯矩,δ 为该截面处构件的挠度。如果杆件的长细比较大,附加弯矩 $N\delta$ 也较大,且 M_1 较接近 M_2,承载能力设计的控制截面就会由原来具有弯矩极值 M_2 的端截面向杆件的中部转移,即发生 $M_0+N\delta>M_2$ 的情况(图 4.5(a));当 $M_1=M_2$ 时,控制截面将转移到杆件的中部。

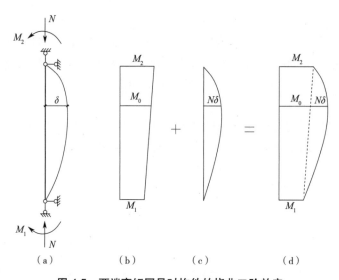

图4.5　两端弯矩同号时构件的挠曲二阶效应

（a）单曲率弯曲变形　（b）一阶弯矩　（c）二阶弯矩　（d）合成弯矩

2）两端弯矩异号

如图4.6（a）所示，当两端弯矩 M_1、M_2（$|M_2| \geqslant |M_1|$）异号时，沿偏心受压构件长度方向将产生一个反弯点，将发生双向曲率的挠曲变形。

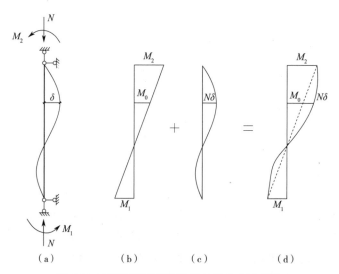

图4.6　两端弯矩异号时构件的挠曲二阶效应

（a）双曲率弯曲变形　（b）一阶弯矩　（c）二阶弯矩　（d）合成弯矩

显然，杆件中部任一截面的挠曲变形会增大该截面的弯矩值，但由于考虑二阶弯矩增加很少，承载能力设计的控制截面仍然位于具有弯矩极值 M_2 的端截面。在这种情况下，二阶效应的考虑与否都不会影响构件的承载能力设计。

在工程结构设计中，偏心受压构件发生控制截面转移的情况其实是比较少的，因此为了减少工作量，《混规》给出了不需要考虑 P-δ 效应的情况。

6.2.3　弯矩作用平面内截面对称的偏心受压构件，当①同一主轴方向的杆端弯矩比 M_1/M_2 不大于0.9且②轴压比不大于0.9 时，若③构件的长细比满足公式（6.2.3）的要求，可不考虑轴向压力在该方向挠曲杆件中产生的附加弯矩影响；否则应根据本规范第6.2.4条的规定，按截面的两个主轴方向分别考虑轴向压力在挠曲杆件中产生的附加弯矩影响。

$$l_c/i \leqslant 34-12(M_1/M_2) \tag{6.2.3}$$

式中　M_1、M_2——**已考虑侧移影响**的偏心受压构件两端截面按结构弹性分析确定的对同一主轴的**组合弯矩设计值,绝对值较大端为 M_2,绝对值较小端为 M_1,当构件按单曲率弯曲时,M_1/M_2 取正值,否则取负值**;

　　　　l_c——构件的计算长度,可近似取偏心受压构件相应主轴方向上下支撑点之间的距离;

　　　　i——偏心方向的截面回转半径。

　　《混规》采用 C_m-η_{ns} 法考虑偏心受压柱的 P-δ 效应。以上述两端弯矩值相等且同号的铰接偏心受力柱为分析对象,若构件的高度为 l_c,极限状态下柱高中间截面的曲率为 φ_u,则柱中最大挠度可表示为

$$\delta = \varphi_u \frac{l_c^2}{\beta} \tag{4.1}$$

式中　β——曲率沿柱高的分布系数,多数工程试验结果表明,构件的挠曲线接近正弦曲线分布,即 $\beta \approx 10$。

　　极限状态下构件的曲率近似取大、小偏心受压界限破坏时的极限曲率 φ_{ub},并考虑截面受压区高度对极限曲率影响的修正系数 ζ_c,则构件极限状态下的侧向挠曲可表示为

$$\delta = \varphi_{ub} \frac{l_c^2}{10} \zeta_c = \frac{\varepsilon_{cu} + \varepsilon_y}{h_0} \cdot \frac{l_c^2}{10} \cdot \zeta_c \tag{4.2-a}$$

　　根据《混规》第 6.2.1 条,取混凝土的极限压应变 $\varepsilon_{cu} = 0.003\,3$,考虑到徐变的作用后增大 1.25 倍;钢筋的受拉屈服强度 $\varepsilon_y = f_y/E_s = 0.002$,代入式(4.2-a)可得

$$\delta = \frac{1.25 \times 0.003\,3 + 0.002}{h_0} \cdot \frac{l_c^2}{10} \cdot \zeta_c \tag{4.2-b}$$

　　假定构件全截面高度 h 与有效高度 h_0 之比为 1.1,同时考虑荷载作用位置的不确定性、混凝土质量的不均匀性及施工的偏差等因素,都可能产生附加偏心距,令初始偏心距为

$$e_i = e_0 + e_a = M_2/N + e_a \tag{4.3}$$

则偏心距或弯矩增大系数 η_{ns} 可表示为

$$\eta_{ns} = \frac{e_i + \delta}{e_i} \approx 1 + \frac{1}{1\,300 e_i / h_0} \left(\frac{l_c}{h}\right)^2 \zeta_c \tag{4.4}$$

　　当构件两端的初始作用弯矩同号但不相等时,通过对式(4.4)引入偏心距调节系数 C_m 来简化考虑偏心受力构件 P-δ 效应的方法即为 C_m-η_{ns} 法。《混规》有如下规定。

6.2.5　偏心受压构件的正截面承载力计算时,应计入轴向压力在偏心方向存在的附加偏心距 e_a,其值应取 20 mm 和偏心方向截面最大尺寸的 1/30 两者中的较大值。

6.2.4　**除排架结构柱外**,其他偏心受压构件考虑轴向压力在挠曲杆件中产生的二阶效应后控制截面的弯矩设计值,应按下列公式计算:

$$M = C_m \eta_{ns} M_2 \tag{6.2.4-1}$$

$$C_m = 0.7 + 0.3 \frac{M_1}{M_2} \tag{6.2.4-2}$$

$$\eta_{ns} = 1 + \frac{1}{1\,300(M_2/N + e_a)/h_0} \left(\frac{l_c}{h}\right)^2 \zeta_c \tag{6.2.4-3}$$

$$\zeta_c = \frac{0.5 f_c A}{N} \tag{6.2.4-4}$$

式中　C_m——构件端截面偏心距调节系数,当小于 0.7 时取 0.7;

　　　　η_{ns}——弯矩增大系数;

　　　　N——与弯矩设计值 M_2 相应的轴向压力设计值;

　　　　e_a——附加偏心距,按本规范第 6.2.5 条确定;

ζ_c——截面曲率修正系数,当计算值大于 1.0 时取 1.0;

h——截面高度,对环形截面取外直径,对圆形截面取直径;

h_0——截面有效高度,对环形截面取 $h_0=r_2+r_s$,对圆形截面取 $h_0=r+r_s$,r、r_2 和 r_s 按本规范第 E.0.3 条和第 E.0.4 条确定;

A——构件截面面积。

当 $C_m\eta_{ns}$ 小于 1.0 时,取 1.0;对剪力墙及核心筒墙,可取 $C_m\eta_{ns}$ 等于 1.0。

6.2.4 条文说明(部分)

对剪力墙、核心筒墙肢类构件,由于 $P\text{-}\delta$ 效应不明显,计算时可以忽略。

3. 排架柱的二阶效应

对于排架结构,特别是工业厂房,排架结构的荷载作用复杂,其二阶效应规律有待详细探讨。到目前为止,国内已完成的分析研究工作尚不足以提出更为合理的考虑二阶效应的设计方法,故继续沿用 2002 年版规范中的 $\eta\text{-}l_0$ 法,同时考虑排架结构的两种二阶效应。

5.3.4 条文说明(部分)

需要提醒注意的是,附录 B.0.4 给出的排架结构二阶效应计算公式,其中也考虑了 $P\text{-}\delta$ 效应的影响。即排架结构的二阶效应计算仍维持 2002 年版规范的规定。

6.2.4 条文说明(部分)

对排架结构柱,当采用本规范第 B.0.4 条的规定计算二阶效应后,不再按本条规定计算 $P\text{-}\delta$ 效应;**当排架柱未按本规范第 B.0.4 条计算其侧移二阶效应时,仍应按本规范第 B.0.4 条考虑其 $P\text{-}\delta$ 效应。**

B.0.4 排架结构柱考虑二阶效应的弯矩设计值可按下列公式计算:

$$M = \eta_s M_0 \tag{B.0.4-1}$$

$$\eta_s = 1 + \frac{1}{1\,500 e_i / h_0}\left(\frac{l_0}{h}\right)^2 \zeta_c \tag{B.0.4-2}$$

$$\zeta_c = \frac{0.5 f_c A}{N} \tag{B.0.4-3}$$

$$e_i = e_0 + e_a \tag{B.0.4-4}$$

式中 ζ_c——截面曲率修正系数,当 $\zeta_c > 1.0$ 时,取 $\zeta_c = 1.0$;

e_i——初始偏心距;

M_0——一阶弹性分析柱端弯矩设计值;

e_0——轴向压力对截面重心的偏心距,$e_0 = M_0/N$;

e_a——附加偏心距,按本规范第 6.2.5 条规定确定;

l_0——排架柱的计算长度,按本规范表 6.2.20-1 取用;

h, h_0——所考虑弯曲方向柱的截面高度和截面有效高度;

A——柱的截面面积,对于 I 形截面取 $A = bh + 2(b_f - b)h_f'$。

上述两类二阶效应均属于作用效应层面的几何非线性问题,不同的是,前者在进行结构和构件的内力分析时考虑;后者因属于构件层面的问题,一般都在承载能力设计时考虑。

6.2.17 条文说明(部分)

3   本次对偏心受压构件二阶效应的计算方法进行了修订,**即除排架结构柱以外,不再采用 $\eta\text{-}l_0$ 法**。新修订的方法主要希望通过计算机进行结构分析时一并考虑由结构侧移引起的二阶效应。为了保持截面设计时内力取值的一致性,当需要利用简化计算方法计算由结构侧移引起的二阶效应和需要考虑杆件自身挠曲引起的二阶效应时,也应先按照附录 B 的简化计算方法和第 6.2.3 条和第 6.2.4 条的规定考虑二阶效应的内力计算。即在进行截面设计时,其内力已经考虑了二阶效应。

4.1.3　正截面承载力计算公式

以平截面假定为基本出发点,《混规》第 6.2.1 条中建立的钢筋及混凝土材料的应力应变关系,在计算偏心受力构件的正截面承载力时同样适用。并且对于偏心受压构件,由于界限破坏($e=e_{0b}$)时受拉区钢筋屈服、受压区混凝土达到抗压强度设计值同时发生,因此《混规》第 6.2.7 条中有关于界限受压区高度 ξ_b 的计算公式也同样适用于偏心受力构件。上述正截面承载力计算的五个基本假定以及界限受压区高度的概念详见本书 2.1.2 节至 2.1.4 节。

由以上分析可知,对于任一给定的对称配筋偏心受力构件,不管配筋数量的多少,界限破坏时该构件的极限轴力 $N_u=\alpha_1 f_c b\xi_b h_0$ 是相同的,这一点便是偏心受压构件 N_u-M_u 包络曲线(图 4.2)的第四个特征。

根据极限状态下构件正截面上混凝土和钢筋的应力分布,可以建立截面上力与力矩的平衡条件。《混规》有如下规定。

6.2.17　矩形截面偏心受压构件正截面受压承载力应符合下列规定(图 6.2.17):

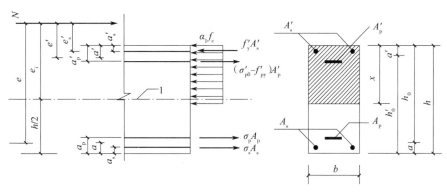

图 6.2.17　矩形截面偏心受压构件正截面受压承载力计算
1—截面重心轴

$$N \leqslant \alpha_1 f_c bx + f'_y A'_s - \sigma_s A_s - (\sigma'_{p0} - f'_{py}) A'_p - \sigma_p A_p \qquad (6.2.17\text{-}1)$$

$$Ne \leqslant \alpha_1 f_c bx\left(h_0 - \frac{x}{2}\right) + f'_y A'_s(h_0 - a'_s) - (\sigma'_{p0} - f'_{py}) A'_p(h_0 - a'_p) \qquad (6.2.17\text{-}2)$$

式中　e——轴向压力作用点至纵向受拉普通钢筋和受拉预应力筋的合力点的距离;

σ_s、σ_p——受拉边或受压较小边的纵向普通钢筋、预应力筋的应力。

---

1. 偏心距

在实际结构中,由于实际荷载作用位置的不确定性、混凝土质量的不均匀性及施工的偏差等因素,都可能产生附加偏心距 e_a。在偏心受压构件的正截面承载能力计算中,也应该考虑附加偏心距的不利影响。

6.2.17　矩形截面偏心受压构件正截面受压承载力应符合下列规定:

$$e = e_i + \frac{h}{2} - a \qquad (6.2.17\text{-}3)$$

$$e_i = e_0 + e_a \qquad (6.2.17\text{-}4)$$

式中　e_i——初始偏心距;

a——纵向受拉普通钢筋和受拉预应力筋的合力点至截面近边缘的距离;

e_0——轴向压力对截面重心的偏心距,取为 M/N,当需要考虑二阶效应时,M 为按本规范第 5.3.4 条、第 6.2.4 条规定确定的弯矩设计值;

e_a——附加偏心距,按本规范第 6.2.5 条确定。

6.2.5 偏心受压构件的正截面承载力计算时,应计入轴向压力在偏心方向存在的附加偏心距 e_a,**其值应取 20 mm 和偏心方向截面最大尺寸的 1/30 两者中的较大值。**

2. 大、小偏压的区分及计算

1)大、小偏心受压的区分

根据图 2.7 可知,只有当 $\xi \leqslant \xi_b$ 或 $x \leqslant x_b$ 时,构件的破坏才符合大偏心受压构件的受拉破坏特征。构件在极限状态下受压区混凝土的高度 x 超过其界限受压区高度 x_b 后,其破坏特征将转变为小偏心受压构件的受压破坏特征。《混规》在规定上述正截面承载力计算公式的同时,也规定了对应两类破坏的相应的参数取值方法。

6.2.17 矩形截面偏心受压构件正截面受压承载力应符合下列规定:

按上述规定计算时,尚应符合下列要求。

1 钢筋的应力 σ_s、σ_p 可按下列情况确定:

1)当 ξ 不大于 ξ_b 时为大偏心受压构件,取 σ_s 为 f_y、σ_p 为 f_{py},ξ 为相对受压区高度,取为 x/h_0;

2)当 ξ 大于 ξ_b 时为小偏心受压构件,σ_s、σ_p 按本规范第 6.2.8 条的规定进行计算。

2)大偏心受压构件正截面承载力的计算

当无预应力筋构件为大偏心受压时,《混规》式(6.2.17-1)及式(6.2.17-2)分别变为

$$N \leqslant N_u = \alpha_1 f_c bx + f'_y A'_s - f_y A_s \tag{4.5-a}$$

$$Ne \leqslant N_u e = \alpha_1 f_c bx \left(h_0 - \frac{x}{2} \right) + f'_y A'_s (h_0 - a'_s) \tag{4.5-b}$$

式中 f'_y、A'_s——近侧受压钢筋的抗压强度设计值及配筋面积;

f_y、A_s——远侧受压钢筋的抗拉强度设计值及配筋面积;

其余参数详见《混规》第 6.2.17 条。

同时,对于大偏心受压,即满足 $x \leqslant x_b$ 要求的构件,当考虑近侧受压钢筋的作用时,就需要保证截面破坏时该侧钢筋也能达到屈服强度,根据本书 2.1.5 节可知,极限状态下其受压区高度还要满足 $x \geqslant 2a'_s$ 的要求,对于不满足此要求的构件,《混规》有如下规定。

6.2.17 矩形截面偏心受压构件正截面受压承载力应符合下列规定:

按上述规定计算时,尚应符合下列要求。

2 当计算中计入纵向受压普通钢筋时,受压区高度应满足本规范公式(6.2.10-4)的条件;当不满足此条件时,其正截面受压承载力可按本规范第 6.2.14 条的规定进行计算,此时应将本规范公式(6.2.14)中的 M 以 Ne'_s 代替,此处 e'_s 为轴向压力作用点至受压区纵向普通钢筋合力点的距离;初始偏心距应按公式(6.2.17-4)确定。

与双筋受弯构件类似,规范上述规定的意义为对于不满足 $x \geqslant 2a'_s$ 要求的构件,近侧受压钢筋可能不屈服,为便于分析,应对该侧钢筋的重心取矩进行分析,进而可得

$$Ne'_s \leqslant N_u e'_s = f_y A_s (h_0 - a'_s) \tag{4.6-a}$$

$$e'_s = e_i - \frac{h}{2} + a'_s \tag{4.6-b}$$

$$e_i = e_0 + e_a \tag{4.6-c}$$

3)小偏心受压构件正截面承载力的计算

对于小偏心受压构件的计算公式,见《混规》式(6.2.17-1)至式(6.2.17-4)。对于矩形截面对称配筋($f_y = f'_y$,$A_s = A'_s$)的钢筋混凝土小偏心受压构件,同时将式(6.2.8-3)整理后代入式(6.2.17-1),可得其正截面承载力计算公式:

$$N \leqslant N_{\mathrm{u}} = \alpha_1 f_{\mathrm{c}} b \xi h_0 + f'_{\mathrm{y}} A'_{\mathrm{s}} \frac{\xi_{\mathrm{b}} - \xi}{\xi_{\mathrm{b}} - \beta_1} \tag{4.7-a}$$

$$Ne \leqslant N_{\mathrm{u}} e = \alpha_1 f_{\mathrm{c}} b h_0^2 \xi (1 - 0.5\xi) + f'_{\mathrm{y}} A'_{\mathrm{s}} (h_0 - a'_{\mathrm{s}}) \tag{4.7-b}$$

对于上述两式的求解,因为涉及构件相对受压区高度 ξ(或受压区高度 x)的三次方程,求解十分复杂,为简化计算过程,《混规》有如下规定。

6.2.17　矩形截面偏心受压构件正截面受压承载力应符合下列规定:

　　4　矩形截面对称配筋($A'_{\mathrm{s}} = A_{\mathrm{s}}$)的钢筋混凝土小偏心受压构件,也可按下列近似公式计算纵向普通钢筋截面面积:

$$A'_{\mathrm{s}} = \frac{Ne - \xi(1 - 0.5\xi)\alpha_1 f_{\mathrm{c}} b h_0^2}{f'_{\mathrm{y}}(h_0 - a'_{\mathrm{s}})} \tag{6.2.17-7}$$

　　此处,相对受压区高度 ξ 可按下列公式计算:

$$\xi = \frac{N - \xi_{\mathrm{b}} \alpha_1 f_{\mathrm{c}} b h_0}{\dfrac{Ne - 0.43 \alpha_1 f_{\mathrm{c}} b h_0^2}{(\beta_1 - \xi_{\mathrm{b}})(h_0 - a'_{\mathrm{s}})} + \alpha_1 f_{\mathrm{c}} b h_0} + \xi_{\mathrm{b}} \tag{6.2.17-8}$$

6.2.17 条文说明(部分)

　　2　对称配筋小偏心受压的钢筋混凝土构件近似计算方法:

　　当应用偏心受压构件的基本公式(6.2.17-1)、公式(6.2.17-2)及公式(6.2.8-1)求解对称配筋小偏心受压构件承载力时,将出现 ξ 的三次方程。第 6.2.17 条第 4 款的简化公式是取

$$\xi(1 - 0.5\xi) \frac{\xi_{\mathrm{b}} - \xi}{\xi_{\mathrm{b}} - \beta_1} \approx 0.43 \frac{\xi_{\mathrm{b}} - \xi}{\xi_{\mathrm{b}} - \beta_1}$$

　　使求解 ξ 的方程降为一次方程,便于直接求得小偏压构件所需的配筋面积。同理,上述简化方法也可扩展用于 T 形和 I 形截面的构件。

---

3. 小偏压柱的反向破坏

　　对于轴向力作用位置距离截面几何形心较近的小偏心受压构件,如果相对近侧受压钢筋的配筋面积 A'_{s} 比远侧钢筋的配筋面积 A_{s} 大很多时,截面的实际换算形心轴将偏向 A'_{s} 一边,从而造成轴向力的实际偏心改变了方向。这种情况下,相对于截面几何形心距离轴向力较远侧的混凝土将会首先被压碎,称为"反向破坏"。为了避免构件发生反向破坏的情况,《混规》有如下规定。

6.2.17　矩形截面偏心受压构件正截面受压承载力应符合下列规定:

　　3　矩形截面非对称配筋的小偏心受压构件,当 **N 大于 $f_{\mathrm{c}} bh$ 时**,尚应按下列公式进行验算:

$$Ne' \leqslant f_{\mathrm{c}} bh \left(h'_0 - \frac{h}{2} \right) + f'_{\mathrm{y}} A_{\mathrm{s}} (h'_0 - a_{\mathrm{s}}) - (\sigma_{\mathrm{p0}} - f'_{\mathrm{py}}) A_{\mathrm{p}} (h'_0 - a_{\mathrm{p}}) \tag{6.2.17-5}$$

$$e' = \frac{h}{2} - a' - (e_0 - e_{\mathrm{a}}) \tag{6.2.17-6}$$

式中　　e'——轴向压力作用点至受压区纵向普通钢筋和预应力筋的合力点的距离;

　　　　h'_0——纵向受压钢筋合力点至截面远边的距离。

6.2.17 条文说明(部分)

　　1　对非对称配筋的小偏心受压构件,当偏心距很小时,为了防止 A_{s} 产生受压破坏,尚应按公式(6.2.17-5)进行验算,<u>此处引入了初始偏心距 $e_i = e_0 - e_{\mathrm{a}}$,这是考虑了不利方向的附加偏心距</u>。计算表明,只有当 $N > f_{\mathrm{c}} bh$ 时,钢筋 $\underline{A_{\mathrm{s}}}$ 的配筋率才有可能大于最小配筋率的规定。

4.1.4　承载力计算方法（非抗震设计）

不论是对称配筋还是非对称配筋的偏心受压构件，也无论是截面配筋计算或承载力复核，只要存在未知的设计参数，就会对构件最终的破坏形态产生影响，这就使得我们首先需要假定或判别构件是属于大偏心受压还是小偏心受压，然后在求解后进行验证，同时需要注意：

（1）截面配筋计算时，需要考虑按计算配置的纵向钢筋是否满足构造要求，详见《混规》第 8.5.1 条；

（2）在截面承载能力复核时，需要考虑垂直于弯矩（或轴向力偏心）作用平面上，构件的轴心受压承载力是否满足设计要求，详见《混规》第 6.2.15 条；

（3）截面配筋或者承力计算时，给出的构件作用效应 N、M 均应考虑结构重要性系数 γ_0、$P\text{-}\Delta$ 及 $P\text{-}\delta$ 二阶效应，详见《混规》附录 B.0.4 条及第 6.2.3 条、第 6.2.4 条，一般情况下，结构整体分析时已将 $P\text{-}\Delta$ 效应考虑在内。

本节只对矩形截面对称配筋的偏心受压构件在进行配筋计算和承载力复核时的步骤进行了总结。

1. 配筋计算

已知截面尺寸 $b \times h$、混凝土强度等级和钢筋等级、设计使用年限内承受的最大（非抗震设计）作用效应 N 和 M（$e_0 = M/N$），求配筋面积 A_s、A'_s。

注：应按 $N_u = \gamma_0 N$ 计算，并且解题过程中需要注意 Ne_0 与 Ne 的差异。

（1）考虑挠曲二阶效应：

M_1/M_2；$N/f_c A$；l_c/i；（剪力墙及核心筒墙体，不考虑二阶效应）

$e_a = \max(h/30, 20)$；$\zeta_c \leq 1.0$；η_{ns}；$C_m \geq 0.7$；$C_m \eta_{ns} \geq 1.0$；$M_u = \gamma_0 C_m \eta_{ns} M$ 或 $M_u = \gamma_0 C_m \eta_{ns} M_0$。

《混规》第 6.2.3 条及第 6.2.4 条

（2）偏心距：

$e_0 = M/N$；$e_a = \max(h/30, 20)$；$e_i = e_0 + e_a$；$e = e_i + h/2 - a_s$；$e'_s = e_i - h/2 + a'_s$。

《混规》第 6.2.5 条、式（6.2.17-3）、式（6.2.17-4）

（3）混凝土极限压应变 ε_{cu}、受拉钢筋强度设计值 f_y、系数 β_1、界限受压区高度 ξ_b。

《混规》表 4.1.4-1、表 4.2.3-1、第 6.2.6 条（或本章表 2.1）

（4）初步判别构件的受压破坏类型，并求（相对）受压区高度 $x(\xi)$。

不管是从计算的复杂程度还是构件的受力性能来讲，都希望构件为大偏心受压，从而可以较充分地利用混凝土和钢筋的材料强度。

首先假定构件为大偏心受压，则极限状态下构件的计算受压区高度为

$$\xi = \frac{x}{h_0} = \frac{N_u}{\alpha_1 f_c b h_0}$$

若 $\xi \leq \xi_b$，则假定成立，所求相对受压区高度符合要求。

若 $\xi > \xi_b$，则假定不成立，构件为小偏心受压，应按下式求取相对受压区高度：

$$\xi = \frac{N_u - \xi_b \alpha_1 f_c b h_0}{\dfrac{N_u e - 0.43 \alpha_1 f_c b h_0^2}{(\beta_1 - \xi_b)(h_0 - a'_s)} + \alpha_1 f_c b h_0} + \xi_b$$

《混规》式（6.2.17-1）、式（6.2.17-8）

（5）配筋面积计算。

当 $x \leq 2a'_s$ 时：

$$A_s = A'_s = \frac{N_u e'_s}{f_y(h_0 - a'_s)}$$

当 $x > 2a'_s$ 时：

$$A_s = A_s' = \frac{N_u e - \alpha_1 f_c bx \left(h_0 - \dfrac{x}{2} \right)}{f_y'(h_0 - a_s')}$$

《混规》第 6.2.17 条第 2 款、式（6.2.17-2）

（6）构造配筋校核。

《混规》表 8.5.1 及注 1、4、6；第 9.3.1 条第 1 款

2. 承载力复核

已知截面尺寸 $b \times h$、混凝土强度等级和钢筋等级、配筋面积 $A_s = A_s'$、设计使用年限内承受的最大（非抗震设计）作用效应 N，求该构件能承受的弯矩设计值极值 M。

注：按 $N_u = \gamma_0 N$、$M_u = \gamma_0 N e_0$ 考虑，并且解题过程中需要注意 $N e_0$ 与 $N e$ 的差异。

（1）构造配筋复核。

《混规》表 8.5.1 及注 4、第 9.3.1 条第 1 款

（2）混凝土极限压应变 ε_{cu}、受拉钢筋强度设计值 f_y、系数 β_1、界限受压区高度 ξ_b。

《混规》表 4.1.4-1、表 4.2.3-1、第 6.2.6 条（或本章表 2.1）

（3）判断受压破坏类型、求相对受压区高度 ξ。

首先假定构件为大偏心受压，则极限状态下构件的计算受压区高度为

$$\xi = \frac{x}{h_0} = \frac{N_u}{\alpha_1 f_c b h_0}$$

若 $\xi \le \xi_b$，则假定成立，所求相对受压区高度符合要求。

若 $\xi > \xi_b$，则假定不成立，构件为小偏心受压，应按下式求取相对受压区高度：

$$\xi = \frac{N_u(\xi_b - \beta_1) - f_y' A_s' \xi_b}{\alpha_1 f_c b h_0(\xi_b - \beta_1) - f_y' A_s'}$$

《混规》第 6.2.6 条、式（6.2.7-1）、式（6.2.8-3）、式（6.2.17-1）（或本章式（4.7-a））

（4）力臂计算。

当 $x \le 2a_s'$ 时：

$$e_s' = \frac{f_y A_s(h_0 - a_s')}{N_u}$$

当 $x > 2a_s'$ 时：

$$e = \frac{f_y' A_s'(h_0 - a_s') + \alpha_1 f_c bx \left(h_0 - \dfrac{x}{2} \right)}{N_u}$$

《混规》第 6.2.17 条第 2 款、式（6.2.17-2）

（5）偏心距。

由于 $e = e_i + h/2 - a_s$，$e_s' = e_i - h/2 + a_s'$，$e_i = e_0 + e_a$；进而有 $e_i = e - h/2 + a_s = e_s' + h/2 - a_s'$，$e_0 = e_i - e_a$。

《混规》第 6.2.5 条、式（6.2.17-3）、式（6.2.17-4）

（6）考虑挠曲二阶效应：

$M_1/M_2 = 1$；$N/f_c A$；l_c/i；（剪力墙及核心筒墙体，不考虑二阶效应）

$\zeta_c \le 1.0$；η_{ns}；$C_m \ge 0.7$；$C_m \eta_{ns} \ge 1.0$；$M_u = \gamma_0 C_m \eta_{ns} N e_0$。

《混规》第 6.2.3 条及第 6.2.4 条

4.2　偏心受拉构件的正截面承载力

根据材料力学可知，轴向力 N 和弯矩 M 均只在截面上产生正应力。因此，对于偏心受拉构件，随着轴向

拉力偏心距 e_0 的增大,构件的受力形态逐渐从轴心受拉($e_0=0$)过渡为受弯($e_0=\infty$),极限状态下构件正截面上的应力分布如图 4.7 所示。

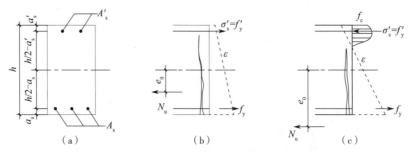

图 4.7　偏心受拉构件的极限状态

（a）正截面　（b）$e_0\leqslant\dfrac{h}{2}-a_s$　（c）$e_0>\dfrac{h}{2}-a_s$

4.2.1　小偏心受拉

如图 4.7（b）所示,当轴向力作用于上、下侧钢筋之间,即偏心距 $e_0\leqslant\dfrac{h}{2}-a_s$ 时,轴向力作用初期,靠近轴拉力的近侧混凝土将首先出现受拉裂缝并退出工作,该侧钢筋 A_s 的应力突增;再增大轴向力,近侧钢筋 A_s 将首先达到屈服强度 f_y,随后应力不再增加,但应变持续增长,宏观表现为近侧混凝土裂缝的开展和延伸,此时远侧钢筋 A_s' 可能受拉也可能受压,但应力显然较近侧钢筋低;极限状态下,一般受拉裂缝已横贯全截面,远侧钢筋 A_s' 也达到屈服强度,构件因变形过大而破坏。

在计算小偏心受拉构件的正截面承载力时,一般假定极限状态下构件两侧的纵筋均达到屈服强度。通过分别对近侧和远侧钢筋的合力点取矩,可建立截面的力矩平衡条件。《混规》有如下规定。

6.2.23　矩形截面偏心受拉构件的正截面受拉承载力应符合下列规定。

1　小偏心受拉构件

当轴向拉力作用在钢筋 A_s 与 A_p 的合力点和 A_s' 与 A_p' 的合力点之间时（图 6.2.23（a））:

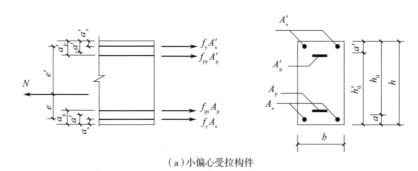

（a）小偏心受拉构件

图 6.2.23　矩形截面偏心受拉构件正截面受拉承载力计算

$$Ne\leqslant f_yA_s'(h_0-a_s')+f_{py}A_p'(h_0-a_p')\qquad\qquad(6.2.23\text{-}1)$$

$$Ne'\leqslant f_yA_s(h_0'-a_s)+f_{py}A_p(h_0'-a_p)\qquad\qquad(6.2.23\text{-}2)$$

根据图 4.7（a）可知,上述《混规》式（6.3.23-1）及式（6.3.23-2）两式中,$e=\dfrac{h}{2}-e_0-a_s$,$e'=e_0+\dfrac{h}{2}-a_s'$。

4.2.2　大偏心受拉

如图 4.7（c）所示,当轴向力作用于上、下侧钢筋外侧,即偏心距 $e_0>\dfrac{h}{2}-a_s$ 时,截面内必然存在受压区,否

则偏心拉力 N 得不到平衡。与小偏心受拉构件相同,随着轴向力的增大,近侧混凝土将首先出现受拉裂缝并退出工作,该侧钢筋 A_s 的应力突增并首先达到屈服强度,近侧混凝土的裂缝逐渐发展和延伸;但极限状态下,由于受压区的存在,裂缝不会贯通截面,构件最终因为远侧混凝土被压碎而破坏,其破坏形态类似于适筋梁,但因为轴向拉力的存在,受压区混凝土的面积要小很多,远侧钢筋 A_s' 受压,且一般情况下会达到屈服强度,详见本书 2.1.5 节。

可见,不管对于小偏心受拉构件还是大偏心受拉构件,其破坏都是由近侧受拉钢筋 A_s 的屈服强度控制,即均始于受拉钢筋的屈服;不同的是,小偏心受拉构件终于远侧钢筋 A_s' 达到受拉屈服,大偏心受拉构件终于受压区混凝土的破坏。

类似于受弯构件的正截面承载力计算,大偏心受拉构件通过截面力与力矩(对受拉钢筋 A_s 取矩)的平衡条件,可建立极限状态下的正截面承载力计算公式。《混规》有如下规定。

6.2.23　矩形截面偏心受拉构件的正截面受拉承载力应符合下列规定。

　2　大偏心受拉构件

　当轴向拉力不作用在钢筋 A_s 与 A_p 的合力点和 A_s' 与 A_p' 的合力点之间时(图 6.2.23(b)):

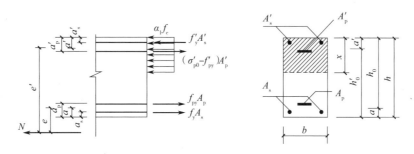

（b）大偏心受拉构件

图 6.2.23　矩形截面偏心受拉构件正截面受拉承载力计算

$$N \le f_y A_s + f_{py} A_p - f_y' A_s' + (\sigma_{p0}' - f_{py}') A_p' - \alpha_1 f_c bx \qquad (6.2.23\text{-}3)$$

$$Ne \le \alpha_1 f_c bx \left(h_0 - \frac{x}{2} \right) + f_y' A_s' (h_0 - a_s') - (\sigma_{p0}' - f_{py}') A_p' (h_0 - a_p') \qquad (6.2.23\text{-}4)$$

　此时,混凝土受压区的高度应满足本规范公式(6.2.10-3)的要求。当计算中计入纵向受压普通钢筋时,尚应满足本规范公式(6.2.10-4)的条件;当不满足时,可按公式(6.2.23-2)计算。

　3　对称配筋的矩形截面偏心受拉构件,不论大、小偏心受拉情况,均可按公式(6.2.23-2)计算。

由于大偏心受拉构件涉及混凝土的受力性能,因此基于平截面假定可知如下两方面。

（1）当混凝土的受压区高度超过构件的界限受压区高度后,受压区混凝土会首先破坏,纵向钢筋将不会屈服,类似于受弯构件的超筋梁破坏,故在对大偏心受拉构件进行正截面设计时,也需要满足 $x \le \xi_b h_0$ 的规定。在进行截面设计时,为了使钢筋的总用量($A_s + A_s'$)最少,通常希望充分发挥混凝土的受力性能,即令 $x_b = \xi_b h_0$,此时两侧钢筋的配筋面积分别为

$$A_s' = \frac{\gamma_0 Ne - \alpha_1 f_c b x_b \left(h_0 - \dfrac{x_b}{2} \right)}{f_y' (h_0 - a_s')} \qquad (4.8\text{-a})$$

$$A_s = \frac{\gamma_0 N + \alpha_1 f_c b x_b}{f_y} + \frac{f_y'}{f_y} A_s' \qquad (4.8\text{-b})$$

（2）当充分利用远侧受压钢筋的强度时,也应满足 $x \ge 2a_s'$ 的要求,详见本书 2.1.5 节。当不满足此项要求时,说明远侧受压钢筋不能达到屈服($\sigma_s' < f_y'$),此时可令 $x = 2a_s'$,并对远侧受压钢筋取矩,重新进行配筋计算。例如,在对称配筋 $A_s = A_s'$ 且 $f_y = f_y'$ 时,根据《混规》式(6.2.23-3)可知 $x < 0$,显然受压区钢筋在极限状态下

的应力 $\sigma'_s < f'_y$,计算时若仍考虑远侧钢筋的有利作用,则应对该侧钢筋的合力点取矩,根据《混规》式(6.2.23-2)可得

$$A_s = \frac{\gamma_0 N e'}{f_y(h_0 - a'_s)}$$ （4.9）

在进行截面配筋计算时,还要注意《混规》中的相关构造要求。

8.5.1 钢筋混凝土结构构件中**纵向受力钢筋的配筋百分率** ρ_{min} 不应小于表 8.5.1 规定的数值。

表 8.5.1 纵向受力钢筋的最小配筋百分率 ρ_{min}(%)

受力分类			最小配筋百分率
受压构件	全部纵筋	强度等级 500 MPa	0.50
		强度等级 400 MPa	0.55
		强度等级 300、335 MPa	0.60
	一侧纵筋		0.20
受弯构件、偏心受拉、轴心受拉构件一侧的受拉钢筋			0.2 和 $45f_t/f_y$ 中的较大值

注:3. 偏心受拉构件中的受压钢筋,应按受压构件一侧纵向钢筋考虑;
　　4. 小偏心受拉构件一侧受拉钢筋的配筋率均应按构件的全截面面积计算;
　　5. 大偏心受拉构件一侧受拉钢筋的配筋率应按全截面面积扣除受压翼缘面积 $(b'_f-b)h'_f$ 后的截面面积计算;
　　6. 当钢筋沿构件截面周边布置时,"一侧纵向钢筋"系指沿受力方向两个对边中一边布置的纵向钢筋。

4.3 偏心受力构件的斜截面承载力

与受弯构件相同,由于横向钢筋对构件斜截面承载力的影响规律较难掌握,在进行偏心受力构件的斜截面承载能力设计时,同样是基于无腹筋梁的试验结果,并在无腹筋梁的基础上取两项合计即 $V_{cs}=V_c+V_s$ 来考虑,V_s 中则间接地计入了箍筋对混凝土剪压区抗剪承载力的小部分贡献。

4.3.1 防止斜压破坏

当构件的剪跨比过小时,构件弯剪区段内的某一截面会由于名义剪应力过大而较早地出现裂缝。这类构件在极限状态下的斜截面承载力则由混凝土的抗压强度控制,为提高承载力而配置的横向钢筋此时不能充分发挥作用,即发生斜压破坏。为了防止斜压破坏的发生,对于结构中常见的如框架柱、剪力墙、连梁等偏心拉压构件,《混规》有如下规定。

6.3.11 矩形、T 形和 I 形截面的钢筋混凝土**偏心受压**构件和**偏心受拉**构件,其**受剪截面**应符合本规范第 6.3.1 条的规定。

6.3.20 钢筋混凝土剪力墙的**受剪截面**应符合下列条件:

$$V \leqslant 0.25\beta_c f_c b h_0$$ （6.3.20）

6.3.23 剪力墙洞口连梁的受剪截面应符合本规范第 6.3.1 条的规定。

6.3.23 条文说明

剪力墙连梁的斜截面受剪承载力计算,采用和普通框架梁一致的截面承载力计算方法。

4.3.2 偏心受压构件承载力计算

轴向压力对构件的受剪承载力具有有利作用,主要是因为轴向压力能阻滞斜裂缝的出现和开展,增加了混凝土剪压区高度,从而提高了混凝土所承担的剪力。

但试验研究表明,轴向压力对构件受剪承载力的有利作用是有限度的,当轴压比在 0.3~0.5 范围内时,受剪承载力达到最大值;若再增加轴向压力,将导致受剪承载力的降低,并转变为带有斜裂缝的正截面小偏心

受压破坏,因此轴向压力对构件受剪承载力的提高应在一定范围内予以限制。试验同时表明,在轴压比0.3~0.5的限定范围内,极限状态下临界裂缝所在的斜截面水平投影长度与相同参数的无轴向压力梁相比基本不变,因此可以认为轴向力的施加对极限状态下箍筋所承担的剪力没有明显的影响。

　　基于上述考虑,并结合对偏压构件、框架柱试验资料的分析,对偏心构件斜截面受剪承载力的计算,可在集中荷载作用下的矩形截面独立梁计算公式的基础上,加一项轴向压力所提高的受剪承载力设计值,即0.07N,且当 $N > 0.3f_cA$ 时,规定仅取为 $0.3f_cA$,相当于试验结果的偏低值;偏心受压的剪力墙在进行斜截面承载力计算时原理相同,此处不再详述。

1. 承载力计算

《混规》有如下规定。

6.3.12　矩形、T 形和 I 形截面的钢筋混凝土偏心受压构件,其斜截面受剪承载力应符合下列规定:

$$V \le \frac{1.75}{\lambda+1}f_t b h_0 + f_{yv}\frac{A_{sv}}{s}h_0 + 0.07N \tag{6.3.12}$$

式中　λ——偏心受压构件计算截面的剪跨比,取为 $M/(Vh_0)$;

　　　　N——与剪力设计值 V 相应的轴向压力设计值,当大于 $0.3f_cA$ 时,取 $0.3f_cA$,A 为构件的截面面积。

　　计算截面的剪跨比 λ 应按下列规定取用。

　　1　对框架结构中的框架柱,当其反弯点在层高范围内时,可取为 $H_n/(2h_0)$。当 λ 小于 1 时,取 1;当 λ 大于 3 时,取 3。此处,M 为计算截面上与剪力设计值 V 相应的弯矩设计值,H_n 为柱净高。

　　2　其他偏心受压构件,当承受均布荷载时,取 1.5;当承受符合本规范第 6.3.4 条所述的集中荷载时,取为 a/h_0,且当 λ 小于 1.5 时取 1.5,当 λ 大于 3 时取 3。

6.3.21　钢筋混凝土剪力墙在偏心受压时的斜截面受剪承载力应符合下列规定:

$$V \le \frac{1}{\lambda-0.5}\left(0.5f_t b h_0 + 0.13N\frac{A_w}{A}\right) + f_{yv}\frac{A_{sh}}{s_v}h_0 \tag{6.3.21}$$

式中　N——与剪力设计值 V 相应的轴向压力设计值,当 N 大于 $0.2f_c bh$ 时,取 $0.2f_c bh$;

　　　　A——剪力墙的截面面积;

　　　　A_w——T 形、I 形截面剪力墙腹板的截面面积,对矩形截面剪力墙,取为 A;

　　　　A_{sh}——配置在同一截面内的水平分布钢筋的全部截面面积;

　　　　s_v——水平分布钢筋的竖向间距;

　　　　λ——计算截面的剪跨比,取为 $M/(Vh_0)$;当 λ 小于 1.5 时,取 1.5,当 λ 大于 2.2 时,取 2.2;此处,M 为与剪力设计值 V 相应的弯矩设计值;当计算截面与墙底之间的距离小于 $h_0/2$ 时,λ 可按距墙底 $h_0/2$ 处的弯矩值与剪力值计算。

6.3.23　剪力墙洞口连梁的受剪截面应符合本规范第 6.3.1 条的规定,其斜截面受剪承载力应符合下列规定:

$$V \le 0.7f_t b h_0 + f_{yv}\frac{A_{sv}}{s}h_0 \tag{6.3.23}$$

---

2. 构造措施

　　对于不配置箍筋的梁,在发生斜截面剪切破坏时往往具有很明显的脆性特征,尤其是斜拉破坏,斜裂缝一旦出现梁即被剪坏,因此单靠混凝土承受剪力是不安全的。当剪力设计值小于素混凝土构件的斜截面受剪承载力时,按构造要求配置一定数量的横向钢筋能够抑制构件斜裂缝的发展,还能提高构件抵抗超载和承受由于变形所引起应力的能力。《混规》规定了何种情况下可按构造要求配置横向钢筋。

6.3.13　矩形、T 形和 I 形截面的钢筋混凝土偏心受压构件,当符合下列要求时,可不进行斜截面受剪承载力计算,其箍筋构造要求应符合本规范第 9.3.2 条的规定。

$$V \le \frac{1.75}{\lambda+1}f_t b h_0 + 0.07N \tag{6.3.13}$$

式中　剪跨比 λ 和轴向压力设计值 N 应按本规范第 6.3.12 条确定。

6.3.21　钢筋混凝土剪力墙在**偏心受压**时的斜截面受剪承载力应符合下列规定：

　　当剪力设计值 V 不大于公式（6.3.21）中右边第一项时，水平分布钢筋可按本规范第 9.4.2 条、第 9.4.4 条、第 9.4.6 条的构造要求配置。

9.4.2　厚度大于 160 mm 的墙应配置双排分布钢筋网；结构中**重要部位的剪力墙**，当其厚度不大于 160 mm 时，也宜配置双排分布钢筋网。

　　双排分布钢筋网应沿墙的两个侧面布置，且应采用**拉筋**连系；拉筋直径不宜小于 6 mm，间距不宜大于 600 mm。

9.4.4　墙水平及竖向分布钢筋**直径**不宜小于 8 mm，**间距**不宜大于 300 mm。可利用焊接钢筋网片进行墙内配筋。

　　墙**水平分布钢筋**的配筋率 ρ_{sb}（$\dfrac{A_{sh}}{bs_v}$，s_v 为水平分布钢筋的间距）和**竖向分布钢筋**的配筋率 ρ_{sv}（$\dfrac{A_{sv}}{bs_h}$，s_h 为竖向分布钢筋的间距）不宜小于 0.20%；重要部位的墙，水平和竖向分布钢筋的配筋率宜适当提高。

　　墙中温度、收缩应力较大的部位，水平分布钢筋的配筋率宜适当提高。

9.4.4 条文说明（部分）

　　对**重要部位的剪力墙**，主要是指框架-剪力墙结构中的剪力墙和框架-核心筒结构中的核心筒墙体，宜根据工程经验提高墙体分布钢筋的配筋率。

　　温度、收缩应力的影响是造成墙体开裂的主要原因。对于温度、收缩应力较大的剪力墙或剪力墙的易开裂部位，应根据工程经验提高墙体水平分布钢筋的配筋率。

9.4.5　对于房屋高度不大于 10 m 且不超过 3 层的墙，其截面厚度不应小于 120 mm，其水平与竖向分布钢筋的配筋率均不宜小于 0.15%。

9.4.5 条文说明

　　……钢筋混凝土结构墙性能优于砖砌墙体，但按高层房屋剪力墙的构造规定设计过于保守，且最小配筋率难以控制。本条提出混凝土结构墙的基本构造要求。结构墙配筋适当减小，其余构造基本同剪力墙。多层混凝土房屋结构墙尚未进行系统研究，故暂缺，拟在今后通过试验研究及工程应用，在成熟时纳入。抗震构造要求在第 11 章中表达，以边缘构件的形式予以加强。

4.3.3　偏心受拉构件承载力计算

　　偏心受拉构件的受力特点是在轴向拉力作用下，构件上可能产生横贯全截面、垂直于杆轴的初始垂直裂缝；施加横向荷载后，构件顶部裂缝闭合而底部裂缝加宽，且斜裂缝可能直接穿过初始垂直裂缝向上发展，也可能沿初始垂直裂缝延伸再斜向发展。斜裂缝呈现宽度较大、倾角较大，斜裂缝末端剪压区高度减小，甚至没有剪压区，从而截面的受剪承载力要比受弯构件的受剪承载力有明显的降低。因此，在计算该类构件的斜截面受剪承载力时，应根据试验结果并偏稳妥地减去一项轴向拉力所降低的受剪承载力设计值。此外，还应对受拉截面总受剪承载力设计值的下限值和箍筋的最小配筋特征值做出一定的限制。《混规》有如下规定。

6.3.14　矩形、T 形和 I 形截面的钢筋混凝土**偏心受拉**构件，其斜截面受剪承载力应符合下列规定：

$$V \leqslant \frac{1.75}{\lambda+1}f_t b h_0 + f_{yv}\frac{A_{sv}}{s}h_0 - 0.2N \qquad (6.3.14)$$

式中　N——与剪力设计值 V 相应的轴向拉力设计值；

　　　λ——计算截面的剪跨比，按本规范第 6.3.12 条确定。

当公式（6.3.14）右边的计算值小于 $f_{yv} \dfrac{A_{sv}}{s} h_0 \left(\dfrac{1.75}{\lambda+1} f_t bh_0 - 0.2N \leqslant 0 \right)$ 时，应取等于 $f_{yv} \dfrac{A_{sv}}{s} h_0$，且 $f_{yv} \dfrac{A_{sv}}{s} h_0$ 值不应小于 $0.36 f_t bh$。

6.3.22　钢筋混凝土剪力墙在**偏心受拉**时的斜截面受剪承载力应符合下列规定：

$$V \leqslant \frac{1}{\lambda-0.5} \left(0.5 f_t bh_0 - 0.13N \frac{A_w}{A} \right) + f_{yv} \frac{A_{sh}}{s_v} h_0 \tag{6.3.22}$$

式中　N——与剪力设计值 V 相应的轴向拉力设计值；

　　　λ——计算截面的剪跨比，按本规范第 6.3.21 条采用。

当式（6.3.22）右边的计算值小于 $f_{yv} \dfrac{A_{sv}}{s} h_0$ 时，应取等于 $f_{yv} \dfrac{A_{sv}}{s} h_0$。

4.4　钢筋混凝土牛腿设计

在工程中，钢筋混凝土牛腿是单层工业厂房的重要部位，用于支撑吊车梁、屋架以及墙梁等构件。牛腿主要承受竖向荷载，同时也承受吊车制动力、风荷载、地震作用以及混凝土徐变收缩及温度作用等产生的水平荷载。

按荷载挑出下柱支撑边的距离 a 与牛腿有效高度 h_0 的比值，即剪跨比 $\lambda = a/h_0$ 的不同，可将牛腿分为长牛腿和短牛腿两类。对于 $\lambda > 1$ 的长牛腿，其受力与悬臂梁接近，因此可按悬臂梁进行计算分析和设计；但对于 $\lambda \leqslant 1$ 的短牛腿，应力场在牛腿中的分布有显著改变，并且此时剪切变形在牛腿的总变形中不可忽略，因此在设计时应充分考虑短牛腿的局部效应。

本节仅针对短牛腿（以下简称牛腿）的相关设计要求进行阐述。

4.4.1　牛腿的破坏形态

自 20 世纪 70 年代起，我国对大量钢筋混凝土牛腿进行了相关试验和研究。对于仅承受竖向荷载的牛腿，随剪跨比 λ 的不同，牛腿主要呈现出三种典型的破坏形态。

（1）剪切破坏。当 $\lambda < 0.1$ 时，加载点与柱交接面上产生多条短斜裂缝，最终牛腿沿该交接面发生剪切破坏，如图 4.8（a）所示。

（2）斜压破坏。当 $0.1 \leqslant \lambda \leqslant 0.75$ 时，加载初期的第一条裂缝将出现在牛腿顶面，但稍有发展后停滞；随着荷载逐步增加，牛腿内产生大量短小的斜裂缝，并逐渐向斜下方发展并相连，最终如同加载板下的一个斜向受压短柱；破坏时，斜裂缝间的混凝土达到棱柱体抗压强度，如图 4.8（b）所示。

（3）弯压破坏。当 $\lambda > 0.75$ 时，随着荷载的增大，牛腿顶面的竖向受拉裂缝、加载板内侧的起始裂缝逐步产生并向牛腿根部延伸；达到极限荷载的 80% 时，顶部受拉钢筋受拉屈服，裂缝变宽并继续向斜下方延伸，牛腿根部的受压区混凝土高度不断减小，构件最终因根部混凝土的受压破坏而破坏，如图 4.8（c）所示。

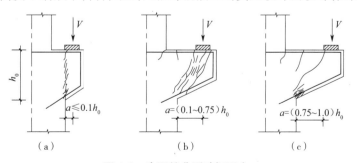

图 4.8　牛腿的典型破坏形态

（a）剪切破坏　（b）斜压破坏　（c）弯压破坏

影响牛腿受力性能的因素除剪跨比 λ 外，还包括混凝土强度、顶部纵筋配筋率、横向钢筋的配置数量等。其中，箍筋对提高牛腿的开裂荷载影响不大，但能够有效抑制裂缝的开展；弯起钢筋的配置是我国工程界的传统做法，但试验表明它对控制裂缝的开展和提高极限承载力起不到明显作用，因此当前规范已适度减小了弯起钢筋的配置数量；纵向受拉钢筋作为主要的受力钢筋，能够有效提高牛腿的极限承载力。

4.4.2 牛腿的承载力计算

牛腿与悬臂梁受力之间的差异主要体现在以下两个方面。

（1）悬臂梁自固定端至加载点，构件上部受拉钢筋的拉应力及下部受压区混凝土的压应力均逐渐减小。但牛腿的相关试验则表明，该区段内纵筋应力基本保持不变，并不按悬臂梁的弯矩图形分布，类似于桁架中的拉杆；加载点与固定端下缘的混凝土形成斜向受压短柱，应力分布比较均匀，类似于桁架中的受压杆件。

（2）牛腿顶部 $\frac{1}{3}h_0$ 高度范围内的纵向钢筋均能在极限状态下作为受力钢筋，可承受较大的拉应力。

剪跨比 $\lambda=0.5$ 的牛腿在竖向集中力作用下的主应力轨迹如图 4.9（a）所示，斜裂缝的开展在理论上应与主拉应力迹线为正交关系，因此横向钢筋用于抑制裂缝发展时的布置方向应与主拉应力一致，才能够最大限度地发挥其作用。相反，按悬臂梁设计的长牛腿，其横向钢筋的布置通常是沿构件的中轴线方向。

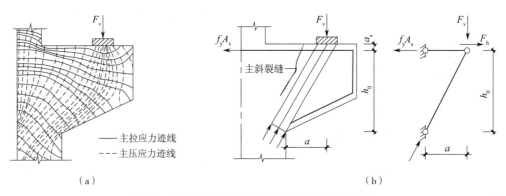

图 4.9 牛腿的应力分布和等效三角桁架受力模型
（a）牛腿的主拉和主压应力迹线 （b）等效三角桁架受力模型

我国在进行牛腿的承载能力设计时，基于三角桁架计算模型和大量试验结果，提出了其截面配筋的计算方法。如图 4.9（b）所示，该理论将牛腿内的钢筋和混凝土分别等效为桁架中的拉杆和压杆，对牛腿根部混凝土的受压中心点取矩，则根据力矩平衡条件可得

$$F_h(h_0 + a_s) + F_v a \leqslant f_y A_s h_0 \tag{4.10-a}$$

整理后可得

$$A_s \geqslant \frac{F_v a}{f_y h_0} + \frac{F_h}{f_y} \cdot \frac{h_0 + a_s}{h_0} \tag{4.10-b}$$

为了保证能充分发挥混凝土压杆的作用，并且使计算方法也能适用于 λ 较大时的弯压破坏情况，我国规范在进行截面配筋计算时，对按式（4.10-b）计算出的配筋面积应予以适当的提高。《混规》有如下规定。

9.3.11 在牛腿中，由承受竖向力所需的受拉钢筋截面面积和承受水平拉力所需的锚筋截面面积所组成的纵向受力钢筋的总截面面积，应符合下列规定：

$$A_s \geqslant \frac{F_v a}{0.85 f_y h_0} + \frac{1.2 F_h}{f_y} \tag{9.3.11}$$

式中 F_v ——作用在牛腿顶部的竖向力设计值；

F_h ——作用在牛腿顶部的水平拉力设计值。

当 a 小于 $0.3h_0$ 时，取 a 等于 $0.3h_0$。

4.4.3　牛腿的截面尺寸

在进行牛腿设计时,一般以承载能力要求计算其所需的受拉钢筋。但牛腿作为结构中重要的受力构件,往往需要承担动力荷载,因此我国规范要求以使用阶段不出现斜裂缝作为截面尺寸的控制条件,基于试验结果的回归分析并考虑水平荷载的影响,得出相应的计算公式。同时,由于上述控制条件较为严格,因此不需要再另行验算混凝土的压应力和牛腿的抗剪强度。《混规》有如下规定。

9.3.10　对于 a 不大于 h_0 的柱牛腿(图 9.3.10),其截面尺寸应符合下列要求。

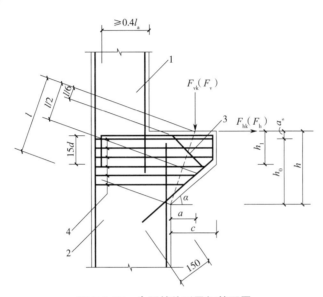

图 9.3.10　牛腿的外形及钢筋配置
1—上柱;2—下柱;3—弯起钢筋;4—水平箍筋
注:图中尺寸单位 mm。

1　牛腿的裂缝控制要求:

$$F_{vk} \leqslant \beta \left(1 - 0.5 \frac{F_{hk}}{F_{vk}}\right) \frac{f_{tk} b h_0}{0.5 + \dfrac{a}{h_0}} \tag{9.3.10}$$

式中　F_{vk}——作用在牛腿顶部按<u>荷载效应标准组合</u>计算的竖向力值;
　　　　F_{hk}——作用在牛腿顶部按<u>荷载效应标准组合</u>计算的水平拉力值;
　　　　β——裂缝控制系数,<u>支承吊车梁的牛腿取 0.65,其他牛腿取 0.80</u>;
　　　　a——竖向力作用点至下柱边缘的水平距离,应考虑安装偏差 20 mm,当考虑安装偏差后的竖向力作用点仍位于下柱截面以内时取等于 0;
　　　　b——牛腿宽度;
　　　　h_0——牛腿与下柱交接处的垂直截面有效高度,<u>取 $h_1 - a_s + c \cdot \tan\alpha$,当 α 大于 45° 时,取 45°</u>,c 为下柱边缘到牛腿外边缘的水平长度。

9.3.10 条文说明(部分)

本条为对牛腿截面尺寸的控制。

牛腿(短悬臂)的受力特征可以用由顶部水平的纵向受力钢筋作为拉杆和牛腿内的混凝土斜压杆组成的简化三角桁架模型描述。竖向荷载将由水平拉杆的拉力和斜压杆的压力承担;作用在牛腿顶部向外的水平拉力则由水平拉杆承担。

牛腿要求不致因斜压杆压力较大而出现斜压裂缝,故其截面尺寸通常以不出现斜裂缝为条件,即由本条的计算公式控制,并通过公式中的裂缝控制系数 β 考虑不同使用条件对牛腿的不同抗裂要求。公式中的($1-0.5F_{hk}/F_{vk}$)项是按牛腿在竖向力和水平拉力共同作用下斜裂缝宽度不超过 0.1 mm 为条件确定的。

符合本条计算公式要求的牛腿不需再作受剪承载力验算。这是因为通过在 $a/h_0 < 0.3$ 时取 $a/h_0=0.3$,以及控制牛腿上部水平钢筋的最大配筋率,已能保证牛腿具有足够的受剪承载力。

对于牛腿的截面尺寸控制,除按上述公式进行抗裂计算外,还应对混凝土的局部受压承载力和有效高度做出设计要求。《混规》有如下规定。

9.3.10　对于 a 不大于 h_0 的柱牛腿,其截面尺寸应符合下列要求。
　　2　牛腿的外边缘高度 h 不应小于 $h/3$,且不应小于 200 mm。
　　3　在牛腿顶受压面上,竖向力 F_{vk} 所引起的局部压应力不应超过 $0.75f_c$。
9.3.10 条文说明(部分)
　　在计算公式中还对沿下柱边的牛腿截面有效高度 h_0 作出限制。这是考虑当斜角 α 大于 45° 时,牛腿的实际有效高度不会随 α 的增大而进一步增大。

4.4.4　构造要求

《混规》有如下规定。

9.3.12　沿牛腿顶部配置的纵向受力钢筋,宜采用 HRB400 级或 HRB500 级热轧带肋钢筋。……
　　承受竖向力所需的纵向受力钢筋的配筋率不应小于 0.20% 及 $0.45f_t/f_y$,也不宜大于 0.60% ,钢筋数量不宜少于 4 根直径 12 mm 的钢筋。
9.3.13　牛腿应设置水平箍筋,箍筋直径宜为 6~12 mm,间距宜为 100~150 mm;在上部 $2h_0/3$ 范围内的箍筋总截面面积不宜小于承受竖向力(不含因考虑水平力配置)的受拉钢筋截面面积的 1/2。
　　当牛腿的剪跨比不小于 0.3 时,宜设置弯起钢筋。弯起钢筋宜采用 HRB400 级或 HRB500 级热轧带肋钢筋,并宜使其与集中荷载作用点到牛腿斜边下端点连线的交点位于牛腿上部 $l/6~l/2$ 的范围内,l 为该连线的长度(图 9.3.10)。弯起钢筋截面面积不宜小于承受竖向力(不含因考虑水平力配置)的受拉钢筋截面面积的 1/2,且不宜少于 2 根直径 12 mm 的钢筋。纵向受拉钢筋不得兼作弯起钢筋。
9.3.13 条文说明
　　牛腿中应配置水平箍筋,特别是在牛腿上部配置一定数量的水平箍筋,能有效地减少在该部位过早出现斜裂缝的可能性。在牛腿内设置一定数量的弯起钢筋是我国工程界的传统做法。但试验表明,它对提高牛腿的受剪承载力和减少斜向开裂的可能性都不起明显作用,故适度减少了弯起钢筋的数量。

4.5　抗震承载力计算

根据《混规》第 11.1.6 条规定,框架梁、框架柱、框支柱以及剪力墙等构件的正截面设计均可按非抗震情况下正截面设计的同样方法完成,即只需在承载力计算公式右边除以相应的承载力抗震调整系数 γ_{RE}。因此,本章及后续章节将不再对上述构件的抗震正截面承载力计算公式进行介绍。

4.5.1　框架柱及框支柱

钢筋混凝土框架柱的斜截面抗震受剪承载力的计算公式,需保证柱在框架达到其罕遇地震变形状态时仍不致发生剪切破坏,从而防止在以往多次地震中发现的柱剪切破坏。

对于偏心受压柱,具体方法仍是将非抗震受剪承载力计算公式中的混凝土项乘以 0.6,箍筋项则保持不变,由于轴力对构件的抗剪能力起有利作用,考虑到荷载往复作用的不利影响,将轴向力的有利贡献乘以 0.8

的折减系数。

当柱出现拉力时，在非抗震偏心受拉构件受剪承载力计算公式的基础上，通过对混凝土项乘以 0.6 得出。由于轴向拉力对抗剪能力起不利作用，故对公式中的轴向拉力项不作折减。

对于框架柱、框支柱抗震受剪承载力的上限值，也就是按受剪要求提出的截面尺寸限制条件，同样也是在非抗震限制条件基础上考虑反复荷载影响后乘以 0.8 的折减系数后给出的。

上述公式经试验验证能够达到使柱在强震非弹性变形过程中不形成过早剪切破坏的控制目标。《混规》有如下规定。

11.4.6　考虑地震组合的矩形截面框架柱和框支柱，其受剪截面应符合下列条件。

　　剪跨比 λ 大于 2 的框架柱：

$$V_c \leq \frac{1}{\gamma_{RE}} \left(0.2\beta_c f_c b h_0 \right) \tag{11.4.6-1}$$

　　框支柱和剪跨比 λ 不大于 2 的框架柱：

$$V_c \leq \frac{1}{\gamma_{RE}} \left(0.15\beta_c f_c b h_0 \right) \tag{11.4.6-2}$$

式中　λ——框架柱、框支柱的计算剪跨比，取 $M/(Vh_0)$；此处 M 宜取柱上、下端考虑地震组合的弯矩设计值的较大值，V 取与 M 对应的剪力设计值，h_0 为柱截面有效高度；当框架结构中的框架柱的反弯点在柱层高范围内时，可取 λ 等于 $H_n/(2h_0)$，此处 H_n 为柱净高。

11.4.7　考虑地震组合的矩形截面框架柱和框支柱，其斜截面受剪承载力应符合下列规定：

$$V_c \leq \frac{1}{\gamma_{RE}} \left(\frac{1.05}{\lambda+1} f_t b h_0 + f_{yv} \frac{A_{sv}}{s} h_0 + 0.056N \right) \tag{11.4.7}$$

式中　λ——框架柱、框支柱的计算剪跨比，当 λ 小于 1.0 时取 1.0，当 λ 大于 3.0 时取 3.0；

　　　N——考虑地震组合的框架柱、框支柱轴向压力设计值，当 N 大于 $0.3f_c A$ 时，取 $0.3f_c A$。

11.4.8　考虑地震组合的矩形截面框架柱和框支柱，当出现拉力时，其斜截面抗震受剪承载力应符合下列规定：

$$V_c \leq \frac{1}{\gamma_{RE}} \left(\frac{1.05}{\lambda+1} f_t b h_0 + f_{yv} \frac{A_{sv}}{s} h_0 - 0.2N \right) \tag{11.4.8}$$

式中　N——考虑地震组合的框架柱、框支柱轴向压力设计值。

　　当上式右边括号内的计算值小于 $f_{yv} \frac{A_{sv}}{s} h_0$（即 $\frac{1.05}{\lambda+1} f_t b h_0 - 0.2N \leq 0$）时，取等于 $f_{yv} \frac{A_{sv}}{s} h_0$，且 $f_{yv} \frac{A_{sv}}{s} h_0$ 值不应小于 $0.36 f_t b h$。

4.5.2　剪力墙和连梁

1. 剪力墙抗震斜截面受剪承载力

对于偏心受压剪力墙，通过反复和单调加载工况下构件的受剪承载力对比试验发现，反复加载时的受剪承载力比单调加载时降低 15%~20%。因此，将非抗震受剪承载力计算公式中各个组成项均乘以降低系数 0.8，作为抗震偏心受压剪力墙肢的斜截面受剪承载力计算公式。鉴于对高轴压力作用下的受剪承载力尚缺乏试验研究，公式中对轴压力的有利作用给予了必要的限制，即不超过 $0.2f_c bh$。

由于缺少对偏心受拉剪力墙受剪承载力的相关试验研究成果，因此《混规》在计算该类构件的抗震斜截面承载力时，主要是根据其受力特征参照一般偏心受拉构件的受剪性能规律及偏心受压剪力墙的受剪承载力计算公式得出的。

对于剪力墙受剪承载力的上限值，国内外剪力墙的受剪承载力试验结果表明，剪跨比 $\lambda > 2.5$ 时，大部分墙的受剪承载力上限接近于 $0.25f_c bh_0$；在反复荷载作用下，其受剪承载力上限下降约 20%。

对于剪力墙的抗震斜截面承载力的计算,《混规》有如下规定。

11.7.3 剪力墙的受剪截面应符合下列要求:

当剪跨比大于 2.5 时

$$V_w \leqslant \frac{1}{\gamma_{RE}}(0.2\beta_c f_c bh_0) \tag{11.7.3-1}$$

当剪跨比不大于 2.5 时

$$V_w \leqslant \frac{1}{\gamma_{RE}}(0.15\beta_c f_c bh_0) \tag{11.7.3-2}$$

式中 V_w——考虑地震组合的剪力墙的剪力设计值。

11.7.4 剪力墙在偏心受压时的斜截面抗震受剪承载力应符合下列规定:

$$V_w \leqslant \frac{1}{\gamma_{RE}}\left[\frac{1}{\lambda-0.5}\left(0.4f_t bh_0 + 0.1N\frac{A_w}{A}\right) + 0.8f_{yv}\frac{A_{sh}}{s}h_0\right] \tag{11.7.4}$$

式中 N——考虑地震组合的剪力墙轴向压力设计值中的较小者,**当 N 大于 $0.2f_c bh$ 时,取 $0.2f_c bh$**;

λ——计算截面处的剪跨比,取 $\lambda = M/(Vh_0)$;**当 λ 小于 1.5 时,取 1.5;当 λ 大于 2.2 时,取 2.2**;此处,**M 为与设计剪力值 V 对应的弯矩设计值**;当计算截面与墙底之间的距离小于 $h_0/2$ 时,应按距离墙底 $h_0/2$ 处的弯矩设计值与剪力设计值计算。

11.7.5 剪力墙在偏心受拉时的斜截面抗震受剪承载力应符合下列规定:

$$V_w \leqslant \frac{1}{\gamma_{RE}}\left[\frac{1}{\lambda-0.5}\left(0.4f_t bh_0 - 0.1N\frac{A_w}{A}\right) + 0.8f_{yv}\frac{A_{sh}}{s}h_0\right] \tag{11.7.5}$$

式中 N——考虑地震组合的剪力墙轴向压力设计值中的较大值。

当公式(11.7.5)右边括号内的计算值小于 $0.8f_{yv}\frac{A_{sv}}{s}h_0$ 时,取等于 $0.8f_{yv}\frac{A_{sv}}{s}h_0$。

11.7.6 一级抗震等级的剪力墙,其水平施工缝处的受剪承载力应符合下列规定:

$$V_w \leqslant \frac{1}{\gamma_{RE}}(0.6f_y A_s + 0.8N) \tag{11.7.6}$$

式中 N——考虑地震组合的水平施工缝处的轴向力设计值,压力时取正值,拉力时取负值;

A_s——剪力墙水平施工缝处**全部竖向钢筋**截面面积,包括竖向分布钢筋、附加竖向插筋以及边缘构件(不包括两侧翼墙)纵向钢筋的总截面面积。

2. 连梁抗震正截面受弯承载力

《混规》有如下规定。

11.7.7 筒体及剪力墙洞口连梁,当采用对称配筋时,其正截面受弯承载力应符合下列规定:

$$M_b \leqslant \frac{1}{\gamma_{RE}}\left[f_y A_s(h_0 - a_s') + f_{yd}A_{sd}z_{sd}\cos\alpha\right] \tag{11.7.7}$$

式中 M——考虑地震组合的剪力墙连梁梁端弯矩设计值;

f_y——纵向钢筋抗拉强度设计值;

f_{yd}——对角斜筋抗拉强度设计值;

A_s——单侧受拉纵向钢筋截面面积;

A_{sd}——单向对角斜筋截面面积,无斜筋时取 0;

z_{sd}——计算截面对角斜筋至截面受压区合力点的距离;

α——对角斜筋与梁纵轴线夹角;

h_0——连梁截面有效高度。

11.7.7 条文说明

　　剪力墙及筒体的洞口连梁因跨度通常不大,竖向荷载相对偏小,主要承受水平地震作用产生的弯矩和剪力。其中,弯矩作用的反弯点位于跨中,各截面所受的剪力基本相等。在地震反复作用下,连梁通常采用上、下纵向钢筋用量基本相等的配筋方式,在受弯承载力极限状态下,梁截面的受压区高度很小,如忽略截面中纵向构造钢筋的作用,正截面受弯承载力计算时截面的内力臂可近似取为截面有效高度 h_0 与 a'_s 的差值。在设置有斜筋的连梁中,受弯承载力中应考虑穿过连梁端截面顶部和底部的斜向钢筋在梁端截面中的水平分量的抗弯作用。

3. 连梁抗震斜截面受剪承载力

《混规》有如下规定。

11.7.9　各抗震等级的剪力墙及筒体洞口连梁,当配置普通箍筋时,其截面限制条件及斜截面受剪承载力应符合下列规定:

　　1　**跨高比大于 2.5** 时

　　1)受剪截面应符合下列要求:

$$V_{wb} \leq \frac{1}{\gamma_{RE}} \left(0.20\beta_c f_c b h_0 \right) \qquad (11.7.9\text{-}1)$$

　　2)连梁的斜截面受剪承载力应符合下列要求:

$$V_{wb} \leq \frac{1}{\gamma_{RE}} \left(0.42 f_t b h_0 + \frac{A_{sv}}{s} f_{yv} h_0 \right) \qquad (11.7.9\text{-}2)$$

　　2　**跨高比不大于 2.5** 时

　　1)受剪截面应符合下列要求:

$$V_{wb} \leq \frac{1}{\gamma_{RE}} \left(0.15\beta_c f_c b h_0 \right) \qquad (11.7.9\text{-}3)$$

　　2)连梁的斜截面受剪承载力应符合下列要求:

$$V_{wb} \leq \frac{1}{\gamma_{RE}} \left(0.38 f_t b h_0 + 0.9\frac{A_{sv}}{s} f_{yv} h_0 \right) \qquad (11.7.9\text{-}4)$$

式中　f_t——混凝土抗拉强度设计值;

　　　f_{yv}——箍筋抗拉强度设计值;

　　　A_{sv}——配置在同一截面内的箍筋截面面积。

11.7.10　对于一、二级抗震等级的连梁,当跨高比不大于 2.5 时,除普通箍筋外宜另配置斜向交叉钢筋,其截面限制条件及斜截面受剪承载力可按下列规定计算。

　　1　当洞口连梁**截面宽度不小于 250 mm** 时,可采用**交叉斜筋配筋**(图 11.7.10-1),其截面限制条件及斜截面受剪承载力应符合下列规定。

　　1)受剪截面应符合下列要求:

$$V_{wb} \leq \frac{1}{\gamma_{RE}} \left(0.25\beta_c f_c b h_0 \right) \qquad (11.7.10\text{-}1)$$

　　2)连梁的斜截面受剪承载力应符合下列要求:

$$V_{wb} \leq \frac{1}{\gamma_{RE}} \left[0.4 f_t b h_0 + (2.0\sin\alpha + 0.6\eta) f_{yd} A_{sd} \right] \qquad (11.7.10\text{-}2)$$

$$\eta = (f_{yv} A_{sv} h_0) / (s f_{yd} A_{sd}) \qquad (11.7.10\text{-}3)$$

式中　η——箍筋与对角斜筋的配筋强度比,**当小于 0.6 时取 0.6,当大于 1.2 时取 1.2**;

　　　α——对角斜筋与梁纵轴的夹角;

f_{yd}——对角斜筋的抗拉强度设计值；

A_{sd}——**单向**对角斜筋的截面面积；

A_{sv}——**同一截面内箍筋各肢**的全部截面面积。

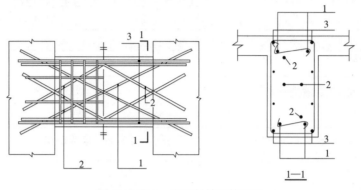

图 11.7.10-1　交叉斜筋配筋连梁

1—对角斜筋；2—折线筋；3—纵向钢筋

2　当连梁截面**宽度不小于 400 mm 时**，可采用**集中对角斜筋配筋**（图 11.7.10-2）或**对角暗撑配筋**（图 11.7.10-3），其截面限制条件及斜截面受剪承载力应符合下列规定。

1）受剪截面应符合式（11.7.10-1）的要求。

2）斜截面受剪承载力应符合下列要求：

$$V_{wb} \leq \frac{2}{\gamma_{RE}} f_{yd} A_{sd} \sin \alpha \qquad (11.7.10\text{-}4)$$

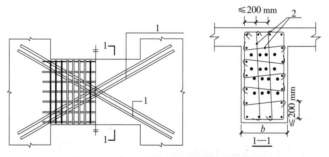

图 11.7.10-2　集中对角斜筋配筋连梁

1—对角斜筋；2—拉筋

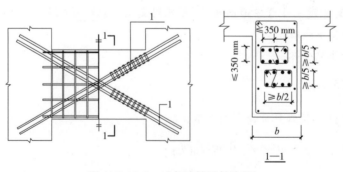

图 11.7.10-3　对角暗撑配筋连梁

1—对角暗撑

11.7.11　剪力墙及筒体洞口连梁的纵向钢筋、斜筋及箍筋的构造应符合下列要求。

　　1　连梁沿上、下边缘单侧纵向钢筋的**最小配筋率**不应小于0.15%，且配筋不宜少于2φ12；交叉斜筋配筋连梁单向对角斜筋不宜少于2φ12，单组折线筋的截面面积可取为单向对角斜筋截面面积的一半，且直径不宜小于12 mm；集中对角斜筋配筋连梁和对角暗撑连梁中每组对角斜筋应至少由4根直径不小于14 mm的钢筋组成。

　　2　**交叉斜筋配筋连梁的对角斜筋**在梁端部位应设置不少于3根**拉筋**，拉筋的间距不应大于连梁宽度和200 mm的较小值，直径不应小于6 mm；**集中对角斜筋配筋连梁**应在梁截面内沿水平方向及竖直方向设置双向拉筋，拉筋应勾住外侧纵向钢筋，间距不应大于200 mm，直径不应小于8 mm；**对角暗撑**配筋连梁中**暗撑箍筋**的外缘沿梁截面宽度方向不宜小于梁宽的一半，另一方向不宜小于梁宽的1/5；对角暗撑约束箍筋的间距不宜大于暗撑钢筋直径的6倍，当计算间距小于100 mm时可取100 mm，箍筋肢距不应大于350 mm。

　　除集中对角斜筋配筋连梁以外，其余连梁的水平钢筋及箍筋形成的钢筋网之间应采用拉筋拉结，拉筋直径不宜小于6 mm，间距不宜大于400 mm。

　　3　沿**连梁全长箍筋**的构造宜按本规范第11.3.6条和第11.3.8条框架梁梁端**加密区**箍筋的构造要求采用；对角暗撑配筋连梁沿连梁全长箍筋的间距可按本规范表11.3.6-2中规定值的两倍取用。

　　4　连梁纵向受力钢筋、交叉斜筋伸入墙内的**锚固长度**不应小于l_{aE}，且不应小于600 mm；顶层连梁纵向钢筋伸入墙体的长度范围内，应配置间距不大于150 mm的构造箍筋，箍筋直径应与该连梁的箍筋直径相同。

　　5　剪力墙的水平分布钢筋可作为**连梁的纵向构造钢筋**在连梁范围内贯通。当梁的腹板高度h_w不小于450 mm时，其两侧面沿梁高范围设置的纵向构造钢筋的直径不应小于8 mm，间距不应大于200 mm；对跨高比不大于2.5的连梁，梁两侧的纵向构造钢筋的面积配筋率尚不应小于0.3%。

11.7.9 ～ 11.7.11 条文说明

　　2002年版规范缺少对跨高比小于2.5的剪力墙连梁抗震受剪承载力设计的具体规定。目前在进行小跨高比剪力墙连梁的抗震设计中，为防止连梁过早发生剪切破坏，通常在进行结构内力分析时，采用较大幅度地折减连梁的刚度以降低连梁的作用剪力。近年来对混凝土剪力墙结构的非线性动力反应分析以及对小跨高比连梁的抗震受剪性能试验表明，较大幅度人为折减连梁刚度的做法将导致地震作用下连梁过早屈服，延性需求增大，并且仍不能避免发生延性不足的剪切破坏。国内外进行的连梁抗震受剪性能试验表明，通过改变小跨高比连梁的配筋方式，可在不降低或有限降低连梁相对作用剪力（即不折减或有限折减连梁刚度）的条件下提高连梁的延性，使该类连梁发生剪切破坏时，其延性能力能够达到地震作用时剪力墙对连梁的延性需求。在对试验结果及相关成果进行分析研究的基础上，本次规范修订补充了跨高比小于2.5的连梁的抗震受剪设计规定。

　　跨高比小于2.5时的连梁抗震受剪试验结果表明，采取不同的配筋方式，连梁达到所需延性时能承受的最大剪压比是不同的。本次修订增加了跨高比小于2.5适用于两个剪压比水平的3种不同配筋形式连梁各自的配筋计算公式和构造措施。其中配置普通箍筋连梁的设计规定是参考我国现行行业标准《高层建筑混凝土结构技术规程》（JGJ 3—2010）的相关规定和国内外的试验结果得出的；交叉斜筋配筋连梁的设计规定是根据近年来国内外试验结果及分析得出的；集中对角斜筋配筋连梁和对角暗撑配筋连梁是参考美国ACI 318—08规范的相关规定和国内外进行的试验结果给出的。国内外各种配筋形式连梁的试验结果表明，发生破坏时连梁位移延性指标能够达到非线性地震反应分析时结构对连梁的延性需求，设计时可根据连梁的适应条件以及连梁宽度等要求选择相应的配筋形式和设计方法。

第5章　受冲切及受扭承载力

前述章节在求解承载力过程中所涉及的受压及压弯构件均为杆系结构,由于构件的截面对称且荷载沿构件长度方向作用于其中心轴线上,截面受到轴力、弯矩、剪力的共同影响后,构件仍然处于一维或二维应力状态,故其承载力的计算主要建立在理论分析的基础上,同时参照工程试验结果对计算公式进行适当修正,并规定一系列的工程构造措施。

在集中荷载作用附近的板或基础,若承载力不足常会发生脆性的冲切破坏,这些部位由于处于复杂的应力状态,国内外就其破坏机理尚无统一解释,因此构件的受冲切承载力目前也没有准确实用的计算方法。纯扭构件处于三维应力状态,若构件同时承受其他内力作用,则其内部应力状态更加复杂,因此对此受力机理的认识和计算方法也仍不完善。

对于本章所述的构件受冲切承载力及受扭承载力的计算,也主要是基于试验结果所得出的经验公式。

5.1　构件的受冲切承载力

工程中经常可见板类结构承受集中荷载的情况,例如堆放设备、材料的楼板部位、板-柱结构的节点、柱与基础交接处等,楼板或基础在集中荷载的作用下可能会发生局部脆性冲切破坏。

构件剪切破坏时的破坏面总是贯穿构件的整个宽度,而冲切破坏则是一种空间破坏,破坏时的斜截面围绕集中荷载作用区域大致呈喇叭状。

5.1.1　普通构件的受冲切承载力

本节所指的普通构件指的是不配置箍筋、弯起筋等抗冲切筋的普通钢筋混凝土受冲切构件。钢筋混凝土板的集中荷载试验表明,在集中荷载作用下,板有可能发生弯曲破坏和剪切破坏两种破坏形式。

当板的抗弯强度低于受冲切强度时,构件将发生弯曲破坏。破坏时受压区混凝土表面剥落或压碎,板底受拉区弯曲主裂缝明显,纵向钢筋的应变值较大,一般能够达到屈服强度。

当板的受冲切强度低于抗弯强度时,构件将首先发生冲切破坏。破坏时的挠度或变形非常小,无任何征兆;柱瞬间陷入板内,柱根周边的板顶面混凝土受压崩裂;板底裂缝比弯曲破坏时多而密,但不形成主裂缝;板底中部往外凸出,边缘突然形成一圈不完全闭合的冲切裂缝,其中板中部位的冲切裂缝大致平行于板边,靠近板角部分的冲切裂缝近似呈圆形;取出破坏锥体,冲切破坏时形成的锥面与板平面的夹角随板的有效高度 h_0 而变化,有效高度越大,该夹角越大,一般在 40°~60°。

影响冲切强度的主要因素包括混凝土的强度、板的厚度和形状以及纵向受拉钢筋的配筋率 ρ。研究表明,我国采用混凝土的抗拉强度设计值参与构件受冲切承载力的计算,总体上能够表征提高混凝土的强度等级对增大构件的受冲切承载力的有利作用,但当采用高强度混凝土(≥C40)时,会过高地估计混凝土强度较高时的受冲切承载力。不少学者的研究认为,在纵筋配筋率低于2%时,增大配筋率可以提高板受冲切承载力,当 $\rho>2\%$ 时,纵筋配筋率的增大对板的受冲切承载力影响不大。截面高度的增大能够增加破坏时的冲切斜截面面积,进而提高构件的受冲切承载力,但存在尺寸效应,即截面高度增大对承载力的提高存在一定的削弱作用,我国规范通过引入截面尺寸效应系数 β_h 以考虑这种不利影响。

对于不配置抗冲切钢筋的钢筋混凝土板的受冲切承载力计算,《混规》有如下规定。

6.5.1　在局部荷载或集中反力作用下,不配置箍筋或弯起钢筋的板的受冲切承载力应符合下列规定(图6.5.1):

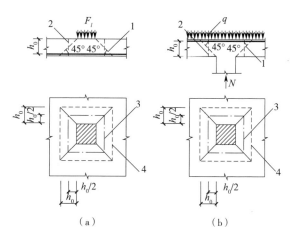

图 6.5.1　板受冲切承载力计算
（a）局部荷载作用下　（b）集中反力作用下
1—冲切破坏锥体的斜截面;2—计算截面;3—计算截面的周长;4—冲切破坏锥体的底面线

$$F_l \leqslant (0.7\beta_h f_t + 0.25\sigma_{pc,m})\eta u_m h_0 \tag{6.5.1-1}$$

公式(6.5.1-1)中的系数 η,应按下列两个公式计算,并取其中较小值:

$$\eta_1 = 0.4 + \frac{1.2}{\beta_s} \tag{6.5.1-2}$$

$$\eta_2 = 0.5 + \frac{\alpha_s h_0}{4u_m} \tag{6.5.1-3}$$

式中　F_l——局部荷载设计值或集中反力设计值;板柱节点,取柱所承受的轴向压力设计值的层间差值**减去柱顶冲切破坏锥体范围内板所承受的荷载设计值**;当有不平衡弯矩时,应按本规范第6.5.6条的规定确定;

β_h——截面尺寸效应系数,当 h 不大于 800 mm 时,取 β_h 为 1.0;当 h 不小于 2 000 mm 时,取 β_h 为 0.9,其间按线性内插法取用(编者注:$\beta_h = 1.0 + \dfrac{0.9 - 1.0}{2\,000 - 800}(h - 800)$);

$\sigma_{pc,m}$——**计算截面周长上两个方向**混凝土**有效预压应力**按**长度的加权平均值**,其值宜控制在 1.0~3.5 N/mm² 范围内;

u_m——计算截面的周长,取距离局部荷载或集中反力作用面积周边 $h_0/2$ 处板垂直截面的最不利周长;

h_0——截面有效高度,取两个方向配筋的截面有效高度平均值;

η_1——局部荷载或集中反力作用面积形状的影响系数;

η_2——计算截面周长与板截面有效高度之比的影响系数;

β_s——局部荷载或集中反力作用面积为矩形时的长边与短边尺寸的比值,β_s 不宜大于4;当 β_s 小于 2 时取 2;对圆形冲切面,β_s 取 2;

α_s——柱位置影响系数,**中柱 α_s 取 40,边柱 α_s 取 30,角柱 α_s 取 20**。

6.5.1 条文说明(部分)

本条具体规定的考虑因素如下。

1　截面高度的尺寸效应。截面高度的增大对受冲切承载力起削弱作用,因此在公式(6.5.1-1)中引入了截面尺寸效应系数 β_h,以考虑这种不利影响。

2 预应力对受冲切承载力的影响。试验研究表明,双向预应力对板柱节点的受冲切承载力起有利作用,主要是由于预应力的存在阻滞了斜裂缝的出现和开展,增加了混凝土剪压区的高度。公式(6.5.1-1)主要是参考我国的科研成果及美国 ACI 318 规范,将板中两个方向按长度加权平均有效预压应力的有利作用增大为 $0.25\sigma_{pc,m}$,但仍偏安全地未计及在板柱节点处预应力竖向分量的有利作用。

对单向预应力板,由于缺少试验数据,暂不考虑预应力的有利作用。

3 参考美国 ACI 318 等有关规范的规定,给出了两个调整系数 η_1、η_2 的计算公式(6.5.1-2)、公式(6.5.1-3)。对矩形形状的加载面积边长之比作了限制,因为边长之比大于 2 后,剪力主要集中于角隅,将不能形成严格意义上的冲切极限状态的破坏,使受冲切承载力达不到预期的效果,因此引入了调整系数 η_1,且基于稳妥的考虑,对加载面积边长之比作了不宜大于 4 的限制;此外,当临界截面相对周长 u_m/h_0 过大时,同样会引起受冲切承载力的降低。

6.5.2 当板开有孔洞**且孔洞至局部荷载或集中反力作用面积边缘的距离不大于 $6h_0$ 时**,受冲切承载力计算中取用的计算截面周长 u_m,应扣除局部荷载或集中反力作用面积中心至开孔外边画出两条切线之间所包含的长度(图 6.5.2)。

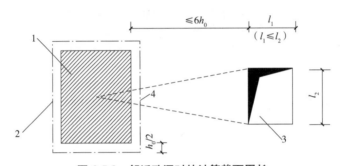

图 6.5.2 邻近孔洞时的计算截面周长

1—局部荷载或集中反力作用面;2—计算截面周长;3—孔洞;4—应扣除的长度

注:当图中 l_1 大于 l_2 时,孔洞边长 l_1 用 $\sqrt{l_1 l_2}$ 代替。

6.5.2 条文说明

为满足设备或管道布置要求,有时要在柱边附近板上开孔。板中开孔会减小冲切的最不利周长,从而降低板的受冲切承载力。在参考了国外规范的基础上给出了本条的规定。

9.1.12 板柱节点可采用带柱帽或托板的结构形式。板柱节点的形状、尺寸应包容 45° 的冲切破坏锥体,并应满足受冲切承载力的要求。

柱帽的高度不应小于板的厚度 h;托板的厚度不应小于 $h/4$。柱帽或托板在平面两个方向上的尺寸均不宜小于同方向上柱截面宽度 b 与 $4h$ 的和(图 9.1.12)。

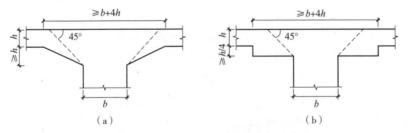

图 9.1.12 带柱帽或托板的板柱结构

(a)柱帽 (b)托板

9.1.12 条文说明

为加强板柱结构节点处的受冲切承载力,可采取柱帽或托板的结构形式加强板的抗力。本条提出了相应的构造要求,包括平面尺寸、形状和厚度等。必要时可配置抗剪栓钉。

根据《混规》图6.5.2中的几何关系可得冲切计算截面周长 u_m 中应扣除的长度 u_d 为

$$u_d = \frac{b+h_0}{b+2l}l_2 \tag{5.1}$$

式中　b——沿开洞方向上局部荷载或集中反力作用面的宽度；

　　　l——局部荷载或集中反力作用面距离洞口的距离，$l>6h_0$ 时，取 $u_d=0$。

5.1.2　配抗冲切筋构件的承载力

配有抗冲切钢筋的钢筋混凝土板，其破坏形态和受力特性与有腹筋梁相类似，因此当混凝土板的厚度不足以保证受冲切承载力时，可配置抗冲切钢筋。设计可同时配置箍筋和弯起钢筋，也可分别配置箍筋或弯起钢筋作为抗冲切钢筋。

对于配置抗冲切筋的钢筋混凝土板，国内外规范在计算其受冲切承载力时，一般均按混凝土与抗冲切钢筋提供的两部分承载力分别考虑，但就混凝土项的抗冲切承载力 V_c' 与无抗冲切钢筋板的承载力 V_c 的关系，各国规范取法并不一致。根据国内外的试验研究并考虑混凝土开裂后骨料咬合、配筋剪切摩擦有利作用等，在抗冲切钢筋配置区，现行《混规》将混凝土所能承担的承载力 V_c' 适当提高，取无抗冲切钢筋板承载力 V_c 的约70%。与试验结果比较，给出的受冲切承载力计算公式是偏于安全的。

6.5.3　在局部荷载或集中反力作用下，当受冲切承载力不满足本规范第6.5.1条的要求且板厚受到限制时，可配置箍筋或弯起钢筋，**并应符合本规范第9.1.11条的构造规定**。此时，受冲切截面及受冲切承载力应符合下列要求。

　　2　配置箍筋、弯起钢筋时的受冲切承载力：

$$F_l \leqslant (0.5f_t + 0.25\sigma_{pc,m})\eta u_m h_0 + 0.8f_{yv}A_{svu} + 0.8f_y A_{sbu}\sin\alpha \tag{6.5.3-2}$$

式中　F_l——局部荷载设计值或集中反力设计值；**板柱节点，取柱所承受的轴向压力设计值的层间差值减去柱顶冲切破坏锥体范围内板所承受的荷载设计值**；当有不平衡弯矩时，应按本规范第6.5.6条的规定确定；

　　　f_{yv}——箍筋的抗拉强度设计值，按本规范第4.2.3条的规定采用；

　　　A_{svu}——与呈45°冲切破坏锥体斜截面相交的全部箍筋截面面积；

　　　A_{sbu}——与呈45°冲切破坏锥体斜截面相交的全部弯起钢筋截面面积；

　　　α——弯起钢筋与板底面的夹角。

　　注：当有条件时，可采取配置栓钉、型钢剪力架等形式的抗冲切措施。

6.5.3 条文说明（部分）

本条提及的其他形式的抗冲切钢筋，包括但不限于工字钢、槽钢、抗剪栓钉、扁钢U形箍等。

6.5.4　配置抗冲切钢筋的冲切破坏锥体以外的截面，尚应按本规范第6.5.1条的规定进行受冲切承载力计算，此时 u_m 应取配置抗冲切钢筋的冲切破坏锥体以外 $0.5h_0$ 处的最不利周长。

9.1.11　混凝土板中配置抗冲切箍筋或弯起钢筋时，应符合下列构造要求。

　　1　板的厚度不应小于150 mm。

　　2　按计算所需的**箍筋**及相应的架立钢筋应配置在与45°冲切破坏锥面相交的范围内，且从集中荷载作用面或柱截面边缘向外的分布长度不应小于 $1.5h_0$（图9.1.11（a））；箍筋直径不应小于6 mm，且应做成封闭式，间距不应大于 $h_0/3$，且不应大于100 m。

3 按计算所需**弯起钢筋**的弯起角度可根据板的厚度在30°~45°选取；弯起钢筋的倾斜段应与冲切破坏锥面相交（图9.1.11（b）），其交点应在集中荷载作用面或柱截面边缘以外（1/2~2/3）h的范围内。弯起钢筋直径不宜小于12 mm，且每一方向不宜少于3根。

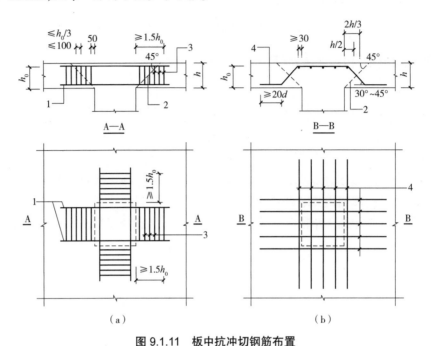

图9.1.11 板中抗冲切钢筋布置

（a）用箍筋作抗冲切钢筋 （b）用弯起钢筋作抗冲切钢筋

1—架立钢筋；2—冲切破坏锥面；3—箍筋；4—弯起钢筋

注：图中尺寸单位mm。

6.5.6 在竖向荷载、水平荷载作用下，当考虑板柱节点计算截面上的剪应力传递不平衡弯矩时，其集中反力设计值F_l应以等效集中反力设计值$F_{l,eq}$代替，$F_{l,eq}$可按本规范附录F的规定计算。

但试验表明，当抗冲切钢筋的数量达到一定程度时，板的受冲切承载力几乎不再增加，即构件的受冲切承载力由构件的混凝土强度控制。为了使抗冲切箍筋或弯起钢筋能够充分发挥作用，《混规》规定了板的受冲切截面限制条件，实际上是对抗冲切箍筋或弯起钢筋数量的限制，以避免其不能充分发挥作用和使用阶段在局部荷载附近的斜裂缝过大。

6.5.3 在局部荷载或集中反力作用下，当受冲切承载力不满足本规范第6.5.1条的要求且板厚受到限制时，可配置箍筋或弯起钢筋，**并应符合本规范第9.1.11条的构造规定。**此时，受冲切截面及受冲切承载力应符合下列要求。

1 受冲切截面：

$$F_l \leq 1.2 f \eta u_m h_0 \tag{6.5.3-1}$$

式中 F_l——局部荷载设计值或集中反力设计值；板柱节点，取柱所承受的轴向压力设计值的层间差值**减去柱顶冲切破坏锥体范围内板所承受的荷载设计值**；当有不平衡弯矩时，应按本规范第6.5.6条的规定确定。

承台受柱或墙的冲切以及基桩的受冲切承载力计算详见第9、10章。

5.2 纯扭构件的破坏特征和承载力

工程中的曲形梁、螺旋楼梯、承受水平制动力的吊车梁等构件，均为常见的受扭构件。从受力角度来讲，实际工程中很少有纯扭构件，大部分构件同时受到剪力、弯矩、轴向力的作用，因此受力性能更加复杂。

为了能进一步研究复合受扭构件的受力性能,本节首先介绍纯扭构件在扭矩作用下的受力过程、破坏形态以及承载力的求取。

5.2.1 受力过程

1. 无腹筋构件

素混凝土构件在扭矩的作用下,在加载初始阶段,构件的受力性能大体上符合圣维南弹性理论,扭转刚度与弹性理论的计算值十分接近,扭转角随扭矩的增大而线性增大,剪应力极值发生在截面长边的中部。忽略截面上的正应力,根据剪应力对称原则,则构件各截面上的大主应力(拉应力)与其中轴线近似呈 45°。

随着扭矩的增大,截面上各点的剪应力随之增加,当截面的主拉应力达到混凝土的抗拉设计强度后,裂缝将首先出现在构件截面长边的中部,垂直于主拉应力的方向,并沿与中轴线呈 45°的方向向顶部、底部、内部深处延伸发展。由于混凝土材料的不均匀性,较薄弱长边的裂缝发展较快,迅速向两个短边方向发展,另一侧长边裂缝的发展则基本停滞,作为构件的剪压面。

随后,发展较快的长边裂缝和上下短边的裂缝贯连成一个破坏面,剪压面裂缝则成为连接顶部和底部裂缝的塑性铰线,形成的破坏裂缝近似螺旋线,破坏面为空间扭曲面,最终构件因被扭断成两截而破坏,如图 5.1 所示。试验表明,素混凝土构件的极限扭矩 T_u 相比于其开裂扭矩 T_{cr} 增加很少。

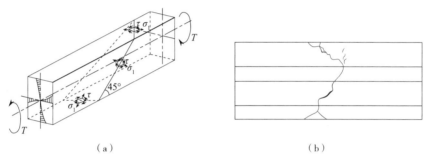

图 5.1　素混凝土构件的纯扭破坏
(a)破坏面示意　(b)裂缝开展示意

2. 有腹筋构件

沿截面周边均匀配置通长纵筋和横向钢筋的钢筋混凝土构件,在扭矩作用下的变形、破坏特征与素混凝土构件有较大不同,相比之下受扭承载力也有较大的提高。

当扭矩很小、构件未产生裂缝时,由于钢筋应力比较小,主要是混凝土参与工作,因此构件的扭转刚度、变形以及截面应力分布等均与素混凝土构件类似,即能够较好地符合弹性理论的计算结果。

当扭矩增大到构件长边中部出现裂缝后,由于部分混凝土退出工作,钢筋应力明显增大,宏观上构件的扭转角随扭矩的加大而非线性增大,这就意味着裂缝出现前构件内力的受力平衡状态被打破,带有裂缝的混凝土和纵筋、箍筋形成了一个新的共同参与受扭的受力体系。

继续增大扭矩,截面上陆续产生连续或不连续的斜裂缝,形成一组组的螺旋线,各组裂缝大致平行,间距也比较均匀,且裂缝的数量随混凝土强度等级和含钢量的提高而增多。

随着裂缝的发展,越来越多的混凝土退出工作,构件抗扭刚度的降低以及扭转角的增大速度呈非线性,直到构件中的钢筋屈服或者混凝土被压酥而破坏。从破坏表面来看,配筋量较低的少筋梁和适筋梁是由于钢筋的屈服而破坏,破坏形态类似于素混凝土受扭构件;受扭筋配置较多的超筋梁则是由于裂缝间的混凝土被压酥而破坏,如图 5.2 所示,构件破坏时的临界斜裂缝不一定是其初始斜裂缝。

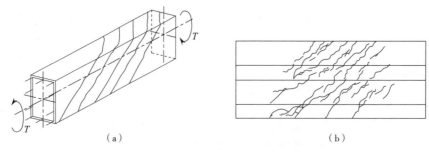

图 5.2　钢筋混凝土构件的纯扭破坏

(a)破坏面示意　(b)裂缝开展示意

试验表明,构件配置的抗扭钢筋越少,开裂后构件的抗扭刚度降低越多;开裂后混凝土受压,纵筋和箍筋受拉;钢筋混凝土构件的开裂扭矩相比素混凝土构件提高 10%左右。

5.2.2　纯扭破坏形态

随着抗扭钢筋配置数量的增加,纯扭构件的破坏形态会发生显著的变化,主要可分为少筋破坏、适筋破坏、部分超筋破坏和超筋破坏四种。

1. 少筋破坏

如果构件中纵筋和箍筋的配置均较少,则一旦出现裂缝,构件便会立即发生扭断破坏,此时构件中的抗扭钢筋均会达到屈服强度且有可能进入流幅阶段,其破坏特点类似于受弯构件中的少筋梁,属于脆性破坏,设计中一般通过规定构件的最小配筋率予以避免,详见《混规》第 9.2.5 条。

2. 适筋破坏

若箍筋和抗扭纵筋的配置数量适当,构件在受扭过程中,与临界斜裂缝相交的抗扭钢筋将会首先达到屈服,随后混凝土被压碎,构件的破坏特征类似于受弯构件中的适筋梁,属于延性破坏。

3. 部分超筋破坏

当箍筋和纵筋的配筋量相差较大时,会出现一个屈服、另一个未屈服的部分超筋破坏。这类构件在破坏时混凝土也会被压碎,但是因配置过多的纵筋或箍筋不屈服导致构件的延性相比适筋构件稍差。

4. 超筋破坏

如果纵筋和箍筋的配置量均过高,就会造成混凝土被先行压碎,而抗扭钢筋均不屈服的情况。这类构件的受扭承载力完全取决于混凝土的强度,类似于受弯构件中的超筋破坏,也属于脆性破坏,设计中一般通过限制截面的最小尺寸来间接限制构件的最大配筋率,详见《混规》第 6.4.2 条。

5.2.3　开裂扭矩

从理论上讲,钢筋混凝土构件的抗裂性比素混凝土构件略好,因为配筋可以阻滞混凝土斜裂缝的出现,使开裂扭矩略有提高,但试验表明配置抗扭钢筋对提高构件的抗裂性是有一定限度的,且只有在低配筋率的情况下有效。工程设计和计算时,考虑到构件开裂前钢筋的应力较小,常偏于安全地忽略钢筋的影响,即取钢筋混凝土构件的开裂扭矩与素混凝土构件的开裂扭矩相同。

1. 弹性解

矩形截面构件在扭矩 T_e 的作用下,正截面会发生空间的翘曲,即不再保持平截面,因此截面的剪应力并不是线性分布的。如果视混凝土构件为理想弹性构件,则根据弹性理论,其中构件形心和四个角部位置的剪应力为零,沿形心至截面边缘以及截面周边的剪应力分布均为曲线分布,且最大剪应力产生在截面长边的中部,如图 5.3 所示。

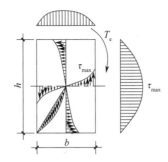

图 5.3　理想弹性材料的应力分布

基于弹性理论的解析,可得截面上的最大剪应力值(长边中点)为

$$\tau_{max} = \frac{T_e}{W_{te}} = \frac{T_e}{\alpha_e b^2 h} \tag{5.2}$$

式中　W_{te}——受扭构件的截面弹性抵抗矩;

　　　b、h——受扭构件的截面短边和长边尺寸;

　　　α_e——与截面的边长比值(h/b)有关的系数。

当最大剪应力 τ_{max} 或最大主(拉)应力 σ_l 达到混凝土的抗拉强度设计值 f_t 时,构件将会开裂,此时构件的开裂扭矩 T_{cr} 为

$$T_{cr} = f_t W_{te} = f_t \alpha_e b^2 h \tag{5.3}$$

2. 塑性解

如果视混凝土为理想塑性材料,弹性阶段的应力分布与图 5.3 所示的相同,唯一不同的是,只有当截面边缘上各点的剪应力 τ_{max} 或大主应力均达到混凝土的抗拉强度设计值 f_t 时,构件才会因丧失承载力而破坏,此时构件截面上的应力分布如图 5.4(a)所示。

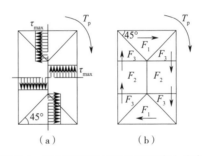

图 5.4　理想弹塑性材料的极限应力分布
(a)构件截面上的应力分布　　(b)矩形截面上的剪应力分布近似规划地划分为几部分

此时,构件的塑性抗扭承载力 T_{up} 可表示为

$$T_{up} = \tau_{max} W_{tp} = f_t W_{tp} \tag{5.4}$$

式中　W_{tp}——截面的受扭塑性抵抗矩。

将矩形截面上的剪应力分布近似规则地划分为如图 5.4(b)所示的几个部分,分块计算各部分剪应力的合力及相应的力偶,便可求得截面的塑性抗扭承载力 T_{up},即

$$\begin{aligned}
T_{up} &= F_1\left(h - \frac{b}{3}\right) + F_2 \cdot \frac{b}{2} + 2F_3 \cdot \frac{2b}{3} \\
&= f_t\left[\frac{1}{2}b \cdot \frac{b}{2} \cdot \left(h - \frac{b}{3}\right) + \frac{b}{2} \cdot (h-b) \cdot \frac{b}{2} + 2 \times \frac{1}{2} \cdot \frac{b}{2} \cdot \frac{b}{2} \cdot \frac{2b}{3}\right] \\
&= f_t\left[\frac{b^2}{6}(3h - b)\right]
\end{aligned} \tag{5.5}$$

根据式(5.4)及式(5.5)可得

$$W_{tp} = \frac{b^2}{6}(3h - b) \tag{5.6}$$

由于素混凝土构件的极限扭矩相比其开裂扭矩增长不多,因此可近似认为此时构件的开裂扭矩 $T_{cr} = T_{up}$。

3. 规范计算式

实际上,混凝土既不是理想的弹性材料,也不是理想的塑性材料,其受力性能往往介于两者之间。试验表明,实际构件的开裂扭矩总是高于按式(5.3)计算的值而低于按式(5.5)计算的值。为方便工程设计,实际钢筋混凝土构件开裂扭矩可近似依据塑性理论的应力分布图形进行计算,并引入修正系数以考虑非完全塑性剪应力分布的影响。

《混规》取修正系数为 0.7,纯扭钢筋混凝土构件开裂扭矩 T_{cr} 的计算公式为

$$T_{cr} = 0.7 f_t W_{tp} \tag{5.7}$$

4. 组合截面受扭的塑性抵抗矩

对于结构中常见的 T 形、I 形等矩形组合截面,采用式(5.5)的方法计算整个截面的塑性抵抗矩往往比较复杂。在构件的塑性扭转问题中,工程上常采用实用、简便的砂堆比拟法来计算组合截面的塑性抵抗矩 W_{tp}。

砂堆比拟法的主要方法和计算原理:在一个与构件截面形状相同的平面上,用松散、干燥的细砂自上而下均匀地撒下,直至砂粒堆积成圆锥或四坡式屋顶的形状;坡面的斜率为砂的静摩擦系数,剪应力迹线就是与横截面周界相互平行的一些曲线;取砂堆的斜率 $\tan\theta$ 为构件截面的极限剪应力 τ_{max},那么构件的塑性极限扭矩 T_{up} 或开裂扭矩 T_{cr} 便是砂堆体积 V 的两倍,即

$$T_{cr} = 2V \tag{5.8}$$

对于箱形截面,我国规范则要求按全截面和空心截面分别计算其塑性抵抗矩后取其差值。

《混规》有如下规定。

6.4.3 受扭构件的<u>截面受扭塑性抵抗矩</u>可按下列规定计算。

1 矩形截面:

$$W_t = \frac{b^2}{6}(3h - b) \tag{6.4.3-1}$$

式中 b、h——矩形截面短边、长边尺寸。

2 T 形和 I 形截面:

$$W_t = W_{tw} + W'_{tf} + W_{tf} \tag{6.4.3-2}$$

腹板、受压翼缘及受拉翼缘部分的矩形截面受扭塑性抵抗矩 W_{tw}、W'_{tf} 和 W_{tf},可按下列规定计算。

1)腹板:

$$W_{tw} = \frac{b^2}{6}(3h - b) \tag{6.4.3-3}$$

2)受压翼缘:

$$W'_{tf} = \frac{h'^2_f}{2}(b'_f - b) \tag{6.4.3-4}$$

3)受拉翼缘:

$$W_{tf} = \frac{h^2_f}{2}(b_f - b) \tag{6.4.3-5}$$

式中 b、h——截面的腹板宽度、截面高度;

b'_f、b_f——截面受压区、受拉区的翼缘宽度;

h'_f、h_f——截面受压区、受拉区的翼缘高度。

计算时取用的翼缘宽度尚应符合 b'_f 不大于 $b + 6h'_f$ 及 b_f 不大于 $b + 6h_f$ 的规定。

3　箱形截面：

$$W_t = \frac{b_h^2}{6}(3h_h - b_h) - \frac{(b_h - 2t_w)^2}{6}[3h_w - (b_h - 2t_w)]$$　　　　　　　（6.4.3-6）

式中　　b_h、h_h——箱形截面的短边尺寸、长边尺寸。

5.2.4　极限扭矩

迄今为止,无论是纯扭构件还是同时受轴向力、弯矩、剪力、扭矩作用的复合受扭构件,其受扭承载力主要基于变角度空间桁架模型和斜弯理论两种方法进行计算。鉴于我国《混规》采用前者来解释受扭承载力计算公式,下面简单介绍变角度空间桁架模型的计算理论。

1. 空间桁架理论简介

1929 年,德国学者 E.Raüsch 率先应用 45° 空间桁架模型分析钢筋混凝土构件的受扭。他认为具有实心截面的构件与外形相同的弹性薄壁管一样,薄壁管的每一平直段均可视为平面桁架,其中纵筋作为弦杆,箍筋和被斜裂缝分割的混凝土斜杆均为桁架中的腹杆。在扭矩作用下,薄壁管的所有侧壁上会产生大小相同的环向剪力流,而为了抵抗剪力流,被斜裂缝分割的混凝土斜杆必然受压,纵筋和箍筋则受拉,如果进一步假定混凝土斜压杆和构件中轴线的倾角为 45°,则各平面桁架便组成了 45° 空间桁架模型。根据 45° 空间桁架的平衡条件,便可导出构件受扭承载力的 Raüsch 计算式。

1968 年,国外学者 P.Lampert 等人在上述理论模型的基础上提出了变角度(非 45°)空间桁架模型,如图 5.5(a)所示,当 $\alpha=45°$ 时,该模型即转化为 45° 空间桁架模型。

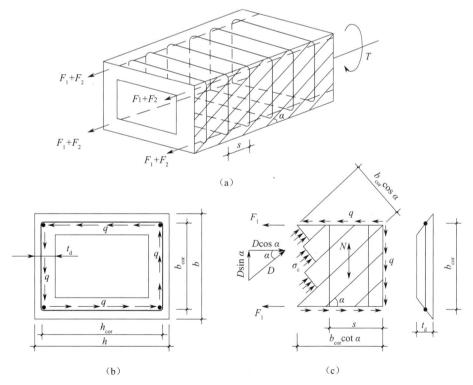

（a）

（b）　　　　　　　　　　　　　　　　　　　（c）

图 5.5　变角度空间桁架模型及环向剪力流和受力分析
（a）变角度空间桁架模型　（b）箱形截面在侧壁中产生的环向剪力流　（c）桁架构件短边一榀平面桁架受力分析

如图 5.5(b)所示,忽略核心混凝土的作用,根据弹性薄壁管理论,箱形截面在扭矩 T 的作用下将在侧壁中产生大小相等的环向剪力流 q：

$$q = \frac{T}{2A_{cor}} = \tau \cdot t_d$$　　　　　　　　　　　（5.9）

式中　A_{cor}——剪力流传递路线所围成的面积,取箍筋内表面所围成的核心部分的面积,即 $A_{cor}=b_{cor}\times h_{cor}$;

　　　　τ——构件在扭矩作用下在箱形截面上产生的剪应力;

　　　　t_d——箱形截面的侧壁厚度。

取空间桁架中构件短边的一榀平面桁架进行受力分析,如图 5.5(c)所示。假定混凝土斜压杆的倾角为 α,则根据静力平衡条件可得如下关系。

该榀桁架中由斜压杆提供的总压力 D 为

$$D=\frac{qb_{cor}}{\sin\alpha}=\frac{\tau t_d b_{cor}}{\sin\alpha} \tag{5.10}$$

混凝土的平均压应力 σ_c 为

$$\sigma_c=\frac{D}{t_d b_{cor}\cos\alpha}=\frac{T}{2A_{cor}t_d\sin\alpha\cos\alpha} \tag{5.11}$$

箍筋所受拉力 N 为

$$N=\frac{qb_{cor}s}{b_{cor}\cot\alpha}=\frac{Ts}{2A_{cor}}\tan\alpha \tag{5.12}$$

纵筋中所受的拉力 F_1 可表示为

$$F_1=\frac{1}{2}D\cos\alpha=\frac{Tb_{cor}}{4A_{cor}}\cot\alpha \tag{5.13-a}$$

同理,与该短边桁架相交的长边平面桁架在该纵筋中产生的拉力 F_2 为

$$F_2=\frac{Th_{cor}}{4A_{cor}}\cot\alpha \tag{5.13-b}$$

由此可得,截面中全部纵筋产生的拉力 R 大小为

$$R=4(F_1+F_2)=\frac{Tu_{cor}}{2A_{cor}}\cot\alpha \tag{5.14}$$

式中　u_{cor}——箍筋内表面所围成的核心混凝土部分的周长,即 $u_{cor}=2(b_{cor}+h_{cor})$。

对于适筋受扭构件,混凝土压坏前纵筋和箍筋先达到屈服强度,令纵筋和箍筋的屈服强度分别为 f_y、f_{yv},全部纵筋的截面面积为 A_{stl},受扭箍筋的单肢截面面积为 A_{st1},则

$$N=\frac{Ts}{2A_{cor}}\tan\alpha=f_{yv}A_{st1} \tag{5.15}$$

$$R=\frac{Tu_{cor}}{2A_{cor}}\cot\alpha=f_y A_{stl} \tag{5.16}$$

对上述两式进行变化,可得适筋构件的受扭承载力计算公式:

$$T_u=2f_{yv}A_{st1}\frac{A_{cor}}{s}\cot\alpha \tag{5.17}$$

$$T_u=2f_y A_{stl}\frac{A_{cor}}{u_{cor}}\tan\alpha \tag{5.18}$$

通过对式(5.17)和式(5.18)两式右侧公式进行变化可得

$$\tan\alpha=\sqrt{\frac{f_{yv}A_{st1}\cdot u_{cor}}{f_y A_{stl}\cdot s}}=\sqrt{\frac{1}{\zeta}} \tag{5.19}$$

式中　ζ——构件中受扭纵筋与受扭箍筋的配筋强度比,$\zeta=\dfrac{f_y A_{stl}\cdot s}{f_{yv}A_{st1}\cdot u_{cor}}$。

将式(5.19)代入式(5.17)或式(5.18)可得

$$T_u=2\sqrt{\zeta}f_{yv}A_{st1}\frac{A_{cor}}{s} \tag{5.20}$$

式（5.17）、式（5.18）及式（5.20）三个平衡方程,说明了配筋率不同的纵筋和箍筋在构件破坏时均能屈服的原因,也说明了混凝土斜压杆的倾角主要与纵筋和箍筋的相对用量有关。

需要注意的是,将 $\alpha=45°$ 代入式（5.17）及式（5.18）,便可导出构件受扭承载力的 Raüsch 计算式。

以 45° 空间桁架模型为基础,包括提出的变角度空间桁架模型在内的各种修正办法均不考虑混凝土的抗扭作用,即均认为构件的受扭破坏是由钢筋屈服造成的,而不是斜压杆混凝土的压坏引起,因此应用这种理论模型计算的构件受扭承载力与混凝土的强度无关。我国早期的《钢筋混凝土结构设计规范》（TJ 10—74）(已废止)也采用这一理论。

但自 20 世纪 60 年代以来许多研究者的试验表明,空间桁架理论忽视了混凝土的抗扭能力,而过高地估计钢筋的抗扭作用是不符合实际情况的。它对低配筋率构件受扭承载力的估计往往是偏低的,混凝土的强度等级越高,误差越大;而对高配筋率构件受扭承载力的估计又往往是偏高的,混凝土的强度等级越低,误差越大,因为由于混凝土先破坏,导致钢筋达不到屈服而不能充分发挥其作用。

此后,许多研究人员在理论和试验研究的基础上,提出了不同形式的矩形截面构件受扭承载力的计算公式。学者 Pandit 将这些公式概括为以下二项式的形式:

$$T_u = k_1 T_{up} + k_2 T_{us} \tag{5.21}$$

式中　$k_1 T_{up}$——开裂混凝土对构件极限扭矩的贡献;

　　　$k_2 T_{us}$——受扭钢筋对构件极限扭矩的贡献;

　　　k_1、k_2——常数;

　　　T_{up}——相应素混凝土构件的极限扭矩,$T_{up}=T_{cr}$,详见 5.2.3 节;

　　　T_{us}——受扭箍筋的配筋系数,$T_{us} = f_{yv} A_{st1} \dfrac{A_{cor}}{s}$。

至于在受扭过程中钢筋(包括纵筋和箍筋)和混凝土各承担多大的抗扭作用是一个复杂的问题。三者是互相联系、互相制约的。由于存在内力重分布,在受力的各个阶段三者各自发挥的作用也是各不相同的,因此各项抗扭能力是一个变量而不是定值。它跟材料性能、截面形状和尺寸,以及配筋和受荷情况等因素为函数关系。

2. 规范计算公式

20 世纪 70 年代以来,我国钢筋混凝土受扭专题研究组进行了大量的相关试验,对矩形截面纯扭构件的强度计算参考式（5.21）的形式考虑了混凝土的抗扭作用,从而克服了我国原规范（TJ 10—1974）抗扭公式在低配筋时偏于保守,在高配筋时偏于不安全的缺点。

根据试验成果的下限,得出纯扭构件的受扭承载力计算公式为

$$T_u = 0.35 f_t W_{tp} + 1.2 \sqrt{\zeta} f_{yv} A_{st1} \dfrac{A_{cor}}{s} \tag{5.22}$$

相比于式（5.21）,$k_1=0.5$、$k_2=1.2\sqrt{\zeta}$。钢筋承载力项的提高系数 ζ 主要与纵筋和箍筋的配筋强度比有关,表达形式符合空间桁架的理论模式,并且通过试验得出了纯扭构件纵筋和箍筋同时屈服时 ζ 值的相对比例界限 $0.5 \leqslant \zeta < 2.0$。

对于矩形截面纯扭构件受扭承载力的计算,《混规》有如下规定。

6.4.4　矩形截面纯扭构件的受扭承载力应符合下列规定:
$$T \leqslant 0.35 f_t W_t + 1.2 \sqrt{\zeta} f_{yv} \dfrac{A_{st1} A_{cor}}{s} \tag{6.4.4-1}$$
$$\zeta = \dfrac{f_y A_{stl} s}{f_{yv} A_{st1} u_{cor}} \tag{6.4.4-2}$$
式中　ζ——受扭的纵向普通钢筋与箍筋的配筋强度比值,**ζ 值不应小于 0.6,当 ζ 大于 1.7 时,取 1.7**;
A_{stl}——受扭计算中对称布置的全部纵向普通钢筋截面面积;

A_{stl}——受扭计算中沿截面周边配置的箍筋单肢截面面积；

f_{yv}——受扭箍筋的抗拉强度设计值，按本规范第 4.2.3 条采用；

A_{cor}——截面核心部分的面积，取为 $b_{cor}h_{cor}$，此处 b_{cor}、h_{cor} 分别为箍筋内表面范围内截面核心部分的短边、长边尺寸；

u_{cor}——截面核心部分的周长，取 $2(b_{cor}+h_{cor})$。

偏心距 e_{p0} 不大于 $h/6$ 的预应力混凝土纯扭构件，当计算的 ζ 值不小于 1.7 时，取 1.7，并可在公式（6.4.4-1）的右边增加预加力影响项 $0.05\dfrac{N_{p0}}{A_0}W_t$，此处 N_{p0} 的取值应符合本规范第 6.4.2 条的规定。

注：当 ζ 小于 1.7 或 e_{p0} 大于 $h/6$ 时，不应考虑预加力影响项，而应按钢筋混凝土纯扭构件计算。

6.4.4 条文说明

公式（6.4.4-1）是根据试验统计分析后，取用试验数据的偏低值给出的。经过对高强混凝土纯扭构件的试验验证，该公式仍然适用。

试验表明，当 ζ 值在 0.5~2.0 范围内，钢筋混凝土受扭构件破坏时，其纵筋和箍筋基本能达到屈服强度。为稳妥起见，取限制条件为 $0.6 \leqslant \zeta \leqslant 1.7$。当 $\zeta > 1.7$ 时取 1.7。当 ζ 接近 1.2 时为钢筋达到屈服的最佳值。因截面内力平衡的需要，对不对称配置纵向钢筋截面面积的情况，在计算中只取对称布置的纵向钢筋截面面积。

预应力混凝土纯扭构件的试验研究表明，预应力可提高构件受扭承载力的前提是纵向钢筋不能屈服，当预加力产生的混凝土法向压应力不超过规定的限值时，纯扭构件受扭承载力可提高 $0.08\dfrac{N_{p0}}{A_0}W_t$。考虑到实际上应力分布不均匀性等不利影响，在条文中该提高值取为 $0.05\dfrac{N_{p0}}{A_0}W_t$，且仅限于偏心距 $e_{p0} \leqslant h/6$ 且 ζ 不小于 1.7 的情况；在计算 ζ 时，不考虑预应力筋的作用。

试验研究还表明，对预应力的有利作用应有所限制，当 N_{p0} 大于 $0.3f_cA_0$ 时，取 $0.3f_cA_0$。

对于 T 形和 I 形组合截面受扭构件，通过分析翼缘厚度对强度的影响，受扭专题研究组进一步验证了翼缘和腹板连接效应的存在，因此可将截面划分为几个规则的矩形截面进行计算。划分原则：首先按截面总高度划分出腹板截面，再依次划分出受压翼缘和受拉翼缘的截面。各划分矩形截面所承担的扭矩按其相应的截面受扭塑性抵抗矩与组合截面总受扭塑性抵抗矩的比值进行分配，随后可进行截面的受扭配筋计算。

对于组合截面中各划分截面分配的扭矩设计值的计算，《混规》有如下规定。

6.4.5 T 形和 I 形截面纯扭构件，可将其截面划分为几个矩形截面，分别按本规范第 6.4.4 条进行受扭承载力计算。每个矩形截面的扭矩设计值可按下列规定计算。

1 腹板

$$T_w = \frac{W_{tw}}{W_t}T \qquad (6.4.5-1)$$

2 受压翼缘

$$T_f' = \frac{W_{tf}'}{W_t}T \qquad (6.4.5-2)$$

2 受拉翼缘

$$T_f = \frac{W_{tf}}{W_t}T \qquad (6.4.5-3)$$

式中 T_w——腹板所承受的扭矩设计值；

T_f'、T_f——受压翼缘、受拉翼缘所承受的扭矩设计值。

试验研究表明,对受纯扭作用的箱形截面构件,当壁厚符合一定要求时,其截面的受扭承载力与相应实心截面是基本相同的。在计算该类纯扭构件的受扭承载力时,《混规》在相同尺寸、配筋的矩形构件混凝土项受扭承载力计算中乘以与截面壁厚相关的折减系数 α_h,得出相应的箱形截面纯扭构件的受扭承载力。

6.4.6　箱形截面钢筋混凝土纯扭构件的受扭承载力应符合下列规定:

$$T_u = 0.35\alpha_h f_t W_t + 1.2\sqrt{\zeta}f_{yv}\frac{A_{st1}A_{cor}}{s} \tag{6.4.6}$$

$$\alpha_h = 2.5t_w/b_h \tag{6.4.5-2}$$

式中　α_h——箱形截面壁厚影响系数,当 α_h 大于 1.0 时,取 1.0;

　　　ζ——同本规范第 6.4.4 条。

5.3　压扭和拉扭构件的承载力

5.3.1　压扭构件的承载力

试验研究表明,轴向压力对纵筋应变的影响十分显著;由于轴向压力能使混凝土较好地参加工作,同时又能改善混凝土的咬合作用和纵向钢筋的销栓作用,因而提高了构件的受扭承载力。《混规》中考虑了这一有利因素,它对受扭承载力的提高值偏安全地取为 $0.07NW_t/A$。

试验同时表明,当轴向压力大于 $0.65f_cA$ 时,构件受扭承载力将会逐步下降,因此在条文中对轴向压力的上限值做了稳妥的规定,即取轴向压力 N 的上限值为 $0.3f_cA$。

6.4.7　在轴向压力和扭矩共同作用下的矩形截面钢筋混凝土构件,其受扭承载力应符合下列规定:

$$T \leqslant (0.35f_t + 0.07\frac{N}{A})W_t + 1.2\sqrt{\zeta}f_{yv}\frac{A_{st1}A_{cor}}{s} \tag{6.4.7}$$

式中　N——与扭矩设计值 T 相应的轴向压力设计值,当 N 大于 $0.3f_cA$ 时,取 $0.3f_cA$;

　　　ζ——同本规范第 6.4.4 条。

5.3.2　拉扭构件的承载力

与式(5.21)类似,在轴向拉力 N 作用下构件的受扭承载力同样也被认为包括混凝土和钢筋两部分承载力的贡献。

1. 混凝土项受扭承载力

考虑轴向拉力对构件抗裂性能的影响,素混凝土拉扭构件的开裂扭矩 T_{cr}^N 可按下式计算:

$$T_{cr}^N = \omega T_{cr} = 0.7\omega f_t W_{tp} \tag{5.23}$$

式中　T_{cr}——无腹筋纯扭构件的开裂扭矩,详见5.2.3节;

　　　ω——轴向拉力影响系数,根据最大主应力理论,可按下式计算:

$$\omega = \sqrt{1 - \frac{\sigma_t}{f_t}} \tag{5.24}$$

式中　σ_t——轴向拉力在构件中产生的拉应力,$\sigma_t = N/A$。

将式(5.23)及式(5.24)代入式(5.21)右半部分的第一项,可得拉扭构件中开裂混凝土对受扭承载力的贡献为

$$k_1 T_{up}^N = k_1 T_{cr}^N = 0.35f_t W_{tp}\sqrt{1 - \frac{\sigma_t}{f_t}} \tag{5.25}$$

式中　T_{up}^N——素混凝土拉扭构件的极限扭矩。

当 σ_t/f_t 不大于 1 时,$\sqrt{1-\dfrac{\sigma_t}{f_t}}$ 可近似以 $1-\dfrac{\sigma_t}{1.75f_t}$ 表示,因此式(5.25)也可近似表示为

$$k_1 T_{up}^N = 0.35\left(1-\frac{\sigma_t}{1.75f_t}\right)f_t W_{tp} = 0.35 f_t W_{tp} - 0.2\frac{N}{A}W_{tp} \quad (5.26)$$

2. 钢筋项受扭承载力

轴向拉力将使构件中的纵筋产生附加拉应力,加速受扭纵筋的屈服,因此纵筋的受扭能力得到了削弱,从而降低了构件的整体受扭承载力。根据变角度空间桁架模型和斜弯理论,其受扭承载力可表示为

$$k_2 T_{us}^N = 1.2\sqrt{\frac{(f_y A_{stl}-N)s}{f_{yv}A_{st1}u_{cor}}}T_{us} = 1.2\sqrt{\frac{(f_y A_{stl}-N)s}{f_{yv}A_{st1}u_{cor}}}\frac{f_{yv}A_{st1}A_{cor}}{s} \quad (5.27)$$

式中　$T_{us}=\dfrac{f_{yv}A_{st1}A_{cor}}{s}$——有腹筋拉扭构件中受扭箍筋的配筋系数。

但在与试验结果对比后,《混规》取拉扭构件受扭承载力计算公式中钢筋项的公式与纯扭构件保持一致,即

$$k_2 T_{us}^N = k_2 T_{us} = 1.2\sqrt{\zeta}\frac{f_{yv}A_{st1}A_{cor}}{s} \quad (5.28)$$

综上,拉扭构件的受扭承载力计算公式如下。

6.4.11　在轴向拉力和扭矩共同作用下的矩形截面钢筋混凝土构件,其受扭承载力可按下列规定计算:

$$T \le \left(0.35 f_t - 0.2\frac{N}{A}\right)W_t + 1.2\sqrt{\zeta}\frac{f_{yv}A_{st1}A_{cor}}{s} \quad (6.4.7)$$

式中　ζ——同本规范第 6.4.4 条确定;

　　　A_{st1}——受扭计算中沿截面周边配置的箍筋单肢截面面积;

　　　A_{stl}——对称布置受扭用的全部纵向普通钢筋的截面面积;

　　　N——与扭矩设计值相应的轴向压力设计值,**当 N 大于 $1.75 f_t A$ 时**,取 $1.75 f_t A$;

　　　A_{cor}——截面核心部分的面积,取 $b_{cor}h_{cor}$,此处 b_{cor}、h_{cor} 分别为箍筋内表面范围内截面核心部分的短边、长边尺寸;

　　　u_{cor}——截面核心部分的周长,取 $2(b_{cor}+h_{cor})$。

5.4　复合受扭构件的承载力

在对受弯矩、剪力和扭矩同时作用的复合受扭构件进行截面设计或配筋时,如果首先分别计算弯矩、剪力、扭矩所需的纵筋和箍筋,然后将所需的钢筋截面面积进行叠加,由于没有考虑三种作用力之间的相互影响,显然是不合理也不经济的。本节结合当前国内外的相关研究成果,阐述这类构件的强度变化规律和设计方法,这是理解《混规》相关规定的前提。

5.4.1　弯剪扭构件的破坏形态

在扭矩的作用下,构件中沿周边均匀布置的纵筋中将产生拉应力,其与构件受弯时钢筋所受的拉应力叠加后,底部纵向钢筋的总应力会增大并提前达到屈服强度,因此弯扭构件的受弯承载力相对于构件单纯受弯时将有所降低。

而扭矩和剪力产生的剪应力总会在构件的一个侧面上叠加,导致剪压区混凝土被提前压坏,因此剪扭构件的受剪或受扭承载力总是小于构件单独受剪或受扭时的承载力。

试验表明,弯剪扭构件的破坏形态及受弯、受剪、受扭强度关系主要与三个外力之间的比例关系和配筋情况有关。根据两个因素的变化,复合受扭构件的最终破坏形态主要有以下三种。

1. 弯型破坏

当构件所受的弯矩较大、扭矩和剪力(或剪跨比)均相对较小时,弯矩对构件的破坏起主导作用。裂缝将首先出现在弯曲受拉的底部截面,然后发展到两个侧面。底部纵筋同时受弯矩和扭矩产生拉应力的叠加,如果底部纵筋不是很多,构件的破坏将始于底部纵筋的屈服,最终因顶部的混凝土被压碎而破坏,即承载力受底部纵筋控制,并且受弯承载力因扭矩的存在而降低。

2. 扭型破坏

当构件所受的扭矩较大、弯矩和剪力较小,并且顶部纵筋相比于底部纵筋较少时,构件将发生扭型破坏。

在扭矩的作用下,构件沿周边布置的纵筋中均产生较大拉应力,虽然弯矩弯起顶部纵筋受压,但由于弯矩较小,压应力亦较小。加之顶部配筋量较小,构件顶部纵筋中的拉应力将大于底部纵筋中的拉应力并首先达到屈服,这就造成构件的破坏是由顶部受拉钢筋的屈服控制,并促使底部混凝土受压而最终破坏。

3. 剪扭型破坏

当构件所受弯矩较小,对构件的破坏不起控制作用时,构件将主要在扭矩和剪力共同作用下产生剪扭型或扭剪型破坏。裂缝首先产生于一个(与剪力和扭矩产生的主应力方向一致的)长边,并逐渐向顶面和底面延伸,三边的裂缝构成了扭曲破坏面,最后在另一侧长边混凝土压碎而达到破坏。如果配筋适当,破坏时与斜裂缝相交的纵筋和箍筋均能达到屈服。

由于扭矩和剪力产生的剪应力总会在构件的一个侧面上叠加,因此构件的剪扭承载力总是小于剪力和扭矩单独作用时的承载力。

5.4.2　弯剪扭构件的承载力计算

在弯矩、剪力和扭矩的共同作用下,构件的各项承载力是相互关联的,其相互影响十分复杂。

为了简化,《混规》偏于安全地将受弯所需的纵筋与受扭所需的纵筋分别计算后进行叠加。考虑到规范中受剪和受扭承载力的计算公式中均考虑了混凝土的贡献,因此剪力和扭矩共同作用下剪扭构件承载力的计算公式中至少必须考虑扭矩对混凝土受剪承载力和剪力对混凝土受扭承载力的影响,即为避免混凝土部分的抗力被重复利用,考虑混凝土项的相关作用,箍筋的贡献则采用简单叠加方法。

具体配筋计算方法如下。

(1)按弯矩设计值 M 由正截面受弯承载力计算确定受弯纵筋截面面积 A_s 和 A'_s,按剪扭构件的受扭承载力计算所需的纵筋截面面积 A_{stl},分别配置在相应的位置。

(2)对于剪扭承载力,采用混凝土部分承载力相关、箍筋部分承载力叠加的方法计算确定构件所需的箍筋截面面积。

> 6.4.13　矩形、T 形、I 形和箱形截面**弯剪扭构件**,其**纵向钢筋截面面积**应分别按受弯构件的正截面受弯承载力和剪扭构件的受扭承载力计算确定,并应配置在相应的位置;**箍筋截面面积**应分别按剪扭构件的受剪承载力和受扭承载力计算确定,并应配置在相应的位置。

1. 简化计算情况

为简化设计过程,当一般弯剪扭构件承受的剪力设计值 $V \leqslant 0.35 f_t b h_0$ 或独立弯剪扭构件在集中荷载作用下承受的剪力设计值 $V \leqslant 0.875 f_t b h_0 / (\lambda+1)$ 时,剪力对构件承载力的影响可不予考虑,此时构件的配筋由正截面受弯承载力和受扭承载力的计算确定。

同理,当矩形截面弯剪扭构件承受的扭矩设计值 $T \leqslant 0.175 f_t W_t$ 或箱形截面弯剪扭构件承受的扭矩设计值 $T \leqslant 0.175 \alpha_h f_t W_t$ 时,扭矩对构件承载力的影响可不予考虑,此时构件的配筋由正截面受弯承载力和斜截面受剪承载力的计算确定。

> 6.4.12　在弯矩、剪力和扭矩共同作用下的矩形、T 形、I 形和箱形截面的弯剪扭构件,可按下列规定进行承载力计算:

> 1　当 V 不大于 $0.35f_tbh_0$ 或 V 不大于 $0.875f_tbh_0/(\lambda+1)$ 时，可仅计算受弯构件的正截面受弯承载力和纯扭构件的受扭承载力；
> 2　当 T 不大于 $0.175f_tW_t$ 或 T 不大于 $0.175\alpha_hf_tW_t$ 时，可仅验算受弯构件的正截面受弯承载力和斜截面受剪承载力。

2. 剪扭承载力计算

试验表明，在弯矩、剪力、扭矩共同作用下的无腹筋构件，其剪扭强度关系曲线接近 1/4 圆，如图 5.6 所示。其中，T_c、T_{co} 分别为无腹筋复合受扭构件和无腹筋纯扭构件的受扭承载力，V_c、V_{co} 分别为无腹筋复合受扭构件和无腹筋受剪构件的受剪承载力。

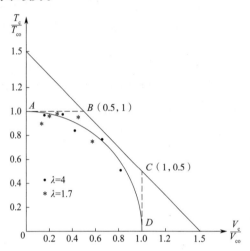

图 5.6　无腹筋构件的剪扭强度关系曲线

根据试验结果拟合的 1/4 圆曲线，可得

$$\left(\frac{T_c}{T_{co}}\right)^2+\left(\frac{V_c}{V_{co}}\right)^2=1 \tag{5.29}$$

为简化计算，可将 1/4 圆曲线简化成图 5.6 中 $ABCD$ 所示的三折线关系，即

当 $\dfrac{V_c}{V_{co}}\leqslant0.5$ 时

$$\frac{T_c}{T_{co}}=1 \tag{5.30-a}$$

当 $\dfrac{T_c}{T_{co}}\leqslant0.5$ 时

$$\frac{V_c}{V_{co}}=1 \tag{5.30-b}$$

当 $\dfrac{V_c}{V_{co}}>0.5$ 且 $\dfrac{T_c}{T_{co}}>0.5$ 时

$$\frac{T_c}{T_{co}}+\frac{V_c}{V_{co}}=1.5 \tag{5.30-c}$$

令

$$\frac{T_c}{T_{co}}=\beta_t \tag{5.31}$$

对于式（5.30-c）则有

$$\frac{V_c}{V_{co}}=1.5-\beta_t \tag{5.32}$$

联立式（5.31）和式（5.32）可得

$$\beta_t = \frac{1.5}{1 + \frac{V_c}{T_c} \cdot \frac{T_{co}}{V_{co}}}$$ （5.33）

我国在进行有腹筋复合受扭构件的设计时,认为其混凝土部分的剪扭强度关系也符合上述 1/4 圆的关系曲线,因此采用混凝土项承载力相关、钢筋项部分承载力叠加的近似拟合公式。根据前述章节可知,对于有腹筋单纯受扭或受剪构件,可取 $T_{co}=0.35f_t W_t$、$V_{co}=0.7f_t bh_0$,再以剪力和扭矩设计值之比 $\frac{V}{T}$ 代替 $\frac{V_c}{T_c}$,则式（5.33）可变换为

$$\beta_t = \frac{1.5}{1 + 0.5 \frac{V}{T} \frac{W_t}{bh_0}}$$ （5.34）

对于集中荷载作用下的独立剪扭构件,可取 $T_{co}=0.35f_t W_t$、$V_{co}=\frac{1.75}{\lambda+1}f_t bh_0$,则式（5.33）可变换为

$$\beta_t = \frac{1.5}{1 + 0.2(\lambda+1)\frac{V}{T} \cdot \frac{W_t}{bh_0}}$$ （5.35）

对于弯剪扭构件的剪扭承载力计算,《混规》有如下规定。

6.4.8　在剪力和扭矩共同作用下的矩形截面剪扭构件,其受剪扭承载力应符合下列规定。

　1　一般剪扭构件

　1）受剪承载力

$$V \leqslant (1.5 - \beta_t)(0.7f_t bh_0 + 0.05N_{p0}) + f_{yv}\frac{A_{sv}}{s}h_0$$ （6.4.8-1）

$$\beta_t = \frac{1.5}{1 + 0.5\frac{VW_t}{Tbh_0}}$$ （6.4.8-2）

式中　A_{sv}——受剪承载力所需的箍筋截面面积;

　　　β_t——一般剪扭构件混凝土受扭承载力降低系数,当 β_t 小于 0.5 时,取 0.5;当 β_t 大于 1.0 时,取 1.0。

　2）受扭承载力

$$T \leqslant \beta_t\left(0.35f_t + 0.05\frac{N_{p0}}{A_0}\right)W_t + 1.2\sqrt{\zeta}f_{yv}\frac{A_{st1}A_{cor}}{s}$$ （6.4.8-3）

式中　ζ——同本规范第 6.4.4 条的规定确定。

　2　集中荷载作用下的独立剪扭构件

　1）受剪承载力

$$V \leqslant (1.5 - \beta_t)\left(\frac{1.75}{\lambda+1}f_t bh_0 + 0.05N_{p0}\right) + f_{yv}\frac{A_{sv}}{s}h_0$$ （6.4.8-4）

$$\beta_t = \frac{1.5}{1 + 0.2(\lambda+1)\frac{VW_t}{Tbh_0}}$$ （6.4.8-5）

式中　λ——计算截面的剪跨比,按本规范第 6.3.4 条的规定取用;

　　　β_t——集中荷载作用下剪扭构件混凝土受扭承载力降低系数,当 β_t 小于 0.5 时,取 0.5;当 β_t 大于 1.0 时,取 1.0。

　2）受扭承载力

受扭承载力仍应按公式（6.4.8-3）计算,但式中的 β_t 应按公式（6.4.8-5）计算。

6.4.9 T形和I形截面剪扭构件的受剪扭承载力应符合下列规定：

1 受剪承载力可按本规范公式（6.4.8-1）与公式（6.4.8-2）或公式（6.4.8-4）与公式（6.4.8-5）进行计算，但应将公式中的 T 及 W_t 分别代之以 T_w 及 W_{tw}；

2 受扭承载力可根据本规范第6.4.5条的规定划分为几个矩形截面分别进行计算。其中：

腹板可按本规范公式（6.4.8-3）、公式（6.4.8-2）或公式（6.4.8-3）、公式（6.4.8-5）进行计算，但应将公式中的 T 及 W_t 分别代之以 T_w 及 W_{tw}；

受压翼缘及受拉翼缘可按本规范第6.4.4条纯扭构件的规定进行计算，但应将 T 及 W_t 分别代之以 T'_f 及 W'_{tf} 或 T_f 及 W_{tf}。

6.4.9 条文说明

本条规定了T形和I形截面剪扭构件承载力计算方法。腹板部分要承受全部剪力和分配给腹板的扭矩。这种规定方法是与受弯构件受剪承载力计算相协调的；翼缘仅承受所分配的扭矩，但翼缘中配置的箍筋应贯穿整个翼缘。

6.4.10 箱形截面钢筋混凝土剪扭构件的受剪扭承载力可按下列规定计算。

1 一般剪扭构件

1）受剪承载力

$$V \leqslant 0.7(1.5 - \beta_t)f_t b h_0 + f_{yv}\frac{A_{sv}}{s}h_0 \qquad (6.4.10\text{-}1)$$

2）受扭承载力

$$T \leqslant 0.35\alpha_h\beta_t f_t W_t + 1.2\sqrt{\zeta}f_{yv}\frac{A_{st1}A_{cor}}{s} \qquad (6.4.10\text{-}2)$$

式中　β_t——按本规范公式（6.4.8-2）计算，**但式中的 W_t 应代之以 $\alpha_h W_t$**；

α_h——按本规范第6.4.6条的规定确定；

ζ——按本规范第6.4.4条的规定确定。

2 集中荷载作用下的独立剪扭构件

1）受剪承载力

$$V \leqslant (1.5 - \beta_t)\frac{1.75}{\lambda + 1}f_t b h_0 + f_{yv}\frac{A_{sv}}{s}h_0 \qquad (6.4.10\text{-}3)$$

式中　β_t——按本规范公式（6.4.8-5）计算，**但式中的 W_t 应代之以 $\alpha_h W_t$。**

2）受扭承载力

受扭承载力仍应按公式（6.4.10-2）计算，但式中的 β_t 值应按本规范公式（6.4.8-5）计算。

5.4.3 考虑轴向力影响的承载力计算

同样出于简化考虑，对于轴向拉（压）力、弯矩、剪力和扭矩共同作用下的钢筋混凝土矩形截面框架柱，在进行截面设计和承载力计算时，《混规》偏于安全地将偏心受拉（压）所需的纵筋与受扭所需的纵筋分别计算后进行叠加。考虑到剪扭承载力中的混凝土相关项，将剪扭作用下按受剪承载力和受扭承载力计算确定的箍筋截面面积进行叠加，分别配置在相应的位置上。

6.4.16 在轴向压力、弯矩、剪力和扭矩共同作用下的钢筋混凝土矩形截面框架柱，其纵向普通钢筋截面面积应分别按偏心受压构件的正截面承载力和剪扭构件的受扭承载力计算确定，并应配置在相应的位置；箍筋截面面积应分别按剪扭构件的受剪承载力和受扭承载力计算确定，并应配置在相应的位置。

6.4.19 在轴向拉力、弯矩、剪力和扭矩共同作用下的钢筋混凝土矩形截面框架柱，其纵向普通钢筋截面面积应分别按偏心受拉构件的正截面承载力和剪扭构件的受扭承载力计算确定，并应配置在相应的位置；箍筋截面面积应分别按剪扭构件的受剪承载力和受扭承载力计算确定，并应配置在相应的位置。

1. 简化计算情况

《混规》有如下规定。

> 6.4.15　在轴向压力、弯矩、剪力和扭矩共同作用下的钢筋混凝土矩形截面框架柱,当 T 不大于 $(0.175f_t+0.035N/A)W_t$ 时,可仅计算偏心受压构件的正截面承载力和斜截面受剪承载力。
>
> 6.4.18　在轴向拉力、弯矩、剪力和扭矩共同作用下的钢筋混凝土矩形截面框架柱,当 $T\leqslant(0.175f_t-0.1N/A)W_t$ 时,可仅计算偏心受拉构件的正截面承载力和斜截面受剪承载力。

2. 剪扭承载力计算

在钢筋混凝土矩形截面框架柱受剪扭承载力计算中,《混规》考虑了轴向压力的有利作用和拉力的不利作用。

分析表明,对于压弯剪扭构件,在受扭承载力降低系数 β_t 的计算公式中可不考虑轴向压力的影响,即仍可按 5.4.2 节进行计算。

> 6.4.14　在轴向压力、弯矩、剪力和扭矩共同作用下的钢筋混凝土矩形截面框架柱,其受剪扭承载力可按下列规定计算。
>
> 1　受剪承载力
>
> $$V\leqslant(1.5-\beta_t)\left(\frac{1.75}{\lambda+1}f_tbh_0+0.07N\right)+f_{yv}\frac{A_{sv}}{s}h_0 \qquad (6.4.14\text{-}1)$$
>
> 2　受扭承载力
>
> $$T\leqslant\beta_t\left(0.35f_t+0.07\frac{N}{A}\right)W_t+1.2\sqrt{\zeta}f_{yv}\frac{A_{st1}A_{cor}}{s} \qquad (6.4.14\text{-}2)$$
>
> 式中　λ——计算截面的剪跨比,按本规范第 6.3.12 条确定;
>
> 　　　β_t——按本规范第 6.4.8 条计算并符合相关要求;
>
> 　　　ζ——按本规范第 6.4.4 条的规定确定。

对于拉弯剪扭共同作用下的钢筋混凝土矩形截面框架柱的剪扭承载力计算,为了简化设计计算过程,受扭承载力降低系数 β_t 的计算采用与上述压弯剪扭构件相同的计算公式。

> 6.4.17　在轴向拉力、弯矩、剪力和扭矩共同作用下的钢筋混凝土矩形截面框架柱,其受剪扭承载力应符合下列规定。
>
> 1　受剪承载力
>
> $$V\leqslant(1.5-\beta_t)\left(\frac{1.75}{\lambda+1}f_tbh_0-0.2N\right)+f_{yv}\frac{A_{sv}}{s}h_0 \qquad (6.4.17\text{-}1)$$
>
> 当公式(6.4.17-1)右边的计算值小于 $f_{yv}\dfrac{A_{sv}}{s}h_0$ 时,取 $f_{yv}\dfrac{A_{sv}}{s}h_0$。
>
> 2　受扭承载力
>
> $$T\leqslant\beta_t\left(0.35f_t-0.2\frac{N}{A}\right)W_t+1.2\sqrt{\zeta}f_{yv}\frac{A_{st1}A_{cor}}{s} \qquad (6.4.17\text{-}2)$$
>
> 当公式(6.4.17-2)右边的计算值小于 $1.2\sqrt{\zeta}f_{yv}\dfrac{A_{st1}A_{cor}}{s}$ 时,取 $1.2\sqrt{\zeta}f_{yv}\dfrac{A_{st1}A_{cor}}{s}$。
>
> 式中　λ——计算截面的剪跨比,按本规范第 6.3.12 条确定;
>
> 　　　A_{sv}——受剪承载力所需的箍筋截面面积;
>
> 　　　N——与剪力、扭矩设计值 V、T 相应的轴向拉力设计值;
>
> 　　　β_t——按本规范第 6.4.8 条计算并符合相关要求;
>
> 　　　ζ——按本规范第 6.4.4 条的规定确定。

6.4.17 条文说明（部分）

　　与在轴向压力、弯矩、剪力和扭矩共同作用下钢筋混凝土矩形截面框架柱的剪扭承载力的 β_t 计算公式相同，为简化设计，不考虑轴向拉力的影响。与考虑轴向拉力影响的 β_t 计算公式比较，β_t 计算值略有降低，$(1.5-\beta_t)$ 值略有提高；从而当轴向拉力 N 较小时，受扭钢筋用量略有增大，受剪箍筋用量略有减小，但箍筋总用量没有显著差别。当轴向拉力较大，N 不小于 $1.75f_tA$ 时，公式（6.4.17-2）右边第 1 项为零。从而公式（6.4.17-1）和公式（6.4.17-2）变为剪扭混凝土作用项几乎不相关的、偏安全的设计计算公式。

5.4.4　设计复核

　　根据上述承载力计算公式进行弯剪扭构件的截面设计时，可能会造成构件中配置的钢筋数量过多和过少两类情况，即超筋和少筋构件。

　　当弯剪扭构件中配置过多的钢筋时，会发生钢筋屈服前混凝土被首先压碎的脆性破坏。显然，这种超筋破坏类型是由混凝土的强度控制的，《混规》依据工程试验结果给出了截面尺寸的限制条件，间接限定了构件中钢筋的配筋率。

6.4.1　在弯矩、剪力和扭矩共同作用下，h_w/b 不大于 6 的矩形、T 形、I 形截面和 h_w/t_w 不大于 6 的箱形截面构件（图 6.4.1），其截面应符合下列条件：

　　当 h_w/b（或 h_w/t_w）不大于 4 时

$$\frac{V}{bh_0} + \frac{T}{0.8W_t} \le 0.25\beta_c f_c \qquad (6.4.1\text{-}1)$$

　　当 h_w/b（或 h_w/t_w）等于 6 时

$$\frac{V}{bh_0} + \frac{T}{0.8W_t} \le 0.2\beta_c f_c \qquad (6.4.1\text{-}2)$$

　　当 h_w/b（或 h_w/t_w）大于 4 但小于 6 时，按线性内插法确定。

式中　T——扭矩设计值；

　　　　b——矩形截面的宽度，T 形或 I 形截面取腹板宽度，箱形截面取两侧壁总厚度 $2t_w$；

　　　　W_t——受扭构件的截面受扭塑性抵抗矩，按本规范第 6.4.3 条的规定计算；

　　　　h_w——截面的腹板高度，对矩形截面，取有效高度 h_0；对 T 形截面，取有效高度减去翼缘高度；对 I 形和箱形截面，取腹板净高；

　　　　t_w——箱形截面的壁厚，其值不应小于 $b_h/7$，此处 b_h 为箱形截面的宽度。

　　注：当 h_w/b 大于 6 或 h_w/t_w 大于 6 时，受扭构件的截面尺寸要求及扭曲截面承载力计算应符合专门规定。

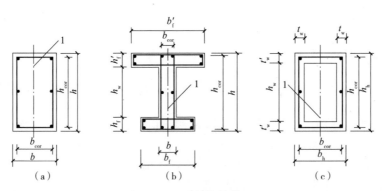

图 6.4.1　受扭构件截面
（a）矩形截面　（b）T 形、I 形截面　（c）箱形截面（$t_w \le t'_w$）
1—弯矩、剪力作用平面

当弯剪扭构件中配置过少的钢筋时,如 5.2.2 节所述,一旦出现裂缝,构件便会立即发生扭断破坏,此时构件中的抗扭钢筋均会达到屈服强度且有可能进入流幅阶段。考虑到少筋破坏也具有明显的脆性特征,单靠混凝土承受剪力是不安全的,《混规》通过规定构件的最小配筋率对此予以避免。

6.4.2　在弯矩、剪力和扭矩共同作用下的构件,当符合下列要求时,可不进行构件受剪扭承载力计算,但应按本规范第 9.2.5 条、第 9.2.9 条和第 9.2.10 条的规定配置构造纵向钢筋和箍筋。

$$\frac{V}{bh_0} + \frac{T}{W_t} \le 0.7f_t + 0.05\frac{N_{p0}}{bh_0} \tag{6.4.2-1}$$

或

$$\frac{V}{bh_0} + \frac{T}{W_t} \le 0.7f_t + 0.07\frac{N}{bh_0} \tag{6.4.2-2}$$

式中　N_{p0}——计算截面上混凝土法向预应力等于零时的预加力,按本规范第 10.1.13 条的规定计算,当 N_{p0} 大于 $0.3f_cA_0$ 时,取 $0.3f_cA_0$,此处 A_0 为构件的换算截面面积;

　　　　N——与剪力、扭矩设计值 V、T 相应的轴向压力设计值,当 N 大于 $0.3f_cA$ 时,取 $0.3f_cA$,此处 A 为构件的截面面积。

5.5　构造要求

从理论上讲,对于钢筋混凝土复合受扭构件的承载力计算,当作用在其上的荷载所产生的扭矩较小,没有超过素混凝土受扭构件的开裂扭矩时,该构件不需设置任何钢筋即能满足承载力的要求。但是,考虑到混凝土离散性等原因,为了防止构件偶然的开裂而产生立即的破坏,在设计时仍需配置一定的构造钢筋。因此,(复合)受扭构件的最小配筋率是指构件中配置的钢筋所能承担的极限扭矩相当于素混凝土受扭构件所能承担的扭矩时,构件单位体积(面积)中的钢筋用量。

5.5.1　受扭纵筋构造要求

为了防止少筋破坏,《混规》以纯扭构件受扭承载力和剪扭条件下不需进行承载力计算,而仅以构造配筋的控制条件为基础综合给出了梁中受扭纵向钢筋最小配筋率的要求,同时规定了受扭纵向钢筋沿截面周边的布置原则和在支座处的锚固要求。对箱形截面构件,偏安全地采用与实心载面构件相同的构造要求。

9.2.5　梁内受扭纵向钢筋的最小配筋率 $\rho_{tl,min}$ 应符合下列规定:

$$\rho_{tl,min} = 0.6\sqrt{\frac{T}{Vb}}\frac{f_t}{f_y} \tag{9.2.5}$$

当 $T/(Vb)>2.0$ 时,取 $T/(Vb)=2.0$。

式中　$\rho_{tl,min}$——受扭纵向钢筋的最小配筋率,取 $A_{stl}/(bh)$;

　　　　b——受剪的截面宽度,按本规范第 6.4.1 条的规定取用,对箱形截面构件,b 应以 b_h 代替;

　　　　A_{stl}——沿截面周边布置的受扭纵向钢筋总截面面积。

沿截面周边布置受扭纵向钢筋的**间距不应大于 200 mm 及梁截面短边长度**;除应在梁截面四角设置受扭纵向钢筋外,其余受扭纵向钢筋宜沿截面周边均匀对称布置。受扭纵向钢筋应按受拉钢筋**锚固在支座内**。

在弯剪扭构件中,配置在截面**弯曲受拉边的纵向受力钢筋,其截面面积不应小于**按本规范第 8.5.1 条规定的受弯构件受拉钢筋最小配筋率计算的钢筋截面面积与按本条受扭纵向钢筋配筋率计算并分配到弯曲受拉边的钢筋截面面积**之和**。

5.5.2　受扭箍筋构造要求

分析表明,箍筋的最小面积配筋率在纯扭状况下最大,近似为 $\rho_{sv,min}^{t}=0.34f_{t}/f_{yv}$;并随着剪扭比 $T/(Vb)$ 的减小而减小。为了简化设计和计算过程,《混规》对复合受扭构件中箍筋最小配筋率的要求是在纯扭构件的最小配箍率的基础上乘以经验折减系数 0.8 后得出的。对于扭剪比较小的构件,这样的设计结果略偏安全,且大大简化了计算。

> **9.2.10**　在弯剪扭构件中,**箍筋的配筋率 ρ_{sv} 不应小于 0.28f_{t}/f_{yv}**。
>
> 　　箍筋**间距**应符合本规范表 9.2.9 的规定,其中受扭所需的箍筋应做成封闭式,且应沿截面周边布置。当采用**复合箍筋时,位于截面内部的箍筋不应计入受扭所需的箍筋面积**。受扭所需箍筋的末端应做成 135° 弯钩,弯钩端头平直段长度不应小于 10d,此处 d 为箍筋直径。
>
> 　　在**超静定结构中**,考虑协调扭转而配置的箍筋,其**间距**不宜大于 0.75b,此处 b 按本规范第 6.4.1 条的规定取用,但对箱形截面构件,b 均应以 b_{h} 代替。

同时,对于复合受扭构件中箍筋的构造要求,还应满足《混规》第 9.2.9 条中受弯构件的相关要求。

> **9.2.9**　梁中箍筋的配置应符合下列规定。
>
> 　　**1**　按**承载力计算不需要箍筋**的梁:
>
> 　　①当截面高度大于 300 mm 时,应沿梁全长设置构造箍筋;
>
> 　　②当截面高度 h=150~300 mm 时,可仅在构件端部 l_{0}/4 范围内设置构造箍筋,此外 l_{0} 为跨度,但当在构件中部 l_{0}/2 范围内有集中荷载作用时,则应沿梁全长设置箍筋;
>
> 　　③当截面高度小于 150 mm 时,可以不设置箍筋。
>
> 　　**2**　对截面高度大于 800 mm 的梁,箍筋直径不宜小于 8 mm;对截面高度不大于 800 mm 的梁,不宜小于 6 mm。梁中配有计算需要的纵向受压钢筋时,箍筋直径尚不应小于 d/4,此处 d 为受压钢筋最大直径。
>
> 　　**3**　梁中箍筋的最大间距宜符合表 9.2.9 的规定;当 V 大于 0.7$f_{t}bh_{0}$+0.05N_{p0} 时,箍筋的配筋率 $\rho_{sv}[\rho_{sv}=A_{sv}/(bs)]$ 尚不应小于 0.24f_{t}/f_{yv}。
>
> 表 9.2.9　梁中箍筋的最大间距(mm)
>
> | 梁高 h | $V>0.7f_{t}bh_{0}+0.05N_{p0}$ | $V\leqslant0.7f_{t}bh_{0}+0.05N_{p0}$ |
> |---|---|---|
> | 150<h≤300 | 150 | 200 |
> | 300<h≤500 | 200 | 300 |
> | 500<h≤800 | 250 | 350 |
> | h>800 | 300 | 400 |
>
> 　　**4**　当梁中配有按计算需要的纵向受压钢筋时,箍筋应符合以下规定:
>
> 　　1)箍筋应做成封闭式,且弯钩直线段长度不应小于 5d,此处 d 为箍筋直径;
>
> 　　2)箍筋的间距不应大于 15d,并不应大于 400 mm,当一层内的纵向受压钢筋多于 5 根且直径大于 18 mm 时,箍筋间距不应大于 10d,此处 d 为纵向受压钢筋的最小直径;
>
> 　　3)当梁的宽度大于 400 mm 且一层内的纵向受压钢筋多于 3 根时,或当梁的宽度不大于 400 mm 但一层内的纵向受压钢筋多于 4 根时,应设置复合箍筋。

第6章 钢筋混凝土构件的裂缝和变形

当结构或构件超过某个限值状态时会影响其正常使用。例如,过大的变形会造成房屋内粉刷层剥落、填充墙和隔断墙开裂及屋面积水等后果;过大的裂缝会影响结构的耐久性;过大的变形、裂缝也会造成用户心理上的不安全感。因此,某些构件必须控制变形、裂缝才能满足使用要求,这便是所谓的"正常使用极限状态设计"。

按正常使用极限状态设计时,变形过大或裂缝过宽虽然会影响正常使用,但不及承载力不足引起的结构破坏造成的损失那么大,所以可适当降低对可靠性指标的要求。计算时涉及的各类荷载组合均取荷载标准值,既不需考虑荷载分项系数,也不需要考虑结构重要性系数 γ_0。

《混规》规定了钢筋混凝土结构在正常使用极限状态下需要验算的内容及设计表达式。

3.4.1 混凝土结构构件应根据其使用功能及外观要求,按下列规定进行正常使用极限状态验算:

1 对需要控制变形的构件,应进行**变形验算**;

2 对不允许出现裂缝的构件,应进行**混凝土拉应力验算**;

3 对允许出现裂缝的构件,应进行**受力裂缝宽度验算**;

4 对舒适度有要求的楼盖结构,应进行**竖向自振频率验算**。

3.4.2 对于正常使用极限状态,钢筋混凝土构件、预应力混凝土构件应分别按荷载的准永久组合并考虑长期作用的影响或标准组合并考虑长期作用的影响,采用下列极限状态设计表达式进行验算:

$$S \leq C \tag{3.4.2}$$

式中 S——正常使用极限状态荷载组合的效应设计值;

C——结构构件达到正常使用要求所规定的变形、应力、裂缝宽度和自振频率等的限值。

3.4.2 条文说明

对正常使用极限状态,1989 年版规范规定按荷载的持久性采用两种组合:短期效应组合和长期效应组合。2002 年版规范根据《建筑结构可靠度设计统一标准》(GB 50068—2001)的规定,将荷载的短期效应组合、长期效应组合改称为荷载效应的标准组合、准永久组合。在标准组合中,含有起控制作用的一个可变荷载标准值效应;在准永久组合中,含有可变荷载准永久值效应。这就使荷载效应组合的名称与荷载代表值的名称相对应。

本次修订对构件挠度、裂缝宽度计算采用的荷载组合进行了调整,对钢筋混凝土构件改为采用荷载准永久组合并考虑长期作用的影响;对预应力混凝土构件仍采用荷载标准组合并考虑长期作用的影响。

本章主要阐述普通钢筋混凝土构件裂缝及变形的正常使用极限状态设计。

6.1 裂缝宽度验算

混凝土的材料性能决定了其自身的抗拉强度很低,钢筋混凝土构件(不包含预应力)中很小的拉应变均会引起裂缝的开展。在施工建造期间,由于材料质量、施工工艺等原因,以及使用期间由于温度、沉降等环境条件和荷载作用的原因,均有可能使结构表面出现肉眼可见的裂缝。

对于钢筋混凝土构件,裂缝的出现不仅会加速钢筋的锈蚀,影响构件甚至结构的耐久性,还会降低构件的刚度,增大变形。与此同时,裂缝的出现还会降低结构的抗渗性能,造成一定程度的渗漏。从宏观上讲,过宽的裂缝会让使用者心理上的不安全感,这一点也往往会成为裂缝控制的主导因素。

6.1.1　一般规定

在制备混凝土时采用安定性较差的水泥或构件养护不充分时,在构件表面会出现大量不规则的收缩裂缝;当构件的保护层过薄时,还有可能形成沿钢筋轴线方向的裂缝。对于超静定结构,外界温度、湿度发生变化或出现基础的不均匀沉降,都将在结构中产生内力重分布,并形成裂缝。

在轴向力、弯矩的作用下,构件正截面上将形成一维拉应力;在剪力、扭矩的作用下,还有可能形成二维甚至三维应力场。在垂直于主拉应力的方向,均有可能产生裂缝。

为了对结构在使用阶段的裂缝状态加以控制,在大量工程试验和理论分析的基础上,《混规》有如下规定。

> 3.4.4　结构构件正截面的受力裂缝控制等级分为三级,等级划分及要求应符合下列规定。
>
> 　　一级——严格要求不出现裂缝的构件,按荷载标准组合计算时,构件受拉边缘混凝土不应产生拉应力。
>
> 　　二级——一般要求不出现裂缝的构件,按荷载标准组合计算时,构件受拉边缘混凝土拉应力不应大于混凝土抗拉强度的标准值。
>
> 　　三级——允许出现裂缝的构件,**对钢筋混凝土构件**,按荷载准永久组合并考虑长期作用影响计算时,构件的最大裂缝宽度不应超过本规范表 3.4.5 规定的最大裂缝宽度限值。对**预应力混凝土构件**,按荷载标准组合并考虑长期作用的影响计算时,构件的最大裂缝宽度不应超过本规范第 3.4.5 条规定的最大裂缝宽度限值;对二 a 类环境的预应力混凝土构件,尚应按荷载准永久组合计算,且构件受拉边缘混凝土的拉应力不应大于混凝土的抗拉强度标准值。
>
> 3.4.5　结构构件应根据结构类型和本规范第 3.5.2 条规定的环境类别,按表 3.4.5 的规定选用不同的裂缝控制等级及最大裂缝宽度限值 $\omega_{\lim}$。
>
> 表 3.4.5　结构构件的裂缝控制等级及最大裂缝宽度的限值(mm)
>
> | 环境类别 | 钢筋混凝土结构 | | 预应力混凝土结构 | |
> |---|---|---|---|---|
> | | 裂缝控制等级 | $\omega_{\lim}$ | 裂缝控制等级 | $\omega_{\lim}$ |
> | 一 | 三级 | 0.30(0.40) | 三级 | 0.20 |
> | 二 a | | 0.20 | | 0.10 |
> | 二 b | | | 二级 | — |
> | 三 a、三 b | | | 一级 | — |
>
> 注:1. 对处于年平均相对湿度小于 60% 地区一类环境下的受弯构件,其最大裂缝宽度限值可采用括号内的数值。
> 　　2. 在一类环境下,对钢筋混凝土屋架、托架及需作疲劳验算的吊车梁,其最大裂缝宽度限值应取为 0.20 mm;对钢筋混凝土屋面梁和托梁,其最大裂缝宽度限值应取为 0.30 mm。
> 　　3. 在一类环境下,对预应力混凝土屋架、托架及双向板体系,应按二级裂缝控制等级进行验算;对一类环境下的预应力混凝土屋面梁、托梁、单向板,应按表中二 a 类环境的要求进行验算;在一类和二 a 类环境下需作疲劳验算的预应力混凝土吊车梁,应按裂缝控制等级不低于二级的构件进行验算。
> 　　4. 表中规定的预应力混凝土构件的裂缝控制等级和最大裂缝宽度限值仅适用于正截面的验算;预应力混凝土构件的斜截面裂缝控制验算应符合本规范第 7 章的有关规定。
> 　　5. 对于烟囱、筒仓和处于液体压力下的结构,其裂缝控制要求应符合专门标准的有关规定。
> 　　6. 对于处于四、五类环境下的结构构件,其裂缝控制要求应符合专门标准的有关规定。
> 　　7. 表中的最大裂缝宽度限值为用于验算荷载作用引起的最大裂缝宽度。

由于很小的拉应变便能够引起混凝土的开裂,因此普通钢筋混凝土很难应用于裂缝控制等级为一级和二级的构件,工程上常见的绝大部分均为预应力构件,而普通钢筋混凝土结构的裂缝控制等级均为三级。

需要注意的是,本节所涉及的“裂缝”均指在拉力、弯矩作用下产生的与构件中轴线垂直的裂缝。

6.1.2 裂缝的受力机理

试验表明,即使在钢筋混凝土受弯构件的纯弯区段内,裂缝的分布也是不均匀的。在裂缝临近出现之前,钢筋混凝土受弯构件的纯弯区段内各截面受拉区混凝土应力 σ_c 大致相等。因此,由于材料性能的离散性,第一批裂缝将首先出现在混凝土抗拉强度最弱的截面,如图 6.1(a)中的 a—a(及 c—c)截面所示。

第一批裂缝出现后,裂缝的间距一般较大,此时裂缝截面处的混凝土拉应力降低至零,钢筋因承担相应的轴力而使应力突增至 σ_{sa}。裂缝截面处的受拉混凝土分别向 a—a 截面的两侧回缩,混凝土和钢筋表面将产生变形差,由于混凝土和钢筋的握裹,混凝土的回缩受到钢筋的约束,在两者的截面上将产生黏结应力,其分布如图 6.1(b)所示。

当达到距离第一批裂缝截面某一距离 l_{min} 后,混凝土和钢筋不再有变形差,即钢筋及混凝土的应力 σ_c、σ_s 均恢复至未开裂前的应力状态,这一段距离称为应力传递长度。当荷载增大,σ_c 亦增大,当某一截面上的 σ_c 达到混凝土的实际抗拉强度 f_t 后,在该截面上又将产生第二批裂缝,如图 6.1(a)中的 b—b 截面所示。若临近开裂前该截面处混凝土的极限拉应变为 ε_t,则纵向钢筋中的应力为 $\varepsilon_t E_s$。

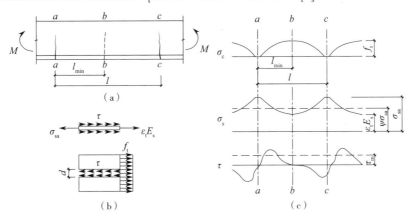

图 6.1 受弯构件的开裂和应力分布
(a)裂缝的分布 (b)钢筋和混凝土的平衡条件 (c)钢筋和混凝土的应力分布

在裂缝 a—a 截面两侧各 l_{min} 的距离内,由于混凝土拉应力 $\sigma_c < f_t$,因此第二批裂缝一般不会出现在该范围内。而在此应力传递长度范围之外的各截面,都有可能出现第二批裂缝。同样,如果第一批裂缝出现后相邻两裂缝(a—a 与 c—c)截面之间的距离 $l > 2l_{min}$,则其间的混凝土拉应力必有 $\sigma_c > f_t$,即两裂缝截面之间将有可能出现新的裂缝。这也就意味着,相邻裂缝之间距离的最小值为 l_{min},最大距离为 $2l_{min}$,其平均值为 $l_{cr} = 1.5 l_{min}$。实际上裂缝间距的分散性是比较大的,理论上它可能在 0.67~1.33 倍平均裂缝间距的范围内变化。

裂缝宽度沿截面高度通常是变化的,在钢筋周界处的裂缝宽度最小,构件表面的裂缝宽度最大,两者在一般情况下可相差 3~7 倍。《混规》定义的裂缝宽度指的是受拉钢筋重心水平处构件侧表面混凝土的裂缝宽度,本章推导、计算的裂缝宽度意义相同。

裂缝的开展是由于混凝土达到极限拉应变后开裂回缩造成的,换而言之,裂缝的开展是由于受拉钢筋与相同水平处的受拉混凝土的伸长差异造成的。由上述分析可知,裂缝截面附近钢筋及混凝土沿轴线方向的应变分布是不均匀的,若平均应变分别为 $\bar{\varepsilon}_s$ 和 $\bar{\varepsilon}_t$,则平均裂缝宽度可表示为

$$\omega_m = (\bar{\varepsilon}_s - \bar{\varepsilon}_t) l_{cr} \qquad (6.1)$$

式中 l_{cr}——受拉裂缝的平均间距。

由于相邻裂缝间钢筋的平均应变 $\bar{\varepsilon}_s$ 小于裂缝截面上钢筋的应变 $\varepsilon_s = \sigma_{sa}/E_s$,两者的比值被称为裂缝间受拉钢筋应变的不均匀系数 ψ,即

$$\psi = \frac{\bar{\varepsilon}_s}{\varepsilon_s} = \frac{\bar{\varepsilon}_s E_s}{\sigma_{sa}} \qquad (6.2)$$

由图 6.1(c)可知,该不均匀系数 ψ 小于 1。

将式(6.2)代入式(6.1)后有

$$\omega_{m} = \alpha_{c}' \psi \frac{\sigma_{sa}}{E_{s}} l_{cr} \qquad (6.3)$$

式中　α_c——考虑裂缝间混凝土伸长对裂缝宽度影响的系数,$\alpha_c = 1 - \overline{\varepsilon}_t / \overline{\varepsilon}_s$;

　　　σ_{sa}——在荷载准永久组合下计算的钢筋混凝土构件裂缝 a—a 截面处纵向受拉普通钢筋的应力,为强调作用效应的准永久组合,后文用 σ_{sq} 表述。对于该应力的计算,《混规》有如下规定。

7.1.4　在**荷载准永久组合**或标准组合下,**钢筋混凝土构件受拉区纵向普通钢筋的应力**或预应力混凝土构件受拉区纵向钢筋的等效应力也可按下列公式计算。

　1　钢筋混凝土构件受拉区纵向普通钢筋的应力。

　1)轴心受拉构件:

$$\sigma_{sq} = \frac{N_q}{A_s} \qquad (7.1.4\text{-}1)$$

　2)偏心受拉构件:

$$\sigma_{sq} = \frac{N_q e'}{A_s(h_0 - a_s')} \qquad (7.1.4\text{-}2)$$

　3)受弯构件:

$$\sigma_{sq} = \frac{M_q}{0.87 h_0 A_s} \qquad (7.1.4\text{-}3)$$

　4)偏心受压构件:

$$\sigma_{sq} = \frac{N_q(e - z)}{A_s z} \qquad (7.1.4\text{-}4)$$

$$z = \left[0.87 - 0.12(1 - \gamma_f') \left(\frac{h_0}{e} \right)^2 \right] h_0 \qquad (7.1.4\text{-}5)$$

$$e = \eta_s e_0 + y_s \qquad (7.1.4\text{-}6)$$

$$\gamma_f' = \frac{(b_f' - b) h_f'}{b h_0} \qquad (7.1.4\text{-}7)$$

$$\eta_s = 1 + \frac{1}{4\,000 e_0 / h_0} \left(\frac{l_0}{h} \right)^2 \qquad (7.1.4\text{-}8)$$

式中　A_s——受拉区纵向普通钢筋截面面积,对轴心受拉构件取全部纵向普通钢筋截面面积,对偏心受拉构件取受拉较大边的纵向普通钢筋截面面积,对受弯、偏心受压构件取受拉区纵向普通钢筋截面面积;

　　　N_q、M_q——按荷载准永久组合计算的轴向力值、弯矩值;

　　　e'——轴向拉力作用点至受压区或受拉较小边纵向普通钢筋合力点的距离;

　　　e——轴向压力作用点至纵向受拉普通钢筋合力点的距离;

　　　e_0——荷载准永久组合下的初始偏心距,取为 M_q/N_q;

　　　z——纵向受拉普通钢筋合力点至截面受压区合力点的距离,**且不大于 0.87h_0**;

　　　η_s——使用阶段的轴向压力偏心距增大系数,**当 l_0/h 不大于 14 时,取 1.0**;

　　　y_s——截面重心至纵向受拉普通钢筋合力点的距离;

　　　γ_f'——受压翼缘截面面积与腹板有效截面面积的比值;

　　　b_f'、h_f'——受压区翼缘的宽度、高度,在公式(7.1.7)中,**当 h_f' 大于 0.2h_0 时,取 0.2h_0**。

7.1.4 条文说明（部分）

　　本条给出的钢筋混凝土构件的纵向受拉钢筋应力和预应力混凝土构件的纵向受拉钢筋等效应力是指在荷载的准永久组合或标准组合下构件裂缝截面上产生的钢筋应力,下面按受力性质分别说明。

　　1　对**钢筋混凝土轴心受拉和受弯构件**,钢筋应力 σ_{sq} 仍按原规范的方法计算。受弯构件裂缝截面的内力臂系数,仍取 η_b=0.87。

　　2　对**钢筋混凝土偏心受拉构件**,其钢筋应力计算公式(7.1.4-2)是由外力与截面内力对受压区钢筋合力点取矩确定,此即表示不管轴向力作用在 A_s 和 A'_s 之间或之外,均近似取内力臂 $z=h_0-a'_s$。

　　4　对裂缝截面的纵向受拉钢筋应力和等效应力,由建立内、外力对受压区合力取矩的平衡条件,可得公式(7.1.4-4)和公式(7.1.4-10)。

　　纵向受拉钢筋合力点至受压区合力点之间的距离 $z=\eta h_0$,可近似按本规范第 6.2 节的基本假定确定。……通过分析,适当考虑混凝土的塑性影响,并经有关构件的试验结果校核后,本规范给出了以上述拟合公式为基础的简化公式(7.1.4-5)。当然,本规范不排斥采用更精确的方法计算预应力混凝土受弯构件的内力臂 z。

　　对钢筋混凝土偏心受压构件,当 $l_0/h>14$ 时,试验表明应考虑构件挠曲对轴向力偏心距的影响,本规范仍按 2002 年版规范进行规定。

6.1.3　平均裂缝宽度的计算

1. 裂缝间混凝土伸长对裂缝宽度影响的系数 α_c

《混规》第 7.1.2 条条文说明如下。

7.1.2 条文说明（部分）

　　α_c 为反映裂缝间混凝土伸长对裂缝宽度影响的系数。根据近年来国内多家单位完成的配置 400 MPa、500 MPa 带肋钢筋的钢筋混凝土、预应力混凝土梁的裂缝宽度加载试验结果,经分析统计,试验平均裂缝宽度 ω_m 均小于原规范公式计算值。根据试验资料综合分析,本次修订对受弯、偏心受压构件统一取 α_c=0.77,其他构件仍同 2002 年版规范,即 α_c=0.85。

2. 裂缝间纵向受拉钢筋应变不均匀系数 ψ

经过大量工程试验和分析得出的不均匀系数 ψ 的经验回归公式为

$$\psi = 1.1\left(1-\frac{M_{cr}}{M}\right) \tag{6.4-a}$$

$$M_{cr} = 0.8 A_{te}\eta_{cr}hf_t \tag{6.4-b}$$

$$M = \sigma_{sq}A_s\eta h_0 \tag{6.4-c}$$

式中　M_{cr}——钢筋混凝土构件的开裂弯矩,考虑混凝土收缩的影响,乘以 0.8 的折减系数;

　　　　M——荷载准永久组合下,构件裂缝截面所承担的弯矩值;

　　　　A_{te}——构件的有效受拉混凝土截面面积,对于受弯构件,可取 A_{te}=0.5bh+(b_f-b)h_f,b_f、h_f 分别为受拉翼缘的截面宽度和高度;

　　　　η_{cr}——在弯矩 M_{cr} 作用下,构件即将开裂时混凝土受拉区合力点至受压区合力点的力臂系数;

　　　　η——在弯矩 M 作用下,纵向受拉钢筋合力点至混凝土受压区合力点的力臂系数;

　　　　h、h_0——构件的截面高度及截面的有效高度。

　　近似取 η_{cr}/η=0.67,h/h_0=1.1,对式(6.4-a)进行简化可得

$$\psi = 1.1-\frac{0.65f_t}{\rho_{te}\sigma_{sq}} \tag{6.5}$$

式中　ρ_{te}——按有效受拉混凝土面积计算的纵向受拉钢筋的配筋率,取 ρ_{te}=A_s/A_{te}。

试验结果和分析表明,式(6.5)同样适用于轴心受拉和偏心拉、压构件。《混规》有如下规定。

$$\psi = 1.1 - \frac{0.65 f_{tk}}{\rho_{te} \sigma_s} \tag{7.1.2-2}$$

$$\rho_{te} = \frac{A_s + A_p}{A_{te}} \tag{7.1.2-4}$$

式中 ψ——裂缝间纵向受拉钢筋应变不均匀系数,**当 $\psi < 0.2$ 时,取 $\psi = 0.2$;当 $\psi > 1.0$ 时,取 $\psi = 1.0$;对直接承受重复荷载的构件,取 $\psi = 1.0$;**

σ_s——**按荷载准永久组合计算的钢筋混凝土构件纵向受拉普通钢筋应力**或按标准组合计算的预应力混凝土构件纵向受拉钢筋等效应力;

ρ_{te}——按有效受拉混凝土截面面积计算的纵向受拉钢筋配筋率,对无黏结后张构件,仅取纵向受拉普通钢筋计算配筋率;在最大裂缝宽度计算中,当 $\rho_{te} < 0.01$ 时,取 $\rho_{te} = 0.01$;

A_{te}——有效受拉混凝土截面面积,对轴心受拉构件取构件截面面积,对受弯、偏心受压和偏心受拉构件取 $A_{te} = 0.5bh + (b_f - b)h_f$,此处 b_f、h_f 分别为受拉翼缘的宽度、高度;

A_s——受拉区纵向普通钢筋截面面积;

A_p——受拉区纵向预应力筋截面面积。

3. 裂缝的平均间距 l_{cr}

通过对平均裂缝间距内的钢筋建立静力平衡条件,并经过一定的系数简化,得出影响裂缝的平均间距的主要因素为钢筋直径 d 与纵向受拉钢筋的配筋率 ρ_{te},读者可参阅文献[18],此处不再介绍。但这一结果与试验结果并不能很好地符合,主要原因在于上述平均裂缝间距是基于黏结滑移理论计算得到的,即认为裂缝的开展是由于钢筋和混凝土之间变形不协调、出现相对滑移而产生的。

实际上,上述因素中尚未考虑混凝土保护层对受拉区混凝土应力分布的影响。由于黏结应力的存在和作用,钢筋对混凝土裂缝的开展起着约束作用,而这种约束作用是有一定范围的:离钢筋越近,钢筋的握裹作用越强,裂缝宽度越小;离钢筋越远,混凝土所受的约束作用越小。因此,随着混凝土保护层厚度的增大,裂缝的宽度将逐渐增大。这表明裂缝间距与混凝土保护层厚度也有一定的关系,这一点已被多数试验研究证明。

综上所述,裂缝平均间距 l_{cr} 的一般计算式为

$$l_{cr} = k_1 c_s + k_2 \frac{d}{\rho_{te}} \tag{6.6}$$

式中 c_s——最外层纵向受拉钢筋外边缘至受拉区底边的距离。

结合试验和分析结果,《混规》对式(6.6)进行一定的调整,以适用于不同荷载作用形式下的构件。

7.1.2 条文说明(部分)

根据对各类受力构件的平均裂缝间距的试验数据进行统计分析,当最外层纵向受拉钢筋外边缘至受拉区底边的距离 c_s 不大于 65 mm 时,对配置带肋钢筋混凝土构件的平均裂缝间距 l_{cr} 仍按 2002 年版规范的计算公式计算:

$$l_{cr} = \beta \left(1.9c + 0.08 \frac{d}{\rho_{te}} \right) \tag{3}$$

此处,对轴心受拉构件,取 $\beta = 1.1$;对其他受力构件,均取 $\beta = 1.0$。

当配置不同钢种、不同直径的钢筋时，公式（3）中 d 应改为等效直径 d_{eq}，可按正文公式（7.1.2-3）进行计算确定，其中考虑了钢筋混凝土和预应力混凝土构件配置不同的钢种，钢筋表面形状以及预应力钢筋采用先张法或后张法（灌浆）等不同的施工工艺，它们与混凝土之间的黏结性能有所不同，这种差异将通过等效直径予以反映。为此，对钢筋混凝土用钢筋，根据国内有关试验资料；对预应力钢筋，参照欧洲混凝土桥梁规范 ENV1992—2（1996）的规定，给出了正文表 7.1.2-2 的钢筋相对黏结特性系数。对有黏结的预应力筋 d_i 的取值，可按照 $d_i = 4A_p/u_p$ 求得，其中 u_p 本应取为预应力筋与混凝土的实际接触周长；分析表明，按照上述方法求得的 u_p 值与按预应力筋的公称直径进行计算，两者较为接近。为简化起见，对 d_i 统一取用公称直径。对环氧树脂涂层钢筋的相对黏结特性系数根据试验结果确定。

结合式（6.3）及本小节分析，便可得出钢筋混凝土构件的平均裂缝宽度计算式。

6.1.4　最大裂缝宽度及验算

《混规》计算最大裂缝宽度的总体思路可以概括为先确定短期荷载作用下的平均裂缝间距 l_{cr} 和平均裂缝宽度 ω_m，然后根据裂缝宽度变异性的统计资料，给出具有一定保证率的裂缝宽度作为荷载短期作用下的最大裂缝宽度，再进一步考虑长期荷载作用的影响，并以此作为最终设计依据。因此，考虑长期影响的最大裂缝宽度的计算式如下。

7.1.2　在矩形、T 形、倒 T 形和 I 形截面的钢筋混凝土受拉、受弯和偏心受压构件及预应力混凝土轴心受拉和受弯构件中，按荷载标准组合或准永久组合并考虑长期作用影响的最大裂缝宽度可按下列公式计算：

$$\omega_{max} = \alpha_{cr}\psi\frac{\sigma_s}{E_s}\left(1.9c_s + 0.08\frac{d_{eq}}{\rho_{te}}\right) \quad (7.1.2\text{-}1)$$

$$d_{eq} = \frac{\sum n_i d_i^2}{\sum n_i v_i d_i} \quad (7.1.2\text{-}3)$$

式中　α_{cr}——构件受力特征系数，按表 7.1.2-1 采用；

E_s——钢筋的弹性模量，按本规范表 4.2.5 采用；

c_s——最外层纵向受拉钢筋外边缘至受拉区底边的距离（mm），<u>当 $c_s<20$ 时，取 $c_s=20$；当 $c_s>65$ 时，取 $c_s=65$</u>；

d_i——受拉区第 i 种纵向钢筋的公称直径，对于有黏结预应力钢绞线束的直径取为 $\sqrt{n_1}d_{p1}$，其中 d_{p1} 为单根钢绞线的公称直径，n_1 为单束钢绞线根数；

n_i——受拉区第 i 种纵向钢筋的根数，对于有黏结预应力钢绞线，取为钢绞线束数；

v_i——受拉区第 i 种纵向钢筋的相对黏结系数，按表 7.1.2-2 采用。

注：1. 对承受吊车荷载但不需作疲劳验算的受弯构件，可将计算求得的最大裂缝宽度乘以系数 0.85；

　　2. 对按本规范第 9.2.15 条配置表层钢筋网片的梁，按公式（7.1.2-1）计算的最大裂缝宽度可适当折减，折减系数可取 0.7；

　　3. $e_0/h_0 \leqslant 0.55$ 的偏心受压构件，可不验算裂缝宽度。

表 7.1.2-1　构件受力特征系数

类型	α_{cr}	
	钢筋混凝土构件	预应力混凝土构件
受弯、偏心受压	1.9	1.5
偏心受拉	2.4	—
轴心受拉	2.7	2.2

表7.1.2-2 钢筋的相对黏结特性系数

钢筋类别	钢筋		先张法预应力筋			后张法预应力筋		
	光圆钢筋	带肋钢筋	带肋钢筋	螺旋肋钢丝	钢绞线	带肋钢筋	钢绞线	光面钢丝
v_i	0.7	1.0	1.0	0.8	0.6	0.8	0.5	0.4

注:对环氧树脂涂层带肋钢筋,其相对黏结特性系数应按表中系数的80%取用。

7.1.2 条文说明(部分)

本次修订,构件最大裂缝宽度的基本计算公式仍采用2002年版规范的形式:

$$\omega_{max} = \tau_i \tau_s \omega_m \tag{1}$$

短期裂缝宽度的扩大系数 τ_s,根据试验数据分析,对受弯构件和偏心受压构件,取 $\tau_s = 1.66$;对偏心受拉和轴心受拉构件,取 $\tau_s = 1.9$。扩大系数 τ_s 取值的保证率约为95%。

根据试验结果,给出考虑长期作用影响的扩大系数 $\tau_l = 1.5$。

试验表明,对偏心受压构件,当 $e_0/h_0 \leqslant 0.55$ 时,裂缝宽度较小,均能符合要求,故规定不必验算。

鉴于对配筋率较小情况下的构件裂缝宽度等的试验资料较少,采取当 $\rho_{te} < 0.01$ 时,取 $\rho_{te} = 0.01$ 的办法,限制计算最大裂缝宽度的使用范围,以减少对最大裂缝宽度计算值偏小的情况。

当混凝土保护层厚度较大时,虽然裂缝宽度计算值也较大,但较大的混凝土保护层厚度对防止钢筋锈蚀是有利的。因此,对混凝土保护层厚度较大的构件,当在外观的要求上允许时,可根据实践经验,对本规范表3.4.5中所规定的裂缝宽度允许值作适当放大。

考虑到本条钢筋应力计算对钢筋混凝土构件和预应力混凝土构件分别采用荷载准永久组合和标准组合,故符号由2002年版规范的 σ_{sk} 改为 σ_s。对沿截面上下或周边均匀配置纵向钢筋的构件裂缝宽度计算,研究尚不充分,本规范未作明确规定。在荷载的标准组合或准永久组合下,这类构件的受拉钢筋应力可能很高,甚至可能超过钢筋抗拉强度设计值。为此,当按公式(7.1.2-1)计算时,关于钢筋应力 σ_s 及 A_{te} 的取用原则等应按更合理的方法计算。

对混凝土保护层厚度较大的梁,国内试验研究结果表明表层钢筋网片有利于减少裂缝宽度。本条建议可对配置表层钢筋网片梁的裂缝计算结果乘以折减系数,并根据试验研究结果提出折减系数可取0.7。

6.2 构件变形验算

设计使用年限内的构件在各种荷载的作用下均会产生一定的变形。从承载力的角度,过大的变形会使结构产生挠曲二阶效应,造成混凝土开裂、截面刚度降低,进一步导致结构或构件的承载能力下降。从正常使用角度,过大的变形会造成附属构件的破坏,例如结构防水层撕裂、墙皮脱落、屋面积水渗水、天花板下垂等,造成使用者心理上的不安全感;对于变形控制严格的结构,还会影响其正常运行,缩短结构的设计使用年限。

因此,在结构设计阶段就应对构件在使用阶段的变形进行控制和验算。考虑长期作用的影响,《混规》规定各类构件在使用阶段的挠度限值如下。

3.4.3 钢筋混凝土受弯构件的最大挠度应按荷载的准永久组合,预应力混凝土受弯构件的最大挠度应按荷载的标准组合,并均应考虑荷载长期作用的影响进行计算,其计算值不应超过表3.4.3规定的挠度限值。

表 3.4.3　受弯构件的挠度限值

构件类型		挠曲限值
吊车梁	手动吊车	$l_0/500$
	电动吊车	$l_0/600$
屋盖、楼盖及楼梯构件	当 $l_0<7$ m 时	$l_0/200$（$l_0/250$）
	当 7 m ≤ l_0 ≤ 9 m 时	$l_0/250$（$l_0/300$）
	当 $l_0>9$ m 时	$l_0/300$（$l_0/400$）

注：1. 表中 l_0 为构件的计算跨度；计算悬臂构件的挠度限值时，其计算跨度 l_0 按实际悬臂长度的 2 倍取用。

　　2. 表中括号内的数值适用于使用上对挠度有较高要求的构件。

　　3. 如果构件制作时预先起拱，且使用上也允许，则在验算挠度时，可将计算所得的挠度值减去起拱值；对预应力混凝土构件，尚可减去预加力所产生的反拱值。

　　4. 构件制作时的起拱值和预加力所产生的反拱值，不宜超过构件在相应荷载组合作用下的计算挠度值。

6.2.1　截面弯曲刚度的定义

在外力作用下，结构或构件的截面将产生内力，并且将产生一定的转动或变形。正如截面上材料抵抗内力的能力被称为截面的承载力，抵抗变形的能力被称为截面刚度。对于均质弹性材料，根据材料力学可知，截面刚度为材料弹性模量或剪变模量和相应的截面惯性矩或截面面积的乘积。

对于受弯构件，抵抗截面发生转动的能力被称为截面弯曲刚度或截面抗弯刚度。由于截面的转动是通过截面曲率 φ 度量的，因此截面弯曲刚度的物理意义是使截面产生单位曲率所需施加的弯矩。同样，对于均质弹性材料，根据材料力学，截面弯曲刚度的数学表达式为

$$B = EI = \frac{M}{\varphi} \tag{6.7}$$

式中　B——截面的弹性弯曲刚度；

　　　E——材料的弹性模量；

　　　I——材料的惯性矩。

对于钢筋混凝土构件，由于混凝土不是弹性均质材料，且截面通常是带裂缝工作的，因此截面的弹性弯曲刚度 B 并不是始终保持为常量，如图 2.3 所示。

工程中常采用以下简化方法定义钢筋混凝土构件的截面弯曲刚度。

1. 开裂前阶段的截面弯曲刚度

如图 2.3 所示，在加载初期（$M \leq M_{cr}$），构件的弯矩-曲率（M-φ）关系近似直线，此阶段可视钢筋混凝土构件处于弹性阶段，因此截面的弯曲刚度便是 M-φ 关系曲线相应阶段的斜率。考虑到受拉区混凝土塑性变形对弹性模量的影响，一般将该阶段的截面抗弯刚度降低 15%，此时有

$$B = 0.85 E_c I_0 \tag{6.8}$$

式中　E_c——混凝土的弹性模量；

　　　I_0——换算截面的惯性矩。

钢筋混凝土结构应用的初期，构件的承载力和变形验算中便引入当时比较成熟的均质弹性材料的计算方法，其主要的计算原则是将构件截面上的钢筋通过弹性模量比值的折算，得到等效的均质混凝土材料的换算截面，推导并建立相应的计算公式，这一方法一直沿用至今。

由于普通钢筋混凝土构件一般均为带裂缝工作的构件，即裂缝的控制等级一般为三级，因此该阶段构件的截面弯曲刚度一般应用于预应力钢筋混凝土构件。

2. 使用阶段的截面弯曲刚度

统计分析表明，正常使用阶段钢筋混凝土受弯构件正截面承受的弯矩大致为构件正截面受弯承载力的 50%~70%，即已进入带裂缝的工作阶段。由图 2.3 可知，此时构件的弯矩-曲率为非线性关系，且随着弯矩的

增大,截面弯曲刚度(曲线斜率)逐渐减小。该阶段通常可以取 M-φ 曲线相应阶段的割线或切线刚度作为截面的平均弯曲刚度,即

$$B = \frac{M}{\varphi} = \frac{\mathrm{d}M}{\mathrm{d}\varphi}$$

(6.9)

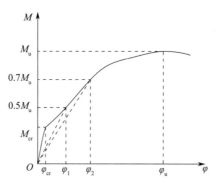

图 6.2　截面弯曲刚度的定义

在总结国内诸多工程试验及实践经验的基础上,《混规》将构件的截面弯曲刚度 B 定义为在对应 M-φ 曲线的 $0.5M_u$~$0.7M_u$ 区段内任一点与坐标原点相连的割线斜率,如图 6.2 所示。

假定沿长度方向构件的挠度曲线为 $\omega(x)$,则根据曲率的定义有如下近似关系:

$$\varphi \approx \frac{\mathrm{d}^2\omega}{\mathrm{d}x^2}$$

(6.10)

将式(6.7)代入式(6.10),经两次积分后,可得构件的变形计算公式:

$$\omega = \iint \varphi(x)\mathrm{d}x^2 = \iint \frac{M_x}{B_x}\mathrm{d}x^2$$

(6.11)

式中　M_x——截面 x 处的弯矩值,可根据构件的边界条件及荷载作用形式确定;

　　　B_x——截面 x 处的截面弯曲刚度,可根据构件的形状、材料性能等确定。

参考图 2.1 可知,在荷载作用下,构件的截面弯矩沿其跨度方向一般是变化的,因此按上述原则确定的截面弯曲刚度沿构件跨度方向是非线性变化的。如果需要精确计算构件的挠曲变形,则需要将构件分成足够多的若干个微元段,再对各微元段进行数值积分运算。

6.2.2　截面短期弯曲刚度的计算

钢筋混凝土构件在荷载长期作用下,除产生即时变形外,随着时间的增长,变形还将继续增大。结合工程试验结果,一般认为当荷载作用时间超过 3 年后,构件的变形已经基本稳定。由于通过试验测得的弯矩-曲率曲线为不考虑荷载长期作用影响的结果,因此相应截面刚度为构件的短期截面刚度,记作 B_s。

根据 2.1 节可知,对于钢筋混凝土受弯构件,当量测范围较大时,各水平纤维的平均应变沿截面高度符合平截面假定,因此纯弯区段内的截面曲率可表示为

$$\varphi = \frac{\overline{\varepsilon}_c + \overline{\varepsilon}_s}{h_0}$$

(6.12)

将式(6.12)代入式(6.7)后,可得

$$B_s = \frac{M_k h_0}{\overline{\varepsilon}_c + \overline{\varepsilon}_s}$$

(6.13)

式中　M_k——按实际试验荷载的标准组合计算的截面弯矩值;

　　　$\overline{\varepsilon}_c$——截面受压区边缘混凝土的平均压应变;

　　　$\overline{\varepsilon}_s$——纵向受拉钢筋的平均拉应变;

　　　h_0——截面的有效高度。

根据 6.1 节可知,纵向受拉钢筋的平均拉应变可由裂缝截面处纵向受拉钢筋的应变 ε_s 表示,即根据式 (6.2)可有如下关系:

$$\bar{\varepsilon}_s = \frac{\psi\sigma_{sk}}{E_s} \tag{6.14}$$

进一步的,将《混规》式(7.1.4-3)代入式(6.14)可得

$$\bar{\varepsilon}_s = \frac{\psi}{E_s} \cdot \frac{M_k}{\eta h_0 A_s} = 1.15\psi \frac{M_k}{h_0 E_s A_s} \tag{6.15}$$

式中　η——裂缝截面处纵向受拉钢筋的内力臂系数,取 $\eta = 0.87$;

　　　E_s——纵向受拉钢筋的弹性模量。

对于截面受压区边缘混凝土的平均压应变 $\bar{\varepsilon}_c$,试验研究表明可按如下公式计算:

$$\bar{\varepsilon}_c = \frac{M_k}{\zeta b h_0^2 E_c} \tag{6.16}$$

式中　E_c——混凝土的弹性模量;

　　　ζ——受压区边缘纤维混凝土的平均应变综合系数。

将式(6.15)及式(6.16)代入式(6.13)后可得

$$B_s = \frac{E_s A_s h_0^2}{1.15\psi + \dfrac{\alpha_E \rho}{\zeta}} \tag{6.17}$$

式中　α_E——钢筋弹性模量与混凝土弹性模量的比值,即 $\alpha_E = E_s/E_c$;

　　　ρ——纵向受拉钢筋的配筋率,钢筋混凝土受弯构件取 $\rho = A_s/(bh_0)$。

国内外试验均表明,受压区边缘混凝土的平均应变综合系数 ζ 与 $\alpha_E\rho$ 以及受压区翼缘加强系数 γ_f' 有关,根据试验结果的回归分析可得

$$\frac{\alpha_E \rho}{\zeta} = 0.2 + \frac{6\alpha_E \rho}{1 + 3.5\gamma_f'} \tag{6.18}$$

将式(6.18)代入式(6.17),便可得钢筋混凝土受弯构件短期截面弯曲刚度的表达式:

$$B_s = \frac{E_s A_s h_0^2}{1.15\psi + 0.2 + \dfrac{6\alpha_E \rho}{1 + 3.5\gamma_f'}} \tag{6.19}$$

式中　ψ——裂缝间纵向受拉钢筋应变不均匀系数,采用与裂缝宽度计算相同的公式,当 $\psi < 0.2$ 时,取 $\psi = 0.2$。

这将能更好地符合试验结果。

对于钢筋混凝土受弯构件短期截面刚度的计算,《混规》有如下规定。

7.2.3　按裂缝控制等级要求的荷载组合作用下,钢筋混凝土受弯构件和预应力混凝土受弯构件的短期刚度 B_s,可按下列公式计算。

1　钢筋混凝土受弯构件

$$B_s = \frac{E_s A_s h_0^2}{1.15\psi + 0.2 + \dfrac{6\alpha_E \rho}{1 + 3.5\gamma_f'}} \tag{7.2.3-1}$$

式中　ψ——裂缝间纵向受拉普通钢筋应变不均匀系数,按本规范第 7.1.2 条确定;

　　　α_E——钢筋弹性模量与混凝土弹性模量的比值,即 E_s/E_c;

　　　ρ——纵向受拉钢筋配筋率,对钢筋混凝土受弯构件,取为 $A_s/(bh_0)$;对预应力混凝土受弯构件,取为 $(\alpha_1 A_p + A_s)/(bh_0)$,对灌浆的后张预应力筋取 $\alpha_1 = 1.0$,对无黏结后张预应力筋取 $\alpha_1 = 0.3$。

同时,通过上述短期截面弯曲刚度的推导,可得出如下结论:

(1)B_s 并不是常数,由于截面弯曲刚度是通过构件的 M-φ 曲线求得的,因此 B_s 的大小是随截面弯矩的变化而变化的;

(2)其他条件相同的情况下,增大截面有效高度 h_0 对截面弯曲刚度的影响最为显著,这一点可根据式(6.19)得出;

(3)增加受拉或受压翼缘都会增大截面的弯曲刚度,其中增加受拉翼缘会影响 $\psi(\rho_{te})$ 的大小,增加受压翼缘会影响 γ_f' 的大小。

6.2.3   截面长期弯曲刚度的计算

对于受弯构件,当荷载长期作用在构件上时,受压区混凝土将产生徐变,造成 $\bar{\varepsilon}_c$ 的增大;由于受拉区混凝土徐变以及钢筋和混凝土间的滑移徐变,造成裂缝逐渐延伸和扩展,混凝土逐渐退出工作,内力臂逐渐减小等,这些都将使 $\bar{\varepsilon}_s$ 逐渐增大。由此,构件的截面弯曲刚度是随着时间逐渐降低的,而变形会随着时间逐渐增大。

实际工程中的受弯构件总是有包括自重在内的部分荷载长期作用于构件上,因此在计算其挠度时应采用考虑荷载效应长期作用影响的截面弯曲刚度,记作 B。它是在短期截面刚度 B_s 的基础上,用长期效应组合下挠度增大的影响系数 θ 来考虑荷载长期作用部分的影响,其中的长期效应组合即荷载准永久组合下的截面弯矩。

当采用短期截面弯曲刚度 B_s 计算构件的稳定变形,即将荷载长期作用部分的影响反映在荷载准永久组合上时,受弯构件的挠度计算式可表示为

$$f = s\frac{(M_k - M_q)l_0^2}{B_s} + s\frac{M_q l_0^2}{B_s}\theta \tag{6.20}$$

式中 s——与荷载形式、构件边界条件有关的挠度系数;

   M_k、M_q——荷载标准组合和准永久组合下计算截面的弯矩值;

   l_0——受弯构件的计算跨度。

当采用荷载标准组合下的截面弯矩值计算构件的稳定变形,即将荷载长期作用部分的影响反映在截面弯曲刚度 B 上时,受弯构件的挠度计算式可表示为

$$f = s\frac{M_k l_0^2}{B} \tag{6.21}$$

其他条件相同的情况下,式(6.20)与式(6.21)是相等的,因此有

$$B = \frac{M_k}{M_q(\theta - 1) + M_k}B_s \tag{6.22}$$

上述即《混规》第7.2.2条的相关规定。

7.2.2   矩形、T形、倒T形和I形截面受弯构件考虑荷载长期作用影响的刚度 B 可按下列规定计算。

   1   采用荷载标准组合时

$$B = \frac{M_k}{M_q(\theta - 1) + M_k}B_s \tag{7.2.2-1}$$

   2   采用荷载准永久组合时

$$B = \frac{B_s}{\theta} \tag{7.2.2-2}$$

   式中 M_k——按荷载的标准组合计算的弯矩,取计算区段内的最大弯矩值;

> M_q——按荷载的准永久组合计算的弯矩,取计算区段内的最大弯矩值;
>
> B_s——按荷载准永久组合计算的钢筋混凝土受弯构件或按标准组合计算的预应力混凝土受弯构件的短期刚度,按本规范第 7.2.3 条计算;
>
> θ——考虑荷载长期作用对挠度增大的影响系数,按本规范第 7.2.5 条取用。

国外对钢筋混凝土构件进行长期荷载试验,得出影响系数 θ 的平均值基本介于 1.85~2.01 范围内。国内有关试验结果表明,单筋矩形梁的影响系数 $\theta \approx 2$;受压区配置钢筋或者有受压翼缘的梁有利于减小受压区混凝土的长期徐变,梁的长期挠度相对较小;而受拉区有翼缘的梁,其长期挠度稍有增大。在总结国内外试验成果的基础上,《混规》有如下规定。

> 7.2.5　考虑荷载长期作用对挠度增大的影响系数 θ 可按下列规定取用。
>
> 1　钢筋混凝土受弯构件,当 $\rho' = 0$ 时,取 $\theta = 2.0$;当 $\rho' = \rho$ 时,取 $\theta = 1.6$;当 ρ' 为中间数值时,θ 按线性内插法取用。此处,$\rho' = A_s' / (bh_0)$,$\rho = A_s / (bh_0)$。
>
> 对翼缘位于受拉区的倒 T 形截面,θ 应增加 20%。
>
> 2　预应力混凝土受弯构件,取 $\theta = 2.0$。

6.2.4　最小刚度原则

对于如图 6.3(a)所示的简支梁,纯弯区段的梁截面所受弯矩最大,因此该区段各截面的弯曲刚度均最小,记作 B_{min};结合 6.2.1 节可知,弯剪区段内由于各截面的弯矩不同,该区段内相应各截面的弯曲刚度要比纯弯区段内的大,如图 6.3(b)所示。所以对于此类截面弯曲刚度沿跨度方向变化的钢筋混凝土受弯构件,精确地计算其挠度就需要对构件分段进行数值积分运算。

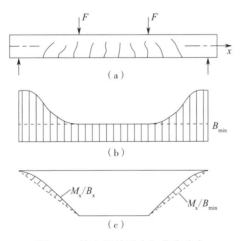

图 6.3　简支梁的刚度和曲率分布
(a)加载方式　(b)截面弯曲刚度的分布　(c)截面曲率的分布

为了简化设计过程,《混规》规定,可近似按同号弯矩区段内对应的最小截面弯曲刚度计算该区段内的构件变形,即"最小刚度原则"。

> 7.2.1　钢筋混凝土和预应力混凝土受弯构件的挠度可按照结构力学方法计算,且不应超过本规范表 3.4.3 规定的限值。
>
> 在等截面构件中,可假定各**同号弯矩区段**内的刚度相等,并取用**该区段内最大弯矩处的刚度**。当计算跨度内的支座截面刚度不大于跨中截面刚度的 2 倍或不小于跨中截面刚度的 1/2 时,该跨也可按等刚度构件进行计算,其构件刚度可取跨中最大弯矩截面的刚度。

7.2.1 条文说明

　　对于允许出现裂缝的构件,它就是该区段内的最小刚度,这样做是偏于安全的。当支座截面刚度与跨中截面刚度之比在本条规定的范围内时,采用等刚度计算构件挠度,其误差一般不超过5%。

　　一方面,根据6.2.1节至6.2.3节内容,采用相应各截面弯曲刚度 B_x 得出的简支梁截面曲率分布如图6.3(c)中的实线所示;而采用纯弯区段内的最小截面弯曲刚度 B_{min} 计算得出的截面曲率分布如图6.3(c)中的虚线所示。显然,采用最小刚度原则所得的受弯构件的挠度计算值在弯剪区段偏大,即多算了阴影部分的面积。

　　另一方面,在工程中计算受弯构件挠度时是采用材料力学的方法即不考虑剪切变形影响的公式来计算的。对于如图6.3(a)所示的带裂缝工作的受弯构件,显然剪跨区段内钢筋的应力会大于计算值,这将导致按前述章节计算的构件挠度偏小。

　　采用最小刚度原则计算时,两种因素在弯剪区段内起到了相互抵消的作用,诸多工程试验也证明这种简化计算方法的结果与试验值有较好的符合性。

第 7 章　预应力混凝土构件的设计

对于普通钢筋混凝土构件,当纵向受拉钢筋的应力达到 20~30 MPa 时,相应应变为 0.1×10^{-3}~0.15×10^{-3},在钢筋和混凝土黏结良好的前提下,受拉区混凝土边缘纤维已达到其极限拉应变。随着作用在构件上荷载的增加,受拉区混凝土的裂缝逐渐产生和开展。在正常使用阶段,纵向受拉钢筋的拉应力一般在 150~250 MPa,受拉区混凝土裂缝宽度已达 0.2~0.3 mm。由此,当对构件的裂缝和变形控制较为严格时,普通钢筋混凝土构件的适用性非常差。

为了适应大开间、大跨度结构构件的设计需求,避免或推迟构件中裂缝的出现和发展,目前工程中普遍采用的方法是在结构承受外力作用前,提前对外力作用下产生拉应力部位的混凝土施加压力,使这部分混凝土受到预加压应力,从而减小甚至抵消外力作用时引起的拉应力,构件在正常使用阶段的截面拉应力较小,便达到控制受拉区混凝土不过早开裂的目的;同时,构件在施加预加力的作用后还会产生一定反拱值,当正常使用阶段承载外荷载作用时,该反拱值也能够抵消一部分构件的变形,进而达到控制构件变形不至于过大的目的,如图 7.1 所示。而所谓预应力混凝土,指的是在构件内配置预应力筋,并通过张拉或其他方法建立预加应力的混凝土。

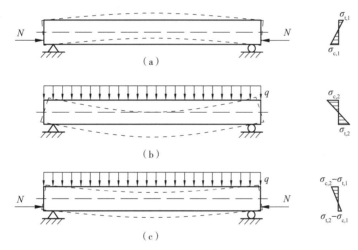

图 7.1　预加力作用下的简支受弯构件
(a)预加力的作用效应　(b)外荷载的作用效应　(c)预加力及外荷载的叠加作用效应

根据图 7.1 可知,在偏心力作用下 $\sigma_{t,1} < \sigma_{c,1}$,外荷载作用下 $\sigma_{c,2} = \sigma_{t,2}$,因此在预加力和外荷载的共同作用下 $(\sigma_{c,2} - \sigma_{t,1}) > (\sigma_{t,2} - \sigma_{c,1})$。由此可知,在同样外荷载作用下,预应力混凝土构件的受压区相比于普通钢筋混凝土构件要大,即预加力增大了截面的受压区高度,这也是一般认为预应力构件延性较差的根本原因。

本章主要介绍预应力混凝土的基本概念、分类以及该类构件的极限状态设计,包括正常使用极限状态下的裂缝、挠度验算;对于承载能力极限状态下的受弯、受剪、受扭及局部受压承载力设计,由于前述章节已有体现,此处不再过多介绍,仅着重介绍施工阶段混凝土的应力验算。

7.1　概述

7.1.1　预应力混凝土的优缺点

从构件受力性能的角度分析,预应力混凝土构件可以被描述成以下几种状态。

（1）预应力的施加使混凝土在正常使用阶段由脆性材料变成了弹性材料。混凝土自身是一种抗压强、抗拉弱的材料,而对构件施加预加力,便是为了把具有脆性特征的混凝土基本控制在弹性工作范围内,在内部预应力和外部荷载的共同作用下,混凝土的应力、应变以及挠度等便均可按弹性材料的公式进行计算并对结果进行叠加。如果预加力作用下构件内部产生的压应力等于或大于外荷载作用下构件内部产生的拉应力,那么在两个力系的叠加作用下混凝土中就不会产生拉应力,当然也不会开裂,这便是全预应力混凝土的情形。

（2）预应力的施加使高强钢材和混凝土协同工作。普通钢筋混凝土构件中若采用高强钢筋,则需要经历很大的变形才能充分利用高强钢筋的强度,此时的构件在没有达到承载能力极限状态时已经超过正常使用极限状态的要求,即构件已经出现大变形并且混凝土的裂缝已经很宽,而预加力便是一种可充分利用高强钢筋的有效手段。

（3）预加力平衡了结构承受的外荷载。预加力可以认为是对混凝土构件预先施加的与外荷载方向相反的荷载,用以抵消部分或者全部外荷载的一种外力。预应力筋方向的调整可以在构件各截面上产生横向力,如图7.2所示,以抛物线形式配置预应力筋的混凝土简支梁,可近似假定预应力筋将对混凝土产生向上的均布荷载 q 以及轴向力 N。如果外荷载在梁各截面上产生的力矩均被预加力产生的力矩抵消,那么受弯构件便可以转换为轴心受压构件。这种把预加力看成实现荷载平衡的概念是美国加州大学的林同炎教授首先提出的,荷载平衡的概念极大地简化了预应力混凝土结构尤其是超静定预应力混凝土结构的设计与分析过程。

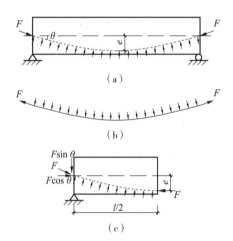

图 7.2　预应力混凝土构件的荷载平衡
（a）混凝土隔离体受力分析　（b）预应力筋隔离体受力分析　（c）预应力混凝土隔离体受力分析

与普通钢筋混凝土构件相比,预应力混凝土主要有以下优点。

（1）提高了构件的抗裂度和抗渗性能,改善了结构的受力性能。

（2）提高了构件的刚度,减小了构件的变形。一方面,预应力的施加推迟了裂缝的出现和开展,提高了构件的截面弯曲刚度;另一方面,预加力使得构件出现反拱,进而抵消一部分由外荷载作用在构件上产生的挠度。

（3）提高了构件的抗剪承载力。预应力的施加延缓了构件中斜裂缝的产生,增大了截面剪压区的面积,从而可以提高构件的斜截面承载力。

（4）提高了构件的抗疲劳性能。结构如果长期处于循环往复加载的情况下,反复变化超过一定次数,材料就会发生低于静力强度时的疲劳破坏。预应力可以降低钢筋的应力变化幅度,从而提高结构或构件的抗疲劳性能。

（5）增强了结构的耐久性。预应力的施加避免了构件在正常使用阶段产生的裂缝,使结构中的预应力筋和普通钢筋免受外界物质的侵蚀,大大提高了结构的耐久性。

（6）节省材料,降低工程造价。预应力的施加不仅提高了构件的抗裂度和刚度,还提高了构件的抗剪承载力,有效地减小了构件的截面尺寸和自重,因此节约了工程材料。

（7）扩大了钢筋混凝土的应用范围。前述优点决定了预应力混凝土构件可以适用于大跨度、大开间以及长悬臂结构。

（8）可以通过工厂预制、现场拼接的手段，提高工厂化水平。

同时，预应力混凝土也存在以下一些缺点。

（1）设计计算较为烦琐，除常规设计内容，还需要对张拉控制应力、预应力损失、预应力次效应、混凝土在施工和使用阶段的应力以及局部受压承载力等内容进行验算。对于超静定结构，考虑到内力重分布和弯矩调幅，设计计算的复杂程度更大。

（2）施工工艺复杂、质量要求较高，且需要一套专门的建立结构或构件预应力的设备。

（3）预应力反拱不易控制，其值因混凝土的徐变而逐渐增大，可能影响到结构的正常使用。

（4）由于开工费用较大，对于小跨径或预应力混凝土构件较少的工程，经济性较差。

7.1.2　预应力混凝土构件的分类

按预应力筋的预应力度、黏结方式、位置、施工工艺等，预应力混凝土构件可以做很多分类。本小节主要依据与设计关系密切的预应力度和施工工艺两个因素对预应力构件进行分类。

1. 按预应力度分类

中国土木工程学会在 1986 年编订的《部分预应力混凝土结构设计建议》中，根据预应力度的不同，将预应力混凝土分为全预应力混凝土、部分预应力混凝土和钢筋混凝土三类，其中部分预应力混凝土又包括限值预应力混凝土和部分预应力混凝土两种。它们与裂缝控制程度的关系可以描述为如下几类。

1）全预应力混凝土

在荷载标准组合下，受拉边缘混凝土不出现拉应力的构件，称为全预应力混凝土。全预应力混凝土大致相当于《混规》中裂缝控制等级为一级的构件。

2）限值预应力混凝土

在荷载标准组合下，受拉边缘混凝土拉应力不大于混凝土抗拉强度标准值的构件，称为限值预应力混凝土。限值预应力混凝土不同程度地保证混凝土不开裂，大致相当于《混规》中裂缝控制等级为二级的构件。

3）部分预应力混凝土

在荷载标准组合下，受拉边缘混凝土出现裂缝，但裂缝宽度不超过限值的构件，称为部分预应力混凝土，大致相当于《混规》中裂缝控制等级为三级的构件。

上述对于裂缝的控制等级及验算要求，《混规》有如下规定。

3.4.4　结构构件正截面的受力裂缝控制等级分为三级，等级划分及要求应符合下列规定。

一级——严格要求不出现裂缝的构件，按荷载标准组合计算时，构件受拉边缘混凝土不应产生拉应力。

二级——一般要求不出现裂缝的构件，按荷载标准组合计算时，构件受拉边缘混凝土拉应力不应大于混凝土抗拉强度的标准值。

三级——允许出现裂缝的构件，对钢筋混凝土构件，按荷载准永久组合并考虑长期作用影响计算时，构件的最大裂缝宽度不应超过本规范表 3.4.5 规定的最大裂缝宽度限值。对预应力混凝土构件，按荷载标准组合并考虑长期作用的影响计算时，构件的最大裂缝宽度不应超过本规范第 3.4.5 条规定的最大裂缝宽度限值；对二 a 类环境的预应力混凝土构件，尚应按荷载准永久组合计算，且构件受拉边缘混凝土的拉应力不应大于混凝土的抗拉强度标准值。

7.1.1　钢筋混凝土和预应力混凝土构件，应按下列规定进行受拉边缘应力或正截面裂缝宽度验算。

1　一级裂缝控制等级构件，在荷载标准组合下，受拉边缘应力应符合下列规定：

$$\sigma_{ck} - \sigma_{pc} \leqslant 0 \tag{7.1.1-1}$$

2　二级裂缝控制等级构件，在荷载标准组合下，受拉边缘应力应符合下列规定：

$$\sigma_{ck} - \sigma_{pc} \leqslant f_{tk} \tag{7.1.1-2}$$

3 三级裂缝控制等级时,钢筋混凝土构件的最大裂缝宽度可按荷载准永久组合并考虑长期作用影响的效应计算,**预应力混凝土构件的最大裂缝宽度可按荷载标准组合并考虑长期作用影响的效应计算。**最大裂缝宽度应符合下列规定:

$$\omega_{max} \leq \omega_{lim} \quad\quad\quad (7.1.1-3)$$

对环境类别为二 a 类的预应力混凝土构件,在荷载准永久组合下,受拉边缘应力尚应符合下列规定:

$$\sigma_{cq} - \sigma_{pc} \leq f_{tk} \quad\quad\quad (7.1.1-4)$$

式中 σ_{ck}、σ_{cq}——荷载标准组合、准永久组合下抗裂验算边缘的混凝土法向应力;

         σ_{pc}——扣除全部预应力损失后在抗裂验算边缘混凝土的预压应力,按本规范公式(10.1.6-1)和公式(10.1.6-4)计算;

         f_{tk}——混凝土轴心抗拉强度标准值,按本规范表 4.1.3-2 采用;

         ω_{max}——按荷载的标准组合或准永久组合并考虑长期作用影响计算的最大裂缝宽度,按本规范第 7.1.2 条计算;

         ω_{lim}——最大裂缝宽度限值,按本规范第 3.4.5 条采用。

2. 按施工工艺分类

根据张拉预应力筋和浇筑混凝土的先后顺序,将预应力混凝土构件分为先张法和后张法两类。

1)先张法

先张法采用临时或者永久台座,在构件浇筑混凝土前完成预应力筋的张拉,待混凝土达到设计强度或龄期后,将施加在预应力筋上的拉力逐渐释放,预应力筋在回缩过程中利用与混凝土间的黏结应力,对混凝土施加预压应力。

该方法工艺简单、成本低且质量容易保证,适用于中、小型预应力构件。

2)后张法

后张法指的是在混凝土达到一定的强度后,将预应力筋穿入预留在混凝土构件内部的孔道并进行张拉,然后利用特定的锚具在构件端部将预应力筋永久锚固,最后在孔道内压力灌浆,防止预应力筋锈蚀,并将其与混凝土黏结成整体。

对于张拉时混凝土的强度要求,《混规》有如下规定。

10.1.4 施加预应力时,所需的混凝土立方体抗压强度应经计算确定,但不宜低于设计的混凝土强度等级值的 75%。

    注:当张拉预应力筋是为防止混凝土早期出现的收缩裂缝时,可不受上述限制,但应符合局部受压承载力的规定。

该方法施工较为复杂、造价高,一般用于较大型预应力构件的制作。

先张法与后张法在受拉形式上最主要的区别在于,前者依靠钢筋与混凝土之间的黏结力建立预应力,后者则主要依靠构件两端的锚固设备建立预应力。

7.2 基本规定

7.2.1 作用效应与抗力

根据《建筑结构可靠性设计统一标准》(GB 50068—2018)(第 5.2.3 条)及《建筑结构荷载规范》(GB 50009—2012)(第 3.1.1 条)等的规定,在进行极限状态设计时,预应力应作为永久荷载参与作用效应组合。《混规》规定,预应力作用效应的分项系数以及结构重要性系数应按如下情况取值。

> 10.1.2 （部分）对承载能力极限状态,当预应力作用效应对结构有利时,预应力作用分项系数 γ_p 应取 1.0,不利时 γ_p 应取 1.2;对正常使用极限状态,预应力作用分项系数 γ_p 应取 1.0。
>
> 　　对参与组合的预应力作用效应项,当预应力作用效应对承载力有利时,结构重要性系数 γ_0 应取 1.0;当预应力作用效应对承载力不利时,结构重要性系数 γ_0 应按本规范第 3.3.2 条确定。

对后张法预应力混凝土超静定结构,预应力效应需取综合内力,即包括预应力次效应产生的内力(次弯矩、次剪力和次轴力)。

> 10.1.2 （部分）预应力混凝土结构设计应计入预应力作用效应;对超静定结构,相应的次弯矩、次剪力及次轴力等应参与组合计算。
>
> 10.1.5 后张法预应力混凝土超静定结构,由预应力引起的内力和变形可采用弹性理论分析,并宜符合下列规定。
>
> 　　1　按弹性分析计算时,次弯矩 M_2 宜按下列公式计算:
>
> $$M_2 = M_r - M_1 \qquad\qquad (10.1.5\text{-}1)$$
> $$M_1 = N_p e_{pn} \qquad\qquad (10.1.5\text{-}2)$$
>
> 式中　N_p——后张法预应力混凝土构件的预加力,按本规范公式（10.1.7-3）计算;
> 　　　e_{pn}——净截面重心至预加力作用点的距离,按本规范公式（10.1.7-4）计算;
> 　　　M_1——预加力 N_p 对净截面重心偏心引起的弯矩值;
> 　　　M_r——由预加力 N_p 的等效荷载在结构构件截面上产生的弯矩值。
>
> 次剪力可根据构件次弯矩的分布分析计算,次轴力宜根据结构的约束条件进行计算。
>
> 　　2　在设计中宜采取措施,避免或减少支座、柱、墙等约束构件对梁、板预应力作用效应的不利影响。
>
> 10.1.5 条文说明（部分）
>
> 通常对预应力筋由于布置上的几何偏心引起的内弯矩 $N_p e_{pn}$ 以 M_1 表示。由该弯矩对连续梁引起的支座反力称为次反力,由次反力对梁引起的弯矩称为次弯矩 M_2。在预应力混凝土超静定梁中,由预加力对任一截面引起的总弯矩 M_r 为内弯矩 M_1 与次弯矩 M_2 之和,即 $M_r = M_1 + M_2$。次剪力可根据结构构件各截面次弯矩分布按力学分析方法计算。此外,在后张法梁、板构件中,当预加力引起的结构变形受到柱、墙等侧向构件约束时,在梁、板中将产生与预加力反向的次轴力。为求次轴力也需要应用力学分析方法。

还需要特别注意的是,当按承载能力极限状态计算时,从混凝土消压时的预应力筋应力 σ_{p0} 或 σ'_{p0} 起,至达到预应力筋强度设计值 f_{py} 或 f'_{py} 之间的应力增量应作为结构抗力部分,这一点从《混规》第 6.2 节正截面承载力计算中已有所体现,此处不再依次列出。

7.2.2　张拉控制应力

当对构件施加预应力即张拉预应力筋时,张拉设备控制的总张拉力 $N_{p,con}$ 除以预应力筋的截面面积 A_p,得到的应力值称为张拉控制应力,以 σ_{con} 表示。

为了充分发挥预应力的有利作用,同时达到节约材料的目的,张拉控制应力 σ_{con} 宜稍高一些,这样不仅可以充分利用预应力筋的强度,还能够对受拉区混凝土建立较高的预压应力。但是,当 σ_{con} 过高时,可能会出现以下负面效果:

（1）施工阶段会使构件的某些部位因受到预拉力而开裂;

（2）对于后张法构件,有可能会造成端部混凝土的局部承压破坏;

（3）在使用阶段,构件的开裂荷载与极限荷载非常接近,造成破坏前无明显征兆的脆性破坏;

（4）σ_{con} 越高,预应力筋的应力松弛越大,施加的有效预应力越小;

（5）为了减少预应力损失,锚定前常需要进行超张拉,而超张拉有可能致使个别预应力筋的应力超过其实际屈服强度,进而产生较大的塑性变形甚至脆断。

由于预应力混凝土中采用的均为高强钢筋,塑性较差,因此张拉控制应力不宜过高。根据长期累积的设计和施工经验,《混规》给出了不同类别预应力筋的张拉控制应力要求。

10.1.3　预应力筋的张拉控制应力 σ_{con} 应符合下列规定:

　　1　消除应力钢丝、钢绞线

$$\sigma_{con} \leq 0.75 f_{ptk} \tag{10.1.3-1}$$

　　2　中强度预应力钢丝

$$\sigma_{con} \leq 0.70 f_{ptk} \tag{10.1.3-2}$$

　　3　预应力螺纹钢筋

$$\sigma_{con} \leq 0.85 f_{pyk} \tag{10.1.3-3}$$

式中　f_{ptk}——预应力筋极限强度标准值;

　　　　f_{pyk}——预应力螺纹钢筋屈服强度标准值。

　　消除应力钢丝、钢绞线、中强度预应力钢丝的张拉控制应力值不应小于 $0.4 f_{ptk}$;预应力螺纹钢筋的张拉应力控制值不宜小于 $0.5 f_{pyk}$。

　　当符合下列情况之一时,上述张拉控制应力限值可相应提高 $0.05 f_{ptk}$ 或 $0.05 f_{pyk}$:

　　1)要求提高构件在施工阶段的抗裂性能而在使用阶段受压区内设置的预应力筋;

　　2)要求部分抵消由于应力松弛、摩擦、钢筋分批张拉以及预应力筋与张拉台座之间的温差等因素产生的预应力损失。

7.2.3　先张法构件的预应力传递长度

　　对于先张法预应力混凝土构件,施加于构件端部的预加力是通过预应力筋与混凝土之间的黏结力逐步建立的。放张预应力筋后,预应力筋的应力在构件端部为零,从端部向中部逐渐增加,达到一定长度后才能够建立稳定的预应力值 σ_{pe}。预应力筋中应力从零增至 σ_{pe} 的这一段长度称为预应力传递长度,记作 l_{tr},通常也被称为先张法构件的自锚区,如图 7.3 所示。

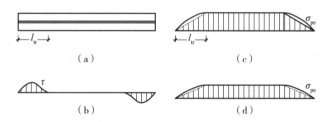

图 7.3　预应力传递长度

(a)预应力混凝土构件　(b)黏结应力分布　(c)预应力筋应力分布　(d)混凝土预压应力分布

　　根据静力平衡条件,传递长度范围内预应力筋的应力差值通过黏结应力来平衡,实际预应力筋的应力变化如图 7.3(c)中的实线所示,在传递长度范围内其应力分布为曲线。在设计时,为简化计算,通常假定传递长度范围内的应力分布为线性变化,则预应力传递长度可按《混规》下列规定计算。

7.1.9　对先张法预应力混凝土构件端部进行正截面、斜截面抗裂验算时,应考虑预应力筋在其预应力传递长度 l_{tr} 范围内实际应力值的变化。预应力筋的实际应力可考虑为线性分布,在构件端部取为零,在其预应力传递长度的末端取有效预应力值 σ_{pe}(图 7.1.9),预应力筋的预应力传递长度 l_{tr} 应按本规范第 10.1.9 条确定。

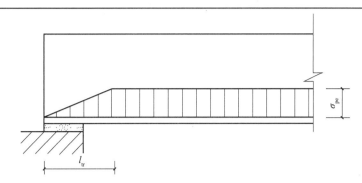

图 7.1.9 预应力传递长度范围内有效预应力值的变化

10.1.9 先张法构件预应力筋的预应力传递长度 l_{tr} 应按下列公式计算:

$$l_{tr} = \alpha \frac{\sigma_{pe}}{f'_{tk}} d \qquad (10.1.9)$$

式中 σ_{pe}——放张时预应力筋的有效预应力;

$\quad d$——预应力螺纹钢筋屈服强度标准值;

$\quad \alpha$——预应力筋的外形系数,按本规范表 8.3.1 采用;

$\quad f'_{tk}$——与放张时混凝土立方体抗压强度 f'_{cu} 相应的轴心抗拉强度标准值,按本规范表 4.1.3-2 以线性内插法确定。

当采用骤然放张预应力的施工工艺时,对光面预应力钢丝 l_{tr} 的起点应从距构件末端 $l_{tr}/4$ 处开始计算。

需要注意的是,传递长度和锚固长度是两个不同的概念。前者是关于预应力的传递分布,是保证预应力筋在经过一定距离后建立有效预应力 σ_{pe} 的长度;后者则是保证预应力筋强度被充分利用的长度。在进行先张法预应力混凝土构件的正截面和斜截面承载能力计算时,预应力筋必须有足够的锚固长度才能保证在构件破坏时,其应力达到强度设计值 f_{py}。对于纵向受拉的预应力筋,当其强度被充分利用时,基本的锚固长度应按《混规》式(8.3.1-2)计算。

10.1.10 计算先张法预应力混凝土构件端部锚固区的正截面和斜截面受弯承载力时,锚固长度范围内的预应力筋抗拉强度设计值在锚固起点处应取为零,在锚固终点处应取为 f_{py},两点之间可按线性内插法确定。预应力筋的锚固长度 l_a 应按本规范第 8.3.1 条确定。

当采用骤然放张预应力的施工工艺时,对光面预应力钢丝的锚固长度应从距构件末端 $l_{tr}/4$ 处开始计算。

7.2.4 计算规定

对于预应力混凝土结构,除应进行持久状况下的承载能力极限状态设计和正常使用极限状态设计外,还应进行施工阶段的相关验算。

承载能力极限状态下,应保证结构在预期荷载作用下不会发生强度、疲劳及失稳等破坏;正常使用极限状态下,应能保证结构在使用荷载作用下的应力、变形及裂缝宽度不超限值;施工阶段应保证构件在制作、运输及安装等阶段的应力、变形、裂缝不超过限值。《混规》有如下规定。

10.1.1 预应力混凝土结构构件,除应根据设计状况进行承载力计算及正常使用极限状态验算外,尚应对施工阶段进行验算。

10.1.1 条文说明

为确保预应力混凝土结构在施工阶段的安全,明确规定了**在施工阶段应进行承载能力极限状态等验算,施工阶段包括制作、张拉、运输及安装等工序。**

对于超静定结构,若在荷载作用下某些截面的内力达到其极限承载力,截面处将有可能形成塑性铰,结构的内力也随之发生重分布,设计时应予以考虑。在参考美国及欧洲相关规范规定的基础上,采用预应力次弯矩参与重分布的方案,《混规》中规定了后张法预应力混凝土框架梁和连续梁的弯矩调幅范围,但总调幅值不宜超过 20%。

10.1.8　对允许出现裂缝的后张法有黏结预应力混凝土框架梁及连续梁,在重力荷载作用下按承载力极限状态计算时,可考虑内力重分布,并应满足正常使用极限状态验算要求。当截面相对受压区高度 ξ 不小于 0.1 且不大于 0.3 时,其任一跨内的支座截面最大负弯矩设计值可按下列公式确定:

$$M=(1-\beta)(M_{GQ}+M_2) \tag{10.1.8-1}$$
$$\beta=0.2(1-2.5\xi) \tag{10.1.8-2}$$

且调幅幅度不宜超过重力荷载下弯矩设计值的 20%。

式中　M——支座控制截面弯矩设计值;

　　　M_{GQ}——控制截面按弹性分析计算的重力荷载弯矩设计值;

　　　ξ——截面相对受压区高度,应按本规范第 6 章的规定计算;

　　　β——弯矩调幅系数。

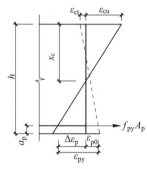

图 7.4　梁的平均应变分布图

预应力混凝土构件的正截面承载力计算也是基于平截面假定和适筋梁的破坏特征建立的平衡条件。构件在极限状态下的应变分布如图 7.4 中的实线所示,此时受压区混凝土达到极限压应变 ε_{cu},而纵向受拉的预应力筋达到其屈服强度 f_{py},相应的应变值为 $\varepsilon_{py}=f_{py}/E_s$。

但显然,由 2.1.4 节可知,只有自构件预应力筋合力点处混凝土法向应力等于零(消压)至预应力筋达到屈服强度对应的这一部分应变增量才对受压区混凝土的界限受压区高度有影响。假定预应力筋合力点处混凝土消压时的预加应力变为 σ_{p0},则这一部分应力增量为 $f_{py}-\sigma_{p0}$,相应的应变增量可表示为:

$$\Delta\varepsilon_p=\frac{f_{py}-\sigma_{p0}}{E_s} \tag{7.1}$$

同样,在进行构件承载力极限状态设计和裂缝宽度验算时,均采用预应力筋的这一部分应力增量参与计算。《混规》有如下规定。

10.1.13　先张法和后张法预应力混凝土结构构件,在承载力和裂缝宽度计算中,所用的混凝土法向预应力等于零时的预加力 N_{p0} 及其作用点的偏心距 e_{p0},均应按本规范公式(10.1.7-1)及公式(10.1.7-2)计算,此时先张法和后张法构件预应力筋的应力 σ_{p0}、σ'_{p0} 均应按本规范第 10.1.6 条的规定计算。

10.1.13　条文说明

先张法及后张法预应力混凝土构件的受剪承载力、受扭承载力及裂缝宽度计算,均需用到混凝土法向预应力为零时的预应力筋合力 N_{p0}。本条对此作了规定。

7.3　预应力损失

由于张拉工艺、材料特点以及设计受力等方面的原因,预应力混凝土构件在施工和使用阶段的张拉应力会随着时间的增长逐渐降低,称为预应力损失。由于预应力损失会降低预加力的作用效果,因此尽可能地减小预应力损失并对其进行较为精确的计算,对预应力混凝土构件的设计起到了非常重要的作用。

《混规》中提出了六项引起预应力损失的主要因素,现分别进行阐述。

7.3.1　锚固损失 σ_{l1}

当预应力筋张拉结束并开始锚固时,由于锚具、垫板与构件端部之间的缝隙被挤紧,使得被锚固的预应力筋回缩而造成的预应力损失表示为 σ_{l1}。

1. 直线预应力筋的 σ_{l1}

对于先张法和后张法构件中的直线预应力筋,由于锚具变形和预应力筋内缩引起的预应力损失 σ_{l1} 可按《混规》下列规定计算。

10.2.2　直线预应力筋由于锚具变形和预应力筋内缩引起的预应力损失值 σ_{l1} 应按下列公式计算:

$$\sigma_{l1} = \frac{a}{l} E_s \qquad (10.2.2)$$

式中　a——张拉端锚具变形和预应力筋内缩值(mm),可按表 10.2.2 采用;
　　　l——张拉端至锚固端的距离(mm)。

表 10.2.2　锚具变形和预应力筋内缩值 a(mm)

锚具类别		a
支承式锚具(钢丝束镦头锚具等)	螺帽缝隙	1
	每块后加垫板的缝隙	1
夹片式锚具	有顶压时	5
	无顶压时	6~8

注:1. 表中的锚具变形和预应力筋内缩值也可根据实测数据确定;
　　2. 其他类型的锚具变形和预应力筋内缩值应根据实测数据确定。

块体拼成的结构,其预应力损失尚应计及块体间填缝的预压变形。当采用混凝土或砂浆为填缝材料时,每条填缝的预压变形值可取为 1 mm。

2. 曲线预应力筋的 σ_{l1}

对于配置曲线或折线预应力筋的后张预应力混凝土构件,锚具变形、预应力筋内缩时会使预应力筋与预留孔道壁之间产生反向摩擦力,即与张拉时预应力筋和孔道壁之间的摩擦力方向相反,由于该反向摩擦力的影响,距离构件端面不同位置截面处预应力筋的预应力损失是不同的。《混规》给出的简化计算原理如下。

附录 J　后张曲线预应力筋由锚具变形和预应力筋内缩引起的预应力损失条文说明(部分)

后张法构件的曲线预应力筋放张时,由于锚具变形和预应力筋内缩引起的预应力损失值,应考虑曲线预应力筋受到曲线孔道上反摩擦力的阻止,按变形协调原理,取张拉端锚具的变形和预应力筋内缩值等于反摩擦力引起的预应力筋变形值,求出预应力损失值 σ_{l1} 的范围和数值。

由图 1 推导过程说明如下,假定:(1)孔道摩擦损失按近似直线公式计算;(2)回缩发生的反向摩擦力和张拉摩擦力的摩擦系数相等。因此,代表锚固前和锚固后瞬间预应力筋应力变化的两条直线 ab 和 $a'b$ 的斜率是相等的,但方向则相反。这样,锚固后整根预应力筋的应力变化线可用折线 $a'bc$ 来代表。为确定该折线,需要求出两个未知量:一个是张拉端的摩擦损失应力 $\Delta\sigma$,另一个是预应力反向摩擦影响长度 l_f。

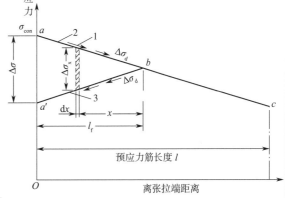

图 1　锚固前后张拉端预应力筋应力变化示意

1—摩擦力;2—锚固前应力分布线;3—锚固后应力分布线

由于 ab 和 $a'b$ 两条直线是对称的,张拉端的预应力损失将为

$$\Delta\sigma = 2\Delta\sigma_d l_f$$

式中　$\Delta\sigma_d$——单位长度的摩擦损失值（MPa/mm）；

　　　l_f——预应力筋反向摩擦影响长度（mm）。

反向摩擦影响长度 l_f 可根据锚具变形和预应力筋内缩值 a 用积分法求得：

$$a = \int_0^{l_f} \Delta\varepsilon \, dx = \int_0^{l_f} \frac{\Delta\sigma_x}{E_p} dx = \int_0^{l_f} \frac{2\Delta\sigma_{dx}}{E_p} dx = \frac{\Delta\sigma_d}{E_p} l_f^2$$

化简得

$$l_f = \sqrt{\frac{aE_p}{\Delta\sigma_d}}$$

该公式仅适用于一端张拉时 l_f 不超过构件全长 l 的情况，如果正向摩擦损失较小，应力降低曲线比较平坦或者回缩值较大，则 l_f 有可能超过构件全长 l，此时只能在 l 范围内按预应力筋变形和锚具内缩变形相协调，并通过试算方法求张拉端锚具预应力锚固损失值。

需要注意的是，由于锚固段的锚固变形在预应力筋张拉过程中已经完成，因此上述预应力损失的计算中应仅计及张拉端。

7.3.2　摩擦损失 σ_{l2}

当张拉预应力筋时，由于预留孔道壁表面粗糙、凹凸不平以及孔壁尺寸偏差等原因，使预应力筋在张拉时与孔道壁接触并产生法向应力，该法向应力的大小与张拉应力的大小成正比。在法向应力的作用下，孔道壁将产生与张拉力方向相反的摩擦阻力，显然在摩阻力的作用下，距离预应力筋张拉端越远的截面，预应力筋所受的总摩擦阻力越大，有效预拉应力越小，如图 7.5（b）所示。由于上述原因引起的预应力损失称为预应力筋与孔道壁之间的摩擦引起的预应力损失值 σ_{l2}。该项预应力损失包括沿孔道长度上局部位置偏移和曲线弯道摩擦影响两部分。

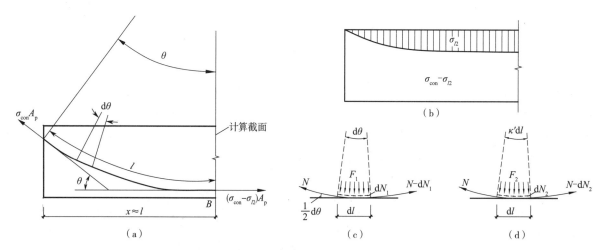

图 7.5　摩擦预应力损失 σ_{l2}

（a）整体受力分析　（b）摩擦预应力损失　（c）曲线孔道摩阻力　（d）孔道偏移摩阻力

1. 曲线孔道引起的摩阻力

如图 7.5（c）所示，在预应力筋上取任一微元段 dl 进行受力分析，由于孔道曲率的影响，使得微元段两端点切线的夹角为 $d\theta$，假定微元段受孔道壁提供的法向应力为 F_1，预应力筋与孔道壁间的摩擦系数为 μ，则法向应力在 dl 段产生的摩阻力 dN_1 可表示为

$$dN_1 = -\mu F_1 \tag{7.2}$$

根据微元段的静力平衡条件可得

$$F_1 = N\sin\left(\frac{1}{2}d\theta\right) + (N - dN_1)\sin\left(\frac{1}{2}d\theta\right) \tag{7.3-a}$$

令 $\sin\left(\dfrac{1}{2}\mathrm{d}\theta\right)\approx\dfrac{1}{2}\mathrm{d}\theta$，且忽略数值较小的 $\mathrm{d}N_1\sin\left(\dfrac{1}{2}\mathrm{d}\theta\right)$ 后，式（7.3-a）可简化为

$$F_1 = N\mathrm{d}\theta \tag{7.3-b}$$

将式（7.3-b）代入式（7.2），可得 $\mathrm{d}l$ 段由于孔道曲率影响产生的摩阻力为

$$\mathrm{d}N_1 = -\mu N\mathrm{d}\theta \tag{7.4}$$

2. 孔道局部位置偏移引起的摩阻力

假定设计孔道的弯曲半径为 R，单位长度上孔道位置与设计位置的偏离值为 k，则曲线预应力筋单位弧度上的偏离值为 $\kappa' = \dfrac{k}{R}$。如图 7.5（d）所示，在预应力筋上取任一微元段 $\mathrm{d}l$，则微元段两端点切线的夹角为 $\kappa'\mathrm{d}l$。

根据微元段的静力平衡条件，同样可以推导出 $\mathrm{d}l$ 段由于孔道位置偏差产生的摩阻力为

$$\mathrm{d}N_2 = -\mu\kappa'N\mathrm{d}l \tag{7.5}$$

3. 总摩阻力引起的预应力损失

根据式（7.4）及式（7.5）可知，任一微元段上由孔道局部位置偏移以及曲线弯道两部分产生的总摩阻力 $\mathrm{d}N$ 可表示为

$$\mathrm{d}N = \mathrm{d}N_1 + \mathrm{d}N_2 = -N(\mu\mathrm{d}\theta + \mu\kappa'\mathrm{d}l) = -N(\mu\mathrm{d}\theta + \kappa\mathrm{d}l) \tag{7.6}$$

式中　κ——考虑孔道每米长度局部偏差的摩擦系数，$\kappa=\mu\kappa'$。

如图 7.5（a）所示，根据张拉端边界条件 $\theta=0$，$l=0$，$N=N_0$，从张拉端到计算截面点 B 进行积分，可得

$$\int_{N_0}^{N_B}\frac{\mathrm{d}N}{N} = -\mu\int_0^\theta\mathrm{d}\theta - \kappa\int_0^l\mathrm{d}l \tag{7.7-a}$$

进一步化简可得

$$N_B = N_0\mathrm{e}^{-(\mu\theta+\kappa l)} \tag{7.7-b}$$

式中　N_0——构件端截面的张拉力，$N_0=\sigma_{con}A_p$；

N_B——计算截面的张拉力。

为方便计算，式（7.7-b）中 l 可近似取构件中轴线上的投影长度 x 代替，此时该式变为

$$N_B = N_0\mathrm{e}^{-(\mu\theta+\kappa x)} \tag{7.7-c}$$

假定张拉端到计算截面因摩阻力造成的预应力损失为 N_{l2}，则

$$N_{l2} = N_0 - N_B = N_0[1 - \mathrm{e}^{-(\mu\theta+\kappa x)}] \tag{7.8}$$

将上述公式两端除以预应力筋的截面面积 A_p，可得

$$\sigma_{l2} = \sigma_{con}\left(1 - \frac{1}{\mathrm{e}^{\mu\theta+\kappa x}}\right) \tag{7.9}$$

《混规》给出了摩擦预应力损失的具体计算方式。

10.2.4　预应力筋与孔道壁之间的摩擦引起的预应力损失值 σ_{l2} 宜按下列公式计算：

$$\sigma_{l2} = \sigma_{con}\left(1 - \frac{1}{\mathrm{e}^{\kappa x+\mu\theta}}\right) \tag{10.2.4-1}$$

当 $\kappa x+\mu\theta$ 不大于 0.3 时，σ_{l2} 可按下列近似公式计算：

$$\sigma_{l2} = (\kappa x+\mu\theta)\sigma_{con} \tag{10.2.4-2}$$

式中　x——从张拉端至计算截面的孔道长度，可近似取该段孔道在纵轴上的投影长度（m）；

θ——从张拉端至计算截面曲线孔道各部分切线的夹角之和（rad）；

κ——考虑孔道每米长度局部偏差的摩擦系数，按表 10.2.4 采用；

μ——预应力筋与孔道壁之间的摩擦系数，按表 10.2.4 采用。

注：当采用夹片式群锚体系时，在 σ_{con} 中宜扣除锚口摩擦损失。

表 10.2.4 摩擦系数

孔道成型方式	κ	μ	
		钢绞线、钢丝束	预应力螺纹钢筋
预埋金属波纹管	0.001 5	0.25	0.50
预埋塑料波纹管	0.001 5	0.15	—
预埋钢管	0.001 0	0.30	—
抽芯成型	0.001 4	0.55	0.60
无黏结预应力筋	0.004 0	0.09	—

注：摩擦系数也可根据实测数据确定。

在公式（10.2.4-1）中，对按抛物线、圆弧曲线变化的空间曲线及可分段后叠加的广义空间曲线，夹角之和 θ 可按下列近似公式计算。

抛物线、圆弧曲线：

$$\theta = \sqrt{\alpha_v^2 + \alpha_h^2}$$
（10.2.4-3）

广义空间曲线：

$$\theta = \sum \sqrt{\Delta\alpha_v^2 + \Delta\alpha_h^2}$$
（10.2.4-4）

式中　α_v、α_h——按抛物线、圆弧曲线变化的空间曲线预应力筋在竖直向、水平向投影所形成抛物线、圆弧曲线的弯转角；

　　　$\Delta\alpha_v$、$\Delta\alpha_h$——广义空间曲线预应力筋在竖直向、水平向投影所形成分段曲线的弯转角增量。

10.2.4 条文说明（部分）

研究表明，孔道局部偏差的摩擦系数 κ 值与下列因素有关：预应力筋的表面形状；孔道成型的质量；预应力筋接头的外形；预应力筋与孔壁的接触程度（孔道的尺寸，预应力筋与孔壁之间的间隙大小以及预应力筋在孔道中的偏心距大小）等。在曲线预应力筋摩擦损失中，预应力筋与曲线弯道之间摩擦引起的损失是控制因素。

7.3.3　温差损失 σ_{l3}

在先张法构件的制作阶段，为了缩短生产周期，经常会采用蒸汽或其他加热方式对混凝土进行养护。在升温阶段，由于混凝土与预应力筋间尚未建立黏结应力，钢筋受热自由伸长，但两端的张拉台座是固定不动、距离保持不变的，因此预应力筋中的应力将会有所降低。在降温阶段，混凝土已硬结且与预应力筋成为整体，由于两者的线膨胀系数基本接近，因此两者随温度的降低会产生相同的收缩，导致预应力筋无法恢复至原来的应力状态，产生预应力损失 σ_{l3}。

假定长度为 l 的预应力筋与张拉设备或台座之间的温差为 Δt，则预应力筋因温差产生的变形为

$$\Delta l = \alpha \Delta t l$$
（7.10）

式中　α——预应力筋的温度线膨胀系数，对于钢材一般取 $\alpha = 1 \times 10^{-5}$ ℃。

因此，温差预应力损失 σ_{l3} 可由下式计算得出：

$$\sigma_{l3} = \frac{\Delta l}{l} E_p$$
（7.11-a）

式中　E_p——预应力筋的弹性模量，可取 $E_p = 2 \times 10^5$ N/mm²。

结合式（7.10），可将式（7.11-a）简化为

$$\sigma_{l3} = \alpha \Delta t E_p = 2\Delta t$$
（7.11-b）

对于该类预应力损失,《混规》及《公路桥规》有如下规定。

《混凝土结构设计规范(2015 年版)》(GB 50010—2010)

10.2.1 (部分)预应力筋中的预应力损失值可按表 10.2.1 的规定计算。

表 10.2.1　预应力损失值(N/mm²)

引起损失的因素	符号	先张法构件	后张法构件
混凝土加热养护时,预应力筋与承受拉力的设备之间的温差	σ_{l3}	$2\Delta t$	—

注:1. 表中 Δt 为混凝土加热养护时,预应力筋与承受拉力的设备之间的温差(℃)。

《公路钢筋混凝土及预应力混凝土桥涵设计规范》(JTG 3362—2018)

6.2.4 条文说明(部分)

本条计算 σ_{l3} 的公式与原规范相同。这是一个普通的材料力学公式,是设定预应力钢筋的线膨胀系数 $\alpha_c=1\times10^{-5}$ ℃、弹性模量 $E_p=2.0\times10^5$ MPa 建立的。本规范给出的钢丝弹性模量为 2.05×10^5 MPa,钢绞线的弹性模量为 1.95×10^5 MPa,两者平均值为 2.0×10^5 MPa,所以符合原规范的本意。

先张法构件加热养护时,由钢筋与台座温差引起的预应力损失,只是在钢筋与混凝土尚未黏结的情况下才能发生;当钢筋与混凝土一旦黏结共同工作后,就不再发生因温差引起的预应力损失。利用这个关系,采用分阶段的养护措施,可以减少钢筋的应力损失:第一阶段用低温养护,温差控制在 20 ℃左右,以此计算预应力损失;待混凝土达到某一强度,其与钢筋的黏结力足以抗衡温差变形,钢筋应力不再损失,再进行第二阶段的高温养护。

7.3.4　松弛损失 σ_{l4}

在长久的高应力作用下,预应力筋的蠕变会随着时间而增加,在预应力筋长度不变的条件下,其应力会随时间而降低,一般把这种现象称为预应力筋的应力松弛;在应力不变的条件下,预应力筋的应变会随时间而增大,这种现象被称为预应力筋的徐变。预应力筋的应力松弛和徐变两者并存且都会引起预应力损失,这种损失被统称为预应力筋的应力松弛损失 σ_{l4}。

应力松弛从根本上来说是预应力筋的一种塑性特征,应力松弛预应力损失有以下特点:

(1)应力松弛与张拉控制应力 σ_{con} 有关,σ_{con} 越大,σ_{l4} 也越大;

(2)应力松弛与预应力筋的材料性质(极限强度)有关;

(3)应力松弛与时间相关,在承受拉力的初期最快, 1 h 内松弛量最大, 24 h 内完成 50% 以上,以后逐渐趋于稳定。

对于预应力筋应力松弛损失 σ_{l4} 的计算,《混规》有如下规定。

10.2.1 （部分）预应力筋中的预应力损失值可按表 10.2.1 的规定计算。

表 10.2.1 预应力损失值（N/mm²）

引起损失的因素	符号	先张法构件	后张法构件
预应力筋的应力松弛	σ_{l4}	**消除应力钢丝、钢绞线：** 普通松弛： $0.4\left(\dfrac{\sigma_{con}}{f_{ptk}} - 0.5\right)\sigma_{con}$ 低松弛： 当 $\sigma_{con} \leqslant 0.7 f_{ptk}$ 时 $0.125\left(\dfrac{\sigma_{con}}{f_{ptk}} - 0.5\right)\sigma_{con}$ 当 $0.7 f_{ptk} < \sigma_{con} \leqslant 0.8 f_{ptk}$ 时 $0.2\left(\dfrac{\sigma_{con}}{f_{ptk}} - 0.575\right)\sigma_{con}$ 中强度预应力钢丝：$0.08\sigma_{con}$ 预应力螺纹钢筋：$0.03\sigma_{con}$	

注：2. 当 $\sigma_{con}/f_{ptk} \leqslant 0.5$ 时，预应力筋的应力松弛损失值可取为零。

7.3.5 收缩和徐变损失 σ_{l5}

收缩和徐变是混凝土固有的特性，混凝土硬结时会产生体积收缩，预应力作用下混凝土将沿着受压方向产生徐变，两者虽然是性质完全不同的现象，但两者的变形都随着时间而变化，且均会使构件的长度缩短，导致预应力损失。由于它们的影响因素、变化规律比较相似，因此在进行预应力损失计算时常将两项合并考虑，称为混凝土收缩、徐变引起的预应力损失 σ_{l5}。

由混凝土收缩和徐变引起的预应力损失很大，在曲线配筋的预应力混凝土构件中约占总预应力损失的 30%，而在直线配筋中高达 60%。

结合国内对混凝土收缩、徐变的试验研究成果，对于该项预应力损失的计算，《混规》有如下规定。

10.2.5 混凝土收缩、徐变引起受拉区和受压区纵向预应力筋的预应力损失值 σ_{l5}、σ'_{l5} 可按下列方法确定。

1 一般情况（σ_{pc}、σ'_{pc} 值不得大于 $0.5 f'_{cu}$）

先张法构件：

$$\sigma_{l5} = \frac{60 + 340\dfrac{\sigma_{pc}}{f'_{cu}}}{1 + 15\rho} \tag{10.2.5-1}$$

$$\sigma'_{l5} = \frac{60 + 340\dfrac{\sigma'_{pc}}{f'_{cu}}}{1 + 15\rho'} \tag{10.2.5-2}$$

后张法构件：

$$\sigma_{l5} = \frac{55 + 300\dfrac{\sigma_{pc}}{f'_{cu}}}{1 + 15\rho} \tag{10.2.5-3}$$

$$\sigma'_{l5} = \frac{55 + 300\dfrac{\sigma'_{pc}}{f'_{cu}}}{1 + 15\rho'} \tag{10.2.5-4}$$

式中　σ_{pc}、σ'_{pc}——受拉区、受压区预应力筋合力点处的混凝土法向压应力；

　　　　f'_{cu}——受拉区施加预应力时的混凝土立方体抗压强度；

　　　　ρ、ρ'——受拉区、受压区预应力筋和普通钢筋的配筋率，对先张法构件，$\rho=(A_p+A_s)/A_0$，$\rho'=(A'_p+A'_s)/A_0$；对后张法构件，$\rho=(A_p+A_s)/A_n$，$\rho'=(A'_p+A'_s)/A_n$；对于对称配置预应力筋和普通钢筋的构件，配筋率 ρ、ρ' 应按钢筋总截面面积的一半计算。

受拉区、受压区预应力筋合力点处的混凝土法向压应力 σ_{pc}、σ'_{pc} 应按本规范第 10.1.6 条及第 10.1.7 条的规定计算。此时，预应力损失值仅考虑混凝土预压前（第一批）的损失，其普通钢筋中的应力 σ_{l5}、σ'_{l5} 值应取为零；σ_{pc}、σ'_{pc} 值不得大于 $0.5f'_{cu}$；当 σ'_{pc} 为拉应力时，公式（10.2.5-2）、公式（10.2.5-4）中的 σ'_{pc} 应取为零。计算混凝土法向应力 σ_{pc}、σ'_{pc} 时，可根据构件制作情况考虑自重的影响。

当结构处于年平均相对湿度低于 40% 的环境下时，σ_{l5}、σ'_{l5} 值应增加 30%。

2　对重要的结构构件，当需要考虑与时间相关的混凝土收缩、徐变及预应力筋应力松弛预应力损失值时，宜按本规范附录 K 进行计算。

10.2.5 条文说明（部分）

……此外，考虑到现浇后张预应力混凝土施加预应力的时间比 28 d 龄期有所提前等因素，对上述收缩和徐变计算公式中的有关项在数值上作了调整。调整的依据为：预加力时混凝土龄期，先张法取 7 d，后张法取 14 d；理论厚度均取 200 mm；相对湿度为 40%~70%，预加力后至使用荷载作用前延续的时间取 1 年的收缩应变和徐变系数终极值，并与附录 K 计算结果进行校核得出。

……混凝土收缩应变和徐变系数终极值是按周围空气相对湿度为 40%~70% 及 70%~99% 分别给出的。混凝土收缩和徐变引起的预应力损失简化公式是按周围空气相对湿度为 40%~70% 得出的，将其用于相对湿度大于 70% 的情况是偏于安全的。

由《混规》的上述规定同时可以看出：

（1）一般情况下的计算公式仅适用于计算线性徐变条件下的应力损失，因此要满足 $\sigma_{pc} \leqslant 0.5f'_{cu}$ 的条件，否则混凝土中将产生非线性徐变，导致预应力损失的显著增大；

（2）σ_{l5}、σ'_{l5} 随 ρ 或 ρ' 的增大而减小，这是由于配筋率的增加可减小混凝土的收缩和徐变；

（3）在相对初应力 σ_{pc}/f'_{cu} 相同的条件下，后张法构件的 σ_{l5} 比先张法构件要低，这是因为后张法构件在施加预应力前，混凝土的收缩已经完成了一部分，即《混规》第 10.2.5 条的条文说明中指出的放张预加力时，先张法构件的混凝土龄期为 7 d，后张法构件为 14 d。

7.3.6　挤压损失 σ_{l6}

采用螺旋式预应力筋制作环形配筋的构件，由于预应力对核心混凝土的局部挤压，会造成构件的核心直径有所减小，进一步会导致预应力筋中的拉应力有所降低，从而造成预应力损失 σ_{l6}。

此类预应力损失的大小与构件的直径成反比，直径越大，σ_{l6} 越小。对于直径大于 3 m 的构件，由于径向变形相对很小，此项预应力损失可以忽略不计；对于直径不大于 3 m 的构件，可取 $\sigma_{l6}=30$ N/mm²。

10.2.1　（部分）预应力筋中的预应力损失值可按表 10.2.1 的规定计算。

表 10.2.1　预应力损失值（N/mm²）

引起损失的因素	符号	先张法构件	后张法构件
用螺旋式预应力筋作配筋的环形构件，当直径 d 不大于 3 m 时，由于混凝土的局部挤压	σ_{l6}	—	30

7.3.7　总预应力损失

1. 各阶段预应力损失组合

前文讲述的六种预应力损失中,有的只发生在先张法构件中,而有的预应力损失在先张法构件和后张法构件中均有产生,且是分批出现的。为了便于分析,工程设计时一般将预应力损失分为两批:

(1)混凝土预压完成前出现的预应力损失,称为第一批预应力损失,记作 σ_{lI};

(2)混凝土预压完成后出现的预应力损失,称为第二批预应力损失,记作 σ_{lII}。

所谓的预压,对先张法构件指放张预应力筋,开始对混凝土施加预应力的时刻;对后张法构件,因为从开始张拉预应力筋混凝土便开始受压,因此预压特指张拉预应力筋从零至 σ_{con} 的阶段。

《混规》中对各阶段的预应力损失组合规定如下。

10.2.7　预应力混凝土构件在各阶段的预应力损失值宜按表 10.2.7 的规定进行组合。

表 10.2.7　各阶段预应力损失值的组合

预应力损失值的组合	先张法构件	后张法构件
混凝土预压前(第一批)的损失	$\sigma_{l1}+\sigma_{l2}+\sigma_{l3}+\sigma_{l4}$	$\sigma_{l1}+\sigma_{l2}$
混凝土预压后(第二批)的损失	σ_{l5}	$\sigma_{l4}+\sigma_{l5}+\sigma_{l6}$

注:先张法构件由于预应力筋应力松弛引起的损失值 σ_{l4} 在第一批和第二批损失中所占的比例,如需区分,可根据实际情况确定。

需要注意以下两点。

(1)根据 7.3.4 节可知,预应力筋的应力松弛损失 σ_{l4} 和持荷时间有关,因此在计算时应根据构件受力阶段的不同而采用不同的预应力损失值。

①对于先张法构件,考虑在施工阶段(预压完成前)持荷时间较短,一般只计入总预应力损失的一部分,其余应力松弛损失则在构件使用阶段考虑。例如,《公路桥规》第 6.2.8 条规定,按施工和使用阶段各一半考虑;《混规》第 10.2.7 条则规定,如需区分时应按实际情况确定。

②对于后张法构件,则可认为其应力松弛损失均在使用阶段内完成。

(2)先张法构件中的摩擦预应力损失 σ_{l2} 是考虑配置折线预应力筋时,钢筋转向装置处摩擦引起的预应力损失。

2. 预应力损失下限值

考虑到上述预应力损失的计算值与实际值之间可能存在一定的差异,为确保预加力的施加效果,《混规》中规定了当计算值小于以下下限值时的取值规定。

10.2.1　(部分)预应力筋中的预应力损失值可按表 10.2.1 的规定计算。

当计算求得的预应力总损失值小于下列数值时,应按下列数值取用:

先张法构件 100 N/mm²;

后张法构件 80 N/mm²。

7.4　施工阶段的应力验算

一般情况下,当混凝土的强度达到设计强度的 75%后便会放张预应力筋或者张拉预应力筋,此时的截面混凝土将受到最大的法向应力 σ_{cc} 和 σ_{ct}。为了避免发生受压破坏,确保预应力混凝土结构在施工阶段的安全,预应力混凝土构件在施工阶段应进行承载能力极限状态验算。

7.4.1　一般规定

在计算预应力混凝土构件弹性阶段的混凝土应力时,构件的计算截面性质可参照《公路桥规》的规定选取。

> 6.1.5　计算预应力混凝土构件的弹性阶段应力时,构件截面性质可按下列规定采用。
> 　　1　先张法构件,采用换算截面。
> 　　2　后张法构件,当计算由作用和体外预应力引起的应力时,体内预应力管道压浆前采用净截面,体内预应力钢筋与混凝土黏结后采用换算截面;当计算由体内预应力引起的应力时,除指明者外采用净截面。
> 　　3　截面性质对计算应力或控制条件影响不大时,也可采用毛截面。

根据国内外相关规范校准,并吸取国内的工程设计经验,《混规》中提出了预应力混凝土构件施工阶段截面边缘混凝土法向应力的限制条件。其中,混凝土法向应力的限值均用与各施工阶段混凝土抗压强度 f'_{cu} 相对应的抗拉强度及抗压强度标准值表示。

> 10.1.11　对制作、运输及安装等施工阶段预拉区允许出现拉应力的构件,或预压时全截面受压的构件,在预加力、自重及施工荷载作用下(必要时应考虑动力系数)截面边缘的混凝土法向应力宜符合下列规定(图 10.1.11):
>
>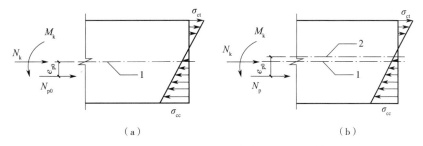
>
> **图 10.1.11　预应力混凝土构件施工阶段验算**
> (a)先张法构件　(b)后张法构件
> 1—换算截面重心轴;2—净截面重心轴
>
> $$\sigma_{ct} \leqslant f'_{tk} \tag{10.1.11-1}$$
> $$\sigma_{cc} \leqslant 0.8 f'_{ck} \tag{10.1.11-2}$$
>
> 简支构件的端部区段截面预拉区边缘纤维的混凝土拉应力允许大于 f'_{tk},但不应大于 $1.2 f'_{tk}$。
>
> 截面边缘的混凝土法向应力可按下列公式计算:
>
> $$\sigma_{cc} \text{ 或 } \sigma_{ct} = \sigma_{pc} + \frac{N_k}{A_0} \pm \frac{M_k}{W_0} \tag{10.1.11-3}$$
>
> 式中　σ_{ct}——相应施工阶段计算截面预拉区边缘纤维的混凝土拉应力;
> 　　　　σ_{cc}——相应施工阶段计算截面预压区边缘纤维的混凝土压应力;
> 　　　　f'_{tk}、f'_{ck}——与各施工阶段混凝土立方体抗压强度 f'_{cu} 相应的抗拉强度标准值、抗压强度标准值,按本规范表 4.1.3-2、表 4.1.3-1 以线性内插法分别确定;
> 　　　　N_k、M_k——构件自重及施工荷载的标准组合在计算截面产生的轴向力值、弯矩值;
> 　　　　W_0——验算边缘的换算截面弹性抵抗矩。
> 　　注:1. 预拉区、预压区分别系指施加预应力时形成的截面拉应力区、压应力区;
> 　　　　2. 公式(10.1.11-3)中,当 σ_{pc} 为压应力时取正值,当 σ_{pc} 为拉应力时取负值;当 N_k 为轴向压力时取正值,当 N_k 为轴向拉力时取负值;当 M_k 产生的边缘纤维应力为压应力时式中符号取加号,为拉应力时式中符号取减号;
> 　　　　3. 当有可靠的工程经验时,叠合式受弯构件预拉区的混凝土法向拉应力可按 σ_{ct} 不大于 $2 f'_{tk}$ 控制。

7.4.2 先张法构件应力计算

施工阶段的先张法预应力混凝土构件,需要将预加力首先施加在台座上,待混凝土达到设计强度后放张预应力筋,由于施加的预加力不仅使混凝土和非预应力筋中产生预压应力,还使预应力筋的应力减小,因此需要采用换算截面计算混凝土的应力,即施加的预加力是直接加载到混凝土的换算截面上。

以轴心受拉预应力混凝土构件为例,先张法构件在施工阶段的预应力筋以及混凝土应力可按以下几个阶段进行计算。

1. 张拉预应力筋阶段

该阶段需要在台座上将预应力筋张拉至张拉控制应力 σ_{con},因此预应力筋受到的总预加力为 $N_{con}=\sigma_{con}A_p$,其中 A_p 为预应力筋的截面面积。

2. 混凝土养护阶段

该阶段因为锚具变形、混凝土加热养护温差、预应力筋应力松弛等因素,预应力筋会产生第一批预应力损失 $\sigma_{l1}=\sigma_{l1}+\sigma_{l2}+\sigma_{l3}+\sigma_{l4}$。预应力筋的有效拉应力由 σ_{con} 降低至 $\sigma_{pe}=\sigma_{con}-\sigma_{l1}$。由于未放张预应力筋,因此混凝土及非预应力筋均未受力,即 $\sigma_{pc}=0,\sigma_s=0$。

3. 放张预应力筋、预压完成前阶段

当混凝土达到设计要求的强度(一般为75%)、放张预应力筋后,预应力筋将会产生弹性收缩,由于此阶段预应力筋与混凝土之间已经建立黏结,在黏结力的作用下混凝土也会一同受压回缩,且预应力筋与混凝土的回缩量是相等的。

假定放张预应力筋后混凝土受到的预加力为 σ_{pcI},则由于预应力筋回缩造成有效拉应力进一步降低的数值为 $\dfrac{\sigma_{pcI}}{E_c}\cdot E_p=\alpha_{Ep}\sigma_{pcI}$,即此阶段预应力筋的有效拉应力为

$$\sigma_{peI}=\sigma_{con}-\sigma_{lI}-\alpha_{Ep}\sigma_{pcI} \tag{7.12}$$

同理,非预应力筋因受压产生的预压应力为

$$\sigma_{sI}=\alpha_{Es}\sigma_{pcI} \tag{7.13}$$

式中 E_c、E_p——混凝土以及预应力筋的弹性模量;

α_{Ep}、α_{Es}——预应力筋及普通钢筋与混凝土的弹性模量之比。

同时,根据截面力的平衡条件可知:

$$\sigma_{pcI}\cdot A_c+\sigma_{sI}\cdot A_s=\sigma_{peI}\cdot A_p \tag{7.14}$$

将式(7.12)及式(7.13)代入式(7.14)可得,放张预应力筋、预压完成前,混凝土受到的预压应力为

$$\sigma_{pcI}=\frac{(\sigma_{con}-\sigma_{lI})A_p}{A_c+\alpha_{Es}A_s+\alpha_{Ep}A_p}=\frac{N_{p0I}}{A_n+\alpha_{Ep}A_p}=\frac{N_{p0I}}{A_0} \tag{7.15}$$

式中 N_{p0I}——先张法预应力混凝土构件在放张预应力筋且预压完成前阶段,预应力筋受到的总预拉力,

$N_{p0I}=(\sigma_{con}-\sigma_{lI})A_p$;

A_0——预应力混凝土构件的换算截面面积,$A_0=A_n+\alpha_{Ep}A_p$;

A_n——预应力混凝土构件的净截面面积,$A_n=A_c+\alpha_{Es}A_s$;

A_c——混凝土的净截面面积,应扣除构件中 A_p 与 A_s 所占的面积。

上述推导过程可以理解成放松预应力筋后,一个 $N_{p0I}=(\sigma_{con}-\sigma_{lI})A_p$ 的预压力作用在换算截面 A_0 上,使预应力筋、普通钢筋、混凝土分别产生上述应力。

对于预应力混凝土受弯构件,该阶段截面任意一点的混凝土法向应力可表示为

$$\sigma_{pcI}=\frac{N_{p0I}}{A_0}\pm\frac{N_{p0I}e_{p0I}}{I_0}\cdot y_0 \tag{7.16-a}$$

$$N_{p0I}=(\sigma_{con}-\sigma_{lI})A_p+(\sigma'_{con}-\sigma'_{lI})A'_p \tag{7.16-b}$$

$$e_{p0I} = \frac{(\sigma_{con} - \sigma_{lI})A_p y_p - (\sigma'_{con} - \sigma'_{lI})A'_p y'_p}{N_{p0I}} \quad (7.16\text{-c})$$

式中　A_0——预应力混凝土构件的换算截面面积，$A_0 = A_c + \alpha_{Es}A_s + \alpha_{Ep}A_p + \alpha_{Es}A'_s + \alpha_{Ep}A'_p$；

　　　　I_0——构件换算截面惯性矩；

　　　　y_0——换算截面重心至计算纤维处的距离；

　　　　e_{p0I}——N_{p0I} 至换算截面形心轴的偏心距；

　　　　y_p、y'_p——受拉区及受压区预应力筋合力作用点至换算截面重心的距离；

　　　　A'_p、A'_s——受压区预应力筋及普通钢筋的截面面积；

　　　　σ'_{con}、σ'_{lI}——先张法预应力混凝土构件截面受压区预应力筋的张拉控制应力以及预压完成前产生的第一批预应力损失。

受弯构件的上述计算公式可通过截面力的平衡条件求得，此处不再进行推导。

4. 预压完成后阶段

放张预应力筋后，随着时间的增长，预应力筋将进一步产生应力松弛，受压混凝土也会产生收缩、徐变，预应力构件会产生第二批预应力损失 σ_{lII}，这个阶段通常被称为预压完成后阶段。

假定混凝土的压应力由 σ_{pcI} 降低至 σ_{pcII}，减小的差值为 Δ_{pc}，则 Δ_{pc} 这一部分预应力差值将使混凝土在预压力作用下的弹性压缩恢复 Δ_{pc}/E_c。而由于黏结力的作用，预应力筋与混凝土在该阶段的弹性回缩量是相同的，因此可求得预应力筋的有效拉应力为

$$\begin{aligned}\sigma_{peII} &= \sigma_{peI} - \sigma_{lII} + \alpha_{Ep}\Delta_{pc}\\ &= (\sigma_{con} - \sigma_{lI} - \alpha_{Ep}\sigma_{pcI}) - \sigma_{lII} + \alpha_{Ep}(\sigma_{pcI} - \sigma_{pcII})\\ &= \sigma_{con} - \sigma_l - \alpha_{Ep}\sigma_{pcII}\end{aligned} \quad (7.17)$$

考虑到普通钢筋除受到 $\alpha_{Es}\sigma_{pcII}$ 外，还会因混凝土的收缩、徐变产生压应力 σ_{l5}，因此普通钢筋在该阶段受到的压应力为

$$\sigma_{sII} = \alpha_{Es}\sigma_{pcII} + \sigma_{l5} \quad (7.18)$$

根据截面力的平衡条件，同样可以推导出混凝土在该阶段受到的预压应力为

$$\sigma_{pcII} = \frac{(\sigma_{con} - \sigma_l)A_p - \sigma_{l5}A_s}{A_c + \alpha_{Es}A_s + \alpha_{Ep}A_p} = \frac{N_{p0II}}{A_n + \alpha_{Ep}A_p} = \frac{N_{p0II}}{A_0} \quad (7.19)$$

式中　N_{p0II}——放张预应力筋且预压完成后预应力筋受到的总预拉力；

　　　　σ_l——先张法构件的总预应力损失，$\sigma_l = \sigma_{lI} + \sigma_{lII}$。

对于预应力混凝土受弯构件，该阶段截面任意一点的混凝土法向应力可表示为

$$\sigma_{pcII} = \frac{N_{p0II}}{A_0} \pm \frac{N_{p0II}e_{p0II}}{I_0} \cdot y_0 \quad (7.20\text{-a})$$

$$N_{p0II} = (\sigma_{con} - \sigma_l)A_p + (\sigma'_{con} - \sigma'_l)A'_p - \sigma_{l5}A_s - \sigma'_{l5}A'_s \quad (7.20\text{-b})$$

$$e_{p0II} = \frac{(\sigma_{con} - \sigma_l)A_p y_p - (\sigma'_{con} - \sigma'_l)A'_p y'_p - \sigma_{l5}A_s y_s + \sigma'_{l5}A'_s y'_s}{N_{p0II}} \quad (7.20\text{-c})$$

式中　N_{p0II}——预压完成即完成全部预应力损失 $\sigma_l = \sigma_{lI} + \sigma_{lII}$ 后，预应力筋及普通钢筋在构件截面上的合力；

　　　　e_{p0II}——N_{p0II} 至换算截面形心轴的偏心距；

　　　　y_s、y'_s——受拉区及受压区普通钢筋合力作用点至换算截面重心的距离。

7.4.3　后张法构件应力计算

1. 浇筑、养护混凝土阶段

在浇筑、养护直至混凝土达到设计要求的强度前，由于未张拉预应力筋，此时截面上不产生任何应力。

2. 张拉预应力筋阶段

在张拉预应力筋的过程中,千斤顶的反作用力将使混凝土受压回缩,且张拉过程中将会由于预应力筋与孔道壁之间的摩擦引起预应力损失 σ_{l2},预应力筋中的有效拉应力将减小至 $\sigma_{pe}=\sigma_{con}-\sigma_{l2}$。

假定混凝土受压产生的预压应力为 σ_{pc},由于普通钢筋与混凝土间黏结应力的存在,根据变形协调条件可知,普通钢筋中的压应力为 $\sigma_s=\alpha_{Es}\sigma_{pc}$。

同时,根据截面力的平衡条件可知:

$$\sigma_{pc}\cdot A_c+\sigma_s\cdot A_s=\sigma_{pe}\cdot A_p \tag{7.21}$$

将 σ_{pe}、σ_s 的表达式代入式(7.21)可得

$$\sigma_{pc}=\frac{(\sigma_{con}-\sigma_{l2})A_p}{A_c+\alpha_{Es}A_s}=\frac{(\sigma_{con}-\sigma_{l2})A_p}{A_n} \tag{7.22}$$

式中 A_c——混凝土的净截面面积,应扣除构件中 A_s 与预留孔道所占的面积。

3. 放张预应力筋、预压完成前阶段

该阶段的预应力筋张拉完毕并用锚具将其锚固在构件端头,因此预应力筋会因锚具的压缩变形产生预应力损失 σ_{l1},这也意味着至此预应力筋完成了第一批预应力损失 $\sigma_{lI}=\sigma_{l1}+\sigma_{l2}$。此时,预应力筋中的有效拉应力降低至

$$\sigma_{peI}=\sigma_{con}-\sigma_{lI} \tag{7.23}$$

假定该阶段混凝土受压产生的预压应力为 σ_{pcI},则普通钢筋中的压应力为 $\sigma_{sI}=\alpha_{Es}\sigma_{pcI}$。

根据截面力的平衡条件,可得混凝土所受的压应力为

$$\sigma_{pcI}=\frac{(\sigma_{con}-\sigma_{lI})A_p}{A_c+\alpha_{Es}A_s}=\frac{N_{pI}}{A_n} \tag{7.24}$$

式中 N_{pI}——后张法预应力混凝土构件在放张预应力筋且预压完成前阶段,预应力筋受到的总预拉力,$N_{pI}=(\sigma_{con}-\sigma_{lI})A_p$。

对于预应力混凝土受弯构件,该阶段截面任意一点的混凝土法向应力可表示为

$$\sigma_{pcI}=\frac{N_{pI}}{A_n}\pm\frac{N_{pI}e_{pnI}}{I_n}\cdot y_n \tag{7.25-a}$$

$$e_{pnI}=\frac{(\sigma_{con}-\sigma_{lI})A_p y_{pn}-(\sigma'_{con}-\sigma'_{lI})A'_p y'_{pn}}{N_{pI}} \tag{7.25-b}$$

式中 N_{pI}——该阶段预应力筋及普通钢筋在构件截面上的合力,按式(7.16-b)计算;

A_n——预应力混凝土构件的净截面面积,$A_n=A_c+\alpha_{Es}A_s+\alpha_{Es}A'_s$;

I_n——构件净截面的惯性矩;

y_n——净截面重心至计算纤维处的距离;

e_{pnI}——N_{pI} 至净截面形心轴的偏心距;

y_{pn}、y'_{pn}——受拉区及受压区预应力筋合力作用点至净截面重心的距离。

4. 预压完成后阶段

后张法预应力构件在张拉完成后,随着时间的增长,受压混凝土会产生收缩、徐变,预应力筋也会产生应力松弛。不仅如此,对于配置环形预应力筋的构件,还会因径向挤压产生预应力损失。在该阶段,预应力混凝土构件将完成第二批预应力损失 $\sigma_{lII}=\sigma_{l4}+\sigma_{l5}+\sigma_{l6}$。

预应力筋中的有效应力从 σ_{peI} 降至 σ_{peII}:

$$\sigma_{peII}=\sigma_{peI}-\sigma_{lII}=\sigma_{con}-\sigma_l \tag{7.26}$$

考虑到普通钢筋除受到 $\alpha_{Es}\sigma_{pcII}$ 外,还会因混凝土的收缩、徐变产生压应力 σ_{l5},因此普通钢筋在该阶段受到的压应力为

$$\sigma_{sII}=\alpha_{Es}\sigma_{pcII}+\sigma_{l5} \tag{7.27}$$

根据平衡条件可得

$$\sigma_{\mathrm{pcII}} = \frac{(\sigma_{\mathrm{con}} - \sigma_l)A_p - \sigma_{l5}A_s}{A_c + \alpha_{Es}A_s} = \frac{N_{\mathrm{pII}}}{A_n} \tag{7.28}$$

对于预应力混凝土受弯构件,该阶段截面任意一点的混凝土法向应力可表示为

$$\sigma_{\mathrm{pcII}} = \frac{N_{\mathrm{pII}}}{A_n} \pm \frac{N_{\mathrm{pII}}e_{\mathrm{pnII}}}{I_n} \cdot y_n \tag{7.29-a}$$

$$e_{\mathrm{pnII}} = \frac{(\sigma_{\mathrm{con}} - \sigma_l)A_p y_{\mathrm{pn}} - (\sigma'_{\mathrm{con}} - \sigma'_l)A'_p y'_{\mathrm{pn}} - \sigma_{l5}A_s y_{\mathrm{ns}} + \sigma'_{l5}A'_s y'_{\mathrm{ns}}}{N_{\mathrm{pII}}} \tag{7.29-b}$$

式中 N_{pII}——预压完成即完成全部预应力损失 $\sigma_l = \sigma_{lI} + \sigma_{lII}$ 后,预应力筋及普通钢筋在构件截面上的合力,按式(7.20-b)计算;

$\quad\quad e_{\mathrm{pnII}}$——$N_{\mathrm{pII}}$ 至净截面形心轴的偏心距;

$\quad\quad y_{\mathrm{ns}}、y'_{\mathrm{ns}}$——受拉区及受压区普通钢筋合力作用点至净截面重心的距离。

7.4.4 应力验算步骤

1. 先张法构件施工阶段的应力验算

（1）求张拉控制应力及相应验算阶段的预应力损失。

第一批预应力损失完成后: $\sigma_{\mathrm{con}}(\sigma'_{\mathrm{con}})、\sigma_{lI}(\sigma'_{lI})$。

　　　　　　　《混规》第 10.2.7 条、第 10.2.2 条~第 10.2.4 条、表 10.2.1 第 4 项及注 2

第二批预应力损失完成后: $\sigma_{\mathrm{con}}(\sigma'_{\mathrm{con}})、\sigma_l(\sigma'_l) \geqslant 100\ \mathrm{MPa}$。

　　　　　　　《混规》第 10.2.7 条、第 10.2.2 条~第 10.2.5 条、表 10.2.1 第 4 项及注 2

（2）计算截面参数。

第一批预应力损失完成后: $A_p(A'_p)、A_0、I_0、y_0、y_p(y'_p)$。

第二批预应力损失完成后: $A_p(A'_p)、A_s(A'_s)、A_0、I_0、y_0、y_p(y'_p)、y_s(y'_s)$。

（3）构件截面上的合力及相应的换算截面偏心距。

第一批预应力损失完成后: $N_{\mathrm{p0I}}、e_{\mathrm{p0I}}$。

　　　　　　　　　　　　　　　　　　　　　　本章式(7.16-b)及式(7.16-c)

第二批预应力损失完成后: $N_{\mathrm{p0II}}、e_{\mathrm{p0II}}$。

　　　　　　　　　　　　　　　　　　　　　　本章式(7.20-b)及式(7.20-c)

（4）截面边缘混凝土的法向应力

第一批预应力损失完成后: σ_{pcI}。　　　　　　　　　　　　　　本章式(7.16-a)

第二批预应力损失完成后: σ_{pcII}。　　　　　　　　　　　　　　本章式(7.20-a)

（5）应力验算。

　　　　　　　　　　　　　　　　　　　　　　　　　　《混规》第 10.1.11 条

2. 后张法构件施工阶段的应力验算

（1）求张拉控制应力及相应验算阶段的预应力损失。

第一批预应力损失完成后: $\sigma_{\mathrm{con}}(\sigma'_{\mathrm{con}})、\sigma_{lI}(\sigma'_{lI})$。

　　　　　　　《混规》第 10.2.7 条、第 10.2.2 条~第 10.2.4 条、表 10.2.1 第 4 项及注 2

第二批预应力损失完成后: $\sigma_{\mathrm{con}}(\sigma'_{\mathrm{con}})、\sigma_l(\sigma'_l) \geqslant 80\ \mathrm{MPa}$。

　　　　　　　《混规》第 10.2.7 条、第 10.2.2 条~第 10.2.5 条、表 10.2.1 第 4 项及注 2

（2）计算截面参数。

第一批预应力损失完成后: $A_p(A'_p)、A_n、I_n、y_n、y_{\mathrm{pn}}(y'_{\mathrm{pn}})$。

第二批预应力损失完成后: $A_p(A'_p)、A_s(A'_s)、A_n、I_n、y_n、y_{\mathrm{pn}}(y'_{\mathrm{pn}})、y_{\mathrm{ns}}(y'_{\mathrm{ns}})$。

（3）构件截面上的合力及相应的换算截面偏心距。

第一批预应力损失完成后: $N_{\mathrm{pI}}、e_{\mathrm{pnI}}$。

第二批预应力损失完成后:N_{pII}、e_{pnII}。 本章式(7.16-b)及式(7.25-b)

（4）截面边缘混凝土的法向应力。 本章式(7.20-b)及式(7.29-b)

第一批预应力损失完成后:σ_{pcI}。 本章式(7.25-a)

第二批预应力损失完成后:σ_{pcII}。 本章式(7.29-a)

（5）应力验算。

《混规》第10.1.11条

7.5 正常使用极限状态设计

根据《混规》第3.4.1条及第10.1.1条可知,在对预应力混凝土构件进行正常使用极限状态设计时,除进行变形和裂缝宽度的验算外,对于不允许出现裂缝的构件,还应进行使用阶段混凝土的应力验算。

7.5.1 使用阶段应力验算

1. 正截面应力验算

从裂缝控制的角度,对不允许开裂即相应裂缝控制等级为一、二级的预应力混凝土构件,需进行正截面受拉区边缘混凝土的法向应力验算,《混规》有如下规定。

> 3.4.4 （部分）结构构件正截面的受力裂缝控制等级分为三级,等级划分及要求应符合下列规定。
>
> 一级——严格要求不出现裂缝的构件,按荷载标准组合计算时,构件受拉边缘混凝土不应产生拉应力。
>
> 二级——一般要求不出现裂缝的构件,按荷载标准组合计算时,构件受拉边缘混凝土拉应力不应大于混凝土抗拉强度的标准值。
>
> 7.1.1 （部分）钢筋混凝土和预应力混凝土构件,应按下列规定进行受拉边缘应力或正截面裂缝宽度验算。
>
> 　1 一级裂缝控制等级构件,在荷载标准组合下,受拉边缘应力应符合下列规定:
>
> $$\sigma_{ck} - \sigma_{pc} \leqslant 0 \tag{7.1.1-1}$$
>
> 　2 二级裂缝控制等级构件,在荷载标准组合下,受拉边缘应力应符合下列规定:
>
> $$\sigma_{ck} - \sigma_{pc} \leqslant f_{tk} \tag{7.1.1-2}$$
>
> 式中　σ_{ck}、σ_{cq}——荷载标准组合、准永久组合下抗裂验算边缘的混凝土法向应力;
>
> 　　　σ_{pc}——扣除全部预应力损失后在抗裂验算边缘混凝土的预压应力,按本规范公式(10.1.6-1)和公式(10.1.6-4)计算;
>
> 　　　f_{tk}——混凝土轴心抗拉强度标准值,按本规范表4.1.3-2采用。

2. 斜截面应力验算

对于预应力混凝土受弯构件,需进行正截面受拉区边缘混凝土的法向应力验算,基本规定详见7.1.1节。此外,还应对混凝土的主压应力以及斜截面上混凝土的主拉应力进行验算。主压应力的验算旨在避免过大的压应力导致混凝土抗拉强度过大地降低和裂缝过早地出现;主拉应力的验算则是为了避免斜裂缝的出现,故也应按照构件裂缝控制等级的不同予以区别对待。

> 7.1.6 预应力混凝土受弯构件应分别对截面上的混凝土主拉应力和主压应力进行验算。
>
> 　1 混凝土主拉应力
>
> 　1)一级裂缝控制等级构件,应符合下列规定:
>
> $$\sigma_{tp} \leqslant 0.85 f_{tk} \tag{7.1.6-1}$$

2）二级裂缝控制等级构件，应符合下列规定：

$$\sigma_{tp} \le 0.95 f_{tk} \quad (7.1.6-2)$$

2　混凝土主压应力

1）一级裂缝控制等级构件，应符合下列规定：

$$\sigma_{cp} \le 0.60 f_{ck} \quad (7.1.6-3)$$

式中　σ_{tp}、σ_{cp}——混凝土的主拉应力、主压应力，按本规范第 7.1.7 条确定。

　　此时，应选择跨度内不利位置的截面，对该截面的**换算截面重心处**和**截面宽度突变处**进行验算。

2）二级裂缝控制等级构件，应符合下列规定：

$$\sigma_{cp} \le 0.95 f_{ck} \quad (7.1.6-4)$$

注：对允许出现裂缝的吊车梁，在静力计算中应符合公式（7.1.6-2）和公式（7.1.6-3）的规定。

7.1.7　混凝土主拉应力和主压应力应按下列公式计算：

$$\left.\begin{array}{c}\sigma_{tp} \\ \sigma_{cp}\end{array}\right\} = \frac{\sigma_x + \sigma_y}{2} \pm \sqrt{\left(\frac{\sigma_x - \sigma_y}{2}\right)^2 + \tau^2} \quad (7.1.7-1)$$

$$\sigma_x = \sigma_{pc} + \frac{M_k y_0}{I_0} \quad (7.1.7-2)$$

$$\tau = \frac{\left(V_k - \sum \sigma_{pe} A_{pb} \sin \alpha_p\right) S_0}{I_0 b} \quad (7.1.7-3)$$

式中　σ_x——由预加力和弯矩值 M_k 在计算纤维处产生的混凝土法向应力；

　　　　σ_y——由集中荷载标准值 F_k 产生的混凝土竖向压应力；

　　　　τ——由剪力值 V_k 和弯起预应力筋的预加力在计算纤维处产生的混凝土剪应力；当计算截面上有扭矩作用时，尚应计入扭矩引起的剪应力；对超静定后张法预应力混凝土结构构件，在计算剪应力时，尚应计入预加力引起的次剪应力；

　　　　σ_{pc}——扣除全部预应力损失后，在计算纤维处由预加力产生的混凝土法向应力，按本规范公式（10.1.6-1）或公式（10.1.6-4）计算；

　　　　y_0——换算截面重心至计算纤维处的距离；

　　　　I_0——换算截面的惯性矩；

　　　　V_k——按荷载标准组合计算的剪力值；

　　　　S_0——计算纤维以上部分的换算截面面积对构件换算截面重心的面积矩；

　　　　σ_{pe}——弯起预应力筋的有效预应力；

　　　　A_{pb}——计算截面上同一弯起平面内的弯起预应力筋的截面面积；

　　　　α_p——计算截面上弯起预应力筋的切线与构件纵向轴线的夹角。

注：公式（7.1.7-1）、公式（7.1.7-2）中的 σ_x、σ_y、σ_{pc} 和 $M_k y_0 / I_0$，当为拉应力时，以正值代入；当为压应力时，以负值代入。

3. 混凝土应力计算

在使用阶段，无论是先张法还是后张法预应力构件，其受力特征都可以根据混凝土的应力变化状况分为消压、开裂及破坏三种极限状态破坏。

1）加载至受拉边缘混凝土预压应力为零的阶段

在构件完成所有预应力损失且未承受荷载前，构件在预加力及荷载作用下截面的应力分别如图 7.6（a）和（b）所示。由于构件处于弹性阶段，可以将两者叠加求得预应力构件在外荷载作用下截面混凝土的应力分布。假定外荷载和总预加力即 M_0 和 N_{pII} 在截面下边缘产生的混凝土拉、压应力恰好相等，如图 7.6（c）所示，则此时构件在截面下边缘受拉区的混凝土应力为零，即

$$\sigma - \sigma_{pcII} = \frac{M_0}{W_0} - \sigma_{pcII} = 0 \quad (7.30\text{-}a)$$

对式（7.30-a）做进一步变换可得

$$M_0 = \sigma_{\text{pcII}} W_0 \qquad (7.30\text{-}b)$$

式中　M_0——使截面下边缘受拉区混凝土应力等于零时施加的弯矩；

　　　　W_0——截面受拉边缘的弹性抵抗矩，对于先张法构件采用换算截面，后张法构件采用净截面计算。

同理，当预应力筋合力点处混凝土的法向应力等于零时，受拉区预应力筋的应力 σ_{p0} 为

$$\sigma_{p0} = \sigma_{\text{peII}} + \sigma_{\text{pcIIp}} \cdot \alpha_{\text{Ep}} \qquad (7.31)$$

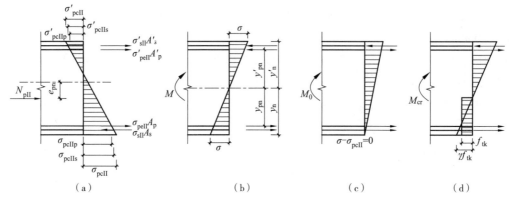

图 7.6　预应力混凝土受弯构件截面的应力分布图
（a）预加力作用下　（b）荷载作用下　（c）截面下边缘受拉区混凝土应力为零　（d）截面下边缘受拉区混凝土即将出现裂缝

对于先张法构件，将式（7.16）代入式（7.31）可得

$$\sigma_{p0} = \sigma_{\text{con}} - \sigma_l \qquad (7.32\text{-}a)$$

对于后张法构件，将式（7.26）代入式（7.31）可得

$$\sigma_{p0} = \sigma_{\text{con}} - \sigma_l + \sigma_{\text{pcIIp}} \cdot \alpha_{\text{Ep}} \approx \sigma_{\text{con}} - \sigma_l + \alpha_{\text{Ep}} \sigma_{\text{pcII}} \qquad (7.32\text{-}b)$$

2）加载至截面受拉区边缘混凝土即将出现裂缝

当构件截面下边缘受拉区混凝土的拉应力达到混凝土的抗拉强度标准值 f_{tk} 时，构件即将开裂，此时受拉区混凝土的应力分布呈曲线形。为了简化计算，可将受拉区的应力图形折算成如图 7.6（d）所示的下边缘为 γf_{tk} 的等效三角形应力图形，即认为当外荷载使截面下边缘受拉区混凝土应力达到 γf_{tk} 时，裂缝即将出现，此时作用在截面上的相应弯矩为 M_{cr}。这就相当于构件在承受 M_0 后，再增加相当于普通钢筋混凝土构件的开裂弯矩 $\overline{M}_{cr}$。

因此，预应力混凝土受弯构件的开裂弯矩为

$$M_{cr} = M_0 + \overline{M}_{cr} = \sigma_{\text{pcII}} W_0 + \gamma f_{tk} W_0 \qquad (7.33)$$

即

$$\sigma = \frac{M_{cr}}{W_0} = \sigma_{\text{pcII}} + \gamma f_{tk} \qquad (7.34)$$

式中　γ——混凝土构件的截面抵抗矩塑性影响系数。

可见，当荷载作用下截面下边缘受拉区混凝土的法向应力 $\sigma - \sigma_{\text{pcII}} \leqslant \gamma f_{tk}$ 时，表明截面受拉区尚不会开裂；当 $\sigma - \sigma_{\text{pcII}} > \gamma f_{tk}$ 时，表明受拉区混凝土已经开裂。

3）加载至构件破坏阶段

当截面下边缘受拉区混凝土的法向应力 $\sigma - \sigma_{\text{pcII}} > \gamma f_{tk}$ 后，构件在受拉区出现垂直裂缝，裂缝截面上的混凝土退出工作，全部应力由受拉区的钢筋承担。加载至构件破坏时，截面应力状态与普通钢筋混凝土受弯构件是相同的。对于适筋梁，受拉区普通钢筋及预应力筋均达到各自的抗拉强度设计值，受压区混凝土因达到极限压应变而被压碎。

关于使用阶段预应力混凝土受弯构件的上述应力计算过程也可得出，在先张法和后张法预应力构件承

载力和裂缝宽度的计算中,考虑预加力的作用,均应采用(弯矩 M_0 作用下)预应力筋截面重心处或合力点处混凝土法向预应力等于零时的预加力 N_{p0} 及其作用点的偏心距 e_{p0},预应力筋的抗力项中也应减去(弯矩 M_0 作用下)预应力筋的应力 σ_{p0}、σ'_{p0}。

对于使用阶段预应力混凝土构件中由外荷载及预加力产生的截面应力计算,《混规》有如下规定。

7.1.5　在荷载标准组合和准永久组合下,抗裂验算时截面边缘混凝土的法向应力应按下列公式计算。

　　1　轴心受拉构件

$$\sigma_{ck} = \frac{N_k}{A_0} \tag{7.1.5-1}$$

$$\sigma_{cq} = \frac{N_q}{A_0} \tag{7.1.5-2}$$

　　2　受弯构件

$$\sigma_{ck} = \frac{M_k}{W_0} \tag{7.1.5-3}$$

$$\sigma_{cq} = \frac{M_q}{W_0} \tag{7.1.7-4}$$

　　3　偏心受拉和偏心受压构件

$$\sigma_{ck} = \frac{M_k}{W_0} + \frac{N_k}{A_0} \tag{7.1.5-5}$$

$$\sigma_{cq} = \frac{M_q}{W_0} + \frac{N_q}{A_0} \tag{7.1.7-6}$$

式中　A_0——构件换算截面面积;

　　　　W_0——构件换算截面受拉边缘的弹性抵抗矩。

10.1.6　由预加力产生的混凝土法向应力及相应阶段预应力筋的应力,可分别按下列公式计算。

　　1　先张法构件

由预加力产生的混凝土法向应力:

$$\sigma_{pc} = \frac{N_{p0}}{A_0} \pm \frac{N_{p0}e_{p0}}{I_0}y_0 \tag{10.1.6-1}$$

相应阶段预应力筋的有效预应力:

$$\sigma_{pc} = \sigma_{con} - \sigma_l - \alpha_E\sigma'_{pc} \tag{10.1.6-2}$$

预应力筋合力点处混凝土法向应力等于零时的预应力筋应力:

$$\sigma_{p0} = \sigma_{con} - \sigma_l \tag{10.1.6-3}$$

　　2　后张法构件

由预加力产生的混凝土法向应力:

$$\sigma_{pc} = \frac{N_p}{A_n} \pm \frac{N_pe_{pn}}{I_n}y_n + \sigma_{p2} \tag{10.1.6-4}$$

相应阶段预应力筋的有效预应力:

$$\sigma_{pe} = \sigma_{con} - \sigma_l \tag{10.1.6-5}$$

预应力筋合力点处混凝土法向应力等于零时的预应力筋应力:

$$\sigma_{p0} = \sigma_{con} - \sigma_l + \alpha_E\sigma_{pc} \tag{10.1.6-6}$$

式中　A_n——净截面面积,即扣除孔道、凹槽等削弱部分以外的混凝土全部截面面积及纵向非预应力筋截面面积换算成混凝土的截面面积之和;对由不同混凝土强度等级组成的截面,应根据混凝土弹性模量比值换算成同一混凝土强度等级的截面面积;

A_0——换算截面面积,包括净截面面积以及全部纵向预应力筋截面面积换算成混凝土的截面面积;

$I_0 \ I_n$——换算截面惯性矩、净截面惯性矩;

$e_{p0} \ e_{pn}$——换算截面重心、净截面重心至预加力作用点的距离,按本规范第10.1.7条的规定计算;

$y_0 \ y_n$——换算截面重心、净截面重心至所计算纤维处的距离;

σ_l——相应阶段的预应力损失值,按本规范第10.2.1条至第10.2.7条的规定计算;

α_E——钢筋弹性模量与混凝土弹性模量的比值,即$\alpha_E = E_s/E_c$,此处E_s按本规范表4.2.5采用,E_c按本规范表4.1.5采用;

$N_{p0} \ N_p$——先张法构件、后张法构件的预加力,按本规范第10.1.7条计算;

σ_{p2}——由预应力次内力引起的混凝土截面法向应力。

注:在公式(10.1.6-1)、公式(10.1.6-4)中,右边第二项与第一项的应力方向相同时取加号,相反时取减号;公式(10.1.6-2)、公式(10.1.6-6)适用于σ_{pc}为压应力的情况,当σ_{pc}为拉应力时,应以负值代入。

10.1.7　预加力及其作用点的偏心距(图10.1.7)宜按下列公式计算。

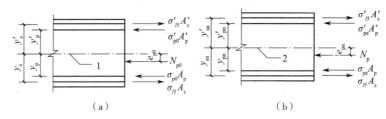

图10.1.7　预加力作用点位置
(a)先张法构件　(b)后张法构件
1—换算截面重心轴;2—净截面重心轴

1　先张法构件

$$N_{p0} = \sigma_{p0}A_p + \sigma'_{p0}A'_p - \sigma_{l5}A_s - \sigma'_{l5}A'_s \qquad (10.1.7\text{-}1)$$

$$e_{p0} = \frac{\sigma_{p0}A_p y_p - \sigma'_{p0}A'_p y'_p - \sigma_{l5}A_s y_s + \sigma'_{l5}A'_s y'_s}{\sigma_{p0}A_p + \sigma'_{p0}A'_p - \sigma_{l5}A_s - \sigma'_{l5}A'_s} \qquad (10.1.7\text{-}2)$$

2　后张法构件

$$N_p = \sigma_{pe}A_p + \sigma'_{pe}A'_p - \sigma_{l5}A_s - \sigma'_{l5}A'_s \qquad (10.1.7\text{-}3)$$

$$e_{pn} = \frac{\sigma_{pe}A_p y_{pn} - \sigma'_{pe}A'_p y'_{pn} - \sigma_{l5}A_s y_{sn} + \sigma'_{l5}A'_s y'_{sn}}{\sigma_{pe}A_p + \sigma'_{pe}A'_p - \sigma_{l5}A_s - \sigma'_{l5}A'_s} \qquad (10.1.7\text{-}4)$$

式中　σ_{p0}、σ'_{p0}——受拉区、受压区预应力筋合力点处混凝土法向应力等于零时的预应力筋应力;

σ_{pe}、σ'_{pe}——受拉区、受压区预应力筋的有效预应力;

A_p、A'_p——受拉区、受压区纵向预应力筋的截面面积;

A_s、A'_s——受拉区、受压区纵向普通钢筋的截面面积;

y_p、y'_p——受拉区、受压区预应力筋合力点至换算截面重心的距离;

y_s、y'_s——受拉区、受压区普通钢筋重心至换算截面重心的距离;

σ_{l5}、σ'_{l5}——受拉区、受压区预应力筋在各自合力点处混凝土收缩和徐变引起的预应力损失值,按本规范第10.2.5条的规定计算;

y_{pn}、y'_{pn}——受拉区、受压区预应力筋合力点至净截面重心的距离。

注:1. 当公式(10.1.7-1)至公式(10.1.7-4)中的$A'_p = 0$时,可取式中$\sigma'_{l5} = 0$;

2. 当计算次内力时,公式(10.1.7-3)、公式(10.1.7-4)中的σ_{l5}和σ'_{l5}可近似取零。

4. 应力验算步骤

1）先张法构件使用阶段的应力验算

（1）张拉控制应力及全部预应力损失 $\sigma_{con}(\sigma'_{con})$、$\sigma_l(\sigma'_l) \geqslant 100$ MPa。

《混规》第 10.2.7 条、第 10.2.2 条~第 10.2.5 条、表 10.2.1 第 4 项及注 2

（2）计算截面参数 $A_p(A'_p)$、$A_s(A'_s)$、A_0、I_0、y_0、$y_p(y'_p)$、$y_s(y'_s)$。

（3）预应力筋合力点处混凝土法向应力等于零时的预应力筋应力 σ_{p0}。

《混规》式（10.1.6-3）

（4）构件截面上的合力 N_{p0} 及相应的换算截面偏心距 e_{p0}。

《混规》式（10.1.7-1）及式（10.1.7-2）

（5）由预加力产生的截面边缘混凝土法向应力 σ_{pc}。

《混规》式（10.1.6-1）

（6）由外荷载产生的截面边缘混凝土法向应力 σ_{ck} 或 σ_{cq}。

《混规》第 7.1.5 条

（7）裂缝控制验算（正截面应力验算）。

《混规》第 7.1.1 条

（8）受弯构件斜截面应力验算。

《混规》第 7.1.7 条、第 7.1.6 条

2）后张法构件使用阶段的应力验算

（1）张拉控制应力及全部预应力损失 $\sigma_{con}(\sigma'_{con})$、$\sigma_l(\sigma'_l) \geqslant 80$ MPa。

《混规》第 10.2.7 条、第 10.2.2 条~第 10.2.5 条、表 10.2.1 第 4 项及注 2

（2）计算截面参数 $A_p(A'_p)$、$A_s(A'_s)$、A_n、I_n、y_n、$y_{pn}(y'_{pn})$、$y_{sn}(y'_{sn})$。

（3）预应力筋使用阶段的有效应力 σ_{pe}。

《混规》式（10.1.6-5）

（4）构件截面上的合力 N_p 及相应的换算截面偏心距 e_{pn}。

《混规》式（10.1.7-3）及式（10.1.7-4）

（5）由预加力产生的截面边缘混凝土法向应力 σ_{pc}。

《混规》式（10.1.6-4）

（6）由外荷载产生的截面边缘混凝土法向应力 σ_{ck} 或 σ_{cq}。

《混规》第 7.1.5 条

（7）裂缝控制验算（正截面应力验算）。

《混规》第 7.1.1 条

（8）受弯构件斜截面应力验算。

《混规》第 7.1.7 条、第 7.1.6 条

7.5.2　裂缝控制验算

关于裂缝控制等级为一、二级的预应力混凝土构件正截面受拉区边缘混凝土的法向应力验算及预应力混凝土受弯构件的斜截面裂缝控制验算，详见 7.5.1 节。对于允许开裂即裂缝控制等级为三级的预应力混凝土构件，尚应进行最大裂缝宽度的验算。《混规》有如下规定。

3.4.4 （部分）结构构件正截面的受力裂缝控制等级分为三级，等级划分及要求应符合下列规定。

　　三级——允许出现裂缝的构件，对预应力混凝土构件，按荷载标准组合并考虑长期作用的影响计算时，构件的最大裂缝宽度不应超过本规范第 3.4.5 条规定的最大裂缝宽度限值；对二 a 类环境的预应力混凝土构件，尚应按荷载准永久组合计算，且构件受拉边缘混凝土的拉应力不应大于混凝土的抗拉强度标准值。

7.1.1（部分）钢筋混凝土和预应力混凝土构件,应按下列规定进行受拉边缘应力或正截面裂缝宽度验算。

3 三级裂缝控制等级时,钢筋混凝土构件的最大裂缝宽度可按荷载准永久组合并考虑长期作用影响的效应计算,**预应力混凝土构件的最大裂缝宽度可按荷载标准组合并考虑长期作用影响的效应计算。** 最大裂缝宽度应符合下列规定:

$$\omega_{max} \leq \omega_{lim} \tag{7.1.1-3}$$

对环境类别为二 a 类的预应力混凝土构件,在荷载准永久组合下, 受拉边缘应力尚应符合下列规定:

$$\sigma_{cq} - \sigma_{pc} \leq f_{tk} \tag{7.1.1-4}$$

式中 σ_{ck}、σ_{cq}——荷载标准组合、准永久组合下抗裂验算边缘的混凝土法向应力;

σ_{pc}——扣除全部预应力损失后在抗裂验算边缘混凝土的预压应力,按本规范公式（10.1.6-1）和公式（10.1.6-4）计算;

f_{tk}——混凝土轴心抗拉强度标准值,按本规范表4.1.3-2采用;

ω_{max}——按荷载的标准组合或准永久组合并考虑长期作用影响计算的最大裂缝宽度,按本规范第7.1.2条计算;

ω_{lim}——最大裂缝宽度限值,按本规范第3.4.5条采用。

预应力混凝土构件使用阶段最大裂缝宽度的计算方法与普通钢筋混凝土构件相同。但对于其中按荷载标准组合或准永久组合计算的预应力筋混凝土构件纵向受拉钢筋等效应力,《混规》有如下规定。

7.1.4 在荷载准永久组合或标准组合下,钢筋混凝土构件受拉区纵向普通钢筋的应力或预应力混凝土构件受拉区纵向钢筋的等效应力也可按下列公式计算。

2 预应力混凝土构件受拉区纵向钢筋的等效应力

1)轴心受拉构件:

$$\sigma_{sk} = \frac{N_k - N_{p0}}{A_p + A_s} \tag{7.1.4-9}$$

2)受弯构件:

$$\sigma_{sk} = \frac{M_k - N_{p0}(z - e_p)}{(\alpha_1 A_p + A_s)z} \tag{7.1.4-10}$$

$$e = e_p + \frac{M_k}{N_{p0}} \tag{7.1.4-11}$$

$$e_p = y_{ps} - e_{p0} \tag{7.1.4-12}$$

式中 A_p——受拉区纵向预应力筋截面面积,对轴心受拉构件,取全部纵向预应力筋截面面积;对受弯构件,取受拉区纵向预应力筋截面面积;

N_{p0}——计算截面上混凝土法向预应力等于零时的预加力,应按本规范第10.1.13条的规定计算;

N_k、M_k——按荷载标准组合计算的轴向力值、弯矩值;

z——受拉区纵向普通钢筋和预应力筋合力点至截面受压区合力点的距离,按公式（7.1.4-5）计算,其中 e 按公式（7.1.4-11）计算;

α_1——无黏结预应力筋的等效折减系数,取 α_1 为0.3;对灌浆的后张预应力筋,取 α_1 为1.0;

e_p——计算截面上混凝土法向预应力等于零时的预加力 N_{p0} 的作用点至受拉区纵向预应力筋和普通钢筋合力点的距离;

y_{ps}——受拉区纵向预应力筋和普通钢筋合力点的偏心距;

e_{p0}——计算截面上混凝土法向预应力等于零时的预加力 N_{p0} 作用点的偏心距,应按本规范第10.1.13条的规定计算。

7.1.4 条文说明（部分）

本条给出的钢筋混凝土构件的纵向受拉钢筋应力和预应力混凝土构件的纵向受拉钢筋等效应力是指在荷载的准永久组合或标准组合下构件裂缝截面上产生的钢筋应力，下面按受力性质分别说明。

3　对**预应力混凝土构件的纵向受拉钢筋等效应力**，是指在该钢筋合力点处混凝土预压应力抵消后钢筋中的应力增量，可视它为等效于钢筋混凝土构件中的钢筋应力 σ_{sk}。

预应力混凝土轴心受拉构件的纵向受拉钢筋等效应力的计算公式（7.1.4-9）就是基于上述的假定给出的。

4　对**预应力混凝土受弯构件**，其纵向受拉钢筋的应力和等效应力可根据相同的概念给出。此时，<u>可把预应力及非预应力钢筋的合力 N_{p0} 作为压力与弯矩值 M_k 一起作用于截面，这样预应力混凝土受弯构件就等效于钢筋混凝土偏心受压构件。</u>

对裂缝截面的纵向受拉钢筋应力和等效应力，由建立内、外力对受压区合力取矩的平衡条件，可得公式（7.1.4-4）和公式（7.1.4-10）。

纵向受拉钢筋合力点至受压区合力点的距离 $z=\eta h_0$，可近似按本规范第 6.2 节的基本假定确定。考虑到计算的复杂性，通过计算分析，可采用下列内力臂系数的拟合公式：

$$\eta = \eta_b - (\eta_b - \eta_0)\left(\frac{M_0}{M_e}\right)^2 \tag{5}$$

式中　η_b——钢筋混凝土受弯构件在使用阶段的裂缝截面内力臂系数；

η_0——纵向受拉钢筋截面重心处混凝土应力为零时的截面内力臂系数；

M_0——受拉钢筋截面重心处混凝土应力为零时的消压弯矩，对偏压构件，取 $M_0=N_k\eta_0 h_0$；对预应力混凝土受弯构件，取 $M_0=N_{p0}(\eta_0 h_0 - e_p)$；

M_e——外力对受拉钢筋合力点的力矩，对偏压构件，取 $M_e=N_k e$；对预应力混凝土受弯构件，取 $M_e=M_k+N_{p0}e_p$ 或 $M_e=N_{p0}e$。

公式（5）可进一步改写为

$$\eta = \eta_b - \alpha\left(\frac{h_0}{e}\right)^2 \tag{6}$$

通过分析，适当考虑混凝土的塑性影响，并经有关构件的试验结果校核后，本规范给出了以上述拟合公式为基础的简化公式（7.1.4-5）。当然，本规范不排斥采用更精确的方法计算预应力混凝土受弯构件的内力臂 z。

5　根据国内多家单位的科研成果，在本规范预应力混凝土受弯构件受拉区纵向钢筋等效应力计算公式的基础上，采用无黏结预应力筋等效面积折减系数 α_1，即可将原公式用于无黏结部分预应力混凝土受弯构件 σ_{sk} 的相关计算。

7.5.3　受弯挠度验算

1. 短期刚度和长期刚度的计算

近年来，部分高校和研究单位在修订《钢筋混凝土结构设计规范》和编制《部分预应力混凝土结构设计建议》的过程中开展了不少研究工作，针对预应力混凝土受弯构件短期刚度 B_s 提出了新的计算公式。该计算公式假定 $M\text{-}\varphi$ 曲线呈双折线关系（图 7.7），且折线的交点位于构件的开裂弯矩 M_{cr} 处，在此基础上推导得到的短期刚度的基本计算公式为

$$B_s = \beta E_c I_0 = \frac{E_c I_0}{\dfrac{1}{\beta_{0.4}} + \dfrac{M_{cr}/M_k - 0.4}{1 - 0.4}\left(\dfrac{1}{\beta_{cr}} - \dfrac{1}{\beta_{0.4}}\right)} \tag{7.35}$$

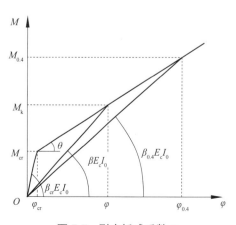

图 7.7　刚度折减系数 β

式中　$\beta_{0.4}$——$M_{cr}/M_k=0.4$ 时的刚度折减系数；

　　　　β_{cr}——$M_{cr}=M_k$ 时的刚度折减系数，$\beta_{cr}=0.85$；

　　　　M_{cr}——构件的截面开裂弯矩；

　　　　M_k——标准荷载作用下截面的弯矩。

$1/\beta_{0.4}$ 与有关影响因素 $1/(\alpha_E\rho)$ 之间的关系可以根据试验数据近似拟合得出，即

$$\frac{1}{\beta_{0.4}}=\left(0.8+\frac{0.15}{\alpha_E\rho}\right)(1+0.45\gamma_f) \qquad (7.36)$$

将 $\beta_{cr}=0.85$ 及式（7.36）代入式（7.35）后，便可得出预应力混凝土受弯构件的截面短期刚度计算公式。《混规》有如下规定。

7.2.3 按裂缝控制等级要求的荷载组合作用下，钢筋混凝土受弯构件和预应力混凝土受弯构件的短期刚度 B_s，可按下列公式计算。

　　2 预应力混凝土受弯构件

　　1）要求不出现裂缝的构件：

$$B_s=0.85E_cI_0 \qquad (7.2.3-2)$$

　　2）允许出现裂缝的构件：

$$B_s=\frac{0.85E_cI_0}{\kappa_{cr}+(1-\kappa_{cr})\omega} \qquad (7.2.3-3)$$

$$\kappa_{cr}=\frac{M_{cr}}{M_k} \qquad (7.2.3-4)$$

$$\omega=\left(1.0+\frac{0.21}{\alpha_E\rho}\right)(1+0.45\gamma_f)-0.7 \qquad (7.2.3-5)$$

$$M_{cr}=(\sigma_{pc}+\gamma f_{tk})W_0 \qquad (7.2.3-6)$$

$$\gamma_f=\frac{(b_f-b)h_f}{bh_0} \qquad (7.2.3-7)$$

式中　α_E——钢筋弹性模量与混凝土弹性模量的比值，即 E_s/E_c；

　　　　ρ——纵向受拉钢筋配筋率，**对预应力混凝土受弯构件**，取为 $(\alpha_1A_p+A_s)/(bh_0)$，对灌浆的后张预应力筋，取 $\alpha_1=1.0$，对无黏结后张预应力筋，取 $\alpha_1=0.3$；

　　　　I_0——换算截面惯性矩；

　　　　γ_f——受拉翼缘截面面积与腹板有效截面面积的比值；

　　　　b_f、h_f——受拉区翼缘的宽度、高度；

　　　　κ_{cr}——预应力混凝土受弯构件正截面的开裂弯矩 M_{cr} 与弯矩 M_k 的比值，当 $\kappa_{cr}>1.0$ 时，取 $\kappa_{cr}=1.0$；

　　　　σ_{pc}——扣除全部预应力损失后，由预加力在抗裂验算边缘产生的混凝土预压应力；

　　　　γ——混凝土构件的截面抵抗矩塑性影响系数，按本规范第 7.2.4 条确定。

　　注：对预压时预拉区出现裂缝的构件，B_s 应降低 10%。

7.2.3 条文说明（部分）

　　本次修订根据国内多家单位的科研成果，在预应力混凝土构件短期刚度计算公式的基础上，采用无黏结预应力筋等效面积折减系数 α_1，适当调整 ρ 值，即可将原公式用于无黏结部分预应力混凝土构件的短期刚度计算。

7.2.4 混凝土构件的截面抵抗矩塑性影响系数 γ 可按下列公式计算：

$$\gamma=\left(0.7+\frac{120}{h}\right)\gamma_m \qquad (7.2.4)$$

式中　γ_m——混凝土构件的截面抵抗矩塑性影响系数基本值，可按正截面应变保持平面的假定，并取受拉区混凝土应力图形为梯形、受拉边缘混凝土极限拉应变为 $2f_{tk}/E_c$ 确定；对常用的截面形状，γ_m 值可按表 7.2.4 取用；

　　h——截面高度（mm），当 $h<400$ 时，取 $h=400$；当 $h>1\,600$ 时，取 $h=1\,600$；对圆形、环形截面，取 $h=2r$，此处 r 为圆形截面半径或环形截面的外环半径。

表 7.2.4　截面抵抗矩塑性影响系数基本值 γ_m

项次	1	2	3		4		5
截面形状	矩形截面	翼缘位于受压区的 T 形截面	对称 I 形截面或箱形截面		翼缘位于受拉区的倒 T 形截面		圆形和环形截面
			$b_f/b\le2$、h_f/h 为任意值	$b_f/b>2$、$h_f/h<0.2$	$b_f/b\le2$、h_f/h 为任意值	$b_f/b>2$、$h_f/h<0.2$	
γ_m	1.55	1.50	1.45	1.35	1.50	1.40	$1.6-0.24\,r_1/r$

注：1. 对 $b_f'>b_f$ 的 I 形截面，可按项次 2 与项次 3 之间的数值采用；对 $b_f'<b_f$ 的 I 形截面，可按项次 3 与项次 4 之间的数值采用；

　　2. 对于箱形截面，b 系指各肋宽度的总和；

　　3. r_1 为环形截面的内环半径，对圆形截面取 r_1 为零。

当荷载长期作用在预应力混凝土受弯构件上时，受拉区及受压区混凝土的徐变以及钢筋和混凝土的滑移均会造成截面曲率的增大，即构件的截面弯曲刚度是随着时间的增长而降低的。《混规》通过考虑荷载长期作用对截面挠度增大的影响系数 θ 来反映这一因素对挠度计算结果的影响，受弯构件截面长期弯曲刚度的计算详见 6.2.3 节，此处不再介绍。

2. 预应力构件的反拱计算和控制

《混规》有如下规定。

7.2.6　预应力混凝土受弯构件在使用阶段的预加力反拱值，可用结构力学方法按刚度 E_cI_0 进行计算，并应考虑预压应力长期作用的影响，计算中预应力筋的应力应扣除全部预应力损失。简化计算时，可将计算的反拱值乘以增大系数 2.0。

对重要的或特殊的预应力混凝土受弯构件的长期反拱值，可根据专门的试验分析确定或根据配筋情况采用考虑收缩、徐变影响的计算方法分析确定。

7.2.7　对预应力混凝土构件应采取措施控制反拱和挠度，并宜符合下列规定：

1　当考虑反拱后计算的构件长期挠度不符合本规范第 3.4.3 条的有关规定时，可采用施工预先起拱等方式控制挠度；

2　对永久荷载相对于可变荷载较小的预应力混凝土构件，应考虑反拱过大对正常使用的不利影响，并应采取相应的设计和施工措施。

7.2.7 条文说明

全预应力混凝土受弯构件，因为消压弯矩始终大于荷载准永久组合作用下的弯矩，在一般情况下预应力混凝土梁总是向上拱曲的；但对部分预应力混凝土梁，常为允许开裂，其上拱值将减小，当梁的永久荷载与可变荷载的比值较大时，有可能随时间的增长出现梁逐渐下挠的现象。因此，对预应力混凝土梁规定应采取措施控制挠度。

当预应力长期反拱值小于按荷载标准组合计算的长期挠度时，则需要进行施工起拱，其值可取为荷载标准组合计算的长期挠度与预加力长期反拱值之差。对永久荷载较小的构件，当预应力产生的长期反拱值大于按荷载标准组合计算的长期挠度时，梁的上拱值将增大。因此，在设计阶段需要进行专项设计，并通过控制预应力度、选择预应力筋配筋数量、在施工上配合采取措施控制反拱。

对于长期上拱值的计算，可采用本规范提出的简单增大系数，也可采用其他精确计算方法。

7.6 构造措施

7.6.1 纵筋配筋率要求

1. 有黏结预应力混凝土构件

当按裂缝控制要求配置的预应力筋不能满足承载力要求时,承载力不足部分可由普通钢筋承担,采用混合配筋的设计方法。当然,这种方式也带来了一些弊端,例如当预应力混凝土构件配置钢筋时,由于混凝土收缩和徐变的影响,会在这些钢筋中产生内力。这些内力减少了受拉区混凝土的法向预压应力,使构件的抗裂性能降低,计算时应考虑这种影响,详见《混规》第 10.1.7 条。对于预应力混凝土构件预拉区纵向钢筋的构造最小配筋率,《混规》则取略低于普通钢筋混凝土构件的最小配筋率。

> 10.1.12 施工阶段预拉区允许出现拉应力的构件,预拉区纵向钢筋的配筋率 $(A'_s + A'_p)/A$ 不宜小于 0.15%,对后张法构件不应计入 A'_p,其中 A 为构件截面面积。预拉区纵向普通钢筋的直径不宜大于 14 mm,并应沿构件预拉区的外边缘均匀配置。
>
> 注:施工阶段预拉区不允许出现裂缝的板类构件,预拉区纵向钢筋的配筋可根据具体情况按实践经验确定。

2. 无黏结预应力混凝土构件

工程试验研究表明,在无黏结预应力受弯构件的预压受拉区,配置一定数量的普通钢筋,可以避免该类构件在极限状态下发生双折线形的脆性破坏现象,并改善开裂状态下构件的裂缝性能和延性性能。结合国内外相关研究成果,《混规》有如下规定。

> 10.1.15 无黏结预应力混凝土**受弯构件的受拉区**,纵向普通钢筋截面面积 A_s 的配置应符合下列规定。
>
> 1 单向板
>
> $$A_s \geq 0.002bh \qquad (10.1.15\text{-}1)$$
>
> 式中 b——截面宽度;
>
> h——截面高度。
>
> **纵向普通钢筋直径不应小于 8 mm,间距不应大于 200 mm。**
>
> 2 梁
>
> A_s 应取下列两式计算结果的**较大值**:
>
> $$A_s \geq \frac{1}{3}\left(\frac{\sigma_{pu}h_p}{f_y h_s}\right)A_p \qquad (10.1.15\text{-}2)$$
>
> $$A_s \geq 0.003bh \qquad (10.1.15\text{-}3)$$
>
> 式中 h_s——纵向受拉普通钢筋合力点至截面受压边缘的距离。
>
> **纵向受拉普通钢筋直径不宜小于 14 mm,且宜均匀分布在梁的受拉边缘。**
>
> 对按一级裂缝控制等级设计的梁,当无黏结预应力筋承担不小于 75% 的弯矩设计值时,纵向受拉普通钢筋面积应满足承载力计算和公式(10.1.15-3)的要求。
>
> 10.1.15 条文说明(部分)
>
> 2 梁正弯矩区普通钢筋的最小面积

　　无黏结预应力梁的试验表明,为了改善构件在正常使用下的变形性能,应采用预应力筋及有黏结普通钢筋混合配筋方案。在全部配筋中,有黏结纵向普通钢筋的拉力占到承载力设计值 M_u 产生总拉力的 25% 或更多时,可更有效地改善无黏结预应力梁的性能,如裂缝分布、间距和宽度以及变形性能,从而达到接近有黏结预应力梁的性能。本规范公式(10.1.15-2)是根据此比值要求,并考虑预应力筋及普通钢筋重心离截面受压区边缘纤维的距离 h_p、h_s 影响得出的。

　　对按一级裂缝控制等级设计的无黏结预应力混凝土构件,根据试验研究结果,可仅配置比最小配筋率略大的非预应力普通钢筋,取 ρ_{min} 等于 0.003。

10.1.16　无黏结预应力混凝土板柱结构中的**双向平板**,其纵向普通钢筋截面面积 A_s 及其分布应符合下列规定。

　　1　在柱边的负弯矩区,**每一方向上**纵向普通钢筋的截面面积应符合下列规定:

$$A_s \geq 0.000\,75hl \tag{10.1.16-1}$$

式中　l——平行于计算纵向受力钢筋方向上板的跨度;

　　　　h——板的厚度。

　　由上式确定的纵向普通钢筋,应分布在各离柱边 1.5h 的板宽范围内。<u>每一方向至少应设置 4 根直径不小于 16 mm 的钢筋</u>。

　　纵向钢筋间距不应大于 300 mm,外伸出柱边长度至少为支座每一边净跨的 1/6。在承载力计算中考虑纵向普通钢筋的作用时,其伸出柱边的长度应按计算确定,并应符合本规范第 8.3 节对锚固长度的规定。

　　2　在荷载标准组合下,当**正弯矩区每一方向上**抗裂验算边缘的混凝土法向拉应力满足下列规定时,正弯矩区可仅按构造配置纵向普通钢筋:

$$\sigma_{ck} - \sigma_{pc} \leq 0.4f_{tk} \tag{10.1.16-2}$$

　　3　在荷载标准组合下,当正弯矩区每一个方向上抗裂验算边缘的混凝土法向拉应力超过 $0.4f_{tk}$ 且不大于 $1.0f_{tk}$ 时,纵向普通钢筋的截面面积应符合下列规定:

$$A_s \geq \frac{N_{tk}}{0.5f_y} \tag{10.1.16-3}$$

式中　N_{tk}——在荷载标准组合下构件混凝土未开裂截面受拉区的合力;

　　　　f_y——钢筋的抗拉强度设计值,**当 f_y 大于 360 N/mm² 时,取 360 N/mm²**。

　　纵向普通钢筋应均匀分布在板的受拉区内,并应靠近受拉边缘通长布置。

　　4　在平板的边缘和拐角处,应设置**暗圈梁**或设置钢筋混凝土**边梁**。暗圈梁的纵向钢筋直径不应小于 12 mm,且不应少于 4 根;箍筋直径不应小于 6 mm,间距不应大于 150 mm。

　　注:在温度、收缩应力较大的现浇双向平板区域内,应按本规范第 9.1.8 条配置普通构造钢筋网。

10.1.16 条文说明(部分)

　　对无黏结预应力混凝土板柱结构中的双向平板,所要求配置的普通钢筋分述如下。

　　负弯矩区普通钢筋的配置。美国进行过 1:3 的九区格后张无黏结预应力平板的模型试验。结果表明,只要在柱宽及两侧各离柱边 1.5~2 倍的板厚范围内配置占柱上板带横截面面积 0.15% 的普通钢筋,就能很好地控制和分散裂缝,并使柱带区域内的弯曲和剪切强度都能充分发挥出来。此外,这些钢筋应集中通过柱子和靠近柱子布置。钢筋的中到中间距应不超过 300 mm,而且每一方向应不少于 4 根钢筋。对通常的跨度,这些钢筋的总长度应等于跨度的 1/3。我国进行的 1:2 无黏结部分预应力平板的试验也证实在上述柱面积范围内配置的钢筋是适当的。本规范根据公式(10.1.16-1),矩形板在长跨方向将布置更多的钢筋。

正弯矩区普通钢筋的配置。在正弯矩区,双向板在使用荷载下按照抗裂验算边缘混凝土法向拉应力确定普通钢筋配置数量的规定,是参照美国ACI规范对双向板柱结构关于有黏结普通钢筋最小截面面积的规定,并结合国内多年来对该板按二级裂缝控制和配置有黏结普通钢筋的工程经验作出规定的。<u>针对温度、收缩应力所需配置的普通钢筋应按本规范第 9.1 节的相关规定执行</u>。

在楼盖的边缘和拐角处,通过设置钢筋混凝土边梁,并考虑柱头剪切作用,将该梁的箍筋加密配置,可提高边柱和角柱节点的受冲切承载力。

10.1.17　预应力混凝土受弯构件的正截面受弯承载力设计值应符合下列要求:

$$M_u \geq M_{cr} \tag{10.1.17}$$

式中　M_u——构件的正截面受弯承载力设计值,按本规范公式(6.2.10-1)、公式(6.2.11-2)或公式(6.2.14)计算,但应取等号,并将 M 以 M_u 代替;

　　　M_{cr}——构件的正截面开裂弯矩值,按本规范公式(7.2.3-6)计算。

10.1.17 条文说明

本条规定了预应力混凝土构件的弯矩设计值不小于开裂弯矩,其目的是控制受拉钢筋总配筋量不能过少,使构件具有应有的延性,以防止预应力受弯构件开裂后的突然脆断。

7.6.2　预应力筋及孔道布置

为了保证先张法预应力筋的锚固及预应力传递性能,后张法曲线预应力筋在张拉时不会因局部挤压应力造成孔道间混凝土的剪切破坏,预应力混凝土构件应确保其预应力筋满足一定的净距要求。根据多年总结的工程经验并考虑构件耐久性的要求,《混规》有如下规定。

10.3.1　先张法预应力筋之间的净间距不宜小于其公称直径的 2.5 倍和混凝土粗骨料最大粒径的 1.25 倍,且应符合下列规定:预应力钢丝,不应小于 15 mm;三股钢绞线,不应小于 20 mm;七股钢绞线,不应小于 25 mm。当混凝土振捣密实性具有可靠保证时,净间距可放宽为最大粗骨料粒径的 1.0 倍。

10.3.7　后张法预应力筋及预留孔道布置应符合下列构造规定。

1　预制构件中预留孔道之间的水平净间距不宜小于 50 mm,且不宜小于粗骨料粒径的 1.25 倍;孔道至构件边缘的净间距不宜小于 30 mm,且不宜小于孔道直径的 50%。

2　现浇混凝土梁中预留孔道在竖直方向的净间距不应小于孔道外径,水平方向的净间距不宜小于 1.5 倍孔道外径,且不应小于粗骨料粒径的 1.25 倍;从孔道外壁至构件边缘的净间距,梁底不宜小于 50 mm,梁侧不宜小于 40 mm,裂缝控制等级为三级的梁,梁底、梁侧分别不宜小于 60 mm 和 50 mm。

3　预留孔道的内径宜比预应力束外径及需穿过孔道的连接器外径大 6~15 mm,且孔道的截面面积宜为穿入预应力束截面面积的 3.0~4.0 倍。

4　当有可靠经验并能保证混凝土浇筑质量时,预留孔道可水平并列贴紧布置,但并排的数量不应超过 2 束。

5　在现浇楼板中采用扁形锚固体系时,穿过每个预留孔道的预应力筋数量宜为 3~5 根;在常用荷载情况下,孔道在水平方向的净间距不应超过 8 倍板厚及 1.5 m 中的较大值。

6　板中单根无黏结预应力筋的间距不宜大于板厚的 6 倍,且不宜大于 1 m;带状束的无黏结预应力筋根数不宜多于 5 根,带状束间距不宜大于板厚的 12 倍,且不宜大于 2.4 m。

7　梁中集束布置的无黏结预应力筋,集束的水平净间距不宜小于 50 mm,集束至构件边缘的净距不宜小于 40 mm。

7.6.3　锚固区节点构造

先张法预应力传递长度范围内局部挤压造成的环向拉应力容易导致构件端部混凝土出现劈裂裂缝,因此端部应采取构造措施,以保证自锚端的局部承载力。

后张预应力混凝土构件端部锚固区和构件端面在预应力筋张拉后常出现两类裂缝:其一是局部承压区承压垫板后面的纵向劈裂裂缝;其二是当预应力束在构件端部偏心布置,且偏心距较大时,在构件端面附近会产生较高的沿竖向的拉应力,故产生位于截面高度中部的纵向水平端面裂缝。为防止第一类劈裂裂缝,规范给出了配置附加钢筋的位置和配筋面积计算公式;为防止第二类端面裂缝,要求合理布置预应力筋,尽量使锚具能沿构件端部均匀布置,以减少横向拉力。

为保证预应力混凝土构件端部锚固区的强度和裂缝控制性能,《混规》有如下规定。

10.3.2　先张法预应力混凝土构件端部宜采取下列构造措施:

1　单根配置的预应力筋,其端部宜设置螺旋筋;

2　分散布置的多根预应力筋,在构件端部 10d 且不小于 100 mm 长度范围内,宜设置 3~5 片与预应力筋垂直的钢筋网片,此处 d 为预应力筋的公称直径;

3　采用预应力钢丝配筋的薄板,在板端 100 mm 长度范围内宜适当加密横向钢筋;

4　槽形板类构件,应在构件端部 100 mm 长度范围内沿构件板面设置附加横向钢筋,其数量不应少于 2 根。

10.3.8　**后张法**预应力混凝土构件的端部锚固区,应按下列规定配置间接钢筋。

1　采用普通垫板时,应按本规范第 6.6 节的规定进行局部受压承载力计算,并配置间接钢筋,其**体积配筋率**不应小于 0.5%,垫板的刚性扩散角应取 45°。

2　局部受压承载力计算时,**局部压力设计值**对有黏结预应力混凝土构件取 1.2 倍张拉控制力,对无黏结预应力混凝土取 1.2 倍张拉控制力和 $f_{ptk}A_p$ 中的较大值。

3　当采用整体铸造垫板时,其局部受压区的设计应符合相关标准的规定。

4　在局部受压间接钢筋配置区以外,在构件端部长度 l 不小于截面重心线上部或下部预应力筋的合力点至邻近边缘的距离 e 的 3 倍,但不大于构件端部截面高度 h 的 1.2 倍,高度为 $2e$ 的附加配筋区范围内,应均匀配置**附加防劈裂箍筋或网片**(图 10.3.8),配筋面积可按下列公式计算:

$$A_{sb} \geq 0.18\left(1 - \frac{l_l}{l_b}\right)\frac{P}{f_{yv}} \tag{10.3.8-1}$$

且体积配筋率不应小于 0.5%。

式中　P——作用在构件端部截面重心线上部或下部预应力筋的合力设计值,可按本条第 2 款的规定确定;

　　　l_l、l_b——沿构件高度方向 A_l、A_b 的边长或直径,A_l、A_b 按本规范第 6.6.2 条确定;

　　　f_{yv}——附加防劈裂钢筋的抗拉强度设计值,按本规范第 4.2.3 条的规定采用。

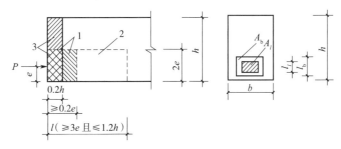

图 10.3.8　防止端部裂缝的配筋范围

1—局部受压间接钢筋配置区;2—附加防劈裂配筋区(10.3.8-4);3—附加防端面裂缝配筋区(10.3.8-5)

5　当构件端部预应力筋需集中布置在截面下部或集中布置在上部和下部时,应在构件端部 0.2h 范围内设置附加竖向防端面裂缝构造钢筋(图 10.3.8),其截面面积应符合下列公式要求:

$$A_{sv} \geq \frac{T_s}{f_{yv}} \tag{10.3.8-2}$$

$$T_s = \left(0.25 - \frac{e}{h}\right)P \tag{10.3.8-3}$$

式中　T_s——锚固端端面拉力；

　　　P——作用在构件端部截面重心线上部或下部预应力筋的合力设计值，可按本条第 2 款的规定确定；

　　　e——截面重心线上部或下部预应力筋的合力点至截面近边缘的距离；

　　　h——构件端部截面高度。

当 e 大于 $0.2h$ 时，可根据实际情况适当配置构造钢筋。竖向防端面裂缝钢筋宜靠近端面配置，可采用焊接钢筋网、封闭式箍筋或其他的形式，且宜采用带肋钢筋。

当端部截面上部和下部均有预应力筋时，附加竖向钢筋的总截面面积应按上部和下部的预应力合力分别计算的较大值采用。

在构件端面横向也应按上述方法计算抗端面裂缝钢筋，并与上述竖向钢筋形成网片筋配置。

10.3.9　当构件在端部有局部凹进时，应增设折线构造钢筋（图 10.3.9）或其他有效的构造钢筋。

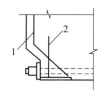

图 10.3.9　端部凹进处构造钢筋

1—折线构造钢筋；2—竖向构造钢筋

7.6.4　曲线预应力筋布置及防崩裂设计

当后张预应力束曲线段的曲率半径过小时，在局部挤压力作用下可能导致混凝土局部破坏，故应配置局部加强钢筋，加强钢筋可采用网片筋或螺旋筋，其数量可按《混规》有关配置间接钢筋局部受压承载力的计算规定确定。

在预应力混凝土结构构件中，当预应力筋近凹侧混凝土保护层较薄，且曲率半径较小时，容易导致混凝土崩裂。曲线预应力筋对凹侧混凝土保护层产生的径向崩裂力不应超过混凝土保护层的受剪承载力。当混凝土保护层厚度不满足承载力要求时，《混规》提供了配置 U 形插筋用量的计算方法及构造措施，用以抵抗崩裂径向力。但在计算应配置 U 形插筋截面面积的公式中，未计入混凝土的抗力贡献。

10.3.10　后张法预应力混凝土构件中，当采用曲线预应力束时，其曲率半径 r_p 宜按下列公式确定，**但不宜小于 4 m。**

$$r_p \geqslant \frac{P}{0.35 f_c d_p} \tag{10.3.10}$$

式中　P——预应力束的合力设计值，可按本规范第 10.3.8 条第 2 款的规定确定；

　　　r_p——预应力束的曲率半径（m）；

　　　d_p——预应力束孔道的外径；

　　　f_c——混凝土轴心抗压强度设计值，当验算张拉阶段曲率半径时，可取与施工阶段混凝土立方体抗压强度 f'_{cu} 对应的抗压强度设计值 f'_c，按本规范表 4.1.4-1 以线性内插法确定。

对于折线配筋的构件，在预应力束弯折处的曲率半径可适当减小。当曲率半径 r_p 不满足上述要求时，可在曲线预应力束弯折处内侧设置钢筋网片或螺旋筋。

10.3.11　在预应力混凝土结构中，当沿构件凹面布置曲线预应力束时（图 10.3.11），应进行防崩裂设计。当曲率半径 r_p 满足下列公式要求时，可仅配置构造 U 形插筋。

$$r_p \geqslant \frac{P}{f_t(0.5d_p + c_p)} \tag{10.3.11-1}$$

当不满足时,**每单肢 U 形插筋的截面面积**应按下列公式确定:

$$A_{sv1} \geqslant \frac{Ps_v}{2r_p f_{yv}} \tag{10.3.11-2}$$

式中 P——预应力束的合力设计值,可按本规范第 10.3.8 条第 2 款的规定确定;

       f_t——混凝土轴心抗拉强度设计值,或与施工张拉阶段混凝土立方体抗压强度 f'_{cu} 对应的抗拉强度设计值 f'_t,按本规范表 4.1.4-2 以线性内插法确定;

       c_p——预应力束孔道净混凝土保护层厚度;

       A_{sv1}——每单肢插筋截面面积;

       s_v——U 形插筋间距;

       f_{yv}——U 形插筋抗拉强度设计值,按本规范表 4.2.3-1 采用,当大于 360 N/mm² 时取 360 N/mm²。

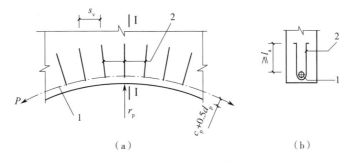

图 10.3.11 抗崩裂 U 形插筋构造示意

(a)抗崩裂 U 形插筋布置 (b)I—I 剖面

1—预应力束;2—沿曲线预应力束均匀布置的 U 形插筋

     U 形插筋的锚固长度不应小于 l_a;当实际锚固长度 l_e 小于 l_a 时,每单肢 U 形插筋的截面面积可按 A_{sv1}/k 取值。其中,**k 取 $l_e/(15d)$ 和 $l_e/200$ 中的较小值,且 k 不大于 1.0**。

     当有平行的几个孔道,且中心距不大于 $2d_p$ 时,预应力筋的合力设计值应按相邻全部孔道内的预应力筋确定。

第8章 其他设计及构造规定

8.1 水平叠合构件设计

在预制的梁、板上部后浇混凝土后形成的叠合构件,在整个施工和使用过程中可分为两个受力阶段。以叠合梁为例,在叠合面上浇筑混凝土的施工期间,当浇筑的混凝土尚未达到设计强度前,预制构件作为简支梁承受由预制构件自重、叠合层现浇混凝土自重以及楼板上施工活荷载产生的内力,为叠合梁受力的第一个阶段,如图8.1(a)所示;当浇筑的混凝土达到设计强度后,叠合构件的受力进入第二个阶段,此时叠合构件作为一个整体构件参与受力,如图8.1(b)所示,但考虑到该阶段仍有可能存在施工活荷载,且其产生的荷载效应可能超过使用阶段可变荷载产生的作用效应,故应按这两种荷载效应中的较大值进行设计。

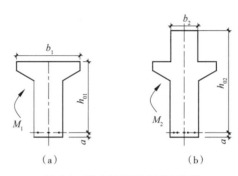

图8.1 叠合梁的两个受力阶段
(a)第一阶段(叠合前) (b)第二阶段(叠合后)

9.5.1 二阶段成形的水平叠合受弯构件,当预制构件高度不足全截面高度的40%时,施工阶段应有可靠的支撑。

施工阶段**有可靠支撑**的叠合受弯构件,可按整体受弯构件设计计算,但其斜截面受剪承载力和叠合面受剪承载力应按本规范附录H计算。

施工阶段**无支撑**的叠合受弯构件,应对底部预制构件及浇筑混凝土后的叠合构件按本规范附录H的要求进行二阶段受力计算。

H.0.1 施工阶段不加支撑的叠合受弯构件(梁、板),内力应分别按下列两个阶段计算。

1 第一阶段后浇的叠合层混凝土未达到强度设计值之前的阶段。荷载由预制构件承担,预制构件按简支构件计算;荷载包括预制构件自重、预制楼板自重、叠合层自重以及本阶段的施工活荷载。

2 第二阶段叠合层混凝土达到设计规定的强度值之后的阶段。叠合构件按整体结构计算,荷载考虑下列两种情况并取较大值:

施工阶段考虑叠合构件自重、预制楼板自重、面层、吊顶等自重以及本阶段的施工活荷载;

使用阶段考虑叠合构件自重、预制楼板自重、面层、吊顶等自重以及使用阶段的可变荷载。

叠合构件的主要特点如下:

(1)构件的全截面是分阶段制作完成的,因此两部分材料性能可能有较大差异;

(2)由于预制构件部分在第一阶段已经承受了一部分荷载,在叠合后的第二阶段,该部分荷载在截面中产生的应力和变形不可能完全消除,设计时可以按叠合后构件全截面中存在的局部初始应力考虑;

(3)在保证叠合面良好黏结和抗剪性能的前提下,叠合后构件在荷载作用下直至极限状态,全截面共同受力并保持平面变形状态,但前后制作的两部分存在显著的应力或应变史差。

8.1.1 叠合构件的受力特点

通过分阶段叠合梁与同尺寸、同材料整浇梁的受弯性能试验对比,可以得出以下几点结论:

(1)叠合梁在荷载作用下,直至极限状态,不论叠合前后,其截面弯矩作用下始终保持平面变形;

(2)在相同弯矩 M 的作用下,叠合梁截面中产生的钢筋应力、曲率、挠度和裂缝等都显著大于整浇梁的数值;

(3)叠合梁中受拉钢筋达到屈服时的弯矩 M_y,相比于整浇梁显著提前,并且随着弯矩的增大($M > M_y$),叠合梁的变形和裂缝显著加快发展,叠合梁从钢筋屈服至极限状态的弯矩增量 $M_u - M_y$ 远大于整浇梁的相应值;

(4)叠合梁和整浇梁在极限状态时的截面应变虽然不同,但破坏形态一致,极限应力图没有差别,极限弯矩 M_u 接近。

其中,(3)(4)统称为叠合梁中纵向受拉钢筋的"应力超前"现象。

为了便于分析叠合梁的受力特点,现取叠合前预制部分构件在第一阶段荷载即弯矩 M_1 作用下的截面压应变分布为 $\triangle abc$,如图 8.2(a)所示;叠合后全截面构件在第二阶段荷载即弯矩 M_2 作用下的截面压应变分布为 $\triangle def$,如图 8.2(b)所示,"中和轴" f 以下为截面受拉区;则叠合梁在两阶段总弯矩 $M = M_1 + M_2$ 作用下的总应变如图 8.2(c)所示,可见实际的中和轴处于叠合前、后构件截面中和轴之间,为 kk';截面受压区的实际压应变分布较为复杂,纵向受拉钢筋的应变为 $\varepsilon_{s1} + \varepsilon_{s2}$。

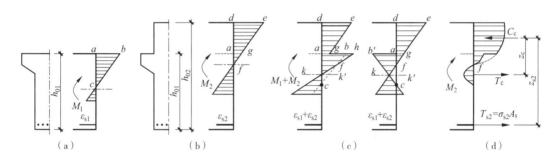

图 8.2 叠合梁截面应变、应力分析

(a)叠合前应变 (b)叠合后应变增量 (c)叠合后总应变 (d)叠合后应力增量

进一步的,根据叠合后构件的净增压应变 $\triangle def$,并考虑叠合前构件在弯矩 M_1 作用下产生的压应变史,可以得到叠合构件在弯矩 M_2 作用下的截面净压力分布,如图 8.2(d)所示。

但在"中和轴" f 的下部,除分布有实际中和轴 kk' 以下实际存在的混凝土拉应力,还有因弯矩 M_2 作用下产生的截面拉应变抵消了叠合前预制部分构件截面压应变 $\triangle abc$ 中的一部分(即 $\triangle fkc$)而产生的假想或附加拉力 T_c。

此附加拉力 T_c 在叠合构件开始受力后便出现,且随着 M_2 的增加、下部裂缝的开展及中和轴的上升而不断增大,当纵向受拉钢筋达到屈服、构件受拉区的裂缝开展至后浇部分时,此附加拉力达到最大,即叠合前预制构件截面压应变 $\triangle abc$ 相应的全部压应力。相比之下,kk' 轴以下真实存在的混凝土拉应力由于较小($\leqslant f_t$)且受拉区混凝土面积随着裂缝的开展而逐渐缩小,其总拉力值随着 M_2 的增大而变小,至钢筋屈服时接近零。因此,在分析叠合构件的受力性能时应考虑附加拉力 T_c 的影响,而可以忽略混凝土的抗拉强度。

叠合梁在弯矩 M_2 作用下截面的净增应力可以等效为三个集中力,即受压区混凝土的合力 C_c、纵向受拉钢筋的拉力 T_{s2} 以及假想的附加拉力 T_c。同时,根据截面平衡条件,可建立三个集中力的如下关系:

$$T_{s2} + T_c = C_c \tag{8.1-a}$$
$$T_{s2} \cdot z_{s2} + T_c \cdot z_c = M_2 \tag{8.1-b}$$

由此可得,假想附加拉力和纵向受拉钢筋承担的截面弯矩分别为

$$M_c = T_c \cdot z_c = \beta M_2 \tag{8.2-a}$$
$$M_{s2} = T_{s2} \cdot z_{s2} = (1-\beta) M_2 \tag{8.2-b}$$

式中　β——附加拉力的弯矩分担系数，$\beta = \dfrac{M_c}{M_2} = \dfrac{M_2 - M_{s2}}{M_2}$，其物理意义为叠合后截面上混凝土附加拉力

承担的弯矩与截面作用弯矩的比值。

由于假想的附加拉力 T_c 随作用弯矩的大小和作用位置变化较为复杂，在结合相关试验成果的基础上，《混规》在进行叠合梁设计时，对 β 采用的是一个随截面高度比 h_{01}/h_{02} 变化的偏低值，即

$$\beta = 0.5\left(1 - \frac{h_{01}}{h_{02}}\right) \tag{8.3}$$

8.1.2　叠合梁的承载能力极限状态设计

1. 正截面承载力计算

根据叠合梁的受力特点，在计算其正截面承载力时，应分别计算叠合前截面 h_{01} 在弯矩 M_1 作用下所需的钢筋 A_{s1}，以及叠合后截面 h_{02} 在弯矩 $M=M_1+M_2$ 作用下所需的钢筋 A_s，并确保最终配置的钢筋面筋大于上述两者的最大值。

对于叠合构件弯矩设计值 M_1、M 的取值及构件正截面承载力的计算，《混规》有如下规定。

H.0.2　**预制构件和叠合构件的正截面受弯承载力**应按本规范第 6.2 节计算，其中**弯矩设计值**应按下列规定取用。

预制构件：

$$M_1 = M_{1G} + M_{1Q} \tag{H.0.2-1}$$

叠合构件的正弯矩区段：

$$M = M_{1G} + M_{2G} + M_{2Q} \tag{H.0.2-2}$$

叠合构件的负弯矩区段：

$$M = M_{2G} + M_{2Q} \tag{H.0.2-3}$$

式中　M_{1G}——预制构件自重、预制楼板自重和叠合层自重在计算截面产生的弯矩设计值；

M_{2G}——第二阶段面层、吊顶等自重在计算截面产生的弯矩设计值；

M_{1Q}——第一阶段施工活荷载在计算截面产生的弯矩设计值；

M_{2Q}——第二阶段可变荷载在计算截面产生的弯矩设计值，取本阶段施工活荷载和使用阶段可变荷载在计算截面产生的弯矩设计值中的较大值。

在计算中，**正弯矩区段的混凝土强度等级，按叠合层取用；负弯矩区段的混凝土强度等级，按计算截面受压区的实际情况取用。**

可见，叠合构件预制部分和叠合后构件的正截面承载力计算与整浇梁的计算方法相同。需要注意的是，如果预制构件的截面高度相对较薄，即 h_{01}/h_{02} 较小，在进行预制构件的正截面承载力计算时可能会出现 $\zeta > \zeta_b$ 的情况，相当于超筋梁的破坏，此时可按 $\zeta = \zeta_b$ 进行计算，而此时参与计算的纵向受拉钢筋强度则应由 f_y、f_{py} 变为 σ_s、σ_p，σ_s、σ_p 的计算应按《混规》第 6.2.8 条进行。

2. 斜截面承载力计算

对于叠合受弯构件的斜截面承载力计算，《混规》有如下规定。

H.0.3　预制构件和叠合构件的斜截面受剪承载力，应按本规范第 6.3 节的有关规定进行计算，其中剪力设计值应按下列规定取用。

预制构件：

$$V_1 = V_{1G} + V_{1Q} \tag{H.0.3-1}$$

叠合构件：
$$V=V_{1G}+V_{2G}+V_{2Q} \qquad\qquad (\text{H.0.3-2})$$

式中　V_{1G}——预制构件自重、预制楼板自重和叠合层自重在计算截面产生的剪力设计值；

　　　　V_{2G}——第二阶段面层、吊顶等自重在计算截面产生的剪力设计值；

　　　　V_{1Q}——第一阶段施工活荷载在计算截面产生的剪力设计值；

　　　　V_{2Q}——第二阶段可变荷载产生的剪力设计值，取本阶段施工活荷载和使用阶段可变荷载在计算截面产生的剪力设计值中的较大值。

在计算中，叠合构件斜截面上混凝土和箍筋的受剪承载力设计值 V_{cs} 应取叠合层和预制构件中较低的混凝土强度等级进行计算，且不低于预制构件的受剪承载力设计值；对预应力混凝土叠合构件，不考虑预应力对受剪承载力的有利影响，取 $V_p=0$。

H.0.3 条文说明

由于二阶段受力叠合梁斜截面受剪承载力试验研究尚不充分，本规范规定叠合梁斜截面受剪承载力仍按普通钢筋混凝土梁受剪承载力公式计算。在预应力混凝土叠合梁中，由于预应力效应只影响预制构件，故在斜截面受剪承载力计算中暂不考虑预应力的有利影响。在受剪承载力计算中混凝土强度偏安全地取预制梁与叠合层中的较低者；同时受剪承载力应不低于预制梁的受剪承载力。

此外，考虑到叠合构件的叠合面有可能先于斜截面而达到其受剪承载能力极限状态，以剪摩擦传力模型为基础，并结合叠合构件试验结果和剪摩擦试件试验结果，《混规》规定了叠合面的受剪承载力计算公式，叠合受弯构件的箍筋应按斜截面受剪承载力计算和叠合面受剪承载力计算得出的较大值配置。

由于试验得出的不配置箍筋的叠合面受剪承载力离散性较大，因此《混规》用于这类叠合面的受剪承载力计算公式暂不与混凝土强度等级挂钩，这与国外规范的处理手法类似。

H.0.4　当叠合梁符合本规范第 9.2 节梁的各项构造要求时，其叠合面的受剪承载力应符合下列规定：

$$V \le 1.2 f_t bh_0 + 0.85 f_{yv} \frac{A_{sv}}{s} h_0 \qquad\qquad (\text{H.0.4-1})$$

此处，混凝土的抗拉强度设计值 f_t 取叠合层和预制构件中的较低值。

对不配箍筋的叠合板，当符合本规范叠合界面粗糙度的构造规定时，其叠合面的受剪强度应符合下列公式的要求：

$$\frac{V}{bh_0} \le 0.4 \text{ N/mm}^2 \qquad\qquad (\text{H.0.4-2})$$

8.1.3　叠合梁的正常使用极限状态设计

1. 预应力叠合梁、板截面抗裂验算

根据前述介绍可知，叠合构件在施工和使用阶段经受了两个不同阶段的受力状态，因此预应力叠合受弯构件的抗裂要求也应按照受力阶段的不同分别对预制构件和叠合后构件进行抗裂验算。对于预制构件，应要求其受拉边缘的混凝土应力不大于预制构件的混凝土抗拉强度标准值；对于叠合后构件，由于预制构件和叠合层选用的混凝土强度等级可能不同，因此在正截面抗裂验算和斜截面抗裂验算中应按换算截面确定叠合后构件的弹性抵抗矩、惯性矩和面积矩。

叠合受弯构件的正截面和斜截面抗裂验算，《混规》有如下规定。

H.0.5　预应力混凝土叠合受弯构件，其预制构件和叠合构件应进行**正截面抗裂验算**。此时，在荷载的标准组合下，抗裂验算边缘混凝土的拉应力不应大于预制构件的混凝土抗拉强度标准值。抗裂验算边缘混凝土的法向应力应按下列公式计算。

预制构件：

$$\sigma_{ck} = \frac{M_{1k}}{W_{01}}$$

（H.0.5-1）

叠合构件：

$$\sigma_{ck} = \frac{M_{1Gk}}{W_{01}} + \frac{M_{2k}}{W_0}$$

（H.0.5-2）

式中　M_{1Gk}——预制构件自重、预制楼板自重和叠合层自重标准值在计算截面产生的弯矩值；

M_{1k}——第一阶段荷载标准组合下在计算截面产生的弯矩值，取 $M_{1k}=M_{1Gk}+M_{1Qk}$，此处 M_{1Qk} 为第一阶段施工活荷载标准值在计算截面产生的弯矩值；

M_{2k}——第二阶段荷载标准组合下在计算截面产生的弯矩值，取 $M_{2k}=M_{2Gk}+M_{2Qk}$，此处 M_{2Gk} 为面层、吊顶等自重标准值在计算截面产生的弯矩值，M_{2Qk} 为使用阶段可变荷载标准值在计算截面产生的弯矩值；

W_{01}——预制构件换算截面受拉边缘的弹性抵抗矩；

W_0——叠合构件换算截面受拉边缘的弹性抵抗矩，此时叠合层的混凝土截面面积应按弹性模量比换算成预制构件混凝土的截面面积。

H.0.6　预应力混凝土叠合构件，应按本规范第7.1.5条的规定进行斜截面抗裂验算；混凝土的主拉应力及主压应力应考虑叠合构件受力特点，并按本规范第7.1.6条的规定计算。

2. 使用阶段受拉钢筋的应力验算

为了更好地控制叠合构件的变形和裂缝，《混规》要求限制叠合后构件截面在正常使用阶段、荷载准永久组合下纵向受拉钢筋的应力。

根据8.1.1节，一方面由于叠合构件中受拉钢筋的应力超前现象，使得叠合后构件在弯矩作用下受拉钢筋中的应力要比相同材料、截面的整浇梁在同等弯矩作用下的应力要大；另一方面，叠合后构件截面在弯矩 M_2 作用下产生的截面拉应变抵消了叠合前预制部分构件截面压应变 $\triangle abc$ 中的一部分（即 $\triangle fkc$）而产生了假想或附加拉力 T_c（图8.2（d）），该附加拉力虽然会在一定程度上减小受力钢筋中的应力超前现象，但仍使叠合构件与同样截面普通受弯构件相比钢筋拉应力及曲率偏大，并有可能使受拉钢筋在弯矩准永久值作用下过早达到屈服。这种情况在设计中应予防止。

考虑叠合构件的上述受力特点，《混规》给出了公式计算的受拉钢筋应力控制条件，作为叠合受弯构件正常使用极限状态的附加验算条件，但与裂缝宽度控制条件和变形控制条件不能相互取代。

H.0.7　钢筋混凝土叠合受弯构件在荷载准永久组合下，其纵向受拉钢筋的应力应符合下列规定：

$$\sigma_{sq} \leqslant 0.9f_y$$

（H.0.7-1）

$$\sigma_{sq} = \sigma_{s1k} + \sigma_{s2q}$$

（H.0.7-2）

在弯矩 M_{1Gk} 作用下，预制构件纵向受拉钢筋的应力 σ_{s1k} 可按下列公式计算：

$$\sigma_{s1k} = \frac{M_{1Gk}}{0.87A_s h_{01}}$$

（H.0.7-3）

式中　h_{01}——预制构件截面有效高度。

在荷载准永久组合相应的弯矩 M_{2q} 作用下，叠合构件纵向受拉钢筋中的应力增量 σ_{s2q} 可按下列公式计算：

$$\sigma_{s2q} = \frac{(1-\beta)M_{2q}}{0.87A_s h_0} = \frac{0.5\left(1+\dfrac{h_1}{h}\right)M_{2q}}{0.87A_s h_0}$$

（H.0.7-4）

当 $M_{1Gk}<0.35M_{1u}$ 时，公式（H.0.7-4）中的 $0.5\left(1+\dfrac{h_1}{h}\right)$ 值应取等于1.0，此处 M_{1u} 为预制构件正截面受弯承载力设计值，应按本规范第6.2节计算，但式中应取等号，并以 M_{1u} 代替 M。

关于叠合受弯构件裂缝宽度、正负弯矩区段截面刚度及挠度等方面的计算，则均是以普通钢筋混凝土受弯构件的相关计算公式为基础，考虑二阶段受力特征并结合试验结果确定的，此处不再介绍，相应规定详见《混规》附录 H.0.8 至 H.0.12。

8.2　预埋件及连接件设计

8.2.1　直锚筋预埋件设计

1. 纯剪预埋件的受力性能及承载力计算

对配置直锚筋的纯剪预埋件的大量试验表明，其受力过程可分为如下三个阶段。

1）弹性阶段

当预埋件承受的剪力 V 小于极限受剪承载力 V_{u0} 的 60% 时，剪力主要由锚板下的混凝土以及锚板与混凝土之间的黏结力承担，此阶段锚筋承受的应力很小。

2）弹塑性阶段

当预埋件承受的剪力 V 介于极限受剪承载力 V_{u0} 的 60%~80% 时，锚板与接触混凝土间的黏结应力消失，锚板下部的混凝土开始产生裂缝，锚筋应力开始快速增长，且在受拉端应力最大，离受拉端的距离越远，锚筋的应力越小。试件受拉大约 70% 极限荷载时，锚筋的应力达到屈服强度。

3）破坏阶段

当外剪力超过极限受剪承载力 V_{u0} 的 80% 时，随着荷载的增加，锚板下部混凝土将首先达到极限强度并出现应力重分布；随后锚筋的应力也达到其抗拉强度，并在某一点上出现塑性铰，导致预埋件的相对位移突增，锚筋周边的混凝土发生局部破坏并沿着外力方向发生劈裂破坏，预埋件最终丧失承载能力。

试验研究结果表明，在保证锚筋锚固长度和锚筋到构件边缘合理距离的前提下，单纯受剪预埋件的受剪承载力 V_{u0} 与锚筋的抗拉强度、混凝土的强度等级、锚筋的直径 d、锚筋横向（垂直于剪力作用方向）间距与直径比值 b/d、锚筋纵向间距与直径比值 b_1/d、锚筋的锚固长度 l_a、沿剪力方向的锚筋排数 n 等因素有关。其中，混凝土强度等级、锚筋抗拉强度及直径和面积为主要影响因素。

结合试验成果，《混规》规定了对于锚筋距径比及锚固长度等方面的构造要求。

9.7.4　（部分）预埋件**锚筋中心至锚板边缘的距离**不应小于 $2d$ 和 20 mm。预埋件的位置应使锚筋位于构件的外层主筋的内侧。

　预埋件的受力直锚筋直径不宜小于 8 mm，且不宜大于 25 mm。直锚筋**数量**不宜少于 4 根，且不宜多于 4 排；受剪预埋件的直锚筋可采用 2 根。

　对受剪预埋件（图 9.7.2），其锚筋的间距 b 及 b_1 不应大于 300 mm，且 b_1 不应小于 $6d$ 和 70 mm；**锚筋至构件边缘的距离** c_1 不应小于 $6d$ 和 70 mm，b、c 均不应小于 $3d$ 和 45 mm。

　受拉直锚筋和弯折锚筋的**锚固长度**不应小于本规范第 8.3.1 条规定的**受拉钢筋锚固长度**；当锚筋采用 **HPB300 级钢筋时末端还应有弯钩**。当无法满足锚固长度的要求时，应采取其他有效的锚固措施。**受剪和受压直锚筋的锚固长度不应小于 $15d$**，d 为锚筋的直径。

关于沿剪力方向锚筋排数对预埋件抗剪强度的影响，试验表明，由于下排锚筋的弯曲变形，使上排锚筋的周围混凝土产生附加拉应力，削弱了锚筋的抗剪能力，导致在受剪破坏时，往往是上排锚筋断裂而下排锚筋未断，加之多排锚筋的受力不均匀性而造成抗剪强度的折减是合理的。

由此可提出计算纯剪预埋件的受剪承载力半理论半经验公式：

$$V_{u0} = \alpha_r \alpha_v f_y A_s \tag{8.4-a}$$

$$\alpha_v = (4.0 - 0.08d)\sqrt{\frac{f_c}{f_y}} \tag{8.4-b}$$

式中　α_r——考虑锚筋排数的受剪承载力降低系数;

　　　α_v——锚筋直径以及混凝土抗压强度与锚筋抗拉强度比值影响的受剪承载力降低系数,结合试验结果的回归分析,当 $\alpha_v > 0.7$ 时,应取 $\alpha_v = 0.7$。

2. 轴心受拉和偏心受拉预埋件的受力性能及承载力计算

试验表明,受拉预埋件锚筋的受力性能与锚板的构造有关。如图 8.3(a)所示,当锚板的面外刚度很大时,在拉力作用下锚板不会发生弯曲变形,各锚筋均处于中心受拉状态。但当锚板刚度较小时(图 8.3(b)),锚板在拉力作用下将发生平面外的弯曲变形,锚筋除受拉外,在锚筋根部尚会发生剪切变形,使锚筋承受内剪力,混凝土受到锚筋的局部挤压,锚筋剪切变形的大小与锚板的弯曲变形程度有关。

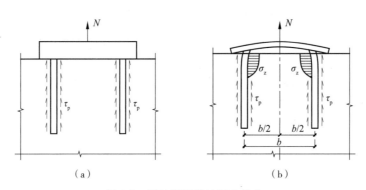

图 8.3　受拉预埋件的受力状态

(a)锚板不变形　(b)锚板发生面外变形

由于该内剪力的影响,使得锚筋在承受拉力时处于复合应力状态,进一步导致锚筋轴心承载力的降低。结合相关试验成果,在直锚筋的锚固长度满足构造要求的前提下,轴心受拉预埋件的承载力可按下列公式进行计算:

$$N_{u0} = 0.8\alpha_{b1}\alpha_b f_y A_s \tag{8.5-a}$$

$$\alpha_b = 0.6 + 0.25\frac{t}{d} \tag{8.5-b}$$

$$\alpha_{b1} = 1.2 - 0.025\frac{b}{t} \tag{8.5-c}$$

式中　t——锚板厚度;

　　　α_{b1}、α_b——考虑锚板弯曲变形的受剪承载力降低系数,当 $t \leqslant b/8$ 时取 $\alpha_{b1} = 1.0$,当采取可靠的防止锚板弯曲变形的措施时可取 $\alpha_b = 1.0$;

　　　b、d——锚筋间距和直径。

考虑到预埋件受力的复杂性和重要性,将受拉承载力乘以一个折减系数 0.8,以作为提高其安全储备的一种措施。

对于锚板和锚筋的基本要求,《混规》有如下规定。

9.7.1　受力预埋件的锚板宜采用 Q235、Q345 级钢,锚板厚度应根据受力情况计算确定,且不宜小于锚筋直径的 60%;受拉和受弯预埋件的锚板厚度尚宜大于 $b/8$,b 为锚筋的间距(编者注:$\alpha_{b1} = 1.0$)。

　　受力预埋件的锚筋应采用 HRB400 或 HPB300 钢筋,不应采用冷加工钢筋。

9.7.4　(部分)对受拉和受弯预埋件(图 9.7.2),其锚筋的间距 b、b_1 和锚筋至构件边缘的距离 c、c_1,均不应小于 $3d$ 和 45 mm。

对偏心受拉预埋件,通过对弯矩作用平面内预埋件受压区的最外排锚筋的中心取矩(详见《混规》图 9.7.2),可得到预埋件的受弯承载力计算公式。均匀配置三排锚筋的预埋件,其受弯承载力计算公式为

$$M_{u0} = \frac{1}{3}\alpha_{b1}\alpha_b f_y A_s\left(z + \frac{z}{2}\right) \tag{8.6}$$

式中 z——弯矩作用平面内外排钢筋中心线之间的距离。

《混规》在计算预埋件的受弯承载力时,考虑到预埋件受弯时中间排锚筋可能达不到抗拉强度 f_y,因此在上述公式中同样引入一个锚筋排数的影响系数 α_r;与轴心受拉预埋件相同,取 $\alpha_{b1}=1.0$;结合预埋件的可靠性分析,其抗弯强度计算公式为

$$M_{u0} = 0.4\alpha_r\alpha_b f_y A_s z \tag{8.7}$$

预埋件的偏心受拉试验表明,在轴向拉力 N 及弯矩 $M=Ne_0$ 作用下,其强度符合如下线性相关关系,且具有较大的安全储备:

$$\frac{N}{N_{u0}} + \frac{M}{M_{u0}} = 1 \tag{8.8}$$

将式(8.7)及式(8.5-a)代入式(8.8)后可得

$$\frac{N}{0.8\alpha_b f_y A_s} + \frac{M}{0.4\alpha_r\alpha_b f_y A_s z} = 1 \tag{8.9}$$

3. 拉剪预埋件的受力性能和承载力计算

大量拉剪预埋件的试验表明,其受力过程可分为如下三个阶段。

(1)弹性阶段。在 50% 极限荷载以内,剪力基本上由锚板下混凝土承担,拉力由锚筋承担。此时,锚板与混凝土之间出现微小裂缝,卸载后基本上能够闭合。

(2)弹塑性阶段。超过 50% 极限荷载后,锚板底边混凝土逐渐达到极限强度,失去抗剪作用,外剪力全部由锚筋承担。由于锚筋下混凝土受到压缩,随着荷载的增加,混凝土出现明显的非弹性性质而发生应力重分布,垂直于剪力方向出现横向裂缝。

(3)破坏阶段。超过 80% 极限荷载后,锚筋根部混凝土达到极限状态。继续加载时,锚筋拉断或沿焊缝处拉脱而失去承载能力。

通过建立拉剪预埋件的受力分析模型并结合试验分析,证明锚筋的相应承载力可按线性相关关系处理,即

$$\frac{V}{V_{u0}} + \frac{N}{N_{u0}} = 1 \tag{8.10}$$

4. 弯剪预埋件的承载力计算

弯剪预埋件中的上排锚筋主要承受由外弯矩产生的拉力,外剪力由锚板底面下混凝土受压区的摩擦力和上下排锚筋共同承担。从强度上分析,最外一排受拉锚筋起控制作用。

结合相关试验分析并为了简化计算过程,《混规》采用以下方法计算预埋件的弯、剪承载力。

(1)当 $V/V_{u0} \leqslant 0.7$ 时,可按受剪承载力与受弯承载力不相关处理,即此时受弯和受剪承载力互不影响:

$$\frac{M}{M_{u0}} = 1 \tag{8.11-a}$$

(2)当 $V/V_{u0} > 0.7$ 时,剪、弯承载力按线性相关处理:

$$\frac{V}{V_{u0}} + \frac{0.3M}{M_{u0}} = 1 \tag{8.11-b}$$

将式(8.4-a)及式(8.7)代入上述两式后可得:

$V/V_{u0} \leqslant 0.7$ 时

$$\frac{M}{0.4\alpha_r\alpha_b f_y A_s z} = 1 \tag{8.12-a}$$

$V/V_{u0} > 0.7$ 时

$$\frac{V}{\alpha_r\alpha_v f_y A_s} + \frac{M}{1.3\alpha_r\alpha_b f_y A_s z} = 1 \tag{8.12-b}$$

5. 拉弯剪预埋件的承载力计算

通过上述不同预埋件的分析可知,当 $V/V_{u0} \leqslant 0.7$ 时,可以认为弯矩对预埋件的拉剪强度没有影响,剪力对预埋件的偏心受拉强度也没有影响,预埋件的相应强度可按式(8.10)和式(8.8)中的较小值计算。而当 $V/V_{u0} > 0.7$ 时,弯矩对预埋件的拉剪强度以及剪力对预埋件的偏心抗拉强度都会产生不利影响,此时预埋件的相应强度可按下式进行计算:

$$\frac{V}{V_{u0}} + \frac{N}{N_{u0}} + \frac{0.3M}{M_{u0}} = 1 \tag{8.13}$$

将式(8.4-a)、式(8.5-a)及式(8.7)代入式(8.13)后可进一步得到拉弯剪预埋件的强度计算公式:

$$\frac{V}{\alpha_r \alpha_v f_y A_s} + \frac{N}{0.8\alpha_b f_y A_s} + \frac{M}{1.3\alpha_r \alpha_b f_y A_s z} = 1 \tag{8.14}$$

6. 压弯剪预埋件的承载力计算

与上述研究思路相同,按同样的分析方法并考虑安全简便,《混规》规定压弯剪预埋件的强度可按下列公式进行计算。

当 $\dfrac{V - 0.3N}{V_{u0}} \leqslant 0.7$ 时

$$\frac{M - 0.4Nz}{M_{u0}} = 1 \tag{8.15-a}$$

当 $\dfrac{V - 0.3N}{V_{u0}} > 0.7$ 时

$$\frac{V - 0.3N}{V_{u0}} + \frac{0.3(M - 0.4Nz)}{M_{u0}} = 1 \tag{8.15-b}$$

其中,$V-0.3N$ 中的系数 0.3 反映了压力对预埋件抗剪能力的影响程度,与试验结果相比,其取值偏安全;当 $M<0.4Nz$ 时,取 $M=0.4Nz$,且出于安全考虑,以 $N \leqslant 0.5f_c A$ 为控制条件,A 为锚板与混凝土的接触面积。

将式(8.4-a)、式(8.5-a)及式(8.7)代入式(8.15)后可进一步得到压弯剪预埋件的强度计算公式,此处不再列出。

7. 锚筋面积计算

当计算直锚筋预埋件的锚筋总截面面积 A_s 时,《混规》有如下规定。

9.7.2　由锚板和对称配置的直锚筋所组成的受力预埋件(图 9.7.2),其锚筋的总截面面积 A_s 应符合下列规定:

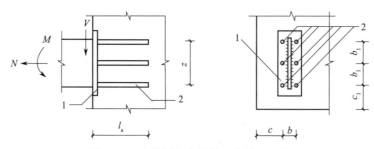

图 9.7.2　由锚板和直锚筋组成的预埋件
1—锚板;2—直锚筋

1　当有剪力、法向拉力和弯矩共同作用时,应按下列两个公式计算,并取其中的**较大值**:

$$A_s \geqslant \frac{V}{\alpha_r \alpha_v f_y} + \frac{N}{0.8\alpha_b f_y} + \frac{M}{1.3\alpha_r \alpha_b f_y z} \tag{9.7.2-1}$$

$$A_s \geqslant \frac{N}{0.8\alpha_b f_y} + \frac{M}{0.4\alpha_r \alpha_b f_y z} \tag{9.7.2-2}$$

2　当有**剪力、法向压力和弯矩**共同作用时,应按下列两个公式计算,并取其中的**较大值**:

$$A_s \geqslant \frac{V - 0.3N}{\alpha_r \alpha_v f_y} + \frac{M - 0.4Nz}{1.3\alpha_r \alpha_b f_y z} \qquad (9.7.2\text{-}3)$$

$$A_s \geqslant \frac{M - 0.4Nz}{0.4\alpha_r \alpha_b f_y z} \qquad (9.7.2\text{-}4)$$

当 M 小于 $0.4Nz$ 时,取 $0.4Nz$。

上述公式中的系数 α_v、α_b 应按下列公式计算:

$$\alpha_v = (4.0 - 0.08d)\sqrt{\frac{f_c}{f_y}} \qquad (9.7.2\text{-}5)$$

$$\alpha_b = 0.6 + 0.25\frac{t}{d} \qquad (9.7.2\text{-}6)$$

当 α_v 大于 0.7 时,取 0.7;当采取防止锚板弯曲变形的措施时,可取等于 1.0。

式中　f_y——锚筋的抗拉强度设计值,按本规范第 4.2 节采用,**但不应大于 300 N/mm²**;

　　　V——剪力设计值;

　　　N——法向拉力或法向压力设计值,**法向压力设计值不应大于 $0.5f_cA$**,此处 A 为锚板的面积;

　　　M——弯矩设计值;

　　　α_r——锚筋层数的影响系数,当锚筋按等间距布置时,两层取 1.0,三层取 0.9,四层取 0.85;

　　　α_v——锚筋的受剪承载力系数;

　　　d——锚筋直径;

　　　α_b——锚板的弯曲变形折减系数;

　　　t——锚板厚度;

　　　z——沿剪力作用方向最外层锚筋中心线之间的距离。

9.7.2 条文说明(部分)

对有抗震要求的重要预埋件,不宜采用以锚固钢筋承力的形式,而宜采用锚筋穿透截面后,固定在背面锚板上的夹板式双面锚固形式。

8.2.2　弯折锚筋预埋件设计

配置直锚筋和弯折锚筋的受剪预埋件可分为两种,第一种为直锚筋按构造配置,即不考虑直锚筋承受的剪力作用;第二种为直锚筋和弯折锚筋共同承受剪力作用。

1. 配置弯折锚筋预埋件的抗剪性能

配置弯折锚筋的静力受剪试验表明,预埋件的受剪承载力与配筋强度的比值 $V_u/(f_y A_{sb})$ 随弯折锚筋直径的增加而减小,其中 A_{sb} 为弯折锚筋的配筋总截面面积;当锚筋直径 $d \leqslant 18$ mm 时,预埋件因弯折锚筋的拉断或焊缝的破坏而失去承载力,当弯折锚筋直径 $d = 20$ mm 时,预埋件因混凝土的劈裂破坏而失去承载力;剪力的偏心作用对预埋件的承载能力影响很小。

结合试验成果,并考虑到工程中的一般做法,《混规》规定当弯折锚筋的角度在 15°~45° 时,偏于安全地取预埋件的受剪承载力为

$$V_u = 0.8f_y A_{sb} \qquad (8.16)$$

2. 配置直锚筋和弯折锚筋受剪预埋件的设计方法

当预埋件由对称于受力方向布置的直锚筋和弯折锚筋共同承受剪力时,《混规》则采用按式(8.4-a)算得的直锚筋抗剪强度与按式(8.16)算得的弯折锚筋抗剪强度之和确定,考虑直锚筋和弯折锚筋共同工作时的受力不均匀性,在计算公式中引入了承载力降低系数 0.9,由此该类预埋件的受剪承载力计算公式为

$$V_u = 0.9(0.8f_y A_{sb} + \alpha_v f_y A_s) \qquad (8.17)$$

9.7.3 由锚板和对称配置的弯折锚筋及直锚筋共同承受剪力的预埋件（图9.7.3），其弯折锚筋的截面面积 A_{sb} 应符合下列规定：

$$A_{sb} \geq 1.4\frac{V}{f_y} - 1.25\alpha_v A_s \tag{9.7.3}$$

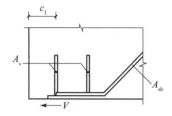

图 9.7.3 由锚板和弯折锚筋及直锚筋组成的预埋件

式中：系数 α_v 按本规范第9.7.2条取用。**当直锚筋按构造要求设置时，A_s 应取为 0。**

　　注：弯折锚筋与钢板之间的夹角不宜小于15°，也不宜大于45°。

8.2.3 吊环设计

《混规》有如下规定。

9.7.6 吊环应采用 HPB300 钢筋或 Q235B 圆钢，并应符合下列规定。

　　1 吊环锚入混凝土中的深度不应小于 30d 并应焊接或绑扎在钢筋骨架上，d 为吊环钢筋或圆钢的直径。

　　2 应验算在**荷载标准值**作用下的吊环应力，验算时每个吊环可按**两个截面**计算。对 HPB300 钢筋，吊环应力不应大于 65 N/mm²；对 Q235B 圆钢，吊环应力不应大于 50 N/mm²。

　　3 当在一个构件上设有 4 个吊环时，应按 **3 个吊环**进行计算。

9.7.6 条文说明

　　确定吊环钢筋所需面积时，钢筋的抗拉强度设计值应乘以折减系数。在折减系数中考虑的因素有：构件自重荷载分项系数取为 1.2，吸附作用引起的超载系数取为 1.2，钢筋弯折后的应力集中对强度的折减系数取为 1.4，动力系数为 1.5，钢丝绳角度对吊环承载力的影响系数取为 1.4。于是，当取 HPB300 级钢筋的抗拉强度设计值为 $f_y = 270$ N/mm² 时，吊环钢筋实际取用的允许拉应力值约为 65 N/mm²。

　　作用于吊环的荷载应根据实际情况确定，一般为构件自重、悬挂设备自重及活荷载。吊环截面应力验算时，荷载取标准值。

　　由于本次局部修订将 HPB300 钢筋的直径限于不大于 14 mm（编者注：见《混规》表 4.2.2-1），**因此当吊环直径小于或等于 14 mm 时，可以采用 HPB300 钢筋；当吊环直径大于 14 mm 时，可采用 Q235B 圆钢，**其材料性能应符合现行国家标准《碳素结构钢》（GB/T 700—2006）的规定。

8.3 钢筋的连接

　　常见的钢筋连接形式包括搭接、机械连接及焊接三种，且各自适用于一定的工程条件。但各种类型钢筋接头的传力性能（强度、变形、恢复力、破坏状态等）均不如直接传力的整根钢筋，任何形式的钢筋连接均会削弱其传力性能。因此，钢筋连接的基本原则如下：连接接头设置在受力较小处；限制钢筋在构件同一跨度或同一层高内的接头数量；避开结构的关键受力部位，如柱端、梁端的箍筋加密区，并限制接头面积百分率等。《混规》有如下规定。

8.4.1　钢筋连接可采用绑扎搭接、机械连接或焊接。机械连接接头及焊接接头的类型及质量应符合国家现行有关标准的规定。

混凝土结构中受力钢筋的连接接头宜设置在受力较小处。在同一根受力钢筋上宜少设接头。在结构的重要构件和关键传力部位,纵向受力钢筋不宜设置连接接头。

8.4.6　在梁、柱类构件的纵向受力钢筋搭接长度范围内的横向构造钢筋应符合本规范第 8.3.1 条的要求;当受压钢筋直径大于 25 mm 时,尚应在搭接接头两个端面外 100 mm 的范围内各设置两道箍筋。

8.4.6 条文说明

搭接接头区域的配箍构造措施对保证搭接钢筋传力至关重要。对于搭接长度范围内的构造钢筋(箍筋或横向钢筋)提出了与锚固长度范围同样的要求,其中**构造钢筋的直径按最大搭接钢筋直径取值;间距按最小搭接钢筋的直径取值。**

本次修订对**受压钢筋搭接的配箍构造要求取与受拉钢筋搭接相同**,比原规范要求加严。根据工程经验,为防止粗钢筋在搭接端头的局部挤压产生裂缝,提出了在受压搭接接头端部增加配箍的要求。

8.3.1　绑扎连接

1. 适用范围及钢筋搭接接头面积百分率

近年来,考虑到工程应用中钢筋强度的不断提高以及各种机械连接技术的发展,我国规范逐渐对绑扎搭接连接钢筋的应用范围适当加严。

8.4.2　轴心受拉及小偏心受拉杆件的纵向受力钢筋不得采用绑扎搭接;其他构件中的钢筋采用绑扎搭接时,受拉钢筋直径不宜大于 25 mm,受压钢筋直径不宜大于 28 mm。

当采用绑扎搭接连接时,搭接接头首尾相接形式的布置会在两相邻搭接接头端面引起应力集中和局部裂缝,即搭接钢筋应错开布置,且钢筋端面位置应保持一定间距。因此,《混规》给出了钢筋绑扎搭接连接区段的定义,并提出控制同一连接区段内接头面积百分率的要求。当不同直径的纵向受力钢筋在同一区段搭接时,钢筋通过接头传力时,均按受力较小的细直径钢筋考虑承载受力,而粗直径钢筋往往有较大的余量。因此,应按较细钢筋的截面面积计算接头面积百分率及搭接长度,此原则对于其他连接方式同样适用。

8.4.3　(部分)同一构件中相邻纵向受力钢筋的绑扎搭接接头宜互相错开。钢筋绑扎搭接接头连接区段的长度为 1.3 倍搭接长度,凡搭接接头中点位于该连接区段长度内的搭接接头均属于同一连接区段(图 8.4.3)。

同一连接区段内纵向受力钢筋搭接接头面积百分率为该区段内有搭接接头的纵向受力钢筋与全部纵向受力钢筋截面面积的比值。当直径不同的钢筋搭接时,按直径较小的钢筋计算。

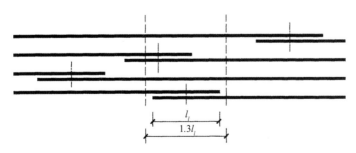

l_l

$1.3l_l$

图 8.4.3　同一连接区段内纵向受拉钢筋的绑扎搭接接头

注:图中所示同一连接区段内的搭接接头钢筋为两根,当钢筋直径相同时,钢筋搭接接头面积百分率为 50%。

并筋采用绑扎搭接连接时,将并筋中单根钢筋的搭接接头分散、错开的搭接方式有利于各根钢筋内力传递的均匀过渡,能够改善搭接钢筋的传力性能及裂缝状态。因此,并筋应采用分散、错开搭接的方式实现连接,并按截面内各根单筋计算搭接长度及接头面积百分率。

8.4.3 （部分）位于同一连接区段内的受拉钢筋搭接接头面积百分率：对梁类、板类及墙类构件，不宜大于25%；对柱类构件，不宜大于50%。当工程中确有必要增大受拉钢筋搭接接头面积百分率时，对梁类构件，不宜大于50%；对板、墙、柱及预制构件的拼接处，可根据实际情况放宽。

并筋采用绑扎搭接连接时，应按每根单筋错开搭接的方式连接。接头面积百分率应按同一连接区段内所有的单根钢筋计算。并筋中钢筋的搭接长度应按单筋分别计算。

2. 纵向受拉钢筋的绑扎连接要求

《混规》对于各类构件中纵向受拉钢筋的绑扎连接要求，主要包括限制搭接接头的面积百分率和限制搭接长度两个方面。

根据相关试验研究成果及可靠度分析，并参考国外有关规范的做法，搭接长度随接头面积百分率的提高而增大，这主要是因为搭接接头受力后，相互搭接的两根钢筋将产生相对滑移，且搭接长度越小，滑移越大。为了使接头充分受力的同时变形刚度不致过差，就需要相应增大搭接长度。为保证受力钢筋的传力性能，按接头面积百分率修正搭接长度，并提出最小搭接长度的限制。《混规》有如下规定。

8.4.3 （部分）位于同一连接区段内的受拉钢筋搭接接头面积百分率：对梁类、板类及墙类构件，不宜大于25%；对柱类构件，不宜大于50%。当工程中确有必要增大受拉钢筋搭接接头面积百分率时，对梁类构件，不宜大于50%；对板、墙、柱及预制构件的拼接处，可根据实际情况放宽。

8.4.4 纵向受拉钢筋绑扎搭接接头的搭接长度，应根据位于同一连接区段内的钢筋搭接接头面积百分率按下列公式计算，**且不应小于 300 mm**：

$$l_l = \zeta_l l_a \tag{8.4.4}$$

式中 l_l——纵向受拉钢筋的搭接长度；

ζ_l——纵向受拉钢筋搭接长度修正系数，按表 8.4.4 取用，当纵向搭接钢筋接头面积百分率为表中的中间值时，修正系数可按内插法取值。

表 8.4.4 纵向受拉钢筋搭接长度修正系数

纵向搭接钢筋接头面积百分率(%)	≤ 25	50	100
ζ_l	1.2	1.4	1.6

3. 纵向受压钢筋的绑扎连接要求

《混规》有如下规定。

8.4.5 构件中的纵向受压钢筋当采用搭接连接时，其受压搭接长度不应小于本规范第 8.4.4 条纵向受拉钢筋搭接长度的 70%，**且不应小于 200 mm**。

8.4.5 条文说明

为避免偏心受压引起的屈曲，受压纵向钢筋端头不应设置弯钩或单侧焊锚筋。

8.3.2 机械连接

机械连接形式的钢筋，其机械连接区段的长度为 35d，并由此控制接头面积百分率。

8.4.7 纵向受力钢筋的机械连接接头宜相互错开。钢筋机械连接区段的长度为 35d，d 为连接钢筋的较小直径。凡接头中点位于该连接区段长度内的机械连接接头均属于同一连接区段。

位于同一连接区段内的**纵向受拉钢筋**接头面积百分率不宜大于 50%；但对板、墙、柱及预制构件的拼接处，可根据实际情况放宽。**纵向受压钢筋**的接头面积百分率可不受限制。

机械连接套筒的保护层厚度宜满足有关钢筋最小保护层厚度的规定。机械连接**套筒的横向净间距**不宜小于 25 mm；套筒处箍筋的间距仍应满足相应的构造要求。

直接承受动力荷载结构构件中的机械连接接头,除应满足设计要求的抗疲劳性能外,位于同一连接区段内的纵向受力钢筋接头面积百分率不应大于50%。

8.3.3　焊接连接

《混规》有如下规定。

8.4.8　细晶粒热轧带肋钢筋以及直径大于28 mm的带肋钢筋,其焊接应经试验确定;余热处理钢筋不宜焊接。

纵向受力钢筋的焊接接头应相互错开。钢筋焊接接头**连接区段的长度**为35d且不小于500 mm,**d为连接钢筋的较小直径**,凡接头中点位于该连接区段长度内的焊接接头均属于同一连接区段。

纵向受拉钢筋的接头面积百分率不宜大于50%,但对预制构件的拼接处,可根据实际情况放宽。**纵向受压钢筋的接头面积百分率可不受限制。**

8.4.9　**需进行疲劳验算的构件**,其纵向受拉钢筋**不得**采用绑扎搭接接头,也**不宜**采用焊接接头,除端部锚固外不得在钢筋上焊有附件。

当直接承受吊车荷载的钢筋混凝土吊车梁、屋面梁及屋架下弦的纵向受拉钢筋采用焊接接头时,应符合下列规定:

1　应采用闪光接触对焊,并去掉接头的毛刺及卷边;

2　同一连接区段内**纵向受拉钢筋**焊接接头面积百分率不应大于25%,焊接接头连接区段的长度应取为45d,**d为纵向受力钢筋的较大直径**;

3　疲劳验算时,焊接接头应符合本规范第4.2.6条疲劳应力幅限值的规定。

8.4　构件的其他基本规定

8.4.1　板的基本规定

《混规》中关于板内构造钢筋的基本规定,大部分是从控制板面裂缝的角度出发的。例如,考虑到钢筋间距过大不利于板的受力和裂缝的控制,进而规定了板内受力钢筋的最大间距要求;考虑到现浇板中存在温度、收缩应力,易在现浇楼板内引起约束拉应力而导致裂缝,进而提出了在垂直于受力方向上配置横向分布钢筋的要求及双向配置防裂构造钢筋的要求,对于混凝土厚板,还应设置平行于板面的构造钢筋网片。

9.1.3　**板中受力钢筋的间距**,当板厚不大于150 mm时不宜大于200 mm;当板厚大于150 mm时不宜大于板厚的1.5倍,且不宜大于250 mm。

9.1.7　当按**单向板**设计时,应在垂直于受力的方向布置**分布钢筋**,单位宽度上的配筋不宜小于单位宽度上的受力钢筋的15%,且配筋率不宜小于0.15%;分布钢筋**直径**不宜小于6 mm,**间距**不宜大于250 mm;当集中荷载较大时,分布钢筋的配筋面积尚应增加,且间距不宜大于200 mm。

9.1.8　在温度、收缩应力较大的现浇板区域,应在板的表面**双向配置防裂构造钢筋**。配筋率均不宜小于0.10%,间距不宜大于200 mm。防裂构造钢筋可利用原有钢筋贯通布置,也可另行设置钢筋并与原有钢筋按受拉钢筋的要求搭接或在周边构件中锚固。

楼板平面的瓶颈部位宜适当增加板厚和配筋。沿板的洞边、凹角部位宜加配防裂构造钢筋,并采取可靠的锚固措施。

9.1.8 条文说明(部分)

……鉴于受力钢筋和分布钢筋也可以起到一定的抵抗温度、收缩应力的作用,故应主要在未配钢筋的部位或配筋数量不足的部位布置温度收缩钢筋。

……此外,在产生应力集中的蜂腰、洞口、转角等易开裂部位,提出了配置防裂构造钢筋的规定。

9.1.9　混凝土厚板及卧置于地基上的基础筏板,当板的厚度大于 2 m 时,除应沿板的上、下表面布置纵、横方向钢筋外,尚宜在板厚度不超过 1 m 范围内设置与板面平行的**构造钢筋网片**,网片钢筋**直径**不宜小于 12 mm、纵、横方向的间距不宜大于 300 mm。

9.1.6　按简支边或非受力边设计的现浇混凝土板,当与混凝土梁、墙整体浇筑或嵌固在砌体墙内时,应设置板面构造钢筋,并符合下列要求。

　　1　钢筋直径不宜小于 8 mm,间距不宜大于 200 mm,且单位宽度内的配筋面积不宜小于跨中相应方向板底钢筋截面面积的 1/3。与混凝土梁、混凝土墙**整体浇筑的单向板的非受力方向**,钢筋截面面积尚不宜小于受力方向跨中板底钢筋截面面积的 1/3。

　　2　钢筋从混凝土梁边、柱边、墙边伸入板内的长度不宜小于 $l_0/4$,砌体墙支座处钢筋伸入板内的长度不宜小于 $l_0/7$,其中计算跨度 l_0 对单向板按受力方向考虑,对双向板按短边方向考虑。

　　3　在楼板角部,宜沿两个方向正交、斜向平行或放射状布置**附加钢筋**。

　　4　钢筋应在梁内、墙内或柱内可靠锚固。

9.1.6 条文说明

　　与支承梁或墙整体浇筑的混凝土板,以及嵌固在砌体墙内的现浇混凝土板,往往在其非主要受力方向的侧边上由于边界约束产生一定的负弯矩,从而导致板面裂缝。为此,往往在板边和板角部位配置防裂的板面构造钢筋。本条提出了相应的构造要求,包括钢筋截面面积、直径、间距、伸入板内的锚固长度以及板角配筋的形式、范围等。这些要求在原规范的基础上作了适当的合并和简化。

8.4.2　梁的基本规定

1. 纵向钢筋的基本规定

《混规》除对纵筋的弯起、截断以及锚固提出了相应的要求外,还对纵向受力钢筋、架立筋、腰筋的构造提出了一定的要求。

9.2.1　梁的**纵向受力钢筋**应符合下列规定。

　　1　伸入梁支座范围内的钢筋不应少于 2 根。

　　2　梁高不小于 300 mm 时,**钢筋直径**不应小于 10 mm;梁高小于 300 mm 时,钢筋直径不应小于 8 mm。

　　3　梁上部钢筋水平方向的**净间距**不应小于 30 mm 和 1.5d;梁下部钢筋水平方向的净间距不应小于 25 mm 和 d。当下部钢筋多于 2 层时,2 层以上钢筋水平方向的中距应比下面 2 层的中距增大一倍;各层钢筋之间的净间距不应小于 25 mm 和 d,d 为钢筋的最大直径。

　　4　在梁的配筋密集区域宜采用并筋的配筋形式。

9.2.6　梁的**上部纵向构造钢筋**应符合下列要求。

　　1　当梁端按简支计算但实际受到部分约束时,应在支座区上部设置纵向构造钢筋。其**截面面积**不应小于梁跨中下部纵向受力钢筋计算所需截面面积的 1/4,且不应少于 2 根。该纵向构造钢筋自支座边缘向跨内**伸出的长度**不应小于 $l_0/5$,l_0 为梁的计算跨度。

　　2　对**架立钢筋**,当梁的跨度小于 4 m 时,**直径**不宜小于 8 mm;当梁的跨度为 4~6 m 时,直径不应小于 10 mm;当梁的跨度大于 6 m 时,直径不宜小于 12 mm。

9.2.13　梁的腹板高度 h_w 不小于 450 mm 时,在梁的两个侧面应沿高度配置**纵向构造钢筋**。每侧纵向构造钢筋(不包括梁上、下部受力钢筋及架立钢筋)的间距不宜大于 200 mm,截面面积不应小于腹板截面面积(bh_w)的 0.1%,但当梁宽较大时可以适当放松。此处,腹板高度 h_w 按本规范第 6.3.1 条的规定取用。

9.2.13 条文说明（部分）

现代混凝土构件的尺度越来越大，工程中大截面尺寸现浇混凝土梁日益增多。由于配筋较少，往往在梁腹板范围内的侧面产生垂直于梁轴线的收缩裂缝。……腰筋的最小配筋率按扣除受压及受拉翼缘的梁腹板截面面积确定。

9.2.14 薄腹梁或需作疲劳验算的钢筋混凝土梁，应在下部 1/2 梁高的腹板内沿两侧配置直径 8~14 mm 的纵向构造钢筋，其间距为 100~150 mm，并按下密上疏的方式布置。在上部 1/2 梁高的腹板内，纵向构造钢筋可按本规范第 9.2.13 条的规定配置。

对于框架结构中间层中间节点，《混规》提出了上部纵向钢筋应贯穿节点或支座、下部纵向钢筋宜贯穿节点或支座的要求。但考虑到当梁的下部钢筋根数较多，且分别从两侧锚入中间节点时，将造成节点下部钢筋过分拥挤。此时，可将中间节点下部梁的纵向钢筋贯穿节点，并在节点以外搭接。搭接的位置宜在节点以外和梁弯矩较小的 $1.5h_0$ 以外，这也是为了避让梁端塑性铰区和箍筋加密区。

9.3.5 框架中间层中间节点或连续梁中间支座，梁的上部纵向钢筋应贯穿节点或支座，梁的下部纵向钢筋宜贯穿节点或支座。当必须锚固时，应符合下列锚固要求。

5 钢筋可在**节点或支座外**梁中弯矩较小处设置搭接接头，搭接长度的起始点至节点或支座边缘的距离不应小于 $1.5h_0$（图 9.3.5（b））。

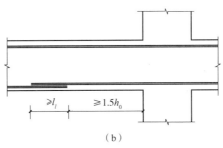

（b）

图 9.3.5　梁下部纵向钢筋在中间节点或中间支座范围的锚固与搭接
（b）下部纵向钢筋在节点或支座范围外的搭接

试验研究表明，当梁上部和柱外侧钢筋配筋率过高时，将引起顶层端节点核心区混凝土的斜压破坏，故对相应的配筋率做出限制；当梁上部钢筋和柱外侧纵向钢筋在顶层端节点角部的弯弧处半径过小时，弯弧内的混凝土可能发生局部受压破坏，故对钢筋的弯弧半径最小值做了相应规定。框架角节点钢筋弯弧以外，可能形成保护层很厚的素混凝土区域，应配置构造钢筋加以约束，防止混凝土裂缝、坠落。

9.3.8 顶层端节点处梁上部纵向钢筋的截面面积 A_s 应符合下列规定：

$$A_s \leqslant \frac{0.35\beta_c f_c b_b h_0}{f_y} \tag{9.3.8}$$

式中　b_b——梁腹板宽度；

　　　h_0——梁截面有效高度。

梁上部纵向钢筋与柱外侧纵向钢筋在节点角部的弯弧内半径，当钢筋直径不大于 25 mm 时，不宜小于 $6d$；当钢筋直径大于 25 mm 时，不宜小于 $8d$。钢筋弯弧外的混凝土中应配置防裂、防剥落的构造钢筋。

2. 局部配筋的基本规定

对受拉区有内折角的梁，梁底的纵向受拉钢筋应伸至对边并在受压区锚固。受压区范围可按计算的实际受压区高度确定。直线锚固应符合《混规》第 8.3 节钢筋锚固的规定；弯折锚固则参考《混规》第 9.3 节点内弯折锚固的做法。当纵向受拉钢筋未全部在受压区锚固时，应在存在受拉区的内折角部位设置箍筋，箍筋的配置要求如下。

9.2.12 折梁的内折角处应增设箍筋(图 9.2.12)。箍筋应能承受未在受压区锚固纵向受拉钢筋的合力,且在任何情况下不应小于全部纵向钢筋合力的 35%。

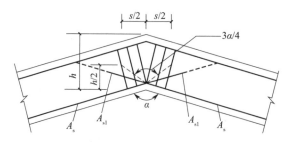

图 9.2.12 折梁内折角处的配筋

由箍筋承受的纵向受拉钢筋的合力按下列公式计算。

未在受压区锚固的纵向受拉钢筋的合力为

$$N_{s1} = 2 f_y A_{s1} \cos\frac{\alpha}{2} \tag{9.2.12-1}$$

全部纵向受拉钢筋合力的 35%为

$$N_{s2} = 0.7 f_y A_s \cos\frac{\alpha}{2} \tag{9.2.12-2}$$

式中 A_s ——全部纵向受拉钢筋的截面面积;

A_{s1} ——未在受压区锚固的纵向受拉钢筋的截面面积;

α ——构件的内折角。

按上述条件求得的箍筋应设置在长度 s 等于 $h\tan(3\alpha/8)$ 的范围内。

通过上述要求以及对折梁的受力分析可得

$$f_{yv} A_{sv} \cos\left(90° - \frac{\alpha}{2}\right) \geq \frac{1}{2} N_{s1} \tag{8.18}$$

式中 A_{sv} ——折梁一侧($s/2$ 水平投影长度范围内)配置箍筋的总截面面积;

N_{s1} ——折梁一侧未锚固受力纵筋的合力或全部受力纵筋合力的 35%。

将式(8.18)代入《混规》的上述公式并进行化简后可得

$$n_1 n_2 f_{yv} A_{sv1} \sin\frac{\alpha}{2} \geq f_y A_{s1} \cos\frac{\alpha}{2} \tag{8.19-a}$$

$$n_1 n_2 f_{yv} A_{sv1} \sin\frac{\alpha}{2} \geq 0.35 f_y A_s \cos\frac{\alpha}{2} \tag{8.19-b}$$

式中 A_{sv1} ——单肢箍筋的截面面积;

n_1 ——配置箍筋的肢数;

n_2 ——折梁一侧所需配置的箍筋数量。

此外,为防止表层混凝土碎裂、坠落和控制裂缝宽度,提出了在厚保护层混凝土梁下部受拉区配置表层分布钢筋的构造要求。《混规》有如下规定。

9.2.15 当梁的混凝土保护层厚度大于 50 mm 且配置表层钢筋网片时,应符合下列规定。

1 表层钢筋宜采用焊接网片,其直径不宜大于 8 mm,间距不应大于 150 mm;网片应配置在梁底和梁侧,梁侧的网片钢筋应延伸至梁高的 2/3 处。

2 **两个方向上**表层网片钢筋的截面面积均不应小于相应混凝土保护层(图 9.2.15 阴影部分)面积的 1%。

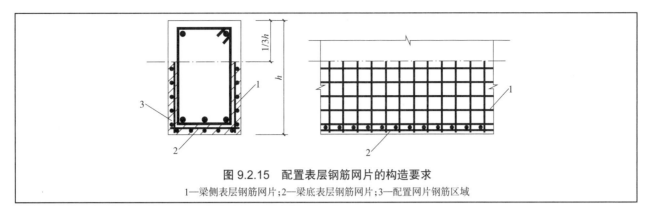

图 9.2.15　配置表层钢筋网片的构造要求
1—梁侧表层钢筋网片；2—梁底表层钢筋网片；3—配置网片钢筋区域

8.4.3　柱的基本规定

1. 纵向钢筋的基本规定

柱中纵向钢筋的间距过密会影响混凝土浇筑密实程度，过疏则难以维持对芯部混凝土的围箍约束。对此，《混规》提出了柱中纵向受力钢筋最大配筋率以及柱侧构造配筋的基本要求。

9.3.1　柱中纵向钢筋的配置应符合下列规定：

1　纵向受力钢筋直径不宜小于 12 mm，<u>全部纵向钢筋的配筋率不宜大于 5%</u>；

2　柱中纵向钢筋的净间距不应小于 50 mm，且不宜大于 300 mm；

3　偏心受压柱的截面高度不小于 600 mm 时，在柱的侧面上应设置直径不小于 10 mm 的纵向构造钢筋，并相应设置复合箍筋或拉筋；

4　圆柱中纵向钢筋不宜少于 8 根，不应少于 6 根，且宜沿周边均匀布置；

5　在偏心受压柱中，垂直于弯矩作用平面的侧面上的纵向受力钢筋以及轴心受压柱中各边的纵向受力钢筋，其中距不宜大于 300 mm。

注：水平浇筑的预制柱，纵向钢筋的最小净间距可按本规范第 9.2.1 条关于梁的有关规定取用。

框架结构顶层端节点处的梁、柱端主要承受负弯矩作用，即相当于 90° 的折梁。当梁上部钢筋和柱外侧钢筋数量匹配时，可将柱外侧处于梁截面宽度内的纵向钢筋直接弯入梁上部，作为梁负弯矩钢筋使用，也可使梁上部钢筋与柱外侧钢筋在顶层端节点区域搭接。《混规》推荐了如下两种搭接方案。

（1）将柱外侧纵向受力钢筋设在梁、柱节点外侧和梁端顶面的带 90° 弯折搭接做法，适用于梁上部钢筋和柱外侧钢筋数量不致过多的民用或公共建筑框架；优点是梁上部钢筋不伸入柱内，有利于在梁底标高处设置柱内混凝土的施工缝。

（2）当梁上部和柱外侧钢筋数量过多时，上述方案将造成节点区域顶部钢筋的拥挤，不利于自上而下浇筑混凝土，此时宜改用梁、柱钢筋直线搭接，接头位于柱顶部外侧的方法。

9.3.7　**顶层端节点柱外侧纵向钢筋**可弯入梁内作梁上部纵向钢筋；也可将梁上部纵向钢筋与柱外侧纵向钢筋在节点及附近部位搭接，**搭接**可采用下列方式。

1　搭接接头可沿顶层端节点外侧及梁端顶部布置，搭接长度不应小于 $1.5l_{ab}$（图 9.3.7（a））。其中，<u>伸入梁内的柱外侧钢筋截面面积不宜小于其全部面积的 65%</u>；梁宽范围以外的柱外侧钢筋宜沿节点顶部伸至柱内边锚固。

当柱外侧纵向钢筋位于柱顶第一层时，钢筋伸至柱内边后宜向下弯折不小于 8d 后截断（图 9.3.7（a）），d 为柱纵向钢筋的直径；当柱外侧纵向钢筋位于柱顶第二层时，可不向下弯折。当现浇板厚度不小于 100 mm 时，梁宽范围以外的柱外侧纵向钢筋也可伸入现浇板内，其长度与伸入梁内的柱纵向钢筋相同。

2 当柱外侧纵向钢筋配筋率大于1.2%时,伸入梁内的柱纵向钢筋应满足本条第1款规定且宜分两批截断,截断点之间的距离不宜小于20d,d为柱外侧纵向钢筋的直径。

梁上部纵向钢筋应伸至节点外侧,并向下弯至梁下边缘高度位置截断。

3 纵向钢筋搭接接头也可沿节点柱顶外侧直线布置(图9.3.7(b)),此时搭接长度自柱顶算起不应小于$1.7l_{ab}$。

当梁上部纵向钢筋的配筋率大于1.2%时,弯入柱外侧的梁上部纵向钢筋应满足本条第1款规定的搭接长度,且宜分两批截断,其截断点之间的距离不宜小于20d,d为梁上部纵向钢筋的直径。

4 当梁的截面高度较大,梁、柱纵向钢筋相对较小,从梁底算起的直线搭接长度未延伸至柱顶即已满足$1.5l_{ab}$的要求时,应将搭接长度延伸至柱顶并满足搭接长度不小于$1.7l_{ab}$的要求;或者从梁底算起的弯折搭接长度未延伸至柱内侧边缘即已满足$1.5l_{ab}$的要求时,其弯折后包括弯弧在内的水平段的长度不应小于15d,d为柱纵向钢筋的直径。

5 柱内侧纵向钢筋的锚固应符合本规范第9.3.6条关于顶层中节点的规定。

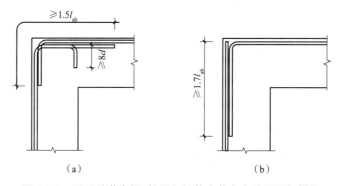

图9.3.7 顶层端节点梁、柱纵向钢筋在节点内的锚固与搭接

(a)搭接接头沿顶层端节点外侧及梁端顶部布置 (b)搭接接头沿节点外侧直线布置

2. 横向钢筋的基本规定

《混规》有如下规定。

9.3.9 在框架节点内应设置水平箍筋,箍筋应符合本规范第9.3.2条柱中箍筋的构造规定,但间距不宜大于250 mm。对四边均有梁的中间节点,节点内可只设置沿周边的矩形箍筋。当顶层端节点内有梁上部纵向钢筋和柱外侧纵向钢筋的搭接接头时,节点内水平箍筋应符合本规范第8.4.6条的规定。

9.3.9 条文说明

本条为框架节点中配箍的构造要求。根据我国工程经验并参考国外有关规范,在框架节点内应设置水平箍筋。当节点四边有梁时,由于除四角以外的节点周边柱纵向钢筋已经不存在过早压屈的危险,故可以不设复合箍筋。

其余有关柱中横向钢筋的配置基本要求详见其他章节。

3. 牛腿的基本规定

当牛腿设在柱顶时,为了保证牛腿顶面受拉钢筋与柱外侧纵向钢筋的可靠传力,《混规》有如下规定。

9.3.12 (部分)当牛腿设于上柱柱顶时,宜将牛腿对边的柱外侧纵向受力钢筋沿柱顶水平弯入牛腿,作为牛腿纵向受拉钢筋使用。当牛腿顶面纵向受拉钢筋与牛腿对边的柱外侧纵向钢筋分开配置时,牛腿顶面纵向受拉钢筋应弯入柱外侧,并应符合本规范第8.4.4条有关钢筋搭接的规定。

8.4.4 墙的基本规定

《混规》有如下规定。

9.4.1　竖向构件截面长边、短边(厚度)比值大于 4 时,宜按墙的要求进行设计。

支撑预制楼(屋面)板的墙,其厚度不宜小于 140 mm;对剪力墙结构尚不宜小于层高的 1/25,对框架-剪力墙结构尚不宜小于层高的 1/20。

当采用预制板时,支承墙的厚度应满足墙内竖向钢筋贯通的要求。

9.4.3　(部分)在承载力计算中,剪力墙的翼缘计算宽度可取剪力墙的间距、门窗洞间翼墙的宽度、剪力墙厚度加两侧各 6 倍翼墙厚度、剪力墙墙肢总高度的 1/10 四者中的最小值。

9.4.6　墙中配筋构造应符合下列要求。

1　墙竖向分布钢筋可在同一高度搭接,搭接长度不应小于 $1.2l_a$。

2　墙水平分布钢筋的搭接长度不应小于 $1.2l_a$;同排水平分布钢筋的搭接接头之间以及上、下相邻水平分布钢筋的搭接接头之间,沿水平方向的净间距不宜小于 500 mm。

3　墙中水平分布钢筋应伸至墙端,并向内水平弯折 10d,d 为钢筋直径。

4　端部有翼墙或转角的墙,内墙两侧和外墙内侧的水平分布钢筋应伸至翼墙或转角外边,并分别向两侧水平弯折 15d。在转角墙处,外墙外侧的水平分布钢筋应在墙端外角处弯入翼墙,并与翼墙外侧的水平分布钢筋搭接。

5　带边框的墙,水平和竖向分布钢筋宜分别贯穿柱、梁或锚固在柱、梁内。

9.4.6 条文说明

为保证剪力墙的承载受力,规定了墙内水平、竖向钢筋锚固、搭接的构造要求。其中,水平钢筋搭接要求错开布置;竖向钢筋则允许在同一截面上搭接,即接头面积百分率 100%。此外,对翼墙、转角墙、带边框的墙等也提出了相应的配筋构造要求。

9.4.7　墙洞口连梁应沿全长配置箍筋,箍筋直径不应小于 6 mm,间距不宜大于 150 mm。在顶层洞口连梁纵向钢筋伸入墙内的锚固长度范围内,应设置间距不大于 150 mm 的箍筋,箍筋直径宜与跨内箍筋直径相同。同时,门窗洞边的竖向钢筋应满足受拉钢筋锚固长度的要求。

墙洞口上、下两边的水平钢筋除应满足洞口连梁正截面受弯承载力的要求外,尚不应少于 2 根直径不小于 12 mm 的钢筋。对于计算分析中可忽略的洞口,洞边钢筋截面面积分别不宜小于洞口截断的水平分布钢筋总截面面积的一半。纵向钢筋自洞口边伸入墙内的长度不应小于受拉钢筋的锚固长度。

9.4.8　剪力墙墙肢两端应配置竖向受力钢筋,并与墙内的竖向分布钢筋共同用于墙的正截面受弯承载力计算。每端的竖向受力钢筋不宜少于 4 根直径为 12 mm 或 2 根直径为 16 mm 的钢筋,并宜沿该竖向钢筋方向配置直径不小于 6 mm、间距为 250 mm 的箍筋或拉筋。

8.5　钢筋混凝土构件耐久性设计

混凝土结构的耐久性指的是结构或者构件在设计使用年限内,在正常维护条件下不需要大修即可满足正常使用和安全要求的能力。我国在改革开放后才真正开始大规模的建设活动,因此必须重视混凝土结构的耐久性设计。

8.5.1　概念及规定

1. 一般概念

混凝土结构的耐久性由正常使用极限状态控制,特点是随时间发展因材料劣化而引起性能衰减。耐久性极限状态表现为钢筋混凝土构件表面出现锈胀裂缝,预应力筋开始锈蚀,结构表面混凝土出现肉眼可见的耐久性损伤(酥裂、粉化等)。材料劣化进一步发展还可能引起构件承载性能衰减,甚至发生破坏。

影响混凝土结构耐久性的因素有很多,主要可分为内部因素和外部因素两个方面。其中,内部因素主要有混凝土的强度等级、水胶比、氯离子含量和碱含量、密实性、外加剂用量及保护层厚度等,其中前三个因素是主要的内部影响因素;外部因素主要指混凝土结构所处的外界环境条件,包括温度、湿度、CO_2 含量、侵蚀性介质等。

混凝土结构的耐久性下降,往往是内、外部因素综合作用的结果,而混凝土碳化和钢筋锈蚀是影响混凝土耐久性的最主要特征。

2. 混凝土碳化

混凝土的碳化是混凝土所受到的一种化学腐蚀。空气中的 CO_2 气体通过硬化混凝土细孔渗透到混凝土内,与其内部的碱性水化物(主要是 $Ca(OH)_2$)发生中和反应,生成碳酸盐($CaCO_3$)和水,使混凝土碱性降低的过程称为混凝土碳化,又称为混凝土的中性化。

水泥在水化过程中生成大量的 $Ca(OH)_2$,使混凝土空隙中充满饱和氢氧化钙溶液,其碱性介质对钢筋有良好的保护作用,使钢筋表面生成难溶的 Fe_2O_3 和 Fe_3O_4,称为钝化膜。

混凝土的碳化作用对混凝土本身是无害的,一般不会直接引起其性能的劣化。对于素混凝土,碳化还有提高混凝土耐久性的效果。但是,由于碳化引起混凝土的碱度降低,对于钢筋混凝土结构,当碳化超过混凝土的保护层时,在水与空气存在的条件下,就会使混凝土失去对钢筋的保护作用,钢筋开始生锈,俗称"脱钝"。

影响混凝土碳化的因素较多,但大体可从环境和材料自身两方面进行分析。环境因素主要指空气中的 CO_2 浓度。试验表明,混凝土处于相对湿度为 50%~70% 的环境中时,碳化速度较快,此外温度交替变化有利于 CO_2 的扩散,故也可加快碳化速度。材料自身的因素主要指混凝土的密实性、水灰比。混凝土的强度等级越高,内部越密实,碳化速度越慢;水灰比较小时,水泥水化过程中产生的碱性水化物变少,也会相应减缓混凝土的碳化速度。

3. 钢筋锈蚀

钢筋表面的氧化膜被破坏后,钢材表面从空气中吸收含有氧或氯离子的水分,使钢筋表面生成疏松多孔的不稳定锈蚀产物 $Fe_2O_3 \cdot nH_2O$,它的体积比原来增加 2~4 倍,迫使混凝土保护层胀裂,进一步加快了钢筋的锈蚀速度,这一现象称为钢筋的锈蚀。

混凝土中钢筋的锈蚀机理是电化学腐蚀,其中钢筋表面氧化膜的破坏是钢筋锈蚀的必要条件,含氧或氯离子水分的侵入是钢筋锈蚀的必要条件。钢筋锈蚀严重时,体积的膨胀会导致沿钢筋长度方向出现纵向混凝土裂缝,并使保护层脱落,造成截面承载能力下降,严重时可能造成结构或构件的破坏。

防止钢筋锈蚀的主要措施包括:

(1)减缓混凝土碳化,即降低水灰比、提高混凝土的密实度;

(2)增加混凝土的保护层厚度;

(3)控制氯离子含量;

(4)采取水泥砂浆或涂料等覆盖面层,防止 CO_2、O_2、Cl^- 的侵入。

4. 耐久性设计内容

由于影响混凝土结构材料性能劣化的因素比较复杂,其规律不确定性很大,一般建筑结构的耐久性设计只能采用经验性的定性方法解决。根据调查研究并考虑混凝土房屋建筑结构的特点,《混规》规定了混凝土结构耐久性定性设计的基本内容。

3.5.1 混凝土结构应根据设计使用年限和环境类别进行耐久性设计,耐久性设计包括下列内容:

　　1　确定结构所处的环境类别;

　　2　提出对混凝土材料的耐久性基本要求;

　　3　确定构件中钢筋的混凝土保护层厚度;

　　4　不同环境条件下的耐久性技术措施;

　　5　提出结构使用阶段的检测与维护要求。

　　注:对临时性的混凝土结构,可不考虑混凝土的耐久性要求。

8.5.2　环境类别

环境类别是指混凝土暴露表面所处的环境条件,即影响混凝土结构耐久性的外因。对于环境类别的划分,《混规》有如下规定。

3.5.2　混凝土结构暴露的环境类别应按表 3.5.2 的要求划分。

表 3.5.2　混凝土结构的环境类别

环境类别	条件
一	室内干燥环境; 无侵蚀性静水浸没环境
二 a	室内潮湿环境; 非严寒和非寒冷地区的露天环境; 非严寒和非寒冷地区与无侵蚀性的水或土壤直接接触的环境; 严寒和寒冷地区的冰冻线以下与无侵蚀性的水或土壤直接接触的环境
二 b	干湿交替环境; 水位频繁变动环境; 严寒和寒冷地区的露天环境; 严寒和寒冷地区冰冻线以上与无侵蚀性的水或土壤直接接触的环境
三 a	严寒和寒冷地区冬季水位变动区环境; 受除冰盐影响环境; 海风环境
三 b	盐渍土环境; 受除冰盐作用环境; 海岸环境
四	海水环境
五	受人为或自然的侵蚀性物质影响的环境

注:1. 室内潮湿环境是指构件表面经常处于结露或湿润状态的环境;
　　2. 严寒和寒冷地区的划分应符合现行国家标准《民用建筑热工设计规范》(GB 50176—93)的有关规定;
　　3. 受除冰盐影响环境是指受到除冰盐盐雾影响的环境,受除冰盐作用环境是指被除冰盐溶液溅射的环境以及使用除冰盐地区的洗车房、停车楼等建筑;
　　4. 暴露的环境是指混凝土结构表面所处的环境。

3.5.2　条文说明(部分)

干湿交替主要指室内潮湿、室外露天、地下水浸润、水位变动的环境。由于水和氧的反复作用,容易引起钢筋锈蚀和混凝土材料劣化。

非严寒和非寒冷地区与严寒和寒冷地区的区别主要在于有无冰冻及冻融循环现象。关于严寒和寒冷地区的定义,《民用建筑热工设计规范》(GB 50176—93)规定如下:**严寒地区**,最冷月平均温度低于或等于-10 ℃,日平均温度低于或等于 5 ℃的天数不少于 145 d 的地区;**寒冷地区**,最冷月平均温度高于-10 ℃、低于或等于 0 ℃,日平均温度低于或等于 5 ℃的天数不少于 90 d 且少于 145 d 的地区。……

8.5.3　保护层厚度

从混凝土碳化、脱钝和钢筋锈蚀的耐久性角度考虑,一方面,《混规》根据其对结构所处耐久性环境类别的划分、混凝土碳化反应的差异和构件的重要性,按平面构件(板、墙、壳)及杆状构件(梁、柱、杆)分两类确定保护层厚度,考虑碳化速度的影响,使用年限 100 年的结构,保护层厚度取 1.4 倍;另一方面,当采取表面防护、阻锈剂等有效的综合措施时,可以提高构件的耐久性能,减小保护层的厚度。

8.2.1 构件中普通钢筋及预应力筋的混凝土保护层厚度应满足下列要求。

　　1 构件中受力钢筋的保护层厚度不应小于钢筋的公称直径d。

　　2 设计使用年限为 50 年的混凝土结构,最外层钢筋的保护层厚度应符合表 8.2.1 的规定;设计使用年限为 100 年的混凝土结构,最外层钢筋的保护层厚度不应小于表 8.2.1 中数值的 1.4 倍。

表 8.2.1　混凝土保护层的最小厚度 c（mm）

环境类别	板、墙、壳	梁、柱、杆
一	15	20
二 a	20	25
二 b	25	35
三 a	30	40
三 b	40	50

注:1. 混凝土强度等级不大于 C25 时,表中保护层厚度数值应增加 5 mm;

　　2. 钢筋混凝土基础宜设置混凝土垫层,基础中钢筋的混凝土保护层厚度应从垫层顶面算起,且不应小于 40 mm。

8.2.1 条文说明（部分）

　　1 混凝土保护层厚度不小于受力钢筋直径(单筋的公称直径或并筋的等效直径)的要求是为了保证握裹层混凝土对受力钢筋的锚固。

　　2 从混凝土碳化、脱钝和钢筋锈蚀的耐久性角度考虑,不再以纵向受力钢筋的外缘,而**以最外层钢筋(包括箍筋、构造筋、分布筋等)的外缘计算混凝土保护层厚度**。因此,本次修订后的保护层实际厚度比原规范实际厚度有所加大。

8.2.2 当有充分依据并采取下列措施时,可适当减小混凝土保护层的厚度:

　　1 构件表面有可靠的防护层;

　　2 采用工厂化生产的预制构件;

　　3 在混凝土中掺加阻锈剂或采用阴极保护处理等防锈措施;

　　4 当对地下室墙体采取可靠的建筑防水做法或防护措施时,与土层接触一侧钢筋的保护层厚度可适当减小,但不应小于 25 mm。

8.2.2 条文说明（部分）

　　构件的表面防护是指表面抹灰层以及其他各种有效的保护性涂料层。例如,地下室墙体采用防水、防腐做法时,与土壤接触面的保护层厚度可适当放松。

　　采用环氧树脂涂层钢筋、镀锌钢筋或采取阴极保护处理等防锈措施时,保护层厚度可适当放松。

8.2.3 当梁、柱、墙中纵向受力钢筋的保护层厚度大于 50 mm 时,宜对保护层采取有效的构造措施。当在保护层内配置防裂、防剥落的钢筋网片时,网片钢筋的保护层厚度不应小于 25 mm。

8.2.3 条文说明

　　当保护层很厚时(如配置粗钢筋,框架顶层端节点弯弧钢筋以外的区域等),宜采取有效的措施对厚保护层混凝土进行拉结,防止混凝土开裂剥落、下坠。通常为保护层采用纤维混凝土或加配钢筋网片。为保证防裂钢筋网片不致成为引导锈蚀的通道,应对其采取有效的绝缘和定位措施,此时网片钢筋的保护层厚度可适当减小,但不应小于 25 mm。

8.5.4　技术措施

　　《混规》有如下规定。

3.5.4　混凝土结构及构件尚应采取下列耐久性技术措施:

1　预应力混凝土结构中的预应力筋应根据具体情况采取表面防护、孔道灌浆、加大混凝土保护层厚度等措施,外露的锚固端应采取封锚和混凝土表面处理等有效措施;

2　有抗渗要求的混凝土结构,混凝土的抗渗等级应符合有关标准的要求;

3　严寒及寒冷地区的潮湿环境中,结构混凝土应满足抗冻要求,混凝土抗冻等级应符合有关标准的要求;

4　处于二、三类环境中的悬臂构件宜采用悬臂梁-板的结构形式,或在其上表面增设防护层;

5　处于二、三类环境中的结构构件,其表面的预埋件、吊钩、连接件等金属部件应采取可靠的防锈措施,对于后张预应力混凝土外露金属锚具,其防护要求见本规范第 10.3.13 条;

6　处在三类环境中的混凝土结构构件,可采用阻锈剂、环氧树脂涂层钢筋或其他具有耐腐蚀性能的钢筋、采取阴极保护措施或采用可更换的构件等措施。

3.5.5　一类环境中,设计使用年限为 100 年的混凝土结构应符合下列规定:

1　钢筋混凝土结构的最低强度等级为 C30,预应力混凝土结构的最低强度等级为 C40;

2　混凝土中的最大氯离子含量为 0.06%;

3　宜使用非碱活性骨料,当使用碱活性骨料时,混凝土中的最大碱含量为 3.0 kg/m³;

4　混凝土保护层厚度应符合本规范第 8.2.1 条的规定,当采取有效的表面防护措施时,混凝土保护层厚度可适当减小。

8.6　梁柱节点抗震设计

近年来,国内外几次较大的地震中均有不少钢筋混凝土框架节点的震害实例,造成梁柱节点核心区出现不同程度的破坏。其主要原因是由于混凝土缺少足够的箍筋约束、钢筋锚固不足、施工质量不良等,导致节点核心区的强度和延性不能满足抗震需求。根据近几年进行的框架结构的非线性动力反应分析结果以及对框架结构的震害调查结果,《混规》规定了框架节点的抗震设计要求。

11.6.1　一、二、三级抗震等级的框架应进行节点核心区抗震受剪承载力验算;四级抗震等级的框架节点可不进行计算,但应符合抗震构造措施的要求。框支柱中间层节点的抗震受剪承载力验算方法及抗震构造措施与框架中间层节点相同。

8.6.1　节点核心区的受力性能

反复荷载作用下的梁柱节点核心区受力情况较为复杂,主要是受柱子传来的轴向力、弯矩、剪力和梁传来的弯矩、剪力作用,如图 8.4(a)所示。节点核心区的破坏形式为剪切破坏,当核心区的抗剪能力不足时,该区域将出现多条交叉斜裂缝,斜裂缝间的混凝土被压碎,核心区箍筋达到屈服强度,柱内的纵向钢筋压屈,梁内纵筋发生剪切滑移。

节点核心区的受力过程可分为弹性阶段、通裂阶段和破坏阶段,相应的剪力传递机制分别为混凝土斜压柱机制、桁架机制和组合块体机制。

弹性阶段即节点核心区混凝土未开裂前的工作阶段,此阶段核心区内箍筋的应力很小,基本上由混凝土发挥抗剪作用,如图 8.4(b)所示作用于核心区的斜压力由跨越核心区对角的混凝土斜压柱承担。如图 8.4(c)所示,由试验测得的核心区在弹性阶段的主压应力等值线近似平行,也证明了斜压柱的存在。同时,试验进一步表明,相同条件下随着节点核心区轴压比的增大,斜柱的宽度也逐渐扩展,当轴压比达到 0.7 时,核心区几乎全截面受压。

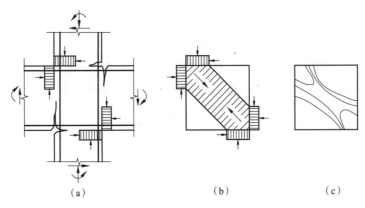

图 8.4　节点核心区的受力

（a）受力分析　（b）斜柱受力机制　（c）实测主压应力分布

　　当节点核心区的剪力达到其抗剪承载力 V_{ju} 的 60%~70% 时,核心区混凝土突然出现对角贯通裂缝,箍筋应力突然增大,节点核心区进入通裂阶段。此阶段随着荷载继续反复施加,梁纵筋屈服,核心区混凝土出现多条平行于对角线的通长裂缝,箍筋应力不断增大,陆续达到屈服。作用于核心区的剪力主要通过梁纵筋与核心区混凝土之间的黏结力来传递,由核心区混凝土与箍筋共同承担,形成以横向箍筋为水平拉杆、柱内纵向钢筋为竖向拉杆、斜裂缝间混凝土为斜向压杆的桁架受力机制,如图 8.5（a）所示。

　　当反复荷载继续增大,节点核心区两边的梁纵筋进入屈服强化阶段,作用于节点核心区的剪力接近并达到最大值 V_{ju},梁纵筋在核心区的锚固逐渐破坏并产生滑移。此时核心区剪力一部分通过梁纵筋与混凝土间的剩余黏结力来传递,一部分通过梁与核心区交界面裂缝闭合后的混凝土局部挤压来传递。同时,核心区斜裂缝随反复荷载不断加宽,且由于箍筋屈服所引起的钢筋伸长,混凝土沿裂缝相互错动,使斜裂缝不能完全闭合,核心区混凝土被多条交叉斜裂缝分割成若干菱形块体,在横向箍筋和纵向柱筋（或轴压力）的共同约束下,形成组合块体机制,如图 8.5（b）所示。核心区继续受力则进入破裂阶段。在该阶段,通过块体间受压裂缝上的骨料咬合来承受斜压力;箍筋及柱纵筋除承受斜拉力外,还在受拉裂缝上通过销栓作用来阻止块体间的剪切滑移。试验表明,配箍合理时核心区组合块体机制仍能维持承载能力,但节点刚度不断下降,残余变形较大,混凝土保护层不断剥落。再继续反复加载,变形更大,混凝土块体压碎,裂缝间骨料不断磨损脱落,丧失咬合作用,节点核心区承载能力开始下降,导致最后破坏。

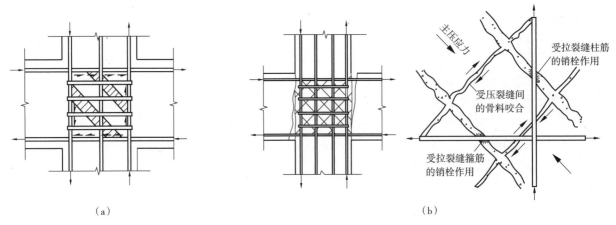

图 8.5　节点核心区通裂及破坏阶段的传力机制

（a）桁架机制　（b）组合块状机制

8.6.2　承载力和延性的影响因素

　　我国框架节点专题研究组通过钢筋混凝土框架梁柱节点的低周往复荷载试验,得出影响核心区混凝土抗剪强度的主要因素为正交梁约束、轴压比、剪压比、配箍率以及梁纵筋在核心区的锚固滑移等。

1. 梁板对节点核心区的约束作用

垂直于框架平面与节点相交的梁,称为正交梁。试验表明,当节点在两个正交方向有梁且在周边有现浇板时,梁和现浇板增加了对节点核心区混凝土的约束作用,进而可以在一定程度上提高节点核心区混凝土的抗剪强度,在计算节点核心区混凝土抗剪强度公式中,以系数 η_j 表示其有利影响,称其为整浇梁对节点约束的影响系数。

通常认为,当正交梁的截面宽度不小于柱宽的 1/2,且截面高度不小于框架梁截面高度的 3/4 时,在考虑正交梁可能开裂的不利影响后,节点核心区混凝土的抗剪强度比不带正交梁及楼板时可提高 50% 左右,即建议此时取 $\eta_j=1.5$。但对于梁截面较小或只沿一个方向有梁的中节点,或周边未被现浇板充分围绕的中节点,以及边节点、角节点等情况,均不考虑梁对节点约束的有利影响。

2. 轴向压力对节点核心区的影响

依据相关工程试验结果,节点核心区内混凝土斜压杆截面面积虽然可随柱端轴力的增加而稍有增加,使得在作用剪力较小时,柱轴压力的增大对防止节点的开裂和提高节点的抗震受剪承载力起一定的有利作用,但轴向力的施加却降低了节点核心区的延性。

并且,当节点作用剪力较大时,因核心区混凝土斜向压应力已经较高,轴压力的增大反而会使节点更早发生混凝土斜压型剪切破坏,从而削弱节点的抗震受剪承载力。因此,在实际进行节点核心区混凝土的抗剪承载力设计时,应对此轴向力或轴压比加以限制。自 2002 年版《混规》以后,考虑这一因素后已在 9 度设防烈度节点受剪承载力计算公式中取消了轴压力的有利影响。但为了不致使节点中箍筋用量增加过多,在除 9 度设防烈度外的其他节点受剪承载力计算公式中,保留了轴力项的有利影响。这一做法与试验结果不符,只是一种权宜性的做法。

3. 剪压比和配箍率的影响

与其他混凝土构件类似,节点区的混凝土和钢筋是共同作用的。根据桁架或拉压杆受力机制,钢筋起拉杆的作用,混凝土则主要起压杆的作用。显然,节点破坏时可能钢筋先坏,也可能混凝土先坏。当节点区配箍率过高时,节点区混凝土将首先破坏,使箍筋不能充分发挥作用。一般希望钢筋先坏,这就必须要求节点的尺寸不能过小,或节点区的配筋率不能过高,因此应对节点的最大配箍率加以限制。在设计中可采用限制节点核心区水平截面上的剪压比来实现这一要求。试验表明,当节点区截面的剪压比大于 0.35 时,增加箍筋的作用已不明显,这时必须增大节点水平截面的尺寸。《混规》有如下规定。

11.6.3　框架梁柱节点核心区的受剪水平截面应符合下列条件:

$$V_j \leqslant \frac{1}{\gamma_{RE}}(0.3\eta_j\beta_c f_c b_j h_j) \qquad (11.6.3)$$

式中　h_j——框架节点核心区的截面高度,可取验算方向的柱截面高度 h_c;

　　　b_j——框架节点核心区的截面有效验算宽度,①当 b_b 不小于 $b_c/2$ 时,可取 b_c;②当 b_b 小于 $b_c/2$ 时,可取 $(b_b+0.5h_c)$ 和 b_c 中的较小值;③当梁与柱的中线不重合且偏心距 e_0 不大于 $b_c/4$ 时,可取 $(b_b+0.5h_c)$、$(0.5b_b+0.5b_c+0.25h_c-e_0)$ 和 b_c 三者中的最小值,此处 b_b 为验算方向梁截面宽度,b_c 为该侧柱截面宽度;

　　　η_j——正交梁对节点的约束影响系数,①当楼板为现浇、梁柱中线重合、四侧各梁截面宽度不小于该侧柱截面宽度 1/2,且正交方向梁高度不小于较高框架梁高度的 3/4 时,可取 η_j 为 1.50,但对 9 度设防烈度宜取 η_j 为 1.25;②当不满足上述条件时,应取 η_j 为 1.00。

---

4. 梁纵筋滑移的影响

框架梁纵筋在中柱节点区通常以连续贯通的形式通过。在反复荷载作用下,梁纵筋在节点一边受拉屈服,而在另一边受压屈服。在循环荷载的往复作用下,原受拉屈服一边变为受压屈服,对于这样一根梁纵筋,节点核心区将产生两倍于该钢筋屈服强度的黏结应力,使纵筋的黏结迅速破坏,导致梁纵筋在节点区贯通滑移。梁纵筋的滑移破坏了节点核心区剪力的正常传递,使节点区受剪承载力降低,亦使梁截面后期受弯承载力和延性降低,使节点的刚度和耗能能力明显下降。

为防止梁纵筋滑移,最好采用直径不大于 1/25 柱宽的梁筋,也就是使梁纵筋在节点区有不小于 25 倍其直径的锚固长度,也可以将梁纵筋穿过柱中心轴后再弯入柱内,以改善其锚固性能。

为了防止梁纵筋滑移对节点核心区抗震性能的不利影响,《混规》有如下规定。

11.6.7 框架梁和框架柱的纵向受力钢筋在框架节点区的锚固和搭接应符合下列要求。

1 框架中间层中间节点处,**框架梁的上部纵向钢筋应贯穿中间节点**。贯穿中柱的每根梁纵向钢筋**直径**,①对于 9 度设防烈度的各类框架和一级抗震等级的框架结构,当柱为矩形截面时,不宜大于柱在该方向截面尺寸的 1/25,当柱为圆形截面时,不宜大于纵向钢筋所在位置柱截面弦长的 1/25;②对一、二、三级抗震等级,当柱为矩形截面时,不宜大于柱在该方向截面尺寸的 1/20,对圆柱截面,不宜大于纵向钢筋所在位置柱截面弦长的 1/20。

2 对于框架中间层中间节点、中间层端节点、顶层中间节点以及顶层端节点,梁、柱纵向钢筋在节点部位的锚固和搭接,应符合图 11.6.7 的相关构造规定。图中 l_{lE} 按本规范第 11.1.7 条规定取用,l_{abE} 按下式取用:

$$l_{abE} = \zeta_{aE} l_{ab} \tag{11.6.7}$$

式中 ζ_{aE}——纵向受拉钢筋锚固长度修正系数,按本规范第 11.1.7 条规定取用。

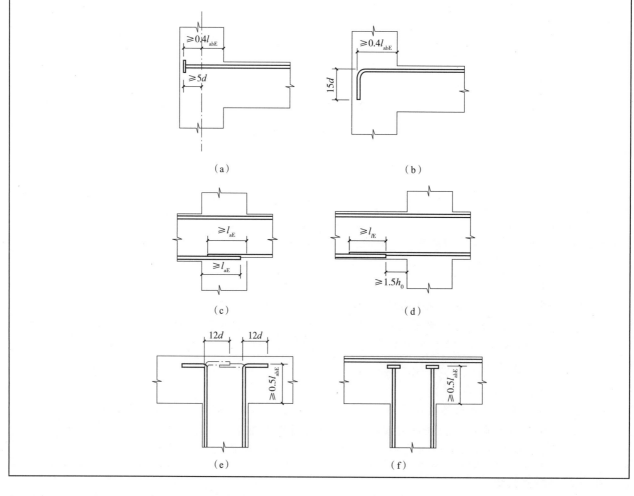

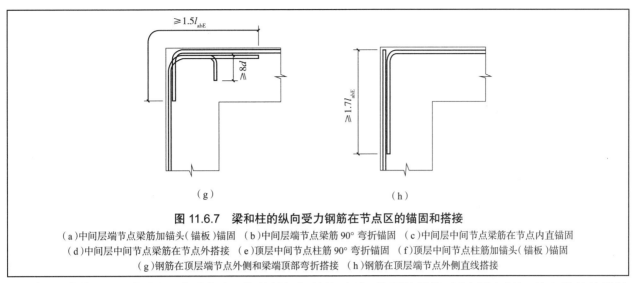

图 11.6.7　梁和柱的纵向受力钢筋在节点区的锚固和搭接

（a）中间层端节点梁筋加锚头（锚板）锚固　（b）中间层端节点梁筋 90° 弯折锚固　（c）中间层中间节点梁筋在节点内直锚固
（d）中间层中间节点梁筋在节点外搭接　（e）顶层中间节点柱筋 90° 弯折锚固　（f）顶层中间节点柱筋加锚头（锚板）锚固
（g）钢筋在顶层端节点外侧和梁端顶部弯折搭接　（h）钢筋在顶层端节点外侧直线搭接

《混规》第 11.6.7 条中的"各类框架"指的是框架结构、框架-抗震墙结构、框支层和框架-核心筒结构等结构中的框架梁柱节点。

8.6.3　抗震受剪承载力的计算

框架节点的受剪承载力由混凝土斜压杆和水平箍筋两部分受剪承载力组成,其中水平箍筋是通过其对节点区混凝土斜压杆的约束效应来增强节点受剪承载力的。《混规》有如下规定。

11.6.4　框架梁柱节点的抗震受剪承载力应符合下列规定。

1　9 度设防烈度的一级抗震等级框架:

$$V_j \leqslant \frac{1}{\gamma_{RE}}\left(0.9\eta_j f_t b_j h_j + f_{yv}A_{svj}\frac{h_{b0}-a_s'}{s}\right) \qquad (11.6.4\text{-}1)$$

2　其他情况:

$$V_j \leqslant \frac{1}{\gamma_{RE}}\left(1.1\eta_j f_t b_j h_j + 0.05\eta_j N\frac{b_j}{b_c} + f_{yv}A_{svj}\frac{h_{b0}-a_s'}{s}\right) \qquad (11.6.4\text{-}2)$$

式中　N——对应于考虑地震组合剪力设计值的节点上柱底部的轴向力设计值,①当 N 为压力时,取轴向压力设计值的较小值,**且当 N 大于 $0.5f_c b_c h_c$ 时,取 $0.5f_c b_c h_c$**;②当 N 为拉力时,取为 0;

　　　　A_{svj}——核心区有效验算宽度范围内同一截面验算方向**箍筋各肢**的全部截面面积;

　　　　h_{b0}——框架梁截面有效高度,节点两侧梁截面高度不等时取平均值。

11.6.8　框架节点区箍筋的最大间距、最小直径宜按本规范表 11.4.12-2 采用。对一、二、三级抗震等级的框架节点核心区,**配箍特征值 λ_v** 分别不宜小于 0.12、0.10 和 0.08,且其**箍筋体积配筋率**分别不宜小于 0.6%、0.5% 和 0.4%。当框架柱的剪跨比不大于 2 时(**编者注:短柱**),其节点核心区体积配箍率不宜小于核心区上、下柱端体积配箍率中的较大值。

11.6.8 条文说明

　　……同时,通过箍筋最小配箍特征值及最小体积配箍率以双控方式控制节点中的最低箍筋用量,以保证箍筋对核心区混凝土的最低约束作用和节点的基本抗震受剪承载力。

8.6.4　节点剪力设计值的计算

取图 8.6(a)中的混凝土节点作为隔离体进行受力分析,假定梁端已出现塑性铰,则梁中纵向受拉钢筋的应力为 f_{yk},忽略框架梁中轴力以及正交梁对节点核心区受力的影响,并假定节点在水平截面上所受的剪力为 V_j,则根据力的平衡条件可得

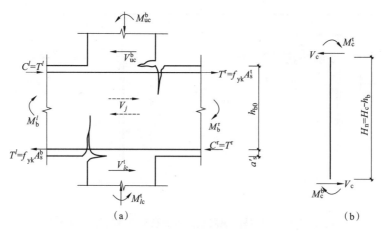

图8.6　节点受力分析

（a）节点受力　（b）柱端弯矩和剪力

$$V_j = C^l + T^r - V_{uc}^b = f_{yk}A_s^b + f_{yk}A_s^t - V_{uc}^b \qquad (8.20)$$

其中，框架柱对节点施加的剪力可通过对柱净高取隔离体（图8.6（b））进行受力分析得出，即

$$V_c = \frac{M_c^t + M_c^b}{H_c - h_b} \qquad (8.21)$$

式中　H_c——上柱和下柱反弯点之间的距离，通常为一层框架柱的高度；

　　　　h_b——框架梁的截面高度，当计算平面内节点两侧梁高不同时，取两侧梁高的平均值；

　　　　M_c^t、M_c^b——框架柱顶部和底部所受的弯矩设计值。

根据式（8.21）可知，上层柱底部所受的剪力为：

$$V_{uc}^b = \frac{M_{uc}^t + M_{uc}^b}{H_c - h_b} \qquad (8.22\text{-a})$$

若近似取 $M_{uc}^t = M_{lc}^t$，则式（8.22-a）可变换为：

$$V_{uc}^b = \frac{M_{lc}^t + M_{uc}^b}{H_c - h_b} \qquad (8.22\text{-b})$$

式中　M_{uc}^t——上层柱顶部弯矩；

　　　　M_{uc}^b——上层柱底部弯矩；

　　　　M_{lc}^t——下层柱顶部弯矩。

进一步的，由节点的弯矩平衡条件可得

$$M_{lc}^t + M_{uc}^b = M_b^l + M_b^r \qquad (8.23)$$

将式（8.23）代入式（8.22-b）可得

$$V_{uc}^b = \frac{M_b^l + M_b^r}{H_c - h_b} = \frac{(f_{yk}A_s^b + f_{yk}A_s^t)(h_{b0} - a_s')}{H_c - h_b} \qquad (8.24)$$

将式（8.24）代入式（8.20）后可得中间层框架节点核心区承受的剪力为

$$V_j = f_{yk}(A_s^b + A_s^t)\left(1 - \frac{h_{b0} - a_s'}{H_c - h_b}\right) \qquad (8.25\text{-a})$$

对于顶层节点则有

$$V_j = f_{yk}(A_s^b + A_s^t) \qquad (8.25\text{-b})$$

因为节点左、右两侧的梁端弯矩可以为顺时针或逆时针的组合，非对称配筋情况下两者的（$A_s^b + A_s^t$）是不同的，设计时应取其中的较大值进行计算。一级框架节点左、右梁端均为负弯矩时，绝对值较小的弯矩应取零。

对于一级抗震等级的框架结构和9度设防烈度的一级抗震等级框架，《混规》有如下规定。

11.3.2 条文说明(部分)

在框架结构抗震设计中,特别是一级抗震等级框架的设计中,应力求做到在罕遇地震作用下的框架中形成延性和塑性耗能能力良好的接近"梁铰型"的塑性耗能机构(即塑性铰主要在梁端形成,柱端塑性铰出现数量相对较少)。这就需要在设法保证形成接近梁铰型塑性机构的同时,防止梁端塑性铰区在梁端达到罕遇地震下预计的塑性变形状态之前发生脆性的剪切破坏。……

对 9 度设防烈度的一级抗震等级框架和一级抗震等级的框架结构,规定应考虑左、右梁端纵向受拉钢筋可能超配等因素所形成的屈服抗弯能力偏大的不利情况,取用按实配钢筋、强度标准值,且考虑承载力抗震调整系数算得的受弯承载力值,即 M_{bua} 作为确定增大后的剪力设计值的依据。M_{bua} 可按下列公式计算:

$$M_{bua} = \frac{M_{buk}}{\gamma_{RE}} \approx \frac{1}{\gamma_{RE}} f_{yk} A_s^a (h_0 - a_s')$$

……对其他情况下框架梁剪力设计值的确定,则根据不同抗震等级,直接取用与梁端考虑地震作用组合的弯矩设计值相平衡的组合剪力设计值乘以不同的增大系数。

通过将《混规》中的上述规定及公式代入本节相关公式并引入增大系数后可得如下内容。

11.6.2　一、二、三级抗震等级的框架梁柱节点核心区的剪力设计值 V_j,应按下列规定计算。

1　顶层中间节点和端节点

1)一级抗震等级的框架结构和 9 度设防烈度的一级抗震等级框架:

$$V_j = \frac{1.15 \sum M_{bua}}{h_{b0} - a_s'} \tag{11.6.2-1}$$

2)其他情况:

$$V_j = \frac{\eta_{jb} \sum M_b}{h_{b0} - a_s'} \tag{11.6.2-2}$$

2　其他层中间节点和端节点

1)一级抗震等级的框架结构和 9 度设防烈度的一级抗震等级框架:

$$V_j = \frac{1.15 \sum M_{bua}}{h_{b0} - a_s'} \left(1 - \frac{h_{b0} - a_s'}{H_c - h_b}\right) \tag{11.6.2-3}$$

2)其他情况:

$$V_j = \frac{\eta_{jb} \sum M_b}{h_{b0} - a_s'} \left(1 - \frac{h_{b0} - a_s'}{H_c - h_b}\right) \tag{11.6.2-4}$$

式中　$\sum M_{bua}$——节点左、右两侧的梁端逆时针或顺时针方向实配的正截面抗震受弯承载力所对应的弯矩值之和,可根据**实配钢筋面积(计入纵向受压钢筋)和材料强度标准值**确定;

$\sum M_b$——节点左、右两侧的梁端逆时针或顺时针方向组合弯矩设计值之和,**一级抗震等级框架节点左、右梁端均为负弯矩时,绝对值较小的弯矩应取零**;

η_{jb}——节点剪力增大系数,对于**框架结构**,一级取 1.50,二级取 1.35,三级取 1.20;对于**其他结构中的框架**,一级取 1.35,二级取 1.20,三级取 1.10;

h_{b0}、h_b——梁的截面有效高度、截面高度,当节点两侧梁高不相同时,取其平均值;

H_c——节点上柱和下柱反弯点之间的距离;

a_s'——梁纵向受压钢筋合力点至截面近边的距离。

《建筑地基基础设计规范》（GB 50007—2011）

第9章 天然地基上的浅基础

对于地基、基础的定义，《建筑地基基础设计规范》(GB 50007—2011)(以下简称《地规》)有如下规定。

> **2.1.1 地基 ground, foundation soils**
> 支承基础的土体或岩体。
>
> **2.1.2 基础 foundation**
> 将结构所承受的各种作用传递到地基上的结构组成部分。

在实际工程建造活动中，正确地选择地基基础类型对建筑物的安全使用和工程造价有很大的影响，因此也占有十分重要的地位。基础类型的选择主要考虑两方面因素：一是地基的工程地质和水文地质情况，如岩土层的分布特征，岩土的力学性质和地下水等；二是建筑物的性质，包括其用途、重要性、结构形式、荷载性质和大小等。

当地基范围内全部或者上部较厚土层的物理力学性质较好时，设计时一般会将基础直接放置在如上的在天然土层上，这种地基称为"天然地基"。置于天然地基且埋置深度小于 5 m 的柱基或墙基以及埋置深度虽超过 5m 但深度小于基础宽度的大尺寸筏形或箱形基础，在计算地基承载力时基础的侧摩阻力可忽略不计，因此可将该类基础统称为天然地基上的浅基础。

当地基范围内存在较厚的软弱土层(通常指承载力低于 100 kPa 的土层)时，将上述浅基础放置在此类天然地基上将不满足地基承载力或变形的要求，通常可采用以下三种方法解决。

(1)在地基中设置桩基础及承台，把建筑支撑在桩基承台上，则上部结构的荷载将经基桩传到地基深处较为密实的土层，这种基础称为桩基础。

> **2.1.13 桩基础 pile foundation**
> 由设置于岩土中的桩和连接于桩顶端的承台组成的基础。

(2)为提高土层的承载能力，把基础放置在人为加固后的土层上，这种地基称为人工地基或复合地基，相应的人工加固、改善地基的方法称为地基处理。

> **2.1.9 地基处理 ground treatment, ground improvement**
> 为提高地基承载力，或改善其变形性质或渗透性质而采取的工程措施。
>
> **2.1.10 复合地基 composite ground, composite foundation**
> 部分土体被增强或被置换，而形成的由地基土和增强体共同承担荷载的人工地基。

(3)把基础直接坐落在地基深处承载力较高的土层上。由于埋置深度大于 5 m 或大于基础宽度，在计算地基承载力时应考虑基础侧壁侧摩阻力的影响，这类基础称为深基础。桩基础也可认为是深基础中最常见的一种。

本章主要阐述《地规》中有关天然地基上浅基础的设计规定。

9.1 基础埋置深度

基础底面埋置在地面(一般指设计地面)以下的深度，称为基础的埋置深度。影响基础埋置深度的因素较多，《地规》有如下规定。

> **5.1.1** 基础的埋置深度,应按下列条件确定:
> 1 建筑物的用途,有无地下室、设备基础和地下设施,基础的形式和构造;
> 2 作用在地基上的荷载大小和性质;
> 3 工程地质和水文地质条件;
> 4 相邻建筑物的基础埋深;
> 5 地基土冻胀和融陷的影响。

本节主要从如下三个方面阐述。

9.1.1 建筑用途、基础类型及荷载的性质和大小

在确定基础的埋置深度时,应以能够满足建筑物的使用功能要求为前提,初步拟定基础形式和构造,其次应该考虑荷载性质和大小的影响。

当建筑物承受较大的风荷载和地震作用时,应对建筑物的抗倾覆稳定性进行验算。当结构承受较大的拉力或上拔力时,基础的深度应能保证结构具有较大的抗拔阻力。当地基承受基础以及上部结构较大的竖向荷载时将会产生沉降,且荷载越大,沉降量越大;对不均匀沉降较为敏感的建筑结构,在设计时为了减少沉降,获得较大的地基承载力,往往把基础埋置在较深的良好岩土层上,这样基础的埋置深度就比较大。由于挖除了较深的地基土,基底的附加应力也会相应减小,从而减少了基础的最终沉降量。此外,承受较大水平荷载和地震作用的基础,也应有足够大的基础埋置深度,以保证基础的稳定性。

但基础埋置过深将会给施工带来较大的不便,增加基础的工程造价,影响施工进度,因此在保证建筑结构安全和正常使用的前提下,基础应尽量浅埋。《地规》有如下规定。

> **5.1.2** 在满足地基稳定和变形要求的前提下,当上层地基的承载力大于下层土时,宜利用上层土作持力层。除岩石地基外,基础埋深不宜小于 0.5 m。
>
> **5.1.3** 高层建筑基础的埋置深度应满足地基承载力、变形和稳定性要求。位于岩石地基上的高层建筑,其基础埋深应满足抗滑稳定性要求。

在城市居住密集的地方往往新旧建筑物距离较近,当新建建筑物与原有建筑物距离较近,尤其是新建建筑物基础埋深大于原有建筑物时,新建建筑物会对原有建筑物产生影响,甚至会危及原有建筑物的安全或正常使用。为了避免新建建筑物对原有建筑物的影响,设计时应考虑与原有建筑物保持一定的安全距离,该安全距离应通过分析新旧建筑物的地基承载力、地基变形和地基稳定性来确定。通常决定建筑物相邻影响距离大小的因素,主要有新建建筑物的沉降量和原有建筑物的刚度等。新建建筑物的沉降量与地基土的压缩性、建筑物的荷载大小有关,而原有建筑物的刚度则与其结构形式、长高比以及地基土的性质有关。《地规》有如下规定。

> **5.1.6** 当存在相邻建筑物时,新建建筑物的基础埋深不宜大于原有建筑基础。当埋深大于原有建筑基础时,两基础间应保持一定净距,其数值应根据建筑荷载大小、基础形式和土质情况确定。
>
> **5.1.6 条文说明(部分)**
> 当相邻建筑物较近时,应采取措施减小相互影响:
> 1 尽量减小新建建筑物的沉降量;
> 2 新建建筑物的基础埋深不宜大于原有建筑基础;
> 3 选择对地基变形不敏感的结构形式;
> 4 采取有效的施工措施,如分段施工、采取有效的支护措施以及对原有建筑物地基进行加固等措施。
>
> **7.3.3** 相邻建筑物基础间的净距,可按表 7.3.3 选用。

表 7.3.3　相邻建筑物基础间的净距(m)

影响建筑的预估平均沉降量 s(mm)	被影响建筑的长高比	
	$2.0 \leqslant \dfrac{L}{H_f} < 3.0$	$3.0 \leqslant \dfrac{L}{H_f} < 5.0$
70	2~3	3~6
160	3~6	6~9
260	6~9	9~12
400	9~12	不小于 120

注:1. 表中 L 为建筑物长度或沉降缝分隔的单元长度(m),H_f 为自基础底面标高算起的建筑物高度(m);
　　2. 当被影响建筑的长高比为 $1.5 < L/H_f < 2.0$ 时,其间净距可适当缩小。

同时,基于工程实践和科研成果,通过研究抗震设防区内高层建筑筏形和箱形地基整体稳定性与基础埋深的关系,《地规》给出了相关的要求。

5.1.4　在抗震设防区,除岩石地基外,天然地基上的箱形和筏形基础的埋置深度不宜小于建筑物高度的 1/15;桩箱或桩筏基础的埋置深度(不计桩长)不宜小于建筑物高度的 1/18。

9.1.2　工程地质和水文地质条件

一方面,相对于上部建筑及荷载的性质和大小来说,地基土层的好坏并不是绝对的。同样的土层,对于轻型房屋可能满足承载力及变形的要求,适合用作天然地基,但对重型房屋来说则有可能满足不了设计要求。

另一方面,基础的形式和构造取决于场地的土层分布。例如,当地基内下卧软土层时,可尽量将基础浅埋以减小下卧软土层所受的压应力,但仍需要验算软弱下卧层的承载力;如果下卧软土层承载力不能满足设计要求,一般不宜采用天然地基,对于采用天然地基浅基础的低层房屋,应采取增强建筑物整体刚度的措施。再如,当地基土上部为软土层、下部为好土层时,若软土层的厚度在 2 m 以内,则可将基础穿透土层并埋置在好土层中;若软土层的厚度 ≥5 m,则可进行地基处理,或采用筏基、箱形基础或桩基。

此外,埋置在地下水位以下的基础,在施工过程中需要进行基坑降、排水。如果地基土具有承压水层,还需要校验基坑开挖过程中承压水层以上的基底隔水层是否会因水的浮托作用而造成流土破坏。如此,不仅增加了工程造价和工程风险,还有可能扰动地基土体。《地规》有如下规定。

5.1.5　基础宜埋置在地下水位以上,当必须埋在地下水位以下时,应采取地基土在施工时不受扰动的措施。当基础埋置在易风化的岩层上,施工时应在基坑开挖后立即铺筑垫层。

9.1.3　土的冻胀性

地表一定深度范围内的土体,其自身温度是随着外界季节变化而变化的。在寒冷地区的冬季,浅部土层中的水因温度降低而冻结,且体积膨胀,整个土层的体积也跟着膨胀。但这种体积膨胀是非常有限的,更重要的是冻结的土会产生吸力,吸引附近水分渗向冻结区而冻结。因此,冻结后的土会发生水分转移,含水量增加,体积膨胀,这种现象称为土的冻胀现象。

如果冻土层离地下水位较近,冻结产生的吸力和毛细力吸引地下水源源不断地进入冻土区,形成冰晶体,严重时可形成冰夹层,地面将因土的冻胀而隆起。春季气温回升解冻,冻土层不但体积缩小,而且因含水量显著增加造成强度大幅度下降而产生融陷现象。冻胀和融陷都是不均匀的,如果基底下面有较厚的冻土层,就将产生难以估计的冻胀和融陷变形,影响建筑物的正常使用,甚至导致破坏。

冻结状态持续两年及以上的土称为永久冻土。随着季节变化,地基上部一定深度内一年交替冻融一次的土称为季节性冻土。

1. 影响因素及冻胀性划分

影响土的冻胀性的因素很多,但主要取决于土的颗粒成分组成和土体中的水分条件。对于粗颗粒土(小于 0.05 mm 的颗粒含量小于 12%),土的比表面积很小,因而其表面吸附能力也很小,不利于薄膜水的存在与迁移,所以在封闭性冻结情况下,一般不会形成明显的冰晶体,冻胀性很小。纯粗颗粒土,如碎石土、砾砂、粗砂、中砂乃至细砂均可视为非冻胀性土。随着土中小于 0.05 mm 的颗粒含量的增大,土颗粒的比表面积和吸附能力增大,土的薄膜水含量增高,因而在冻结过程中成冰现象和水分迁移的能力也增大,从而导致土的冻胀性增强。当土中 0.005~0.05 mm(粉粒级)颗粒居多时,土体既有较强的吸附能力,又有较好的渗透能力,因而其冻胀性最强。但随着颗粒进一步变细,小于 0.005 mm 颗粒(黏粒)含量进一步增多,此时虽然薄膜水含量增高,但渗透性却在减弱,当达到一定的级配界限后,冻胀性反而减弱。例如,塑性指数 $I_p > 22$ 的高塑性黏土,土中的水主要是结合水且透水性很小,冻结时往往不易得到四周地下水分的补给,即使天然含水量很高,冻胀性也不强;以小于 0.005 mm 颗粒为主的重黏土,渗透性更差,在冻结时土中的水分迁移缓慢,冻胀性很弱。

水分条件对土的冻胀性有非常大的影响,土的天然含水量越高,特别是自由水的含量越高,冻结时地下水位距离冻结面越近,土的冻胀性就越强。当含水量小于塑限时,土的冻胀性很弱,基本表现不出明显的冻胀现象。因此,通常把黏性土的塑限含水量作为土的冻胀界限含水量,即当土的天然含水量超过塑限含水量后,土将具有较明显的冻胀性。冻结期间地下水位距离冻结面越近,水的补给距离也越近,冻结面的补给水源越充足,土的冻胀性就越强。

除上述影响因素外,土的密实度、冻结速度、土中的含盐量等对冻胀性均有一定的影响。

衡量土的冻胀程度或冻胀性强弱的指标,用冻胀率 η 表示。地基土的冻胀率等于最大冻胀量与最大冻深的比值,即

$$\eta = \frac{\Delta z}{h' - \Delta z} \tag{9.1}$$

式中 Δz——地表最大冻胀量;

h'——场地实测最大冻土层厚度。

《地规》附录 G 根据上述主要影响因素及指标,将土的冻胀性分为不冻胀、弱冻胀、冻胀、强冻胀和特强冻胀五个等级。

附录 G　地基土的冻胀性分类及建筑基础底面下允许冻土层最大厚度

G.0.1　地基土的冻胀性分类,可按表 G.0.1 分为不冻胀、弱冻胀、冻胀、强冻胀和特强冻胀。

表 G.0.1　地基土的冻胀性分类

土的名称	冻前天然含水量 $\omega(\%)$	冻结期间地下水位距冻结面的最小距离 h_w(m)	平均冻胀率 $\eta(\%)$	冻胀等级	冻胀类别
碎(卵)石,砾、粗、中砂(粒径小于 0.075 mm 的颗粒含量大于 15%),细砂(粒径小于 0.075 mm 的颗粒含量大于 10%)(编者注:**注释 6**)	$\omega \leq 12$	>1.0	$\eta \leq 1$	I	不冻胀
		≤1.0	$1 < \eta \leq 3.5$	II	弱冻胀
	$12 < \omega \leq 18$	>1.0			
		≤1.0	$3.5 < \eta \leq 6$	III	胀冻
	$\omega > 18$	> 0.5			
		≤ 0.5	$6 < \eta \leq 12$	IV	强冻胀

续表

土的名称	冻前天然含水量 ω(%)	冻结期间地下水位距冻结面的最小距离 h_w（m）	平均冻胀率 η(%)	冻胀等级	冻胀类别
粉砂	$\omega \leqslant 14$	>1.0	$\eta \leqslant 1$	I	不冻胀
		≤1.0	$1 < \eta \leqslant 3.5$	II	弱冻胀
	$14 < \omega \leqslant 19$	>1.0			
		≤1.0	$3.5 < \eta \leqslant 6$	III	冻胀
	$19 < \omega \leqslant 23$	>1.0			
		≤1.0	$6 < \eta \leqslant 12$	IV	强冻胀
	$\omega > 23$	不考虑	$\eta > 12$	V	特强冻胀
粉土	$\omega \leqslant 19$	>1.5	$\eta \leqslant 1$	I	不冻胀
		≤1.5	$1 < \eta \leqslant 3.5$	II	弱冻胀
	$19 < \omega \leqslant 22$	>1.5			
		≤1.5	$3.5 < \eta \leqslant 6$	III	冻胀
	$22 < \omega \leqslant 26$	>1.5			
		≤1.5	$6 < \eta \leqslant 12$	IV	强冻胀
	$26 < \omega \leqslant 30$	>1.5			
		≤1.5	$\eta > 12$	V	特强冻胀
	$\omega > 30$	不考虑			
黏性土 (编者注：注释3、4)	$\omega \leqslant \omega_p + 2$	>2.0	$\eta \leqslant 1$	I	不冻胀
		≤2.0	$1 < \eta \leqslant 3.5$	II	弱冻胀
	$\omega_p + 2 < \omega \leqslant \omega_p + 5$	>2.0			
		≤2.0	$3.5 < \eta \leqslant 6$	III	胀冻
	$\omega_p + 5 < \omega \leqslant \omega_p + 9$	>2.0			
		≤2.0	$6 < \eta \leqslant 12$	IV	强冻胀
	$\omega_p + 9 < \omega \leqslant \omega_p + 15$	>2.0			
		≤2.0	$\eta > 12$	V	特强冻胀
	$\omega > \omega_p + 15$	不考虑			

注：1. ω_p 表示塑限含水量(%)，ω 表示在冻土层内冻前天然含水量的平均值(%)；

2. 盐渍化冻土不在表列；

3. 塑性指数大于22时，冻胀性降低一级；（编者注：$I_p = \omega_L - \omega_p$）

4. 粒径小于 0.005 mm 的颗粒含量大于 60% 时，为不冻胀土；

5. 碎石类土，当充填物大于全部质量的 40% 时，其冻胀性按充填物土的类别判断；

6. 碎石土、砾砂、粗砂、中砂（粒径小于 0.075 mm 的颗粒含量不大于 15%）、细砂（粒径小于 0.075 mm 的颗粒含量不大于 10%）均按不冻胀考虑。

2. 季节性地基土的冻结深度

1）最大冻深

季节性冻土的冻结深度指的是冻前自然地面到冻结面的距离。最大冻深是指在一个冻融周期内，从冻结前自然地面算起，到冻结面最深处的距离，即式（9.1）中的 $h' - \Delta z$。

最大冻深与最大冻土层厚度两个概念容易混淆。如果土在冻结时不产生体积膨胀，即为不冻胀土，其最大冻深值就是当年的最大冻土层厚度。但对于土在冻结时产生体积膨胀的冻胀性土，冬季自然地面是随冻胀量的加大而逐渐上抬的，此时钻探（挖探）量测的冻土层厚度 h' 中包含冻胀量 Δz，因此最大冻深应等于当年最大冻土层厚度减去地面的最大冻胀量。

2)标准冻深

由于同一地区每年冬季的气温、日照、主导风向、风速等不同,导致冻土地区同一场地每年的冻结深度都具有较大的差异。用某一年度的冻结深度值作为工程建设的设计、施工依据都不妥,因此《地规》提出了标准冻深的概念。

2.1.6　标准冻结深度 standard frost penetration

在地面平坦、裸露,城市之外的空旷场地中不少于10年的实测最大冻结深度的平均值。

5.1.7 条文说明(部分)

附录F《中国季节性冻土标准冻深线图》是在标准条件下取得的,该标准条件即为标准冻结深度的定义:地下水位与冻结锋面之间的距离大于2m,不冻胀黏性土,地表平坦、裸露,城市之外的空旷场地中,多年实测(不少于10年)最大冻深的平均值。

---

3)场地冻深

场地冻深便是建筑物所处场地的地基土冻结深度,由于建设场地通常不具备上述标准条件,所以标准冻结深度一般不直接用于设计中,而是要考虑场地实际条件,将标准冻结深度乘以冻深影响系数,使得到的场地冻深更接近实际情况。《地规》在计算场地冻结深度时主要考虑土体性质、土的冻胀性以及环境条件对地基土冻结深度的影响。

土质对冻深的影响是众所周知的,因岩性不同,其热物理参数也不同,粗颗粒土的导热系数比细颗粒土的大。因此,当其他条件一致时,粗颗粒土的冻深比细颗粒土的大,砂类土的冻深比黏性土的大。

土的含水量和地下水位对冻深也有明显的影响,因为土中的水在相变时要放出大量的潜热,所以含水量越多,地下水位越高(冻结时向上迁移水量越多),参与相变的水量就越多,放出的潜热也就越多,由于冻胀土冻结的过程也是放热的过程,放热在某种程度上减缓了冻深的发展速度,因此冻深相对变浅。

通常城市的气温高于郊外,这种现象在气象学中称为城市的"热岛效应"。据计算,城市接收的太阳辐射量比郊外高10%~30%,城市建筑物和路面传送热量的速度比郊外湿润的砂质土壤快3倍,工业排放、交通车辆排放尾气、人为活动等都会放出很多热量,加之建筑群集中、风小对流差等,使周围气温升高。这些都导致了市区冻结深度小于标准冻深,为使设计时采用的冻深数据更接近实际,原规范根据中国气象局气象科学研究院气候所、中国科学院、北京地理研究所气候室提供的数据,给出了环境对冻深的影响系数,经过多年使用没有问题。但使用时应注意,此处所说的城市(市区)是指城市集中区,不包括郊区和市属县、镇。

《地规》规定,季节性冻土地区地基在设计时,场地的冻结深度应按下式计算。

5.1.7　季节性冻土地基的场地冻结深度应按下式进行计算:

$$z_d = z_0 \cdot \psi_{zs} \cdot \psi_{zw} \cdot \psi_{ze} \tag{5.1.7}$$

式中　z_d——场地冻结深度(m),当有实测资料时,按 $z_d = h' - \Delta z$ 计算;

h'——最大冻深出现时场地最大冻土层厚度(m);

Δz——最大冻深出现时场地地表冻胀量(m);

z_0——标准冻结深度(m),当无实测资料时,按本规范附录F采用;

ψ_{zs}——土的类别对冻结深度的影响系数,按表5.1.7-1采用;

ψ_{zw}——土的冻胀性对冻结深度的影响系数,按表5.1.7-2采用;

ψ_{ze}——环境对冻结深度的影响系数,按表5.1.7-3采用。

表 5.1.7-1　土的类别对冻结深度的影响系数

土的类别	影响系数 ψ_{zs}
黏性土	1.00
细砂、粉砂、粉土	1.20
中、粗、砾砂	1.30
大块碎石土	1.40

表 5.1.7-2　土的冻胀性对冻结深度的影响系数

土的类别	影响系数 ψ_{zw}
不冻胀土	1.00
弱冻胀土	0.95
冻胀土	0.90
强冻胀土	0.85
特强冻胀土	0.80

表 5.1.7-3　环境对冻结深度的影响系数

周围环境	影响系数 ψ_{ze}
村、镇、旷野	1.00
城市近郊	0.95
城市市区	0.90

注：环境影响系数一项，①当城市市区人口为 20 万~50 万时，按城市近郊取值；②当城市市区人口大于 50 万，小于或等于 100 万时，只计入市区影响；③当城市市区人口超过 100 万时，除计入市区影响外，尚应考虑 5 km 以内的郊区近郊影响系数。

3. 季节性冻土对基础的冻胀力

1）法向冻胀力

法向冻胀力是指地基土在冻胀时作用在基础底面的冻胀力。当基础底面以下的土发生冻胀时，基础在荷载作用下对冻胀产生约束作用，法向冻胀力出现。法向冻胀力的大小与基底土的冻胀性有直接关系，因此对冻胀性有影响的因素对法向冻胀力均有直接影响。此外，法向冻胀力还与基础尺寸与形状、基础埋置深度、基础的垂直位移量等因素密切相关。对于同一场地，基础的埋置深度相对较大时，基底冻土层厚度越小，法向冻胀力的应力范围就越小；当基础在法向冻胀力的作用下发生竖向位移时，冻胀应力出现松弛，基础所受的法向冻胀力也会相应减小。

2）切向冻胀力

切向冻胀力是指地基土冻结膨胀时产生的作用方向平行于基础侧面的冻胀力。

土体冻结时，基础侧面的土与基础冻结在一起，当冻结面下面的土体继续冻结并产生膨胀的趋势时，基础在建筑荷载、基础自重以及冻结面下部土体对基础的锚固力等作用下对基础周围土体的膨胀起到约束作用，此时切向冻胀力出现。这一切向冻胀力是通过土与基础牢固冻结在一起的剪切面传递的。

当切向冻胀力足够大且达到冻结力极限值时，土与基础界面开始出现剪切滑移，土与基础之间力的作用因出现位移而松弛，切向冻胀力变小。然后，当相对滑动停止后，土与基础又重新冻结在一起，切向冻胀力又继续增大，直至重新出现滑动。由于土与基础的冻结力与冻结面积有关，因此切向冻胀力随冻深的增加而增加，但不大于冻结力。

切向冻胀力与土的冻胀性、基础侧表面粗糙度以及已冻结土的厚度等因素有关，冻土层越厚，冻土层的刚度越大，冻胀应力的分布面积越广，切向冻胀力也就越大。

当约束力与切向冻胀力达到平衡后，切向冻胀力不再增大，基础开始随地面的冻胀向上移动，这种位移的出现,对于桩基础,可能将桩拔断,或将桩拔起使桩底悬空;对于浅基础,可能在基础放大角附近将基础拉断。

3)水平冻胀力

对于挡土结构和基坑支护结构,土体冻结时冻结面从两个方向向土体内部推进,当结构后面的土体为冻胀性土时,土体冻结时产生的膨胀也是向两个方向的,挡土或支护结构对土体的侧向膨胀产生约束,结构就会受到冻胀力的作用。由于冻胀力的作用方向总是与冻结面垂直,所以挡土结构受到的冻胀力为水平方向的,称其为水平冻胀力。

水平冻胀力与土的冻胀性、冻结深度、地下水位、挡土结构排水条件和结构刚度等有关,当土的冻胀性较强时,水平冻胀力可以将挡土墙、支护桩等基坑围护结构推断,将锚杆拔出。如果挡土结构刚度较小,结构可能出现较大的侧向变形。相关研究结果表明,冻土地区土体的水平冻胀力比土的侧向压力大得多,因此在计算挡土结构受到的水平冻胀力时可不考虑土压力。

4. 季节性冻土地区基础的最小埋置深度

季节性冻土地区的基础埋置深度如果过浅,基底下存在较厚的冻胀性土层,可能会因为土的冻融变形导致建筑物开裂,甚至影响其正常使用。因此,在选择基础的埋深时,必须考虑冻结深度的影响。如果以《地规》第 5.1.7 条计算的场地冻结深度作为基础的埋置深度,则可以免除土的冻胀对建筑物的影响。但是在北方严寒地区,场地地基土的冻结深度很大,按这一要求设计的基础都要埋置很深。实际上,基底以下保留有不厚的冻土层,只要冻结时不产生过大的法向冻胀力,而导致基础被抬起,解冻时不产生过量的融陷,适当的浅埋是可以被允许的。在确保冻结时地基内所产生的法向冻胀应力不超过外荷载在相应位置所引起的附加应力的原则下,基础下允许存在一定厚度的冻土层。如此设计的季节性冻土地区的基础最小埋置深度,可按《地规》下述规定计算。

5.1.8 季节性冻土地区基础埋置深度宜大于场地冻结深度。对于深厚季节性冻土地区,<u>当建筑基础底面土层为**不冻胀、弱冻胀、冻胀土**时,基础埋置深度可以小于场地冻结深度</u>,基础底面下允许冻土层最大厚度应根据当地经验确定。没有地区经验时可按本规范附录 G 查取。此时,基础最小埋置深度 d_{min} 可按下式计算:

$$d_{min} = z_d - h_{max} \tag{5.1.8}$$

式中　h_{max}——基础底面下允许冻土层最大厚度(m)。

显然,土的平均冻胀率 η 越大,土的冻胀性越高,则基底下允许的最大冻土层厚度 h_{max} 越小;基底的平均压力越大,地基土越不容易产生冻胀变形,则 h_{max} 可以越大。另一方面,基底下允许的最大冻土层厚度 h_{max} 也同时受到房屋采暖的影响,冬季采暖的房屋室内地基土不会冻结,因此内墙和内柱的基础埋深便无须考虑冻结深度的影响,而外墙和外柱的基础允许有较大的残留冻土层厚度。

此外,尚需注意的是,上述所指的基底的平均压力指的是由永久荷载产生的作用于基础底面的压力,可变荷载不能计入。例如观众厅和教室,在演出或上课时,座无虚席,散场后则空无一人,当晚间地基土冻胀时,这些可变荷载都不存在,不能起平衡冻胀力的作用,因此只能计算实际存在的永久荷载,且考虑到出现偶然不利工况的可能性,尚应乘以一个小于 1 的荷载系数。

对于无经验地区建筑基础底面下允许冻土层最大厚度的取值,《地规》有如下规定。

G.0.2　建筑基础底面下允许冻土层最大厚度 h_{max}（m），可按表 G.0.2-2 查取。

表 G.0.2-2　建筑基础底面下允许冻土层最大厚度 h_{max}（m）

冻胀性	基础形式	采暖情况	基底平均压力（kPa）					
			110	130	150	170	190	210
弱冻胀土	方形基础	采暖	0.90	0.95	1.00	1.10	1.15	1.20
		不采暖	0.70	0.80	0.95	1.00	1.05	1.10
	条形基础	采暖	>2.50	>2.50	>2.50	>2.50	>2.50	>2.50
		不采暖	2.20	2.50	>2.50	>2.50	>2.50	>2.50
冻胀土	方形基础	采暖	0.65	0.70	0.75	0.80	0.55	—
		不采暖	0.55	0.60	0.65	0.70	0.75	—
	条形基础	采暖	1.55	1.80	2.00	2.20	2.50	—
		不采暖	1.15	1.35	1.55	1.75	1.95	—

注：1. 本表只计算法向冻胀力，如果基侧存在切向冻胀力，应采取防切向力措施；
　　2. **基础宽度小于 0.6 m 时不适用，矩形基础取短边尺寸按方形基础计算；**
　　3. 表中数据不适用于淤泥、淤泥质土和欠固结土；
　　4. **计算基底平均压力时取永久作用的标准组合值乘以 0.9，可以内插。**

5. 季节性冻土区的防冻害措施

根据季节性冻土对基础的冻胀力分类可知，基础的防冻害主要是防止基础在切向冻胀力作用下发生冻胀破坏。基础防切向冻胀力的方法很多，采用时应根据工程特点、地方材料和经验确定。《地规》给出了相关处理方法，并在条文说明中详细介绍了 3 种可靠方法的原理。

5.1.9　地基土的冻胀类别分为不冻胀、弱冻胀、冻胀、强冻胀和特强冻胀，可按本规范附录 G 查取。在冻胀、强冻胀和特强冻胀地基上采用防冻害措施时应符合下列规定。

1　对在地下水位以上的基础，基础侧表面应回填不冻胀的中、粗砂，其厚度不应小于 200 mm；对在地下水位以下的基础，可采用桩基础、保温性基础、自锚式基础（冻土层下有扩大板或扩底短桩），也可将独立基础或条形基础做成正梯形的斜面基础。

2　宜选择地势高、地下水位低、地表排水条件好的建筑场地。对低洼场地，建筑物的室外地坪标高应至少高出自然地面 300~500 mm，其范围不宜小于建筑四周向外各一倍冻结深度距离的范围。

3　应做好排水设施，施工和使用期间防止水浸入建筑地基。在山区应设截水沟或在建筑物下设置暗沟，以排走地表水和潜水。

4　在强冻胀性和特强冻胀性地基上，其基础结构应设置钢筋混凝土圈梁和基础梁，并控制建筑的长高比。

5　当独立基础连系梁下或桩基础承台下有冻土时，应在梁或承台下留有相当于该土层冻胀量的空隙。

6　外门斗、室外台阶和散水坡等部位宜与主体结构断开，散水坡分段不宜超过 1.5 m，坡度不宜小于 3%，其下宜填入非冻胀性材料。

7　对跨年度施工的建筑，入冬前应对地基采取相应的防护措施；按采暖设计的建筑物，当冬季不能正常采暖时，也应对地基采取保温措施。

5.1.9 条文说明（部分）

防切向冻胀力的措施如下。

（一）基侧填砂

用基侧填砂来减小或消除切向冻胀力是简单易行的方法。地基土在冻结膨胀时所产生的冻胀力通过土与基础牢固冻结在一起的剪切面传递，砂类土的持水能力很小，当砂土处在地下水位之上时，不但为非饱和土而且含水量很小，其力学性能接近松散冻土，所以砂土与基础侧表面冻结在一起的冻结强度很小，可传递的切向冻胀力亦很小。在基础施工完成后回填基坑时，在基侧外表（采暖建筑）或四周（非采暖建筑）填入厚度不小于 100 mm 的中、粗砂，可以起到良好的防切向冻胀力破坏的效果。本次修订将换填厚度由原来的 100 mm 改为 200 mm，原因是 100 mm 施工困难，且容易造成换填层不连续。

（二）斜面基础

截面为上小下大的斜面基础就是将独立基础或条形基础的台阶或放大脚做成连续的斜面，其防切向冻胀力作用明显，但它容易被理解为是用下部基础断面中的扩大部分来阻止切向冻胀力将基础抬起，这种理解是错误的。现对其原理分析如下。

在冬初当第一层土冻结时，土产生冻胀，并同时出现两个方向的膨胀：沿水平方向膨胀基础受一水平作用力 H_1；沿垂直方向膨胀基础受一作用力 V_1。V_1 可分解成两个分力，即沿基础斜边的 τ_{12} 和沿基础斜边法线方向的 N_{12}，τ_{12} 是由于土有向上膨胀的趋势对基础施加的切向冻胀力，N_{12} 是由于土有向上膨胀的趋势对基础斜边法线方向作用的拉应力。水平冻胀力 H_1 也可分解成两个分力，其一是 τ_{11}，其二是 N_{11}，τ_{11} 是由于水平冻胀力的作用施加在基础斜边上的切向冻胀力，N_{11} 则是由于水平冻胀力作用施加在基础斜边上的正压力（见图 1 受力分布图）。

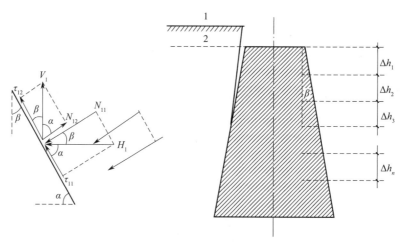

图 1　斜面基础基侧受力分析图
1—冻后地面；2—冻前地面

此时，第一层土作用于基侧的切向冻胀力为 $\tau_1=\tau_{11}+\tau_{12}$，正压力 $N_1=N_{11}-N_{12}$。由于 N_{12} 为正拉力，它的存在将降低基侧受到的正压力数值。当冻结界面发展到第二层土时，除第一层的原受力不变外，又叠加了第二层土冻胀时对第一层的作用，由于第二层土冻胀时受到第一层的约束，使第一层土对基侧的切向冻胀力增加至 $\tau_1=\tau_{11}+\tau_{12}+\tau_{22}$，而且当冻结第二层土时第一层土所处位置的土温有所降低，土在产生水平冻胀后出现冷缩，令冻土层的冷缩拉力为 N_C，此时正压力为 $N_1=N_{11}-N_{12}-N_C$。当冻土层发展到第三层土时，第一、二层土又出现一次上述现象。

由以上分析可以看出，某层的切向冻胀力随冻深的发展而逐步增加，而该层位置基础斜面上受到的冻胀压应力随冻深的发展数值逐渐变小，当冻深发展到第 n 层，第一层的切向冻胀力超过基侧与土的冻结强度时，基础便与冻土产生相对位移，切向冻胀力不再增加而下滑，出现卸荷现象。N_1 由一开始冻结产生较大的压应力，随着冻深向下发展、土温的降低、下层土的冻胀等作用，拉应力分量在不断地增长，当达到一定程度，N_1 由压力变成拉力，所以当达到抗拉强度极限时，基侧与土将开裂，由于冻土的受拉呈脆性破坏，一旦开裂很快沿基侧向下延伸扩展，这一开裂使基础与基侧土之间产生空隙，切向冻胀力也就不复存在了。

　　应该说明的是,在冻胀土层范围之内的基础扩大部分根本起不到锚固作用,因为在上层冻胀时基础下部所出现的锚固力,等冻深发展到该层时,随着该层的冻胀而消失了,只有处在下部未冻土层中基础的扩大部分才起锚固作用,但我们所说的浅埋基础根本不存在这一伸入未冻土层中的部分。

　　在闫家岗冻土站不同冻胀性土的场地上进行了多组方锥形(截头锥)桩基础的多年观测,观测结果表明,当 β 角大于或等于 9° 时,基础即是稳定的,见图 2。基础稳定的原因不是由于切向冻胀力被下部扩大部分给锚住,而是由于在倾斜表面上出现拉力分量与冷缩分量叠加之后的开裂,切向冻胀力退出工作所造成的,见图 3 的试验结果。

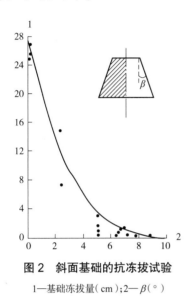

图 2　斜面基础的抗冻拔试验

1—基础冻拔量(cm);2—β(°)

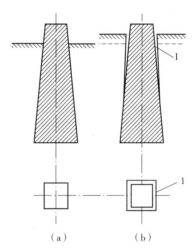

图 3　斜面基础的防冻胀试验

(a)冻前　(b)冻后

1—空隙

　　用斜面基础防切向冻胀力具有如下特点:

　　1　在冻胀作用下基础受力明确、技术可靠,当其倾斜角 β 大于或等于 9° 时,将不会出现因切向冻胀力作用而导致的冻害事故发生;

　　2　不但可以在地下水位之上应用,也可在地下水位之下应用;

　　3　耐久性好,在反复冻融作用下防冻胀效果不变;

　　4　不用任何防冻胀材料就可解决切向冻胀力问题。

　　该种基础施工时比常规基础复杂,当基础侧面较粗糙时,可用水泥砂浆将基础侧面抹平。

　　(三)保温基础

　　在基础外侧采取保温措施是消除切向冻胀力的有效方法。日本称其为"裙式保温法",20 世纪 90 年代开始在北海道进行研究和实践,取得了良好的效果。该方法可在冻胀性较强、地下水位较高的地基中使用,不但可以消除切向冻胀力,还可以减少地面热损耗,同时实现基础浅埋。

　　基础保温方法见图 4。保温层厚度应根据地区气候条件确定,水平保温板上面应有不小于 300 mm 厚土层保护,并有不小于 5%的向外排水坡度,保温宽度应不小于自保温层以下算起的场地冻结深度。

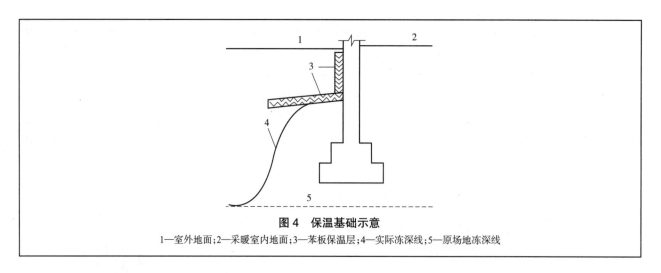

图 4 保温基础示意

1—室外地面；2—采暖室内地面；3—苯板保温层；4—实际冻深线；5—原场地冻深线

9.2 扩展基础

9.2.1 无筋扩展基础

在地基反力的作用下，当基础所受的剪应力小于材料自身的抗拉强度设计值时，基础无须配置钢筋。无筋扩展基础指的是基础截面的台阶高宽比满足《地规》下列允许值的墙下条形基础和轻型独立基础。

8.1.1 无筋扩展基础（图 8.1.1）高度应满足下式的要求：

$$H_0 \geqslant \frac{b - b_0}{2\tan\alpha} \tag{8.1.1}$$

式中 b——基础底面宽度（m）；

b_0——基础顶面的墙体宽度或柱脚宽度（m）；

H_0——基础高度（m）；

$\tan\alpha$——**基础台阶宽高比 $b_2 : H_0$**，其允许值可按表 8.1.1 选用；

b_2——基础台阶宽度（m）。

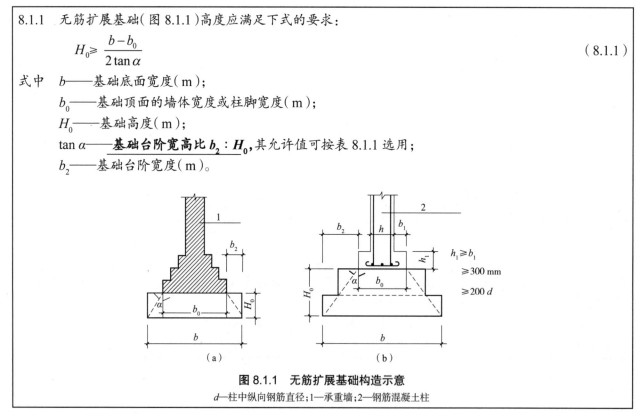

图 8.1.1 无筋扩展基础构造示意

d—柱中纵向钢筋直径；1—承重墙；2—钢筋混凝土柱

表 8.1.1　无筋扩展基础台阶宽高比的允许值

基础类型	质量要求	台阶宽高比的允许值		
		$p_k \leqslant 100$	$100 < p_k \leqslant 200$	$200 < p_k \leqslant 300$
混凝土基础	C15 混凝土	1:1.00	1:1.00	1:1.25
毛石混凝土基础	C15 混凝土	1:1.00	1:1.25	1:1.50
砖基础	砖不低于 MU10,砂浆不低于 M5	1:1.50	1:1.50	1:1.50
毛石基础 (编者注:**注释 2**)	砂浆不低于 M5	1:1.25	1:1.50	—
灰土基础	体积比为 3:7 或 2:8 的灰土,其最小干密度: 粉土 1 550 kg/m³ 粉质黏土 1 500 kg/m³ 黏土 1 450 kg/m³	1:1.25	1:1.50	—
三合土基础	体积比为 1:2:4～1:3:6(石灰:砂:骨料),每层约虚铺 220 mm,夯至 150 mm	1:1.50	1:2.00	—

注:1. p_k 为作用**标准组合**时基础底面处的**平均压力值**(kPa);
　2. **阶梯形毛石基础的每阶伸出宽度,不宜大于 200 mm;**
　3. 当基础由不同材料叠合组成时,应对接触部分作抗压验算;
　4. 混凝土基础单侧扩展范围内基础底面处的平均压力值超过 300 kPa 时,尚应进行抗剪验算(编者注:**验算方法见条文说明**);对基底反力集中于立柱附近的岩石地基,应进行局部受压承载力验算。

　　毛石砌体是指未经加工凿平的石料。毛石砌体的抗压强度较低,与 3:7 灰土颇为接近。并且,由于毛石形状不规则、不易砌平,影响了压力传递,造成毛石基础的适用范围以及台阶宽高比的允许值与灰土相同。试验结果表明,当毛石基础砌成阶梯形时,每阶伸出长度超出 200 mm 时传力效果不佳。

　　灰土基础在我国有悠久的历史,北京、天津、西安、太原等地的多层砌体房屋多采用此种形式的基础。灰土的物理力学性能与其配合比、密实度、含水量及时间等因素有关。试验结果表明,3:7 灰土的物理力学性能较好,4:6 灰土的强度不如 3:7 灰土,这说明无限加大灰土的比例并没有好处,2:8 灰土的强度虽略低于 3:7 灰土,但具有很好的稳定性。灰土的强度增长较慢,初期强度主要靠密实度,但后期强度还不断增长,28 d 极限强度不低于 0.8 MPa,90 d 的强度约为 28 d 的 1.6~2 倍,此后还逐渐增长。《地规》除选择了 3:7 和 2:8 两种较好的配合比外,还采用控制灰土夯实后的最小干密度作为灰土基础的质量指标。灰土基础台阶的宽高比允许值是根据北京、天津等地的实践经验,并经试验验证的成果。

　　三合土基础的强度与骨料的品种有关,骨料为矿渣的最好(有水硬性),碎砖也较好,较差的是碎石及河卵石。三合土的强度试验资料很少,一般是根据夯实厚度,即每层约虚铺 220 mm,夯至 150 mm 来控制。三合土基础最大台阶宽高比是根据上海、南京、武汉、重庆等地的工程实践确定的,一般当地基反力小于 150 kPa 时取 1:1.5,上海习惯取 1:1.75~1:2.0。

　　此外,《地规》条文说明中还指出以下内容。

8.1.1 条文说明(部分)

　　计算结果表明,当基础单侧扩展范围内基础底面处的平均压力值超过 300 kPa 时,应按下式验算墙(柱)边缘或变阶处的受剪承载力:

$$V_s \leqslant 0.366 f_t A$$

式中　V_s——相应于作用**基本组合**时的地基土**平均净反力**产生的沿墙(柱)边缘或变阶处的剪力设计值(kN);

　　　　A——沿墙(柱)边缘或变阶处基础的垂直截面面积(m²),当验算截面为阶形时,其截面折算宽度按附录 U 计算。

　　上式是根据材料力学、素混凝土抗拉强度设计值以及基底反力为直线分布等条件确定的,适用于除岩石以外的地基。

> 对基底反力集中于立柱附近的岩石地基,基础的抗剪验算条件应根据各地区具体情况确定。重庆大学曾对置于泥岩、泥质砂岩和砂岩等变形模量较大的岩石地基上的无筋扩展基础进行了试验,试验研究结果表明,<u>岩石地基上无筋扩展基础的基底反力曲线是一倒置的马鞍形,呈现出中间大、两边小,到了边缘又略为增大的分布形式</u>,反力的分布曲线主要与岩体的变形模量和基础的弹性模量比值、基础的高宽比有关。……根据已掌握的岩石地基上的无筋扩展基础试验中出现沿柱周边直剪和劈裂的破坏现象,提出设计时应对柱下混凝土基础进行局部受压承载力验算,避免柱下素混凝土基础可能因横向拉应力达到混凝土的抗拉强度后引起基础周边混凝土发生竖向劈裂破坏和压陷。

9.2.2 扩展基础

扩展基础指的是柱下钢筋混凝土单独基础和墙下钢筋混凝土条形基础。扩展基础的埋置深度以及基础平面尺寸的设计计算方法和刚性基础即无筋扩展基础是相同的。相比之下,扩展基础中通过配置的钢筋承担拉应力,因此不再受刚性角的限制,截面高度可以减小,但是结合该类基础的受力及破坏特征,在设计时需要满足抗弯、抗剪、抗冲切破坏以及局部抗压承载力的设计要求。

在进行承载能力极限状态设计时,扩展基础可视为连接上部结构与地基的一个钢筋混凝土构件,因此应采用承载能力极限状态下作用的基本组合。

1. 基础的破坏形式

扩展基础是一种受弯和受剪的钢筋混凝土构件,在荷载作用下可能发生如下几种破坏形式。

1)冲切破坏

试验表明,构件在弯、剪荷载的共同作用下,主要的破坏形式是首先在弯剪区域出现斜裂缝,随着荷载增加,裂缝向上扩展,未开裂部分的正应力和剪应力迅速增加。当正应力和剪应力组合后的主应力出现拉应力,且大于混凝土的抗拉强度时,斜裂缝被拉断,出现斜拉破坏,在扩展基础上也称为冲切破坏,如图 9.1(a)所示。一般情况下,冲切破坏控制扩展基础的高度。

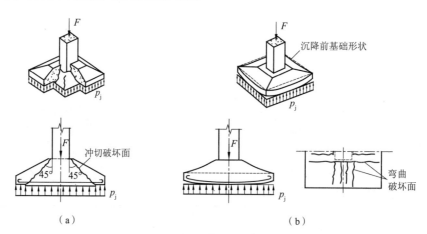

图9.1 基础的冲切及受弯破坏
(a)冲切破坏 (b)受弯破坏

2)剪切破坏

当基础的宽度较小时,可能会造成冲切破坏锥体落在基础以外,此时基础可能沿着柱与基础交接处或台阶变阶处的铅直面发生剪切破坏。

3)弯曲破坏

基底反力在基础截面产生弯矩,过大的弯矩将引起基础弯曲破坏。这种破坏沿着墙边、柱边或台阶边发生,裂缝平行于墙或柱边,如图 9.1(b)所示。为了防止这种破坏,设计时需要保证基础各竖直截面上由基底净反力 p_j 产生的弯矩 M 小于或等于该截面的抗弯强度 M_u,也正是这一条件决定了基础的配筋。

4）局部受压破坏

当基础的混凝土强度等级小于柱的混凝土强度等级时，还有可能发生基础顶面的局部受压破坏。

因此，在进行扩展基础的设计时，《地规》规定应进行下列几个方面的验算。

> 8.2.7　扩展基础的计算应符合下列规定：
>
> 　　1　对柱下独立基础，当冲切破坏锥体落在基础底面以内时，应验算柱与基础交接处以及基础变阶处的受冲切承载力；
>
> 　　2　对基础底面短边尺寸小于或等于柱宽加两倍基础有效高度的柱下独立基础以及墙下条形基础，应验算柱（墙）与基础交接处的基础受剪切承载力；
>
> 　　3　基础底板的配筋，应按抗弯计算确定；
>
> 　　4　当基础的混凝土强度等级小于柱的混凝土强度等级时，尚应验算柱下基础顶面的局部受压承载力。

2. 柱下独立基础冲切破坏验算

为保证柱下独立基础双向受力状态，基础底面两个方向的边长一般都保持在相同或相近的范围内。试验结果和大量工程实践表明，当冲切破坏锥体落在基础底面以内时，此类基础的截面高度由受冲切承载力控制。在编制《地规》时所做的计算分析和比较也表明，符合规范要求的双向受力独立基础，其剪切所需的截面有效面积一般都能满足要求，无须进行受剪承载力验算。

> 8.2.8　柱下独立基础的受冲切承载力应按下列公式验算：
>
> $$F_l \leqslant 0.7\beta_{hp}f_t a_m h_0 \tag{8.2.8-1}$$
> $$a_m = (a_t + a_b)/2 \tag{8.2.8-2}$$
> $$F_l = p_j A_l \tag{8.2.8-3}$$
>
> 式中　β_{hp}——受冲切承载力截面高度影响系数，当 h 不大于 800 mm 时 β_{hp} 取 1.0，当 h 大于或等于 2 000 mm 时 β_{hp} 取 0.9，其间按线性内插法取用；
>
> $$（编者注：\beta_{hp} = \frac{1-0.9}{800-2000}(h-800)+1.0）$$
>
> 　　　　f_t——混凝土轴心抗拉强度设计值（kPa）；
>
> 　　　　h_0——基础冲切破坏锥体的有效高度（m）；
>
> 　　　　a_m——冲切破坏锥体最不利一侧计算长度（m）；
>
> 　　　　a_t——冲切破坏锥体最不利一侧斜截面的上边长（m），①当计算柱与基础交接处的受冲切承载力时取柱宽，②当计算基础变阶处的受冲切承载力时取上阶宽；
>
> 　　　　a_b——冲切破坏锥体最不利一侧斜截面在基础底面积范围内的下边长（m），当冲切破坏锥体的底面落在基础底面以内（图 8.2.8(a)(b)）时，①计算柱与基础交接处的受冲切承载力时取柱宽加两倍基础有效高度，②当计算基础变阶处的受冲切承载力时取上阶宽加两倍该处的基础有效高度；
>
> 　　　　p_j——扣除基础自重及其上土重后相应于作用的基本组合时的地基土单位面积净反力（kPa），**对偏心受压基础可取基础边缘处最大地基土单位面积净反力**；
>
> 　　　　A_l——冲切验算时取用的部分基底面积（m²）（图 8.2.8(a)(b) 中的阴影面积 $ABCDEF$）；
>
> 　　　　F_l——相应于作用的基本组合时作用在 A_l 上的地基土净反力设计值（kPa）。

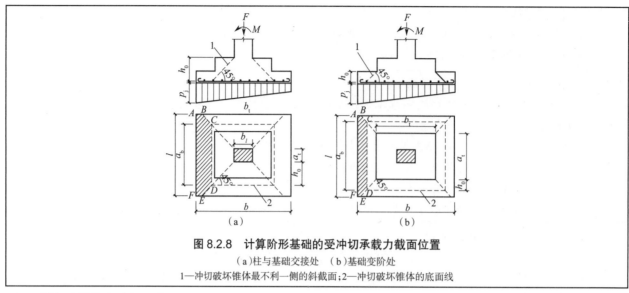

图 8.2.8 计算阶形基础的受冲切承载力截面位置
（a）柱与基础交接处   （b）基础变阶处
1—冲切破坏锥体最不利一侧的斜截面；2—冲切破坏锥体的底面线

1）最不利基底冲切面积 A_l

由于基础在发生冲切破坏时，冲切破坏锥体不一定完全落在基础底面以内，结合工程试验成果，《地规》规定，当冲切破坏锥体落在基础底面以内时验算冲切破坏，冲切破坏锥体不完全落在基础底面以内时验算剪切破坏。

结合《地规》图 8.2.8（a）（b）可知，当 $a_b=a_t+2h_0<l$ 时，冲切破坏锥体落在基底内，此时冲切破坏锥体最不利一侧的冲切面积 A_l 可按下式计算（读者可自行推导）：

$$A_l=\left(\frac{b}{2}-\frac{b_t}{2}-h_0\right)l-\left(\frac{l}{2}-\frac{a_t}{2}-h_0\right)^2 \tag{9.2}$$

相反，当 $a_b=a_t+2h_0\geqslant l$ 时，冲切破坏锥体落在基底外，应进行受剪承载力验算，详见下节。

2）基底净反力 p_j

柱下独立基础可能承受轴向荷载作用，也可能承受偏心荷载作用，前者基底反力呈直线分布，后者则呈非均匀分布。考虑到上述情况，《地规》规定在验算冲切破坏时，不论轴心荷载或偏心荷载，均只考虑最不利的一侧。

因此，扣除基础自重及其上覆土自重后相应于作用效应基本组合时的地基土单位面积净反力（对偏心受压基础可取基础边缘处最大地基土单位面积净反力）可按下式计算：

$$p_j=\frac{F_d}{A}+\frac{M_d}{W} \tag{9.3}$$

式中 F_d、M_d——作用基本组合下，作用于基础顶面的轴向力和弯矩设计值；

A、W——基础底面的截面面积和截面抵抗矩。

对于由永久作用控制的基本组合，根据《地规》第 3.0.6 条的规定，式（9.3）可变为

$$p_j=\frac{1.35F_k}{A}+\frac{1.35M_k}{W} \tag{9.4}$$

式中 F_k、M_k——作用标准组合下，作用于基础顶面的轴向力和弯矩设计值。

当偏心荷载在截面验算方向的偏心距 $e\leqslant l/6$，即基底压力不存在零应力区时，式（9.3）还可简化为

$$p_j=\frac{F_d}{lb}+\frac{6F_de}{lb^2}=\frac{F_d}{lb}\left(1+\frac{6e}{b}\right) \tag{9.5}$$

式中 l——冲切破坏锥体最不利一侧的基础底面边长；

b——垂直于冲切破坏锥体最不利一侧的基础底面宽度，$bl=A$；

e——轴向力设计值 F_d 的偏心距，参见《地规》图 5.2.2，$e=M_d/F_d$。

3. 柱下独立基础受剪破坏验算

考虑到实际工作中柱下独立基础底面两个方向的边长比值有可能大于 2,此时基础的受力状态接近于单向受力,柱与基础交接处不存在受冲切的问题,仅需对基础进行斜截面受剪承载力验算。因此,《地规》有如下规定。

8.2.9　当基础底面短边尺寸小于或等于柱宽加两倍基础有效高度($a_b=a_t+2h_0 \geq l$)时,应按下列公式验算柱与基础交接处截面受剪承载力:

$$V_s \leq 0.7\beta_{hs}f_tA_0 \qquad\qquad (8.2.9\text{-}1)$$

$$\beta_{hs}=(800/h_0)^{1/4} \qquad\qquad (8.2.9\text{-}2)$$

式中　　V_s——相应于作用的基本组合时,柱与基础交接处的剪力设计值(kN),图 8.2.9 中的阴影面积乘以
　　　　　　　　基底平均净反力;

　　　　β_{hs}——受剪切承载力截面高度影响系数,当 $h_0<800$ mm 时取 $h_0=800$ mm,当 $h_0>2\,000$ mm 时取
　　　　　　　　$h_0=2\,000$ mm;

　　　　A_0——验算截面处基础的有效截面面积(m^2),当验算截面为阶形或锥形时,可将其截面折算成矩形
　　　　　　　　截面,截面的折算宽度和有效高度按本规范附录 U 计算。

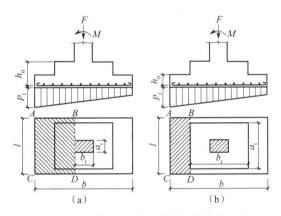

图 8.2.9　验算阶形基础受剪切承载力示意
(a)柱与基础交接处　(b)基础变阶处

需要说明的是:

(1)上述规范条文中所说的"短边尺寸"是指垂直于力矩作用方向的基础底边尺寸;

(2)与美国规范 ACI 318 相比,我国《混凝土结构设计规范》对均布荷载作用下的板类受弯构件,其斜截面受剪承载力的验算位置一律取支座边缘处,剪力设计值一律取支座边缘处的剪力;在验算单向受剪承载力时,我国的混凝土单向受剪强度与双向受剪强度相同,设计时只是在截面高度影响系数中略有差别。

验算截面为阶形或锥形时,截面折算宽度和有效高度的计算方法详见本书附录 A。

4. 柱下独立基础受弯破坏验算

对于柱下独立矩形基础的任一截面弯矩设计值的计算,《地规》以基础台阶宽高比 $l/h \leq 2.5$,以及基础底面与地基土之间不出现零应力区($e \leq b/6$)为条件推导出了简化计算公式,适用于除岩石以外的地基。其中,基础台阶宽高比小于或等于 2.5 是基于试验结果,旨在保证基底反力呈直线分布。

8.2.11　在轴心荷载或单向偏心荷载作用下,当台阶的宽高比小于或等于 2.5 且偏心距小于或等于 1/6 基础宽度时,柱下矩形独立基础任意截面的底板弯矩可按下列简化方法进行计算(图 8.2.11):

$$M_I = \frac{1}{12}a_1^2\left[(2l+a')\left(p_{max}+p-\frac{2G}{A}\right)+(p_{max}-p)l\right] \qquad (8.2.11\text{-}1)$$

$$M_{II} = \frac{1}{48}(l-a')^2(2b+b')\left(p_{max}+p_{min}-\frac{2G}{A}\right) \qquad (8.2.11\text{-}2)$$

式中　M_I、M_{II}——相应于作用的基本组合时，任意截面 I—I、II—II 处的弯矩设计值（kN·m）；

$\quad\quad a_1$——任意截面 I—I 至基底边缘最大反力处的距离（m）；

$\quad\quad l$、b——基础底面的边长（m）；

$\quad\quad p_{max}$、p_{min}——相应于作用的基本组合时的基础底面边缘最大和最小地基反力设计值（kPa）；

$\quad\quad p$——相应于作用的基本组合时，在任意截面 I—I 处基础底面地基反力设计值（kPa）；

$\quad\quad G$——考虑作用分项系数的基础自重及其上的土自重（kN），**当组合值由永久作用控制时，作用分项系数可取 1.35。**

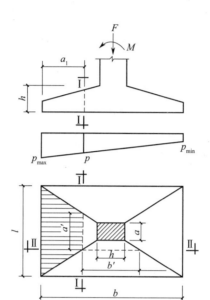

图 8.2.11　矩形独立基础底板的计算示意

1）公式应用条件判别

除需满足基底应力线性分布（台阶宽高比 $l/h \leqslant 2.5$）的条件外，应用《地规》上述公式时，还需满足基底不出现零应力区的假定，即

$$e = \frac{M_d}{F_d + 1.35G_k} \leqslant \frac{b}{6} \tag{9.6}$$

2）地基反力设计值计算

基于基底反力直线分布的假定，根据材料力学知识可得

$$p_{max} = \frac{F_d + 1.35G_k}{A} + \frac{M_d}{W} = \frac{F_d + 1.35G_k}{A}\left(1 + \frac{6e}{b}\right) \tag{9.7-a}$$

$$p_{min} = \frac{F_d + 1.35G_k}{A} - \frac{M_d}{W} = \frac{F_d + 1.35G_k}{A}\left(1 - \frac{6e}{b}\right) \tag{9.7-b}$$

根据式（9.3）可知：

$$p_{max} = p_{jmax} + \frac{1.35G_k}{A}\left(1 + \frac{6e}{b}\right) \tag{9.8-a}$$

$$p_{min} = p_{jmin} + \frac{1.35G_k}{A}\left(1 - \frac{6e}{b}\right) \tag{9.8-b}$$

因此，当采用地基净反力 p_j 计算任意截面处基础底板的弯矩时，《地规》中的式（8.2.11-1）及式（8.2.11-2）可分别简化为

$$M_I = \frac{1}{12}a_1^2[(2l + a')(p_{jmax} + p_{jI}) + (p_{jmax} - p_{jI})l] \tag{9.9}$$

$$M_{II} = \frac{1}{48}(l-a')^2(2b+b')(p_{jmax}+p_{jmin}) \tag{9.10}$$

式中　p_{jl}——相应于作用的基本组合时,任意截面 I — I 截面处的基底净反力。

3)受力钢筋面积计算

《地规》有如下规定。

8.2.12　基础底板配筋**除满足计算和最小配筋率要求外**,尚应符合本规范第 8.2.1 条第 3 款的构造要求。计算最小配筋率时,对阶形或锥形基础截面,可将其截面折算成矩形截面,截面的折算宽度和截面的有效高度按附录 U 计算。基础底板钢筋可按下式计算:

$$A_s = \frac{M}{0.9 f_y h_0} \tag{8.2.12}$$

8.2.12 条文说明(部分)

　　此外,考虑到独立基础的高度一般是由冲切或剪切承载力控制,基础板相对较厚,如果用其计算最小配筋量可能导致底板用钢量不必要的增加,因此本规范提出对阶形以及锥形独立基础,可<u>将其截面折算成矩形</u>,其折算截面的宽度 b_0 及截面有效高度 h_0 按本规范附录 U 确定,并按最小配筋率 0.15% 计算基础底板的最小配筋量。

---

4)受力钢筋的构造要求

由于基础底板中垂直于受力钢筋的另一个方向的配筋具有分散荷载的作用,有利于底板的内力重分布,且由于扩展基础底板的厚度一般均由受冲切或受剪切承载力控制,而并非由受弯承载力控制,因此底板相对较厚,如果套用受弯构件纵向受力钢筋的最小配筋率要求将导致底板钢筋用量不必要的增加。国际上各类相关规范中基础板的最小配筋率也都小于梁的最小配筋率,因此对于基础板中受力纵筋的构造要求,《地规》有如下规定。

8.2.1　扩展基础的构造,应符合下列规定:

　3　扩展基础受力钢筋最小配筋率不应小于 0.15%,底板受力钢筋的最小直径不应小于 10 mm,间距不应大于 200 mm,也不应小于 100 mm;

　5　当柱下钢筋混凝土独立基础的边长和墙下钢筋混凝土条形基础的宽度大于或等于 2.5 m 时,底板受力钢筋的长度可取边长或宽度的 90%,并宜交错布置(图 8.2.1-1)。

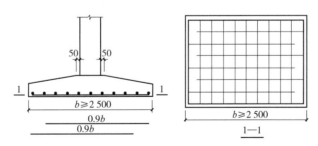

图 8.2.1-1　柱下独立基础底板受力钢筋布置

---

5)分布钢筋的配置

柱下独立柱基底面长短边之比 ω 在 $2 \leqslant \omega \leqslant 3$ 的范围内时,基础底板仍然具有双向受力的作用,但是长向(平行于力矩作用方向)的两端部区域对底板短向(垂直于力矩作用方向)受弯承载力的贡献相对较小,因此布置短向受力钢筋时应考虑各区域钢筋的受力分布情况。《地规》提出,将短向全部钢筋面积乘以 λ 后求得的钢筋,均匀分布在与柱中心线重合的宽度等于基础短边的中间带宽范围内,其余的短向钢筋则均匀分布在上述中间带宽的两侧。

另外,从减小混凝土收缩裂缝的角度讲,也应配置分布钢筋。

8.2.13 当柱下独立柱基底面长短边之比 ω 在大于或等于 2、小于或等于 3 的范围时,基础底板短向钢筋应按下述方法布置:将短向全部钢筋面积乘以 λ 后求得的钢筋,均匀分布在与柱中心线重合的宽度等于基础短边的中间带宽范围内(图 8.2.13),其余的短向钢筋则均匀分布在中间带宽的两侧。长向配筋应均匀分布在基础全宽范围内。λ 按下式计算:

$$\lambda = 1 - \frac{\omega}{6} \tag{8.2.13}$$

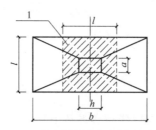

图 8.2.13　基础底板短向钢筋布置示意
1—λ 倍短向全部钢筋面积均匀配置在阴影范围内

5. 墙下条形基础受剪破坏验算

墙下条形基础一般取单位宽度,即 1 m 宽度的板进行受剪或受弯验算。验算时按基底净反力 p_j 分布,计算柱与基础交接处或变阶等危险断面的内力。在进行受剪验算时,《地规》有如下规定。

8.2.10 墙下条形基础底板应按本规范公式(8.2.9-1)验算墙与基础底板交接处截面受剪承载力,其中 A_0 为验算截面处基础底板的单位长度垂直截面有效面积,V_s 为墙与基础交接处由基底平均净反力产生的单位长度剪力设计值。

6. 墙下条形基础受弯破坏验算

《地规》有如下规定。

8.2.14 墙下条形基础(图 8.2.14)的受弯计算和配筋应符合下列规定。

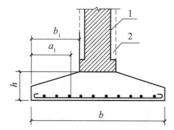

图 8.2.14　墙下条形基础的计算示意
1—砖墙;2—混凝土墙

1　任意截面每延米宽度的弯矩,可按下式进行计算:

$$M_{\mathrm{I}} = \frac{1}{6} a_1^2 \left(2p_{\max} + p - \frac{3G}{A} \right) \tag{8.2.14}$$

2　其最大弯矩截面的位置,应符合下列规定:

1)当墙体材料为混凝土时,取 $a_1 = b_1$;

2)当为砖墙且放脚不大于 1/4 砖长时,取 $a_1 = b_1 + 1/4$ 砖长(编者注:$a_1 = b_1 + 0.06$ m)。

3　墙下条形基础底板每延米宽度的配筋除满足计算和最小配筋率要求外,尚应符合本规范第 8.2.1 条第 3 款的构造要求。

(1)当采用基底净反力进行计算时,可按下式计算:

$$M_{\mathrm{I}} = \frac{1}{6} a_1^2 (2p_{j\max} + p_{j\mathrm{I}}) \tag{9.11}$$

（2）钢筋的构造要求。

《地规》有如下规定。

8.2.1 扩展基础的构造,应符合下列规定。

3 扩展基础**受力钢筋**最小配筋率不应小于0.15%,底板受力钢筋的最小直径不应小于10 mm,间距不应大于200 mm,也不应小于100 mm。墙下钢筋混凝土条形基础纵向分布钢筋的直径不应小于8 mm;间距不应大于300 mm;每延米**分布钢筋**的面积不应小于受力钢筋面积的15%。当有垫层时钢筋保护层的厚度不应小于40 mm;无垫层时不应小于70 mm。

6 钢筋混凝土条形基础底板在T形及十字形交接处,底板横向受力钢筋仅沿一个主要受力方向通长布置,另一方向的横向受力钢筋可布置到主要受力方向底板宽度1/4处(图8.2.1-2)。在拐角处底板横向受力钢筋应沿两个方向布置(图8.2.1-2)。

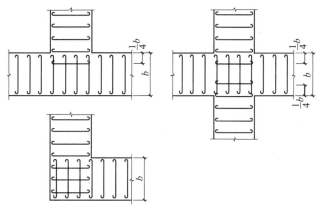

图 8.2.1-2 墙下条形基础纵横交叉处底板受力钢筋布置

9.3 柱下条形基础

柱下条形基础是软弱地基上框架或排架结构中常用的一种基础类型,其中沿一个柱列方向延伸的基础梁称为柱下条形基础(图9.1(a))。当上部荷载较大、地基土较软弱,只靠单向设置柱下条形基础不能满足地基承载力和变形控制要求时,也经常采用沿两个柱列方向双向设置的柱下十字交叉基础。十字交叉基础可以将荷载扩散到更大的基底面积上,减小基底附加压力;还能够提高基础的整体刚度,减小不均匀沉降。

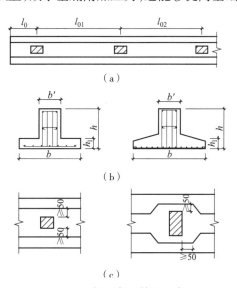

图 9.2 柱下条形基础示意

（a）平面图 （b）横剖面图 （c）梁柱交接处平面尺寸

9.3.1 一般规定

为了保证柱下条形基础梁的纵向抗弯刚度,基础梁的横截面通常取为倒 T 形,如图 9.2(b)所示。梁高 h 及翼缘板的厚度 h_1 应根据抗弯计算确定,底部伸出的宽度一般由地基承载力决定。结合工程经验,《地规》有如下规定。

> 8.3.1 柱下条形基础的构造,除应符合本规范第 8.2.1 条的要求外,尚应符合下列规定。
> 1 柱下条形基础**梁的高度**宜为柱距的 1/8~1/4。**翼板厚度**不应小于 200 mm。当翼板厚度大于 250 mm 时,宜采用变厚度翼板,其顶面坡度宜小于或等于 1 : 3。

为了改善梁端地基的承载条件,使基底压力分布均匀,同时使基底形心与荷载重心重合或靠近,减少基础的挠曲变形,在平面布置允许的条件下,条形基础梁的梁端部宜伸出边柱一定的长度,如图 9.1(a)所示。

> 8.3.1 柱下条形基础的构造,除应符合本规范第 8.2.1 条的要求外,尚应符合下列规定。
> 2 条形基础的端部宜向外伸出,其长度宜为第一跨距的 25%。

为保证条形基础梁与柱端可靠连接,除应验算连接结构强度外,为改善柱端连接条件,条形基础梁的宽度宜略大于该方向的柱边长。当柱底截面沿垂直于基础梁中轴线方向的边长大于或等于基础宽度时,需将肋梁局部加宽,且柱的边缘至基础边缘的距离不得小于 50 mm,如图 9.2(c)所示。

> 8.3.1 柱下条形基础的构造,除应符合本规范第 8.2.1 条的要求外,尚应符合下列规定。
> 3 现浇柱与条形基础梁的交接处,基础梁的平面尺寸应大于柱的平面尺寸,且柱的边缘至基础梁边缘的距离不得小于 50 mm(图 8.3.1)。

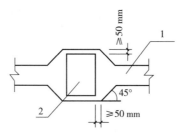

图 8.3.1   现浇柱与条形基础梁交接处平面尺寸
1—基础梁;2—柱

考虑到柱下条形基础的受力较为复杂,既受到纵向整体弯曲作用,柱间各跨还有局部弯曲作用,加之温度及混凝土收缩的影响,实际产生的各截面的弯矩难以通过计算确定。因此,对于纵向钢筋的配置,《地规》有如下规定。

> 8.3.1 柱下条形基础的构造,除应符合本规范第 8.2.1 条的要求外,尚应符合下列规定。
> 4 条形基础梁顶部和底部的纵向受力钢筋除应满足计算要求外,**顶部钢筋**应按计算配筋全部贯通,**底部通长钢筋**不应少于底部受力钢筋截面总面积的 1/3。

9.3.2 内力计算规定

基础将上部结构的荷载传递给地基,在这一过程中,基础通过自身的刚度,对上调整上部结构荷载,对下约束地基变形,使上部结构、基础和地基形成一个共同受力、变形的协同整体。在整个体系的工作中,基础有着承上启下的关键作用,而三者之间的相互作用主要取决于它们的相对刚度。

1. 上部结构与基础的共同作用

当不考虑地基土的影响,即假定地基可产生变形且基底反力始终呈均匀分布时,基础的受力将有以下三种情况。

（1）若上部结构为绝对刚性体（如刚度很大的剪力墙结构），而基础为刚度相对较小的条形或筏形基础，当地基在上部结构荷载的作用下产生变形时，由于上部结构不会发生弯曲变形，因此沿基础纵向各柱只能均匀下沉，约束基础不能发生整体弯曲变形。这时，基础犹如支承在把柱端视为不动铰支座上的倒置连续梁，以基底反力为荷载，仅在支座间发生局部弯曲，如图 9.3（a）所示。

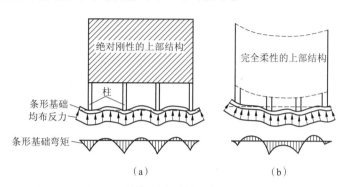

图 9.3 结构刚度对基础变形的影响
（a）结构为绝对刚性 （b）结构为完全柔性

（2）若上部结构为完全柔性结构（如整体刚度较小的框架结构），基础也是刚性较小的条形或筏形基础，这时上部结构对基础的变形没有或仅有很小的约束作用，如图 9.3（b）所示。因而，基础不仅因跨间受地基反力而产生局部弯曲，同时还要随结构变形而产生整体弯曲，两者叠加将产生较大的变形和内力。

（3）若上部结构的刚度介于上述两种极端情况之间，显然在地基、基础和荷载条件不变的情况下，随着上部结构刚度的增加，基础挠曲和内力将减小，与此同时，上部结构因柱端的位移而产生次生应力。若基础也具有一定的刚度，则上部结构与基础的变形和内力必定受两者的刚度影响，这种影响可通过结构力学的方法求解，此处不再进一步阐述。

2. 地基与基础的共同作用

若地基土不可压缩，则基础不会产生挠曲，上部结构也不会因基础不均匀沉降而产生附加内力，这种情况下，共同作用的相互影响很微弱，上部结构、基础和地基三者可以分割开来分别进行计算，岩石地基和密实的碎（砾）石及砂土地基上的建筑物就接近于这种情况。但是，通常地基土都有一定的压缩性，在上部结构和基础刚度不变的情况下，地基土越软弱，基础的相对挠曲和内力就越大，对上部结构引起的次应力也越大。因此，在考虑地基土存在一定刚度的实际情况下，基础的受力也会出现以下三种情况。

（1）当基础是完全柔性时，上部荷载的传递不受基础的约束，也无扩散的作用，则作用在基础上的分布荷载将直接传到地基上，产生与荷载分布相同、大小相等的地基反力。当上部荷载均匀分布时，地基反力也均匀分布。

（2）当基础为刚性基础且其上作用有均布荷载时，根据基底附加应力的竖向分布以及分层总和法的计算原理可知，为适应绝对刚性基础不可弯曲的特点，基底反力将向两侧边缘集中，迫使地基表面变形均匀，以适应基础的沉降。若视地基土为完全弹性体，则基底的反力将呈图 9.4（a）所示的抛物线形分布。实际的地基土仅具有有限的强度，如果基础边缘处的应力太大，基础会发生屈服并产生塑性变形，部分应力将向中间转移，此时反力将呈图 9.4（b）所示的马鞍形分布。就承受剪应力的能力而言，基础下中间部位的土体高于边缘处的土体，因此当荷载继续增加时，基础下边缘处土体的破坏范围不断扩大，反力进一步从边缘向中间转移，其将呈图 9.4（c）所示的钟形分布。如果地基土是无黏性土且基础埋深很浅，边缘外侧自重应力很小，则该处土体几乎不具备抗剪强度，即几乎不能承受荷载，因此反力将呈图 9.4（d）所示的倒抛物线形分布。

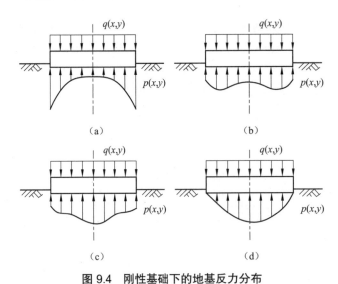

图 9.4　刚性基础下的地基反力分布
（a）抛物线形　（b）马鞍形　（c）钟形　（d）倒抛物线形

（3）如果基础是介于上述两种情况之间的有限刚性体，那么在上部荷载和地基反力的共同作用下，基础势必会产生一定的挠曲，地基土在基底反力作用下产生相应的变形。根据地基和基础的变形协调原则，理论上可以根据两者的刚度求出反力分布曲线，曲线形状是图 9.4 中的某一种分布，但显然实际分布曲线的形状取决于基础与地基的相对刚度。基础的刚度越大，地基的刚度越小，则基底反力向边缘集中的程度越高。

3. 上部结构、基础和地基的共同作用

若把上部结构等价成一定的刚度叠加在基础上，然后用叠加后的总刚度与地基进行共同作用的分析，求出基底反力分布曲线，这条曲线就是考虑结构-基础-地基共同作用的反力分布曲线。

将上部结构和基础视为一个整体结构体系，再将反力分布曲线作为该体系的一个荷载边界条件，便可以用结构力学的方法求解出上部结构和基础的变形及内力。

同样，地基土的反力分布曲线也可以用土力学的方法求解出相应的地基变形。但是，较为精确地求解出地基反力的分布是一个非常复杂的问题，因为上部结构通过墙、柱与基础相连，基础底面又与地基相接触，三者既相互约束也相互作用，不仅需要满足各自的静力平衡条件，还要在连接和接触部位满足变形协调、位移连续的条件。

4. 两种线弹性地基模型

基础设计的前提是要确定地基反力和地基变形之间的关系，这就需要建立能够较为精确地反映地基土特性又能便于分析的地基模型。当前这类地基计算模型有很多，根据土体的弹塑性性质主要可分为线弹性地基模型、非线弹性地基模型和弹塑性地基模型三类。此处仅简单介绍线弹性模型中的 winkler 地基模型和弹性半无限空间地基模型。

1）winkler 地基模型

winkler 地基模型是由捷克工程师 E.Winkler 于 1876 年提出的。其基本内容为地基上任一点所受的压力强度 p 与该点的地基沉降 s 成正比，即

$$p=k_i \cdot s \qquad (9.12)$$

式中　k_i——地基抗力系数，即基床系数，表示产生单位沉降所需的反力（kN/m³）。

如图 9.5（a）所示，该地基模型把地基视为在刚性基座上由一系列侧面无摩阻的土柱组成，并用一系列独立的弹簧来模拟土柱，其特征是地基仅在荷载作用区域下发生与压力成正比的变形，在区域外的变形为零。基底反力分布图形与地基表面的竖向位移图形相似。显然，当基础的刚度很大时，受力后不发生挠曲，按照 winkler 地基模型的假定，基底反力呈直线分布，如图 9.5（c）所示。受中心荷载作用时，则为均匀分布。

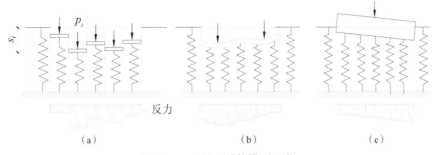

图 9.5　winkler 地基模型示意
（a）土柱弹簧体系　（b）柔性基础　（c）刚性基础

实际上,地基是一个很宽广的连续介质,由于土体中剪应力的存在,地基中的附加应力才能向四周扩散分布,使基底以外的地表发生沉降。而 winkler 地基模型则忽略了地基中的剪应力,使得地基表面任意点的变形量仅与直接作用在该点上的荷载有关,这与实际情况是不相符的,这也意味着严格符合 winkler 地基模型的实际地基是不存在的。但是,对于抗剪强度较低的软土（如淤泥、软黏土）地基,或压缩层较薄,即厚度不超过基础短边一半的地基,荷载基本上不向外扩散的情况,可以认为比较符合 winkler 地基模型。对于其他情况的地基,应用该地基模型会引起较大的误差,但是可以在选用地基抗力系数 k_i 时,按经验方法给予一定的修正,以减小误差,扩大模型的应用范围。

winkler 地基模型表述简单、应用方便,在柱下条形基础以及筏形和箱形基础的设计中已得到广泛应用。

2）弹性半无限空间地基模型

该模型假定地基是一个均质、连续、各向同性的半无限空间弹性体,当半无限空间弹性体表面上作用有一竖向集中荷载时,可以根据 Boussinesq 课题的解答,求出半无限空间弹性体表面上离作用点半径为 r 处的地表沉降值。因此,在该地基模型中,地基上任意点的沉降 s 与整个基底反力的作用有关。引用弹性理论的数值解,地基沉降与基底压力 P 可用矩阵形式表示为

$$\{s\}=[\delta]\{P\} \qquad (9.13)$$

式中　$[\delta]$——地基的柔度矩阵。

关于 Boussinesq 课题解答的原理此处不再进一步介绍。

5. 柱下条形基础的内力计算

柱下条形基础内力求解的关键是确定基底反力的分布,而这又涉及上述提及的上部结构、基础和地基的共同作用问题。此处选择不考虑三者共同作用的倒梁法、考虑基础与地基共同作用的 winkler 地基梁两种有代表性的计算方法,阐述共同作用的基本概念。

1）倒梁法计算原理

当基础放置在比较均匀的地基上,上部结构刚度较好,荷载分布较均匀,且条形基础梁的截面高度大于或等于 1/6 柱距时,基础梁的挠度很小,基础底面的地基反力可近似按直线分布考虑,进一步地可以认为上部结构、基础、地基之间没有相互约束,即可不考虑三者之间的共同作用。

由于各柱脚之间不会产生明显的位移差,条形基础梁就像是上部铰接于柱端、下部受直线分布的地基反力作用的倒置多跨连续梁,此时便可应用结构力学的方法求解条形基础梁的内力,因此也称为倒梁法,如图 9.6 所示。

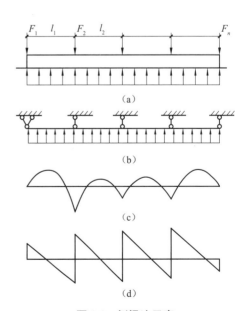

图 9.6　倒梁法示意
（a）作用工况　（b）计算模型
（c）弯矩图　（d）剪力图

需要注意的是,考虑到实际工程中上部结构与地基、基础的相互作用会引起拱架作用,即在地基、基础变形过程中会导致端部地

基反力增加,故应用倒梁法计算内力时,宜将条形基础两端边跨增加 15%~20%的地基反力。

2)winkler 地基上条形基础梁的内力计算原理

如图 9.7(a)所示,假定基础承受上部均布荷载 q 和地基反力 pb 的作用后发生挠曲变形,其中 b 为条形基础梁的单元计算宽度。

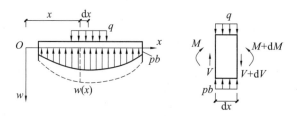

图 9.7　条形基础梁的受力分析
(a)受力简图　(b)微元体受力分析

从基础梁中取任一微元体 $\mathrm{d}x$ 进行静力平衡分析(图 9.7(b)),可得

$$\frac{\mathrm{d}V}{\mathrm{d}x} = pb - q \tag{9.14}$$

由材料力学可知,条形基础梁的挠曲线微分方程为

$$EI\frac{\mathrm{d}^2 w}{\mathrm{d}x^2} = -M(x) \tag{9.15}$$

式中　E——条形基础梁材料的弹性模量;

　　　I——梁的截面惯性矩;

　　　$w(x)$——x 截面处梁的挠度。

由于 $\dfrac{\mathrm{d}^2 M}{\mathrm{d}x^2} = \dfrac{\mathrm{d}V}{\mathrm{d}x}$,因此结合式(9.14)及式(9.15)可得

$$EI\frac{\mathrm{d}^4 w}{\mathrm{d}x^4} = q - pb \tag{9.16}$$

引入 winkler 地基模型及地基、基础的变形协调条件,则梁的挠度 $w(x)$ 等于地基相应点的变形 s,由此可得 winkler 地基上梁的挠曲线微分方程为

$$EI\frac{\mathrm{d}^4 w}{\mathrm{d}x^4} = q - k_s w \tag{9.17}$$

式中　$k_s = k_i b(\mathrm{kN/m^3})$。

根据条形基础梁的边界条件求解上述微分方程,便可以进一步得到不同截面处基础的变形及内力值。

在进行柱下条形基础的设计时,《地规》有如下规定。

> 8.3.2　柱下条形基础的计算,除应符合本规范第 8.2.6 条的要求外,尚应符合下列规定。
>
> 　1　在比较均匀的地基上,上部结构刚度较好,荷载分布较均匀,且条形基础梁的高度不小于 1/6 柱距时,地基反力可按直线分布,条形基础梁的内力可按连续梁计算,此时边跨跨中弯矩及第一内支座的弯矩值宜乘以 1.2 的系数。
>
> 　2　当不满足本条第 1 款的要求时,宜按弹性地基梁计算。
>
> 　3　对交叉条形基础,交点上的柱荷载,可按静力平衡条件及变形协调条件进行分配,其内力可按本条上述规定分别进行计算。
>
> 　4　应验算柱边缘处基础梁的受剪承载力。
>
> 　5　当存在扭矩时,尚应作抗扭计算。

> 6　当条形基础的混凝土强度等级小于柱的混凝土强度等级时,应验算柱下条形基础梁顶面的局部受压承载力。

9.4　高层筏形基础和箱形基础

从使用要求的角度来讲,高耸建筑较低层房屋对地下空间有更大更多的需求;从结构设计及安全的角度来讲,高耸建筑对地基沉降与不均匀变形更加敏感,对抗震也有更高的标准。显然,采用单独基础、条形基础等均难以满足安全与使用要求。由此,更能适应需求的筏形基础、箱形基础便得到了广泛的应用。

筏形基础是埋置于地基上的一整块连续的厚钢筋混凝土基础板,也称为筏板基础,简称筏基。箱形基础是埋置于地基中由底板、顶板、外墙和相当数量的纵横隔墙构成的单层或多层箱形钢筋混凝土结构,简称箱基;当筏基或箱基与贯穿软弱土层并直达密实坚硬持力土层的桩基联合工作时,构成的基础形式称为桩筏或桩箱基础。

筏形基础按其自身结构特点,可分为平板式筏基和梁板式筏基。在荷载不大、柱距较小且等距的情况下,可做成等厚的筏板,即平板式筏基。当柱荷载较大而均匀,且柱距也较大时,为提高筏板的局部抗弯刚度,可沿柱网的纵横轴线布置肋梁,形成梁板式筏基。与梁板式筏基相比,平板式筏基具有抗冲切及抗剪切能力强的特点,且构造简单、施工便捷,经大量工程实践和部分工程事故分析,平板式筏基具有更好的适应性。《地规》有如下规定。

> 8.4.1　筏形基础分为梁板式和平板式两种类型,其选型应根据地基土质、上部结构体系、柱距、荷载大小、使用要求以及施工条件等因素确定。框架-核心筒结构和筒中筒结构宜采用平板式筏形基础。

筏形基础及箱形基础与前述扩展基础、柱下条形基础相比具有如下特点。

（1）具有较大的刚度和整体性。为了适应不断加大柱网间距、扩大地下室使用空间的形式要求,需要提高基础的刚度,进而做成厚筏基或多层箱形基础。筏基或箱基通过与上部结构、基础与地基的共同作用,能调整地基的不均匀变形,改善上部结构的抗倾覆稳定性和抗震性能。

（2）基础埋置深。筏基或箱基用作高耸建筑物的基础时,基础的埋置深度通常需要视地基土性质和建筑物性质而定,一般不会小于 3~5 m。但基础埋置较深时可以减少基底的附加应力,同时还可以提高地基的承载力,易于满足设计要求。另外,基础较深地嵌固于地基中对减小地基的变形、增加地基的稳定性和提高结构的抗震性能都是有利的。

（3）需要处理大面积深开挖对基础设计、施工的影响。深基坑开挖除需要解决基坑支护、降水过程中对周边环境的影响外,还要在结构设计时考虑深开挖的回填土对基础的嵌固作用及基础外墙的土压力计算,因为这会直接影响到外墙的结构设计。此外,也应考虑地下水回升对深埋的基础与地下室的影响,包括止水和水的浮托力造成的影响。

（4）造价高、技术难度大。筏形基础体型大,需要耗费大量钢材和混凝土,而且大体积钢筋混凝土的施工也需要精心控制质量与温度的影响。大面积深开挖和基础深埋带来了诸多土工问题的处理,使得工程造价比一般基础要贵得多。

9.4.1　一般规定

对单幢建筑物,在均匀地基的条件下,基础底面的压力分布和基础的整体倾斜主要取决于作用在准永久组合下产生的偏心距大小。对基底平面为矩形的筏基,在偏心荷载作用下,基础抗倾覆稳定系数 K_f 可用下式表示:

$$K_f = \frac{y}{e} = \frac{\gamma B}{e} = \frac{\gamma}{e/B} \tag{9.18}$$

式中　B——与组合荷载竖向合力偏心方向平行的基础边长;

　　　e——作用在基底平面的组合荷载全部竖向合力对基底面积形心的偏心距;

　　　y——基底平面形心至最大受压边缘的距离;

　　　γ——y 与 B 的比值。

　　从式(9.18)可以看出,e/B 直接影响着抗倾覆稳定系数 K_f,K_f 随着 e/B 的增大而降低,进而引起建筑物产生较大的倾斜。

　　高层建筑由于楼身质心高、荷载重,当筏形基础开始产生倾斜后,建筑物总重对基础底面形心将产生新的倾覆力矩增量,而倾覆力矩的增量又产生新的倾斜增量,倾斜可能随时间而增长,直至地基变形稳定为止。因此,为避免基础产生倾斜,应尽量使结构竖向荷载合力作用点与基础平面形心重合,当偏心难以避免时,则应规定竖向合力偏心距的限值。《地规》根据实测资料并参考交通运输部《公路桥涵设计通用规范》对桥墩合力偏心距的限制,规定了在作用的准永久组合时,$e \leq 0.1W/A$。从实测结果来看,这个限制对硬土地区稍严格,当有可靠依据时可适当放松。

8.4.2　筏形基础的平面尺寸,应根据工程地质条件、上部结构的布置、地下结构底层平面以及荷载分布等因素按本规范第 5 章有关规定确定。对单幢建筑物,在地基土比较均匀的条件下,基底平面形心宜与结构竖向永久荷载重心重合。当不能重合时,在作用的准永久组合下,偏心距 e 宜符合下式规定:

$$e \leq 0.1W/A \tag{8.4.2}$$

式中　W——与偏心距方向一致的基础底面边缘抵抗矩(m^3);

　　　A——基础底面面积(m^2)。

　　国内建筑物脉动实测试验结果表明,当地基为非密实土和岩石持力层时,地基的柔性改变了上部结构的动力特性,延长了上部结构的基本周期,并增大了结构体系的阻尼,同时土与结构的相互作用也改变了地基的运动特性。结构按刚性地基假定分析的水平地震作用比其实际承受的地震作用大,因此可以根据场地条件、基础埋深、基础和上部结构的刚度等因素确定是否对水平地震作用进行适当折减。

　　实测地震记录及理论分析表明,土中的水平地震加速度一般随深度而递减,较大的基础埋深,可以减少来自基底的地震输入,例如日本取地表以下 20 m 深处的地震系数为地表的 50%;法国规定筏基或带地下室建筑的地震荷载比一般的建筑少 20%。同时,较大的基础埋深也可以增加基础侧面的摩擦阻力和土的被动土压力,增强土对基础的嵌固作用。美国 FEMA386 及 IBC 规范采用加长结构自振周期的方法考虑地基土的柔性影响,同时采用增加结构有效阻尼的方法来考虑地震过程中地基土对结构能量耗散的有利作用,并规定了结构的基底剪力最大可降低 30%。

　　我国规范通过对不同土层剪切波速、不同场地类别以及不同基础埋深的钢筋混凝土剪力墙结构、框架剪力墙结构和框架核心筒结构进行分析,结合我国现阶段的地震作用条件,并与美国 UBC1977 和 FEMA386、IBC 规范进行比较,提出了对地下室外墙与土层紧密接触的整体式筏基和箱基,当场地类别为Ⅲ类和Ⅳ类且结构基本自振周期处于场地特征周期的 1.2~5 倍范围时,按刚性地基假定分析的基底水平地震剪力和倾覆力矩,可根据抗震设防烈度的不同乘以相应的折减系数。《地规》对该折减系数的规定如下。

8.4.3　对四周与土层紧密接触带地下室外墙的整体式筏基和箱基,当地基持力层为非密实的土和岩石,场地类别为Ⅲ类和Ⅳ类,抗震设防烈度为 8 度和 9 度,结构基本自振周期处于特征周期的 1.2~5 倍范围时,按刚性地基假定计算的基底水平地震剪力、倾覆力矩可按设防烈度分别乘以 0.90 和 0.85 的折减系数。

8.4.3　条文说明(部分)

　　……该折减系数是一个综合性的包络值,它不能与现行国家标准《建筑抗震设计规范》(GB 50011—2001)第 5.2 节中提出的折减系数同时使用。

9.4.2　平板式筏基的设计

　　《地规》规定,平板式筏基应进行受冲切和局部受剪承载力的验算。

8.4.6 平板式筏基的板厚应满足受冲切承载力的要求。

8.4.6 条文说明

本条为强制性条文。平板式筏基的板厚通常由冲切控制，包括**柱下冲切**和**内筒冲切**，因此其板厚应满足受冲切承载力的要求。

8.4.9 平板式筏基应验算距内筒和柱边缘 h_0 处截面的受剪承载力，当筏板变厚度时，尚应验算变厚度处筏板的受剪承载力。

8.4.9 条文说明

本条为强制性条文。平板式筏基内筒、柱边缘处以及筏板变厚度处剪力较大，应进行抗剪承载力验算。

1. 柱下冲切承载力验算

N.W.Hanson 和 J.M.Hanson 在他们的《混凝土板柱之间剪力和弯矩的传递》试验报告中指出：板与柱之间的不平衡弯矩传递，一部分不平衡弯矩是通过临界截面周边的弯曲应力 T 和 C 来传递，而一部分不平衡弯矩则是通过临界截面上的偏心剪力对临界截面重心产生的弯矩来传递，如图 9.8 所示。因此，在验算距柱边 $h_0/2$ 处的冲切临界截面剪应力时，除需考虑竖向荷载产生的剪应力外，尚应考虑作用在冲切临界截面重心上的不平衡弯矩所产生的附加剪应力。

对于计及不平衡弯矩影响后冲切临界截面上剪应力的计算，《地规》有如下规定。

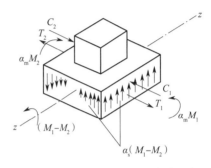

图 9.8 板与柱不平衡弯矩传递示意

8.4.7 平板式筏基柱下冲切验算应符合下列规定。

1 平板式筏基柱下冲切验算时应考虑作用在冲切临界截面重心上的不平衡弯矩产生的附加剪力。对基础边柱和角柱冲切验算时，其冲切力应分别乘以 1.1 和 1.2 的增大系数。距柱边 $h_0/2$ 处冲切临界截面的最大剪应力 τ_{max} 应按式（8.4.7-1）、式（8.4.7-2）进行计算（图 8.4.7）。板的最小厚度不应小于 500 mm。

$$\tau_{max} = \frac{F_l}{\mu_m h_0} + \alpha_s \frac{M_{unb} c_{AB}}{I_s} \qquad (8.4.7\text{-}1)$$

$$\alpha_s = 1 - \frac{1}{1 + \frac{2}{3}\sqrt{\dfrac{c_1}{c_2}}} \qquad (8.4.7\text{-}3)$$

式中 F_l——相应于作用的基本组合时的冲切力（kN），对**内柱**取轴力设计值减去筏板冲切破坏锥体内的基底净反力设计值，对**边柱和角柱**取轴力设计值减去筏板冲切临界截面范围内的基底净反力设计值；

       μ_m——距柱边缘不小于 $h_0/2$ 处冲切临界截面的最小周长（m），按本规范附录 P 计算；

       h_0——筏板的有效高度（m）；

       M_{unb}——作用在冲切临界截面重心上的不平衡弯矩设计值（kN·m）；

       c_{AB}——沿弯矩作用方向，冲切临界截面重心至冲切临界截面最大剪应力点的距离（m），按本规范附录 P 计算；

       I_s——冲切临界截面对其重心的极惯性矩（m⁴），按本规范附录 P 计算；

       c_1——与弯矩作用方向一致的冲切临界截面的边长（m），按本规范附录 P 计算；

       c_2——垂直于 c_1 的冲切临界截面的边长（m），按本规范附录 P 计算；

       α_s——不平衡弯矩通过冲切临界截面上的偏心剪力来传递的分配系数。

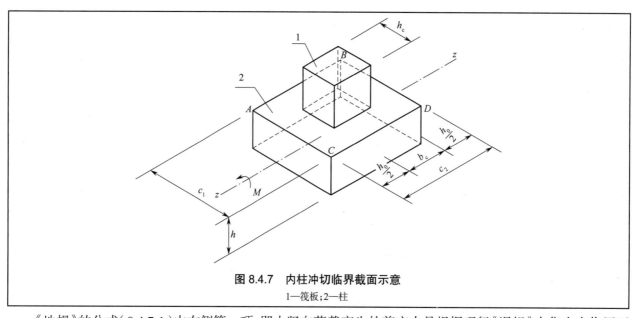

图 8.4.7　内柱冲切临界截面示意
1—筏板；2—柱

《地规》的公式（8.4.7-1）中右侧第一项，即由竖向荷载产生的剪应力是根据现行《混规》中集中力作用下的冲切承载力计算公式换算而得；第二项，即在冲切临界截面重心上由弯曲应力 T、C 导致的不平衡弯矩所产生的附加剪应力，是引自美国 ACI 318 规范中有关的计算规定。

1）冲切力 F_l

关于《地规》的公式（8.4.7-1）中冲切力取值的问题，国内外大量试验结果表明，内柱的冲切破坏呈完整的锥体状，我国工程实践中一直沿用柱所承受的轴向力设计值减去冲切破坏锥体范围内相应的地基净反力作为冲切力；对边柱和角柱，中国建筑科学研究院地基所试验结果表明，其冲切破坏锥体近似为 1/2 和 1/4 圆台体，参考国外经验，规范取柱轴力设计值减去冲切临界截面范围内相应的地基净反力作为冲切力设计值。

2）不平衡弯矩 M_{unb}

《地规》的公式（8.4.7-1）中的 M_{unb} 是指作用在柱边 $h_0/2$ 处冲切临界截面重心上的弯矩，对边柱包括由柱根处轴力 N 和该处筏板冲切临界截面范围内相应的地基反力 P 对临界截面重心产生的弯矩。由于本条中筏板和上部结构是分别计算的，因此计算 M 值时尚应包括柱子根部的弯矩设计值 M_c，如图 9.9 所示，M_{unb} 的表达式为

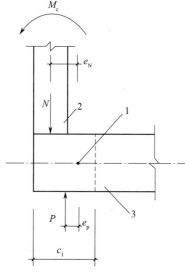

图 9.9　边柱 M_{unb} 计算示意
1—冲切临界截面重心；2—柱；3—筏板

$$M_{unb}=Ne_N-Pe_p\pm M_c \tag{9.19}$$

对于内柱，由于对称关系，柱截面形心与冲切临界截面重心重合，即 $e_N=e_p=0$，因此冲切临界截面重心上的弯矩取柱根弯矩设计值 $\pm M_c$。

3）偏心剪力传递不平衡弯矩的分配系数 α_s

（1）对于中柱，《地规》有如下规定。

附录 P　冲切临界截面周长及极惯性矩计算公式

P.0.1　冲切临界截面的周长 u_m 以及冲切临界截面对其重心的极惯性矩 I_s，应根据柱所处的部位分别按下列公式进行计算。

1　对于内柱，应按下列公式进行计算：

$$u_m=2c_1+2c_2 \tag{P.0.1-1}$$

$$I_s = \frac{c_1 h_0^3}{6} + \frac{c_1^3 h_0}{6} + \frac{c_2 h_0 c_1^2}{2} \tag{P.0.1-2}$$

$$c_1 = h_c + h_0 \tag{P.0.1-3}$$

$$c_2 = b_c + h_0 \tag{P.0.1-4}$$

$$c_{AB} = c_1/2 \tag{P.0.1-5}$$

式中　h_c——与弯矩作用方向一致的柱截面的边长（m）；

　　　b_c——垂直于 h_c 的柱截面边长（m）。

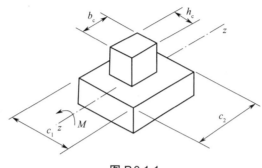

图 P.0.1-1

（2）对于边柱，《地规》有如下规定。

2　对于边柱，应按式（P.0.1-6）至式（P.0.1-11）进行计算。公式（P.0.1-6）至式（P.0.1-11）**适用于柱外侧齐筏板边缘的边柱**。

对外伸式筏板，边柱柱下筏板冲切临界截面的计算模式应根据边柱外侧筏板的悬挑长度和柱子的边长确定：

①当边柱外侧的悬挑长度小于或等于（$h_0 + 0.5 b_c$）时，冲切临界截面可计算至垂直于自由边的板端，计算 c_1 及 I_s 值时应计及边柱外侧的悬挑长度；

②当边柱外侧筏板的悬挑长度大于（$h_0 + 0.5 b_c$）时，边柱柱下筏板冲切临界截面的计算模式同内柱。

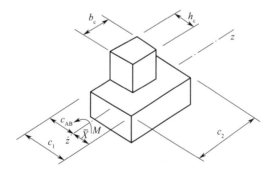

图 P.0.1-2

$$u_m = 2c_1 + c_2 \tag{P.0.1-6}$$

$$I_s = \frac{c_1 h_0^3}{6} + \frac{c_1^3 h_0}{6} + 2h_0 c_1 \left(\frac{c_1}{2} - \bar{X} \right)^2 + c_2 h_0 \bar{X}^2 \tag{P.0.1-7}$$

$$c_1 = h_c + \frac{h_0}{2} \tag{P.0.1-8}$$

$$c_2 = b_c + h_0 \tag{P.0.1-9}$$

$$c_{AB} = c_1 - \bar{X} \tag{P.0.1-10}$$

$$\overline{X} = \frac{c_1^2}{2c_1 + c_2} \tag{P.0.1-11}$$

式中　$\overline{X}$——冲切临界截面重心位置（m）。

（3）对于角柱，《地规》有如下规定。

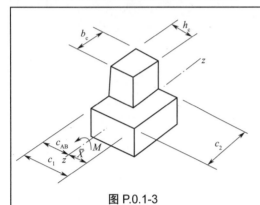

图 P.0.1-3

3　对于角柱，应按式（P.0.1-12）至式（P.0.1-17）进行计算。公式（P.0.1-12）至式（P.0.1-17）**适用于柱两相邻外侧齐筏板边缘的角柱。**

对外伸式筏板，角柱柱下筏板冲切临界截面的计算模式应根据角柱外侧筏板的悬挑长度和柱子的边长确定：

①当角柱两相邻外侧筏板的悬挑长度分别小于或等于（$h_0+0.5b_c$）和（$h_0+0.5h_c$）时，冲切临界截面可计算至垂直于自由边的板端，计算 c_1、c_2 及 I_s 值应计及角柱外侧筏板的悬挑长度；

②当角柱两相邻外侧筏板的悬挑长度分别大于（$h_0+0.5b_c$）和（$h_0+0.5h_c$）时，角柱柱下筏板冲切临界截面的计算模式同内柱。

$$u_m = c_1 + c_2 \tag{P.0.1-12}$$

$$I_s = \frac{c_1 h_0^3}{12} + \frac{c_1^3 h_0}{12} + c_1 h_0 \left(\frac{c_1}{2} - \overline{X} \right)^2 + c_2 h_0 \overline{X}^2 \tag{P.0.1-13}$$

$$c_1 = h_c + \frac{h_0}{2} \tag{P.0.1-14}$$

$$c_2 = b_c + \frac{h_0}{2} \tag{P.0.1-15}$$

$$c_{AB} = c_1 - \overline{X} \tag{P.0.1-16}$$

$$\overline{X} = \frac{c_1^2}{2c_1 + 2c_2} \tag{P.0.1-17}$$

4）边柱、角柱的内力调整

角柱和边柱是相对于基础平面而言的。大量计算结果表明，受基础盆形挠曲的影响，基础的角柱和边柱会产生附加压力。考虑到这一因素，规范将角柱和边柱按《地规》的公式（8.4.7-1）计算所得的冲切力分别乘以放大系数 1.2 和 1.1。

5）受冲切承载力验算

《地规》有如下规定。

8.4.7　平板式筏基柱下冲切验算应符合下列规定。

1　平板式筏基柱下冲切验算时应考虑作用在冲切临界截面重心上的不平衡弯矩产生的附加剪力。**对基础边柱和角柱冲切验算时，其冲切力应分别乘以 1.1 和 1.2 的增大系数**。距柱边 $h_0/2$ 处冲切临界截面的最大剪应力 τ_{max} 应按式（8.4.7-1）、式（8.4.7-2）进行计算（图 8.4.7）。**板的最小厚度不应小于 500 mm**。

$$\tau_{max} \leqslant 0.7(0.4 + 1.2/\beta_s)\beta_{hp} f_t \tag{8.4.7-2}$$

式中　β_s——柱截面长边与短边的比值，**当 $\beta_s < 2$ 时，β_s 取 2，当 $\beta_s > 4$ 时，β_s 取 4**；

　　　β_{hp}——受冲切承载力截面高度影响系数，当 $h \leqslant 800$ mm 时，取 $\beta_{hp} = 1.0$，当 $h \geqslant 2\,000$ mm 时，取 $\beta_{hp} = 0.9$，其间按线性内插法取值；

　　　f_t——混凝土轴心抗拉强度设计值（kPa）。

> 2　当柱荷载较大,等厚度筏板的受冲切承载力不能满足要求时,可在筏板上面增设柱墩或在筏板下局部增加板厚或采用抗冲切钢筋等措施满足受冲切承载能力要求。

国外试验结果表明,当柱截面的长边与短边的比值 $\beta_s > 2$ 时,沿冲切临界截面长边的受剪承载力约为柱短边受剪承载力的一半或更低。《地规》的公式(8.4.7-2)是在我国受冲切承载力公式的基础上,参考了美国 ACI 318 规范中受冲切承载力计算的有关规定,引进了柱截面长边与短边比值的影响,适用于包括扁柱和单片剪力墙在内的平板式筏基。

对有抗震设防要求的平板式筏基,尚应验算地震作用组合下临界截面的最大剪应力 $\tau_{E,max}$,此时《地规》的公式(8.4.7-1)和公式(8.4.7-2)应改写为

$$\tau_{E,max} = \frac{V_{sE}}{A_s} + \alpha_s \frac{M_E}{I_s} c_{AB} \tag{9.20-a}$$

$$\tau_{E,max} \leq \frac{0.7}{\gamma_{RE}} \left(0.4 + \frac{1.2}{\beta_s} \right) \beta_{hp} f_t \tag{9.20-b}$$

式中　V_{sE}——作用在地震组合下的集中反力设计值(kN);

M_E——作用在地震组合下冲切临界截面重心上的弯矩设计值(kN·m);

A_s——距柱边 $h_0/2$ 处的冲切临界截面的筏板有效面积(m²);

γ_{RE}——抗震调整系数,取 0.85。

2. 内筒冲切承载力验算

Venderbilt 在他的《连续板的抗剪强度》试验报告中指出:混凝土板的抗冲切承载力随比值 u_m/h_0 的增加而降低。由于使用功能上的要求,核心筒占有相当大的面积,因而距核心筒外表面 $h_0/2$ 处的冲切临界截面周长很大,在 h_0 保持不变的条件下,核心筒下筏板的受冲切承载力实际上降低了,因此设计时应验算核心筒下筏板的受冲切承载力,局部提高核心筒下筏板的厚度。此外,我国工程实践和美国休斯敦壳体大厦基础钢筋应力实测结果表明,框架-核心筒结构和框筒结构下筏板底部最大应力出现在核心筒边缘处,因此局部提高核心筒下筏板的厚度也有利于核心筒边缘处筏板应力较大部位的配筋。《地规》通过核心筒下筏板冲切截面周长影响系数 η 来反映这一影响。

> 8.4.8　平板式筏基内筒下筏板厚应满足受冲切承载力的要求,并应符合下列规定。
>
> 1　受冲切承载力应按下式进行计算:
>
> $$F_l / u_m h_0 \leq 0.7 \beta_{hp} f_t / \eta \tag{8.4.8}$$
>
> 式中　F_l——相应于作用的基本组合时,内筒所承受的轴力设计值减去内筒下筏板冲切破坏锥体内的基底净反力设计值(kN);
>
> u_m——距内筒外表面 $h_0/2$ 处冲切临界截面的周长(m)(图 8.4.8);
>
> h_0——距内筒外表面 $h_0/2$ 处筏板的截面有效高度(m);
>
> η——内筒冲切临界截面周长影响系数,取 1.25。
>
> 2　当需要考虑内筒根部弯矩的影响时,距内筒外表面 $h_0/2$ 处冲切临界截面的最大剪应力可按公式(8.4.7-1)计算,此时 $\tau_{max} \leq 0.7 \beta_{hp} f_t / \eta$。

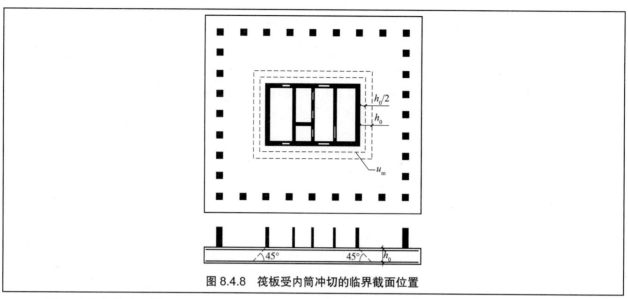

图 8.4.8　筏板受内筒冲切的临界截面位置

3. 局部受剪承载力验算

平板式筏基内筒、柱边缘处以及筏板变厚度处剪力较大,应进行抗剪承载力验算。《地规》有如下规定。

8.4.10　平板式筏基受剪承载力应按式(8.4.10)验算,当筏板的厚度大于 2 000 mm 时,宜在板厚中间部位设置直径不小于 12 mm、间距不大于 300 mm 的双向钢筋网。

$$V_s \leqslant 0.7\beta_{hs}f_tb_wh_0 \tag{8.4.10}$$

式中　V_s——相应于作用的基本组合时,基底净反力平均值产生的距内筒或柱边缘 h_0 处筏板单位宽度的剪力设计值(kN);

　　　b_w——筏板计算截面单位宽度(m);

　　　h_0——距内筒或柱边缘 h_0 处筏板的截面有效高度(m)。

8.4.10 条文说明(部分)

国内筏板试验报告表明,筏板的裂缝首先出现在板的角部,设计中当采用简化计算方法时,需适当考虑角点附近土反力的集中效应,乘以 1.2 的增大系数。

1)验算部位

根据前述章节可知,扩展基础一般情况下应验算柱与基础交接处或基础变阶处的受剪承载力。相比于扩展基础,《地规》明确了平板式筏基受剪承载力的验算部位应取距内柱和内筒边缘 h_0 处,如图 9.10 所示。角柱下验算筏板受剪的部位取距柱角 h_0 处,如图 9.11 所示。《地规》的公式(8.4.10)中基底净反力平均值产生的作用于单位宽度筏板上的剪力设计值 V_s,取作用在图 9.10 或图 9.11 中阴影面积上的地基平均净反力设计值除以验算截面处板格宽度方向中至中的长度(内柱)或距角柱角点 h_0 处 45° 斜线的长度(角柱)。

对于上部为框架-核心筒结构的平板式筏形基础,设计人员应根据工程的具体情况采用符合实际的计算模型或根据实测确定的地基反力来验算距核心筒 h_0 处的筏板受剪承载力。

当边柱与核心筒之间的距离较大时,《地规》的公式(8.4.10)中的 V_s 取作用在图 9.12 中阴影面积上的地基平均净反力设计值与边柱轴力设计值之差除以 b,b 取核心筒两侧紧邻跨的跨中分线之间的距离。当主楼核心筒外侧有两排以上框架柱或边柱与核心筒之间的距离较小时,设计人员应根据工程具体情况慎重确定筏板受剪承载力验算单元的计算宽度。

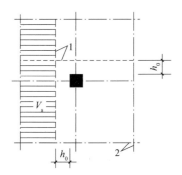

图 9.10 内柱(筒)下筏板验算部位示意

1—验算剪切部位；2—板格中线

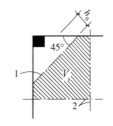

图 9.11 角柱(筒)下筏板验算部位示意

1—验算剪切部位；2—板格中线

2)角柱验算截面处内力放大

国内筏板试验报告表明,筏板的裂缝首先出现在板的角部,设计中当采用简化计算方法时,需适当考虑角点附近土反力的集中效应,乘以 1.2 的增大系数。图 9.13 给出了筏板模型试验中裂缝发展的过程。

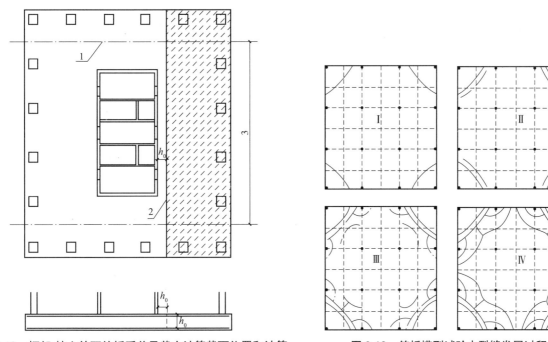

图 9.12 框架-核心筒下筏板受剪承载力计算截面位置和计算

1—混凝土核心筒与柱之间的中分线；2—剪切计算截面；3—验算单元的计算宽度 b

图 9.13 筏板模型试验中裂缝发展过程

设计中当角柱下筏板受剪承载力不满足规范要求时,也可采用适当加大底层角柱横截面或局部增加筏板角隅板厚等有效措施降低受剪截面处的剪力。

3)保证基础厚板受剪强度的构造措施

《地规》中关于在厚筏基础的板厚中部设置双向钢筋网的规定,同国家标准《混凝土结构设计规范》(GB 50010—2010)的要求。日本的 Shioya 等对无腹筋构件的截面高度变化试验表明,梁的有效高度从 200 mm 变化到 3 000 mm 时,其名义抗剪强度(V/bh_0)降低 64%。加拿大的 M.P.Collins 等研究了配有中间纵向钢筋的无腹筋梁的抗剪承载力,试验研究表明,构件中部的纵向钢筋对限制斜裂缝的发展和改善其抗剪性能是有效的。

4. 条带法计算板的配筋

1)地基反力直线分布的假定

中国建筑科学研究院地基所黄熙龄和郭天强在他们的框架柱-筏基础模型试验报告中指出:对单幢平板

式筏基,当地基土比较均匀,地基压缩层范围内无软弱土层或可液化土层、上部结构刚度较好,柱网和荷载较均匀、相邻柱荷载及柱间距的变化不超过20%,筏板厚度满足受冲切承载力要求,且筏板的厚跨比不小于1/6时,平板式筏基可仅考虑局部弯曲作用。筏形基础的内力,可按直线分布进行计算。《地规》有如下规定。

> **8.4.14** 当地基土比较均匀、地层压缩层范围内无软弱土层或可液化土层、上部结构刚度较好,柱网和荷载较均匀、相邻柱荷载及柱间距的变化不超过20%,且<u>梁板式筏基梁的高跨比或平板式筏基板的厚跨比不小于1/6时</u>,筏形基础可仅考虑局部弯曲作用。筏形基础的内力,可按基底反力直线分布进行计算,计算时基底反力应扣除底板自重及其上填土的自重。当不满足上述要求时,筏基内力可按弹性地基梁板方法进行分析计算。
>
> **8.4.14 条文说明(部分)**
>
> 对于地基土、结构布置和荷载分布不符合本条要求的结构,如框架-核心筒结构等,核心筒和周边框架柱之间竖向荷载差异较大,一般情况下核心筒下的基底反力大于周边框架柱下基底反力,因此不适用于本条提出的简化计算方法,应采用能正确反映结构实际受力情况的方法。

2)筏基内力计算

理论上,筏板在荷载作用下产生的内力可以分解成两个部分:一是由于地基沉降,筏板产生整体弯曲引起的内力;二是柱间筏板或肋梁间筏板受地基反力作用产生局部挠曲所引起的内力。实际上,地基的最终变形是由上部结构、基础和地基共同决定的,很难精确区分为"整体变形"和"局部变形"。

相应的,筏板基础的内力计算主要有不考虑上部结构-基础-地基相互作用、考虑基础-地基共同作用以及考虑上部结构-基础-地基相互作用三种方法。其中,第三种方法是在第二种方法的基础上,把上部结构的刚度等效叠加在基础刚度上实现的。例如,若上部结构属于柔性结构,刚度较小而筏板较厚,相对于地基可视为刚性板,则这种情况下可采用与刚性基础一样的静定分析方法,将柱荷载和地基反力作为作用在平板式筏基上的荷载,直接求解板的内力即可;相反,如果上部结构的刚度很大,这种情况则可视整体弯曲由上部结构承担,筏板只受局部弯曲作用,筏板需按弹性梁板方法分析内力。本节仅介绍不考虑上部结构-基础-地基共同作用的"条带法"。

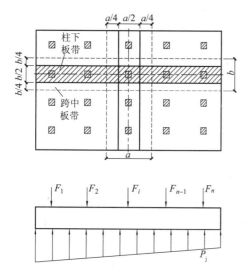

图 9.14 条带法的板带划分及内力分析

如图9.14所示,将筏板划分为相互垂直的条带,条带的分界线就是相邻柱列间的中线,将各条带假设为互不影响的基础梁,且各条带上作用有上部结构柱传来的荷载 $F_1, F_2, \cdots, F_n$,底面作用有地基净反力 P_j,按静定法、倒梁法或其他方法可计算出条带的内力,简称"条带法"。对于横向各条带也用同样的方法计算。采用条带法计算时,纵横条带都用全部柱荷载和地基反力,而不考虑纵横向荷载的分担作用,内力的计算结果偏大。

3)筏板配筋

《地规》有如下规定。

> **8.4.16** 按基底反力直线分布计算的平板式筏基,可按柱下板带和跨中板带分别进行内力分析。柱下板带中,柱宽及其两侧各1/2板厚且不大于1/4板跨的有效宽度范围内,其钢筋配置量不应小于柱下板带钢筋数量的一半,且应能承受部分不平衡弯矩 $\alpha_m M_{unb}$。M_{unb} 为作用在冲切临界截面重心上的不平衡弯矩,α_m 应按式(8.4.16)进行计算。平板式筏基柱下板带和跨中板带的底部支座钢筋应有不少于1/3贯通全跨,顶部钢筋应按计算配筋全部连通,上下贯通钢筋的配筋率不应小于0.15%。
>
> $$\alpha_m = 1 - \alpha_s \tag{8.4.16}$$
>
> 式中 α_m——不平衡弯矩通过弯曲来传递的分配系数;
>
> α_s——按公式(8.4.7-3)计算。

工程实践表明,在柱宽及其两侧一定范围的有效宽度内,其钢筋配置量不应小于柱下板带配筋量的一半,且应能承受板与柱之间的部分不平衡弯矩 $\alpha_m M_{unb}$,以保证板柱之间的弯矩传递,并使筏板在地震作用过程中处于弹性状态。有效宽度的范围是根据筏板较厚的特点,以小于 1/4 板跨为原则而提出的,其范围如图 9.15 所示。

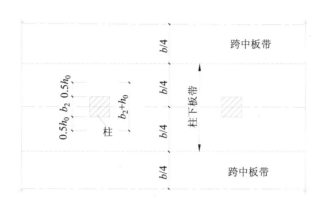

图 9.15　柱两侧有效宽度范围的示意

9.4.3　梁板式筏基的设计

《地规》规定,梁板式筏基除应进行受冲切和局部受剪承载力的验算外,还应进行正截面受弯承载力验算。

8.4.11　梁板式筏基底板应计算正截面受弯承载力,其厚度尚应满足受冲切承载力、受剪切承载力的要求。

---

1. 受冲切承载力的验算

板的抗冲切机理要比梁的抗剪机理复杂,目前各国规范的受冲切承载力计算公式都是基于试验的经验公式。《地规》中梁板式筏基底板受冲切承载力的验算方法源于《高层建筑箱形基础设计与施工规程》(JGJ 6—1980)。多年工程实践表明,按该方法计算此类双向板是可行的。

8.4.12　梁板式筏基底板受冲切、受剪切承载力计算应符合下列规定。

　　1　梁板式筏基底板受冲切承载力应按下式进行计算:

$$F_l \leq 0.7\beta_{hp} f_t u_m h_0 \tag{8.4.12-1}$$

式中　F_l——作用的基本组合时,图 8.4.12-1 中阴影部分面积上的基底平均净反力设计值(kN);

　　　　u_m——距基础梁边 $h_0/2$ 处冲切临界截面的周长(m)(图 8.4.12-1)。

　　2　当底板区格为矩形双向板时,底板受冲切所需的厚度 h_0 应按式(8.4.12-2)进行计算,其**底板厚度与最大双向板格的短边净跨之比不应小于 1/14,且板厚不应小于 400 mm。**

$$h_0 = \frac{(l_{n1} + l_{n2}) - \sqrt{(l_{n1} + l_{n2})^2 - \dfrac{4 p_n l_{n1} l_{n2}}{p_n + 0.7\beta_{hp} f_t}}}{4} \tag{8.4.12-2}$$

式中　l_{n1}、l_{n2}——计算板格的短边和长边的净长度(m);

　　　　p_n——扣除底板及其上填土自重后,相应于作用的基本组合时的基底**平均净反力**设计值(kPa)。

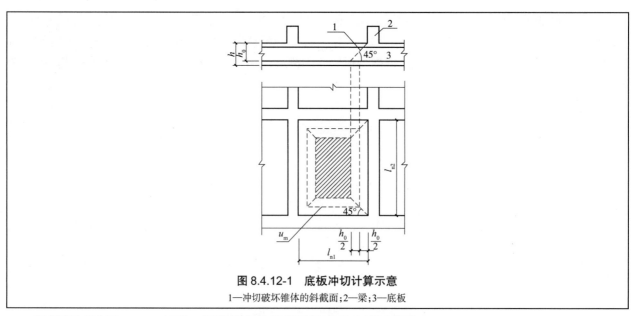

图 8.4.12-1　底板冲切计算示意
1—冲切破坏锥体的斜截面；2—梁；3—底板

根据《地规》图 8.4.12-1 可知，阴影部分的基底平均净反力设计值为

$$F_l = (l_{n1} - 2h_0)(l_{n2} - 2h_0)p_n \tag{9.21}$$

冲切周长 u_m 则可按下式计算：

$$u_m = 2\left(l_{n1} - \frac{h_0}{2} \times 2 + l_{n2} - \frac{h_0}{2} \times 2\right) = 2(l_{n1} + l_{n2} - 2h_0) \tag{9.22}$$

2. 受剪承载力的验算

《地规》中梁板式筏基双向板受冲切承载力的验算方法同样源于《高层建筑箱形基础设计与施工规程》（JGJ 6—80）。验算底板受剪承载力时，JGJ 6—80 规定了以距墙边 h_0（底板的有效高度）处作为验算底板受剪承载力的部位。实际工程分析比较结果表明，取距支座边缘 h_0 处作为验算双向底板受剪承载力的部位，并将梯形受荷面积上的平均净反力摊在（$l_{n2}-2h_0$）上的计算结果与工程实际的板厚以及按 ACI 318 计算的结果是十分接近的。

当底板板格为单向板时，其斜截面受剪承载力应按《地规》中扩展基础的受剪验算方法进行验算，其中 V_s 为支座边缘处由基底平均净反力产生的剪力设计值。

8.4.12　梁板式筏基底板受冲切、受剪切承载力计算应符合下列规定。

　　3　梁板式筏基双向底板斜截面受剪承载力应按下式进行计算：

$$V_s \leqslant 0.7\beta_{hs} \cdot f_t (l_{n2} - 2h_0) h_0 \tag{8.4.12-3}$$

式中　V_s——距梁边缘 h_0 处，作用在图 8.4.12-2 中阴影部分面积上的基底平均净反力产生的剪力设计值（kN）。

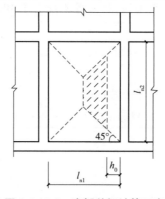

图 8.4.12-2　底板剪切计算示意

　　4　当底板板格为单向板时，其斜截面受剪承载力应按本规范第 8.2.10 条验算，其底板厚度不应小于 400 mm。

3. 正截面承载力

试验结果表明,在均匀地基上,上部结构刚度较好,柱网和荷载分布较均匀,且基础梁的截面高度大于或等于 1/6 的梁板式筏基基础,可不考虑筏板的整体弯曲,只按局部弯曲计算,地基反力可按直线分布。基础内力的分布规律,按整体分析法(考虑上部结构作用)与倒梁法是一致的,且倒梁法计算出来的弯矩值还略大于整体分析法。《地规》有如下规定。

> 8.4.14　当地基土比较均匀、地层压缩层范围内无软弱土层或可液化土层、上部结构刚度较好,柱网和荷载较均匀、相邻柱荷载及柱间距的变化不超过 20%,且梁板式筏基梁的高跨比或平式筏基板的厚跨比不小于 1/6 时,筏形基础可仅考虑局部弯曲作用。筏形基础的内力,可按基底反力直线分布进行计算,计算时基底反力应扣除底板自重及其上填土的自重。当不满足上述要求时,筏基内力可按弹性地基梁板方法进行分析计算。
>
> 8.4.14 条文说明(部分)
>
> 　　对于地基土、结构布置和荷载分布不符合本条要求的结构,如框架-核心筒结构等,核心筒和周边框架柱之间竖向荷载差异较大,一般情况下核心筒下的基底反力大于周边框架柱下基底反力,因此不适用于本条提出的简化计算方法,应采用能正确反映结构实际受力情况的方法。
>
> 8.4.15　按基底反力直线分布计算的梁板式筏基,其基础梁的内力可按连续梁分析,边跨跨中弯矩以及第一内支座的弯矩值宜乘以 1.2 的系数。梁板式筏基的底板和基础梁的配筋除满足计算要求外,纵横方向的底部钢筋尚应有不少于 1/3 贯通全跨,顶部钢筋按计算配筋全部连通,底板上下贯通钢筋的配筋率不应小于 0.15%。

9.4.4　构造规定

1. 带裙房高层建筑的筏形基础

中国建筑科学研究院地基所黄熙龄、袁勋、宫剑飞、朱红波等对塔裙一体大底盘平板式筏形基础进行了室内模型系列试验以及实际工程的原位沉降观测,得到以下结论。

(1)厚跨比不小于 1/6 的厚筏基础具备扩散主楼荷载的作用,扩散范围与相邻裙房地下室的层数、间距以及筏板的厚度有关,影响范围不超过三跨。

(2)多塔楼作用下大底盘厚筏基础的变形特征为各塔楼独立作用下产生的变形效应通过以各个塔楼下面一定范围内的区域为沉降中心,各自沿径向向外围衰减。

(3)多塔楼作用下大底盘厚筏基础基底反力的分布规律为各塔楼荷载产出的基底反力以其塔楼下某一区域为中心,通过各自塔楼周围的裙房基础沿径向向外围扩散,并随着距离的增大而逐渐衰减。

(4)大比例室内模型系列试验和工程实测结果表明,当高层建筑与相连的裙房之间不设沉降缝和后浇带时,高层建筑的荷载通过裙房基础向周围扩散并逐渐减小,因此与高层建筑紧邻的裙房基础下的地基反力相对较大,该范围内的裙房基础板厚度突然减小过多时,有可能出现基础板的截面因承载力不够而发生破坏或其因变形过大而出现裂缝。因此规范规定高层建筑及与其紧邻一跨的裙房筏板应采用相同厚度,裙房筏板的厚度宜从第二跨裙房开始逐渐变化。

(5)室内模型试验结果表明,平面呈 L 形的高层建筑下的大面积整体筏形基础,筏板在满足厚跨比不小于 1/6 的条件下,裂缝发生在与高层建筑相邻的裙房第一跨和第二跨交接处的柱旁。试验结果还表明,高层建筑连同紧邻一跨的裙房的变形相当均匀,呈现出接近刚性板的变形特征。因此,当需要设置后浇带时,后浇带宜设在与高层建筑相邻裙房的第二跨内。

根据上述沉降观测结果,《地规》对带裙房的高层建筑筏形基础有如下构造规定。

> 8.4.20　带裙房的高层建筑筏形基础应符合下列规定。
>
> 　1　当高层建筑与相连的裙房之间设置沉降缝时,高层建筑的基础埋深应大于裙房基础的埋深至少2 m。地面以下沉降缝的缝隙应用粗砂填实(图 8.4.20(a))。

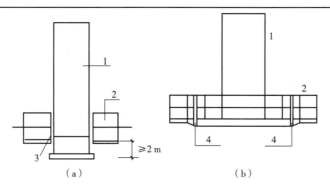

图 8.4.20　高层建筑与裙房间的沉降缝、后浇带处理示意
1—高层建筑；2—裙房及地下室；3—室外地坪以下用粗砂填实；4—后浇带

2　当高层建筑与相连的裙房之间不设置沉降缝时，宜在裙房一侧设置用于控制沉降差的**后浇带**，当沉降实测值和计算确定的后期沉降差满足设计要求后，方可进行后浇带混凝土浇筑。

1）当高层建筑基础面积满足地基承载力和变形要求时，**后浇带宜设在与高层建筑相邻裙房的第一跨内**。

2）当需要满足高层建筑地基承载力、降低高层建筑沉降量、减小高层建筑与裙房间的沉降差而增大高层建筑基础面积时，后浇带可设在距主楼边柱的第二跨内，此时应满足以下条件：

①地基土质较均匀；

②裙房结构刚度较好且基础以上的地下室和裙房结构层数不少于两层；

③后浇带一侧与主楼连接的裙房基础底板厚度与高层建筑的基础底板厚度相同（图 8.4.20(b)）。

3　当高层建筑与相连的裙房之间不设沉降缝和后浇带时，高层建筑及与其紧邻一跨裙房的筏板应采用相同厚度，**裙房筏板的厚度宜从第二跨裙房开始逐渐变化**，应同时满足主、裙楼基础整体性和基础板的变形要求；应进行地基变形和基础内力的验算，验算时应分析地基与结构间变形的相互影响，并采取有效措施防止产生有不利影响的差异沉降。

2. 整体挠曲和差异沉降

高层建筑基础不但应满足强度要求，而且应有足够的刚度，方可保证上部结构的安全。依据大量工程实测和试验结果，《地规》有如下规定。

8.4.22　带裙房的高层建筑下的整体筏形基础，其主楼下筏板的整体挠度值不宜大于 0.05%，主楼与相邻的裙房柱的差异沉降不应大于其跨度的 0.1%。

8.4.22 条文说明（部分）

本条给出的基础挠曲 $\Delta/L = 0.5$‰限值，是基于中国建筑科学研究院地基所室内模型系列试验和大量工程实测分析得到的。

3. 薄弱部位加强配筋

对大底盘框架-核心筒结构筏板基础的室内模型试验表明：

（1）当筏板发生纵向挠曲时，在上部结构共同作用下，外扩裙房的角柱和边柱抑制了筏板纵向挠曲的发展，柱下筏板存在局部负弯矩，同时使顺着基础整体挠曲方向的裙房底层边、角柱下端的内侧以及底层边、角柱上端的外侧出现裂缝；

（2）裙房的角柱内侧楼板出现弧形裂缝、顺着挠曲方向裙房的外柱内侧楼板以及主裙楼交界处的楼板均出现裂缝。

为了从构造上加强此类楼板的薄弱环节，《地规》有如下规定。

8.4.23　采用大面积整体筏形基础时,与主楼连接的外扩地下室其角隅处的楼板板角,除配置两个垂直方向的上部钢筋外,尚应布置斜向上部构造钢筋,钢筋直径不应小于 10 mm、间距不应大于 200 mm。该钢筋伸入板内的长度不宜小于 1/4 的短边跨度;与基础整体弯曲方向一致的垂直于外墙的楼板上部钢筋以及主裙楼交界处的楼板上部钢筋,钢筋直径不应小于 10 mm、间距不应大于 200 mm,且钢筋的面积不应小于现行国家标准《混凝土结构设计规范》(GB 50010—2010)中受弯构件的最小配筋率,钢筋的锚固长度不应小于 30d。

《建筑桩基技术规范》（JGJ 94—2008）

第 10 章　桩基础

基桩是将建筑物的全部或部分荷载传递给地基土并具有一定刚度和抗弯能力的传力构件,其横截面尺寸远小于其长度。桩基是由埋设在地基中的多根桩(称为桩群)和把桩群联合起来共同工作的桩台(称为承台)两部分组成。

桩基础的作用是将荷载传至地下较深处承载性能好的土层,以满足承载力和沉降的要求。桩基础的承载能力强,能承受竖直荷载,也能承受水平荷载,能抵抗上拔荷载,也能承受振动荷载,是应用最广泛的深基础形式。

20 世纪 50—70 年代,我国的经济处于较低水平,建筑物基础的设计原则是尽量采用天然地基或采用较低廉的地基处理方法处理的人工地基。由于这一原因,20 世纪 50—70 年代软土地区和湿陷性黄土地区建造的住宅、办公楼等多层建筑由于差异沉降过大而引发的裂缝、倾斜严重,乃至丧失正常使用功能的情况很多。我国建筑桩基的研究和开发也起始于 20 世纪 70 年代,其中《建筑桩基技术规范》(JGJ 94—94)的实施,标志着我国建筑桩基的设计、施工、检测验收全面有序地进入了规范的轨道;而《建筑桩基技术规范》(JGJ 94—2008)的出台,不仅吸纳了桩基设计和施工技术方面的创新成果和新鲜经验,而且适应国家技术政策的调整(如关于工程安全性、耐久性和环境保护等方面的新要求),在桩基工程的设计、施工、质量控制等方面做出了较为全面的回应。

建筑桩基与上部建筑结构相同,其极限状态设计包含承载能力极限状态和正常使用极限状态两类。前者表征安全性,其极限状态主要指桩基达到最大承载能力、整体失稳或发生不适于继续承载的变形;后者表征适用性和耐久性,主要指桩基达到正常使用的变形限值或耐久性要求的某项限值。本章主要围绕桩基的承载能力极限状态设计进行介绍。

10.1　桩基设计的一般规定

结合基于可靠度理论提出的桩基承载能力极限状态设计方法的演变历程,同时为了使读者更深入地了解基桩和桩基的承载性状,本节主要围绕桩基承载能力极限状态设计的现行规定、单桩持力层选择、基础的变刚度调平设计三方面进行阐述。

10.1.1　承载能力极限状态设计

国际上自 20 世纪 70 年代起将可靠度理论引入土木工程领域,我国于 1984 年颁布了《建筑结构设计统一标准》(GBJ 68—84),并经修订后衍生为现今的《建筑结构可靠性设计统一标准》(GB 50068—2018)(以下简称《统一标准》)。《统一标准》规定,建筑结构应采用以概率理论为基础的极限状态设计方法,以可靠指标度量结构构件的可靠度,并采用分项系数设计表达式进行设计,并提出建筑地基基础的设计也宜遵守该标准。

1. 分项系数设计法——《建筑桩基技术规范》(JGJ 94—94)

20 世纪 80 年代末,《建筑桩基技术规范》(JGJ 94—94)随之在岩土工程领域推行采用分项系数表达式的极限状态设计方法。由于绝大多数工程桩基是群桩,群桩基础由于受承台-桩群-土的相互作用,导致其整体工作性状和承载性能与单桩差异较大,而要建立适用于各种情况的群桩承载能力极限状态的力学模型尚有困难。因此,只能近似以单桩承载能力为分析对象来描述桩基承载能力的极限状态,显然这种近似方法是不够完善的。

综上,基桩的承载能力极限状态设计用分项系数法可表达为

$$\gamma_G S_{Gk} + \sum_{i=1}^{n} \gamma_{Qi} \psi_{ci} S_{Qik} \leqslant \frac{Q_{uk}}{\gamma_{sp}} \qquad (10.1)$$

式中　S_{Gk}——按永久荷载标准值 G_k 计算的荷载效应值;

　　　　S_{Qik}——按可变荷载标准值 Q_{ik} 计算的荷载效应值;

　　　　γ_G——永久荷载的分项系数;

　　　　γ_{Qi}——第 i 个可变荷载的分项系数;

　　　　ψ_{ci}——可变荷载 Q_{ik} 的组合值系数;

　　　　Q_{uk}——单桩极限承载力标准值;

　　　　γ_{sp}——基桩综合抗力分项系数,其是反映单桩侧阻及端阻的综合性抗力分项系数。

式(10.1)的右侧即为基桩承载力的设计值,其问题的核心是单桩极限承载力标准值 Q_{uk} 的确定。

一方面,就单桩极限承载力而言,首先是与变异性很大的岩土的物理力学性质有关,其次是桩的施工在隐蔽条件下进行,而且成桩方法与工艺不一,其质量可控性较差,由此导致单桩承载力的变异性增加。

另一方面,目前工程中主要通过静载试验、原位测试法及经验参数法三种方法来确定单桩极限承载力。现场单桩静载试验是最可靠的适用于各类重要工程的首选方法。原位测试法利用极限侧阻力、极限端阻力与静力触探参数之间的统计经验关系预估单桩极限承载力,其是一种辅助方法,在我国部分地区得到应用。经验参数法是利用极限侧阻力、极限端阻力与土的物理指标之间的统计经验关系预估单桩极限承载力,由于积累了丰富的资料和经验,该方法已成为现阶段勘察、初步设计预估单桩承载力的主要方法。由此可见,采用三种不同方法确定的单桩承载力,其可靠性和适用性不尽相同。三种确定方法在现行《建筑桩基技术规范》(JGJ 94—2008)中也有相应的规定。

> 5.3.1　设计采用的单桩竖向极限承载力标准值应符合下列规定:
> 　　1　设计等级为甲级的建筑桩基,应通过单桩静载试验确定;
> 　　2　设计等级为乙级的建筑桩基,当地质条件简单时,可参照地质条件相同的试桩资料,结合静力触探等原位测试和经验参数综合确定,其余均应通过单桩静载试验确定;
> 　　3　设计等级为丙级的建筑桩基,可根据原位测试和经验参数确定。
>
> 5.3.2　单桩竖向极限承载力标准值、极限侧阻力标准值和极限端阻力标准值应按下列规定确定:
> 　　1　单桩竖向静载试验应按现行行业标准《建筑基桩检测技术规范》(JGJ 106—2014)执行;
> 　　2　对于大直径端承型桩,也可通过深层平板(平板直径应与孔径一致)荷载试验确定极限端阻力;
> 　　3　对于嵌岩桩,可通过直径为 0.3 m 岩基平板荷载试验确定极限端阻力标准值,也可通过直径为 0.3 m 嵌岩短墩荷载试验确定极限侧阻力标准值和极限端阻力标准值;
> 　　4　桩的极限侧阻力标准值和极限端阻力标准值宜通过埋设桩身轴力测试元件由静载试验确定,并通过测试结果建立极限侧阻力标准值和极限端阻力标准值与土层物理指标、岩石饱和单轴抗压强度以及与静力触探等土的原位测试指标间的经验关系,以经验参数法确定单桩竖向极限承载力。

考虑到上述两方面因素的影响,《建筑桩基技术规范》(JGJ 94—94)中所规定的基桩综合抗力分项系数 γ_{sp} 也随基桩承载力确定方法及桩型和施工工艺的不同而有所区别。其确定原则为以既有的预制桩极限侧阻力和极限端阻力经验参数为依据,保持传统设计安全度水准 $K=2$,按下式计算采用静载试验确定单桩极限承载力时的基桩综合抗力分项系数:

$$\gamma_{sp} = \frac{K(1+\zeta)}{\alpha(\gamma_G + \zeta\gamma_Q)} \qquad (10.2)$$

式中　ζ——可变荷载标准值 Q_k 与永久荷载标准值 G_k 的比值;

　　　　α——桩型工艺系数,根据其他桩型与预制桩承载力变异性之比确定,预制桩取 $\alpha=1$,其他桩型承载力变异性较大者取 $\alpha<1$。

根据各类建筑的均值,令 $\zeta=0.3$,$\gamma_Q=1.40$,$\gamma_G=1.20$,$K=2$,对于预制桩、钢管桩、人工挖孔桩,取 $\alpha=1$ 代入式

（10.2），可得 γ_{sp}=1.60；对于泥浆护壁灌注桩，取 α=0.99 代入式（10.2），可得 γ_{sp}=1.62；对于干作业灌注桩，取 α=0.97 代入式（10.2），可得 γ_{sp}=1.65；对于沉管灌注桩，取 α=0.94 代入式（10.2），可得 γ_{sp}=1.70。当按经验参数法确定单桩承载力时，各类桩型对应的 γ_{sp} 均较静载试验时相应增大 0.05，详见表 10.1。

表 10.1　桩基竖向承载力抗力分项系数

桩型与工艺	γ_{sp}	
	静载试验法	经验参数法
预制桩、钢管桩	1.60	1.65
大直径灌注桩（清底干净）	1.60	1.65
泥浆护壁钻（冲）孔灌注桩	1.62	1.67
干作业钻孔灌注桩（$d<0.8$ m）	1.65	1.70
沉管灌注桩	1.70	1.75

注：根据静力触探方法确定预制桩、钢管桩承载力时，取 γ_{sp}=1.606 0。

2. 综合安全系数设计法——《建筑桩基技术规范》（JGJ 94—2008）

1）基于静载试验确定的单桩极限承载力分析

当单桩极限承载力以静载试验结果为主要依据时，场地土层分布性质、成桩方法的不同对于单桩承载力的影响基本上得以消除，唯一的不确定性或变异性来源于同一场地内土层分布特性以及成桩质量的变化。

根据表 10.1 可知，不同桩型在按静载试验法确定单桩极限承载力时，综合抗力分项系数 γ_{sp} 的变化幅度以及对基桩承载力特征值取值的影响很小，进而对实际基桩参数及数量的影响也很微弱。

2）综合安全系数法

除少数由可变荷载效应控制的仓库、油罐等建（构）筑物外，建筑桩基绝大多数是由永久荷载效应控制。对于此类情况，《建筑结构荷载规范》（GB 50009—2012）规定取 γ_{G}=1.35，γ_{Qi}=1.40；《建筑地基基础设计规范》（GB 50007—2011）则根据工程分析计算，采用 $\gamma_{G}=\gamma_{Qi}$=1.35 的简化算法。

此时，式（10.1）及式（10.2）分别简化为

$$\gamma_{G}\left(S_{Gk}+\sum_{i=1}^{n}\psi_{ci}S_{Qik}\right)\leqslant\frac{Q_{uk}}{\gamma_{sp}} \tag{10.3-a}$$

$$\gamma_{sp}=\frac{K(1+\zeta)}{\alpha\gamma_{G}(1+\zeta)}=\frac{K}{\alpha\gamma_{G}} \tag{10.3-b}$$

将式（10.3-b）代入式（10.3-a），并忽略成桩工艺的影响，取 α=1，可得

$$S_{Gk}+\sum_{i=1}^{n}\psi_{ci}S_{Qik}\leqslant\frac{Q_{uk}}{K} \tag{10.4}$$

式（10.4）即为综合安全系数 K 取常数的承载能力极限状态设计表达式。同时，从上述推导过程还可以看出，综合安全系数设计表达式仅是在将永久荷载分项系数和可变荷载分项系数调整至相同系数的情况下，由分项系数设计表达式简化所得，因此两者的内涵是相同的，只是形式上的变化而已。综合安全系数 K 的取值仍维持与原《建筑桩基技术规范》（JGJ 94—94）及《建筑地基基础设计规范》（GB 50007—2011）一致。现行相关规范有如下规定。

《建筑地基基础设计规范》（GB 50007—2011）

3.0.6　地基基础设计时，作用组合的效应设计值应符合下列规定：

1　正常使用极限状态下，标准组合的效应设计值 S_{k} 应按下式确定：

$$S_{k}=S_{Gk}+S_{Q1k}+\psi_{c2}S_{Q2k}+\cdots+\psi_{cn}S_{Qnk}$$

式中　S_{Gk}——永久作用标准值 G_{k} 的效应；　　　　　　　　　　　　　　　（3.0.6-1）

　　　　S_{Qik}——第 i 个可变作用标准值 Q_{ik} 的效应；

ψ_{ci}——第 i 个可变作用 Q_i 的组合值系数,按现行国家标准《建筑结构荷载规范》(GB 50009—2012)的规定取值。

《建筑桩基技术规范》(JGJ 94—2008)

5.2.1 桩基竖向承载力计算应符合下列要求。

　　1　荷载效应标准组合:

轴心竖向力作用下

$$N_k \le R \tag{5.2.1-1}$$

偏心竖向力作用下,除满足上式外,尚应满足下式的要求:

$$N_{kmax} \le 1.2R \tag{5.2.1-2}$$

　　2　地震作用效应和荷载效应标准组合:

轴心竖向力作用下

$$N_{Ek} \le 1.25R \tag{5.2.1-3}$$

偏心竖向力作用下,除满足上式外,尚应满足下式的要求:

$$N_{Ekmax} \le 1.5R \tag{5.2.1-4}$$

式中　N_k——荷载效应标准组合轴心竖向力作用下,基桩或复合基桩的平均竖向力;

　　　　N_{kmax}——荷载效应标准组合偏心竖向力作用下,桩顶最大竖向力;

　　　　N_{Ek}——地震作用效应和荷载效应标准组合下,基桩或复合基桩的平均竖向力;

　　　　N_{Ekmax}——地震作用效应和荷载效应标准组合下,基桩或复合基桩的最大竖向力;

　　　　R——基桩或复合基桩竖向承载力特征值。

5.2.2　单桩竖向承载力特征值 R_a 应按下式确定:

$$R_a = \frac{1}{K}Q_{uk} \tag{5.2.2}$$

式中　Q_{uk}——单桩竖向极限承载力标准值;

　　　　K——安全系数,取 $K=2$。

　　现行《建筑桩基技术规范》(JGJ 94—2008)采用的上述承载能力极限状态设计表达式,桩基安全度水准与原《建筑桩基技术规范》(JGJ 94—94)相比有所提高。这是由于:

　　(1)建筑结构荷载规范的均布活载标准值较以前提高了1/4(办公楼、住宅),荷载组合系数提高了17%,由此使得以土的支承阻力制约的桩基承载力安全度有所提高;

　　(2)基本组合的荷载分项系数由1.25提高至1.35(以永久荷载控制的情况);

　　(3)钢筋和混凝土强度设计值略有降低。

　　以上(2)(3)因素使桩基结构承载力安全度有所提高。

　　3)取消群桩效应系数

　　原《建筑桩基技术规范》(JGJ 94—94)中规定,对于桩数超过3根的非端承桩桩基,宜考虑桩群、土、承台的相互作用效应,此时基桩承载力特征值 R_a(原规范中为设计值 R)的计算公式为

$$R = \eta_s Q_{sk}/\gamma_s + \eta_p Q_{pk}/\gamma_p + \eta_c Q_{ck}/\gamma_c \tag{10.5}$$

式中　Q_{sk}、Q_{pk}——单桩总极限侧阻力和总极限端阻力标准值;

　　　　Q_{ck}——相应于任一复合基桩的承台底地基土总极限阻力标准值;

　　　　η_s、η_p、η_c——桩侧阻群桩效应系数、桩端阻群桩效应系数、考虑承台效应时的承台底土阻力群桩效应系数;

　　　　γ_s、γ_p、γ_c——桩侧阻抗力分项系数、桩端阻抗力分项系数、考虑承台效应时的承台底土阻抗力分项系数,与桩型、成桩工艺、基桩承载力确定方法有关。

　　式(10.5)中所给出的桩侧阻群桩效应系数 η_s 及桩端阻群桩效应系数 η_p 源自不同土质中的群桩试验结果,随地基土性质、桩距 s_a 和承台宽度与桩长之比 B_c/l 而变化,其总的变化规律如下:对于侧阻力,在黏性土

中因群桩效应而削弱,即非挤土桩在常用桩距条件下 $\eta_s<1$,在非密实的粉土、砂土中因群桩效应产生沉降硬化而增强,即 $\eta_s>1$;对于端阻力,在黏性土和非黏性土中均因相邻基桩桩端土互逆的侧向变形而增强,即 $\eta_p>1$。但侧阻、端阻的综合群桩效应系数 η_{sp} 对于非单一黏性土大于 1,对于单一黏性土当桩距为(3~4)d 时略小于 1,非黏性土群桩较黏性土更大一些。可见,群桩中基桩的竖向承载力不会因群桩效应而显著降低。

一方面,就实际工程而言,桩所穿越的土层往往是两种以上性质的土层交互出现,且水平向变化不均,由此考虑群桩效应确定承载力较为烦琐。另一方面,据美国、英国规范规定,当桩距 $s_a \geqslant 3d$ 时不考虑群桩效应。我国现行《建筑桩基技术规范》(JGJ 94—2008)中 3.3.3 条中所规定的最小桩距,除排数少于 3 排或桩数少于 9 根的非挤土端承桩群外,其余均不小于 $3d$。鉴于此,现行规范取 $\eta_s=\eta_p=1.0$,这样处理方便工程设计,也可在多数情况下给工程提供更多的安全储备。

关于群桩沉降变形的群桩效应,由于桩-桩、桩-土、土-桩、土-土的相互作用导致桩群的竖向刚度降低、压缩层加深、沉降增大,故是概念设计布桩时应考虑的问题。

4)承台效应

对于低承台桩基,传统的设计方法通常认为承台和地基土是脱开的,即承台只起到分配上部荷载至各基桩并将各基桩连成整体的作用,作用于承台上的荷载全部由桩承担,承台下的地基土不分担荷载,这种考虑无疑是偏于安全的。实际上,承台与地基土是直接接触的,并且在上部荷载的作用下群桩产生沉降时,承台与地基土会压得更紧。近二十多年来的大量室内研究和现场实测表明,对于那些建在一般土层上,桩长较短且桩距较大,或承台外区(群桩外包络线以外的范围)面积较大的桩基,承台下桩间土对荷载的分担效应较显著,承载的比例从 10% 至 50% 不等。

在竖向荷载作用下,由于桩土相对位移,桩间土对承台产生了一定的竖向抗力,这部分抗力成为桩基竖向承载力的一部分而分担荷载,称此种效应为承台底土反力效应,简称承台效应。承台底地基土发挥承担荷载的作用程度随桩群相对于地基土向下位移幅度的增大而增强。

通过群桩基础的工作特点可知,端承型群桩所受的荷载大部分或全部通过基桩的桩身直接传递到桩端。由于桩端持力层压缩性较低,桩与桩间土的相对位移较小,承台底地基土发挥的承台效应可忽略不计,因此设计中考虑承台效应的群桩基础仅针对摩擦型群桩基础。

承台效应和承台效应系数 η_c 随下列因素影响而变化。

(1)桩距大小。桩顶受荷载下沉时,桩周土受桩侧剪应力作用而产生竖向位移 w_r:

$$w_r = \frac{1+\mu_s}{E_0} q_s d \ln \frac{nd}{r}$$ （10.6）

桩周土竖向位移随桩侧剪应力 q_s 和桩径 d 增大而线性增加,随与桩中心距离 r 增大呈自然对数关系减小,当距离 r 达到 nd 时,位移为零;而 nd 根据实测结果为(6~10)d,随土的变形模量减小而减小。显然,桩周土竖向位移越小,承台底部的地基土反力越大。对于群桩,桩距越大,承台底部的地基土反力越大。

(2)承台宽度与桩长之比 B_c/l。现场原型试验表明,当承台宽度与桩长之比 B_c/l 较大时,承台土反力形成的压力泡包围整个桩群,由此导致桩侧阻力、端阻力发挥值降低,承台底土抗力随之加大。

(3)承台土抗力随区位和桩的排列而变化。承台内区(桩群包络线以内)由于桩土相互影响明显,土的竖向位移加大,导致内区土反力明显小于外区(承台悬挑部分),但内区土反力比外区土反力均匀,即呈如图 10.1 所示的马鞍形分布。试验表明,随桩数由 2^2 增至 3^2、4^2,承台分担荷载比 P_c/P 递减,这也反映出承台内、外区面积比随桩数增多而增大导致承台土抗力随之降低。对于单排桩条基,由于承台内、外区面积比大,故其承台底部的地基土抗力显著大于多排桩桩基。

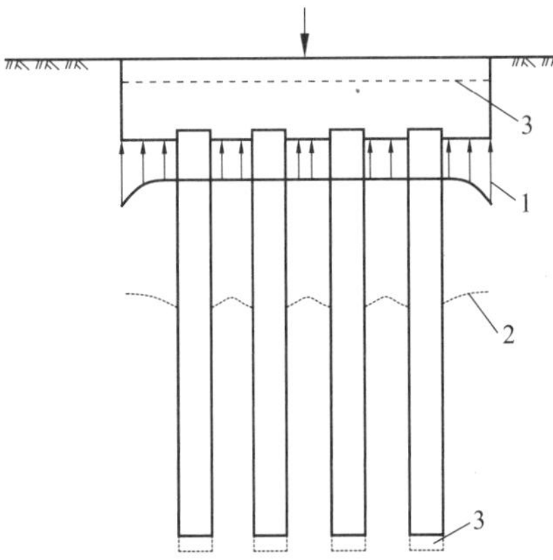

图 10.1 复合基桩整体变形及承台底地基土反力的分布规律

1—承台底土反力分布;2—桩间土位移;3—桩端贯入以及群桩的整体下沉

结合15项工程桩基承台土抗力实测结果,现行《建筑桩基技术规范》(JGJ 94—2008)中给出了承台效应系数 η_c 的取值,按距径比 s_a/d 和承台宽度与桩长比 B_c/l 确定,相应于单根桩的承台土抗力特征值为 $\eta_c f_{ak}A_c$,对于单排条形桩基的 η_c,如前所述大于多排桩群桩,故单独给出其值。但对于承台宽度小于 $1.5d$ 的条形基础,内、外区面积比大,故 η_c 按非条基取值。

5.2.3 对于端承型桩基、桩数少于4根的摩擦型柱下独立桩基或由于地层土性、使用条件等因素不宜考虑承台效应时,基桩竖向承载力特征值应取单桩竖向承载力特征值。

5.2.4 对于符合下列条件之一的<u>摩擦型桩基</u>,宜考虑承台效应确定其复合基桩的竖向承载力特征值:

1 上部结构整体刚度较好、体型简单的建(构)筑物;
2 对差异沉降适应性较强的排架结构和柔性构筑物;
3 按变刚度调平原则设计的桩基刚度相对弱化区;
4 软土地基的减沉复合疏桩基础。

5.2.5 当承台底为可液化土、湿陷性土、高灵敏度软土、欠固结土、新填土时,沉桩引起超孔隙水压力和土体隆起时,不考虑承台效应,取 $\eta_c=0$。

5.2.5 考虑承台效应的复合基桩竖向承载力特征值可按下列公式确定:

不考虑地震作用时

$$R=R_a+\eta_c f_{ak} A_c \tag{5.2.5-1}$$

考虑地震作用时

$$R=R_a+\frac{\zeta_a}{1.25}\eta_c f_{ak} A_c \tag{5.2.5-2}$$

$$A_c=(A-nA_{ps})/n \tag{5.2.5-3}$$

式中 η_c ——承台效应系数,可按表5.2.5取值;

f_{ak} ——**承台下 1/2 承台宽度且不超过 5 m 深度范围内各层土的地基承载力特征值按厚度加权的平均值;**

A_c ——计算基桩所对应的承台底净面积;

A_{ps} ——桩身截面面积;

A ——承台计算域面积,对于柱下独立桩基,A 为承台总面积;对于桩筏基础,A 为柱、墙筏板的1/2跨距和悬臂边2.5倍筏板厚度所围成的面积;桩集中布置于单片墙下的桩筏基础,取墙两边各1/2跨距围成的面积,按条形承台计算 η_c;

ζ_a ——地基抗震承载力调整系数,应按现行国家标准《建筑抗震设计规范》(GB 50011—2011)采用。

当承台底为可液化土、湿陷性土、高灵敏度软土、欠固结土、新填土时,沉桩引起超孔隙水压力和土体隆起时,不考虑承台效应,取 $\eta_c=0$。

表5.2.5 承台效应系数 η_c

B_c/l	s_a/d				
	3	4	5	6	>6
≤4	0.06~0.08	0.14~0.17	0.22~0.25	0.32~0.38	
0.4~0.8	0.08~0.10	0.17~0.20	0.26~0.30	0.38~0.44	0.50~0.80
>0.8	0.10~0.12	0.20~0.22	0.30~0.34	0.44~0.50	
单排桩条形承台	0.15~0.18	0.25~0.30	0.38~0.45	0.50~0.60	

注:1. 表中 s_a/d 为桩中心距与桩径之比,B_c/l 为承台宽度与桩长之比,当计算基桩为非正方形排列时,$s_a=\sqrt{A/n}$,A 为承台计算域面积,n 为总桩数。

2. 对于桩布置于墙下的箱、筏承台,η_c 可按单排桩条形承台取值。

3. 对于单排桩条形承台,当承台宽度小于 $1.5d$ 时,η_c 按非条形承台取值。

4. 对于采用后注浆灌注桩的承台,η_c 宜取低值。

5. 对于饱和黏性土中的挤土桩基、软土地基上的桩基承台,η_c 宜取低值的80%。

5.2.5 条文说明（部分）

　　不能考虑承台效应的特殊条件,如可液化土、湿陷性土、高灵度软土、欠固结土、新填土、沉桩引起孔隙水压力和土体隆起等,这是由于这些条件下承台土抗力随时可能消失。

　　对于考虑地震作用时,按本规范式（5.2.5-2）计算复合基桩承载力特征值。由于地震作用下轴心竖向力作用下基桩承载力按本规范式（5.2.1-3）提高 25%,故地基土抗力乘以 $\zeta_a/1.25$ 系数,其中 ζ_a 为地基抗震承载力调整系数;除以 1.25 是与本规范式（5.2.1-3）相适应的。

10.1.2　桩端持力层的选择

　　传统的认知是桩端土支承刚度只影响端阻力,不影响侧阻力。然而,近些年不同土层中的试验结果表明,这一传统认识有待调整。在不同桩底支承刚度情况下,桩侧土层相同的静载试验结果反映出以下特征。

　　（1）孔底支承刚度增大不仅导致桩端阻力提高,而且导致桩侧阻力提高,侧阻力的增强幅度与桩端土支承刚度的增强成匹配关系。但是,侧阻力受桩端土支承刚度影响的变幅远小于端阻力的变幅,说明两者的作用机理不同。

　　（2）随着桩的长径比增大,侧阻力受桩端土支承刚度的影响降低。

　　（3）增强桩端土的支承刚度既可提高端阻力,又可增强侧阻力、减小沉降,因此选择较硬土层作为桩端持力层、严控孔底沉渣或采用后注浆增强措施等具有极为重要的工程意义。

　　分析认为,侧阻力的提高是由于桩身受压产生侧胀即泊松效应所致。显然,桩端阻力越大,桩身轴向应变 ε_z 和径向膨胀应变 ε_r 越大,桩侧阻力增强的幅度也越大。

　　1. 端阻力的临界深度 h_{cr}

　　试验表明,当桩端进入均匀持力层的深度 h 小于某一深度时,其极限端阻力一直随深度线性增大;当进入深度大于该深度后,极限端阻力基本恒定不变,该深度称为桩端阻力的临界深度 h_{cr}。临界深度 h_{cr} 随持力层上覆压力（包括上覆土体自重和地表堆载）的增大而减小,一般为（5~12）d。砂砾层的临界深度小于黏土、粉土层,且随持力层埋置深度的增加而减小。

　　2. 端阻力的临界厚度 t_{cr}

　　试验表明,当桩端持力层以下存在软下卧层,且桩端与软下卧层的距离 t 小于某一厚度时,端阻力将受软下卧层低强度和高压缩性的影响而下降,该厚度称为端阻力的临界厚度 t_{cr}。临界厚度 t_{cr} 一般为（3~12）d,随土的密度增大而减小,砂、砾层的临界深度小于黏土、粉土层。

　　3. 影响桩端持力层的选择因素

　　1）上覆土层性质和桩长径比

　　上覆土层强度和模量越高,桩、土荷载传递率越高,桩侧阻力分担荷载比越大,桩身轴力随深度衰减越快,单桩荷载传递的有效长径比或临界长径比 l/d 随之减小。一般来说,有效长径比,对于软土地基为 $l/d=50\sim80$,对于一般第四纪地基土为 $l/d=30\sim50$。也就是说,桩的长径比超过有效长径比后,传递到桩端的荷载趋近于零。上述有效长径比是针对单桩而言的,对于群桩基础,尚应考虑群桩效应,即由于桩与桩的相互影响导致荷载传递的有效长径比加大。

　　2）桩端持力层厚度与下卧土层性质

　　桩端持力层的理想厚度是不小于桩端阻力临界深度 h_{cr} 和临界厚度 t_{cr} 之和。然而,实际工程地质条件往往不符合这一要求,工程实际又不能无限制地加大桩长直至满足上述的桩端持力层厚度要求,因此应确保桩端阻力不致因桩端进入持力层深度过浅而大幅削弱,也不致因桩端离软下卧层距离过小而发生桩端持力层的冲切破坏或过大的沉降变形。现行《建筑桩基技术规范》（JGJ 94—2008）有如下规定。

3.3.3　基桩的布置应符合下列条件。

　　5　应选择较硬土层作为桩端持力层。桩端全断面进入持力层的深度,对于黏性土、粉土不宜小于 2d,砂土不宜小于 1.5d,碎石类土不宜小于 1d。当存在软弱下卧层时,桩端以下硬持力层厚度不宜小于 3d。

桩端为基岩时,由于一般不存在软弱下卧层问题,故桩端的嵌岩深度主要根据作用荷载、上覆土层、岩性、桩长径比、成孔难易度等因素确定。考虑到这类平整基岩提供的端阻力很高,不存在桩端滑移问题,但成孔难度很大,现行《建筑桩基技术规范》(JGJ 94—2008)有如下规定。

3.3.3 基桩的布置应符合下列条件。

6 对于嵌岩桩,嵌岩深度应综合荷载、上覆土层、基岩、桩径、桩长诸因素确定;对于嵌入倾斜的完整和较完整岩的全断面深度不宜小于 0.4d 且不小于 0.5 m,倾斜度大于 30% 的中风化岩,宜根据倾斜度及岩石完整性适当加大嵌岩深度;对于嵌入平整、完整的坚硬岩和较硬岩的深度不宜小于 0.2d,且不应小于 0.2 m。

平面布桩时,桩距的大小主要由以下两个因素控制:一是考虑群桩效应导致过小桩距的群桩侧阻力降低,从而削弱桩基承载力;二是考虑成桩效应,对于部分挤土和挤土桩,在成桩过程中挤土效应随桩距的减小而加剧。相应规定详见相关规范,此处不再列出。

10.1.3 桩筏基础的变刚度调平设计

我国改革开放初期由于经济水平低,高层建筑基础设计的主导理念是在天然地基承载力满足荷载要求的情况下,以采用箱基加大基础刚度为第一选择,很少采用桩基础。这种设计理念的实际效果当时不能给出结论,而建成 20 多年后的沉降观测结果表明,多数天然地基箱形基础的碟形沉降明显,主裙连体箱基沉降差超标,说明加大基础的抗弯刚度对于减小差异沉降的效果并不突出,但材料消耗相当可观。

1. 均匀布桩基础的变形特征和桩反力分布特征

图 10.2 所示为北京南银大厦桩筏基础建成一年的沉降等值线。该大厦高 113 m,采用框架-核心筒结构;采用 ϕ400PHC 管桩,桩长 $l = 11$ m,且均匀布桩;考虑到预制桩沉桩出现上浮,对所有桩实施了复打;筏板厚 2.5 m。

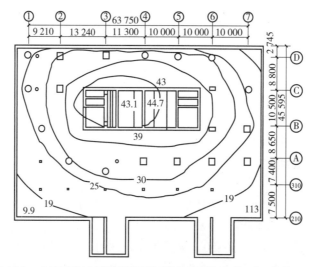

图 10.2 北京南银大厦桩筏基础沉降等值线(建成一年,单位:mm)

该大厦建成一年,最大差异沉降 $\Delta s_{max} = 0.002L_0$。由于桩端以下有黏性土下卧层,桩长相对较短,预计最终最大沉降量将达 7.0 cm 左右,Δs_{max} 将超过允许值。沉降分布与天然地基上箱基类似,呈明显碟形。

这说明桩基础的设置虽然提高了支撑刚度,减小了沉降,但由于桩筏均匀布桩且桩长较短,导致均匀分布的竖向支承刚度与荷载集度很高的核心筒不匹配,碟形沉降仍难以避免。约束状态下的非均匀变形也是一种作用,受作用体将产生附加应力。箱筏基础或桩承台的碟形沉降,将引起自身和上部结构的附加弯、剪内力乃至开裂。

图 10.3 所示为武汉某大厦桩箱基础的实测桩顶反力分布。该大厦为 22 层框架-剪力墙结构,桩基为 ϕ500PHC 管桩,桩长为 22 m,均匀布桩,桩距为 3.3d,桩数为 344 根,桩端持力层为粗中砂。

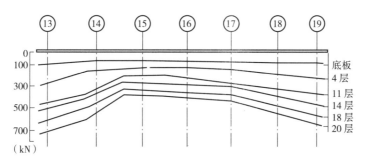

图 10.3　武汉某大厦桩箱基础桩顶反力实测结果

从图 10.3 可以看出,桩顶反力在底板自重作用下呈近似均匀分布,随着结构刚度与荷载增加,基础板外缘地基反力的增幅大于内部,最终发展为中、边桩反力比达 1∶1.9,两者均呈马鞍形分布。这种反力分布必然加大承台的整体弯矩,而整体弯矩的加大不仅促使承台材料消耗增加,还将增大承台挠曲差异变形,引发上部结构次应力。

马鞍形桩土反力的分布并非外围桩承载力不足所致,而是由于桩、土相互作用引起的内部基桩及其周边土体的竖向位移大于外围,导致内、外桩土竖向支承刚度不均所致。若加大外围桩的竖向刚度,马鞍形反力差异的趋势会更大,形成一个恶性循环。科学的处理方法则是相对弱化外围桩的竖向支承刚度而强化内部桩的竖向支承刚度。

2. 变刚度调平的内涵

天然地基和均匀布桩的初始竖向支承刚度是均匀分布的,设置于其上的刚度有限的基础(承台)受均布荷载作用时,由于土与土、桩与桩、土与桩的相互作用导致地基或桩群的竖向支承刚度分布发生内弱外强变化,沉降变形出现内大外小的碟形分布,基底反力出现内小外大的马鞍形分布。

当上部结构为荷载与刚度内大外小的框架-核心筒结构时,碟形沉降会更趋明显,如图 10.4(a)所示。为避免上述负面效应,突破传统设计理念,通过调整地基或基桩的竖向支承刚度分布,促使差异沉降减到最小,基础或承台内力和上部结构次应力显著降低,这便是变刚度调平概念设计的内涵。

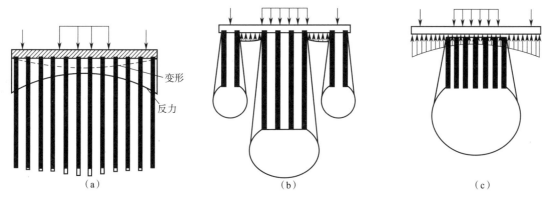

图 10.4　框架-核心筒结构均匀布桩与变刚度布桩
(a)均匀布桩　(b)桩基-复合桩基　(c)局部刚性桩复合地基或桩基

1)局部增强变刚度

在天然地基满足承载力要求的情况下,可对荷载集度高的区域如核心筒等实施局部增强处理,包括采用局部桩基与局部刚性桩复合地基,如图 10.4(c)所示。

2)桩基变刚度

对于荷载分布较均匀的大型油罐等构筑物,宜按变桩距、变桩长布桩(图 10.5),以抵消因相互作用对中心区支承刚度的削弱效应。对于框架-核心筒和框架-剪力墙结构,应按荷载分布考虑相互作用,将桩相对集中地布置于核心筒和柱下,对于外围框架区应适当弱化,按复合桩基设计,桩长宜减小(当有合适桩端持力层时),如图 10.4(b)所示。

3）主裙连体变刚度

对于主裙连体建筑基础,应按增强主体(采用桩基)、弱化裙房(采用天然地基、疏短桩、复合地基、褥垫增沉等)的原则设计。

4）上部结构-基础-地基(桩土)共同工作分析

在概念设计的基础上,进行上部结构-基础-地基(桩土)共同作用分析计算,进一步优化布桩,并确定承台内力与配筋。

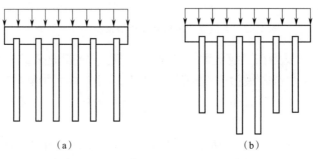

图 10.5　均布荷载下变刚度布桩模式
(a)变桩距　(b)变桩长

10.2　单桩的竖向极限承载力计算

桩基础的主要作用是将竖向荷载传递到下部土层,这种荷载传递是通过桩与桩周及桩下土之间的相互作用实现的。所谓单桩承载力,应满足以下三个要求:

(1)在荷载作用下,桩在地基土中不丧失稳定性;

(2)在荷载作用下,桩顶不产生过大的位移;

(3)在荷载作用下,桩身材料不发生破坏。

同时,《地规》中规定,按单桩承载力确定桩数时,传至承台底面上的作用应按正常使用极限状态下作用的标准组合,相应的抗力采用单桩承载力特征值。

单桩竖向(承压)极限承载力的影响因素有很多,包括土类、土质、桩身材料、桩径、桩的入土深度、施工工艺等。在长期的工程实践中,人们提出了多种确定单桩承载力的方法。

10.2.1　单桩竖向承载力的组成

作用于桩顶的竖向压力由作用于桩侧的总摩阻力 Q_s 和作用于桩端的总端阻力 Q_p 共同承担,可表示为

$$Q=Q_s+Q_p \tag{10.7}$$

桩侧阻力与桩端阻力的发挥过程就是桩土体系的荷载传递过程。桩顶受竖向压力后,桩身压缩并向下位移,桩侧表面与相邻土间发生相对运动,桩侧表面开始受到土的向上摩擦阻力,荷载通过侧阻力向桩周土中传递,就使桩身的轴力与桩身压缩变形量随深度递减。随着荷载增加,桩身下部的侧阻力也逐渐发挥作用,当荷载增加到一定值时,桩端才开始发生竖向位移,桩端的反力也开始发挥作用。所以,靠近桩身上部土层的侧阻力比下部土层先发挥作用,侧阻力先于端阻力发挥作用。研究表明,侧阻力与端阻力发挥作用所需要的位移量也是不同的。

大量工程试验表明,常规直径桩侧阻力发挥作用所需的相对位移一般不超过 20 mm;大直径桩一般在位移量 $s=(3\%\sim6\%)d$ 情况下,侧阻力已发挥绝大部分的作用。相比之下,端阻力发挥作用的情况比较复杂,与桩端土的类型与性质及桩长、桩径、成桩工艺和施工质量等因素有关。对于岩层和硬的土层,只需很小的桩端位移就可充分使其端阻力发挥作用;而对于一般土层,完全发挥端阻力作用所需的位移量则可能很大。

对于一般桩基础,在工作荷载作用下,侧阻力可能已发挥出大部分作用,而端阻力只发挥了很小一部分作

用。只有支承于坚硬岩基上的刚性短桩,由于其桩端很难下沉,而桩身压缩量很小,摩擦阻力无法发挥作用,端阻力才先于侧阻力发挥作用。但是,对于长径比 l/d 较大的桩,即使桩端持力层为岩层或坚硬土层,由于桩身本身的压缩,在工作荷载下端阻力也很难发挥作用,当 $l/d \geqslant 100$ 时,端阻力基本可以忽略而成为摩擦桩。

10.2.2　桩身侧阻及桩端阻力

1. 侧阻力沿桩身的竖向分布

如上所述,桩侧摩阻力发挥作用的程度与桩和桩土间的相对位移有关。对于摩擦桩,当桩顶作用有竖向压力 Q 时,桩顶竖向位移 s_0 由两部分组成:一部分为桩端的下沉量 s_p,包括桩端土体的压缩变形和桩尖刺入桩端土层而引起的桩身位移;另一部分为桩身在轴向力作用下产生的压缩变形 s_s。于是有 $s_0 = s_p + s_s$,如图 10.6(a)及(e)所示。

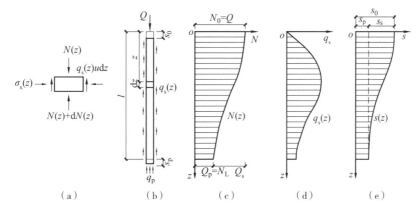

图 10.6　桩的轴向力、位移与桩侧摩阻力沿深度的分布
(a)微元体受力分析　(b)桩身受力与变形　(c)桩身轴力分布　(d)桩身侧阻分布　(e)桩身竖向位移

假定如图 10.6 所示的单桩长度为 l,截面面积为 A,直径为 d,桩身材料的弹性模量为 E,实测的各截面轴力 $N(z)$ 沿桩的入土深度 z 的分布曲线如图 10.6(c)所示。由于桩侧摩阻力 Q_s 向上,所以轴力 $N(z)$ 随着深度 z 的增加而减少,而其减少的速度则反映了单位侧阻力 q_s 的大小。如图 10.6(a)所示,在深度 z 处取桩的微元段 $\mathrm{d}z$,忽略桩的自重,根据微元段的受力平衡条件可得

$$q_s(z)\pi d\mathrm{d}z + N(z) + \mathrm{d}N(z) - N(z) = 0 \tag{10.8-a}$$

$$q_s(z) = -\frac{1}{\pi d}\frac{\mathrm{d}N(z)}{\mathrm{d}z} \tag{10.8-b}$$

式(10.8-b)表明,任意深度 z 处由于桩土间相对位移 s_s 所发挥的单位侧阻力 q_s 的大小与桩在该处的轴力 $N(z)$ 的变化率成正比,式(10.8-b)被称为桩荷载传递的基本微分方程。

在测出桩顶竖向位移 s_0 以后,还可利用上述已测得的轴力分布曲线 $N(z)$ 计算出桩端位移 s_p 和任意深度 z 处桩截面的位移 $s(z)$,即

$$s_p = s_0 - \frac{1}{EA}\int_0^l N(z)\mathrm{d}z \tag{10.9}$$

$$s(z) = s_0 - \frac{1}{EA}\int_0^z N(z)\mathrm{d}z \tag{10.10}$$

图 10.6(e)即为桩身各断面的竖向位移分布示意。

实测结果表明,图 10.6 中的荷载 $N(z)$、侧阻力 $q_s(z)$ 及竖向位移 $s(z)$ 的分布曲线不仅随桩顶荷载 Q 的增加而不断变化,还与桩型及桩周土的性质等因素有关。打入桩在黏性土中的 q_s 沿深度的分布类似于抛物线形,即如图 10.6(d)所示;在极限荷载下,砂土中的 q_s 值开始时随深度近似线性增加,至一定深度后接近于均匀分布,此深度称为临界深度,侧阻临界深度与砂土的密实程度有关。这种砂土中存在临界深度的现象被认为与一定密度的砂土存在临界围压有关,而所谓临界围压,是指当实际围压小于它时,在剪切荷载作用下

该砂土会发生剪胀,实际围压大于它时,该砂土会发生剪缩。

2. 侧阻力的影响因素

单位侧阻力 q_s 的影响因素有很多,其主要取决于土的类型和状态。砂土的单位侧阻力比黏土大,密实土比松散土大。侧阻力作用的大小与桩土间相对位移有关,随着相对位移的增加, q_s 的作用发挥得越充分,直至达到极限侧阻力,而这个相对位移又与荷载大小、桩土模量比等有关。

影响 q_s 的另一个重要因素是成桩的工艺。对于打入的挤土桩,如果桩周土是可挤密的土,打入的桩会将四周的土挤密,可明显提高单位侧阻力;如果桩周土为饱和的黏性土,打入桩的挤压和振动会在土中形成较高的超静孔隙水压力,使有效应力降低,结构的扰动和超静孔隙水压力升高会使桩周土抗剪强度降低,侧阻力也就大为降低。但是,如果放置一段时间,随着土中超静孔压的消散,再加上土的触变性可恢复土的结构强度,也会使侧阻力逐渐提高,这就是所谓桩承载力的"时效性"。

对于钻(挖)孔灌注桩,由于需要预先成孔,这就可能引起桩周土的回弹和应力松弛,从而使桩的侧阻力减小,尤其是对于 $d > 800 \text{ mm}$ 的大孔径桩尤为明显。对于水下泥浆护壁成孔的灌注桩,在桩侧形成的泥皮及水下浇筑混凝土的质量问题也可使侧阻力减小。

此外,单位侧阻力 q_s 还与桩径 d 和桩的入土深度 l 有关。

3. 端阻力的影响因素

桩的端阻力与浅基础的承载力一样,同样主要取决于桩端土的类型和性质。一般而言,粗粒土高于细粒土,密实土高于松散土。

桩的端阻力受成桩工艺的影响很大。对于挤土桩,如果桩周围为可挤密土(如松砂),则桩端土受到挤密作用而使端阻力提高,并且使端阻力在较小桩端位移下即可发挥作用。对于密实的土或者饱和黏性土,挤压的结果可能不是挤密,而是扰动了原状土的结构,或者产生超静孔隙水压力,端阻力反而可能会受到不利影响。对于非挤土桩,成桩时可能扰动原状土,在桩底形成沉渣和虚土,则端阻力会明显降低。其中,大直径的挖(钻)孔桩,由于开挖造成的应力松弛,会使端阻力随着桩径增大而降低。

对于水下施工的灌注桩,由于桩底沉渣不易清理,一般端阻力比干作业灌注桩要小。

4. 端阻力的深度效应

按照经典的极限承载力理论,桩的单位极限端阻力 q_p 应当随桩的入土深度 l 的增加而线性增加。对于黏土地基,计算值与实测值相差不大,而对于砂土地基则不然。大量试验表明,在砂土中,桩贯入一定深度后,其极限端阻力 q_p 不再增加而趋于稳定值,此处的深度称为临界深度,通常以 h_{cr} 表示,这一现象说明刚塑性理论的计算方法有明显的局限性。这种端阻力趋于稳定值的现象广泛存在于多种原位测试手段及深基础问题中,桩侧极限摩阻力亦有此类似现象,这类问题统称为深度影响问题或深度效应。对此现象的认识虽已逐渐统一,但理论解释尚有不足,以致在实际中所用的计算方法还不能考虑到这一重要的事实。

桩端阻力的临界深度有如下特点:

(1)桩的端阻力的临界深度 h_{cr} 随持力层砂土的相对密度的提高而提高;

(2)上部覆盖压力的存在使临界深度 h_{cr} 减小,但对极限端阻力的极值影响不大;

(3)端阻力临界深度 h_{cr} 随桩径的增大而增加。

如上所述,与侧阻力的临界深度一样,端阻力的临界深度也是由砂土的剪胀和剪缩特性决定的。

10.2.3　原位测试法确定单桩承载力

对设计等级为乙级且地质条件简单的建筑桩基,以及设计等级为丙级的建筑桩基,可参照地质条件相同的试桩资料,根据原位测试法确定单桩的竖向极限承载力。

静力触探与打入桩在贯入机理上有一定程度的相似性,可以把静力触探看成是小尺寸打入桩的现场模拟试验,两者具有良好的相关性。由于设备简单、自动化程度高,因此是一种很有发展前景的确定单桩承载力的方法。但是由于尺寸及条件不同于静载试验或原型工程桩,所以一般先将测得的比贯入阻力 p_s 与侧阻力 q_{sk} 和端阻力 q_{pk} 建立经验公式,再按相关公式确定单桩的竖向极限承载力标准值。通过大量试桩与静探资料的统计对比,《建筑桩基技术规范》(JGJ 94—2008)(以下简称《桩规》)规定了利用单桥探头及双桥探头静力触探资料确定打入式预制桩竖向极限承载力标准值的方法。

1. 单桥探头静力触探

《桩规》有如下规定。

5.3.3　当根据**单桥探头**静力触探资料确定**混凝土预制桩**单桩竖向极限承载力标准值时,如无当地经验,可按下式计算:

$$Q_{uk}=Q_{sk}+Q_{pk}=u \sum q_{sik}l_i+\alpha p_{sk}A_p \tag{5.3.3-1}$$

当 $p_{sk1} \leqslant p_{sk2}$ 时

$$p_{sk} = \frac{1}{2}(p_{sk1} + \beta p_{sk2}) \tag{5.3.3-2}$$

当 $p_{sk1} > p_{sk2}$ 时

$$p_{sk} = p_{sk2} \tag{5.3.3-2}$$

式中　Q_{sk}、Q_{pk}——总极限侧阻力标准值和总极限端阻力标准值;

u——桩身周长;

q_{sik}——用静力触探比贯入阻力值估算的桩周第 i 层土的极限侧阻力;

l_i——桩周第 i 层土的厚度;

α——桩端阻力修正系数,可按表 5.3.3-1 取值;

p_{sk}——桩端附近的静力触探比贯入阻力标准值(平均值);

A_p——桩端面积;

p_{sk1}——桩端全截面以上 8 倍桩径范围内的比贯入阻力平均值;

p_{sk2}——桩端全截面以下 4 倍桩径范围内的比贯入阻力平均值,如桩端持力层为密实的砂土层,其比贯入阻力平均值超过 20 MPa 时,则需乘以表 5.3.3-2 中系数 C 予以折减后,再计算 p_{sk};

β——折减系数,按表 5.3.3-3 选用。

表 5.3.3-1　桩端阻力修正系数 α 值

桩长（m）	$l<15$	$15 \leqslant l \leqslant 30$	$30 < l \leqslant 60$
α	0.75	0.75~0.90	0.90

注:桩长 15 m $\leqslant l \leqslant$ 30 m,α 值按 l 值直线内插;l 为桩长(不包括桩尖高度)。

表 5.3.3-2　系数 C

p_{sk}（MPa）	20~30	35	>40
系数 C	5/6	2/3	1/2

表 5.3.3-3　折减系数 β

p_{sk2}/p_{sk1}	$\leqslant 5$	7.5	12.5	$\geqslant 15$
β	1	5/6	2/3	1/2

注:表 5.3.3-2、表 5.3.3-3 可内插取值。

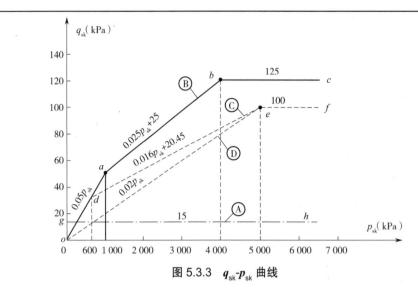

图 5.3.3　q_{sk}-p_{sk} 曲线

注:1. q_{sk} 值应结合土工试验资料,依据土的类别、埋藏深度、排列次序,按图 5.3.3 折线取值;图 5.3.3 中,**直线Ⓐ(线段 gh)**适用于地表下 6 m 范围内的土层;**折线Ⓑ(线段 oabc)**适用于粉土及砂土土层以上(或无粉土及砂土土层地区)的黏性土;**折线Ⓒ(线段 odef)**适用于粉土及砂土土层以下的黏性土;**折线Ⓓ(线段 oef)**适用于粉土、粉砂、细砂及中砂。

2. p_{sk} 为桩穿过的中密~密实砂土、粉土的比贯入阻力平均值;p_{sl} 为砂土、粉土的下卧软土层的比贯入阻力平均值。

3. 采用的单桥探头,圆锥底面积为 15 cm²,底部带 7 cm 高滑套,锥角 60°。

4. 当桩端穿过粉土、粉砂、细砂及中砂层底面时,折线Ⓓ估算的 q_{sik} 值需乘以表 5.3.3-4 中系数 η_s 值。

表 5.3.3-4 系数 η_s 值

p_{sk}/p_{sl}	≤5	7.5	≥10
η_s	1.00	0.50	0.33

如前所述,大量试验表明,在均质砂层中,包括探头和原型工程桩基在内的端阻力随贯入深度的增加而增大,但当深度超过所谓"临界深度"后,端阻力将达到极限值,基本不再随贯入深度而增大。该端阻力极限值与桩基尺寸无关,只与砂的初始相对密度有关,而"临界深度"则不仅与土的种类和强度有关,还与上覆压力(或入土深度)有关。当桩埋入均匀持力砂层的深度小于相应的"临界深度"时,它的单位极限侧阻力将小于同标高处静探的端阻力,这便是所谓的"尺寸效应"。《桩规》通过引入与桩的绝对入土深度有关的桩端阻力修正系数 α 来考虑上述影响。

通过单桥探头静力触探资料确定预制桩的单桩竖向承载力极限值的主要计算步骤如下。

(1)p_{sk1}、系数 C、p_{sk2}。

《桩规》表 5.3.3-2

(2)折减系数 β、桩端附近的比贯入阻力平均值 p_{sk}。

《桩规》表 5.3.3-3、式(5.3.3-2)、式(5.3.3-3)

(3)桩端阻力修正系数 α 及预制桩参数 u、A_p。

《桩规》表 5.3.3-1

(4)系数 η_s、软弱下卧层的比贯入阻力平均值 p_{sl}、第 i 层土的极限侧阻力 q_{sik}、l_i。

《桩规》表 5.3.3-4、图 5.3.3 及注 1、2、4

(5)竖向极限承载力标准值 Q_{uk}、特征值 R_a。

《桩规》式(5.3.3-1),第 5.2.2 条

2. 双桥探头静力触探

《桩规》有如下规定。

5.3.4　当根据**双桥探头**静力触探资料确定**混凝土预制桩**单桩竖向极限承载力标准值时,对于**黏性土、粉土和砂土**,如无当地经验时可按下式计算:

$$Q_{uk}=Q_{sk}+Q_{pk}=u\sum l_i\cdot\beta_i\cdot f_{si}+\alpha\cdot q_c\cdot A_p \qquad (5.3.4)$$

式中　f_{si}——第 i 层土的探头平均侧阻力（kPa）；

　　　q_c——桩端平面上、下探头阻力，①取桩端平面以上 $4d$（d 为桩的直径或边长）范围内按土层厚度的<u>探头阻力加权平均值（kPa）</u>，然后②<u>再和桩端平面以下 $1d$ 范围内的探头阻力进行平均</u>；

　　　α——桩端阻力修正系数，黏性土、粉土取 2/3，饱和砂土取 1/2；

　　　β_i——第 i 层土桩侧阻力综合修正系数，①黏性土、粉土取 $\beta_i=10.04(f_{si})^{-0.55}$，②砂土取 $\beta_i=5.05$ $(f_{si})^{-0.45}$。

　　注：双桥探头的圆锥底面积为 15 cm²，锥角为 60°，摩擦套筒高 21.85 cm，侧面积 300 cm²。

10.2.4　经验参数法确定单桩承载力

1. 常规桩的竖向极限承载力

利用侧阻力和端阻力与土的物理指标之间的关系确定单桩竖向承载力的经验参数法是目前工程实践中应用最广的一种方法。《桩规》有如下规定。

5.3.5　当根据土的物理指标与承载力参数之间的经验关系确定单桩竖向极限承载力标准值时，宜按下式估算：

$$Q_{uk}=Q_{sk}+Q_{pk}=u\sum q_{sik}l_i+q_{pk}A_p \qquad (5.3.5)$$

式中　q_{sik}——桩侧第 i 层土的极限侧阻力标准值，如无当地经验时，可按表 5.3.5-1 取值；

　　　q_{pk}——极限端阻力标准值，如无当地经验时，可按表 5.3.5-2 取值。

上述土的物理指标与极限侧阻力 q_{sik} 及极限端阻力 q_{pk} 的经验取值关系，详见本书附录 B。

2. 大直径灌注桩的竖向极限承载力

大量试验证实，灌注桩的桩侧阻力和桩端阻力不仅与土层性质和成桩工艺有关，而且与桩径有明显关系，称其为尺寸效应。根据桩的承载性状随桩径的变化，工程界通常将桩划分为小直径桩或微型桩（$d\leqslant250$ mm）、中等直径桩（250 mm$<d<$800 mm）、大直径桩（$d\geqslant800$ mm）。

试验表明，大直径桩静载试验 Q-s 曲线多呈缓变型，端阻力多为以压剪变形为主导的渐进破坏，桩端阻力随桩径的增大而减小。

近年来的试验研究和工程实践发现，发挥侧阻力所需的相对位移并非定值，除与成桩工艺、各土层性质及竖向分布位置有关外，还与桩径大小有关；桩侧阻力亦随桩径增大而减小。分析原因有两方面：一方面由于大直径桩发挥侧阻力所需沉降远大于常规直径桩所需沉降；另一方面由于桩成孔后产生应力释放，孔壁出现松弛变形，导致侧阻力有所降低。现行《桩规》表 5.3.5-1 是根据常规中、小桩径的试验参数统计而得，将之套用于大直径桩是不合适的，会得出偏大的结果。

综上，《桩规》通过引入侧阻力、端阻力尺寸效应修正系数来考虑两者随桩径的增长而引起的竖向极限承载力的降低。

5.3.6　根据土的物理指标与承载力参数之间的经验关系，确定大直径桩单桩极限承载力标准值时，可按下式计算：

$$Q_{uk}=Q_{sk}+Q_{pk}=u\sum\psi_{si}q_{sik}l_i+\psi_pq_{pk}A_p \qquad (5.3.6)$$

式中　q_{sik}——桩侧第 i 层土极限侧阻力标准值，如无当地经验值时，可按本规范表 5.3.5-1 取值，**对于扩底桩变截面以上 $2d$ 长度范围不计侧阻力**；

　　　q_{pk}——桩径为 800 mm 的极限端阻力标准值，对于干作业挖孔（清底干净）可采用深层荷载板试验确定，当不能进行深层荷载板试验时可按表 5.3.6-1 取值；

　　　ψ_{si}、ψ_p——大直径桩侧阻力、端阻力尺寸效应系数，按表 5.3.6-2 取值；

u——桩身周长,当人工挖孔桩桩周护壁为振捣密实的混凝土时,桩身周长可按护壁外直径计算。

表 5.3.6-1　干作业挖孔桩(清底干净,D=800 mm)极限端阻力标准值(kPa)

土名称		状　态		
黏性土		$0.25 < I_L \leq 0.75$	$0 < I_L \leq 0.25$	$I_L \leq 0$
		800~1 800	1 800~2 400	2 400~3 000
粉土		—	$0.75 \leq e \leq 0.9$	$e < 0.75$
		—	1 000~1 500	1 500~2 000
砂土、碎石类土		稍密	中密	密实
	粉砂	500~700	800~1 100	1 200~2 000
	细砂	700~1 100	1 200~1 800	2 000~2 500
	中砂	1 000~2 000	2 200~3 200	3 500~5 000
	粗砂	1 200~2 200	2 500~3 500	4 000~5 500
	砾砂	1 400~2 400	2 600~4 000	5 000~7 000
	圆砾、角砾	1 600~3 000	3 200~5 000	6 000~9 000
	卵石、碎石	2 000~3 000	3 300~5 000	7 000~11 000

注:1. 当桩进入持力层的深度 h 分别为 $h_b \leq D, D \leq h_b \leq 4D, h_b > 4D$ 时,q_{pk} 可相应取低、中、高值。
　　2. 砂土密实度可根据标贯击数判定,$N \leq 10$ 为松散,$10 < N \leq 15$ 为稍密,$15 < N \leq 30$ 为中密,$N > 30$ 为密实。
　　3. 当桩的长径比 $l/d \leq 8$ 时,q_{pk} 宜取较低值。
　　4. 当对沉降要求不严时,q_{pk} 可取高值。

表 5.3.6-2　大直径灌注桩侧阻力尺寸效应系数 ψ_{si}、端阻力尺寸效应系数 ψ_p

土类型	黏性土、粉土	砂土、碎石类土
ψ_{si}	$(0.8/d)^{1/5}$	$(0.8/d)^{1/3}$
ψ_p	$(0.8/D)^{1/4}$	$(0.8/D)^{1/3}$

注:当为等直径桩时,表中 $D=d$。

需要注意的是,对于扩底桩,端阻力尺寸效应系数算式中 D 为桩端直径,侧阻力尺寸效应系数算式中 d 为桩身直径,且桩底至变截面以上 $2d$ 长度范围内不计侧阻力。对于嵌入基岩的大直径嵌岩灌注桩,无须考虑端阻力与侧阻力尺寸效应。

10.2.5　特殊桩型的单桩竖向承载力

1. 钢管桩

由于具有较高的竖向和水平向承载力及抗锤击能力,且易于贯穿坚硬土层、桩长调节方便、沉桩时挤土效应小(敞口)等优点,随着技术、经济的发展,钢管桩的应用数量与日俱增。但同时也由于造价高的缘故,近年来仅在少量高层建筑中使用。

钢管桩竖向承载力与普通混凝土桩一样,由桩侧阻力和桩端阻力两部分组成,同时也可根据土的物理指标与承载力参数之间的经验关系确定其单桩竖向承载力。

1)闭口钢管桩

闭口钢管桩的承载变形机理与混凝土预制桩相同。钢管桩表面性质与混凝土桩表面性质虽有所不同,但大量试验表明,两者的极限侧阻力可视为相等,因为除坚硬黏性土外,侧阻力剪切破坏面发生于靠近桩表面的土体中,而不是发生于桩土界面。因此,闭口钢管桩承载力的计算可采用与混凝土预制桩相同的模式和承载力参数。

2)敞口钢管桩

进入管内的土塞对端阻力与侧阻力的发挥会直接产生不同程度的影响,这种影响称为"土塞效应"。在沉桩过程中,土塞受到管内壁摩阻力作用将产生一定压缩,土塞高度及土塞效应随土性、管径、壁厚、桩进入持力层的深度等诸多因素变化。

敞口、半敞口钢管桩的极限承载力由管外侧阻力、管内土塞侧阻力和桩底端阻力三部分组成。

试验表明,除松散砂土、粉土外,黏性土中的挤土桩侧阻力并不因挤土效应而提高。相对于闭口钢管桩而言,敞口、半敞口钢管桩由于土塞效应的存在,一方面因挤土密度减小而降低了管外侧阻力,另一方面又因土塞存在而增加了管内土芯侧阻力。管内土芯侧阻力的发挥不同于管外侧阻力,由于荷载较小(或沉降较小)时管内土塞连同桩管同步下沉,管内土芯侧阻力难以发挥,只有当荷载传递到桩端并产生桩端沉降,土塞才产生相对于管壁的向上位移,管内土芯侧阻力才能逐渐发挥出来。土塞的高度越大、模量越低,充分发挥土塞侧阻力所需的位移越大。土塞效应的关键问题是如何确定管内侧阻力。

闭塞程度的不同导致端阻力以两种不同模式破坏:一种是土塞沿管内向上挤出,或由于土塞压缩量大而导致桩端土大量涌入,这种状态称为非完全闭塞,这种非完全闭塞将导致端阻力降低;另一种是如同闭口桩一样破坏,称其为完全闭塞。相关研究表明,土塞的闭塞程度及对端阻力的影响主要随桩端进入持力层的相对深度 h_b/d(h_b 为桩端进入持力层的深度, d 为桩外径)和桩端构造(敞、闭口形式)而变化。为简化计算,以桩端土塞效应系数 λ_p 表征闭塞程度对端阻力的影响。

对于敞口钢管桩单桩竖向承载力的计算可分为两大类:第一类为分别计算管外侧阻力、管内土塞侧阻力和桩底端阻力三部分,然后取和;第二类为分别计算管外侧阻力和端阻力,同时考虑土塞效应对端阻力的影响。由于管内土塞侧阻力目前没有好的计算方法,《桩规》采用第二类计算方法。

5.3.7　当根据土的物理指标与承载力参数之间的经验关系确定钢管桩单桩竖向极限承载力标准值时,可按下列公式计算:

$$Q_{uk}=Q_{sk}+Q_{pk}=u\sum q_{sik}l_i+\lambda_p q_{pk}A_p \tag{5.3.7-1}$$

当 $h_b/d<5$ 时

$$\lambda_p=0.16h_b/d \tag{5.3.7-2}$$

当 $h_b/d\geq5$ 时

$$\lambda_p=0.8 \tag{5.3.7-3}$$

式中　q_{sik}、q_{pk}——按本规范表 5.3.5-1、表 5.3.5-2 取与混凝土预制桩相同值;

　　　　λ_p——桩端土塞效应系数,对于闭口钢管桩 $\lambda_p=1$,对于敞口钢管桩按式(5.3.7-2)、式(5.3.7-3)取值;

　　　　h_b——桩端进入持力层深度;

　　　　d——钢管桩外径。

对于带隔板的半敞口钢管桩,应以等效直径 d_e 代替 d 确定 λ_p, $d_e=d/\sqrt{n}$,其中 n 为桩端隔板分割数(见图 5.3.7)。

$n=2$　　　　$n=4$　　　　$n=9$

图 5.3.7　隔板分割

需要说明的是,《建筑桩基技术规范》(JGJ 94—94)的该公式中,侧阻力一项包含挤土效应系数 λ_s,其值与桩径有关。现行《桩规》考虑到挤土效应只对非密实砂土有增强效应,而这种情况很少,故侧阻力一项不再进行修正,取 $\lambda_s=1$。

2. 混凝土空心桩

与敞口或半敞口钢管桩单桩竖向极限承载力的计算相同的是,混凝土敞口管桩由于桩端敞口,桩端阻力类似于钢管桩也存在桩端的土塞效应;不同的是,混凝土管桩壁厚较钢管桩大得多,计算端阻力时不能忽略管壁端部提供的端阻力,故《桩规》分为管壁端阻力和敞口部分端阻力两部分考虑。对于后者类似于钢管桩的承载机理,考虑桩端土塞效应系数 λ_p, λ_p 随桩端进入持力层的相对深度 h_b/d 而变化,按规范中钢管桩的计算方式进行确定。敞口部分端阻力为 $\lambda_p q_{pk} A_{p1}$（A_{p1} 为空心桩的敞口面积），管壁端阻力为 $q_{pk} A_j$（A_j 为空心桩的桩端净面积），故敞口混凝土空心桩总极限端阻力 $Q_{pk}=q_{pk}(A_j+\lambda_p A_{p1})$，总极限侧阻力计算与闭口预应力混凝土空心桩相同。

5.3.8　当根据土的物理指标与承载力参数之间的经验关系确定敞口预应力混凝土空心桩单桩竖向极限承载力标准值时,可按下列公式计算:

$$Q_{uk}=Q_{sk}+Q_{pk}=u\sum q_{sik}l_i+q_{pk}(A_j+\lambda_p A_{p1}) \tag{5.3.8-1}$$

当 $h_b/d_1<5$ 时

$$\lambda_p=0.16h_b/d_1 \tag{5.3.8-2}$$

当 $h_b/d_1\geqslant5$ 时

$$\lambda_p=0.8 \tag{5.3.8-3}$$

式中　q_{sik}、q_{pk}——按本规范表 5.3.5-1、表 5.3.5-2 取与混凝土预制桩相同值;

　　　　A_j——空心桩桩端净面积,对管桩取 $A_j=\dfrac{\pi}{4}(d^2-d_1^2)$,对空心方桩取 $A_j=b^2-\dfrac{\pi}{4}d_1^2$;

　　　　A_{p1}——空心桩敞口面积,$A_{p1}=\dfrac{\pi}{4}d_1^2$;

　　　　λ_p——桩端土塞效应系数;

　　　　d、b——空心桩外径、边长;

　　　　d_1——空心桩内径。

---

3. 嵌岩桩

嵌岩桩具有单桩承载力高、群桩效应小等特点,其是高层建筑、桥梁等的主要基础形式之一。《桩规》所述嵌岩桩是指桩端嵌入中等风化或微风化基岩中的桩,其桩端岩体能取样进行单轴抗压试验。对于桩端置于强风化岩中的桩,由于强风化岩不能取样成型,其强度不能通过单轴抗压试验确定。嵌入强风化岩中桩的极限侧阻力和端阻力标准值,可根据岩体的风化程度按砂土、碎石类土取值。

1)荷载传递特性

嵌岩桩极限承载力由桩周土总极限侧力 Q_{sk}、嵌岩段总极限侧阻力 Q_{rs} 和总极限端阻力 Q_{rp} 三部分组成,嵌岩桩荷载传递特性与桩的长径比、桩端嵌岩深度等因素有关。试验研究与工程实践表明,嵌岩桩桩端阻力的发挥并不随嵌岩深度单调递增,超过一定深度后,端阻力变化很小,因此一味强调增加嵌岩深度是不必要的。嵌岩桩承载力计算的主要问题是嵌岩段荷载传递机理的认识和桩端基岩的承载力取值问题。由于嵌岩桩承载力大、试验耗费高、很难进行破坏性试验,系统完整的嵌岩桩试桩资料和实测资料相对较少。

2)上覆土层侧阻力

不考虑桩端岩层情况、桩的几何尺寸和成桩工艺,凡嵌岩桩均视为端承桩而不计侧阻力是不合理的。通过荷载传递的测试,除桩端置于新鲜或微风化基岩且长径比很小的情况外,上覆土层的侧阻力是可以发挥作用的。

工程实践表明,对于桩周土层较好且长径比 $l/d>20$ 的嵌岩桩,其荷载传递具有摩擦型桩的特性。当桩穿越深厚土层进入基岩时,其上覆土层侧摩阻力不容忽视,在工作荷载条件下占有很大比例。有研究认为,当长径比 $l/d>40$ 且覆盖层为非软弱土层时,嵌岩桩桩端阻力发挥作用较小,桩端进入强风化或中风化岩层中即可,而无须进入微风化或新鲜岩层。

3)嵌岩段侧阻力发挥机理及侧阻力系数 ζ_s（q_{rs}/f_{rk}）

嵌岩段桩的极限侧阻力大小与岩性、桩体材料和成桩清孔情况有关。实测 ζ_s 较为离散,但总的规律是岩石强度越高,ζ_s 越低。作为规范经验值,取嵌岩段极限侧阻力峰值,硬质岩 $q_{rs}=0.1f_{rk}$,软质岩 $q_{rs}=0.12f_{rk}$。

4)嵌岩桩极限端阻力发挥机理及端阻力系数 ζ_p（q_{rp}/f_{rk}）

桩端总阻力随桩岩刚度比 E_p/E_r 的增大而增大,随嵌岩深径比的增大而减小。总体来说,端阻力系数 ζ_p 是随岩石饱和单轴抗压强度 f_{rk} 降低而增大,随嵌岩深度增加而减小,受清底情况影响较大。

5）嵌岩段总极限阻力简化计算

嵌岩段总极限阻力由总极限侧阻力和总极限端阻力组成：

$$Q_{rk} = Q_{rs} + Q_{rp} = \zeta_s f_{rk} \pi d h_r + \zeta_p f_{rk} \frac{\pi}{4} d^2 = \left(\zeta_s \frac{4h_r}{d} + \zeta_p \right) f_{rk} \frac{\pi}{4} d^2 \tag{10.11}$$

令 $\zeta_s \dfrac{4h_r}{d} + \zeta_p = \zeta_r$，称 ζ_r 为嵌岩段侧阻力和端阻力综合系数，故嵌岩段总极限阻力标准值可按如下简化公式计算：

$$Q_{rk} = \zeta_r f_{rk} \frac{\pi}{4} d^2 \tag{10.12}$$

其中，ζ_r 可按《桩规》相应条款确定。

5.3.9　桩端置于完整、较完整基岩的嵌岩桩单桩竖向极限承载力，由桩周土总极限侧阻力和嵌岩段总极限阻力组成。当根据岩石单轴抗压强度确定单桩竖向极限承载力标准值时，可按下列公式计算：

$$Q_{uk} = Q_{sk} + Q_{rk} \tag{5.3.9-1}$$
$$Q_{sk} = u \sum q_{sik} l_i \tag{5.3.9-2}$$
$$Q_{rk} = \zeta_r f_{rk} A_p \tag{5.3.9-3}$$

式中　Q_{sk}、Q_{rk}——土的总极限侧阻力标准值、嵌岩段总极限阻力标准值；

q_{sik}——桩周第 i 层土的极限侧阻力，无当地经验时，可根据成桩工艺按本规范表 5.3.5-1 取值；

f_{rk}——岩石饱和单轴抗压强度标准值，黏土岩取天然湿度单轴抗压强度标准值；

ζ_r——桩嵌岩段侧阻力和端阻力综合系数，与嵌岩深径比 h_r/d、岩石软硬程度和成桩工艺有关，可按表 5.3.9 采用，**表中数值适用于泥浆护壁成桩，对于干作业成桩（清底干净）和泥浆护壁成桩后注浆，ζ_r 应取表列数值的 1.2 倍。**

表 5.3.9　桩嵌岩段侧阻力和端阻力综合系数 ζ_r

嵌岩深径比 h_r/d	0	0.50	1.0	2.0	3.0	4.0	5.0	6.0	7.0	8.0
极软岩、软岩	0.60	0.80	0.95	1.18	1.35	1.48	1.57	1.63	1.66	1.70
较硬岩、坚硬岩	0.45	0.65	0.81	0.90	1.00	1.04	—	—	—	—

注：1. 极软岩、软岩指 $f_{rk} \leqslant 15$ MPa，较硬岩、坚硬岩指 $f_{rk} > 30$ MPa，介于二者之间可内插取值。

　　2. h_r 为桩身嵌岩深度，当岩面倾斜时，以坡下方嵌岩深度为准；当 h_r/d 为非表列值时，ζ_r 可内插取值。

---

4. 后注浆灌注桩

灌注桩后注浆是一项土体加固技术与桩工技术相结合的桩基辅助工法，可用于灌注桩及地下连续墙，分为桩侧后注浆与桩端后注浆两种。该技术旨在通过桩底、桩侧后注浆固化沉渣（虚土）和泥皮，并加固桩底和桩周一定范围内的土体，以大幅提高桩的承载力，增强桩的质量稳定性，减小桩基沉降。由于采用的注浆方法是在灌注桩成桩后一定时间内实施的，所以一般称为灌注桩后注浆。

灌注桩桩端后注浆分为两类模式：一种是封闭式注浆，即在桩端预设注浆容器，注入的浆液通过充填容器来挤压周围的土体；另一种是开敞式注浆，即在桩端处设置单向注浆阀，注入的浆液通过注浆阀直接注入周围土中，进而加固桩底沉渣和土体。《桩规》采用的后注浆模式属于开敞式注浆，这也是规范后注浆灌注桩承载力估算公式的适用条件。

1）后注浆灌注桩的承载性状

对于单桩而言，后注浆能有效增强端阻力和侧阻力，进而提高单桩竖向承载力。除注浆参数外，土层性质对注浆后端阻力和侧阻力的增强效果也有重要影响，在其他条件相同情况下，粗粒土的增强效应高于细粒土；桩端持力层厚度大的桩承载力提高幅度大于持力层薄的。但不论哪种情况下，后注浆桩与普通桩相比，其静载试验的 Q-s 曲线都明显变缓，桩底注浆相当于对桩施加了向上的预应力，使得发挥桩端阻力所需的桩顶位移变小,由此使得后注浆灌注桩在工作荷载条件下桩基沉降减小。

工程实践和模型试验研究表明,后注浆群桩的承载变形性状有如下特点。

（1）在土层、群桩几何参数相同情况下,后注浆群桩承载力显著高于非注浆群桩,在一定桩距范围内（3.75d~7.5d）,其承载力增幅随着桩距的加大而提高;

（2）与非注浆群桩相比,后注浆群桩的桩土相对变形即桩间土的压缩变形显著减小,在其他条件相同情况下,桩端刺入变形很小,后注浆群桩基础更接近于实体基础。

2）后注浆灌注桩的竖向极限承载力

Ⅰ.单桩竖向承载力

后注浆灌注桩单桩承载力大小受桩周土层性质、土体是否饱和、施工质量、注浆模式和注浆量等多种因素影响,理论计算目前还难以实现,规范采用经验方法计算。

经验公式中注浆增强范围是基于对后注浆灌注桩开挖观察浆体的扩散分布模式和桩身轴力测试建立起来的,即在地下水位以下泥浆护壁条件下,浆液沿桩土界面向上扩散,在非饱和土中注浆则成球形扩散。其侧阻力、端阻力增强系数是通过注浆与未注浆桩对比静载试验统计确定的。

《桩规》中后注浆灌注桩单桩极限承载力计算模式与普通灌注桩相同,区别在于注浆竖向增强段的桩侧阻力和端阻力分别乘以增强系数 β_{si} 和 β_p。通过数十根不同土层中的后注浆灌注桩与未注浆灌注桩静载对比试验表明,浆液在不同桩端和桩侧土层中的扩散与加固机理不尽相同,因此侧阻力和端阻力增强系数 β_{si} 和 β_p 不同,而且变幅很大。总的变化规律是端阻力的增幅高于侧阻力,粗粒土的增幅高于细粒土,桩端、桩侧复式注浆高于桩端、桩侧单一注浆。这是由于端阻力受沉渣影响敏感,经后注浆后沉渣得到加固且桩端有扩底效应,桩端沉渣和土的加固效应强于桩侧泥皮的加固效应;粗粒土是渗透注浆,细粒土是劈裂注浆,前者的加固效应强于后者。桩侧注浆增强段对于泥浆护壁和干作业桩,由于浆液扩散特性不同,承载力计算时应有区别。

5.3.10　后注浆灌注桩的单桩极限承载力,应通过静载试验确定。在符合本规范第6.7节后注浆技术实施规定的条件下,其后注浆单桩极限承载力标准值可按下式估算:

$$Q_{uk}=Q_{sk}+Q_{gsk}+Q_{gpk}=u\sum q_{sjk}l_j+u\sum \beta_{si}q_{sik}l_{gi}+\beta_p q_{pk}A_p \qquad (5.3.10)$$

式中　Q_{sk}——后注浆**非竖向增强段**的总极限**侧阻力**标准值;

　　　Q_{gsk}——后注浆**竖向增强段**的总极限**侧阻力**标准值;

　　　Q_{gpk}——后注浆总极限端阻力标准值;

　　　u——桩身周长;

　　　l_j——后注浆非竖向增强段第 j 层土厚度;

　　　l_{gi}——后注浆竖向增强段内第 i 层土厚度,①对于**泥浆护壁成孔灌注桩**,当为**单一桩端后注浆**时,竖向增强段为桩端以上 12 m;当为桩端、桩侧复式注浆时,竖向增强段为桩端以上 12 m 及各桩侧注浆断面以上 12 m,重叠部分应扣除;②对于**干作业灌注桩**,竖向增强段为桩端以上、桩侧注浆断面上下各 6 m;

　　　q_{sik}、q_{sjk}、q_{pk}——后注浆竖向增强段第 i 土层初始极限侧阻力标准值、非竖向增强段第 j 土层初始极限侧阻力标准值、初始极限端阻力标准值,根据本规范第 5.3.5 条确定;

　　　β_{si}、β_p——后注浆侧阻力、端阻力增强系数,无当地经验时,可按表 5.3.10 取值,对于桩径大于 800 mm 的桩,应按本规范表 5.3.6-2 进行侧阻力和端阻力尺寸效应修正。

表 5.3.10　后注浆侧阻力增强系数 β_{si} 和端阻力增强系数 β_p

土层名称	淤泥、淤泥质土	黏性土、粉土	粉砂、细砂	中砂	粗砂、砾砂	砾石、卵石	全风化岩、强风化岩
β_{si}	1.2~1.3	1.4~1.8	1.6~2.0	1.7~2.1	2.0~2.5	2.4~3.0	1.4~1.8
β_p	—	2.2~2.5	2.4~2.8	2.6~3.0	3.0~3.5	3.2~4.0	2.0~2.4

注：干作业钻、挖孔桩，β_p 按表列值乘以小于 1.0 的折减系数。当桩端持力层为黏性土或粉土时，折减系数取 0.6；为砂土或碎石土时，取 0.8。

5.3.11　后注浆钢导管注浆后可等效替代纵向主筋。

Ⅱ. 群桩竖向承载力

研究表明，由于注浆效应导致桩底和桩间土强度和刚度提高，群桩桩土整体工作性能增强，桩端刺入变形减小，从而使承台土反力较非注浆群桩降低 25%~50%，相应的承台分担荷载比减小 30%~65%。《桩规》第 5.2.5 条规定，考虑承台效应计算复合基桩竖向承载力时，对于采用后注浆灌注桩的情况，承台效应系数 η_c 宜取规范建议取值范围内的低值。

5. 液化效应

1）地震时桩基的竖向承载力验算

土层的液化并不是随地震同步出现，而是明显滞后，即地震过后若干小时乃至一两天后才出现喷水冒砂。地震时土体虽尚未完全液化，但土体刚度明显降低，这说明桩的极限侧阻力并非瞬间丧失，而且并非全部损失，故应对桩侧摩阻力做适当折减。

相关调查研究表明，土层的地震液化严重程度与土层的标贯数 N 与液化临界标贯数 N_{cr} 之比 λ_N 有关，λ_N 越小，液化越严重。当 $\lambda_N<0.6$ 时几乎全部液化，当 $\lambda_N>1.0$ 时一般不发生液化，当 $0.6 \leqslant \lambda_N \leqslant 1.0$ 时则有液化的趋势，因此通过折减系数 ψ_l 来体现这种趋势。

地震中桩基土液化深度是以地面下 20 m 为界限，即埋深 20 m 以下土体不液化。地震时地基振动状态随深度而减弱，且上部有无一定厚度的非液化覆盖层对此有很大影响，深度大于 10 m 的土层完全液化的实例较少，故在主震时折减系数以 10 m 为界。对于桩身周围有液化土层的低承台桩基，在进行抗震验算时可将液化土层极限侧摩阻力乘以土层液化影响折减系数，当承台地面上、下分别有厚度不小于 1.5 m、1.0 m 的非液化土层或非软弱土层时，可按《桩规》表 5.3.12 确定。

5.3.12　对于桩身周围有液化土层的低承台桩基，**在承台底面上下分别有厚度不小于 1.5 m、1.0 m 的非液化土或非软弱土层时**，可将液化土层极限侧阻力乘以土层液化影响折减系数计算单桩极限承载力标准值。土层液化影响折减系数 ψ_l 可按表 5.3.12 确定。

表 5.3.12　土层液化影响折减系数 ψ_l

$\lambda_N = \dfrac{N}{N_{cr}}$	自地面算起的液化土层深度 d_L(m)	ψ_l
$\lambda_N \leqslant 0.6$	$d_L \leqslant 10$	0
	$10 < d_L \leqslant 20$	1/3
$0.6 < \lambda_N \leqslant 0.8$	$d_L \leqslant 10$	1/3
	$10 < d_L \leqslant 20$	2/3
$0.8 < \lambda_N \leqslant 1.0$	$d_L \leqslant 10$	2/3
	$10 < d_L \leqslant 20$	1.0

注：1. N 为饱和土标贯击数实测值，N_{cr} 为液化判别标贯击数临界值；
　　2. **对于挤土桩，当桩距不大于 $4d$ 且桩的排数不少于 5 排、总桩数不少于 25 根时，土层液化影响折减系数可按表列值提高一档取值；桩间土标贯击数达到 N_{cr} 时，取 $\psi_l=1$。**

当承台底面上下非液化土层厚度小于以上规定时，土层液化影响折减系数 ψ_l 取 0。

使用时应注意,《桩规》表 5.3.12 中的 d_L 不是液化土层厚度,而是用于体现液化趋势随深度衰减的界限值。根据地震后液化调查统计,地表下 0~10 m 范围内饱和粉细砂较易液化,而 10~20 m 范围内的饱和粉细砂液化趋势较弱,因此以 10 m 为界,其上、下分别用不同数值对土体参数进行折减,工程含义如图 10.7 所示。

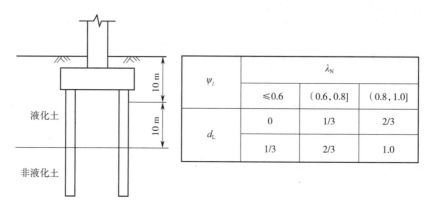

ψ_l	λ_N		
	≤0.6	(0.6, 0.8]	(0.8, 1.0]
d_L	0	1/3	2/3
	1/3	2/3	1.0

图 10.7 d_L 的工程含义及相应的侧阻力液化影响折减系数 ψ_l

2)余震桩基竖向承载力

地震后液化土中的超静水孔隙压力需要较长时间消散,地面喷砂冒水在震后数小时发生,并且有可能持续一两天。在此过程中,液化土层不仅完全丧失承载力,且逐渐固结沉降,对桩基产生负摩阻力,对桩身侧面产生下拉荷载,桩基缓慢沉降。由于主震后有余震发生,故地震作用按水平地震影响系数最大值的 10% 采用,基桩承载力仍按地震作用下提高 25% 取用,但应扣除液化土层的全部桩侧阻力和承台下 2 m 深度范围内非液化土层的桩侧摩阻力。相应规定详见《建筑抗震设计规范(2016 年版)》(GB 50011—2010)。

> 4.4.2 非液化土中低承台桩基的抗震验算,应符合下列规定。
>
> 1 单桩的竖向和水平向抗震承载力特征值,可均比非抗震设计时提高 25%。
>
> 4.4.3 存在液化土层的低承台桩基抗震验算,应符合下列规定。
>
> 2 当桩承台底面上、下分别有厚度不小于 1.5 m、1.0 m 的非液化土层或非软弱土层时,可按下列两种情况进行桩的抗震验算,并按不利情况设计。
>
> 2)地震作用按水平地震影响系数最大值的 10% 采用,桩承载力仍按本规范第 4.4.2 条第 1 款取用,但应扣除液化土层的全部摩阻力及桩承台下 2 m 深度范围内非液化土的桩周摩阻力。

3)考虑成桩挤土效应的桩基竖向承载力

《建筑抗震设计规范(2016 年版)》(GB 50011—2010)有如下规定。

> 4.4.3 存在液化土层的低承台桩基抗震验算,应符合下列规定。
>
> 3 打入式预制桩及其他挤土桩,当平均桩距为 2.5~4 倍桩径且桩数不少于 5×5 时,可计入打桩对土的加密作用及桩身对液化土变形限制的有利影响。当打桩后桩间土的标准贯入锤击数值达到不液化的要求时,单桩承载力可不折减,但对桩尖持力层作强度校核时,桩群外侧的应力扩散角应取为零。打桩后桩间土的标准贯入锤击数宜由试验确定,也可按下式计算:
>
> $$N_1 = N_p + 100\rho(1 - e^{-0.3N_p}) \tag{4.4.3}$$
>
> 式中 N_1——打桩后的标准贯入锤击数;
>
> ρ——打入式预制桩的面积置换率;
>
> N_p——打桩前的标准贯入锤击数。

4)可不进行抗震承载力验算的桩基

《建筑抗震设计规范(2016 年版)》(GB 50011—2010)有如下规定。

4.4.1　承受竖向荷载为主的低承台桩基,当地面下无液化土层,且桩承台周围无淤泥、淤泥质土和地基承载力特征值不大于 100 kPa 的填土时,下列建筑可不进行桩基抗震承载力验算。

　　1　6~8 度时的下列建筑:

　　1)一般的单层厂房和单层空旷房屋;

　　2)不超过 8 层且高度在 24 m 以下的一般民用框架房屋和框架-抗震墙房屋;

　　3)基础荷载与 2)项相当的多层框架厂房和多层混凝土抗震墙房屋。

　　2　本规范第 4.2.1 条第 1 款规定的建筑及砌体房屋。

10.3　特殊条件下的桩基竖向承载力

10.3.1　特殊桩型的单桩竖向承载力

　　桩距不超过 6d 的群桩,当桩端平面以下软弱下卧层承载力与桩端持力层相差过大(低于持力层的 1/3)且荷载引起的局部压力超出其承载力过多时,可能发生桩端持力层的整体剪切破坏,引起软弱下卧层侧向挤出、桩基偏沉,严重者引起整体失稳。《桩规》规定,应对此类群桩基础进行桩端持力层下卧软卧土层的承载力验算。

5.4.1　对于桩距不超过 6d 的群桩基础,桩端持力层下存在承载力低于桩端持力层承载力 1/3 的软弱下卧层时,可按下列公式验算软弱下卧层的承载力(见图 5.4.1):

$$\sigma_z + \gamma_m z \le f_{az} \tag{5.4..1-1}$$

$$\sigma_z = \frac{(F_k + G_k) - 3/2(A_0 + B_0) \cdot \sum q_{sik} l_i}{(A_0 + 2t \cdot \tan\theta)(B_0 + 2t \cdot \tan\theta)} \tag{5.4..1-1}$$

式中　σ_z——作用于软弱下卧层顶面的附加应力;

　　　γ_m——软弱下卧层顶面以上各土层重度(地下水位以下取浮重度)按厚度加权平均值;

　　　t——硬持力层厚度;

　　　f_{az}——软弱下卧层经深度 z 修正的地基承载力特征值;

　　　A_0、B_0——桩群外缘矩形底面的长、短边边长;

　　　q_{sik}——桩周第 i 层土的极限侧阻力标准值,无当地经验时,可根据成桩工艺按本规范表 5.3.5-1 取值;

　　　θ——桩端硬持力层压力扩散角,按表 5.4.1 取值。

表 5.4.1　桩端硬持力层压力扩散角 θ

E_{s1} / E_{s2}	$t = 0.25B_0$	$t \ge 0.25B_0$
1	4°	12°
3	6°	23°
5	10°	25°
10	20°	30°

注:1. E_{s1}、E_{s2} 分别为硬持力层、软弱下卧层的压缩模量;

　　2. 当 $t<0.25B_0$ 时,取 θ=0°,必要时,宜通过试验确定;当 $0.25B_0<t<0.50B_0$ 时,可内插取值。

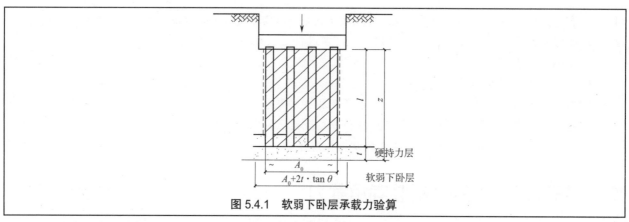

图 5.4.1　软弱下卧层承载力验算

对于本条软弱下卧层承载力验算公式着重说明以下四点。

（1）验算范围。规定在桩端平面以下受力层范围内存在低于持力层承载力 1/3 的软弱下卧层。在实际工程中,持力层以下存在相对软弱土层是常见现象,只有当强度相差过大时才有必要验算。若下卧层地基承载力与桩端持力层差异过小,土体的塑性挤出和失稳也不致出现。

（2）传递至桩端平面的荷载,按扣除实体基础外表面总极限侧阻力的 3/4 而非 1/2 总极限侧阻力。这是主要考虑荷载传递机理,在软弱下卧层进入临界状态前基桩侧阻力平均值已接近于极限。

（3）桩端荷载扩散。持力层刚度越大,扩散角越大,这是基本性状,这里所规定的压力扩散角与《建筑地基基础设计规范》(GB 50007—2011)一致。

（4）软弱下卧层承载力只进行深度修正。这是因为下卧层受压区应力分布并不均匀,呈内大外小,不应做宽度修正;考虑到承台底面以上土已挖除且可能和土体脱空,因此修正深度从承台底部计算至软弱土层顶面。另外,既然是软弱下卧层,即多为软弱黏性土,故深度修正系数取 1.0。

桩端持力层下软弱下卧层承载力验算步骤如下。

（1）F_k、G_k(稳定地下水位以下部分取土的浮重度)、A_0、B_0、t、q_{sik}。

《桩规》第 5.1.1 条、图 5.4.1

（2）θ、$\tan\theta$、σ_z。

《桩规》表 5.4.1、式(5.4.1-2)

（3）γ_m、z。

《桩规》第 5.4.1 条、图 5.4.1(z 自承台底面起算)

（4）经深度 z 修正的软弱下卧层顶面承载力特征值 f_{az}。

《地规》第 5.2.4 条、《桩规》式(5.4.1-1)

对于单独柱基以及桩距 $s_a > 6d$ 的群桩,一般情况下呈现基桩的单独冲切破坏,此时可不另行对群桩的整体冲切破坏进行验算,因为《桩规》第 3.3.3 条已规定,当存在软弱下卧层时,桩端以下硬持力层厚度不宜小于 $3d$。

10.3.2　桩基负摩阻力

1. 负摩阻力的基本概念

一般情况下,基桩在竖向荷载的作用下产生竖向变形,桩周土体为阻止基桩的下沉而产生与基桩下沉方向相反即向上的摩阻力,即正摩阻力。当桩周土体因某种原因而下沉,且竖向下沉量大于基桩,则桩周土将对基桩产生向下的摩阻力,即负摩阻力。《桩规》有如下规定。

5.4.2　符合下列条件之一的桩基,当桩周土层产生的沉降超过基桩的沉降时,在计算基桩承载力时应计入桩侧负摩阻力:

　　1　桩穿越较厚松散填土、自重湿陷性黄土、欠固结土、液化土层进入相对较硬土层时;

2　桩周存在软弱土层,邻近桩侧地面承受局部较大的长期荷载,或地面大面积堆载(包括填土)时;

3　由于降低地下水位,使桩周土有效应力增大,并产生显著压缩沉降时。

当负摩阻力发生在基桩的使用过程中时最为不利。对于摩擦桩,负摩阻力会引起基桩的附加下沉,当建筑物的部分基础或同一基础的部分基桩存在负摩阻力时,基础将会产生不均匀沉降,严重时可导致上部结构的损坏。

2. 中性点

当桩侧产生负摩阻力时,由负摩阻力过渡到正摩阻力,出现摩阻力为零的断面称为中性点。中性点以上桩的位移小于桩侧土的位移,中性点以下桩的位移大于桩侧土的位移,中性点为桩、土位移相等的断面。中性点以上桩身轴向压力随深度递增,中性点以下桩身轴向压力随深度递减,中性点截面桩身的轴力最大。影响中性点深度的因素如下。

(1)桩端持力层的刚度。持力层越硬,中性点越深,端承型桩的中性点深度大于摩擦型桩。

(2)桩周土层的变形性质和应力历史。桩周土层压缩性越高,欠固结度越大,欠固结土层越厚,中性点深度越大。

(3)当桩基在桩顶荷载作用下的沉降已完成,因外部条件变化引起负摩阻力时,中性点深度较大。堆载强度和面积越大,或地下水降低幅度和面积越大,中性点深度越大。

(4)桩的长径比越小、截面刚度越大,中性点深度越大。

一般来说,中性点的位置在初期多少是有变化的,它随着桩的沉降增加而向上移动,当沉降趋于稳定时,中性点也将稳定在某一固定的深度 l_n 处。工程实测表明,当桩穿越厚度为 l_0 的高压缩性土层时,负摩阻力在该土层的作用长度,即中性点的稳定深度 l_n 是随桩端持力层的强度和刚度的增大而增加的,其深度比 l_n/l_0 的经验值列于《桩规》表 5.4.4-2 中。

5.4.4　桩侧负摩阻力及其引起的下拉荷载,当无实测资料时可按下列规定计算。

3　中性点深度 l_n 应按桩周土层沉降与桩沉降相等的条件计算确定,也可参照表 5.4.4-2 确定。

表 5.4.4-2　中性点深度 l_n

持力层性质	黏性土、粉土	中密以上砂	砾石、卵石	基岩
中性点深度比 l_n/l_0	0.5~0.6	0.7~0.8	0.9	1.0

注:1. l_n、l_0 分别为自桩顶算起的中性点深度和桩周软弱土层下限深度(编者注:非桩长);

2. 桩穿过自重湿陷性黄土层时,l_n 可按表列值增大 10%(持力层为基岩除外);

3. 当桩周土层固结与桩基固结沉降同时完成时,取 $l_n=0$;

4. 当桩周土层计算沉降量小于 20 mm 时,l_n 应按表列值乘以 0.4~0.8 折减。

---

3. 负摩阻力及下拉荷载的计算

负摩阻力对基桩而言是一种主动作用。多数学者认为桩侧负摩阻力的大小与桩侧土的有效应力有关,不同负摩阻力计算式中也多反映有效应力因素。大量试验与工程实测结果表明,以负摩阻力有效应力法计算较接近实际。因此,《桩规》采用有效应力法计算负摩阻力,其基本表达式如下:

$$q_{ni} = k \cdot \tan \varphi' \cdot \sigma_i' = \zeta_n \cdot \sigma_i' \qquad (10.13)$$

式中　q_{ni}——第 i 层土桩侧负摩阻力;

k——土的侧压力系数;

φ'——土的有效内摩擦角;

σ_i'——第 i 层土的平均竖向有效应力;

ζ_n——负摩阻力系数。

ζ_n 与土的类别和状态有关。对于粗粒土,ζ_n 随土的粒度和密实度增加而增大;对于细粒土,则随土的塑性指数、孔隙比、饱和度增大而降低。综合有关文献的建议值和各类土中的测试结果,《桩规》给出表 5.4.4-1 所列的 ζ_n 值。由于竖向有效应力随上覆土层自重增大而增加,当 $q_{ni} = \zeta_n \cdot \sigma_i'$ 超过土的极限侧阻力 q_{sk} 时,负摩阻力不再增大。故当计算负摩阻力 q_{ni} 超过极限侧摩阻力时,取极限侧摩阻力值。

> **5.4.4** 桩侧负摩阻力及其引起的下拉荷载,当无实测资料时可按下列规定计算。
>
> 　　**1** 中性点以上单桩桩周第 i 层土负摩阻力标准值,可按下列公式计算:
>
> $$q_{si}^n = \zeta_{ni}\sigma_i' \qquad\qquad (5.4.4\text{-}1)$$
>
> 当填土、自重湿陷性黄土湿陷、欠固结土层产生固结和地下水降低时:
>
> $$\sigma_i' = \sigma_{\gamma i}'$$
>
> 当地面分布大面积荷载时:
>
> $$\sigma_i' = p + \sigma_{\gamma i}' \qquad\qquad (5.4.4\text{-}2)$$
>
> $$\sigma_{\gamma i}' = \sum_{e=1}^{i-1}\gamma_e \Delta z_e + \frac{1}{2}\gamma_i \Delta z_i$$
>
> 式中　　q_{si}^n——第 i 层土桩侧负摩阻力标准值,当按式(5.4.4-1)计算值大于正摩阻力标准值时,取正摩阻力标准值进行设计;
>
> 　　　　ζ_{ni}——桩周第 i 层土负摩阻力系数,可按表5.4.4-1取值;
>
> 　　　　$\sigma_{\gamma i}'$——由土自重引起的桩周第 i 层土平均竖向有效应力,**桩群外围桩自地面算起,桩群内部桩自承台底算起**;
>
> 　　　　σ_i'——桩周第 i 层土平均竖向有效应力;
>
> 　　　　γ_i、γ_e——第 i 计算土层和其上第 e 土层的重度,地下水位以下取浮重度;
>
> 　　　　Δz_i、Δz_e——第 i 层土、第 e 层土的厚度;
>
> 　　　　p——地面均布荷载。
>
> 表5.4.4-1　负摩阻力系数 ξ_n
>
> | 土类 | ξ_n |
> |---|---|
> | 饱和软土 | 0.15~0.25 |
> | 黏性土、粉土 | 0.25~0.40 |
> | 砂土 | 0.35~0.50 |
> | 自重湿陷性黄土 | 0.20~0.35 |
>
> 注:1. 在同一类土中,对于挤土桩,取表中较大值,对于非挤土桩,取表中较小值;
> 　　2. 填土按其组成取表中同类土的较大值。

对于单桩基础,桩侧负摩阻力的总和即为下拉荷载。

4. 桩基的承载力和沉降验算

对于摩擦型桩,由于受负摩阻力沉降增大,中性点随之上移,即负摩阻力、中性点与桩顶荷载处于动态平衡。同时,由于桩端持力层的刚度相对较低而出现压缩变形,桩的沉降最终导致负摩阻力消失。作为一种简化,取假想中性点(按桩端持力层性质取值)以上摩阻力为零验算基桩承载力。《桩规》有如下规定。

> **5.4.3** 桩周土沉降可能引起桩侧负摩阻力时,应根据工程具体情况考虑负摩阻力对桩基承载力和沉降的影响;当缺乏可参照的工程经验时,可按下列规定验算。
>
> 　　**1** 对于摩擦型基桩可取**桩身计算中性点以上侧阻力为零**,并可按下式验算基桩承载力:
>
> $$N_k \le R_a \qquad\qquad (5.4.3\text{-}1)$$
>
> 　　**3** 当土层不均匀或建筑物对不均匀沉降较敏感时,尚应将负摩阻力引起的下拉荷载计入附加荷载验算桩基沉降。
>
> 　　注:本条中基桩的**竖向承载力特征值 R_a 只计中性点以下部分侧阻力值及端阻力值**。

对于端承型桩,由于桩受负摩阻力后桩不发生沉降或沉降量很小,桩土无相对位移或相对位移很小,中性点无变化,故负摩阻力构成的下拉荷载应作为附加荷载考虑。《桩规》有如下规定。

5.4.3　桩周土沉降可能引起桩侧负摩阻力时,应根据工程具体情况考虑负摩阻力对桩基承载力和沉降的影响;当缺乏可参照的工程经验时,可按下列规定验算。

2　对于端承型基桩**除应满足上式要求外**,尚应考虑负摩阻力引起基桩的下拉荷载 Q_g^n,并可按下式验算基桩承载力:

$$N_k + Q_g^n \leqslant R_a \tag{5.4.3-2}$$

3　当土层不均匀或建筑物对不均匀沉降较敏感时,尚应将负摩阻力引起的下拉荷载计入附加荷载验算桩基沉降。

注:本条中基桩的竖向承载力特征值 R_a 只计中性点以下部分侧阻力值及端阻力值。

5. 负摩阻力的群桩效应的考虑

对于桩距较小的群桩,其基桩的负摩阻力因群桩效应而降低。这是由于桩侧负摩阻力是由桩侧土体沉降而引起的,若群桩中各桩表面单位面积所分担的土体重量小于单桩的负摩阻力极限值,将导致基桩负摩阻力降低,即显示群桩效应。计算群桩中基桩的下拉荷载时,应乘以群桩效应系数 $\eta_n < 1$。

相关规范推荐按等效圆法计算其群桩效应,即独立单桩单位长度的负摩阻力由相应长度范围内半径 r_e 形成的土体重量与之等效,得

$$\pi d q_s^n = \left(\pi r_e^2 - \frac{\pi d^2}{4} \right) \gamma_m \tag{10.14}$$

可得

$$r_e = \sqrt{\frac{d q_s^n}{\gamma_m} + \frac{d^2}{4}} \tag{10.15}$$

式中　r_e——等效圆半径(m);

d——桩身直径(m);

q_s^n——单桩平均极限负摩阻力标准值(kPa);

γ_m——桩侧土体加权平均重度(kN/m³),地下水位以下取浮重度。

如图 10.8 所示,以群桩各基桩中心为圆心,以 r_e 为半径作圆,由各圆的相交点作矩形。矩形面积 $A_r = s_{ax} \cdot s_{ay}$ 与圆面积 $A_e = \pi r_e^2$ 之比,即为《桩规》中的负摩阻力群桩效应系数 η_n。

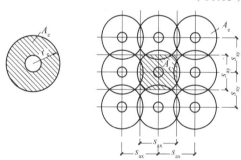

图 10.8　群桩效应系数计算示意

5.4.4　桩侧负摩阻力及其引起的下拉荷载,当无实测资料时可按下列规定计算:

2　考虑群桩效应的基桩下拉荷载可按下式计算:

$$Q_g^n = \eta_n \cdot u \sum_{i=1}^n q_{si}^n l_i \tag{5.4.4-3}$$

$$\eta_n = s_{ax} \cdot s_{ay} \bigg/ \left[\pi d \left(\frac{q_s^n}{\gamma_m} + \frac{d}{4} \right) \right] \tag{5.4.4-4}$$

式中　n——中性点以上土层数;

l_i——中性点以上第 i 土层的厚度;

η_n——负摩阻力群桩效应系数;

s_{ax}、s_{ay}——纵、横向桩的中心距;

q_s^n——中性点以上桩周土层厚度加权平均负摩阻力标准值;

γ_m——中性点以上桩周土层厚度加权平均重度(地下水位以下取浮重度)。

对于**单桩基础或按式(5.4.4-4)计算的群桩效应系数 $\eta_n > 1$ 时,取 $\eta_n = 1$。**

6. 考虑负摩阻力的基桩竖向承载力计算步骤

（1）确定考虑负摩阻力的使用条件及计算下拉荷载的桩型（端承桩）。

《桩规》第 5.4.2 条及第 5.4.3 条

（2）桩周软弱土层下限深度 l_0、中性点深度 l_n。

《桩规》表 5.4.4-2（注释）

（3）桩周土体的平均竖向有效应力 σ'_i（γ_i、γ_e、Δz_i、Δz_e、$\sigma'_{\gamma i}$、p）。

《桩规》式（5.4.4-2）

（4）负摩阻力系数 ζ_n。

《桩规》表 5.4.4-1

（5）第 i 层土桩侧负摩阻力标准值 q_{si}^n（$\leqslant q_{sik}$）。

《桩规》式（5.4.4-1）

（6）$q_s^n = \dfrac{\sum q_{si}^n l_i}{l_n}$、$\gamma_m = \dfrac{\sum \gamma_i l_i}{l_n}$、群桩效应系数 η_n（$\eta_n \leqslant 1$）。

《桩规》式（5.4.4-4）

（7）下拉荷载 Q_g^n（只计算中性点深度以上部分）。

《桩规》式（5.4.4-3）

（8）基桩承载力验算。

《桩规》第 5.4.3 条

需要注意的是，在计算桩周土体的平均竖向有效应力 σ'_i 或 $\sigma'_{\gamma i}$ 时，应从地表起算至基桩的负摩阻力中性点，计算深度为 $\sum d_i + l_n$（$\sum d_i$ 为承台底面以上各土层的总厚度）；而在计算负摩阻力产生的下拉荷载 Q_g^n 以及群桩效应系数中涉及的 q_s^n、γ_m 时，应从承台底起算至中性点，计算深度为 l_n。

10.3.3   抗拔桩基承载力验算

由于近年来地下空间的开发利用及民用建筑中地下车库等构筑物的大量兴建，导致桩基的抗浮尤其是南方高水位地区成为一个新的焦点。桩在上拔荷载下的承载和破坏机理与其在受压荷载作用下有很大区别，就建筑工程领域而言，基桩的抗拔设计领域积累的经验较少，试验研究工作也处在起步或逐步深化阶段，因此《桩规》的内容也相对简单，有些处于研究阶段的成果尚未纳入。

基桩的抗拔承载与破坏机理主要有以下特点。

（1）既有的各类试验资料表明，各种抗拔桩型的侧阻力均低于抗压桩。根据从后张预应力灌注桩的抗拔侧阻力明显高于普通抗拔灌注桩这一结果，发现与抗压桩相反的负泊松效应（桩身在轴向拉力作用下出现内缩 $-\mu_{\varepsilon z}$）使作用于桩侧表面的径向应力松弛是导致侧阻力降低的原因。

（2）等截面桩与扩底桩、短桩与长桩、不同地层土性和竖向分布特点，在拉拔荷载下的承载机理和破坏形态差异较大。

（3）抗压桩的设计既要发挥侧阻力也要发挥端阻力，并着重于将荷载传递至深部坚硬土层，桩径、桩长变幅大；抗拔桩是利用桩侧土层侧阻力承受上拔荷载，无须将荷载传递到地基深部，桩径、桩长相对于抗压桩小。

1. 等截面单桩的抗拔破坏形态

抗拔单桩的破坏形态主要有圆柱形剪切破坏、倒锥形剪切破坏以及复合型破坏三种。

中等长度（$l/d > 6$）以上的桩在拉拔荷载作用下，桩侧阻力剪切破坏面呈圆柱面分布于桩周，如图 10.9（a）所示。对于挤土预制桩和硬黏土中的灌注桩，其侧阻力剪切破坏面位于桩土界面；对于砂土、黏性土、粉土中的灌注桩，其剪切破坏面一般发生于紧贴桩表面的硬壳层外的土体中。

对于砂砾、碎石、含砂砾黏性土等土层中的短粗（$l/d \leqslant 6$）抗拔灌注桩和后注浆灌注桩，灌注混凝土或后注浆时浆液渗入桩侧土体中导致桩侧抗拔阻力显著增强,而桩长范围倒锥形土体重量小于桩的总抗拔侧阻力,从而形成桩土结合为整体并呈倒锥体破坏,如图 10.9(b)所示。

当地表土质为粗粒土,经灌注混凝土或后注浆导致抗拔侧阻力大幅提高,受拔时可能形成桩体上部呈倒锥体破坏,而下部呈圆柱面剪切的复合型破坏,如图 10.9(c)所示。

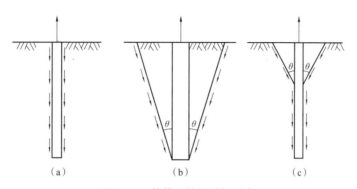

图 10.9　等截面桩的破坏形态

(a)圆柱形破坏　(b)倒锥体破坏　(c)复合型破坏

2. 扩底灌注桩单桩的抗拔破坏形态

当桩的长径比较小($l/D<4$),桩周为高渗浆率的砂、砾、碎石、含砂黏性土时,桩侧阻力高,拉拔荷载下剪切破坏面发生于扩底外缘以上的土体中,形成桩土结合为整体的圆柱形破坏,如图 10.10(a)所示。

如图 10.10(b)所示,当桩的长径比较大($l/D \geqslant 4$),扩底端以上形成压缩剪切区段,其柱形剪切破坏区段长度 l_b 随土体的性质而变化,但基本在(4~10) d 范围内变动,对于软土约为 $4d$,对于卵、砾石为(7~10) d 。该扩径压剪区段以上,剪切破坏缩小至桩周硬壳层外表或桩土界面,绝大部分扩底抗拔桩均呈这种复合型破坏。

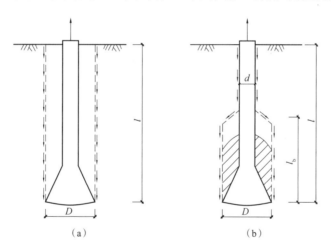

图 10.10　扩底抗拔灌注桩的破坏形态

(a)圆柱形破坏　(b)复合型破坏

3. 单桩破坏时的抗拔承载力计算

考虑到不同桩型在不同破坏形态下剪切破坏面的不确定性,要精确计算桩周剪切破坏面的参数是很难做到的。为了便于工程计算和设计,《桩规》中所列的单桩抗拔承载力的计算方法,对于普通灌注桩和预应力空心桩是基于图 10.9(a)所示的圆柱形破坏形态,而对于扩底灌注桩则是基于图 10.10(b)所示的复合型破坏形态。同时,以抗拔桩试验资料为基础,采用抗压极限承载力计算模式乘以抗拔系数 λ 的经验性公式进行计算,这样可以通过侧阻力极限值的调整反映剪切破坏面的不确定性。

从相关工程试验中得出的单桩抗拔抗压极限承载力之比,即抗拔系数 λ 的统计结果可以得出,灌注桩高于预制桩,长桩高于短桩,黏性土高于砂土。因此, λ 的实际取值应考虑以下三个因素。

(1)桩身的负泊松效应。如前所述,除后张无黏结预应力抗拔灌注桩外,其余抗拔桩均因泊松效应导致抗拔侧阻力低于抗压侧阻力。

（2）桩的长径比。考虑到砂土上拔松动效应和泊松效应均随长径比增加而降低，《桩规》规定当桩的长径比 $l/d<20$ 时，λ 取较低值。

（3）桩周土的性质。桩侧为砂土时，在拉拔荷载下的剪切破坏强度由桩与砂土之间的摩擦系数 $\tan\varphi_i$（φ_i 为桩侧第 i 层土的内摩擦角）以及作用于桩侧的竖向有效应力 $\sigma_{\gamma i}$ 提供，即 $q_{sik}=k\sigma_{\gamma i}\tan\varphi_i$（$k$ 为土的侧压力系数）；当桩侧为黏性土或粉土时，由于土颗粒间黏聚力的存在，此时 $q_{sik}=c_i+k\sigma_{\gamma i}\tan\varphi_i$，由于有效应力 $\sigma_{\gamma i}$ 受桩体上拔的松动效应而降低，故相比之下，砂土的抗拔侧阻力要低于黏性土。

5.4.6 群桩基础及其基桩的抗拔极限承载力的确定应符合下列规定。

1 对于设计等级为甲级和乙级建筑桩基，基桩的抗拔极限承载力应通过现场单桩上拔静荷载试验确定。单桩上拔静荷载试验及抗拔极限承载力标准值取值可按现行行业标准《建筑基桩检测技术规范（JGJ 106—2014）》进行。

2 如无当地经验时，群桩基础及设计等级为丙级建筑桩基，基桩的抗拔极限载力取值可按下列规定计算。

1）群桩呈非整体破坏时，基桩的抗拔极限承载力标准值可按下式计算：

$$T_{uk}=\sum\lambda q_{sik}u_i l_i \tag{5.4.6-1}$$

式中　T_{uk}——基桩抗拔极限承载力标准值；

　　　u_i——桩身周长，对于等直径桩取 $u=\pi d$，**对于扩底桩按表 5.4.6-1 取值**；

　　　q_{sik}——桩侧表面第 i 层土的抗压极限侧阻力标准值，可按本规范表 5.3.5-1 取值；

　　　λ_i——抗拔系数，可按表 5.4.6-2 取值。

表 5.4.6-1　扩底桩破坏表面周长 u_i

自桩底起算的长度 l_i	$\leqslant(4\sim10)d$	$>(4\sim10)d$
u_i	πD	πd

注：l_i 对于软土取低值，对于卵石、砾石取高值；l_i 取值按内摩擦角大而增加。

表 5.4.6-2　抗拔系数 λ

土类	λ 值
砂土	0.50~0.70
黏性土、粉土	0.70~0.80

注：桩长 l 与桩径 d 之比小于 20 时，λ 取小值。

4. 群桩整体破坏时基桩的抗拔承载力计算

《桩规》有如下规定。

5.4.6 群桩基础及其基桩的抗拔极限承载力的确定应符合下列规定。

2）群桩呈整体破坏时，基桩的抗拔极限承载力标准值可按下式计算：

$$T_{uk}=\frac{1}{n}u_l\sum\lambda_i q_{sik}l_i \tag{5.4.6-2}$$

式中　u_l——桩群外围周长。

5. 基桩抗拔承载力验算

《桩规》有如下规定。

5.4.5 承受拔力的桩基，应按下列公式同时验算群桩基础呈整体破坏和呈非整体破坏时基桩的抗拔承载力：

$$N_k\leqslant T_{gk}/2+G_{gp} \tag{5.4.5-1}$$

$$N_k \leqslant T_{uk}/2 + G_p \tag{5.4.5-2}$$

式中　N_k——按荷载效应标准组合计算的基桩拔力；

　　　T_{gk}——群桩呈整体破坏时基桩的抗拔极限承载力标准值，可按本规范第 5.4.6 条确定；

　　　T_{uk}——群桩呈非整体破坏时基桩的抗拔极限承载力标准值，可按本规范第 5.4.6 条确定；

　　　G_{gp}——群桩基础所包围体积的**桩土总自重除以总桩数，地下水位以下取浮重度**；

　　　G_p——**基桩自重，地下水位以下取浮重度，对于扩底桩应按本规范表 5.4.6-1 确定桩、土柱体周长，计算桩、土自重。**

10.4　桩基水平承载力与位移

10.4.1　单桩的水平承载性状

桩在水平荷载的作用下发生变位，会促使桩周土发生变形而产生抗力。当水平荷载较小时，该抗力主要由地表一定深度的土体提供，土体的变形也主要是弹性压缩变形；随着水平荷载的增大以及桩水平位移的加大，表层土逐步产生塑性屈服，水平荷载向更深处的土层传递。当发生以下任一种情况时，基桩的水平承载力达到极限：

（1）桩周土丧失稳定；

（2）桩身断裂；

（3）桩顶水平位移过大而影响正常使用。

影响单桩水平承载力和位移的主要因素包括桩身截面抗弯刚度、材料强度、桩的边界条件（桩周土质条件、桩顶入土深度、桩顶约束条件等）以及建筑物的性质等。对于低配筋率的灌注桩，由于桩身抗弯性能较差，通常由于桩身断裂而破坏，水平承载力由桩身强度控制；对于抗弯性能较好的钢筋混凝土桩和钢桩，桩身虽未断裂，但会由于桩侧土体塑性隆起而失效，水平承载力受桩周土体的性质控制；桩周土质越好，桩入土越深，土的抗力越大，单桩水平承载力也就越高；为保证建筑物的正常使用，根据工程经验，一般应控制桩顶水平位移不超过 10 mm（对水平位移敏感的建筑结构不应大于 6 mm），超过该限值时则认为单桩水平承载力达到极限状态。

另外一些影响单桩水平承载力的因素还有桩顶的嵌固条件和群桩中各桩的相互影响。当有刚性承台约束时，桩顶只能产生平动而不能自由转动，在同样的水平荷载下，刚性约束使桩顶的水平位移减小，但也使桩顶的弯矩加大。群桩的影响表现为在刚性承台的约束下，水平荷载使各桩发生水平位移，前排桩的位移所留下的空隙使后排桩的抗力减小；当桩数较多且桩距较小时，这种影响尤为显著。

此外，当桩基承台周围的土未经扰动或者回填土经过夯击密实时，可计入周围土对于承台的水平抗力，这有助于减少作用于桩上的水平荷载。

根据水平力作用下单桩的承载变形性状，可将桩分为刚性桩、半刚性桩、柔性桩。

1. 刚性桩

如图 10.11（a）所示，当桩的长径比很小且桩顶自由时，由于桩的刚度相对于周边土体来说很大，单桩达到水平极限承载力时桩身几乎不产生挠曲变形，而是绕着桩的底端做刚体转动，桩全长范围内的土体均达到屈服，故称为刚性桩。如图 10.11（d）所示，当桩的长径比很小且桩顶嵌固时，破坏时桩身发生刚体平动，桩前土体屈服。

2. 半刚性桩

如图 10.11（b）所示，当桩的长径比较大且桩顶自由时，在水平荷载作用下桩身会发生挠曲变形，但桩身的位移曲线上只有一个位移零点，桩侧土体的屈服深度随水平荷载的增加而向下扩展，桩身最大弯矩也由于上部土抗力减小而向下部转移。若桩身为抗弯刚度较低的低配筋率灌注桩，破坏通常由桩身的断裂引起，若桩身为强度很高的钢桩或高配筋率灌注桩，则破坏通常由于桩侧土体的塑性挤出或桩的水平位移过大而引起。

如图 10.11(e)所示,当半刚性桩的桩顶嵌固时,桩顶将出现较大的反向固端弯矩,与桩顶自由情况下的单桩相比,桩顶嵌固时的桩身弯矩相应减小,桩顶位移大大减小。随着水平荷载的加大,桩顶以及桩身最大弯矩处相继出现塑性铰,单桩水平承载力达到极限值。当桩身强度较高时,水平承载力由桩顶的水平位移控制。

3. 柔性桩

当桩的长径比足够大且桩顶自由或桩顶嵌固时(图 10.11(c)(f)),在水平荷载作用下桩身位移曲线中会出现 2 个以上位移零点及弯矩零点,且位移和弯矩随深度衰减很快。计算时,桩长可视为无限长,其破坏性状与半刚性桩类似,称其为柔性桩或弹性长桩。

半刚性桩和柔性桩统称为弹性桩。刚性桩、半刚性桩、柔性桩三者的划分界限与理论计算方法中所采用的地基土水平反力系数 K_z 的分布特性有关,但划分均依据桩折算长度 $\bar{h}=\alpha h$ 的大小而定。当采用 m 法分析计算时,α 为桩土相对变形系数,h 为桩的入土深度(图 10.11),相应的界限为 $\alpha h \leq 2.5$ 时为刚性桩,$2.5<\alpha h<4.0$ 时为半刚性桩,$\alpha h \geq 4.0$ 为弹性长桩,相关概念详见后续。

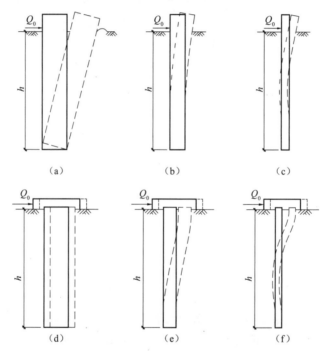

图 10.11　水平荷载作用下单桩的承载性状示意

(a)桩顶自由刚性桩　(b)桩顶自由半刚性桩　(c)桩顶自由柔性桩　(d)桩顶嵌固刚性桩　(e)桩顶嵌固半刚性桩　(f)桩顶嵌固柔性桩

10.4.2　单桩水平静载试验

对于单桩水平静载试验要点,《地规》附录 S 有如下规定。

附录S　单桩水平荷载试验要点

S.0.1　单桩水平静荷载试验宜采用**多循环加卸载试验法**,当需要测量桩身应力或应变时宜采用慢速维持荷载法。

S.0.2　施加水平作用力的作用点宜与实际工程承台底面标高一致。试桩的竖向垂直度偏差不宜大于 1%。

S.0.3　采用千斤顶顶推或采用牵引法施加水平力。力作用点与试桩接触处宜安设球形铰,并保证水平作用力与试桩轴线位于同一平面。

S.0.4　桩的水平位移宜采用位移传感器或大量程百分表测量,在力作用水平面试桩两侧应对称安装两个百分表或位移传感器。

S.0.5　固定百分表的基准桩应设置在试桩及反力结构影响范围以外。当基准桩设置在与加荷轴线垂直方向上或试桩位移相反方向上,净距可适当减小,但不宜小于 2 m。

S.0.6　采用顶推法时,反力结构与试桩之间净距不宜小于 3 倍试桩直径,采用牵引法时不宜小于 10 倍试桩直径。

S.0.7　多循环加载时,**荷载分级**宜取设计或预估极限水平承载力的 1/15~1/10。每级荷载施加后,维持恒载 4 min 测读水平位移,然后卸载至零,停 2 min 测读水平残余位移,至此完成一个加卸载循环,如此循环 5 次即完成一级荷载的试验观测。试验不得中途停歇。

S.0.8　慢速维持荷载法的加卸载分级、试验方法及稳定标准应符合本规范第 Q.0.5 条、第 Q.0.6 条、第 Q.0.7 条的规定。

S.0.9　当出现下列情况之一时,**可终止加载**:

　　1　在恒定荷载作用下,水平位移急剧增加;

　　2　水平位移超过 30~40 mm(软土或大直径桩时取高值);

　　3　桩身折断。

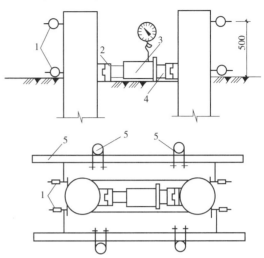

图 S.0.3　单桩水平静荷载试验示意

1—百分表;2—球铰;3—千斤顶;4—垫块;5—基准梁

S.0.10　单桩**水平极限荷载 H_u** 可按下列方法综合确定:

　　1　取水平力-时间-位移(H_0-t-X_0)曲线明显陡变的前一级荷载为极限荷载(图 S.0.10-1);慢速维持荷载法取 H_0-X_0 曲线产生明显陡变的起始点对应的荷载为极限荷载;

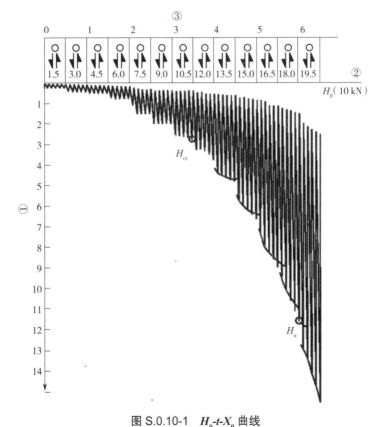

图 S.0.10-1　H_0-t-X_0 曲线

①—水平位移 X_0(mm);②—水平力;③—时间 t(h)

2 取水平力-位移梯度（H_0-$\Delta X_0/\Delta H_0$）曲线第二直线段终点对应的荷载为极限荷载（图 S.0.10-2）；

3 取桩身折断的前一级荷载为极限荷载（图 S.0.10-3）；

4 按上述方法判断有困难时，可结合其他辅助分析方法综合判定；

5 极限承载力**统计取值方法**应符合本规范第 Q.0.10 条的有关规定。

S.0.11 **单桩水平承载力特征值**应按以下方法综合确定。

1 单桩水平临界荷载（H_{cr}）可取 H_0-$\Delta X_0/\Delta H_0$ 曲线第一直线段终点或 H_0-σ_g 曲线第一拐点所对应的荷载（图 S.0.10-2、图 S.0.10-3）。

2 参加统计的试桩，当满足其①极差不超过平均值的 30% 时，可取其平均值为单桩水平极限荷载统计值；②极差超过平均值的 30% 时，宜增加试桩数量并分析极差过大的原因，结合工程具体情况确定单桩水平极限荷载统计值。

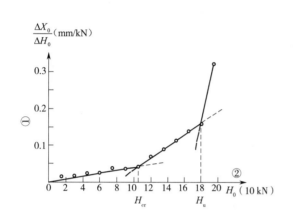

图 S.0.10-2　H_0-$\Delta X_0/\Delta H_0$ 曲线

①—位移梯度；②—水平力

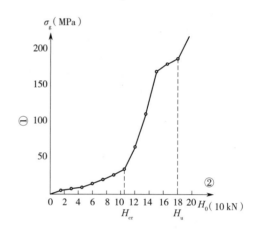

图 S.0.10-3　H_0-σ_g 曲线

①—最大弯矩点钢筋应力；②—水平力

3 当桩身不允许裂缝时，取水平临界荷载统计值的 75% 为单桩水平承载力特征值。

4 当桩身允许裂缝时，将单桩水平极限荷载统计值除以安全系数 2 为单桩水平承载力特征值，且桩身裂缝宽度应满足相关规范要求。

S.0.12 从成桩到开始试验的间隔时间应符合本规范第 Q.0.4 条的规定。

10.4.3　弹性桩的理论分析方法

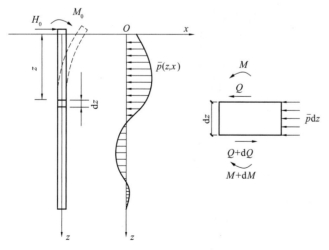

图 10.12　土体中弹性桩的受力分析模型

迄今为止，国内外计算弹性桩的方法有很多，但是大多数采用弹性地基反力法进行计算，即假定桩周土为弹性介质，用梁的弯曲理论来求解桩的水平抗力。

如图 10.12 所示，当埋置于土体中的弹性桩桩顶作用有垂直于桩轴线的水平力 H_0 及弯矩 M_0 时，桩身将会发生沿水平向 x 方向的挠曲变形，支撑桩的弹性土体将会产生连续分布反力。假定桩沿深度方向任一点 z 处单位面积上的桩侧土反力 p 为深度 z 以及该点桩身挠度 x 的函数，即 $p = \bar{p}(z,x)$。忽略桩因挠度变形引起的竖向摩阻力，在任一点 z 处取一微元段 dz 进行静力平衡分析，可得出如下弯曲微分方程：

$$EI\frac{\mathrm{d}^4 x}{\mathrm{d}z^4} + \bar{p}(z,x)b_0 = 0 \qquad (10.16)$$

式中　E——桩身材料的弹性模量（$\mathrm{kN/m^2}$）；

　　　I——桩的截面惯性矩（$\mathrm{m^4}$）；

　　　x——水平变形（m）；

　　　z——计算点至地表的深度（m）；

　　　b_0——桩的计算宽度（m）。

桩在水平力作用下不仅桩身宽度范围内的桩侧土体受到挤压作用，桩身宽度以外一定范围内的土体由于空间受力也受到一定的影响。为了将空间受力简化为平面受力，并综合考虑桩的截面形状、直径等因素，《桩规》将桩的实际宽度换算为相当于矩形截面桩的宽度 b_0。

5.7.5　桩的水平变形系数和地基土水平抗力系数的比例系数可按下列规定确定。

　　b_0——桩身的计算宽度（m）。

　　圆形桩：当直径 $d \leqslant 1\,\mathrm{m}$ 时，$b_0 = 0.9(1.5d + 0.5)$；

　　　　　　当直径 $d > 1\,\mathrm{m}$ 时，$b_0 = 0.9(d + 1)$。

　　方形桩：当边宽 $b \leqslant 1\,\mathrm{m}$ 时，$b_0 = 1.5b + 0.5$；

　　　　　　当边宽 $b > 1\,\mathrm{m}$ 时，$b_0 = b + 1$。

为简化计算，不考虑桩土界面上的黏着力和摩阻力，将地基土这一线弹性体采用 winkler 离散线弹簧等效，则单桩在任一深度 z 处的桩侧土反力与该点的水平位移 x 成正比，即

$$\bar{p}(z,x) = K_h(z)x \qquad (10.17)$$

式中　$K_h(z)$——桩侧土的水平抗力系数，或称为水平基床系数（$\mathrm{kN/m^3}$）。

桩侧土的水平抗力系数 $K_h(z)$ 的大小与分布，直接影响到微分方程式（10.16）的求解。$K_h(z)$ 与桩身参数（材料性质、桩身截面形状等）、受荷类型以及桩侧土的物理力学性质等因素有关。对水平抗力系数 $K_h(z)$ 分布假设的不同，也会导致计算结果的不同。根据工程实践，采用较多的为如图 10.13 所示的 3 种基本假定，它们的基本表达式为

$$K_h(z) = k_h z^n \qquad (10.18)$$

式中　k_h——桩侧土抗力系数的比例系数。

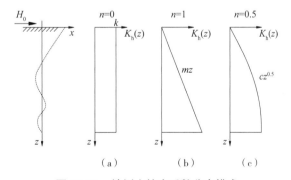

图 10.13　桩侧土抗力系数分布模式

（a）K 法　（b）m 法　（c）C 法

1. K 法

目前，国内外一般规定桩顶的水平位移限值为 6~10 mm，桩周土体在这样的水平位移范围内，桩身任一点的土体抗力与桩身位移可近似视为线性关系。如图 10.13（a）所示，该方法假定 $n=0$，则水平抗力系数 $K_h(z)$ 沿桩的深度方向为常数 k。此时水平抗力系数 $K_h(z)$ 中的两个参量简化为单一参数。

2. m 法

如图 10.13(b)所示,该方法假定 $n=1$,则水平抗力系数 $K_h(z)=mz$,其沿桩的深度方向呈正比例增加。

3. C 法

如图 10.13(c)所示,该方法假定 $n=0.5$,则水平抗力系数 $K_h(z)=cz^{0.5}$,其沿桩的深度方向呈抛物线形变化。

工程实测资料与上述计算结果的对比表明,对于正常固结的黏性土和一般砂土,按弹性地基反力理论中的 m 法和 C 法计算值较接近实际,当桩的水平位移较大时,大多数情况下 m 法的计算结果较接近实际。

分析桩侧土的水平抗力系数分布模式可知,K 法假定水平抗力系数沿深度呈常数分布,适用于超固结黏土中的桩基计算,m 法和 C 法的水平抗力系数均随深度的增加而增加,两者的计算结果差别不大,但 m 法计算的桩身弯矩略大于 C 法。

10.4.4 单桩挠曲线微分方程的求解

对于正常固结的黏性土和一般砂土,很难确定采用 K 法、m 法、C 法中的哪一种方法更为合理。尽管它们采用的指数 n 不同,但是对比分析表明,三种分析方法在地面下 3~5 倍桩径深度范围内的计算结果较为接近。相比之下,因 m 法的图示较为简单,在我国铁路、交通、水利等领域应用较多,《桩规》同样也推荐使用该方法作为计算桩基水平承载力与位移的基本理论方法。

令指数 $n=1$,并联立式(10.16)、式(10.17)、式(10.18)可得

$$\frac{\mathrm{d}^4 x}{\mathrm{d} z^4} + \frac{mb_0}{EI} zx = 0 \tag{10.19}$$

为方便后续求解,令 $\alpha = \left(\frac{mb_0}{EI} \right)^{\frac{1}{5}}$,$\alpha$ 称为桩-土相对柔度系数或变形系数,则式(10.19)可表示为

$$\frac{\mathrm{d}^4 x}{\mathrm{d} z^4} + \alpha^5 zx = 0 \tag{10.20}$$

根据图 10.12,可知求解上述微分方程的如下(桩土交界处)边界条件:

$$x\big|_{z=0} = x_0 \ ; \ \frac{\mathrm{d} x}{\mathrm{d} z}\bigg|_{z=0} = \varphi_0 \ ; \ EI \frac{\mathrm{d}^2 x}{\mathrm{d} z^2}\bigg|_{z=0} = M_0 \ ; \ EI \frac{\mathrm{d}^3 x}{\mathrm{d} z^3}\bigg|_{z=0} = H_0$$

假定式(10.20)的解可用幂级数表示为 $z= \sum a_i z^i$,用待定系数法求出 a_i,经整理可得桩身距地表任一深度 z 处的水平位移 $x(z)$、转角 $\varphi(z)$、弯矩 $M(z)$、剪力 $H(z)$ 分别为

$$\left. \begin{aligned} x(z) &= x_0 A_1(\alpha z) + \frac{\varphi_0}{\alpha} B_1(\alpha z) + \frac{M_0}{\alpha^2 EI} C_1(\alpha z) + \frac{H_0}{\alpha^3 EI} D_1(\alpha z) \\ \frac{\varphi(z)}{\alpha} &= x_0 A_2(\alpha z) + \frac{\varphi_0}{\alpha} B_2(\alpha z) + \frac{M_0}{\alpha^2 EI} C_2(\alpha z) + \frac{H_0}{\alpha^3 EI} D_2(\alpha z) \\ \frac{M(z)}{\alpha^2 EI} &= x_0 A_3(\alpha z) + \frac{\varphi_0}{\alpha} B_3(\alpha z) + \frac{M_0}{\alpha^2 EI} C_3(\alpha z) + \frac{H_0}{\alpha^3 EI} D_3(\alpha z) \\ \frac{H(z)}{\alpha^3 EI} &= x_0 A_4(\alpha z) + \frac{\varphi_0}{\alpha} B_4(\alpha z) + \frac{M_0}{\alpha^2 EI} C_4(\alpha z) + \frac{H_0}{\alpha^3 EI} D_4(\alpha z) \end{aligned} \right\} \tag{10.21}$$

式中 $A_j, B_j, C_j, D_j (j=1,2,3,4)$——与 αz 有关的系数。

若令 $i=1,2,3,4$ 分别代表 A、B、C、D,则式(10.21)中各系数的通式可表示为

$$e_{ij} = f_{ij} + \sum_{k=1}^{\infty} (-1)^k \frac{(5k+i-5)!!}{(5k+i-j)!} (\alpha z)^{5k+i-j} \tag{10.22-a}$$

$$f_{ij} = \begin{cases} (\alpha z)^{i-j}/(i-j)! & i \geq j \\ 0 & i < j \end{cases} \tag{10.22-b}$$

利用桩土交界面 $z=0$ 处水平力及弯矩与位移和转角的关系,文献[35]通过推导得出式(10.21)的简化表

达式为

$$x(z) = \frac{H_0}{\alpha^3 EI} A_x + \frac{M_0}{\alpha^2 EI} B_x = \frac{H_0}{\alpha^3 EI}(A_x + C_1 B_x) \qquad (10.23\text{-a})$$

$$\varphi(z) = \frac{H_0}{\alpha^2 EI} A_\varphi + \frac{M_0}{\alpha EI} B_\varphi = \frac{H_0}{\alpha^2 EI}(A_\varphi + C_1 B_\varphi) \qquad (10.23\text{-b})$$

$$M(z) = \frac{H_0}{\alpha} A_M + M_0 B_M = \frac{H_0}{\alpha}(A_M + C_1 B_M) \qquad (10.23\text{-c})$$

$$H(z) = H_0 A_V + \alpha M_0 B_V = H_0(A_V + C_1 B_V) \qquad (10.23\text{-d})$$

式中　$C_1(\alpha M_0/H_0)$、A_x、B_x、A_φ、B_φ、A_M、B_M、A_V、B_V——与折算深度 αz、折算长度 αh 及桩端支撑或约束情况有关的系数。

根据前述可知,对于 $\alpha h \geqslant 4.0$ 的弹性长桩,水平荷载作用下桩身将出现 2 个及以上的位移零点和弯矩零点,且位移及弯矩随深度的增加衰减很快,因此当 $\alpha h \geqslant 4.0$ 时,可近似取 $\alpha h = 4.0$,即认为在 $z \geqslant 4.0/\alpha$ 的桩身处,M_z、Q_z 均为零,这样所得的计算结果与实际差别很小。

对于桩端支承于土体中的情况,式(10.23)中的部分系数可按表 10.2 查得。同时,按式(10.23)计算所得的桩身内力、变形随深度的分布如图 10.14 所示。

表 10.2　m 法计算长桩内力变形的无量纲系数表

换算深度 $\bar{z} = \alpha z$	A_x	B_x	A_φ	B_φ	A_M	B_M
0.0	2.441	1.621	−1.621	−1.751	0	1
0.1	2.279	1.451	−1.616	−1.651	0.100	1
0.2	2.118	1.291	−1.601	−1.551	0.197	0.998
0.3	1.959	1.141	−1.577	−1.451	0.290	0.994
0.4	1.803	0.100 1	−1.543	−1.352	0.377	0.986
0.5	1.650	0.870	−1.502	−1.254	0.458	0.975
0.6	1.503	0.750	−1.452	−1.157	0.529	0.959
0.7	1.360	0.639	−1.396	−1.062	0.592	0.938
0.8	1.224	0.537	−1.334	−0.970	0.646	0.913
0.9	1.094	0.445	−1.267	−0.880	0.689	0.884
1.0	0.970	0.361	−1.196	−0.793	0.723	0.851
1.2	0.746	0.219	−1.047	−0.630	0.762	0.774
1.4	0.552	0.108	−0.894	−0.484	0.765	0.687
1.6	0.388	0.024	−0.743	−0.356	0.737	0.594
1.8	0.254	−0.036	−0.601	−0.247	0.685	0.499
2.0	0.147	−0.076	−0.471	−0.156	0.614	0.407
3.0	−0.087	−0.095	−0.070	0.063	0.193	0.076
4.0	−0.108	−0.015	−0.003	0.085	0	0

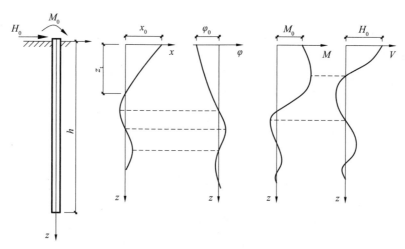

图 10.14　水平荷载作用下弹性长桩的内力和变形

当桩顶固接时,应有 $\varphi_0=0$,结合式（10.23）可得

$$C_1 = -\frac{A_\varphi(0)}{B_\varphi(0)}$$

（10.24）

式中　$A_\varphi(0)$、$B_\varphi(0)$——折算深度 $\alpha z=0$,即地表处的 A_φ、B_φ 值,可通过查表 10.2 求得。

由此,桩顶嵌固且转角为零的弹性长桩,桩身变形和弯矩可按下式进行估算:

$$x(z) = (A_x - 0.93B_x)\frac{H_0}{\alpha^3 EI}$$

（10.25-a）

$$M(z) = (A_M - 0.93B_M)\frac{H_0}{\alpha}$$

（10.25-b）

10.4.5　m 统计值

根据前面微分方程的求解可知,按 m 法计算桩的水平承载力时,桩的水平变形系数 $\alpha = \left(\frac{mb_0}{EI}\right)^{\frac{1}{5}}$ 由桩身计算宽度 b_0、桩身抗弯刚度 EI 以及土的水平抗力系数沿深度变化的比例系数 m 确定。因此,实质上在应用 m 法进行桩在水平荷载作用下的理论分析时,反映地基土性质的参数是桩侧土抗力系数的比例系数,即 m 值。

这里应指出,m 值对于同一根桩并非定值,而是与荷载呈非线性关系,低荷载水平下 m 值较高,随荷载增加及桩侧土的塑性区逐渐扩展而降低。因此,m 取值应与实际荷载、允许位移相适应。

当桩顶作用有水平力而无弯矩时,根据式（10.23-a）可得

$$x_{cr} = \frac{H_{cr}}{\alpha^3 EI}A_x$$

（10.26-a）

式中　H_{cr}——桩顶临界水平荷载;

x_{cr}——桩顶临界水平荷载对应的水平位移。

进一步变化可得

$$m = \frac{\left(\frac{H_{cr}}{x_{cr}}A_x\right)^{\frac{5}{3}}}{b_0(EI)^{\frac{2}{3}}}$$

（10.26-b）

对于低配筋率（$\rho<0.65\%$）的灌注桩,通常是桩身先出现裂缝,随后断裂破坏。此时,单桩水平承载力由桩身强度控制。因此,在确定低配筋率桩的 m 值时,应通过水平静载试验中确定的 H_{cr} 及对应的 x_{cr} 代入式

（10.26-b）中求解。

对于抗弯性能强的桩,如高配筋率（$\rho \geq 0.65\%$）的混凝土预制桩和钢桩,桩身虽未断裂,但由于桩侧土体塑性隆起,或桩顶水平位移超过使用允许值,也认为桩的水平承载力达到极限状态。此时,单桩水平承载力由位移控制。在确定这类桩的 m 值时,则应取桩顶允许位移 χ_{0a}（6 mm 或 10 mm）及其对应的荷载按上式进行计算。

根据所收集到的具有完整资料参加统计的试桩,灌注桩 114 根,相应桩径 d=300~1 000 mm,其中 d=300~600 mm 占 60%;预制桩 85 根。统计前,将水平承载力主要影响深度 2（d+1）内的土层划分为 5 类,然后分别按式（10.26-b）计算 m 值。对各类土层的实测 m 值采用最小二乘法统计,按可靠度大于 95%取 m 值置信区间。《桩规》给出了统计经验值 m 值,由于给出的预制桩、钢桩的 m 值是根据水平位移为 10 mm 时求得,故当其位移小于 10 mm 时,m 值应予适当提高;对于灌注桩,当水平位移大于表列值时,则应将 m 值适当降低。

5.7.5 桩的水平变形系数和地基土水平抗力系数的比例系数可按下列规定确定:

1 桩的水平变形系数 α（1/m）

$$\alpha = \sqrt[5]{\frac{mb_0}{EI}} \qquad (5.7.1)$$

式中 m——桩侧土水平抗力系数的比例系数;

b_0——桩身的计算宽度（m）,对于圆形桩,当直径 $d \leq 1$ m 时, b_0=0.9（1.5d+0.5）,当直径 d>1 m 时, b_0=0.9（d+1）;对于方形桩,当边宽 $b \leq 1$ m 时,b_0=1.5b+0.5,当边宽 b>1 m 时,b_0=b+1;

EI——桩身抗弯刚度,按本规范第 5.7.2 条的规定计算。

2 地基土水平抗力系数的比例系数 m,宜通过单桩水平静载试验确定,当无静载试验资料时,可按表 5.7.5 取值。

表 5.7.5 地基土水平抗力系数的比例系数 m 值

序号	地基土类别	预制桩、钢桩		灌注桩	
		m(MN/m⁴)	相应单桩在地面处的水平位移（mm）	m(MN/m⁴)	相应单桩在地面处的水平位移（mm）
1	淤泥、淤泥质土;饱和湿陷性黄土	2~4.5	10	2.5~6	6~12
2	流塑（I_L>1）、软塑（0.75<I_L≤1）状黏性土;e>0.9粉土;松散粉细砂;松散、稍密填土	4.5~6.0	10	6~14	4~8
3	可塑（0.25<I_L≤0.75）状黏性土、湿陷性黄土;e=0.75~0.9粉土;中密填土;稍密细砂	6.0~10	10	14~35	3~6
4	硬塑（0<I_L≤0.25）、坚硬（I_L≤0）状黏性土、湿陷性黄土;e<0.75粉土;中密的中粗砂;密实老填土	10~22	10	35~100	2~5
5	中密、密实的砾砂、碎石类土	—	—	100~300	1.5~3

注:1. 当桩顶水平位移大于表列数值或灌注桩配筋率较高（≥0.65%）时,m 值应适当降低;当预制桩的水平向位移小于 10 mm 时,m 值可适当提高;

2. 当水平荷载为长期或经常出现的荷载时,应将表列数值乘以 0.4 降低采用;

3. 当地基为可液化土层时,应将表列数值乘以本规范表 5.3.12 中相应的系数 ψ_l。

10.4.6 单桩基础的基桩水平承载力

对于桩基的水平承载力设计与位移控制,《桩规》有如下规定。

> **5.7.1** 受水平荷载的一般建筑物和水平荷载较小的高大建筑物单桩基础和群桩中基桩应满足下式要求：
>
> $$H_{ik} \leq R_h \tag{5.7.1}$$
>
> 式中　H_{ik}——在荷载效应**标准组合**下，作用于基桩 i 桩顶处的水平力；
>
> 　　　R_h——单桩基础或群桩中基桩的水平承载力特征值，对于单桩基础，可取单桩的水平承载力特征值 R_{ha}。

根据上节可知，单桩水平承载力可分为受桩身强度控制和桩顶水平位移控制两种工况。对于受水平荷载较大的建筑桩基，应通过现场单桩水平承载力试验确定单桩水平承载力特征值。对于初设阶段则可通过《桩规》给出的按桩身承载力控制和按桩顶水平位移控制的方法分别进行计算，最后对工程桩进行静载试验检测，以下分别进行阐述。

1. 水平静载试验确定单桩水平承载力

《桩规》有如下规定。

> **5.7.2** 单桩的水平承载力特征值的确定应符合下列规定。
>
> **1** 对于受水平荷载较大的设计等级为甲级、乙级的建筑桩基，单桩水平承载力特征值应通过单桩水平静载试验确定，试验方法可按现行行业标准《建筑基桩检测技术规范》（JGJ 106—2014）执行。
>
> **2** （编者注：**受桩顶水平位移控制的抗弯刚度较强的桩**）对于钢筋混凝土预制桩、钢桩、桩身配筋率不小于 0.65% 的灌注桩，可根据静载试验结果取地面处水平位移为 10 mm（对于水平位移敏感的建筑物取水平位移 6 mm）所对应的荷载的 75% 为单桩水平承载力特征值。
>
> **3** （编者注：**受桩身承载力控制的低配筋率灌注桩**）对于桩身配筋率小于 0.65% 的灌注桩，可取单桩水平静载试验的临界荷载的 75% 为单桩水平承载力特征值。

2. 受桩顶水平位移控制的单桩水平承载力计算

当桩顶作用有水平力而无弯矩时，从表 10.2 中查出折算深度 $\bar{z} = \alpha z = 0$ 时的 A_x 值，代入式（10.23-a）后求得的位移值 $x_{z=0}$ 便是弹性长桩在桩土交界面处的水平位移值，公式形式如式（10.26-a）。

对于受弯性能较强的高配筋率钢筋混凝土灌注桩、预制桩及钢桩，桩顶水平位移 x_0 是控制单桩水平承载力的主要因素。当已知桩顶水平位移的允许值 χ_{0a} 后，将其代入式（10.26-a）并进行变换后可得单桩水平承载力极限值 H_{cr} 为

$$H_{cr} = \frac{\alpha^3 EI}{A_x} \chi_{0a} \tag{10.27}$$

《桩规》取式（10.27）所得临界荷载 H_{cr} 的 75% 作为受桩顶水平位移控制的单桩水平承载力特征值 R_a。

> **5.7.2** 单桩的水平承载力特征值的确定应符合下列规定。
>
> **6** 当桩的水平承载力由水平位移控制，且缺少单桩水平静载试验资料时，可按下式估算预制桩、钢桩、桩身配筋率不小于 0.65% 的灌注桩单桩水平承载力特征值：
>
> $$R_{ha} = 0.75 \frac{\alpha^3 EI}{v_x} \chi_{0a} \tag{5.7.2-2}$$
>
> 式中　EI——桩身抗弯刚度，对于**钢筋混凝土桩**，$EI = 0.85 E_c I_0$，其中 E_c 为混凝土弹性模量，I_0 为桩身换算截面惯性矩，**圆形截面**为 $I_0 = W_0 d_0/2$，**矩形截面**为 $I_0 = W_0 b_0/2$；
>
> 　　　χ_{0a}——桩顶允许水平位移；
>
> 　　　v_x——桩顶水平位移系数，按表 5.7.2 取值，取值方法同 v_M。

表 5.7.2 桩顶(身)最大弯矩系数 ν_M 和桩顶水平位移系数 ν_x

桩顶约束情况	桩的换算长度(αh)	ν_M	ν_x
铰接、自由	4.0	0.768	2.441
	3.5	0.750	2.502
	3.0	0.703	2.727
	2.8	0.675	2.905
	2.6	0.639	3.163
	2.4	0.601	3.526
固接	4.0	0.926	0.940
	3.5	0.934	0.970
	3.0	0.967	1.028
	2.8	0.990	1.055
	2.6	1.018	1.079
	2.4	1.045	1.095

注:1. 铰接(自由)的 ν_M 系桩身的最大弯矩系数,固接的 ν_M 系桩顶的最大弯矩系数;

2. 当 $\alpha h > 4$ 时取 $\alpha h = 1.0$。

7 验算**永久荷载控制**的桩基的水平承载力时,应将按上述 2~5 款方法确定的单桩水平承载力特征值乘以调整系数 0.80;验算**地震作用**桩基的水平承载力时,应将按上述 2~5 款方法确定的单桩水平承载力特征值乘以调整系数 1.25。

需要注意的是,对于支承于土中且桩顶铰接、自由的弹性长桩,《桩规》中给出的桩顶水平位移系数 ν_x 即为表 10.2 中折算深度 $\bar{z} = \alpha z = 0$ 时的 A_x 值;对于支承于土中且桩顶嵌固的弹性长桩,《桩规》中给出的桩顶水平位移系数 ν_x 应结合式(10.25-a)及表 10.2 中折算深度 $\bar{z} = \alpha z = 0$ 时的 A_x、B_x 值进行计算。对于刚性短桩($\alpha h \leqslant 2.5$)及弹性中长桩($2.5 < \alpha h < 4.0$)的计算,《桩规》同样给出了相应的桩顶水平位移系数 ν_x。

对于支承在岩石或嵌固在岩石中的上述刚性桩、半刚性桩、弹性长桩的桩顶水平位移系数 ν_x,可参考文献[33]。

3. 受桩身强度控制的单桩水平承载力计算

对于低配筋率的钢筋混凝土灌注桩,桩身受弯性能便成为控制单桩水平承载力的主要因素。当桩顶只有水平力而无弯矩作用时,假定在水平临界荷载 H_{cr} 作用下,桩身最大弯矩等于桩身最大抵抗弯矩 M_{cr},此时根据式(10.23-c)可得

$$H_{cr} = \frac{M_{cr}\alpha}{A_M} \tag{10.28}$$

以式(10.28)为基础,考虑轴向力及配筋率等因素,并取临界荷载 H_{cr} 的 75% 作为桩身承载力控制的单桩水平承载力特征值 R_{ha},《桩规》有如下规定。

5.7.2 单桩的水平承载力特征值的确定应符合下列规定。

4 当缺少单桩水平静载试验资料时,可按下列公式估算桩身配筋率小于 0.65% 的灌注桩的单桩水平承载力的特征值:

$$R_{ha} = \frac{0.75\alpha\gamma_m f_t W_0}{\nu_M}(1.25 + 22\rho_g)\left(1 \pm \frac{\varsigma_N N_k}{\gamma_m f_t A_n}\right) \tag{5.7.2-1}$$

式中 α——桩的水平变形系数,按本规范第 5.7.5 条确定;

R_{ha}——单桩水平承载力特征值,± 号根据桩顶竖向力性质确定,压力取"+",拉力取"-";

γ_m——桩截面模量塑性系数,**圆形**截面 $\gamma_m = 2$,**矩形**截面 $\gamma_m = 1.75$;

f_t——桩身混凝土抗拉强度设计值；

W_0——桩身换算截面受拉边缘的截面模量，**圆形**截面为 $W_0 = \dfrac{\pi d}{32}[d^2 + 2(\alpha_E - 1)\rho_g d_0^2]$，**方形**截面为

$$W_0 = \dfrac{b}{6}[b^2 + 2(\alpha_E - 1)\rho_g b_0^2]，其中 d 为桩直径，d_0 为扣除保护层厚度的桩直径，b 为方形截面边$$

长，b_0 为扣除保护层厚度的桩截面宽度，α_E 为钢筋弹性模量与混凝土弹性模量的比值；

ν_M——桩身最大弯矩系数，按表 5.7.2 取值，当单桩基础和单排桩基纵向轴线与水平力方向相垂直时，按桩顶铰接考虑；

ρ_g——桩身配率；

A_n——桩身换算截面面积，**圆形**截面为 $A_n = \dfrac{\pi d^2}{4}[1 + (\alpha_E - 1)\rho_g]$，**方形**截面为 $A_n = b^2[1 + (\alpha_E - 1)\rho_g]$；

ζ_N——桩顶竖向力影响系数，竖向压力取 0.5，竖向拉力取 1.0，± 号根据桩顶竖向力性质确定，压力取"+"，拉力取"−"；

N_k——在荷载效应标准组合下桩顶的竖向力（kN）。

表 5.7.2　桩顶（身）最大弯矩系数 ν_M 和桩顶水平位移系数 ν_x

桩顶约束情况	桩的换算长度（αh）	ν_M	ν_x
铰接、自由	4.0	0.768	2.441
	3.5	0.750	2.502
	3.0	0.703	2.727
	2.8	0.675	2.905
	2.6	0.639	3.163
	2.4	0.601	3.526
固接	4.0	0.926	0.940
	3.5	0.934	0.970
	3.0	0.967	1.028
	2.8	0.990	1.055
	2.6	1.018	1.079
	2.4	1.045	1.095

注：1. 铰接（自由）的 ν_M 系桩身的最大弯矩系数，固接的 ν_M 系桩顶的最大弯矩系数；
　　2. **当 $\alpha h > 4$ 时取 $\alpha h = 1.0$。**

　　7　验算**永久荷载控制**的桩基的水平承载力时，应将按上述 2~5 款方法确定的单桩水平承载力特征值乘以调整系数 0.80；验算**地震作用**桩基的水平承载力时，应将按上述 2~5 款方法确定的单桩水平承载力特征值乘以调整系数 1.25。

　　同样需要注意的是，对于支承于土中且桩顶铰接、自由的弹性长桩，《桩规》中给出的桩顶水平位移系数 ν_M 为表 10.2 中桩身弯矩最大处对应的 A_M 值，由于 A_M 是在桩顶和桩底为零，桩身折算深度 $\alpha z \geq 4.0$ 范围内的某一深度处最大的凸函数，查表可得，此时的 $\nu_M = 0.768$。对于其他情况，可参考有关基础工程分析与设计方面的手册，此处不再列出。

　　通过以上分析，并结合式（10.27）及式（10.28）还可以看出，由桩顶水平位移控制和桩身强度控制两种工况均受桩侧土水平抗力系数的比例系数 m 的影响，但是前者受影响较大，呈 $m^{\frac{3}{5}}$ 的关系；后者则受影响较小，呈 $m^{\frac{1}{5}}$ 的关系。

10.4.7　群桩基础的基桩水平承载力

水平荷载作用下群桩的破坏特征为桩与桩间土发生相对位移,桩上部出现裂缝并最终在距承台底一定深度处折断,位移方向一侧的土无明显的挤出现象。

建筑物的群桩基础多数为低承台,且多数带地下室,此时群桩基础所受的水平荷载由承台侧面和地下室外墙侧面的土抗力、承台底地基土摩擦力共同分担,故对带地下室且受水平荷载较大的桩基,应考虑承台-桩-土共同作用,按《桩规》附录 C 计算基桩、承台与地下室外墙水平抗力及位移,此处不再列出。

对于无地下室,作用于承台顶面的弯矩较小的情况,《桩规》采用群桩效应综合系数法,即以单桩水平承载力特征值 R_{ha} 为基础,考虑四种群桩效应,求得群桩综合效应系数 η_h,单桩水平承载力特征值乘以 η_h 即得群桩中基桩的水平承载力特征值 R_h。

1. 桩的相互影响效应系数 η_i

桩的相互影响随桩距减小、桩数增加而增大,沿荷载方向的影响远大于垂直于荷载方向,《桩规》根据 23 组双桩、25 组群桩的水平荷载试验结果的统计分析,得到相互影响系数 η_i。

$$\eta_i = \frac{\left(\dfrac{s_a}{d}\right)^{0.015n_2 + 0.45}}{0.15n_1 + 0.10n_2 + 1.9} \tag{5.7.3-3}$$

式中　η_i——桩的相互影响效应系数;

s_a/d——沿水平荷载方向的距径比;

n_1、n_2——沿水平荷载方向与垂直水平荷载方向每排桩中的桩数。

2. 桩顶约束效应系数 η_r

建筑桩基桩顶嵌入承台的深度较浅,一般为 5~10 cm,实际约束状态介于铰接与固接之间。这种有限约束连接既能减小桩顶水平位移(相对于桩顶自由),又能降低桩顶约束弯矩(相对于桩顶固接),重新分配桩身弯矩。

根据试验结果统计分析表明,由于桩顶的非完全嵌固导致桩顶弯矩降低至完全嵌固理论值的 40%左右,桩顶位移较完全嵌固增大约 25%。

为确定桩顶约束效应对群桩水平承载力的影响,以桩顶自由单桩与桩顶固接单桩的桩顶位移比 R_x、最大弯矩比 R_M 为基准进行比较,确定其桩顶约束效应系数如下。

当以位移控制时:

$$\eta_r = \frac{1}{1.25} R_x \tag{10.29-a}$$

$$R_x = \frac{\chi_0^o}{\chi_0^r} \tag{10.29-b}$$

当以强度控制时:

$$\eta_r = \frac{1}{0.4} R_M \tag{10.29-c}$$

$$R_M = \frac{M_{max}^o}{M_{max}^r} \tag{10.29-d}$$

式中　χ_0^o、χ_0^r——单位水平力作用下桩顶自由、桩顶固接的桩顶水平位移;

M_{max}^o、M_{max}^r——单位水平力作用下桩顶自由、桩顶固接的桩顶最大弯矩。

《桩规》给出了 m 法对应的桩顶有限约束效应系数 η_r。

表 5.7.3-1 桩顶约束效应系数 η_{r}

换算深度 αh	2.4	2.6	2.8	3.0	3.4	≥4.0
位移控制	2.58	2.34	2.20	2.13	2.07	2.05
强度控制	1.44	1.57	1.71	1.82	2.00	2.07

注: $\alpha = \sqrt[5]{\dfrac{mb_0}{EI}}$, h 为桩的入土长度。

3. 承台侧向土抗力效应系数 η_l

桩基发生水平位移时,面向位移方向的承台侧面将受到土的弹性抗力。由于承台位移一般较小,不足以使其发挥至被动土压力,因此承台侧向土抗力应采用与桩相同的方法——线弹性地基反力系数法计算。该弹性总土抗力为

$$\Delta R_{\mathrm{h}l} = \chi_{0\mathrm{a}} B_{\mathrm{c}}' \int_0^{h_{\mathrm{c}}} K_{\mathrm{h}}(z)\mathrm{d}z \tag{10.30}$$

按 m 法, $K_{\mathrm{h}}(z) = mz$,则

$$\Delta R_{\mathrm{h}l} = \frac{1}{2}m\chi_{0\mathrm{a}} B_{\mathrm{c}}' h_{\mathrm{c}}^2 \tag{10.31}$$

由此得承台侧向土抗力效应系数 η_l 如下。

$$\eta_l = \frac{m\chi_{0\mathrm{a}} B_{\mathrm{c}}' h_{\mathrm{c}}^2}{2n_1 n_2 R_{\mathrm{ha}}} \tag{5.7.3-4}$$

$$\chi_{0\mathrm{a}} = \frac{R_{\mathrm{ha}} v_{\mathrm{x}}}{\alpha^3 EI} \tag{5.7.3-5}$$

$$B_{\mathrm{c}}' = B_{\mathrm{c}} + 1 \tag{5.7.3-8}$$

式中　η_{r}——桩顶约束效应系数(桩顶嵌入承台长度 50~100 mm 时),按表 5.7.3-1 取值;

　　　η_l——承台侧向土水平抗力效应系数(**承台外围回填土为松散状态时取 $\eta_l = 0$**);

　　　n_1、n_2——沿水平荷载方向与垂直水平荷载方向每排桩中的桩数;

　　　m——承台侧向土水平抗力系数的比例系数,当无试验资料时可按本规范表 5.7.5 取值;

　　　$\chi_{0\mathrm{a}}$——桩顶(承台)的水平位移允许值,当以**位移控制**时可取 $\chi_{0\mathrm{a}} = 10$ mm(对水平位移敏感的结构物取 $\chi_{0\mathrm{a}} = 6$ mm),当以**桩身强度**控制(低配筋率灌注桩)时可近似按本规范式(5.7.3-5)确定;

　　　B_{c}'——承台受侧向土抗力一边的计算宽度(m);

　　　B_{c}——承台宽度(m);

　　　h_{c}——承台高度(m)。

4. 承台底摩阻效应系数 η_{b}

考虑地震作用且 $s_{\mathrm{a}}/d \leqslant 6$ 时,不计入承台底的摩阻效应,即 $\eta_{\mathrm{b}} = 0$;其他情况应计入承台底摩阻效应。

$$\eta_{\mathrm{b}} = \frac{\mu P_{\mathrm{c}}}{n_1 n_2 R_{\mathrm{h}}} \tag{5.7.3-7}$$

$$P_{\mathrm{c}} = \eta_{\mathrm{c}} f_{\mathrm{ak}}(A - nA_{\mathrm{ps}}) \tag{5.7.3-9}$$

式中　η_{b}——承台底摩阻效应系数;

　　　n_1、n_2——沿水平荷载方向与垂直水平荷载方向每排桩中的桩数;

　　　μ——承台底与地基土间的摩擦系数,可按表 5.7.3-2 取值;

　　　P_{c}——承台底地基土分担的竖向总荷载标准值;

　　　η_{c}——按本规范第 5.2.5 条确定;

　　　A——承台总面积;

　　　A_{ps}——桩身截面面积。

表 5.7.3-2　承台底与地基土间的摩擦系数 μ

土的类别		摩擦系数 μ
黏性土	可塑	0.25~0.30
	硬塑	0.30~0.35
	坚硬	0.35~0.45
粉土	密实、中密（稍湿）	0.30~0.40
中砂、粗砂、砾砂		0.40~0.50
碎石土		0.40~0.60
软岩、软质岩		0.40~0.60
表面粗糙的较硬岩、坚硬岩		0.65~0.75

5. 基桩水平承载力

《桩规》有如下规定。

5.7.3　群桩基础（不含水平力垂直于单排桩基纵向轴线和力矩较大的情况）的基桩水平承载力特征值应考虑由承台、桩群、土相互作用产生的群桩效应，可按下列公式确定：

$$R_h = \eta_h R_{ha} \qquad (5.7.3\text{-}1)$$

考虑地震作用且 $s_a/d \leqslant 6$ 时：

$$\eta_h = \eta_i \eta_r + \eta_l \qquad (5.7.3\text{-}2)$$

其他情况：

$$\eta_h = \eta_i \eta_r + \eta_l + \eta_b \qquad (5.7.3\text{-}6)$$

式中　η_h——群桩效应综合系数；

　　　η_i——桩的相互影响效应系数；

　　　η_r——桩顶约束效应系数（桩顶嵌入承台长度 50~100 mm 时），按表 5.7.3-1 取值；

　　　η_l——承台侧向土水平抗力效应系数（承台外围回填土为松散状态时取 $\eta_l=0$）；

　　　η_b——承台底摩阻效应系数。

10.5　桩身承载力与裂缝控制计算

当桩顶作用有轴向力、剪力以及弯矩时，桩身截面将产生正应力和剪应力。建筑工程中的绝大多数桩基主要作为轴向受压杆件，因此应对桩身的受压承载力进行验算；对于高承台基桩，尚应对桩身的压屈稳定进行验算；当存在较大的地下水浮力或其他形式的上拔力时，应验算桩身的受拉承载力，且应进行抗裂验算；当基桩受到上部传来的风荷载、拱桥推力等较大的水平荷载时，应验算桩身范围内的受弯和受剪承载力；当考虑地震作用工况时，宜验算桩顶及土层刚度变化处的受弯和受剪承载力。

10.5.1　受压桩

钢筋混凝土轴向受压桩正截面受压承载力计算涉及以下三方面因素。

（1）纵向主筋的作用。轴向受压桩的承载性状与上部结构柱相近，较柱的受力条件更为有利的是桩周受土的约束，侧阻力使轴向荷载随深度递减，因此桩身受压承载力由桩顶下一定区段控制。纵向主筋的配置，对于长摩擦型桩和摩擦端承桩可随深度变化配置。纵向主筋的承压作用在一定条件下可计入桩身受压承载力。

（2）箍筋的作用。箍筋不仅起水平抗剪作用，更重要的是对混凝土起侧向约束增强作用。研究表明，带箍筋的约束混凝土轴压强度较无约束混凝土提高 80% 左右，且其应力-应变关系得到改善。因此，《桩规》明确规定,凡桩顶 5d 范围内箍筋间距不大于 100 mm 者,均可考虑纵向主筋的作用。

（3）成桩工艺系数 ψ_c。桩身混凝土自身的受压承载力是桩受压承载力的主要部分,但其强度和截面的变异性受成桩工艺的影响较大。现行《桩规》就成桩环境、质量可控度的不同,在原 JGJ 94—1994 规范的基础上,吸取了工程试桩的经验数据,将成桩工艺系数 ψ_c 的取值适当提高。

混凝土预制桩、预应力混凝土空心桩 $\psi_c=0.85$,主要考虑在沉桩后桩身常出现裂缝;干作业非挤土灌注桩（含机钻、挖、冲孔桩、人工挖孔桩）$\psi_c=0.90$;泥浆护壁和套管护壁非挤土灌注桩、部分挤土灌注桩、挤土灌注桩 $\psi_c=0.7\sim0.8$。其中,泥浆护壁非挤土灌注桩应视地层土质取 ψ_c 值,易塌孔的流塑状软土、松散粉土、粉砂宜取 $\psi_c=0.7$;软土地区挤土灌注桩应取 $\psi_c=0.6$。

5.8.2 钢筋混凝土轴心受压桩正截面受压承载力应符合下列规定。

　　1 当桩顶以下 5d 范围的桩身螺旋式箍筋间距不大于 100 mm,且符合本规范第 4.1.1 条规定时:

$$N \leqslant \psi_c f_c A_{ps} + 0.9 f'_y A'_s \qquad (5.8.2\text{-}1)$$

　　2 当桩身配筋不符合上述第 1 款规定时:

$$N \leqslant \psi_c f_c A_{ps} \qquad (5.8.2\text{-}2)$$

式中　N——荷载效应基本组合下的桩顶轴向压力设计值;

　　　　ψ_c——基桩成桩工艺系数,按本规范第 5.8.3 条规定取值;

　　　　f_c——混凝土轴心抗压强度设计值;

　　　　f'_y——纵向主筋抗压强度设计值;

　　　　A'_s——纵向主筋截面面积。

5.8.3 基桩成桩工艺系数 ψ_c 应按下列规定取值。

　　1 混凝土预制桩、预应力混凝土空心桩:$\psi_c=0.85$。

　　2 干作业非挤土灌注桩:$\psi_c=0.90$。

　　3 泥浆护壁和套管护壁非挤土灌注桩、部分挤土灌注桩、挤土灌注桩:$\psi_c=0.7\sim0.8$。

　　4 软土地区挤土灌注桩:$\psi_c=0.6$。

工程实践中,桩身处于土体内,一般不会出现压屈失稳问题,但下列两种情况应考虑桩身稳定系数确定桩身受压承载力,即将按《桩规》第 5.8.2 条计算的桩身受压承载力乘以稳定系数 φ;一是桩的自由长度较大（这种情况只见于少数构筑物桩基）、桩周围为可液化土;二是桩周围为超软弱土,即土的不排水抗剪强度小于 10 kPa。当桩的计算长度与桩径比 $l_c/d>7.0$ 时应考虑其压屈稳定性,而桩的压屈计算长度 l_c 与桩顶、桩端约束条件有关。

5.8.4 计算轴心受压混凝土桩正截面受压承载力时,一般取稳定系数 $\varphi=1.0$。对于高承台基桩、桩身穿越可液化土或不排水抗剪强度小于 10 kPa 的软弱土层的基桩,应考虑压屈影响,可按本规范式(5.8.2-1)、式(5.8.2-2)计算所得桩身正截面受压承载力乘以 φ 折减。其稳定系数 φ 可根据桩身压屈计算长度 l_c 和桩的设计直径 d(或矩形桩短边尺寸 b)确定。桩身压屈计算长度可根据桩顶的约束情况、桩身露出地面的自由长度 l_0、桩的入土长度 h、桩侧和桩底的土质条件按表 5.8.4-1 确定。桩的稳定系数 φ 可按表 5.8.4-2 确定。

表 5.8.4-1　桩身压屈计算长度 l_c

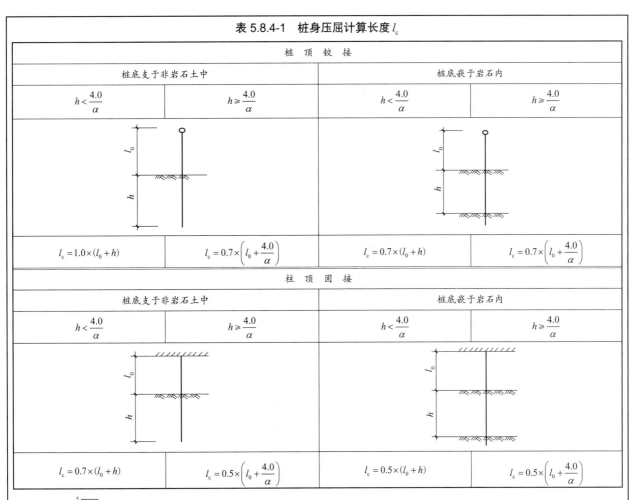

桩 顶 铰 接			
桩底支于非岩石土中		桩底嵌于岩石内	
$h < \dfrac{4.0}{\alpha}$	$h \geqslant \dfrac{4.0}{\alpha}$	$h < \dfrac{4.0}{\alpha}$	$h \geqslant \dfrac{4.0}{\alpha}$
$l_c = 1.0 \times (l_0 + h)$	$l_c = 0.7 \times \left(l_0 + \dfrac{4.0}{\alpha}\right)$	$l_c = 0.7 \times (l_0 + h)$	$l_c = 0.7 \times \left(l_0 + \dfrac{4.0}{\alpha}\right)$
柱 顶 固 接			
桩底支于非岩石土中		桩底嵌于岩石内	
$h < \dfrac{4.0}{\alpha}$	$h \geqslant \dfrac{4.0}{\alpha}$	$h < \dfrac{4.0}{\alpha}$	$h \geqslant \dfrac{4.0}{\alpha}$
$l_c = 0.7 \times (l_0 + h)$	$l_c = 0.5 \times \left(l_0 + \dfrac{4.0}{\alpha}\right)$	$l_c = 0.5 \times (l_0 + h)$	$l_c = 0.5 \times \left(l_0 + \dfrac{4.0}{\alpha}\right)$

注：1. 表中 $\alpha = \sqrt[5]{\dfrac{mb_0}{EI}}$；

2. l_0 为高承台基桩露出地面的长度，对于低承台桩基，$l_0 = 0$；

3. h 为桩的入土长度，当桩侧有厚度为 d_l 的液化土层时，桩露出地面长度 l_0 和桩的入土长度 h 分别调整为 $l'_0 = l_0 + (1 - \psi_l) d_l, h' = h - (1 - \psi_l) d_l, \psi_l$ 按表 5.3.12 取值；

4. 当存在 $f_{ak} < 25$ kPa 的软弱土时，按液化土处理。

表 5.8.4-2　桩身稳定系数 φ

l_c / d	≤ 7	8.5	10.5	12	14	15.5	17	19	21	22.5	24
l_c / b	≤ 8	10	12	14	16	18	20	22	24	26	28
φ	1.00	0.98	0.95	0.92	0.87	0.81	0.75	0.70	0.65	0.60	0.56
l_c / d	26	28	29.5	31	33	34.5	36.5	38	40	41.5	43
l_c / b	30	32	34	36	38	40	42	44	46	48	50
φ	0.52	0.48	0.44	0.40	0.36	0.32	0.29	0.26	0.23	0.21	0.19

注：b 为矩形桩短边尺寸，d 为桩直径。

当桩顶受到偏心荷载时，在弯矩作用平面内的偏心距将会因为桩身的侧向挠曲变形而增大。一方面，桩的侧向挠曲会因受到土体的侧向约束而减小；另一方面，建筑桩基在水平作用力下的最大容许位移一般不会超过 10 mm。考虑到以上两方面的有利因素，低桩承台下的基桩一般不考虑偏心距的增大问题。但对于高承台或桩周存在可液化土或软弱土的基桩，由于桩顶一定范围内的自由度较大，计算时应考虑偏心距增大的不利影响。

5.8.5　计算偏心受压混凝土桩正截面受压承载力时,可不考虑偏心距的增大影响,但对于高承台基桩、桩身穿越可液化土或不排水抗剪强度小于10 kPa的软弱土层的基桩,应考虑桩身在弯矩作用平面内的挠曲对轴向力偏心距的影响,应将轴向力对截面重心的初始偏心矩 e_i 乘以偏心距增大系数 η,偏心距增大系数 η 的具体计算方法可按现行国家标准《混凝土结构设计规范(2015年版)》(GB 50010—2010)执行。

10.5.2　抗拔桩和受水平作用桩

抗拔桩除应进行桩身正截面受拉承载力设计外,还应按裂缝控制等级进行裂缝控制计算。《桩规》根据其耐久性规定并参考现行《混凝土结构设计规范(2015年版)》(GB 50010—2010),按环境类别和腐蚀性介质等级等诸因素划分抗拔桩的裂缝控制等级,对于严格要求不出现裂缝的一级和一般要求不出现裂缝的二级裂缝控制等级基桩,宜设预应力筋;对于允许出现裂缝的三级裂缝控制等级基桩,应按荷载效应标准组合计算裂缝的最大宽度 w_{max},使其不超过裂缝宽度限值,即 $w_{max} \leq w_{lim}$。

5.8.7　钢筋混凝土轴心抗拔桩的**正截面受拉承载力**应符合下式规定:

$$N \leq f_y A_s + f_{py} A_{py}$$
（5.8.7）

式中　N——荷载效应基本组合下桩顶轴向拉力设计值;

　　　　f_y、f_{py}——普通钢筋、预应力钢筋的抗拉强度设计值;

　　　　A_s、A_{py}——普通钢筋、预应力钢筋的截面面积。

5.8.8　对于抗拔桩的**裂缝控制**计算应符合下列规定。

1　对于严格要求不出现裂缝的**一级裂缝控制**等级预应力混凝土基桩,在荷载效应**标准组合**下混凝土**不应产生拉应力**,应符合下式要求:

$$\sigma_{ck} \leq \sigma_{pc}$$
（5.8.8-1）

2　对于一般要求不出现裂缝的二级裂缝控制等级预应力混凝土基桩,在荷载效应标准组合下的拉应力不应大于混凝土轴心受拉强度标准值,应符合下列公式要求。

在荷载效应标准组合下:

$$\sigma_{ck} - \sigma_{pc} \leq f_{tk}$$
（5.8.8-2）

在荷载效应准永久组合下:

$$\sigma_{cq} - \sigma_{pc} \leq 0$$
（5.8.8-3）

3　对于允许出现裂缝的三级裂缝控制等级基桩,按荷载效应标准组合计算的最大裂缝宽度应符合下列规定:

$$\omega_{max} \leq \omega_{lim}$$
（5.8.8-4）

式中　σ_{ck}、σ_{cq}——荷载效应标准组合、准永久组合下正截面法向应力;

　　　　σ_{pc}——扣除全部应力损失后,桩身混凝土的预应力;

　　　　f_{tk}——混凝土轴心抗拉强度标准值;

　　　　ω_{max}——按荷载效应标准组合计算的最大裂缝宽度,可按现行国家标准《混凝土结构设计规范(2015年版)》(GB 50010—2010)计算;

　　　　ω_{lim}——最大裂缝宽度限值,按本规范表3.5.3取用。

对于受水平作用的基桩桩身设计,《桩规》有如下规定。

5.8.10　对于受水平荷载和地震作用的桩,其桩身受弯承载力和受剪承载力的验算应符合下列规定:

1　对于**桩顶固端**的桩应验算桩顶正截面弯矩,对于**桩顶自由或铰接**的桩应验算桩身最大弯矩截面处的正截面弯矩;

2　应验算桩顶斜截面的受剪承载力;

3　桩身所承受最大弯矩和水平剪力的计算,可按本规范附录C计算;

　　4　桩身正截面受弯承载力和斜截面受剪承载力,应按现行国家标准《混凝土结构设计规范(2015 年版)》(GB 50010—2010)执行;

　　5　当考虑地震作用验算桩身正截面受弯和斜截面受剪承载力时,应根据现行国家标准《建筑抗震设计规范(2016 年版)》(GB 50011—2010)的规定,对作用于桩顶的地震作用效应进行调整。

10.6　承台计算

关于柱下独立承台的承载能力设计有两个重点,首先应按承台受柱、桩冲切确定承台高度,其次应计算外力作用下承台的承载能力是否满足要求。

10.6.1　受弯承载力计算

1. 柱下独立基础

20 世纪 80 年代以来,同济大学、郑州工业大学(郑州工学院)、中国石化总公司、洛阳设计院等单位进行的大量模型试验表明,凡属抗弯破坏的试件均呈梁式破坏的特点。

如图 10.15(a)所示,四桩承台试件采用均布方式配筋,试验时初始裂缝首先在承台两个对应边的一边或两边中部或中部附近产生,之后在两个方向交替发展,并逐渐演变成各种复杂的裂缝而向承台中部合拢,最后形成各种不同的破坏模式。三桩承台试件采用梁式配筋,承台中部因无配筋而抗裂性能较差,初始裂缝多由承台中部开始向外发展,最后形成各种不同的破坏模式,如图 10.15(b)(c)(d)所示。可以得出,不论是三桩承台试件还是四桩承台试件,它们在开裂破坏的过程中,总是在两个方向上互相交替承担上部主要荷载,而不是平均承担,也即交替起着梁的作用。

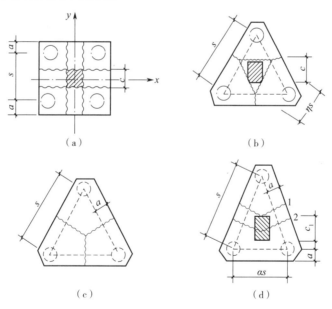

图 10.15　承台破坏模式
(a)四桩承台　(b)等边三桩承台(一)　(c)等边三桩承台(二)　(d)等腰三桩承台

(1)图 10.15(a)所示的四桩承台破坏模式是屈服线将承台分成很规则的若干块几何块体。设块体为刚性的,变形略去不计,最大弯矩产生于屈服线处,该弯矩全部由钢筋来承担,不考虑混凝土的拉力作用,利用极限平衡方法并按悬臂梁计算承台的正截面弯矩设计值。《桩规》有如下规定。

5.9.2　柱下独立桩基承台的正截面弯矩设计值可按下列规定计算。

　　1　两桩条形承台和多桩矩形承台弯矩**计算截面取在柱边和承台变阶处**[见图 5.9.2(a)],可按下列公式计算:

$$M_x = \sum N_i y_i \qquad (5.9.2\text{-}1)$$

$$M_y = \sum N_i x_i \qquad (5.9.2\text{-}2)$$

式中 M_x、M_y——绕 x 轴和绕 y 轴方向计算截面处的弯矩设计值；

           x_i、y_i——垂直 y 轴和 x 轴方向自桩轴线到相应计算截面的距离；

           N_i——不计承台及其上土重,在荷载效应基本组合下的第 i 基桩或复合基桩竖向反力设计值。

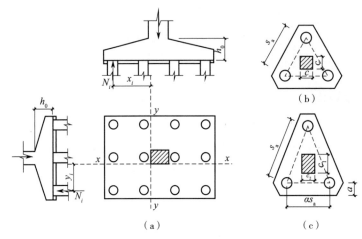

图 5.9.2 承台弯矩计算示意

（a）矩形多桩承台 （b）等边三桩承台 （c）等腰三桩承台

（2）图 10.15（b）所示的等边三桩承台具有代表性的破坏模式,可利用钢筋混凝土板的屈服线理论,按机动法的基本原理推导公式可得

$$M = \frac{N_{max}}{3}\left(s - \frac{\sqrt{3}}{2}c\right) \qquad (10.32)$$

由图 10.15（c）所示的等边三桩承台最不利破坏模式,可得另一个公式,即

$$M = \frac{N_{max}}{3}s \qquad (10.33)$$

式（10.32）考虑屈服线产生在柱边,过于理想化；式（10.33）未考虑柱子的约束作用,偏于安全。根据试件破坏的多数情况,《桩规》采用上述两式的平均值作为推荐公式。

5.9.2   柱下独立桩基承台的正截面弯矩设计值可按下列规定计算。

     2   三桩承台的正截面弯矩值应符合下列要求：

     1）等边三桩承台[见图 5.9.2（b）]

$$M = \frac{N_{max}}{3}\left(s_a - \frac{\sqrt{3}}{4}c\right) \qquad (5.9.2\text{-}3)$$

式中 M——通过承台形心至各边边缘正交截面范围内板带的弯矩设计值；

        N_{max}——**不计承台及其上土重**,在荷载效应基本组合下三桩中最大基桩或复合基桩竖向反力设计值；

        s_a——桩中心距；

        c——方柱边长,**圆柱时 $c = 0.8d$**（d 为圆柱直径）。

（3）图 10.15（d）所示的等腰三桩承台典型的屈服线基本上都垂直于等腰三桩承台的两个腰,当试件在长跨产生开裂破坏后,才在短跨内产生裂缝。因此,根据试件的破坏形态,并考虑梁的约束影响作用,按梁的理论给出计算公式。

在长跨,当屈服线通过柱中心时：

$$M_1 = \frac{N_{max}}{3}s \qquad (10.34)$$

在长跨,当屈服线通过柱边缝时:

$$M_1 = \frac{N_{max}}{3}\left(s - \frac{1.5}{\sqrt{4-\alpha^2}}c_1\right) \tag{10.35}$$

同样,式(10.34)未考虑柱子的约束影响,偏于安全;而式(10.35)考虑屈服线通过柱边缘,又不够安全,《桩规》采用两式的平均值作为推荐公式。

> 5.9.2 柱下独立桩基承台的正截面弯矩设计值可按下列规定计算。
>
> 　　2 三桩承台的正截面弯矩值应符合下列要求:
>
> 　　2)等腰三桩承台[见图 5.9.2(c)]
>
> $$M_1 = \frac{N_{max}}{3}\left(s_a - \frac{0.75}{\sqrt{4-\alpha^2}}c_1\right) \tag{5.9.2-4}$$
>
> $$M_2 = \frac{N_{max}}{3}\left(\alpha s_a - \frac{0.75}{\sqrt{4-\alpha^2}}c_2\right) \tag{5.9.2-5}$$
>
> 式中　M_1、M_2——通过承台形心至两腰边缘和底边边缘正交截面范围内板带的弯矩设计值;
>
> 　　　　s_a——长向桩中心距;
>
> 　　　　α——短向桩中心距与长向桩中心距之比,**当 α 小于 0.5 时,应按变截面的二桩承台设计**;
>
> 　　　　c_1、c_2——垂直于、平行于承台底边的柱截面边长。

2. 砌体墙下条形承台梁

墙体与承台梁的材料性质有很大的不同,且墙体平面内的高度相对于承台梁来说很大,当承台梁受竖向荷载的作用产生挠曲变形时,墙体和承台梁的跨中部分产生局部变形,而承台梁支座即基桩位置则不发生变形,进一步造成墙体传递到承台梁上的荷载发生内力重分布,使跨中部分内力减小,支座区域则有所增大。荷载的最终分布形式与承台梁的跨度、截面尺寸以及墙体的高宽比、门窗洞口的尺寸和位置有很大关系。

《桩规》采用倒置的弹性地基梁法计算砌体墙下条形承台梁的内力,将承台梁以上墙体视为半无限平面弹性地基,经简化后作为作用于承台梁上的荷载,将承台梁视为在桩顶荷载作用下的倒置弹性地基梁,按弹性理论求解承台梁的反力,然后按普通连续梁计算其弯矩和剪力。为方便设计,可将作用于承台梁上的荷载简图,根据 $a_0<L/2$、$L/2 \leqslant a_0<L$、$L<a_0<L/2$、$a_0 \geqslant L$ 四种情况选取《桩规》附录 G 中的相应方法计算承台梁的弯矩和剪力。

> G.0.1　按倒置弹性地基梁计算砌体墙下条形桩基连续承台梁时,先求得作用于梁上的荷载,然后按普通连续梁计算其弯矩和剪力。弯矩和剪力的计算公式可根据图 G.0.1 所示计算简图,分别按表 G.0.1 采用。
>
>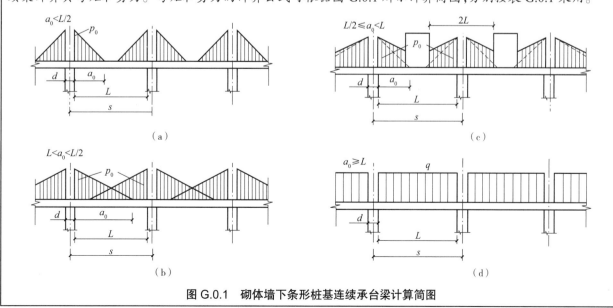
>
> 图 G.0.1　砌体墙下条形桩基连续承台梁计算简图

表 G.0.1　砌体墙下条形桩基连续承台梁内力计算公式

内力	计算简图编号	内力计算公式	
支座弯矩	（a）、（b）、（c）	$M = -p_0 \dfrac{a_0^2}{12}\left(2 - \dfrac{a}{L_c}\right)$	（G.0.1-1）
	（d）	$M = -q\dfrac{L_c^2}{12}$	（G.0.1-2）
跨中弯矩	（a）、（c）	$M = p_0 \dfrac{a_0^3}{12L_c}$	（G.0.1-3）
	（b）	$M = \dfrac{p_0}{12}\left[L_c\left(6a_0 - 3L_c + 0.5\dfrac{L_c^2}{a_0}\right) - a_0^2\left(4 - \dfrac{a_0}{L_c}\right)\right]$	（G.0.1-4）
	（d）	$M = q\dfrac{L_c^2}{24}$	（G.0.1-5）
最大剪力	（a）、（b）、（c）	$Q = \dfrac{p_0 a_0}{2}$	（G.0.1-6）
	（d）	$Q = \dfrac{qL}{2}$	（G.0.1-7）

注：当连续承台梁少于6跨时，其支座与跨中弯矩应按实际跨数和图 G.0.1-1 求计算公式。

式（G.0.1-1）至式（G.0.1-7）中：

p_0——线荷载的最大值（kN/m），按下式确定：

$$p_0 = \frac{qL_c}{a_0} \tag{G.0.1-8}$$

a_0——自桩边算起的三角形荷载图形的底边长度，分别按下列公式确定：

中间跨

$$a_0 = 3.14 \sqrt[3]{\frac{E_n I}{E_k b_k}} \tag{G.0.1-9}$$

边跨

$$a_0 = 2.4 \sqrt[3]{\frac{E_n I}{E_k b_k}} \tag{G.0.1-10}$$

式中　L_c——计算跨度，$L_c = 1.05L$；

　　　　L——两相邻桩之间的净距；

　　　　s——两相邻桩之间的中心距；

　　　　d——桩身直径；

　　　　q——承台梁底面以上的均布荷载；

　　　　$E_n I$——承台梁的抗弯刚度；

　　　　E_n——承台梁混凝土弹性模量；

　　　　I——承台梁横截面的惯性矩；

　　　　E_k——墙体的弹性模量；

　　　　b_k——墙体的宽度。

当门窗口下布有桩，且承台梁顶面至门窗口的砌体高度小于门窗口的净宽时，则应按倒置的简支梁计算该段梁的弯矩，即取门窗净宽的 1.05 倍为计算跨度，取门窗下桩顶荷载为计算集中荷载进行计算。

10.6.2　受冲切承载力计算

1. 柱对承台的冲切

试验结果表明，竖向荷载作用下承台首先在剪应力高的区域出现斜裂缝，随着荷载增加，裂缝在承台板平面内横向发展。与受弯裂缝不同,在混凝土表面看不见这些因剪切产生的斜裂缝。承台直到冲切破坏前,板面都看不见裂缝,一旦破坏则存在突然性。因此,对于桩基承台,应进行冲切承载力的验算。

同时,柱下独立基础冲切破坏锥体斜面与基础底面的夹角一般介于 35°~60°,故计算时取 45°,而承台冲切破坏锥体斜面与承台底面之夹角则大于 45°。前者根据《混规》第 6.5.1 条,基础的冲切可按下式进行计算:

$$F_l \leqslant 0.7\eta\beta_{\mathrm{h}}f_tu_mh_0 \tag{10.36}$$

式中 η——系数,用以反映桩(柱)在承台(楼板)中的位置对承载力的影响。

后者的相关冲切破坏试验则表明,反映冲切破坏角度的冲跨比 λ 越大,承台的受弯承载力越低。因此,《桩规》在计算柱对承台的冲切承载力时,引入了反映上述影响因素的冲切系数 β_0。令 $\beta_0 = \dfrac{b}{\lambda + a}$,则有

$$F_l \leqslant \beta_0\beta_{\mathrm{hp}}f_t\mu_mh_0 \tag{10.37}$$

为了使式(10.37)与式(10.36)在 $\lambda=1$ 处相协调,需要使 $\lambda=1$ 时, $\beta_0=0.7$,结合试验数据的拟合整理,确定 $\beta_0 = \dfrac{0.84}{\lambda + 0.2}$。

试验表明,当冲跨比 λ 小到一定程度后,并不能使承台的抗冲切承载力显著增加,因此规定 $\lambda<0.25$ 时,取 $\lambda=0.25$;当冲切破坏锥体小于 45° 时,破坏锥体倾角仍在 45° 线附近,故同时规定各项参数仍按 45° 计算,即 $\lambda>1.0$ 时,取 $\lambda=1.0$;对于一柱一桩承台,由于 λ 已失去冲跨比的含义,故此时不需要验算承台的受冲切承载力。

必须强调,对圆柱及圆桩计算时应将其截面换算成方柱或方桩,即取换算柱截面边长 $b_c=0.8d_c$(d_c 为圆柱直径)、换算桩截面边长 $b_p = 0.8d$,以确定冲切破坏锥体。

5.9.6 桩基承台厚度应满足柱(墙)对承台的冲切和基桩对承台的冲切承载力要求。

5.9.7 轴心竖向力作用下桩基承台**受柱(墙)的冲切**,可按下列规定计算。

1 冲切破坏锥体应采用自柱(墙)边或承台变阶处至相应桩顶边缘连线所构成的锥体,锥体斜面与承台底面的**夹角不应小于 45°**(见图 5.9.7)。

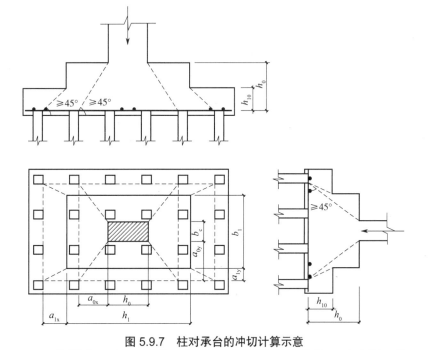

图 5.9.7 柱对承台的冲切计算示意

2　受柱(墙)冲切承载力可按下列公式计算:

$$F_l \leqslant \beta_{hp}\beta_0 u_m f_t h_0 \tag{5.9.7-1}$$

$$F_l = F - \sum Q_i \tag{5.9.7-2}$$

$$\beta_0 = \frac{0.84}{\lambda + 0.2} \tag{5.9.7-3}$$

式中　F_l——**不计承台及其上土重**,在荷载效应基本组合下作用于冲切破坏锥体上的冲切力设计值;

f_t——承台混凝土抗拉强度设计值;

β_{hp}——承台受冲切承载力截面高度影响系数,**当 $h \leqslant 800$ mm 时 β_{hp} 取 1.0, $h \geqslant 2\,000$ mm 时 β_{hp} 取 0.9, 其间按线性内插法取值;**

u_m——承台冲切破坏锥体一半有效高度处的周长;

h_0——承台冲切破坏锥体的有效高度;

β_0——柱(墙)冲切系数;

λ——冲跨比,$\lambda = a_0/h_0$,a_0 为柱(墙)边或承台变阶处到桩边水平距离,当 $\lambda < 0.25$ 时取 $\lambda = 0.25$,**当 $\lambda > 1.0$ 时取 $\lambda = 1.0$;**

F——**不计承台及其上土重**,在荷载效应基本组合作用下柱(墙)底的竖向荷载设计值;

$\sum Q_i$——**不计承台及其上土重**,在荷载效应基本组合下冲切破坏锥体内各基桩或复合基桩的反力设计值之和。

3　对于柱下矩形独立承台**受柱冲切**的承载力可按下列公式计算(图 5.9.7):

$$F_l \leqslant 2[\beta_{0x}(b_c + a_{0y}) + \beta_{0y}(h_c + a_{0x})]\beta_{hp}f_t h_0 \tag{5.9.7-4}$$

式中　β_{0x}、β_{0y}——由式(5.9.7-3)求得,$\lambda_{0x} = a_{0x}/h_0$,$\lambda_{0y} = a_{0y}/h_0$,**$\lambda_{0x}$、$\lambda_{0y}$ 均应满足 0.25~1.0 的要求;**

h_c、b_c——x、y 方向柱截面的边长;

a_{0x}、a_{0y}——x、y 方向柱边至最近桩边的水平距离。

4　对于柱下矩形独立阶形承台受上阶冲切的承载力可按下列公式计算(图 5.9.7):

$$F_l \leqslant 2[\beta_{1x}(b_1 + a_{1y}) + \beta_{1y}(h_1 + a_{1x})]\beta_{hp}f_t h_{10} \tag{5.9.7-5}$$

式中　β_{1x}、β_{1y}——由式(5.9.7-3)求得,$\lambda_{1x} = a_{1x}/h_{10}$,$\lambda_{1y} = a_{1y}/h_{10}$,**$\lambda_{1x}$、$\lambda_{1y}$ 均应满足 0.25~1.0 的要求;**

h_1、b_1——x、y 方向承台上阶的边长;

a_{1x}、a_{1y}——x、y 方向承台上阶边至最近桩边的水平距离。

对于圆柱及圆桩,计算时应将其截面换算成方柱及方桩,即取换算柱截面边长 $b_c = 0.8d_c$(d_c 为圆柱直径)、换算桩截面边长 $b_p = 0.8d$(d 为圆桩直径)。

对于柱下两桩承台,宜按深受弯构件($l_0/h < 5.0$, $l_0 = 1.15l_n$, l_n 为两桩净距)计算受弯、受剪承载力,不需要进行受冲切承载力计算。

2. 角桩对承台的冲切

同样以式(10.36)所规定的厚板冲切承载力的计算为前提,对于方形截面柱,计算系数 $\eta = \min(1.0, 0.5 + \dfrac{\alpha_s h_0}{4u_m})$,其中以系数 α_s 来反映中柱、边柱以及角柱对板冲切承载力的影响。在实际工程中,方形柱的截面边长 $b = (3 \sim 4)h_0$,$u_m = 4b + 4h_0 = (16 \sim 20)h_0$。

中柱对板的冲切:$\alpha_s = 40$, $\eta_2 = 0.5 + \dfrac{\alpha_s h_0}{4u_m} = 1.25 \sim 1.0 > 1.0$,故 $\eta = 1.0$。

角柱对板的冲切:$\alpha_s = 20$, $\eta_2 = 0.5 + \dfrac{\alpha_s h_0}{4u_m} = 0.75 \sim 0.813\,5 < 1.0$,故 $\eta = 0.75 \sim 0.813\,5$。

可见,角柱对厚板(无梁楼盖)的受冲切承载力较中柱降低约 25%。

将上述角柱对板的冲切承载力计算系数应用于角桩对承台的冲切承载力计算,考虑到当前对承台破坏机理尚认识不够,且承台角桩冲切破坏资料较少,应适当提高安全度,故将角桩受冲切承载力较中柱降低 $1/3$,即角桩对承台的冲切系数 $\beta_1 = \dfrac{2\beta_0}{3} = \dfrac{0.56}{\lambda + 0.2}$。

同时,角桩对承台冲切破坏的相关试验表明,当 $\lambda < 0.25$ 时,取 $\lambda = 0.25$ 的计算结果与试验结果较为接近;当 $0.25 < \lambda < 1.0$ 时,按上述引入的冲切系数 β_1 计算的承台受冲切承载力偏小,设计偏于保守,但考虑到承台角桩冲切破坏的复杂性,尚应预留一定的安全度。

5.9.8 对位于柱(墙)冲切破坏锥体以外的基桩,可按下列规定计算承台受基桩冲切的承载力。

1 四桩以上(含四桩)承台受角桩冲切的承载力可按下列公式计算(见图 5.9.8-1):

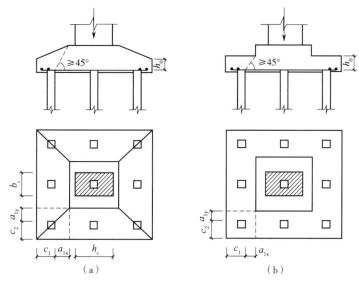

图 5.9.8-1 四桩以上(含四桩)承台角桩冲切计算示意
(a)锥形承台 (b)阶形承台

$$N_l \leqslant [\beta_{1x}(c_2 + a_{1y}/2) + \beta_{1y}(c_1 + a_{1x}/2)]\beta_{hp} f_t h_0 \qquad (5.9.8\text{-}1)$$

$$\beta_{1x} = \frac{0.56}{\lambda_{1x} + 0.2} \qquad (5.9.8\text{-}2)$$

$$\beta_{1y} = \frac{0.56}{\lambda_{1y} + 0.2} \qquad (5.9.8\text{-}3)$$

式中 N_l——**不计承台及其上土重**,在荷载效应基本组合作用下角桩(含复合基桩)反力设计值;

β_{1x}、β_{1y}——角桩冲切系数;

a_{1x}、a_{1y}——**从承台底角桩顶内边缘引** 45° 冲切线与承台顶面相交点至角桩内边缘的水平距离,当柱(墙)边或承台变阶处位于该 45° 冲切线以内时,则取由柱(墙)边或承台变阶处与桩内边缘连线为冲切锥体的锥线(见图 5.9.8-1);

h_0——承台外边缘的有效高度;

λ_{1x}、λ_{1y}——角桩冲跨比,$\lambda_{1x} = a_{1x}/h_0$,$\lambda_{1y} = a_{1y}/h_0$,其值均 **应满足 0.25~1.0 的要求**。

2 对于三桩三角形承台可按下列公式计算受角桩冲切的承载力(见图 5.9.8-2)。

底部角桩:

$$N_l \leqslant \beta_{11}(2c_1 + a_{11})\beta_{hp} \tan\frac{\theta_1}{2} f_t h_0 \qquad (5.9.8\text{-}4)$$

$$\beta_{11} = \frac{0.56}{\lambda_{11} + 0.2} \tag{5.9.8-5}$$

顶部角桩：

$$N_l \leqslant \beta_{12}(2c_2 + a_{12})\beta_{hp}\tan\frac{\theta_2}{2}f_t h_0 \tag{5.9.8-6}$$

$$\beta_{12} = \frac{0.56}{\lambda_{12} + 0.2} \tag{5.9.8-7}$$

式中　λ_{11}、λ_{12}——角桩冲跨比，$\lambda_{11}=a_{11}/h_0$，$\lambda_{12}=a_{12}/h_0$，其值均应满足 **0.25~1.0 的要求**；

a_{11}、a_{12}——从**承台底角桩顶内边缘引 45° 冲切线**与承台顶面相交点至角桩内边缘的水平距离，当柱（墙）边或承台变阶处位于该 45° 冲切线以内时，则取由柱（墙）边或承台变阶处与桩内边缘连线为冲切锥体的锥线。

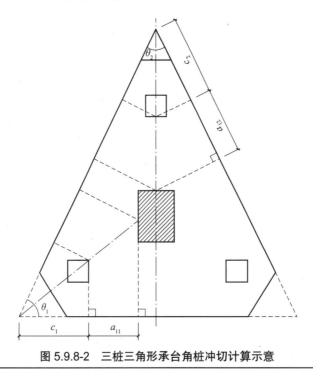

图 5.9.8-2　三桩三角形承台角桩冲切计算示意

10.6.3　受剪承载力计算

《桩规》有如下规定。

5.9.9　柱（墙）下桩基承台，应分别对柱（墙）边、变阶处和桩边连线形成的贯通承台的斜截面的受剪承载力进行验算。当承台悬挑边有多排基桩形成多个斜截面时，应对每个斜截面的受剪承载力进行验算。

基于《混规》第 6.3.4 条，集中荷载作用下无腹筋梁的受剪承载力计算公式，结合已有的承台试验资料，《桩规》提出柱下独立桩基承台斜截面受剪承载力的计算方法。

5.9.10 柱下独立桩基承台斜截面受剪承载力应按下列规定计算。

1 承台斜截面受剪承载力可按下列公式计算（见图 5.9.10-1）：

$$V \leqslant \beta_{hs} \alpha f_t b_0 h_0 \qquad (5.9.10-1)$$

$$\alpha = \frac{1.75}{\lambda + 1} \qquad (5.9.10-2)$$

$$\beta_{hs} = \left(\frac{800}{h_0}\right)^{1/4} \qquad (5.9.10-3)$$

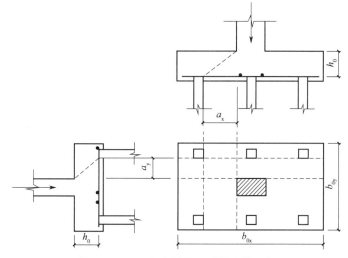

图 5.9.10-1 承台斜截面受剪计算示意

式中 V——**不计承台及其上土自重**，在荷载效应基本组合下，斜截面的最大剪力设计值；

f_t——混凝土轴心抗拉强度设计值；

b_0——承台计算截面处的计算宽度；

h_0——承台计算截面处的有效高度；

α——承台剪切系数，按式（5.9.10-2）确定；

λ——计算截面的剪跨比，$\lambda_x = a_x/h_0$，$\lambda_y = a_y/h_0$，此处 a_x、a_y 为柱边（墙边）或承台变阶处至 y、x 方向计算一排桩的桩边的水平距离，**当 $\lambda < 0.25$ 时取 $\lambda = 0.25$，当 $\lambda > 3$ 时，取 $\lambda = 3$；**

β_{hs}——受剪切承载力截面高度影响系数，当 $h_0 < 800$ mm 时取 $h_0 = 800$ mm，当 $h_0 > 2\,000$ mm 时取 $h_0 = 2\,000$ mm，其间按线性内插法取值。

　　需要注意的是，《桩规》的上述规定反映出承台的受剪切承载力与其剪跨比成反比。但结合试验资料，当剪跨比小到一定程度时，受剪切承载力存在一个上限值。故相关规范规定当 $\lambda < 0.25$ 时，取 $\lambda = 0.25$ 进行计算，而此时的承载力上限接近《混规》第 6.3.1 条规定的 $0.2 f_c b h_0$。

　　在实际工程中，为了节省承台的混凝土用量，在满足承台受角桩的冲切承载力条件下，可将承台做成阶形或者锥形。对这类承台进行受剪承载力设计计算时，可按"有效面积相等"的原则将截面换算成等效矩形面积后再进行计算。对于阶形承台，除应考虑破坏斜截面通过柱边的情况，还应考虑破坏斜截面通过变阶处的情况。这部分内容在《地规》附录 U《桩规》第 5.9.10 条以及本书的附录 A 均有列出，此处不再赘述。

《建筑地基基础设计规范》（GB 50007—2011）
《建筑地基处理技术规范》（JGJ 79—2012）

第 11 章　地基处理

当地基中存在承载力不足、压缩性过大的软弱土或者其渗透性不能满足设计要求时,需要针对不同的情况对地基土进行利用与处理。《地规》对软弱地基和局部软弱土层的定义如下。

> 7.1.1　当地基压缩层主要由淤泥、淤泥质土、冲填土、杂填土或其他高压缩性土层构成时应按软弱地基进行设计。在建筑地基的局部范围内有高压缩性土层时,应按局部软弱土层处理。

（1）局部软弱土层的利用与处理。工程中常会遇到局部软弱土层及暗塘、暗沟等不良地基,这类地基的特点是均匀性很差,土质软弱,有机质含量较高,因而地基承载力低、不均匀变形大,一般都不能作为天然地基的持力层。对这类地基,工程上经常采用基础梁跨越、换填法、加大基础埋深及桩基础等方法进行处理。《地规》有如下规定。

> 7.2.2　局部软弱土层以及暗塘、暗沟等,可采用基础梁、换土、桩基或其他方法处理。

（2）软弱地基的利用与处理。软弱地基是否需要进行处理,不仅与地基的软弱程度有关,还与建筑物的性质有关。重要建筑对于地基的稳定性和变形要求很高,即便是地基土的性质不是特别弱,可能也需要进行地基处理;相反,重要性较低的建筑对地基的要求相对较低,即便是对于比较软弱的地基土,也有可能能够满足设计要求而不必进行地基处理。对于地基软弱土的利用,《地规》有如下规定。

> 7.1.4　施工时,应注意对淤泥和淤泥质土基槽底面的保护,减少扰动。荷载差异较大的建筑物,宜先建重、高部分,后建轻、低部分。
>
> 7.2.1　利用软弱土层作为持力层时,应符合下列规定:
>
> 　　1　淤泥和淤泥质土,宜利用其上覆较好土层作为持力层,当上覆土层较薄,应采取避免施工时对淤泥和淤泥质土扰动的措施;
>
> 　　2　冲填土、建筑垃圾和性能稳定的工业废料,当均匀性和密实度较好时,可利用其作为轻型建筑物地基的持力层。

地基处理是对地基范围内的软弱土体采取某种改善措施,以达到提高地基土承载力、减小地基变形、防止地基渗透破坏或液化的目的。

11.1　一般规定

地基处理方法的作用机理大体上有压密法（如碾压法、夯实法、排水固结法）、换填法、挤密法（复合地基）、化学加固法和加筋法五大类。其中,压密法是通过压、振、夯等方式提高地基土的密实度;换填法是将地基内的局部软土挖除,并换填好土;挤密法是通过振动、冲击或带套筒等方法成孔,然后向孔中填入砂、石、土（灰土、二灰）、石灰或其他材料,再加以振实而形成直径较大桩体的方法;化学加固法是在软弱地基中灌入或者掺入某些胶结材料,使松散土颗粒具有一定的黏结强度;加筋法是在土体中放置一定数量的土工合成材料、钢材或纤维丝,以改善地基土的性能。

处理后的地基应满足建筑物地基承载力、变形和稳定性要求。对此,《建筑地基处理技术规范》（JGJ 79—2012）（以下简称《地处规》）有如下规定。

> 3.0.5　处理后的地基应满足建筑物地基承载力、变形和稳定性要求,地基处理的设计尚应符合下列规定:
>
> 　　1　经处理后的地基,当在受力层范围内仍存在软弱下卧层时,应进行软弱下卧层地基承载力验算;

> **2**　按地基变形设计或应作变形验算且需进行地基处理的建筑物或构筑物,应对处理后的地基进行变形验算;
>
> **3**　对建造在处理后的地基上受较大水平荷载或位于斜坡上的建筑物及构筑物,应进行地基稳定性验算。

在验算处理后地基的承载力时,应按《地规》第 5.2.1 条的方法进行。但需要注意的是,考虑到建筑地基承载力的基础宽度、基础埋深修正是建立在浅基础承载力理论上,对基础宽度和基础埋深所能提高的地基承载力设计取值的经验方法;而经处理的地基由于其处理范围有限,处理后增强的地基性状与自然环境下形成的地基性状有所不同。因此,当按地基承载力确定基础底面积及埋深而需要对处理后的地基承载力特征值进行修正时,应分析工程具体情况,采用安全的设计方法。《地处规》有如下规定。

> **3.0.4**　经处理后的地基,当按地基承载力确定基础底面积及埋深而需要对本规范确定的地基承载力特征值进行修正时,应符合下列规定。
>
> **1**　**大面积压实填土地基**,基础宽度的地基承载力修正系数应取零;基础埋深的地基承载力修正系数,对于压实系数大于 0.95、黏粒含量 $\rho_c \geq 10\%$ 的粉土,可取 1.5,对于干密度大于 2.1 t/m³ 的级配砂石可取 2.0。
>
> **2**　**其他处理地基**,基础宽度的地基承载力修正系数应取零,基础埋深的地基承载力修正系数应取 1.0。
>
> **3.0.4 条文说明（部分）**
>
> **1**　压实填土地基,当其处理的面积较大(一般应视处理宽度大于基础宽度的 2 倍),可按现行国家标准《建筑地基基础设计规范》(GB 50007—2011)(编者注:《地规》第 5.2.4 条)规定的土性要求进行修正。
>
> 这里有两个问题需要注意:首先,需修正的地基承载力应是基础底面经检验确定的承载力,许多工程进行修正的地基承载力与基础底面确定的承载力并不一致;其次,这些处理后的地基表层及以下土层的承载力并不一致,可能存在表层高、以下土层低的情况。所以,如果地基承载力验算考虑了深度修正,应在地基主要持力层满足要求条件下才能进行。
>
> **2**　对于不满足大面积处理的压实地基、夯实地基以及其他处理地基,基础宽度的地基承载力修正系数取零,基础埋深的地基承载力修正系数取 1.0。
>
> 复合地基由于其处理范围有限,增强体的设置改变了基底压力的传递路径,其破坏模式与天然地基不同。复合地基承载力的修正的研究成果还很少,为安全起见,基础宽度的地基承载力修正系数取零,基础埋深的地基承载力修正系数取 1.0。

当处理后地基的主要持力层下存在软弱下卧层时,需要对其进行承载力验算。对压实、夯实、注浆加固地基及散体材料增强体复合地基等应基于压力扩散角,按现行《地规》第 5.2.7 条规定的方法验算;但对于有黏结强度的增强体复合地基,根据其荷载传递特性,可按实体深基础法进行验算。

11.2　压密法

11.2.1　碾压法

碾压法是采用碾压或振动压实机械,对地基土进行反复碾压、振动,以达到提高地基土的强度,降低压缩性的一种方法。碾压法常用于基础面积较大、土方量较大的工程,因此特别适用于处理如大面积换填垫层、公路路基等大面积填土工程,其是一种浅层地基处理方法。《地处规》有如下规定。

> **6.1.1**　压实地基适用于处理大面积填土地基。浅层软弱地基以及局部不均匀地基的换填处理应符合本规范第 4 章的有关规定。

1. 压实机械的选择

压实机械包括静力碾压、冲击碾压、振动碾压等。静力碾压压实机械是利用碾轮的重力作用,振动式压路机是通过振动作用使被压土层产生永久变形而密实。同时具有碾压和冲击作用的冲击式压路机根据碾轮的不同可分为光碾、槽碾、羊足碾和轮胎碾等。光碾压路机压实的土层表面平整光滑,使用最广,适用于各种路面、垫层、飞机场路面和广场等工程的压实。槽碾、羊足碾单位压力较大,压实层厚,适用于路基、堤坝的压实。轮胎式压路机的轮胎气压可调节,可增减压重,单位压力可变,压实过程有揉搓作用,使压实土层均匀密实,且不伤路面,适用于道路、广场等垫层的压实。对于碾压机械的适用性,《地处规》有如下规定。

> 6.2.1　压实地基处理应符合下列规定。
>
> 　　1　地下水位以上填土,可采用碾压法和振动压实法,非黏性土或黏粒含量少、透水性较好的松散填土地基宜采用振动压实法。
>
> 6.2.2　压实填土地基的设计应符合下列规定。
>
> 　　8　冲击碾压法可用于地基冲击碾压、土石混填或填石路基分层碾压、路基冲击增强补压、旧砂石(沥青)路面冲压和旧水泥混凝土路面冲压等处理;其冲击设备、分层填料的虚铺厚度、分层压实的遍数等的设计应根据土质条件、工期要求等因素综合确定,其有效加固深度宜为 3.0~4.0 m,施工前应进行试验段施工,确定施工参数。
>
> 6.2.3　条文说明(部分)
>
> 　　冲击碾压施工应考虑对居民、建(构)筑物等周围环境可能带来的影响。可采取以下两种减振隔振措施:①开挖宽 0.5 m、深 1.5 m 左右的隔振沟进行隔振;②降低冲击压路机的行驶速度,增加冲压遍数。

2. 压实填土料的要求

压实填土的填料可以选择利用当地的土、石或性能稳定的工业废渣,这样不仅经济,而且省工省时,符合因地制宜、就地取材和保护环境、节约资源的建设原则。工业废渣黏结力小、易于流失,露天填筑时宜采用黏性土包边护坡,填筑顶面宜用 0.3~0.5 m 厚的粗粒土封闭。

对于一般的黏性土,可用 8~10 t 的平碾或 12 t 的羊足碾,每层铺土厚度 300 mm 左右,碾压 8~12 遍。对饱和黏土进行表面压实,可考虑采取适当的排水措施以加快土体固结。对于淤泥及淤泥质土,一般应予挖除或者结合碾压进行挤淤充填,先堆土、块石和片石等,然后用机械压入置换和挤出淤泥,堆积和碾压分层进行,直到把淤泥挤出、置换完毕为止。

采用粉质黏土和黏粒含量 $\rho_c \geqslant 10\%$ 的粉土作为填料时,填料的含水量至关重要。在一定的压实功下,填料在最优含水量时干密度可达最大值,压实效果最好,最优含水量的经验参数值为 20%~22%,可通过击实试验确定。如果填料的含水量太大,容易压成"橡皮土",应将其适当晾干后再分层夯实;若填料的含水量太小,土颗粒之间的阻力大,则不易压实,当填料含水量小于 12% 时,应将其适当增湿。

粗颗粒的砂、石等材料具有强透水性,而湿陷性黄土和膨胀土遇水反应敏感,前者引起湿陷,后者引起膨胀,两者对建筑物都会产生有害变形。因此,在湿陷性黄土场地和膨胀土场地进行压实填土的施工,不得使用粗颗粒的透水性材料作为填料。对主要由炉渣、碎砖、瓦块组成的建筑垃圾,每层的压实遍数一般不少于8遍。对含炉灰等细颗粒的填土,每层的压实遍数一般不少于 10 遍。

《地处规》有如下规定。

> 6.2.2　压实填土地基的设计应符合下列规定。
>
> 　　1　压实填土的填料<u>可选用粉质黏土、灰土、粉煤灰、级配良好的砂土或碎石土,以及质地坚硬、性能稳定、无腐蚀性和无放射性危害的工业废料</u>等,并应满足下列要求:
>
> 　　1)以碎石土作填料时,其最大粒径不宜大于 100 mm;
>
> 　　2)以粉质黏土、粉土作填料时,其含水量宜为最优含水量,可采用击实试验确定;
>
> 　　3)**不得使用淤泥、耕土、冻土、膨胀土以及有机质含量大于 5% 的土料;**
>
> 　　4)采用振动压实法时,宜降低地下水位到振实面下 600 mm。
>
> 　　4　压实填土的质量以压实系数 λ_c(编者注: $\lambda_c = \rho_d / \rho_{dmax}$)控制,并应根据结构类型和压实填土所在部位按表 6.2.2-2 的要求确定。

表 6.2.2-2　压实填土的质量控制

结构类型	填土部位	压实系数 λ_c	控制含水量（%）
砌体承重结构和框架结构	在地基主要受力层范围以内	≥0.97	$w_{op} \pm 0.2$
	在地基主要受力层范围以下	≥0.95	
排架结构	在地基主要受力层范围以内	≥0.96	
	在地基主要受力层范围以下	≥0.94	

注：地坪垫层以下及基础底面标高以上的压实填土，压实系数不应小于0.94。

5　压实填土的最大干密度和最优含水量，宜采用击实试验确定，当无试验资料时，最大干密度可按下式计算：

$$\rho_{dmax} = \eta \frac{\rho_w d_s}{1 + 0.01 w_{op} d_s} \qquad (6.2.2)$$

式中　ρ_{dmax}——分层压实填土的最大干密度（t/m^3）；

η——经验系数，粉质黏土取 0.96，粉土取 0.97；

ρ_w——水的密度（t/m^3）；

d_s——土粒相对密度（比重）（t/m^3）；

w_{op}——填料的最优含水量（%）。

当填料为碎石或卵石时，其最大干密度可取 2.1~2.2 t/m^3。

11.2.2　夯实法

夯实法可分为强夯和强夯置换两种方法。强夯法是反复将夯锤（质量一般为 10~60 t）提到一定高度使其自由落下（落距一般为 10~40 m），给地基以冲击和振动能量，从而提高地基的承载力，并降低其压缩性，改善地基性能。但对于土质比较松散的场地，采用强夯法时，单点夯坑的深度会很大，继续强夯会使夯锤入土过深，难以拔起，这时如果在夯坑内回填块石、碎石、炉渣、建筑垃圾等坚硬的粗颗粒材料，然后继续夯击，如此反复后会在土体中形成一个桩一样的墩体，称为强夯置换法。《地处规》有如下规定。

6.1.2　夯实地基可分为强夯和强夯置换处理地基。强夯处理地基适用于碎石土、砂土、低饱和度的粉土与黏性土、湿陷性黄土、素填土和杂填土等地基；强夯置换处理地基适用于高饱和度的粉土与软塑至流塑的黏性土地基上对变形要求不严格的工程。

1. 强夯法

强夯法是在重锤夯实的基础上发展起来的一种地基处理技术，但是其加固原理要比一般重锤夯实复杂得多。它利用重锤下落产生的强大夯击能量，在土体中形成冲击波和动应力，除使土粒能够挤密外，还能在高含水率的土体中产生较大的孔隙水压力，甚至可能导致土体暂时液化。同时，巨大的冲击能量使夯点周围产生裂缝，进而形成良好的排水通道，加快孔隙水压力的消散，从而使土体进一步被加密。

由于强夯法具有加固效果显著、适用土类广泛、设备简单、施工方便、节省劳力、施工期短、节约材料、施工文明和施工费用低等优点，我国自 20 世纪 70 年代引进此法后迅速在全国推广应用。大量工程实例证明，强夯法用于处理碎石土、砂土、低饱和度的粉土与黏性土、湿陷性黄土、素填土和杂填土等地基，一般均能取得较好的效果；对于软土地基，如果未采取辅助措施，一般来说处理效果不好。

强夯法的有效加固深度既是反映处理效果的重要参数，又是选择地基处理方案的重要依据。实际上，影响有效加固深度的因素很多，除夯锤重和落距以外，夯击次数、锤底单位压力、地基土性质、不同土层的厚度和埋藏顺序以及地下水位等都与加固深度有着密切的关系。鉴于有效加固深度问题的复杂性，以及目前尚无适用的计算式，因此实际有效加固深度应根据现场试夯或当地经验确定。

由于基础的应力扩散作用和抗震设防需要,强夯处理范围应大于建筑物基础范围,具体放大范围可根据建筑结构类型和重要性等因素考虑确定。对于一般建筑物,《地处规》有如下规定。

> 6.3.3　强夯处理地基的设计应符合下列规定。
>
> 　6　强夯处理范围应大于建筑物基础范围,每边超出基础外缘的宽度宜为基底下设计处理深度的1/2~2/3,且不应小于 3 m;对可液化地基,基础边缘的处理宽度,不应小于 5 m;对湿陷性黄土地基,应符合现行国家标准《湿陷性黄土地区建筑标准》(GB 50025—2018)的有关规定。

2. 强夯置换法

强夯置换法是 20 世纪 80 年代后期开发的方法,适用于高饱和度的粉土与软塑至流塑的黏性土地基上对变形控制要求不严的工程。

强夯置换法具有加固效果显著、施工期短、施工费用低等优点,目前已用于堆场、公路、机场、房屋建筑和油罐等工程,一般效果良好。但个别工程因设计、施工不当,加固后出现下沉较大或墩体与墩间土下沉不等的情况。因此,规范特别强调在采用强夯置换法前,必须通过现场试验确定其适用性和处理效果,否则不得采用。

> 6.3.2　强夯置换处理地基,必须通过现场试验确定其适用性和处理效果。

对存在淤泥、泥炭等黏性软弱土层的地基,置换墩应穿透软土层,着底在较好的土层上,因墩底竖向应力较墩间土高,如果墩底仍在软弱土中,墩底会因较高的竖向应力而产生较多下沉;对深厚的饱和粉土、粉砂,因墩下土在施工中密度变大,强度提高,故可允许不穿透该层。强夯置换法的加固原理为下列三者之和:

　　　　强夯置换=强夯(压密)+碎石墩+特大直径排水井

因此,墩间和墩下的粉土或黏性土通过排水与压密,其密度及状态可以得到改善。由此可知,强夯置换的加固深度由两部分组成,即置换墩长度和墩下加密范围。对于墩下加密范围,因资料有限,目前尚难确定,应通过现场试验逐步积累资料。

当墩体材料级配不良或块石过多过大时,易在墩中留下大孔,在后续置换墩施工或建筑物使用过程中,若墩间土挤入孔隙,会造成下沉增加,因此墩体填料应具有良好的级配,并且大于 300 mm 的块石总量不得超出填料总重的 30%。

强夯置换后的地基承载力对粉土中的置换地基按复合地基考虑;对淤泥或流塑黏性土中的置换地基则不考虑墩间土的承载力,取单墩静荷载试验的承载力除以单墩加固面积为加固后的地基承载力。

对于强夯置换处理地基的设计,《地处规》有如下规定。

> 6.3.5　强夯置换处理地基的设计,应符合下列规定。
>
> 　1　强夯置换墩的深度应由土质条件决定。除厚层饱和粉土外,应穿透软土层,到达较硬土层上,深度不宜超过 10 m。
>
> 　3　墩体材料可采用级配良好的块石、碎石、矿渣、工业废渣、建筑垃圾等坚硬粗颗粒材料,且粒径大于300 mm 的颗粒含量不宜超过 30%。
>
> 　4　夯点的夯击次数应通过现场试夯确定,并应满足下列条件:
>
> 　1)墩底穿透软弱土层,且达到设计墩长;
>
> 　2)累计夯沉量为设计墩长的 1.5~2.0 倍;
>
> 　3)最后两击的平均夯沉量可按表 6.3.3-2 确定。
>
> 　6　墩间距应根据荷载大小和原状土的承载力选定,当满堂布置时,可取夯锤直径的 2~3 倍。对独立基础或条形基础可取夯锤直径的 1.5~2.0 倍。墩的计算直径可取夯锤直径的 1.1~1.2 倍。
>
> 　7　强夯置换处理范围应符合本规范第 6.3.3 条第 6 款的规定。
>
> 　11　软黏性土中强夯置换地基承载力特征值应通过现场单墩静荷载试验确定;对于饱和粉土地基,当处理后形成 2.0 m 以上厚度的硬层时,其承载力可通过现场单墩复合地基静荷载试验确定。
>
> 6.3.5 条文说明(部分)

> 4 累计夯沉量指单个夯点在每一击下夯沉量的总和,累计夯沉量为设计墩长的 1.5~2 倍以上,主要是保证夯墩的密实度与着底,实际是充盈系数的概念,此处以长度比代替体积比。

此外,经强夯和强夯置换处理的地基,其强度随着时间增长而逐步恢复和提高,因此竣工验收质量检验应在施工结束间隔一定时间后方能进行,其间隔时间宜根据土的性质而定。《地处规》有如下规定。

> 6.3.13 **强夯**处理后的地基竣工验收,承载力检验应根据静荷载试验、其他原位测试和室内土工试验等方法综合确定。**强夯置换**后的地基竣工验收,除应采用单墩静荷载试验进行承载力检验外,尚应采用动力触探等查明置换墩着底情况及密度随深度的变化情况。
>
> 6.3.14 夯实地基的质量检验应符合下列规定。
>
> 2 强夯处理后的地基承载力检验,应在施工结束后间隔一定时间进行,对于碎石土和砂土地基,间隔时间宜为 7~14 d;粉土和黏性土地基,间隔时间宜为 14~28 d;强夯置换地基,间隔时间宜为 28 d。

11.2.3 排水固结法

我国东南沿海和内陆广泛分布着饱和软黏土,这种土的特点是含水量大、孔隙比大、颗粒细,因而压缩性高、强度低、透水性差。在这种软土地基上直接建造建(构)筑物或进行填土,地基将由于固结和剪切变形产生很大的沉降,甚至由于强度不足而产生地基土破坏,因此这种地基通常需要采取一定的处理措施,排水固结法就是处理软黏土地基的有效方法之一。

排水固结法是在拟建造建筑物的地基上,预先施加荷载(一般为堆石、堆土、真空等),使地基产生相应的压缩固结,然后将这些荷载卸除,再进行建筑物的施工。由于地基的沉降大部分在修筑建筑物前堆载预压的过程中已完成,所以建筑物的实际沉降量大大减小;同时软弱土层已被压密,强度提高,从而增加了地基的承载能力。

1. 排水固结法简介

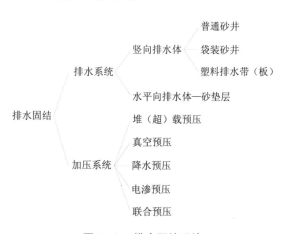

图 11.1 排水固结系统

排水固结法通常由排水系统和加压系统组成,需要首先在地基土中设置水平排水垫层和竖向排水体,以改变地基排水边界条件、缩短排水距离、加快排水速度;然后采取加压措施,使地基土孔隙中的水产生压力差,从饱和地基土中自然排出,从而使地基土产生压缩,完成地基的固结沉降。排水固结系统如图 11.1 所示。

在要进行预压加固的地基中打井点,并进行抽水,使地下水位下降,利用提高土体有效自重应力的方法对地基土进行压密,这种方法称为降水预压法;若在建筑物场地上铺设一层透水的砂或砾石,并在其上覆盖一层不透气的材料,如橡胶布、塑料布、黏土膏或沥青膏等,然后用真空泵抽气,使透水材料中保持 650 mm 汞柱以上的真空度,即利用大气压力对地基中软弱土层进行预压,这种方法称为真空预压法;也可以采用真空和堆载联合预压,以控制地基变形。

饱和软黏土地基在荷载作用下,孔隙中的水被慢慢排出,孔隙体积慢慢减小,地基发生固结变形;同时,随着超静水压力逐渐消散,有效应力逐渐提高,地基土的强度逐渐增大。

土层的排水固结效果和其排水边界条件有关。如图 11.2(a)所示的排水边界条件,当土层厚度相对荷载宽度来说比较小时,土层中的孔隙水向上、下面透水层排出而使土层发生固结,这称为竖向排水固结。根据固结理论,黏性土固结所需的时间和排水距离的平方成正比,土层越厚,固结延续的时间越长。为了加速土层的固结,最有效的方法是增加土层的排水途径,缩短排水距离。砂井、塑料排水带(板)等竖向排水体就是为达到此目的而设置的,如图 11.2(b)所示。这时土层中的孔隙水主要从水平向通过砂井和部分从竖向排出。砂井缩短了排水距离,因而大大加速了地基的固结速率(或沉降速率),这一点无论从理论上还是工程实践上都得到了证实。

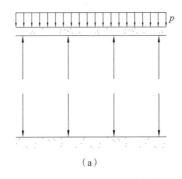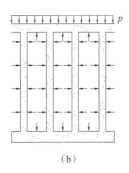

图 11.2　排水体设置原理
(a)竖向排水　(b)砂井地基排水

在荷载作用下,土层的固结过程就是孔隙水压力消散和有效应力增加的过程。如地基内某点的总应力增量为 $\Delta\sigma$,有效应力增量为 $\Delta\sigma'$,孔隙水压力增量为 Δu,则三者满足以下关系:

$$\Delta\sigma' = \Delta\sigma - \Delta u \tag{11.1}$$

堆载预压是通过增加总应力 $\Delta\sigma$,并使孔隙水压力 Δu 消散来增加有效应力 $\Delta\sigma'$ 的方法。真空预压法是在预压地基内总应力不变的条件下,使土体中孔隙水压力减小、有效应力增加的方法。真空预压中,地基土有效应力增量是各向相等的,在预压过程中土体不会发生剪切破坏,所以很适合软弱黏性土地基的加固。降水预压法是将土层降水范围内土的浸水重度变为有效重度,从而产生附加压力,使土层固结、有效应力增加的方法。降水预压法适用于处理砂质土地基和在软土层内有砂土夹层的地基。

对于排水固结法的使用范围,《地处规》有如下规定。

5.1.1　预压地基适用于处理淤泥质土、淤泥、冲填土等饱和黏性土地基。预压地基按处理工艺可分为堆载预压、真空预压、真空和堆载联合预压。

5.1.1 条文说明

预压处理地基一般分为堆载预压、真空预压和真空-堆载联合预压三类。降水预压和电渗排水预压在工程上应用甚少,暂未列入。堆载预压分为塑料排水带或砂井地基堆载预压和天然地基堆载预压。通常,当软土层厚度小于 4.0 m 时,可采用天然地基堆载预压处理;当软土层厚度超过 4.0 m 时,为加速预压过程,应采用塑料排水带、砂井等竖井排水预压处理地基。对真空预压工程,必须在地基内设置排水竖井。

本条提出适用于预压地基处理的土类。对于在持续荷载作用下体积会发生很大压缩、强度会明显增长的土,这种方法特别适用。对超固结土,只有当土层的有效上覆压力与预压荷载所产生的应力水平明显大于土的先期固结压力时,土层才会发生明显的压缩。竖井排水预压对泥炭土、有机质土和其他次固结变形占很大比例的土处理后仍有较大的次固结变形,应考虑对工程的影响。当主固结变形与次固结变形相比所占比例较大时效果明显。

5.1.2　真空预压适用于处理以黏性土为主的软弱地基。当存在粉土、砂土等透水、透气层时,加固区周边应采取确保膜下真空压力满足设计要求的密封措施。<u>对塑性指数大于 25 且含水量大于 85% 的淤泥,应通过现场试验确定其适用性。加固土层上覆盖有厚度大于 5 m 的回填土或承载力较高的黏性土层时,不宜采用真空预压处理。</u>

5.1.2 条文说明

当需加固的土层有粉土、粉细砂或中粗砂等透水、透气层时,对加固区采取的密封措施一般有打设黏性土密封墙、开挖换填和垂直铺设密封膜穿过透水透气层等方法。对塑性指数大于 25 且含水量大于 85% 的淤泥,采用真空预压处理后的地基土强度有时仍然较低,因此对具体的场地,需通过现场试验确定真空预压加固的适用性。

2. 堆载预压法

堆载预压法是利用填土、砂石等散粒材料的自重进行分级加载,使土体中的孔隙水排出,土层逐渐固结,地基发生沉降,同时强度逐步提高的方法。该方法一般要求堆载的强度达到基底的设计压力,加载后土体的固结度达到90%以上。

> **5.2.16**　堆载预压处理地基设计的平均固结度不宜低于90%,且应在现场监测的变形速率明显变缓时方可卸载。
>
> **5.2.16 条文说明**
>
> 　　预压地基大部分为软土地基,地基变形计算仅考虑固结变形,没有考虑荷载施加后的次固结变形。对于堆载预压工程的卸载时间应从安全性考虑,其固结度不宜低于90%,现场检测的变形速率应有明显变缓趋势才能卸载。

有时为了加速压缩过程,常采用在天然软黏土地基中设置砂井、塑料排水带(板)等竖向排水体以及进行超载预压(如达到1.2~1.5倍的设计荷载)的方法。采用堆载预压必须控制加载速度,制订分级加载计划,以防地基在预压过程中丧失稳定性,因而所需工期较长。对于竖向排水体设置以及堆载预压法的主要设计内容,《地处规》有如下规定。

> **5.2.1**　对深厚软黏土地基,应设置塑料排水带或砂井等排水竖井。当软土层厚度较小或软土层中含较多薄粉砂夹层,且固结速率能满足工期要求时,可不设置排水竖井。
>
> **5.2.1 条文说明(部分)**
>
> 　　本条中提出对含较多薄粉砂夹层的软土层,可不设置排水竖井。这种土层通常具有良好的透水性。
>
> **5.2.2**　堆载预压地基处理的设计应包括下列内容:
>
> 　　1　选择塑料排水带或砂井,确定其断面尺寸、间距、排列方式和深度;
>
> 　　2　确定预压区范围、预压荷载大小、荷载分级、加载速率和预压时间;
>
> 　　3　计算堆载荷载作用下地基土的固结度、强度增长、稳定性和变形。

1)竖向排水体的设计

《地处规》有如下规定。

> **5.2.3**　排水竖井分普通砂井、袋装砂井和塑料排水带。**普通砂井直径宜**为300~500 mm,**袋装砂井直径宜**为70~120 mm。塑料排水带的当量换算直径可按下式计算:
>
> $$d_p = \frac{2(b+\delta)}{\pi} \tag{5.2.3}$$
>
> 式中　d_p——塑料排水带当量换算直径(mm);
>
> 　　　b——塑料排水带宽度(mm);
>
> 　　　δ——塑料排水带厚度(mm)。
>
> **5.2.4**　排水竖井可采用等边三角形或正方形排列的**平面布置**,并应符合下列规定。
>
> 　　1　当等边三角形排列时:
>
> $$d_e = \sqrt{\frac{2\sqrt{3}}{\pi}}l = 1.05l \tag{5.2.4-1}$$
>
> 　　2　当正方形排列时:
>
> $$d_e = \sqrt{\frac{4}{\pi}}l = 1.13l \tag{5.2.4-2}$$
>
> 式中　d_e——竖井的有效排水直径;
>
> 　　　l——竖井的间距。

5.2.5　排水竖井的间距可根据地基土的固结特性和预定时间内所要求达到的固结度确定。设计时,竖井的间距可按井径比 n 选用($n=d_e/d_w$, d_w 为竖井直径,对塑料排水带可取 $d_w=d_p$)。塑料排水带或袋装砂井的间距可按 $n=15\sim22$ 选用,普通砂井的间距可按 $n=6\sim8$ 选用。

5.2.6　排水竖井的深度应符合下列规定:

　　1　根据建筑物对地基的稳定性、变形要求和工期确定;

　　2　对以地基抗滑稳定性控制的工程,竖井深度应大于最危险滑动面以下 2.0 m;

　　3　对以变形控制的建筑工程,竖井深度应根据在限定的预压时间内需完成的变形量确定;竖井宜穿透受压土层。

5.2.15　砂井的**砂料**应选用中粗砂,其黏粒含量不应大于 3%。

　　规范的上述规定中给出了竖向排水体采用等边三角形和正方形排列两种平面布置方式。当竖井按正方形排列时,其有效排水范围为正方形;当竖井按等边三角形排列时,其有效排水范围则为正六边形。有效排水范围内的孔隙水均通过位于其中的竖向排水体排出。

　　2)水平排水体的设计

　　《地处规》有如下规定。

5.2.13　预压处理地基应在地表铺设与排水竖井相连的砂垫层,砂垫层应符合下列规定:

　　1　厚度不应小于 500 mm;

　　2　砂垫层砂料宜用中粗砂,黏粒含量不应大于 3%,砂料中可含有少量粒径不大于 50 mm 的砾石;砂垫层的干密度应大于 1.5 t/m³,渗透系数应大于 1×10^{-2} cm/s。

5.2.14　在预压区边缘应设置排水沟,在预压区内宜设置与砂垫层相连的排水盲沟,排水盲沟的间距不宜大于 20 m。

　　3)瞬时加载条件下砂井地基固结度的计算

　　瞬时加载条件下砂井地基固结理论的假设条件如下:

　　(1)每个砂井的有效影响范围为圆柱体,且不计砂井施工过程中引起的涂抹作用;

　　(2)在砂井的影响范围内,水平面上的荷载是瞬时施加且均匀分布的;

　　(3)土体在瞬时加载条件下产生竖向压缩变形,土体的压缩系数和渗透系数均为常数;

　　(4)土体完全饱和,加载瞬间荷载引起的全部应力由孔隙水压力承担,土体的固结过程是孔隙水压力排除的过程。

　　取其中一个圆柱体进行渗流固结分析,作为一个轴对称的三维渗流固结问题,在柱坐标系下的三维渗流固结方程为

$$\frac{\partial u}{\partial t} = C_v \frac{\partial^2 u}{\partial z^2} + C_h \left[\frac{\partial^2 u}{\partial r^2} + \frac{1}{r}\left(\frac{\partial u}{\partial r}\right) \right] \qquad (11.2)$$

式中　u——孔隙水压力(kPa);

　　　　t——瞬时加载后的固结时间(s);

　　　　C_v——土体的竖向排水固结系数(cm²/s);

　　　　z——计算点深度(cm);

　　　　C_h——土体的水平向(或径向)排水固结系数(cm²/s)。

　　　　r——计算点至砂井的中心距(cm)。

　　根据已知边界条件,在数学上求解式(11.2)存在困难。卡雷洛证明,式(11.2)采用分离变量法求解,可分解为竖向固结和径向固结两个微分方程:

$$\frac{\partial u_z}{\partial t} = C_v \frac{\partial^2 u}{\partial z^2} \qquad (11.3)$$

$$\frac{\partial u_r}{\partial t} = C_h \left[\frac{\partial^2 u}{\partial r^2} + \frac{1}{r} \left(\frac{\partial u}{\partial r} \right) \right] \tag{11.4}$$

首先，根据已知边界条件求解式（11.3），可得加载后任一时间土体竖向平均固结度 U_z 的计算公式：

$$U_z = 1 - \frac{8}{\pi^2} \sum_{m=1,3,\cdots}^{\infty} \frac{1}{m^2} e^{-\frac{m^2 \pi^2 C_v}{4H^2} t} \tag{11.5}$$

式中　U_z——瞬时加载后 t 时刻土体的竖向平均固结度；

　　　m——奇数正整数（ $m=1,3,5,\cdots$ ）；

　　　e——自然对数底；

　　　t——固结时间（ s ）；

　　　H——土层竖向排水距离（ cm ），双面排水时，H 为土层厚度的一半，单面排水时，H 为土层厚度。

当 $U_z > 30\%$ 时，式（11.5）可简化为

$$U_z = 1 - \frac{8}{\pi^2} e^{-\frac{\pi^2 C_v}{4H^2} t} \tag{11.6}$$

对于径向固结，工程上一般采用等应变假定，即在荷载作用下，圆柱体内各点的竖向变形相同，没有不均匀沉降发生。求解径向固结微分方程（11.4），可得加载后任一时间土体径向平均固结度 U_r 的计算公式：

$$U_r = 1 - e^{-\frac{8C_h}{F(n)d_e^2} t} \tag{11.7-a}$$

$$F(n) = \frac{n^2}{n^2 - 1} \ln n - \frac{3n^2}{4n^2 - 1} \tag{11.7-b}$$

式中　n——井径比，$n = d_e / d_w$；

　　　d_w——竖井直径；

　　　d_e——圆柱体直径，即竖井的有效排水直径。

考虑到以上两种渗流固结是同时发生且互相影响的，因此地基土在瞬时加载条件下 t 时刻的总平均固结度计算公式可表示为

$$U_t = 1 - (1 - U_r)(1 - U_z) \tag{11.8}$$

上述公式的局限性在于，一方面计算中假定堆载是一次性瞬时加载，而实际上堆载往往是分级进行且持续很长时间的，因此按上述公式计算求得的固结度偏差较大；另一方面计算中视砂井为一个理想的无阻力排水通道，且砂井的施工对周围土层的性质，特别是渗透性完全没有影响，即未考虑砂井施工造成土层的涂抹作用以及井阻的影响。

4）逐级加载条件下砂井地基固结度的计算

对逐渐加载条件下砂井地基平均固结度的计算，《地处规》采用的是改进的高木俊介法，该方法考虑了竖向和径向排水固结度，并采用固结度理论的普遍公式，即

$$U = 1 - \alpha e^{-\beta t} \tag{11.9}$$

通过对式（11.9）进行积分，可以得到变速加载条件下的固结度计算公式。

5.2.7　一级或多级等速加载条件下，当固结时间为 t 时，对应总荷载的地基平均固结度可按下式计算：

$$\bar{U}_t = \sum_{i=1}^{n} \frac{\dot{q}_i}{\sum \Delta p} \left[(T_i - T_{i-1}) - \frac{\alpha}{\beta} e^{-\beta t} (e^{\beta T_i} - e^{\beta T_{i-1}}) \right] \tag{5.2.7}$$

式中　$\bar{U}_t$—— t 时间基地的平均固结度；

　　　$\dot{q}_i$——第 i 级荷载的加载速率（kPa/d）；

　　　$\sum \Delta p$——各级荷载的累加值（kPa）；

　　　T_{i-1}, T_i——第 i 级荷载加载的起始和终止时间（从零点起算）（ d ），**当计算第 i 级荷载加载过程中某时间 t 的固结度时，T_i 改为 t；**

α、β——参数,根据地基土排水固结条件按表 5.2.7 采用,**对竖井地基,表中所列 β 为不考虑涂抹和井阻影响的参数值。**

表 5.2.7　α 和 β 值

参数	排水固结条件			说明
	竖向排水固结 $\bar{U}_t > 30$	向内径向排水固结	竖向和径向排水固结(竖井穿透受压土层)	
α	$\dfrac{8}{\pi^2}$	1	$\dfrac{8}{\pi^2}$	$F_n = \dfrac{n^2}{n^2-1}\ln n - \dfrac{3n^2}{4n^2-1}$ C_h——土的径向排水固结系数(cm²/s); C_v——土的竖向排水固结系数(cm²/s); H——上层竖向排水距离(cm)(编者注:**双面排水时,H 为土层厚度的一半,单面排水时,H 为土层厚度**); $\bar{U}_t$——双面排水土层或固结应力均匀分布的单面排水土层平均固结度
β	$\dfrac{\pi^2 C_v}{4H^2}$	$\dfrac{8C_h}{F_n d_e^2}$	$\dfrac{8C_h}{F_n d_e^2} + \dfrac{\pi^2 C_v}{4H^2}$	

该公式理论上是精确解,而且无须先计算瞬时加载条件下的固结度,再根据逐渐加载条件进行修正,而是两者合并计算出修正后的平均固结度,该公式适用于多种排水条件,可应用于考虑井阻及涂抹作用的径向平均固结度计算。

【算例 11.1】(引自《地处规》第 5.2.7 条条文说明)

已知:地基为淤泥质黏土层,固结系数 $C_h = C_v = 1.8 \times 10^{-3}$ cm²/s,受压土层厚 20 m,袋装砂井直径 $d_w = 70$ mm,袋装砂井为等边三角形排列,间距 $l = 1.4$ m,深度 $H = 20$ m,砂井底部为不透水层,砂井打穿受压土层。预压荷载总压力 $p = 100$ kPa,分两级等速加载,如图 11.3 所示。求:加荷开始后 120 d 受压土层的平均固结度(不考虑竖井井阻和涂抹影响)。

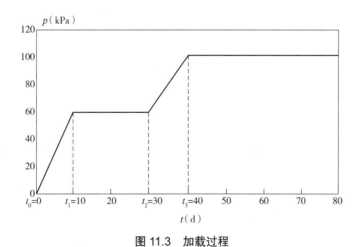

图 11.3　加载过程

【解析】

受压土层平均固结度包括两部分:径向排水平均固结度和竖向排水平均固结度。

按《地处规》式(5.2.7)计算,其中 α、β 由表 5.2.7 可知:

$$\alpha = \frac{8}{\pi^2} = 0.81$$

$$\beta = \frac{8C_h}{F_n d_e^2} + \frac{\pi^2 C_v}{4H^2}$$

根据《地处规》式（5.2.4-1），砂井的有效排水圆柱体直径 $d_e=1.05l=1.05\times1.4=1.47$ m，井径比 $n=d_e/d_w=1.47/0.07=21$，单向排水，取 $H=2\,000$ cm，则

$$F_n = \frac{n^2}{n^2-1}\ln n - \frac{3n^2}{4n^2-1}$$

$$= \frac{21^2}{21^2-1}\ln 21 - \frac{3\times21^2}{4\times21^2-1}$$

$$= 2.3$$

$$\beta = \frac{8\times1.8\times10^{-3}}{2.3\times147^2} + \frac{3.14^2\times1.8\times10^{-3}}{4\times2\,000^2}$$

$$= 2.908\times10^{-7}(1/s)$$

$$= 0.025\,1(1/d)$$

由图可知，第一级荷载的加荷速率 $\dot{q}_1=60/10=6$ kPa/d；第二级荷载的加荷速率 $\dot{q}_2=40/10=4$ kPa/d。

根据《地处规》式（5.2.7），地基土在加荷开始后 120 d 的土层总平均固结度：

$$\bar{U}_t = \sum_{i=1}^{n}\frac{\dot{q}_i}{\sum\Delta p}\left[(T_i-T_{i-1})-\frac{\alpha}{\beta}e^{-\beta t}(e^{\beta T_i}-e^{\beta T_{i-1}})\right]$$

$$= \frac{\dot{q}_1}{\sum\Delta p}\left[(t_1-t_0)-\frac{\alpha}{\beta}e^{-\beta t}(e^{\beta t_1}-e^{\beta t_0})\right]+\frac{\dot{q}_2}{\sum\Delta p}\left[(t_3-t_2)-\frac{\alpha}{\beta}e^{-\beta t}(e^{\beta t_3}-e^{\beta t_2})\right]$$

$$= \frac{6}{100}\left[(10-0)-\frac{0.81}{0.025\,1}e^{-0.025\,1\times120}(e^{0.025\,1\times10}-e^0)\right]+$$

$$\frac{4}{100}\left[(40-30)-\frac{0.81}{0.025\,1}e^{-0.025\,1\times120}(e^{0.025\,1\times40}-e^{0.025\,1\times30})\right]$$

$$= 0.93$$

5）考虑涂抹及井阻对土体固结的影响

由于井壁涂抹及对周围土的扰动会使土的渗透系数降低，从而影响土层的固结速率，称为涂抹影响。涂抹对土层固结速率的影响大小取决于涂抹区直径 d_s 和涂抹区土的水平向渗透系数 k_s 与天然土层水平渗透系数 k_h 的比值。竖井采用挤土方式施工时，涂抹对土层固结速率影响显著，在固结度计算中，涂抹影响应予考虑。

实际上，水在砂井中的渗流会受到井中填料的阻力，称为井阻。井阻大小取决于竖井深度和竖井纵向通水量 q_w 与天然土层水平向渗透系数 k_h 的比值。当土层的渗透系数较大，而井径小、井深大时，井阻会显著影响土的固结速度，不能忽略。

当考虑上述两种影响时，瞬时加载条件下砂井地基径向平均固结度的计算公式如下。

5.2.8 当排水竖井采用挤土方式施工时，应考虑涂抹对土体固结的影响。当竖井的纵向通水量 q_w 与天然土层水平向渗透系数 k_h 的比值较小，且长度较长时，尚应考虑井阻影响。**瞬时加载条件下**，考虑涂抹和井阻影响时，竖井地基**径向排水平均固结度**可按下列公式计算：

$$\bar{U}_r = 1-e^{-\frac{8C_h}{Fd_e^2}t} \qquad\qquad (5.2.8\text{-}1)$$

$$F=F_n+F_s+F_r \qquad\qquad (5.2.8\text{-}2)$$

$$F_n = \ln n - \frac{3}{4} \qquad n\geq15 \qquad\qquad (5.2.8\text{-}3)$$

$$F_s = \left(\frac{k_h}{k_s}-1\right)\ln s \qquad\qquad (5.2.8\text{-}4)$$

$$F_r = \frac{\pi^2 L^2}{4}\frac{k_h}{q_w} \qquad\qquad (5.2.8\text{-}5)$$

式中　$\bar{U}_r$——固结时间 t 时竖井地基径向排水平均固结度；

　　　k_h——天然土层水平向渗透系数（cm/s）；

　　　k_s——涂抹区土的水平向渗透系数，可取 $k_s=(1/5\sim1/3)k_h$（cm/s）；

　　　s——涂抹区直径 d_s 与竖井直径 d_w 的比值，可取 $s=2.0\sim3.0$，对中等灵敏黏性土取低值，对高灵敏黏性土取高值；

　　　L——竖井深度（cm）；

　　　q_w——竖井纵向通水量（cm³/s），为单位水力梯度下单位时间的排水量。

5.2.8 条文说明（部分）

对砂井，其纵向通水量可按下式计算：

$$q_w = k_w \cdot A_w = k_w \cdot \frac{\pi d_w^2}{4} \qquad\qquad (4)$$

式中　k_w——砂料渗透系数。

当考虑上述两种影响时，一级或者多级加载条件下砂井地基总平均固结度计算公式如下。

5.2.8　一级或多级等速加载条件下，考虑涂抹和井阻影响时竖井穿透受压土层地基的平均固结度可按式（5.2.7）计算，其中 $\alpha=\dfrac{8}{\pi^2}$，$\beta=\dfrac{8C_h}{Fd_e^2}+\dfrac{\pi^2 C_v}{4H^2}$。

对竖井未穿透受压土层的地基，当竖井底面以下受压土层较厚时，竖井井身范围内土层的平均固结度与竖井底面以下土层的平均固结度相差较大，预压期间所完成的固结变形量也相差较大，若将固结度按整个受压土层平均，则与实际固结度沿深度的分布不符，且掩盖了竖井底面以下土层固结缓慢，预压期间完成的固结变形量小，建筑物使用以后剩余沉降持续时间长等实际情况。同时，按整个受压土层平均，会使竖井井身范围内土层的固结度比实际低而影响稳定分析结果。因此，竖井井身范围与竖井底面以下土层的固结度和相应的固结变形应分别计算，不宜按整个受压土层平均计算。

5.2.9　对排水竖井未穿透受压土层的情况，竖井范围内土层的平均固结度和竖井底面以下受压土层的平均固结度，以及通过预压完成的变形量均应满足设计要求。

6）堆载系统设计

堆载系统的设计主要包括预压荷载的大小、堆载范围、加载速率等。为了获得良好的预压效果，减小建筑物建成后或使用期间的地基变形以及满足地基稳定性要求，必须施加足够的预压荷载。同时，由于软黏土地基抗剪强度较低，对地基不能快速加载，而必须分级逐渐加载，待前期荷载作用下地基强度增加到足以施加下一级荷载时，方可施加下一级荷载。在加载预压中，任何情况下所加的荷载均不得超过当时软土层的承载力，因此必须拟定详细的加载计划。软土层的强度是随固结度的增加而逐步提高的，加载速率要与之相适应。如果加载过快，孔隙水来不及排出，软土的强度不能相应提高，土的结构有可能破坏，导致强度降低，甚至造成局部或整体剪切破坏。因此，控制加载速率极为重要。

5.2.10　预压荷载大小、范围、加载速率应符合下列规定。

1　预压**荷载大小**应根据设计要求确定；对于沉降有严格限制的建筑，可采用超载预压法处理，超载量大小应根据预压时间内要求完成的变形量通过计算确定，并宜使预压荷载下受压土层各点的有效竖向应力大于建筑物荷载引起的相应点的附加应力。

2　预压荷载顶面的**范围**应不小于建筑物基础外缘的范围。

3　**加载速率**应根据地基土的强度确定；当天然地基土的强度满足预压荷载下地基的稳定性要求时，可一次性加载；如不满足应分级逐渐加载，待前期预压荷载下地基土的强度增长满足下一级荷载下地基的稳定性要求时，方可加载。

饱和软黏土根据其天然固结状态可分为正常固结土、超固结土和欠固结土。显然,对不同固结状态的土,在预压荷载下其强度的增长程度是不同的,由于超固结土和欠固结土强度增长缺乏实测资料,此处仅讨论正常固结的饱和黏性土。

对正常固结饱和黏性土,考虑压应力作用下土体排水固结引起的强度增长,《地处规》给出的计算方法如下。

> 5.2.11 计算预压荷载下饱和黏性土地基中某点的抗剪强度时,应考虑土体原来的固结状态。对正常固结饱和黏性土地基,某点某一时间的抗剪强度可按下式计算:
>
> $$\tau_{ft} = \tau_{f0} + \Delta\sigma_z \cdot U_t \tan\varphi_{cu} \qquad (5.2.11)$$
>
> 式中 τ_{ft}——t 时刻该点土的抗剪强度(kPa);
>
> τ_{f0}——地基土的天然抗剪强度(kPa);
>
> $\Delta\sigma_z$——预压荷载引起的该点的附加竖向应力(kPa);
>
> U_t——t 时刻该点土的固结度;
>
> φ_{cu}——三轴固结不排水压缩试验求得的土的内摩擦角(°)。

规范所采用的上述强度计算公式已在工程上得到广泛的应用,并且可以直接用十字板剪切试验得出的结果来检验计算值的准确性。应用上式计算出土体在各级荷载作用下的抗剪强度增量值以后,便可以进一步验算此级荷载作用下的地基稳定性。

7)地基土沉降计算

预压荷载下软基的最终沉降量 s_f 由瞬时变形 s_d、主固结变形 s_c 和次固结变形 s_0 三部分组成。

瞬时沉降 s_d 为加载过程中土体来不及排水,而由地基形状的变化引起的附加沉降。当荷载较大或者加载速率较快时,地基中容易产生局部塑性区及侧向变形,此时瞬时沉降在最终沉降量中的占比较大,计算时不可忽略。目前,对于主固结沉降、次固结沉降研究得较多,但对瞬时沉降的研究相对较少。在工程设计中,一般是用固结沉降 s_c 乘以一定的修正系数来考虑瞬时沉降及其他因素的综合影响,但由于各地软土特性千差万别,施工方式也不尽相同,使得修正系数过于笼统,从而给设计带来较大的不确定性。

主固结变形 s_c 指地基排水固结所引起的沉降,其是地基沉降中最为重要的部分。工程上通常采用单向压缩分层总和法计算,这只有当荷载面积的宽度或直径大于受压土层的厚度时才较符合计算条件,否则应对变形计算值进行修正以考虑三向压缩的效应。但研究结果表明,对于正常固结或稍超固结土地基,三向修正是不重要的,因此仍可按单向压缩计算。

次固结变形 s_0 指土骨架在持续荷载作用下发生蠕变而引起的沉降,一般泥炭土、有机质土或高塑性黏性土土层的次固结变形较显著,而其他土则所占比例不大。

对于预压地基,《地处规》采用单向压缩分层总和法计算主固结沉降,并用经验系数 ξ 考虑瞬时变形和其他因素的影响。

> 5.2.12 预压荷载下地基最终竖向变形量的计算可取附加应力与土自重应力的比值为 0.1 的深度作为**压缩层的计算深度**,可按式(5.2.12)计算:
>
> $$s_f = \xi\sum_{i=1}^{n}\frac{e_{0i}-e_{1i}}{1+e_{0i}}h_i \qquad (5.2.12)$$
>
> 式中 s_f——最终竖向变形量(m);
>
> e_{0i}——第 i 层中点土自重应力所对应的孔隙比,由室内固结试验 e-p 曲线查得;
>
> e_{1i}——第 i 层中点土自重应力与附加应力之和所对应的孔隙比,由室内固结试验 e-p 曲线查得;
>
> h_i——第 i 层土层厚度(m);
>
> ξ——经验系数,可按地区经验确定,无地区经验时,对正常固结饱和黏性土地基可取 $\xi=1.1\sim1.4$,荷载较大或地基软弱土层厚度大时应取较大值。

3. 真空预压法

真空预压法是在需要加固的软黏土地基内设置砂井或塑料排水带（板），然后在地面铺设砂垫层，其上覆盖不透气的密封膜使地基土与大气隔绝，通过埋设于砂垫层中带有滤水孔的分布管道，用真空装置进行抽气，使膜内外形成大气压差，由于砂垫层和竖向排水井与地基土界面存在压差，孔隙水向竖井内渗流，使土体中的孔隙水压力不断降低，有效应力不断提高，从而使土逐渐固结。采用真空预压，地基是在总应力不变的条件发生固结的，此过程也是孔隙水压力降低、有效应力增加的过程。

真空预压地基竖向排水体的断面、间距、排列方式以及深度的确定可以参照堆载预压法。真空度在砂井内的传递与井料的颗粒组成和渗透性有关。根据天津的相关资料，当井料的渗透系数 $k=1 \times 10^{-2}$ cm/s 时，10 m 长的袋装砂井真空度降低约 10%，当砂井深度超过 10 m 时，为了减小真空度沿深度的损失，对砂井砂料应有更高的要求。此外，在真空预压区边缘，由于真空度会向外部扩散，其加固效果不如中部，为了使预压区加固效果比较均匀，预压区应大于建筑物基础轮廓线，并不小于 3.0 m。

地基土固结度的计算、强度的增长计算以及变形的计算同样可参照堆载预压法。对堆载预压工程，由于地基将产生体积不变的向外的侧向变形而引起相应的竖向变形，所以按单向压缩分层总和法计算固结变形后尚应乘 1.1~1.4 的经验系数 ξ，以反映地基向外侧向变形的影响。对真空预压工程，在抽真空过程中将产生向内的侧向变形，这是因为抽真空时孔隙水压力降低，水平方向增加了一个向负压源的压力 $\Delta\sigma_3 = -\Delta u$，考虑到其对变形的减少作用，将堆载预压的经验系数适当减小。根据《真空预压加固软土地基技术规程》（JTS 147—2—2009）推荐的 ξ 经验值，取 1.0~1.3。

> 5.2.19　砂井的砂料应选用中粗砂，其渗透系数应大于 1×10^{-2} cm/s。
>
> 5.2.21　真空预压区边缘应大于建筑物基础轮廓线，每边增加量不得小于 3.0 m。
>
> 5.2.22　真空预压的膜下真空度应稳定地保持在 86.7 kPa（650 mmHg）以上，且应均匀分布，排水竖井深度范围内土层的平均固结度应大于 90%。
>
> 5.2.25　真空预压地基最终竖向变形可按本规范第 5.2.12 条计算。ξ 可按当地经验取值，无当地经验时，ξ 可取 1.0~1.3。
>
> 5.2.28　真空预压的膜下真空度应符合设计要求，且预压时间不宜低于 90 d。

4. 真空和堆载联合预压法

真空和堆载联合预压加固，两者的加固效果可以叠加，符合有效应力原理，并经工程试验验证。真空预压是逐渐降低土体的孔隙水压力，在不增加总应力条件下增加土体有效应力；而堆载预压是增加土体总应力和孔隙水压力，并随着孔隙水压力的逐渐消散而使有效应力逐渐增加。当采用真空-堆载联合预压时，既抽真空降低孔隙水压力，又通过堆载增加总应力。

> 5.2.29　当设计地基预压荷载大于 80 kPa，且进行真空预压处理地基不能满足设计要求时，可采用真空和堆载联合预压地基处理。
>
> 5.2.30　堆载体的坡肩线宜与真空预压边线一致。
>
> 5.2.31　对于一般软黏土，上部堆载施工宜在真空预压膜下真空度稳定地达到 86.7 kPa（650 mmHg）且抽真空时间不少于 10 d 后进行。对于高含水量的淤泥类土，上部堆载施工宜在真空预压膜下真空度稳定地达到 86.7 kPa（650 mmHg）且抽真空 20~30 d 后可进行。

11.3　换填法

11.3.1　概述及一般规定

换填法是将基底以下一定深度范围内的软弱土层挖除，换填无侵蚀性、低压缩性的散体材料（如中砂、粗砂、砾石、碎石、卵石、矿渣、灰土、素土或其混合料等），经分层压实或夯实后作为基础的持力层。对其适用范围,《地处规》有如下规定。

> 4.1.1 换填垫层适用于浅层软弱土层或不均匀土层的地基处理。
>
> 4.1.1 条文说明
>
> **软弱土层**系指主要由淤泥、淤泥质土、冲填土、杂填土或其他高压缩性土层构成的地基。在建筑地基的局部范围内有高压缩性土层时,应按局部软弱土层处理。
>
> 换填垫层适用于处理各类浅层软弱地基。当在建筑范围内上层软弱土较薄时,则可采用全部置换处理。对于较深厚的软弱土层,当仅用垫层局部置换上层软弱土层时,下卧软弱土层在荷载作用下的长期变形可能依然很大。例如,对较深厚的淤泥或淤泥质土类软弱地基,采用垫层仅置换上层软土后,通常可提高持力层的承载力,但不能解决由于深层土质软弱而造成地基变形量大对上部建筑物产生的有害影响;或者对于体型复杂、整体刚度差或对差异变形敏感的建筑,均不应采用浅层局部换填的处理方法。
>
> 对于建筑范围内局部存在松填土、暗沟、暗塘、古井、古墓或拆除旧基础后的坑穴,可采用换填垫层进行地基处理。在这种局部的换填处理中,保持建筑地基整体变形均匀是换填应遵循的最基本的原则。
>
> 4.1.4 换填垫层的厚度应根据置换软弱土的深度以及下卧土层的承载力确定,厚度宜为 0.5~3.0 m。
>
> 4.1.4 条文说明(部分)
>
> 开挖基坑后,利用分层回填夯压,也可处理较深的软弱土层。但换填基坑开挖过深,常因地下水位高,需要采用降水措施;坑壁放坡占地面积大或边坡需要支护及因此易引起邻近地面、管网、道路与建筑的沉降变形破坏;再则施工土方量大、弃土多等因素,常使处理工程费用增高、工期拖长、对环境的影响增大等。因此,换填法的处理深度通常控制在 3 m 以内较为经济合理。

换填法的作用主要体现在以下几个方面。

(1)提高地基土的承载力。挖去软弱土并换填抗剪强度较高的砂或其他较坚硬的填筑材料,必然会提高地基土的承载力。

(2)减少垫层下天然土层的压力。由于垫层的应力扩散作用,减少了作用于垫层下软弱土层的附加应力,故减少了软弱土层的沉降量。

(3)排水加速软土固结。由于换填垫层的透水性一般较原状软弱土大,当垫层下的软弱土层受压后,垫层可作为良好的排水通道,使基础下面的软弱土层中的超静孔隙水压力快速消散,加速垫层下软弱土层的排水固结,从而提高其强度,避免地基土的塑性破坏。

(4)防止冻胀。因为粗颗粒垫层材料孔隙大,可切断毛细水管的作用,进一步防止寒冷地区冬季土体结冰所造成的冻胀,但设计时应使垫层的厚度满足当地冻结深度的要求。

(5)消除膨胀土的胀缩作用。膨胀土具有遇水膨胀、失水收缩的特性,挖除基础底面以下的膨胀土并换填性质较好的砂垫层或其他垫层材料,可消除膨胀土的胀缩作用,从而避免膨胀土对建筑物的危害。

(6)消除或部分消除黄土的湿陷性。黄土具有遇水下陷的特性,将基础底面以下的湿陷性黄土换填不透水材料的垫层,可消除或部分消除黄土的湿陷性。

11.3.2　垫层材料

1. 砂和砂石垫层

砂石是良好的换填材料,对具有排水要求的砂垫层宜控制含泥量不大于 3%;采用粉细砂作为换填材料时,应改善材料的级配状况,在掺加碎石或卵石使其颗粒不均匀系数不小于 5 并拌合均匀后,方可用于铺填垫层。

石屑是采石场筛选碎石后的细粒废弃物,其性质接近于砂,在各地使用作为换填材料时均取得了很好的成效,但应控制好含泥量及含粉量,才能保证垫层的质量。

> 4.2.1　垫层材料的选用应符合下列要求。
>
> 　　1　砂石。宜选用碎石、卵石、角砾、圆砾、砾砂、粗砂、中砂或石屑,并应级配良好,不含植物残体、垃圾等杂质。当使用粉细砂或石粉时,应掺入不少于总重量30%的碎石或卵石。砂石的最大粒径不宜大于50 mm。对湿陷性黄土或膨胀土地基,不得选用砂石等透水性材料。

2. 素土垫层

由于黏土难以夯压密实,故换填时应避免采用作为换填材料,在不得已选用上述土料回填时,也应掺入不少于30%的砂石并拌合均匀后,方可使用。当采用粉质黏土大面积换填并使用大型机械夯压时,土料中的碎石粒径可稍大于50 mm,但不宜大于100 mm,否则将影响垫层的整体夯压效果。

> 4.2.1　垫层材料的选用应符合下列要求。
>
> 　　2　粉质黏土。土料中有机质含量不得超过5%,且不得含有冻土或膨胀土。当含有碎石时,其最大粒径不宜大于50 mm。用于湿陷性黄土或膨胀土地基的粉质黏土垫层,土料中不得夹有砖、瓦或石块等。

3. 灰土垫层

灰土的原料是石灰和土。石灰是一种无机胶凝材料,它不但能在空气中硬化,还能更好地在水中硬化。石灰的性质取决于其中活性物质的含量, CaO 和 MgO 的含量越高,其活性越高,结合力越强。灰土中掺合的土料不仅作为填料,而且还参与化学反应,尤其是土体中的黏粒(<0.005 mm)或胶粒(<0.002 mm),由于具有一定的活性和胶结性,含量越多,即土的塑性指数越高,灰土的强度越高。换而言之,灰土强度随土料中黏粒含量增高而加大,塑性指数小于4的粉土中黏粒含量太少,不能达到提高灰土强度的目的,因而不能用于拌合灰土。

灰土中石灰的用量在一定范围时,其强度随用灰量的增大而提高,但当超过一定限值后,强度增加很小,并有逐渐减小的趋势。例如,1∶9的灰土强度很低,只能改善土的压实性能;2∶8和3∶7的灰土,一般作为最佳含灰率。

用石灰、粉煤灰按适当比例加水拌合、分层夯实的垫层,称为二灰垫层。二灰垫层与灰土垫层相似,但其强度较灰土垫层高。

> 4.2.1　垫层材料的选用应符合下列要求。
>
> 　　3　灰土。体积配合比宜为2∶8或3∶7。石灰宜选用新鲜的消石灰,其最大粒径不得大于5 mm。土料宜选用粉质黏土,不宜使用块状黏土,且不得含有松软杂质,土料应过筛且最大粒径不得大于15 mm。

4. 粉煤灰垫层

粉煤灰是燃煤电厂的工业废弃物,每年的排放量很大。许多地区的工程实践经验表明,粉煤灰是一种良好的地基处理材料,具有很好的物理力学性能。

粉煤灰可分为湿排灰和调湿灰。按其燃烧后形成玻璃体的粒径分析,应属粉土的范畴。但由于其含有 CaO、SO$_3$ 等成分,具有一定的活性,当与水作用时,因具有胶凝作用的火山灰反应,使粉煤灰垫层逐渐获得一定的强度与刚度,有效地改善了垫层地基的承载能力及减小变形的能力。不同于抗地震液化能力较低的粉土或粉砂,由于粉煤灰具有一定的胶凝作用,在压实系数大于0.9时,即可以抵抗7度地震液化。

用于发电的燃煤常伴生有微量放射性同位素,因而粉煤灰有时也有弱放射性。作为建筑物垫层的粉煤灰应按照现行国家标准《建筑材料放射性核素限量》(GB 6566—2010)的有关规定作为安全使用的标准,粉煤灰含有碱性物质,回填后碱性成分在地下水中溶出,使地下水具有弱碱性,因此应考虑其对地下水的影响,并应对粉煤灰垫层中的金属构件、管网采取一定的防腐措施。粉煤灰垫层上宜覆盖0.3~0.5 m厚的黏性土,以防干灰飞扬,同时减少碱性成分对植物生长的不利影响,有利于环境绿化。

4.2.1 垫层材料的选用应符合下列要求。

　4　粉煤灰。选用的粉煤灰应满足相关标准对腐蚀性和放射性的要求。粉煤灰垫层上宜覆土0.3~0.5 m。粉煤灰垫层中采用掺加剂时,应通过试验确定其性能及适用条件。粉煤灰垫层中的金属构件、管网应采取防腐措施。大量填筑粉煤灰时,应经场地地下水和土壤环境的不良影响评价合格后,方可使用。

5. 矿渣垫层

矿渣是高炉冶炼生铁过程中产生的固体废渣经自然冷却形成的垫层换填材料。根据工程具体条件,可以选用分级矿渣、混合矿渣以及原状矿渣。对中、小型垫层可选用8~40 mm与40~60 mm的分级矿渣或0~60 mm的混合矿渣;当较大面积换填时,矿渣最大粒径不宜大于200 mm或大于分层铺填厚度的2/3。

矿渣的稳定性是其是否适用于作为换填垫层材料的最主要性能指标。原冶金部试验结果证明,当矿渣中CaO的含量小于45%及FeS与MnS的含量约为1%时,矿渣不会产生硅酸盐分解和铁锰分解,排渣时不浇石灰水,矿渣也就不会产生石灰分解,则该类矿渣性能稳定,可用于换填。与粉煤灰相同,对用于换填垫层的矿渣,同样要考虑放射性、对地下水和环境的影响及对金属管网和构件的影响。

4.2.1 垫层材料的选用应符合下列要求。

　5　矿渣。宜选用分级矿渣、混合矿渣及原状矿渣等高炉重矿渣。矿渣的松散重度不应小于11 kN/m³,有机质及含泥总量不得超过5%。垫层设计、施工前应对所选用的矿渣进行试验,确认性能稳定并满足腐蚀性和放射性安全要求。对易受酸、碱影响的基础或地下管网不得采用矿渣垫层。大量填筑矿渣时,应经场地地下水和土壤环境的不良影响评价合格后,方可使用。

　6　其他工业废渣。在有充分依据或成功经验时,可采用质地坚硬、性能稳定、透水性强、无腐蚀性和无放射性危害的其他工业废渣材料,但应经过现场试验证明其经济技术效果良好且施工措施完善后,方可使用。

6. 土工合成材料垫层

土工合成材料是近年来随着化学合成工业的发展而迅速发展起来的一种新型土工材料,主要由涤纶、尼龙、腈纶、丙纶等高分子化合物,根据工程的需要,加工成具有弹性、柔性、高抗拉强度、低延伸率、透水、隔水、反滤性、抗腐蚀性、抗老化性和耐久性的各种类型的产品,如土工格栅、土工格室、土工垫、土工带、土工网、土工膜、土工织物、塑料排水带及其他土工合成材料等。由于这些材料的优异性能及广泛的适用性,受到工程界的重视,并被迅速推广应用于河、海岸护坡、堤坝、公路、铁路、港口、堆场、建筑、矿山、电力等领域的岩土工程中,取得了良好的工程效果和经济效益。

用于换填垫层的土工合成材料,在垫层中主要起加筋作用,以提高地基土的抗拉和抗剪强度,防止垫层被拉断和剪切破坏,保持垫层的完整性,提高垫层的抗弯刚度。理论分析、室内试验以及工程实测的结果证明,采用土工合成材料加筋垫层的作用机理如下:

（1）扩散应力,加筋垫层刚度较大,增大了压力扩散角,有利于上部荷载扩散,降低垫层底面压应力;

（2）调整不均匀沉降,由于加筋垫层的作用,加大了压缩层范围内地基的整体刚度,有利于调整基础的不均匀沉降;

（3）增大地基稳定性,由于加筋垫层的约束,整体上限制了地基土的剪切、侧向挤出及隆起。

由于土工合成材料的上述特点,将其用于软弱黏性土、泥炭、沼泽地区修建道路、堆场等取得了较好的成效,同时在部分建筑物、构筑物中应用加筋垫层也取得了一定的效果。

土工合成材料的耐久性与老化问题,在工程界均受到较多的关注。由于土工合成材料引入我国时间不久,目前未见在工程中老化而影响耐久性;英国已有近100年的使用历史,效果较好。土工合成材料老化的主要因素有:紫外线照射、60~80 ℃的高温或氧化等。在岩土工程中,由于土工合成材料是埋在地下的土层中,上述三个影响因素皆极微弱,故土工合成材料能满足常规建筑工程中的耐久性需要。

在加筋土垫层中,主要由土工合成材料承受拉应力,所以要求选用高强度、低徐变、延伸率适宜的材料,以保证垫层及下卧层土体的稳定性。在软弱土层采用土工合成材料加筋垫层,由土工合成材料承受上部荷载产生的应力远高于软弱土中的应力,因此一旦由于土工合成材料超过极限强度产生破坏,荷载随之转移而由软弱土承受全部外荷载,势必将大大超过软弱土的极限强度,而导致地基的整体破坏;进而地基的失稳将会引起上部建筑产生较大的沉降,并使建筑结构产生严重的破坏。因此,用于加筋垫层中的土工合成材料必须留有足够的安全系数,而绝不能使其受力后的物理力学性能处于临界状态,以免导致严重的后果。

> 4.2.1　垫层材料的选用应符合下列要求。
>
> 　　7　土工合成材料加筋垫层所选用土工合成材料的品种与性能及填料,应根据工程特性和地基土质条件,按照现行国家标准《土工合成材料应用技术规范》(GB 50290—2014)的要求,通过设计计算并进行现场试验后确定。土工合成材料应采用抗拉强度较高、耐久性好、抗腐蚀的土工带、土工格栅、土工格室、土工垫或土工织物等土工合成材料。垫层填料宜用碎石、角砾、砾砂、粗砂、中砂等材料,且不宜含氯化钙、碳酸钠、硫化物等化学物质。当工程要求垫层具有排水功能时,垫层材料应具有良好的透水性。在软土地基上使用加筋垫层时,应保证建筑物稳定并满足允许变形的要求。

11.3.3　垫层的厚度

垫层设计应满足建筑地基的承载力和变形要求。首先,垫层能换除基础下直接承受建筑荷载的软弱土层,铺填能满足承载力要求的垫层;其次,荷载通过垫层的应力扩散,使下卧软弱土层顶面受到的压力满足小于或等于下卧层承载能力的条件;再者,基础持力层被低压缩性的垫层代换,能大大减少基础的沉降量。因此,合理确定垫层厚度是垫层设计的主要内容。

通常情况下,对于浅层软土厚度不大的工程,应置换掉全部软弱土。对需部分换填的软弱土层,首先应根据垫层的承载力确定基础的宽度和基底压力,再根据垫层下卧层的承载力设置垫层的厚度,此时垫层的厚度需要根据垫层底部软弱土层的地基承载力特征值来确定,即作用在软弱下卧层顶部的总应力(自重应力和附加应力之和)不超过垫层底部软弱土层的地基承载力特征值。

工程中确定下卧层顶面的附加压力值最常用的方法是扩散角法,采用该方法计算的垫层厚度比按弹性理论计算的结果略偏安全,但由于计算方法比较简便,既易于理解又便于接受,故而在工程设计中得到了广泛的认可和使用。

压力扩散角应随垫层材料及下卧土层的力学特性差异而定,可按双层地基的条件来考虑。四川及天律曾先后对上硬下软的双层地基进行了现场静荷载试验及大量模型试验,通过实测软弱下卧层顶面的压力反算上部垫层的压力扩散角,实测压力结果表明,在垫层厚度等于基础宽度时,计算的压力扩散角均小于30°,而直观破裂角为30°。同时,对照耶戈洛夫双层地基应力理论计算值,在较安全的条件下,验算下卧层承载力的垫层破坏的扩散角与实测土的破裂角相当。因此,采用理论计算值时,扩散角最大取30°。对小于30°的情况,以理论计算值为基础,求出不同垫层厚度时的扩散角 θ。

> 4.2.2　垫层厚度的确定应符合下列规定。
>
> 　　1　应根据需置换软弱土(层)的深度或下卧土层的承载力确定,并应符合下式要求:
>
> $$p_z + p_{cz} \leqslant f_{az} \tag{4.2.2-1}$$
>
> 式中　p_z——相应于作用的标准组合时,垫层底面处的附加压力值(kPa);
> 　　　p_{cz}——垫层底面处土的自重压力值(kPa);
> 　　　f_{az}——垫层底面处**经深度修正后**的地基承载力特征值(kPa)。

2 垫层底面处的附加压力值 p_z 可分别按式（4.2.2-2）和式（4.2.2-3）计算。

1）条形基础：

$$p_z = \frac{b(p_k - p_c)}{b + 2z \tan\theta}$$（4.2.2-2）

2）矩形基础：

$$p_z = \frac{bl(p_k - p_c)}{(b + 2z \tan\theta)(l + 2z \tan\theta)}$$（4.2.2-3）

式中　b——矩形基础或条形基础底面的宽度（m）；

l——矩形基础底面的长度（m）；

p_k——相应于作用的标准组合时，基础底面处的平均压力值（kPa）；

p_c——基础底面处土的自重压力值（kPa）；

z——基础底面下垫层的厚度（m）；

θ——垫层（材料）的压力扩散角（°），宜通过试验确定，无试验资料时，可按表4.2.2采用。

表 4.2.2　土和砂石材料压力扩散角 θ（°）

z/b	换填材料		
	中砂、粗砂、砾砂、圆砾、角砾、石屑、卵石、碎石、矿渣	粉质黏土、粉煤灰	灰土
0.25	20	6	28
≥0.50	30	23	

注：1. 当 z/b<0.25 时，除灰土取 $\theta=28°$ 外，其他材料均取 $\theta=0°$，必要时宜由试验确定；
　2. 当 0.25<z/b<0.5 时，θ 值可以内插；
　3. 土工合成材料加筋垫层的压力扩散角宜由现场静荷载试验确定。

11.3.4　垫层的宽度

确定垫层宽度时，除应满足应力扩散的要求外，还应考虑侧面土的强度条件，保证垫层有足够的宽度，防止垫层材料向侧边挤出而增大垫层的竖向变形量。当基础荷载较大，或对沉降要求较高，或垫层侧边土的承载力较差时，垫层宽度应适当加大。

垫层顶面每边超出基础底边应大于 $z\tan\theta$，且不得小于 300 mm，如图 11.4 所示。

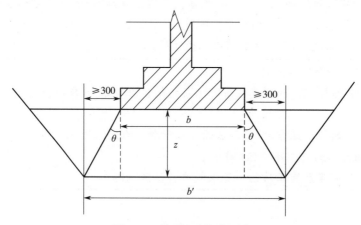

图 11.4　垫层宽度取值示意

4.2.3 垫层底面的宽度应符合下列规定。

1 垫层底面宽度应满足基础底面应力扩散的要求,可按下式确定:

$$b' \geqslant b+2z\tan\theta \qquad (4.2.3)$$

式中 b'——垫层底面宽度(m);

θ——压力扩散角,按本规范表 4.2.2 取值,**当 $z/b<0.25$ 时,按表 4.2.2 中 $z/b = 0.25$ 取值**。

2 垫层顶面每边超出基础底边缘不应小于 300 mm,且从垫层底面两侧向上,按当地基坑开挖的经验及要求放坡。

3 整片垫层底面的宽度可根据施工的要求适当加宽。

11.4 挤密法

挤密法是利用振动、冲击或者沉管等方式成孔后,填入砂、石、(灰)土、石灰或其他材料,再加以振实而形成的具有较大直径桩体的方法,其中成孔和填料是成桩的两个主要工序。

按填入材料的不同,挤密法可分为砂(碎)石桩、土或灰土挤密桩、石灰桩、夯实水泥土桩、水泥粉煤灰碎石桩(CFG 桩)等。

采用砂土、黏性土、灰土、碎石等散粒材料作为填充材料密实而成的土质桩称为散体材料桩,其主要作用是挤密桩间土。这类挤密成桩的纵向刚度很小,依靠桩周土的侧向压力保持桩的形状,属于柔性桩,其工作特点是不能依靠桩侧及桩端阻力传递荷载,设计中一般视为与四周土体一起作为"复合地基"共同扩散由上部结构和基础传来的荷载。

采用水泥、石灰等胶结材料填充密实而成的桩,其工作性状则类似于刚性桩,即依靠桩侧及桩端阻力传递荷载。但是,就整体工作性状而言,它不像桩基础一样直接由承台将荷载传递给桩,由于基础底面与桩头之间设置了砂石垫层,上部荷载经垫层分配给桩和桩间土,土质桩受荷载下沉,再将部分荷载传递给桩间土,所以这类半刚性桩在分类上也归属于地基处理中的"复合地基"。

对于不能完全单独承担上部结构传来的荷载而需要与桩间土共同扩散上部荷载的"复合地基",《地处规》的定义如下。

2.1.2 复合地基 composite ground,composite foundation

部分土体被增强或被置换,形成由地基土和竖向增强体共同承担荷载的人工地基。

11.4.1 砂(碎)石桩

砂(碎)石桩是散体材料桩中最常用的形式,根据成孔和填料工艺的不同,工程中主要采用的有振冲碎石桩和沉管砂石桩。

振动水冲法,简称振冲法,是利用在砂土中注水振动容易使砂密实这一原理发展起来的加固深层软弱土体的方法。其施工工序主要是边冲水边利用振动作用将振冲器送至设计深度,然后上提振冲器、填料(每次填料厚度一般 ≤50 cm),并将振冲器沉入填料进行振密成桩,重复以上步骤,自下而上逐段成桩,直至孔口高程。沉管砂石桩是指采用振动或锤击沉管等方式在软弱地基中成孔后,再将砂、碎石或砂石混合料通过桩管挤压入已成的孔中,在成桩过程中逐层挤密、振密,形成大直径的由砂石体构成的密实桩体。在中、粗砂层中振冲时,由于周围砂料能自行塌入孔内,也可以采用不加填料进行原地振冲加密的方法,此法适用于较纯净的中、粗砂层,施工简便,加密效果好。

1. 砂(碎)石桩在松散砂土和粉土地基中的工作机理

砂土和粉土属于单粒结构,即组成单元为散粒体,其在松散状态下颗粒的排列是不稳定的。采用锤击、振动等方法在砂土或粉土中沉入桩管时,其对周围土体都会产生较大的横向挤压力,相当于成孔体积的地基土被挤向周围的土体中,使地基土的孔隙比减小、密实度增大,此即砂(碎)石桩的挤密作用。

振动作用也会逐渐破坏土的原状结构,使土颗粒重新排列,即向具有较低势能的位置移动,从而使土体由较松散的状态变为密实状态,此即砂(碎)石桩的振动密实作用。

砂(碎)石桩还具有明显的抗液化作用。在地震或振动作用下,随着饱和砂土或粉土中孔隙水压力的不断升高,土体中的有效应力降低,当抗剪强度完全丧失或降低至不能抵抗所承受的剪应力时,土体中将会发生液化流动破坏。一方面,可液化土层在受到挤密和振动密实的作用后,土体密实度增加、结构强度提高,表现为土层的贯入击数增大,故提高了自身的抗液化能力;另一方面,砂(碎)石桩作为良好的排水通道,可以加速由于挤压、振动作用产生的超孔隙水压力的消散,降低孔隙水压力的上升幅度,从而提高桩间土的抗液化能力。

2. 砂(碎)石桩在黏性土地基中的工作机理

黏性土结构为蜂窝状或者絮状结构,颗粒之间的分子吸引力较强,渗透系数较小。对于非饱和黏性土,沉管时地基能产生一定的挤密作用。但是,对于饱和黏性土地基,由于沉管成桩过程中挤压或振动作用造成的强烈扰动,黏粒之间的结合力以及原状土体的平衡状态被破坏,孔隙水压力急剧升高,土体的强度降低、压缩性增大。待砂(碎)石桩施工结束后,在上覆土体重力作用下,通过砂(碎)石桩的良好排水作用,桩间黏性土发生排水固结,同时由于黏粒、水分子之间重新形成了稳定平衡体系,使土体的结构强度得以恢复。砂(碎)石桩处理饱和软黏土地基主要起到置换和排水固结的作用。

砂石桩在饱和软黏土地基中成桩时,由于桩间土的侧阻作用较小,特别是高灵敏度的淤泥质黏土,使得桩体中的砂石不能密实。当黏性土的不排水抗剪强度 C_u <15kPa 时,由于桩间土强度不能平衡砂石料的横向挤压力,最终会以较松散的状态散布在周围的土体中,不能形成共同发挥作用的复合地基。

国内外的实际工程经验证明,不管是采用振冲碎石桩还是沉管砂石桩,其处理砂土及填土地基的挤密、振密效果都比较显著,均已得到广泛应用。但对于塑性指数较高的硬黏性土、密实砂土地基,则不宜采用碎(砂)石桩复合地基。对于砂(碎)石桩的适用范围,《地处规》有如下规定。

7.2.1　振冲碎石桩、沉管砂石桩复合地基处理应符合下列规定。

　　1　适用于挤密处理松散砂土、粉土、粉质黏土、素填土、杂填土等地基,以及用于处理可液化地基。饱和黏土地基,如对变形控制不严格,可采用砂石桩置换处理。

　　2　对大型的、重要的或场地地层复杂的工程,以及对于处理不排水抗剪强度不小于 20 kPa 的饱和黏性土和饱和黄土地基,应在施工前通过现场试验确定其适用性。

　　3　不加填料振冲挤密法适用于处理黏粒含量不大于 10% 的中砂、粗砂地基,在初步设计阶段宜进行现场工艺试验,确定不加填料振密的可行性,确定孔距、振密电流值、振冲水压力、振后砂层的物理力学指标等施工参数;30 kW 振冲器振密深度不宜超过 7 m,75 kW 振冲器振密深度不宜超过 15 m。

---

3. 砂(碎)石桩复合地基的设计

1)处理范围

对于砂(碎)石桩复合地基,在上部荷载作用下基底压力向基础外扩散,需要一定的侧向约束条件来保证。另外,考虑到基础下靠外边的 2~3 排桩挤密效果较差,应加宽 1~3 排桩,重要的建筑以及荷载要求较大的情况应加宽更多。

振冲碎石桩、沉管砂石桩用于处理液化地基,必须确保建筑物的安全使用。基础外的处理宽度目前尚无统一的标准,美国相关经验取等于应处理的深度,但日本和我国有关单位的模型试验得到的结果为应处理深度的 2/3。另外,由于基础压力的影响,使地基土的有效压力增加,抗液化能力增大。根据日本用挤密桩处理的地基经过地震检验的结果,说明需处理的宽度比处理深度的 2/3 小,据此《地处规》规定每边放宽不宜小于处理深度的 1/2,同时不应小于 5 m。

7.2.2　振冲碎石桩、沉管砂石桩复合地基设计应符合下列规定。

　　1　地基处理范围应根据建筑物的重要性和场地条件确定,宜在基础外缘扩大 1~3 排桩。对可液化地基,在基础外缘扩大宽度不应小于基底下可液化土层厚度的 1/2,且不应小于 5 m。

　　2）平面布置

　　振冲碎石桩、沉管砂石桩的平面布置多采用等边三角形或正方形。对于砂土地基,因为靠挤密桩周的土提高密实度,所以采用等边三角形布置更有利,可使地基挤密较为均匀。考虑基础形式和上部结构的荷载分布等因素,工程中还可根据建筑物承载力和变形要求采用矩形、等腰三角形等布桩形式。

7.2.2 振冲碎石桩、沉管砂石桩复合地基设计应符合下列规定。

　　2 桩位布置,对大面积满堂基础和独立基础,可采用三角形、正方形、矩形布桩;对条形基础,可沿基础轴线采用单排布桩或对称轴线多排布桩。

　　3）成桩直径

　　采用振冲法施工的碎石桩成桩直径通常为 0.8~1.2 m,其与振冲器的功率和地基土条件有关,一般振冲器功率大、地基土松散时,成桩直径大;砂石桩直径可按每根桩所用填料量计算。振动沉管法成桩直径的大小取决于施工设备桩管的大小和地基土的条件。目前使用的桩管直径一般为 300~800 mm,但也有小于 300 mm 或大于 800 mm 的。小直径桩管挤密质量较均匀,但施工效率低;大直径桩管需要较大的机械能力,工效高,采用过大的桩径,一根桩要承担的挤密面积大,通过一个孔要填入的砂石料多,不易使桩周土挤密均匀。沉管法施工的成桩时间长、效率低,会给施工带来困难。

7.2.2 振冲碎石桩、沉管砂石桩复合地基设计应符合下列规定。

　　3 桩径可根据地基土质情况、成桩方式和成桩设备等因素确定,桩的平均直径可按每根桩所用填料量计算。振冲碎石桩桩径宜为 800~1 200 mm;沉管砂石桩桩径宜为 300~800 mm。

　　4）桩间距

　　振冲碎石桩、沉管砂石桩的间距应根据复合地基承载力和变形要求以及对原地基土要达到的挤密要求确定。由于砂石桩在松散砂土和黏性土中的作用机理有所不同,因此桩间距的确定方法也应随之有所区别。对于砂土和粉土地基,《地处规》给出了初步设计时桩间距的估算方法。

7.2.2 振冲碎石桩、沉管砂石桩复合地基设计应符合下列规定。

　　4 桩间距应通过现场试验确定,并应符合下列规定。

　　1）**振冲碎石桩**的桩间距应根据上部结构荷载大小和场地土层情况,并结合所采用的振冲器功率大小综合考虑;30 kW 振冲器布桩间距可采用 1.3~2.0 m;55 kW 振冲器布桩间距可采用 1.4~2.5 m;75 kW 振冲器布桩间距可采用 1.5~3.0 m;不加填料振冲挤密孔距可为 2~3 m。

　　2）**沉管砂石桩**的桩间距,不宜大于砂石桩直径的 4.5 倍;初步设计时,对松散粉土和砂土地基,应根据挤密后要求达到的孔隙比确定,可按下列公式估算:

　　等边三角形布置

$$s = 0.95 \xi d \sqrt{\frac{1+e_0}{e_0 - e_1}} \qquad (7.2.2\text{-}1)$$

　　正方形布置

$$s = 0.89 \xi d \sqrt{\frac{1+e_0}{e_0 - e_1}} \qquad (7.2.2\text{-}2)$$

$$e_1 = e_{max} - D_{rl}(e_{max} - e_{min}) \qquad (7.2.2\text{-}3)$$

式中　s——砂石桩间距(m);

　　　d——砂石桩直径(m);

　　　ξ——修正系数,**当考虑振动下沉密实作用时可取 1.1~1.2,不考虑振动下沉密实作用时可取 1.0;**

　　　e_0——地基处理前砂土的孔隙比,可按原状土样试验确定,也可根据动力或静力触探等对比试验确定;

> e_1——地基挤密后要求达到的孔隙比;
>
> e_{max}、e_{min}——砂土的最大、最小孔隙比,可按现行国家标准《土工试验方法标准》(GB/T 50123—2019)的有关规定确定;
>
> D_{r1}——地基挤密后要求砂土达到的相对密实度,可取 0.70~0.85。

5)桩长

振冲碎石桩、沉管砂石桩的长度,通常需要根据地基的稳定性和变形验算确定,为保证稳定性,桩长应达到滑动弧面之下,当软土层厚度不大时,桩长宜超过整个松软土层。对可液化的砂层,为保证处理效果,一般桩长应穿透液化层,如可液化层过深,则应按现行国家标准《建筑抗震设计规范(2016 年版)》(GB 50011—2010)有关规定确定。

由于振冲碎石桩、沉管砂石桩在地面下 1~2 m 深度的土层处理效果较差,碎(砂)石桩的设计长度应大于主要受荷深度且不宜小于 4 m。

若建筑物荷载分布不均匀或地基主要压缩层不均匀,建筑物的沉降将存在一个沉降差,当差异沉降过大,则会使建筑物受到损坏。为了减少差异沉降,可分区采用不同桩长进行加固,用以调整差异沉降。

> **7.2.2** 振冲碎石桩、沉管砂石桩复合地基设计应符合下列规定。
>
> 5 桩长可根据工程要求和工程地质条件,通过计算确定并应符合下列规定:
>
> 1)当相对硬土层埋深较浅时,可按相对硬土层埋深确定;
>
> 2)当相对硬土层埋深较大时,应按建筑物地基变形允许值确定;
>
> 3)对按稳定性控制的工程,桩长应不小于最危险滑动面以下 2.0 m 的深度;
>
> 4)对可液化的地基,桩长应按要求处理液化的深度确定;
>
> 5)桩长不宜小于 4 m。

6)褥垫层

振冲碎石桩、沉管砂石桩桩身材料是散体材料,由于施工的影响,施工后的表层土需挖除或密实处理,所以碎(砂)石桩复合地基设置垫层是有益的。同时,垫层起到水平排水的作用,有利于施工后加快土层固结;对独立基础等小基础碎石垫层还可以起到明显的应力扩散作用,降低碎(砂)石桩和桩周围土的附加应力,减少桩体的侧向变形,从而提高复合地基承载力,减少地基变形量。

> **7.2.2** 振冲碎石桩、沉管砂石桩复合地基设计应符合下列规定。
>
> 7 桩顶和基础之间宜铺设厚度为 300~500 mm 的垫层,垫层材料宜用中砂、粗砂、级配砂石和碎石等,最大粒径不宜大于 30 mm,其夯填度(夯实后的厚度与虚铺厚度的比值)不应大于 0.9。

7)复合地基承载力设计

复合地基承载力特征值应通过复合地基静荷载试验或采用增强体静荷载试验结果和其周边土的承载力特征值结合经验确定,初步设计时,也可采用规范给出的估算表达式。复合地基承载力的计算表达式对不同的增强体大致可分为两种:散体材料增强体复合地基和有黏结强度增强体复合地基。《地处规》分别给出其估算时的设计表达式。

> **7.1.5** 复合地基承载力特征值应通过复合地基静荷载试验或采用增强体静荷载试验结果和其周边土的承载力特征值结合经验确定,初步设计时,可按下列公式估算。
>
> 1 对散体材料增强体复合地基应按下式计算:
>
> $$f_{spk}=[1+m(n-1)]f_{sk} \tag{7.1.5-1}$$
>
> 式中 f_{spk}——复合地基承载力特征值(kPa);
>
> f_{sk}——处理后桩间土承载力特征值(kPa),可按地区经验确定;
>
> n——复合地基桩土应力比,可按地区经验确定;

m——面积置换率，$m = d^2/d_e^2$，d 为桩身平均直径（m），d_e 为一根桩分担的处理地基面积的等效圆直径（m），等边三角形布桩 $d_e=1.05s$，正方形布桩 $d_e=1.13s$，矩形布桩 $d_e = 1.13\sqrt{s_1 s_2}$，s、s_1、s_2 分别为桩间距、纵向桩间距和横向桩间距。（**编者注：等效圆直径的确定原理同排水砂井的有效排水直径，详见《地处规》第 5.2.4 条**）

7.2.2　振冲碎石桩、沉管砂石桩复合地基设计应符合下列规定。

8　复合地基的承载力初步设计可按本规范式（7.1.5-1）估算，处理后桩间土承载力特征值，可按地区经验确定，如无经验时，**对于一般黏性土地基，可取天然地基承载力特征值，松散的砂土、粉土可取原天然地基承载力特征值的 1.2~1.5 倍**；复合地基桩土应力比 n，宜采用实测值确定，如无实测资料时，对于黏性土可取 2.0~4.0，对于砂土、粉土可取 1.5~3.0。

7.2.2 条文说明（部分）

8　对砂土和粉土采用碎（砂）石桩复合地基，由于成桩过程对桩间土的振密或挤密，使桩间土承载力比天然地基承载力有较大幅度的提高，为此可用桩间土承载力调整系数来表达。……桩间土承载力调整系数与原土天然地基承载力相关，天然地基承载力低时桩间土承载力调整系数大。在初步设计估算松散粉土、砂土复合地基承载力时，桩间土承载力调整系数可取 1.2~1.5，原土强度低取大值，原土强度高取小值。

散体材料增强体复合地基计算时，桩土应力比 n 应按试验或按地区经验取值。但应指出，由于地基土的固结条件不同，在长期荷载作用下的桩土应力比与试验条件下的结果有一定差异，设计时应充分考虑。处理后的桩间土承载力特征值与原状土强度、类型、施工工艺密切相关，对于可挤密的松散砂土、粉土，处理后的桩间土承载力会比原状土承载力有一定幅度的提高；而对于黏性土特别是饱和黏性土，施工后有一定时间的休止恢复期，过后桩间土承载力特征值可达到原土承载力；对于高灵敏性的土，由于休止恢复期较长，设计时桩间土承载力特征值宜采用小于原状土承载力特征值的设计参数。一般情况下，复合地基设计有褥垫层时地基土承载力的发挥是比较充分的。

8）沉降计算

目前，复合地基沉降计算仍以经验方法为主。综合各种复合地基的工程经验，规范目前仍采用以分层总和法为基础的计算方法。

复合地基沉降量为加固区压缩量 s_1 和加固区下卧层压缩量 s_2 之和，即应用分层总和法计算复合地基的沉降时将加固区视为复合土体。该复合土体的压缩模量可以通过砂石桩的压缩模量 E_p 和桩间土的压缩模量 E_s 在面积上进行加权平均求得，即

$$E_{sp}=mE_p + (1-m)E_s \tag{11.10-a}$$

或

$$E_{sp}=[1 + m(n-1)]E_s=\xi E_s \tag{11.10-b}$$

式中　m——面积置换率，详见《地处规》第 7.1.5 条；

n——复合地基桩土应力比，可按地区经验确定。

《地处规》有如下规定。

7.1.7　复合地基变形计算应符合现行国家标准《建筑地基基础设计规范》（GB 50007—2011）的有关规定，地基变形计算深度应大于复合土层的深度。复合土层的分层与天然地基相同，各复合土层的压缩模量等于该层天然地基压缩模量的 ξ 倍，ξ 值可按下式确定：

$$\xi = \frac{f_{spk}}{f_{ak}} \tag{7.1.7}$$

式中　f_{ak}——基础底面下天然地基承载力特征值（kPa）。（**编者注：承载力仅深度修正，详见第 3.0.4 条**）

7.1.8　复合地基的沉降计算经验系数 ψ_s 可根据地区沉降观测资料统计值确定，无经验取值时，可采用表 7.1.8 的数值。

表 7.1.8　沉降计算经验系数 ψ_s

$\bar{E}_s$（MPa）	4.0	7.0	15.0	20.0	35.0
ψ_s	1.0	0.7	0.4	0.25	0.2

注：$\bar{E}_s$ 为变形计算深度范围内压缩模量的当量值，应按下式计算：

$$\bar{E}_s = \frac{\sum_{i=1}^{n} A_i + \sum_{j=1}^{m} A_j}{\sum_{i=1}^{n} \dfrac{A_i}{E_{spi}} + \sum_{j=1}^{m} \dfrac{A_j}{E_{sj}}} \tag{7.1.8}$$

式中　A_i——加固土层第 i 层土附加应力系数沿土层厚度的积分值；

　　　A_j——加固土层下第 j 层土附加应力系数沿土层厚度的积分值。

7.2.2　振冲碎石桩、沉管砂石桩复合地基设计应符合下列规定。

　　9　复合地基变形计算应符合本规范第 7.1.7 条和第 7.1.8 条的规定。

7.2.2 条文说明（部分）

　　9　由于碎（砂）石桩向深层传递荷载的能力有限，当桩长较大时，复合地基的变形计算，不宜全桩长范围加固土层压缩模量采用统一的放大系数。桩长超过 12d 以上的加固土层压缩模量的提高，对于砂土、粉土宜按挤密后桩间土的模量取值；对于黏性土不宜考虑挤密效果，但有经验时可按排水固结后经检验的桩间土的模量取值。

以挤密为主的砂石桩施工时，应间隔（跳打）进行，并宜由外侧向中间推进；对黏性土地基，砂石桩主要起置换作用，为了保证设计的置换率，宜从中间向外围或隔排施工；在既有建（构）筑物邻近施工时，为了减少对邻近既有建（构）筑物的振动影响，应背离建（构）筑物方向进行。

11.4.2　土或灰土挤密桩

土和灰土挤密桩法是利用形成桩孔时的侧向挤压作用挤密桩间土，然后将桩孔用素土和灰土分层夯填密实，其中用素土夯填者称为土桩挤密法，用灰土夯填者称为灰土桩挤密法。灰土挤密桩、土挤密桩复合地基在黄土地区广泛采用。土和灰土桩均属柔性桩，与桩间土共同组成复合地基。

1. 作用机理

土桩挤密地基是由素土夯填的土桩和桩间挤密土体组合而成。桩孔内夯填的土料多为就近挖运的土，其土质及夯实的标准与桩间挤密土基本一致，因此它们的物理力学性质无明显的差异。根据实测结果，刚性矩形基础在均布荷载作用下，基底土桩上的接触应力 σ_d 与桩间挤密土上的应力并无明显的变化，土桩挤密地基基础下接触压力的分布与土垫层的情况相似，在同一平面可作为均质地基考虑。土桩挤密地基的加固作用主要是增加土的密实度，降低土中孔隙率，从而达到消除地基湿陷性、提高水稳性的目的。

灰土桩在挤密地基中的作用主要包括以下几个方面。

（1）分担荷载，降低土中应力。灰土桩具有一定的胶凝强度，其变形模量为桩间土的 10 倍左右，因而在刚性基底下灰土桩上的应力 σ_d 约为桩间土的 10 倍，这就意味着桩体承担着相当一部分的荷载。也正是由于分担了桩间土承担的荷载，降低了土中的附加应力，使复合地基的压缩变形和湿陷量明显减小。

（2）提高地基承载力和变形模量。工程试验表明，灰土桩复合地基的承载力为天然地基承载力的 1.5~2.5 倍，相比于土桩复合地基提高了约 40%。同时，灰土桩复合地基的变形模量可以达到 21~36 MPa，大幅度地减小了地基的沉降量。

（3）提高对土体的侧向约束作用。由于灰土桩桩身具有一定的刚度，对桩间土起到了一定的侧向约束作用，阻止了桩周土的侧向位移，进一步使桩间土的强度提高。

2. 适用范围

大量的试验研究资料和工程实践表明,灰土挤密桩、土挤密桩复合地基用于处理地下水位以上的湿陷性黄土、粉土、黏性土、素填土、杂填土等地基,不论是消除土的湿陷性还是提高承载力都是有效的。当以消除地基的湿陷性为主要目的时,宜选用土挤密桩法;当以提高地基的承载力为主要目的时,宜选用灰土挤密桩法。

对于基底下 3 m 内的素填土、杂填土,通常采用土(或灰土)垫层或强夯等方法处理;对于大于 15 m 的土层,由于成孔设备限制,一般采用其他方法处理,《地处规》规定土桩和灰土桩法可处理地基的厚度为 3~15 m,基本上符合目前陕西、甘肃和山西等省的情况。

湿陷性黄土属非饱和欠压密土,在塑性状态下易于挤密成孔,挤密效果也较显著。当土的含水量过低时,土体呈坚硬或固体状态,沉、拔桩管比较困难,挤压时土体破碎而不易压密;当土的含水量过高或饱和度过大时,由于挤密引起超静孔隙水压力的影响,使土体只能向外移动而无法挤密,同时孔壁附近的土因扰动而使强度降低,很容易在成孔和拔管的过程中产生桩孔缩径、周边土体隆起等现象,挤密效果差。可见,含水量对挤密效果影响很大,如果土的含水量接近其最优含水量,挤密效果最佳。《地处规》有如下规定。

> 7.5.1　灰土挤密桩、土挤密桩复合地基处理应符合下列规定:
> 1　适用于处理地下水位以上的粉土、黏性土、素填土、杂填土和湿陷性黄土等地基,可处理地基的厚度宜为 3~15 m;
> 2　当以消除地基土的湿陷性为主要目的时,可选用土挤密桩,当以提高地基土的承载力或增强其水稳性为主要目的时,宜选用灰土挤密桩;
> 3　当地基土的含水量大于 24%、饱和度大于 65% 时,应通过试验确定其适用性;
> 4　对重要工程或在缺乏经验的地区,施工前应按设计要求,在有代表性的地段进行现场试验。

3. 土或灰土桩复合地基的设计

1)处理范围的确定

局部处理地基的宽度要超出基础底面边缘一定范围,主要在于保证应力在复合地基中的有效扩散,增强地基的稳定性,防止基底下被处理的土层在基础荷载作用下受水浸湿时产生侧向挤出,并使处理与未处理接触面的土体保持稳定。

整片处理地基的范围大,既可以保证应力扩散,又可以防止水从侧向渗入未处理的下部土层引起湿陷,故整片处理兼有防渗隔水作用。

> 7.5.2　灰土挤密桩、土挤密桩复合地基设计应符合下列规定。
> 1　地基处理的面积:当采用整片处理时,应大于基础或建筑物底层平面的面积,超出建筑物外墙基础底面外缘的宽度,每边不宜小于处理土层厚度的 1/2,且不应小于 2 m;当采用局部处理时,对非自重湿陷性黄土、素填土和杂填土等地基,每边不应小于基础底面宽度的 25%,且不应小于 0.5 m;对自重湿陷性黄土地基,每边不应小于基础底面宽度的 75%,且不应小于 1.0 m。

处理的厚度应根据现场土质情况、工程要求和成孔设备等因素综合确定。当以降低土的压缩性、提高地基承载力为主要目的时,宜对基底下压缩层范围内压缩系数 α_{1-2} 大于 0.40 MPa^{-1} 或压缩模量小于 6 MPa 的土层进行处理。对于湿陷性黄土地基,则应按照国家标准《湿陷性黄土地区建筑标准》(GB 50025—2018)规定的原则及消除全部或部分湿陷量的不同要求确定土或者灰土桩挤密复合地基的深度。

> 7.5.2　灰土挤密桩、土挤密桩复合地基设计应符合下列规定。
> 2　处理地基的深度,应根据建筑场地的土质情况、工程要求和成孔及夯实设备等综合因素确定。对湿陷性黄土地基,应符合现行国家标准《湿陷性黄土地区建筑标准》(GB 50025—2018)的有关规定。

2)桩身设计参数

工程实践表明,土或灰土桩的挤密影响区半径为单桩直径的 1.5~2.0 倍。相邻两桩或三桩成孔挤密后,由于交接处挤密效果的叠加,将使桩间土的干密度进一步增大。显然,桩间距越小,挤密效果的叠加作用越明显。由此可见,为了保证对土体挤密和消除湿陷性的效果,应对桩间距做出一定的下限要求。

湿陷性黄土为天然结构,处理湿陷性黄土与处理填土有所不同,故检验桩间土的质量用平均挤密系数 η_c 控制,而不用压实系数 λ_c 控制。平均挤密系数是在成孔挤密深度内,通过取土样测定桩间土的平均干密度与其最大干密度的比值而获得的。

7.5.2 灰土挤密桩、土挤密桩复合地基设计应符合下列规定。

3 桩孔直径宜为 300~600 mm。桩孔宜按等边三角形布置,桩孔之间的中心距离,可为桩孔直径的 2.0~3.0 倍,也可按下式估算:

$$s = 0.95d\sqrt{\frac{\overline{\eta}_c \rho_{dmax}}{\overline{\eta}_c \rho_{dmax} - \overline{\rho}_d}} \tag{7.5.2-1}$$

式中 s——桩孔之间的中心距离(m);

d——桩孔直径(m);

ρ_{dmax}——桩间土的最大干密度(t/m³);

$\overline{\rho}_d$——地基处理前土的平均干密度(t/m³);

$\overline{\eta}_c$——桩间土经成孔挤密后的平均挤密系数,不宜小于 0.93。

4 桩间土的平均挤密系数 $\overline{\eta}_c$,应按下式计算:

$$\overline{\eta}_c = \frac{\overline{\rho}_{d1}}{\rho_{dmax}} \tag{7.5.2-2}$$

式中 $\overline{\rho}_{d1}$——在成孔挤密深度内,桩间土的平均干密度(t/m³),平均试样数不应少于 6 组。

5 桩孔的数量可按下式估算:

$$n = \frac{A}{A_e} \tag{7.5.2-3}$$

式中 n——桩孔的数量;

A——拟处理地基的面积(m²);

A_e——单根土或灰土挤密桩所承担的处理地基面积(m²),即

$$A_e = \frac{\pi d_e^2}{4} \tag{7.5.2-4}$$

式中 d_e——单根桩分担的处理地基面积的等效圆直径(m)。(**编者注:《地处规》第 7.1.5 条第 1 款**)

---

3)填料及褥垫层要求

为防止填入桩孔内的灰土吸水后产生膨胀,不得使用生石灰与土拌合,而应采用消解后的石灰与黄土或其他黏性土拌合,石灰富含钙离子,与土混合后产生离子交换作用,在较短时间内便成为凝硬材料,因此拌合后的灰土放置时间不可太长,并宜于当日使用完毕。

此外,在桩孔回填夯实结束后,在桩顶标高以上应设置一定厚度的垫层,一方面可使桩顶和桩间土找平,另一方面可以起到保证应力扩散,调整桩土的应力比,减小桩身应力集中的作用。

7.5.2 灰土挤密桩、土挤密桩复合地基设计应符合下列规定。

6 桩孔内的灰土填料,其消石灰与土的体积配合比,宜为 2:8 或 3:7。土料宜选用粉质黏土,土料中的有机质含量不应超过 5%,且不得含有冻土,渣土垃圾粒径不应超过 15 mm。石灰可选用新鲜的消石灰或生石灰粉,粒径不应大于 5 mm。消石灰的质量应合格,有效 CaO+MgO 含量不得低于 60%。

7 孔内填料应分层回填夯实,填料的平均压实系数 λ_c 不应低于 0.97,其中压实系数最小值不应低于 0.93。

> 8　桩顶标高以上应设置 300~600 mm 厚的褥垫层。垫层材料可根据工程要求采用 2∶8 或 3∶7 灰土、水泥土等。其压实系数均不应低于 0.95。

4）复合地基承载力及变形计算

对于土或灰土挤密桩形成的散体材料桩,在计算复合地基的强度及变形时,《地处规》有如下规定。

> 7.5.2　灰土挤密桩、土挤密桩复合地基设计应符合下列规定。
>
> 9　复合地基承载力特征值,应按本规范第 7.1.5 条确定。初步设计时,可按本规范式(7.1.5-1)进行估算。桩土应力比应按试验或地区经验确定。<u>灰土挤密桩复合地基承载力特征值,不宜大于处理前天然地基承载力特征值的 2.0 倍,且不宜大于 250 kPa;对土挤密桩复合地基承载力特征值,不宜大于处理前天然地基承载力特征值的 1.4 倍,且不宜大于 180 kPa。</u>
>
> 10　复合地基的变形计算应符合本规范第 7.1.7 条和第 7.1.8 条的规定。

11.4.3　水泥粉煤灰碎石桩(CFG 桩)

水泥粉煤灰碎石桩(Cement Fly-ash Gravel Pile),简称 CFG 桩,是在碎石桩的基础上加入适量的石屑、粉煤灰和水泥,加水拌合形成的一种具有一定黏结强度的半刚性桩,其和桩间土、褥垫层一起形成复合地基。与一般的碎石桩复合地基相比,它具有承载力高、变形模量小的特点。

1. 作用机理

不同于碎石桩,CFG 桩的桩身具有一定的黏结强度,是一种低强度混凝土桩。水泥的掺量对 CFG 桩体的强度和变形有很大的影响。当水泥掺量较小时,桩体的强度低,接近散体材料桩的受力性状;当水泥的掺量较大时,桩体具有近似刚性桩的承载性状。

在荷载作用下,CFG 桩的压缩性明显比其周围软土小,因此基础传给复合地基的附加应力随地基的变形逐渐集中到桩体上,桩身出现应力集中现象,复合地基中的 CFG 桩起到桩体作用。CFG 桩复合地基的桩土应力比明显大于碎石桩复合地基的桩土应力比,其桩体作用显著。

理论计算和现场试验表明,软弱地基经碎石桩加固后,其承载力比天然地基一般可提高 50%~100%,提高幅度大,且置换率较大,一般为 0.2~0.4。其主要原因是碎石桩体是由松散材料组成,自身没有黏结强度,依靠周围土体的约束才能承受上部荷载,而 CFG 桩桩身具有一定的黏结强度,在荷载作用下桩身不会出现压胀变形,桩承受的荷载通过桩周摩阻力和桩端阻力传到深层地基中,复合地基承载力提高幅度大,加固效果显著。此外,CFG 桩复合地基变形小,沉降稳定快。

在复合地基设计中,基础与桩和桩间土之间设置一定厚度散体粒状材料组成的褥垫层是复合地基的一个核心技术。基础下是否设置褥垫层,对复合地基受力影响很大。若不设置褥垫层,复合地基承载特性与桩基础相似,桩间土承载能力难以发挥,不能成为复合地基。若基础下设置褥垫层,桩间土承载能力的发挥就不单纯依赖于桩的沉降,即使桩端落在好土层上,也能保证荷载通过褥垫层作用到桩间土上,使桩土共同承担荷载。

2. 适用范围

CFG 桩不仅用于承载力较低的地基,对承载力较高(如承载力 $f_{ak}=200$ kPa)但变形不能满足要求的地基,也可采用 CFG 桩处理,以减少地基变形。《地处规》有如下规定。

> 7.7.1　水泥粉煤灰碎石桩复合地基适用于处理黏性土、粉土、砂土和自重固结已完成的素填土地基。对淤泥质土应按地区经验或通过现场试验确定其适用性。

3. CFG 桩复合地基的设计

1）处理范围的确定

CFG 桩可只在基础内布桩,应根据建筑物荷载分布、基础形式、地基土性状,合理确定布桩参数。

对框架-核心筒结构,核心筒和外框柱宜采用不同布桩方案,核心筒部位荷载水平高,宜强化核心筒荷载影响部位布桩,相对弱化外框柱荷载影响部位布桩;通常在核心筒外扩一倍板厚范围内,为防止筏板发生冲切破坏需足够的净反力,宜减小桩距或增大桩径,当桩端持力层较厚时最好加大桩长,提高复合地基承载力和复合土层模量;对设有沉降缝或防震缝的建筑物,宜在沉降缝或防震缝部位采用减小桩距、增加桩长或加大桩径布桩,以防止建筑物发生较大相对变形。

对于独立基础地基处理,可按变形控制进行复合地基设计。当两个相邻柱荷载水平相差较大的独立基础复合地基承载力相等时,荷载水平高的基础面积大、影响深度深、基础沉降大,荷载水平低的基础面积小、影响深度浅、基础沉降小,柱间沉降差有可能不满足设计要求。柱荷载水平差异较大时应按变形控制进行复合地基设计。

现行国家标准《建筑地基基础设计规范》(GB 50007—2011)规定,对于地基反力计算,当满足下列条件时可按线性分布:

(1)地基土比较均匀;

(2)上部结构刚度比较好;

(3)梁板式筏基梁的高跨比或平板式筏基板的厚跨比不小于1/6;

(4)相邻柱荷载及柱间距的变化不超过20%。

当地基反力满足线性分布假定时,可在整个基础范围内均匀布桩。当基底压力不满足线性分布的假定时,则不宜采用均匀布桩,应主要在柱边(平板式筏基)和梁边(梁板式筏基)外扩2.5倍板厚的面积范围内布桩。需要注意的是,此时的设计基底压力应按布桩区的面积重新计算。

与散体桩和水泥土搅拌桩不同,CFG桩复合地基承载力提高幅度大,条形基础下复合地基设计,当荷载水平不高时,可采用墙下单排布桩。此时,CFG桩施工对桩位在垂直于轴线方向的偏差应严格控制,防止过大的基础偏心受力状态。

7.7.2 水泥粉煤灰碎石桩复合地基设计应符合下列规定。

　　5 水泥粉煤灰碎石桩可只在基础范围内布桩,并可根据建筑物荷载分布、基础形式和地基土性状,合理确定布桩参数:

　　1)内筒外框结构内筒部位可采用减小桩距、增大桩长或桩径布桩;

　　2)对相邻柱荷载水平相差较大的独立基础,应按变形控制确定桩长和桩距;

　　3)筏板厚度与跨距之比小于1/6的平板式筏基、梁的高跨比大于1/6且板的厚跨比(筏板厚度与梁的中心距之比)小于1/6的梁板式筏基,应在柱(平板式筏基)和梁(梁板式筏基)边缘每边外扩2.5倍板厚的面积范围内布桩;

　　4)对荷载水平不高的墙下条形基础可采用墙下单排布桩。

---

2)CFG桩设计

CFG桩具有较强的置换作用,在其他参数相同的情况下,桩越长,桩的荷载分担比(桩承担的荷载占总荷载的百分比)越高。设计时必须将桩端落在承载力和压缩模量相对高的土层上,这样可以很好地发挥桩的端阻力,也可避免场地岩性变化大可能造成的建筑物不均匀沉降。桩端持力层承载力和压缩模量越高,建筑物沉降稳定越快。

CFG桩成桩直径与选用的施工工艺有关,长螺旋钻中心压灌、干成孔和振动沉管成桩宜取350~600 mm;泥浆护壁钻孔灌注素混凝土成桩宜取600~800 mm;钢筋混凝土预制桩宜取300~600 mm。若其他条件相同,桩径越小,桩的比表面积越大,单方混合料提供的承载力越高。

桩距应根据设计要求的复合地基承载力、建筑物控制沉降量、土性、施工工艺等综合考虑确定。设计的桩距首先要满足承载力和变形量的要求。从施工角度考虑,尽量选用较大的桩距,以防止新打桩对已打桩的不良影响。

就土的挤(振)密性而言,可将土分为以下几类:

(1)挤(振)密效果好的土,如松散粉细砂、粉土、人工填土等;

（2）可挤（振）密土,如不太密实的粉质黏土;

（3）不可挤（振）密土,如饱和软黏土或密实度很高的黏性土、砂土等。

施工工艺可分为两大类:一是对桩间土产生扰动或挤密的施工工艺,如振动沉管打桩机成孔制桩属挤土成桩工艺;二是对桩间土不产生扰动或挤密的施工工艺,如长螺旋钻灌注成桩属非挤土（或部分挤土）成桩工艺。

对不可挤密土和挤土成桩工艺宜采用较大的桩距。

在满足承载力和变形要求的前提下,可以通过改变桩长来调整桩距。采用非挤土、部分挤土成桩工艺施工（如泥浆护壁钻孔灌注桩、长螺旋钻灌注桩）,桩距宜取 3~5 倍桩径;采用挤土成桩工艺施工（如预制桩和振动沉管打桩机施工）和墙下条基,单排布桩桩距可适当加大,宜取 3~6 倍桩径。当桩长范围内有饱和粉土、粉细砂、淤泥、淤泥质土层时,为防止施工发生窜孔、缩颈、断桩,减少新打桩对已打桩的不良影响,宜采用较大桩距。

> 7.7.2　水泥粉煤灰碎石桩复合地基设计应符合下列规定。
>
> 　1　水泥粉煤灰碎石桩,应选择承载力和压缩模量相对较高的土层作为桩端持力层。
>
> 　2　**桩径**:长螺旋钻中心压灌、干成孔和振动沉管成桩宜为 350~600 mm;泥浆护壁钻孔成桩宜为 600~800 mm;钢筋混凝土预制桩宜为 300~600 mm。
>
> 　3　**桩间距**应根据基础形式、设计要求的复合地基承载力和变形、土性及施工工艺确定:
>
> 　1)采用非挤土成桩工艺和部分挤土成桩工艺,桩间距宜为 3~5 倍桩径;
>
> 　2)采用挤土成桩工艺和墙下条形基础单排布桩的桩间距宜为 3~6 倍桩径;
>
> 　3)桩长范围内有饱和粉土、粉细砂、淤泥、淤泥质土层,采用长螺旋钻中心压灌成桩施工中可能发生窜孔时宜采用较大桩距。

3)褥垫层要求

桩顶和基础之间应设置褥垫层,褥垫层在复合地基中具有如下作用。

（1）保证桩、土共同承担荷载,它是 CFG 桩形成复合地基的重要条件。

（2）通过改变褥垫层厚度,调整桩垂直荷载的分担比,通常褥垫层越薄,桩承担的荷载占总荷载的百分比越高。

（3）减少基础底面的应力集中。

（4）调整桩、土水平荷载的分担比,褥垫层越厚,土分担的水平荷载占总荷载的百分比越大,桩分担的水平荷载占总荷载的百分比越小。对抗震设防区,不宜采用厚度过薄的褥垫层设计。

（5）褥垫层的设置可使桩间土承载力充分发挥,作用在桩间土表面的荷载在桩侧的土单元体产生竖向和水平向附加应力,水平向附加应力作用在桩表面具有增大侧阻力的作用,在桩端产生的竖向附加应力对提高单桩承载力是有益的。

褥垫层材料可为粗砂、中砂、级配砂石或碎石,碎石粒径宜为 5~16 mm,不宜选用卵石。当基础底面桩间土含水量较大时,应避免采用动力夯实法,以防扰动桩间土。当基底土为较干燥的砂石时,虚铺后可适当洒水再进行碾压或夯实。

> 7.7.2　水泥粉煤灰碎石桩复合地基设计应符合下列规定。
>
> 　4　桩顶和基础之间应设置褥垫层,褥垫层厚度宜为桩径的 40%~60%。褥垫材料宜采用中砂、粗砂、级配砂石和碎石等,最大粒径不宜大于 30 mm。

4)CFG 桩复合地基承载力和变形计算

对有黏结强度增强体复合地基,其地基承载力特征值也应通过复合地基的静荷载试验确定。初步设计时的估算方法可按《地处规》的以下规定采用。

7.7.2 水泥粉煤灰碎石桩复合地基设计应符合下列规定。

6 复合地基承载力特征值应按本规范第7.1.5条规定确定。初步设计时,可按式(7.1.5-2)估算,其中单桩承载力发挥系数 λ 和桩间土承载力发挥系数 β 应按地区经验取值,无经验时 λ 可取 0.8~0.9, β 可取 0.9~1.0;处理后桩间土的承载力特征值 f_{sk},对非挤土成桩工艺,可取天然地基承载力特征值,对挤土成桩工艺,一般黏性土可取天然地基承载力特征值,松散砂土、粉土可取天然地基承载力特征值的 1.2~1.5 倍,原土强度低的取大值。按式(7.1.5-3)估算单桩承载力时,桩端端阻力发挥系数 α_p 可取 1.0;**桩身强度应满足本规范第 7.1.6 条的规定。**

7.1.5 复合地基承载力特征值应通过复合地基静荷载试验或采用增强体静荷载试验结果和其周边土的承载力特征值结合经验确定,初步设计时,可按下列公式估算。

2 对有黏结强度增强体复合地基应按下式计算:

$$f_{spk} = \lambda m \frac{R_a}{A_p} + \beta(1-m)f_{sk} \qquad (7.1.5\text{-}2)$$

式中 λ——单桩承载力发挥系数,可按地区经验取值;

R_a——单桩竖向承载力特征值(kN);

A_p——桩的截面面积(m^2);

β——桩间土承载力发挥系数,可按地区经验取值。

3 增强体单桩竖向承载力特征值可按下式估算:

$$R_a = u_p \sum_{i=1}^{n} q_{si} l_{pi} + \alpha_p q_p A_p \qquad (7.1.5\text{-}3)$$

式中 u_p——桩的周长(m);

q_{si}——桩周第 i 层土的侧阻力特征值(kPa),可按地区经验确定;

l_{pi}——桩长范围内第 i 层土的厚度(m);

α_p——桩端端阻力发挥系数,应按地区经验确定;

q_p——桩端端阻力特征值(kPa),可按地区经验确定,**对于水泥搅拌桩、旋喷桩应取未经修正的桩端地基土承载力特征值。**

对于增强体的单桩承载力特征值,桩端端阻力发挥系数 α_p 与增强体的荷载传递性质、增强体长度以及桩土相对刚度密切相关。其中,桩长过长而影响桩端承载力发挥时应取较低值;水泥土搅拌桩的荷载传递受搅拌土的性质影响应取 0.4~0.6;其他情况可取 1.0。

复合地基承载力设计中的增强体单桩承载力发挥系数 λ 和桩间土承载力发挥系数 β 是依据试验结果得出的。对刚度较大的增强体,在复合地基静荷载试验取 s/b 或 s/d 等于 0.01 确定复合地基承载力以及增强体单桩静荷载试验确定单桩承载力特征值的情况下,增强体单桩承载力发挥系数为 0.7~0.9,而地基土承载力发挥系数为 1.0~1.1。

增强体单桩承载力的发挥和桩间土承载力的发挥与桩、土相对刚度有关。一般情况下,复合地基设计有褥垫层时,地基土承载力的发挥是比较充分的。在相同褥垫层厚度条件下,相对刚度差值越大,刚度大的增强体在加载初始发挥较小,后期发挥较大。初步设计时,增强体单桩承载力发挥系数和桩间土承载力发挥系数的取值范围在 0.8~1.0,增强体单桩承载力发挥系数取高值时桩间土承载力发挥系数应取低值;反之,增强体单桩承载力发挥系数取低值时桩间土承载力发挥系数应取高值。

应该指出,复合地基承载力设计时取得的设计参数可靠性对设计的安全度有很大影响。当有充分试验资料作为依据时,可直接按试验的综合分析结果进行设计。

此外,对于桩身强度的要求,《地处规》有如下规定。

7.1.6 有黏结强度复合地基增强体桩身强度应满足式(7.1.6-1)的要求。**当复合地基承载力进行基础埋深的深度修正时,增强体桩身强度应满足式(7.1.6-2)的要求。**

$$f_{cu} \geqslant 4 \frac{\lambda R_a}{A_p} \tag{7.1.6-1}$$

$$f_{cu} \geqslant 4 \frac{\lambda R_a}{A_p} \left[1 + \frac{\gamma_m(d-0.5)}{f_{spa}} \right] \tag{7.1.6-2}$$

式中　f_{cu}——桩体试块（边长 150 mm 立方体）标准养护 28 d 的立方体抗压强度平均值（kPa），对水泥土搅拌桩应符合本规范第 7.3.3 条的规定；

　　　γ_m——基础底面以上土的加权平均重度（kN/m³），**地下水位以下取有效重度；**

　　　d——基础埋置深度（m）；

　　　f_{spa}——**深度修正后的**复合地基承载力特征值（kPa）。

7.7.2 条文说明（部分）

6　当承载力考虑基础埋深的深度修正时，增强体桩身强度还应满足本规范式（7.1.6-2）的规定。这次修订考虑了如下几个因素。

1）与桩基不同，复合地基承载力可以作深度修正，基础两侧的超载越大（基础埋深越大），深度修正的数量也越大，桩承受的竖向荷载越大，设计的桩体强度应越高。

2）刚性桩复合地基，由于设置了褥垫层，从加荷一开始，就存在一个负摩擦区，因此桩的最大轴力作用点不在桩顶，而是在中性点处，即中性点处的轴力大于桩顶的受力。

综合以上因素，对《建筑地基处理技术规范》（JGJ 79—2002）中桩体试块（边长 15 cm 立方体）标准养护 28 d 抗压强度平均值不小于 $3R_a/A_p$（R_a 为单桩承载力特征值，A_p 为桩的截面面积）的规定进行了调整，桩身强度适当提高，保证桩体不发生破坏。

CFG 桩复合地基的变形计算应按现行国家标准《建筑地基基础设计规范》（GB 50007—2011）中分层总和法的有关规定执行，但有以下两点需做说明。

（1）复合地基的分层与天然地基分层相同，当荷载接近或达到复合地基承载力时，各复合土层的压缩模量可按该层天然地基压缩模量的 ζ 倍计算，工程中应由现场试验测定的 f_{spk} 和基础底面下天然地基承载力 f_{ak} 确定。若无试验资料，初步设计时可由地质报告提供的地基承载力特征值 f_{ak} 及计算得到的满足设计承载力和变形要求的复合地基承载力特征值 f_{spk}，按《地处规》式（7.1.7-1）计算 ζ。

（2）复合地基变形计算过程中，在复合土层范围内，压缩模量很高时，满足下式要求：

$$\Delta s_n' \leqslant 0.025 \sum_{i=1}^{n} \Delta s_i' \tag{11.11}$$

若计算到此为止，桩端以下的未加固土层的变形量仍然没有考虑，则计算深度必须大于复合土层厚度。

11.5　化学加固法

化学加固法指利用水泥浆液、黏土浆液或其他化学浆液，根据气压、液压或电化学原理，通过灌注压入、高压喷射或深层搅拌，使浆液与土颗粒胶结起来，以改善地基土的物理力学性质的地基处理方法。根据性质的不同，化学加固法主要包括压力灌浆法、深层搅拌法、高压喷射注浆法以及电化学加固法等。

上述方法中以压力灌浆法发展较早，应用范围也最广泛，但对细砂、黏土等细孔隙不易灌入，需使用特殊技术和材料；深层搅拌法仅适用于软黏土；高压喷射注浆法适用于松散土层，不受可灌性的限制，但对砂粒太大、砾石含量过多及含纤维质多的土层有困难。

11.5.1　注浆法

1. 基本工艺和原理

注浆法的实质是利用液压、气压或电化学原理，把某些能固化的浆液注入有缝隙的岩土介质或土体中，经过一定时间,浆液与原来松散的土粒或裂隙岩石胶结在一起,形成结构致密、强度大、防水防渗性能和化学稳定性好的"结石体",以改善注浆对象的物理力学性质,适应各类建筑工程的需要。

注浆法在工程上主要有以下作用:

(1)加固,主要是提高岩土体的力学强度和变形模量,提高地基承载力,减少地基压缩变形,保证土体稳定性;

(2)纠偏,使已发生不均匀沉降的建筑物恢复到正常位置;

(3)防渗,降低岩土体的渗透性,提高抗渗能力。

在地基处理中,注浆工艺所依据的理论主要可归纳为下列四类。

(1)渗入性注浆,在注浆压力作用下,浆液克服各种阻力而渗入孔隙和裂隙,压力越大,吸浆量及浆液扩散距离越大。这种理论假定,在注浆过程中地层结构不受扰动和破坏,所用的注浆压力相对较小。

(2)劈裂注浆,在注浆压力作用下,浆液克服地层的初始应力和抗拉强度,引起岩石或主体结构的破坏和扰动,使地层中原有的孔隙或裂隙扩张或形成新的裂缝或孔隙,从而使低透水性地层的可灌性和浆液扩散距离增大。这种注浆法所用的注浆压力相对较高。

(3)压密注浆,通过钻孔向土层中压入浓浆,随着土体的压密和浆液的挤入,在压浆点周围形成灯泡形空间,并因浆液的挤压作用而产生辐射状上抬力,从而引起地层局部隆起。许多工程利用这一原理纠正了地面建筑物的不均匀沉降。

(4)电动化学注浆,当在黏性土中插入金属电极并通以直流电后,就在土中引起电渗、电泳和离子交换等作用,促使在通电区域中的含水量显著降低,从而在土内形成渗浆通道;如果在通电的同时向土中灌注硫酸盐浆液,就能在"通道"上形成硅胶,并与土粒胶结成具有一定力学强度的加固体。

注浆材料可分为粒状浆材和化学浆材两大类。粒状浆材主要包括水泥浆、黏土浆、黏土水泥浆以及水泥砂浆四种;化学浆材则包括环氧树脂、甲基丙烯酸类、聚氨酯类、硅酸盐类等许多品种。对建筑地基,选用的注浆材料主要为水泥浆液、硅化浆液和碱液三种。

2. 水泥为主剂的注浆

水泥为主剂的浆液主要包括水泥浆、水泥砂浆和水泥水玻璃浆。水泥浆液是地基治理、基础加固工程中常用的一种胶结性好、结石强度高的注浆材料,一般施工要求水泥浆的初凝时间既能满足浆液设计的扩散要求,又不至于被地下水冲走,对渗透系数大的地基还需尽可能缩短初、终凝时间。当地层中有较大裂隙、溶洞,耗浆量很大或有地下水活动时,宜采用水泥砂浆,水泥砂浆由水灰比不大于1.0的水泥浆掺砂配成,与水泥浆相比具有稳定性好、抗渗能力强和析水率低的优点,但因其流动性小,对设备要求较高。水泥水玻璃浆广泛用于地基、大坝、隧道、桥墩、矿井等建筑工程,其性能取决于水泥浆水灰比、水玻璃浓度和加入量、浆液养护条件。《地处规》有如下规定。

8.2.1 水泥为主剂的注浆加固设计应符合下列规定。

1 对软弱地基土处理,可选用以水泥为主剂的浆液及水泥和水玻璃的双液型混合浆液;对有地下水流动的软弱地基,不应采用单液水泥浆液。

2 注浆孔<u>间距</u>宜取 1.0~2.0 m。

3 在砂土地基中,浆液的<u>初凝时间</u>宜为 5~20 min;在黏性土地基中,浆液的初凝时间宜为 1~2 h。

4 注浆量和注浆有效范围,应通过现场注浆试验确定;在黏性土地基中,浆液注入率宜为 15%~20%;注浆点上覆土层厚度应大于 2 m。

5 对劈裂注浆的注浆压力,在砂土中,宜为 0.2~0.5 MPa;在黏性土中,宜为 0.2~0.3 MPa。对压密注浆,当采用水泥砂浆浆液时,坍落度宜为 25~75 mm,注浆压力宜为 1.0~7.0 MPa。当采用水泥水玻璃双液快凝浆液时,注浆压力不应大于 1.0 MPa。

6 对人工填土地基,应采用多次注浆,间隔时间应按浆液的初凝试验结果确定,且不应大于 4 h。

3. 硅化浆液注浆

硅化法和碱液加固法是我国湿陷性黄土地区常用的处理地基的化学方法。

硅化法通过打入带孔的金属灌注管,在一定的压力下将硅酸钠(化学式为 $Na_2O \cdot nSiO_2$,其水溶液俗称水玻璃)溶液注入土中,或将硅酸钠及氯化钙两种溶液分别先后注入土中。其中,前者称为单液硅化,后者称为双液硅化。

双液硅化适用于加固渗透系数为 2~8 m/d 的砂性土,或用于防渗止水,形成不透水的帷幕。硅酸钠溶液的比重为 1.35~1.44,氯化钙溶液的比重为 1.26~1.28。

单液硅化适用于加固渗透系数为 0.1~2.0 m/d 的湿陷性黄土和渗透系数为 0.3~5.0 m/d 的粉砂。加固湿陷性黄土时,溶液由浓度为 10%~15% 的硅酸钠溶液掺入 2.5% 的氯化钠组成。溶液入土后,钠离子与土中水溶性盐类中的钙离子(主要为硫酸钙)产生离子交换的化学反应,在土粒间及其表面形成硅酸凝胶,可以使黄土的无侧限极限抗压强度达到 0.6~0.8 MPa。

8.2.2　硅化浆液注浆加固设计应符合下列规定。

1　砂土、黏性土宜采用压力双液硅化注浆;渗透系数为 0.1~2.0 m/d 的地下水位以上的湿陷性黄土,可采用无压或压力单液硅化注浆;自重湿陷性黄土宜采用无压单液硅化注浆。

6　单液硅化法应采用浓度为 10%~15% 的硅酸钠,并掺入 2.5% 氯化钠溶液;加固湿陷性黄土的溶液用量,可按下式估算:

$$Q = V\bar{n}d_{N1}\alpha \tag{8.2.2-1}$$

式中　Q——硅酸钠溶液的用量(m^3);

V——拟加固湿陷性黄土的体积(m^3);

$\bar{n}$——地基加固前土的平均孔隙率;

d_{N1}——灌注时硅酸钠溶液的相对密度;

α——溶液填充孔隙的系数,可取 0.60~0.80。

7　当硅酸钠溶液浓度大于加固湿陷性黄土所要求的浓度时,应进行稀释,稀释加水量可按下式估算:

$$Q' = \frac{d_N - d_{N1}}{d_{N1} - 1} \times q \tag{8.2.2-2}$$

式中　Q'——稀释硅酸钠溶液的加水量(t);

d_N——稀释前硅酸钠溶液的相对密度;

q——拟稀释硅酸钠溶液的质量(t)。

8　采用单液硅化法加固湿陷性黄土地基,灌注孔的布置应符合下列规定:

1)灌注孔间距,压力灌注宜为 0.8~1.2 m,溶液无压力自渗宜为 0.4~0.6 m;

2)对新建建(构)筑物和设备基础的地基,应在基础底面下按等边三角形满堂布孔,超出基础底面外缘的宽度,每边不得小于 1.0 m;

3)对既有建(构)筑物和设备基础的地基,应沿基础侧向布孔,每侧不宜少于 2 排;

4)当基础底面宽度大于 3 m 时,除应在基础下每侧布置 2 排灌注孔外,可在基础两侧布置斜向基础底面中心以下的灌注孔或在其台阶上布置穿透基础的灌注孔。

8.2.2 条文说明(部分)

1　……对渗透系数 k=0.10~2.00 m/d 的湿陷性黄土,因土中含有硫酸钙或碳酸钙,只需用单液硅化法,但通常加氯化钠溶液作为催化剂。

　　单液硅化法加固湿陷性黄土地基的灌注工艺有两种:一是压力灌注,二是溶液自渗(无压)。**压力灌注**溶液的速度快,扩散范围大,灌注溶液过程中,溶液与土接触初期,尚未产生化学反应,**在自重湿陷性严重的场地**,采用此法加固既有建筑物地基,附加沉降可达 300 mm 以上,**对既有建筑物显然是不允许的**。故本条规定,压力灌注**可用于加固自重湿陷性场地上拟建的设备基础和构筑物的地基,也可用于加固非自重湿陷性黄土场地上既有建筑物和设备基础的地基**。因为非自重湿陷性黄土有一定的湿陷起始压力,基底附加应力不大于湿陷起始压力或虽大于湿陷起始压力但数值不大时,不致出现附加沉降,并已为大量工程实践和试验研究资料所证明。

　　……溶液自渗的速度慢,扩散范围小,溶液与土接触初期,对既有建筑物和设备基础的附加沉降很小(10~20 mm),不超过建筑物地基的允许变形值。

　　8　加固既有建(构)筑物和设备基础的地基,不可能直接在基础底面下布置灌注孔,而只能在基础侧向(或周边)布置灌注孔,因此基础底面下的土层难以达到加固要求,对基础侧向地基土进行加固,可以防止侧向挤出,减小地基的竖向变形,每侧布置一排灌注孔加固土体很难连成整体,故本条规定每侧布置灌注孔不宜少于2排。

　　当基础底面宽度大于3 m时,除在基础每侧布置2排灌注孔外,是否需要布置斜向基础底面的灌注孔,可根据工程具体情况确定。

4. 碱液注浆

　　碱液加固法是指将加水稀释的 NaOH 溶液加温后,经注浆管无压自流渗入土中,对土进行加固的方法。

　　NaOH 溶液注入土中后,土粒表层会逐渐发生膨胀和软化,进而发生表面的相互融合和胶结(钠铝硅酸盐类胶结),但这种融合和胶结是非水稳性的,只有在土粒周围存在 $Ca(OH)_2$ 和 $Mg(OH)_2$ 的条件下,才能使这种胶结结构成为强度高且具有水硬性的钙铝硅酸盐络合物。这些络合物的生成将使土粒牢固胶结,强度大大提高,并且具有充分的水稳性。黄土中钙、镁离子含量一般都较高(属于钙、镁离子饱和土),故采用单液加固已足够。如钙、镁离子含量较低,则需考虑采用碱液与氯化钙溶液的双液加固法。为了提高碱液加固黄土的早期强度,也可适当注入一定量的氯化钙溶液。

　　为了促进反应过程,常将溶液温度升高至 80~100 ℃再注入土中。加固湿陷性黄土地基时,一般使溶液通过灌注孔自行渗入土中。

8.2.3　碱液注浆加固设计应符合下列规定:

　　1　碱液注浆加固适用于处理地下水位以上渗透系数为 0.1~2.0 m/d 的湿陷性黄土地基,对自重湿陷性黄土地基的适应性应通过试验确定;

　　2　当 100 g 干土中可溶性和交换性钙镁离子含量大于 10 mg·eq 时,可采用灌注氢氧化钠一种溶液的单液法,其他情况可采用灌注氢氧化钠和氯化钙双液灌注加固。

　　碱液加固法适宜于浅层加固,加固深度不宜超过 4~5 m;过深除增加施工难度外,造价也较高。当加固深度超过 5 m 时,应与其他加固方法进行技术经济比较后,再行决定。

　　位于湿陷性黄土地基上的基础,浸水后产生的湿陷量可分为由附加压力引起的湿陷以及由饱和自重压力引起的湿陷,前者一般称为外荷湿陷,后者称为自重湿陷。

　　有关浸水荷载试验资料表明,外荷湿陷与自重湿陷的影响深度是不同的。对非自重湿陷性黄土地基只存在外荷湿陷,当其基底压力不超过 200 kPa 时,外荷湿陷影响深度为基础宽度的 1.0~2.4 倍,但 80%~90% 的外荷湿陷量集中在基底下(1.0~1.5)b 的深度范围内,其下所占的比例很小。对自重湿陷性黄土地基,外荷湿陷影响深度则为(2.0~2.5)b,在湿陷影响深度下限处土的附加压力与饱和自重压力的比值为 0.25~0.36,其值较一般采用分层总和法确定压缩层下限的标准(一般土为 0.2,软土为 0.1)要大得多,故外荷湿陷影响深度小于压缩层深度。

　　位于黄土地基上的中小型工业与民用建筑物,其基础宽度多为 1~2 m。当基础宽度为 2 m 或 2 m 以上时,其外荷湿陷影响深度将超过 4 m,为避免加固深度过大,当基础较宽,即外荷湿陷影响深度较大时,加固深度可减少到(1.5~2.0)b,这时可消除 80%~90% 的外荷湿陷量,从而大大减轻湿陷的危害。

对自重湿陷性黄土地基,试验研究表明,当地基属于自重湿陷不敏感或不很敏感类型时,如浸水范围小,外荷湿陷将占到总湿陷的 87%~100%,自重湿陷将不产生或产生的不充分。当基底压力不超过 200 kPa 时,其外荷湿陷影响深度为(2.0~2.5)b,《地处规》建议,对于这类地基的加固深度为(2.0~3.0)b,这样可基本消除地基的全部外荷湿陷。

> 8.2.3 碱液注浆加固设计应符合下列规定。
>
> 3 碱液加固地基的深度应根据地基的湿陷类型、地基湿陷等级和湿陷性黄土层厚度,并结合建筑物类别与湿陷事故的严重程度等综合因素确定,加固深度宜为 2~5 m。
>
> 1)对非自重湿陷性黄土地基,加固深度可为基础宽度的 1.5~2.0 倍;
>
> 2)对 Ⅱ 级自重湿陷性黄土地基,加固深度可为基础宽度的 2.0~3.0 倍。

每一个灌注孔加固后形成的加固土体可近似看作一个圆柱体,圆柱体的平均半径即为有效加固半径。在灌注孔四周,溶液温度高,浓度也相对较大;溶液在往四周渗透的过程中,浓度和温度都逐渐降低,故加固体强度也相应由高到低。试验结果表明,无侧限抗压强度与距离的关系曲线近似为一抛物线,且在加固柱体外缘,由于土的含水量增高,其强度比未加固的天然土还低。灌液试验中一般可取加固后无侧限抗压强度高于天然土无侧限抗压强度平均值 50% 以上的土体为有效加固体,其值为 100~150 kPa。有效加固体的平均半径即为有效加固半径。

从理论上讲,有效加固半径随溶液灌注量的增大而增大,但实际上当溶液灌注量超过某一定数量后,加固体积并不与灌注量成正比,这是因为外渗范围过大时,外围碱液浓度大大降低,起不到加固作用。因此,存在一个较经济合理的加固半径。试验表明,这一合理半径一般为 0.40~0.50 m。

湿陷性黄土的饱和度一般在 15%~77% 范围内变化,多数为 40%~50%,故溶液充填土的孔隙时不可能全部取代原有水分,因此充填系数取 0.6~0.8。考虑到黄土的大孔隙性质,将有少量碱液顺大孔隙流失,不一定能均匀地向四周渗透,故实际施工时应使碱液灌注量适当加大,《地处规》建议取工作条件系数为 1.1。

> 8.2.3 碱液注浆加固设计应符合下列规定。
>
> 5 碱液加固地基的半径 r,宜通过现场试验确定。当碱液浓度和温度符合本规范第 8.3.3 条规定时,有效加固半径与碱液灌注量之间,可按下式估算:
>
> $$r = 0.6\sqrt{\frac{V}{nl \times 10^3}} \tag{8.2.3-2}$$
>
> 式中 V——每孔碱液灌注量(L),试验前可根据加固要求达到的有效加固半径按式(8.2.3-3)进行估算;
>
> l——灌注孔长度,从注液管底部到灌注孔底部的距离(m);
>
> n——拟加固土的天然孔隙率;
>
> r——有效加固半径(m),当无试验条件或工程量较小时,可取 0.4~0.5 m。
>
> 7 每孔碱液灌注量可按下式估算:
>
> $$V = \alpha\beta\pi r^2(1+r)n \tag{8.2.3-3}$$
>
> 式中 α——碱液充填系数,可取 0.6~0.8;
>
> β——工作条件系数,考虑碱液流失影响,可取 1.1。

举例如下,如加固单位体积($V=1.0$ m³)黄土,设其天然孔隙率为 $n=V_v/V=0.5$,饱和度为 $S_r=V_w/V_v=40\%$,其中 V_v 为单位体积土体中孔隙 V_a 和水分 V_w 所占的体积,则原有水分、孔隙、土颗粒的体积分别为 $V_w=n \cdot V \cdot S_r=0.2$ m³、$V_a=n \cdot V \cdot (1-S_r)=0.3$ m³、$V_s=V-V_v-V_w=0.5$ m³。当碱液的充填系数 $\alpha=0.6$ 时,1.0 m³ 土中注入的碱液量为 $V_q=\alpha nV=0.3$ m³,此时孔隙将被溶液全部充满,饱和度达 100%。考虑到溶液注入过程中可能取代部分原有土粒周围的弱结合水,可取充填系数为 0.8,则注入碱液量为 0.4 m³,此时将有 0.1 m³ 原有水分被挤出。

对注浆碱液的配制，《地处规》有如下规定。

8.3.3 碱液注浆施工应符合下列规定。

2 碱液可用固体烧碱或液体烧碱配制，每加固 1 m³ 黄土宜用氢氧化钠溶液 35~45 kg。碱液浓度不应低于 90 g/L；双液加固时，氯化钙溶液的浓度为 50~80 g/L。

3 配溶液时，应先放水，而后徐徐放入碱块或浓碱液。溶液加碱量可按下列公式计算。

1）采用**固体烧碱**配制每 1 m³ 浓度为 M 的碱液时，**每 1 m³ 水中的加碱量**应符合下式规定：

$$G_s = \frac{1\,000M}{P} \tag{8.3.3-1}$$

式中 G_s——每 1 m³ 碱液中投入的固体烧碱量（g）；

　　　M——配制碱液的浓度（g/L）；

　　　P——固体烧碱中 NaOH 含量的百分数（%）。

2）采用**液体烧碱**配制每 1 m³ 浓度为 M 的碱液时，投入的液体烧碱体积 V_1 和加水量 V_2 应符合下列公式规定：

$$V_1 = \frac{M}{d_N N} \tag{8.3.3-2}$$

$$V_2 = 1\,000 - \frac{M}{d_N \cdot N} \tag{8.3.3-3}$$

式中 V_1——液体烧碱体积（L）；

　　　V_2——加水的体积（L）；

　　　d_N——液体烧碱的相对密度；

　　　N——液体烧碱的质量分数。

举例如下，设固体烧碱中含纯 NaOH 为 85%，要求配置碱液浓度为 120 g/L，则配置每 1 m³ 碱液所需固体烧碱量为

$$G_s = \frac{1\,000M}{P} = \frac{1\,000 \times 120}{0.85} \times 10^{-3}\ \text{kg} = 141.2\ \text{kg}$$

采用液体烧碱配置 1 m³ 浓度为 M 的碱液时，液体烧碱体积 V_1 与所加水的体积 V_2 之和为 1 000 L，在 1 000 L 溶液中，NaOH 溶质的量为 1 000M。一般化工厂生产的液体烧碱浓度以质量分数（即质量百分浓度）表示者居多，故施工中用比重计测出液体烧碱相对密度 d_N，并已知其质量分数为 N，则液体烧碱中 NaOH 溶质含量即为 $G_s = d_N \rho_w V_1 N$，故

$$V_1 = \frac{G_s}{d_N \rho_w N} = \frac{1\,000M}{d_N \rho_w N} = \frac{M}{d_N \cdot N}$$

相应水的体积为

$$V_2 = 1\,000 - V_1 = 1\,000 \left(1 - \frac{M}{d_N \rho_w N}\right) = 1000 - \frac{M}{d_N \cdot N}$$

上述各式中，ρ_w 为水的密度，$\rho_w = 1\,000$ g/L。

举例如下，设液体烧碱的质量分数为 30%，相对密度为 1.328，配制浓度为 100 g/L 的碱液时，1 m³ 溶液中所加的液体烧碱量为

$$V_1 = \frac{G_s}{d_N \rho_w N} = \frac{1\,000 \times 100}{1.328 \times 1\,000 \times 0.3} = 251\ \text{L}$$

11.5.2 水泥土搅拌法

水泥土搅拌法是利用水泥等材料作为固化剂通过特制的搅拌机械,就地将软土和固化剂(浆液或粉体)强制搅拌,使软土硬结成具有整体性、水稳性和一定强度的水泥加固土,从而提高地基土强度和增大变形模量。根据固化剂掺入状态的不同,可分为浆液搅拌和粉体喷射搅拌两种。其中,前者是在强制搅拌时喷射水泥浆与土混合成桩,简称湿法;后者是在强制搅拌时喷射水泥粉与土混合成桩,简称干法。

> 7.3.1 水泥土搅拌桩复合地基处理应符合下列规定。
> 2 水泥土搅拌桩的施工工艺分为浆液搅拌法(以下简称湿法)和粉体搅拌法(以下简称干法)。可采用单轴、双轴、多轴搅拌或连续成槽搅拌形成柱状、壁状、格栅状或块状水泥土加固体。

水泥土搅拌法加固软土技术具有其独特优点:①最大限度地利用原土;②搅拌时无振动、无噪声和无污染,对周围原有建筑物及地下沟管影响很小;③根据上部结构的需要,可灵活地采用柱状、壁状、格栅状和块状等加固形式。

1. 工作原理及成桩性质

水泥加固土的基本原理是基于水泥加固土的物理化学反应过程,其与混凝土硬化机理不同,由于水泥掺量少,水泥是在具有一定活性的介质——"土"的围绕下进行反应,硬化速度较慢,且作用复杂,水泥水解和水化生成各种水化合物后,有的又发生离子交换和团粒化作用以及凝硬反应,使水泥土体强度大大提高。

水泥土的容重与软土接近,强度与水泥的化学成分以及水泥的掺入量有一定的关系。水泥土的无侧限抗压强度一般为 0.3~4 MPa,并且随水泥掺入量的增加而增加;在相同水泥掺量情况下,水泥强度直接影响水泥土的强度,水泥强度等级提高 10 MPa,水泥土的强度 f_{cu} 增大 20%~30%。

混凝土的强度在 28 d 龄期时基本达到峰值,因而一般工程上取 28 d 的强度作为其标准值。相比之下,水泥土的强度随龄期的增长而增长,在龄期超过 28 d 后,强度仍有明显增长,为了降低工程造价,对承重搅拌桩试块国内外均取 90 d 的龄期为标准龄期。对起支挡作用承受水平荷载的搅拌桩,考虑开挖工期影响,水泥土强度标准可取 28 d 的龄期为标准龄期。从抗压强度试验得知,在其他条件相同时,不同龄期的水泥土抗压强度间大致呈线性关系,其经验关系式如下:

$$f_{cu7} = (0.47\text{~}0.63)f_{cu28}$$
$$f_{cu14} = (0.62\text{~}0.80)f_{cu28}$$
$$f_{cu60} = (1.15\text{~}1.46)f_{cu28}$$
$$f_{cu90} = (1.43\text{~}1.80)f_{cu28}$$

式中 f_{cu7}、f_{cu14}、f_{cu28}、f_{cu60}、f_{cu90}——7 d、14 d、28 d、60 d、90 d 龄期的水泥土抗压强度。

当龄期超过 3 个月后,水泥土强度增长缓慢。180 d 的水泥土强度为 90 d 的 1.25 倍,而 180 d 后水泥土强度增长仍未终止。

水泥土的抗拉强度为抗压强度的 15%~25%,内摩擦角为 20°~30°,黏聚力为 0.1~1.1 MPa,变形模量为 40~600 MPa。

> 7.3.1 水泥土搅拌桩复合地基处理应符合下列规定。
> 4 设计前,应进行处理地基土的室内配比试验。针对现场拟处理地基土层的性质,选择合适的固化剂、外掺剂及其掺量,为设计提供不同龄期、不同配比的强度参数。对竖向承载的水泥土强度宜取 90 d 龄期试块的立方体抗压强度平均值。
> 5 增强体的水泥掺量不应小于 12%,块状加固时水泥掺量不应小于加固天然土质量的 7%;湿法的水泥浆水灰比可取 0.5~0.6。

2. 适用范围

水泥固化剂一般适用于正常固结的淤泥与淤泥质土、黏性土、粉土、素填土(包括冲填土)、饱和黄土、粉砂以及中粗砂、砂砾（当加固粗粒土时，应注意有无明显的流动地下水）等地基加固。根据室内试验，一般认为用水泥作为加固材料，对含有高岭石、多水高岭石、蒙脱石等黏土矿物的软土加固效果较好；而对含有伊利石、氯化物和水铝石英等矿物的黏性土以及有机质含量高、pH值较低的酸性土加固效果较差。

掺合料可以添加粉煤灰等。当黏土的塑性指数 $I_p > 25$ 时，容易在搅拌头叶片上形成泥团，无法完成水泥土的拌合。当地基土的天然含水量小于30%时，由于不能保证水泥充分水化，故不宜采用干法。

7.3.1 水泥土搅拌桩复合地基处理应符合下列规定。

    1 适用于处理正常固结的淤泥、淤泥质土、素填土、黏性土（软塑、可塑）、粉土（稍密、中密）、粉细砂（松散、中密）、中粗砂（松散、稍密）、饱和黄土等土层。不适用于含大孤石或障碍物较多且不易清除的杂填土、欠固结的淤泥和淤泥质土、硬塑及坚硬的黏性土、密实的砂类土，以及地下水渗流影响成桩质量的土层。当地基土的天然含水量小于30%（黄土含水量小于25%）时不宜采用粉体搅拌法。冬期施工时，应考虑负温对处理地基效果的影响。

7.3.2 水泥土搅拌桩用于处理泥炭土、有机质土、pH值小于4的酸性土、塑性指数大于25的黏土，或在腐蚀性环境中以及无工程经验的地区使用时，必须通过现场和室内试验确定其适用性。

3. 水泥土搅拌桩复合地基

《地处规》有如下规定。

7.3.3 水泥土搅拌桩复合地基设计应符合下列规定。

    1 搅拌桩的长度，应根据上部结构对地基承载力和变形的要求确定，并应穿透软弱土层到达地基承载力相对较高的土层；当设置的搅拌桩同时为提高地基稳定性时，其桩长应超过危险滑弧以下不少于2.0 m；干法的加固深度不宜大于15 m，湿法的加固深度不宜大于20 m。

    2 复合地基的承载力特征值，应通过现场单桩或多桩复合地基静荷载试验确定。初步设计时可按本规范式（7.1.5-2）估算，处理后桩间土承载力特征值 f_{sk}（kPa）可取天然地基承载力特征值；桩间土承载力发挥系数 β，对淤泥、淤泥质土和流塑状软土等处理土层，可取 0.1~0.4，对其他土层可取 0.4~0.8；单桩承载力发挥系数 λ 可取 1.0。

    3 单桩承载力特征值，应通过现场静荷载试验确定。初步设计时可按本规范式（7.1.5-3）估算，桩端端阻力发挥系数可取 0.4~0.6；桩端端阻力特征值，可取桩端土未修正的地基承载力特征值，并应满足式（7.3.3）的要求，应使由桩身材料强度确定的单桩承载力不小于由桩周土和桩端土的抗力所提供的单桩承载力。

$$R_a = \eta f_{cu} A_p \qquad (7.3.3)$$

式中 f_{cu}——与搅拌桩桩身水泥土配比相同的室内加固土试块，边长为 70.7 mm 的立方体在标准养护条件下 **90 d 龄期** 的立方体抗压强度平均值（kPa）；

      η——桩身强度折减系数，干法可取 0.20~0.25，湿法可取 0.25。

对软土地区，地基设计是在满足强度的基础上以变形控制的，因此水泥土搅拌桩的桩长应通过变形计算来确定。实践证明，若水泥土搅拌桩能穿透软弱土层到达强度相对较高的持力层，则沉降量是很小的。

与刚性桩相似，水泥土搅拌桩承重后相对于桩周土体要发生竖向位移，相对位移量包括桩身的压缩变形量和桩尖的塑性刺入量两部分。显然，相对位移量越大，通过水泥土搅拌桩侧壁的摩擦作用传递给桩间土的应力越大，桩间土就越能发挥其承载能力。当基础下加固土层为淤泥、淤泥质土和流塑状软土时，考虑到上述土层固结程度差，桩间土难以发挥承载作用，所以 β 取 0.1~0.4，固结程度好或设置褥垫层时可取高值，其他土层可取 0.4~0.8，加固土层强度高或设置褥垫层时取高值，桩端持力层土层强度高时取低值。确定 β 值时还应考虑建筑物对沉降的要求以及桩端持力层土层性质，当桩端持力层强度高或建筑物对沉降要求严时，β 应取低值。

在计算单桩承载力时，由于考虑到就地搅拌成桩施工方法的特点，桩端水泥土的质量不容易保证，并且桩端附近的土体在制桩过程中受到了严重的扰动，从而使桩端难以良好地支撑在硬土层上，因此桩端承载力可取桩端地基土未经修正的承载力,并乘以 0.4~0.6 的折减系数。

11.5.3　高压喷射注浆法

高压喷射注浆法是将带有特殊喷嘴的注浆管置入土层中一定深度,然后将 20 MPa 左右的高压喷射流强力冲击破坏土体,使浆液与土体混合搅拌,经凝结固化在土体中形成的水泥土固结体。固结体的形状和喷射流的移动方向有关,一般分为旋喷和定向摆喷两种。旋喷时注浆管的喷嘴一面喷射、一面旋转提升,固结体呈圆柱状,主要用于加固地基和基坑支护工程,可以提高地基土的抗剪强度、改善土体的力学性质,也可以形成闭合的止水帷幕,用于截阻地下水。定向摆喷时注浆管的喷嘴一面喷射、一面提升,喷射的方向固定不变,常用于地基防渗。

1. 工艺及原理

高压旋喷当前主要可以通过单管法、双管法、三管法等三种工艺实现。单管旋喷法只喷射高压水泥浆液一种介质,它是将喷嘴置入预定深度以后,用高压泥浆泵以 20 MPa 左右的压力,将水泥浆液从喷嘴喷射而出冲击破坏土体,并使浆液和破坏土体搅拌混合,同时借助注浆管的旋转和提升,形成圆柱状的固结体,成桩直径为 0.4~1.0 m。双重管旋喷法喷射高压水泥浆液和压缩空气两种介质,它是把二重注浆管置入预定深度后,通过管底侧面一个同轴双重喷嘴把水泥浆液和压缩空气分别以 20 MPa 和 0.7 MPa 左右的压力从喷嘴送出,在高压浆液和其外围环绕气流的共同作用下,破坏土体的能量显著增大,形成的固结体直径一般为 0.6~1.5 m。三重管旋喷法喷射高压水流、压缩空气及水泥浆液等三种介质,采用三重注浆管,通过高压泵、空气机分别以 20 MPa 和 0.7 MPa 左右的压力将水和压缩空气送出,形成较大的空隙,同时利用泥浆泵通过喷浆孔注入压力为 20 MPa 左右的浆液填充,形成的固结体直径一般为 0.7~2 m。

工程中常见的高压旋喷成桩工艺参数见表 11.1。

表 11.1　高压旋喷成桩工艺参数

旋喷工艺			单管法	双重管	三重管
适用土质			砂土、黏性土、黄土、填土、小粒径砂砾		
浆液材料及配比			以水泥为主材,加入不同的外加剂后具有速凝、早强、抗腐蚀、防冻等特性,常用水灰比为 1:1,也可使用化学材料		
旋喷施工参数	水	压力(MPa)	—	—	25
		流量(L/min)	—	—	80~120
		喷嘴孔径(mm)及个数	—	—	2~3(1~2)
	空气	压力(MPa)	—	0.7	0.7
		流量(m³/min)	—	1~2	1~2
		喷嘴孔径(mm)及个数	—	1~2(1~2)	1~2(1~2)
	浆液	压力(MPa)	25	25	25
		流量(L/min)	80~120	80~120	80~120
		喷嘴孔径(mm)及个数	2~3(2)	2~3(1~2)	10~2(1~2)
	灌浆管外径(mm)		42 或 45	42,50,75	75 或 90
	提升速度(cm/min)		15~25	7~20	5~20
	旋转速度(r/min)		16~20	5~16	5~16

水泥浆液的水灰比越小,旋喷注浆桩或者高压旋喷桩复合地基的承载力越高。但在施工中因注浆设备的原因,水灰比太小时,喷射有困难,故水灰比通常取 0.8~1.2。

水泥是最便宜的浆液材料,同时也是喷射注浆的主要浆液,按其性质以及注浆目的的不同,可分成以下几种类型。

（1）普通型。采用 32.5 或者 42.5 号硅酸盐水泥,水灰比为 1：1~1：1.5,固结 28 d 后抗压强度可达 1~20 MPa。

（2）速凝-早强型。在水泥中掺入氯化钙、水玻璃及三乙醇胺等速凝早强剂,掺入量为水泥用量的 2%~4%。对地下水发达或者早期承重的工程,宜采用该类浆液材料。

（3）高强型。当对喷射固结体的平均抗压强度有较高要求时,可以选用高标号或高效能的外掺剂。

（4）抗渗型。在水泥中掺入 2%~4% 的水玻璃,可以提高固结体的抗渗性能。对有抗渗要求的工程,在水泥中掺入 10%~50% 的膨润土,也可取得较好的效果。

由于旋喷注浆使用的压力大,因而喷射流的能量大、速度快。当它连续和集中地作用在土体上时,压应力和冲蚀等多种因素便在很小的区域内产生效应,对从粒径很小的细粒土到含有颗粒直径较大的卵石、碎石土,均有很大的冲击和搅动作用,使注入的浆液和土拌合凝固为新的固结体。实践表明,该法对淤泥、淤泥质土、流塑或软塑黏性土、粉土、砂土、黄土、素填土和碎石土等地基都有良好的处理效果。

但对于硬黏性土,含有较多的块石或大量植物根茎的地基,因喷射流可能受到阻挡或削弱,冲击破碎力急剧下降,切削范围小,或影响处理效果。而对于含有过多有机质的土层,其处理效果取决于固结体的化学稳定性。鉴于上述几种土的组成复杂、差异悬殊,旋喷注浆处理的效果差别较大,不能一概而论,故应根据现场试验结果确定其适用程度。

旋喷注浆处理深度较大,我国建筑地基旋喷注浆处理深度目前已达 30 m 以上。

7.4.1　旋喷桩复合地基处理应符合下列规定。

　1　适用于处理淤泥、淤泥质土、黏性土(流塑、软塑和可塑)、粉土、砂土、黄土、素填土和碎石土等地基。对土中含有较多的大直径块石、大量植物根茎和高含量的有机质,以及地下水流速较大的工程,应根据现场试验结果确定其适应性。

　2　旋喷桩施工,应根据工程需要和土质条件选用单管法、双管法和三管法;旋喷桩加固体形状可分为柱状、壁状、条状或块状。

　3　在制定旋喷桩方案时,应搜集邻近建筑物和周边地下埋设物等资料。

　4　旋喷桩方案确定后,应结合工程情况进行现场试验,确定施工参数及工艺。

2. 复合地基设计

旋喷桩复合地基承载力应通过现场静荷载试验确定。初步设计时,《地处规》有如下规定。

7.4.2　旋喷桩**加固体强度和直径**,应通过现场试验确定。

7.4.3　旋喷桩**复合地基承载力特征值和单桩竖向承载力特征值**应通过现场静荷载试验确定。初步设计时,可按本规范式(7.1.5-2)和式(7.1.5-3)估算,其桩身材料强度尚应满足式(7.1.6-1)和式(7.1.6-2)要求。

7.4.4　旋喷桩复合地基的地基**变形计算**应符合本规范第 7.1.7 条和第 7.1.8 条的规定。

7.4.5　当旋喷桩处理地基范围以下存在软弱下卧层时,应按现行国家标准《建筑地基基础设计规范》(GB 50007—2011)的有关规定进行**软弱下卧层地基承载力验算**。

7.4.6　旋喷桩复合地基宜在基础和桩顶之间设置褥垫层。**褥垫层厚度**宜为 150~300 mm,褥垫层材料可选用中砂、粗砂和级配砂石等,褥垫层最大粒径不宜大于 20 mm。褥垫层的夯填度不应大于 0.9。

《砌体结构通用规范》（GB 55007—2021）

《砌体结构设计规范》（GB 50003—2011）

第 12 章　砌体结构设计

砌体是块体（包括黏土砖、空心砖、砌块、石材等）和砂浆通过砌筑而成的结构材料，《砌体结构设计规范》（GB 50003—2011）（以下简称《砌规》）将砌体结构定义如下。

> **2.1.1　砌体结构 masonry structure**
> 由块体和砂浆砌筑而成的墙、柱作为建筑物主要受力构件的结构，是砖砌体、砌块砌体和石砌体结构的统称。

砖石等材料具有良好的耐火性和耐久性，砖石砌体特别是砖砌体还具有较好的隔热、隔声性能。与钢筋混凝土结构相比，砌体结构可以节约水泥和钢材的投入，降低工程造价，并且对施工技术的要求较低。

与此同时，砌体结构也存在很多缺点：与钢筋混凝土等高强度材料相比，砌体的强度较低，由于需采用较大截面的结构构件，造成砌体结构体积大、自重大；砂浆和块体材料之间的黏结力较弱，造成砌体结构具有抗拉、抗剪、抗弯强度低和抗震性能差；同时，砌体结构采用手工方式砌筑，施工效率低下。此外，我国大量采用的黏土砖与种植用地矛盾突出，已经到了政府不得不加大禁用黏土砖的地步。

12.1　砌体材料及强度等级

根据定义可知，砌体的两个重要组成部分是块材和砂浆。本节对块材和砂浆的分类及相应的强度等级进行简单介绍。

12.1.1　块体材料及强度等级

砌体结构用的块体材料一般可分为人工砖石和天然石材两大类。人工砖石包括焙烧而成的烧结砖和非烧结硅酸盐砖、混凝土小型空心砌块、轻集料混凝土砌块等。

1. 烧结砖

烧结砖可分为烧结普通砖和为减轻墙体自重而产生的烧结多孔砖两大类，两类烧结砖的定义如下。

> **2.1.4　烧结普通砖 fired common brick**
> 由煤矸石、页岩、粉煤灰或黏土为主要原料，经过焙烧而成的实心砖，分为烧结煤矸石砖、烧结页岩砖、烧结粉煤灰砖、烧结黏土砖等。
>
> **2.1.5　烧结多孔砖 fired perforated brick**
> 以煤矸石、页岩、粉煤灰或黏土为主要原料，经焙烧而成，孔洞率不大于35%，孔的尺寸小而数量多，主要用于承重部位的砖。

烧结普通砖具有全国统一的规格，其尺寸为 240 mm × 115 mm × 53 mm，具有这种尺寸的砖也被通称"标准砖"。

黏土空心砖按其孔洞方向可分为竖孔和水平孔两大类，前者用于承重，称为烧结多孔砖；后者用于框架填充墙或非承重隔墙，称为烧结空心砖。用烧结多孔砖和烧结空心砖代替烧结普通砖，可使建筑物自重减轻30%左右，节约黏土 20%~30%，节省燃料 10%~20%，墙体施工功效提高 40%，并改善砖的隔热、隔声性能。通常在相同的热工性能要求下，用空心砖砌筑的墙体厚度比用实心砖砌筑的墙体减薄半砖左右。

按相关国家标准规定，烧结多孔砖的外形尺寸可按长度（L）290 mm、240 mm、190 mm，宽度（B）240 mm、190 mm、180 mm、175 mm、140 mm、115 mm 和高度（H）90 mm 中的不同组合制成。

2. 非烧结硅酸盐砖

以硅质材料和石灰为主要原料压制成坯,并经高压釜蒸汽养护而成的实心砖统称为硅酸盐砖,工程中常用的有蒸压灰砂砖、蒸压粉煤灰砖、炉渣砖、矿渣砖等,其规格尺寸与实心黏土砖相同。

> 2.1.6　蒸压灰砂普通砖 autoclaved sand-lime brick
>
> 　　以石灰等钙质材料和砂等硅质材料为主要原料,经坯料制备、压制排气成型、高压蒸汽养护而成的实心砖。
>
> 2.1.7　蒸压粉煤灰普通砖 autoclaved flyash-lime brick
>
> 　　以石灰、消石灰(如电石渣)或水泥等钙质材料与粉煤灰等硅质材料及集料(砂等)为主要原料,掺加适量石膏,经坯料制备、压制排气成型、高压蒸汽养护而成的实心砖。

蒸压灰砂砖和蒸压粉煤灰砖的抗冻性、长期强度、稳定性以及防水等性能均不及黏土砖,可用于一般建筑,但不得用于长期受热200 ℃以上,受急热急冷和有酸性介质侵蚀的建筑部位。《砌体结构通用规范》(GB 55007—2021)(以下简称《砌通规》)有如下规定。

> 3.1.3　砌体结构**不应采用**非蒸压硅酸盐砖、非蒸压硅酸盐砌块及非蒸压加气混凝土制品。
>
> 3.1.4　长期处于200 ℃以上或急热急冷的部位,以及有酸性介质的部位,不得采用非烧结墙体材料。

3. 混凝土砖

混凝土砖也可分为普通砖和多孔砖两类,从材料构成来看,则是用普通混凝土材料按标准砖和多孔砖尺寸制成的,近年来在我国禁用实心黏土砖的地区得到了较大的发展。

> 2.1.9　混凝土砖 concrete brick
>
> 　　以水泥为胶结材料,以砂、石等为主要集料,加水搅拌、成型、养护制成的一种多孔的混凝土半盲孔砖或实心砖。多孔砖的主规格尺寸为 240 mm × 115 mm × 90 mm、240 mm × 190 mm × 90 mm、190 mm × 190 mm × 90 mm 等;实心砖的主规格尺寸为 240 mm × 115 mm × 53 mm、240 mm × 115 mm × 90 mm 等。

4. 混凝土砌块

砌块是比标准砖尺寸大的块体,用其砌筑砌体结构可以减轻劳动量并加快施工进度。按尺寸大小和重量,砌块可分为用手工砌筑的小型砌块和采用机械施工的中型及大型砌块。高度为 180~350 mm 的块体一般称为小型砌块;高度为 360~900 mm 的块体一般称为中型砌块;大型砌块尺寸更大,由于起重设备限制,中型和大型砌块已很少应用。小型砌块的主规格尺寸为 390 mm × 190 mm × 190 mm,与目前国内外普遍采用的尺寸基本一致。《砌规》给出的"混凝土小型空心砌块"的定义如下。

> 2.1.8　混凝土小型空心砌块 concrete small hollow block
>
> 　　由普通混凝土或轻集料混凝土制成,主规格尺寸为 390 mm × 190 mm × 190 mm、空心率为 25%~50% 的空心砌块,简称混凝土砌块或砌块。

根据制作材料的不同,混凝土砌块可分为很多种。南方地区多用普通混凝土做成空心砌块以解决黏土砖与农田争地的矛盾;北方寒冷地区则多利用浮石、火山渣、陶粒等轻集料做成轻集料混凝土空心砌块,既能保温又能承重,是比较理想的节能墙体材料;此外,利用工业废料加工生产的各种砌块,如粉煤灰砌块、炉渣混凝土砌块、加气混凝土砌块等也因地制宜地得到应用。

5. 天然石材

天然石材可分为料石和毛石两种。料石按其加工后外形的规则程度又可分为细料石、粗料石和毛料石。其中,细料石通过细加工,外表规则,叠砌面凹入深度不应大于 10 mm,截面的宽度、高度不宜小于 200 mm,且不宜小于长度的 1/4;粗料石的规格尺寸同细料石,但叠砌面凹入深度不应大于 20 mm;毛料石的外形大致方正,一般不加工或仅稍加修整,高度不应小于 200 mm,叠砌面凹入深度不应大于 25 mm。毛石是指形状不规则,中部厚度不小于 200 mm 的块石。

6. 块体的强度等级

块体的强度等级是块体力学性能的基本标志,用符号"MU"表示。块体的强度等级是由标准试验方法得出的块体极限抗压强度按规定的评定方法确定的,单位为"MPa"。《砌规》对上述块材强度等级的规定如下。

3.1.1　承重结构的块体的强度等级,应按下列规定采用。
　　1　烧结普通砖、烧结多孔砖的强度等级:MU30、MU25、MU20、MU15 和 MU10。
　　2　蒸压灰砂普通砖、蒸压粉煤灰普通砖的强度等级:MU25、MU20 和 MU15。
　　3　混凝土普通砖、混凝土多孔砖的强度等级:MU30、MU25、MU20 和 MU15。
　　4　混凝土砌块、轻集料混凝土砌块的强度等级:MU20、MU15、MU10、MU7.5 和 MU5。
　　5　石材的强度等级:MU100、MU80、MU60、MU50、MU40、MU30 和 MU20。
　　注:1. 用于承重的双排孔或多排孔轻集料混凝土砌块砌体的孔洞率不应大于 35%;
　　　　2. 对用于承重的多孔砖及蒸压硅酸盐砖的折压比限值和用于承重的非烧结材料多孔砖的孔洞率、
　　　　　壁及肋尺寸限值及碳化、软化性能要求应符合现行国家标准《墙体材料应用统一技术规范》
　　　　　(GB 50574—2010)的有关规定;
　　　　3. 石材的规格、尺寸及其强度等级可按本规范附录 A 的方法确定。

3.1.2　自承重墙的空心砖、轻集料混凝土砌块的强度等级,应按下列规定采用。
　　1　空心砖的强度等级:MU10、MU7.5、MU5 和 MU3.5。
　　2　轻集料混凝土砌块的强度等级:MU10、MU7.5、MU5 和 MU3.5。

上述块体材料中的空心砖和空心砌体,其抗压强度或强度等级是由试件破坏荷载值除以受压毛截面面积确定的,这样在设计时便不需要考虑空洞率的影响。

此外,考虑砌体结构的耐久性问题,《砌通规》对不同环境条件下块体的最低强度要求如下。

3.2.4　对处于环境类别 1 类和 2 类的**承重砌体**,所用块体材料的最低强度等级应符合表 3.2.4 的规定;对配筋砌块砌体抗震墙,表 3.2.4 中 1 类和 2 类环境的普通、轻骨料混凝土砌块强度等级为 MU10;安全等级为一级或设计工作年限大于 50 年的结构,表 3.2.4 中材料强度等级应至少提高一个等级。

表 3.2.4　1 类、2 类环境下块体材料最低强度等级

环境类别	烧结砖	混凝土砖	普通、轻骨料混凝土砌块	蒸压普通砖	蒸压加气混凝土砌块	石材
1	MU10	MU15	MU7.5	MU15	A5.0	MU20
2	MU15	MU20	MU7.5	MU20	—	MU30

3.2.5　对处于环境类别 3 类的**承重砌体**,所用块体材料的抗冻性能和最低强度等级应符合表 3.2.5 的规定。设计工作年限大于 50 年时,表 3.2.5 中的抗冻指标应提高一个等级,对严寒地区抗冻指标提高为 F75。

表 3.2.5　3 类环境下块体材料抗冻性能与最低强度等级

环境类别	冻融环境	抗冻性能			最低强度等级		
		抗冻指标	质量损失（%）	强度损失（%）	烧结砖	混凝土砖	混凝土砌块
3	微冻地区	F25	≤ 5	≤ 20	MU15	MU20	MU10
	寒冷地区	F35			MU20	MU25	MU15
	严寒地区	F50			MU20	MU25	MU15

> 3.2.7　夹心墙的外叶墙的砖及混凝土砌块的强度等级不应低于 MU10。
>
> 3.2.8　填充墙的块材最低强度等级,应符合下列规定:
>
> 　　1　内墙空心砖、轻骨料混凝土砌块、混凝土空心砌块应为 MU3.5,外墙应为 MU5;
>
> 　　2　内墙蒸压加气混凝土砌块应为 A2.5,外墙应为 A3.5。
>
> 3.2.9　下列部位或环境中的填充墙不应使用轻骨料混凝土小型空心砌块或蒸压加气混凝土砌块砌体:
>
> 　　1　建(构)筑物防潮层以下墙体;
>
> 　　2　长期浸水或化学侵蚀环境;
>
> 　　3　砌体表面温度高于 80 ℃的部位;
>
> 　　4　长期处于有振动源环境的墙体。

12.1.2　砂浆的种类和强度等级

　　砌体结构是通过砂浆将单块块体砌筑成整体的,砂浆在砌体结构中的作用是使块体和砂浆的接触面上产生黏结力和摩擦力,从而把零散的块体材料凝结成整体以承受外部荷载。同时,砂浆填充了块体间的缝隙,进而降低了砌体的透气性,提高了砌体结构的隔热、防水和抗冻性能。

　　砂浆是由一定比例的无机胶凝材料(石灰、水泥等)、细骨料(砂)和水配制而成的砌筑材料。砂浆的强度等级用符号"M"表示。将边长为 70.7 mm 的立方体试块,6 块为一组,成型后在 20±3 ℃温度下,水泥砂浆在湿度 90%以上,水泥石灰砂浆在湿度 60%~80%的环境中养护 28 d,然后进行抗压试验,根据相关计算原则得出砂浆试件的强度参数。《砌规》有如下规定。

> 3.1.3　砂浆的强度等级应按下列规定采用。
>
> 　　1　烧结普通砖、烧结多孔砖、蒸压灰砂普通砖和蒸压粉煤灰普通砖砌体采用的普通砂浆强度等级:M15、M10、M7.5、M5 和 M2.5。蒸压灰砂普通砖和蒸压粉煤灰普通砖砌体采用的专用砌筑砂浆强度等级:Ms15、Ms10、Ms7.5、Ms5.0。
>
> 　　2　混凝土普通砖、混凝土多孔砖、单排孔混凝土砌块和煤矸石混凝土砌块砌体采用的砂浆强度等级:Mb20、Mb15、Mb10、Mb7.5 和 Mb5。

　　采用混凝土砖(砌块)砌体以及蒸压硅酸盐砖砌体时,应采用与块体材料相适应且能提高砌筑工作性能的专用砌筑砂浆。

　　蒸压灰砂普通砖、蒸压粉煤灰普通砖等蒸压硅酸盐砖是采用半干压法生产的,制砖钢模十分光亮,在高压成型时会使砖质地密实、表面光滑,吸水率也较小。这种光滑的表面影响了砖与砖的砌筑与黏结,使墙体沿灰缝的抗剪强度较烧结普通砖低 1/3,从而影响了这类砖的推广和应用。根据现行国家标准《建筑抗震设计规范(2016 年版)》(GB 50011—2010)第 10.1.24 条:"采用蒸压灰砂普通砖和蒸压粉煤灰普通砖的砌体房屋,当砌体的抗剪强度仅达到普通黏土砖砌体的 70%时,房屋的层数应比普通砖房屋减少一层,总高度应减少 3 m;当砌体的抗剪强度达到普通黏土砖砌体的取值时,房屋层数和总高度的要求同普通砖房屋。"为了保证该类砌体的工作性能和砌体抗剪强度不低于用普通砂浆砌筑的烧结普通砖砌体,《砌规》规定该类砌体应采用工作性好、黏结力高、耐候性强且方便施工的专用砌筑砂浆,强度等级宜为 Ms15、Ms10、Ms7.5、Ms5 四种,其中 s 为英文单词 steam pressure(蒸汽压力)及 silicate(硅酸盐)的第一个字母,这一要求已成为推广、应用蒸压硅酸盐砖的关键。

　　对于混凝土砖和混凝土砌块,尤其对于块体高度较高的普通混凝土砖空心砌块,普通砂浆很难保证竖向灰缝的砌筑质量。调查发现,一些砌块建筑墙体的灰缝不够饱满,有的出现了"瞎缝",从而影响墙体的整体性。本条文规定采用混凝土砖(砌块)砌体时,应采用强度等级不小于 Mb5.0(b 为英文单词 brick(砌块或砖)的第一个字母)的专用砌筑砂浆。

　　此外,《砌通规》对不同条件下砂浆的最低强度等级要求如下。

3.3.1　砌筑砂浆的最低强度等级应符合下列规定：

1　设计工作年限大于或等于 25 年的烧结普通砖和烧结多孔砖砌体应为 M5,设计工作年限小于 2 年的烧结普通砖和烧结多孔砖砌体应为 M2.5;

2　蒸压加气混凝土砌块砌体应为 Ma5,蒸压灰砂普通砖和蒸压粉煤灰普通砖砌体应为 Ms5;

3　混凝土普通砖、混凝土多孔砖砌体应为 Mb5;

4　混凝土砌块煤矸石混凝土砌块砌体应为 Mb7.5;

5　配筋砌块砌体应为 Mb10;

6　毛料石、毛石砌体应为 M5。

3.3.4　配置钢筋的砌体不得使用掺加氯盐和硫酸盐类外加剂的砂浆。

砂浆按其配合成分可分为水泥砂浆、水泥混合砂浆和非水泥砂浆三种。无塑性掺合料的纯水泥砂浆,由于能在潮湿环境中硬化,一般多用于含水量较大的地基土中的地下砌体。水泥混合砂浆(如水泥石灰砂浆、水泥黏土砂浆等)强度较好、施工方便,常用于地上砌体。非水泥砂浆有:石灰砂浆,强度不高,只能在空气中硬化,通常用于地上砌体;黏土砂浆,强度低,一般用于简易建筑;石膏砂浆,硬化快,一般用于不受潮湿的地上砌体。

12.1.3　混凝土砌块灌孔混凝土

混凝土砌块灌孔混凝土是由水泥、集料、水以及根据需要掺入的掺合料和外加剂等组分,按一定比例,采用机械搅拌后,用于浇筑混凝土砌块砌体芯柱或其他需要填实部位孔洞的混凝土,简称砌块灌孔混凝土。相比于混凝土小型砌块房屋,该类砌体结构的房屋整体性、承载力和抗震性能均有较大的提升。

《砌通规》对混凝土砌块砌体灌孔混凝土的最低强度要求如下。

3.3.2　混凝土砌块砌体的灌孔混凝土强度等级不应低于 Cb20,且不应低于 1.5 倍的块体强度等级。

3.3.5　配筋砌块砌体的材料选择应符合下列规定:

1　灌孔混凝土应具有抗收缩性能;

2　**对安全等级为一级或设计工作年限大于 50 年的配筋砌块砌体房屋,砂浆和灌孔混凝土的最低强度等级应按本规范相关规定至少提高一级。**

12.2　砌体结构及强度指标

砌体可分为无筋砌体和配筋砌体两大类,其中纳入《砌规》中的无筋砌体根据块体的不同,主要包括砖砌体、砌块砌体和石砌体三种。

12.2.1　砖砌体

砖砌体通常作为建筑结构的承重外墙、内墙、砖柱、围护墙或者隔墙。

砌体结构之所以能够整体承受外部荷载的作用,除依靠砌块和砂浆之间的黏结作用外,还需要合理排列砌体结构中的砌块,这就要求上下皮砌块之间相互搭砌,以避免过长的竖向通缝(图 12.1(a))。竖向通缝能够将砌体结构分割成若干个联系很弱甚至几乎没有联系的单体,由于各单体之间不能够相互传递内力,使得砌体结构的整体性很差,从而削弱了砌体结构的整体承载能力和稳定性。

工程中(240 mm 厚)砖墙常见的搭砌方式主要有一顺一丁、梅花丁、三顺一丁三种方法,分别如图 12.1(b)(c)(d)所示。

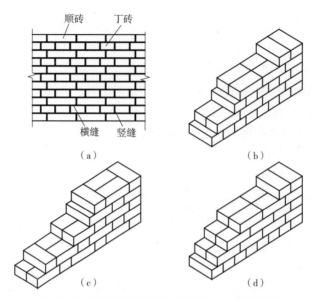

图 12.1　常见砖墙搭砌方式（240 mm 厚砖墙）
（a）砖缝形式　（b）一顺一丁　（c）梅花丁　（d）三顺一丁

12.2.2　砌块砌体和石砌体

混凝土小型空心砌块砌体由于便于手工砌筑，且在使用上比较灵活，因此是我国应用较多的砌块砌体。由于混凝土小型空心砌块孔洞率大，墙体自重较轻，常用于住宅、办公楼、学校等建筑物的承重墙和框架等骨架结构房屋的围护墙及隔墙。与砖砌体相同，砌块砌体也应错缝搭接砌筑。《砌规》有如下规定。

> **6.2.10**　砌块砌体应分皮错缝搭砌，上下皮搭砌长度不应小于 90 mm。当搭砌长度不满足上述要求时，应在水平灰缝内设置不少于 2 根直径不小于 4 mm 的焊接钢筋网片（横向钢筋的间距不应大于 200 mm，网片每端应伸出该垂直缝不小于 300 mm）。

为了保证混凝土空心砌块上下皮的肋对齐传力，一般应对孔砌筑；同时还可以把上下对齐的孔洞做成配筋芯柱，进一步改善该类砌体结构的抗震性能。

石砌体是用石材和砂浆或用石材和混凝土砌筑而成的整体材料。石材较易就地取材，在产石地区采用石砌体比较经济，应用较为广泛。在工程中石砌体主要用作受压构件，可用作一般民用房屋的承重墙、柱和基础。

如图 12.2 所示，石砌体一般可分为料石砌体、毛石砌体和毛石混凝土砌体。料石砌体和毛石砌体用砂浆砌筑。毛石混凝土砌体是在横板内先浇灌一层混凝土，后铺砌一层毛石，交替浇灌和砌筑而成。料石砌体还可用来建造某些构筑物，如石拱桥、石坝和石涵洞等。精细加工的重质岩石，如花岗岩和大理石，不仅砌体质量好，而且美观，常用于建造纪念性建筑物。毛石混凝土砌体的砌筑方法比较简便，在一般房屋和构筑物的基础工程中应用较多，也常用于建造挡土墙等构筑物。

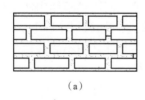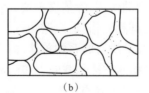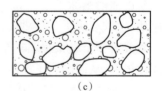

（a）　　　　　　　　　（b）　　　　　　　　　（c）

图 12.2　石砌体主要类型
（a）料石砌体　（b）毛石砌体　（c）毛石混凝土砌体

12.2.3　配筋砌体

为提高砌体的承载力和减小构件的截面尺寸,可在砌体内配置适量的钢筋而形成配筋砌体。按照块材类型、尺寸的不同,配筋砌体可分为配筋砖砌体和配筋砌块砌体两大类,其中配筋砖砌体中应用最为广泛的又可分为网状配筋砖砌体和组合砖砌体两种。

网状配筋砖砌体是在砖砌体中每隔 3~5 层砖,在水平灰缝中放置钢筋网片而形成的。在砌筑过程,应使钢筋网片上下均有不少于 2 mm 厚的砂浆覆盖,如图 12.3 所示。网状配筋砖砌体主要用于轴心受压或偏心距较小的偏心受压砌体。

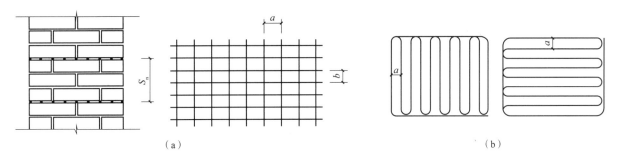

图 12.3　网状配筋砖砌体
（a）用方格网配筋的砖柱　（b）连弯钢筋网

对于该类配筋砖砌体的构造要求,《砌规》有如下规定。

8.1.3　网状配筋砖砌体构件的构造应符合下列规定:

1　网状配筋砖砌体中的**体积配筋率**,不应小于 0.1%,并不应大于 1%;

2　采用钢筋网时,**钢筋的直径**宜采用 3~4 mm;

3　钢筋网中**钢筋的间距**,不应大于 120 mm,并不应小于 30 mm;

4　**钢筋网的间距**,不应大于五皮砖,并不应大于 400 mm;

5　网状配筋砖砌体所用的**砂浆强度等级**不应低于 M7.5,钢筋网应设置在砌体的水平灰缝中,<u>灰缝厚度</u>应保证钢筋上下至少各有 2 mm 厚的砂浆层。

由于工程上很少采用连弯钢筋网,因而删去了对连弯钢筋网的规定。

组合砖砌体有外包式和内嵌式两种。外包式组合砖砌体是在砌体外侧预留的竖向凹槽内配置纵向钢筋,再浇筑混凝土面层或配筋砂浆面层构成,如图 12.4（a）所示;内嵌式组合砖砌体是在砖砌体中每隔一定距离设置钢筋混凝土构造柱,并在各层楼盖处设置钢筋混凝土圈梁,使砖砌体墙与钢筋混凝土构造柱及圈梁组成一个复合构件共同受力,如图 12.4（b）所示。

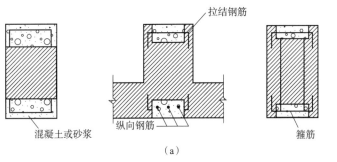

图 12.4　组合砖砌体
（a）外包式组合砖砌体　（b）内嵌式组合砖砌体

对于外包式组合砖砌体的构造要求,《砌规》有如下规定。

8.2.6   组合砖砌体构件的构造应符合下列规定。

1   面层混凝土**强度等级**宜采用 C20,面层水泥砂浆强度等级不宜低于 M10,砌筑砂浆的强度等级不宜低于 M7.5。

2   砂浆**面层**的厚度,可采用 30~45 mm。当面层厚度大于 45 mm 时,其面层宜采用混凝土。

3   **竖向受力钢筋**宜采用 HPB300 级钢筋,对于混凝土面层,亦可采用 HRB335 级钢筋。**受压钢筋一侧**的配筋率,对砂浆面层,不宜小于 0.1%;对混凝土面层,不宜小于 0.2%。**受拉钢筋**的配筋率,不应小于 0.1%。竖向受力钢筋的**直径**,不应小于 8 mm;钢筋的**净间距**,不应小于 30 mm。

4   **箍筋的直径**,不宜小于 4 mm 及 1/5 的受压钢筋直径,并不宜大于 6 mm。**箍筋的间距**,不应大于 20 倍受压钢筋的直径及 500 mm,并不应小于 120 mm。

5   当组合砖砌体构件一侧的竖向受力钢筋多于 4 根时,应设置附加箍筋或拉结钢筋。

6   对于截面长短边相差较大的构件,如墙体等,应采用穿通墙体的拉结钢筋作为箍筋,同时设置水平分布钢筋。水平分布钢筋的竖向间距及拉结钢筋的水平间距,均不应大于 500 mm(图 8.2.6)。

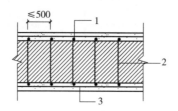

图 8.2.6   混凝土或砂浆面层组合墙
1—竖向受力钢筋;2—拉结钢筋;3—水平分布钢筋

7   组合砖砌体构件的顶部和底部以及牛腿部位,必须设置钢筋混凝土垫块。竖向受力钢筋伸入垫块的长度,必须满足锚固要求。

对于内嵌式组合砖砌体的构造要求,《砌规》有如下规定。

8.2.9   组合砖墙的材料和构造应符合下列规定。

1   砂浆的**强度等级**不应低于 M5,构造柱的混凝土强度等级不宜低于 C20。

2   **构造柱**的截面尺寸不宜小于 240 mm×240 mm,其厚度不应小于墙厚,边柱、角柱的截面宽度宜适当加大。柱内竖向受力钢筋,对于中柱,钢筋数量不宜少于 4 根、直径不宜小于 12 mm;对于边柱、角柱,钢筋数量不宜少于 4 根、直径不宜小于 14 mm。构造柱的竖向受力钢筋的直径也不宜大于 16 mm。其箍筋,一般部位宜采用直径 6 mm、间距 200 mm,楼层上下 500 mm 范围内宜采用直径 6 mm、间距 100 mm。构造柱的竖向受力钢筋应在基础梁和楼层圈梁中锚固,并应符合受拉钢筋的锚固要求。

3   组合砖墙砌体结构房屋,应在纵横墙交接处、墙端部和较大洞口的洞边设置**构造柱**,其间距不宜大于 4 m。各层洞口宜设置在相应位置,并宜上下对齐。

4   组合砖墙砌体结构房屋,应在基础顶面、有组合墙的楼层处设置**现浇钢筋混凝土圈梁**。圈梁的**截面高度**不宜小于 240 mm;纵向钢筋数量不宜少于 4 根、直径不宜小于 12 mm,纵向钢筋应伸入构造柱内,并应符合受拉钢筋的锚固要求;圈梁的箍筋宜采用直径 6 mm、间距 200 mm。

5   **砖砌体与构造柱的连接**处应砌成马牙槎,并应沿墙高每隔 500 mm 设 2 根直径 6 mm 的拉结钢筋,且每边伸入墙内不宜小于 600 mm。

6   **构造柱可不单独设置基础**,但应伸入室外地坪下 500 mm,或与埋深小于 500 mm 的基础梁相连。

7   组合砖墙的**施工顺序**应为先砌墙后浇混凝土构造柱。

> 8.2.9 条文说明（部分）
>
> 　　在影响设置构造柱砖墙承载力的诸多因素中,柱间距的影响最为显著。理论分析和试验结果表明,对于中间柱,它对柱每侧砌体的影响长度约为 1.2 m;对于边柱,其影响长度约为 1 m。构造柱间距为 2 m 左右时,柱的作用得到充分发挥。构造柱间距大于 4 m 时,它对墙体受压承载力的影响很小。
>
> 　　为了保证构造柱与圈梁形成一种"弱框架",对砖墙产生较大的约束,因而本条对钢筋混凝土圈梁的设置作了较为严格的规定。

　　配筋砌块砌体是在混凝土空心砌块砌体的孔洞内配置纵向钢筋,并用混凝土灌芯,在砌块水平灰缝中配置横向钢筋而形成的组合构件,如图 12.5 所示。

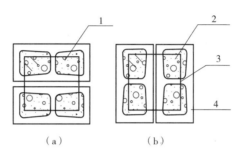

图 12.5　配筋砌块砌体柱截面示意
（a）下皮　（b）上皮
1—灌孔混凝土;2—钢筋;3—箍筋;4—砌块

　　对于按上述方法形成的配筋砌块砌体墙,由于主要用于中高层或高层房屋,配筋混凝土空心砌块墙体除能显著提高墙体的受压承载力外,还能抵抗由地震作用和风荷载引起的水平力,其作用类似于钢筋混凝土剪力墙,因此又被称为配筋砌块砌体剪力墙结构。

　　关于配筋砌块砌体的构造规定,详见《砌规》第 9.4 节,此处不再列出。

12.2.4　砌体的受力性能

　　受压试验表明,砖砌体从加荷至破坏主要经历了三个阶段。第一阶段为从加荷至单砖开裂,此时所加荷载为极限荷载的 50%~70%,砌体中某些单块砖开裂后,若荷载维持不变,则裂缝不会继续扩展。第二阶段为从单砖裂缝发展为贯穿若干皮砖的连续裂缝,并有新的单砖裂缝出现,此阶段所加荷载为极限荷载的 80%~90%,即使荷载不再增加,砌体的裂缝也会发展,最终可能导致破坏。第三阶段为破坏阶段,在裂缝贯穿若干皮砖后,若再继续增加荷载,将使裂缝急剧扩展而上下贯通,把砌体分割成若干半砖小柱体,最终导致小柱体失稳破坏或压碎。

　　试验结果表明,试件砌体结构的强度总是低于块材的强度,但可高于砂浆的强度。通过分析砌体结构受压时的应力状态可知,其主要原因如下。

　　（1）砌体中块材的非均匀受压。由于砌体的砖面不平整,水平灰缝不均匀,导致砖在砌体中处于受弯、受剪、局部受压的复杂应力状态。砖虽然有较高的抗压强度,但其抗弯、抗剪强度均很低,在非均匀受压的状态下,导致砖体因抗弯、抗剪强度不足而出现裂缝。

　　（2）砖和砂浆的横向变形。砌体轴向受压时,砖和砂浆均产生横向变形,砖的强度、弹性模量和横向变形系数与砂浆不同,两者横向变形的大小不同。受压后砖的横向变形小,砂浆的横向变形大,而砖和砂浆之间存在黏结力和摩擦力,保证了两者变形的协调性。砖对砂浆的横向变形起阻碍作用,使得纵向受压时砖横向受拉,砂浆横向受压。由于砖的抗拉强度很低,所以砖内产生的附加横向拉力使砖过早开裂,相反砂浆的抗压强度因其处于各向受压状态而有所提升,故采用强度等级较低的砂浆砌筑的砌体,其抗压强度可以高于砂浆的抗压强度。砂浆的强度等级越高,砖与砂浆的横向变形差异将越小,两者之间的相互作用逐渐削弱,就会出现砌体的强度低于砂浆强度的现象。

（3）竖向灰缝的应力集中，砌体的竖向灰缝很难用砂浆填满，影响了砌体的连续性和整体性，在有竖缝砂浆处，砖存在应力集中现象，导致砌体抗压强度降低。

由此可见，砌体的受力情况相当复杂，这也就造成影响砌体结构抗压强度的因素很多。其中，最主要的影响因素包括块材和砂浆的强度等级、块材的形状和尺寸、砂浆的性能和灰缝厚度以及砌筑质量等。

1. 块材和砂浆的强度等级

砌体的抗压强度随着块材和砂浆强度等级的提高而提高，其中块材的强度是影响砌体抗压强度的主要因素。由于砌体的开裂乃至破坏是由块材裂缝引起的，所以块材强度等级高，其抵抗复杂受力和应力集中的能力就强；较高强度等级砂浆的横向变形小，从而减少砌体中块材的横向拉应力，也使砌体抗压强度得到提高。当砌体抗压强度不足时，增大块材的强度等级比增大砂浆的强度等级效果好。

2. 块材的形状和尺寸

块材的形状规则程度明显地影响砌体的抗压强度。块材表面不平整、几何形状不规则或块材厚薄不匀导致砂浆厚薄不匀，增加了块材在砌体中受弯、受剪、局部受压的概率而过早开裂，使砌体抗压强度降低；当块材厚度增加，其抗弯、抗剪、横向抗拉能力提高，相应地会使砌体抗压强度提高。当砖的强度相同时，用灰砂砖和干压砖砌成的砌体的抗压强度高于一般用塑压砖砌成的砌体，其原因是前者的形状较后者整齐。所以，改善砖的形状和尺寸等方面指标，也是制砖工业的重要任务之一。

3. 砂浆的性能和灰缝厚度

砌筑时砂浆的保水性好，砂浆的水分不易被块材吸收，保证了砂浆硬化的水分条件。因而，砂浆的强度高，黏结性好，从而提高砌体抗压强度；而铺砌时砂浆的流动性好，则易于摊铺均匀，减少由于砂浆不均匀而导致的砖内受弯、受剪应力，也使砌体抗压强度提高。

灰缝的作用在于将上层砌体传递下来的压力均匀地传递到下层，灰缝越厚，越难保证均匀密实，除使块体所受弯剪作用增大外，受压灰缝横向变形引起的块体中的拉应力也随之增大，严重影响砌体的受力性能。因此，当块体表面较为平整时，灰缝宜尽量减薄。作为正常施工质量的标准，砖砌体和小型砌块砌块的灰缝厚度一般以 8~12 mm 为宜，料石砌体一般不宜大于 20 mm。

4. 砌筑质量

由砌体的受压应力状态分析可知，砌筑质量对砌体抗压强度的影响，实质上是反映它对砌体内复杂应力作用的不利影响程度。《砌通规》有如下规定。

> 2.0.7　砌体结构施工质量控制等级应根据现场质量管理水平、砂浆与混凝土质量控制、砂浆拌合工艺、砌筑工人技术等级四个要素从高到低分为 A、B、C 三级，设计工作年限为 50 年及以上的砌体结构工程，应为 A 级或 B 级。

除上述四方面因素外，对砌体抗压强度的影响因素还有块材含水率、水平灰缝砂浆饱满度、竖向灰缝的填满程度、搭砌方式、砌体龄期、试验方法等，在此不再详述。

12.2.5　砌体强度

根据受力形式的不同，砌体结构设计主要包括抗压、抗拉、抗弯、抗剪四种强度指标。

1. 基本规定

砌体强度应按现行国家标准《砌体基本力学性能试验方法标准》（GB/T 50129—2011）中的标准试验方法进行试验，并应明确试验的施工质量控制等级。对于砌体强度标准值、设计值的取用，《砌通规》有如下规定。

> 2.0.1　砌体强度应按砌体标准试验方法进行砌体试验，并应明确试验的施工质量控制等级，且应采用数理统计分析方法确定砌体强度的平均值、变异系数及标准值。
>
> 2.0.2　砌体**强度标准值**应按其概率分布的 0.05 分位值确定。
>
> 2.0.3　砌体强度的**变异系数**应按表 2.0.3 采用。对于新砌体材料的变异系数，当计算值小于表 2.0.3 所列值时，应取表中值；当计算值大于表 2.0.3 所列值时，应取实际计算值。

表 2.0.3　砌体强度变异系数

强度类别	砌体类别	变异系数 δ_f
抗压	毛石砌体	0.24
	其他各类砌体	0.17
抗剪、抗弯、抗拉	毛石砌体	0.26
	其他各类砌体	0.20

2.0.4　砌体**强度设计值**应通过砌体强度标准值除以砌体结构的材料性能分项系数计算确定，并应按施工质量控制等级确定砌体结构的材料性能分项系数。施工质量控制等级为 A 级、B 级和 C 级时，材料性能分项系数应分别取 1.5、1.6 和 1.8。

　　同时，《砌规》有如下规定。

4.1.1~4.1.5 条文说明（部分）

　　因此本规范引入了施工质量控制等级的概念，考虑到一些具体情况，砌体规范只规定了 B 级和 C 级施工质量控制等级。当采用 C 级时，砌体强度设计值应乘第 3.2.3 条的 γ_a，$\gamma_a=0.89$；当采用 A 级施工质量控制等级时，可将表中砌体强度设计值提高 5%。施工质量控制等级的选择主要根据设计和建设单位商定，并在工程设计图中明确设计采用的施工质量控制等级。

　　因此本规范中的 A、B、C 三个施工质量控制等级应按《砌体结构工程施工质量验收规范》（GB 50203—2011）中对应的等级要求进行施工质量控制。

　　但是考虑到我国目前的施工质量水平，对一般多层房屋宜按 B 级控制。对配筋砌体剪力墙高层建筑，设计时宜选用 B 级的砌体强度指标，而在施工时宜采用 A 级的施工质量控制等级。这样做是有意提高这种结构体系的安全储备。

2. 抗压强度平均值、标准值及设计值的计算

　　砌体的计算指标是结构设计的重要依据，而由于影响砌体抗压强度的因素较多，从强度破坏机理的角度出发建立各类砌体的抗压强度指标尚有困难，当前阶段则主要通过广泛的试验归纳总结出相应的经验计算公式。通过大量、系统的试验研究，现行《砌规》建立了各类砌体的抗压强度计算公式。

附录 B　各类砌体强度平均值的计算公式和强度标准值

B.0.1　各类砌体的强度平均值应符合下列规定。

　　1　各类砌体的**轴心抗压强度平均值**应按表 B.0.1-1 中计算公式确定。

表 B.0.1-1　轴心抗压强度平均值 f_m（MPa）

砌体种类	$f_m=k_1f_1^{\alpha}(1+0.07f_2)k_2$		
	k_1	α	k_2
烧结普通砖、烧结多孔砖、蒸压灰砂普通砖、蒸压粉煤灰普通砖、混凝土普通砖、混凝土多孔砖	0.78	0.5	当 $f_2<1$ 时，$k_2=0.6+0.4f_2$
混凝土砌块、轻集料混凝土砌块	0.46	0.9	当 $f_2=0$ 时，$k_2=0.8$
毛料石	0.79	0.5	当 $f_2<1$ 时，$k_2=0.6+0.4f_2$
毛石	0.22	0.5	当 $f_2<2.5$ 时，$k_2=0.4+0.24f_2$

注：1. k_2 在表列条件以外时均等于 1；
　　2. 式中 f_1 为块体（砖、石、砌块）的强度等级值，f_2 为砂浆抗压强度平均值，单位均以 MPa 计；
　　3. 混凝土砌块砌体的轴心抗压强度平均值，当 $f_2>10$ MPa 时，应乘系数 1.1-0.01f_2，MU20 的砌体应乘系数 0.95，且满足 $f_1\geq f_2$，$f_1\leq 20$ MPa。

B.0.2 各类砌体的**强度标准值**按表 B.0.2-1 至表 B.0.2-5 采用。

表 B.0.2-1　烧结普通砖和烧结多孔砖砌体的抗压强度标准值 f_k（MPa）

砖强度等级	砂浆强度等级					砂浆强度
	M15	M10	M7.5	M5	M2.5	0
MU30	6.30	5.23	4.69	4.15	3.61	1.84
MU25	5.75	4.77	4.28	3.79	3.30	1.68
MU20	5.15	4.27	3.83	3.39	2.95	1.50
MU15	4.46	3.70	3.32	2.94	2.56	1.30
MU10	—	3.02	2.71	2.40	2.09	1.07

表 B.0.2-2　混凝土砌块砌体的抗压强度标准值 f_k（MPa）

砌块强度等级	砂浆强度等级					砂浆强度
	Mb20	Mb15	Mb10	Mb7.5	Mb5	0
MU20	10.08	9.08	7.93	7.11	6.30	3.73
MU15	—	7.38	6.44	5.78	5.12	3.03
MU10	—	—	4.47	4.01	3.55	2.10
MU7.5	—	—	—	3.10	2.74	1.62
MU5	—	—	—	—	1.90	1.13

表 B.0.2-3　毛料石砌体的抗压强度标准值 f_k（MPa）

毛料石强度等级	砂浆强度等级			砂浆强度
	M7.5	M5	M2.5	0
MU100	8.67	7.68	6.68	3.41
MU80	7.76	6.87	5.98	3.05
MU60	6.72	5.95	5.18	2.64
MU50	6.13	5.43	4.72	2.41
MU40	5.49	4.86	4.23	2.16
MU30	4.75	4.20	3.66	1.87
MU20	3.88	3.43	2.99	1.53

表 B.0.2-4　毛石砌体的抗压强度标准值 f_k（MPa）

毛石强度等级	砂浆强度等级			砂浆强度
	M7.5	M5	M2.5	0
MU100	2.03	1.80	1.56	0.53
MU80	1.82	1.61	1.40	0.48
MU60	1.57	1.39	1.21	0.41
MU50	1.44	1.27	1.11	0.38
MU40	1.28	1.14	0.99	0.34
MU30	1.11	0.98	0.86	0.29
MU20	0.91	0.80	0.70	0.24

　　根据长沙理工大学等单位的大量试验研究结果,混凝土多孔砖砌体的抗压强度试验值与按烧结黏土砖砌体计算公式的计算值的比值平均为 1.127,规范偏安全地取烧结黏土砖的抗压强度值。

　　蒸压灰砂砖砌体强度指标是根据湖南大学、重庆市建筑科学研究院和长沙市城建科研所的蒸压灰砂砖砌体抗压强度试验资料,以及《蒸压灰砂砖砌体结构设计与施工规程》（CECS 20：90）的抗压强度指标确定的。根据试验统计,蒸压灰砂砖砌体抗压强度试验值 f'' 与按烧结普通砖砌体强度平均值公式计算所得 f_m 的比值(f''/f_m)为0.99,变异系数为0.205。规范将蒸压灰砂砖砌体的抗压强度指标取用烧结普通砖砌体的抗压强度指标。

蒸压粉煤灰砖砌体强度指标依据四川省建筑科学研究院、长沙理工大学、沈阳建筑大学和中国建筑东北设计研究院的蒸压粉煤灰砖砌体抗压强度试验资料,并参考其他有关单位的试验资料,粉煤灰砖砌体的抗压强度相当或略高于烧结普通砖砌体的抗压强度。规范将蒸压粉煤灰砖砌体的抗压强度指标取用烧结普通砖砌体的抗压强度指标。

应该指出,蒸压灰砂砖砌体和蒸压粉煤灰砖砌体的抗压强度指标是采用同类砖为砂浆强度试块底模时的抗压强度指标。当采用黏土砖底模时砂浆强度会提高,相应的砌体强度达不到规范要求的强度指标,砌体抗压强度降低10%左右。

当施工质量控制等级为B级时,《砌规》中给出的各类砌体的抗压强度设计值可根据块材和砂浆的强度等级按规定取用。施工阶段砂浆尚未硬化的新砌砌体的强度和稳定性可按砂浆强度为零进行验算。

3.2.1 龄期为28d的以毛截面计算的砌体**抗压强度设计值**,当施工质量控制等级为B级时,应根据块体和砂浆的强度等级分别按下列规定采用。

1 烧结普通砖、烧结多孔砖砌体的抗压强度设计值,应按表3.2.1-1采用。

表3.2.1-1 烧结普通砖和烧结多孔砖砌体的抗压强度设计值(MPa)

砖强度等级	砂浆强度等级					砂浆强度
	M15	M10	M7.5	M5	M2.5	0
MU30	3.94	3.27	2.93	2.59	2.26	1.15
MU25	3.60	2.98	2.68	2.37	2.06	1.05
MU20	3.22	2.67	2.39	2.12	1.84	0.94
MU15	2.79	2.31	2.07	1.83	1.60	0.82
MU10	—	1.89	1.69	1.50	1.30	0.67

注:当烧结多孔砖的孔洞率大于30%时,表中数值应乘以0.9。

2 混凝土普通砖和混凝土多孔砖砌体的抗压强度设计值,应按表3.2.1-2采用。

表3.2.1-2 混凝土普通砖和混凝土多孔砖砌体的抗压强度设计值(MPa)

砌块强度等级	砂浆强度等级					砂浆强度
	Mb20	Mb15	Mb10	Mb7.5	Mb5	0
MU30	4.61	3.94	3.27	2.93	2.59	1.15
MU25	4.21	3.60	2.98	2.68	2.37	1.05
MU20	3.77	3.22	2.67	2.39	2.12	0.94
MU15	—	2.79	2.31	2.07	1.83	0.82

3 蒸压灰砂普通砖和蒸压粉煤灰普通砖砌体的抗压强度设计值,应按表3.2.1-3采用。

表3.2.1-3 蒸压灰砂普通砖和蒸压粉煤灰普通砖砌体的抗压强度设计值(MPa)

砖强度等级	砂浆强度等级				砂浆强度
	M15	M10	M7.5	M5	0
MU25	3.60	2.98	2.68	2.37	1.05
MU20	3.22	2.67	2.39	2.12	0.94
MU15	2.79	2.31	2.07	1.83	0.82

注:当采用专用砂浆砌筑时,其抗压强度设计值按表中数值采用。

4 <u>单排孔</u>混凝土砌块和轻集料混凝土砌块<u>对孔砌筑砌体</u>的抗压强度设计值,应按表3.2.1-4采用。

表3.2.1-4　单排孔混凝土砌块和轻集料混凝土砌块对孔砌筑砌体的抗压强度设计值(MPa)

砌块强度等级	砂浆强度等级					砂浆强度
	Mb20	Mb15	Mb10	Mb7.5	Mb5	0
MU20	6.30	5.68	4.95	4.44	3.94	2.33
MU15	—	4.61	4.02	3.61	3.20	1.89
MU10	—	—	2.79	2.50	2.22	1.31
MU7.5	—	—	—	1.93	1.71	1.01
MU5	—	—	—	—	1.19	0.70

注:1. 对独立柱或厚度为双排组砌的砌块砌体,应按表中数值乘以0.7;
　　2. 对T形截面墙体、柱,应按表中数值乘以0.85。

5 <u>单排孔</u>混凝土砌块<u>对孔砌筑</u>时,<u>灌孔砌体</u>的抗压强度设计值f_g应按下列方法确定。

1)混凝土砌块砌体的灌孔混凝土强度等级不应低于Cb20,且不应低于1.5倍的块体强度等级。灌孔混凝土强度指标取同强度等级的混凝土强度指标。

2)灌孔混凝土砌块砌体的抗压强度设计值f_g,应按下列公式计算:

$$f_g = f + 0.6\alpha f_c \tag{3.2.1-1}$$
$$\alpha = \delta\rho \tag{3.2.1-2}$$

式中　f_g——灌孔混凝土砌块砌体的抗压强度设计值,**该值不应大于未灌孔砌体抗压强度设计值的2倍**;
　　　f——未灌孔混凝土砌块砌体的抗压强度设计值,应按表3.2.1-4采用;
　　　f_c——灌孔混凝土的轴心抗压强度设计值;
　　　α——混凝土砌块砌体中灌孔混凝土面积与砌体毛面积的比值;
　　　δ——混凝土砌块的孔洞率;
　　　ρ——混凝土砌块砌体的灌孔率,即截面灌孔混凝土面积与截面孔洞面积的比值,灌孔率应根据受力或施工条件确定,且**不应小于33%**。

6 <u>双排孔或多排孔</u>轻集料混凝土砌块砌体的抗压强度设计值,应按表3.2.1-5采用。

表3.2.1-5　双排孔或多排孔轻集料混凝土砌块砌体的抗压强度设计值(MPa)

砖强度等级	砂浆强度等级			砂浆强度
	M10	M7.5	M5	0
MU10	3.08	2.76	2.45	1.44
MU7.5	—	2.13	1.88	1.12
MU5	—	—	1.31	0.78
MU3.5	—	—	0.95	0.56

注:1. 表中的砌块为火山渣、浮石和陶粒轻集料混凝土砌块;
　　2. 对**厚度方向为双排组砌**的轻集料混凝土砌块砌体的抗压强度设计值,应按表中数值**乘以0.8**。

7　块体高度为 180~350 mm 的**毛料石砌体**的抗压强度设计值,应按表 3.2.1-6 采用。

表 3.2.1-6　毛料石砌体的抗压强度设计值(MPa)

毛料石强度等级	砂浆强度等级			砂浆强度
	M7.5	M5	M2.5	0
MU100	5.42	4.80	4.18	2.13
MU80	4.85	4.29	3.73	1.91
MU60	4.20	3.71	3.23	1.65
MU50	3.83	3.39	2.95	1.51
MU40	3.43	3.04	2.64	1.35
MU30	2.97	2.63	2.29	1.17
MU20	2.42	2.15	1.87	0.95

注:对细料石砌体、粗料石砌体和干砌勾缝石砌体,表中数值应分别乘以调整系数 1.4、1.2 和 0.8。

8　**毛石砌体**的抗压强度设计值,应按表 3.2.1-7 采用。

表 3.2.1-7　毛石砌体的抗压强度设计值(MPa)

毛石强度等级	砂浆强度等级			砂浆强度
	M7.5	M5	M2.5	0
MU100	1.27	1.12	0.98	0.34
MU80	1.13	1.00	0.87	0.30
MU60	0.98	0.87	0.76	0.26
MU50	0.90	0.80	0.69	0.23
MU40	0.80	0.71	0.62	0.21
MU30	0.69	0.61	0.53	0.18
MU20	0.56	0.51	0.44	0.15

　　上述计算指标依据的试验资料为吉林、黑龙江两省火山渣、浮石、陶粒混凝土砌块砌体强度试验数据,包括多排孔单砌砌体、多排孔组砌砌体、单排孔砌体等多组试件。多排孔单砌砌体强度试验值 f' 和公式平均值 f_m 的比值为 1.615,变异系数为 0.104;多排孔组砌砌体强度试验值 f' 和公式平均值 f_m 的比值为 1.003,变异系数为 0.202。从统计参数分析,多排孔单砌强度较高,组砌后明显降低,考虑多排孔砌块砌体强度和单排孔砌块砌体强度有差别,同时偏于安全考虑,《砌规》对孔洞率不大于 35% 的双排孔或多排孔轻骨料混凝土砌块砌体的抗压强度设计值,按单排孔混凝土砌块砌体强度设计值乘以 1.1 采用,对组砌砌体的抗压强度设计值需再乘以折减系数 0.8 采用。

　　值得指出的是,轻集料砌块的建筑应用应遵照现行国家标准《墙体材料应用统一技术规范》(GB 50574—2010)中以强度等级和密度等级双控的原则,避免只重视块体强度而忽视其耐久性。

　　还需指出,《砌规》上述条款中给出的砌筑砂浆等级为 0 的砌体强度,旨为供施工验算时采用。

3. 砌体受拉、弯、剪的破坏形态

　　工程实践中也经常会遇到砌体受拉、受弯、受剪的情况。例如,圆形水池中液体对池壁的压力在池壁垂直截面内引起环向拉力,如图 12.6(a)所示;挡土墙在土体侧压力作用下墙壁会像竖向悬臂柱一样受弯,如图 12.6(b)所示;在有扶壁柱的挡土墙结构中,扶壁柱之间的墙壁则主要在水平方向上参与受弯,如图 12.6(c)所示;砖过梁或者拱的支座位置处,由于水平推力的作用使相应截面位置处的砌体受剪,如图 12.6(d)所示。

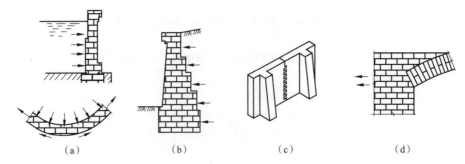

图 12.6　砌体的受拉、受弯和受剪

（a）环向受拉　（b）悬臂受弯　（c）水平向受弯　（d）支座受剪

实际上，砌体的轴心抗拉、弯曲抗拉以及抗剪强度主要取决于灰缝的强度，即砂浆的强度。多数情况下，砌体结构的破坏主要发生在砂浆和块体的连接面上，因此灰缝的强度就取决于砂浆和块体之间的黏结力。根据力的作用方向，黏结强度（与砂浆强度有关）可分为两类：法向黏结强度（力垂直于灰缝面）和切向黏结强度（力平行于灰缝），如图 12.7 所示。竖向灰缝砂浆较难填满，砂浆硬化时收缩，故不考虑黏结强度，计算中仅考虑水平灰缝的黏结强度。

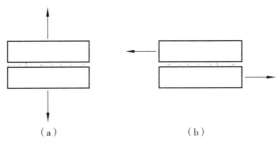

图 12.7　砌体的切向及法向黏结力

（a）法向　（b）切向

1）轴心受拉破坏

砌体轴心受拉破坏形态包括沿齿缝截面破坏、沿水平通缝截面破坏以及沿块体和竖向灰缝截面破坏三种。当切向黏结力低于块体的抗拉强度时，砌体将沿着水平和竖向灰缝形成齿形破坏，如图 12.8（a）所示，此时砌体的抗拉能力主要由水平灰缝的切向黏结力提供，即砌体的抗拉强度主要取决于破坏截面上水平灰缝的面积。当切向黏结力高于块体的抗拉强度时，砌体可能沿着块体和竖向灰缝破坏，如图 12.8（b）所示，此时砌体的抗拉能力完全取决于块体自身的抗拉能力。沿水平通缝截面破坏一般在轴向拉力与水平灰缝垂直时发生，由于块体和砂浆的法向黏结力很低，因此工程上不允许设计沿通缝截面的受拉构件，如图 12.8（c）所示。

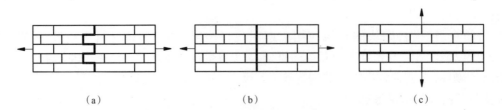

图 12.8　轴心受拉砌体的破坏形态

（a）齿缝截面破坏　（b）竖向通缝截面破坏　（c）水平通缝截面破坏

2）弯曲受拉破坏

砌体弯曲时总是在受拉区发生破坏，因此砌体的抗弯能力将由砌体的弯曲抗拉强度决定。与轴心受拉类似，砌体弯曲受拉时也分为三种破坏形式；竖向弯曲时，会发生沿通缝截面的破坏；水平向弯曲时，则有沿齿缝截面破坏以及沿块体和竖向灰缝的竖向通缝截面破坏两种可能,如图 12.9 所示。

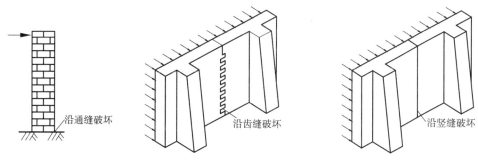

图 12.9　弯曲受拉砌体的破坏形态

3）受剪破坏

受纯剪时,砌体可能发生沿通缝、齿缝或沿阶梯形截面的剪切破坏,如图 12.10 所示。齿缝受剪破坏一般仅发生在错缝交叉的砖砌体及毛石砌体中,砌体沿阶梯形缝受剪破坏是地震中房屋墙体的常遇震害。试验表明,三种剪切破坏面的抗剪强度基本一样,主要取决于砖和砂浆的切向黏结强度。

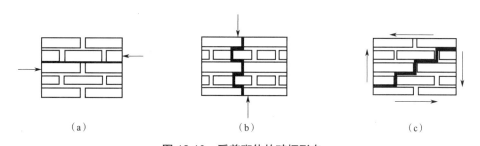

（a）　　　　　　　　　　　（b）　　　　　　　　　　　（c）

图 12.10　受剪砌体的破坏形态

（a）沿通缝剪切　（b）沿齿缝剪切　（c）沿阶梯形缝剪切

实际上,通缝抗剪强度是砌体的基本强度指标之一,这是由于砌体沿灰缝受拉、受弯破坏都和受剪强度有关。

4. 砌体受拉、弯、剪的强度

对于各类砌体强度平均值的计算公式,《砌规》有如下规定。

附录 B　各类砌体强度平均值的计算公式和强度标准值

B.0.1　各类砌体的**强度平均值**应符合下列规定。

　2　各类砌体的轴心抗拉强度平均值、弯曲抗拉强度平均值和抗剪强度平均值应按表 B.0.1-2 中计算公式确定。

表 B.0.1-2　轴心抗拉强度平均值 $f_{t,m}$、弯曲抗拉强度平均值 $f_{tm,m}$ 和抗剪强度平均值 $f_{v,m}$（MPa）

砌体种类	$f_{t,m}=k_3\sqrt{f_2}$	$f_{tm,m}=k_4\sqrt{f_2}$		$f_{v,m}=k_5\sqrt{f_2}$
	k_3	k_4		k_5
		沿齿缝	沿通缝	
烧结普通砖、烧结多孔砖、混凝土普通砖、混凝土多孔砖	0.141	0.250	0.125	0.125
蒸压灰砂普通砖、蒸压粉煤灰普通砖	0.09	0.18	0.09	0.09
混凝土砌块	0.069	0.081	0.056	0.069
毛料石	0.075	0.113	—	0.188

长沙理工大学、沈阳建筑大学、中国建筑东北设计研究院等单位对混凝土砖、混凝土多孔砖沿砌体灰缝

截面破坏时砌体的轴心抗拉强度、弯曲抗拉强度和抗剪强度进行了系统的试验研究,研究成果表明,混凝土砖、混凝土多孔砖的上述强度均高于烧结普通砖砌体,但可靠起见,本次修订不做提高。

试验资料表明,蒸压灰砂砖和蒸压粉煤灰砖砌体的抗剪强度设计值较烧结普通砖砌体的抗剪强度有较大的降低,用普通砂浆砌筑的蒸压灰砂砖砌体的抗剪强度取砖砌体抗剪强度的 70%。对于各类砌体强度标准值,《砌规》有如下规定。

附录B　各类砌体强度平均值的计算公式和强度标准值

B.0.2 各类砌体的**强度标准**值按表 B.0.2-1 至表 B.0.2-5 采用。

表 B.0.2-5　沿砌体灰缝截面破坏时的轴心抗拉强度标准值 $f_{t,k}$、弯曲抗拉强度标准值 $f_{tm,k}$ 和抗剪强度标准值 $f_{v,k}$ (MPa)

强度类别	破坏特征	砌体种类	砂浆强度等级			
			≥ M10	M7.5	M5	M2.5
轴心抗拉	沿齿缝	烧结普通砖、烧结多孔砖、混凝土普通砖、混凝土多孔砖	0.30	0.26	0.21	0.15
		蒸压灰砂普通砖、蒸压粉煤灰普通砖	0.19	0.16	0.13	—
		混凝土砌块	0.15	0.13	0.10	—
		毛石	—	0.12	0.10	0.07
弯曲抗拉	沿齿缝	烧结普通砖、烧结多孔砖、混凝土普通砖、混凝土多孔砖	0.53	0.46	0.38	0.27
		蒸压灰砂普通砖、蒸压粉煤灰普通砖	0.38	0.32	0.26	—
		混凝土砌块	0.17	0.15	0.12	—
		毛石	—	0.18	0.14	0.10
	沿通缝	烧结普通砖、烧结多孔砖、混凝土普通砖、混凝土多孔砖	0.27	0.23	0.19	0.13
		蒸压灰砂普通砖、蒸压粉煤灰普通砖	0.19	0.16	0.13	—
		混凝土砌块	—	0.10	0.08	—
抗剪		烧结普通砖、烧结多孔砖、混凝土普通砖、混凝土多孔砖	0.27	0.23	0.19	0.13
		蒸压灰砂普通砖、蒸压粉煤灰普通砖	0.19	0.16	0.13	—
		混凝土砌块	0.15	0.13	0.10	—
		毛石	—	0.29	0.24	0.17

需要指出的是,上述表中的砌筑砂浆均为普通砂浆,当蒸压灰砂砖及蒸压粉煤灰砖采用专用砂浆砌筑时,其砌体沿砌体灰缝截面破坏时砌体的轴心抗拉、弯曲抗拉和抗剪强度标准值(设计值)按普通烧结砖砌体的采用。当专用砂浆的砌体抗剪强度高于烧结普通砖砌体时,其砌体抗剪强度仍取烧结普通砖砌体的强度标准值(设计值)。

当施工质量控制等级为 B 级时,《砌规》中给出的各类砌体的轴心抗拉、弯曲抗拉及抗剪强度设计值,可根据砂浆的强度等级按规定取用。

3.2.2 龄期为 28 d 的以毛截面计算的各类砌体的轴心抗拉**强度设计值**、弯曲抗拉强度设计值和抗剪强度设计值,应符合下列规定。

　1 当**施工质量控制等级为 B 级**时,强度设计值应按表 3.2.2 采用。

表 3.2.2 沿砌体灰缝截面破坏时砌体的轴心抗拉强度设计值、弯曲抗拉强度设计值和抗剪强度设计值（MPa）

强度类别	破坏特征及砌体种类		砂浆强度等级			
			≥M10	M7.5	M5	M2.5
轴心抗拉	沿齿缝	烧结普通砖、烧结多孔砖	0.19	0.16	0.13	0.09
		混凝土普通砖、混凝土多孔砖	0.19	0.16	0.13	—
		蒸压灰砂普通砖、蒸压粉煤灰普通砖	0.12	0.10	0.08	—
		混凝土和轻集料混凝土砌块	0.09	0.08	0.07	—
		毛石	—	0.07	0.06	0.04
弯曲抗拉	沿齿缝	烧结普通砖、烧结多孔砖	0.33	0.29	0.23	0.17
		混凝土普通砖、混凝土多孔砖	0.33	0.29	0.23	
		蒸压灰砂普通砖、蒸压粉煤灰普通砖	0.24	0.20	0.16	
		混凝土和轻集料混凝土砌块	0.11	0.09	0.08	
		毛石	—	0.11	0.09	0.07
	沿通缝	烧结普通砖、烧结多孔砖	0.17	0.14	0.11	0.08
		混凝土普通砖、混凝土多孔砖	0.17	0.14	0.11	
		蒸压灰砂普通砖、蒸压粉煤灰普通砖	0.12	0.10	0.08	
		混凝土和轻集料混凝土砌块	0.08	0.06	0.05	
抗剪	烧结普通砖、烧结多孔砖		0.17	0.14	0.11	0.08
	混凝土普通砖、混凝土多孔砖		0.17	0.14	0.11	
	蒸压灰砂普通砖、蒸压粉煤灰普通砖		0.12	0.10	0.08	
	混凝土和轻集料混凝土砌块		0.09	0.08	0.06	
	毛石		—	0.19	0.16	0.11

注：1. 对于用形状规则的块体砌筑的砌体，当搭接长度与块体高度的比值小于 1 时，其轴心抗拉强度设计值 f_t 和弯曲抗拉强度设计值 f_{tm} 应按表中数值乘以搭接长度与块体高度比值后采用；

2. 表中数值是依据普通砂浆砌筑的砌体确定，**采用经研究性试验且通过技术鉴定的专用砂浆砌筑的蒸压灰砂普通砖、蒸压粉煤灰普通砖砌体，其抗剪强度设计值按相应普通砂浆强度等级砌筑的烧结普通砖砌体采用；**

3. 对混凝土普通砖、混凝土多孔砖、混凝土和轻集料混凝土砌块砌体，表中的砂浆强度等级分别为 ≥Mb10、Mb7.5 及 Mb5。

2 单排孔混凝土砌块对孔砌筑时，灌孔砌体的抗剪强度设计值 f_{vg}，应按下式计算：

$$f_{vg} = 0.2 f_g^{0.55} \tag{3.2.2}$$

式中 f_g——灌孔混凝土砌块砌体的抗压强度设计值（编者注：**该值不应大于未灌孔砌体抗压强度设计值的 2 倍**）。

仍需指出，承重单排孔混凝土空心砌块砌体对穿孔（上下皮砌块孔与孔相对）是保证混凝土砌块与砌筑砂浆有效黏结、成型混凝土芯柱所必需的条件。目前，我国多数企业生产的砌块对此均欠考虑，生产的块材往往不能满足砌筑时的孔对孔要求，其砌体通缝抗剪能力必然比按规范计算的结果有所降低。工程实践表明，由于非对穿孔墙体砂浆的有效黏结面少、墙体的整体性差，已成为空心砌块建筑墙体渗、漏、裂的主要原因，也成为震害严重的原因之一（玉树震害调查表明，用非对穿孔空心砌块砌墙及专用砂浆的缺失成为当地空心砌块建筑毁坏的原因之一）。因此，必须对此予以强调，要求设备制作企业在空心砌块模具的加工时，就应对块材的应用情况有所了解。

5. 强度计算指标的调整

《砌规》及《砌通规》有如下规定。

《砌体结构设计规范》(GB 50003—2011)

3.2.3 下列情况的各类砌体,其砌体强度设计值应乘以调整系数γ_a。

1 对无筋砌体构件,其截面面积小于 0.3 m² 时,γ_a 为其截面面积加 0.7;对配筋砌体构件,当其中砌体截面面积小于 0.2 m² 时,γ_a 为其截面面积加 0.8;构件截面面积以"m²"计。

2 当砌体用强度等级小于 M5.0 的水泥砂浆砌筑时,对第 3.2.1 条各表中的数值,(编者注:抗压强度设计值)γ_a 为 0.9;对第 3.2.2 条表 3.2.2 中的数值,(编者注:抗拉、弯曲抗拉、抗剪强度设计值)γ_a 为 0.8。

3 当验算施工中房屋的构件时,γ_a 为 1.1。

3.2.4 施工阶段砂浆尚未硬化的新砌砌体的强度和稳定性,可按砂浆强度为零进行验算。对于冬期施工采用掺盐砂浆法施工的砌体,砂浆强度等级按常温施工的强度等级提高一级时,砌体强度和稳定性可不验算。配筋砌体不得用掺盐砂浆施工。

《砌体结构通用规范》(GB 55007—2021)

3.4.3 灌孔混凝土砌块砌体的灌孔率应根据受力或施工条件确定,且不应小于 33%,其抗压强度设计值不应大于未灌孔砌体抗压强度设计值的 2 倍。

3.4.2 各类砌体沿阶梯形截面破坏的抗震抗剪强度设计值应符合下式规定:

$$f_{vE}=\zeta_N f_v \quad\quad\quad\quad (3.4.2)$$

式中 f_{vE}——砌体沿阶梯形截面破坏的抗震抗剪强度设计值;

f_v——非抗震设计的砌体抗剪强度设计值;

ζ_N——砌体抗震抗剪强度的正应力影响系数,应根据对应于重力荷载代表值的砌体截面平均压应力 σ_0 与非抗震设计的砌体抗剪强度设计值 f_v 的比值按表 3.4.2 采用。

表 3.4.2 砌体强度的正应力影响系数

砌体类别	σ_0/f_v							
	0.0	1.0	3.0	5.0	7.0	10.0	12.0	≥ 16.0
普通砖,多孔砖	0.80	0.99	1.25	1.47	1.65	1.90	2.05	—
小砌块	—	1.23	1.69	2.15	2.57	3.02	3.32	3.92

12.3 无筋砌体承载力设计

12.3.1 轴心及偏心受压承载力

由于砌体的抗压能力远超过其抗拉、弯曲抗拉强度,因此工程上一般均将砌体结构作为承重墙或柱等受压构件。受压构件包括轴心受压和偏心受压两种受力情况。当荷载作用于构件截面重心处时,为轴心受压构件;当荷载作用于构件截面重心以外的一个对称轴上时,为偏心受压构件;如在构件端部同时作用有轴心力 N 和弯矩 M 时,也可视其为偏心受压构件,此时的偏心距为 $e_0=M/N$。

1. 受压短柱($\beta \leq 3$)

短柱在荷载作用下,构件的纵向挠曲较小,对受压承载力的影响可忽略不计。

对于轴心受压构件,各截面上砌体的应力分布较为均匀,破坏时截面上的最大压应力即为砌体的轴心抗压强度。当轴向力具有较小的偏心时,截面上的压应力开始产生不均匀分布,但是仍为全截面受压,破坏将首先发生在距偏心力较近一侧的构件边缘。随着偏心距的增大,应力较小侧可能出现拉应力,一旦拉应力超过砌体沿通缝的抗拉强度将出现水平裂缝,实际的受压区面积急剧减小,构件的承载力会产生明显下降。试验表明,当 $e_b>0.3b$ 和 $e_h>0.3h$(角标 b、h 分别为构件的截面宽度和截面高度)时,随着荷载的增加,砌体内水平裂缝和竖向裂缝几乎同时产生,甚至水平裂缝较竖向裂缝出现得还早。从经济性、合理性角度出发,《砌规》有如下规定。

四川省建筑科学研究院对不同截面形式的偏心受压短柱做过大量试验,结果表明偏压短柱的承载力可用下式表达:

$$N=\alpha_1 Af \qquad (12.1)$$

式中　A——受压截面面积;

　　　f——砌体结构的抗压强度设计值;

　　　α_1——偏心影响系数,即偏心受压短柱与轴心受压短柱受压承载力的比值。

通过试验结果的统计回归分析,得到如下关系式:

$$\alpha_1 = \frac{1}{1+(e_0/i)^2} \qquad (12.2)$$

式中　e_0——轴向力的初始偏心距,当有轴心力 N 及弯矩 M 作用时,$e_0=M/N$;

　　　i——截面的回转半径,$i=\sqrt{I/A}$,I 为沿偏心方向的截面惯性矩。

对于矩形截面,$i=h/\sqrt{12}$,式(12.2)可简化为

$$\alpha_1 = \frac{1}{1+12(e_0/h)^2} \qquad (12.3)$$

式中　h——偏心方向截面的边长,当截面为 T 形或其他形状时,可采用折算厚度 $h_\mathrm{T}=\sqrt{12}\cdot i\approx 3.5i$ 代替 h 进行计算。

对于轴心受压短柱的承载力计算,《砌规》有如下规定。

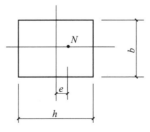

图 D.0.1　单向偏心受压

当③ $\beta \leqslant 3$ 时：

④　　$\varphi = \dfrac{1}{1+12\left(\dfrac{e}{h}\right)^2}$ 　　　　　　　　　　　　　　　（D.0.1-1）

式中　e——轴向力的偏心距；

　　　h——矩形截面的轴向力偏心方向的边长。

①4.2.8　带壁柱墙的计算截面翼缘宽度 b_f，可按下列规定采用：

　　1　多层房屋，当有门窗洞口时，可取窗间墙宽度；当无门窗洞口时，每侧翼墙宽度可取壁柱高度（层高）的1/3，但不应大于相邻壁柱间的距离；

　　2　单层房屋，可取壁柱宽加2/3墙高，但不应大于窗间墙宽度和相邻壁柱间的距离；

　　3　计算带壁柱墙的条形基础时，可取相邻壁柱间的距离。

2. 轴心受压长柱（$\beta > 3$）

对于受压长柱，在轴向力作用下构件侧向变形的增大使构件产生纵向弯曲破坏，一般在承载力计算时采用轴心受压稳定系数 φ_0 反映这一影响。根据材料力学可知，构件产生弯曲变形破坏时的临界力及临界应力分别为

$$P_{cr} = \pi^2 \frac{EI}{H_0^2}$$ 　　　　　　　　　　　　　　（12.4-a）

$$\sigma_{cr} = \frac{P_{cr}}{A} = \pi^2 \frac{EI}{H_0^2 A} = \pi^2 E \left(\frac{i}{H_0}\right)^2$$ 　　　　　　　　（12.4-b）

式中　E——普通砖砌体的弹性模量；

　　　H_0——受压构件的计算高度。

如采用湖南大学给出的普通砖砌体的应力-应变公式，即

$$\varepsilon = -\frac{1}{460\sqrt{f_m}} \ln\left(1 - \frac{\sigma}{f_m}\right)$$ 　　　　　　　　　　　（12.5）

$$E = \frac{d\sigma}{d\varepsilon} = 460 f_m \sqrt{f_m} \left(1 - \frac{\sigma}{f_m}\right)$$ 　　　　　　　　　　（12.6）

式中　f_m——普通砖砌体抗压强度的平均值。

将式（12.6）代入式（12.4-b）后可得

$$\sigma_{cr} = \pi^2 460 f_m \sqrt{f_m} \left(1 - \frac{\sigma}{f_m}\right) \left(\frac{i}{H_0}\right)^2$$ 　　　　　　（12.7）

根据轴心受压稳定系数 φ_0 的概念，可得

$$\varphi_0 = \frac{\sigma_{cr}}{f_m} = 460\pi^2 \sqrt{f_m} \left(1 - \frac{\sigma}{f_m}\right) \left(\frac{i}{H_0}\right)^2$$ 　　　　（12.8）

令 $\varphi_1 = 460\pi^2 \sqrt{f_m} \left(\dfrac{i}{H_0}\right)^2$，对于矩形截面受压砖砌体构件，由于 $i = h/\sqrt{12} = 0.289h$，则 $\varphi_1 \approx 370\sqrt{f_m}\dfrac{1}{\beta^2}$，$\beta = H_0/h$ 为构件的高厚比。因此，式（12.8）可改写为 $\varphi_0 = \varphi_1(1 - \varphi_0)$。进一步推导可得

$$\varphi_0 = \frac{1}{1 + \dfrac{1}{\varphi_1}} = \frac{1}{1 + \dfrac{\beta^2}{370\sqrt{f_m}}} = \frac{1}{1 + \alpha\beta^2}$$ 　　　　　　（12.9）

式中：系数 $\alpha = 1/370\sqrt{f_m}$。可见，轴心受压稳定系数 φ_0 较全面地反映了砖和砂浆强度以及构件高厚比对轴心受压长柱受压承载力的影响。

参照式(12.9),对于轴心受压长柱的承载力计算,《砌规》有如下规定。

5.1.1　受压构件的承载力,应符合下式的要求:

⑦　$N \leqslant \varphi f A$　　　　　　　　　　　　　　　　　　　　　　　(5.1.1)

式中　N——轴向力设计值;

　　　φ——高厚比 β 和轴向力的偏心距 e 对受压构件承载力的影响系数;

　　　⑥f——砌体的抗压强度设计值;（编者注:注意无筋砌体的强度调整情况）

　　　⑤A——截面面积。

注：⑧1. 对矩形截面构件,当轴向力偏心方向的截面边长大于另一方向的边长时,除按偏心受压计算外,还应对较小边长方向,按轴心受压进行验算;

　　2. 受压构件承载力的影响系数 φ,可按本规范附录 D 的规定采用;

　　①3. 对带壁柱墙,当考虑翼缘宽度时,可按本规范第 4.2.8 条采用。

D.0.1　无筋砌体**矩形截面**单向偏心受压构件(图 D.0.1)承载力的影响系数 φ,可按表 D.0.1-1 至表 D.0.1-3 采用或按下列公式计算。②**计算 T 形截面受压构件的 φ 时,应以折算厚度 h_T 代替式(D.0.1-2)中的 h。$h_T=3.5i$,i 为 T 形截面的回转半径。**

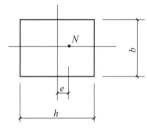

图 D.0.1　单向偏心受压

当③$\beta > 3$ 时:

④　$\varphi = \varphi_0 = \dfrac{1}{1 + \alpha \beta^2}$　　　　　　　(D.0.1-3)

式中　φ_0——轴心受压构件的稳定系数;

　　　④α——与砂浆强度等级有关的系数,当砂浆强度等级大于或等于 M5 时,α 等于 0.001 5;当砂浆强度等级等于 M2.5 时,α 等于 0.002;当砂浆强度等级等于 0 时,α 等于 0.009;

　　　β——构件的高厚比。

①4.2.8　带壁柱墙的计算截面翼缘宽度 b_f,可按下列规定采用:

　　1　**多层房屋**,当有门窗洞口时,可取窗间墙宽度;当无门窗洞口时,每侧翼墙宽度可取壁柱高度(层高)的 1/3,但不应大于相邻壁柱间的距离;

　　2　**单层房屋**,可取壁柱宽加 2/3 墙高,但不应大于窗间墙宽度和相邻壁柱间的距离;

　　3　计算带壁柱墙的条形基础时,可取相邻壁柱间的距离。

3. 偏心受压长柱(β>3)

对于偏心受压长柱,《砌规》采用附加偏心距法考虑由偏心力产生的附加弯矩对构件承载力的影响。

如图 12.11 所示,细长柱在偏心压力作用下将产生纵向挠曲变形 e_i,也称为附加偏心距。该附加偏心距引起的各截面中的附加弯矩为 Ne_i。当构件的高厚比较大时,需要考虑侧向挠曲变形产生的附加弯矩对构件承载力的影响。

为了使短柱和长柱的计算公式能够互相过渡,根据前述提及的四川省建筑科学研究院提出的偏压短柱影响系数 α_1 的表达式,可得偏压长柱的承载力影响系数:

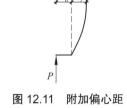

图 12.11　附加偏心距

$$\varphi = \dfrac{1}{1 + \left(\dfrac{e_0 + e_i}{i}\right)^2}　　　　　　　(12.10)$$

显然,e_0=0 为偏心受压长柱的特殊情况,即轴心受压长柱的情况,因此可得

$$\varphi_0 = \dfrac{1}{1 + (e_i/i)^2}　　　　　　　(12.11\text{-a})$$

$$e_i = i \sqrt{\dfrac{1}{\varphi_0} - 1}　　　　　　　(12.11\text{-b})$$

对于矩形截面,有

$$e_i = h\sqrt{\frac{1}{12}\left(\frac{1}{\varphi_0}-1\right)}$$

（12.12）

将式（12.12）代入式（12.10）后可得

$$\varphi = \cfrac{1}{1+12\left[\cfrac{e_0}{h}+\sqrt{\cfrac{1}{12}\left(\cfrac{1}{\varphi_0}-1\right)}\right]^2}$$

（12.13）

进一步将式（12.9）代入式（12.13）可得

$$\varphi = \cfrac{1}{1+12\left(\cfrac{e_0}{h}+\beta\sqrt{\cfrac{1}{12}\alpha}\right)^2}$$

（12.14）

《砌规》即采用式（12.13）及式（12.14）计算的影响系数 φ 反映长柱在偏心受压情况下承载力的降低程度。在 $e_0/h<0.3$ 时,式（2.14）计算的 φ 值与试验结果符合程度较好,由于规范规定了轴向力的偏心距应符合 $e \le 0.6y$ 的要求,因此在保证安全适用性的前提下,简化了计算过程。

实际上,轴向力偏心距的计算最初采用荷载标准值,并按此进行可靠度校准。而这又与承载能力极限状态下荷载效应改用设计值存在逻辑冲突,显然采用设计值会在某些情况下引起结构可靠性指标的波动。分析表明,如果偏心距的计算由荷载标准值改为设计值,在常遇荷载情况下引起的设计承载力的降低不超过6%,可靠性指标的降低不超过5.5%;并且考虑到现行可靠度水平的提高以及对偏心距的严格限值（$e \le 0.6y$）,现行《砌规》一律要求采用荷载设计值计算偏心距,这也降低了设计的复杂程度。

5.1.1　受压构件的承载力,应符合下式的要求:

　　⑧　$N \le \varphi f A$

（5.1.1）

式中　N——轴向力设计值;

　　　　φ——高厚比 β 和轴向力的偏心距 e 对受压构件承载力的影响系数;

　　　　⑦f——砌体的抗压强度设计值;（**编者注:注意无筋砌体的强度调整情况**）

　　　　⑥A——截面面积。

注:⑨ 1. 对矩形截面构件,当轴向力偏心方向的截面边长大于另一方向的边长时,除按偏心受压计算外,还应对较小边长方向,按轴心受压进行验算;

　　2. 受压构件承载力的影响系数 φ,可按本规范附录D的规定采用;

　　① 3. 对带壁柱墙,当考虑翼缘宽度时,可按本规范第4.2.8条采用。

D.0.1　无筋砌体**矩形截面单向偏心受压构件**（图D.0.1）承载力的影响系数 φ,可按表D.0.1-1至表D.0.1-3采用或按下列公式计算。②**计算T形截面受压构件的 φ 时,应以折算厚度 h_T 代替式（D.0.1-2）中的 h。** $h_T=3.5i$,i 为T形截面的回转半径。

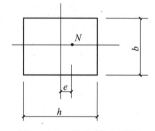

图 D.0.1　单向偏心受压

当③ $\beta > 3$ 时：

$$⑤ \quad \varphi = \cfrac{1}{1 + 12\left[\cfrac{e_0}{h} + \sqrt{\cfrac{1}{12}\left(\cfrac{1}{\varphi_0} - 1\right)}\right]^2} \qquad (\text{D.0.1-2})$$

$$④ \quad \varphi_0 = \frac{1}{1 + \alpha\beta^2} \qquad (\text{D.0.1-3})$$

式中　e——轴向力的偏心距；

　　　h——矩形截面的轴向力偏心方向的边长；

　　　φ_0——轴心受压构件的稳定系数；

　　④α——与砂浆强度等级有关的系数，当砂浆强度等级大于或等于 M5 时，α 等于 0.001 5；当砂浆强度等级等于 M2.5 时，α 等于 0.002；当砂浆强度等级等于 0 时，α 等于 0.009；

　　　β——构件的高厚比。

①4.2.8　带壁柱墙的计算截面翼缘宽度 b_f，可按下列规定采用：

　　1　多层房屋，当有门窗洞口时，可取窗间墙宽度；当无门窗洞口时，每侧翼墙宽度可取壁柱高度（层高）的 1/3，但不应大于相邻壁柱间的距离；

　　2　单层房屋，可取壁柱宽加 2/3 墙高，但不应大于窗间墙宽度和相邻壁柱间的距离；

　　3　计算带壁柱墙的条形基础时，可取相邻壁柱间的距离。

4. 构件高厚比的计算

上述推导过程中引用的研究成果均针对普通砖砌体，而实际上不同类型砌体的受压性能是存在差异的。试验和分析表明，块体的强度等级对受压构件的承载力也有很大的影响。块体的强度越高，砌体强度也越高，轴向力作用下能够产生的侧向变形也会相对较大，构件在达到极限承载力时的影响系数 φ 就越小。前述推导的影响系数中只反映了单一砌体类型（砖砌体）砂浆强度等级 α 以及构件高厚比 H_0/h 的影响，为了修正这一差别，《砌规》根据各类砌体的工程试验结果采取将高厚比乘以修正系数的方法来反映。

5.1.2　确定影响系数 φ 时，构件高厚比 β 应按下列公式计算：

对矩形截面

$$\beta = \gamma_\beta \frac{H_0}{h} \qquad (5.1.2\text{-}1)$$

对 T 形截面

$$\beta = \gamma_\beta \frac{H_0}{h_T} \qquad (5.1.2\text{-}2)$$

式中　γ_β——不同材料砌体构件的高厚比修正系数，按表 5.1.2 采用；

　　　H_0——受压构件的**计算高度**，按本规范表 5.1.3 确定；

　　　h——矩形截面轴向力**偏心方向的边长**，当**轴心受压时为截面较小边长**；

　　　h_T——T 形截面的折算厚度，可近似按 3.5i 计算，i 为截面回转半径。

表 5.1.2　高厚比修正系数 γ_β

砌体材料类别	γ_β
烧结普通砖、烧结多孔砖	1.0
混凝土普通砖、混凝土多孔砖、混凝土及轻集料混凝土砌块	1.1
蒸压灰砂普通砖、蒸压粉煤灰普通砖、细料石	1.2
粗料石、毛石	1.5

注：对灌孔混凝土砌块砌体，γ_β 取 1.0。

5.1.3　受压构件的计算高度 H_0,应根据房屋类别和构件支承条件等按表5.1.3采用。**表中的构件高度 H,应按下列规定采用。**

　　1　在**房屋底层**,为楼板顶面到构件下端支点的距离。下端支点的位置,可取在基础顶面。当埋置较深且有刚性地坪时,可取室外地面下 500 mm 处。

　　2　在**房屋其他层**,为楼板或其他水平支点间的距离。

　　3　对于**无壁柱的山墙**,可取层高加山墙尖高度的 1/2;对于**带壁柱的山墙**,可取壁柱处的山墙高度。

②表5.1.3　受压构件的计算高度 H_0

房屋类别			柱		带壁柱墙或周边拉结的墙		
			排架方向	垂直排架方向	$s > 2H$	$H < s \leqslant 2H$	$s \leqslant H$
有吊车的单层房屋	变截面柱上段	弹性方案	$2.5H_u$	$1.25H_u$	$2.5H_u$		
		刚性、刚弹性方案	$2.0H_u$	$1.25H_u$	$2.0H_u$		
	变截面柱下段		$1.0H_l$	$0.8H_l$	$1.0H_l$		
无吊车的单层和多层房屋	单跨	弹性方案	$1.5H$	$1.0H$	$1.5H$		
		刚弹性方案	$1.2H$	$1.0H$	$1.2H$		
	多跨	弹性方案	$1.25H$	$1.0H$	$1.25H$		
		刚弹性方案	$1.10H$	$1.0H$	$1.1H$		
	刚性方案		$1.0H$	$1.0H$	$1.0H$	$0.4s + 0.2H$	$0.6s$

注:1. 表中 H_u 为变截面柱的上段高度,H_l 为变截面柱的下段高度;

　③2. 对于上端为自由端的构件,$H_0 = 2H$;

　④3. 独立砖柱,当无柱间支撑时,柱在垂直排架方向的 H_0 应按表中数值乘以 1.25 采用;

　4. s 为房屋横墙间距;

　5. 自承重墙的计算高度应根据周边支承或拉结条件确定。

5.1.4　对有吊车的房屋,⑤当荷载组合不考虑吊车作用时,变截面柱上段的计算高度可按本规范表5.1.3规定采用;**变截面柱下段的计算高度**,可按下列规定采用。

　　1　当 $H_u/H \leqslant 1/3$ 时,取无吊车房屋的 H_0。

　　2　当 $1/3 < H_u/H < 1/2$ 时,取无吊车房屋的 H_0 乘以修正系数,修正系数 μ 可按下式计算:

$$\mu = 1.3 - 0.3 I_u/I_l \tag{5.1.4}$$

式中　I_u——变截面柱上段的惯性矩;

　　　　I_l——变截面柱下段的惯性矩。

（编者注:此时表5.1.3中的 H 应替换为 H_l,即采用变截面柱的下段高度）

　　3　当 $H_u/H \geqslant 1/2$ 时,取无吊车房屋的 H_0。但在确定 β 值时,应采用上柱截面。

　　注:本条规定也适用于无吊车房屋的变截面柱。

　　需要指出,房屋的静力计算方案体现了房屋在荷载作用下的整体空间受力性能,即体现了空间刚度的概念,而不同的静力计算方案,墙、柱上下两端的支承条件是不同的,正如《砌规》第5.1.3条注5所述,构件的计算高度 H_0 和其周边支承或拉结条件有关。对于墙体,除上下端支承条件外,周边拉结条件即平面外翼墙的间距也是重要的影响因素,因此 s 为垂直于验算墙体端部的两翼缘墙体之间的距离。换而言之,当验算横墙时,端部纵墙作为翼缘墙体加强了其平面外刚度,此时 s 为相邻纵墙的间距;当验算纵墙时,端部横墙作为翼缘墙体加强了其平面外刚度,此时 s 为相邻横墙的间距。

　　还需要指出,由于按《砌规》第5.1.4条讨论的是变截面柱下段的计算高度,因此在取用表5.1.3中"无吊车房屋的 H_0"时,表5.1.3中的构件高度 H 应取变截面柱的下段高度 H_l,而非变截面柱的全高 $H = H_u + H_l$。

12.3.2　局部均匀受压承载力

局部受压(以下简称局压)是砖石结构常见的受力形式,如钢筋混凝土柱支承在砖墙或砖基础上,钢筋混凝土梁支承在砖墙上等。我国现行《混规》中钢筋混凝土构件的局压强度提高系数 β_l 采用了开平方的关系,即 $\beta_l=\sqrt{A_b/A_l}$,其中 A_b 为影响局压强度的计算面积, A_l 为局部受压面积,这是根据套箍“强化”作用按极限平衡原理推导得出的。而由于材料特性不同,砖砌体的局压工作和混凝土是有差异的,因此需要对局部受压构件的受力性能有较为清楚的认识。

1. 局压构件的受力性能

大量相关试验表明,砖砌体局部受压有三种破坏形态:①竖向裂缝发展而破坏;②劈裂破坏;③局压面积处局部破坏。

对于一般墙段在中部局压荷载作用下试件中线上的横向应力 σ_x 和竖向应力 σ_y,无论是实测还是计算分析均可得出如图 12.12 所示的分布图形。可以看出,在钢垫板下面的砌体处于双向或三向受压状态,因而大大提高了局压作用区域砌体的抗压强度。在钢垫板下方一段长度上出现横向拉应力,当此拉应力超过砌体的抗拉强度时即出现竖向裂缝。初裂缝大体上都在最大横向拉应力附近出现。随着荷载的增加,裂缝向上、下方向发展,同时也出现其他竖向裂缝和斜裂缝。这时砌体内应力状况已经发生变化,双向应力可能逐渐转变成竖向裂缝之间条带上的单向压应力,当此压应力达到砌体抗压强度时,砌体被压坏。临近破坏时往往可以看到砖块被压碎掉渣。一般来说,破坏时均有一条主要的裂缝贯穿整个试件,也即破坏是在试件内部发生的而不是在局压面积处产生的, A/A_l(A 为试件截面面积)比值较小而试件高度又较大,则破坏时裂缝多在试件上部而不贯穿到底。上述情况属于第一种破坏形态。

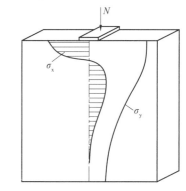

图 12.12　试件中线上的应力分布

同时,局压试验还表明,开裂荷载 N_{cr} 与破坏荷载 N_u 的比值 β 一般都小于 1,它随着面积比 A/A_l 的增加而增大。当 A/A_l 相当大(≥ 10.7)时,会出现 $\beta=1$ 的情况,也即开裂与破坏是同时发生的,实际上就是劈裂破坏,裂缝少而集中,破坏时犹如刀劈。

在上述大批量的局压试验中,除少数几组试件属于明显的劈裂破坏外,其余均属于第一种破坏形态,并且包括梁端不均匀局压在内的试验中,未发生钢垫板下砖被压碎的现象。但在墙梁试验中当 H/L(H 为墙高, L 为墙梁跨度)较大,在强梁弱墙的情况下出现过支座附近砌体的砖被压碎的局压破坏形态,这可能是由于该处特有的应力组合所致。

砖砌体局压工作似乎可以描述为由于力的扩散使钢垫板下砌体处于双向受压状态,因而砌体很难被压坏,中部以下处于竖向受压、横向受拉的应力状态,当最大横向拉应力达到砌体抗拉强度 $f_{t,m}$ 时,即出现第一条竖向裂缝,但由于 σ_x 只是在小范围内达到 $f_{t,m}$,所以砌体并不能破坏。随着竖向裂缝的发展和其他竖缝和斜缝的出现,砌体内部的应力分布发生变化,可以认为当被竖向裂缝分割的条带内竖向压应力达到砌体抗压强度时,砌体即破坏。局部受压的电算资料表明,随着 A/A_l 的增大,横向拉应力 σ_x 的分布越来越均匀,也即中线上比较长的一段 σ_x 会同时到达 $f_{t,m}$ 致使砌体突然劈裂而破坏;并且随着 A/A_l 比值的减小,最大横向拉应力的位置逐渐上移,这是因为力的扩散作用在上部较小范围内就已完成。因此,局压的破坏也就应该在上部发生,而砌体下部破坏则必定是由轴压而不是局压引起的。当 A/A_l 比值接近于 1 时,力的扩散现象逐渐消失,构件转入轴压的破坏形态。因而,在 A/A_l 比值较小时,局压破坏往往掺带着轴压破坏的特征。

可以认为,只要存在未直接受荷的面积,就有力的扩散现象,就会产生双向或三向应力,也就能在不同程度上提高直接受压部分的强度。这样,不但对中心局压,而且对砌体边、角处的局压都能得到比较符合实际的解释。

2. 局部抗压强度提高系数 γ

通过系统的工程试验结果可以看出,砌体的局部受压强度提高系数 γ 与 A/A_l 比值的大小有着密切的关

系,考虑到 $A/A_l=1$ 时 γ 应等于1,故采用下式表达局部受压时砌体抗压强度的提高程度:

$$\gamma = 1 + \xi\sqrt{\frac{A-A_l}{A_l}} \tag{12.15}$$

式(12.15)是由两项组成的,意味着砌体的局压强度由两部分组成,其一是局压面积 A_l 本身的抗压强度,其二是非局压面积($A-A_l$)所提供的侧压力的影响,具有较为明确的物理概念。

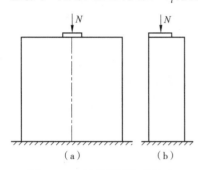

图 12.13　边缘局压加载示意
(a)沿墙长边方向　(b)沿墙厚边方向

不管是方形截面中心局部受压、墙体中部边缘局部受压(图12.13)、墙体端部局部受压,还是转角墙体角部局压的试验,均一律表明,用试件全部截面与局压面积之比 A/A_l 作为参数并不是完全恰当的,个别组的试验结果表明在另一端头砌体已被压坏的情况下仍然能得出较高的 γ 值,可见有效的 A_0 不会是整个试件。在实际工程上也要求 A_0 有明确的确定。

参考国外有关资料,《砌规》采用了文献的建议,在中心局压情况下 A_0 取与 A_l 同心的最大支承面积;对于边缘局压、墙端部局压和角部局压情况,实际工程上多为墙体在梁端局部受压的情况,其 A_0 取值采用梁边算起每边各取一倍墙厚的规定。采用这种 A_0 取值方法是因为:①这和一般墙段中部边缘局部受压的试验结果很符合;②墙端部局压和角部局压

试验按此方法取 A_0 后,试验点和边缘局压试验曲线很接近。也就是说,用这种 A_0 取值来反映各种 A_l 与 A 相对位置对 γ 值的影响,使复杂的问题得到简化是有可能的。

5.2.2　砌体局部抗压强度提高系数 γ,应符合下列规定。

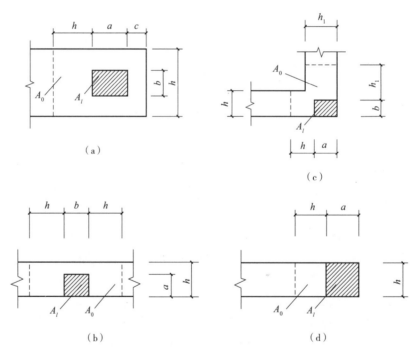

图 5.2.2　影响局部抗压强度的面积 A_0

5.2.3　影响砌体局部抗压强度的计算面积,可按下列规定采用:

1　在图 5.2.2(a)的情况下,$A_0=(a+c+h)h \leq \boldsymbol{(a+2h)h}$;

2　在图 5.2.2(b)的情况下,$A_0=(b+2h)h$;

3　在图 5.2.2(c)的情况下,$A_0=(a+h)h+(b+h_1-h)h_1$;

4　在图 5.2.2(d)的情况下,$A_0=(a+h)h$;

式中　a、b——矩形局部受压面积 A_l 的边长；

　　　h、h_1——墙厚或柱的较小边长、墙厚；

　　　c——矩形局部受压面积的外边缘至构件边缘的较小距离，**当大于 h 时，应取为 h。**

以 A_0/A_l 为参数并按式（12.15）的形式对试验数据进行重新回归分析，对于方形截面中心局部受压的情况，可得

$$\gamma = 1 + 0.708\sqrt{\frac{A_0 - A_l}{A_l}} \tag{12.16-a}$$

对于墙体边缘局压、端部局压、角部局压的情况，可得

$$\gamma = 1 + 0.364\sqrt{\frac{A_0 - A_l}{A_l}} \tag{12.16-b}$$

考虑到实际工程中，中心局部受压的情况较为少见，为了简化计算，《砌规》统一按式（12.16-b）的形式取整后进行计算。由此，砌体结构局部受压承载力的计算公式如下。

5.2.1　砌体截面中受局部均匀压力时的承载力，应满足下式的要求：

$$N_l \leqslant \gamma f A_l \tag{5.2.1}$$

式中　N_l——局部受压面积上的轴向力设计值；

　　　γ——砌体局部抗压强度提高系数；

　　　f——砌体的抗压强度设计值，**局部受压面积小于 0.3 m²，可不考虑强度调整系数 γ_a 的影响（编者注：第 3.2.3 条抗压强度的调整）；**

　　　A_l——局部受压面积。

5.2.2　砌体局部抗压强度提高系数 γ，应符合下列规定。

1　γ 可按下式计算：

$$\gamma = 1 + 0.35\sqrt{\frac{A_0}{A_l} - 1} \tag{5.2.2}$$

式中　A_0——影响砌体局部抗压强度的计算面积。

在砌体局部受压的三种破坏形态中，纵向裂缝的发展导致构件破坏是砖砌体局部受压破坏的基本形态；当 A_0/A_l 比较大时，可能出现劈裂破坏；局部压碎的破坏形态仅在特定条件下墙梁支座位置处发生。由于劈裂破坏往往是突然发生、没有预兆的，在工程上应该予以避免。

试验及电算对比分析表明，当 A_0/A_l 的数值在中心局压大于 10，边缘局压大于 9 时，局部受压构件很可能出现劈裂破坏。此时，根据式（12.16-a）及式（12.16-b），分别对应中心局压下 $\gamma \leqslant 3.1$ 和边缘局压、端部局压、角部局压下 $\gamma \leqslant 2.0$。

从工程应用的角度出发，当 $\gamma = 3.0$ 时，按《砌规》式（5.2.2）计算，意味着 $A_0 = 30A_l$，这显然是不太实际的；考虑到墙端部和角部局压受力较为不利，对于局部抗压强度提高系数 γ 的限值，《砌规》有如下规定。

5.2.2　砌体局部抗压强度提高系数 γ，应符合下列规定。

2　计算所得 γ 值，尚应符合下列规定：

1）在图 5.2.2（a）的情况下，$\gamma \leqslant 2.5$；

2）在图 5.2.2（b）的情况下，$\gamma \leqslant 2.0$；

3）在图 5.2.2（c）的情况下，$\gamma \leqslant 1.5$；

4）在图 5.2.2（d）的情况下，$\gamma \leqslant 1.25$；

5）按本规范第 6.2.13 条的要求**灌孔的混凝土砌块砌体**，在 1）、2）款的情况下，尚应符合 $\gamma \leqslant 1.5$，**未灌孔混凝土砌块砌体**，$\gamma = 1.0$；

6）对**多孔砖砌体孔洞难以灌实**时，应按 $\gamma = 1.0$ 取用，当**设置混凝土垫块**时，按垫块下的砌体局部受压计算。

通过空心砌块砌体的局部受压试验,发现未灌实的砌块砌体由于空洞之间的内壁比较薄,在局压荷载下内部容易被压酥而提前破坏,其局部受压承载力低于实心砌块砌体。所以,规范规定未灌孔及未灌实的空心砌块砌体取 $\gamma=1.0$,即不考虑其强度的提高。

12.3.3 梁端支承处砌体局部受压

1. 梁端有效支承长度

梁端支承处砌体局部受压是砌体结构中主要的局部受压情况。当梁直接支承在砌体上时,由于梁受力变形翘曲,支座内边缘处砌体的压缩变形较大,使得梁的末端部分由于翘曲与砌体脱开,梁端有效支承长度

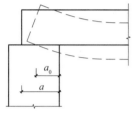

图 12.14　梁端局部受压时的有效支承长度

a_0 可能小于其实际支承长度 a,如图 12.14 所示。梁端的实际局部受压面积 A_l 由 a_0 与梁宽 b 相乘得到,所以有效支承长度 a_0 的取值直接影响砌体的局部受压承载力。

工程试验表明,影响梁端有效支承长度 a_0 的因素较多,主要有梁的刚度 B_c、砌体强度 f、局部受压荷载 N_l 的大小和作用位置及砌体所处应力状态等,其中梁的刚度、荷载的大小和作用位置可以由梁的转角 θ 来体现。结合相关试验数据,并考虑砌体塑性变形等因素,可建立 a_0 的计算模式如下:

$$a_0 = 38\sqrt{\frac{N_l}{b_c f \tan\theta}} \tag{12.17}$$

式中:局部受压荷载 N_l 以 kN 计,砌体抗压强度 f 以 MPa 计,梁宽 b_c 以 mm 计。该式既反映了梁刚度,也反映了砌体刚度对有效支承长度 a_0 的影响,计算值与实测值较为接近。

对于均布荷载 q 作用下的支承处为砌体的钢筋混凝土简支梁,混凝土强度等级为 C20 时,取 $N_l = \frac{1}{2}ql$,

$\tan\theta = \frac{1}{24B_c}ql^3$,其中 l 为梁的计算跨度。考虑到混凝土梁开裂对刚度的影响以及长期荷载刚度的折减,近

似取 $B_c = 0.3E_c I_c = 0.3 \times 2.55 \times 10 \times \frac{1}{12}b_c h_c^3$,其中 b_c、h_c 分别为梁的截面宽度和高度。当取 $\frac{h_c}{l} = \frac{1}{11}$ 时,式

(12.17)可简化为

$$a_0 \approx 10\sqrt{\frac{h_c}{f}} \tag{12.18}$$

如果式(12.17)中 $\tan\theta$ 取对应跨中挠度为 $l/250$ 的倾角值 $1/78$,则可得出另外一种近似公式,但 $\tan\theta$ 取为定值后反而与试验结果有较大误差,而且 a_0 随 N_l 增大而增大是不符合试验趋势的,容易在工程应用上引起争端。因此,《砌规》明确只采用式(12.18)一个公式。这在常用跨度梁情况下和精确公式误差约为 15%时,不致影响局部受压安全度。

需要指出的是,上述 a_0 的计算公式中没有考虑上部荷载 σ_0 的影响。工程试验结果表明,若梁端局压承载力不减弱,在 σ_0 从零开始增加至 $0.2f$ 的情况下,上部荷载的存在和增加会导致实测 a_0 值的增加。

在混合结构房屋中,楼、屋面的荷载往往通过梁和板的支座传递给承重墙体。但是,板支座处砌体受压和梁支座处砌体受压的状况是不同的。板的刚度比梁小得多,故所受荷载也要小很多,并且板下砌体是大面积接触,因此板下砌体局部应力分布要比梁平缓得多,不应该也没有必要像梁一样去求有效支承长度,而是可以直接采用实际支承长度。

2. 梁端支承处的应力分布

梁端底面的压应力分布与梁的刚度和支座构造有关。对于墙梁和钢筋混凝土过梁,由于梁上砌体共同工作,其刚度很大、挠曲很小,可以认为梁底面压应力为均匀分布(图 12.15(a))。对于桁架或大跨度梁的支座,往往采用中心传力构造装置(图 12.15(b)),其压应力亦可认为呈均匀分布。对于普通的梁,由于刚度较小、容易挠曲,梁下应力可能呈不均匀的三角形分布,也可能为梯形分布,如果考虑砌体的塑性,一般认为呈丰满的抛物线形分布(图 12.15(c))。

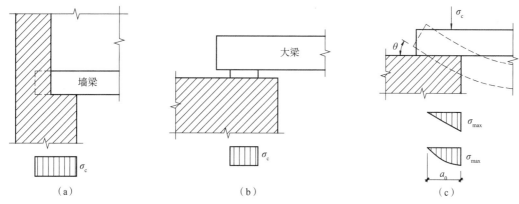

图 12.15　不同形式下支座位置的局压应力分布
（a）墙梁支座　（b）梁端中心传力构造　（c）一般梁端支座

试验表明,梁端不均匀局压时的强度提高系数 γ' 要高于均匀局压的 γ 值,端部局压可提高 15%,中部局压可提高 50%。偏于安全考虑,梁端不均匀局压的情况一般不考虑实际强度的提高,而是简单地用均匀局压 γ 代入计算,这将使实际工程具有较多的安全储备。

假定极限状态下梁端砌体截面变形符合平截面假定,即砌体内应变沿截面线性分布。若砌体偏心受压时的应力-应变关系遵循如下对数关系:

$$\sigma = n\left(1 - e^{\frac{\xi\varepsilon}{n}}\right)\gamma f_{\mathrm{m}} \tag{12.19}$$

式中　n——大于 1 的常数;

　　　ξ——砌体的弹性特征值;

　　　f_{m}——砌体抗压强度平均值;

　　　γ——砌体局部抗压强度提高系数。

当实测的 a_0 小于梁端实际支承长度 a 时,梁端支承处砌体应变及应力的分布如图 12.16 所示,a_0 端头处砌体压力为零。

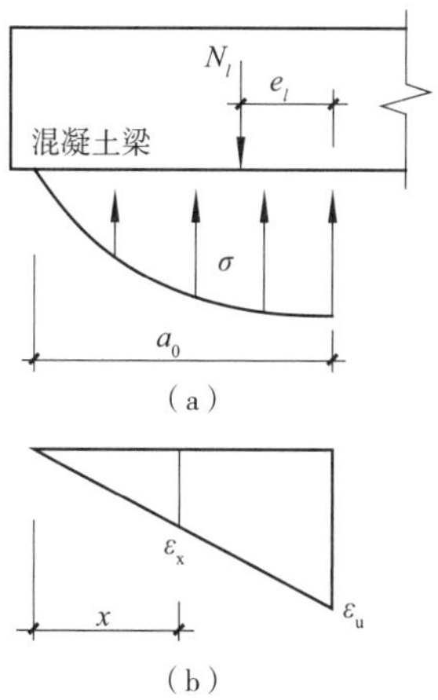

根据平截面假定,可得出如下几何关系:

$$\frac{\varepsilon_{\mathrm{x}}}{\varepsilon_{\mathrm{u}}} = \frac{x}{a_0}$$

也即

$$\varepsilon_{\mathrm{x}} = \varepsilon_{\mathrm{u}}\frac{x}{a_0} \tag{12.20}$$

同时,忽略砌体的抗拉强度,根据截面平衡条件还可得

$$N_l = \int_0^{a_0} \sigma_{\mathrm{x}} b \mathrm{d}x \tag{12.21}$$

$$N_l e_l = \int_0^{a_0} \sigma_{\mathrm{x}}(a_0 - x) b \mathrm{d}x \tag{12.22}$$

图 12.16　梁端支承处的应力应变分布
（a）应力　（b）应变

如果用 η 表示不均匀局压情况下应力图形的丰盈程度,则有

$$\eta = \frac{N_l}{\gamma f_{\mathrm{m}} a_0 b} = \frac{\int_0^{a_0} \sigma_{\mathrm{x}} b \mathrm{d}x}{\gamma f_{\mathrm{m}} a_0 b} \tag{12.23}$$

当 $n=1.1$, $\varepsilon_{\mathrm{u}}=2.66/\xi$ 时,联立求解式(12.19)至式(12.23),可得 $\eta=0.686$, $e_l=0.391a_0$;当 $n=1.05$, $\varepsilon_{\mathrm{u}}=3.2/\xi$ 时,联立求解式(12.19)至式(12.23),可得 $\eta=0.721$, $e_l=0.4a_0$。工程上一般取 $\eta=0.7$, $e_l=0.4a_0$,据此可以算得梁端支承反力 N_l 对墙体的偏心距。

4.2.5   刚性方案房屋的静力计算,应按下列规定进行。

3   对本层的竖向荷载,应考虑对墙、柱的实际偏心影响,梁端支承压力 N_l 到墙内边的距离,应取梁端有效支承长度 a_0 的40%(图4.2.5)。由上面楼层传来的荷载 N_u,可视作作用于上一楼层的墙、柱的截面重心处。

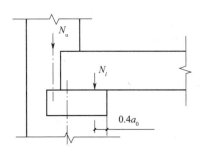

图4.2.5   梁端支承压力位置

注:当板支撑于墙上时,板端支承压力 N_l 到墙内边的距离可取板的实际支承长度 a 的40%。

根据以上分析,偏于安全的角度,《砌规》采用以下表达式计算梁端局压强度:

$$N_l \leqslant \eta \gamma f A_l \tag{12.24}$$

3. 上部荷载对梁端局压强度的影响

如图12.17所示,对一般墙段中部局压和端部局压的工程试验表明,当上部荷载在梁端上部砌体中产生的平均压应力 σ_0 较小时,其压缩变形较小,若局部受压荷载 N_l 较大,梁端底部的砌体将产生较大的压缩变形,由此使梁端顶面与砌体逐渐脱开形成水平缝隙,砌体内部产生应力重分布,上部荷载在梁端附近的传力途径为"内拱卸荷"。试验中清楚地观察到,在 $\sigma_0 = 0.2f_m$ 的梁端局压试验中,当砌体临破坏前梁端的 σ_0 完全卸除,梁顶面与上部砌体完全脱开(铁丝可以从缝隙中顺利通过),说明此时梁端根本不存在上部荷载 N_0 的作用;当 σ_0 较大时,梁端顶面前部明显脱开,后部可能顶住;当 σ_0 更大时,顶部砌体对梁端可能压得更多一些,但从试验数据来看绝不是全部 N_0 值。

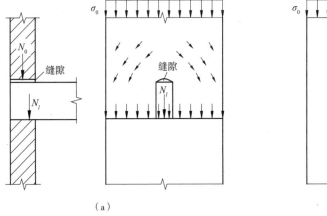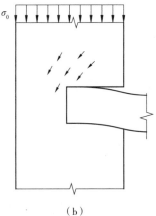

图12.17   梁端局压试验及内拱卸荷作用

(a)墙段中部局压   (b)端部局压

同时,对试验结果的分析表明,上部荷载对梁端局压强度是有影响的。在 $\sigma_0 = 0 \sim 0.5f_m$ 范围内,其承载力均高于不考虑 σ_0 时梁端局压的承载力。当上部荷载的大小在 $\sigma_0 = 0.2f_m$ 附近时,砌体的局部受压强度达到峰值。

发生上述现象的本质原因为砌体局压破坏首先是由砌体横向抗拉强度不足而产生竖向裂缝开始的, σ_0 的存在和扩散能增强中部砌体横向抗拉的能力(图12.17(a)),从而提高了局压承载力。随着 σ_0 的增加,内拱作用逐渐削弱,这种有利的效应也就逐渐减小。当 σ_0 更大时,实际上局压面以下的砌体已接近于轴心受压的应力状态。

　　综合多批工程试验的结果还可以看出,当局压面积 $A_0/A_l \geq 2.0$ 时,梁端墙体的内拱卸荷作用是较为明显的;梁端支承长度较小时,墙体的内拱作用相对会大一些;梁端支承长度较长时,约束作用加大对局压不利,但与此同时在 σ_0 作用下 a_0 增大提高了承载力,两者可能相抵。

　　4. 梁端局压承载力的计算

　　为了简化计算,并能满足基本可靠指标的要求,一般认为当面积比 $A_0/A_l \geq 3.0$ 时,由于内拱卸荷的作用可以不考虑上部荷载 $N_0 = \sigma_0 A_l$ 的影响,直接按式(12.24)计算梁端局压承载力。面积比从 3 至 1,砌体的内拱作用逐渐减小,以至消失。换而言之,当 $A_0/A_l = 1.0$ 时,上部荷载 $N_0 = \sigma_0 A_l$ 必须全部考虑。为了适用上述情况,《砌规》规定梁端局压强度一律按以下规定进行计算。

5.2.4　梁端支承处砌体的局部受压承载力,应按下列公式计算:

$$\psi N_0 + N_l \leq \eta \gamma f A_l \tag{5.2.4-1}$$

$$\psi = 1.5 - 0.5\frac{A_0}{A_l} \tag{5.2.4-2}$$

$$N_0 = \sigma_0 A_l \tag{5.2.4-3}$$

$$A_l = a_0 b \tag{5.2.4-4}$$

$$a_0 = 10\sqrt{\frac{h_c}{f}} \tag{5.2.4-5}$$

式中　ψ——上部荷载的折减系数,当 A_0/A_l 大于或等于 3 时,应取 ψ 等于 0;(编者注:混凝土过梁取 $\psi=0$,详见第 7.2.3 条第 3 款)

　　　　N_0——局部受压面积内上部轴向力设计值(N);

　　　　N_l——梁端支承压力设计值(N);

　　　　σ_0——上部平均压应力设计值(N/mm²);

　　　　η——梁端底面压应力图形的完整系数,应取 0.7,对于过梁和墙梁应取 1.0;

　　　　a_0——梁端有效支承长度(mm),当 a_0 大于 a 时,应取 a_0 等于 a,a 为梁端实际支承长度(mm);(编者注:混凝土过梁取实际支承长度,即 $a_0=a$,详见第 7.2.3 条第 3 款)

　　　　b——梁的截面宽度(mm);

　　　　h_c——梁的截面高度(mm);

　　　　f——砌体的抗压强度设计值(MPa)。

12.3.4　垫块下砌体局部受压

　　当梁端局压强度不满足设计要求或者墙上搁置较大的梁、桁架时,常在其下设置垫块。垫块下砌体局压可分为刚性垫块下的局部受压和柔性垫梁下的局部受压两种情况。

　　1. 刚性垫块下的局部受压承载力

　　垫块可增大局部受压面积,减少其上 N_l 造成的压应力,有效解决砌体的局部受压承载力不足的问题。相比于上述梁端直接支承在砌体上的局部受压承载力计算,垫块下砌体局部受压承载力的计算主要区别在于:一方面,考虑到垫块面积比梁的端部要大很多,垫块底部的砌体产生的压缩变形相对于梁端直接支承在砌体上要小很多,因此设置垫块后上部荷载 N_0 在墙体中的内拱卸荷作用并不显著,设计时一般不考虑上部荷载 N_0 的折减;另一方面,试验表明,垫块下砌体的受力状态接近偏心受压短柱。由此,《砌规》给出的刚性垫块下的砌体局部受压承载力的计算公式如下。

5.2.5 在梁端设有刚性垫块时的砌体局部受压,应符合下列规定。

1 刚性垫块下的砌体局部受压承载力,应按下列公式计算:

$$N_0 + N_l \leqslant \varphi \gamma_1 f A_b \qquad (5.2.5\text{-}1)$$

$$N_0 = \sigma_0 A_b \qquad (5.2.4\text{-}2)$$

$$A_b = a_b b_b \qquad (5.2.4\text{-}3)$$

式中 N_0 ——垫块面积 A_b 内上部轴向力设计值(N);

φ ——垫块上 N_0 与 N_l 合力的影响系数,**应取 β 小于或等于 3**,按第 5.1.1 条规定取值;(**编者注:$\beta \leqslant 3$**

按偏心受压短柱计算, $e = \dfrac{N_l e_l}{N_l + N_0} = \dfrac{N_l}{N_l + N_0}\left(\dfrac{h}{2} - 0.4a_0\right)$**,$h$ 为支承砌体墙厚**)

γ_1 ——垫块外砌体面积的有利影响系数,**γ_1 应为 0.8γ,但不小于 1.0**,γ 为砌体局部抗压强度提高系数, 按公式(5.2.2)以 **A_b 代替 A_l 计算得出**;

A_b ——垫块面积(mm^2);

a_b ——垫块伸入墙内的长度(mm);

b_b ——垫块的宽度(mm)。

垫块底面积以外的砌体对局部受压范围内的砌体有约束作用,使垫块下的砌体抗压强度提高,但考虑到垫块底面压应力分布的不均匀性,规范的上述计算公式中偏于安全地取垫块外局部受压承载力提高系数为 $\gamma_1 = 0.8\gamma$。并且试验表明,带壁柱墙体内设置垫块后,其局压承载力偏低。所以,该种情况下的计算面积 A_0 应取壁柱范围内的面积,而不应计算翼缘墙体挑出部分的面积。对刚性垫块的构造,《砌规》有如下规定。

5.2.5 在梁端设有刚性垫块时的砌体局部受压,应符合下列规定。

2 刚性垫块的构造,应符合下列规定:

1)刚性垫块的高度不应小于 180 mm,自梁边算起的垫块**挑出长度**不应大于垫块高度 t_b;

2)在带壁柱墙的壁柱内设刚性垫块时(图 5.2.5),其**计算面积(编者注:A_0)应取壁柱范围内的面积,而不应计算翼缘部分**,同时壁柱上垫块伸入翼墙内的长度不应小于 120 mm;

3)当现浇垫块与梁端整体浇筑时,垫块可在梁高范围内设置。

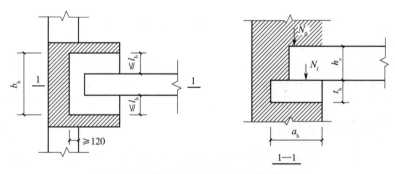

图 5.2.5 壁柱上设有垫块时梁端局部受压

3 梁端设有刚性垫块时,**垫块上 N_l 作用点的位置可取梁端有效支承长度 a_0 的 40%**。a_0 应按下式确定:

$$a_0 = \delta_1 \sqrt{\dfrac{h_c}{f}} \qquad (5.2.5\text{-}4)$$

式中 δ_1 ——刚性垫块的影响系数,可按表 5.2.5 采用。

表 5.2.5　系数 δ_1 值表

σ_0 / f	0	0.2	0.4	0.6	0.8
δ_1	5.4	5.7	6.0	6.9	7.8

注：表中其间的数值可采用插入法求得。

综上，刚性垫块下砌体的局部受压承载力计算步骤可总结如下。

（1）局压面积 A_b、计算面积 A_0（不计翼缘面积）。

《砌规》图 5.2.2、第 5.2.3 条及第 5.2.5 条第 2 款 2）项

（2）上部平均压应力 $\sigma_0 = N_u/A$、作用于垫块处的上部荷载 $N_0 = \sigma_0 A_b$。

《砌规》式（5.2.5-2）

（3）砌体抗压强度设计值 f。

《砌规》第 3.2.1 条、第 3.2.3 条

（4）有效支承长度 $a_0 (\leqslant a_b)$。

《砌规》第 5.2.5 条第 3 款

（5）轴向力合力（$N_0 + N_l$）的偏心距 e（ $e = \dfrac{N_l e_l}{N_l + N_0} = \left(\dfrac{h}{2} - 0.4a_0\right)\dfrac{N_l}{N_l + N_0}$ ）。

（6）e/h、影响系数 φ。

《砌规》附录式（D.0.1-1）

（7）局压强度提高系数 γ、$\gamma_1 (\geqslant 1.0)$。

《砌规》第 5.2.2 条（注意 γ 限值）

（8）局部受压承载力验算。

《砌规》式（5.2.5-1）

2. 柔性垫梁下的局部受压承载力

在梁或屋架端部下面的砌体墙上设置连续的钢筋混凝土圈梁，此钢筋混凝土圈梁可把承受的局部集中荷载扩散到一定范围的砌体墙上，从而起到垫块的作用，故称为垫梁。

根据试验分析，当垫梁长度大于 πh_0 时，在局部集中荷载作用下，垫梁下砌体受到的竖向压应力在长度 πh_0 范围内呈三角形分布，应力峰值可达 $1.5f$。此时，垫梁下的砌体局部受压承载力可按下式计算：

$$\sigma_l + \sigma_0 \leqslant 1.5\delta_2 f \tag{12.25}$$

式中　δ_2——垫梁底部沿墙厚度方向的压应力分布系数。

5.2.6　梁下设有长度大于 πh_0 的垫梁时，垫梁上梁端有效支承长度 a_0 可按公式（5.2.5-4）计算。垫梁下的砌体局部受压承载力，应按下列公式计算：

$$N_0 + N_l \leqslant 1.5\delta_2 f \cdot \frac{\pi h_0 b_b}{2} \tag{5.2.6-1}$$

$$= 2.4\delta_2 f b_b h_0$$

$$N_0 = \pi b_b h_0 \sigma_0 / 2 \tag{5.2.6-2}$$

$$h_0 = 2\sqrt[3]{\frac{E_c I_c}{Eh}} \tag{5.2.6-3}$$

式中　N_0——垫梁上部轴向力设计值（N）；

　　　　b_b——垫梁在墙厚方向的宽度（mm）；

　　　　δ_2——垫梁底面压应力分布系数，**当荷载沿墙厚方向均匀分布时可取 1.0，不均匀分布时可取 0.8**；

　　　　h_0——垫梁折算高度（mm）；

　　　　E_c、I_c——垫梁的混凝土弹性模量和截面惯性矩；

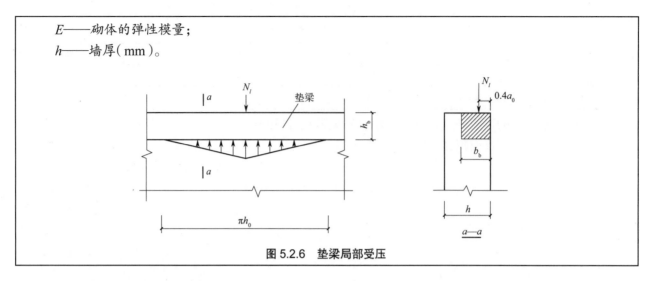

图 5.2.6　垫梁局部受压

12.3.5　墙体对梁端的约束

多层砌体结构房屋中楼盖梁端支座由于上部墙体传来的荷载,而在梁端形成一定的约束作用。试验表明,上部荷载对梁端的约束随局压应力 σ_0 的增大呈下降趋势,在砌体局压临破坏时约束基本消失。但在使用阶段对于跨度比较大的梁,其约束弯矩对墙体受力影响应予以考虑。

现行《砌规》规定,刚性方案房屋中屋盖和楼盖可以视为纵墙的不动铰支座。在梁板支承长度不大、梁板跨度较小时,由上述计算简图引起的误差很小,使计算得到简化,但在梁板支承长度较大、梁板跨度较大时,梁端约束力矩也明显增大,这样可能对墙体受力产生影响,使墙体的设计偏于不安全。

有限元分析表明,当墙体上作用的上部荷载或压应力 σ_0 为定值时,随着梁跨度的增大,梁端约束弯矩也逐渐增大,当 $\sigma_0 = 0.4 f_m$ 时,墙体对梁端的约束已经接近按框架计算所得弯矩的 50%。为了反映梁端约束力矩对墙体受力的不利影响,同时简化计算和设计过程,《砌规》有如下规定。

4.2.5　刚性方案房屋的静力计算,应按下列规定进行。

4　对于梁跨度大于 9m 的墙承重的多层房屋,按上述方法计算时,应考虑梁端约束弯矩的影响。可按梁两端固结计算梁端弯矩,再将其乘以修正系数 γ 后,按墙体线性刚度分到上层墙底部和下层墙顶部,修正系数 γ 可按下式计算:

$$\gamma = 0.2 \sqrt{\frac{a}{h}}$$　　　　　　　　　　　　　　　（4.2.5）

式中　a——梁端实际支承长度;

　　　h——支承墙体的墙厚,当上下墙厚不同时取下部墙厚,当有壁柱时取 h_T。

12.3.6　砌体受剪承载力

研究结果表明,砌体抗剪强度并非如摩尔和库仑两种理论随 σ_0/f_m 的增大而持续增大,而是在 $\sigma_0/f_m = 0 \sim 0.6$ 区间增长逐步减慢,当 $\sigma_0/f_m > 0.6$ 后,抗剪强度迅速下降,以至 $\sigma_0/f_m = 1.0$ 时为零。整个过程包括剪摩、剪压和斜压等三个破坏阶段与破坏形态。

剪切破坏形态主要与通缝截面上法向压应力 σ_0 与剪应力 τ 的比值有关。当 σ_0/τ 较小时,相当于通缝方向与竖直方向的夹角 $\theta \leqslant 45°$ 时,砌体将沿着通缝受剪,而且在摩擦力作用下发生剪摩破坏或剪切滑移破坏;当 σ_0/τ 较大时,即 $45° < \theta \leqslant 60°$ 时,砌体将产生阶梯形裂缝而破坏,称为剪压破坏;当 σ_0/τ 更大时,砌体基本上沿压应力作用方向产生裂缝而破坏,接近于单轴受压时的破坏,称为斜压破坏。

基于重庆建筑大学在各类砌体试验研究中统计分析的结果,《砌规》采用变系数剪摩理论的计算模式计算砌体的受剪承载力,适用于 $\sigma_0/f_m = 0 \sim 0.8$ 的近似范围。其中引入修正系数 α 是考虑到试验与工程实际的差异,统计数据有限以及与新旧规范衔接过渡等原因,从而保持大致相当的可靠度水准。

5.5.1　沿通缝或沿阶梯形截面破坏时受剪构件的承载力,应按下列公式计算:

$$V \leqslant (f_v + \alpha\mu\sigma_0)A \qquad (5.5.1-1)$$

当 $\gamma_G = 1.2$ 时

$$\mu = 0.26 - 0.082\frac{\sigma_0}{f} \qquad (5.5.1-2)$$

当 $\gamma_G = 1.35$ 时

$$\mu = 0.23 - 0.065\frac{\sigma_0}{f} \qquad (5.5.1-3)$$

式中　V——剪力设计值;

　　　A——水平截面面积;

　　　f_v——砌体抗剪强度设计值,对灌孔的混凝土砌块砌体取 f_{vg};(编者注:**注意第 3.2.3 条抗剪强度的**
　　　　　调整)

　　　α——修正系数,当 $\gamma_G = 1.2$ 时,砖(含多孔砖)砌体取 0.60,混凝土砌块砌体取 0.64;当 $\gamma_G = 1.35$ 时,砖
　　　　　(含多孔砖)砌体取 0.64,混凝土砌块砌体取 0.66;

　　　μ——剪压复合受力影响系数;

　　　f——砌体的抗压强度设计值;

　　　σ_0——**永久荷载设计值**产生的水平截面平均压应力,**其值不应大于 0.8f**。(编者注:$\sigma_0/f \leqslant 0.8$ 为该公
　　　　　式的适用范围)

12.4　砌体的构造要求

12.4.1　墙、柱的高厚比验算

砖石墙、柱的高厚比限值[β]与强度计算无关,其是从构造要求规定的,这和钢结构、木结构中对受压杆件所规定的极限长细比[λ]相似。高厚比验算是加强建筑物在临时施工阶段及长期使用过程中砖石结构的稳定性和耐久性的构造措施之一。通过高厚比控制,能够保证构件在荷载作用下的稳定,在满足强度要求的同时具有足够的稳定性,并且使墙、柱有足够的面外刚度,避免出现过大的侧向变形。《砌规》有如下规定。

6.1.1　墙、柱的高厚比应按下式验算:

$$\beta = \frac{H_0}{h} \leqslant \mu_1\mu_2[\beta] \qquad (6.1.1)$$

式中　H_0——墙、柱的计算高度;

　　　h——墙厚或矩形柱与 H_0 相对应的边长;

　　　μ_1——自承重墙允许高厚比的修正系数;

　　　μ_2——有门窗洞口墙允许高厚比的修正系数;

　　　[β]——墙、柱的允许高厚比,应按表 6.1.1 采用。

注:1. 墙、柱的计算高度应按本规范第 5.1.3 条采用;

　　2. 当与墙连接的相邻两墙间的距离 $s \leqslant \mu_1\mu_2[\beta]h$ 时,墙的高度可不受本条限制;

　　3. 变截面柱的高厚比可按上、下截面分别验算,其计算高度可按 5.1.4 条的规定采用,**验算上柱的高**
　　　厚比时,墙、柱的允许高厚比可按表 6.1.1 的数值乘以 1.3 后采用。

1. 高厚比限值[β]的影响因素

影响砌体允许高厚比的因素如下。

（1）砂浆的强度等级。[β]是保证稳定性和刚度的条件,就必然和砖砌体的弹性模量有关。而砌体的弹性模量和砂浆的强度等级有关,因此砂浆强度便成为影响允许高厚比[β]的一项重要因素,砂浆强度等级越高,墙、柱的[β]越大。《砌规》也是按照砂浆强度等级来分别规定墙、柱允许高厚比限值的,由于这些限值是在特定条件下给出的,因此当客观条件变化时,应该根据实际条件的利弊做出适当的调整。

（2）横墙间距。横墙间距越大,墙体的稳定性和刚度越差,墙体的允许高厚比限值[β]越小,砖柱的[β]相比于墙体更小。

（3）构件的边界条件。对于刚性方案,房屋的空间作用或者整体性较强,墙、柱的[β]可以相对较大一些;而对于弹性和刚弹性方案,墙、柱的[β]应该相对小一些。

（4）砌体的截面形式。砌体的截面惯性矩越大,越不容易丧失稳定,相应的[β]较大一些;相反,墙体上存在门窗洞口,对保证构件的稳定性是不利的,墙体的[β]会相对变小一些。

（5）构件的重要性即房屋的使用情况。对于房屋中的次要构件,[β]值可以适当提高;对于使用阶段有振动的房屋,[β]值应该比一般房屋适当降低。

《砌规》中给出的允许高厚比[β]值是在总结我国实践经验的基础上参照国外有关资料确定的。

表 6.1.1　墙、柱的允许高厚比[β]值

砌体类别	砂浆强度等级	墙	柱
无筋砌体	M2.5	22	15
	M5.0 或 Mb5.0、Ms5.0	24	16
	≥M5.0 或 Mb5.0、Ms5.0	26	17
配筋砌块砌体	—	30	21

注:1. **毛石墙、柱**的允许高厚比应按表中数值降低20%;
　　2. 带有混凝土或砂浆面层的**组合砖砌体构件**的允许高厚比,可按表中数值提高20%,但不得大于28;
　　3. **验算施工阶段砂浆尚未硬化的新砌砌体构件**高厚比时,允许高厚比对墙取14,对柱取11。

2. 有门窗洞口墙允许高厚比的修正系数 μ_2

理论分析表明,门窗洞口对墙的高厚比验算是有影响的,可将有洞口墙比拟为变截面柱(图 12.18(a)),无洞口墙比拟为等截面柱(图 12.18(b))。

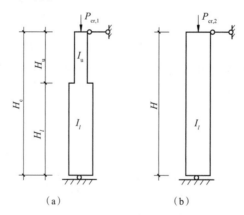

图 12.18　构件计算简图
（a）有窗墙　（b）无窗墙

分别按弹性稳定理论和能量法可求得最小临界荷载值如下。

等截面柱:

$$P_{cr,2} = \frac{\pi^2 EI_l}{H^2} \tag{12.26}$$

变截面柱:

$$P_{cr,1} = \frac{\pi^2 EI_l}{(\mu H_c)^2} \tag{12.27-a}$$

$$\mu = \sqrt{\dfrac{1}{\dfrac{H_l}{H_c} + \dfrac{I_u}{I_l} \cdot \dfrac{H_u}{H_c} - \dfrac{1}{2\pi}\left(1 - \dfrac{I_u}{I_l}\right)\sin\dfrac{2\pi H_l}{H_c}}} \qquad (12.27\text{-}b)$$

式中　I_u——变截面柱上柱的截面惯性矩,相当于有洞口墙的净截面惯性矩;

　　　I_l——等截面柱的截面惯性矩或变截面柱下柱的截面惯性矩,相当于有洞口墙的毛截面惯性矩;

　　　μ——变截面柱的计算高度修正系数。

如果令 $P_{cr,1} = P_{cr,2}$,根据式(12.26)及式(12.27-a)可得

$$\dfrac{\pi^2 EI_l}{H^2} = \dfrac{\pi^2 EI_l}{(\mu H_c)^2} \qquad (12.28\text{-}a)$$

$$\dfrac{H_c}{H} = \dfrac{1}{\mu} \qquad (12.28\text{-}b)$$

当墙厚均为 h 时,则有 $\dfrac{\beta_c}{\beta} = \dfrac{H_c/h}{H/h} = \dfrac{1}{\mu}$,即

$$\beta_c = \dfrac{1}{\mu}\beta = \mu_2\beta \qquad (12.29)$$

式(12.29)意味着,有洞口墙的允许高厚比值可以按无洞口墙的[β]值乘以修正系数 μ_2 得出。修正系数 μ_2 可以根据式(12.27-b)计算得出,但是计算较为烦琐。为了方便计算和设计,《砌规》给出的计算方法如下。

6.1.4　对有门窗洞口的墙,允许高厚比修正系数,应符合下列要求。

　1　允许高厚比修正系数,应按下式计算:

$$\mu_2 = 1 - 0.4\dfrac{b_s}{s} \qquad (6.1.4)$$

式中　b_s——在宽度 s 范围内的门窗洞口总宽度;

　　　s——相邻横墙或壁柱之间的距离。

　2　当按公式(6.1.4)计算的 μ_2 值小于 0.7 时,μ_2 取 0.7;当洞口高度小于或等于墙高的 1/5 时,μ_2 取 1.0。

　3　当洞口高度大于或等于墙高的 4/5 时,可按独立墙段验算高厚比。

对于不同的 H_u/H_c、I_u/I_l 值,按式(12.27-b)及规范计算出的修正系数 μ_2 见表 12.1。可见,随着 I_u/I_l 的减小,亦即门窗洞口的增大,μ 逐渐增大,意味着临界荷载的减小,应将允许高厚比降低。而《砌规》给出的值相当于门窗高度为 2/3 墙高时的 μ_2,比较接近实际情况。

表 12.1　门窗洞口影响系数 $\mu_2 = 1/\mu$

I_u/I_l	H_u/H_c					$\mu_2 = 1 - 0.4\dfrac{b_s}{s}$
	1/4	1/3	1/2	2/3	3/4	
0.1	0.962	0.925	0.742	0.575	0.425	0.640
0.2	0.970	0.943	0.775	0.632	0.518	0.680
0.3	0.970	0.952	0.805	0.689	0.606	0.720
0.4	0.970	0.962	0.835	0.744	0.675	0.760
0.5	0.980	0.970	0.865	0.794	0.740	0.800
0.6	0.980	0.980	0.895	0.840	0.793	0.840
0.7	1.000	1.000	0.950	0.922	0.905	0.920
0.8	1.000	1.000	0.975	0.962	0.953	0.960

根据《砌规》表 6.1.1 可知,柱和墙允许高厚比的比值基本上为 0.7,考虑到有门窗洞口墙体的允许高厚比不应比独立柱更低,因此规定计算的修正系数 μ_2 不应低于 0.7,否则仍按 0.7 取用。

此外,对于 H_u/H_c 较小的情况,按规范计算偏于保守,由表 12.1 可见,当 $\dfrac{H_u}{H_c} = \dfrac{1}{4}$ 时的修正系数 μ_2 已接近 1,所以《砌规》规定当洞口高度小于或等于墙高的 1/5 时,取 $\mu_2 = 1.0$;当洞口高度大于或等于墙高的 4/5 时,则做了较严格的要求,必须按独立墙段验算高厚比,这是在某些仓库建筑中会遇到的实际情况。

3. 非承重墙允许高厚比的修正系数 μ_1

非承重墙一般是指计算高度内只承受自重的墙。对于各种支承条件,承受自重的杆件与顶端有集中荷载的杆件,其临界荷载的比值并不一定是定值,但临界荷载均可表示为

$$P_{cr} = \frac{\pi^2 EI}{(\mu H)^2} \tag{12.30}$$

式中 μ——计算长度修正系数,与杆件的端部支承条件有关。

现将工程中较为常见的部分支承条件下的杆件计算长度修正系数 μ 值列于表 12.2 中。由表可见,对于同一支承条件的杆件,两种荷载情况允许高厚比 $[\beta]$ 的比值在 1.35~1.79。

表 12.2 杆件计算长度修正系数 μ

荷载条件	杆件支承条件			
上部作用有集中荷载（承重墙）μ_F	2.00	0.70	1.00	0.50
仅承受自重均布荷载（自承重墙）μ_p	1.12	0.43	0.71	0.37
$[\beta]_p/[\beta]_F\ (=\mu_F/\mu_p)$	1.79	1.63	1.41	1.35

不难看出,如果杆件的材料（E）、截面（I）相同,临界荷载值 P_{cr} 也相等,则在相同支承条件下承受自重的杆件的允许高厚比一定比上端有集中荷载时大,所以非承重墙的允许高厚比一定比承重墙大。

假定砌体的容重为 γ,某一自承重墙体的厚度为 h、宽度为 b、高度为 H,则以 $P_{cr} = qH = \gamma hbH$ 和 $I = \dfrac{bh^3}{12}$ 代入式（12.30）,整理后可得

$$\left(\frac{H}{h}\right)^3 = \beta^3 = \frac{A}{h} \tag{12.31-a}$$

$$\beta = \sqrt[3]{\frac{A}{h}} \tag{12.31-b}$$

式中:$A = \dfrac{\pi^2 E}{12\gamma} \cdot \dfrac{1}{\mu^2}$,在一定的材料和支承条件下其值为常量。

由式（12.31）可见,非承重墙的 β 值除与砌体的弹性模量 E、墙的周边支承条件等因素有关外,还与墙壁厚度的立方根有关;对一定材料和支承条件的非承重墙,则仅与墙的厚度立方根有关,墙越薄则允许高厚比

越大。这样,非承重墙的厚度由 240 mm 变为 90 mm 时,[β]因墙厚减小的提高值为 $\dfrac{\beta_{90}}{\beta_{240}}=\sqrt[3]{\dfrac{240}{90}}=1.39$。

综合上述分析,结合以往的实践经验与规定,《砌规》对 240 mm 厚的非承重墙采用允许高厚比的提高系数为 1.2,而实际相比于承重墙的[β]提高系数为 1.39×(1.35~1.79)=1.88~2.49 是偏于安全的;同样,对于 90~240 mm 厚的非承重墙采用 1.2~1.5 的提高系数也是偏于安全的。

6.1.3 厚度不大于 240 mm 的自承重墙,允许高厚比修正系数 μ_1,应按下列规定采用。

　　1 墙厚为 240 mm 时,μ_1 取 1.2;墙厚为 90 mm 时,μ_1 取 1.5;当墙厚小于 240 mm 且大于 90 mm 时,μ_1 按插入法取值。

$$\left(\text{编者注}:\mu_1=\frac{1.5-1.2}{90-240}(h-90)+1.5=1.68-\frac{0.3h}{150}\right)$$

　　2 上端为自由端墙的允许高厚比,除按上述规定提高外,尚可提高 30%。

　　3 对厚度小于 90 mm 的墙,当双面采用不低于 M10 的水泥砂浆抹面,包括抹面层的墙厚不小于 90 mm 时,可按墙厚等于 90 mm 验算高厚比。

---

4. 带壁柱墙高厚比验算

带壁柱墙高厚比的验算包括两部分内容,即把带壁柱墙视为厚度为 $h_T=3.5i$(i 为验算墙体的截面回转半径)的带壁柱整片墙体的高厚比验算以及壁柱间墙体的高厚比验算。

1)带壁柱整片墙体的高厚比验算

《砌规》有如下规定。

6.1.2 带壁柱墙和带构造柱墙的高厚比验算,应按下列规定进行。

　　1 按公式(6.1.1)验算**带壁柱墙的高厚比**,此时公式中 h 应改用带壁柱墙截面的折算厚度 h_T,在确定截面回转半径时,墙截面的翼缘宽度可按本规范第 4.2.8 条的规定采用;当确定带壁柱墙的计算高度 H_0 时,s 应取与之相交相邻墙之间的距离。

---

2)壁柱间墙体的高厚比验算

对壁柱间墙或带构造柱墙的高厚比验算是为了保证壁柱间墙和带构造柱墙的局部稳定,此时可以将壁柱视为墙体的不动铰支点。当高厚比验算不满足要求时,可在墙中设置钢筋混凝土圈梁。如图 12.19 所示,当圈梁的截面宽度 b 与相邻壁柱间或相邻构造柱间的距离 s 的比值即 $b/s \geqslant 1/30$ 时,圈梁水平向刚度较大,能够限制墙体的侧向变形,可视为不动铰支点,这样墙高就能降低为由基础底面至圈梁底面的高度。当相邻壁柱间的距离 s 较大,使得圈梁宽度 $b<s/30$,且圈梁的宽度增加受限时,为满足上述要求,可按平面外等刚度原则($EI=E\dfrac{hb^3}{12}$,h 为圈梁截面高度,b 为圈梁截面宽度)增加圈梁的截面高度。

《砌规》有如下规定。

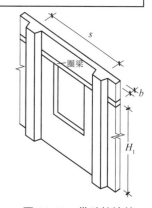

图 12.19 带壁柱墙的高厚比验算

6.1.2 带壁柱墙和带构造柱墙的高厚比验算,应按下列规定进行。

　　3 按公式(6.1.1)验算**壁柱间墙或构造柱间墙的高厚比**时,s 应取相邻壁柱间或相邻构造柱间的距离。设有钢筋混凝土圈梁的带壁柱墙或带构造柱墙,当 $b/s \geqslant 1/30$ 时,圈梁可视作壁柱间墙或构造柱间墙的不动铰支点(b 为圈梁宽度)。当不满足上述条件且不允许增加圈梁宽度时,可按墙体平面外等刚度原则增加圈梁高度,此时圈梁仍可视为壁柱间墙或构造柱间墙的不动铰支点。

---

5. 设构造柱墙高厚比验算

近年来,由于抗震设计的要求,相当多的砌体结构房屋设有钢筋混凝土构造柱,并采取可靠措施(拉结筋、马牙槎等)与墙体拉结形成整体。墙内设置构造柱后,其整体稳定性有所提高,其允许高厚比限值也可以相应增大。

图 12.20 所示为砌块和砂浆强度等级相同，墙厚均为 h，窗间墙间距均为 s 的一片不设构造柱的墙和一片设构造柱的墙；不设构造柱墙的计算高度为 H_0，墙截面的惯性矩和弹性模量分别为 I_1、E_1；设构造柱墙的计算高度为 H_{0c}，墙截面的惯性矩和弹性模量分别为 I_2、E_2；构造柱截面高度与墙厚相同，宽度为 b_c。取 s 范围内的墙体为计算单元，不考虑门窗洞口的影响（在进行高厚比验算时，统一用门窗洞口修正系数考虑），假定在临界荷载作用下两类墙体可能的失稳曲线分别为 y_1、y_2，如图 12.21 所示。

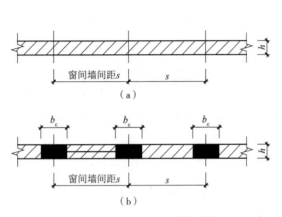

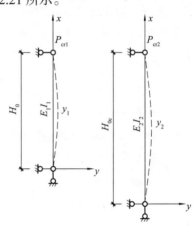

图 12.20　不设构造柱墙和设构造柱墙体平面示意

（a）不设构造柱墙　（b）设构造柱墙

图 12.21　两类墙体的失稳曲线模型

由图 12.21，有

$$y_1 = H_0 \sin\frac{\pi x}{H_0} \tag{12.32}$$

$$y_2 = H_{0c} \sin\frac{\pi x}{H_{0c}} \tag{12.33}$$

采用能量法分析压杆稳定的理论，并令 $P_{cr1}=P_{cr2}$，可得

$$\frac{H_{0c}^2}{H_0^2} = \frac{E_2 I_2}{E_1 I_1} = 1 + \frac{b_c}{s}(\alpha-1) \tag{12.34}$$

式中：$\alpha=E_c/E_1$，E_c 为混凝土构造柱的弹性模量。

令 $\beta=H_0/h$，$\beta_c=H_{0c}/h$，分别为不设构造柱墙和设构造柱墙的高厚比，可求出设构造柱墙在相同临界荷载下允许高厚比的提高系数为

$$\mu_c = \frac{\beta_c}{\beta} = \sqrt{1+\frac{b_c}{s}(\alpha-1)} \tag{12.35}$$

可见，构造柱对墙体允许高厚比的影响随块材强度等级、砌筑砂浆强度等级、构造柱宽度 b_c 及窗间墙的间距（即构造柱间距）s 的比值而变化。μ_c 随砂浆强度等级、砌体强度等级的提高大致呈线性关系下降，但随 $\frac{b_c}{s}$ 的提高而提高。

为适合不同强度等级的砌块材料以便于设计计算，《砌规》规定构造柱对墙体允许高厚比的影响系数 μ_c 按以下要求计算。

6.1.2　带壁柱墙和带构造柱墙的高厚比验算，应按下列规定进行。

2　当构造柱截面宽度不小于墙厚时，可按公式（6.1.1）验算带构造柱墙的高厚比，此时公式中 h 取墙厚；当确定带构造柱墙的计算高度 H_0 时，s 应取相邻横墙间的距离；墙的允许高厚比 $[\beta]$ 可乘以修正系数 μ_c，μ_c 可按下式计算：

$$\mu_c = 1 + \gamma \frac{b_c}{l} \qquad\qquad (6.1.2)$$

式中　γ——系数,对细料石砌体 $\gamma=0$,对混凝土砌块、混凝土多孔砖、粗料石、毛料石及毛石砌体 $\gamma=1.0$,其他砌体 $\gamma=1.5$;

　　　　b_c——构造柱沿墙长方向的宽度;

　　　　l——构造柱的间距。

当 $b_c/l > 0.25$ 时,取 $b_c/l=0.25$;当 $b_c/l < 0.05$ 时,取 $b_c/l=0$。

注:考虑构造柱有利作用的高厚比验算不适用于施工阶段。

6.1.2 条文说明(部分)

　　为与组合砖墙承载力计算相协调,规定 $b_c/l > 0.25$(即 $l/b_c < 4$)时,取 $l/b_c=4$;当 $b_c/l < 0.05$(即 $l/b_c > 20$)时,表明构造柱间距过大,对提高墙体稳定性和刚度作用已很小。

　　由于在施工过程中大多是先砌筑墙体后浇筑构造柱,应注意采取措施保证设构造柱墙在施工阶段的稳定性。

6. 高厚比验算步骤

(1)非承重墙的高厚比修正系数 μ_1。

《砌规》第 6.1.3 条

(2)开洞墙体高厚比修正系数 μ_2(≥ 0.7)。

洞口高度或修正上限:《砌规》第 6.1.4 条第 3 款
洞口高度或修正下限:《砌规》第 6.1.4 条第 2 款
修正系数计算:《砌规》第 6.1.4 条第 1 款

(3)带构造柱墙体高厚比修正系数 μ_c。

《砌规》第 6.1.2 条第 2 款(注意 b_c/l 取值范围)

(4)高厚比限值 $[\beta]$。

《砌规》表 6.1.1 及注 1、2、3

(5)免验算条件。

《砌规》第 6.1.1 条注 2

(6)构件计算高度 H_0。

房屋静力计算方案:《砌规》第 4.2.1 条、第 4.2.2 条
常截面墙、柱:《砌规》第 6.1.1 条注 1、第 5.1.3 条、第 6.1.2 条第 1 款
变截面柱:《砌规》第 6.1.1 条注 3、第 5.1.4 条

(7)构件高厚比验算。

《砌规》式(6.1.1)、式(6.1.2)

12.4.2　其他构造要求

　　一般砌体的构造要求主要是针对砌体房屋连接构造、最低材料强度等,包括砌体房屋整体性、耐久性等内容提出的基本要求。下面仅对增强房屋整体性、抗震性以及抗裂性三部分内容进行介绍。

1. 房屋整体性

　　汶川地震灾害的经验表明,预制钢筋混凝土板之间有可靠连接,才能保证楼面板的整体作用,增加对墙体的约束,减小墙体竖向变形,避免楼板在较大位移时坍塌。同时,工程实践也表明,墙体转角处和纵横墙交接处设拉结钢筋是提高墙体稳定性和房屋整体性的重要措施之一,该项措施对防止墙体温度或干缩变形引起的开裂也有一定作用。相关规范有如下规定。

《砌体结构通用规范》（GB 55007—2021）

4.1.5　墙体转角处和纵横墙交接处应设置水平拉结钢筋或钢筋焊接网。

4.1.6　钢筋混凝土楼、屋面板应符合下列规定：

　　1　现浇钢筋混凝土楼板或屋面板伸进纵、横墙内的长度，均不应小于 120 mm；

　　2　预制钢筋混凝土板在混凝土梁或圈梁上的支承长度不应小于 80 mm，当板未直接搁置在圈梁上时，在内墙上的支承长度不应小于 100 mm，在外墙上的支承长度不应小于 120 mm；

　　3　预制钢筋混凝土板端钢筋应与支座处沿墙或圈梁配置的纵筋绑扎，应采用强度等级不低于 C25 的混凝土浇筑成板带；

　　4　预制钢筋混凝土板与现浇板对接时，预制板端钢筋应与现浇板可靠连接；

　　5　当预制钢筋混凝土板的跨度大于 4.8 m 并与外墙平行时，靠外墙的预制板侧边应与墙或圈梁拉结；

　　6　钢筋混凝土预制板应相互拉结，并应与梁、墙或圈梁拉结。

《砌体结构设计规范》（GB 50003—2011）

6.2.11　砌块墙与后砌隔墙交接处，应沿墙高每 400 mm 在水平灰缝内设置不少于 2 根直径不小于 4 mm、横筋间距不应大于 200 mm 的焊接钢筋网片（图 6.2.11）。

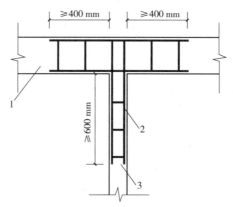

图 6.2.11　砌块墙与后砌隔墙交接处钢筋网片
1—砌块墙；2—焊接钢筋网片；3—后砌隔墙

6.2.13　混凝土砌块墙体的下列部位，如未设圈梁或混凝土垫块，应采用不低于 Cb20 混凝土将孔洞灌实：

　　1　搁栅、檩条和钢筋混凝土楼板的支承面下，高度不应小于 200 mm 的砌体；

　　2　屋架、梁等构件的支承面下，长度不应小于 600 mm，高度不应小于 600 mm 的砌体；

　　3　挑梁支承面下，距墙中心线每边不应小于 300 mm，高度不应小于 600 mm 的砌体。

6.2.13 条文说明

　　混凝土小型砌块房屋在顶层和底层门窗洞口两边易出现裂缝，规定在顶层和底层门窗洞口两边 200 mm 范围内的孔洞用混凝土灌实，为保证灌实质量，要求混凝土坍落度为 160~200 mm。

2. 房屋抗震性

　　以往历次大地震，尤其是汶川地震的震害情况表明，框架（含框剪）结构填充墙等非结构构件均遭到不同程度的破坏，有的损害甚至超出主体结构，导致不必要的经济损失，尤其高级装饰条件下的高层建筑的损失更为严重。同样，也曾发生过受较大水平风荷载作用而导则墙体毁坏并殃及地面建筑、行人的案例。这种现象应引起人们的广泛关注，防止或减轻该类墙体震害及强风作用的有效设计方法和构造措施已成为工程界的共识。

　　嵌砌在框架和梁中间的填充墙砌体，当强度和刚度较大，且有地震发生时，产生的水平地震作用力将会顶推框架梁柱，易造成柱节点处的破坏，所以强度过高的填充墙并不完全有利于框架结构的抗震，填充墙选用轻质砌体材料可减轻结构重量、降低造价、有利于结构抗震。填充墙与框架柱、梁连接处的构造,可根据设计要求采用脱开或不脱开的方法。填充墙与框架柱、梁脱开是为了减小地震时填充墙对框架梁、柱的顶推作用,避免混凝土框架的损坏。《砌规》规定了当采用脱开或者不脱开方法时的详细构造要求,此处不再赘述。

> 6.3.3　填充墙的构造设计,应符合下列规定:
> 　　1　填充墙宜选用轻质块体材料,其强度等级应符合本规范第 3.1.2 条的规定;
> 　　2　填充墙砌筑砂浆的强度等级不宜低于 M5(Mb5,Ms5);
> 　　3　填充墙墙体墙厚不应小于 90 mm;
> 　　4　用于填充墙的夹心复合砌块,其两肢块体之间应有拉结。
> 6.3.4　填充墙与框架的连接,可根据设计要求采用脱开或不脱开方法。有抗震设防要求时,宜采用填充墙与框架脱开的方法。

3. 房屋抗裂性

砌体结构房屋建成后,由于种种原因可能出现各种各样的墙体裂缝。从大的方面来说,墙体裂缝可分为受力裂缝与非受力裂缝两大类。在各种荷载直接作用下墙体产生的相应形式的裂缝称为受力裂缝,而砌体因收缩、温湿度变化、地基不均匀沉降等引起的裂缝称为非受力裂缝,又称为变形裂缝。根据调查,砌体房屋的裂缝中变形裂缝占 80% 以上,其中温度裂缝更为突出,并且小型砌块房屋的裂缝比砖砌体房屋更多而且更为普遍。

小型砌块砌体与砖砌体相比,力学性能有着明显的差异。在相同的块体和砂浆强度等级下,小型砌块砌体的抗压强度比砖砌体高许多,但抗拉、抗剪强度却比砖砌体小很多,沿齿截面弯拉强度仅为砖砌体的 30%,沿通缝弯拉强度仅为砖砌体的 45%~50%,抗剪强度仅为大砖砌体的 50%~55%。因此,在相同受力状态下,小型砌块砌体抵抗拉力和剪力的能力要比砖砌体小很多,所以更容易开裂。此外,小型砌块砌体的竖缝比砖砌体大 3 倍,使其薄弱环节更容易产生应力集中。

通过相关工程试验和有限元分析可得以下几点结论。

(1)楼板和墙体之间的温差是使砌体房屋顶层墙体产生温度裂缝的主要原因。当楼板在温差作用下伸长时,墙体约束楼板变形,从而在墙体里产生以受拉为主的温度应力,当最大温度应力大于墙体抗拉能力时,墙体出现裂缝。

(2)当楼板和墙体之间存在温差时,最大的应力和位移集中在墙体的上部。

(3)温度应力的分布和房屋的布局有关,如门窗洞口分布、纵横墙的设置都会影响应力的大小和分布。

(4)在墙体开裂前,理论计算的结果和试验实测吻合良好。所以可通过有限元计算得出墙体应力分布规律,从而判断各种情况下墙体裂缝可能出现的位置,针对薄弱部位采取措施防止裂缝产生。

(5)门窗洞口对墙体的温度应力影响最大。当墙体设有门窗洞口时温度应力增大 70% 以上,而门窗洞口的大小对温度应力数值影响不大。当有门窗洞口时,因应力集中,边侧的洞口角点成为最危险点。

(6)温度应力和墙体的长度不是线性关系,当墙体长度超过 30 m 后,温度应力几乎不再增长。当墙长小于 4 倍层高时,温度裂缝会出现在墙体长度的中部,而长高比大于 4 时才会出现正八字形裂缝。

(7)楼板厚度、房屋进深、开间尺寸和温度应力之间都是非线性关系,但影响不大。

(8)纵横墙之间的空间作用使墙体的刚度增大,从而使温度应力增加,但增加的幅度一般不会超过 13%。

为了防止或减轻墙体开裂,参考国内外相关规范和试验成果,《砌规》给出了顶层和底层墙体、房屋两端等不同部位的构造措施,并对房屋伸缩缝的设置给出了一定的要求。

6.5.1　在正常使用条件下,应在墙体中设置伸缩缝。伸缩缝应设在因温度和收缩变形引起应力集中、砌体产生裂缝可能性最大处。伸缩缝的间距可按表6.5.1采用。

表6.5.1　砌体房屋伸缩缝的最大间距(m)

屋盖或楼盖类别		间距
整体式或装配整体式钢筋混凝土结构	有保温层或隔热层的屋盖、楼盖	50
	无保温层或隔热层的屋盖	40
装配式无檩体系钢筋混凝土结构	有保温层或隔热层的屋盖、楼盖	60
	无保温层或隔热层的屋盖	50
装配式有檩体系钢筋混凝土结构	有保温层或隔热层的屋盖	75
	无保温层或隔热层的屋盖	60
瓦材屋盖、木屋盖或楼盖、轻钢屋盖		100

注:1. 对烧结普通砖、烧结多孔砖、配筋砌块砌体房屋,取表中数值;对石砌体、蒸压灰砂普通砖、蒸压粉煤灰普通砖、混凝土砌块、混凝土普通砖和混凝土多孔砖房屋,取表中数值乘以0.8的系数,当墙体有可靠外保温措施时,其间距可取表中数值;
　　2. 在钢筋混凝土屋面上挂瓦的屋盖应按钢筋混凝土屋盖采用;
　　3. 层高大于5 m的烧结普通砖、烧结多孔砖、配筋砌块砌体结构单层房屋,其伸缩缝间距可按表中数值乘以1.3;
　　4. 温差较大且变化频繁地区和严寒地区不采暖的房屋及构筑物墙体的伸缩缝的最大间距,应按表中数值予以适当减小;
　　5. 墙体的伸缩缝应与结构的其他变形缝相重合,缝宽度应满足各种变形缝的变形要求;在进行立面处理时,必须保证缝隙的变形作用。

6.5.1 条文说明

为防止墙体房屋因长度过大,由于温差和砌体干缩引起墙体产生竖向整体裂缝,规定了伸缩缝的最大间距。考虑到石砌体、灰砂砖和混凝土砌块与砌体材料性能的差异,根据国内外有关资料和工程实践经验对上述砌体伸缩缝的最大间距予以折减。

按表6.5.1设置的墙体伸缩缝,一般不能同时防止由于钢筋混凝土屋盖的温度变形和砌体干缩变形引起的墙体局部裂缝。

12.5　配筋砌体

配筋砌体是由配置钢筋的砌体作为建筑物主要受力构件的结构,砌体中配置一定数量的钢筋可增强其承载能力和变形能力,改善其脆性性质。《砌规》给出的定义如下。

2.1.2　配筋砌体结构 reinforced masonry structure

由配置钢筋的砌体作为建筑物主要受力构件的结构。其是网状配筋砌体柱、水平配筋砌体墙、砖砌体和钢筋混凝土面层或钢筋砂浆面层组合砌体柱(墙)、砖砌体和钢筋混凝土构造柱组合墙和配筋砌块砌体剪力墙结构的统称。

按照主要块材的不同,配筋砌体结构可分为配筋砖砌体和配筋砌块砌体两大类。配筋砖砌体是指用钢筋或钢筋混凝土加强的砖砌体,配筋可采用横向钢筋和纵向钢筋两种形式。在砖砌体的水平灰缝内设置一定数量和规格的钢筋网以共同工作,即网状配筋砖砌体,又称为横向配筋砖砌体。常用的钢筋网有方格形,称为方格钢筋网;还可做成连弯形,称为连弯钢筋网。在砖砌体竖缝内、砌体外、预留沟槽内配置纵向钢筋,用砂浆或混凝土包裹,箍筋置于水平灰缝内的配筋形式称为组合砖砌体。

12.5.1　网状配筋砖砌体

当砌体上作用有轴向压力时,砌体不但发生纵向压缩,同时也发生横向膨胀。如果能阻止砌体横向变形的发展,那么构件的承载力将大大提高。当砌体配置横向钢筋时,钢筋的弹性模量比砌体的弹性模量大,可阻止砌体的横向变形,防止砌体因纵向裂缝的延伸而过早失稳破坏,从而提高砌体的抗压强度。由于受到横向钢筋的约束,构件中很少出现贯通的纵向裂缝。

试验表明,当荷载偏心作用时,横向配筋的效果将随偏心距的增大而降低。这是因为偏心荷载作用下,截面中压应力分布很不均匀,在压应力较小的区域钢筋的作用难以发挥。同时,对于高厚比较大的构件,导致整个构件失稳破坏的因素越来越大,此时横向钢筋的作用也难以发展。所以,《砌规》规定了网状配筋砖砌体的适用范围。

8.1.1 网状配筋砖砌体受压构件,应符合下列规定:

1 偏心距超过截面核心范围(对于矩形截面即 $e/h>0.17$),或构件的高厚比 $\beta>16$ 时,不宜采用网状配筋砖砌体构件;

2 对矩形截面构件,当轴向力偏心方向的截面边长大于另一方向的边长时,除按偏心受压计算外,还应对较小边长方向按轴心受压进行验算;

3 当网状配筋砖砌体构件下端与无筋砌体交接时,尚应验算交接处无筋砌体的局部受压承载力。

对比无筋和横向配筋砌体的试验过程发现,配置横向钢筋提高了砌体的初裂荷载,这是因为灰缝中的钢筋提高了单砖的抗弯、抗剪能力。由于钢筋的拉结作用,避免了砌体被竖向裂缝分割成一个个小柱而失稳破坏,因而较大限度地提高了砌体的承载能力。当有足够的配筋时,甚至于破坏发生在砖被压碎的现象,这在无筋砌体中是不可能达到的。

对于网状配筋砖砌体受压构件的承载力,《砌规》采用类似于无筋砌体的计算公式,而配筋砌体抗压强度则在满足可靠性指标的前提下,根据相关试验成果考虑偏心距影响得出。

8.1.2 网状配筋砖砌体(图 8.1.2)受压构件的承载力,应按下列公式计算:

$$N \leqslant \varphi_n f_n A \tag{8.1.2-1}$$

$$f_n = f + 2\left(1 - \frac{2e}{y}\right)\rho f_y \tag{8.1.2-2}$$

$$\rho = \frac{(a+b)A_s}{abs_n} \tag{8.1.2-3}$$

式中 N——轴向力设计值;

    φ_n——高厚比和配筋率以及轴向力的偏心距对网状配筋砖砌体受压构件承载力的影响系数,可按附录 D.0.2 的规定采用;

    f_n——网状配筋砖砌体的抗压强度设计值;

    A——截面面积;

    e——轴向力的偏心距;

    y——自截面重心至轴向力所在偏心方向截面边缘的距离;

    ρ——体积配筋率;

    f_y——钢筋的抗拉强度设计值,当 f_y 大于 320 MPa 时,仍采用 320 MPa;

    a、b——钢筋网的网格尺寸;

    A_s——钢筋的截面面积;

    s_n——钢筋网的竖向间距。

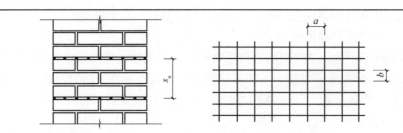

图 8.1.2 网状配筋砖砌体

D.0.2 网状配筋砖砌体矩形截面单向偏心受压构件承载力的影响系数 φ_n，可按表 D.0.2 采用或按下列公式计算：

$$\varphi_n = \frac{1}{1 + 12\left[\dfrac{e}{h} + \sqrt{\dfrac{1}{12}\left(\dfrac{1}{\varphi_{0n}} - 1\right)}\right]^2} \qquad (D.0.2\text{-}1)$$

$$\varphi_{0n} = \frac{1}{1 + (0.0015 + 0.45\rho)\beta^2} \qquad (D.0.2\text{-}2)$$

式中　φ_{0n}——网状配筋砖砌体受压构件的稳定系数；
　　　ρ——配筋率（体积比）。

网状配筋砖砌体受压承载力的计算步骤如下。

（1）配筋率 $\rho[0.1\%, 1\%]$。

　　　　　　　　　　　　　　　　　　　　　　　　　　《砌规》式（8.1.2-3）

（2）材料抗压强度 f、$f_y(\leqslant 320\ \mathrm{MPa})$、$f_n$。

　　　　　　　　　　　　　　　　　　　　　　《砌规》第 3.2.2 条、第 3.2.3 条

（3）构件高度 H 及计算高度 H_{0x}、H_{0y}。

　　　　　　　　　　　　　　　　　　　　　　　《砌规》第 5.1.3 条及注释

（4）计算高厚比 β_x、β_y。

　　　　　　　　　　　　　　　　　　　　　　　　　　《砌规》第 5.1.2 条

（5）φ_{0n}、φ_n。

　　　　　　　　　　　　　　　　　　　　　　　　　　《砌规》第 D.0.2 条

（6）受压承载力验算 $N \leqslant \varphi_n f_n A$（偏心方向）、$N \leqslant \varphi_{0n} f_n A$（短边方向）。

　　　　　　　　　　　　　　　　　　　　　　　　　　《砌规》式（8.1.2-1）

砌体与横向钢筋之间足够的黏结力是保证两者共同工作的前提。《砌规》规定了网状配筋砖砌体的基本构造要求。

8.1.3 网状配筋砖砌体构件的构造应符合下列规定：
　1　网状配筋砖砌体中的体积配筋率，不应小于 0.1%，并不应大于 1%；
　2　采用钢筋网时，钢筋的直径宜采用 3~4 mm；
　3　钢筋网中钢筋的间距，不应大于 120 mm，并不应小于 30 mm；
　4　钢筋网的间距，不应大于五皮砖，并不应大于 400 mm；
　5　网状配筋砖砌体所用的砂浆强度等级不应低于 M7.5，钢筋网应设置在砌体的水平灰缝中，灰缝厚度应保证钢筋上下至少各有 2 mm 厚的砂浆层。

12.5.2　组合砖砌体

在砖砌体内配置纵向钢筋或设置部分钢筋混凝土或钢筋砂浆以共同工作都是组合砖砌体。组合砖砌体

不但能显著提高砌体的抗弯能力和延性,而且能提高其抗压能力,具有和钢筋混凝土相近的性能。组合砖砌体还有许多形式,在砖砌体内设置钢筋混凝土构造柱组成的组合墙也属于组合砖砌体的范畴,但由于组合形式和计算方法稍有不同,分两部分进行介绍。下面所述的组合砖砌体主要是指由砖砌体和钢筋混凝土面层或钢筋砂浆面层组成的组合砖砌体。《砌规》有如下规定。

8.2.1　当轴向力的偏心距超过本规范第 5.1.5 条规定的限值时,宜采用砖砌体和钢筋混凝土面层或钢筋砂浆面层组成的组合砖砌体构件(图 8.2.1)。

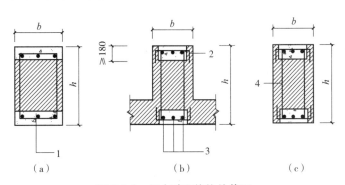

图 8.2.1　组合砖砌体构件截面
1—混凝土或砂浆;2—拉结钢筋;3—纵向钢筋;4—箍筋

8.2.2　对于砖墙与组合砌体一同砌筑的 T 形截面构件(图 8.2.1(b)),其承载力和高厚比可按矩形截面组合砌体构件计算(图 8.2.1(c))。

1. 轴心受压承载力计算

组合砖砌体是由砖砌体、钢筋、混凝土或砂浆三种材料所组成,在荷载作用下,三者变形协调。但每种材料相应于达到其自身的极限强度时的压应变并不相同,其中钢筋最小(ε_{us}=0.001 1~0.001 6),混凝土其次(ε_{uc}=0.001 5~0.002),砖砌体最大(ε_{uc}=0.002~0.004)。所以,在轴向压力作用下,组合砖砌体中的纵向钢筋会首先屈服,然后是面层混凝土达到抗压强度,此时砖砌体尚未达到其抗压强度。

将组合砖砌体破坏时截面中砖砌体的应力与砖砌体的极限强度之比定义为砖砌体的强度系数。对于钢筋混凝土面层的组合砖砌体,可根据变形协调的原则确定,即以组合砖砌体破坏时的应变值,从砖砌体的应力-应变曲线上得出此时砖砌体的应力,其与砖砌体极限强度之比即为砖砌体的强度系数。根据四川省建筑科研所的试验结果,该系数的平均值为 0.945。当面层采用水泥砂浆时,砂浆的极限压应变大于受压钢筋的屈服应变,受压钢筋的强度不能被充分利用。根据试验结果,砂浆面层中钢筋的强度系数平均为 0.93。

组合砖砌体构件的稳定系数 φ_{com} 理论上应介于无筋砌体构件的稳定系数 φ_0 与钢筋混凝土构件的稳定系数 φ_{0c} 之间。相关试验表明,φ_{com} 主要与高厚比 β 和配筋率 ρ 有关。

对于组合砖砌体轴心受压承载力的计算,《砌规》有如下规定。

8.2.3　组合砖砌体轴心受压构件的承载力,应按下式计算:
$$N \le \varphi_{com}(fA + f_c A_c + \eta_s f_y' A_s') \tag{8.2.3}$$
式中　φ_{com}——组合砖砌体构件的稳定系数,可按表 8.2.3 采用;
　　　A——砖砌体的截面面积;
　　　f_c——混凝土或面层水泥砂浆的轴心抗压强度设计值,砂浆的轴心抗压强度设计值可取为同强度等级混凝土的轴心抗压强度设计值的 70%,当砂浆为 M15 时取 5.0 MPa,当砂浆为 M10 时取 3.4 MPa,当砂浆强度为 M7.5 时取 2.5 MPa;
　　　A_c——混凝土或砂浆面层的截面面积;
　　　η_s——受压钢筋的强度系数,**当为混凝土面层时可取 1.0,当为砂浆面层时可取 0.9;**

f'_y——钢筋的抗压强度设计值；

A'_s——受压钢筋的截面面积。

表 8.2.3 组合砖砌体构件的稳定系数 φ_{com}

高厚比 β	配筋率 $\rho(\%)$					
	0	0.2	0.4	0.6	0.8	≥ 1.0
8	0.91	0.93	0.95	0.97	0.99	1.00
10	0.87	0.90	0.92	0.94	0.96	0.98
12	0.82	0.85	0.88	0.91	0.93	0.95
14	0.77	0.80	0.83	0.86	0.89	0.92
16	0.72	0.75	0.78	0.81	0.84	0.87
18	0.67	0.70	0.73	0.76	0.79	0.81
20	0.62	0.65	0.68	0.71	0.73	0.75
22	0.58	0.61	0.64	0.66	0.68	0.70
24	0.54	0.57	0.59	0.61	0.63	0.65
26	0.50	0.52	0.54	0.56	0.58	0.60
28	0.46	0.48	0.50	0.52	0.54	0.56

注：组合砖砌体构件截面的配筋率 $\rho = A'_s / bh$。

2. 偏心受压承载力计算

组合砖砌体构件偏心受压时，其承载力和变形性能与钢筋混凝土构件相近。对于偏心受压组合砖柱，当达到极限荷载时，受压较大一侧的混凝土或砂浆面层可以达到混凝土或者砂浆的抗压强度，而受拉钢筋仅当大偏心时才能达到屈服强度。因此，偏心受压砖砌体的破坏形态基本上可分为两类：小偏压时，受压区混凝土或者砂浆面层及部分砌体受压破坏；大偏压时，受拉区钢筋首先屈服，然后受压区产生破坏。

组合砖砌体构件发生小偏心受压破坏时，距轴向力 N 较远一侧钢筋的应力 σ_s 可按平截面假定并经线性处理求得。《砌规》有如下规定。

8.2.5 组合砖砌体钢筋 A_s 的应力 σ_s（单位为 MPa，**正值为拉应力，负值为压应力**）应按下列规定计算：

1 当为**小偏心受压**，即 $\zeta > \zeta_b$ 时：

（编者注：**远侧钢筋可能受拉也可能受压，但均不能达到屈服强度**）

$$\sigma_s = 650 - 800\zeta \tag{8.2.5-1}$$

2 当为大偏心受压，即 $\xi \leq \xi_b$ 时：

（编者注：**远侧钢筋受拉，并首先达到屈服强度**）

$$\sigma_s = f_y \tag{8.2.5-2}$$
$$\xi = x/h_0 \tag{8.2.5-3}$$

式中 σ_s——钢筋的应力，当 $\sigma_s > f_y$ 时取 $\sigma_s = f_y$，当 $\sigma_s < f'_y$ 时取 $\sigma_s = f'_y$；

ζ——组合砖砌体构件截面的相对受压区高度；

f_y——钢筋的抗拉强度设计值。

3 组合砖砌体构件受压区相对高度的界限值 ζ_b，对于 HRB400 级钢筋，应取 0.36；对于 HRB335 级钢筋，应取 0.44；对于 HPB300 级钢筋，应取 0.47。

类似于钢筋混凝土偏心受压构件，通过对偏心受压构件任一截面的平衡条件可建立相应的承载力计算公式。《砌规》在计算组合砖砌体偏心受压柱时，同时考虑了由于柱纵向挠曲所产生的附加偏心距。

8.2.4　组合砖砌体偏心受压构件的承载力,应按下列公式计算:

$$N \leqslant fA' + f_c A'_c + \eta_s f'_y A'_s - \sigma_s A_s \tag{8.2.4-1}$$

或

$$Ne_N \leqslant fS_s + f_c S_{c,s} + \eta_s f'_y A'_s (h_0 - a'_s) \tag{8.2.4-2}$$

此时,受压区的高度 x 可按下列公式确定:

$$fS_N + f_c S_{c,N} + \eta_s f'_y A'_s e'_N - \sigma_s A_s e_N = 0 \tag{8.2.4-3}$$

$$e_N = e + e_a + (h/2 - a_s) \tag{8.2.4-4}$$

$$e'_N = e + e_a - (h/2 - a'_s) \tag{8.2.4-5}$$

$$e_a = \frac{\beta^2 h}{2\,200}(1 - 0.022\beta) \tag{8.2.4-6}$$

式中　A'——砖砌体受压部分的面积;

$\quad A'_c$——混凝土或砂浆面层受压部分的面积;

$\quad \sigma_s$——钢筋 A_s 的应力;

$\quad A_s$——距轴向力 N 较远侧钢筋的截面面积;

$\quad S_s$——砖砌体受压部分的面积对钢筋 A_s 重心的面积矩;

$\quad S_{c,s}$——混凝土或砂浆面层受压部分的面积对钢筋 A_s 重心的面积矩;

$\quad S_N$——砖砌体受压部分的面积对轴向力 N 作用点的面积矩;

$\quad S_{c,N}$——混凝土或砂浆面层受压部分的面积对轴向力 N 作用点的面积矩;

$\quad e_N$、e'_N——钢筋 A_s 和 A'_s 重心至轴向力 N 作用点的距离(图 8.2.4);

$\quad e$——轴向力的初始偏心距,按荷载设计值计算,<u>当 e 小于 $0.05h$ 时,应取 e 等于 $0.05h$</u>;

$\quad e_a$——组合砖砌体构件在轴向力作用下的附加偏心距;

$\quad h_0$——组合砖砌体构件截面的有效高度,取 $h_0 = h - a_s$;

$\quad a_s$、a'_s——钢筋 A_s 和 A'_s 重心至截面较近边的距离。

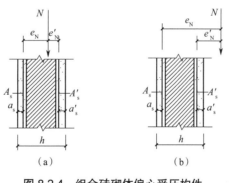

图 8.2.4　组合砖砌体偏心受压构件
(a)小偏心受压　(b)大偏心受压

已知轴向作用力 N,则对称配筋组合砖砌体的偏心受压承载力的计算步骤如下。

(1)相对界限受压区高度 ξ_b 及界限偏心受压承载力 N_u:

$$N_u = fb(\xi_b h_0 - h_1) + f_c b h_1 + \eta_s f'_y A'_s - f_y A_s$$

式中　b——计算截面宽度,可取 $b = 1\,000$ mm;

$\quad h_1$——沿墙厚方向混凝土或砂浆面层受压区高度。

《砌规》第 8.2.5 条第 3 款

(2)判定大小偏心:$N \leqslant N_u$ 为大偏心;$N > N_u$ 为小偏心。

（3）附加偏心距 e_a、偏心距 $e(\geqslant 0.05h)$、e_N、e'_N 及受压区高度 x。

《砌规》式（8.2.4-3）至式（8.2.4-6）

（4）计算面积矩 S_s、$S_{c,s}$，求配筋面积 $A'_s=A_s$。

《砌规》式（8.2.4-2）

（5）验算最小配筋率 $\rho_{\min}$。

《砌规》第8.2.6条第3款

3. 构造要求

《砌规》有如下规定。

8.2.6 组合砖砌体构件的构造应符合下列规定。

　　1 面层混凝土**强度等级**宜采用C20,面层水泥砂浆强度等级不宜低于M10,砌筑砂浆的强度等级不宜低于M7.5。

　　2 **砂浆面层的厚度**,可采用30~45 mm;当面层厚度大于45 mm时,其面层宜采用混凝土。

　　3 **竖向受力钢筋**宜采用HPB300级钢筋,对于混凝土面层,亦可采用HRB335级钢筋。受压钢筋一侧的配筋率,对砂浆面层,不宜小于0.1%;对混凝土面层,不宜小于0.2%。受拉钢筋的配筋率,不应小于0.1%。竖向受力钢筋的直径,不应小于8 mm;钢筋的净间距,不应小于30 mm。

　　4 **箍筋**的直径,不宜小于4 mm及20%的受压钢筋直径,并不宜大于6 mm。箍筋的间距,不应大于20倍受压钢筋的直径及500 mm,并不应小于120 mm。

　　5 当组合砖砌体构件一侧的竖向受力钢筋多于4根时,应设置**附加箍筋或拉结钢筋**。

　　6 对于截面长短边相差较大的构件如墙体等,应采用穿通墙体的拉结钢筋作为箍筋,同时设置水平分布钢筋。**水平分布钢筋**的竖向间距及拉结钢筋的水平间距,均不应大于500 mm（图8.2.6）。

　　7 组合砖砌体构件的顶部和底部以及牛腿部位,必须设置**钢筋混凝土垫块**。竖向受力钢筋伸入垫块的长度,必须满足锚固要求。

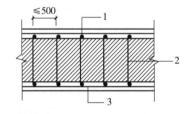

图 8.2.6　混凝土或砂浆面层组合墙
1—竖向受力钢筋;2—拉结钢筋;3—水平分布钢筋

12.5.3　砖砌体和钢筋混凝土构造柱组合墙

　　对于多层砖砌体房屋,设置钢筋混凝土构造柱的主要目的是加强墙体的整体性,增加墙体抗侧刚度和延性,并在一定程度上利用其抵抗侧向地震力的能力。但当砖墙竖向承载力不足,又不愿为此增大墙体厚度时,会在墙体中设钢筋混凝土柱进行加强,柱的厚度与墙一样,也可以视为构造柱。构造柱不但自身可以承受一定荷载,而且与圈梁组成的"弱框架"对墙体有一定的约束作用,混凝土构造柱还能提高墙体的受压稳定性。

　　在竖向荷载作用下,由于砖砌体和钢筋混凝土的弹性模量不同,砖砌体和钢筋混凝土构造柱之间将发生内力重分布,砖砌体承担的荷载减少,而构造柱承担的荷载增加,因此会出现构造柱附近墙体的竖向压应力比构造柱之间中部墙体低的现象,中部砌体压应力峰值则随着构造柱间距的减小而降低。

　　有限元分析表明,层高对组合墙内力分配影响不大,而构造柱间距却是最主要的影响因素。对于中间柱,其对柱每侧砌体的影响长度约为1.2 m;对于边柱,其影响长度约为1 m。构造柱间距为2 m左右时,柱的作用得到充分发挥,构造柱间距大于4 m时,其对墙体受压承载力的影响很小。

　　湖南大学的试验研究表明,设置构造柱砖墙与组合砖砌体构件有类似之处,可采用组合砖砌体轴心受压构件承载力的计算公式,但引入强度系数以反映前者与后者的差别。对于砖砌体和钢筋混凝土构造柱组合墙的承载力计算,《砌规》有如下规定。

8.2.7　砖砌体和钢筋混凝土构造柱组合墙(图 8.2.7)的轴心受压承载力,应按下列公式计算:

$$N \leqslant \varphi_{\text{com}}[fA + \eta(f_c A_c + f'_y A'_s)] \tag{8.2.7-1}$$

$$\eta = \left(\frac{1}{l/b_c - 3}\right)^{\frac{1}{4}} \tag{8.2.7-2}$$

式中　φ_{com}——组合砖墙的稳定系数,可按表 8.2.3 采用;
　　　　η——强度系数,**当 l/b_c 小于 4 时,取 l/b_c 等于 4**;
　　　　l——沿墙长方向构造柱的间距;
　　　　b_c——沿墙长方向构造柱的宽度;
　　　　A——扣除孔洞和构造柱的砖砌体截面面积;
　　　　A_c——构造柱的截面面积。

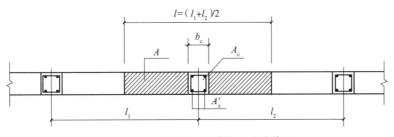

图 8.2.7　砖砌体和构造柱组合墙截面

8.2.8　砖砌体和钢筋混凝土构造柱组合墙,平面外的偏心受压承载力,可按下列规定计算:
　　1　构件的弯矩或偏心距可按本规范第 4.2.5 条规定的方法确定;
　　2　可按本规范第 8.2.4 条和第 8.2.5 条的规定确定构造柱纵向钢筋,但截面宽度应改为构造柱间距 l;大偏心受压时,可不计受压区构造柱混凝土和钢筋的作用,**构造柱的计算配筋不应小于第 8.2.9 条规定的要求**。

　　对于该类组合砖砌体的基本构造要求,《砌规》有如下规定。

8.2.9　组合砖墙的材料和构造应符合下列规定。
　　1　砂浆的**强度等级**不应低于 M5,构造柱的混凝土强度等级不宜低于 C20。
　　2　**构造柱的截面尺寸**不宜小于 240 mm×240 mm,其厚度不应小于墙厚,边柱、角柱的截面宽度宜适当加大。柱内**竖向受力钢筋**,对于中柱,钢筋数量不宜少于 4 根、直径不宜小于 12 mm;对于边柱、角柱,钢筋数量不宜少于 4 根、直径不宜小于 14 mm。构造柱的竖向受力钢筋的直径不宜大于 16 mm。其箍筋,一般部位宜采用直径 6 mm、间距 200 mm,楼层上下 500 mm 范围内宜采用直径 6 mm、间距 100 mm。构造柱的竖向受力钢筋应在基础梁和楼层圈梁中**锚固**,并应符合受拉钢筋的锚固要求。
　　3　组合砖墙砌体结构房屋,应在纵横墙交接处、墙端部和较大洞口的洞边设置构造柱,其间距不宜大于 4 m。各层洞口宜设置在相应位置,并宜上下对齐。
　　4　组合砖墙砌体结构房屋应在基础顶面、有组合墙的楼层处设置现浇钢筋混凝土**圈梁**。圈梁的截面高度不宜小于 240 mm;纵向钢筋数量不宜少于 4 根、直径不宜小于 12 mm,纵向钢筋应伸入构造柱内,并应符合受拉钢筋的锚固要求;圈梁的箍筋宜采用直径 6 mm、间距 200 mm。
　　5　砖砌体与构造柱的连接处应砌成**马牙槎**,并应沿墙高每隔 500 mm 设 2 根直径 6 mm 的拉结钢筋,且每边伸入墙内不宜小于 600 mm。

　　6　**构造柱可不单独设置基础**,但应伸入室外地坪下 500 mm,或与埋深小于 500 mm 的基础梁相连。
　　7　**组合砖墙的施工顺序**应为先砌墙后浇混凝土构造柱。

12.5.4　配筋砌块砌体剪力墙

　　配筋砌块剪力墙是采用预制混凝土空心砌块砌筑而成,在墙体的竖直和水平方向都预留孔洞,砌筑时按设计要求布置水平钢筋,砌筑完成后自墙顶向孔洞内插入竖向钢筋,经绑扎固定后,用混凝土将墙体内部预留孔洞灌实,形成装配整体式钢筋混凝土墙。实际应用分析表明,相较于砖混结构,这种结构体系不仅直接费用低,还具有更高的强度和更好的延性,其受力性能类似于钢筋混凝土结构,因此是替代黏土砖砌体建设多层住宅的首选结构形式。《砌规》有如下规定。

> 9.1.2　配筋砌块砌体剪力墙,宜采用全部灌芯砌体。

1. 正截面受压承载力计算

　　国外的研究和工程实践表明,配筋砌块砌体的力学性能与钢筋混凝土非常相近。特别是在正截面承载力的设计中,《砌规》采用了与钢筋混凝土完全相同的基本假定和计算模式。哈尔滨工业大学、湖南大学、同济大学等的试验结果也验证了这种理论的适用性,但是在确定灌孔砌体的极限压应变时,采用了我国自己的试验数据。

> 9.2.1　配筋砌块砌体构件正截面承载力,应按下列基本假定进行计算。
> 　　1　截面应变分布保持平面。(编者注:**截面符合平截面假定**)
> 　　2　竖向钢筋与其毗邻的砌体、灌孔混凝土的应变相同。
> 　　3　不考虑砌体、灌孔混凝土的抗拉强度。
> 　　4　根据材料选择**砌体、灌孔混凝土的极限压应变**,当轴心受压时不应大于 0.002,当偏心受压时不应大于 0.003。
> 　　5　根据材料选择钢筋的极限拉应变,且不应大于 0.01。
> 　　6　纵向受拉钢筋屈服与受压区砌体破坏同时发生时的相对界限受压区的高度,应按下式计算:
>
> $$\xi_b = \frac{0.8}{1 + \dfrac{f_y}{0.003 E_s}}　　　　　　　(9.2.1)$$
>
> 式中　ξ_b——相对界限受压区高度,ξ_b 为界限受压区高度与截面有效高度的比值;
> 　　　f_y——钢筋的抗拉强度设计值;
> 　　　E_s——钢筋的弹性模量。
> 　　7　**大偏心受压时**,受拉钢筋考虑在 $h_0 - 1.5x$ 范围内屈服并参与工作。

　　基于平截面假定可得

$$\xi_b = 0.8 \frac{\varepsilon_{mc}}{\varepsilon_{mc} + \varepsilon_s}　　　　　　　(12.36)$$

式中　0.8——受压区应力图形简化为等效矩形应力图时,实际中和轴高度乘以的系数;
　　　ε_{mc}、ε_s——配筋砌体及受拉钢筋的极限拉应变,$\varepsilon_s = f_y / E_s$。
　　对于偏心受压配筋砌块砌体构件,相对界限受压区高度 ξ_b 的限值可由 $\varepsilon_{mc} = 0.003$ 这一假定求出,此处不再计算推导。

> 9.2.4　矩形截面偏心受压配筋砌块砌体构件正截面承载力计算,应符合下列规定。
> 　　1　相对界限受压区高度的取值,对 HPB300 级钢筋取 ξ_b 等于 0.57,对 HRB335 级钢筋取 ξ_b 等于 0.55,对 HRB400 级钢筋取 ξ_b 等于 0.52;**当截面受压区高度 x 小于或等于 $\xi_b h_0$ 时,按大偏心受压计算;当 x 大于 $\xi_b h_0$ 时,按小偏心受压计算。**

对于矩形截面配筋砌块砌体构件,当大偏心受压时,认为受拉区钢筋达到屈服强度、受压区配筋砌体达到极限压应变,其偏心受压承载力应按《砌规》规定的下列要求计算。

9.2.4　矩形截面偏心受压配筋砌块砌体构件正截面承载力计算,应符合下列规定。

2　大偏心受压时,应按下列公式计算(图 9.2.4):

$$N \le f_g bx + f_y' A_s' - f_y A_s - \sum f_{si} A_{si} \tag{9.2.4-1}$$

$$Ne_N \le f_g bx(h_0 - x/2) + f_y' A_s'(h_0 - a_s') - \sum f_{si} S_{si} \tag{9.2.4-2}$$

式中　N——轴向力设计值;

f_g——灌孔砌体的抗压强度设计值;

f_y、f_y'——竖向受拉、受压主筋的强度设计值;

b——截面宽度;

f_{si}——竖向分布钢筋的抗拉强度设计值;

A_s、A_s'——竖向受拉、受压主筋的截面面积;

A_{si}——单根竖向分布钢筋的截面面积;

S_{si}——第 i 根竖向分布钢筋对竖向受拉主筋的面积矩;

e_N——轴向力作用点到竖向受拉主筋合力点之间的距离,可按第 8.2.4 条的规定计算;

a_s'——受压区纵向钢筋合力点至截面受压区边缘的距离,**对 T 形、L 形、I 形截面,当翼缘受压时取 100 mm,其他情况取 300 mm;**

a_s——受拉区纵向钢筋合力点至截面受拉区边缘的距离,**对 T 形、L 形、I 形截面,当翼缘受压时取 300 mm,其他情况取 100 mm。**

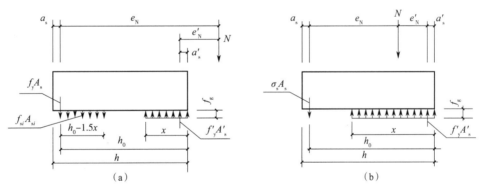

图 9.2.4　矩形截面偏心受压正截面承载力计算简图
(a)大偏心受压　(b)小偏心受压

3　**当大偏心受压计算的受压区高度 x 小于 $2a_s'$ 时,**其正截面承载力可按下式进行计算:

$$Ne_N' \le f_y A_s(h_0 - a_s') \tag{9.2.4-3}$$

式中　e_N'——轴向力作用点至竖向受压主筋合力点之间的距离,可按本规范第 8.2.4 条的规定计算。

当矩形截面配筋砌块砌体构件小偏心受压时,认为受拉区钢筋达不到屈服强度,构件因受压区配筋砌块砌体达到极限压应变而脆性破坏,此时的偏心受压承载力应按《砌规》规定的下列要求计算。

9.2.4　矩形截面偏心受压配筋砌块砌体构件正截面承载力计算,应符合下列规定:

4　小偏心受压时,应按下列公式计算(图 9.2.4):

$$N \le f_g bx + f_y' A_s' - \sigma_s A_s \tag{9.2.4-4}$$

$$Ne_N \le f_g bx(h_0 - x/2) + f_y' A_s'(h_0 - a_s') \tag{9.2.4-5}$$

$$\sigma_s = \frac{f_y}{\xi_b - 0.8}\left(\frac{x}{h_0} - 0.8\right) \tag{9.2.4-6}$$

注：当受压区竖向受压主筋无箍筋或无水平钢筋约束时，可不考虑竖向受压主筋的作用，即取 $f'_y A'_s = 0$。

5 矩形截面**对称配筋砌块**砌体小偏心受压时，也可近似按下列公式计算钢筋截面面积：

$$A_s = A'_s = \frac{Ne_N - \xi(1 - 0.5\xi)f_g b h_0^2}{f'_y(h_0 - a'_s)} \tag{9.2.4-7}$$

$$\xi = \frac{x}{h_0} = \frac{N - \xi_b f_g b h_0}{\dfrac{Ne_N - 0.43 f_g b h_0^2}{(0.8 - \xi_b)(h_0 - a'_s)} + f_g b h_0} + \xi_b \tag{9.2.4-8}$$

注：小偏心受压计算中未考虑竖向分布钢筋的作用。

当已知对称配筋（$f'_y A'_s = f_y A_s$）砌块剪力墙截面尺寸 $b \times h$ 及荷载作用效应的设计值 M、N，求截面配筋时，可按下列步骤进行求解。

（1）材料的力学参数 $f_g(\leqslant 2f)$、f'_y、f_y、f_{si}。

《砌规》第 3.2.1 条、第 3.2.3 条

（2）构件的计算参数 H、H_0、h、γ_β、β；e_a、$e = M/N(\geqslant 0.05h)$、a'_s、a_s、e_N、e'_N；ξ_b。

《砌规》第 5.1.3 条、第 5.1.2 条；第 8.2.4 条；第 9.2.4 条第 1 款

（3）判定大小偏心。

$$\xi = \frac{x}{h_0} = \frac{N + \sum f_{si} A_{si}}{f_g b h_0}$$

《砌规》式（9.2.4-1）

（4）当 $\xi < 2a'_s$ 时，为大偏压破坏：

$$A'_s = A_s = \frac{Ne'_N}{f_y(h_0 - a'_s)}$$

《砌规》式（9.2.4-3）

（5）当 $\xi_b < \xi < 2a'_s$ 时，为大偏压破坏：

$$A_s = A'_s = \frac{Ne_N + \sum f_{si} S_{si} - f_g b \xi h_0^2(1 - \xi/2)}{f'_y(h_0 - a'_s)}$$

《砌规》式（9.2.4-2）

（6）当 $\xi > \xi_b$ 时，为小偏压破坏，此时应按《砌规》式（9.2.4-8）重新计算相对受压区高度 ξ 后，按《砌规》式（9.2.4-7）计算配筋。

《砌规》规定，T 形、L 形、I 形配筋砌块砌体偏压构件当满足一定构造要求时，可考虑翼缘的共同工作。翼缘计算宽度 b'_f 的取值引自国际标准《配筋砌体设计规范》（ISO 9652—3）。它和钢筋混凝土 T 形及倒 L 形受弯构件位于受压区的翼缘计算宽度的规定和钢筋混凝土剪力墙有效翼缘宽度的规定非常接近，但保证翼缘和腹板共同工作的构造是不同的。对钢筋混凝土结构，翼墙和腹板是由整浇的钢筋混凝土进行连接的；对配筋砌块砌体，翼墙和腹板是通过在交接处块体的相互咬砌、连接钢筋（或连接铁件）或配筋带进行连接的，通过这些连接构造，可以保证承受腹板和翼墙共同工作时产生的剪力。

9.2.5 T 形、L 形、I 形截面偏心受压构件，当翼缘和腹板的相交处采用错缝搭接砌筑和同时设置中距不大于 1.2 m 的水平配筋带（截面高度大于或等于 60 mm，钢筋不少于 2ϕ12）时，可考虑翼缘的共同工作，翼缘的计算宽度应按表 9.2.5 中的最小值采用，其正截面受压承载力应按下列规定计算。

表 9.2.5　T 形、L 形、I 形截面偏心受压构件翼缘计算宽度 b_f'

考虑情况	T 形、I 形截面	L 形截面
按构件计算高度 H_0 考虑	$H_0/3$	$H_0/6$
按腹板间距 L 考虑	L	L/2
按翼缘厚度 h_f' 考虑	$b+12h_f'$	$b+6h_f'$
按翼缘的实际宽度 b_f' 考虑	b_f'	b_f'

对于偏心受压构件平面外的受压承载力计算,《砌规》有如下规定。

> 9.2.3　配筋砌块砌体构件,当竖向钢筋仅配在中间时,其平面外偏心受压承载力可按本规范式(5.1.1)进行计算,但应采用灌孔砌体的抗压强度设计值。
>
> 9.2.3 条文说明
>
> 　　我国目前混凝土砌块标准,砌块的厚度为 190 mm,标准块最大孔洞率为 46%,孔洞尺寸为 120 mm×120 mm 的情况下,孔洞中只能设置一根钢筋。因此,配筋砌块砌体墙在平面外的受压承载力,按无筋砌体构件受压承载力的计算模式是一种简化处理。

配筋灌孔砌体的稳定性不同于一般砌体的稳定性,对于轴心受压配筋砌块砌体构件,根据欧拉公式和灌心砌体受压应力-应变关系考虑简化,并与一般砌体的稳定系数相一致,《砌规》规定可按如下方法计算,该方法所得的结果也与试验结果拟合较好。

> 9.2.2　轴心受压配筋砌块砌体构件,当配有箍筋或水平分布钢筋时,其正截面受压承载力应按下列公式计算:
>
> $$N \leqslant \varphi_{0g}(f_g A + 0.8 f_y' A_s') \qquad (9.2.2\text{-}1)$$
>
> $$\varphi_{0g} = \frac{1}{1+0.001\beta^2} \qquad (9.2.2\text{-}2)$$
>
> 式中　N——轴向力设计值;
>
> 　　　　f_g——灌孔砌体的抗压强度设计值,应按第 3.2.1 条采用;
>
> 　　　　f_y'——钢筋的抗压强度设计值;
>
> 　　　　A——构件的截面面积;
>
> 　　　　A_s'——全部竖向钢筋的截面面积;
>
> 　　　　φ_{0g}——轴心受压构件的稳定系数;
>
> 　　　　β——构件的高厚比。
>
> 注:1. 无箍筋或水平分布钢筋时,仍应按式(9.2.2)计算,但应取 $f_y' A_s' = 0$;
>
> 　　**2. 配筋砌块砌体构件的计算高度 H_0 可取层高。**

2. 斜截面受剪承载力计算

试验表明,配筋灌孔砌块砌体剪力墙的抗剪受力性能与非灌实砌块砌体墙有较大的区别。由于灌孔混凝土的强度较高,砂浆的强度对墙体抗剪承载力的影响较小,这种墙体的抗剪性能更接近于钢筋混凝土剪力墙。

配筋砌块砌体剪力墙的抗剪承载力除与材料强度相关外,还主要与垂直正应力 σ_0、墙体的高宽比或剪跨比,水平和垂直配筋率等因素有关。

(1)正应力 σ_0 也即轴压比对抗剪承载力的影响。在轴压比不大的情况下,墙体的抗剪能力、变形能力随 σ_0 的增加而增加。湖南大学的试验表明,当 σ_0 从 1.1 MPa 提高到 3.95 MPa 时,极限抗剪承载力提高了 65%,但当 $\sigma_0 > 0.75 f_{g,m}$ 时,墙体的破坏形态转为斜压破坏,σ_0 的增加反而使墙体的承载力有所降低。因此,应对墙体的轴压比加以限制。国际标准《配筋砌体设计规范》(ISO 9652—3)规定:$\sigma_0 = N/bh_0 \leqslant 0.4 f_{g,m}$,或 $N \leqslant 0.4 bh f_{g,m}$。根据我国试验,控制正应力对抗剪承载力的贡献不大于 0.12N,是偏于安全的。

（2）剪力墙的高宽比或剪跨比 λ 对其抗剪承载力有很大的影响。这种影响主要反映在不同的应力状态和破坏形态。小剪跨比试件，如 $\lambda \leqslant 1$ 则趋于剪切破坏，而 $\lambda > 1$ 则趋于弯曲破坏，剪切破坏墙体的抗侧承载力远大于弯曲破坏墙体的抗侧承载力。

关于两种破坏形式的界限剪跨比 λ，还与正应力 σ_0 有关。目前收集到的国内外试验资料中，大剪跨比试验数据较少。根据哈尔滨建筑大学所做的 7 个墙片数据，认为 $\lambda=1.6$ 可作为两种破坏形式的界限值。根据沈阳建工学院、湖南大学、哈尔滨建筑大学、同济大学等的试验数据，统计分析提出反映剪跨比影响的关系式，其中的砌体抗剪强度是在综合考虑混凝土砌块、砂浆和混凝土注芯率基础上，用砌体的抗压强度的函数 $\sqrt{f_g}$ 表征。这和无筋砌体的抗剪模式相似，国际标准和美国规范也均采用这种模式。

（3）配筋砌块砌体剪力墙中的钢筋提高了墙体的变形能力和抗剪能力。其中，水平钢筋（网）在斜截面上直接受拉抗剪，但它在墙体开裂前几乎不受力，墙体开裂直至达到极限荷载时，所有水平钢筋均参与受力并达到屈服。而竖向钢筋主要通过销栓作用抗剪，达到极限荷载时该钢筋达不到屈服，墙体破坏时部分竖向钢筋可屈服。据试验和国外有关文献，竖向钢筋的抗剪贡献为 $0.24f_{yv}A_{sv}$，该公式未直接反映竖向钢筋的贡献，而是通过综合考虑正应力的影响，以无筋砌体部分承载力的调整给出的。

根据 41 片墙体的试验结果，有

$$V_{G,m} = \frac{1.5}{\lambda + 0.5}\left(0.143\sqrt{f_{g,m}}\,bh_0 + 0.246N_k + f_{yh,m}\frac{A_{sh}}{s}h_0\right) \tag{12.37}$$

式中　$V_{G,m}$——受剪承载力平均值；

　　　h_0——剪力墙截面的有效高度；

　　　$f_{g,m}$——注芯砌体的抗压强度平均值；

　　　N_k——轴向压力标准值；

　　　$f_{yh,m}$——水平钢筋的强度平均值。

取式（12.37）的偏下限值，即将式（12.37）乘以 0.9，并根据设定的配筋砌体剪力墙的可靠度要求，便可得到规范中的相关计算公式。

上列公式能够较好地反映影响配筋砌块砌体剪力墙抗剪承载能力的主要因素，从砌体结构设计本身来讲是较理想的系统表达式。但考虑到我国规范体系理论模式的一致性要求，经与《混凝土结构设计规范（2015 年版）》（GB 50010—2010）和《建筑抗震设计规范（2016 年版）》（GB 50011—2001）协调，最终将上列公式改写成类似钢筋混凝土剪力墙的模式，又能反映砌体特点的计算表达式。这些特点包括：

①砌块灌孔砌体只能采用抗剪强度 f_{vg}，而不能像混凝土那样采用抗拉强度 f_t；

②试验表明水平钢筋的贡献是有限的，特别是在较大剪跨比的情况下更是如此，因此根据试验并参照国际标准，对该项承载力进行了降低；

③剪跨比对砌块剪力墙的影响稍低于钢筋混凝土剪力墙。

对于配筋砌块砌体剪力墙偏心受压承载力的计算以及截面限制条件，《砌规》有如下规定。

9.3.1 偏心受压和偏心受拉配筋砌块砌体剪力墙，其斜截面受剪承载力应根据下列情况进行计算。

1 剪力墙的**截面**受剪承载力，应满足下式要求：

$$V \leqslant 0.25f_g bh_0 \tag{9.3.1-1}$$

式中　V——剪力墙的剪力设计值；

　　　b——剪力墙截面宽度或 T 形、倒 L 形截面腹板宽度；

　　　h_0——剪力墙截面的有效高度。

2 剪力墙在**偏心受压**时的斜截面受剪承载力，应按下列公式计算：

$$V \leqslant \frac{1}{\lambda - 0.5}\left(0.6f_{vg}bh_0 + 0.12N\frac{A_w}{A}\right) + 0.9f_{yh}\frac{A_{sh}}{s}h_0 \tag{9.3.1-2}$$

$$\lambda = M/Vh_0 \tag{9.3.1-3}$$

式中　f_{vg}——灌孔砌体的抗剪强度设计值,应按第 3.2.2 条的规定采用;

M、N、V——计算截面的弯矩、轴向力和剪力设计值,当 N 大于 $0.25f_g bh$ 时取 $N=0.25f_g bh$;

A——剪力墙的截面面积,其中**翼缘的有效面积,可按表 9.2.5 的规定确定**;

A_w——T 形或倒 L 形截面**腹板的截面面积**,对矩形截面取 A_w 等于 A;

λ——计算截面的剪跨比,**当 λ 小于 1.5 时取 1.5,当 λ 大于或等于 2.2 时取 2.2**;

h_0——剪力墙截面的有效高度;

A_{sh}——配置在**同一截面内**的水平分布钢筋或网片的**全部截面面积**;

s——水平分布钢筋的竖向间距;

f_{yh}——水平钢筋的抗拉强度设计值。

3　剪力墙在**偏心受**拉时的斜截面受剪承载力,应按下列公式计算:

$$V \leqslant \frac{1}{\lambda-0.5}\left(0.6f_{vg}bh_0 - 0.22N\frac{A_w}{A}\right) + 0.9f_{yh}\frac{A_{sh}}{s}h_0 \tag{9.3.1-4}$$

与偏心受压构件斜截面承载力计算公式中不同的是,偏心受拉斜截面承载力计算公式中的轴向力影响系数由 0.12 改为 0.22,这是考虑到构件在偏心受拉时,轴向力起到了不利作用。

配筋砌块砌体连梁,当跨高比较小,即处于所谓"深梁"范围时,其受力更像小剪跨比的剪力墙,只不过正应力 σ_0 的影响很小;当跨高比较大,即处于所谓的"浅梁"范围时,其受力则更像大剪跨比的剪力墙。因此,剪力墙的连梁除满足正截面承载力要求外,还必须满足受剪承载力要求,以避免连梁因产生受剪破坏而导致剪力墙的延性降低。

对连梁截面的控制要求是基于这种构件的受剪承载力应该具有一个上限值,根据我国的试验,并参照混凝土结构的设计原则,取为 $0.25f_g bh_0$。在这种情况下,能保证连梁的承载能力发挥和变形处在可控的工作状态内。

另外,考虑到连梁受力较大、配筋较多时,配筋砌块砌体连梁的布筋和施工要求较高,此时只要按材料的等强原则,也可将连梁部分设计成混凝土的,国内的一些试点工程也是这样做的,虽然在施工程序上增加了一定的模板工作量,但工程质量可得到保证。故本条增加了这种选择。

9.3.2　配筋砌块砌体剪力墙连梁的斜截面受剪承载力,应符合下列规定。

1　当连梁采用钢筋混凝土时,连梁的承载力应按现行国家标准《混凝土结构设计规范(2015 年版)》(GB 50010—2010)的有关规定进行计算。

2　当连梁采用配筋砌块砌体时,应符合下列规定。

1)连梁的截面受剪承载力,应符合下列规定:

$$V_b \leqslant 0.25f_g bh_0 \tag{9.3.2-1}$$

2)连梁的斜截面受剪承载力应按下列公式计算:

$$V_b \leqslant 0.8f_{vg}bh_0 + f_{yv}\frac{A_{s0}}{s}h_0 \tag{9.3.2-2}$$

式中　V_b——连梁的剪力设计值;

b——连梁的截面宽度;

h_0——连梁的截面有效高度;

A_{sv}——配置在同一截面内箍筋各肢的全部截面面积;

f_{yv}——箍筋的抗拉强度设计值;

s——沿构件长度方向箍筋的间距。

注:连梁的正截面受弯承载力应按现行国家标准《混凝土结构设计规范(2015 年版)》(GB 50010—2010)受弯构件的有关规定进行计算,当采用配筋砌块砌体时,应采用其相应的计算参数和指标。

3. 配筋砌块剪力墙的构造措施

从配筋砌块砌体对钢筋的要求来看,其与钢筋混凝土结构对钢筋的要求有很多相同之处,但又有其特点,如钢筋的规格要受到孔洞和灰缝的限制;钢筋的接头宜采用搭接或非接触搭接接头,以便于实现先砌墙后插筋、就位绑扎和浇灌混凝土的施工工艺。

对于钢筋在砌体灌孔混凝土中锚固的可靠性。锚固试验表明,位于灌孔混凝土中的钢筋,不论位置是否对中,均能在远小于规定的锚固长度内达到屈服,这是灌孔混凝土中的钢筋处在周边有砌块壁形成约束条件下的混凝土所致,这比钢筋在一般混凝土中的锚固条件要好;对于配置在水平灰缝中的受力钢筋,其握裹条件较灌孔混凝土中的钢筋要差一些,因此在保证足够的砂浆保护层的条件下,其搭接长度较其他条件下要长。《砌规》有如下规定。

9.4.1 钢筋的选择,应符合下列规定:

　　1　钢筋的**直径**不宜大于 25 mm,当设置在灰缝中时不应小于 4 mm,在其他部位不应小于 10 mm;

　　2　配置在孔洞或空腔中的**钢筋面积**不应大于孔洞或空腔面积的 6%。

9.4.2 钢筋的设置,应符合下列规定:

　　1　设置在灰缝中钢筋的**直径**不宜大于灰缝厚度的 1/2;

　　2　两平行的**水平钢筋**间的**净距**不应小于 50 mm;

　　3　柱和壁柱中的**竖向钢筋**的**净距**不宜小于 40 mm(包括接头处钢筋间的净距)。

9.4.3 钢筋在灌孔混凝土中的锚固,应符合下列规定。

　　1　当计算中充分利用竖向受拉钢筋强度时,其**锚固长度** l_a,对 HRB335 级钢筋不应小于 $30d$;对 HRB400 和 RRB400 级钢筋不应小于 $35d$;在任何情况下,钢筋(包括钢筋网片)锚固长度不应小于 300 mm。

　　2　**竖向受拉钢筋**不应在受拉区**截断**。如必须截断时,应延伸至按正截面受弯承载力计算不需要该钢筋的截面以外,延伸的长度不应小于 $20d$。

　　3　**竖向受压钢筋**在跨中**截断**时,必须伸至按计算不需要该钢筋的截面以外,延伸的长度不应小于 $20d$;对绑扎骨架中末端无弯钩的钢筋,不应小于 $25d$。

　　4　钢筋骨架中的受力光圆钢筋,应在钢筋末端做弯钩,在焊接骨架、焊接网以及轴心受压构件中,不做弯钩;绑扎骨架中的受力带肋钢筋,在钢筋的末端不做弯钩。

9.4.4 钢筋的直径大于 22 mm 时宜采用机械连接接头,接头的质量应符合国家现行有关标准的规定;其他直径的钢筋可采用搭接接头,并应符合下列规定:

　　1　钢筋的**接头位置**宜设置在受力较小处;

　　2　**受拉钢筋**的**搭接接头长度**不应小于 $1.1l_a$,**受压钢筋**的搭接接头长度不应小于 $0.7l_a$,且**不应小于 300 mm**;

　　3　**当相邻接头钢筋的间距不大于 75 mm 时,其搭接长度应为 $1.2l_a$,当钢筋间的接头错开 $20d$ 时,搭接长度可不增加。**

9.4.5 **水平受力钢筋(网片)的锚固和搭接长度**,应符合下列规定:

　　1　在凹槽砌块混凝土带中钢筋的锚固长度不宜小于 $30d$,且其水平或垂直弯折段的长度不宜小于 $15d$ 和 200 mm,钢筋的搭接长度不宜小于 $35d$;

　　2　在砌体水平灰缝中,钢筋的锚固长度不宜小于 $50d$,且其水平或垂直弯折段的长度不宜小于 $20d$ 和 250 mm,钢筋的搭接长度不宜小于 $55d$;

　　3　在隔皮或错缝搭接的灰缝中为 $55d+2h$,d 为灰缝受力钢筋的直径,h 为水平灰缝的间距。

为了确保配筋砌块砌体剪力墙结构的安全,《砌规》给出了钢筋的最低构造要求,包括间距和构造配筋率等内容。

剪力墙的配筋比较均匀,其隐含的构造含钢率为 0.05%~0.06%。据国外规范的背景材料,该构造配筋率有两个作用:一是限制砌体干缩裂缝;二是保证剪力墙具有一定的延性,一般在非地震设防地区的剪力墙结构应满足这种要求。对局部灌孔砌体,为保证水平配筋带(国外称系梁)混凝土的浇筑密实,提出竖筋间距不大于 600 mm,这是来自我国的工程实践。

> **9.4.8**　配筋砌块砌体剪力墙的构造配筋应,符合下列规定:
>
> 　　**1**　应在墙的转角、端部和孔洞的两侧配置**竖向连续的钢筋**,钢筋直径不应小于 12 mm;
>
> 　　**2**　应在洞口的底部和顶部设置不小于 2 ϕ10 的**水平钢筋**,其伸入墙内的长度不应小于 40d 和 600 mm;
>
> 　　**3**　应在楼(屋)盖的所有纵横墙处设置**现浇钢筋混凝土圈梁**,圈梁的宽度和高度应等于墙厚和块高,圈梁主筋不应少于 4ϕ10,圈梁的混凝土强度等级不应低于同层混凝土块体强度等级的 2 倍,或该层灌孔混凝土的强度等级,也不应低于 C20;
>
> 　　**4**　剪力墙其他部位的**竖向和水平钢筋的间距**不应大于墙长、墙高的 1/3,也不应大于 900 mm;
>
> 　　**5**　剪力墙沿竖向和水平方向的**构造钢筋配筋率**均不应小于 0.07%。

与钢筋混凝土剪力墙一样,配筋砌块砌体剪力墙随着墙中洞口的增大,会变成一种由抗侧力构件(柱)与水平构件(梁)组成的体系。随着窗间墙与连接构件的变化,该体系近似于壁式框架结构体系。试验证明,砌体壁式框架是抵抗剪力与弯矩的理想结构,如果比例合适、构造合理,此种结构具有良好的延性,但前提是必须按强柱弱梁的概念进行设计。

对于按壁式框架设计和构造的混凝土砌块剪力墙,《砌规》有如下规定。

> **9.4.9**　按壁式框架设计的配筋砌块砌体窗间墙除应符合本规范第 9.4.6 条至第 9.4.8 条规定外,尚应符合下列规定。
>
> 　　**1**　**窗间墙的截面**应符合下列要求规定:
>
> 　　1)墙宽不应小于 800 mm;
>
> 　　2)墙净高与墙宽之比不宜大于 5。
>
> 　　**2**　窗间墙中的**竖向钢筋**应符合下列规定:
>
> 　　1)每片窗间墙中沿全高不应少于 4 根钢筋;
>
> 　　2)沿墙的全截面应配置足够的抗弯钢筋;
>
> 　　3)窗间墙的竖向钢筋的**配筋率**不宜小于 0.2%,也不宜大于 0.8%。
>
> 　　**3**　窗间墙中的**水平分布钢筋**应符合下列规定:
>
> 　　1)水平分布钢筋应在墙端部纵筋处向下弯折 90°,弯折段长度不小于 15d 和 150 mm;
>
> 　　2)水平分布钢筋的**间距**,在距梁边 1 倍墙宽范围内不应大于 1/4 墙宽,其余部位不应大于 1/2 墙宽;
>
> 　　3)水平分布钢筋的**配筋率**不宜小于 0.15%。

在配筋砌块砌体剪力墙中设置边缘构件,即剪力墙的暗柱,要求在该区设置一定数量的竖向构造钢筋和横向箍筋或等效的约束件,可以提高剪力墙的整体抗弯能力和延性。根据工程实践并参照我国有关规范的有关要求及砌块剪力墙的特点,《砌规》给出了边缘构件的构造要求。另外,在保证等强设计原则以及砌块砌筑、混凝土浇筑质量的情况下,给出了砌块砌体剪力墙端采用混凝土柱为边缘构件的方案。这种方案虽然在施工程序上增加了模板工序,但能集中设置竖向钢筋,水平钢筋的锚固也易解决。

> **9.4.10**　配筋砌块砌体剪力墙,应按下列情况设置边缘构件。
>
> 　　**1**　当利用剪力墙端部的砌体受力时,应符合下列规定:
>
> 　　1)应在一字墙的端部至少 3 倍墙厚范围内的孔中设置不小于 ϕ12 通长竖向钢筋;
>
> 　　2)应在 L、T 或十字形墙交接处 3 或 4 个孔中设置不小于 ϕ12 通长竖向钢筋;
>
> 　　3)当剪力墙的轴压比大于 0.6f_g 时,除按上述规定设置竖向钢筋外,尚应设置间距不大于 200 mm、直径不小于 6 mm 的钢箍。

2 当在剪力墙墙端设置混凝土柱作为边缘构件时,应符合下列规定:

1)柱的截面宽度宜不小于墙厚,柱的截面高度宜为1~2倍的墙厚,并不应小于200 mm;

2)柱的混凝土强度等级不宜低于该墙体块体强度等级的2倍,或不低于该墙体灌孔混凝土的强度等级,也不应低于Cb20;

3)柱的竖向钢筋不宜小于4ϕ12 mm,箍筋直径不宜小于ϕ6 mm、间距不宜大于200 mm;

4)墙体中的水平钢筋应在柱中锚固,并应满足钢筋的锚固要求;

5)柱的施工顺序宜为先砌砌块墙体,后浇捣混凝土。

对于配筋砌块砌体剪力墙中连梁的构造要求,参照美国规范和混凝土砌块的特点以及我国的工程实践,《砌规》有如下规定。

9.4.11 配筋砌块砌体剪力墙中,当连梁采用钢筋混凝土时,连梁混凝土的强度等级不宜低于同层墙体块体强度等级的2倍,或同层墙体灌孔混凝土的强度等级,也不应低于C20;其他构造尚应符合现行国家标准《混凝土结构设计规范(2015年版)》(GB 50010—2010)的有关规定。

9.4.12 配筋砌块砌体剪力墙中,当连梁采用配筋砌块砌体时,连梁应符合下列规定。

1 连梁的**截面**应符合下列规定:

1)连梁的高度不应小于两皮砌块的高度和400 mm;

2)连梁应采用H型砌块或凹槽砌块组砌,孔洞应全部浇灌混凝土。

2 连梁的**水平钢筋**宜符合下列规定:

1)连梁上、下水平受力钢筋宜对称、通长设置,在灌孔砌体内的锚固长度不宜小于40d和600 mm;

2)连梁水平受力钢筋的含钢率不宜小于0.2%,也不宜大于0.8%。

3 连梁的**箍筋**应符合下列规定:

1)箍筋的直径不应小于6 mm;

2)箍筋的间距不宜大于1/2梁高和600 mm;

3)在距支座等于梁高范围内的箍筋间距不应大于1/4梁高,距支座表面第一根箍筋的间距不应大于100 mm;

4)箍筋的面积配筋率不宜小于0.15%;

5)箍筋宜为封闭式,双肢箍末端弯钩为135°,单肢箍末端的弯钩为180°,或弯90°加12倍箍筋直径的延长段。

12.6 砌体房屋的静力计算

砖石墙体(柱)的计算步骤:选定承重砖墙体的布置方案;确定砌体结构房屋的计算简图(刚性方案、弹性方案或刚弹性方案),以便计算构件内力;根据构造要求(满足砖墙柱的允许高厚比)初步选定砖墙柱的截面尺寸;对砖墙柱的截面进行强度验算;确定如过梁、墙梁、挑梁等其他砖石构件。

(1)选定承重砖墙体的布置方案。砖石墙体(柱)是砌体结构房屋的主要竖向承重结构构件,在设计时必须同时考虑建筑和结构两方面的要求,因此承重砖墙体的布置方案是砌体结构房屋设计的首要环节。

(2)确定砌体结构房屋的静力计算方案。砌体结构房屋根据其屋盖和楼盖在水平方向刚度的大小、横墙间距的大小而分成三种静力计算方案:其一是刚性方案,房屋的空间刚度很好,屋盖和楼盖可近似视为砖墙柱的不动铰支座;其二是弹性方案,房屋的空间刚度很小,屋盖和楼盖不能视为砖墙柱的不动铰支座,而是有较大的水平侧移;其三是刚弹性方案,房屋的空间刚度介于前两者之间,在水平荷载作用下房屋的水平侧移比弹性方案的要小,但又不能忽视,该方案的受力状态介于刚性方案和弹性方案之间。砌体结构房屋的静力计算方案就是结构计算的计算简图,确定了静力计算方案,就可以计算砌体结构的内力。

(3)验算砖墙柱的高厚比。砌体结构房屋的竖向承重构件(砖墙柱)是受压构件,除应满足强度要求外,还必须保证其稳定性。验算砖墙柱的高厚比,就是保证它在使用和施工阶段稳定性的基本构造措施。

（4）砖石结构构件的截面强度计算,包括受压（轴心或偏心受压）构件、受拉构件、受剪构件、受弯构件和局部承压等强度计算。

（5）其他构件计算,包括砖过梁、砖墙梁、砖基础梁、砖圈梁的计算。

12.6.1　承重砖墙的布置方案

房屋是由屋盖、楼盖、墙柱、基础、楼梯等结构构件组成的。一般屋盖和楼盖是水平向承重构件,它们由屋（楼）面板、檩条、屋面梁、屋架等组成。水平向承重构件绝大部分以受弯构件为主,只有屋架以受拉、受压构件为主,因此这部分构件多用钢筋混凝土材料制作,而用砖石材料是不合适的。墙柱和基础则是竖向承重构件,它们的受力以受压（中心受压、偏心受压、局部受压）为主,因此可以用量大面广、能够就地取材的砖石材料制作,并能充分利用砖石受压性能好的特点。

砌体结构房屋通常的做法是屋盖和楼盖、楼梯、过梁等采用钢筋混凝土结构构件,墙和柱、基础等采用砖石结构构件。当然也有例外,例如有些单独柱,受力比较大,可采用钢筋混凝土柱;基础除用砖石外,也可以用混凝土或钢筋混凝土;跨度小的过梁也可以用砖过梁等。

砌体结构房屋由于建筑功能的需要,其平面和剖面的布置可以是多种多样、变化不定的,但如果从结构的承重体系来看,大体上可分为以下几种。

1. 横墙承重体系

如图 12.22 所示,横墙承重体系的屋盖和楼盖主要支承于横墙上,屋面和楼面荷载的主要传递途径为屋面板→横墙→基础,外纵墙仅承受自重并起围护作用,内纵墙除承受自重和部分屋面和楼面荷载外,主要起室内隔断作用。当然,内外纵墙还有一个重要的作用,就是把众多的横墙连成整体,保证房屋的整体性。

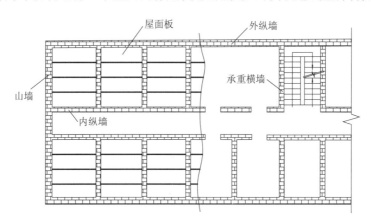

图 12.22　横墙承重体系楼盖及砖墙布置平面示意

横墙承重体系由于横墙较多,因此房屋空间刚度大、整体性强,对抵抗水平荷载（如风力、地震作用）十分有利,即使地基发生不均沉降,后果也不至于很严重。同时,由于其纵墙不承重,故在纵墙上面开门窗所受限制较少。不过横墙承重体系的用砖量比较大,这种体系适用于住宅等小开间房屋。

2. 纵墙承重体系

如图 12.23 所示,纵墙承重体系的屋盖和楼盖主要支承于纵墙上,横墙（或山墙）只支承一部分,屋面和楼面荷载的主要传递途径为屋面板→梁→纵墙→基础,即纵横墙的作用刚好与横墙承重体系相反。纵墙承重体系的横墙间距比较大,可以建大开间的房屋,使用形式比较灵活;但纵墙承担的荷载较大,在纵墙上面开门窗,无论是大小或位置均受到一定的限制。

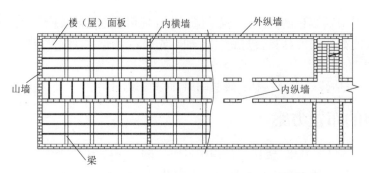

图 12.23 纵墙承重体系楼(屋)盖及砖墙布置平面示意

相对于横墙承重体系来说,纵墙承重体系在屋盖、楼盖上用料增加,但在墙体上用料减少;同时,它在房屋的整体性和抗震性能上都要差一些。这种体系适用于办公楼、教学楼、礼堂、食堂、厂房、仓库等需大开间的房屋。

3. 纵横墙混合承重体系

如图 12.24 所示,纵横墙混合承重体系兼备上述两种体系的特点,即在同一房屋中,既有横墙承重,又有纵墙承重,完全视需要而定。如果设计得好,可以比上述两种体系都好;但如果没有经验的话,也可能设计得比上述两种体系差,因此要认真考虑。

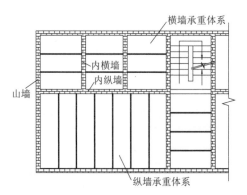

图 12.24 纵横墙混合承重体系平面示意

4. 内框架承重体系

如图 12.25 所示,内框架承重体系包括山墙在内只有少量的横墙,屋盖和楼盖主要支承于外纵墙和内柱上,它们和屋面大梁(楼面大梁)形成承重框架,屋面和楼面荷载通过框架传到基础上。

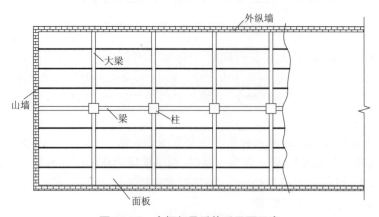

图 12.25 内框架承重体系平面示意

内框架承重体系的竖向承重构件既有外纵墙,又有钢筋混凝土内柱,其与一般框架结构不同,故称内框架。由于承重横墙被内柱所取代,故内部可有较大的空间,建筑布置比较灵活。但由于竖向承重构件由两种不同材料制作,其压缩性能不一样,如设计不当,通常会产生不均匀的竖向变形,从而增加其附加内力。同时,房屋的空间刚度和抗震性能也较差。对于某些住宅楼,底层需用作商店,即上面要小开间,底层要大开间,一般多采用内框架承重体系。

实际上,在设计砌体结构房屋时,应根据不同建筑的功能要求,结合当时当地的地基地质条件、抗震要求、材料供应状况、施工能力以及建设单位的经济能力等具体情况,按照"安全适用、技术先进、经济合理"等设计原则,对上述几种承重体系进行技术经济分析和比较,尽可能选用最合适的承重结构体系。

砌体结构房屋的结构设计和一般结构构件计算不完全相同。后者主要讨论构件所受的内力与构件本身的强度、变形间的关系,并考虑构件本身的构造问题;而前者要解决的问题却广泛得多,它要解决构件和房屋之间的关系,如选用结构材料、结构布置方案、结构整体受力分析、结构构件间的连接构造以及某些特殊结构构件的制作和施工方法等。因此,后者是解决局部问题,前者是解决全局问题。

12.6.2　房屋的静力计算方案

确定房屋的静力计算方案是为了确定房屋的静力计算简图,以便于计算房屋中主要受力构件的内力,这是设计中需要解决的重要课题。砌体结构抗拉强度较低,因此长期以来砌体结构房屋总是考虑房屋的空间作用,并按空间作用来划分房屋的静力计算简图,但由于房屋作为整体工作的复杂性,试验工作较为困难,研究工作与构件计算理论的进度相比缓慢得多。

实际上,确定静力计算方案的焦点是如何考虑荷载作用下房屋的侧移。根据房屋结构和空间受力性能等特点的不同,《砌规》规定了三种房屋的静力计算方案:弹性方案、刚性方案和刚弹性方案。

为了说明上述三种方案的区别,下面以单层房屋为例,分析其在水平风荷载作用下房屋的受力情况。

如图 12.26(a)所示的只有两侧纵墙、无中间横墙及两端山墙的单层房屋,屋盖支承在外纵墙上。在水平荷载沿房屋纵向均匀作用于纵墙后,屋盖(纵墙顶部)受水平荷载作用的侧向变形 y_p 是协调一致的,如图 12.26(b)所示,这也就意味着 y_p 是这个单层房屋在水平荷载作用下的侧移值,它的大小主要取决于纵墙的刚度。进一步地,我们可以通过两个窗口的中心线截出一个计算单元,如图 12.26(c)所示,则这个计算单元的受力状态与整个房屋的受力状态是一样的。在该计算单元中,由于屋面结构支承在砖墙上,砖墙对屋面结构的约束作用较小,因此该连接点可以简化为铰接,如此计算单元中的纵墙便可以视为排架立柱,屋面结构可以视为忽略轴向变形的横梁,基础可以简化为砖墙的固定支座,如图 12.26(d)所示。

通过上述分析,两端无山墙的单层房屋在荷载作用下的静力分析可以忽略房屋的空间联系,将空间结构简化为平面排架结构来计算。

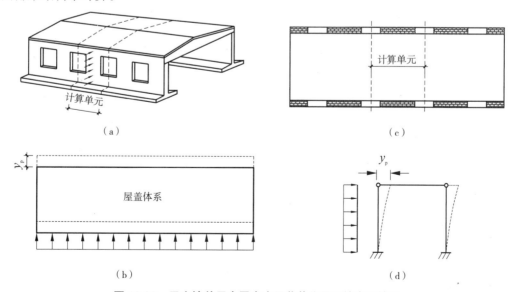

图 12.26　无山墙单层房屋在水平荷载作用下的变形情况

(a)单层房屋　(b)屋盖变形　(c)计算单元　(d)计算简图

若在上述单层房屋的两端设置山墙(图 12.27(a)),则屋盖不仅与纵墙相连,而且与山墙(横墙)相连。当水平荷载作用于外纵墙墙面时,屋盖结构由于受到两端山墙的约束,其水平向变形已不是平移,而是类似于水平方向的梁而弯曲,其水平位移曲线如图 12.27(b)所示,最大侧移发生在房屋的中部。此时,单层房屋的受力及变形将不再类似于平面排架结构,由于山墙和屋盖都起到了作用,房屋整体变成一个空间受力体系。

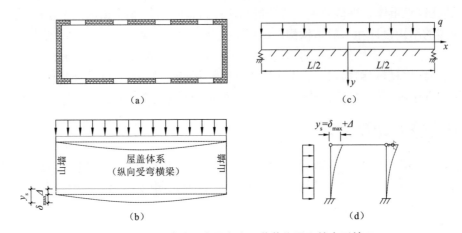

图 12.27   有山墙单层房屋在水平荷载作用下的变形情况

(a)两端山墙 (b)屋盖变形 (c)屋盖弹性剪切地基梁模型 (d)整体计算简图

研究表明,单层房屋在水平荷载作用下的屋盖(纵墙顶部)侧移值与以下三项空间工作的影响因素有关:

(1)屋盖的刚度,区分钢筋混凝土现浇屋盖、有檩体系的钢屋盖或木屋盖等;

(2)横墙的间距;

(3)横墙的平面内抗侧刚度。

如果把屋盖比拟成纵向两端支承于山墙、中间支承于各个砖柱上或横墙上的纵向梁,就可以很容易看出上述关系。

为了解房屋的空间工作性能,即全面和完整地了解房屋的静力计算方案,做如下假定。

(1)屋盖为一两端支承于横墙、跨度为房屋长度 L 的横梁,梁的截面高度为房屋的跨度。

(2)每一开间的柱或排架为该横梁的弹性支点。为简化分析,可以把这些弹性支点看作一系列沿梁跨范围内(房屋长度方向)均匀分布的弹性支座,即弹性地基。

(3)结合理论分析及工程试验结果,忽略该横梁的弯曲变形和轴向变形,仅考虑该梁的剪切变形。

这样,对房屋空间工作的分析便转变为对一两端支承于山墙、中间支承于弹性地基上的梁的分析,如图 12.27(c)(d)所示,我们关心的则主要是该梁的侧向挠曲变形 y_s。从变形角度来看,水平荷载会使屋面横梁在跨中产生水平侧移 δ_{max},同时也会使山墙顶端产生侧向水平位移 Δ,则房屋中部屋盖的总水平位移 $y_s = \Delta + \delta_{max}$(图 12.27(b)(d))。

在水平均布荷载 q 作用下,由该梁微分单元上的平衡条件所得的微分方程可表示为

$$GF\frac{\mathrm{d}^2 y}{\mathrm{d}x^2} = \bar{c}y - q \tag{12.38}$$

式中 GF——房屋横梁的剪切刚度;

$\bar{c}$——假想地基的刚度系数,$\bar{c} = cd$,其中 c 为排架的刚度,d 为排架的间距;

q——作用于梁上的水平荷载,实际上主要为风荷载和地震作用。

令 $\bar{c}/GF = 4t^2$,上述微分方程可以改写为

$$\frac{\mathrm{d}^2 y}{\mathrm{d}x^2} - 4t^2 y = -4t^2 \frac{q}{\bar{c}} \tag{12.39}$$

其解为

$$y = A_0 \text{ch} 2tx + B_0 \text{sh} 2tx + \frac{q}{c} \tag{12.40}$$

根据 $x=L/2$ 时的边界条件,有

$$y_{s,max} = A_0 \text{ch } tL + B_0 \text{sh } tL + \frac{q}{c} \tag{12.41}$$

各截面的剪力为

$$\frac{\overline{c}}{4t^2} \cdot \frac{\text{d}y}{\text{d}x} = \frac{\overline{c}}{2t}(A_0 \text{sh } 2tx + B_0 \text{ch } 2tx) \tag{12.42}$$

两端有山墙时,边界条件为

$$x=L/2, \frac{\text{d}y}{\text{d}x} = 0 ; x=0, GF\frac{\text{d}y}{\text{d}x} = c_0 y$$

式中　c_0——山墙的折算刚度。

从上述边界条件,可得常数 A_0、B_0,代入式(12.41)可得

$$y_{s,max} = \frac{q}{c}\left(1 - \frac{1}{\text{ch } tL + \dfrac{\overline{c}}{2c_0} \text{sh } tL}\right) \tag{12.43}$$

式中　$\dfrac{q}{c}$——按排架刚度计算出的平面排架的位移,即 $\dfrac{q}{c} = y_p$,如图 12.26(b)所示。

若令

$$\eta = \frac{y_{s,max}}{y_p} = 1 - \frac{1}{\text{ch } tL + \dfrac{\overline{c}}{2c_0} \text{sh } tL} \tag{12.44}$$

则 η 称为房屋的空间性能影响(折减)系数,η 越小,房屋的空间刚度越好;η 越大,房屋的空间刚度越差。进一步地,考虑到横墙刚度远大于排架刚度,即 $\dfrac{\overline{c}}{c_0} \approx 0$,则有

$$\eta = 1 - \frac{1}{\text{ch } tL} \tag{12.45}$$

上述公式中,$t = \sqrt{\dfrac{\overline{c}}{4GF}}$ 可称为屋面横梁体系的特征值,当 t 已知时,便可求得房屋的空间性能影响系数 η,一旦 η 已知,则房屋的空间工作分析可以转变为平面排架结构进行分析。但假想横梁即屋盖体系的剪切刚度值实际上是很难通过计算求得的,这是由于屋盖的构造种类繁多,尤其是装配式屋盖,屋架上铺檩条的情况则更为复杂。

根据房屋的空间性能影响系数 η 值的不同,可得出房屋静力计算方案的结论。

1. 弹性构造方案

当房屋中设置的刚性横墙间距很大时,屋面梁的水平刚度相对较小,屋盖的总水平位移 y_s 与上述无山墙时屋面的水平位移 y_p 很接近,此时的空间性能影响系数 $\eta=1$,房屋可按屋架(大梁)与纵墙(柱)铰接的、不考虑空间作用的平面排架来计算,如图 12.28(a)所示。

> 4.2.3　弹性方案房屋的静力计算,可按屋架或大梁与墙(柱)为铰接的、不考虑空间工作的平面排架或框架计算。

2. 刚性构造方案

当房屋中刚性横墙的间距较小时,屋面横梁在水平方向的刚度很大,可以认为屋面受水平荷载作用后没有产生水平位移,根据式(12.44)可知,此时的空间性能影响系数 $\eta=0$,房屋可按墙、柱上端与楼、屋盖为弹性

铰支承的平面排架来计算,如图 12.28(b)所示。

4.2.5 刚性方案房屋的静力计算,应按下列规定进行。

　　1 单层房屋:在荷载作用下,墙、柱可视为上端不动铰支承于屋盖,下端嵌固于基础的竖向构件。

---

3. 刚弹性构造方案

　　如果房屋中刚性横墙的间距介于上述两种情况之间,此时 $0<\eta<1$,房屋可按墙、柱上端与楼、屋盖为弹性铰支承的平面排架来计算,如图 12.28(c)所示。实践表明,刚弹性方案主要用于单层房屋。

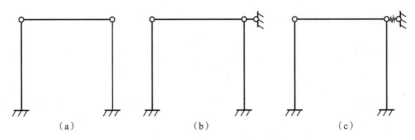

图 12.28　房屋静力计算方案示意图

(a)弹性构造方案　(b)刚性构造方案　(c)刚弹性构造方案

4.2.4 刚弹性方案房屋的静力计算,可按屋架、大梁与墙(柱)铰接,并考虑空间工作的平面排架或框架计算。房屋各层的空间性能影响系数可按表 4.2.4 采用,其计算方法应按本规范附录 C 的规定采用。

表 4.2.4　房屋各层的空间性能影响系数 η_i

屋盖或楼盖 类别	横墙间距 s(m)														
	16	20	24	28	32	36	40	44	48	52	56	60	64	68	72
1	—	—	—	—	0.33	0.39	0.45	0.50	0.55	0.60	0.64	0.68	0.71	0.74	0.77
2	—	0.35	0.45	0.54	0.61	0.68	0.73	0.78	0.82	—	—	—	—	—	—
3	0.37	0.49	0.60	0.68	0.75	0.81	—	—	—	—	—	—	—	—	—

注:i 取 $1\sim n$,n 为房屋的层数。

附录 C　刚弹性方案房屋的静力计算方法

C.0.1 水平荷载(风荷载)作用下,刚弹性方案房屋墙、柱内力分析可按以下方法计算,并将两步结果叠加,得出最后内力。

　　1 在平面计算简图中,各层横梁与柱连接处加水平铰支杆,计算其在水平荷载(风荷载)作用下无侧移时的内力与各支杆反力 R_i(图 C.0.1(a))。

　　2 考虑房屋的空间作用,将各支杆反力 R_i 乘以由表 4.2.4 查得的相应空间性能影响系数 η_i,并反向施加于节点上,计算其内力(图 C.0.1(b))。

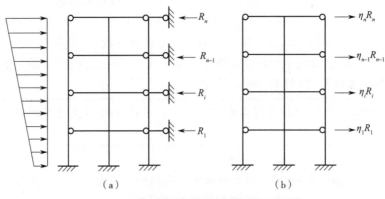

图 C.0.1　刚弹性方案房屋的静力计算简图

旧《砖石结构设计规范》(GBJ 3—73)中规定的房屋静力计算方案的划分标准如下:$\eta \leqslant 0.35$ 时,按刚性方案房屋计算;$\eta \geqslant 0.85$ 时,按弹性方案房屋计算;$0.35 < \eta < 0.85$ 时,按刚弹性方案房屋计算。

η 值与很多因素有关,如房屋的跨度、排架的刚度和跨数等,但主要影响因素是房屋的长度和屋面的刚度。η 可以通过假设屋面的变形理论计算求出,但由于其影响因素较多,理论分析与实测结果往往有一定出入。因此,规范修订组从实测着手,较系统地测定 y_p、y_s,以求得 η 值,鉴于实测的变形比较符合屋面剪切变形的假定,进一步根据理论分析整理测定的数值,使结果更加系统化。

为了便于设计,《砌规》提出按照屋(楼)盖类型和刚性横墙的间距 s 确定房屋静力计算方案的方法。

4.2.1　房屋的静力计算,根据房屋的空间工作性能分为刚性方案、刚弹性方案和弹性方案。设计时,可按表 4.2.1 确定静力计算方案。

表 4.2.1　房屋的静力计算方案

	屋盖或楼盖类别	刚性方案	刚弹性方案	弹性方案
1	整体式、装配整体式和装配式无檩体系钢筋混凝土屋盖或钢筋混凝土楼盖	$s < 32$	$32 \leqslant s \leqslant 72$	$s > 72$
2	装配式有檩体系钢筋混凝土屋盖、轻钢屋盖和有密铺望板的木屋盖或木楼盖	$s < 20$	$20 \leqslant s \leqslant 48$	$s > 48$
3	瓦材屋面的木屋盖和轻钢屋盖	$s < 16$	$16 \leqslant s \leqslant 36$	$s > 36$

注:1. 表中 s 为房屋横墙间距,其长度单位为"m";
　　2. 当屋盖、楼盖类别不同或横墙间距不同时,可按本规范第 4.2.7 条的规定确定房屋的静力计算方案;
　　3. 对无山墙或伸缩缝处无横墙的房屋,应按弹性方案考虑。

屋盖的类别则分为三种类型:第一类是刚度较好的屋盖,如整体式与装配整体式钢筋混凝土屋盖等;第二类是中等刚度的屋盖,如有檩体系的装配式钢筋混凝土屋盖和木屋盖等;第三类是刚度较差的屋盖,如冷摊瓦木屋盖。

刚性横墙的间距 s 越大,越趋近于弹性构造方案;s 越小,越趋近于刚性构造方案。当然,在确定房屋的静力计算方案是刚性或刚弹性方案时,不能单纯地按其横墙间距确定,对横墙本身尚有一定的要求,即其必须具有一定的刚度,此要求详见 12.6.3 节。

12.6.3　刚性横墙的要求与计算

对于刚性横墙的要求,《砌规》有如下规定。

4.2.2　刚性和刚弹性方案房屋的横墙,应符合下列规定:
　　1　横墙中开有洞口时,洞口的水平截面面积不应超过横墙截面面积的 50%;
　　2　横墙的厚度不宜小于 180 mm;
　　3　单层房屋的横墙长度不宜小于其高度,多层房屋的横墙长度不宜小于 $H/2$(H 为横墙总高度)。

注:1. **当横墙不能同时符合上述要求时,应对横墙的刚度进行验算,如其最大水平位移值 u_{max} $\leqslant H/4\,000$,仍可视作刚性或刚弹性方案房屋的横墙;**
　　2. **凡符合注 1 刚度要求的一段横墙或其他结构构件(如框架等),也可视作刚性或刚弹性方案房屋的横墙。**

在进行横墙水平位移 u_{max} 的计算时,应将横墙作为悬臂构件,同时考虑其弯曲变形和剪切变形,并且也应该考虑门窗洞口大小以及位置对其刚度削弱的影响。对于单层房屋横墙顶部的最大水平位移 u_{max},当洞口的水平截面面积不超过横墙全截面面积的 75% 时,可根据下式进行计算:

$$u_{max} = \frac{qH^4}{8EI} + \frac{\mu q H^2}{2GA} \tag{12.46}$$

式中　q——沿房屋高度作用的水平向均布荷载(kN/m);
　　　H——计算横墙的高度(m);
　　　μ——剪切不均匀系数,一般取 $\mu = 1.2$,无量纲;

EI——横墙的截面抗弯刚度,其中 *E* 为墙体材料的弹性模量(kN/m²),*I* 为横墙的截面惯性矩(m⁴);

GA——横墙的截面剪切刚度,其中 *G* 为墙体材料的剪切模量(kN/m²),*A* 为横墙的截面面积(m²)。

12.6.4　多层刚性房屋的静力计算

根据承重墙的不同布置方式,可以将多层房屋划分为纵墙承重、横墙承重和纵横墙混合承重三种形式。由于横墙不直接承受风荷载,计算比较简单,所以纵墙承重方式的多层房屋是研究的主要内容。此外,纵墙承重方式的墙柱荷载较大,要求较严,主要荷载是竖向荷载和风荷载。根据刚性方案的特点,在水平荷载的作用下,纵向承重墙的计算简图可以简化为楼盖支承处为刚性支座的竖向连续梁,如图 12.29(a)所示,但与单层房屋不同的是最下层的柱一般假定为铰接。

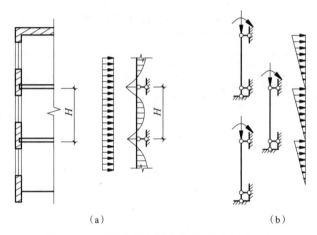

图 12.29　刚性方案多层房屋墙、柱的计算简图
(a)墙柱在水平荷载作用下　(b)墙柱在竖向荷载作用下

水平荷载如风荷载,产生的弯矩图即为连续梁的弯矩图,如图 12.29(a)所示。一方面,一般多层房屋层高不大,墙、柱的间距不大,由此产生的弯矩也不大,往往是竖向荷载起控制作用。实践经验表明,风荷载产生的内力往往低于竖向荷载的 10%。另一方面,外纵墙在风荷载作用下,除作为竖向偏心受压构件外,还承受风荷载引起的弯矩,如同一个四边支承的板。实践经验表明,在满足一定高厚比的构造要求下,一般无须校核此弯曲强度。所以,当风荷载引起的内力较低时,可不考虑风荷载的影响,大多数的多层房屋都属于这个范围。根据实际计算和调查结果,规范提出下列情况可不考虑刚性方案外墙的风荷载影响。

4.2.5　刚性方案房屋的静力计算,应按下列规定进行。

2　多层房屋:在竖向荷载作用下,墙、柱在每层高度范围内,可近似地视作两端铰支的竖向构件;<u>在水平荷载作用下,墙、柱可视作竖向连续梁。</u>

4.2.6　刚性方案多层房屋的外墙,计算风荷载时应符合下列要求。

2　当外墙符合下列要求时,静力计算可不考虑风荷载的影响:

1)洞口水平截面面积不超过全截面面积的 2/3;

2)层高和总高不超过表 4.2.6 的规定;

3)屋面自重不小于 0.8 kN/m²。

表 4.2.6　外墙不考虑风荷载影响时的最大高度

基本风压值(kN/m²)	层高(m)	总高(m)
0.4	4.0	28
0.5	4.0	24
0.6	4.0	18
0.7	3.5	18

注:对于多层混凝土砌块房屋,当外墙厚度不小于 190 mm、层高不大于 2.8 m、总高不大于 19.6 m、基本风压不大于 0.7 kN/m² 时,可不考虑风荷载的影响。

由于风荷载影响不大,在需要考虑时,《砌规》规定其引起的弯矩可简化,并按下列方法计算。

> 4.2.6　刚性方案多层房屋的外墙,计算风荷载时应符合下列要求。
> 　1　风荷载引起的弯矩,可按下式计算:
> $$M = \frac{\omega H_i^2}{12} \qquad\qquad (4.2.6)$$
> 式中　ω——沿楼层高均布风荷载设计值(kN/m);
> 　　　H_i——层高(m)。

在仅考虑竖向荷载的情况下,竖向连梁的计算简图还是过于复杂。规范规定此时可采用层间简支梁的计算简图。一般来说,这样的简化将增加层间的墙、柱上端的弯矩,减少下端的弯矩,总体来说是偏于安全且计算相对简易的。

> 4.2.5　刚性方案房屋的静力计算,应按下列规定进行。
> 　2　多层房屋:在竖向荷载作用下,墙、柱在每层高度范围内,可近似地视作两端铰支的竖向构件;在水平荷载作用下,墙、柱可视作竖向连续梁。
> 　3　对本层的竖向荷载,应考虑对墙、柱的实际偏心影响,梁端支承压力 N_l 到墙内边的距离,应取梁端有效支承长度 a_0 的40%(图4.2.5)。由上面楼层传来的荷载 N_u,可视作作用于上一楼层的墙、柱的截面重心处。
>
>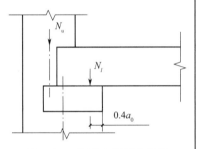
>
> 图4.2.5　梁端支承压力位置
>
> 注:当板支承于墙上时,板端支承压力 N_l 到墙内边的距离可取板的实际支承长度 a 的40%。

如图12.29(b)所示,墙、柱由于楼层大梁产生的偏心作用而引起的弯矩图为倒三角形,上层传来的竖向荷载 N_u 假定作用于其重心上,当为等截面时,对下层不产生偏心作用。本层大梁支承压力 N_l 的偏心距可按《砌规》相应规定采用,即偏心力的作用位置距离外墙边为 $0.4a_0$(a_0 梁端有效支承长度)。

在上层荷载 N_u 和本层荷载 N_l 的作用下,对等截面墙、柱上端,其轴力和弯矩分别为

$$N = N_u + N_l \qquad\qquad (12.47\text{-a})$$

$$M = N_l e_0 \qquad\qquad (12.47\text{-b})$$

$$e = \frac{M}{N} = \frac{N_l e_0}{N_u + N_l} \qquad\qquad (12.47\text{-c})$$

$$e_0 = \frac{h}{2} - 0.4a_0 \qquad\qquad (12.47\text{-d})$$

对墙、柱下端有

$$N = N_u + N_l + N_G \qquad\qquad (12.48\text{-a})$$

$$M = 0 \qquad\qquad (12.48\text{-b})$$

式中　N_G——本层墙重。

可见,采用层间简支梁的简化模型后,墙、柱的控制截面为墙、柱上端和下端。其中,前者弯矩最大,后者轴力最大。

12.7　墙梁设计

墙梁是指由钢筋混凝土托梁和支承在托梁上的计算高度范围内的砌体墙组成的组合受力构件。如图12.30所示,墙梁中承托砌体墙及楼(屋)盖的钢筋混凝土简支梁、连续梁和框架梁称为托梁。根据托梁边界条件的不同,墙梁可分为简支墙梁、连续墙梁和框支墙梁三大类。

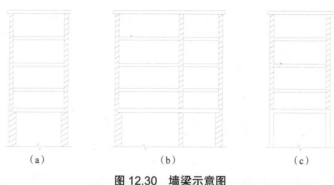

图 12.30　墙梁示意图

（a）简支墙梁　（b）连续墙梁　（c）框支墙梁

此外,根据承重形式的不同,墙梁可分为承重墙梁和自承重墙梁两类。承重墙梁既承受墙梁(托梁和墙体)自重,还承受计算高度范围以上各层墙体以及楼盖、屋盖或其他结构传来的荷载,而仅承受托梁和砌筑在托梁上墙体自重的墙梁为自承重墙梁。

工程试验和有限元分析均表明,由钢筋混凝土托梁及砌体组成的组合墙梁具有良好的共同工作特性,无论墙体不开洞或开洞,托梁与墙砌体均能共同承担外荷载直到结构破坏。因此,采用考虑墙梁组合作用的设计计算方法是符合结构受力性能、比较经济合理的方法。

《砌规》给出了墙梁计算的基本原则:在托梁顶面均布荷载 Q_1、集中荷载 F_1 作用下不考虑墙梁组合作用,仅在墙梁顶面荷载 Q_2 作用下考虑墙梁组合作用;保持托梁跨中截面按偏心受拉构件计算,托梁支座截面按受弯构件计算的合理原则。

12.7.1　受力性能及破坏形态

1. 无开洞墙梁

工程试验以及有限元分析表明,从加荷初期到破坏,无洞口墙梁在均布荷载作用下,钢筋混凝土托梁的受力与普遍钢筋混凝土梁有明显的不同,从加荷开始,托梁的上、下部纵向钢筋就同时承受拉力,墙梁如同组合深梁一样工作。

跨中截面的正应变 ε_x 分布表明,墙梁的上部大部分为受压区且压应变的变化幅度不大,而梁内拉应变较大。在墙体高度较高、托梁截面尺寸较小的墙梁中,中和轴基本位于墙内。只有托梁截面尺寸较大或者墙较矮的墙梁,中和轴才位于托梁上部,但随着荷载的增加和裂缝的开展,中和轴随之上升,墙梁临近破坏时的极限内力臂一般都超过墙梁高度的一半。

墙、梁交界面处砌体的垂直应变 ε_y 在荷载不大时,沿跨度全部或大部分受压,此时墙、梁尚未开裂,基本上处于弹性工作阶段;随着荷载的增加,垂直应变 ε_y 值逐渐增大,托梁及墙体开裂后,墙、梁交界面的跨中部位出现拉应变,压应变区段逐渐减小,进而使支座附近的垂直应变 ε_y 值迅速增加;直至构件破坏时,压应变区域长度为托梁跨度的 15%~25%。同时,支座附近截面还作用有较大的呈曲线分布的剪应力 τ_{xy},如图 12.31 所示。

可见,托梁在界面竖向应力 σ_y 的作用下产生弯矩和剪力,在剪应力 τ_{xy} 的作用下产生轴向拉力。

随着荷载的增大,托梁中的拉应力超过混凝土的抗拉强度,拉应变超过混凝土的极限拉应变,墙梁首先在托梁的跨中部位出现多条竖向垂直裂缝,并且很快上升至墙体的中部,如图 12.32(a)所示;托梁刚度的削弱导致墙体中的主压应力进一步向支座部位集中,当支座上方某一部位的主拉应力超过其砌体的抗拉强度时,将在相应部位出现斜裂缝,斜裂缝一般沿着砌体灰缝产生,如图 12.32(b)所示;随着荷载的继续增加,墙体斜裂缝向斜上方(跨中)和斜下方(支座)发展,斜下方往往会穿过墙、梁截面,与托梁斜裂缝连通,并且在临界破坏时墙、梁界面处将出现水平裂缝,但水平裂缝不超过支座,即支座区段的墙、梁界面始终保持紧密贴合,如图 12.32(c)所示;从墙体出现斜裂缝开始,墙梁逐渐形成以托梁为拉杆、以墙体为拱腹的组合拱受力模型,如图 12.32(d)所示。

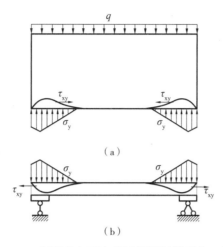

图 12.31　极限状态下墙、梁交界面处的受力示意图

（a）墙体　（b）托梁

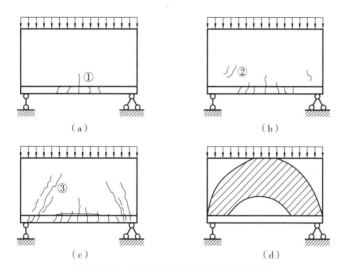

图 12.32　墙梁裂缝的发展和受力模型

（a）托梁和墙体出现竖向裂缝　（b）墙体出现斜裂缝　（c）斜裂缝发展，界面出现水平裂缝　（d）组合墙梁的拉杆拱受力模型

根据墙梁 h_w/l_0 和 h_b/l_0、托梁配筋率 ρ、混凝土强度 f_c 以及荷载作用方式等因素的不同，无开洞简支墙梁的主要破坏形态包括弯曲破坏、剪切破坏、局部受压破坏三种。

1）弯曲破坏

当托梁的配筋较少、砌体强度较高时，一般是在墙梁高跨比 h_w/l_0 稍小的情况下，由于墙体较强而托梁较弱，随着荷载的增加和跨中竖向裂缝的迅速上升，托梁下部和上部的纵向钢筋会首先屈服，墙梁会发生沿跨中截面的弯曲破坏，如图 12.33 所示。墙梁破坏时，竖向裂缝伸至墙体中上部，受压区仅有 3~5 皮砖高，托梁因同时承受弯矩和轴向拉力而造成偏心受拉破坏。

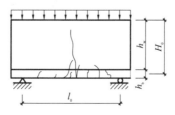

图 12.33　墙梁的弯曲破坏

2）剪切破坏

当托梁配筋较多、砌体强度较低时，一般是在墙梁高跨比 h_w/l_0 适中的情况下，由于托梁较强而墙体较弱，墙梁会因支座上方墙体出现斜裂缝并延伸至托梁而发生墙体的剪切破坏。墙体的剪切破坏主要有以下三种形式。

（1）斜拉破坏。由于砌体沿齿缝的抗拉强度不足以抵抗墙体主拉应力，而形成沿灰缝阶梯上升的比较平缓的斜裂缝，开裂荷载和破坏荷载均较小。一般当 h_w/l_0 较小或集中荷载作用下剪跨比 a/l_0 较大时发生斜拉破坏，破坏形态如图 12.34（a）所示。

（2）斜压破坏。由于砌体斜向抗压强度不足以抵抗主压应力，而引起墙体的斜向受压破坏。斜压破坏时，裂缝陡峭，倾角较大（55°~60°），斜裂缝较多且穿过砖和水平灰缝，并且有压碎的砌体碎屑，开裂荷载和破坏荷载均较大。一般当 h_w/l_0 较大或集中荷载作用下剪跨比 a/l_0 较小时发生斜压破坏，破坏形态如图 12.34（b）所示。

（3）劈裂破坏。在集中荷载作用下，易发生集中荷载与支座连线上突然出现一条通长的劈裂裂缝，并伴有响声，墙体发生劈裂破坏。劈裂破坏发生前没有任何征兆，故开裂荷载和破坏荷载很接近，破坏形态如图 12.34（c）所示。

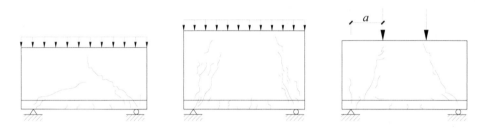

图 12.34　墙梁的剪切破坏
（a）斜拉破坏　（b）斜压破坏　（c）劈裂破坏

3）局部受压破坏

在荷载作用下，托梁支座上方砌体中由于竖向应力的集聚会形成较大的应力集，当该处应力超过砌体的局部抗压强度时，将发生托梁支座上方较小范围内砌体的局部受压破坏，如图 12.35 所示。局部受压破坏一般发生于托梁较强、砌体很弱，且 h_w/l_0 较大时。

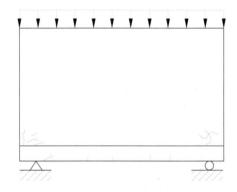

图 12.35　墙梁的局部受压破坏

2. 开洞墙梁

试验和有限元分析表明，对于墙体跨中段有门洞的墙梁，应力的分布与无洞口墙梁的分布基本一致，斜裂缝出现后也会形成拉杆拱受力体系，并且裂缝的出现规律以及墙梁的破坏形态和无洞口墙梁也基本一致，因此下面仅着重介绍偏开洞墙梁的受力性能和破坏形态。

当墙体在靠近支座附近开门洞时，门洞上的过梁受拉而墙体顶部受压，门洞下的托梁下部受拉而上部受压,说明托梁所受的弯矩较大而处于大偏心受拉的状态。门洞外侧墙肢在门洞顶水平截面处的竖向应力 σ_y 呈三角形分布,外侧受拉,靠近门洞一侧受压。在托梁与墙体的界面位置处,竖向应力 σ_y 主要集聚在支座附近及门洞内侧,主要位置处的竖向应力分布如图 12.36(a)所示。外荷载通过原来无洞口墙梁传递的拱形压力传递线,由于门洞的干扰,改为通过墙体的"大拱"和门洞内侧的"小拱"分别向两端支座和洞口内侧同时传递,即形成了"大拱套小拱"的组合拱受力体系,如图 12.36(b)所示。从受力体系的角度也可以看出,托梁既作为拉杆又作为小拱的弹性支承而承受较大的弯矩,一般为大偏心受拉构件。

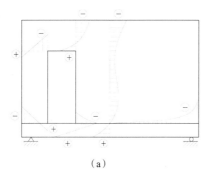 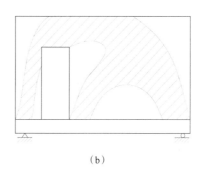

(a) (b)

图 12.36　偏开洞墙梁应力分布和受力模型
(a)应力分布　(b)受力模型

　　总体上,门洞偏于一侧设置的墙梁,由于洞口对墙体的削弱,干扰了墙体"拱"的传力,使墙体与托梁受力不均,托梁内力增大,墙体抗剪承载力降低,靠近洞口一边支座处砌体的应力集度增大。

　　在荷载作用下,门洞底部外侧靠近墙、梁交界面处的墙肢将首先出现水平裂缝①,随着荷载的增加,门洞内侧出现水平裂缝②,随后在门洞顶部的外侧墙肢出现水平裂缝③,当荷载增加至 60%~80% 的极限荷载时,门洞内侧截面处的托梁将出现竖向裂缝④,接近极限荷载时,墙、梁界面将出现水平裂缝⑤,如图 12.37 所示。

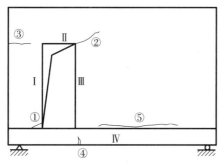 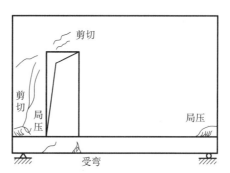

图 12.37　偏开洞墙梁破坏
(a)裂缝发展过程　(b)破坏形态

偏开洞墙梁将会发生下列几种破坏形态。

　　(1)弯曲破坏。墙梁沿门洞内侧边截面发生弯曲破坏,即托梁在拉力和弯矩共同作用下沿着特征裂缝④发生大偏心受拉破坏。

　　(2)剪切破坏。门洞外侧墙体可能发生斜压破坏,洞口上方墙体则可能产生阶梯形斜裂缝的斜拉破坏。

　　(3)局部受压破坏。托梁支座上方砌体局部受压破坏和无洞墙梁基本相同。

3. 连续墙梁

连续墙梁根据构造要求一般会在墙梁的顶部设置圈梁,并易于拉结成整体。

1)受力性能

　　对于 $h_w/l_0=0.4\sim0.5$ 的墙梁,当加载至 $0.25F_u$(F_u 为总破坏荷载)时,托梁跨中会出现多条竖向裂缝,并可能延伸到墙中;当加载至($0.25\sim0.40$)F_u 时,中支座墙体出现斜裂缝并延伸至托梁。对于 $h_w/l_0=0.5\sim0.9$ 的墙梁,当加载至(0.3~0.5)F_u时,中支座墙体出现斜裂缝并延伸至托梁;当加载至(0.4~0.5)F_u时,托梁跨中出现竖向裂缝。所有试件加载至(0.6~0.8)F_u时,边支座墙体出现斜裂缝并延伸至托梁;加载至(0.88~0.94)F_u时,裂缝开展剧烈,挠度增长加快,连续墙梁中支座或边支座区段发生剪切破坏。墙梁在墙体出现斜裂缝后受力性能发生重大变化,形成以各跨墙体为拱肋,以托梁为偏心拉杆的连续拱受力模型。当h_w/l_0较大时,还可能形成大拱套小拱(边支座间为大拱,各跨为小拱)的受力模型,如图12.38所示,虚线范围为拱体,箭头为拱传力示意。

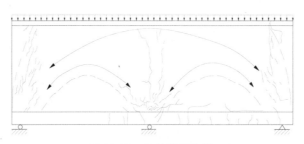

图12.38 连续墙梁裂缝

托梁、墙体和顶梁组合的连续墙梁具有连续深梁的受力特点,墙体竖向应变向支座逐渐变大,反映荷载通过拱作用向支座传递。随着高跨比h_w/l_0的增大,边支座反力逐渐增大,而中间支座的反力逐渐减小;跨中弯矩增大,而支座弯矩减小。托梁跨中截面上、下钢筋受拉表明其为小偏心受拉构件,中支座截面钢筋上拉下压表明其为大偏心受压构件,顶梁中支座处钢筋受拉。

2)破坏形态

连续墙梁的破坏主要有弯曲破坏、剪切破坏以及局部受压破坏三种形态。

弯曲破坏发生时,托梁处于小偏心受拉状态,而使其上、下部钢筋先后屈服,随后支座截面处的弯曲破坏使顶梁钢筋受拉屈服。由于跨中和支座截面连续出现塑性铰,而使连续墙梁形成弯曲破坏机构。

连续墙梁剪切破坏的特征与简支墙梁相似,h_w/l_0较小的构件多发生斜拉破坏,h_w/l_0较大的构件多发生斜压破坏。由于连续墙梁中托梁分担的剪力比简支托梁更大,因此中间支座处托梁剪切破坏比简支梁更容易发生。

中间支座处托梁上方墙体比边支座处托梁上方墙体更容易发生局部受压破坏,破坏时中间支座托梁上方墙体产生向斜上方呈辐射状的斜裂缝,最终导致该位置处墙体的局部压碎。

4. 框支墙梁

由混凝土框架及砌筑在框架上的计算高度范围内的墙体组成的组合构件称为框支墙梁。框支墙梁和多层框架相比,可节省原材料、降低造价、加快施工进度,且比砌体墙(柱)支承的简支墙梁和连续墙梁具有更好的抗震性能,因而在商店-住宅类多层房屋中广泛应用。

有限元分析表明,在墙体和托梁(框架梁)界面位置的竖向分力和水平分力的作用下,托梁跨中段产生弯矩、剪力和轴向拉力,中间支座托梁产生弯矩和轴向压力,框架柱中产生弯矩和轴向压力。

单跨框支墙梁的工程试验表明,当荷载增至$0.35F_u$时,托梁跨中出现竖向裂缝,并随之延伸至墙体中部;当荷载增至$0.85F_u$时,托梁支座处或墙边出现斜裂缝,并向托梁或墙体延伸;临近破坏时,可能形成界面处的水平裂缝,框支墙梁形成框支组合拱受力模型。框支墙梁的破坏形态包括以下几种。

1)弯曲破坏

当托梁弱而墙体较强时,一般h_w/l_0较小,此时会由于托梁或柱中纵筋屈服而形成弯曲破坏,且形成的弯曲破坏机构有两种:一是托梁跨中和支座先后形成塑性铰的托梁弯曲破坏机构;二是托梁跨中和柱顶先后形成塑性铰的托梁-柱弯曲破坏机构。其中,托梁跨中段偏心受拉,中支座区段偏心受压,框支柱偏心受压。

2)剪切破坏

当托梁较强而墙体较弱时,一般h_w/l_0适中,此时会由于墙体或托梁中出现斜裂缝而发生剪切破坏,且破坏时托梁和柱的纵筋均未屈服。发生墙体或托梁的剪切破坏也有两种形式:一是由于墙体主拉应力超过砌体复合抗拉强度发生的沿阶梯形斜裂缝的斜拉破坏;二是由于墙体主压应力超过砌体复合抗压强度发生的沿穿过块体和水平灰缝的陡峭斜裂缝的斜压破坏。其中,后者往往导致托梁端部或梁柱节点混凝土发生斜压或剪压破坏。

3)弯剪破坏

当托梁和墙体的强度适当时,托梁的拉弯承载力和墙体的受剪承载力接近,荷载作用下托梁跨中纵筋屈服的同时或稍后墙体发生斜压破坏,随之托梁支座上部钢筋屈服而形成托梁弯曲破坏机构。

4)局压破坏

框支柱上方砌体和混凝土应力集中使局部应力超过材料的局部受压强度,而发生砌体或梁柱节点区的局部混凝土受压破坏,破坏特征与简支墙梁和连续墙梁相似。

12.7.2　一般规定

1. 基本构造要求

墙梁设计应当考虑墙体与托梁的组合作用,但前提是需要满足一定的构造要求,这是墙梁构件结构安全的重要保证。关于墙体总高度、墙梁跨度等方面的构造规定,主要是根据工程经验总结形成的。

托梁是墙梁的关键构件,托梁不仅能和墙体共同承担外弯矩,而且也能共同承担外荷载引起的剪力。由于托梁与墙体的整体工作,外荷通过墙体的"拱"作用向支座传递,大大改善了托梁的抗剪受力状态(减小了剪跨,并使相当一部分外荷载直接传给支座),因此在试验中很少出现由于托梁抗剪强度不足而使墙梁破坏的现象。托梁刚度的大小直接影响墙体所受剪切力的大小,对墙体的抗剪承载能力亦有明显的影响。《砌规》限制托梁的高跨比 h_b/l_{0i} 不致过小,这不仅是从承载力方面考虑,而且较大的托梁刚度对改善墙体抗剪性能和托梁支座上部砌体局部受压性能也是有利的。但随着 h_b/l_{0i} 的增大,竖向荷载向跨中分布,而不是向支座集聚,不利于组合作用的充分发挥,因此托梁尚不应采用过大的 h_b/l_{0i}。

为了避免墙体发生斜拉破坏,《砌规》规定了墙体高跨比 h_w/l_{0i} 的下限要求。开洞尤其是偏开洞对墙梁组合作用的发挥是极为不利的,《砌规》根据试验情况对洞宽和洞高做出了限制,以保证墙体的整体性;另外,洞口外墙肢过小,极易造成剪坏或被推出破坏,因此限制洞距 a_i 并采取相应的构造措施也是非常重要的。

7.3.2　采用烧结普通砖砌体、混凝土普通砖砌体、混凝土多孔砖砌体和混凝土砌块砌体的墙梁设计应符合下列规定。

1　墙梁设计应符合表 7.3.2 的规定。

表 7.3.2　墙梁的一般规定

墙梁类别	墙体总高度(m)	跨度(m)	墙体高跨比 h_w/l_{0i}	托梁高跨比 h_b/l_{0i}	洞宽比 b_w/l_{0i}	洞高 h_b
承重墙梁	≤18	≤9	≥0.4	≥1/10	≤0.3	≤$5h_w/6$ 且 h_w-h_b≥0.4 m
自承重墙梁	≤18	≤12	≥1/3	≥1/15	≤0.8	—

注:**墙体总高度**指托梁顶面到檐口的高度,带阁楼的坡屋面应算到山尖墙1/2高度处。

2. 墙梁计算高度范围内每跨允许设置一个洞口,**洞口高度**,对窗洞取洞顶至托梁顶面距离。对自承重墙梁,洞口至边支座中心的距离不应小于 $0.1l_{0i}$,门窗洞上口至墙顶的距离不应小于 0.5 m。

3. **洞口边缘至支座中心的距离,**距边支座不应小于墙梁计算跨度的15%,距中支座不应小于墙梁计算跨度的7%。托梁支座处上部墙体设置混凝土构造柱且构造柱边缘至洞口边缘的距离不小于 240 mm 时,洞口边至支座中心距离的限值可不受本规定限制。

4. 托梁高跨比，对无洞口墙梁不宜大于1/7，对靠近支座有洞口的墙梁不宜大于1/6。配筋砌块砌体墙梁的托梁高跨比可适当放宽，但不宜小于1/14；当墙梁结构中的墙体均为配筋砌块砌体时，墙体总高度可不受本规定限制。

2. 计算内容

根据前面对墙梁的受力性能的介绍可知，墙梁在顶面荷载 Q_2 作用下将会主要发生四种破坏形态：由于跨中或洞口边缘处纵向钢筋屈服以及支座上部纵向钢筋屈服而产生的正截面破坏；托梁支座或洞口处产生的斜截面剪切破坏；墙体斜截面剪切破坏；托梁支座上部砌体局部受压破坏。为保证墙梁安全可靠地工作，必须进行相应各项承载力计算。计算分析表明，自承重墙梁可满足墙体受剪承载力和砌体局部受压承载力的要求，无须验算。因此，《砌规》有如下规定。

7.3.5 墙梁应分别进行托梁使用阶段正截面承载力和斜截面受剪承载力计算、墙体受剪承载力和托梁支座上部砌体局部受压承载力计算，以及施工阶段托梁承载力验算。自承重墙梁可不验算墙体受剪承载力和砌体局部受压承载力。

3. 计算荷载

试验分析表明，承重墙梁在托梁均布荷载 Q_1 及集中荷载 F_1 作用下的组合作用很小，除非墙体采用配筋砌块砌体，并按 Q_1、F_1 计算竖向钢筋，合理配置于墙体内，且可靠锚固于托梁和顶梁之中，否则在计算中不应考虑墙梁的组合作用。而在顶面荷载 Q_2 作用下墙梁的组合作用是很大的，其承载能力比托梁顶面加荷下大数倍甚至数十倍，计算中考虑墙梁的组合作用是可靠、合理的。

有限元分析及2个两层带翼墙的墙梁试验表明，当 $b_f/l_0=0.13\sim0.3$ 时（b_f 为翼墙宽度，l_0 为跨度），在墙梁顶面已有 30%~50% 的上部楼面荷载传至翼墙，墙梁支座处的落地混凝土构造柱可以分担 35%~65% 的楼面荷载。但为了提高墙梁的可靠度并简化计算，墙梁的计算荷载不再考虑上部楼面荷载的折减，仅在墙体受剪和局压计算中考虑翼墙的有利作用。《砌规》有如下规定。

7.3.4 墙梁的计算荷载，应按下列规定采用。
　1 **使用阶段**墙梁上的荷载，应按下列规定采用：
　1)**承重墙梁**的托梁顶面的荷载设计值（Q_1、F_1），取托梁自重及本层楼盖的恒荷载和活荷载；
　2)**承重墙梁**的墙梁顶面的荷载设计值（Q_2），取托梁以上各层墙体自重，以及墙梁顶面以上各层楼（屋）盖的恒荷载和活荷载，集中荷载可沿作用的跨度近似化为均布荷载；
　3)**自承重墙梁**的墙梁顶面的荷载设计值，取托梁自重及托梁以上墙体自重。
　2 **施工阶段托梁**上的荷载，应按下列规定采用：
　1)托梁自重及本层楼盖的恒荷载；
　2)本层楼盖的施工荷载；
　3)墙体自重，可取高度为 $l_{0max}/3$ 的墙体自重，开洞时尚应按洞顶以下实际分布的墙体自重复核，l_{0max} 为各计算跨度的最大值。

4. 计算简图

为了进行墙梁的设计，《砌规》给出了与承重及非承重墙梁、连续墙梁和框支墙梁相应的计算简图。其中，墙梁计算跨度 l_0 的取值是根据墙梁为组合深梁，且支座应力分布比较均匀的情况确定的；墙梁跨中截面的计算高度 H_0 的取值基于轴拉力作用于托梁中心；墙体计算高度 h_w 仅取一层层高是偏于安全的，分析表明，当 $h_w>l_0$ 时，主要是 $h_w=l_0$ 范围内的墙体参与组合作用。

当墙梁两端带有翼墙时，墙梁的顶面荷载一部分可以通过翼墙与横墙连接处传至翼墙，这便可以大大降低支座处砌体的应力集度，有利于砌体局部受压，同时减小托梁的内力，对于墙体抗剪亦有一定程度的改善。因此，墙梁的计算简图中考虑了翼墙在一定程度上的有利作用，而翼墙的计算宽度 b_f 的限值是根据试验和弹性分析并偏于安全确定的。

7.3.3　墙梁的计算简图,应按图 7.3.3 采用。各计算参数应符合下列规定:

　　1　**墙梁计算跨度**,对简支墙梁和连续墙梁取净跨的 1.1 倍或支座中心线距离的较小值,框支墙梁支座中心线距离取框架柱轴线间的距离;

　　2　**墙体计算高度**,取托梁顶面上一层墙体(包括顶梁)高度,当 h_w 大于 l_0 时,取 h_w 等于 l_0(对连续墙梁和多跨框支墙梁,l_0 取各跨的平均值);

　　3　**墙梁跨中截面计算高度**,取 $H_0 = h_w + 0.5h_b$;

　　4　**翼墙计算宽度**,取窗间墙宽度或横墙间距的 2/3,且每边不大于 3.5 倍的墙体厚度和墙梁计算跨度的 1/6;

　　5　**框架柱计算高度**,取 $H_c = H_{cn} + 0.5h_b$,H_{cn} 为框架柱的净高,取基础顶面至托梁底面的距离。

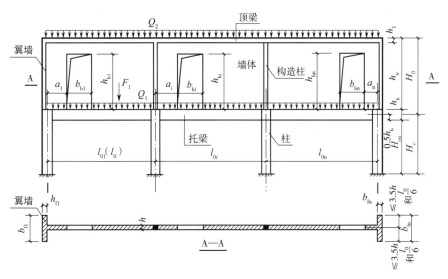

图 7.3.3　墙梁计算简图

$l_0(l_{0i})$—墙梁计算跨度;h_w—墙体计算高度;h—墙体厚度;H_0—墙梁跨中截面计算高度;b_f—翼墙计算宽度;H_c—框架柱计算高度;b_{hi}—洞口宽度;h_{hi}—洞口高度;a_i—洞口边缘至支座中心的距离;Q_1、F_1—承重墙梁的托梁顶面的荷载设计值;Q_2—承重墙梁的墙梁顶面的荷载设计值

12.7.3　墙梁的承载力设计

1. 托梁正截面承载力计算

　　试验和有限元分析表明,在墙梁顶面荷载作用下,无洞口简支墙梁正截面破坏发生在跨中截面或连续墙梁、框支墙梁的支座截面,托梁跨中截面处于小偏心受拉状态,支座截面为大偏心受压。墙梁跨中开洞对正截面破坏性质没有显著影响,而偏开洞墙梁的正截面破坏发生在洞口内边缘截面,托梁跨中截面处于大偏心受拉状态,支座截面仍为大偏心受压,但弯矩加大。

　　在无洞口和有洞口简支墙梁有限元分析的基础上,《砌规》直接给出了托梁弯矩 M_b 和轴力 N_{bt} 的计算公式。其中,托梁跨中截面按混凝土偏心受拉构件计算,支座截面偏于安全地忽略轴压力并按受弯构件计算。对于直接作用在托梁顶面上的荷载 Q_1、F_1 将由托梁单独承受而不考虑墙梁组合作用,从而提高了可靠度。这样,在托梁顶面荷载 Q_1、F_1 以及在墙梁顶面荷载 Q_2 作用下均采用一般结构力学方法分析连续托梁内力,计算较简便,同时也保持了考虑墙梁组合作用的合理模式。

7.3.6　墙梁的托梁正截面承载力,应按下列规定计算。

　　1　托梁**跨中截面**应按**混凝土偏心受拉构件**计算,第 i 跨跨中最大弯矩设计值 M_{bi} 及轴心拉力设计值 N_{bti} 可按下列公式计算:

$$M_{bi} = M_{1i} + \alpha_M M_{2i} \tag{7.3.6-1}$$

$$N_{bti} = \eta_N \frac{M_{2i}}{H_0} \tag{7.3.6-2}$$

1）当为简支墙梁时：

$$\alpha_M = \psi_M \left(1.7 \frac{h_b}{l_0} - 0.03\right) \tag{7.3.6-3}$$

$$\psi_M = 4.5 - 10 \frac{a}{l_0} \tag{7.3.6-4}$$

$$\eta_N = 0.44 + 2.1 \frac{h_w}{l_0} \tag{7.3.6-5}$$

2）当为**连续墙梁和框支墙梁**时：

$$\alpha_M = \psi_M \left(2.7 \frac{h_b}{l_{0i}} - 0.08\right) \tag{7.3.6-6}$$

$$\psi_M = 3.8 - 8.0 \frac{a_i}{l_{0i}} \tag{7.3.6-7}$$

$$\eta_N = 0.8 + 2.6 \frac{h_w}{l_{0i}} \tag{7.3.6-8}$$

式中　M_{1i}——荷载设计值 Q_1、F_1 作用下的简支梁跨中弯矩或按连续梁、框架分析的托梁第 i 跨跨中最大弯矩；

M_{2i}——荷载设计值 Q_2 作用下的简支梁跨中弯矩或按连续梁、框架分析的托梁第 i 跨跨中最大弯矩；

α_M——考虑墙梁组合作用的托梁跨中截面弯矩系数，可按公式（7.3.6-3）或公式（7.3.6-6）计算，①但对**自承重简支墙梁**应乘以折减系数 0.8；②当公式（7.3.6-3）中的 $h_b/l_0 > 1/6$ 时，取 $h_b/l_0 = 1/6$；③当公式（7.3.6-6）中的 $h_b/l_{0i} > 1/7$ 时，取 $h_b/l_{0i} = 1/7$；④当 $\alpha_M > 1.0$ 时，取 $\alpha_M = 1.0$；

η_N——考虑墙梁组合作用的托梁跨中截面轴力系数，可按公式（7.3.6-5）或公式（7.3.6-8）计算，①但对自承重简支墙梁应乘以折减系数 0.8；②当 $h_w/l_{0i} > 1$ 时，取 $h_w/l_{0i} = 1$；

ψ_M——洞口对托梁跨中截面弯矩的影响系数，对**无洞口墙梁取 1.0**，对有洞口墙梁可按公式（7.3.6-4）或公式（7.3.6-7）计算；

a_i——洞口边缘至墙梁最近支座中心的距离，当 $a_i > 0.35 l_{0i}$ 时，取 $a_i = 0.35 l_{0i}$。

2　托梁支座截面应按混凝土**受弯构件**计算，第 j 支座的弯矩设计值 M_{bj} 可按下列公式计算：

$$M_{bj} = M_{1j} + \alpha_M M_{2j} \tag{7.3.6-9}$$

$$\alpha_M = 0.75 - \frac{a_i}{l_{0i}} \tag{7.3.6-10}$$

式中　M_{1j}——荷载设计值 Q_1、F_1 作用下按连续梁或框架分析的托梁第 j 支座截面的弯矩设计值；

M_{2j}——荷载设计值 Q_2 作用下按连续梁或框架分析的托梁第 j 支座截面的弯矩设计值；

α_M——考虑墙梁组合作用的托梁支座截面弯矩系数，无洞口墙梁取 0.4，有洞口墙梁可按公式（7.3.6-10）计算。

复核简支墙梁中托梁跨中截面正截面承载力的计算步骤如下。

（1）确定墙梁的计算简图，即 l_0、h_b、H_0。

《砌规》第 7.3.3 条

（2）$a/l_0(\leqslant 0.35)$、开洞对截面弯矩的影响系数 ψ_M（无洞口取 1.0）。

《砌规》式（7.3.6-4）

（3）$h_b/l_0(\leqslant 1/6)$、考虑墙梁组合作用的弯矩系数 α_M（自承重简支墙梁 $\times 0.8$；$\alpha_M \leqslant 1.0$）。

《砌规》式（7.3.6-3）

（4）$h_w/l_0(\leqslant 1)$、考虑墙梁组合作用的轴力系数 η_N（自承重简支墙梁 $\times 0.8$，$\eta_N \leqslant 1.0$）。

《砌规》式（7.3.6-5）

（5）托梁顶面荷载 Q_1、F_1 作用下跨中截面的弯矩设计值 M_{1i}、轴力设计值 N_{1i}（不考虑组合作用）。

（6）墙梁顶面荷载 Q_2 作用下跨中截面的弯矩设计值 M_{2i}、轴力设计值 N_{2i}（不考虑组合作用）。

（7）托梁跨中截面的最大弯矩设计值 M_{bi} 和轴心拉力设计值 N_{bti}。

《砌规》式（7.3.6-1）及式（7.3.6-2）

（8）按混凝土偏心受拉构件复核托梁跨中截面的正截面承载能力。

2. 托梁斜截面承载力计算

试验表明，墙梁发生剪切破坏时，一般情况下墙体首先进入极限状态而发生剪切破坏。当托梁混凝土强度较低、箍筋较少时，或墙体采用构造框架约束砌体的情况下，托梁可能在墙体之后发生剪切破坏，故托梁与墙体应分别计算受剪承载力。《砌规》规定，托梁的受剪承载力统一按受弯构件计算，其中的剪力系数 β_v 按不同情况取值且有较大提高，因而提高了可靠度，且简化了计算。

7.3.8　墙梁的**托梁斜截面受剪承载力**应按混凝土受弯构件计算，第 j 支座边缘截面的剪力设计值 V_{bj}，可按下式计算：

$$V_{bj} = V_{1j} + \beta_v V_{2j} \tag{7.3.8}$$

式中　V_{1j}——荷载设计值 Q_1、F_1 作用下按简支梁、连续梁或框架分析的托梁第 j 支座边缘截面剪力设计值；

V_{2j}——荷载设计值 Q_2 作用下按简支梁、连续梁或框架分析的托梁第 j 支座边缘截面剪力设计值；

β_v——考虑墙梁组合作用的托梁剪力系数，①无洞口墙梁边支座截面取 0.6，中间支座截面取 0.7；②有洞口墙梁边支座截面取 0.7，中间支座截面取 0.8；③对自承重墙梁，无洞口时取 0.45，有洞口时取 0.5。

---

3. 墙体的受剪承载力计算

试验表明，墙梁的墙体剪切破坏发生于 $h_w/l_0<(0.75\sim0.80)$，即托梁较强砌体相对较弱的情况下。当 $h_w/l_0<(0.35\sim0.40)$ 时发生承载力较低的斜拉破坏，否则将发生斜压破坏。

墙梁顶面圈梁如同放在砌体上的弹性地基梁，能将楼层部分荷载传至支座，并和托梁一起约束墙体横向变形，延缓和阻滞斜裂缝开展，提高墙体受剪承载力。根据 7 个设置顶梁的连续墙梁剪切破坏试验结果，《砌规》给出了考虑顶梁作用的墙体受剪承载力公式。由于翼墙或构造柱的存在，使多层墙梁楼盖荷载向翼墙或构造柱卸荷而减小墙体剪力，改善墙体受剪性能，故引入翼墙影响系数 ξ_1。同时，为了简化计算，单层墙梁洞口影响系数 ξ_2 不再采用公式表达，与多层墙梁一样给出定值。

7.3.9　墙梁的**墙体受剪承载力**，应按公式（7.3.9）验算，当墙梁支座处墙体中设置上、下贯通的落地混凝土构造柱，且其截面不小于 240 mm×240 mm 时，可不验算墙梁的墙体受剪承载力。

$$V_2 \leqslant \xi_1 \xi_2 \left(0.2 + \frac{h_b}{l_{0i}} + \frac{h_t}{l_{0i}} \right) f h h_w \tag{7.3.9}$$

式中　V_2——在荷载设计值 Q_2 作用下墙梁支座边缘截面剪力的最大值；

ξ_1——**翼墙影响系数**，对单层墙梁取 1.0，对多层墙梁，当 $b_f/h=3$ 时取 1.3，当 $b_f/h=7$ 时取 1.5，当 $3<b_f/h<7$ 时按线性插入取值；

ξ_2——**洞口影响系数**，无洞口墙梁取 1.0，多层有洞口墙梁取 0.9，单层有洞口梁取 0.6；

h_t——墙梁顶面圈梁截面高度。

---

4. 局部受压承载力计算

试验表明，$h_w/l_0 <$（0.75~0.80）且无翼墙、砌体强度较低时，易发生托梁支座上方因竖向正应力集中而引起的砌体局部受压破坏；翼墙的存在，使应力集中减少，局部受压有较大改善。为保证砌体局部受压承载力，应满足 $\sigma_{ymax}h \leq \gamma fh$（$\sigma_{ymax}$ 为最大竖向压应力，h 为墙体厚度，γ 为局压强度提高系数）。令 $C = \sigma_{ymax}h/Q_2$ 为应力集中系数，则上式变为 $Q_2 \leq \gamma fh/C$。若进一步令 $\zeta = \gamma/C$ 为局压系数，根据相关试验的结果回归分析，《砌规》得出如下计算式。

> **7.3.10** 托梁**支座上部砌体局部受压承载力**，应按公式（7.3.10-1）验算，当墙梁的墙体中设置上、下贯通的落地混凝土构造柱，且其截面不小于 240 mm×240 mm 时，或当 b_f/h 大于等于 5 时，可不验算托梁支座上部砌体局部受压承载力。
>
> $$Q_2 \leq \zeta fh \qquad (7.3.10\text{-}1)$$
>
> $$\zeta = 0.25 + 0.08\frac{b_f}{h} \qquad (7.3.10\text{-}2)$$
>
> 式中　ζ——局压系数。

近年来，采用构造框架约束砌体的墙梁试验和有限元分析表明，构造柱对减少应力集中，改善局部受压的作用更明显，应力集中系数可降至 1.6 左右。计算分析表明，当 $b_f/h \geq 5$ 或设构造柱时，可不验算砌体局部受压承载力。

5. 其他计算规定

有限元分析表明，在框支墙梁顶面荷载 Q_2 作用下，组合作用使柱端弯矩减小；多跨框支墙梁存在边柱之间的大拱效应，使边柱轴压力增大，中柱轴压力减小。考虑到"强柱弱梁"的设计原则，并使计算过程尽量简化，规范一般不考虑柱端弯矩的折减，仅考虑由于多跨框支墙梁墙体"大拱效应"引起的边柱轴力的增大。《砌规》规定，在墙梁顶面荷载 Q_2 作用下框架柱的弯矩计算不考虑墙梁组合作用，当边柱轴压力增大不利时应乘以 1.2 的修正系数。

> **7.3.7** 对多跨框支墙梁的框支边柱，当柱的轴向压力增大对承载力不利时，**在墙梁荷载设计值 Q_2 作用下的轴向压力值**应乘以修正系数 1.2。

可见，框支柱的正截面承载力应按混凝土偏心受压构件计算，其弯矩 M_c 和轴心压力 N_c 可按下列公式计算：

$$M_c = M_{1c} + M_{2c} \qquad (12.49)$$

$$N_c = N_{1c} + \eta_N N_{2c} \qquad (12.50)$$

式中　M_{1c}——托梁顶面荷载设计值 Q_1、F_1 作用下按框架分析的柱端弯矩；

　　　M_{2c}——墙梁顶面荷载设计值 Q_2 作用下按框架分析的柱端弯矩；

　　　N_{1c}——托梁顶面荷载设计值 Q_1、F_1 作用下按框架分析的柱端轴向力；

　　　η_N——考虑墙梁组合作用的柱轴向力系数，单跨框支墙梁的边柱和多跨框支墙梁的中柱取 1.0，多跨框支墙梁的边柱当轴向力增大对承载力不利时取 1.2，当轴向力增大对承载力有利时取 1.0；

　　　N_{2c}——墙梁顶面荷载设计值 Q_2 作用下按框架分析的柱端轴向力。

墙梁是在托梁上砌筑砌体墙形成的，除应限制计算高度范围内墙体每天的可砌高度，严格进行施工质量控制外，尚应进行托梁在施工荷载作用下的承载力验算，以确保施工安全。

> **7.3.11** 托梁应按混凝土受弯构件进行施工阶段的受弯、受剪承载力验算，作用在托梁上的荷载可按本规范第 7.3.4 条的规定采用。

12.8　圈梁、过梁及挑梁设计

12.8.1　圈梁设计

在砌体结构房屋中,在砌体内沿水平方向设置封闭的钢筋混凝土梁,可以增强房屋的整体性和空间刚度,防止地基不均匀沉降造成的墙体开裂,减少振动作用对房屋的不利影响,提高砌体结构的抗震性能。在房屋的基础上部设置的连续钢筋混凝土梁称为基础圈梁,也称为地圈梁;在墙体上部,紧挨楼板设置的钢筋混凝土梁称为上圈梁。

《砌规》加强了砌体房屋中圈梁的设置和构造要求,取消了工程中应用很少的钢筋砖圈梁,且不允许采用预制钢筋混凝土圈梁。

> 7.1.1　对于有地基不均匀沉降或较大振动荷载的房屋,可按本节规定在砌体墙中设置现浇混凝土圈梁。
>
> 7.1.2　厂房、仓库、食堂等空旷**单层房屋**应按下列规定设置圈梁:
>
> 　　1　砖砌体结构房屋,檐口标高为 5~8 m 时应在檐口标高处设置圈梁一道,檐口标高大于 8 m 时应增加设置数量;
>
> 　　2　砌块及料石砌体结构房屋,檐口标高为 4~5 m 时应在檐口标高处设置圈梁一道,檐口标高大于 5 m 时应增加设置数量;
>
> 　　3　对有吊车或较大振动设备的单层工业房屋,当未采取有效的隔振措施时,除在檐口或窗顶标高处设置现浇混凝土圈梁外,尚应增加设置数量。
>
> 7.1.3　住宅、办公楼等**多层砌体结构民用房屋**,且层数为 3~4 层时,应在底层和檐口标高处各设置一道圈梁。当层数超过 4 层时,除应在底层和檐口标高处各设置一道圈梁外,至少应在所有纵、横墙上隔层设置。多层砌体工业房屋,应每层设置现浇混凝土圈梁。设置墙梁的多层砌体结构房屋,应在托梁、墙梁顶面和檐口标高处设置现浇钢筋混凝土圈梁。
>
> 7.1.4　建筑在软弱地基或不均匀地基上的砌体结构房屋,除按本节规定设置圈梁外,尚应符合现行国家标准《建筑地基基础设计规范》(GB 50007—2011)的有关规定。
>
> 7.1.6　采用现浇混凝土楼(屋)盖的多层砌体结构房屋。当层数超过 5 层时,除应在檐口标高处设置一道圈梁外,可隔层设置圈梁,并应与楼(屋)面板一起现浇。未设置圈梁的楼面板嵌入墙内的长度不应小于 120 mm,并沿墙长配置不少于 2 根直径为 10 mm 的纵向钢筋。

设置在基础顶面和檐口部位的圈梁对抵抗不均匀沉降最有效。当房屋中部沉降较梁端大时,基础顶面圈梁能够发挥较大作用;当房屋两端沉降较中部大时,檐口圈梁能发挥较大作用。

> 7.1.5　圈梁应符合下列构造要求。
>
> 　　1　圈梁宜连续地设在同一水平面上,并形成封闭状;当圈梁被门窗洞口截断时,应在洞口上部增设相同截面的附加圈梁。附加圈梁与圈梁的搭接长度不应小于其中到中垂直间距的 2 倍,且不得小于 1 m。
>
> 　　2　纵、横墙交接处的圈梁应可靠连接。刚弹性和弹性方案房屋,圈梁应与屋架、大梁等构件可靠连接。
>
> 　　3　混凝土圈梁的宽度宜与墙厚相同,当墙厚不小于 240 mm 时,其宽度不宜小于墙厚的 2/3。圈梁高度不应小于 120 mm。纵向钢筋数量不应少于 4 根,直径不应小于 10 mm,绑扎接头的搭接长度按受拉钢筋考虑,箍筋间距不应大于 300 mm。
>
> 　　4　圈梁兼作过梁时,过梁部分的钢筋应按计算面积另行增配。

12.8.2　过梁设计

当墙体上开设门窗洞口且墙体洞口的宽度大于 300 mm 时,为了支撑洞口上部砌体所传来的各种荷载,并将这些荷载传给门窗等洞口两边的墙,常在门窗洞口上设置横梁,该梁称为过梁。根据材料的不同,过梁可分为砖砌过梁和钢筋混凝土过梁两大类。其中,砖砌过梁根据形式的不同又可分为钢筋砖过梁、砌砖平拱、砖砌弧拱等,如图 12.39 所示。

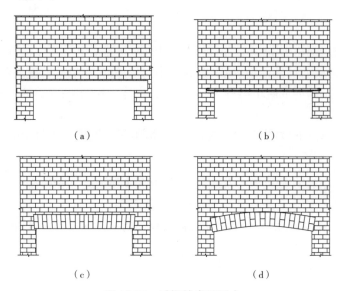

（a）　　　　　　　　　　　　　　（b）

（c）　　　　　　　　　　　　　　（d）

图 12.39　过梁的常见形式
（a）钢筋混凝土过梁　（b）钢筋砖过梁　（c）砖砌平拱过梁　（d）砖砌弧拱过梁

对于不同形式过梁的适用性,《砌规》有如下规定。

> 7.2.1　对有较大振动荷载或可能产生不均匀沉降的房屋,应采用混凝土过梁。当过梁的跨度不大于 1.5 m 时,可采用钢筋砖过梁;不大于 1.2 m 时,可采用砖砌平拱过梁。

1. 过梁上部的荷载

作用于过梁上部的荷载可分为两种情况:第一种为仅承受墙体荷载;第二种为除承受墙体荷载作用外,还承受梁板上的荷载。

试验表明,如果过梁上部的砖砌体采用水泥混合砂浆砌筑,当砌筑的高度接近跨度的一半时,跨中挠度增量减小很快,且随着砌筑高度的增加,跨中挠度增加极小。这是由于砌体砂浆随时间增长而逐渐硬化,使参加工作的砌体高度不断增加的缘故。正是这种砌体与过梁的组合作用,使作用在过梁上的砌体当量荷载仅约相当于高度等于跨度的 1/3 的砌体自重。

试验还表明,当在砖砌体高度等于跨度的 80%左右的位置施加荷载时,过梁挠度变化极微。可以认为,在高度大于或等于跨度的砌体上施加荷载时,由于过梁与砌体的组合作用,荷载将通过过梁与砌体形成的组合深梁的拱作用传给砖墙,而不是单独通过过梁的作用传给砖墙,故过梁应力增加很小,而习惯上过梁计算不是按组合截面而只是按砖砌过梁的“计算截面高度”或按钢筋混凝土过梁的截面考虑。为了简化计算,《砌规》有如下规定。

> 7.2.2　过梁的荷载,应按下列规定采用:
> 　　1　对砖和砌块砌体,当梁、板下的墙体高度 h_w 小于过梁的净跨 l_n 时,过梁应计入梁、板传来的荷载,否则可不考虑**梁、板荷载**;
> 　　2　对**砖砌体**,当过梁上的墙体高度 h_w 小于 $l_n/3$ 时,**墙体荷载**应按墙体的均布自重采用,否则应按高度为 $l_n/3$ 墙体的均布自重来采用;
> 　　3　对**砌块砌体**,当过梁上的墙体高度 h_w 小于 $l_n/2$ 时,**墙体荷载**应按墙体的均布自重采用,否则应按高度为 $l_n/2$ 墙体的均布自重采用。

2. 砖砌过梁的计算

砖砌过梁在承受荷载后上部受压、下部受拉,像受弯构件一样工作。随着荷载的增加,当跨中截面的拉应力或支座斜截面的主拉应力超过砌体的抗拉强度时,将先后在跨中出现竖向裂缝,在靠近支座处出现阶梯形斜裂缝。对于钢筋砖过梁,过梁下部的拉应力将由钢筋承受;对于砖砌平拱,过梁下部的拉力将由两端砌体提供的推力来平衡,即过梁的受力模型如同一个三铰拱。过梁可能发生如下三种破坏:

(1)过梁跨中截面因受弯承载力不足,竖向裂缝发展迅速,而导致最终的受弯破坏;

(2)过梁支座附近截面因受剪承载力不足,阶梯形裂缝不断扩展,而导致最终的受剪破坏;

(3)过梁支座处水平灰缝因受剪承载力不足,而发生支座滑动破坏。

根据砖砌过梁的受力性能和上述破坏特征,《砌规》有如下规定。

7.2.3　过梁的计算,宜符合下列规定。

　1　**砖砌平拱**受弯和受剪承载力,可按第 5.4.1 条和第 5.4.2 条计算。

　2　**钢筋砖过梁**的受弯承载力可按式(7.2.3)计算,受剪承载力可按本规范第 5.4.2 条计算。

$$M \le 0.85 h_0 f_y A_s \tag{7.2.3}$$

式中　M——按简支梁计算的跨中弯矩设计值;

　　　h_0——过梁截面的有效高度,$h_0 = h - a_s$;

　　　a_s——受拉钢筋重心至截面下边缘的距离;

　　　h——过梁的截面计算高度,<u>取过梁底面以上的墙体高度,但不大于 $l_n/3$,当考虑梁、板传来的荷载时,则按梁、板下的高度采用</u>;

　　　f_y——钢筋的抗拉强度设计值;

　　　A_s——受拉钢筋的截面面积。

---

3. 混凝土过梁的计算

《砌规》有如下规定。

7.2.3　过梁的计算,宜符合下列规定。

　3　混凝土过梁的承载力,应按混凝土受弯构件计算。验算过梁下砌体局部受压承载力时,可不考虑上层荷载的影响;梁端底面压应力图形完整系数可取 1.0,梁端有效支承长度可取实际支承长度,但不应大于墙厚。

7.2.3　条文说明

　　砌有一定高度墙体的钢筋混凝土过梁按受弯构件计算严格来说是不合理的。试验表明,过梁也是偏拉构件。过梁与墙梁并无明确分界定义,主要差别在于过梁支承于平行的墙体上,且支承长度较长;一般跨度较小,承受的梁板荷载较小。当过梁跨度较大或承受较大梁板荷载时,应按墙梁设计。

12.8.3　挑梁设计

1. 挑梁的工作特征及破坏形态

埋置于墙体中的挑梁与砌体共同工作,本质上是钢筋混凝土梁与墙体组合的平面应力问题。工程试验表明,挑梁在墙体均布荷载 p 以及梁端集中力 F 作用下经历了弹性工作、带裂缝工作和破坏三个受力阶段。有限元分析表明,在梁端集中力 F 作用下挑梁与墙体上、下界面的竖向应力 σ_y 分布如图 12.40 所示,该竖向应力应与墙体局部荷载作用下产生的竖向应力 σ_0 叠加。

　1)弹性工作阶段

砌体中的挑梁在受到外部荷载前,与砌体一样承受上部砌体自重传递下来的均布荷载作用,因此在挑梁的上、下界面上存在初始应力 σ_0。当外部荷载 F 作用在挑梁的外端部后,挑梁与砌体的上、下界面分别产生拉、压应力。随着荷载的增加,应力也逐渐增大。一旦砌体上界面的拉应力克服了初始应力 σ_0,且达到砌体沿通缝截面的弯曲抗拉强度,在挑梁与砌体上界面处将首先出现水平裂缝①,如图12.41所示,此水平裂缝出现时的外荷载为倾覆荷载的20%~30%。在此水平裂缝产生之前,挑梁下砌体的变形基本上呈直线分布,砌体的压应力远小于其抗压强度。砌体和挑梁共同工作,整体性很好,因此可以把水平裂缝出现前挑梁的受力性能视为弹性工作阶段。

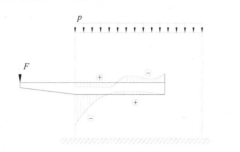

图12.40   端部集中力作用下挑梁的 σ_y 分布

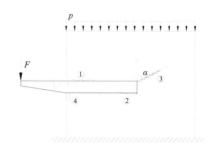

图12.41   挑梁的裂缝发展图

2)带裂缝工作阶段

水平裂缝①在出现后将随着荷载的增加向墙体内部继续发展。同时,前端梁下砌体的压应力也越来越大,挑梁的尾部在下界面也出现向前发展的水平裂缝②。由于上、下界面水平裂缝随荷载增加而不断分别向后和向前发展,梁端部下界面受压区和梁尾部上界面受压区越来越小,砌体发生塑性变形。

随后,挑梁尾端将会出现斜向裂缝③,随着荷载的继续增加,此斜裂缝将沿砌体灰缝向后上方发展形成阶梯形,与挑梁尾端垂直线呈 α 角(图12.41)。斜裂缝以上砌体和梁上砌体将共同抵抗倾覆荷载,而不是像以往认为的那样只有挑梁上($\alpha=0$ 时)的砌体自重及其传递下来的荷载才能抵抗倾覆荷载,这是砌体整体作用的结果。斜裂缝出现时的荷载约为倾覆荷载的80%,此时砌体内挑梁本身的变形也较大,斜裂缝的出现预示挑梁将进入倾覆破坏阶段。

3)破坏阶段

当挑梁尾部出现阶梯形斜裂缝后,若砌体强度较高,或挑梁埋入墙内较长,或梁上砌体较高,斜裂缝发展比较缓慢。但梁的变形较大,一旦荷载稍微增加,斜裂缝就很快向后延伸,并有可能全墙裂通而发生倾覆破坏。在斜裂缝发展的同时,界面水平裂缝也在延伸和发展,挑梁下、上砌体受压区长度进一步减小,砌体压应力逐渐增大,梁端砌体局部承压更为不利。当此压应力超过局部抗压强度时,将可能出现局部受压裂缝④,甚至还会发生梁下砌体局部受压破坏。

综上,若挑梁本身正、斜截面强度得到保证,则埋置于砌体中的钢筋混凝土挑梁可能发生倾覆破坏以及挑梁下砌体的局部受压破坏两种破坏形态。

2. 挑梁的抗倾覆验算

《砌规》有如下规定。

> 7.4.1   砌体墙中混凝土挑梁的抗倾覆,应按下列公式进行验算:
>
> $$M_{ov} \le M_r \tag{7.4.1}$$
>
> 式中 M_{ov}——挑梁的荷载设计值对计算倾覆点产生的倾覆力矩;
>
> M_r——挑梁的抗倾覆力矩设计值。

根据挑梁抗倾覆破坏时尾部阶梯形斜裂缝的破坏特征,斜裂缝以上的砌体自重和楼盖自重均可抵抗倾覆破坏。试验分析表明,斜裂缝与梁端垂线的夹角 α 一般大于45°,取45°进行计算是偏于安全的。《砌规》按以下方法计算抗倾覆力矩。

7.4.3　挑梁的抗倾覆力矩设计值,可按下式计算:

$$M_r = 0.8 G_r (l_2 - x_0) \tag{7.4.3}$$

式中　G_r——挑梁的抗倾覆荷载,为挑梁尾端上部 45° 扩展角的阴影范围(其水平长度为 l_3)内**本层的砌体与楼面恒荷载**标准值之和(图 7.4.3),当上部楼层无挑梁时,抗倾覆荷载中可计及上部楼层的楼面永久荷载;

l_2——G_r 作用点至墙外边缘的距离;

x_0——计算倾覆点至墙外边缘的距离。

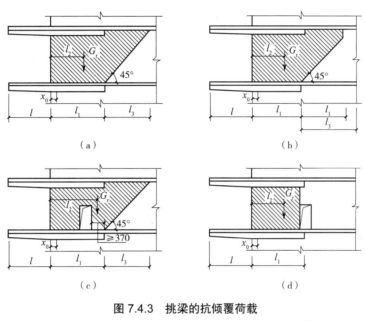

图 7.4.3　挑梁的抗倾覆荷载
(a)$l_3 \leqslant l_1$ 时　(b)$l_3 > l_1$ 时　(c)洞在 l_1 之内　(d)洞在 l_1 之外

挑梁达到倾覆极限状态时,倾覆荷载和抗倾覆荷载对倾覆点(实际为一条线)的力矩将平衡,这个倾覆点应该是挑梁中弯矩最大、剪力为零的位置,由于试验中不容易确定,所以一般以挑梁下砌体压应力的合力作用点位置近似表示,并称为"计算倾覆点",以 x_0 表示。《砌规》对于计算倾覆点的取值规定如下。

7.4.2　挑梁计算倾覆点至墙外边缘的距离可按下列规定采用。

1　当 l_1 不小于 $2.2h_b$ 时(l_1 为挑梁埋入砌体墙中的长度,h_b 为挑梁的截面高度),梁计算倾覆点到墙外边缘的距离可按式(7.4.2-1)计算,其**结果不应大于 $0.13l_1$**。

$$x_0 = 0.3h_b \tag{7.4.2-1}$$

式中　x_0——计算倾覆点至墙外边缘的距离。

2　当 l_1 小于 $2.2h_b$ 时,梁计算倾覆点到墙外边缘的距离可按下式计算:

$$x_0 = 0.13l_1 \tag{7.4.2-2}$$

3　当挑梁下有混凝土构造柱或垫梁时,计算倾覆点到墙外边缘的距离可取 $0.5x_0$。

当荷载较小时,梁和墙体共同工作效果很好,挑梁弯曲变形较小。当荷载较大时,对于埋置深度较小且相对刚度较大的挑梁($l_1 < 2.2h_b$),发生的变形主要是转动,也称为"刚性挑梁";对于埋置较深、相对刚度较小的挑梁($2.2h_b \leqslant l_1 \leqslant 5h_b$),梁尾部变形较小,主要发生的是弯曲变形,也称为"柔性挑梁"。

3. 挑梁下砌体的局部受压承载力

试验表明,挑梁局部受压破坏时,梁端下部砌体受压变形较大,由于梁下砌体开裂后塑性变形的发展,最大压应力内移,梁下砌体压应力的分布也很不均匀。由于边缘砌体受约束作用,破坏时强度往往大于砖砌体的设计抗压强度,对于带翼墙的挑梁,这种提高的幅度更大。为了与前述砌体局部受压承载力的计算协调一致,《砌规》有如下规定。

7.4.4 挑梁下砌体的局部受压承载力,可按下式验算(图7.1.4):

$$N_l \le \eta \gamma f A_l \tag{7.4.4}$$

式中　N_l——挑梁下的支承压力,可取 $N_l=2R$,R 为挑梁的倾覆荷载设计值;

　　　η——梁端底面压应力图形的完整系数,可取0.7;

　　　γ——砌体局部抗压强度提高系数,对图7.4.4(a),可取1.25;对图7.4.4(b)可取1.5;

　　　A_l——挑梁下砌体局部受压面积,可取 $A_l=1.2bh_b$,b 为挑梁的截面宽度,h_b 为挑梁的截面高度。

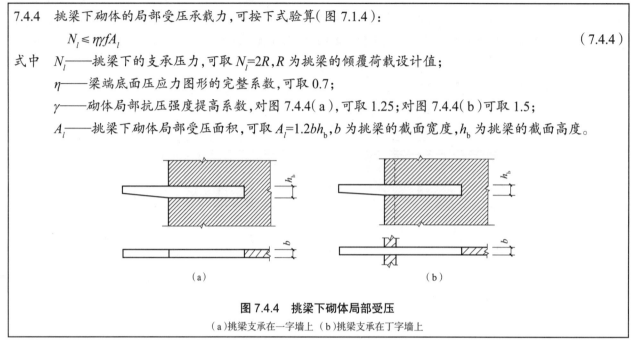

图7.4.4　挑梁下砌体局部受压

(a)挑梁支承在一字墙上　(b)挑梁支承在丁字墙上

需要注意以下两点。

(1)由于挑梁与墙体的上部交界面处较早地出现水平裂缝,发生局部受压破坏时该水平裂缝已延伸很长,因此由上部墙体自重引起的初始压应力 σ_0 不必与挑梁下局部压应力 σ_y 叠加,即可不考虑上部荷载的影响。

(2)如上所述,在挑梁下砌体局压破坏时,砌体的塑性变形表现已很明显。对于应力图形完整系数 η 的取值,参考实际工程试验结果后,取 $\eta=0.7$。至于局部抗压强度提高系数,也是为了与前述《砌规》局部受压部分的条文相协调而制定的。

4. 挑梁的内力

工程试验和有限元分析表明,挑梁最大弯矩发生在计算倾覆点处的截面,而不是设计者习惯采用的墙边截面,最大剪力则发生在墙边截面。《砌规》有如下规定。

7.4.5 挑梁的最大弯矩设计值 M_{max} 与最大剪力设计值 V_{max},可按下列公式计算:

$$M_{max}=M_0 \tag{7.4.5-1}$$

$$V_{max}=V_0 \tag{7.4.5-2}$$

式中　M_0——挑梁的荷载设计值对计算倾覆点截面产生的弯矩;

　　　V_0——挑梁的荷载设计值在挑梁墙外边缘处截面产生的剪力。

---

5. 雨篷的抗倾覆验算

通常雨篷梁埋置于墙体内的长度 l_1 较小,一般 $l_1<2.2h_b$ 即属于刚性挑梁的范围,《砌规》有如下规定。

7.4.7　雨篷等悬挑构件可按第 7.4.1 条至第 7.4.3 条进行抗倾覆验算,其抗倾覆荷载 G_r 可按图 7.4.7 采用, G_r 距墙外边缘的距离为墙厚的 1/2, l_3 为门窗洞口净跨的 1/2。

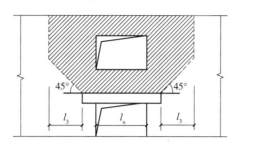
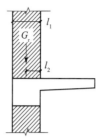

图 7.4.7　雨篷的抗倾覆验算

G_r—抗倾覆荷载; l_1—墙厚; l_2— G_r 距墙外边缘的距离

《木结构设计标准》（GB 50005—2017）

第13章 木结构设计

我国木结构建筑历史悠久、别具一格,所形成的榫卯连接的梁柱体系至唐代已趋于成熟。如今,虽然砖瓦、砂石、水泥、钢材等建筑材料在建筑工程中被广泛采用,但在欧美等许多国家,大量的住宅、学校、办公楼等建筑,甚至一些大型体育馆、展览馆等仍以木材为主要材料来建造。

> **2.1.1 木结构 timber structure**
> 采用以木材为主制作的构件承重的结构。

作为结构材料,木结构必然拥有其独特的优越性,才能在琳琅满目的现代建筑中占有一席之地。木结构的优点可以概括为以下几个方面。

（1）木结构房屋是节能、环保的绿色建筑。若分别以木材、钢材和混凝土为主要材料来建造一栋房屋,木结构的二氧化碳排放量、空气污染指数、水污染指数等综合指标远优于钢结构和混凝土结构。

（2）木材是可再生资源,符合可持续发展战略,通过合理采伐和科学种植,可以做到采伐量与生长量平衡,从而使木材成为一种取之不竭的材料。

（3）木材具有轻质高强的特点,其密度与强度比不逊于钢材,木结构建筑的总质量远比其他结构类型的建筑轻,具有优良的抗震能力。

（4）木材具有良好的隔热、隔声性质,木结构建筑供热、空调耗能较低,加之木材的天然纹理,给人以亲近、回归自然的感觉,使居所温馨而舒适。

（5）木结构的构件制作可以实现工厂标准化,能够极大地降低劳动强度、提高施工速度、缩短施工周期。性能优良的重组木材的研发,特别是层板胶合木技术的成熟,各类结构复合木材的出现和应用,为木结构的发展创造了广阔的前景。

同时,木结构的一些缺点也限制了其工程应用,这些不足之处主要表现在如下方面。

（1）木材的生长因素决定了其力学性能具有显著的不均匀性和变异性。木材是自然生长的纤维质材料,其顺木纹、横木纹的抗拉、抗压强度具有很大的差异。

（2）木材的各种天然缺陷及不可焊接性造成了木结构设计的复杂性。木材的节子等缺陷极大地影响了木构件的强度。

（3）木材的力学性能受工程使用环境,特别是含水率的影响十分显著。

（4）木材是有机物,易受不良环境的腐蚀,影响木结构或木构件的耐久性。

（5）木材是一种可燃性材料,木结构建筑需要周密考虑防火安全措施。

13.1 木材的种类

13.1.1 木材的树种

木材由树干加工而成,树木可分为针叶和阔叶树种两大类。杉木及各种松木、云杉和冷杉等是针叶树材;柞木、水曲柳、香樟、檫木及各种桦木、楠木和杨木等是阔叶树材。中国树种很多,因此各地区常用于工程的木材树种各异。

《木结构设计标准》（GB 50005—2017）（以下简称《木标》）以符合长期工程实践经验为原则,将各项受力性质的可靠性指标 β 等于或接近于该标准采用的目标可靠性指标 β_0 的树种木材归入同一强度等级,具体分类如下。

4.3.1　方木、原木、普通层板胶合木和胶合原木等木材的设计指标应按下列规定确定。

　　1　木材的强度等级应根据选用的树种按表 4.3.1-1 和表 4.3.1-2 的规定采用。

表 4.3.1-1　针叶树种木材适用的强度等级

强度等级	组别	适用树种
TC17	A	柏木、长叶松、湿地松、粗皮落叶松
	B	东北落叶松、欧洲赤松、欧洲落叶松
TC15	A	铁杉、油杉、太平洋海岸黄柏、花旗松-落叶松、西部铁杉、南方松
	B	鱼鳞云杉、西南云杉、南亚松
TC13	A	油松、西伯利亚落叶松、云南松、马尾松、扭叶松、北美落叶松、海岸松、日本扁柏、日本落叶松
	B	红皮云杉、丽江云杉、樟子松、红松、西加云杉、欧洲云杉、北美山地云杉、北美短叶松
TC11	A	西北云杉、西伯利亚云杉、西黄松、云杉-松-冷杉、铁-冷杉、加拿大铁杉、杉木
	B	冷杉、速生杉木、速生马尾松、新西兰辐射松、日本柳杉

表 4.3.1-2　阔叶树种木材适用的强度等级

强度等级	适用树种
TB20	青冈、桐木、甘巴豆、冰片香、重黄娑罗双、重坡垒、龙脑香、绿心樟、紫心木、孪叶苏木、双龙瓣豆
TB17	栎木、腺瘤豆、筒状非洲棟、蟹木棟、深红默罗藤黄木
TB15	锥栗、桦木、黄娑罗双、异翅香、水曲柳、红尼克樟
T13	深红娑罗双、浅红娑罗双、白娑罗双、海棠木
T11	大叶椴、心形椴

　　一般来说,优质的针叶树木具有材质均匀、纹理平直、树干长挺、木质软而易加工、干燥状态下不易干裂和扭曲变形等优点,相对来说是比较理想的结构木材。质地较差的针叶树木和一般的阔叶树木虽然强度都相对较高,但均具有质地坚硬而不易加工、不吃钉、易开裂、干燥状态下易干裂和扭曲变形的共性。因此,木结构在设计时除应考虑材料强度外,还需要根据木材的特点采取不同的措施。

13.1.2　木材的类别

　　工程中应用的木材基本上可分为天然木材和工程木材两大类。《木标》中将结构采用的天然木材分为两大类:一类是原木,另一类是工厂化的锯材。工程木材则是一种重组木材,包括由一定规格木板黏合而成的层板类工程木材和由木片、木条等黏结而成的结构复合木材两类。

　　原木是指去枝、去皮后按规格加工成一定长度的木料。锯材则是经过干燥、锯切、抛光、应力定级等一系列工序生产的木产品,锯材可分为方木、板材和规格材三种类别,目前我国工程中应用的锯材除方木外,主要依赖于进口,其中板材主要用于承受较大荷载的楼板,规格材主要用于轻型木结构。《木标》对于上述术语的定义如下。

2.1.2　原木 log
　　伐倒的树干经打枝和造材加工而成的木段。

2.1.3　锯材 sawn timber
　　原木经制材加工而成的成品材或半成品材,分为板材与方材。

2.1.4　方木 square timber
　　直角锯切且宽厚比小于 3 的锯材,又称方材。

> **2.1.5　板材 plank**
> 直角锯切且宽厚比大于或等于 3 的锯材。
>
> **2.1.6　规格材 dimension lumber**
> 木材截面的宽度和高度按规定尺寸加工的规格化木材。

将天然木材加工成一定厚度的木板,并按一定的要求黏结而成的大截面木材为层板类工程木材。其中,层间木纹平行的木材称为层板胶合木,主要用作受力构件;层间木纹彼此垂直黏结在一起的木材称为正交层板胶合木,主要用作板类构件。

层板类工程木材不仅可以小材大用、短材长用,而且还可以将不同等级(或树种)的木料配置在不同的受力部位,做到量材适用,提高木材的利用率。并且由于胶合板的板面宽大,而且具有较好的均质性,因此适应性强,用作承重结构,容易满足建筑设计的要求。胶合木结构的强度和耐久性在很大程度上取决于胶合质量。

> **2.1.13　层板胶合木 glued laminated timber**
> 以厚度不大于 45 mm 的胶合木层板沿顺纹方向叠层胶合而成的木制品,也称胶合木或结构用集成材。
>
> **2.1.14　正交层板胶合木 cross laminated timber**
> 以厚度为 15~45 mm 的层板相互叠层正交组坯后胶合而成的木制品,也称正交胶合木。
>
> **2.1.8　胶合木层板 glued lamina**
> 用于制作层板胶合木的板材,接长时采用胶合指形接头。
>
> **8.0.1**　胶合木结构应分为层板胶合木结构和正交胶合木结构。<u>层板胶合木结构</u>适用于大跨度、大空间的单层或多层木结构建筑。<u>正交胶合木结构</u>适用于楼盖和屋盖结构,或由正交胶合木组成的单层或多层箱形板式木结构建筑。
>
> **8.0.2**　<u>层板胶合木</u>构件各层木板的纤维方向应与构件长度方向一致。层板胶合木构件截面的层板层数不应低于 4 层。
>
> **8.0.3**　<u>正交胶合木构件</u>各层木板之间纤维的方向应相互叠层正交,截面的层板层数不应少于 3 层,并且不宜多于 9 层,其总厚度不应大于 500 mm。
>
> **8.0.7**　制作<u>正交胶合木所用木板的尺寸</u>应符合下列规定。
> 　1　层板厚度 t:15 mm ≤ t ≤ 45 mm。
> 　2　层板宽度 b:80 mm ≤ b ≤ 250 mm。

工程中常见的结构复合木材成品是较大型的厚板材,可以根据工程需要锯解成小型木料,根据制造工艺的不同,如黏结前木材被旋切成薄木板、木片、木条等形式的不同,结构复合木材可以分成很多种。《木标》有如下规定。

> **2.1.7　结构复合木材 structural composite lumber**
> 采用木质的单板、单板条或木片等,沿构件长度方向排列组坯,并采用结构用胶黏剂叠层胶合而成,专门用于承重结构的复合材料,包括旋切板胶合木、平行木片胶合木、层叠木片胶合木和定向木片胶合木,以及其他具有类似特征的复合木产品。

木基结构板材是承重结构的复合重组板材,包括结构胶合板和定向木片板,它是将木材旋削成厚度 3 mm 的薄木板(或薄木片、木条)并胶结而成,成片厚度一般为 8~36 mm,平面尺寸为 2 440 mm × 1 220 mm。木基结构板材可用于轻型木结构的墙面板、楼面板和屋面板。《木标》有如下规定。

> **2.1.21　木基结构板 wood-based structural panels**
> 以木质单板或木片为原料,采用结构胶黏剂热压制成的承重板材,包括结构胶合板和定向木片板。

13.2 天然木材的缺陷

天然木材的组织并不是均匀的,其中夹有各种木节;树干纵向纤维也并不完全平直,常有弯曲走向,从而使木材产生斜纹;在风等作用下可能造成应压木和树干的各种裂纹;在微生物的作用和昆虫的侵蚀下会造成天然木材腐朽和虫孔。这些统称为木材的缺陷,其中大部分是在树木生长过程中产生的,这些缺陷在很大程度上影响木材的力学性能。

1. 木节

木节也称节子,是一种木材存在的天然缺陷,其是由于树木生长的生理过程、遗传因子的作用或在生长期中受外界环境的影响所形成的。根据节子的质地及其与周围木材相结合的程度,被分为漏节、活节、死节等。漏节自身的木质构造已大部分破坏,并已深入树干内部,且和树干内部腐朽相连;活节与周围木材全部紧密相连,质地坚硬,构造正常。确切地讲,活节实际上不能称为木材的缺陷,它使木材纹理复杂,形成各种的花纹,如旋形、波浪形、皱纹形、山峰形、鸟归形,给建筑装饰装修带来独特的效果。

木节极大地影响了木材的均质性和力学性能。木节对木材的顺纹抗拉强度影响最大,对顺纹抗压强度影响最小,对抗弯强度的影响则取决于木节在构件截面高度上所处的位置。

如图 13.1 所示,外观相同的木节对板材和方材的削弱是不同的。同一大小的木节,在板材中为贯通节,在方材中则为锥形节。显然,木节对方材的削弱要比板材小,方材所保留的未割断的木纹也比板材多,因此若将板材、方材的材质标准分开,则方材木节的限值可在不降低构件设计承载力的前提下予以适当放宽。

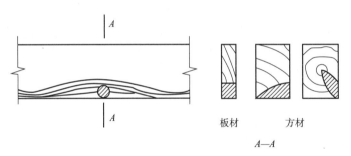

板材　　　方材

A—A

图 13.1　板材、方材中的木节

2. 斜纹

斜纹即木材中因纤维排列不正常而出现的纵向倾斜纹。在圆材的横断面上,纹理呈倾斜状。斜纹也可能是人为所致,例如直纹;但有一定锥度的原木沿平行于树干轴向方向锯解时锯出的方木或板材,有时候也会产生斜纹,抑或在锯成小方木时因锯解方向与木材纤维方向不平行亦可造成人为斜纹。

斜纹会导致锯解出的方木、板材纤维不连续,对结构材料的力学性能也有较大的影响。若木材纹理较斜、木构件含水率偏高,在干燥过程中就会产生扭翘变形和斜裂缝,对构件受力不利。

3. 髓心

髓心的作用是储存营养物质,但其强度低,容易被虫蛀和被腐蚀。髓心位于树干的最内部,是树干在第一年形成的。

现行《木标》中关于方木与原木的材质标准,做出了对方木有髓心应避开受剪面的规定。这是根据以前北京市建筑设计院和原西南建筑科学研究所对木材裂缝所做的调查,以及该所对近百根木材所做的观测结果制定的。因为在有髓心的方木上最大裂缝(以下简称主裂缝)一般生在较宽的面上,并位于离髓心最近的位置,且逐渐向着髓心发展,见表 13.1。一般从髓心所在位置,即可判定最大裂缝将发生在哪个面的哪个部位。若避开髓心即意味着在受剪面上避开了危险的主裂缝。因此,这也是防止裂缝危害的一项很有效的措施。

表 13.1　木材干缩裂缝位置与髓心的关系

项次	裂缝规律	说明
1		原木的干裂（除轮裂外），一般沿径向，并朝着髓心发展，对于原木的构件只要不采用单排螺栓连接，一般不易在受剪面上遇到危险性裂缝
2		这是有髓心方木常见的主裂缝，它发生在方木较宽的面上，并位于最接近髓心的位置（一般与髓心处于同一水平面上），故应使连接的受剪面避开髓心
3		这三种干缩裂缝多发生在原木解锯前，原木锯成方木后，有时还会稍稍发展，但对螺栓连接无太大影响。值得注意的是，这种裂缝若在近裂缝一侧刻齿槽，可能对齿连接的承载能力稍有影响
4		若将近裂缝的一面朝下，齿槽刻在远离裂缝一侧，就可避免裂缝对齿连接的危害

另外，在板材截面上若有髓心，不仅将显著降低木板的承载能力，而且可能产生危险的裂缝和过大的截面变形，对构件及其连接的受力均很不利。因此，在板材的材质标准中，做了不允许有髓心的规定。多年来的实践证明，这对板材的选料不会造成很大的损耗。

4. 裂缝

木材在干燥过程中发生干裂是产生裂缝的重要原因，干裂的本质则是由树干在三个切面方向的干缩率和含水率不同所引起的。木材的切向（弦向）干缩率最大，径向次之，纵向（顺纹）最小。干燥过程中木材弦向会受到拉应力作用，同时木材外表相对于内部的含水率迅速降低，导致外表干缩，又加大了这种拉应力。木材的横纹抗拉强度很低，故易造成干裂。对于干缩率大、易开裂的树种，当需要获得较大截面的方木时，可采用破心下料的方法，以减小干裂的发生概率。

此外，树木在生长过程中遇到大风等外力时，树干的横截面上可以见到径向或者沿着年轮的裂纹，这些树在砍伐后及加工、保存的过程中若方法不适当，可造成这些裂纹进一步扩展。

裂缝是影响结构安全的一个重要因素，材质标准中应当规定其限值。一般来说，在连接的受剪面上，裂缝将直接降低其承载能力，而位于受剪面附近的裂缝是否对连接的受力有影响以及影响的大小，则在很大程度上取决于木材纹理是否正常。至于裂缝对受拉、受弯以及受压构件的影响，在木纹顺直的情况下是不明显的。但若木纹的斜度很大，则其影响将显得十分突出，几乎随着斜纹的斜度增大，而使构件的承载力呈直线下降，以受拉构件最为严重，受弯构件次之，受压构件较轻。

综上所述，《木标》以对木材斜纹的限制为前提，做出了对裂缝的规定：一是不容许连接的受剪面上有裂缝；二是对连接受剪面附近的裂缝深度加以限制。至于"受剪面附近"的含义，一般可理解为在受剪面上下各 30 mm 的范围内。天然木材材质标准的详细规定详见《木标》附录 A，此处不再列出。

13.3　木材的物理力学性能

13.3.1　木材的含水率

木材中的水分处于自由水和吸附水两种状态，自由水存在于细胞腔和细胞的间隙中，呈游离状态；吸附水则存在于细胞壁的微细纤维之间。《木标》有如下规定。

> **2.1.9 木材含水率 moisture content of wood**
> 木材内所含水分的质量占木材绝干质量的百分比。

将木材置于一定的环境中,在足够长的时间后,其含水率会趋于一个平衡值,称为该环境的平衡含水率。当木材含水率高于环境的平衡含水率时,木材会排湿干缩,反之会吸湿膨胀。

结构用木材需要严格控制含水率。一方面,木材截面上各部分的含水率是不尽相同的,在木材干燥过程中,其外表面的含水率往往低于内部,这会造成木材干缩裂纹的产生,木材受潮的过程则是相反的结果,即会造成木材湿胀进而产生裂纹。另一方面,研究表明木材的含水率除会对其自身强度产生一定的影响外,也是影响木材耐久性即腐朽快慢的一个重要因素。含水率大于25%的木材一般称为湿材,含水率小于18%的木材称为干材,含水率介于18%~25%的木材称为半干材。对于结构用木材的含水率要求,《木标》有如下规定。

> **3.1.12** 制作构件时,木材含水率应符合下列规定:
> 1 板材、规格材和**工厂加工的方木**不应大于19%;
> 2 方木、原木受拉构件的连接板不应大于18%;
> 3 作为连接件,不应大于15%;
> 4 胶合木层板和正交胶合木层板应为8%~15%,且同一构件各层木板间的含水率差别不应大于5%;
> 5 井干式木结构构件采用原木制作时不应大于25%;采用方木制作时不应大于20%;采用胶合原木木材制作时不应大于18%;
>
> **3.1.12 条文说明(部分)**
> 本条为强制性条文。……规定木材含水率的理由和依据如下。
> 1 木结构若采用较干的木材制作,在相当程度上减小因木材干缩造成的松弛变形和裂缝的危害,对保证工程质量作用很大。因此,原则上应要求木材经过干燥。……
> 2 原木和方木的含水率沿截面内外分布很不均匀。……
> 条文中,方木、原木受拉构件的连接板是指利用方木原木制作的木制夹板。连接件是指在构件节点中起主要作用的木制连接件,例如在不采用金属齿板连接的轻型木桁架中,采用定向刨花板(OSB)作为构件节点连接的连接板。
>
> **3.1.13** **现场制作的方木或原木**构件的木材含水率不应大于25%。当受条件限制,使用含水率大于25%的木材制作原木或方木结构时,应符合下列规定:
> 1 计算和构造应符合本标准有关湿材的规定;
> 2 桁架受拉腹杆宜采用可进行长短调整的圆钢;
> 3 桁架下弦宜选用型钢或圆钢,当采用木下弦时,宜采用原木或破心下料(图3.1.13)的方木;
> 4 不应使用湿材制作板材结构及受拉构件的连接板;
> 5 在房屋或构筑物建成后,应加强结构的检查和维护,结构的检查和维护可按本标准附录C的规定进行。

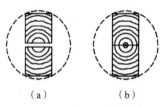

> (a)　　　　(b)
>
> **图3.1.13 破心下料的方木**
>
> **3.1.13 条文说明**
> 本标准根据各地历年来使用湿材总结的经验教训以及有关科研成果,作了湿材只能用于原木和方木构件的规定(其接头的连接板不允许用湿材)。因为这两类构件受木材干裂的危害不如板材构件严重。

湿材是指含水率大于 25% 的木材,湿材对结构的危害主要是在结构的关键部位可能引起危险性的裂缝;促使木材腐朽易遭虫蛀,使节点松动、结构变形增大等。针对这些问题,本标准采取了下列措施。

1　防止裂缝的危害方面。除首先推荐采用钢木结构外,在选材上加严了斜纹的限值,以减少斜裂缝的危害;要求受剪面避开髓心,以免裂缝与受剪面重合;在制材上,要求尽可能采用"破心下料"的方法,以保证方木的重要受力部位不受干缩裂缝的危害;在构造上,对齿连接的受剪面长度和螺栓连接的端距均予以适当加大,以减小木材开裂的影响等。

2　减小构件变形和节点松动方面,将木材的弹性模量和横纹承压的计算指标予以适当降低,以减小湿材干缩变形的影响,并要求桁架受拉腹杆采用圆钢,以便于调整。此外,还根据湿材在使用过程中容易出现的问题,在检查和维护方面作了具体的规定。

3　防腐防虫方面,给出防潮、通风构造示意图。

"破心下料"的制作方法作如下说明。

因为含髓心的方木,其截面上的年层大部分完整,内外含水率梯度又很大,以致干缩时,弦向变形受到径向约束,边材的变形受到心材约束,从而使内应力过大,造成木材严重开裂。为了解除这种约束,可沿髓心剖开原木,然后再锯成方材,就能使木材干缩时变形较为自由,显著减小开裂程度。……但"破心下料"也有其局限性,即要求原木的径级至少在 320 mm 以上,才能锯出屋架料规格的方木,同时制材要在髓心位置下锯,对**制材速度稍有影响**。因此,本标准建议仅用于受裂缝危害最大的桁架受拉下弦,尽量减小采用"破心下料"构件的数量,以便于推广。

13.3.2　结构木材定级

结构木材是指由天然木材加工的方木与原木以及经过工厂标准化加工生产的各类锯材。与钢筋混凝土、钢材等其他建筑材料一样,结构木材的力学性能也具有不确定性,因此需要根据其力学性能的分布函数的某些特征点来确定代表值。

通过试验确定结构木材力学性能的方法可分为两种:一种是先进行标准试件的力学性能试验,考虑木材上实际存在的各类缺陷对受力性能的影响后,再对试验结构进行一定的折算,进而确定力学性能指标;另一种则是采用成品试件,按规定的标准试验方法进行足尺试验来确定力学性能指标。前一种方法是传统方法,是木材"目测定级"的基础,也是目前大截面结构木材确定力学指标的主要方法;后一种方法称为"机械定级",能够将结构木材的各类天然缺陷直接反映在力学性能指标中,目前主要用于确定大面积标准化生产的规格材等截面尺寸较小的木产品。

实际上,每根木材的缺陷程度不尽相同,要按规定的方法确定每根木材的力学性能指标需要耗费大量的人力、物力。因此,工程中一般会将标准化批量生产的锯材中某些缺陷程度相近且对力学性能指标影响相差不大的锯材归为同一等级,依次划分为若干级后,可以按足尺试验确定每个等级木材的力学性能指标,这个过程称为结构木材定级。

1. 目测定级

工厂目测定级是指木材在工业化加工流程中,根据木材上肉眼可见的各类木节、斜纹、髓心、裂缝、虫蛀等天然缺陷和加工过程中造成的钝棱等缺陷的严重程度以及所处位置对木材强度影响程度的不同,对木材进行等级划分。

方木、原木及板材属于粗材,我国对方木、原木承重结构所用的木材,一般按其材质分为三级。《木标》有如下规定。

3.1.2 **方木、原木和板材**可采用目测分级,选材标准应符合本标准附录 A 第 A.1 节的规定。在工厂目测分级并加工的方木构件的材质等级应符合表 3.1.2 的规定,选材标准应符合本标准附录 A 第 A.1.4 条的规定。不应采用商品材的等级标准替代本标准规定的材质等级。

表 3.1.2 工厂加工方木构件的材质等级

项次	构件用途	材质等级		
1	用于梁的构件	I_e	II_e	III_e
2	用于柱的构件	I_f	II_f	III_f

方木、原木材料按强度分为 9 个等级,按材质标准分为 3 个级别,因此采用方木、原木构件时,确定了所采用的树种也就明确了材料强度等级。但更重要的是,相同强度等级的方木、原木构件应根据构件主要用途来确定选用的材质等级,以进一步保证结构安全。《木标》有如下规定。

3.1.3 方木、原木结构的构件设计时,应根据构件的主要用途选用相应的材质等级。当采用目测分级木材时,不应低于表 3.1.3-1 的要求;当采用工厂加工的方木用于梁柱构件时,不应低于表 3.1.3-2 的要求。

表 3.1.3-1 方木原木构件的材质等级要求

项次	主要用途	最低材质等级
1	受拉或拉弯构件	I_a
2	受弯或压弯构件	II_a
3	受压构件及次要受弯构件	III_a

表 3.1.3-2 工厂加工方木构件的材质等级要求

项次	主要用途	最低材质等级
1	用于梁	III_e
2	用于柱	III_f

考虑到今后一段时期我国建筑工程中采用的木材大量还是依靠进口,而目前木材的进口渠道多、质量相差悬殊,若不加强技术管理,容易使工程遭受不应有的经济损失,甚至发生质量、安全事故。因此,有必要对进口木材的选材及设计指标的确定做出统一的规定,以提高材料的质量和耐久性,确保工程的安全、质量与经济效益。《木标》有如下规定。

3.1.4 方木和原木应从本标准表 4.3.1-1 和表 4.3.1-2 所列的树种中选用。**主要的承重构件应采用针叶材;**重要的木制连接件应采用细密、直纹、无节和无其他缺陷的耐腐硬质阔叶材。

在加拿大和美国,对工业化生产的规格材、方木等结构木材,主要采用目测定级,将其划分为不同的材质等级,并作为一个重要的生产工艺流程。在严格执行目测定级的标准后,材质等级可以和木材的力学性能指标挂钩。我国规格材的目测定级标准便是参照了加拿大的目测定级标准后制定的。《木标》将规格材定为三类七个等级,规定了每个等级的材质标准。规格材材质等级分为三类主要是源于用途各不相同。与我国传统方法一样,采用目测定级时,与之相关的设计值应通过对不同树种、不同等级规格材的足尺试验确定。同时,为了使轻型木结构的设计和施工标准化,《木标》给出了规格材的基本截面尺寸要求。

3.1.7 轻型木结构用**规格材截面尺寸**应符合本标准附录 B 第 B.1.1 条的规定。对于速生树种的结构用规格材截面尺寸应符合本标准附录 B 第 B.1.2 条的规定。

3.1.8　当规格材采用目测分级时，**分级的选材标准**应符合本标准附录 A 第 A.3 节的规定。当采用目测分级规格材设计轻型木结构构件时，应根据构件的用途按表 3.1.8 的规定选用相应的材质等级。

表 3.1.8　目测分级规格材的材质等级

类别	主要用途	材质等级	截面最大尺寸(mm)
A	结构用搁栅、结构用平放厚板和轻型木框架构件	I_c	285
		II_c	
		III_c	
		IV_c	
B	仅用于墙骨柱	IV_{c1}	
C	仅用于轻型木框架构件	II_{c1}	90
		III_{c1}	

近几年，随着我国胶合木结构的不断发展，主要采用目测分级层板和机械分级层板来制作胶合木。《木标》有如下规定。

3.1.10　胶合木层板应采用目测分级或机械分级，并宜采用针叶材树种制作。除普通胶合木层板的材质等级标准应符合本标准附录 A 第 A.2 节的规定外，其他胶合木层板分级的选材标准应符合现行国家标准《胶合木结构技术规范》(GB/T 50708—2012)及《结构用集成材》(GB/T 26899—2022)的相关规定。

2. 机械定级

机械定级是采用机械应力测定设备对木材进行非破坏性试验，按测定的木材弯曲强度和弹性模量确定强度等级，目前仅用于截面尺寸不大、工厂标准化和批量化生产的规格材及板材等锯材。机械定级木材主要用于制作重要的受弯构件，各等级木材的强度(抗剪强度除外)及变形模量等指标不分树种。

考虑到我国木材加工业的状况，《木标》将机械分级的规格材定为 8 个等级，并规定了分级的基本强度指标，用字母 M 后加数字表示，数字代表抗弯强度标准值。

3.1.6　轻型木结构用规格材可分为目测分级规格材和机械应力分级规格材。目测分级规格材的材质等级分为七级；机械应力分级规格材按强度等级分为八级，其等级应符合表 3.1.6 的规定。

表 3.1.6　机械应力分级规格材强度等级表

等级	M10	M14	M18	M22	M26	M30	M35	M40
弹性模量 E(N/mm²)	8 000	8 800	9 600	10 000	11 000	12 000	13 000	14 000

13.3.3　基本力学指标

我国木结构的设计采用以概率理论为基础的极限状态设计方法。对于结构用木材的强度指标，也是只保留了荷载分项系数，而将抗力分项系数隐含在强度设计值内，即《木标》所给出的木材的强度设计值应等于木材的强度标准值除以抗力分项系数。

对不同树种的木材需要按所划分的强度等级，并参照长期工程实践经验，进行合理的归类。对自然缺陷较多的树种木材，如落叶松、云南松和马尾松等，不能单纯按其可靠性指标进行分级，尚需根据主要使用地区的经验进行调整，以使其设计指标的取值与工程实践经验相符。因此，规范中实际给出的木材强度设计值是经过调整的，与直接按上述方法算得的数值略有不同。

1. 天然木材的强度和弹性模量

天然木材是一种不均质材料，尤其是考虑到树木在自然生长过程中出现的木节、斜纹、髓心等宏观缺陷对其物理力学性能的影响。对于原木、锯材等天然木材的强度设计值和弹性模量的取值，《木标》有如下规定。

4.3.1 方木、原木、普通层板胶合木和胶合原木等木材的设计指标应按下列规定确定。

2 木材的强度设计值及弹性模量应按表 4.3.1-3 的规定采用。

表 4.3.1-3 方木、原木等木材的强度设计值和弹性模量（N/mm²）

强度等级	组别	抗弯 f_m	顺纹抗压及承压 f_c	顺纹抗拉 f_t	顺纹抗剪 f_v	横纹承压 $f_{c,90}$			弹性模量 E
						全表面	局部表面和齿面	拉力螺栓垫板下	
TC17	A	17	16	10	1.7	2.3	3.5	4.6	10 000
	B		15	9.5	1.6				
TC15	A	15	13	9.0	1.6	2.1	3.1	4.2	10 000
	B		12	9.0	1.5				9 000
TC13	A	13	12	8.5	1.5	1.9	2.9	3.8	10 000
	B		10	8.0	1.4				9 000
TC11	A	11	10	7.5	1.4	1.8	2.7	3.6	9 000
	B		10	7.0	1.2				
TB20	—	20	18	12	2.8	4.2	6.3	8.4	12 000
TB17	—	17	16	11	2.4	3.8	5.7	7.6	11 000
TB15	—	15	14	10	2.0	3.1	4.7	6.2	10 000
TB13	—	13	12	9.0	1.4	2.4	3.6	4.8	8 000
TB11	—	11	10	8.0	1.3	2.1	3.2	4.1	7 000

注：计算木构件端部的拉力螺栓垫板时，木材横纹承压强度设计值应按"局部表面和齿面"一栏的数值采用。

木材承压是指两个构件相互接触时，在接触面上传递荷载的能力和性能，该接触面上的应力称为承压应力，承压木材抵抗这种作用的能力称为承压强度。根据承压应力的作用方向与木纹方向的关系，木材承压可分为顺纹承压、横纹承压和斜纹承压三种，如图 13.2 所示。由于接触面是不平整的，木材的顺纹承压强度相对略低于顺纹抗压强度，但是由于差别较小，一般不做区分。

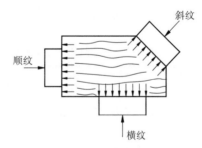

图 13.2 木材的承压类型

木材的斜纹承压强度随着承压应力作用方向与木纹方向的夹角 α 的不同而变化。当 $\alpha=0°$ 时为顺纹承压强度 f_c；当 $\alpha=90°$ 时则为横纹承压强度 $f_{c,90}$；当 α 介于 $0°$ 和 $90°$ 之间时，《木标》规定应采用以下公式进行计算。

4.3.3 木材斜纹承压的强度设计值，可按下列公式确定：

当 $\alpha<10°$ 时

$$f_{c\alpha}=f_c \tag{4.3.3-1}$$

当 $10°<\alpha<90°$ 时

$$f_{c\alpha}=\frac{f_c}{1+\left(\dfrac{f_c}{f_{c,90}}-1\right)\dfrac{\alpha-10°}{80°}\sin\alpha} \tag{4.3.3-2}$$

式中　f_{ca}——木材斜纹承压的强度设计值（N/mm²）；

　　　α——作用力方向与木纹方向的夹角（°）；

　　　f_c——木材的顺纹抗压强度设计值（N/mm²）；

　　　$f_{c,90}$——木材的横纹承压强度设计值（N/mm²）。

一方面，对于截面短边尺寸 $b \geqslant 150$ mm 方木的受弯以及直接使用原木的受弯和顺纹受压，根据地区经验和可靠性指标的要求，其容许应力一般可提高 10%~15%。另一方面，考虑到干燥缺陷对木材强度的影响以及湿材的变形更大，木材的横纹承压强度设计值和弹性模量需按木构件制作时的含水率予以区别对待，其他各项指标对干材和湿材同样适用，即不必另外乘以其他折减系数。《木标》有如下规定。

4.3.2　对于下列情况，本标准表 4.3.1-3 中的设计指标，尚应按下列规定进行调整：

1　当采用原木，验算部位未经切削时，其顺纹抗压、抗弯强度设计值和弹性模量可提高 15%；

2　当构件矩形截面的短边尺寸不小于 150 mm 时，其强度设计值可提高 10%；

3　当采用含水率大于 25% 的湿材时，各种木材的横纹承压强度设计值和弹性模量以及落叶松木材的抗弯强度设计值宜降低 10%。

---

2. 工程木的强度和弹性模量

天然木材作为结构用材存在不可避免的天然缺陷和后期加工缺陷，尽管可以采用科学的材质标准进行定级，但还是会在很大程度上影响其利用率和使用功能，并且由于天然木材的截面尺寸、长度等受到树种、树龄以及生长环境等条件的限制，因此并不能直接满足多数工程需要，进而增加了结构设计的复杂程度。为了改善木材的性能和应用范围，工程中常将天然木材锯解、重组、胶合，进而形成另一类结构用材——工程木。19 世纪末期至今，层板胶合木、木基结构板材、结构复合材以及正交层板胶合木先后出现，并在工程中得到应用和发展。下面主要围绕层板胶合木和正交层板胶合木进行介绍。

层板胶合木是针对天然木材的不足而最早研发的一种重组木材，层板胶合木具有良好的力学性能。正交胶合木作为现代木结构建筑的木材产品，被大量用于木结构工程中，包括居住建筑和商业建筑。正交胶合木构件作为板式构件适用于楼面、屋面或墙体。

目前制作正交胶合木的顺向层板均采用针叶材，而横向层板除采用针叶材外，也可采用由针叶材树种制作的结构复合材。由于在设计时不考虑横向层板的强度作用，因此对于横向层板的材质要求可适当放松。

另外，正交胶合木的各层层板可采用不同的强度等级进行组合。考虑到正交胶合木同一层层板的胶合性能应相同，《木标》要求同一层层板应采用相同的强度等级和相同的树种木材。

3.1.11　正交胶合木采用的层板应符合下列规定：

1　层板应采用针叶材树种制作，并应采用目测分级或机械分级的板材；

2　**层板材质的等级标准**应符合本标准第 3.1.10 条的规定，当层板直接采用规格材制作时，材质的等级标准应符合本标准附录 A 第 A.3 节的相关规定；

3　**横向层板**可采用由针叶材树种制作的结构复合材；

4　**同一层层板**应采用相同的强度等级和相同的树种木材（图 3.1.11）。

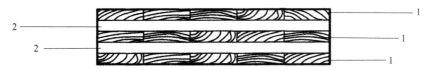

图 3.1.11　正交胶合木截面的层板组合示意图

1—层板长度方向与构件长度方向相同的顺向层板；2—层板长度方向与构件宽度方向相同的横向层板

3.1.11 条文说明（部分）

……当设计允许时，同一层层板中大于 90% 的木板强度等级应符合该层规定的强度等级，不符合该层强度等级的木板，其强度设计值不应低于该层规定强度的 35%。

因为层板胶合木和正交层板胶合木的基材仍然是天然木材,所以如含水率、持荷时间等因素对其力学性能的影响类似于天然木材。

《木标》将胶合木的树种划分为四个等级,并给出了各相应等级适用的树种及树种组合。

4.3.5 制作胶合木采用的木材树种级别、适用树种及树种组合应符合表 4.3.5 的规定。

表 4.3.5 胶合木适用树种分级表

树种级别	适用树种及树种组合名称
SZ1	南方松、花旗松-落叶松、欧洲落叶松以及其他符合本强度等级的树种
SZ2	欧洲云杉、东北落叶松以及其他符合本强度等级的树种
SZ3	阿拉斯加黄扁柏、铁-冷杉、西部铁杉、欧洲赤松、樟子松以及其他符合本强度等级的树种
SZ4	鱼鳞云杉、云杉-松-冷杉以及其他符合本强度等级的树种

注:表中花旗松-落叶松、铁-冷杉产地为北美地区,南方松产地为美国。

胶合木构件的强度设计值也是按可靠度的分析结果确定的,考虑到今后胶合木的发展需要,《木标》将胶合木各强度等级的符号修改为按抗弯强度标准值表示,例如 TC_t40 中的 40 表示该等级的抗弯强度标准值为 40 N/mm²。

4.3.6 采用目测分级和机械弹性模量分级层板制作的胶合木的强度设计指标值应按下列规定采用。

1 胶合木应分为异等组合与同等组合两类,异等组合应分为对称异等组合与非对称异等组合。

2 胶合木强度设计值及弹性模量应按表 4.3.6-1、表 4.3.6-2 和表 4.3.6-3 的规定取值。

表 4.3.6-1 对称异等组合胶合木的强度设计值和弹性模量(N/mm²)

强度等级	抗弯 f_m	顺纹抗压 f_c	顺纹抗拉 f_t	弹性模量 E
$TC_{YD}40$	27.9	21.8	16.7	14 000
$TC_{YD}36$	25.1	19.7	14.8	12 500
$TC_{YD}32$	22.3	17.6	13.0	11 000
$TC_{YD}28$	19.5	15.5	11.1	9 500
$TC_{YD}24$	16.7	13.4	9.9	8 000

注:当荷载的作用方向与层板窄边垂直时,抗弯强度设计值 f_m 应乘以 0.7 的系数,弹性模量 E 应乘以 0.9 的系数。

表 4.3.6-2 非对称异等组合胶合木的强度设计值和弹性模量(N/mm²)

强度等级	抗弯 f_m		顺纹抗压 f_c	顺纹抗拉 f_t	弹性模量 E
	正弯曲	负弯曲			
$TC_{YF}38$	26.5	19.5	21.1	15.5	13 000
$TC_{YF}34$	23.7	17.4	18.3	13.6	11 500
$TC_{YF}31$	21.6	16.0	16.9	12.4	10 500
$TC_{YF}27$	18.8	13.9	14.8	11.1	9 000
$TC_{YF}23$	16.0	11.8	12.0	9.3	6 500

注:当荷载的作用方向与层板窄边垂直时,抗弯强度设计值 f_m 应采用正向弯曲强度设计值,并乘以 0.7 的系数,弹性模量 E 应乘以 0.9 的系数。

表 4.3.6-3　同等组合胶合木的强度设计值和弹性模量(N/mm²)

强度等级	抗弯 f_m	顺纹抗压 f_c	顺纹抗拉 f_t	弹性模量 E
TC_T40	27.9	23.2	17.9	12 500
TC_T36	25.1	21.1	16.1	11 000
TC_T32	22.3	19.0	14.2	9 500
TC_T28	19.5	16.9	12.4	8 000
TC_T24	16.7	14.8	10.5	6 500

3　胶合木构件顺纹抗剪强度设计值应按表 4.3.6-4 的规定取值。

表 4.3.6-4　胶合木构件顺纹抗剪强度设计值(N/mm²)

树种级别	顺纹抗剪强度设计值 f_v
SZ1	2.2
SZ2、SZ3	2.0
SZA	1.8

4　胶合木构件横纹承压强度设计值应按表 4.3.6-5 的规定取值。

表 4.3.6-5　胶合木构件横纹承压强度设计值(N/mm²)

树种级别	局部横纹承压强度设计值 $f_{c,90}$		全表面横纹承压强度设计值 $f_{c,90}$
	构件中间承压	构件端部承压	
SZ1	7.5	6.0	3.0
SZ2、SZ3	6.2	5.0	2.5
SZ4	5.0	4.0	2.0
承压位置示意图		 1. 当 $h \geqslant 100$ mm 时, $a \leqslant 100$ mm; 2. 当 $h < 100$ mm 时, $a \leqslant h$	

4.3.12　正交胶合木的强度设计值和弹性模量应按本标准附录 G 的相关规定采用。

13.3.4　力学指标的调整

1. 基于可靠性指标的强度调整措施

结构在规定时间和规定条件下完成预定功能的概率称为结构的可靠度,可靠性指标 β 为度量结构可靠度的数值指标。参考国际上工程结构的可靠性指标取值标准,《建筑结构可靠性设计统一标准》(GB 50068—2018)(以下简称《统一标准》)考虑了我国国民经济情况和与各类结构设计规范的衔接性,规定了不同安全等级和不同破坏性质的房屋应具有的目标可靠性指标 β_0。

根据《统一标准》的规定,一般工业与民用建筑的木结构安全等级为二级,其结构构件承载力极限状态的可靠度指标 β_0 值不应低于 3.2(延性破坏、受弯和受压)或 3.7(脆性破坏、受拉)。在规定的目标可靠度 β_0 条件下,抗力分项系数 γ_R 除与变异系数 δ_f 有关外,还与荷载组合的种类及其荷载比率 ρ(活载/恒载)有关。因此,在可靠度分析时,对荷载组合及荷载比率采用平均或加权平均的方法不能满足可靠度要求。这是因为在部分荷载组合或荷载比率的情况下,构件的实际可靠度将低于目标可靠度 β_0。《木标》编制组结合本次可靠度分析结果,多次研究确定了进口木材强度设计值可靠度分析方法和设计值计算方法,并按下列原则进行分析。

（1）根据可靠度分析结果,确定材料强度的变异系数 δ_f 与抗力分项系数 γ_R 之间的基准关系曲线。"δ_f-γ_R 基准曲线"适用于所有结构木材强度设计值的确定。

（2）"δ_f-γ_R 基准曲线"根据可靠度计算分析得到,如图13.3所示。该曲线是以"恒载+住宅楼面荷载"组合中荷载比率 $\rho=1.5$ 的曲线为基准线,并用于确定木材的强度设计值指标。对于按此基准曲线计算时不满足可靠度要求的其他工况和荷载比率,采用强度调整系数进行调整,以保证满足目标可靠度的要求。

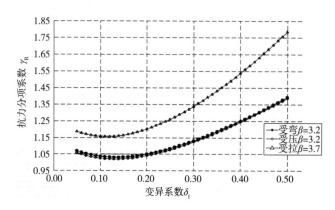

图 13.3　　δ_f-γ_R 基准曲线

（3）根据木材出口国提供的木材强度标准值 f_k 和强度变异系数 δ_f,并按"δ_f-γ_R 基准曲线"确定该种进口木材的抗力分项系数 γ_R。

（4）进口木材的强度设计值 f_d 按下式计算确定,并由《木标》主编单位对计算结果做最终核定:

$$f_d = f_k K_{Q3}/\gamma_R \tag{13.1}$$

式中　K_{Q3}——荷载持续时间对木材强度的影响系数,取0.72。

基于上述原则推定的相应力学指标存在以下特殊情况。

（1）对于恒载+住宅楼面荷载、恒载+办公楼面荷载和 $\rho<1.0$,均偏于不安全,需要对强度设计值进行调整。

（2）"δ_f-γ_R 基准曲线"与恒载+雪荷载、$\rho=1.0$ 相比较,$\gamma_{R住}/\gamma_{R雪}=0.8$（平均）,即不安全降低20%,若 $\rho>1.0$ 则更不利;与恒载+风荷载、$\rho=1.0$ 相比较,$\gamma_{R住}/\gamma_{R风}=0.83$（平均）,即不安全降低17%,而 $\rho>1.0$ 时更不利。因此,为了简化,恒载与风或雪荷载组合（当有多种可变荷载与恒荷载组合情况,风荷载或雪荷载作为 S_{Q1k} 时）,强度设计值降低17%,即风荷载或雪荷载起控制作用时强度设计值应乘以0.83的调整系数。由于风荷载为短期荷载作用,强度设计值可以适当提高10%,因此最终风荷载起控制作用时强度设计值调整系数为 $0.83\times1.10=0.91$。

4.3.10　对于**规格材、胶合木和进口结构材**的强度设计值和弹性模量,除应符合本标准第4.3.9的规定外,尚应按下列规定进行调整。

1　当楼屋面可变荷载标准值与永久荷载标准值的比率（Q_k/G_k）$\rho<1.0$ 时,强度设计值应乘以调整系数 k_d,调整系数 k_d 应按下式进行计算,**且 k_d 不应大于1.0**:

$$k_d = 0.83 + 0.17\rho \tag{4.3.10}$$

2　当有雪荷载、风荷载作用时,应乘以表4.3.10中规定的调整系数。

表 4.3.10　雪荷载、风荷载作用下强度设计值和弹性模量的调整系数

使用条件	调整系数	
	强度设计值	弹性模量
当雪荷载作用时	0.83	1.0
当风荷载作用时	0.91	1.0

2. 其他因素下的强度调整措施

基于可靠度分析结果所采取的强度调整措施是为了满足目标可靠度的要求。但木材的力学性能受使用环境、含水率以及体积效应等因素的影响较为明显,因此还应针对这些因素的变化采取强度调整措施。在进行承载能力极限状态设计时,还需要通过结构重要性系数 γ_0 考虑安全等级的不同对强度设计值的影响。《木标》有如下规定。

4.3.9 进行承重结构用材的强度设计值和弹性模量调整应符合下列规定。
  1 在**不同的使用条件**下,强度设计值和弹性模量应乘以表 4.3.9-1 规定的调整系数。

表 4.3.9-1 不同使用条件下木材强度设计值和弹性模量的调整系数

使用条件	调整系数	
	强度设计值	弹性模量
露天环境	0.9	0.85
长期生产性高温环境,木材表面温度达 40~50 ℃	0.8	0.8
按恒荷载验算时	0.8	0.8
用于木构筑物时	0.9	1.0
施工和维修时的短暂情况	1.2	1.0

注:1. 当仅有恒荷载或恒荷载产生的内力超过全部荷载所产生的内力的 80% 时,应单独以恒荷载进行验算;
　　2. 当若干条件同时出现时,表列各系数应连乘。

  2 对于**不同的设计使用年限**,强度设计值和弹性模量应乘以表 4.3.9-2 规定的调整系数。

表 4.3.9-2 不同设计使用年限时木材强度设计值和弹性模量的调整系数

设计使用年限	调整系数	
	强度设计值	弹性模量
5 年	1.10	1.10
25 年	1.05	1.05
50 年	1.00	1.00
100 年及以上	0.90	0.90

  3 对于**目测分级规格材**,强度设计值和弹性模量应乘以表 4.3.9-3 规定的尺寸调整系数。

表 4.3.9-3 目测分级规格材尺寸调整系数

等级	截面高度（mm）	抗弯强度		顺纹抗压强度	顺纹抗拉强度	其他强度
		截面宽度（mm）				
		40 和 65	90			
I_c、II_c、III_c、IV_c、IV_{c1}	≤ 90	1.5	1.5	1.15	1.5	1.0
	115	1.4	1.4	1.1	1.4	1.0
	140	1.3	1.3	1.1	1.3	1.0
	185	1.2	1.2	1.05	1.2	1.0
	235	1.1	1.2	1.0	1.1	1.0
	285	1.0	1.1	1.0	1.0	1.0
II_{c1}、III_{c1}	≤ 90	1.0	1.0	1.0	1.0	1.0

4　当荷载作用方向与规格材宽度方向垂直时,规格材的抗弯强度设计值 f_m 应乘以表4.3.9-4规定的平放调整系数。

表4.3.9-4　平放调整系数

截面高度 h(mm)	截面宽度 b(mm)					
	40和65	90	115	140	185	≥235
$h \leqslant 65$	1.00	1.10	1.10	1.15	1.15	1.20
$65 < h \leqslant 90$	—	1.00	1.05	1.05	1.05	1.10

注:当截面宽度与表中尺寸不同时,可按插值法确定平放调整系数。

4.3.13　对于承重结构用材的横纹抗拉强度设计值可取其顺纹抗剪强度设计值的1/3。

4.3.20　当锯材或规格材采用刻痕加压防腐处理时,其弹性模量应乘以不大于0.9的折减系数,其他强度设计值应乘以不大于0.8的折减系数。

当锯材和规格材采用加压防腐处理时,其强度设计值一般不会改变。如果采用刻痕的方法进行加压防腐处理,由于构件截面受到损伤,因此构件的强度有一定的降低。《木标》规定的强度降低系数值是参照美国相关标准确定的。

13.4　设计一般规定

《木标》采用以概率理论为基础的极限状态设计方法,木结构设计中对于设计基准期、设计使用年限、结构安全等级、极限状态表达式等方面的规定详见《统一标准》的规定,此处不再列出。

13.4.1　承载能力极限状态设计

木材具有的一个显著特点,就是在荷载的长期作用下强度会降低,因此荷载持续作用时间对木材强度的影响较大,在确定木材强度时必须考虑荷载持续时间影响系数 K_{Q3},详见式(13.1)。另外,在确定木材强度时,也要满足《统一标准》对可靠度的相关规定。

4.1.6　当确定承重结构用材的强度设计值时,应计入荷载持续作用时间对木材强度的影响。

对于水平荷载作用下结构或构件内力的计算,《木标》有如下规定。

4.1.11　木结构建筑的楼层水平作用力宜按抗侧力构件的从属面积或从属面积上重力荷载代表值的比例进行分配。此时,水平作用力的分配可不考虑扭转影响,但是对较长的墙体宜乘以1.05~1.10的放大系数。

4.1.12　风荷载作用下,轻型木结构的边缘墙体所分配到的水平剪力宜乘以1.2的调整系数。

通过调查实测了解到,我国常用树种原木的直径变化率在9~10 mm/m,且习惯上多以小头为准来标注原木的直径。因此,在明确以小头为准的同时,规定了原木直径变化率可按9 mm/m采用。这样确定的设计截面的直径一般偏于安全。在验算原木构件承载能力时,应按下列规定选取计算截面。

4.3.18　标注原木直径时,**应以小头为准**。原木构件沿其长度的直径变化率,可按每米9 mm或当地经验数值采用。验算挠度和稳定性时,可取构件的中央截面;**验算抗弯强度时,可取弯矩最大处截面**。

13.4.2　正常使用极限状态设计

同济大学对两层轻型木结构足尺房屋模型的振动台试验研究表明,木结构建筑的弹性和弹塑性层间位移角限制值可以达到1/250和1/30。考虑到木结构整体抗变形能力较强的特点,《木标》有如下规定。

4.1.10	风荷载和多遇地震作用时,木结构建筑的水平层间位移不宜超过结构层高的 1/250。

对于受弯构件,《木标》以满足正常使用极限状态下的可靠性指标为前提给出了不同类型构件的挠度限值。对于受压构件,为了避免发生失稳破坏,结合近年来的工程实践和国外相关标准,《木标》规定了不同类型构件的长细比限值,其实质是从构造上采取措施,以避免单纯依靠计算、取值过大而造成构件的刚度不足。

4.3.15　受弯构件的挠度限值应按表 4.3.15 的规定采用。

表 4.3.15　受弯构件挠度限值

项次	构件类别			挠度限值[ω]
1	檩条	$l \leqslant 3.3\text{m}$		$l/200$
		$l > 3.3\text{m}$		$l/250$
2	椽条			$l/150$
3	吊顶中的受弯构件			$l/250$
4	楼盖梁和搁栅			$l/250$
5	墙骨柱	墙面为刚性贴面		$l/360$
		墙面为柔性贴画		$l/250$
6	屋盖大梁	工业建筑		$l/120$
		民用建筑	无粉刷吊顶	$l/180$
			有粉刷吊顶	$l/240$

注:表中 l 为受弯构件的计算跨度。

4.3.17　受压构件的长细比限值应按表 4.3.17 的规定采用。

表 4.3.17　受压构件长细比限值

项次	构件类别	长细比限值[λ]
1	结构的主要构件,包括桁架的弦杆、支座处的竖杆或斜杆以及承重柱等	$\leqslant 120$
2	一般构件	$\leqslant 150$
3	支撑	$\leqslant 200$

注:构件的长细比 λ 应按 $\lambda = l_0/i$ 计算,其中 l_0 为受压构件的计算长度(mm),i 为构件截面的回转半径(mm)。

13.5　构件计算

轴心受力构件指的是荷载作用线平行于构件纵轴且通过截面形心的构件,包括轴心受拉构件及轴心受压构件两类。偏心受力构件指的是荷载作用线平行于构件纵轴但不通过截面形心的构件,包括偏心受拉构件和偏心受压构件两类。承受横向荷载或者弯矩作用的构件称为受弯构件,当弯矩沿构件纵轴不均匀分布时,构件各截面还存在剪力。

工程中还有另外一种构件,即构件上不仅有轴向荷载的作用,还有横向荷载的作用,致使构件沿纵轴各截面上同时存在轴力和弯矩,且弯矩沿构件纵轴并非常量,这类构件称为拉弯或者压弯构件。相比之下,偏心受力构件的特点是构件截面上不仅有轴向力 N,还有因荷载偏心距 e_0 产生的偏心弯矩 Ne_0,并且偏心弯矩沿构件纵轴是均匀分布的。但是,两类构件的受力特点是相似的。

13.5.1　轴心受拉构件

在计算轴心受拉构件的承载力时,考虑到受拉构件在设计时总是验算有螺孔或齿槽的部位,故应考虑孔槽应力集中影响的应力集中系数,并直接包含在木材抗拉强度设计值的数值内,这样不但方便,也不至于漏乘。《木标》有如下规定。

> 5.1.1　轴心受拉构件的承载能力应按下式验算:
>
> $$N/A_n \leq f_t$$　　　　　　　　　　　　　　　　　　　　　　　　　　（5.1.1）
>
> 式中　f_t——构件材料的顺纹抗拉强度设计值（N/mm²）;
>
> 　　　N——轴心受拉构件拉力设计值（N）;
>
> 　　　A_n——受拉构件的净截面面积（mm²）,**计算 A_n 时应扣除分布在 150 mm 长度上的缺孔投影面积。**

在计算受拉构件的净截面面积 A_n 时,考虑有缺孔木材受拉时有"迁回"破坏的特征如图 13.4 所示,故规定应将分布在 150 mm 长度上的缺孔投影在同一截面上扣除,之所以定为 150 mm 是考虑到与《木标》附录 A 表 A.1.1 中有关木节的规定相一致。

计算受拉下弦支座节点处的净截面面积 A_n 时,应将齿槽和保险螺栓的削弱一并扣除,如图 13.5 所示。

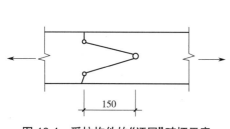

图 13.4　受拉构件的"迁回"破坏示意

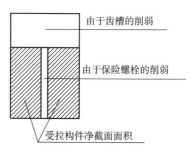

由于齿槽的削弱

由于保险螺栓的削弱

受拉构件净截面面积

图 13.5　受拉构件净截面示意

构件的截面面积和净截面面积的差别在于,前者是构件截面的轮廓面积,又称毛截面面积;而净截面面积是指构件上有缺损时截面的有效面积,即毛截面扣除缺损（如缺口、孔洞）后的面积。

13.5.2　轴心受压构件

轴心受压的木构件可能发生两种失效形式:一是构件较短时,在轴向力的作用下截面的平均压应力达到木材的极限抗压强度 f_{cu} 而破坏;二是构件较细长时,截面的平均应力还未达到木材的极限抗压强度 f_{cu} 时,构件发生较大弯曲变形而丧失继续承载的能力。前者称为强度问题,后者则称为稳定问题,分别对应构件的抗压承载力和稳定承载力。

1. 压杆失稳

对于轴心受压且没有任何缺陷的理想直杆,在压力不大的情况下,压杆只产生轴向压缩变形,并保持直线平衡状态。若有微小的横向扰力作用,压杆会产生微小的弯曲,一旦扰力消失,又会恢复到直线平衡状态,这是一种"稳定平衡状态"。当轴向力增大至某一值时,这种平衡状态就会发生改变,即使横向扰力消失,压杆也不能恢复到原先的直线平衡状态,而是处于一种微弯曲的平衡状态,该现象称为平衡状态的分枝。在该压力作用下,压杆的平衡是随遇的,既可以是直线平衡状态,也可以是微弯的平衡状态,称为"随遇平衡"。若轴向力再增大一点,压杆的侧向弯曲变形将迅速增大而立即丧失继续承载的能力,这种现象称为"压杆失稳"。可见,随遇平衡是稳定平衡过渡到失稳的临界状态,故此时的轴向压力称为临界力 N_{cr},截面对应的平均应力称为临界应力 σ_{cr}。

无缺陷理想直杆在轴向压力作用下达到临界力 N_{cr} 时突然弯曲而丧失承载力的现象也称为分枝屈曲,常称其为压杆的第一类稳定问题。压杆的第二类稳定问题是指压杆在发生随遇平衡状态之前,由于初曲率、初偏心等已存在弯曲变形,失稳时其弯曲平衡状态并未发生变化,只是由于弯曲骤然增大而导致构件不能继续承载,第二类稳定问题又称为极值点屈曲,这是因为在荷载-侧移曲线上可以见到有荷载的峰值点。由于存在各种几何与材料缺陷,理想直杆在实际工程中并不存在,工程中的失稳现象均属第二类稳定问题。

2. 弹性屈曲和弹塑性屈曲

构件失稳又称为屈曲,失稳现象发生在构件材料的弹性阶段还是弹塑性阶段,对求解临界力 N_{cr} 的计算方法有很大影响。欧拉公式就是材料处于弹性阶段临界力的求解公式,即

$$N_{cr} = \frac{\pi^2 EI}{(\mu l)^2} = \frac{\pi^2 EI}{l_0^2} = \frac{\pi^2 EA}{\lambda^2} \qquad (13.2)$$

或临界应力为

$$\sigma_{cr} = \frac{\pi^2 E}{\lambda^2} \qquad (13.3)$$

式中　E——材料的弹性模量;

　　　I、A——构件截面的惯性矩和截面面积;

　　　l、l_0——构件的长度和计算长度;

　　　λ——构件的长细比,$\lambda = \mu l/i = l_0/i$,回转半径 $i = \sqrt{\dfrac{I}{A}}$;

　　　μ——构件的长度计算系数。

计算长细比所采用的长度计算系数 μ 是压杆失稳形态的半波长与原长 l 的比值。压杆失稳形态与构件两端的支承方式(约束条件)有关,《木标》给出了常见的支承形式与系数 μ 之间的关系。

5.1.5　受压构件的计算长度应按下式确定:

$$l_0 = k_l l \qquad (5.1.5)$$

式中　l_0——计算长度;

　　　l——构件实际长度;

　　　k_l——长度计算系数,应按表 5.1.5 的规定取值。

表 5.1.5　长度计算系数 k_l 的取值

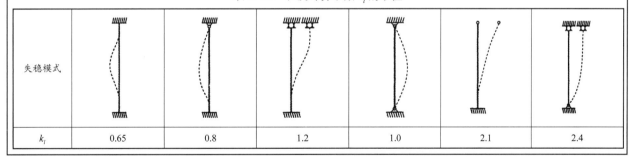

失稳模式						
k_l	0.65	0.8	1.2	1.0	2.1	2.4

由于材料的弹性模量仅在应力小于比例极限 σ_p 时才为常数,因此欧拉公式仅适用于临界应力 σ_{cr} 小于比例极限的情况,即压杆的长细比超过下式表示的界限长细比 λ_p 时才适用,可通过式(13.3)推导得到。

$$\lambda_p = \pi \sqrt{\frac{E}{\sigma_p}} \qquad (13.4)$$

压杆的长细比小于界限长细比 λ_p 失稳时,构件截面的应力将超过比例极限 σ_p,材料进入弹塑性阶段,弹性模量不再是常数,即发生所谓的弹塑性屈曲。

1889 年,恩格塞尔(Engesser)提出了切线模量理论来求解弹塑性阶段的临界应力,该理论将切线弹性模量 $E_t = \dfrac{d\sigma}{d\varepsilon}$ 替代欧拉公式中的弹性模量 E,将欧拉公式从形式上推广到非弹性范围,得到临界力为

$$N_{cr} = \frac{\pi^2 E_t I}{l_0^2} = \frac{\pi^2 E_t A}{\lambda^2} \qquad (13.5)$$

或临界应力为

$$\sigma_{cr} = \frac{\pi^2 E_t}{\lambda^2} \qquad (13.6)$$

理论分析与工程试验均表明,切线模量理论的计算结果比较接近实际,《木标》采用的便是上述欧拉公式表示的临界力,其中弹塑性阶段的屈曲用切线弹性模量表示。

3. 缺陷对压杆稳定的影响

无缺陷的理想直杆在工程中是不存在的,木材的天然缺陷、构件的制作和安装缺陷及偏差等在工程中是普遍存在的,这些因素对稳定的影响是值得关注的,通常采用初始弯曲、初始偏心来分析这类缺陷对压杆稳定的影响。

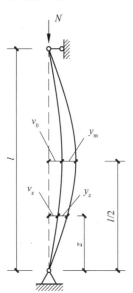

图 13.6 所示为一个两端铰接、高度中央处具有初始弯曲 v_0 的压杆。假设压杆的轴线方程为 $y = v_0 \frac{\sin \pi z}{l}$;施加轴向压力 N 后,高度中央即 $l/2$ 处的挠曲增量为 y_m,则杆件的轴线方程变为 $y = (v_0 + y_m)\frac{\sin \pi z}{l}$。通过内力分析,压杆在轴向力 N 作用下,任一截面上的弯矩可表示为 $M_z = (v_0 + y_m)N\frac{\sin \pi z}{l}$,最大弯矩截面为压杆的高度中央截面。根据已知的杆件参数和边界条件,便可以由平衡微分方程求解高度中央的挠度 y_m。

近似以弯矩图呈二次抛物线计算,若高度中央处的弯矩为 M_m,则

$$y_m = \frac{5M_m l^2}{48EI} = \frac{5\pi^2 M_m}{48 N_{cr}} \qquad (13.7)$$

其中,对于两端铰接杆件,有

$$N_{cr} = \frac{\pi^2 EI}{l_0^2} = \frac{\pi^2 EI}{l^2}$$

图 13.6 初始弯曲压杆的变形分析

由于 $M_m = (v_0 + y_m)N$, $5\pi^2/48 \approx 1.0$,故有

$$y_m = v_0 \frac{\frac{N}{N_{cr}}}{1 - \frac{N}{N_{cr}}} = v_0 \frac{\alpha}{1-\alpha} \qquad (13.8)$$

$$M_m = \frac{Nv_0}{1-\alpha} \qquad (13.9)$$

式中:$\alpha = \frac{N}{N_{cr}}$。

由式(13.8)及式(13.9)可知,在轴向力 N 作用下,压杆的挠曲增量将为初始弯曲 v_0 的 $\alpha/(1-\alpha)$ 倍,弯矩将比初始弯矩 Nv_0 增大 $1/(1-\alpha)$ 倍。

同时,由式(13.8)还可绘制出有初始弯曲压杆的轴向压力与其临界力之比 $\alpha = N/N_{cr}$、总挠度 $(v_0 + y_m)$ 与初始弯曲 v_0 比值之间的关系曲线,如图 13.7 所示。由图可见,随着轴向力的增大,压杆的侧向挠曲迅速增长。在理论上,存在初始缺陷的压杆,轴向力可以增大至 $N = N_{cr}$,但是在这种情况下杆件的挠曲变形将会无穷大,现实中没有能产生如此之大的挠曲而不被破坏的材料。而当 $v_0 = 0$,即为理想直杆的情况时,可以达到 $N = N_{cr}$ 的情况。

由此可见,有初始弯曲压杆的受压稳定性承载力总是低于以弹性模量 E 计算的临界力 N_{cr}。

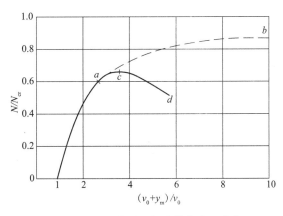

图 13.7　初始弯曲压杆的挠曲变形曲线

以上分析是基于弹性杆件得出的,实际上当压应力大到一定水平后,材料会进入屈服状态,对于受压杆件,当其总挠曲(v_0+y_m)达到一定数值后,在压杆的 $l/2$ 处的凹侧截面边缘将首先进入屈服状态。压弯杆件受压边缘的最大压应力为 $\sigma_m = \dfrac{N}{A} + \dfrac{(v_0+y_m)N}{W}$,由此计算出具有初始弯曲 v_0 的构件,其受压边缘的应力为 $\sigma_m = \sigma_y = f_y$ 时,对应图 13.7 中的 a 点;随着轴向力 N 的增大,截面的一部分将进入塑性状态,此时挠曲线便不会再像弹性杆件那样沿着曲线 ab 发展;当达到曲线上的 c 点时,截面上的塑性区发展得很深,以致不能再承受继续增大的荷载,要维持平衡必须在增大挠曲的同时不断卸载,曲线出现下降段 cd。c 点对应的荷载即为具有初始弯曲压杆的极限承载力,称为稳定承载力。初始弯曲压杆不像理想直杆那样发生分枝屈曲,而是发生第二类稳定问题的极值点失稳,但当初始弯曲 v_0 足够小时,c 点对应的稳定承载力将趋近于第一类稳定问题的极限承载力。

具有初始偏心距 e_0 的情况,也可以得到同样的结论,即属于第二类稳定问题,存在极值点失稳。

实际工程中的轴心受压杆件总是存在这样或者那样的缺陷,受压构件所谓的临界力实际上指的是对应于图 13.7 中 c 点的稳定极限承载力,但由于 a、c 两点相差不大,往往可以用 a 点的荷载代替 c 点的极限承载力。实际上,c 点的荷载可以通过大量试验结果获得,这样建立起来的压杆稳定计算方法既有理论基础,又有试验验证。

4. 理想直杆的柱子曲线

根据前述介绍,可获得理想直杆长细比 λ 与其临界应力 σ_{cr} 的关系曲线,称为柱子曲线,如图 13.8(a)所示。显然,受压杆件的应力-应变曲线(σ-ε 曲线,如图 13.8(b)所示)上的比例极限 σ_p 点便是 σ_{cr}-λ 曲线上的转折点,其对应的长细比为 λ_p。

当构件的长细比 $\lambda \geqslant \lambda_p$ 时,临界应力由式(13.3)确定;当 $\lambda < \lambda_p$ 时,临界应力由式(13.6)确定,两式形式相同,但物理含义不同,式(13.6)中 E_t 为切线模量。因此,图 13.8(a)中 $\lambda < \lambda_p$ 的一段曲线需借助该材质短柱试验的 σ-ε 曲线(图 13.8(b))确定,该 σ-ε 曲线在应力超过比例极限 σ_p 后的各点斜率即为 E_t,杆件塑性变形阶段的切线模量 E_t 随应力 σ 的变化曲线如图 13.8(c)所示。将切线模量 E_t 代入式(13.6)后,可得出柱子 σ_{cr}-λ 曲线中对应于 $\lambda < \lambda_p$ 的一段曲线。

实际上,将图 13.8(a)所示曲线的纵坐标变量 σ_{cr} 除以材料强度 f_y,便可得出杆件长细比与稳定系数的原始关系曲线。

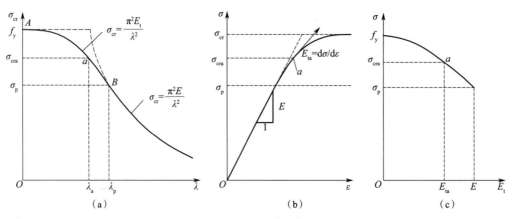

图13.8　柱子曲线

（a）σ_{cr}-λ曲线　　（b）σ-ε曲线　　（c）σ-E_t曲线

5. 轴心受压构件的承载力和稳定系数

当轴心受压木构件长细比较小时，会发生强度破坏。按强度验算其轴心受压承载力时，《木标》有如下规定。

5.1.2　轴心受压构件的承载能力应按下列规定进行验算。

　　1　**按强度验算**时，应按下式验算：

$$\frac{N}{A_n} \leqslant f_c \qquad (5.1.2\text{-}1)$$

式中　f_c——构件材料的顺纹抗压强度设计值（N/mm²）；

　　　N——轴心受压构件压力设计值（N）；

　　　A_n——受压构件的净截面面积（mm²）。

当轴心受压木构件的长细比较大时，构件在发生强度破坏之前发生极值点失稳。轴心受压木构件的稳定承载力应按下式表示：

$$N_{cr\cdot R} = f_{cr\cdot d} A = \frac{f_{cr\cdot k} K_{cr\cdot DOL}}{\gamma_{cr\cdot R}} A \qquad (13.10)$$

式中　$N_{cr\cdot R}$——构件的稳定承载力设计值；

　　　$f_{cr\cdot d}$——符合稳定承载力要求的木材强度设计值，或称为临界应力设计值；

　　　$f_{cr\cdot k}$——临界应力标准值；

　　　$K_{cr\cdot DOL}$——荷载持续时间对稳定承载力的影响系数；

　　　$\gamma_{cr\cdot R}$——满足可靠性要求的稳定承载力的抗力分项系数；

　　　A——构件截面面积。

由于轴心受压木构件有强度破坏和失稳破坏两种失效形式，理论上需要两种设计指标，即强度设计值和临界应力设计值。为简化设计，规范实际采用的稳定承载力表达式为

$$N_{cr\cdot R} = \varphi f_c A = \varphi \frac{f_{ck} K_{DOL}}{\gamma_R} A \qquad (13.11)$$

式中　f_c——木材或木产品的抗压强度设计值；

　　　f_{ck}——木材或木产品的抗压强度标准值；

　　　φ——木压杆的稳定系数；

　　　K_{DOL}——荷载持续时间对木材或木产品强度的影响系数；

　　　γ_R——满足可靠性要求的抗力分项系数。

根据式（13.10）和式（13.11），木压杆的稳定系数可表示为

$$\varphi = \frac{\gamma_R}{\gamma_{cr \cdot R}} \cdot \frac{f_{cr \cdot k}}{f_{ck}} \cdot \frac{K_{cr \cdot DOL}}{K_{DOL}} \tag{13.12}$$

我国基于第一类稳定问题,即基于理想压杆稳定理论求解临界力,结果即为欧拉公式表示的临界力(弹塑性阶段用切线模量计算)。认为荷载持续作用时间对木材强度和稳定承载力(本质上是对木材弹性模量)的影响效果相同,即 $K_{cr \cdot DOL} = K_{DOL}$,且认为轴心受压木构件强度问题和稳定问题具有相同的抗力分项系数,即 $\gamma_{cr \cdot R} = \gamma_R$。基于这种认识和处理方法,式(13.12)可简化为

$$\varphi = \frac{f_{cr \cdot k}}{f_{ck}} \tag{13.13}$$

可以看出,稳定系数的实质是杆件临界应力标准值与抗压强度标准值之比。

对于理想的细长压杆(大柔度杆),根据式(13.3)或式(13.6)可知,临界应力的标准值可表示为

$$f_{cr \cdot k} = \frac{\pi^2 E_k}{\lambda^2} \tag{13.14}$$

式中　E_k——木材或木产品弹性模量的标准值。

将式(13.14)代入式(13.13)后可得

$$\varphi = \frac{\pi^2 E_k}{\lambda^2 f_{ck}} \tag{13.15}$$

式(13.15)即为《木规》中细长木压杆稳定系数计算式的原始形式。但结构木材是一种非均质材料,生长、加工等因素都会影响其力学性能,且使截面形心和物理中心不一致。由于这些因素的影响,由木压杆试验得到的临界应力会不同于理论计算值。《木规》将弹性模量与抗压强度之比 E_k/f_{ck} 视为变量,提出了各类木产品受压构件稳定系数的统一计算式,并经回归分析确定了稳定系数统一计算式中各常数的值。

5.1.2　轴心受压构件的承载能力应按下列规定进行验算。

　2　按**稳定验算**时,应按下式验算:

$$\frac{N}{\varphi A_0} \leqslant f_c \tag{5.1.2-2}$$

式中　f_c——构件材料的顺纹抗压强度设计值(N/mm²);

　　　N——轴心受压构件压力设计值(N);

　　　A_0——受压构件截面的计算面积(mm²),应按本标准第5.1.3条的规定确定;

　　　φ——轴心受压构件稳定系数,应按本标准第5.1.4条的规定确定。

5.1.4　轴心受压构件稳定系数 φ 的取值应按下列公式确定:

$$\lambda_c = c_c \sqrt{\frac{\beta E_k}{f_{ck}}} \tag{5.1.4-1}$$

$$\lambda = \frac{l_0}{i} \tag{5.1.4-2}$$

当 $\lambda > \lambda_c$ 时:

$$\varphi = \frac{a_c \pi^2 \beta E_k}{\lambda^2 f_{ck}} \tag{5.1.4-3}$$

当 $\lambda \leqslant \lambda_c$ 时:

$$\varphi = \frac{1}{1 + \dfrac{\lambda^2 f_{ck}}{b_c \pi^2 \beta E_k}} \tag{5.1.4-4}$$

式中　λ——受压构件长细比;

　　　i——构件截面的回转半径(mm);

l_0——受压构件的计算长度（mm），应按本标准第 5.1.5 条的规定确定；

f_{ck}——受压构件材料的抗压强度标准值（N/mm²）；

E_k——构件材料的弹性模量标准值（N/mm²）；

a_c、b_c、c_c——材料相关系数，应按表 5.1.4 的规定取值；

β——材料剪切变形相关系数，应按表 5.1.4 的规定取值。

表 5.1.4　相关系数的取值

构件材料		a_c	b_c	c_c	β	E_k / f_{ck}
方木、原木	TC15、TC17、TB20	0.92	1.96	4.13	1.00	330
	TC11、TC13、TB11、TB13、TB15、TB17	0.95	1.43	5.28		300
规格材、进口方木和进口结构材		0.88	2.44	3.68	1.03	按本标准附录 E 的规定采用
胶合木		0.91	3.69	3.45	1.05	

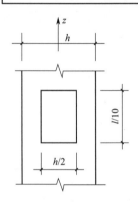

根据建筑力学的分析，局部缺孔对构件的临界荷载的影响甚小。按照建筑力学的一般方法，两端铰支有缺孔构件的临界力为 N_{cr}^h，可按下式计算：

$$N_{cr}^h = \frac{\pi^2 EI}{l^2}\left(1 - \frac{2}{l}\int_0^l \frac{I_h}{I}\sin^2\frac{\pi z}{l}dz\right) \tag{13.16}$$

式中　I——无缺孔截面惯性矩；

　　　I_h——缺孔截面惯性矩；

　　　l——构件长度。

按《木标》第 7.1.7 条所规定的最大缺孔情形，即当缺孔宽度等于截面宽度的一半，长度等于构件长度的 1/10（图 13.9）时，根据式（13.16）并化简可求得临界力。

对 x-x 轴：

$$N_{crx}^h = 0.975 N_{crx} \tag{13.17-a}$$

对 y-y 轴：

$$N_{cry}^h = 0.90 N_{cry} \tag{13.17-b}$$

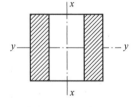

图 13.9　缺孔尺寸示意

式中　N_{crx}、N_{cry}——对 x 轴或对 y 轴失稳时无缺孔构件的临界力。

因此，为了计算简便，同时保证结构安全，对于缺孔不在边缘时，一律采用 $A_0 = 0.9A$。对于其他情形，《木标》有如下规定。

7.1.7　杆系结构中的木构件，当有对称削弱时，其净截面面积不应小于构件毛截面面积的 50%；当有不对称削弱时，其净截面面积不应小于构件毛截面面积的 60%。

5.1.3　按稳定验算时受压构件截面的计算面积，应按下列规定采用：

1　无缺口时，取 $A_0 = A$，A 为受压构件的全截面面积；

2　缺口不在边缘时（图 5.1.3（a）），取 $A_0 = 0.9A$；

3　缺口在边缘且为对称时（图 5.1.3（b）），取 $A_0 = A_n$；

4　缺口在边缘但不对称时（图 5.1.3（c）），取 $A_0 = A_n$，且应按偏心受压构件计算；

5　验算稳定时，螺栓孔可不作为缺口考虑；

6　对于原木应取平均直径计算面积。

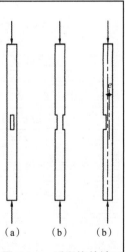

图 5.1.3　受压构件缺口

13.5.3　受弯构件

受弯构件除应该满足抗弯强度、抗剪强度的要求外,尚应满足整体稳定性的要求,这些均属于承载能力极限状态的设计范畴。受弯构件尚应满足正常使用极限状态的要求,包括构件的变形不应影响正常使用等。

1. 强度验算

《木标》有如下规定。

> 5.2.1　受弯构件的受弯承载能力应按下列规定进行验算。
>
> 　　1　按强度验算时,应按下式验算:
>
> $$\frac{M}{W_{\mathrm{n}}} \leq f_{\mathrm{m}} \tag{5.2.1-1}$$
>
> 式中　f_{m}——构件材料的抗弯强度设计值($\mathrm{N/mm^2}$);
>
> 　　　　M——受弯构件的弯矩设计值($\mathrm{N \cdot mm}$);
>
> 　　　　W_{n}——受弯构件的净截面抵抗矩($\mathrm{mm^3}$)。
>
> 5.2.10　双向受弯构件应按下列规定进行验算:
>
> 　　1　按承载能力验算时,应按下式验算:
>
> $$\frac{M_{\mathrm{x}}}{W_{\mathrm{nx}}f_{\mathrm{mx}}} + \frac{M_{\mathrm{y}}}{W_{\mathrm{ny}}f_{\mathrm{my}}} \leq 1 \tag{5.2.10-1}$$
>
> 式中　M_{x}、M_{y}——相对于构件截面 x 轴和 y 轴产生的弯矩设计值($\mathrm{N \cdot mm}$);
>
> 　　　　f_{mx}、f_{my}——构件正向弯曲或侧向弯曲的抗弯强度设计值($\mathrm{N/mm^2}$);
>
> 　　　　W_{nx}、W_{ny}——构件截面沿 x 轴和 y 轴的净截面抵抗矩($\mathrm{mm^3}$)。

在一般情况下,受弯木构件的剪切工作对构件强度不起控制作用,设计上往往略去了这方面的验算。但是考虑到实际工程情况复杂,且曾发生过因忽略验算木材抗剪强度而导致的事故,因此还是应当注意对某些受弯构件的抗剪验算,例如当构件的跨度与截面高度之比很小时,或在构件支座附近有大的集中荷载时,以及当采用胶合工字梁或 T 形梁时等。

> 5.2.4　受弯构件的受剪承载能力应按下式验算:
>
> $$\frac{VS}{Ib} \leq f_{\mathrm{v}} \tag{5.2.4}$$
>
> 式中　f_{v}——构件材料的顺纹抗剪强度设计值($\mathrm{N/mm^2}$);
>
> 　　　　V——受弯构件剪力设计值(N),应符合本标准第 5.2.5 条规定;
>
> 　　　　I——构件的全截面惯性矩($\mathrm{mm^4}$);
>
> 　　　　b——构件的截面宽度(mm);
>
> 　　　　S——剪切面以上的截面面积对中性轴的面积矩($\mathrm{mm^3}$)。

支座附近作用于构件顶面的荷载可通过斜向受压的方式直接传递给支座,因此在计算剪力设计值时,可对这部分荷载做折减处理甚至忽略不计。《木标》有如下规定。

> 5.2.5　当荷载作用在梁的顶面,计算受弯构件的剪力设计值 V 时,可不考虑梁端处距离支座长度为梁截面高度范围内,梁上所有荷载的作用。

有时因建筑上要求在梁支座处降低截面高度,需在截面上缘或下缘开切口。这些切口,特别是下缘受拉区的切口,不应切为直角,因为直角切口会造成较大的应力集中。如图 13.10 所示,除剪应力外,缺口处还存在横纹拉应力(实线为按弹性理论计算结果,虚线为实用中的估算结果),致使梁支座处木材撕裂。

一般要求在梁跨度中间 1/3 范围内不允许开缺口,其他部位缺口深度不超过 $h/4$。切口一般应呈坡形,以减缓应力集中,支座处下边缘受拉区缺口起点距支反力作用点的距离不应大于 $h/2$。支座上部受压区的斜坡切口可适当放宽要求。《木标》有如下规定。

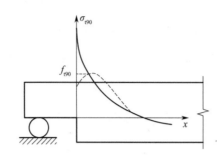

图 13.10 梁支座受拉区切口处的横纹拉应力分布

5.2.6 受弯构件上的切口设计应符合下列规定：

1 应尽量减小切口引起的应力集中，宜采用逐渐变化的锥形切口，不宜采用直角形切口；

2 简支梁支座处受拉边的切口深度，锯材不应超过梁截面高度的 1/4，层板胶合材不应超过梁截面高度的 1/10；

3 可能出现负弯矩的支座处及其附近区域不应设置切口。

对于这类构件受拉区缺口处的强度验算，《木标》参照美国相关规范，规定其抗剪承载力设计值的计算方法如下。

5.2.7 矩形截面受弯构件支座处受拉面有切口时，实际的受剪承载能力，应按下式验算：

$$\frac{3V}{2bh_n}\left(\frac{h}{h_n}\right)^2 \leqslant f_v \tag{5.2.7}$$

式中 f_v——构件材料的顺纹抗剪强度设计值（N/mm^2）；

　　b——构件的截面宽度（mm）；

　　h——构件的截面高度（mm）；

　　h_n——受弯构件在切口处净截面高度（mm）；

　　V——剪力设计值（N），可按工程力学原理确定，<u>并且不考虑本标准第 5.2.5 条的规定</u>。

---

2. 受弯构件的侧向稳定

当受弯构件的截面高宽比较大，如超过 4：1，且跨度较大时，有可能发生侧向失稳而丧失承载能力，如图 13.11 所示。这是因为受弯构件截面的中性轴以上为受压区、以下为受拉区，犹如受压构件和受拉构件的组合体。当压杆达到一定应力值时，在偶遇的横向扰力作用下可沿刚度较小的方向发生平面外失稳；但由于同时受到稳定的受拉杆沿长度方向的连续约束作用，发生侧移的同时会带动整个截面扭转，这时称受弯构件发生了整体弯扭失稳，也称侧向失稳，所对应的弯矩 M_{cr} 称为临界弯矩，对应的弯曲应力称为临界应力。当临界应力小于比例极限时，受弯构件的整体失稳属于弹性弯扭失稳；当临界应力超过比例极限时，受弯构件的整体失稳属于弹塑性弯扭失稳。下面以沿杆件长度方向受等弯矩作用的简支梁为例，说明受弯构件侧向稳定的计算方法。

对于承受等弯矩作用的简支梁，根据弹性理论求解临界状态下的微分方程，可以得到临界弯矩 M_{cr} 为

$$M_{cr} = \frac{\pi}{l_e}\sqrt{\frac{EI_{tor}I_z G}{1 - I_z/I_y}} \tag{13.18}$$

式中 I_z、I_y——梁截面对两主轴 z、y 的惯性矩；

　　I_{tor}——截面的扭转惯性矩；

　　E、G——木材的纯弯弹性模量和剪切模量；

　　l_e——无侧向支撑段的长度。

在不考虑构件翘曲等二次效应的情况下,式(13.18)可简化为

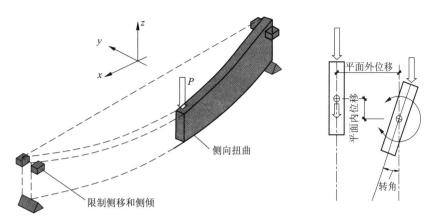

图 13.11　受弯构件的整体失稳

$$M_{cr} = \frac{\pi}{l_e}\sqrt{EI_{tor}I_z G} \qquad (13.19)$$

对于矩形截面构件,将其抗弯截面模量和惯性矩 I_z、I_{tor} 用截面尺寸 b、h 表示,则由式(13.19)可得等弯矩作用的简支梁在弹性失稳时的临界应力 $\sigma_{m,cr}$:

$$\sigma_{m,cr} = \frac{M_{cr}}{W_y} = \frac{E\pi b^2}{l_e h}\sqrt{\frac{G}{E}}\sqrt{\frac{1-0.63 b/h}{1-\left(\dfrac{b}{h}\right)^2}} \qquad (13.20)$$

式中　W_y——矩形截面的抗弯截面模量,$W_y = bh^2/6$。

近似取木材的剪切模量 $G = E/16$,常用的矩形截面梁的宽高比 b/h 在 0.1~0.7 范围内,则式(13.20)可进一步简化为

$$\sigma_{m,cr} = \frac{(0.75 \sim 0.82)E}{\lambda_B^2} \qquad (13.21)$$

式中　λ_B——受弯构件的长细比,$\lambda_B = \sqrt{\dfrac{l_e h}{b^2}}$。

可见,受弯构件侧向失稳时临界应力的计算公式与轴心压杆临界应力的欧拉公式(式(13.6))具有相似的形式,临界应力与构件的弹性模量成正比,与构件长细比的平方成反比。将式(13.21)中的弹性模量以其标准值 E_k 替换,可得受弯构件的临界应力标准值 $f_{m,crk}$,由此受弯构件的稳定承载力可按下式计算:

$$M_{crd} = \frac{f_{m,crk}}{\gamma_{R,cr}} K_{DOL,cr} W = f_{m,crd} W \qquad (13.22)$$

式中　$\gamma_{R,cr}$——满足可靠度要求的受弯构件侧向稳定承载力的抗力分项系数;

　　　$K_{DOL,cr}$——荷载持续时间对受弯构件稳定承载力的影响系数;

　　　$f_{m,crd}$——满足受弯构件稳定承载力的木材强度设计值。

与轴心受压构件稳定承载力的计算方式思路相同,为了避免设计中采用强度设计值和临界应力两种设计指标,规范采用的稳定承载力表达式为

$$M_{crd} = \varphi_l \frac{f_{mk}}{\gamma_R} K_{DOL} W = \varphi_l f_{md} W \qquad (13.23)$$

式中　f_{mk}、f_{md}——构件的抗弯强度标准值和设计值;

　　　K_{DOL}——荷载持续时间对受弯构件强度或极限承载力的影响系数;

　　　φ_l——受弯构件的侧向稳定系数,$\varphi_l = \dfrac{\gamma_R}{\gamma_{R,cr}} \cdot \dfrac{f_{m,crk}}{f_{mk}} \cdot \dfrac{K_{DOL,cr}}{K_{DOL}}$。

令 $\gamma_{R,cr}=\gamma_R$，$K_{DOL,cr}=K_{DOL}$，则有

$$\varphi_l = \frac{f_{m,crk}}{f_{mk}} \tag{13.24}$$

将式（13.21）代入式（13.24）后，便可得到与轴心受压构件（式（13.15））形式相同的表达式：

$$\varphi_l = \frac{0.7E_k}{\lambda_B^2 f_{mk}} \tag{13.25}$$

上述推论是建立在受弯构件的弯曲临界应力小于比例极限，当超过比例极限后，弹性模量将随着应力的增加而逐渐减小，侧向稳定系数同样需要分为弹性和弹塑性两段计算。因此，《木标》有如下规定。

5.2.1 受弯构件的受弯承载能力应按下列规定进行验算。

  2 按稳定验算时，应按下式验算：

$$\frac{M}{\varphi_l W_n} \leqslant f_m \tag{5.2.1-2}$$

式中 φ_l——受弯构件的侧向稳定系数，应按本标准第 5.2.2 条和第 5.2.3 条确定。

5.2.2 受弯构件的侧向稳定系数 φ_l 应按下列公式计算：

$$\lambda_m = c_m \sqrt{\frac{\beta E_k}{f_{mk}}} \tag{5.2.2-1}$$

$$\lambda_B = \sqrt{\frac{l_e h}{b^2}} \tag{5.2.2-2}$$

当 $\lambda_B > \lambda_m$ 时：

$$\varphi_l = \frac{a_m \beta E_k}{\lambda_B^2 f_{mk}} \tag{5.2.2-3}$$

当 $\lambda_B \leqslant \lambda_m$ 时：

$$\varphi_l = \frac{1}{1 + \dfrac{\lambda_B^2 f_{mk}}{b_m \beta E_k}} \tag{5.2.2-4}$$

式中 E_k——构件材料的弹性模量标准值（N/mm²）；

  f_{mk}——受弯构件材料的抗弯强度标准值（N/mm²）；

  λ_B——受弯构件的长细比，<u>不应大于 50；</u>

  b——受弯构件的截面宽度（mm）；

  h——受弯构件的截面高度（mm）；

  a_m、b_m、c_m——材料相关系数，应按表 5.2.2-1 的规定采用；

  l_e——受弯构件的计算长度（mm），应按本标准第 5.1.5 条的规定确定；

  β——材料剪切变形相关系数，应按表 5.2.2-1 的规定取值。

表 5.2.2-1　相关系数的取值

构件材料		a_m	b_m	c_m	β	E_k / f_{mk}
方木、原木	TC15、TC17、TB20	0.7	4.9	0.9	1.00	220
	TC11、TC13、TB11 TB13、TB15、TB17					220
规格材、进口方木和进口结构材		0.7	4.9	0.9	1.03	按本标准附录 E 的规定采用
胶合木		0.7	4.9	0.9	1.05	

受弯构件的临界弯矩 M_{cr} 与许多因素有关。首先，临界弯矩与构件上的弯矩图形有关。以上讨论的是

沿构件跨度作用等值弯矩的情况。如果是简支梁跨中受一个集中力作用,式(13.20)中的 π 需用常数 4.24 替代;如果是简支梁受均布荷载作用,则需要用常数 3.57 代替。因为这两种情况下弯矩并非常数,故临界弯矩的值相比于等弯矩作用时要高一些。其次,临界弯矩与支承条件密切相关,约束越弱,临界弯矩越低。最后,临界弯矩还与荷载在构件截面上的作用位置有关,荷载作用在受压区顶部,临界弯矩低些;荷载作用在受拉区底边,临界弯矩则相对高些。对于这些较复杂的情况,《木标》采用受弯构件调节无支撑段计算长度 l_e 的方法来解决。例如相同条件下的简支梁,承受等弯矩作用的情况和承受跨中一个集中力作用的情况,可采用不同的无支撑段长度来计算其相应的临界弯矩。

表 5.2.2-2　受弯构件的计算长度

梁的类型和荷载情况	荷载作用在梁的部位		
	顶部	中部	底部
简支梁,两端相等弯矩荷载	$l_e = 1.00l_u$		
简支梁,均匀分布荷载	$l_e = 0.95l_u$	$l_e = 0.90l_u$	$l_e = 0.85l_u$
简支梁,跨中一个集中荷载	$l_e = 0.80l_u$	$l_e = 0.75l_u$	$l_e = 0.70l_u$
悬臂梁,均匀分布荷载	$l_e = 1.20l_u$		
悬臂梁,在悬端一个集中荷载	$l_e = 1.70l_u$		
悬臂梁,在悬端作用弯矩	$l_e = 2.00l_u$		

注:表中 l_u 为受弯构件两个支撑点之间的实际距离。当支座处有侧向支撑而沿构件长度方向无附加支撑时,l_u 为支座之间的距离;当受弯构件在构件中间点以及支座处有侧向支撑时,l_u 为中间支撑与端支座之间的距离。

受弯构件的侧向稳定除与上述因素有关外,还与截面的高宽比有很大关系。当截面高宽比的限值和锚固要求符合《木标》的相应规定时,受弯构件已从构造上满足了侧向稳定的要求,可以不验算其侧向稳定性,即取 $\varphi_l = 1$。

5.2.3　当受弯构件的两个支座处设有防止其侧向位移和侧倾的侧向支承,并且截面的最大高度对其截面宽度之比以及侧向支承满足下列规定时,侧向稳定系数 φ_l 应取为 1:

1　$h/b \leqslant 4$ 时,中间未设侧向支承;

2　$4 < h/b \leqslant 5$ 时,在受弯构件长度上有类似檩条等构件作为侧向支承;

3　$5 < h/b \leqslant 6.5$ 时,受压边缘直接固定在密铺板上或直接固定在间距不大于 610 mm 的搁栅上。

4　$6.5 < h/b \leqslant 6.5$ 时,受压边缘直接固定在密辅板上或直接固定在间距不大于 610 mm 的搁栅上,并且受弯构件之间安装有横隔板,其间隔不超过受弯构件截面高度的 8 倍;

5　$7.5 < h/b \leqslant 9$ 时,受弯构件的上下边缘在长度方向上均有限制侧向位移的连续构件。

3. 受弯构件的局部承压验算

《木标》有如下规定。

5.2.8　受弯构件局部承压的承载能力应按下式进行验算:

$$\frac{N_c}{bl_b K_B K_{Zcp}} \leqslant f_{c,90} \tag{5.2.2-1}$$

式中　N_c——局部压力设计值(N);

　　　　b——局部承压面宽度(mm);

　　　　l_b——局部承压面长度(mm);

　　　$f_{c,90}$——构件材料的横纹承压强度设计值(N/mm^2),当承压面长度 $l_b \leqslant 150$ mm,且承压面外缘距构件端部不小于 75 mm 时,$f_{c,90}$ 取局部表面横纹承压强度设计值,否则应取全表面横纹承压强度设计值;

　　　　K_B——局部受压长度调整系数,应按表 5.2.8-1 的规定取值,当局部受压区域内有较高弯曲应力时,$K_B = 1$;

K_{Zcp}——局部受压尺寸调整系数,应按表 5.2.8-2 的规定取值。

表 5.2.8-1　局部受压长度调整系数 K_B

顺纹测量承压长度(mm)	修正系数 K_B	顺纹测量承压长度(mm)	修正系数 K_B
≤ 12.5	1.75	75.0	1.13
25.0	1.38	100.0	1.10
38.0	1.25	≥ 150.0	1.00
50.0	1.19		

注:1. 当承压长度为中间值时,可采用插入法求出 K_B 值;
　2. 局部受压的区域离构件端部不应小于 75 mm。

表 5.2.8-2　局部受压尺寸调整系数 K_{Zcp}

构件截面宽度与构件截面高度的比值	K_{Zcp}
≤ 1.0	1.00
≥ 2.0	1.15

注:比值在 1.0~2.0 时,可采用插入法求出 K_{Zcp} 值。

4. 受弯构件的变形

正常使用极限状态下受弯构件的变形应符合规范的规定。在荷载作用下,受弯构件某点的挠度是由弯矩和剪力分别产生的挠度之和,可以根据虚功原理求得,此处不再过多介绍。

对于实腹构件,如矩形截面梁,在均布荷载作用下,剪切变形产生的跨中挠度约为弯曲变形挠度的 $13/B^2$,其中 B 为梁的跨高比(l/h)。对于 $B=15$ 的梁,剪切挠度与弯曲挠度之比不足 6%。因此,对跨高比较大的梁,与钢筋混凝土结构和钢结构受弯构件一样,通常可不计剪力产生的挠度。但对于那些用木基结构板材作为腹板的梁则需计入剪力产生的挠度。这主要是因为这类受弯构件的腹板薄、剪应力大,且在整个腹板高度范围内分布较均匀,剪切变形不可忽略。双向受弯构件的挠度计算,一般可按几何叠加原理处理。《木标》有如下规定。

5.2.9　受弯构件的挠度应按下式验算:
$$\omega \leqslant [\omega] \tag{5.2.9}$$
5.2.10　双向受弯构件应按下列规定进行验算:
　2　按挠度验算时,挠度应按下式计算:
$$\omega = \sqrt{\omega_x^2 + \omega_y^2} \tag{5.2.10-2}$$
式中　ω_x、ω_y——荷载效应的标准组合计算的对构件截面 x 轴、y 轴方向的挠度(mm)。

13.5.4　拉弯和偏拉构件

拉弯和单向偏心受拉构件的承载力通常由构件受拉边缘的拉应力控制,因此《木标》有如下规定。

5.3.1　拉弯构件的承载能力应按下式验算:
$$\frac{N}{A_n f_t} + \frac{M}{W_n f_m} \leqslant 1 \tag{5.3.1}$$
式中　N、M——轴向拉力设计值(N)、弯矩设计值(N·mm);
　　　A_n、W_n——按本标准第 5.1.1 条规定计算的构件净截面面积(mm²)、净截面抵抗矩(mm³);
　　　f_t、f_m——构件材料的顺纹抗拉强度设计值、抗弯强度设计值(N/mm²)。

当拉弯或偏心受拉构件的承载力不满足设计要求时,可采用增大构件截面尺寸的方法。

13.5.5　压弯和偏压构件

压弯和偏心受压构件除受轴向力作用外,还有因轴力偏心或者横向荷载产生的弯矩作用,这类构件不仅有弯矩作用平面内的强度和稳定性问题,也有弯矩作用平面外的整体稳定性问题。

1. 弯矩作用平面内的稳定承载力计算

偏压和压弯构件受力时类似于非理想压杆,都需要考虑侧向挠曲产生的附加弯矩,即杆件的挠曲二阶效应。但是非理想压杆在求解临界力时采用了弹性分析方法,而木材实际上是一种非线弹性材料,因此基于线性叠加原理的弹性分析方法并不完全适用。

在对轴心和偏心受压构件进行大量试验和研究的基础上,《木标》提出了简化分析方法,推导出了考虑木材的材料非线性特征和二阶效应对稳定承载力影响的计算公式,并由试验结果确定公式中的相关计算参数。

5.3.2　压弯构件及偏心受压构件的承载能力应按下列规定进行验算。

　　2　按稳定验算时,应按下式验算:

$$\frac{N}{\varphi\varphi_{m}A_{0}} \le f_{c} \tag{5.3.2-2}$$

$$\varphi_{m} = (1-k)^{2}(1-k_{0}) \tag{5.3.2-3}$$

$$k = \frac{Ne_{0} + M_{0}}{Wf_{m}\left(1 + \sqrt{\dfrac{N}{Af_{c}}}\right)} \tag{5.3.2-4}$$

$$k_{0} = \frac{Ne_{0}}{Wf_{m}\left(1 + \sqrt{\dfrac{N}{Af_{c}}}\right)} \tag{5.3.2-5}$$

式中　φ——轴心受压构件的稳定系数;

　　A_{0}——计算面积,按本标准第 5.1.3 条确定;

　　φ_{m}——考虑轴向力和初始弯矩共同作用的折减系数;

　　N——轴向压力设计值(N);

　　M_{0}——横向荷载作用下跨中最大初始弯矩设计值(N·mm);

　　e_{0}——构件轴向压力的初始偏心距(mm),**当不能确定时,可按 5%的倍构件截面高度采用**;

　　f_{c}、f_{m}——考虑调整系数后的构件材料的顺纹抗压强度设计值、抗弯强度设计值(N/mm²);

　　W——构件全截面抵抗矩(mm³)。

根据《木标》式(5.3.2-4)及式(5.3.2-5)可知:当 $e_{0}=0$ 时为压弯构件, $k_{0}=0$,此时 $\varphi_{m}=(1-k)^{2}$;当 $M_{0}=0$ 时为偏心受压构件,$k=k_{0}$,此时 $\varphi_{m}=(1-k_{0})^{3}$。

2. 构件的极限承载力

《木标》有如下规定。

5.3.2　压弯构件及偏心受压构件的承载能力应按下列规定进行验算。

　　1　按强度验算时,应按下式验算:

$$\frac{N}{A_{n}f_{c}} + \frac{M_{0} + Ne_{0}}{W_{n}f_{m}} \le 1 \tag{5.3.2-1}$$

计算时需要注意 M、Ne_{0} 的方向性,应取其代数和并按代数和的绝对值计算杆件受压区纤维边缘的应力。

3. 弯矩作用平面外的稳定承载力计算

压弯和偏压构件在弯矩作用平面外的稳定性,可以根据弹性稳定理论进行求解。对于两端简支并受轴

向压力 N、等弯矩 M_x 作用的双轴对称实腹式构件,其弯扭屈曲的临界状态方程为

$$\left(1-\frac{N}{N_{ey}}\right)\left(1-\frac{N}{N_\theta}\right)\left(1-\frac{M_x}{M_{crx}}\right)=0 \tag{13.26}$$

式中 N_{ey}——构件弯矩作用平面外的欧拉临界力;

$\quad\quad N_\theta$——构件绕其纵轴方向的扭转临界力;

$\quad\quad M_{crx}$——构件受沿 x 轴等弯矩作用时的临界弯矩。

一般情况下,$N_\theta/N_{ey}>1.0$,故可偏于安全地取 $N_\theta/N_{ey}=1.0$,这样便可以得到构件弯矩作用平面外稳定性的线性相关方程:

$$\frac{N}{N_{ey}}+\frac{M_x}{M_{crx}}=1 \tag{13.27}$$

将式(13.27)中的 N_{ey} 和 M_{crx} 分别代之以轴心受压构件的稳定承载力 $\varphi_y A_0 f_c$ 和受弯构件的稳定承载力 $\varphi_l W_x f_m$,并考虑等效弯矩系数 β_M,对于矩形截面则可按下式验算压弯和偏压构件弯矩作用平面外的稳定承载力:

$$\frac{N}{\varphi_y A_0 f_c}+\frac{\beta_M M_x}{\varphi_l W_x f_m}\leqslant 1 \tag{13.28}$$

式中 β_M——等效弯矩系数,当仅为偏心受压或仅为轴心受压与横向力弯矩作用时,可取 $\beta_M=1.0$;当既为偏心受压又有横向力弯矩作用时,同号弯矩取 $\beta_M=1.0$,异号弯矩 β_M 取小于 1.0 的数(如 0.85,M_{crx} 取代数和的绝对值);

$\quad\quad \varphi_l$——受弯构件的侧向稳定系数;

$\quad\quad \varphi_y$——轴心压杆(平面外)的稳定系数。

式(13.28)便是钢结构规范中验算压弯构件平面外稳定的计算式。

如果压弯或偏压构件为方形或高宽比不大的矩形截面,构件绕纵轴的扭转屈曲临界力 N_θ 将会很大,即 $N/N_\theta\rightarrow0$,式(13.26)即转化为《木标》验算该类构件弯矩作用平面外稳定的计算式。

5.3.3 压弯构件或偏心受压构件弯矩作用平面外的侧向稳定性时,应按下式验算:

$$\frac{N}{\varphi_y A_0 f_c}+\left(\frac{M}{\varphi_l W f_m}\right)^2\leqslant 1 \tag{5.3.3}$$

式中 φ_y——轴心压杆在垂直于弯矩作用平面 y-y 方向按长细比 λ_y 确定的轴心压杆稳定系数,按本标准第 5.1.4 条确定;

$\quad\quad \varphi_l$——受弯构件的侧向稳定系数,按本标准第 5.2.2 条和第 5.2.3 条确定;

$\quad\quad N、M$——轴向压力设计值(N)、弯曲平面内的弯矩设计值(N·mm);

$\quad\quad W$——构件全截面抵抗矩(mm³)。

验算压弯或偏压杆件平面外稳定性的主要步骤如下。

(1)木材的抗压及抗弯强度设计值及调整。

《木标》第 4.3.1 条、第 4.3.2 条、第 4.3.9 条、第 4.3.10 条

(2)轴心受压杆件平面外的计算长度 l_{0y}。

《木标》第 5.1.5 条

(3)杆件截面回转半径 i_y、长细比 λ_y。

《木标》式(5.1.4-2)

(4)轴心受压构件的弹塑性界限长细比 λ_{cy}、稳定系数 φ_y。

《木标》第 5.1.4 条

(5)受弯构件的平面外计算长度 l_{ey}。

《木标》表 5.2.2-2 及注释

（6）受弯构件的长细比 λ_{By}。

《木标》式（5.2.2-2）

（7）受弯构件的弹塑性界限长细比 λ_{my}、稳定系数 φ_{ly}。

《木标》第 5.2.2 条、第 5.2.3 条

（8）平面外稳定性承载力计算或验算。

《木标》第 5.3.3 条

13.6 连接计算

一方面,木材是天然材料,其杆件长度、截面面积(尺寸)均受到一定的限制,有时并不能完美地满足工程结构的需求;另一方面,木材不具备钢材一样的可焊性,也并不像钢筋混凝土材料那样可通过浇筑实现良好的整体性,因此大部分木材需要通过某种适当的方法连接在一起形成木构件及木结构。显然,木材的连接方法和连接质量会直接影响木结构或构件的可靠性,设计上往往希望结构最终失效是发生于构件本身而非连接位置,但由于上述特殊性,木结构或构件的承载力往往取决于连接节点,因此连接问题的深入研究对木结构设计具有较为深远的意义。

13.6.1 连接的类型

根据连接后木材使用性能的不同,木材的连接基本上可分为三大类:①节点连接,指的是木构件之间或者木构件与金属构件之间的连接;②接长,当木材沿杆件长度方向的尺寸不足时,可通过将两段及两段以上木材对接的形式满足长度要求;③拼接,当单根木材的截面尺寸不足时,可以将多根木材在截面宽度或高度方向拼接,如规格材拼合梁、胶合木层板在截面高度或者宽度方向的拼接等。

常见的木材连接方法有如下几种。

1. 榫卯连接

榫卯连接方法的特点是不需要连接件或者胶结材料便能够完成构件间力的传递。如图 13.12(a)(b)所示,齿连接是榫卯连接中的一种,它是将一根木构件的一端承抵在另一根木构件的齿槽之中,以传递压应力,常用于桁架的节点连接。榫卯连接是我国古代木结构中普遍采用的连接方法,但由于榫卯结构对构件截面有较大的削弱,在一定程度上限制了其应用。

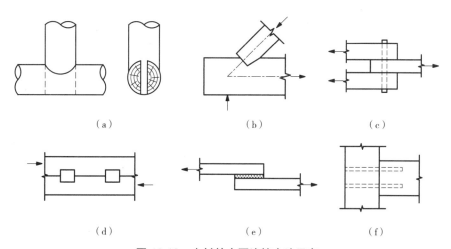

图 13.12 木材的主要连接方法示意

(a)榫卯连接 (b)齿连接 (c)销连接 (d)键连接 (e)胶连接 (f)植筋连接

2. 销连接

如图 13.12(c)所示,销连接是以钢质或木质等杆状材料作为连接件,将木构件彼此连接在一起,通过连

接件的抗弯实现杆件之间拉应力或压应力传递的一种连接方法。常用的连接件有销、螺栓、钉、木铆钉等。

3.键连接

如图13.12(d)所示,键连接是以钢质或木质等块状材料作为连接件,将其嵌入两个木构件间的接触面上,以阻止其相对滑移,从而传递构件间拉、压应力的一种连接方法。

除此之外,木材之间的连接还可以通过胶连接、植筋连接等方法实现,如图13.12(e)(f)所示,此处不再赘述。

13.6.2 齿连接

齿连接又称为抵承连接,其是将其中一个构件的一个端头做成齿榫,并在另一个构件上开槽形成齿槽(卯口),使齿榫能够直接抵承在齿槽的承压面上,通过承压面传递作用力,但需要注意的是,齿连接只能传递压应力。

齿连接不需要连接件,构造简单、方便,是方木与原木桁架节点中最常用的连接方式。但因为在承压构件上开槽而削弱了该构件的截面,进而增加了木材的用量;而且齿槽的承压使得木材在顺纹方向受剪,易发生脆性破坏,因此一般需要设置保险螺栓设防。

齿连接的形式很多,《木标》仅推荐采用正齿构造的单齿连接和双齿连接两种。单齿构造虽连接承载力低,但是制作简单,应优先采用。当内力较大或者采用单齿连接需要的构件截面尺寸过大时,可以采用双齿连接构造。

6.1.1 齿连接可采用单齿或双齿的形式(图6.1.1),并应符合下列规定。

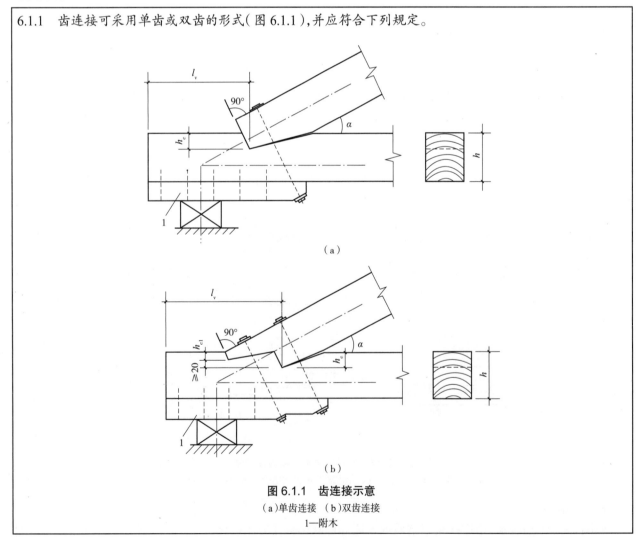

图 6.1.1 齿连接示意
(a)单齿连接 (b)双齿连接
1—附木

1. 基本构造要求

齿连接的可靠性在很大程度上取决于其构造是否合理。为了使齿榫构件传来的压力能明确地作用在开齿槽构件的承压面上,以保证其垂直分力对齿连接受剪面的横向压紧作用,改善木材的受剪工作条件,《木标》有如下规定。

> 6.1.1　齿连接可采用单齿或双齿的形式(图 6.1.1),并应符合下列规定:
>
> 　1　齿连接的承压面应与所连接的压杆轴线垂直;(编者注:**正齿构造**)
>
> 　2　单齿连接应使压杆轴线通过承压面中心。

木桁架下弦杆的开槽深度需要受到一定的限制,否则会对下弦杆件的截面造成较大的削弱,同时齿槽过深还有可能造成剪切面(长度为 l_v)落在木材的髓心部位,影响节点的抗剪承载力。但齿槽的深度过浅又会影响到连接节点压应力的传递。为了保证齿连接的可靠性,防止因为上述方面的构造不当,而导致齿连接承载能力的急剧下降,《木标》有如下规定。

> 6.1.1　齿连接可采用单齿或双齿的形式(图 6.1.1),并应符合下列规定:
>
> 　4　齿连接的**齿深**,对于方木不应小于 20 mm,对于原木不应小于 30 mm;
>
> 　5　桁架支座节点齿深不应大于 $h/3$,中间节点的齿深不应大于 $h/4$,h 为沿齿深方向的构件截面高度。

双齿连接中的上弦杆端头应做有两个齿榫,分别承抵在下弦杆件两个齿槽的承压面上,因为要求两个承压面同时受力,因此制作要求较单齿连接高。双齿连接一般用于桁架的端节点处,通常要求第一齿的顶点位于上、下弦杆件边缘的交点上,第二齿的顶点位于上弦杆轴线与下弦杆上边缘的交点处。为了防止木材斜纹影响导致沿第二剪切面,即两齿槽连线的破坏,第二齿槽的槽深 h_c 应比第一齿槽的槽深 h_{c1} 大 20 mm 以上,但齿深也不应大于 $h/3$。

木桁架中端节点齿连接的剪切破坏面长度 l_v 由抗剪承载力决定,一般要求 $l_v \geqslant 4.5 h_c$。但实际上,剪应力沿剪切截面长度方向上的分布是不均匀的,太长的剪切面末端剪应力很小或近乎为零,无助于抗剪承载力的提高。

> 6.1.1　齿连接可采用单齿或双齿的形式(图 6.1.1),并应符合下列规定:
>
> 　6　双齿连接中,第二齿的齿深 h_c 应比第一齿的齿深 h_{c1} 至少大 20 mm,单齿和双齿第一齿的剪面长度不应小于 4.5 倍齿深。

另外,应指出的是,当采用湿材制作时,齿连接的受剪工作可能受到木材端裂的危害。因此,若干屋架的下弦未采用"破心下料"的方木制作,或直接使用原木,其受剪面的长度应比计算值加大 50 mm,以保证实际的受剪面有足够的长度。

> 6.1.1　齿连接可采用单齿或双齿的形式(图 6.1.1),并应符合下列规定:
>
> 　7　当受条件限制只能采用湿材制作时,木桁架支座节点齿连接的剪面长度应比计算值加长 50 mm。

木桁架的端节点采用齿连接时,应注意下弦杆轴线的处理方法。当采用方木时,若采用毛截面中心作为轴线,则因为开槽造成截面缺失,使下弦杆成为偏心受拉构件,在槽口顶点的木材应力应由净截面的平均拉应力和偏心弯矩作用的拉应力叠加而成;若采用净截面的轴线作为中心线,则只存在净截面上的平均拉应力。验算结构表明,采用净截面中心线作为弦杆的轴线更为有利。由于原木在支座处底部砍平后才能安装,砍平的深度与开齿槽的深度大致相同,因此可以采用毛截面的中心线而不致造成过大的偏心弯矩。

> 6.1.1　齿连接可采用单齿或双齿的形式(图 6.1.1),并应符合下列规定:
>
> 　3　木桁架支座节点的上弦轴线和支座反力的作用线,当采用方木或板材时,宜与下弦净截面的中心线交汇于一点;当采用原木时,可与下弦毛截面的中心线交汇于一点,此时**刻齿处的截面可按轴心受拉验算。**

2. 保险螺栓

同一个连接节点中可能有不同类型的连接形式同时存在,例如木桁架端节点即支座位置处,作为桁架中的重要部位,为了防止剪切面失效造成的事故,不论是单齿连接还是双齿连接,均需要在各剪切面上设置保险螺栓。木材抗剪属于脆性工作,其破坏一般没有预兆,对于设置保险螺栓的连接构造,一旦齿连接发生剪切破坏,螺栓杆中的拉力、下弦杆的轴力、支座的反力以及杆件连接界面的摩擦阻力可以共同平衡上弦杆件的轴向力,这样不致引起整个结构的坍塌,从而为抢修提供了必要的时间。《木标》规定桁架的支座节点采用齿连接时,必须设置保险螺栓。

但是,需要说明的是,保险螺栓既不能与齿连接共同传递上、下弦杆件间的作用力,也不能作为永久性的连接构造考虑。这是由于螺栓起到受拉作用时,上、下弦杆需要有较大的错动,而齿连接的剪切面是一种相对来说较脆性的连接,变形不大时便已达到承载能力极限状态,两种连接的承载力峰值并不同时出现,往往会发生"各个击破"的现象。可见,齿连接中的螺栓连接只是作为一种应急措施,以避免桁架突然倒塌造成重大安全事故。

关于齿连接中保险螺栓设置的构造要求,《木标》有如下规定。

6.1.4 桁架支座节点采用齿连接时,应设置保险螺栓,但不考虑保险螺栓与齿的共同工作。木桁架下弦支座应设置附木,并与下弦用钉钉牢。钉子数量可按构造布置确定。附木截面宽度与下弦相同,其截面高度不应小于 $h/3$,h 为下弦截面高度。

6.1.4 条文说明(部分)

3 关于螺栓与齿能否共同工作的问题,原建筑工程部建筑科学研究院和原四川省建筑科学研究所的试验结果均证明,在齿未破坏前,保险螺栓几乎是不受力的。故明确规定在设计中不应考虑两者的共同工作。

---

3. 连接承载力验算

齿连接构造较为简单,其连接承载力的验算主要包括承压面的承载力验算、剪切面的承载力验算、弦杆净截面的承载力验算以及保险螺栓的设计计算四部分。

不论是单齿连接还是双齿连接,齿榫端为顺纹承压,齿槽则为斜纹承压,其承压能力取决于齿槽的斜纹承压强度。对于单齿连接的承压验算,《木标》有如下规定。

6.1.2 单齿连接应按下列规定进行验算。

1 按木材承压时,应按下式验算:

$$\frac{N}{A_c} \leqslant f_{c\alpha} \tag{6.1.2-1}$$

式中 $f_{c\alpha}$——木材斜纹承压强度设计值(N/mm²),应按本标准第 4.3.3 条的规定确定;

N——作用于齿面上的轴向压力设计值(N);

A_c——齿的承压面面积(mm²)。

对于单齿连接的受剪验算,《木标》有如下规定。

6.1.2 单齿连接应按下列规定进行验算。

2 按木材受剪时,应按下式验算:

$$\frac{N}{l_v b_v} \leqslant \psi_v f_v \tag{6.1.2-2}$$

式中 f_v——木材顺纹抗剪强度设计值(N/mm²);

V——作用于剪面上的剪力设计值(N);

l_v——剪面计算长度(mm),其取值不应大于齿深 h_c 的 8 倍;

b_v——剪面宽度(mm);

ψ_v——沿剪面长度剪应力分布不匀的强度降低系数,应按表 6.1.2 的规定采用。

表 6.1.2　单齿连接抗剪强度降低系数

l_v / h_c	4.5	5	6	7	8
ψ_v	0.95	0.89	0.77	0.70	0.64

由于木材抗剪强度设计值所引用的尺寸影响系数是以 l_v/h_c=4 的试件试验结果确定的,《木标》在考虑沿剪面长度剪应力分布不均匀的影响时,将 l_v/h_c=4 的 ψ_v 值定为 1.0,将试验曲线平移后即可得到 l_v/h_c 与 ψ_v 值的关系。

双齿连接的承压总面积要比单齿连接大,因此承压性能有一定的提高,但是连接的抗剪性能则仅由第二齿槽的剪切面长度决定,而非两个齿槽剪切面长度之和。《木标》有如下规定。

6.1.3　双齿连接的**承压**应按本标准公式(6.1.2-1)验算,但其承压面面积应取两个齿承压面面积之和。双齿连接的**受剪,仅考虑第二齿剪面的工作**,应按本标准公式(6.1.2-2)计算,并应符合下列规定:

　　1　计算受剪应力时,全部剪力 V 应由第二齿的剪面承受;
　　2　第二齿剪面的计算长度 l_v 的取值,**不应大于齿深 h_c 的 10 倍**;
　　3　双齿连接沿剪面长度剪应力分布不匀的强度降低系数 ψ_v 值应按表 6.1.3 的规定采用。

表 6.1.3　双齿连接抗剪强度降低系数

l_v / h_c	6	7	8	10
ψ_v	1.0	0.93	0.85	0.71

单双齿连接中的保险螺栓均应垂直于上弦杆件的中轴线,且一般设置在各齿剪切面的中部位置。图 13.13 所示是单齿连接在发生剪切破坏后,保险螺栓开始进入工作状态的受力示意图。剪切面一旦破坏,上弦杆将向图示左边产生较大幅度的滑移,通过对上弦杆的静力平衡分析可知,支撑在剪切破坏面上齿尖部位作用有向上的反作用力和向右的摩擦力,因为木材的摩擦角大致为 30°,两者的合力 R' 与水平线的夹角约为 60°,假定作用在上弦杆的轴向力为 N,螺栓拉力为 N_b,则根据平衡条件可得出螺栓的拉力为 $N_b=N\tan(60°-\alpha)$,其中 α 为上、下弦杆间的夹角。

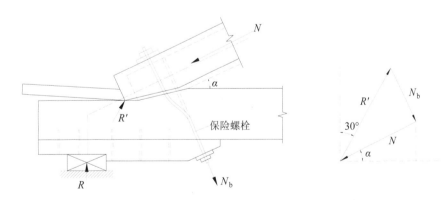

图 13.13　保险螺栓工作示意图

考虑到保险螺栓只是在齿连接失效时起到临时承载的作用,其可靠度可适当降低。《木标》将螺栓杆件的强度设计值乘以 1.25 的调整系数,以考虑其受力的短暂性。

6.1.5　保险螺栓的设置和验算应符合下列规定。
　　1　保险螺栓应与上弦轴线垂直。
　　2　保险螺栓应按本标准第 4.1.15 条的规定进行**净截面**抗拉验算,所承受的轴向拉力应按下式确定:

$$N_b = N\tan(60° - \alpha) \tag{6.1.5}$$

式中　N_b——保险螺栓所承受的轴向拉力（N）；

　　　N——上弦轴向压力的设计值（N）；

　　　α——上弦与下弦的夹角（°）。

3 保险螺栓的强度设计值应乘以 1.25 的调整系数。

6.1.5　保险螺栓的设置和验算应符合下列规定：

4 双齿连接宜选用两个直径相同的保险螺栓，但不考虑本标准第 7.1.12 条规定的调整系数。

6.1.5 条文说明（部分）

4 在双齿连接中，保险螺栓一般设置两个。考虑到木材剪切破坏后，节点变形较大，两个螺栓受力较为均匀，故规定不考虑本标准第 7.1.12 条的调整系数。

对于双齿连接中的保险螺栓，验算时采用的截面面积应为两根保险螺栓的净截面面积之和，且应采用两根直径相同的保险螺栓。

13.6.3　销连接

销连接是木结构各种连接方式中应用最为广泛的形式。钢销、螺栓、钉、方头螺栓、木螺栓以及非圆形截面的木铆钉均属于销。同时，销连接件可以是钢、木或其他材质，也可以呈任意形状，但是现今工程中基本上多采用圆截面的钢销，原因是钢材的机械性能好且易于加工。

销连接主要用于抵抗垂直于销轴方向的作用力，销在被连接构件中整体受弯，但是在两个相邻构件的接触面间呈受剪状态，类似于钢结构中的螺栓连接，因此有时也称为销连接的抗剪承载力。此外，销连接中有些连接件主要用于抵抗平行于销轴方向的作用力，如钉、木螺钉等，连接的这种抗力则称为轴向承载力或者抗拔承载力。

1. 销连接的构造要求

如果不对销连接的构造做一定的限制，其连接节点可能会发生多种形式的破坏。当端距或多个销共同工作而顺纹中距不足时，木材连接件将会发生剪切破坏；当销的边距或者多排销共同工作而行距不足时，木材将会产生撕裂破坏。同时，木材也会因为销轴孔壁即销槽的承压强度不足而破坏，或因销槽挤压变形过大而导致销轴的受弯破坏。

试验表明，销连接中的前两种破坏形式属于脆性破坏，而后两种破坏则属于延性破坏。为了保证销连接所需的延性，需要对销连接做相应的规定，如规定销连接中的最小端距、中距、行距及边距，使销轴在发生强度破坏前不发生前两种连接构件间的破坏。《木标》有如下规定。

6.2.1　销轴类紧固件的端距、边距、间距和行距最小尺寸应符合表 6.2.1 的规定。当采用螺栓、销或六角头木螺钉作为紧固件时，其直径不应小于 6 mm。

表 6.2.1　销轴类紧固件的端距、边距、间距和行距的最小尺寸

距离名称		顺纹荷载作用时		横纹荷载作用时	
最小端距 e_1	受力端	7d		受力边	4d
	非受力端	4d		非受力边	1.5d
最小边距 e_2	当 $l/d \leqslant 6$	1.5d		4d	
	当 $l/d > 6$	取 1.5d 与 r/2 两者较大值			
最小间距 s		4d		4d	
最小行距 r		2d	当 $l/d \leqslant 2$	2.5d	
			当 $2 < l/d < 6$	(5l+10d)/8	
			当 $l/d \geqslant 6$	5d	

续表

距离名称	顺纹荷载作用时	横纹荷载作用时
几何位置示意图	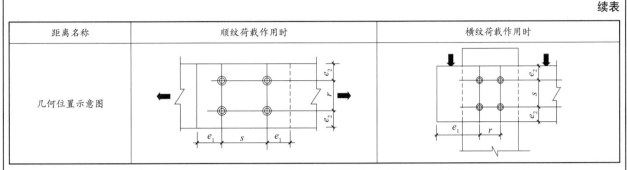	

注:1. 受力端为销槽受力指向端部,非受力端为销槽受力背离端部,受力边为销槽受力指向边部,非受力边为销槽受力背离边部;

2. 表中 l 为紧固件长度,d 为紧固件的直径,并且 l/d 值应取下列两者中的较小值;

1) 紧固件在主构件中的贯入深度 l_m 与直径 d 的比值 l_m/d;

2) 紧固件在侧面构件中的总贯入深度 l_s 与直径 d 的比值 l/d。

3. 当钉连接不预钻孔时,其端距、边距、间距和行距应为表中数值的 2 倍。

6.2.2　交错布置的销轴类紧固件(图 6.2.2),其端距、边距、间距和行距的布置应符合下列规定。

1　对于**顺纹荷载作用下**交错布置的紧固件,当相邻行上的紧固件在顺纹方向的间距不大于 4 倍紧固件的直径(d)时,则可将相邻行的紧固件确认是位于同一截面上。

2　对于**横纹荷载作用下**交错布置的紧固件,当相邻行上的紧固件在横纹方向的间距不小于 $4d$ 时,则紧固件在顺纹方向的间距不受限制;当相邻行上的紧固件在横纹方向的间距小于 $4d$ 时,则紧固件在顺纹方向的间距应符合本标准表 6.2.1 的规定。

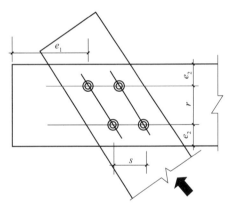

图 6.2.2　紧固件交错布置几何位置示意

6.2.4　对于采用单剪或对称双剪的销轴类紧固件的连接(图 6.2.4),当剪面承载力设计值按本标准第 6.2.5 条的规定进行计算时,应符合下列规定:

1　构件连接面应紧密接触;

2　荷载作用方向应与销轴类紧固件轴线方向垂直;

3　紧固件在构件上的边、端距以及间距应符合本标准表 6.2.1 或表 6.2.3 中的规定。

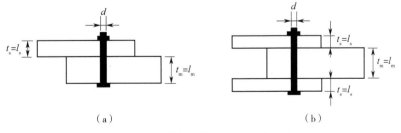

图 6.2.4　销轴类紧固件的连接方式

(a)单剪连接　(b)双剪连接

上述规范的要求中需要注意的是,对采用钉连接的端、边、中、行距等要求,应区分是否做预钻孔处理。采用预钻孔处理的,可按螺栓、销连接的相关要求处理;未做预钻孔处理的钉连接,考虑到钉子钉入木构件时的挤压会使木材受到横纹拉应力的作用而受损,故其端、边、中、行距应按螺栓连接要求的2倍采用。

2. 销连接承载力分析的基本假定

在分析因销槽承压破坏或销槽挤压变形过大导致销轴受弯破坏的连接承载力时,最主要的问题是需要确定销槽承压面上压应力的分布及其随变形的变化规律。

1)销槽承压的应力-应变关系

销槽承压应力的分布除与连接的失效模式有关外,还与计算采用的销槽和销轴的应力-应变关系,即假定的本构关系有关。

销槽的承压试验表明,在保证销槽不发生弯曲变形的情况下,可以得到如图13.14(a)所示销槽承压应力-应变关系。当应力水平较低时,曲线基本为直线,销槽承压处于弹性状态;当应力水平超过 σ_e 后,销槽承压进入弹塑性工作阶段,销槽的变形发展加快,直至破坏时的最大应力 σ_{max}。

《木结构设计规范》(GB 50005—2003)(已废止)及苏联相关规范将销槽的应力-应变曲线简化为理想弹塑性模型,如图13.14(b)中的粗实线所示。弹塑性模型认为当销槽变形达到2倍弹性变形 δ_e 时,连接失效,与其相对应的销槽承压应力即为销槽承压强度 f_h。

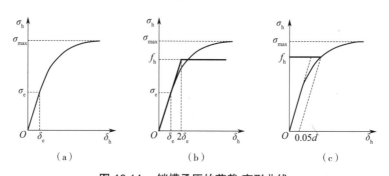

图 13.14　销槽承压的荷载-变形曲线
(a)荷载-变形曲线　(b)弹塑性模型　(c)刚塑性模型

现行《木标》采用的是目前国际上广泛采用的 Johansen 屈服模式,即欧洲屈服模式。该模式将应力-应变曲线简化为更简单的刚塑性模型,如图13.14(c)中的粗实线所示。刚塑性模型以连接产生 $0.05d$(d 为销直径)的塑性变形为连接承载力极限状态的标志,此时所对应的销槽承压应力即为销槽承压强度 f_h。

分析表明,基于刚塑性本构模型所计算的极限承载力略高于理想弹塑性材料本构模型,但差距基本在10%以内。

2)销轴的弯曲变形

为了使连接承载力的求解更加方便,基于上述本构关系模型进一步假定销轴在塑性铰产生前始终保持直线,一旦销在某个截面达到屈服弯矩而产生塑性铰,销将绕该截面转动,但除塑性铰截面外,铰两侧销轴仍始终保持直线,即不考虑销轴弯曲变形对销槽承压应力分布的影响。

3. 销连接的屈服模式

屈服模式指的是连接达到屈服荷载时木材销槽和销的破坏形式,即销槽达到承压强度(屈服荷载)或销产生塑性铰时连接失效。研究表明,销连接的失效模式与两连接构件的厚度比 t_m/t_s、强度比 f_{em}/f_{es} 及销连接的厚径比 t_s/d 等构造因素有关,其中 t_m、f_{em} 分别为较厚构件或中部构件的厚度及强度标准值,t_s、f_{es} 分别为较薄构件或边部构件的厚度及强度标准值,d 为销轴类紧固件的直径。

木-木连接的单剪连接有六种屈服模式,对称双剪连接有四种屈服模式,见表13.2。参照美国规范,屈服模式代号的脚标中,m、s 分别代表连接失效时,销槽承压应力达到承压强度的是较厚构件(或双剪连接的中部构件)和较薄构件(或双剪连接中的边部构件)。

表 13.2　销连接的失效模式

屈服模式	单剪连接	双剪连接
I_m		
I_s		
II		
III_m		
III_s		
IV		

对销槽承压屈服而言,如果单剪连接中较厚构件(厚度 t_m)的销槽承压强度较低,而较薄构件(厚度 t_s)的销槽承压强度较高(双剪连接中中部构件厚度为 t_m、边部构件厚度为 t_s),且较薄构件对销有足够的钳制力,不使其转动,则较厚构件沿销槽全长 t_m 均达到销槽承压强度 f_{em} 而失效,为屈服模式 I_m。

如果两构件的销槽承压强度相同或较薄构件的强度较低,较厚构件对销有足够的钳制力,不使其转动,则较薄构件沿销槽全长 t_s 均达到销槽承压强度 f_{es} 而失效,为屈服模式 I_s。

如果较厚构件的厚度 t_m 不足或较薄构件的销槽承压强度较低,两者对销均无足够的钳制力,销刚体转动,导致较厚、较薄构件均有部分长度的销槽达到销槽承压强度 f_{em}、f_{es} 而失效,为屈服模式 II。

上述提及的三种屈服模式 I_m、I_s、II,往往发生于厚径比 $\eta = t/d$ 较小的情况,如《木标》认为当 $\eta \leqslant 2.5$ 时才会发生这种因销槽承压应力达到承压强度的屈服模式。

销承弯屈服并形成塑性铰导致的销连接失效也有三种屈服模式。

(1)如果较薄构件的销槽承压强度远高于较厚构件并有足够的钳制销转动的能力,则销在较薄构件中出现塑性铰,为屈服模式 III_m。

(2)如果两构件销槽承压强度相同,则销在较厚构件中出现塑性铰,为屈服模式 III_s。

(3)如果两构件的销槽承压强度均较高,或销的直径 d 较小,则两构件中均出现塑性铰而失效,为屈服模式 IV。

单剪连接共有六种屈服模式。对于双剪连接,由于中部构件处于对称位置,销不可能转动也不可能仅在一侧的边部构件产生塑性铰,因此仅有 I_m、I_s 和 III_s、IV 等四种屈服模式。

4. 连接承载力标准值

1)单剪连接

I. 屈服模式 I_m

在此屈服模式下,较厚构件上销槽的承压应力达到承压强度标准值 f_{em},取较厚构件为脱离体,根据静力平衡条件可得

$$Z_k = t_m d f_{em} = R_e R_t t_s d f_{es} \tag{13.29}$$

式中　R_e——较厚和较薄构件的承压强度标准值之比,$R_e = f_{em}/f_{es}$;

R_t——较厚和较薄构件的厚度比，$R_t=t_m/t_s$。

Ⅱ.屈服模式 I_s

在此屈服模式下，较薄构件上销槽的承压应力达到承压强度标准值 f_{es}，取较薄构件为脱离体，根据静力平衡条件可得

$$Z_k=t_s df_{es} \qquad (13.30)$$

Ⅲ.屈服模式 Ⅱ

在此屈服模式下，销产生刚性转动，两构件的销槽均有不同长度的塑性区，假定承压应力在不同塑性区域内均匀分布并达到其承压强度标准值，则根据静力和力矩平衡条件，通过推导可得

$$Z_k = \frac{\sqrt{R_e + 2R_e^2(1+R_t+R_t^2)R_t^2R_e^3} - R_e(1+R_t)}{1+R_e}t_s df_{es} \qquad (13.31)$$

Ⅳ.屈服模式 $Ⅲ_m$

通过合理假定该屈服模式下销槽的承压应力分布，根据力和力矩的平衡条件可得

$$Z_k = \frac{R_t R_e}{1+2R_e}\left[\sqrt{2(1+R_e)+\frac{4(2R_e+1)M_{yk}}{R_eR_t^2 f_{es}t_s^2 d}}-1\right]t_s df_{es} \qquad (13.32)$$

式中 M_y——销的截面屈服弯矩标准值。

Ⅴ.屈服模式 $Ⅲ_s$

同屈服模式 $Ⅲ_m$，根据力和力矩的平衡条件，可以得到该屈服模式下的连接承载力标准值为

$$Z_k = \frac{R_e}{2+R_e}\left[\sqrt{\frac{2(1+R_e)}{R_e}+\frac{4(1+2R_e)M_{yk}}{R_e f_{es}t_s^2 d}}-1\right]t_s df_{es} \qquad (13.33)$$

Ⅵ.屈服模式 Ⅳ

根据平衡条件可得该屈服模式下的连接承载力标准值为

$$Z_k = t_s df_{es}\sqrt{\frac{4R_e M_{yk}}{(1+R_e)f_{es}t_s^2 d}} \qquad (13.34)$$

2）对称双剪连接

Ⅰ.屈服模式 I_m

此屈服模式仅当 $R_eR_t<2.0$ 时发生，取中部构件为隔离体做平衡条件分析，可得

$$Z_k= \frac{t_m}{2}df_{em}=\frac{1}{2}R_eR_t t_s df_{es} \qquad (13.35)$$

Ⅱ.屈服模式 I_s

取边部构件为隔离体做平衡条件分析，可得与式（13.30）相同的计算公式，即 $Z_k=t_s df_{es}$。

对比式（13.30）和式（13.35）可知，屈服模式 I_s 仅在 $R_eR_t=2.0$ 时发生。

Ⅲ.屈服模式 $Ⅲ_s$

同单剪连接屈服模式 $Ⅲ_s$，按式（13.33）计算。

Ⅳ.屈服模式 Ⅳ

同单剪连接屈服模式 Ⅳ，按式（13.34）计算。

销连接承载力标准值 Z_k 的大小，单剪连接应取上述六种屈服模式中计算结果的最低值，双剪连接应取上述四种屈服模式中计算结果的最低值。

5. 圆钢销的屈服弯矩

圆钢销在受弯状态下，当截面边缘弯曲应力达到屈服强度时开始进入弹塑性工作状态。此后，钢销抗弯能力的提高程度主要依赖于其截面上的应力重分布及钢材的屈服强化。因此，圆钢销的屈服弯矩标准值可以表示为

$$M_{yk}=Wf_{yk}k_{ep}k_w \qquad (13.36)$$

式中　f_{yk}——销钢材的屈服强度标准值；

　　　W——圆钢销的抗弯截面模量，$W = \dfrac{\pi d^3}{32}$；

　　　k_{ep}——弹塑性强化系数，钢材屈服后某一应变时刻对应的应力与屈服强度标准值 f_{yk} 之比；

　　　k_w——钢销截面的塑性系数，即钢销弹塑性状态下的抗弯截面模量与全截面处于弹性时的抗弯截面模量之比。

　　实际上，塑性抗弯截面模量 $W_p(k_w W)$ 是一个变量，其大小与钢销弯曲变形的大小有关。钢销的弯曲变形越大，塑性区越向截面中性轴发展，W_p 越大，k_w 也越大。当为全截面塑性时，圆钢销的塑性抗弯截面模量为 $W_p = \dfrac{d^3}{6}$，相应的 $k_w=1.7$，可见圆钢销塑性系数的取值范围为 1.0~1.7。由于销连接屈服的标志相对滑移变形不是很大，因此连接屈服状态下销的弯曲变形也不会很大，即钢销在规定的滑移变形下尚未进入全截面塑性状态。结合相关试验成果，我国规范认为取 $k_w=1.4$ 较为符合实际情况。

　　对于钢销的弹塑性强化系数，《木标》有如下规定。

6.2.7　销槽承压最小有效长度系数 k_{min} 应按下列 4 种破坏模式进行计算，并应按下式进行确定。

　　3　屈服模式Ⅲ时，应按下列规定计算销槽承压有效长度系数 $k_{Ⅲ}$：

　　4）当采用 Q235 钢等具有明显屈服性能的钢材时，取 $k_{ep}=1.0$；当采用其他钢材时，应按具体的弹塑性强化性能确定，其强化性能无法确定时，仍应取 $k_{ep}=1.0$。

6. 连接承载力参考设计值 Z

　　尽管上述各屈服模式下，销连接承载力标准值 Z_k 的计算公式不同，但是每个剪面的计算公式均可表示为

$$Z_k=k_{si}t_s d f_{es} \tag{13.37}$$

式中　k_{si}——销连接在第 i 种屈服模式下较薄构件销槽的承压有效长度系数；

　　　$k_{si}t_s$——较薄构件销槽的有效承压长度。

　　取钢销截面的塑性系数 $k_w=1.4$，将式（13.36）代入式（13.32）至式（13.34）后，与各屈服模式相对应的较薄构件的销槽承压有效长度系数可按下列各式计算。

$$k_{sI}=R_e R_t \tag{13.38-a}$$

　　注：上式用于单剪连接，当 $R_e R_t<1.0$ 时，对应于屈服模式 I_m；当 $R_e R_t=1.0$ 时，对应屈服模式 I_s。

$$k_{sI}=R_e R_t/2 \tag{13.38-b}$$

　　注：上式用于双剪连接，当 $R_e R_t<2.0$ 时，对应于屈服模式 I_m；当 $R_e R_t=2.0$ 时，对应屈服模式 I_s。

$$k_{sⅡ} = \frac{\sqrt{R_e + 2R_e^2(1+R_t+R_t^2) + R_t^2 R_e^3} - R_e(1+R_t)}{1+R_e} \tag{13.38-c}$$

　　注：上式仅用于单剪连接。

$$k_{sⅢ_m} = \frac{R_t R_e}{1+2R_e}\left[\sqrt{2(1+R_e) + \frac{1.647(2R_e+1)k_{ep}f_{yk}d^2}{3R_e R_t^2 f_{es}t_s^2}} - 1\right] \tag{13.38-d}$$

　　注：上式仅用于单剪连接。

$$k_{sⅢ_s} = \frac{R_e}{2+R_e}\left[\sqrt{\frac{2(1+R_e)}{R_e} + \frac{1.647(1+2R_e)k_{ep}f_{yk}d^2}{3R_e f_{es}t_s^2}} - 1\right] \tag{13.38-e}$$

$$k_{sⅣ} = \frac{d}{t_s}\sqrt{\frac{1.647 R_e k_{ep}f_{yk}}{3(1+R_e)f_{es}}} \tag{13.38-f}$$

　　考虑到各屈服模式下抗力分项系数 γ_i 的不同，每个销剪面的连接承载力设计参考值 Z 可表示为

$$Z=k_{min}t_s d f_{es} \tag{13.39}$$

式中 k_{min}——各屈服模式中销槽的有效承压长度系数最小值,即

$$k_{min} = min\left\{\frac{k_{sI}}{\gamma_I}, \frac{k_{sII}}{\gamma_{II}}, \frac{k_{sIII_m}}{\gamma_{III}}, \frac{k_{sIII_s}}{\gamma_{III}}, \frac{k_{sIV}}{\gamma_{IV}}\right\} \tag{13.40}$$

由于满足目标可靠度的木材销槽承压和销抗弯的抗力分项系数不同,因此不同屈服模式的连接抗力分项系数各不相同。上式中,屈服模式 I_m、I_s 均为销槽的承压强度破坏,故采用同一抗力分项系数 γ_I;屈服模式 III_m、III_s 都是销因产生塑性铰而使连接失效,故也采用同一抗力分项系数 γ_{III}。由此,对应于六种屈服模式共有四个抗力分项系数。还需要指出的是,上述各抗力分项系数中已包含荷载持续作用对销槽承压强度的影响系数。

《木标》有如下规定。

6.2.6 对于单剪连接或对称双剪连接,单个销的每个剪面的承载力参考设计值 Z 应按下式进行计算:

$$Z = k_{min} t_s df_{es} \tag{6.2.6}$$

式中 k_{min}——单剪连接时较薄构件或双剪连接时边部构件的销槽承压最小有效长度系数,应按本标准第6.2.7条的规定确定;

t_s——较薄构件或边部构件的厚度(mm);

d——销轴类紧固件的直径(mm);

f_{es}——构件销槽承压强度标准值(N/mm²),应按本标准第6.2.8条的规定确定。

6.2.7 销槽承压最小有效长度系数 k_{min} 应按下列4种破坏模式进行计算,并应按下式进行确定:

$$k_{min} = min[k_I, k_{II}, k_{III}, k_{IV}] \tag{6.2.7-1}$$

1 屈服模式 I 时,应按下列规定计算销槽承压有效长度系数 k_I。

1)销槽承压有效长度系数 k_I 应按下式计算:

$$k_I = \frac{R_e R_t}{\gamma_I} \tag{6.2.7-2}$$

式中 R_e——f_{em}/f_{es};

R_t——t_m/t_s;

t_m——较厚构件或中部构件的厚度(mm);

f_{em}——较厚构件或中部构件的销槽承压强度标准值(N/mm²),应按本标准第6.2.8条的规定确定;

γ_I——屈服模式 I 的抗力分项系数,应按表6.2.7的规定取值。

2)对于**单剪连接**时,应满足 $R_e R_t \leqslant 1.0$。

3)对于**双剪连接**时,应满足 $R_e R_t \leqslant 2.0$,且销槽承压有效长度系数 k_I 应按下式计算:

$$k_I = \frac{R_e R_t}{2\gamma_I} \tag{6.2.7-3}$$

2 屈服模式 II 时,应按下列公式计算**单剪连接**的销槽承压有效长度系数 k_{II}:

$$k_{II} = \frac{k_{sII}}{\gamma_{II}} \tag{6.2.7-4}$$

$$k_{sII} = \frac{\sqrt{R_e + 2R_e^2(1 + R_t + R_t^2) + R_t^2 R_e^3} - R_e(1 + R_t)}{1 + R_e} \tag{6.2.7-5}$$

式中 γ_{II}——屈服模式 II 的抗力分项系数,应按表6.2.7的规定取值。

3 屈服模式 III 时,应按下列规定计算销槽承压有效长度系数 k_{III}。

1)销槽承压有效长度系数 k_{III} 按下式计算:

$$k_{III} = \frac{k_{sIII}}{\gamma_{III}} \tag{6.2.7-6}$$

式中 γ_{III}——屈服模式 III 的抗力分项系数,应按表6.2.7的规定取值。

2）当单剪连接的屈服模式为 III_m 时：

$$k_{s\text{III}} = \frac{R_t R_e}{1 + 2R_e}\left[\sqrt{2(1 + R_e) + \frac{1.647(2R_e + 1)k_{ep}f_{yk}d^2}{3R_e R_t^2 f_{es}^2 t_s^2}} - 1\right] \qquad (6.2.7\text{-}7)$$

式中　f_{yk}——销轴类紧固件屈服强度标准值（N/mm²）；

　　　k_{ep}——弹塑性强化系数。

3）当屈服模式为 III_s 时：

$$k_{s\text{III}} = \frac{R_e}{2 + R_e}\left[\sqrt{\frac{2(1 + R_e)}{R_e} + \frac{1.647(1 + 2R_e)k_{ep}f_{yk}d^2}{3R_e f_{es}t_s^2}} - 1\right] \qquad (6.2.7\text{-}8)$$

4　屈服模式 IV 时，应按下列公式计算销槽承压有效长度系数 k_{IV}：

$$k_{\text{IV}} = \frac{k_{s\text{IV}}}{\gamma_{\text{IV}}} \qquad (6.2.7\text{-}9)$$

$$k_{s\text{IV}} = \frac{d}{t_s}\sqrt{\frac{1.647 R_e k_{ep}f_{yk}}{3(1 + R_e)f_{es}}} \qquad (6.2.7\text{-}10)$$

式中　γ_{IV}——屈服模式 IV 的抗力分项系数，应按表 6.2.7 的规定取值。

表 6.2.7　构件连接时剪面承载力的抗力分项系数取值表

连接件类型	各屈服模式的抗力分项系数			
	γ_{I}	γ_{II}	γ_{III}	γ_{IV}
螺栓、销或六角头木螺钉	4.38	3.63	2.22	1.88
圆钉	3.42	2.83	2.22	1.88

7. 销槽承压强度标准值 f_{es}

《木结构设计规范》（GB 50005—2003）（已废止）及以前各版本是以木材的顺纹抗压强度计算螺栓连接的承载力，而现代木产品在进行品质定级后，由于缺陷的影响，同一树种不同强度等级木材的顺纹抗压强度大不相同。但销连接的构造要求中说明了木构件连接区段不应有天然和加工缺陷，即木材缺陷对其销槽承压强度的影响并不显著。并且，同树种不同强度等级的木材，其销槽承压强度实际上并无很大差别。若仍取木材的顺纹抗压强度设计值参与计算，结果将与实际情况不符。因此，本次修订后的《木标》，参照美国相关规范对销槽承压强度的取值方法加以改进。

6.2.8　销槽承压强度标准值应按下列规定取值。

1　当 6 mm ≤ d ≤ 25 mm 时，销轴类紧固件销槽**顺纹承压强度** $f_{e,0}$ 应按下式确定：

$$f_{e,0} = 77G \qquad (6.2.8\text{-}1)$$

式中　G——主构件材料的全干相对密度；常用树种木材的全干相对密度按本标准附录 L 的规定确定。

2　当 6 mm ≤ d ≤ 25 mm 时，销轴类紧固件销槽**横纹承压强度** $f_{e,90}$ 应按下式确定：

$$f_{e,90} = \frac{212G^{1.45}}{\sqrt{d}} \qquad (6.2.8\text{-}2)$$

式中　d——销轴类紧固件直径（mm）。

3　当作用在构件上的荷载与木纹呈夹角 α 时，销槽承压强度 $f_{e,\alpha}$ 应按下式确定：

$$f_{e,\alpha} = \frac{f_{e,0}f_{e,90}}{f_{e,0}\sin^2\alpha + f_{e,90}\cos^2\alpha} \qquad (6.2.8\text{-}3)$$

式中　α——荷载与木纹方向的夹角。

4 当 $d<6$ mm 时,销槽承压强度 $f_{e,0}$ 应按下式确定:

$$f_{e,0}=115G^{1.84}$$ （6.2.8-4）

5 当销轴类紧固件插入主构件端部并且与主构件木纹方向平行时,主构件上的销槽承压强度取 $f_{e,90}$。

6 紧固件在钢材上的销槽承压强度 f_{es} 应按现行国家标准《钢结构设计标准》（GB 50017—2017）规定的螺栓连接的构件销槽承压强度设计值的 1.1 倍计算。

7 紧固件在混凝土构件上的销槽承压强度按混凝土立方体抗压强度标准值的 1.57 倍计算。

8. 连接承载力设计值 Z_d

连接承载力在很大程度上取决于被连接木材的局部承压强度,而木材的局部承压强度与其他强度指标相同,即受到荷载持续时长、使用环境等因素的影响,因此非标准条件下的连接承载力需要做相应的调整。但考虑到销连接的边部或者中部构件有可能是金属板,此时无须做含水率、荷载持续作用效应等针对木构件局部承压强度的调整。因此,《木标》在调整方法中,除齿连接外,都是直接对连接承载力进行修正,而不是修正木材的承压强度。

1）环境因素的调整

《木标》有如下规定。

6.2.5 对于采用单剪或对称双剪连接的销轴类紧固件,每个剪面的承载力设计值 Z_d 应按下式进行计算:

表 6.2.5 使用条件调整系数

序号	调整系数	采用条件	取值
1	含水率调整系数 C_m	使用中木构件含水率大于 15% 时	0.8
		使用中木构件含水率小于 15% 时	1.0
2	温度调整系数 C_t	长期生产性高温环境,木材表面温度达 40~50 ℃时	0.8
		其他温度环境时	1.0

2）荷载持续时长的调整

《木标》有如下规定。

4.3.9 进行承重结构用材的强度设计值和弹性模量调整应符合下列规定:

表 4.3.9-2 不同设计使用年限时木材强度设计值和弹性模量的调整系数

设计使用年限	调整系数	
	强度设计值	弹性模量
5 年	1.10	1.01
25 年	1.05	1.05
50 年	1.00	1.00
100 年及以上	0.90	0.90

3）群体作用因素的调整

假定某连接的螺栓按 m 行布置,每行有 n 个螺栓,实际连接接头的总承载力并不等于 mn 个螺栓的连接承载力之和。群体作用因素指的便是此类连接中每行 n 个螺栓能够均匀地传递荷载。试验表明,如果连接件的抗滑移刚度较大,外荷载不能均匀地分配到各个连接件上,此时该行的螺栓连接总承载力不能简单地按照各个螺栓的连接承载力之和计算,而需要引入群栓组合系数 k_g 进行修正。

《木标》有如下规定。

附录 K　构件中紧固件数量的确定与常用紧固件群栓组合系数
K.2　常用紧固件群栓组合系数

K.2.1　当销类连接件**直径小于 25 mm**，并且螺栓、销、六角头木螺钉**排成一行**时，各单根紧固件的承载力设计值应乘以紧固件群栓组合系数 k_g。

K.2.2　当销类连接件符合下列条件时，群栓组合系数 k_g **可取 1.0**：

 1　直径 D 小于 6.5 mm 时；

 2　仅有一个紧固件时；

 3　两个或两个以上的紧固件沿顺纹方向仅排成一行时；

 4　两行或两行以上的紧固件，每行紧固件分别采用单独的连接板连接时。

K.2.3　在构件连接中，**当侧面构件为木材时**，常用紧固件的群栓组合系数 k_g 应符合表 K.2.3 的规定。

表 K.2.3　螺栓、销和木螺钉的群栓组合系数 k_g（侧构件为木材）

A_s/A_m	A_s(mm²)	每排中紧固件的数量										
		2	3	4	5	6	7	8	9	10	11	12
0.5	3 225	0.98	0.92	0.84	0.75	0.68	0.61	0.55	0.50	0.45	0.41	0.38
	7 740	0.99	0.96	0.92	0.87	0.81	0.76	0.70	0.65	0.61	0.47	0.53
	12 900	0.99	0.98	0.95	0.91	0.87	0.83	0.78	0.74	0.70	0.66	0.62
	18 060	1.00	0.98	0.96	0.93	0.90	0.87	0.83	0.79	0.76	0.72	0.69
	25 800	1.00	0.99	0.97	0.95	0.93	0.90	0.87	0.84	0.81	0.78	0.75
	41 280	1.00	0.99	0.98	0.97	0.95	0.93	0.91	0.89	0.87	0.84	0.82
1	3 225	1.00	0.97	0.91	0.85	0.78	0.71	0.64	0.59	0.54	0.49	0.45
	7 740	1.00	0.99	0.96	0.93	0.88	0.84	0.79	0.74	0.70	0.65	0.61
	12 900	1.00	0.99	0.98	0.95	0.92	0.89	0.86	0.82	0.78	0.75	0.71
	18 060	1.00	0.99	0.98	0.97	0.94	0.92	0.89	0.86	0.83	0.80	0.77
	25 800	1.00	1.00	0.99	0.98	0.96	0.94	0.92	0.90	0.87	0.85	0.82
	41 280	1.00	1.00	0.99	0.98	0.97	0.96	0.95	0.93	0.91	0.90	0.88

注：当侧构件截面毛面积与主构件截面毛面积之比 $A_s/A_m>1.0$ 时，应采用 A_m/A_s 和 A_m 值查表。

K.2.4　在构件连接中，当侧面构件为钢材时，常用紧固件的群栓组合系数 k_g 应符合表 K.2.4 的规定。

表 K.2.4　螺栓、销和木螺丝的群栓组合系数 k_g（侧构件为钢材）

A_s/A_m	A_s(mm²)	每排中紧固件的数量										
		2	3	4	5	6	7	8	9	10	11	12
12	3 225	0.97	0.89	0.80	0.70	0.62	0.55	0.49	0.44	0.40	0.37	0.34
	7 740	0.98	0.93	0.85	0.77	0.70	0.63	0.57	0.52	0.47	0.43	0.40
	12 900	0.99	0.96	0.92	0.86	0.80	0.75	0.69	0.64	0.60	0.55	0.52
	18 060	0.99	0.97	0.94	0.90	0.85	0.81	0.76	0.71	0.67	0.63	0.59
	25 800	1.00	0.98	0.96	0.94	0.90	0.87	0.83	0.79	0.76	0.72	0.69
	41 280	1.00	0.99	0.98	0.96	0.94	0.91	0.88	0.86	0.83	0.80	0.77
	77 400	1.00	0.99	0.98	0.98	0.96	0.95	0.93	0.91	0.90	0.87	0.85
	129 000	1.00	1.00	0.99	0.99	0.98	0.97	0.96	0.95	0.93	0.92	0.90

续表

A_s/A_m	$A_s(mm^2)$	每排中紧固件的数量										
		2	3	4	5	6	7	8	9	10	11	12
18	3 225	0.99	0.93	0.85	0.76	0.68	0.61	0.54	0.49	0.44	0.41	0.37
	7 740	0.99	0.95	0.90	0.83	0.75	0.69	0.62	0.57	0.52	0.48	0.44
	12 900	1.00	0.98	0.94	0.90	0.85	0.79	0.74	0.69	0.65	0.60	0.56
	18 060	1.00	0.98	0.96	0.93	0.89	0.85	0.80	0.76	0.72	0.68	0.64
	25 800	1.00	0.99	0.97	0.95	0.93	0.90	0.87	0.83	0.80	0.77	0.73
	41 280	1.00	0.99	0.98	0.97	0.95	0.93	0.91	0.89	0.86	0.83	0.81
	77 400	1.00	1.00	0.99	0.98	0.97	0.96	0.95	0.93	0.92	0.90	0.88
	129 000	1.00	1.00	0.99	0.99	0.98	0.98	0.97	0.96	0.95	0.94	0.92
24	25 800	1.00	0.99	0.97	0.95	0.93	0.89	0.86	0.83	0.79	0.76	0.72
	41 280	1.00	0.99	0.98	0.97	0.95	0.93	0.91	0.88	0.85	0.83	0.80
	77 400	1.00	1.00	0.99	0.98	0.97	0.96	0.95	0.93	0.91	0.90	0.88
	129 000	1.00	1.00	0.99	0.99	0.98	0.98	0.97	0.96	0.95	0.93	0.92
30	25 800	1.00	0.98	0.96	0.93	0.89	0.85	0.81	0.77	0.73	0.69	0.65
	41 280	1.00	0.99	0.97	0.95	0.93	0.90	0.87	0.80	0.80	0.77	0.73
	77 400	1.00	0.99	0.99	0.97	0.96	0.94	0.92	0.90	0.88	0.85	0.83
	129 000	1.00	1.00	0.99	0.98	0.97	0.96	0.95	0.94	0.92	0.90	0.89
35	25 800	0.99	0.97	0.94	0.91	0.86	0.82	0.77	0.73	0.68	0.64	0.60
	41 280	1.00	0.98	0.96	0.94	0.91	0.87	0.84	0.80	0.76	0.73	0.69
	77 400	1.00	0.99	0.98	0.97	0.95	0.92	0.90	0.88	0.85	0.82	0.79
	129 000	1.00	0.99	0.99	0.98	0.97	0.95	0.94	0.92	0.90	0.88	0.86
42	25 800	0.99	0.97	0.93	0.88	0.83	0.78	0.73	0.68	0.63	0.59	0.55
	41 280	0.99	0.98	0.95	0.92	0.88	0.84	0.80	0.76	0.72	0.68	0.64
	77 400	1.00	0.99	0.97	0.95	0.93	0.90	0.88	0.85	0.81	0.78	0.75
	129 000	1.00	0.99	0.98	0.97	0.96	0.94	0.92	0.90	0.88	0.85	0.83
50	25 800	0.99	0.96	0.91	0.85	0.79	0.74	0.68	0.63	0.58	0.54	0.51
	41 280	0.99	0.97	0.94	0.90	0.85	0.81	0.76	0.72	0.67	0.63	0.59
	77 400	1.00	0.98	0.97	0.94	0.91	0.88	0.85	0.81	0.78	0.74	0.71
	129 000	1.00	0.99	0.98	0.96	0.95	0.92	0.90	0.87	0.85	0.82	0.79

K.1　构件中紧固件数量的确定

K.1.1　当两个或两个以上承受单剪或多剪的销轴类紧固件沿荷载方向直线布置时,紧固件可视作一行。

K.1.2　当相邻两行上的紧固件交错布置时,每一行中紧固件的数量按下列规定确定:

　　1　紧固件交错布置的行距 a 小于相邻行中沿长度方向上两交错紧固件间最小间距 b 的 1/4 时,即 $b>4a$ 时,相邻行按一行计算紧固件数量(图 K.1.2(a)、(b)、(e));

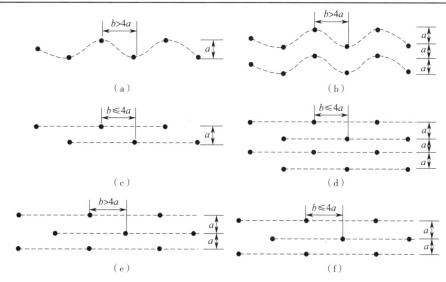

图 K.1.2　交错布置紧固件在每行中数量确定示意
（a）1 行 6 个　（b）2 行，每行 6 个　（c）2 行，每行 3 个　（d）4 行，每行 3 个
（e）按 1 行 6 个、1 行 3 个或 3 行 3 个计算，取最小值　（f）3 行，每行 3 个

2　当 $b \leqslant 4a$ 时，相邻行分为两行计算紧固件数量（图 K.1.2（c）、（d）、（f））；

3　当紧固件的行数为偶数时，本条第 1 款规定适用于任何一行紧固件的数量计算（图 K.1.2（b）、（d））；当行数为奇数时，分别对各行的 k_g 进行确定（图 K.1.2（e）、（f））。

K.1.3　计算主构件截面面积 A_m 和侧构件截面面积 A_s 时，应采用毛截面的面积。当荷载沿横纹方向作用在构件上时，其等效截面面积等于构件的厚度与紧固件群外包宽度的乘积。紧固件群外包宽度应取两边缘紧固件之间中心线的距离（图 K.1.3）。当仅有一行紧固件时，该行紧固件的宽度等于顺纹方向紧固件间距要求的最小值。

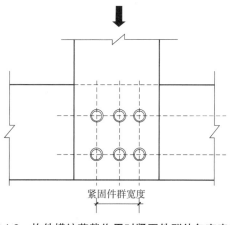

紧固件群宽度

图 K.1.3　构件横纹荷载作用时紧固件群外包宽度示意

对于销连接中，每个剪面的连接承载力设计值 Z_d 的计算，《木标》有如下规定。

6.2.5　对于采用单剪或对称双剪连接的销轴类紧固件，<u>每个剪面</u>的承载力设计值 Z_d 应按下式进行计算：

$$Z_d = C_m C_n C_t k_g Z \tag{6.2.5}$$

式中　C_m——含水率调整系数，应按表 6.2.5 中规定采用；

　　　　C_n——设计使用年限调整系数，应按本标准表 4.3.9-2 的规定采用；

　　　　C_t——温度调整系数，应按表 6.2.5 中规定采用；

k_g——群栓组合系数,应按本标准附录 K 的规定确定;

Z——承载力参考设计值,应按本标准第 6.2.6 条的规定确定。

6.2.9 当销轴类紧固件的贯入深度小于 10 倍销轴直径时,承压面的长度不应包括销轴尖端部分的长度。

6.2.10 互相不对称的三个构件连接时,剪面承载力设计值 Z_d 应按两个侧构件中销槽承压长度最小的侧构件作为计算标准,按对称连接计算得到的最小剪面承载力设计值作为连接的剪面承载力设计值。

6.2.11 当四个或四个以上构件连接时,每一剪面应按单剪连接计算。连接的承载力设计值应取最小的剪面承载力设计值乘以剪面个数和销的个数。

当连接节点中含有多个销连接时,总的连接承载力设计值 Z_{dt} 应按下式计算:

$$Z_{dt} = mZ \sum_{k=1}^{j} n_j \prod C_{ji} \tag{13.41}$$

式中 C_{ji}——第 j 行连接的第 i 个调整系数;

　　$\prod C_{ji}$——第 j 行连接各种调整系数的连乘;

　　n_j——节点连接中第 j 行的紧固件数量;

　　m——每个紧固件的剪面数量。

13.6.4 齿板连接

如图 13.15 所示,齿板是由厚度为 1~2 mm 的薄钢板冲齿而成,使用时将其成对的压入构件对接缝处的构件两侧面。齿板连接属于销连接,其连接承载力不大,且受压承载力极低,故不能将齿板用于传递压力。

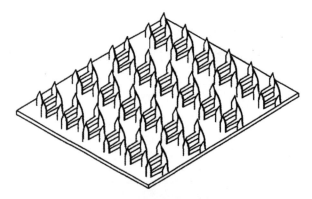

图 13.15　常用齿板示意

由于齿板较薄,生锈会降低其承载力以及耐久性。为防止生锈,齿板应由镀锌钢板制成,且对镀锌层质量应有所规定。但考虑到规范规定的镀锌要求在腐蚀与潮湿环境仍然是不够的,故要求不能将齿板用于腐蚀以及潮湿环境。

6.3.1 齿板连接适用于轻型木结构建筑中规格材桁架的节点连接及受拉杆件的接长。齿板**不应**用于传递压力。下列条件,**不宜**采用齿板连接:

　1　处于腐蚀环境;

　2　在潮湿的使用环境或易产生冷凝水的部位,使用经阻燃剂处理过的规格材。

齿板存在三种基本破坏模式:其一为板齿屈服并从木材中拔出,对应的强度指标为板齿强度或锚固强度;其二为齿板净截面受拉破坏,对应齿板的抗拉强度;其三为齿板剪切破坏,对应齿板的抗剪强度。因此,在设计齿板时,应对板齿锚固承载力、齿板受拉承载力与受剪承载力进行验算。另外,在木桁架节点中,齿板常处于剪-拉复合受力状态,故应对剪-拉复合承载力进行验算。

若板齿滑移过大,将导致木桁架产生影响其正常使用的变形,故还应对板齿的抗滑移承载力进行验算。

6.3.3　齿板连接应按下列规定进行验算：

　　1　应按承载能力极限状态荷载效应的**基本组合**,验算齿板连接的板齿承载力、齿板受拉承载力、齿板受剪承载力和剪-拉复合承载力;

　　2　应按正常使用极限状态**标准组合**,验算板齿的抗滑移承载力。

需要指出的是,上述四种强度控制指标均应由试验确定,而我国当前缺乏齿板连接的研究与工程积累,因此《木标》中关于齿板连接承载力计算的规定,主要是参考加拿大木结构设计规范提出的。由于齿板必须在构件的两侧设置,因此在以下的承载力计算中,均指两侧承载力之和。

1. 连接的板齿锚固承载力 N_r

《木标》有如下规定。

6.3.5　齿板的板齿承载力设计值 N_r 应按下列公式计算:

$$N_r = n_r k_h A \qquad (6.3.5\text{-}1)$$
$$k_h = 0.85 - 0.05(12\tan\alpha - 2.0) \qquad (6.3.5\text{-}2)$$

式中　N_r——板齿承载力设计值(N);

　　　n_r——板齿强度设计值(N/mm^2),按本标准附录 M 的规定取值;

　　　A——齿板表面净面积(mm^2),指用齿板覆盖的构件面积减去相应端距 a 及边距 e 内的面积(图6.3.5),**端距 a 应平行于木纹量测,并不大于 12 mm 或 1/2 齿长的较大者,边距 e 应垂直于木纹量测,并取 6 mm 或 1/4 齿长的较大者**;

　　　k_h——桁架端节点弯矩影响系数,应符合 $\underline{0.65 \leqslant k_h \leqslant 0.85}$ 的规定;

　　　α——桁架端节点处上、下弦间的夹角(°)。

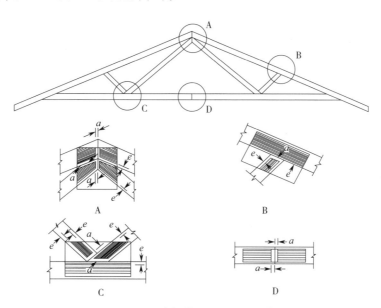

图 6.3.5　齿板的端距和边距示意

6.3.13　**受压弦杆**对接时,应符合下列规定:

　　1　对接各杆件的齿板板齿承载力设计值不应小于该杆轴向压力设计值的 65%;

　　2　对竖切受压节点(图 6.3.13),对接各杆的齿板板齿承载力设计值不应小于垂直于受压弦杆对接面的荷载分量设计值的 65% 与平行于受压弦杆对接面的荷载分量设计值的矢量和。

6.3.13 条文说明

在设计用于连接受压杆件的齿板时,齿板本身不传递压力,但连接受压对接节点的齿板刚度会影响节点处压力的分配。一般在设计时假定齿板的承载力为压力的 65%,并按此进行板齿的验算。

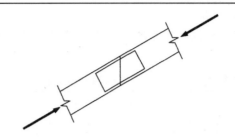

图 6.3.13　弦杆对接时竖切受压节点示意

2. 连接的板齿受拉承载力 T_r

《木标》有如下规定。

6.3.6　齿板受拉承载力设计值应按下式计算：

$$T_r = k t_r b_t \qquad (6.3.6)$$

式中　T_r——齿板受拉承载力设计值（N）；

b_t——垂直于拉力方向的齿板截面计算宽度（mm），应按本标准第 6.3.7 条的规定取值；

t_r——齿板抗拉强度设计值（N/mm），按本标准附录 M 的规定取值；

k——受拉弦杆对接时齿板抗拉强度调整系数，应按本标准第 6.3.7 条的规定取值。

6.3.7　受拉弦杆对接时，齿板计算宽度 b_t 和抗拉强度调整系数 k 应按下列规定取值。

1　当齿板宽度小于或等于弦杆截面高度 h 时，齿板的计算宽度 b_t 可取齿板宽度，齿板抗拉强度调整系数应取 $k=1.0$。

2　当齿板宽度大于弦杆截面高度 h 时，齿板的计算宽度 b_t 可取 $b_t = h+x$，x 取值应符合下列规定：

1）对接处无填块时，x 取齿板凸出弦杆部分的宽度，但不应大于 13 mm；

2）对接处有填块时，x 应取齿板凸出弦杆部分的宽度，但不应大于 89 mm。

3　当齿板宽度大于弦杆截面高度 h 时，抗拉强度调整系数 k 应按下列规定取值：

1）对接处齿板凸出弦杆部分无填块时，应取 $k=1.0$；

2）对接处齿板凸出弦杆部分有填块且齿板凸出部分的宽度小于或等于 25 mm 时，应取 $k=1.0$；

3）对接处齿板凸出弦杆部分有填块且齿板凸出部分的宽度大于 25 mm 时，k 应按下式计算：

$$k = k_1 + \beta k_2 \qquad (6.3.7)$$

式中　$\beta = x/h$；

k_1、k_2——计算系数，应按表 6.3.7 的规定取值。

4　对接处采用的填块截面宽度应与弦杆相同。在桁架节点处进行弦杆对接时，该节点处的腹杆可视为填块。

表 6.3.7　计算系数 k_1、k_2

弦杆截面高度 h（mm）	k_1	k_2
65	0.96	−0.228
90~185	0.962	−0.228
285	0.97	−0.079

注：当 h 值在表中数值之间时，可采用插入法求出 k_1、k_2 值。

3. 连接的板齿抗剪承载力 V_r

《木标》有如下规定。

6.3.8　齿板受剪承载力设计值应按下式计算：

$$V_r = v_r b_v \qquad (6.3.8)$$

式中　V_r——齿板受剪承载力设计值(N);

　　　b_v——平行于剪力方向的齿板受剪截面宽度(mm);

　　　v_r——齿板抗剪强度设计值(N/mm),应按本标准附录 M 的规定取值。

4. 连接的板齿抗滑移承载力 N_s

《木标》有如下规定。

6.3.10　板齿抗滑移承载力应按下式计算:

$$N_s = n_s A \tag{6.3.10}$$

式中　N_s——板齿抗滑移承载力(N);

　　　n_s——板齿抗滑移强度设计值(N/mm²),应按本标准附录 M 的规定取值;

　　　A——齿板表面净截面面积(mm²)。

5. 拉-剪复合作用下的齿板连接承载力 C_r

《木标》有如下规定。

6.3.9　当齿板承受剪-拉复合力时(图 6.3.9),齿板剪-拉复合承载力设计值应按下列公式计算:

$$C_r = C_{r1} l_1 + C_{r2} l_2 \tag{6.3.9-1}$$

$$C_{r1} = V_{r1} + \frac{\theta}{90}(T_{r1} - V_{r1}) \tag{6.3.9-2}$$

$$C_{r2} = T_{r2} + \frac{\theta}{90}(V_{r2} - T_{r2}) \tag{6.3.9-3}$$

式中　C_r——齿板剪-拉复合承载力设计值(N);

　　　C_{r1}——沿 l_1 方向齿板剪-拉复合强度设计值(N/mm);

　　　C_{r2}——沿 l_2 方向齿板剪-拉复合强度设计值(N/mm);

　　　l_1——所考虑的杆件沿 l_1 方向的被齿板覆盖的长度(mm);

　　　l_2——所考虑的杆件沿 l_2 方向的被齿板覆盖的长度(mm);

　　　V_{r1}——沿 l_1 方向齿板抗剪强度设计值(N/mm);

　　　V_{r2}——沿 l_2 方向齿板抗剪强度设计值(N/mm);

　　　T_{r1}——沿 l_1 方向齿板抗拉强度设计值(N/mm);

　　　T_{r2}——沿 l_2 方向齿板抗拉强度设计值(N/mm);

　　　θ——杆件轴线间夹角(°)。

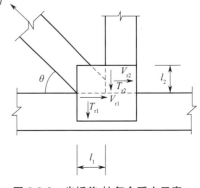

图 6.3.9　齿板剪-拉复合受力示意

6. 连接齿板的受弯承载力 M_r

国内外有关的拉弯节点试验表明,所有的节点破坏都发生在齿板净截面处,因此金属齿板的受弯承载力也需要进行验算。参照北美相关设计规范,《木标》有如下规定。

6.3.11　弦杆对接处,当需考虑齿板的受弯承载力时,齿板受弯承载力设计值 M_r 应按下列公式计算:

$$M_r = 0.27 t_r (0.5 w_b + y)^2 + 0.18 b f_c (0.5 h - y)^2 - T_f y \tag{6.3.11-1}$$

$$y = \frac{0.25 b h f_c + 1.85 T_f - 0.5 w_b t_r}{t_r + 0.5 b f_c} \tag{6.3.11-2}$$

$$w_b = k b_t \tag{6.3.11-3}$$

对接节点处的弯矩 M_f 和拉力 T_f 应满足下列公式的规定:

$$M_r \geq M_f \tag{6.3.11-4}$$

$$t_r w_b \geq T_f \tag{6.3.11-5}$$

式中　M_r——齿板受弯承载力设计值(N·mm);

　　　t_r——齿板抗拉强度设计值(N/mm);

w_b——齿板截面计算的有效宽度(mm);

b_t——齿板计算宽度(mm),应按本标准第6.3.7条的规定确定;

k——齿板抗拉强度调整系数,应按本标准第6.3.7条的规定确定;

y——弦杆中心线与木-钢组合中心轴线的距离(mm),可为正数或负数;**当 y 在齿板之外时,弯矩公式(6.3.11-1)失效,不能采用**;

b、h——弦杆截面宽度、高度(mm);

T_f——对接节点处的拉力设计值(N),对接节点处受压时取0;

M_f——对接节点处的弯矩设计值(N·mm);

f_c——规格材顺纹抗压强度设计值(N/mm²)。

7. 连接构件的截面强度验算

在节点处,应采用构件的净截面验算构件的抗拉和抗压强度。构件抗拉或抗压计算时的 h_n 是指抗拉或抗压构件在节点中实际受力处的有效高度。当抗拉或抗压构件中的轴力除以有效截面面积后得到的应力超过木材抗拉或抗压承载能力时,在削弱的净截面处有可能发生抗拉或抗压破坏。《木标》有如下规定。

6.3.4   在节点处,应按轴心受压或轴心受拉构件进行构件净截面强度验算,构件净截面高度 h_n 应按下列规定取值:

1   在**支座端节点**处,下弦杆件的净截面高度 h_n 应为杆件截面底边到齿板上边缘的尺寸,上弦杆件的 h_n 应为齿板在杆件截面高度方向的垂直距离(图6.3.4(a));

2   在**腹杆节点和屋脊节点**处,杆件的净截面高度 h_n 应为齿板在杆件截面高度方向的垂直距离(图6.3.4(b)(c))。

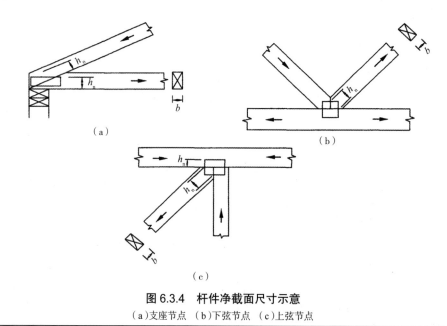

图6.3.4   杆件净截面尺寸示意

(a)支座节点   (b)下弦节点   (c)上弦节点

8. 齿板连接的构造要求

《木标》有如下规定。

6.3.12   齿板连接的构造应符合下列规定:

1   齿板应成对的对称设置于构件连接节点的两侧;

2   采用齿板连接的构件厚度不应小于齿嵌入构件深度的2倍;

3   在与桁架弦杆平行及垂直方向,齿板与弦杆的最小连接尺寸,在腹杆轴线方向齿板与腹杆的最小连接尺寸均应符合表6.3.12的规定;

4　弦杆对接所用齿板宽度不应小于弦杆相应宽度的 65%。

表 6.3.12　齿板与桁架弦杆、腹杆最小连接尺寸（mm）

规格材截面尺寸（mm×mm）	桁架跨度 L（m）		
	L≤12	12<L≤18	18<L≤24
40×65	40	45	—
40×90	40	45	50
40×115	40	45	50
40×140	40	50	60
40×185	50	60	65
40×235	65	70	75
40×285	75	75	85

《钢结构设计标准》（GB 50017—2017）

第 14 章　钢结构设计

钢结构是土木工程中主要的结构类别之一,与其他建造材料相比,它具有如下优点。

(1)强度高,质量轻。相比于混凝土、砌体、木材,钢材密度与强度的比值要小很多,因此在相同的受力条件下,钢结构构件相比于上述其他材料构件的截面面积小,质量轻。

(2)材质均匀,可靠性高。钢材的材质均匀性好,并且具有良好的韧性和塑性,比较符合理想的各向同性弹塑性材料,目前采用的计算理论能够较好地反映钢结构的实际工作性能,可靠性高。

(3)工业化程度高,工期短。钢结构构件均为工厂制作,可以批量生产并实现较高的精度要求;另外,工厂制作、加工可以有效地缩短工期,降低工程造价。

(4)耐热性好。当温度在 150 ℃以下时,钢材性质变化很小,因而钢结构适用于热车间,但结构表面受到 150 ℃左右的热辐射时,要采用隔热板加以保护。当温度在 300~400 ℃时,钢材强度和弹性模量均显著下降;当温度在 600 ℃左右时,钢材的强度趋于零。

(5)抗震性能好。由于自重轻、结构体系相对较柔,钢结构受到的地震作用相对较小,加之钢材具有较高的强度及较好的塑性和韧性,钢结构已被公认为抗震设防区域特别是强震区最适合采用的结构。

(6)低碳、节能、绿色环保,可重复利用。钢结构建筑拆除几乎不会产生建筑垃圾,钢材可以回收再利用。

但钢结构相对于其他材料的结构形式,也具有以下缺点。

(1)耐腐蚀性差,特别是在潮湿和有腐蚀性介质的环境中容易锈蚀。一般钢结构要除锈、镀锌或涂料,且要定期维护。对处于海水中的海洋平台结构,需采用"锌块阳极保护"等特殊措施予以防腐蚀。

(2)不耐火。钢结构耐火性较差,未加防护的钢结构在火灾中只能维持 20 min 左右。因此,当结构有防火要求时,应采取一定的防火措施,例如在钢结构外表面包裹防火材料或在构件表面喷涂防火涂料。

14.1　钢结构材料

14.1.1　单向均匀受拉性能

图 14.1 所示为在常温条件下由静力拉伸试验所得的低碳钢的荷载-变形曲线,其中横坐标为试件的伸长量 Δl,纵坐标为拉伸荷载 N。可以看出,钢材在单向均匀受拉时的受力性能可以主要分为以下几个工作阶段。

1. 弹性阶段(曲线 OE 段)

此阶段的钢材处于弹性受力阶段,变形随荷载的增加而增加,当轴向力完全卸载后,构件的轴向变形也会恢复到零点。如图 14.1 所示,其中 OA 是一条直线,即荷载与构件的伸长变形呈正比, A 点对应的荷载为比例极限荷载 N_p,相应的应力为比例极限 σ_p; E 点对应的荷载为弹性极限荷载 N_e,相应的应力为弹性极限 σ_e。

对于 Q235 钢,比例极限 $\sigma_p \approx 200$ N/mm²,相应的应变 $\varepsilon_p \approx 0.1\%$,弹性模量 $E = 2.06 \times 10^5$ N/mm²。

2. 屈服阶段(曲线 ECF 段)

当荷载超过 N_e 或应力超过弹性极限 σ_e 后,荷载与变形的增长不再成正比,构件的变形增加变快,曲线呈齿形波动,甚至出现荷载不增加而变形仍持续发展的现象,这个阶段称为屈服阶段。此阶段的试件除有弹性变形外,还出现了塑性变形,如图 14.1 所示。其中,卸载后能消失的变形称为弹性变形,不能消失的部分则称为塑性变形,亦即残余变形。

取波动曲线部分的最低值为屈服荷载 N_y,相应的应力称为屈服点或流限,用符号 f_y 表示。整个屈服阶段对应的应变幅度(从 E 点到 F 点)称为流幅,流幅越大,说明钢材的塑性越好。屈服点 f_y 和流幅是钢材很重要的两个力学指标,前者用来表征钢材的强度,后者则用来表征钢材的塑性变形能力。

对于 Q235 钢,屈服点 $f_y \approx 235$ N/mm²,相应的应变 $\varepsilon_y \approx 0.15\%$,流幅 $\varepsilon \approx 0.15\% \sim 2.5\%$。

3. 强化阶段(曲线 FB 段)

在屈服阶段,轴向应力的增加使得晶粒沿晶界开始产生滑移。屈服阶段过后,钢材内部的晶粒重新排列并能够抵抗更大的荷载,这个阶段称为强化阶段。该阶段钢材的塑性特性非常明显,对应 B 点的荷载 N_u 为试件能够承受的最大荷载,称为极限荷载;相应的应力为钢材的抗拉强度或极限强度,用 f_u 表示。

对于 Q235 钢,抗拉强度 $f_u \approx 370 \sim 460$ N/mm²。

4. 颈缩阶段(曲线 BD 段)

当荷载超过 N_u 或应力超过极限强度 f_u 后,试件将在某一质量较差的截面处出现横向收缩,截面面积开始显著缩小,塑性变形迅速增大,这种现象称为颈缩现象。此时,荷载不断降低,变形却持续发展,直至 D 点试件断裂。D 点对应的塑性变形是反映钢材塑性性能的重要标志。

通过钢材的单向拉伸试验,还可以得出以下几点极为重要的工作特性。

(1)由于钢材的比例极限、弹性极限及屈服点非常接近,并且屈服点之前钢材的应变又很小,故可认为钢材的弹性工作阶段以屈服点为上限。设计时可取屈服点 f_y 作为钢材可以达到的最大应力,当应力超过屈服点后,构件将产生很大的、正常使用阶段不允许的变形。

(2)钢材在屈服点之前的工作性质非常接近理想的弹性体,屈服点之后的流幅现象又很接近理想的塑性体。并且,钢材的流幅范围很大(Q235 钢,$\varepsilon \approx 0.15\% \sim 2.5\%$),设计中已经足够用来考虑钢结构或构件塑性变形的发展。因此,可以认为钢材是理想的弹-塑性材料,如图 14.2 所示,这样的假定也为进一步发展钢结构的计算理论提供了基础。

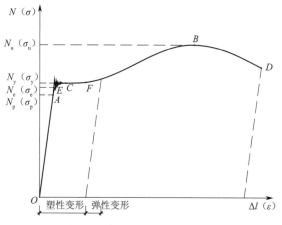

图 14.1 钢材的 $N-\Delta l(\sigma-\varepsilon)$ 曲线

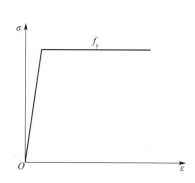

图 14.2 理想弹塑性体的 $\sigma-\varepsilon$ 曲线

(3)钢材在达到极限强度 f_u 亦即破坏前的塑性变形很大,约为弹性变形的 200 倍,说明钢材在破坏前将出现很大的变形,容易被及时发现、补救,不致引发严重的后果。

(4)抗拉强度 f_u 是钢材能够承受的最大应力,钢材的屈强比 f_y/f_u 可以看作衡量钢材强度储备的一个系数,屈强比越低,钢材的安全储备越大。

上述提及的钢材的塑性,指的是当应力超过屈服点后,能产生显著的残余变形(塑性变形)而不立即断裂的性质,衡量钢材塑性好坏的主要指标是伸长率 δ。

《钢结构设计标准》(GB 50017—2017)(以下简称《钢标》)有如下规定。

4.3.2 条文说明(部分)

    1 抗拉强度。钢材的抗拉强度是衡量钢材抵抗拉断的性能指标,它不仅是一般强度的指标,而且直接反映钢材内部组织的优劣,并与疲劳强度有着比较密切的关系。

2 **断后伸长率**。钢材的伸长率是衡量钢材塑性性能的指标。钢材的塑性是在外力作用下产生永久变形时抵抗断裂的能力。因此，承重结构用的钢材，不论在静力荷载或动力荷载作用下，还是在加工制作过程中，除应具有较高的强度外，尚应要求具有足够的伸长率。

3 **屈服强度（或屈服点）**。钢材的屈服强度（或屈服点）是衡量结构的承载能力和确定强度设计值的重要指标。碳素结构钢和低合金结构钢在受力到达屈服强度以后，应变急剧增长，从而使结构的变形迅速增加以致不能继续使用。所以，钢结构的强度设计值一般都是以钢材屈服强度为依据而确定的。对于一般非承重或由构造决定的构件，只要保证钢材的抗拉强度和断后伸长率即能满足要求；对于承重的结构则必须具有钢材的抗拉强度、伸长率、屈服强度三项合格的保证。

14.1.2　复杂应力下的性能

钢材在前述单向均匀应力作用下，当应力达到屈服强度 f_y 时，钢材便进入塑性状态。但在复杂应力状态下，不能按某一项应力是否达到屈服点 f_y 来判定钢材是否进入塑性状态。对于钢材，应采用第四强度理论（也称为畸变能理论或 von Mises 理论），即认为形状改变比能是引起材料屈服破坏的主要原因，也即认为不论材料处于什么样的应力状态下，只要构件内一点处的形状改变比能达到某一定值，该点处的材料就发生塑性屈服。

如图 14.3（a）所示，根据该能量理论的推导，三向应力状态下钢材由弹性状态转变为塑性状态可以采用折算应力 σ_{zs}（Mises 应力）来判定，其数学表达式为

$$\sigma_{zs} = \sqrt{\sigma_x^2 + \sigma_y^2 + \sigma_z^2 - (\sigma_x\sigma_y + \sigma_y\sigma_z + \sigma_z\sigma_x) + 3(\tau_{xy}^2 + \tau_{yz}^2 + \tau_{zx}^2)} \tag{14.1}$$

若折算应力 $\sigma_{zs} < f_y$，则钢材处于弹性工作阶段；若 $\sigma_{zs} \geqslant f_y$，则钢材处于塑性工作阶段。

对于平面应力状态（图 14.3（b）），取式（14.1）中的 $\sigma_z = 0, \tau_{yz} = \tau_{zx} = 0$，其折算应力的计算公式可简化为

$$\sigma_{zs} = \sqrt{\sigma_x^2 + \sigma_y^2 - \sigma_x\sigma_y + 3\tau_{xy}^2} \tag{14.2}$$

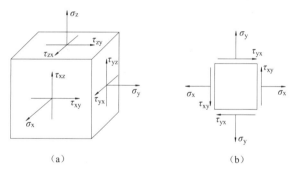

（a）　　　　　　　　　　　（b）

图 14.3　复杂应力状态
（a）三维应力状态　（b）平面应力状态

对于一般的梁，$\sigma_y = 0, \sigma_x = \sigma, \tau_{xy} = \tau$，则有

$$\sigma_{zs} = \sqrt{\sigma^2 + 3\tau^2} \tag{14.3}$$

当梁纯剪时，$\sigma_x = 0$，则有

$$\sigma_{zs} = \sqrt{3}\tau \tag{14.4}$$

当 $\sigma_{zs} = \sqrt{3}\tau < f_y$，即 $\tau < \dfrac{1}{\sqrt{3}}f_y$ 时，钢材处于弹性状态；当 $\tau \geqslant \dfrac{1}{\sqrt{3}}f_y$ 时，钢材将进入塑性状态。因此，钢材的抗剪屈服点可取为抗拉屈服点 f_y 的 58%。《钢标》有如下规定。

4.4.1 条文说明（部分）

表7　强度设计值的换算关系

材料和连接种类	应力种类		换算关系
钢材	抗拉、抗压和抗弯	Q235 钢	$f = f_y / \gamma_R = f_y / 1.090$
		Q345 钢、Q390 钢	$f = f_y / \gamma_R = f_y / 1.125$
		Q420 钢、Q460 钢	$f = f_y / \gamma_R$
	抗剪		$f_v = f / \sqrt{3}$

14.1.3　抗冲击性能和冷弯性能

　　钢材的强度和塑性指标是由静力拉伸试验获取的,将其应用于承受动力荷载的结构,显然具有很大的局限性。在冲击荷载作用下,衡量钢材抵抗变形和断裂能力的指标是钢材的冲击韧性,冲击韧性是钢材在塑性变形和断裂过程中吸收能量的能力,是钢材强度与塑性的综合表现。《钢标》有如下规定。

4.3.2 条文说明（部分）

　　7　冲击韧性(或冲击吸收能量)表示材料在冲击荷载作用下抵抗变形和断裂的能力。材料的冲击韧性值随温度的降低而减小,且在某一温度范围内发生急剧降低,这种现象称为冷脆,此温度范围称为"韧脆转变温度"。因此,**对直接承受动力荷载或需验算疲劳的构件或处于低温工作环境的钢材尚应具有冲击韧性合格保证**。

4.3.3、4.3.4 条文说明（部分）

　　规定了选材时对钢材的冲击韧性的要求,原规范中仅对需要验算疲劳的结构钢材提出了冲击韧性的要求,本次修订将范围扩大,针对低温条件和钢板厚度作出更详细的规定。……

　　钢材的冷弯性能是指钢材在常温下加工(即冷加工)产生塑性变形时,对发生裂缝的抵抗能力,钢材的冷弯性能用冷弯试验来检验。《钢标》有如下规定。

4.3.2 条文说明（部分）

　　4　冷弯试验。钢材的冷弯试验是衡量其塑性指标之一,同时也是衡量其质量的一个综合性指标。通过冷弯试验,可以**检查**钢材颗粒组织、结晶情况和非金属夹杂物分布等**缺陷**,在一定程度上也是**鉴定焊接性能**的一个指标。结构在制作、安装过程中要进行冷加工,尤其是焊接结构焊后变形的调直等工序,都需要钢材有较好的冷弯性能。而非焊接的重要结构(如吊车梁、吊车桁架、有振动设备或有大吨位吊车厂房的屋架及托架、大跨度重型桁架等)以及需要弯曲成型的构件等,亦都要求具有冷弯试验合格的保证。

　　可见,冷弯试验是鉴定钢材质量的良好方法,也是静力拉伸试验和冲击试验的补充试验。

14.1.4　钢材的疲劳破坏

　　对于直接承受动力荷载重复作用的钢结构(如工业厂房吊车梁、有悬挂吊车的屋盖结构、桥梁、海洋钻井平台、风力发电机结构、大型旋转游乐设施等),钢材在反复荷载的作用下,应力虽然低于极限强度,甚至低于屈服点 f_y,但仍然有可能发生破坏,这种强度破坏称为疲劳破坏。

　　钢材的疲劳破坏是由于材料内部结构不均匀(微小缺陷)和应力分布不均匀引起的,应力集中使得个别晶粒很快出现塑性变形及硬化,从而大大降低钢材的疲劳强度。疲劳破坏发生前,钢材并没有明显的变形,因此该类破坏属于反复荷载作用下的脆性破坏。

　　对于进行疲劳强度计算的范畴,《钢标》有如下规定。

16.1.1　直接承受动力荷载重复作用的钢结构构件及其连接,当应力变化的循环次数 n 大于或等于 5×10^4 次时,应进行疲劳计算。

> **16.1.1 条文说明(部分)**
>
> ……**当钢结构承受的应力循环次数小于本条要求时,可不进行疲劳计算,且可按照不需要验算疲劳的要求选用钢材**。直接承受动力荷载重复作用并需进行疲劳验算的钢结构,均应符合本标准第 16.3 节规定的相关构造要求。

目前,我国对基于可靠度理论的疲劳极限状态设计方法研究还缺乏基础性研究,对不同类型构件连接的裂纹形成、扩展以致断裂这一全过程的极限状态,包括其严格的定义和影响发展过程的有关因素都还未明确,掌握的疲劳强度数据只是结构抗力表达式中的材料强度部分。《钢标》中有关疲劳强度的计算仍采用荷载标准值按容许应力幅法进行计算。

> **3.1.6**　计算结构或构件的强度、稳定性以及连接的强度时,应采用荷载设计值;计算疲劳强度时,应采用荷载标准值。
>
> **3.1.6 条文说明(部分)**
>
> ……根据现行国家标准《建筑结构可靠性设计统一标准》(GB 50068—2018),结构或构件的变形属于正常使用极限状态,应采用荷载标准值进行计算;而强度、疲劳和稳定属于承载能力极限状态,在设计表达式中均考虑了荷载分项系数,采用荷载设计值(荷载标准值乘以荷载分项系数)进行计算,但其中疲劳的极限状态设计目前还处在研究阶段,所以仍沿用原规范按弹性状态计算的容许应力幅的设计方法,采用荷载标准值进行计算。

钢材的疲劳强度与反复荷载作用引起的应力类别(压应力、拉应力、剪应力、复杂应力等)、应力循环形式、应力循环次数、应力集中程度及残余应力等因素有直接关系。

对于焊接钢结构,多年来国内外大量的试验研究和理论分析证实:

(1)对疲劳强度起控制作用的是应力幅 $\Delta\sigma$,而几乎与最大应力、最小应力及应力比这些参量无关,此处 σ_{max} 和 σ_{min} 分别为名义最大应力和最小应力,在裂纹扩展阶段,裂纹扩展速率主要受控于该处的应力幅值;

(2)钢材静力强度不同,对大多数焊接连接类别的疲劳强度并无显著区别,为简化表达式,可认为所有类别的容许应力幅都与钢材的静力强度无关,即疲劳强度起控制作用的构件采用强度较高的钢材是不经济的;

(3)连接类别是影响疲劳强度的主要因素之一,主要是因为它将引起不同的应力集中(包括连接的外形变化和内在缺陷的影响),设计中应注意尽可能不采用应力集中严重的连接构造。

基于上述研究成果,《钢标》有如下规定。

> **16.1.3**　疲劳计算应采用基于名义应力的容许应力幅法,名义应力应按弹性状态计算,容许应力幅应按构件和连接类别、应力循环次数以及计算部位的板件厚度确定。**对非焊接的构件和连接,其应力循环中不出现拉应力的部位可不计算疲劳强度**。
>
> **16.1.3 条文说明(部分)**
>
> 焊接结构的疲劳强度之所以与应力幅密切相关,本质上是由于焊接部位存在较大的残余拉应力,造成名义上受压应力的部位仍旧会疲劳开裂,只是裂纹扩展的速度比较缓慢,裂纹扩展的长度有限,当裂纹扩展到残余拉应力释放后便会停止。考虑到疲劳破坏通常发生在焊接部位,而钢结构连接节点的重要性和受力的复杂性,一般不容许开裂,因此本次修订规定了仅在非焊接构件和连接的条件下,在应力循环中不出现拉应力的部位可不计算疲劳。

14.1.5　影响钢材性能的因素

诸如化学成分、生产过程(熔炼、浇铸、轧制和热处理技术)、工作环境(温度)和受力状态(重复加载)等因素都会影响到钢材的力学性能,有些因素会对钢材的塑性发展有较明显的影响。下面着重对钢材中分类化学成分的影响进行阐述。

结构用钢主要分为碳素结构钢和低合金结构钢两种,其基本元素为铁(Fe)。碳素结构钢由纯铁、碳(C)

及杂质元素组成,其中纯铁约占 99%。低合金结构钢中,除碳、硅(Si)、锰(Mn)元素外,为了改善钢材的力学性能,还掺入了其他一定数量的合金元素,如钒(V)、铬(Cr)、镍(Ni)、铜(Cu)、钛(Ti)、铌(Nb)等,由于其合金总量不超过 5%,故称为低合金钢。同时,结构用钢中还有硫(S)、磷(P)、氧(O)、氮(N)等有害元素,它们在冶炼中不易除尽,总量不超过 1‰。

1. 碳

碳是普通碳素钢中除铁以外最主要的元素,它直接影响钢材的强度、塑性、韧性和可焊性等。当钢中含碳量在 0.8% 以下时,随着含碳量的增加,钢的强度和硬度提高,塑性和韧性下降,同时钢材的可焊性、耐腐蚀性能、疲劳强度和冷弯性能也明显下降;当含碳量大于 1.0% 时,随着含碳量的增加,钢材的强度反而下降。《钢标》有如下规定。

4.3.2 条文说明(部分)

6 碳当量。在焊接结构中,建筑钢的焊接性能主要取决于碳当量,碳当量宜控制在 0.45% 以下,超出该范围的幅度越多,焊接性能变差的程度越大。《钢结构焊接规范》(GB 50661—2011)根据碳当量的高低等指标确定了焊接难度等级。因此,对焊接承重结构尚应具有碳当量的合格保证。

---

2. 硅

适量的硅作为很强的脱氧剂,可使纯铁体的晶粒变得细小而均匀,使钢材强度大为提高,而对塑性、冲击韧性、冷弯性能及可焊性均无明显不良影响。一般碳素镇静钢的含硅量为 0.12%~0.35%,低合金钢为 0.20%~0.60%;含硅量过大(达 1% 左右),则会降低钢材的塑性、冲击韧性、抗锈性和可焊性。

3. 硫、磷

硫是一种有害元素,其与铁的化合物——硫化铁,散布在纯铁体晶粒间层中,会使钢材的塑性、冲击韧性、疲劳强度和抗锈性等大大降低,其含量应严格控制。

磷也是一种有害元素,磷和纯铁体结成不稳定的固熔体,会有增大纯铁体晶粒的害处。磷的存在可使钢材的强度和抗锈性提高,但将严重降低钢材的塑性、冲击韧性、冷弯性能等,特别是在低温时能使钢材变得很脆(冷脆),不利于钢材冷加工,但磷可提高钢的耐磨性和耐蚀性。因此,磷的含量也应严格控制。

《钢标》有如下规定。

4.3.2 条文说明(部分)

5 硫、磷含量。硫、磷都是建筑钢材中的主要杂质,对钢材的力学性能和焊接接头的裂纹敏感性都有较大影响。硫能生成易于熔化的硫化铁,当热加工或焊接的温度达到 800~1 200 ℃时,可能出现裂纹,称为**热脆**;硫化铁又能形成夹杂物,不仅会促使钢材起层,还会引起应力集中,降低钢材的塑性和冲击韧性。硫又是钢中偏析最严重的杂质之一,偏析程度越大越不利。磷是以固熔体的形式溶解于铁素体中,这种固熔体很脆,加以磷的偏析比硫更严重,形成的富磷区促使钢变脆(冷脆),降低钢的塑性、韧性及可焊性。因此,所有承重结构对硫、磷的含量均应有合格保证。

---

4. 氧、氮

氧和氮也是有害元素,它们能够使钢材变脆。氧的作用与硫类似,会使钢材发生热脆;氮的作用与磷类似,会使钢材发生冷脆。

14.1.6 结构用钢的分类与选用

1. 碳素结构钢

国家标准《碳素结构钢》(GB/T 700—2006)将碳素结构钢分为 Q195、Q215、Q235 和 Q275 四种牌号,其中"Q"是屈服强度中"屈"字汉语拼音的首位字母,后面的阿拉伯数字表示屈服强度的大小,单位为"N/mm²"。阿拉伯数字越大,含碳量越大,强度和硬度越大,塑性越低。由于碳素结构钢冶炼容易、成本低廉,并有良好的各种加工性能,所以使用较广泛。其中,Q235 在使用、加工和焊接方面的性能都比较好,是钢结构常用的钢材品种之一。

碳素结构钢按质量等级可分为 A、B、C、D 四级,由 A 到 D 表示质量由低到高,且不同质量等级的钢材对冲击韧性的要求也不相同。A 级钢对冲击性能没有具体规定,对冷弯试验在有要求时才进行,B、C、D 级钢对冲击性能有一定的要求,并且均需提供冷弯试验合格证书。

碳素结构钢按脱氧方法可分为沸腾钢(F)、镇静钢(Z)、特殊镇静钢(TZ)三种。

(1)沸腾钢炼钢时未能很好地脱氧,沸腾钢的脱氧是仅加弱脱氧剂,如加锰铁可生成氧化锰,同时生成氧化铁,但氧化铁在浇铸钢锭时还会与钢中的碳生成一氧化碳和铁,此时一氧化碳气体逸出钢锭使之成沸腾状,故称沸腾钢。沸腾钢中的孔多,使结构疏松,偏析大,质量较差,可用于不十分重要的钢结构中。

(2)镇静钢是指完全脱氧的钢,即氧的质量分数不超过 0.01%。镇静钢浇铸时钢液镇静不沸腾,钢的收缩率低,但组织致密,偏析小,质量均匀,适用于预应力混凝土等重要结构工程。

(3)特殊镇静钢是比镇静钢脱氧程度更充分彻底的钢。特殊镇静钢的质量最好,适用于特别重要的结构工程。

例如 Q235AF,表示屈服强度为 235 N/mm² 的 A 级沸腾钢。

2. 低合金钢

国家标准《低合金高强度结构钢》(GB/T 1591—2018)将低合金钢分为 Q345、Q390、Q420、Q460、Q500、Q550、Q620、Q690 八种,其中前三种为钢结构中常见的钢材。

Q345、Q390、Q420 按质量等级可分为 A、B、C、D、E 五级;Q460、Q500、Q550、Q620、Q690 可分为 C、D、E 三级,质量由低到高。

与碳素结构钢相比,使用低合金高强度钢可以减轻结构重量,节约钢材。这类钢材具有较高的屈服强度和抗拉强度,也具有良好的塑性和韧性。

3. 钢材的选用

《钢标》有如下规定。

> 4.3.2　承重结构所用的钢材应具有屈服强度、抗拉强度、断后伸长率和硫、磷含量的合格保证,对焊接结构尚应具有碳当量的合格保证。焊接承重结构以及重要的非焊接承重结构采用的钢材应具有冷弯试验的合格保证;对直接承受动力荷载或需验算疲劳的构件所用钢材尚应具有冲击韧性的合格保证。
>
> 4.3.3　钢材质量等级的选用应符合下列规定。
>
> 　1　A 级钢仅可用于结构工作温度高于 0 ℃的不需要验算疲劳的结构,且 Q235A 钢不宜用于焊接结构。
>
> 　2　**需验算疲劳的焊接结构**用钢材应符合下列规定:
>
> 　1)当工作温度高于 0 ℃时其质量等级不应低于 B 级;
>
> 　2)当工作温度不高于 0 ℃但高于-20 ℃时,Q235、Q345 钢不应低于 C 级,Q390、Q420 及 Q460 钢不应低于 D 级;
>
> 　3)当工作温度不高于-20 ℃时,Q235 和 Q345 钢不应低于 D 级,Q390、Q420、Q460 钢应选用 E 级。
>
> 　3　**需验算疲劳的非焊接结构**,其钢材质量等级要求可较上述焊接结构降低一级但不应低于 B 级。吊车起重量不小于 50 t 的中级工作制吊车梁,其质量等级要求应与需要验算疲劳的构件相同。
>
> 4.3.4　**工作温度不高于-20 ℃的受拉构件**及承重构件的受拉板材应符合下列规定:
>
> 　1　所用钢材厚度或直径不宜大于 40 mm,质量等级不宜低于 C 级;
>
> 　2　当钢材厚度或直径不小于 40 mm 时,质量等级不宜低于 D 级;
>
> 　3　重要承重结构的受拉板材宜满足现行国家标准《建筑结构用钢板》(GB/T 19879—2023)的要求。
>
> 4.3.3、4.3.4 条文说明(部分)
>
> 　由于钢板厚度增大,硫、磷含量过高会对钢材的冲击韧性和抗脆断性能造成不利影响,因此承重结构在低于-20 ℃环境下工作时,钢材的硫、磷含量不宜大于 0.030%;焊接构件宜采用较薄的板件;重要承重结构的受拉厚板宜选用细化晶粒的钢板。……

4.3.6 采用**塑性设计**的结构及进行**弯矩调幅**的构件,所采用的钢材应符合下列规定:

1　屈强比不应大于 0.85;

2　钢材应有明显的屈服台阶,且伸长率不应小于 20%。

4.3.7 钢管结构中的无加劲直接焊接相贯节点,其管材的屈强比不宜大于 0.8;与受拉构件焊接连接的钢管,当管壁厚度大于 25 mm 且沿厚度方向承受较大拉应力时,应采取措施防止层状撕裂。

4.3.7 条文说明(部分)

　　无加劲钢管的主要破坏模式之一是贯通钢管管壁局部弯曲导致的塑性破坏,若无一定的塑性性能保证,相关的计算方法并不适用。……根据欧洲钢结构设计规范 EC3: *Design of steel structures* 的规定,主管管壁厚度不应超过 25 mm,除非采取措施能充分保证钢板厚度方向的性能。当主管壁厚超过 25 mm 时,管节点施焊时应采取焊前预热等措施降低焊接残余应力,防止出现层状撕裂,或采用具有厚度方向性能要求的 Z 向钢。

14.1.7　设计指标及参数

　　近年来,钢材屈服强度分布规律发生变化,突出表现在 Q235、Q345 钢屈服强度平均值提高的同时,离散性明显增大,变异系数成倍加大。而 Q420、Q460 钢厚板强度整体偏低,迫使增大抗力分项系数,还导致低合金钢及不同厚度组之间抗力分项系数有一定的差异。

　　基于各牌号钢材和各厚度组别的调研及试验数据,按照现行国家标准《建筑结构可靠性设计统一标准》(GB 50068—2018)的要求进行数理统计和可靠度分析,并考虑设计使用方便,最终确定钢材的强度设计值。

4.4.1 钢材的设计用强度指标,应根据钢材牌号、厚度或直径按表 4.4.1 采用。

表 4.4.1　钢材的设计用强度指标(N/mm²)

钢材牌号		钢材厚度或直径(mm)	强度设计值			屈服强度 f_y	抗拉强度 f_u
			抗拉、抗压、抗弯 f	抗剪 f_v	端面承压(刨平顶紧)f_{ce}		
碳素结构钢	Q235	≤ 16	215	125	320	235	370
		>16, ≤ 40	205	120		225	
		>40, ≤ 100	200	115		215	
低合金高强度结构钢	Q335	≤ 16	305	175	400	345	470
		>16, ≤ 40	295	170		335	
		>40, ≤ 63	290	165		325	
		>63, ≤ 80	280	160		315	
		>80, ≤ 100	270	155		305	
	Q390	≤ 16	345	200	415	390	490
		>16, ≤ 40	330	190		370	
		>40, ≤ 63	310	180		350	
		>63, ≤ 100	295	170		330	
	Q420	≤ 16	375	215	440	420	520
		>16, ≤ 40	355	205		400	
		>40, ≤ 63	320	185		380	
		>63, ≤ 100	305	175		360	

续表

钢材牌号		钢材厚度或直径（mm）	强度设计值			屈服强度 f_y	抗拉强度 f_u
			抗拉、抗压、抗弯 f	抗剪 f_v	端面承压（刨平顶紧）f_{ce}		
低合金高强度结构钢	Q460	≤ 16	410	235	470	460	550
		>16, ≤ 40	390	225		440	
		>40, ≤ 63	355	205		420	
		>63, ≤ 100	340	195		400	

注：1. 表中直径指实芯棒材直径，厚度指计算点的钢材或钢管壁厚度，对轴心受拉和轴心受压构件指截面中较厚板件的厚度；

2. 冷弯型材和冷弯钢管，其强度设计值应按国家现行有关标准的规定采用。

对于钢材的物理性质指标，《钢标》有如下规定。

4.4.8 钢材和铸钢件的物理性能指标应按表 4.4.8 采用。

表 4.4.8 钢材和铸钢件的物理性能指标

弹性模量 E(N/mm²)	剪变模量 G(N/mm²)	线膨胀系数 α(以每℃计)	质量密度（ kg/m³)
206×10^3	79×10^3	12×10^{-6}	7 850

14.2 轴心受力构件计算

14.2.1 轴心受拉构件

1. 截面无削弱

对于轴心受压构件，其截面上的拉应力是均匀分布的。当拉应力达到材料的屈服点 f_y 后，钢材进入屈服和强化阶段，构件仍能继续承担荷载，直至截面上的拉应力达到材料的极限抗拉强度 f_u 后，构件才会被拉断。但当截面上的拉应力超过屈服强度 f_y 后，构件的伸长变形会显著增长，实际上已经不适合再继续使用。因此，应以截面上的拉应力达到屈服强度 f_y 作为轴心受拉构件的强度准则。

基于以概率论为基础的极限状态设计方法，为了满足可靠度的要求，工程设计中应采用考虑材料抗力分项系数的强度设计值 $f(=f_y/\gamma_R)$ 进行计算。由此，《钢标》规定的轴心受拉构件的截面强度验算表达式如下。

7.1.1 轴心受拉构件，当端部连接及中部拼接处组成截面的各板件都由连接件直接传力时，其截面强度计算应符合下列规定。

1 除采用高强度螺栓摩擦型连接者外，其截面强度应采用下列公式计算：

毛截面屈服

$$\sigma = \frac{N}{A} \leq f \tag{7.1.1-1}$$

式中 N——所计算截面处的拉力设计值（ N）；

f——钢材的抗拉强度设计值（ N/mm²)；

A——构件的毛截面面积（ mm²)。

2. 截面有削弱

对于截面有削弱的构件，在轴心拉力的作用下将产生应力集中（图 14.4（a）），即削弱截面的孔洞边缘将产生比其他位置大的应力。一旦材料发生屈服，该截面上将会发生应力重分布，最后构件会因为削弱截面上的平均应力达到钢材的抗拉强度 f_u 而破坏(图 14.4(b))。

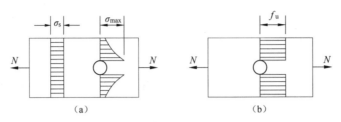

图 14.4 削弱截面处的应力分布
(a)弹性阶段 (b)塑性阶段

鉴于局部削弱的截面在整个构件长度范围内所占比例很小,并且这些截面屈服后的局部变形对整个构件的影响甚微,因此截面削弱处的强度计算采用的是净截面被拉断时的极限状态,相应的强度为极限强度 f_u 而非屈服强度 f_y。

考虑到拉断的后果比构件屈服更加严重,相应的抗力分项系数 γ_{uR} 需要较 γ_R 大一些。《钢标》取 $\gamma_{uR}=1.1 \times 1.3=1.43$,其倒数为 0.7,故相应的净截面强度验算公式如下。

7.1.1 轴心受拉构件,当端部连接及中部拼接处组成截面的各板件都由连接件直接传力时,其截面强度计算应符合下列规定。

1 除采用高强度螺栓摩擦型连接者外,其截面强度应采用下列公式计算:

净截面断裂

$$\sigma = \frac{N}{A_n} \leq 0.7 f_u \qquad (7.1.1\text{-}2)$$

式中 A_n——构件的净截面面积(mm^2),当构件多个截面有孔时,取最不利的截面;

f_u——钢材的抗拉强度最小值(N/mm^2)。

基于上述考虑,对于有截面局部削弱的杆件,除按净截面断裂对削弱位置处进行验算外,还需按毛截面屈服对构件无削弱处进行强度验算。

3. 有效截面

在一些连接构造中,构件的净截面不一定全部进行连接传力并发挥其强度作用。例如,当工字形截面上、下翼缘及腹板都有拼接板时,力可以通过翼缘、腹板直接传递,这种连接构造中构件的净截面全部有效;但当仅在工字形截面上、下翼缘设有连接件时,截面上的应力从均匀分布变为不均匀分布,如图 14.5 所示。

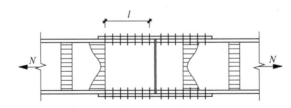

图 14.5 工字形截面仅翼缘拼接时的应力分布情况

对于板件在节点或拼接处并非全部直接传力的情况,设计中为了计算方便,仍可按应力均匀分布考虑,但应采用有效净截面面积 A_e 参与计算,设该处板件的净截面面积为 A_n,则称它们的比 $\eta=A_e/A_n$ 称为净截面效率,也称为有效截面系数。

受拉构件主要由强度控制,构件最危险截面应在截面最薄弱处,对于截面连接处板件并非全部直接传力的情况,其验算公式可表示为

$$\frac{N}{\eta A_e} \leq 0.7 f_u \qquad (14.5)$$

可见,如果连接构造不合理,会造成受拉构件截面不能充分发挥作用,因此在板件的节点连接中,应尽量避免采用使有效截面系数 η 降低的构造。

对于有效截面系数的取值,《钢标》有如下规定。

> **7.1.3　轴心受拉构件和轴心受压构件**,当其组成板件在节点或拼接处并非全部直接传力时,应将危险截面的面积乘以有效截面系数 η,不同构件截面形式和连接方式的 η 值应符合表 7.1.3 的规定。
>
> 表 7.1.3　轴心受力构件节点或拼接处危险截面有效截面系数
>
> | 构件截面形式 | 连接形式 | η | 图例 |
> |---|---|---|---|
> | 角钢 | 单边连接 | 0.85 | |
> | 工字形、H 形 | 翼缘连接 | 0.90 | |
> | | 腹板连接 | 0.70 | |

4. 刚度要求

轴心受拉构件除进行强度验算外,还需要满足一定的刚度要求,这是为了避免构件柔度太大,在本身自重作用下产生过大的挠度和在运输、安装过程中造成弯曲,以及在动力荷载作用下发生较大振动,设计上一般采用容许长细比[λ]控制:

$$\lambda_{\max} = \left(\frac{l_0}{i}\right)_{\max} \leqslant [\lambda] \tag{14.6}$$

基于我国多年使用经验,《钢标》给出了受拉构件的容许长细比限值。

> **7.4.7**　验算容许长细比时,①**在直接或间接承受动力荷载的结构中,计算单角钢受拉构件的长细比时,应采用角钢的最小回转半径**;②**但计算在交叉点相互连接的交叉杆件平面外的长细比时,可采用与角钢肢边平行轴的回转半径**。受拉构件的容许长细比宜符合下列规定:
>
> 1　除对腹杆提供平面外支点的弦杆外,承受静力荷载的结构受拉构件,可仅计算竖向平面内的长细比;
>
> 2　中级、重级工作制吊车桁架下弦杆的长细比不宜超过 200;
>
> 3　在设有夹钳或刚性料耙等硬钩起重机的厂房中,支撑的长细比不宜超过 300;
>
> 4　受拉构件在永久荷载与风荷载组合作用下受压时,其长细比不宜超过 250;
>
> 5　跨度大于或等于 60 m 的桁架,其受拉弦杆和腹杆的长细比,承受静力荷载或间接承受动力荷载时不宜超过 300,直接承受动力荷载时不宜超过 250;
>
> 6　受拉构件的长细比不宜超过表 7.4.7 规定的容许值。柱间支撑按拉杆设计时,竖向荷载作用下柱子的轴力应按无支撑时考虑。

表7.4.7 受拉构件的容许长细比

构件名称	承受静力荷载或间接承受动力荷载的结构			直接承受动力荷载的结构
	一般建筑结构	对腹杆提供平面外支点的弦杆	有重级工作制起重机的厂房	
桁架的构件	350	250	250	250
吊车梁或吊车桁架以下柱间支撑	300	—	200	—
除张紧的圆钢外的其他拉杆、支撑、系杆等	400	—	350	—

14.2.2 轴压构件的强度和刚度

当轴心受压构件无截面削弱时,整体失稳或者局部失稳一般总是发生在强度破坏之前;当构件截面有削弱时,才有可能在截面削弱处发生强度破坏。轴压杆件的强度计算公式与轴心受拉杆件相同,当孔洞有螺栓或铆钉填充时,认为孔洞由螺栓或铆钉压实,此时不必验算净截面强度;而当孔洞为没有紧固件的虚孔时,除按全截面屈服进行强度验算外,还应进行净截面断裂强度的验算。《钢标》有如下规定。

> 7.1.2 轴心受压构件,当端部连接及中部拼接处组成截面的各板件都由连接件直接传力时,截面强度应按本标准式(7.1.1-1)计算。但含有**虚孔**的构件**尚需**在孔心所在截面按本标准式(7.1.1-2)计算。
>
> 7.1.2 条文说明
>
> 轴压构件孔洞有螺栓填充者,不必验算净截面强度。

对受压构件来说,由于刚度不足产生的不利影响远比受拉构件严重,因此轴压构件的刚度也需要通过限制其长细比来控制,按式(14.6)进行验算。《钢标》有如下规定。

> 7.4.6 验算容许长细比时,可不考虑扭转效应,①**计算单角钢受压构件的长细比时,应采用角钢的最小回转半径**;②但计算**在交叉点相互连接的交叉杆件平面外的长细比时,可采用与角钢肢边平行轴的回转半径**。轴心受压构件的容许长细比宜符合下列规定:
>
> 1 跨度大于或等于60 m的桁架,其受压弦杆、端压杆和直接承受动力荷载的受压腹杆的长细比不宜大于120;
>
> 2 轴心受压构件的长细比不宜超过表7.4.6规定的容许值,但当杆件内力设计值不大于承载能力的50%时,容许长细比值可取200。

表7.4.6 受压构件的长细比容许值

构件名称	容许长细比
轴心受压柱、桁架和天窗架中的压杆	150
柱的缀条、吊车梁或吊车桁架以下的柱间支撑	150
支撑	200
用以减小受压构件计算长度的杆件	200

14.2.3 理想轴压构件的整体稳定

结合13.5.2节的简单介绍,体系的平衡状态可分为稳定平衡、随遇平衡和不稳定平衡三种。稳定平衡指原体系处于一种平衡状态,受到外界轻微干扰后使其偏离平衡位置,但是干扰消除后体系仍能恢复到原来的平衡位置;不稳定平衡则指原体系受到外界干扰后不能恢复到原来的平衡位置,甚至偏离原来平衡位置越来越大;从稳定平衡过渡到不稳定平衡的中间状态则为随遇平衡。

当构件处于不稳定平衡状态时,轻微的干扰便会使其偏离原来的平衡位置,使构件产生过大的变形,进而导致其丧失承载能力而破坏,即失稳。对于随遇平衡,由于原来的平衡位置已经不是稳定的状态,因此也归为不平衡状态。

由于钢材的强度较高,一般的轴心压杆会设计的比较细长,因此在钢结构的工程事故中,失稳导致的破坏是比较常见的。钢结构在弹性状态下的失稳形式主要有以下三种。

(1)分枝点失稳。体系由初始平衡位置突变到与其邻近的另一平衡位置,即平衡状态出现分枝现象,故称为分枝点失稳,如图 14.6(a)所示。分枝点失稳属于第一类失稳或欧拉屈曲,相应的荷载称为屈曲荷载或欧拉临界荷载。对于工程来说,大部分轴心压杆属于此类稳定问题。

(2)极值点失稳。体系发生失稳时,没有平衡状态的分岔,临界状态表现为结构不能再继续承载,结构直接由平衡状态转变为不平衡状态,称为极值点失稳,也称为第二类失稳,如图 14.6(b)所示。其相应的荷载称为压溃荷载或失稳极限荷载。

(3)跳跃失稳。这种失稳的特点是结构由初始平衡位置突然以大幅变形跳跃到另一平衡位置,使结构的平衡状态发生巨大的变化。对于一般承受横向均布压力的拱形和扁球壳顶盖都属于这种失稳类型,如图 14.16(c)所示。

图 14.6　钢结构失稳的三种主要形式
(a)分枝点失稳　(b)极值点失稳　(c)跳跃失稳

结构或者构件的稳定问题与强度问题不同,它的重点不是计算构件截面最大应力,而是研究外荷载与结构或构件抵抗力之间的平衡,确定这种平衡是否处于稳定状态。失稳问题的计算以结构或构件的受力为控制条件,既要找出变形开始急剧增长的临界点,又要找出临界点对应的临界荷载。稳定问题的计算需要在结构变形后的几何位置上进行,其方法属于几何非线性的范畴,属于二阶分析方法。

所谓理想轴心受压杆件,指压力作用线与杆件形心轴重合,材料均匀、各向同性、无线弹性且无初始应力的等截面理想直杆。此种杆件发生的失稳现象(也可称为屈曲)主要有弯曲屈曲、扭转屈曲和弯扭屈曲三种,如图 14.7 所示。

(1)弯曲屈曲。构件只发生弯曲变形,杆件的纵轴由直线变为曲线,且任一横截面只绕一个主轴旋转,此种失稳称为弯曲屈曲,它是双轴对称截面构件最常见的失稳形式。图 14.7(a)所示为两端简支的工字形截面压杆发生绕弱轴(穿过翼缘的截面主轴)弯曲屈曲的示意。

(2)扭转屈曲。在发生失稳时,除支承端外的任意截面均绕纵轴线发生扭转,即为扭转屈曲。

一般的双轴对称构件,如果截面有强弱轴之分,对于热轧或焊接型钢,由于绕弱轴弯曲屈曲的临界荷载 N_{ey} 小于扭转屈曲临界荷载 N_z,因此一般只需进行弯曲屈曲的计算,不考虑扭转屈曲。

对于图 14.7(b)所示的截面无强弱轴之分的十字形截面杆件,其扭转屈曲临界荷载 N_z 与杆件的计算长度 l_0 无关,当 $N_z < N_{ey}$ 时, N_z 则和板件局部屈曲的临界荷载相等。因此,只要能够保证局部稳定,构件就不可能发生扭转屈曲。

(3)弯扭屈曲。在发生失稳时,杆件在发生弯曲变形的同时伴随着截面的扭转,即为弯扭屈曲。弯扭屈曲是单轴对称截面构件或无对称轴截面杆件失稳的基本形式,图 14.7(c)所示为 T 形截面构件绕对称轴的弯扭屈曲。

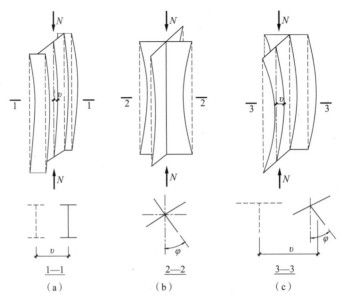

图 14.7　理想轴心受压构件的屈曲形式

（a）弯曲屈曲　（b）扭转屈曲　（c）弯扭屈曲

单轴对称截面构件或无对称轴截面构件之所以发生弯扭屈曲，是由于截面的形心 O 与剪切中心 s 不重合，如图 14.8 所示。因此，当单轴对称截面构件绕截面对称轴弯曲时，必然伴随构件的扭转变形，产生弯扭屈曲。

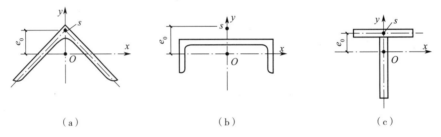

图 14.8　单轴对称截面的形心与剪切中心

（a）角钢截面　（b）槽钢截面　（c）T 形钢截面

上述三种屈曲形式中，弯曲屈曲是理想轴压构件最基本的一种失稳形式，同时也是轴心受压构件整体稳定计算的基础。

理想轴心受压杆件的弹性弯曲屈曲临界荷载 N_{cr}、临界应力 σ_{cr} 详见式（13.2）、式（13.3）。当构件的长细比 $\lambda < \lambda_p$ 时，临界应力超过材料的比例极限 σ_p，材料将发生弹塑性屈曲，相应的临界荷载和临界应力详见式（13.5）、式（13.6）。可见，对于某一固定材料，理想轴心压杆的稳定承载力是长细比 λ 的唯一函数。

14.2.4　实际轴压构件的弯曲失稳

所谓的轴心受压杆件，在实际工程中都不可避免地存在初始缺陷，这就意味着理想的轴心受压构件在实际工程中是不存在的。初始缺陷根据性质的不同可分为力学缺陷和几何缺陷两种，力学缺陷主要包括残余应力和截面材料力学性能不均匀等，几何缺陷包括构件的初始弯曲和荷载的初偏心等。

造成构件中产生残余应力的主要原因有焊接时的不均匀受热和冷却、型钢热轧后的不均匀冷却、板边缘经火焰切割后的热塑性收缩、构件经冷校正后产生的塑性变形等。初始弯曲指构件在制造、运输和安装过程中，不可避免地会产生微小的初始弯曲。荷载初偏心指轴向力作用线与构件的纵轴线不重合，构件的受力性质由轴心受力构件变为压弯构件。

上述这些初始缺陷的存在使轴心压杆在刚开始受力时便会出现弯曲变形，此时压杆的失稳变成极值型失稳，其荷载-位移曲线如图 13.7 所示，顶点 c 便是极值型失稳的稳定极限承载力。可见，初始缺陷的存在会降低轴心受压构件的临界荷载和临界应力,也意味着实际轴心压杆的稳定极限承载力不再是 λ 的唯一函数,这一点已经被分析计算和工程试验所证实。

1. 最大强度准则

弯曲失稳目前常用的准则有两种:一种采用边缘纤维屈服准则,即当截面纤维的应力达到屈服点(图 13.7 中的 a 点)时就认为轴心受压构件达到了弯曲失稳极限承载力;另一种采用稳定极限承载力理论,即当轴心受压构件的压力达到图 13.7 中 c 点所示的极值型失稳的顶点时,才达到弯曲失稳极限承载力,也称"最大强度准则",我国现行《钢标》即按此规则计算整体稳定。

2. 柱子曲线

轴心受压构件整体稳定的计算公式为

$$\sigma = \frac{N}{A} \leqslant \frac{\sigma_{cr}}{f_y} \cdot \frac{f_y}{\gamma_R} = \varphi f \qquad (14.7)$$

式中　φ——轴心受压构件的稳定系数,取截面两主轴稳定系数中的较小者,$\varphi = \sigma_{cr}/f_y$;

　　　γ_R——钢材的抗力分项系数;

　　　f——钢材的抗压强度设计值。

从概率论角度来讲,残余应力、初弯曲、初偏心、材质不均匀等缺陷同时存在并达到最不利影响的可能性非常低。因此,普通钢结构中的轴心压杆可只考虑残余应力和(千分之一杆长)初弯曲的不利影响,即忽略初偏心及材质不均匀的影响。

轴心受压杆件考虑上述初始缺陷后的受力属于压弯受力状态,因此其计算方法与压弯构件相同。我国《钢标》按最大强度准则并采用数值计算方法算出大量的 φ-$\bar{\lambda}$ 曲线,即类似于图 13.8(a)所示的柱子曲线,如图 14.9 所示。

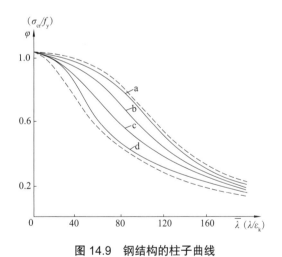

图 14.9　钢结构的柱子曲线

由于各类轴心受压构件截面上的残余应力分布和大小差异显著,并且对稳定的影响又随构件屈曲方向的不同而不同,而构件的初弯曲对稳定的影响也与截面的形式和屈曲方向有关,因此轴心受压构件不同的截面形式和屈曲方向都对应不同的柱子曲线,这些曲线呈相当宽的带状分布。为了便于应用,基于数理统计原理,规范按照构件截面形式、截面尺寸、加工方法及弯曲方向等因素的不同,将柱子曲线划分为 a、b、c、d 四类,如图 14.9 所示。其中,稳定系数 φ 是考虑初始缺陷按压弯杆件弯曲屈曲临界应力确定,适用于弹性区和弹塑性区;$\bar{\lambda} = \lambda / \varepsilon_k$,为构件的换算长细比;$\varepsilon_k = \sqrt{f_y/235}$,为钢号修正系数。这四条平均曲线及其 95% 的信赖带全部覆盖了柱子曲线的分布带。

图 14.9 中,a 类曲线截面稳定承载力最高,主要原因是残余应力影响最小;b 类曲线所占比例最大,约为 75%,一般构件截面都属于该类;c 类曲线承载力较低,主要原因是残余应力影响较大;d 类曲线承载力最低,主要是由于厚板处于最不利的屈曲方向。

《钢标》附录 D 给出了四类曲线计算得到的 φ 值表可供查用（此处不再列出），同时也指出了四条曲线具有的形式。

D.0.5　当构件的 λ/ε_k 超出表 D.0.1 至表 D.0.4 的范围时，轴心受压构件的稳定系数应按下列公式计算。

当 $\lambda_n \leqslant 0.215$ 时：

$$\varphi = 1 - \alpha_1 \lambda_n^2 \tag{D.0.5-1}$$

$$\lambda_n = \frac{\lambda}{\pi}\sqrt{\frac{f_y}{E}} \tag{D.0.5-2}$$

（编者注：$\lambda_n = \dfrac{\lambda}{\lambda_p}$，为相对长细比，可由本书式（13.4）推导而来）

当 $\lambda_n > 0.215$ 时：

$$\varphi = \frac{1}{2\lambda_n^2}\left[(\alpha_2 + \alpha_3\lambda_n + \lambda_n^2) - \sqrt{(\alpha_2 + \alpha_3\lambda_n + \lambda_n^2)^2 - 4\lambda_n^2}\right] \tag{D.0.5-3}$$

式中　α_1、α_2、α_3——系数，应根据本标准表 7.2.1 的截面分类，按表 D.0.5 采用。

表 D.0.5　系数 α_1、α_2、α_3

截面类别		α_1	α_2	α_3
a 类		0.41	0.986	0.152
b 类		0.65	0.965	0.300
c 类	$\lambda_n \leqslant 1.05$	0.73	0.906	0.595
	$\lambda_n > 1.05$		1.216	0.302
d 类	$\lambda_n \leqslant 1.05$	1.35	0.868	0.915
	$\lambda_n > 1.05$		1.375	0.432

对于翼缘板厚度 $\geqslant 40$ mm 的焊接实腹式截面，当翼缘为轧制或剪切边时，因残余应力沿厚度有很大变化，外侧残余压应力甚至可以达到屈服强度，构件的稳定承载力降低较多，因此《钢标》在对轴心受压杆件进行分类时，对翼缘板厚度 $\geqslant 40$ mm 的焊接工字形、H 形和箱形截面做了专门的规定。

7.2.1　除可考虑屈服后强度的实腹式构件外，轴心受压构件的稳定性计算应符合下式要求：

$$\frac{N}{\varphi A f} \leqslant 1.0 \tag{7.2.1}$$

式中　φ——轴心受压构件的稳定系数（**取截面两主轴稳定系数中的较小者**），根据构件的长细比（或换算长细比）、钢材屈服强度和表 7.2.1-1、表 7.2.1-2 的截面分类，按本标准附录 D 采用。

表 7.2.1-1　轴心受压构件的截面分类（**板厚 $t < 40$ mm**）

截面形式		对 x 轴	对 y 轴
轧制		a 类	a 类
轧制	$b/h \leqslant 0.8$	a 类	b 类
	$b/h > 0.8$	a* 类	b* 类

续表

截面形式		对 x 轴	对 y 轴
 轧制等边角钢		a*类	b*类
 焊接,翼缘为焰切边	 焊接	b 类	b 类
 轧制			
 轧制、焊接(板件宽厚比>20)	 轧制或焊接		
 焊接	 轧制截面和翼缘为 焰切边的焊接截面		
 格构式	 焊接,板件边缘焰切边	b 类	b 类
 焊接,翼缘为轧制或剪切边		b 类	c 类
 焊接,板件边缘轧制或剪切边	 轧制、焊接(板件宽厚比 ≤20)	c 类	c 类

注:1. **a*类**含义为 Q235 钢取 b 类,Q345、Q390、Q420 和 Q460 钢取 a 类;**b*类**含义为 Q235 钢取 c 类,Q345、Q390、Q420 和 Q460 钢取 b 类;

2. **无对称轴且剪心和形心不重合的截面**,其截面分类可按有对称轴的类似截面确定,如不等边角钢采用等边角钢的类别;当无类似截面时,可取 c 类。

表 7.2.1-2　轴心受压构件的截面分类(板厚 $t \geqslant 40$ mm)

截面形式		对 x 轴	对 y 轴
轧制工字形或 H 形截面	$t < 80$ mm	b 类	c 类
	$t \geqslant 80$ mm	c 类	d 类
焊接工字形截面	翼缘为焰切边	b 类	b 类
	翼缘为轧制或剪切边	c 类	d 类
焊接箱形截面	板件宽厚比>20	b 类	b 类
	板件宽厚比 ≤20	c 类	c 类

7.2.1 条文说明(部分)

　　热轧型钢的残余应力峰值和钢材强度有关,它的不利影响随钢材强度的提高而减弱,因此对屈服强度达到和超过 345 MPa 的 $b/h > 0.8$ 的 H 型钢和等边角钢的稳定系数 φ 可提高一类采用。

14.2.5　实腹式轴压构件的整体稳定

　　根据 14.2.3 节的介绍,对于工程中应用的长细比较小的双轴对称截面轴心受压构件,扭转屈曲可能会先于弯曲屈曲发生,即在轴心压力的作用下,杆件会因为首先达到扭转屈曲临界荷载 N_z 而发生失稳破坏。对于单轴对称截面轴心受压杆件,其对称轴(y 轴)平面内的弯扭屈曲一般会先于弯曲屈曲发生,即在轴心压力的作用下,杆件在对称轴平面内会首先达到弯扭屈曲临界力 N_{yz} 而发生失稳破坏。

　　本章前面仅对轴心受压构件发生弯曲失稳的情况进行了简单阐述,并得到了轴心受压构件的整体稳定验算公式,下面主要阐述如何将该公式应用于扭转屈曲和弯扭屈曲的计算。

　　为了把问题简单化并有利于弄清楚扭转及弯扭失稳的问题,还需要对理想轴心受压杆件的稳定承载力求解进行进一步介绍。不考虑初始变形的影响,文献[52]归纳出轴心受压杆件屈曲的弹性微分方程。杆件两端全部按铰接考虑,可得出如下解析。

1. 双轴对称截面受压杆件

　　由于该类杆件的截面形心和剪心重合,对于弯曲屈曲可得

$$\sigma_{crx} = \frac{\pi^2 E \tau}{\lambda_x^2} \tag{14.8}$$

$$\sigma_{cry} = \frac{\pi^2 E \tau}{\lambda_y^2} \tag{14.9}$$

对于扭转屈曲可得

$$\sigma_{crz} = \frac{\pi^2 E \tau}{\lambda_z^2} \tag{14.10-a}$$

$$\lambda_z = \sqrt{\dfrac{I_0}{\dfrac{G}{\pi^2 E}I_t + \dfrac{I_\omega}{l_\omega^2}}} \qquad\qquad (14.10\text{-b})$$

式中　$\tau = E_t/E$，E_t 对应于临界应力的切线模量；

λ_x、λ_y——构件对 x 轴和 y 轴的长细比；

I_0、I_t、I_ω——构件毛截面对剪心的极惯性矩（mm^4）、自由扭转常数（mm^4）和扇形惯性矩（mm^4）；

l_ω——扭转屈曲的计算长度；

G——材料的剪切模量。

对比式（14.8）、式（14.9）及式（14.10-a）可知，扭转屈曲的临界应力等同于长细比为 λ_z 的杆件的弯曲屈曲临界应力，因此 λ_z 称为扭转屈曲构件的换算长细比。《钢标》便利用了这个等效的概念，即由式（14.10-b）计算出扭转屈曲的换算长细比 λ_z 后，将扭转屈曲的临界应力问题转化为弯曲屈曲的临界应力问题，再由换算长细比 λ_z 按《钢标》式（7.2.1）求解，这样既考虑了初始缺陷，又同时适用于弹性和弹塑性区。

取 $G = \dfrac{E}{2(1+\nu)}$，$\nu = 0.3$，$I_0 = i_0^2 A$，代入式（14.10-b），即得《钢标》中给出的换算长细比 λ_z。

7.2.2　实腹式构件的长细比 λ 应根据其失稳模式，由下列公式确定。

1　截面形心与剪心重合的构件。

1）当计算**弯曲屈曲**时，长细比按下列公式计算：

$$\lambda_x = \frac{l_{0x}}{i_x} \qquad\qquad (7.2.2\text{-}1)$$

$$\lambda_y = \frac{l_{0y}}{i_y} \qquad\qquad (7.2.2\text{-}2)$$

式中　l_{0x}、l_{0y}——构件截面对主轴 x 和 y 的计算长度，根据本标准第 7.4 节的规定采用（mm）；

i_x、i_y——构件截面对主轴 x 和 y 的回转半径（mm）。

2）当计算**扭转屈曲**时，长细比应按下式计算，<u>双轴对称十字形截面板件宽厚比不超过 $15\varepsilon_k$ 者，可不计算扭转屈曲</u>。

$$\lambda_z = \sqrt{\frac{I_0}{I_t/25.7 + I_\omega/l_\omega^2}} \qquad\qquad (7.2.2\text{-}3)$$

式中　I_0、I_t、I_ω——构件毛截面对剪心的极惯性矩（mm^4）、自由扭转常数（mm^4）和扇形惯性矩（mm^4），对十字形截面可近似取 $I_\omega = 0$；

l_ω——扭转屈曲的计算长度（mm），两端铰支且端截面可自由翘曲者，取几何长度 l；两端嵌固且端部截面的翘曲完全受到约束者，取 $0.5l$。

---

2. 单轴对称截面受压杆件

根据弹性理论，单轴对称截面轴心受压杆件绕对称轴弯扭屈曲的临界力可由下列特征方程式求得：

$$i_0^2(N_{Ex} - N_{xz})(N_z - N_{xz}) - y_s^2 N_{xz}^2 = 0 \qquad\qquad (14.11)$$

式中　N_{Ex}、N_z、N_{xz}——轴心受压构件发生对称轴平面内的弯曲屈曲、扭转屈曲和弯扭屈曲时的临界力；

y_s——截面形心至剪心的距离（mm）；

i_0——截面对剪心的极回转半径，单轴对称截面 $i_0^2 = y_s^2 + i_x^2 + i_y^2$。

引入如下定义的弯扭屈曲换算长细比 λ_{xz}：

$$N_{xz} = \frac{\pi^2 EA}{\lambda_{xz}^2} \qquad\qquad (14.12)$$

为了求解换算长细比 λ_{xz}，取 $N_z = \dfrac{\pi^2 EA}{\lambda_z^2}$，$N_{Ex} = \dfrac{\pi^2 EA}{\lambda_x^2}$，代入式（14.11）后可得

$$\lambda_{xz}^2 = \frac{1}{2}(\lambda_x^2 + \lambda_z^2) + \frac{1}{2}\sqrt{(\lambda_x^2 + \lambda_z^2)^2 - 4\left(1 - \frac{y_s^2}{i_0^2}\right)\lambda_x^2 \lambda_z^2} \tag{14.13}$$

式中　λ_x——构件绕对称轴（x 轴）弯曲屈曲的长细比；

　　　λ_z——构件扭转屈曲的换算长细比，见式（14.10-b）。

对比式（14.8）、式（14.9）及式（14.12）可知，弯扭屈曲的临界应力等同于长细比为 λ_{xz} 的杆件的弯曲屈曲临界应力，因此 λ_{xz} 称为弯扭屈曲构件的换算长细比。《钢标》同样也利用了等效的概念，即由式（14.13）计算出弯扭屈曲的换算长细比 λ_{xz} 后，将弯扭屈曲的临界应力问题转化为弯曲屈曲的临界应力问题，再由换算长细比 λ_{xz} 按《钢标》式（7.2.1）求解，这样既考虑了初始缺陷，又可以推广到实际轴心压杆弹塑性阶段弯扭失稳极限承载力的计算。

7.2.2　实腹式构件的长细比 λ 应根据其失稳模式，由下列公式确定。

2　截面为单轴对称的构件。

1）计算绕非对称主轴的弯曲屈曲时，长细比应由式（7.2.2-1）、式（7.2.2-2）计算确定。计算**绕对称主轴的弯扭屈曲**时，长细比应按下式计算确定：

$$\lambda_{xz} = \left[\frac{(\lambda_x^2 + \lambda_z^2) + \sqrt{(\lambda_x^2 + \lambda_z^2)^2 - 4(1 - \frac{y_s^2}{i_0^2})\lambda_x^2 \lambda_z^2}}{2}\right]^{1/2} \tag{7.2.2-3}$$

式中　y_s——截面形心至剪心的距离（mm）；

　　　i_0——截面对剪心的极回转半径（mm），单轴对称截面 $i_0^2 = y_s^2 + i_x^2 + i_y^2$；

　　　λ_z——扭转屈曲换算长细比，由式（7.2.2-3）确定。

2）等边单角钢轴心受压构件**当绕两主轴弯曲的计算长度相等时，可不计算弯扭屈曲**。塔架单角钢压杆应符合本标准第 7.6 节的相关规定。

7.2.2　条文说明（部分）

……计算分析和试验都表明，等边单角钢轴压构件当两端铰支且没有中间支点时，绕**强轴**弯扭屈曲的承载力总是高于**绕弱轴**弯曲屈曲的承载力，因此条文明确指出这类构件无须计算弯扭屈曲。

编者注：强轴为对称轴 y 轴，弱轴为 x 轴，见《钢标》表 7.2.1-1 第三项。

截面无对称轴且剪心和形心不重合的构件，《钢标》同样利用上述等效概念求解换算长细比，此处不再介绍。

14.2.6　格构式轴压构件的整体稳定

图 14.10 所示为典型的格构式构件。当格构式构件的各个单肢用缀条连系时为缀条构件，如图 14.10（a）（b）所示；各单肢用缀板连系时为缀板构件，如图 14.10（c）所示。截面上横穿缀条或者缀板的轴为虚轴，如图 14.10（a）（b）（c）中的 x 轴；横穿两个单肢的轴为实轴，如图 14.10（a）（b）（c）中的 y 轴，图 14.10（e）中的 x、y 轴则全为虚轴。

轴心受压格构式构件绕实轴的整体稳定计算与实腹式轴心受压构件相同，即剪力对弹性屈曲的影响很小，一般不予考虑。但是，当格构式轴心受压构件绕虚轴弯曲时，剪切变形较大，对弯曲屈曲临界力有较大影响，因此在分析计算时应考虑剪力对柱肢和缀条或缀板变形的影响。

基于弹性稳定理论建立格构式轴心受压杆件绕虚轴（x 轴）的微分方程，按构件两端铰支的边界条件进行求解，可以得出弯曲失稳临界应力 σ_{cr} 的通解：

$$\sigma_{crx} = \frac{\pi^2 E}{\lambda_{0x}^2} \tag{14.14}$$

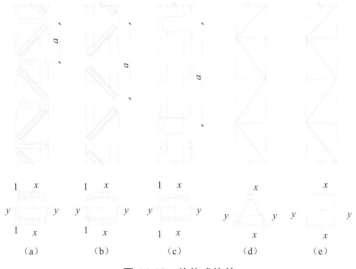

图 14.10　格构式构件

（a）双肢缀条连接一　（b）双肢缀条连接二　（c）双肢缀板连接　（d）三肢组合　（e）四肢组合

式 14.14 与轴心受压实腹式构件的弯曲失稳临界应力公式（14.8）的形式完全相同,因此称 λ_{0x}（格构式轴心受压构件绕虚轴屈曲）为换算长细比。这样不仅用换算长细比考虑了剪切变形的不利影响,还利用了等效为实腹式轴心受压杆件弯曲失稳的概念,不仅考虑了构件初始缺陷的影响,还简化了计算过程,适用于弹性区和弹塑性区。

《钢标》为了方便设计和实用,结合工程实际,给出了各类格构式构件换算长细比的简化计算公式。

7.2.3　格构式轴心受压构件的稳定性应按本标准式（7.2.1）计算,对实轴的长细比应按本标准式（7.2.2-1）或式（7.2.2-2）计算,对虚轴[图 7.2.3（a）]的 x 轴及图 7.2.3（b）、图 7.2.3（c）的 x 轴和 y 轴应取换算长细比。换算长细比应按下列公式计算。

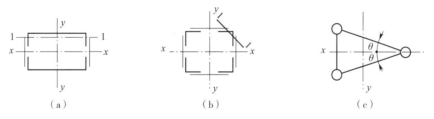

图 7.2.3　格构式组合构件截面

（a）双肢组合构件　（b）四肢组合构件　（c）三肢组合构件

1　双肢组合构件[图 7.2.3（a）]。

当缀件为**缀板**时：

$$\lambda_{0x} = \sqrt{\lambda_x^2 + \lambda_1^2} \qquad\qquad (7.2.3\text{-}1)$$

当缀件为**缀条**时：

$$\lambda_{0x} = \sqrt{\lambda_x^2 + 27\frac{A}{A_{1x}}} \qquad\qquad (7.2.3\text{-}2)$$

式中　λ_x——整个构件对 x 轴的长细比；

　　　λ_1——分肢对最小刚度轴 1-1 的长细比,其计算长度,当焊接时取为相邻两缀板的净距离,当螺栓连接时取为相邻两缀板边缘螺栓的距离；

　　　A_{1x}——构件截面中垂直于 x 轴的各斜缀条毛截面面积之和（mm^2）。

2 四肢组合构件[图 7.2.3(b)]。

当缀件为**缀板**时：

$$\lambda_{0x} = \sqrt{\lambda_x^2 + \lambda_1^2} \qquad (7.2.3\text{-}3)$$

$$\lambda_{0y} = \sqrt{\lambda_y^2 + \lambda_1^2} \qquad (7.2.3\text{-}4)$$

当缀件为**缀条**时：

$$\lambda_{0x} = \sqrt{\lambda_x^2 + 40\frac{A}{A_{1x}}} \qquad (7.2.3\text{-}5)$$

$$\lambda_{0y} = \sqrt{\lambda_y^2 + 40\frac{A}{A_{1y}}} \qquad (7.2.3\text{-}6)$$

式中 λ_y——整个构件对 y 轴的长细比；

A_{1y}——构件截面中垂直于 y 轴的各斜缀条毛截面面积之和（mm^2）。

3 缀件为缀条的三肢组合构件[图 7.2.3(c)]：

$$\lambda_{0x} = \sqrt{\lambda_x^2 + \frac{42A}{A_1(1.5 - \cos^2\theta)}} \qquad (7.2.3\text{-}7)$$

$$\lambda_{0y} = \sqrt{\lambda_y^2 + \frac{42A}{A_1\cos^2\theta}} \qquad (7.2.3\text{-}8)$$

式中 A_1——构件截面中各斜缀条毛截面面积之和（mm^2）；

θ——构件截面内缀条所在平面与 x 轴的夹角。

14.2.7　轴心压杆的计算长度

对于轴心受压杆件整体稳定临界承载力 N_{cr} 或临界应力 σ_{cr} 的计算是基于杆件两端铰接的边界条件推导而来的。实际工程结构中的轴压杆件，在多数情况下两端都要受到不同程度的约束，此时可以利用欧拉临界承载力的计算公式（式（13.2）），根据端部约束条件的不同，将实际长度为 l 的轴心压杆等效为计算长度为 $l_0 = \mu l$ 的两端铰接杆件，其中 μ 称为计算长度系数，与杆件的端部约束情况有关。

对于桁架结构中弦杆和腹杆的计算长度，《钢标》有如下规定。

7.4.1　确定桁架弦杆和单系腹杆的长细比时，其计算长度 l_0 应按表 7.4.1-1 的规定采用。

①采用相贯焊接连接的钢管桁架，其构件计算长度 l_0 可按表 7.4.1-2 的规定取值。

②除钢管结构外，无节点板的腹杆计算长度在任意平面内均应取其等于几何长度。

③桁架再分式腹杆体系的受压主斜杆及 K 形腹杆体系的竖杆等，在桁架平面内的计算长度则取节点中心间距离。（**编者注：平面外按第 7.4.3 条计算**）

表 7.4.1-1　桁架弦杆和单系腹杆的计算长度 l_0

弯曲方向	弦杆	腹杆	
		支座斜杆和支座竖杆	其他腹杆
桁架平面内	l	l	$0.8l$
桁架平面外	l_1	l	l
斜平面	—	l	$0.9l$

注：1. l 为构件的几何长度（节点中心间距离），l_1 为桁架弦杆侧向支承点之间的距离；

2. **斜平面**是指与桁架平面斜交的平面，适用于构件截面两主轴均不在桁架平面内的单角钢腹杆和双角钢十字形截面腹杆。

表 7.4.1-2　钢管桁架构件计算长度 l_0

桁架类别	弯曲方向	弦杆	腹杆	
			支座斜杆和支座竖杆	其他腹杆
平面桁架	平面内	$0.9l$	l	$0.8l$
	平面外	l_1	l	l
立体桁架		$0.9l$	l	$0.8l$

注:1. l_1 为平面外无支撑长度,l 为杆件的节间长度;
　2. 对端部缩头或压扁的圆管腹杆,其计算长度取 l;
　3. 对于立体桁架,弦杆平面外的计算长度取 $0.9l$,同时尚应以 $0.9l_1$ 按格式式压杆验算其稳定性。

《钢标》表 7.4.1-1 给出的桁架弦杆和单系腹杆的计算长度,适用于节点板连接的平面桁架。平面内杆件的计算长度与其相连的杆件受力情况密切相关。一般端部全是拉杆时,对该轴压杆件的约束会强一些,有助于减小杆件的计算长度,提高稳定承载力。平面外杆件的计算长度则需要根据杆件类别的不同分别考虑:

（1）对于弦杆,取为面外支撑点之间的距离;

（2）对于腹杆,则与上、下弦杆支撑点的状态有关。

受压弦杆本身对腹杆的约束弱,对于受力较大的腹杆,上部对应的受压弦杆面外需要设置侧向支撑点。受拉弦杆对腹杆有一定的弹性支撑,因而不需要在每根腹杆下端的弦杆处均设置侧向支撑,即侧向支撑点的设置满足一定的刚度要求即可。文献[53]经过推导得出,当腹杆满足《钢标》表 7.4.1-1 中计算长度系数为 1.0 的规定时,为腹杆提供平面外支点的受拉弦杆的长细比应满足 $\lambda \leqslant 250$,而一般拉杆的长细比限值为 $[\lambda]=350$,上述结论对应《钢标》表 7.4.7 中的相关规定。

7.4.2　确定在交叉点相互连接的桁架交叉腹杆的长细比时,①在**桁架平面内的计算长度应取节点中心到交叉点的距离**;②在桁架**平面外的计算长度**,当**两交叉杆长度相等且在中点相交**时,应按下列规定采用。

1　**压杆。**

1）相交**另一杆受压**,两杆**截面相同**并在**交叉点均不中断**,则

$$l_0 = l\sqrt{\frac{1}{2}\left(1 + \frac{N_0}{N}\right)} \tag{7.4.2-1}$$

2）相交**另一杆受压**,此另一杆在交叉点**中断但以节点板搭接**,则

$$l_0 = l\sqrt{1 + \frac{\pi^2}{12} \cdot \frac{N_0}{N}} \tag{7.4.2-2}$$

3）相交**另一杆受拉**,两杆**截面相同**并在**交叉点均不中断**,则

$$l_0 = l\sqrt{\frac{1}{2}\left(1 - \frac{3}{4} \cdot \frac{N_0}{N}\right)} \geqslant 0.5l \tag{7.4.2-3}$$

4）相交**另一杆受拉**,此拉杆在**交叉点中断但以节点板搭接**,则

$$l_0 = l\sqrt{1 - \frac{3}{4} \cdot \frac{N_0}{N}} \geqslant 0.5l \tag{7.4.2-4}$$

5）当**拉杆连续而压杆在交叉点中断但以节点板搭接**,若 $N_0 \geqslant N$ 或拉杆在桁架平面外的弯曲刚度 $EI_y \geqslant \dfrac{3N_0 l^2}{4\pi^2}\left(\dfrac{N}{N_0} - 1\right)$ 时,取 $l_0=0.5l$。

式中　l——桁架节点中心间距离（交叉点不作为节点考虑）（mm）;

　　　N、N_0——所计算杆的内力及相交另一杆的内力（N）,**均为绝对值;两杆均受压时,取 $N_0 \leqslant N$**,两杆截面应相同。

2　拉杆,应取 $l_0=l$。①当确定**交叉腹杆中单角钢杆件斜平面内的长细比**时,计算长度应取节点中心至**交叉点的距离**。②当交叉腹杆为**单边连接的单角钢**时,应按本标准第 7.6.2 条的规定确定杆件等效长细比。

7.4.3　当桁架弦杆侧向支承点之间的距离为节间长度的 2 倍(图 7.4.3)且两节间的弦杆轴心压力不相同时,该**弦杆在桁架平面外的计算长度**应按下式确定(**但不应小于 $0.5l_1$**):

$$l_0 = l_1 \left(0.75 + 0.25 \frac{N_2}{N_1} \right)$$（7.4.3）

式中　N_1——**较大的压力,计算时取正值**;

　　　N_2——**较小的压力或拉力,计算时压力取正值,拉力取负值**。

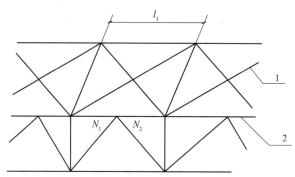

图 7.4.3　弦杆轴心压力在侧向支承点间有变化的桁架简图
1—支撑;2—桁架

7.4.3 条文说明

桁架弦杆侧向支承点之间相邻两节间的压力不等时,通常按较大压力计算稳定,这比实际受力情况有利。通过理论分析并加以简化,采用公式(7.4.3)的折减计算长度办法来考虑此有利因素的影响。

桁架再分式腹杆体系的受压主斜杆及 K 形腹杆体系的竖杆等,在桁架**平面外**的计算长度也应按式(7.4.3)确定(**受拉主斜杆仍取 l_1**)。

14.2.8　实腹式轴压构件的局部稳定

实腹式轴心受压构件是靠腹板和翼缘来承受轴向压力的。在轴向压力作用下,腹板和翼缘都有达到极限承载力而丧失稳定的危险,但对整个构件来说,这种失稳是局部现象,因此称为局部失稳。

对于构件局部失稳,目前采用的准则有两种:一种是不允许出现局部失稳,即板件受到的应力 σ 应小于局部失稳的临界应力 σ_{cr},即 $\sigma \leqslant \sigma_{cr}$;另一种是允许出现局部失稳,并利用板件屈曲后的强度,要求板件受到的轴向力 N 应小于板件发挥屈曲后强度的极限承载力 N_u,即 $N \leqslant N_u$。

1. 板件的宽厚比限值(防止板件局部失稳)

基于弹性稳定理论,四边简支板在两端局部压力作用下产生屈曲变形时的临界应力为

$$\sigma_{xcr} = \chi k \frac{\pi^2 \sqrt{\eta} E}{12(1-\nu^2)} \left(\frac{t}{b} \right)^2$$（14.15）

式中　χ——板件边缘的弹性约束系数;

　　　k——屈曲稳定系数;

　　　η——弹性模量折减系数,$\eta=E_t/E$,由试验确定,E_t 为对应于临界应力的切线模量,E 为弹性模量;

　　　ν——材料泊松比,取 0.3;

　　　t——板件厚度;

　　　b——板件宽度。

根据轴心受压构件的稳定性要求,构件各组成板件(翼缘或腹板)的局部失稳临界应力应不小于构件整体稳定的临界应力,即

$$\chi k \frac{\pi^2 \sqrt{\eta} E}{12(1-v^2)} \left(\frac{t}{b}\right)^2 \geqslant \varphi f_y \tag{14.16}$$

对式(14.16)进行变换后,可以得出轴心受压实腹构件中板件不失稳的宽厚比为

$$\frac{b}{t} \leqslant \left[\frac{\chi k \pi^2 \sqrt{\eta} E}{12(1-v^2)\varphi f_y}\right]^{\frac{1}{2}} \tag{14.17}$$

根据偏于安全原则,式(14.17)中的 φ 按 c 类取值,将不同情况板件的屈曲系数 k、弹性约束系数 χ 代入后,便可以得到《钢标》给出的各类实腹式构件板件的宽厚比限值。

7.3.1　实腹轴心受压构件要求不出现局部失稳者,其板件宽厚比应符合下列规定。

1　H 形截面**腹板**:

$$h_0/t_w \leqslant (25+0.5\lambda)\varepsilon_k \tag{7.3.1-1}$$

式中　λ——构件的较大长细比,**当 $\lambda<30$ 时取为 30,当 $\lambda>100$ 时取为 100**;

　　　h_0、t_w——腹板计算高度和厚度(mm),按本标准表 3.5.1 注 2 取值。

（编者注:见《钢标》图 6.3.2(a)）

2　H 形截面**翼缘**:

$$b/t_f \leqslant (10+0.1\lambda)\varepsilon_k \tag{7.3.1-2}$$

式中　b、t_f——翼缘板自由外伸宽度和厚度,按本标准表 3.5.1 注 2 取值。

3　箱形截面**壁板**:

$$b/t \leqslant 40\varepsilon_k \tag{7.3.1-3}$$

式中　b——壁板的净宽度,当**箱形截面设有纵向加劲肋时,为壁板与加劲肋之间的净宽度**。

（编者注:见《钢标》图 6.2.4）

4　T 形截面**翼缘**宽厚比限值应按式(7.3.1-2)确定。

T 形截面**腹板**宽厚比限值:

热轧剖分 T 形钢

$$h_0/t_w \leqslant (15+0.2\lambda)\varepsilon_k \tag{7.3.1-4}$$

焊接 T 形钢

$$h_0/t_w \leqslant (13+0.17\lambda)\varepsilon_k \tag{7.3.1-5}$$

对焊接构件,h_0 取腹板高度 h_w;对热轧构件,h_0 取腹板平直段长度,简要计算时,可取 $h_0=h_w-t_f$,但不小于 (h_w-20) mm。

5　等边角钢轴心受压构件的肢件宽厚比限值:

当 $\lambda \leqslant 80\varepsilon_k$ 时

$$w/t \leqslant 15\varepsilon_k \tag{7.3.1-6}$$

当 $\lambda > 80\varepsilon_k$ 时

$$w/t \leqslant 5\varepsilon_k+0.125\lambda \tag{7.3.1-7}$$

式中　w、t——角钢的平板宽度和厚度,简要计算时 w 可取为 $b-2t$,b 为角钢宽度;

　　　λ——按角钢绕非对称主轴回转半径计算的长细比。

6　圆管压杆的外径与壁厚之比不应超过 $100\varepsilon_k^2$。

7.3.1　条文说明

由于高强度角钢应用的需要,增加了等边角钢肢的宽厚比限值。**不等边角钢没有对称轴,失稳时总是**呈弯扭屈曲,稳定计算包含了肢件宽厚比影响,不再对局部稳定作出规定。

7.3.5　H形、工字形和箱形截面轴心受压构件的腹板,**当用纵向加劲肋加强以满足宽厚比限值时**,加劲肋宜在腹板两侧成对配置,其一侧外伸宽度不应小于$10t_w$,厚度不应小于$0.75t_w$。

当轴心受压杆件所受的轴向力小于其整体稳定承载力时,依据式(14.17)准则所得的板件宽厚比限值是偏于保守的,此时可将上述限值乘以放大系数,《钢标》规定该放大系数如下。

7.3.2　当轴心受压构件的压力小于稳定承载力φAf时,可将其板件宽厚比限值由本标准第7.3.1条相关公式算得后乘以放大系数$\alpha = \sqrt{\varphi Af/N}$确定。

2. 考虑屈曲后强度

板屈曲后由于板面内薄膜张力的作用仍具有一定的承载能力,这种能力一般称为屈曲后强度。根据板的大挠度理论,纵向受压简支矩形板屈曲后的应力分布如图14.11所示,在板屈曲之前,σ_x是均匀分布的,且$\sigma_y=0$;在板屈曲后,σ_x不再呈均匀分布,而且产生了y方向的应力σ_y,σ_y在板的中部区域是拉应力。正是由于这个拉应力的存在,使板在屈曲后仍具有继续承担外荷载的能力。

虽然板在屈曲后能够继续承担荷载,但是板的挠度也会快速增长,因此板屈曲后强度的利用准则必须考虑挠度的影响,目前基于理论分析很难实现。工程上通常采用"有效截面"的概念并结合试验成果确定有效截面的计算公式。有效截面的概念可以用图14.12予以说明。

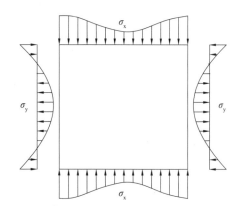

图14.11　板屈曲后的面内应力分布规律

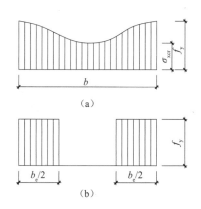

图14.12　板屈曲后应力分布的简化和有效宽度

(a)实际应力分布　(b)假定简化应力分布

图14.12(a)所示曲线表示板达到屈曲后稳定极限承载力时的面内应力分布情况,简化分析时可以用图14.12(b)所示的受力情况来代替,要求两者的合力相等。因此,图14.12(b)中的应力部分为有效部分,其宽度称为有效宽度,无应力的部分为失效部分,从截面面积中扣除,不参与计算。

综上,轴心受压实腹构件利用板件屈曲后强度时,应该先根据截面的有效部分计算有效净截面面积A_{ne}和有效毛截面面积A_e,考虑材料分项系数γ_R后,按下式进行受压构件的强度和稳定性计算:

$$\frac{N}{A_{ne}} \leqslant \frac{f_y}{\gamma_R} = f \tag{14.18}$$

$$\frac{N}{A_e} \leqslant \frac{\sigma_{cr}}{\gamma_R} = \frac{\varphi f_y}{\gamma_R} = \varphi f \tag{14.19}$$

《钢标》有如下规定。

7.3.3　板件宽厚比超过本标准第7.3.1条规定的限值时,可采用纵向加劲肋加强;**当可考虑屈曲后强度时**,轴心受压杆件的强度和稳定性可按下列公式计算。

强度计算:

$$\frac{N}{A_{ne}} \leqslant f \tag{7.3.3-1}$$

稳定性计算

$$\frac{N}{\varphi A_{e} f} \leqslant 1.0 \qquad\qquad (7.3.3-2)$$

$$A_{ne} = \sum \rho_{i} A_{ni} \qquad\qquad (7.3.3-3)$$

$$A_{e} = \sum \rho_{i} A_{i} \qquad\qquad (7.3.3-4)$$

式中　A_{ne}、A_{e}——有效净截面面积和有效毛截面面积（mm^{2}）；

　　　　A_{ni}、A_{i}——各板件净截面面积和毛截面面积（mm^{2}）；

　　　　φ——稳定系数，可按毛截面计算；

　　　　ρ_{i}——各板件有效截面系数，可按本标准第 7.3.4 条的规定计算。

7.3.4　H 形、工字形、箱形和单角钢截面轴心受压构件的有效截面系数 ρ 可按下列规定计算。

　　1　箱形截面的壁板、H 形或工字形的腹板。

　　1）当 $b/t \leqslant 42\varepsilon_{k}$ 时：

　　　　$\rho=1.0$ \qquad\qquad (7.3.4-1)

　　2）当 $b/t > 42\varepsilon_{k}$ 时：

$$\rho = \frac{1}{\lambda_{n,p}}\left(1 - \frac{0.19}{\lambda_{n,p}}\right) \qquad\qquad (7.3.4-2)$$

$$\lambda_{n,p} = \frac{b/t}{56.2\varepsilon_{k}} \qquad\qquad (7.3.4-3)$$

　　当 $\lambda > 52\varepsilon_{k}$ 时：

$$\rho \geqslant (29\varepsilon_{k}+0.25\lambda)t/b \qquad\qquad (7.3.4-4)$$

式中　b、t——壁板或腹板的净宽度和厚度。

　　2　单角钢：

　　当 $w/t > 15\varepsilon_{k}$ 时

$$\rho = \frac{1}{\lambda_{n,p}}\left(1 - \frac{0.1}{\lambda_{n,p}}\right) \qquad\qquad (7.3.4-5)$$

$$\lambda_{n,p} = \frac{w/t}{16.8\varepsilon_{k}} \qquad\qquad (7.3.4-6)$$

　　当 $\lambda > 80\varepsilon_{k}$ 时

$$\rho \geqslant (5\varepsilon_{k}+0.13\lambda)t/w \qquad\qquad (7.3.4-7)$$

14.2.9　格构式轴压构件的局部稳定

1. 缀条柱的分肢稳定

　　格构式构件的单肢在两相邻缀条节点之间是一个单独的轴心受压实腹构件，其长细比为 $\lambda=a/i_{1}$，其中 a 为计算长度，取缀条节点间的距离，如图 14.10（a）（b）所示；i_{1} 为单肢绕自身截面 1-1 轴的回转半径。为了保证单肢的稳定性不低于格构式轴压构件的整体稳定，《钢标》有如下规定。

7.2.4　缀件面宽度较大的格构式柱宜采用缀条柱，斜缀条与构件轴线间的夹角应为 40°～70°。缀条柱的分肢长细比 λ_{1} 不应大于构件两个方向长细比较大值 λ_{max} 的 70%，对虚轴取换算长细比（编者注：$\lambda_{max}=max\{\lambda_{y}, \lambda_{0x}\}$，$\lambda_{y}$ 为绕格构式构件实轴的长细比，λ_{0x} 为对构件虚轴的换算长细比，两者的计算详见第 7.2.3 条）。格构式柱和大型实腹式柱，在受较大水平力处和运送单元的端部应设置横隔，横隔的间距不宜大于柱截面长边尺寸的 9 倍且不宜大于 8 m。

2. 缀条的稳定

格构式轴心受压构件中缀条的实际受力是不易确定的,分肢受力后的不均匀压缩、构件的初弯曲、荷载和构造上的偶然偏心及失稳时的挠曲变形均会使缀条受力。《钢标》通过估算轴压构件挠曲变形时产生的剪力,分析计算后给出了轴压构件所受剪力最大值的计算公式。

7.2.7 轴心受压构件剪力 V 值可认为**沿构件全长不变**,格构式轴心受压构件的剪力 V 应由承受该剪力的缀材面(包括用整体板连接的面)分担,其值应按下式计算:

$$V = \frac{Af}{85\varepsilon_k} \qquad\qquad (7.2.7)$$

在剪力 V_{max} 的作用下,缀条的内力可按与桁架腹杆一样计算,如图 14.13 所示可得一个斜缀条的内力 N_t 为

$$N_t = \frac{V_1}{n\cos\alpha} \qquad\qquad (14.20)$$

式中　V_1——分配到一个缀条面上的剪力;

　　　n——承受剪力 V_1 的斜缀条数量,单缀条取 $n=1$,交叉缀条取 $n=2$。

　　　α——缀条的倾角,如图 14.13 所示。

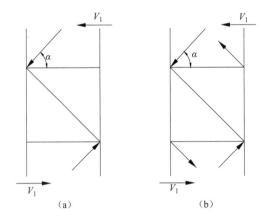

图 14.13　缀条柱的剪力及缀条的内力

(a)单缀条　(b)交叉缀条

缀条可以按轴心受压构件计算,当缀条采用单面连接的单角钢时,对于受力偏心的不利影响,《钢标》通过引入折减系数 η 予以考虑。

7.6.1 桁架的单角钢腹杆,当以一个肢连接于节点板时(图 7.6.1),除**弦杆亦为单角钢,并位于节点板同侧者外**(编者注:**见条文说明**),应符合下列规定。

1 轴心受力构件的**截面强度**应按本标准式(7.1.1-1)和式(7.1.1-2)计算,但强度设计值应乘以折减系数 0.85。

2 受压构件的稳定性应按下列公式计算:

$$\frac{N}{\eta\varphi Af} \leqslant 1.0 \qquad\qquad (7.6.1\text{-}1)$$

等边角钢

$$\eta = 0.6 + 0.001\,5\lambda \qquad\qquad (7.6.1\text{-}2)$$

短边连接的不等边角钢

$$\eta = 0.5 + 0.002\,5\lambda \qquad\qquad (7.6.1\text{-}3)$$

长边连接的不等边角钢

$\eta=0.7$　　　　　　　　　　　　　　　　　　　　　　　　　　（7.6.1-4）

式中　λ——长细比,对中间无联系的单角钢压杆,应按**最小回转半径计算,当 $\lambda<20$ 时,取 $\lambda=20$;**

　　　　η——折减系数,**当计算值大于 1.0 时取为 1.0。**

　　3　当受压斜杆用节点板和桁架弦杆相连接时,节点板厚度不宜小于斜杆肢宽的 1/8。

7.6.1 条文说明

　　本条基本沿用原规范的规定。若腹杆与弦杆在节点板同侧(图 9),**偏心较小,可按一般单角钢对待。**

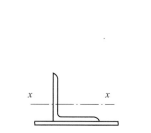

图 7.6.1　角钢的平行轴

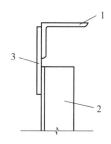

图 9　腹板与弦杆的同侧连接

1—弦杆;2—腹杆;3—节点板

7.6.3　单边连接的单角钢压杆,当肢件宽厚比 w/t 大于 $14\varepsilon_k$ 时,由本标准式(7.2.1)和式(7.6.1-1)确定的稳定承载力应乘以按下式计算的折减系数 ρ_e:

$$\rho_e = 1.3 - \frac{0.3w}{14t\varepsilon_k}$$　　　　　　　　　　　　　　（7.6.3）

7.6.3 条文说明

　　<u>单边连接的单角钢受压后,不仅呈现弯曲,还同时呈现扭转。限制肢件宽厚比的目的主要是保证杆件扭转刚度达到一定水平,以免过早失稳。</u>对于高强度钢材,这一限值有时难以达到,因此给出超限时的承载力计算公式。

3. 缀板柱分肢及缀板的局部稳定

　　缀板柱在轴心压力作用下,其受力体系如同以柱肢为立柱、缀板为横梁的多层框架。当缀板柱绕虚轴整体挠曲时,假定各层分肢中点和缀板中点为反弯点,如图 14.14(a)所示。在该体系内截取隔离体如图 14.14(b)所示,由此可得缀板中点剪力 T 以及与肢件连接处弯矩 M 的计算公式如下:

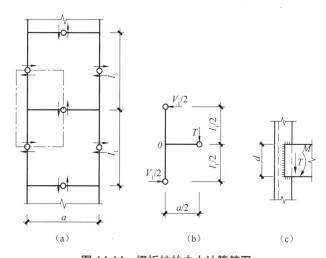

图 14.14　缀板柱的内力计算简图

(a)受力体系　(b)隔离体受力　(c)缀板焊缝受力

$$T = \frac{V_1 l_1}{a}$$　　　　　　　　　　　　　　　　　　　（14.21）

$$M = T\frac{a}{2} = \frac{V_1 l_1}{2} \tag{14.22}$$

式中　l_1——相邻缀板中心线间的距离；

　　　a——两肢件轴线间的距离。

当缀板与肢件间用角焊缝相连时，角焊缝承受剪力 T 和弯矩 M 的共同作用，如图 14.14（c）所示，故角焊缝只需按上述剪力 T 和弯矩 M 进行计算。

为了保证分肢和缀板的局部稳定，《钢标》有如下规定。

> **7.2.5**　缀板柱的**分肢长细比** λ_1 不应大于 $40\varepsilon_k$，并不应大于 λ_{max} 的 0.5 倍，当 $\lambda_{max}<50$ 时，取 $\lambda_{max}=50$。缀板柱中**同一截面处缀板或型钢横杆的线刚度之和**不得小于柱较大分肢线刚度的 6 倍。

4.填板的规定

《钢标》有如下规定。

> **7.2.6**　用填板连接而成的双角钢或双槽钢构件，采用普通螺栓连接时应按格构式构件进行计算；**除此之外，可按实腹式构件进行计算**，但**受压构件**填板间的距离不应超过 $40i$，**受拉构件**填板间的距离不应超过 $80i$。i 为单肢截面回转半径，应按下列规定采用：
>
> 　　1　当为图 7.2.6（a）、（b）所示的双角钢或双槽钢截面时，取一个角钢或一个槽钢与填板平行的形心轴的回转半径；
>
> 　　2　当为图 7.2.6（c）所示的十字形截面时，取一个角钢的最小回转半径。
>
>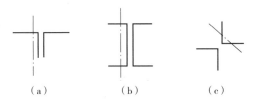
>
> **图 7.2.6　计算截面回转半径时的轴线示意图**
> （a）T 字形双角钢截面　（b）双槽钢截面　（c）十字形双角钢截面
>
> 受压构件的两个侧向支承点之间的填板数不应少于 2 个。

14.3　受弯构件的计算

只受弯矩作用或者受弯矩和剪力共同作用的构件称为受弯构件，结构中的受弯构件主要是以梁的形式出现。受弯构件有两个正交的形心主轴，其中绕某一主轴的惯性矩、截面模量最大，称该轴为强轴，相对的另一轴则为弱轴，习惯上通常把强轴记为 x 轴。对于工字形、箱形及 T 形截面等，最外侧平行于强轴的板件称为翼缘，垂直于强轴的板件称为腹板。

梁的设计必须同时满足承载能力极限状态和正常使用极限状态。承载能力极限状态包括强度、整体稳定和局部稳定三个方面。设计时要求在荷载设计值作用下，梁的抗弯强度、抗剪强度、局部承压强度和折算应力均不超过相应的强度设计值；整体稳定指梁不会在刚度较差的侧向发生弯扭失稳，主要通过对梁的受压翼缘设置足够的侧向支撑，或适当加大梁截面以降低弯曲应力至临界应力以下；局部稳定指梁的翼缘和腹板等板件不会发生局部凸曲失稳，在梁中主要通过限制受压翼缘和腹板的厚度不超过规定的限值，对组合梁的腹板则常设置加劲肋以提高其局部稳定性。正常使用极限状态主要指梁的刚度，设计时要求梁具有足够的抗弯刚度，即在荷载标准值作用下，梁的最大挠度不超过规定的容许挠度。

14.3.1　截面分类

　　钢结构构件是由板件组成的,在板件只承受拉力时,理论上钢材是能够达到屈服甚至材料的极限强度的,但是在压力作用下就会存在板件局部失稳的可能性。板件的局部失稳一般不会使构件立即达到承载能力极限状态而破坏,但是会恶化构件的受力性能,使构件的承载强度不能充分发挥。

　　板件的局部失稳与其宽厚比有关,宽厚比越大,屈曲荷载越小,即构件能够发挥多大的承载力及变形能力与板件的宽厚比有关。在工程设计上一般将构件截面按其板件的宽厚比分为不同的类别,对应不同的承载和变形能力。《钢标》有如下规定。

3.5.1　进行受弯和压弯构件计算时,截面板件宽厚比等级及限值应符合表 3.5.1 的规定,其中参数 α_0 应按下式计算:

$$\alpha_0 = \frac{\sigma_{max} - \sigma_{min}}{\sigma_{max}} \tag{3.5.1}$$

式中　σ_{max}——腹板计算边缘的最大压应力(N/mm^2);

　　　σ_{min}——腹板计算高度另一边缘相应的应力(N/mm^2),**压应力取正值,拉应力取负值**。

表 3.5.1　压弯和受弯构件的截面板件宽厚比等级及限值

构件	截面板件宽厚比等级		S1 级	S2 级	S3 级	S4 级	S5 级
压弯构件(框架柱)	H 形截面	翼缘 b/t	$9\varepsilon_k$	$11\varepsilon_k$	$13\varepsilon_k$	$15\varepsilon_k$	20
		腹板 h_0/t_w	$(33+13\alpha_0^{1.3})\varepsilon_k$	$(38+13\alpha_0^{1.39})\varepsilon_k$	$(40+18\alpha_0^{1.5})\varepsilon_k$	$(45+25\alpha_0^{1.66})\varepsilon_k$	250
	箱形截面	壁板(腹板)间翼缘 b_0/t	$30\varepsilon_k$	$35\varepsilon_k$	$40\varepsilon_k$	$45\varepsilon_k$	—
	圆钢管截面	径厚比 D/t	$50\varepsilon_k^2$	$70\varepsilon_k^2$	$90\varepsilon_k^2$	$100\varepsilon_k^2$	—
受弯构件(梁)	工字形截面	翼缘 b/t	$9\varepsilon_k$	$11\varepsilon_k$	$13\varepsilon_k$	$15\varepsilon_k$	20
		腹板 h_0/t_w	$65\varepsilon_k$	$72\varepsilon_k$	$93\varepsilon_k$	$124\varepsilon_k$	—
	箱形截面	壁板(腹板)间翼缘 b_0/t	$25\varepsilon_k$	$32\varepsilon_k$	$37\varepsilon_k$	$42\varepsilon_k$	—

注:1. ε_k 为钢号修正系数,其值为 235 与钢材牌号中屈服点数值的比值的平方根;

　　2. b 为工字形、H 形截面的翼缘外伸宽度,t、h_0、t_w 分别为翼缘厚度、腹板净高和腹板厚度,对轧制型截面,腹板净高不包括翼缘腹板过渡处圆弧段;对于箱形截面,b_0、t 分别为壁板间的距离和壁板厚度;D 为圆管截面外径;

　　3. 箱形截面梁及单向受弯的箱形截面柱,其腹板限值可根据 H 形截面腹板采用;

　　4. 腹板的宽厚比可通过设置加劲肋减小;

　　5. 当按国家标准《建筑抗震设计规范(2016 年版)》(GB 50011—2010)第 9.2.14 条第 2 款的规定设计,且 S5 级截面的板件宽厚比小于 S4 级经 ε_σ 修正的板件宽厚比时,可视作 C 类截面,ε_σ 为应力修正因子,$\varepsilon_\sigma = \sqrt{f_y/\sigma_{max}}$。

3.5.1　条文说明

　　绝大多数钢构件由板件构成,而板件宽厚比大小直接决定了钢构件的承载力和受弯及压弯构件的塑性转动变形能力,因此钢构件截面的分类是钢结构设计技术的基础,尤其是钢结构抗震设计方法的基础。原规范关于截面板件宽厚比的规定分散在受弯构件、压弯构件的计算及塑性设计各章节中。

　　根据截面承载力和塑性转动变形能力的不同,国际上一般将钢构件截面分为四类,考虑到我国在受弯构件设计中采用截面塑性发展系数 γ_x,本次修订将截面根据其板件宽厚比分为 5 个等级。

1　S1级:**可达全截面塑性**,保证塑性铰具有塑性设计要求的转动能力,且在转动过程中承载力不降低,称为一级塑性截面,也可称为塑性转动截面;此时图1所示的曲线1可以表示其弯矩-曲率关系,ϕ_{p2}一般要求达到塑性弯矩M_p除以弹性初始刚度得到的曲率ϕ_p的8~15倍。

2　S2级截面:**可达全截面塑性,但由于局部屈曲,塑性铰转动能力有限**,称为二级塑性截面;此时的弯矩-曲率关系如图1所示的曲线2,ϕ_{p1}是ϕ_p的2~3倍。

3　S3级截面:**翼缘全部屈服,腹板可发展不超过1/4截面高度的塑性**,称为弹塑性截面;作为梁时,其弯矩-曲率关系如图1所示的曲线3。

4　S4级截面:**边缘纤维可达屈服强度,但由于局部屈曲而不能发展塑性**,称为弹性截面;作为梁时,其弯矩-曲率关系如图1所示的曲线4。

5　S5级截面:**在边缘纤维达屈服应力前,腹板可能发生局部屈曲**,称为薄壁截面;作为梁时,其弯矩-曲率关系如图1所示的曲线5。

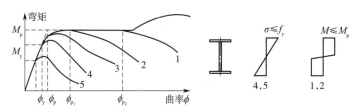

图1　截面的分类及其转动能力

截面的分类决定于组成截面板件的分类。

14.3.2　受弯构件的截面强度

1. 梁的抗弯强度

设有一双轴对称工字形等截面构件在构件两端施加等值同曲率的渐增弯矩M,并设弯矩使构件截面绕强轴转动。构件钢材的应力-应变关系如图14.15(e)所示。

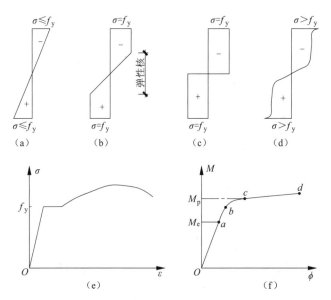

图14.15　钢材的应力-应变关系及受弯构件的截面应力发展

（a）弹性阶段应力分布　（b）屈服阶段应力分布　（c）塑性阶段应力分布　（d）强化阶段应力分布　（e）应力-应变关系　（f）M-φ 曲线

当弯矩较小时,整个截面上的正应力分布符合平截面假定且都小于材料的屈服点,如图14.15(a)所示,截面处于弹性受力状态。假如不考虑残余应力的影响,这种状态可以保持到截面最外"纤维"的应力达到屈服点为止(图 14.15(f)中的 a 点),此时对应的弯矩称为屈服弯矩,用 M_e 表示。

随着弯矩的继续增大(图 14.15(f)中的 b 点),截面外侧及其附近的应力相继达到和保持在屈服点的水平上,主轴附近则保留一个弹性核,如图 14.15(b)所示。此时,应力达到屈服点的区域称为塑性区,塑性区的应变在应力保持不变的情况下继续发展,截面弯曲刚度仅靠弹性核提供。

当弯矩增长使弹性核变得非常小时,相邻两截面在弯矩作用方向几乎可以自由转动。此时,可以把截面上的应力分布简化为图 14.15(c)所示的情况,这种情况可以看作截面达到了抗弯承载力的极限(图 14.15(f)中的 c 点),相应的弯矩称为极限弯矩,记为 M_p。

随后,截面最外边缘及其附近的应力实际上可能会超过屈服点并进入强化阶段,真实的应力分布如图 14.14(d)所示,截面的承载能力还可能略微增大一些(图 14.15(f)中的 d 点),但因截面绝大部分已进入塑性,截面曲率变得很大,对于工程设计而言,可利用的意义不大。

受弯构件截面强度的设计包括以下三种准则。

1)边缘屈服准则

当截面边缘纤维应力达到钢材屈服点时,就认为受弯构件的截面已经达到强度极限,除边缘屈服外,截面其他区域的应力仍在屈服点以下,如图 14.15(a)所示。在这一准则下只需要对构件进行弹性分析。根据材料力学,可得相应的屈服弯矩为

$$M_{ex} = W_x f_y \tag{14.23}$$

式中　M_{ex}——构件绕 x 轴的屈服弯矩;

　　　W_x——对 x 轴的弹性截面模量。

根据边缘屈服准则进行设计时,考虑分项系数后的截面抗弯强度计算公式为

$$\sigma = \frac{M}{W_x} \leqslant f \tag{14.24}$$

2)全截面塑性准则

以整个截面的内力达到截面承载极限强度作为强度破坏的界限,当截面仅承受弯矩时,截面的承载极限强度以图 14.15(c)为基础进行计算,相应的弯矩称为极限弯矩,其表达式为

$$M_{px} = W_{px} f_y \tag{14.25}$$

式中　M_{px}——构件绕 x 轴的极限弯矩;

　　　W_{px}——对 x 轴的塑性截面模量。

通常定义极限弯矩和屈服弯矩的比值为截面塑性发展系数,记作 γ_p。对于绕强轴(x 轴)的塑性发展系数可表示为

$$\gamma_{px} = \frac{M_{px}}{M_{ex}} = \frac{W_{px}}{W_x} \tag{14.26}$$

钢结构构件中常见的工字形截面,绕强轴弯曲时约为 $\gamma_{px} = 1.1$,绕弱轴弯曲时约为 $\gamma_{py} = 1.05$;箱形截面约为 $\gamma_{px} = \gamma_{py} = 1.1$。

3)截面有限塑性发展准则

将截面塑性区限制在一定范围内,一旦塑性区达到一定的范围即视为强度破坏。

在钢梁的设计中,若按弹性阶段的边缘屈服准则设计,不能充分发挥钢材的塑性,造成材料浪费;若按全截面塑性准则设计,虽然可以节省材料,但是当跨中某一最大弯矩截面进入塑性后,该截面将在保持极限弯矩的条件下形成塑性铰,此后构件的挠度会无限增长。为了防止这种情况影响构件的使用,工程中一般采取有限塑性发展的准则,将其沿截面高度两侧塑性区的发展限制在一定范围内,即以图 14.15(b)所示的应力状态作为受弯构件的承载能力极限状态。《钢标》采用有限截面塑性发展系数 γ_x 和 γ_y 来表征截面抗弯承载能力的提高,$1 < \gamma_x < \gamma_{px}$,$1 < \gamma_y < \gamma_{py}$。

6.1.1　在主平面内受弯的实腹式构件,其受弯强度应按下式计算:

$$\frac{M_x}{\gamma_x W_{nx}} + \frac{M_y}{\gamma_y W_{ny}} \leqslant f \qquad (6.1.1)$$

式中　M_x、M_y——同一截面处绕 x 轴和 y 轴的弯矩设计值(N·mm);

　　　　W_{nx}、W_{ny}——对 x 轴和 y 轴的净截面模量,①当截面板件宽厚比等级为 S1 级、S2 级、S3 级或 S4 级时,应取全截面模量,②当截面板件宽厚比等级为 S5 级时,应取有效截面模量,均匀受压翼缘有效外伸宽度可取 $15t_f\varepsilon_k$,腹板有效截面可按本标准第 8.4.2 条的规定采用(mm³);

　　　　γ_x、γ_y——对主轴 x、y 的截面塑性发展系数,应按本标准第 6.1.2 条的规定取值;

　　　　f——钢材的抗弯强度设计值(N/mm²)。

6.1.2　截面塑性发展系数应按下列规定取值。

　　1　对工字形和箱形截面,①当截面板件宽厚比等级为 S4 或 S5 级时,截面塑性发展系数应取为 1.0,②当截面板件宽厚比等级为 S1 级、S2 级及 S3 级时,截面塑性发展系数应按下列规定取值。

　　1)工字形截面(x 轴为强轴,y 轴为弱轴):$\gamma_x=1.05$,$\gamma_y=1.20$。

　　2)箱形截面:$\gamma_x=\gamma_y=1.05$。

　　2　其他截面的塑性发展系数可按本标准表 8.1.1 采用。

　　3　对需要计算疲劳的梁,宜取 $\gamma_x=\gamma_y=1.0$。

对于需要计算疲劳的梁,动力荷载的作用会使结构受到损坏,当损坏累积到一定程度后就会导致断裂,出现所谓的低周疲劳断裂。为了保证构件和结构的可靠性,对需要计算疲劳的梁以不考虑截面塑性发展为宜。

2. 抗剪强度

按照弹性设计,截面上的最大剪应力发生在腹板中和轴处,以最大剪应力达到钢材的抗剪屈服极限作为抗剪承载能力极限状态。《钢标》有如下规定。

6.1.3　在主平面内受弯的实腹式构件,除考虑腹板屈曲后强度者外,其受剪强度应按下式计算:

$$\tau = \frac{VS}{It_w} \leqslant f_v \qquad (6.1.3)$$

式中　V——计算截面沿腹板平面作用的剪力设计值(N);

　　　　S——计算剪应力处以上(或以下)毛截面对中和轴的面积矩(mm³);

　　　　I——构件的毛截面惯性矩(mm⁴);

　　　　t_w——构件的腹板厚度(mm);

　　　　f_v——钢材的抗剪强度设计值(N/mm²)。

6.1.3 条文说明

考虑腹板屈曲后强度的梁,其受剪承载力有较大的提高,不必受公式(6.1.3)的抗剪强度计算控制。

3. 局部承压强度

当梁的翼缘沿腹板平面作用有固定集中荷载(包括支座反力)且荷载处又未设置支撑加劲肋(图 14.16(a))或受移动集中荷载(如吊车轮压,图 14.16(b))时,荷载作用位置对应的翼缘和腹板交界处可能出现较大的集中应力,因此应验算腹板计算高度边缘的局部承压强度。

在集中荷载作用下,翼缘类似于支撑在腹板上的弹性地基梁,腹板计算高度边缘的局部压应力分布如图 14.16(c)的曲线所示。《钢标》有如下规定。

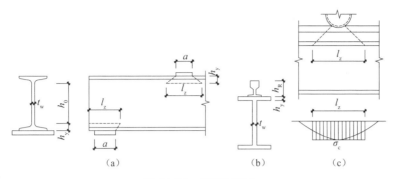

图 14.16　局部压应力

（a）支座反力　（b）吊车轮压　（c）腹板的局部压应力

6.1.4　当梁受集中荷载且该荷载处又未设置支承加劲肋时,其计算应符合下列规定:

1　当梁上翼缘受沿腹板平面作用的**集中荷载且该荷载处又未设置支承加劲肋**时,腹板计算高度上边缘的局部承压强度应按下列公式计算:

$$\sigma_c = \frac{\psi F}{t_w l_z} \leqslant f \qquad (6.1.4\text{-}1)$$

$$l_z = 3.25 \sqrt[3]{\frac{I_R + I_f}{t_w}} \qquad (6.1.4\text{-}2)$$

式中　F——集中荷载设计值（N）,对动力荷载应考虑动力系数;

　　　ψ——集中荷载的增大系数;对重级工作制吊车梁 $\psi=1.35$,对其他梁 $\psi=1.0$;

　　　l_z——集中荷载在腹板计算高度上边缘的假定分布长度（mm）,宜按式（6.1.4-2）计算,也可采用简化式（6.1.4-3）计算;

　　　I_R——轨道绕自身形心轴的惯性矩（mm⁴）;

　　　I_f——梁上翼缘绕翼缘中面的惯性矩（mm⁴）;

　　　f——钢材的抗压强度设计值（N/mm²）。

2　在梁的**支座**处,当**不设置支承加劲肋时**,也应按式（6.1.4-1）计算腹板计算高度下边缘的局部压应力,**但 ψ 取 1.0**。支座集中反力的假定分布长度,应根据支座具体尺寸按式（6.1.4-3）计算。

为了便于计算,《钢标》同时给出了假定分布长度的简化计算公式。

6.1.4　当梁受集中荷载且该荷载处又未设置支承加劲肋时,其计算应符合下列规定:

$$l_z = a + 5h_y + 2h_R \qquad (6.1.4\text{-}3)$$

式中　a——集中荷载沿梁跨度方向的支承长度（mm）,**对钢轨上的轮压可取 50 mm**;

　　　h_y——自梁顶面至腹板计算高度上边缘的距离（mm）,对焊接梁为上翼缘厚度,对轧制工字形截面梁为梁顶面到腹板过渡完成点的距离;

　　　h_R——轨道的高度,对梁顶无轨道的梁取值为 0（mm）。

6.1.4 条文说明（部分）

集中荷载的分布长度 l_z 的简化计算方法为原规范计算公式,也与式（6.1.4-2）直接计算的结果颇为接近。因此,该式中的 50 mm 应该被理解为为了拟合式（6.1.4-2）而引进的,不宜被理解为轮子和轨道的接触面的长度。真正的接触面长度应在 20~30 mm……

轨道上作用轮压,压力穿过具有抗弯刚度的轨道向梁腹板内扩散,可以判断:轨道的抗弯刚度越大,扩散的范围越大,下部腹板越薄（即下部越软弱）,则扩散的范围越大,因此式（6.1.4-2）正确地反映了这个规律。而为了简化计算,本条给出了式（6.1.4-3）,但是考虑到腹板越厚翼缘也越厚的规律,式（6.1.4-3）实际上反映了与式（6.1.4-2）不同的规律,应用时应注意。

该简化公式可以理解为集中荷载在作用处以 1:1(轨道高度 h_R 范围内)和 1:2.5(h_y 高度范围内)产生应力扩散,最终均匀分布于腹板计算高度边缘。但在应用该简化公式计算假定分布长度时,需要注意条文说明中所指出的注意事项。

4. 复合应力和折算应力

受弯构件在荷载作用下,同一截面上弯曲正应力极值和剪应力极值一般不会在同一位置上(图 2.11),在边缘屈服准则下,正应力和剪应力的强度极限可以独立进行计算。但在截面上有些部位可能同时受到较大的正应力、剪应力和局部压应力,如连续梁中部支座处或梁的翼缘截面改变处,此时需要根据材料力学中的第四强度理论(能量强度理论,见 14.1.2 节)判定该处的折算应力是否达到屈服点。《钢标》指出其计算公式如下。

6.1.5   在梁的腹板计算高度边缘处,若同时承受较大的正应力、剪应力和局部压应力,或同时承受较大的正应力和剪应力时,其折算应力应按下列公式计算:

$$\sqrt{\sigma^2 + \sigma_c^2 - \sigma\sigma_c + 3\tau^2} \leq \beta_1 f \tag{6.1.5-1}$$

$$\sigma = \frac{M}{I_n} y_1 \tag{6.1.5-2}$$

式中 σ、τ、σ_c——腹板计算高度边缘同一点上同时产生的正应力、剪应力和局部压应力(N/mm^2), τ 和 σ_c 应按本标准式(6.1.3)和式(6.1.4-1)计算, σ 应按式(6.1.5-2)计算, **σ 和 σ_c 以拉应力为正值,压应力为负值;**

I_n——梁净截面惯性矩(mm^4);

y_1——所计算点至梁中和轴的距离(mm);

β_1——强度增大系数,**当 σ 与 σ_c 异号时取 β_1=1.2,当 σ 与 σ_c 同号或 σ_c=0 时取 β_1=1.1**。

6.1.5   条文说明

同时受较大的正应力和剪应力作用处,指连续梁中部支座处或梁的翼缘截面改变处等。折算应力公式(6.1.5-1)是根据能量强度理论保证钢材在复杂受力状态下处于弹性状态的条件。考虑到需验算折算应力的部位只是梁的局部区域,故公式中取 β_1 大于1。当 σ 和 σ_c 同号时,其塑性变形能力低于 σ 和 σ_c 异号时的数值,因此对前者取 β_1=1.1,而对后者取 β_1=1.2。

复合应力作用下允许应力少量放大(**编者注:$\beta_1 f$**),不应理解为钢材的屈服强度增大,而应理解为允许塑性开展。这是因为最大应力出现在局部个别部位,基本不影响整体性能。

14.3.3   受弯构件的整体失稳

单向受弯构件在荷载作用下,虽然最不利截面上的内力还低于截面强度,但构件可能会突然偏离原来弯曲变形的平面而发生侧向挠曲和扭转(图 13.10),称为受弯构件的整体失稳。整体失稳是受弯构件的主要破坏形式之一,若失稳时材料处于弹性阶段,称为弹性失稳,否则称为弹塑性失稳。

受弯构件发生失稳后一般不能再承受更大的荷载作用,不仅如此,若对构件在平面外的弯扭变形不能予以限制,构件就会因不能保持静态平衡而发生破坏。

1. 单向受弯

梁的整体稳定应按下列公式进行计算:

$$M_x \leq \frac{M_{cr}}{\gamma_R} \tag{14.27}$$

式中 M_{cr}——受弯构件发生整体失稳时的临界弯矩,可根据弹性稳定理论求得。

定义梁的整体稳定系数 φ_b 为临界弯矩 M_{cr} 和按边缘屈服准则确定的屈服弯矩 M_{ex} 之比,即 $\varphi_b = M_{cr}/M_{ex}$。则式(14.27)改写为

$$M_x \leqslant \varphi_b \frac{M_{ex}}{\gamma_R} \tag{14.28}$$

将式（14.23）代入式（14.28）后可得

$$M_x \leqslant \varphi_b \frac{W_x f_y}{\gamma_R} = \varphi_b W_x f \tag{14.29}$$

6.2.1　当铺板密铺在梁的受压翼缘上并与其牢固相连，能阻止梁受压翼缘的侧向位移时，**可不计算梁的整体稳定性**。

6.2.1 条文说明（部分）

……当有铺板密铺在梁的受压翼缘上并与其牢固相连，能阻止梁受压翼缘的侧向位移时，梁就不会丧失整体稳定，因此也不必计算梁的整体稳定性。

6.2.4　当箱形截面简支梁符合本标准第 6.2.1 条的要求或其截面尺寸（图 6.2.4）满足 $h/b_0 \leqslant 6$，$l_1/b_0 \leqslant 95\varepsilon_k^2$ 时，**可不计算整体稳定性**，l_1 为受压翼缘侧向支承点间的距离（梁的支座处视为有侧向支承）。

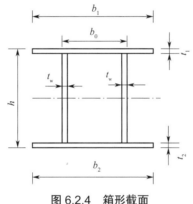

图 6.2.4　箱形截面

6.2.2　除本标准第 6.2.1 条所规定情况外，在最大刚度主平面内受弯的构件，其整体稳定性应按下式计算：

$$\frac{M_x}{\varphi_b W_x f} \leqslant 1.0 \tag{6.2.2}$$

式中　M_x——绕强轴作用的最大弯矩设计值（N·mm）；

W_x——按受压最大纤维确定的梁毛截面模量（mm³），当截面板件宽厚比等级为 S1 级、S2 级、S3 级或 S4 级时，应取全截面模量；当截面板件宽厚比等级为 S5 级时，应取有效截面模量，均匀受压翼缘有效外伸宽度可取 $15t_f\varepsilon_k$，腹板有效截面可按本标准第 8.4.2 条的规定采用；

φ_b——梁的整体稳定性系数，应按本标准附录 C 确定。

通过弹性理论可以得到双轴对称工字形截面简支梁在受纯弯矩作用时的稳定系数近似值：

$$\varphi_b = \frac{4\,320}{\lambda_y^2} \frac{Ah}{W_x} \sqrt{1 + \left(\frac{\lambda_y t_1}{4.4h}\right)^2} \frac{235}{f_y} \tag{14.30}$$

式（14.30）中各参数的物理意义详见《钢标》附录 C 第 C.0.1 条。

一方面，实际工程中梁受纯弯曲的情况很少，当梁受任意横向荷载作用时，临界弯矩 M_{cr} 或整体稳定系数 φ_b 的理论计算公式又将变得更加复杂，为了方便计算，通常会选取较多的截面尺寸，用计算机进行数值计算和分析，得出不同荷载形式作用下的稳定系数与上述纯弯曲作用下构件稳定系数的比值 β_b。另一方面，为了使得式（14.30）的形式扩展应用到单轴焊接工字形截面简支梁的一般情况，引入了截面不对称影响系数 η_b。由此，《钢标》有如下规定。

附录 C 梁的整体稳定系数

C.0.1 等截面**焊接工字形和轧制 H 形钢**(图 C.0.1)简支梁的整体稳定系数 φ_b 应按下列公式计算：

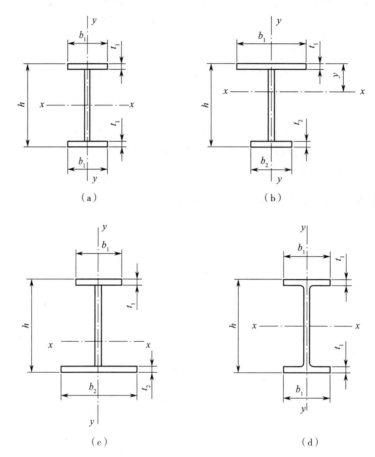

图 C.0.1 焊接工字形和轧制 H 形钢
(a)双轴对称焊接工字形截面 (b)加强受压翼缘的单轴对称焊接工字形截面
(c)加强受拉翼缘的单轴对称焊接工字形截面 (d)轧制 H 形钢截面

$$\varphi_b = \beta_b \frac{4\,320}{\lambda_y^2} \cdot \frac{Ah}{W_x} \left[\sqrt{1 + \left(\frac{\lambda_y t_1}{4.4h} \right)^2} + \eta_b \right] \varepsilon_k \tag{C.0.1-1}$$

$$\lambda_y = \frac{l_1}{i_y} \tag{C.0.1-2}$$

截面不对称影响系数 η_b 应按下列公式计算。

对双轴对称截面[图 C.0.1(a)、图 C.0.1(d)]：

$$\eta_b = 0 \tag{C.0.1-3}$$

对单轴对称工字形截面[图 C.0.1(b)、图 C.0.1(c)]：

加强受压翼缘

$$\eta_b = 0.8(2\alpha_b - 1) \tag{C.0.1-4}$$

加强受拉翼缘

$$\eta_b = 2\alpha_b - 1 \tag{C.0.1-5}$$

$$\alpha_b = \frac{I_1}{I_1 + I_2} \tag{C.0.1-6}$$

式中 β_b——梁整体稳定的等效弯矩系数,应按表 C.0.1 采用；

λ_y——梁在侧向支承点间对截面弱轴 y-y 的长细比;

A——梁的毛截面面积(mm^2);

h、t_1——梁截面的全高和受压翼缘厚度(mm),等截面铆接(或高强度螺栓连接)简支梁,其受压翼缘厚度 t_1 包括翼缘角钢厚度在内;

l_1——梁受压翼缘侧向支承点之间的距离(mm);

i_y——梁毛截面对 y 轴的回转半径(mm);

I_1、I_2——受压翼缘和受拉翼缘对 y 轴的惯性矩(mm^3)。

表 C.0.1 H 形钢和等截面工字形简支梁的系数 β_b

项次	侧向支承	荷载		$\xi \leqslant 2.0$	$\xi > 2.0$	适用范围
1	跨中无侧向支承	均布荷载作用在	上翼缘	$0.69+0.13\xi$	0.95	图 C.0.1(a)(b)和(d)的截面
2			下翼缘	$1.73-0.20\xi$	1.33	
3		集中荷载作用在	上翼缘	$0.73+0.18\xi$	1.09	
4			下翼缘	$2.23-0.28\xi$	1.67	
5	跨度中点有一个侧向支承点	均布荷载作用在	上翼缘	1.15		图 C.0.1 中的所有截面
6			下翼缘	1.40		
7		集中荷载作用在截面高度的任意位置		1.75		
8	跨中有不少于两个等距离侧向支承点	任意荷载作用在	上翼缘	1.20		
9			下翼缘	1.40		
10	梁端有弯矩,但跨中无荷载作用			$1.75-1.05\left(\dfrac{M_2}{M_1}\right)+0.3\left(\dfrac{M_2}{M_1}\right)^2$ 但 $\leqslant 2.3$		

注:1. ξ 为参数,$\xi = \dfrac{l_1 t_1}{b_1 h}$,其中 b_1 为受压翼缘的宽度;

2. M_1 和 M_2 为梁的端弯矩,使梁产生同向曲率时 M_1 和 M_2 取同号,产生反向曲率时取异号,$|M_1| \geqslant |M_2|$;

3 表中**项次 3、4 和 7 的集中荷载**是指一个或少数几个集中荷载位于跨中央附近的情况,对其他情况的集中荷载,应按表中项次 1、2、5、6 内的数值采用;

4. 表中**项次 8、9 的** β_b,当集中荷载作用在侧向支承点处时,取 $\beta_b=1.20$;

5. 荷载作用在上翼缘是指荷载作用点在翼缘表面,方向指向截面形心;荷载作用在下翼缘是指荷载作用点在翼缘表面,方向背向截面形心;

6. 对 $\alpha_b > 0.8$ 的**加强受压翼缘工字形截面**,下列情况的值应乘以相应的系数:

   项次 1:当 $\xi \leqslant 1.0$ 时,乘以 0.95;

   项次 3:当 $\xi \leqslant 0.5$ 时,乘以 0.90;当 $0.5 < \xi \leqslant 1.0$ 时,乘以 0.95。

6.2.5 梁的支座处应采取构造措施,以防止梁端截面的扭转。当简支梁仅腹板与相邻构件相连,钢梁稳定性计算时侧向支承点距离应取实际距离的 1.2 倍。

6.2.5 条文说明

梁端支座,弯曲铰支容易理解也容易达成,扭转铰支却往往被疏忽,因此本条特别规定。**对仅腹板连接的钢梁,因为钢梁腹板容易变形、抗扭刚度小,并不能保证梁端截面不发生扭转,因此在稳定性计算时,计算长度应放大。**

上述结论及给出的计算公式均是基于弹性理论推导而来的,即弹性失稳。如果梁屈曲时的应力超过了屈服点,梁的整体失稳为弹塑性失稳。研究表明,当 $\varphi_b > 0.6$ 时,梁已进入非弹性工作阶段,整体稳定临界应力有明显的降低,必须对 φ_b 进行修正。《钢标》有如下规定。

C.0.1　等截面**焊接工字形和轧制H形钢**(图 C.0.1)简支梁的整体稳定系数 φ_b 应按下列公式计算:

当按公式(C.0.1-1)算得的 φ_b 值大于 0.6 时,应用下式计算的 φ'_b 代替 φ_b 值:

$$\varphi'_b = 1.07 - \frac{0.282}{\varphi_b} \le 1.0 \tag{C.0.1-7}$$

　　《钢标》附录 C 同时也给出了轧制普通工字形简支梁、轧制槽钢简支梁、双轴对称工字形悬臂梁的整体稳定系数计算方法以及均匀弯曲受弯构件的简化计算公式,此处不再列出。

　　需要注意的是,当上述构件按相应表格或公式得出的整体稳定系数大于 0.6 时,均应考虑构件临界应力的降低,按式(C.0.1-7)对 φ_b 进行修正。

2. 双向受弯

《钢标》有如下规定。

6.2.3　除本标准第 6.2.1 条所指情况外,在两个主平面受弯的 H 形钢截面或工字形截面构件,其整体稳定性应按下式计算:

$$\frac{M_x}{\varphi_b W_x f} + \frac{M_y}{\gamma_y W_y f} \le 1.0 \tag{6.2.3}$$

式中　W_y——按受压最大纤维确定的对 y 轴的毛截面模量(mm^3);

　　　　φ_b——绕强轴弯曲所确定的梁整体稳定系数,应按本标准附录 C 计算。

14.3.4　受弯构件的局部失稳形式

　　由于钢材轻质、高强的特性,钢构件一般都为宽而薄的截面。然而,如果板件过于宽薄,在构件发生强度破坏或丧失整体稳定之前,当板中的压应力或剪应力达到某一数值(临界应力)后,部分较薄的受压翼缘或腹板可能会突然偏离其原来的平面位置而发生显著的波形屈曲,这种现象称为构件的局部失稳,如图 14.17 所示。

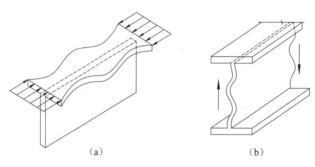

图 14.17　梁的局部失稳
(a)翼缘　(b)腹板

　　板件的局部失稳虽然不会使整个构件立即失去承载能力,但是薄板局部屈曲部位会迅速退出工作,构件整体偏离荷载的作用面,使构件的刚度减小,强度和整体稳定性降低。

　　受弯构件的局部失稳也有弹性和弹塑性之分。当板件的宽厚比较小时,受弯构件截面上的最大应力能够接近甚至超过屈服点,此后发生的板件鼓曲变形属于弹塑性局部失稳。当截面的板件宽厚比较大时,板件会在弹性阶段发生局部失稳,但是局部失稳发生后构件仍能继续承载,这也说明受弯构件板件的局部失稳并不一定作为构件整体破坏的判别标准。

　　热轧型钢由于轧制条件,其板件宽厚比较小,都能满足 S3 级截面的要求,承载能力极限状态下翼缘可以全部达到屈服而不发生局部失稳,因此不需要计算其局部稳定性。

14.3.5　受压翼缘的局部稳定

受弯构件的受压翼缘沿厚度方向的应力梯度很小,可以近似作为受均布压应力作用的板件。根据弹性力学小挠度理论,由薄板屈曲平衡关系,可以得到四边支承、两端均匀受压板在弹性失稳时的临界应力,其表达式已于14.2.8 节中给出(式(14.15)),即

$$\sigma_{cr} = \chi k \frac{\pi^2 E}{12(1-v^2)} \left(\frac{t}{b}\right)^2 \tag{14.31}$$

对于板件的嵌固系数 χ,由于支撑翼缘的腹板一般较薄,对翼缘的约束作用很小,因此可取 χ=1.0。

当需要充分发挥材料强度时,应使翼缘发生局部失稳时的临界应力 σ_{cr} 不低于钢材的屈服点 f_y,一般采用限制宽厚比的方法保证梁受压翼缘板的稳定性。《钢标》有如下规定。

3.5.1 条文说明(部分)

对工字形截面的翼缘,三边简支、一边自由的板件的屈曲系数 K 为 0.43,按式(1)计算,临界应力达到屈服应力 f_y=235 N/mm² 时板件宽厚比为 18.6。

$$\left(\frac{b_1}{t}\right)_y = \sqrt{\frac{K\pi^2 E}{12(1-v^2)f_y}} \tag{1}$$

式中　K——屈曲系数;

　　　E——钢材弹性模量;

　　　f_y——钢材屈服强度;

　　　v——钢材的泊松比。

五级分类的界限宽厚比分别是 $\left(\frac{b_1}{t}\right)_y$ 的 0.5、0.6、0.7、0.8 和 1.1 倍取整数。带有自由边的板件,局部屈曲后可能带来截面刚度中心的变化,从而改变构件的受力,所以即使 S5 级可采用有效截面法计算承载力,本次修订时仍然对板件宽厚比给予限制。

对箱形截面的翼缘,四边简支板的屈曲系数 K 为 4,按式(1)计算,临界应力达到屈服应力 f_y=235 N/mm² 时板件宽厚比为 56.29。S1 级、S2 级、S3 级和 S4 级分类的界限宽厚比分别为 $\left(\frac{b_1}{t}\right)_y$ 的 0.5、0.6、0.7 和 0.8 倍并适当调整成整数。对 S5 级,因为两纵向边支承的翼缘有屈曲后强度,所以板件宽厚比不再作额外限制。

14.3.6　腹板的局部稳定和加劲肋设计

当前有两种方法考虑组合梁腹板的局部稳定。对于承受静力荷载和间接承受动力荷载的焊接截面梁,允许腹板在梁整体失稳前屈曲,并利用其屈曲后强度。对于直接承受动力荷载的吊车梁及类似构件,以腹板的屈曲作为承载能力的极限状态,应按规范要求配置加劲肋并计算腹板的稳定性。《钢标》有如下规定。

6.3.1　承受静力荷载和间接承受动力荷载的焊接截面梁可考虑腹板屈曲后强度,按本标准第 6.4 节的规定计算其受弯和受剪承载力。**不考虑腹板屈曲后强度时,当 h_0/t_w>80ε_k,焊接截面梁应计算腹板的稳定性**, h_0 为腹板的计算高度, t_w 为腹板的厚度。轻级、中级工作制吊车梁计算腹板的稳定性时,吊车轮压设计值可乘以折减系数 0.9(**编者注:适当参考了腹板的局部屈曲后强度**)。

3.3.2 条文说明(部分)

……为便于计算,本标准所指的工作制与现行国家标准《建筑结构荷载规范》(GB 50009—2012)中的荷载状态相同,即轻级工作制(轻级荷载状态)吊车相当于 A1~A3 级,中级工作制相当于 A4、A5 级,重级工作制相当于 A6~A8 级,其中 A8 为特重级。

为了提高腹板的稳定性,可以增加腹板的厚度,也可以设置加劲肋,但是采用后者往往比较经济。

腹板加劲肋和翼缘板可以看作腹板的支承,将腹板划分为若干个四边支承的矩形板区格,而这些板区格一般会有弯曲应力、剪应力及局部压应力的共同作用。对于可能因剪应力或局部应力引起屈曲的腹板,应按一定间距设置横向加劲肋;对可能因弯曲应力引起屈曲的腹板,宜在腹板受压区距受压翼缘 $h_0/5 \sim h_0/4$ 的高度位置处设置纵向加劲肋;短加劲肋则主要用于防止由于局部压应力过大而引起的腹板屈曲。一般剪应力最容易引起腹板失稳,因此横向加劲肋是最经常采用的。对于三种加劲肋的配置原则,《钢标》有如下规定。

6.3.2 焊接截面梁腹板配置加劲肋应符合下列规定。

1 当 $h_0/t_w \leqslant 80\varepsilon_k$ 时,对有**局部压应力的梁**,宜按构造配置横向加劲肋;当局部压应力较小时,可不配置加劲肋。

2 直接承受动力荷载的吊车梁及类似构件,应按下列规定配置加劲肋(图 6.3.2)。

1)当 $h_0/t_w > 80\varepsilon_k$ 时,应配置横向加劲肋。

2)当受压翼缘扭转受到约束且 $h_0/t_w > 170\varepsilon_k$、受压翼缘扭转未受到约束且 $h_0/t_w > 150\varepsilon_k$,或按计算需要时,应在弯曲应力较大区格的受压区增加配置纵向加劲肋。局部压应力很大的梁,必要时尚宜在受压区配置**短加劲肋**;对单轴对称梁,当确定是否要配置纵向加劲肋时,h_0 应取腹板受压区高度 h_c 的 2 倍。

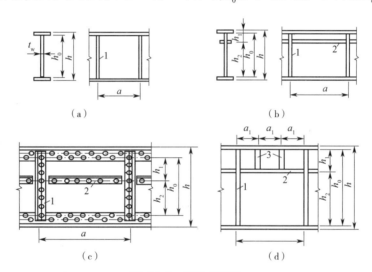

图 6.3.2 加劲肋布置

1—横向加劲肋;2—纵向加劲肋;3—短加劲肋

3 不考虑腹板屈曲后强度时,当 $h_0/t_w > 80\varepsilon_k$ 时,宜配置横向加劲肋。

4 h_0/t_w 不宜超过 250。

5 梁的支座处和上翼缘受较大固定集中荷载处,宜设置支承加劲肋。

6 腹板的**计算高度 h_0** 应按下列规定采用:对轧制型钢梁,为腹板与上、下翼缘相接处两内弧起点间的距离;对焊接截面梁,为腹板高度;对高强度螺栓连接(或铆接)梁,为上、下翼缘与腹板连接的高强度螺栓(或铆钉)线间最近距离(图 6.3.2)。

1. 单项临界应力的计算

计算腹板区格在弯曲应力、剪应力和局部压应力单独作用下的各项屈曲临界应力时,《钢标》采用国际上通行的表达方式,引入了腹板正则化高厚比的概念,同时考虑了腹板几何缺陷和残余应力的影响。

定义正则化高厚比为钢材受弯、受剪或受压的屈服强度与相应腹板区格抗弯、抗剪或局部承压弹性屈曲临界应力比值的平方根,其通用表达式为

$$\lambda_n = \sqrt{\frac{f_y}{\sigma_{cr}}} \tag{14.32}$$

由板的弹性稳定理论得到的式（14.31）改写为腹板高厚比，可得四边支承受弯板件的边缘临界应力为

$$\sigma_{cr} = \chi k \frac{\pi^2 E}{12(1-\nu^2)} \left(\frac{t_w}{h_0}\right)^2 \tag{14.33}$$

将式（14.33）代入式（14.32），取钢材的弹性模量 $E=206 \times 10^3$ N/mm²，泊松比 $\nu =0.3$ 后可得

$$\lambda_n = \frac{h_0/t_w}{431.5\sqrt{\chi k}} \sqrt{f_y} \tag{14.34}$$

式中　λ_n——梁腹板进行受弯计算时的正则化高厚比 $\lambda_{n,b}$、受剪计算时的正则化高厚比 $\lambda_{n,s}$ 和局部承压计算时的正则化高厚比 $\lambda_{n,c}$；

f_y——梁腹板的单项应力作用下的屈服点，受弯、局部承压计算时为 f_y，受剪计算时为 f_{vy}，$f_{vy} = \frac{1}{\sqrt{3}} f_y$；

σ_{cr}——梁腹板受弯屈曲临界应力 σ_{cr}、受剪屈曲临界应力 τ_{cr} 和局部承压屈曲临界应力 $\sigma_{c,cr}$。

1）仅设横向加劲肋的腹板区格

Ⅰ. 弯曲临界应力 σ_{cr}

对于没有任何缺陷和残余应力影响的理想弹塑性板，不存在弹性和塑性的过渡区，塑性和弹性范围的分界点就是 $\lambda_{n,b} = \sqrt{f_y/\sigma_{cr}} = 1.0$，即 $\sigma_{cr}=f_y$。根据 14.3.3 节对梁整体失稳的介绍可知，稳定系数 $\varphi_b > 0.6$ 时，梁已进入非弹性即塑性工作阶段，此时 $\lambda_{n,b} = \sqrt{1/\varphi_b} = \sqrt{1/0.6} = 1.29$，考虑到残余应力对腹板局部屈曲的影响小于对梁整体屈曲的影响，《钢标》取 $\lambda_{n,b} =1.25$ 作为弹塑性范围和弹性范围的分界点。考虑到实际工程中的板存在缺陷和残余应力，取 $\lambda_{n,b} =0.85$ 作为塑性范围和弹塑性范围的分界点。因此，弯曲临界应力 σ_{cr} 的取值如下。

6.3.3　仅配置横向加劲肋的腹板[图 6.3.2（a）]，其各区格的局部稳定应按下列公式计算。

σ_{cr} 应按下列公式计算。

当 $\lambda_{n,b} \leq 0.85$ 时：

$$\sigma_{cr} = f \tag{6.3.3-3}$$

当 $0.85 < \lambda_{n,b} \leq 1.25$ 时：

$$\sigma_{cr} = [1-0.75(\lambda_{n,b}-0.85)]f \tag{6.3.3-4}$$

当 $\lambda_{n,b} > 1.25$ 时：

$$\sigma_{cr} = 1.1f/\lambda_{n,b}^2 \tag{6.3.3-5}$$

式中　$\lambda_{n,b}$——梁腹板受弯计算的正则化宽厚比。

四边简支受弯板的屈曲系数为 $k_b =23.9$，代入式（14.34）后可得

$$\lambda_{n,b} = \frac{h_0/t_w}{137.6\sqrt{\chi_b}} \frac{1}{\varepsilon_k} \tag{14.35}$$

当梁的受压翼缘扭转受到约束时，取嵌固系数 $\chi_b =1.66$ 代入式（14.35）并取整后可得

$$\lambda_{n,b} = \frac{h_0/t_w}{177} \frac{1}{\varepsilon_k} \tag{14.36-a}$$

当梁的受压翼缘扭转未受到约束时，取嵌固系数 $\chi_b =1.0$ 代入式（14.35）并取整后可得

$$\lambda_{n,b} = \frac{h_0/t_w}{138} \frac{1}{\varepsilon_k} \tag{14.36-b}$$

当梁截面为单轴对称时，为了提高梁的整体稳定性，一般会加强受压翼缘，这样腹板的受压区高度 h_c 会小于 $h_0/2$，腹板边缘压应力会小于边缘拉应力，这样在计算时屈曲系数 k_b 应大于 23.9，但实际计算中仍取 $k_b =23.9$，而将腹板高度 h_0 用 $2h_c$ 代替，式（14.36-a）和式（14.36-b）即变成《钢标》给出的计算公式。

6.3.3　仅配置横向加劲肋的腹板[图 6.3.2(a)],其各区格的局部稳定应按下列公式计算。

当梁受压翼缘扭转受到约束时:

$$\lambda_{n,b} = \frac{2h_c/t_w}{177} \cdot \frac{1}{\varepsilon_k} \tag{6.3.3-6}$$

当梁受压翼缘扭转未受到约束时:

$$\lambda_{n,b} = \frac{2h_c/t_w}{138} \cdot \frac{1}{\varepsilon_k} \tag{6.3.3-7}$$

式中　h_c——梁腹板弯曲受压区高度(mm),对双轴对称截面 $2h_c = h_0$。

Ⅱ. 剪切临界应力 τ_{cr}

四边简支板单纯受剪作用后,会在板内形成斜向压应力带,压应力带会造成板的屈曲失稳。腹板受剪正则化宽厚比为 $\lambda_{n,s} = \sqrt{\dfrac{f_{vy}}{\tau_{cr}}}$, f_{vy} 为钢材的受剪屈服强度。考虑到 $f_{vy} = \dfrac{1}{\sqrt{3}} f_y$,对式(14.34)修正后可得 $\lambda_{n,s}$ 的计算公式为

$$\lambda_{n,s} = \frac{h_0/t_w}{37\sqrt{\chi_s k_s}} \frac{1}{\varepsilon_k} \tag{14.37}$$

式中　χ_s、k_s——受剪腹板的嵌固约束系数和屈曲系数。

受剪腹板的屈曲系数 k_s 与腹板区格长宽比 a/h_0 有关,其中 a 为腹板横向加劲肋的间距。

当 $a/h_0 \leq 1.0$ 时:

$$k_s = 4 + 5.34(h_0/a)^2 \tag{14.38-a}$$

当 $a/h_0 > 1.0$ 时:

$$k_s = 5.34 + 4(h_0/a)^2 \tag{14.38-b}$$

将 k_s 的上述计算公式代入式(14.37)后,便可得到《钢标》中给出的受剪正则化高厚比 $\lambda_{n,s}$ 的计算公式。

6.3.3　仅配置横向加劲肋的腹板[图 6.3.2(a)],其各区格的局部稳定应按下列公式计算。

当 $a/h_0 \leq 1.0$ 时:

$$\lambda_{n,s} = \frac{h_0/t_w}{37\eta\sqrt{4 + 5.34(h_0/a)^2}} \cdot \frac{1}{\varepsilon_k} \tag{6.3.3-11}$$

当 $a/h_0 > 1.0$ 时:

$$\lambda_{n,s} = \frac{h_0/t_w}{37\eta\sqrt{5.34 + 4(h_0/a)^2}} \cdot \frac{1}{\varepsilon_k} \tag{6.3.3-12}$$

式中　η——简支梁取 1.11,框架梁梁端最大应力区取 1。(编者注: $\eta = \sqrt{\chi_s}$)

规范将受剪腹板产生塑性屈曲范围和弹塑性屈曲范围的分界点取为 $\lambda_{n,s} = 0.8$,将产生弹性屈曲和弹塑性屈曲的分界点取为 $\lambda_{n,s} = 1.2$ 。因此,剪切临界应力 τ_{cr} 的取值如下。

6.3.3　仅配置横向加劲肋的腹板[图 6.3.2(a)],其各区格的局部稳定应按下列公式计算。

τ_{cr} 应按下列公式计算。

当 $\lambda_{n,s} \leq 0.8$ 时:

$$\tau_{cr} = f_v \tag{6.3.3-8}$$

当 $0.8 < \lambda_{n,s} \leq 1.2$ 时:

$$\tau_{cr} = [1 - 0.59(\lambda_{n,s} - 0.8)]f_v \tag{6.3.3-9}$$

当 $\lambda_{n,s} > 1.2$ 时:

$$\tau_{cr} = 1.1f_v/\lambda_{n,s}^2 \tag{6.3.3-10}$$

式中 $\lambda_{n,s}$——梁腹板受剪计算的正则化宽厚比。

当腹板不设置横向加劲肋时,受剪腹板的屈曲系数 $k_s = 5.34$。若要求 $\tau_{cr} = f_{vy}$,则需满足 $\lambda_{n,s} \leq 0.8$,由式(14.37)变换后可得腹板高厚比限值为

$$\frac{h_0}{t_w} \leq 0.8 \times 37 \times 1.11 \times \sqrt{5.34}\varepsilon_k = 75.93\varepsilon_k \tag{14.39}$$

考虑到区格腹板内的平均剪应力一般低于 f_{vy},经取整后,《钢标》规定:当 $h_0/t_w > 80\varepsilon_k$ 时,焊接截面梁的腹板承载力由稳定性控制,应验算其腹板稳定性;当 $h_0/t_w \leq 80\varepsilon_k$ 时,腹板的承载力由剪切强度控制,可不验算该腹板的稳定性。

Ⅲ. 局部压应力作用下的临界应力 $\sigma_{c,cr}$

《钢标》将局部压应力作用下腹板产生塑性屈曲范围和弹塑性屈曲范围的分界点取为 $\lambda_{n,c} = 0.9$,将产生弹性屈曲和弹塑性屈曲的分界点取为 $\lambda_{n,c} = 1.2$。因此,局部受压临界应力 $\sigma_{c,cr}$ 的取值如下。

6.3.3 仅配置横向加劲肋的腹板[图 6.3.2(a)],其各区格的局部稳定应按下列公式计算。

$\sigma_{c,cr}$ 应按下列公式计算。

当 $\lambda_{n,c} \leq 0.9$ 时:

$$\sigma_{c,cr} = f \tag{6.3.3-13}$$

当 $0.9 < \lambda_{n,c} \leq 1.2$ 时:

$$\sigma_{c,cr} = [1 - 0.79(\lambda_{n,c} - 0.9)]f \tag{6.3.3-14}$$

当 $\lambda_{n,c} > 1.2$ 时:

$$\sigma_{c,cr} = 1.1f/\lambda_{n,c}^2 \tag{6.3.3-15}$$

式中 $\lambda_{n,c}$——梁腹板受局部压力计算时的正则化宽厚比。

承受局部压应力作用的翼缘板对腹板的嵌固系数 χ_c 为

$$\chi_c = 1.81 - 0.255\frac{h_0}{a} \tag{14.40}$$

与嵌固系数相匹配的屈曲系数 k_c 如下。

当 $0.5 \leq a/h_0 \leq 1.5$ 时:

$$k_c = \left(7.4 + 4.5\frac{h_0}{a}\right)\frac{h_0}{a} \tag{14.41-a}$$

当 $1.5 < a/h_0 \leq 2.0$ 时:

$$k_c = \left(11 - 0.9\frac{h_0}{a}\right)\frac{h_0}{a} \tag{14.41-b}$$

将上述 χ_c、k_c 两个系数简化后代入式(14.34),便可得到《钢标》中给出的局部受压时的正则化高厚比 $\lambda_{n,c}$ 的计算公式。

6.3.3 仅配置横向加劲肋的腹板[图 6.3.2(a)],其各区格的局部稳定应按下列公式计算。

当 $0.5 \leq a/h_0 \leq 1.5$ 时:

$$\lambda_{n,c} = \frac{h_0/t_w}{28\sqrt{10.9 + 13.4(1.83 - a/h_0)^3}} \cdot \frac{1}{\varepsilon_k} \tag{6.3.3-16}$$

当 $1.5 < a/h_0 \leq 2.0$ 时:

$$\lambda_{n,c} = \frac{h_0/t_w}{28\sqrt{18.9 - 5a/h_0}} \cdot \frac{1}{\varepsilon_k} \tag{6.3.3-17}$$

在以上三组临界应力 σ_{cr}、τ_{cr}、$\sigma_{c,cr}$ 的取值中,规范在塑性和弹塑性范围内均引入了材料的抗力分项系数,即对于宽厚比较小的腹板,取临界应力等于强度设计值 f 或 f_v;而在弹性范围内为了保持和原规范一致,临界应力的取值都是采用理论屈服点,即强度标准值 f_y 或 f_{vy},《钢标》式(6.3.3-5)、式(6.3.3-15)中的 $1.1f \approx f_y$,式(6.3.3-10)中的 $1.1f_v \approx f_{vy}$。

2)设横向加劲肋和纵向加劲肋的腹板区格

根据腹板区格在不同边界条件下屈曲系数 k 及嵌固系数 χ 的取值,基于式(14.34)同样可以推导出单项应力作用下腹板区格相应的临界应力,此处不再介绍。《钢标》有如下规定。

6.3.4 同时用横向加劲肋和纵向加劲肋加强的腹板[图6.3.2(b)、(c)],其局部稳定性应按下列公式计算。

1 受压翼缘与纵向加劲肋之间的区格。

1)σ_{cr1} 应按本标准式(6.3.3-3)至式(6.3.3-5)计算,但式中的 $\lambda_{n,b}$ 改用下列 $\lambda_{n,b1}$ 代替。

当梁受压翼缘扭转受到约束时:

$$\lambda_{n,b1} = \frac{h_1/t_w}{75\varepsilon_k} \tag{6.3.4-2}$$

当梁受压翼缘扭转未受到约束时:

$$\lambda_{n,b1} = \frac{h_1/t_w}{64\varepsilon_k} \tag{6.3.4-3}$$

2)τ_{cr1} 应按本标准式(6.3.3-8)至式(6.3.3-12)计算,但将式中的 h_0 改为 h_1。

3)$\sigma_{c,cr1}$ 应按本标准式(6.3.3-3)至式(6.3.3-5)计算,但式中的 $\lambda_{n,b}$ 改用下列 $\lambda_{n,c1}$ 代替。

当梁受压翼缘扭转受到约束时:

$$\lambda_{n,c1} = \frac{h_1/t_w}{56\varepsilon_k} \tag{6.3.4-4}$$

当梁受压翼缘扭转未受到约束时:

$$\lambda_{n,c1} = \frac{h_1/t_w}{40\varepsilon_k} \tag{6.3.4-5}$$

2 受拉翼缘与纵向加劲肋之间的区格。

1)σ_{cr2} 应按本标准式(6.3.3-3)至式(6.3.3-5)计算,但式中的 $\lambda_{n,b}$ 改用下列 $\lambda_{n,b2}$ 代替。

$$\lambda_{n,b2} = \frac{h_2/t_w}{194\varepsilon_k} \tag{6.3.4-7}$$

2)τ_{cr2} 应按本标准式(6.3.3-8)至式(6.3.3-12)计算,但将式中的 h_0 改为 h_2($h_2 = h_0 - h_1$)。

3)$\sigma_{c,cr2}$ 应按本标准式(6.3.3-13)至式(6.3.3-17)计算,但将式中的 h_0 改为 h_2,<u>当 $a/h_2 > 2$ 时,取 $a/h_2 = 2$</u>。

式中　h_1——纵向加劲肋至腹板计算高度受压边缘的距离(mm)。

---

3)受压翼缘与纵向加劲肋之间配置短加劲肋的区格

《钢标》有如下规定。

6.3.5 在受压翼缘与纵向加劲肋之间设有短加劲肋的区格[图6.3.2(d)],其局部稳定性应按本标准式(6.3.4-1)计算。

①该式中的 σ_{cr1} 仍按本标准第6.3.4条第1款计算;

②τ_{cr1} 按本标准式(6.3.3-8)至式(6.3.3-12)计算,但将 h_0 和 a 分别改为 h_1 和 a_1,a_1 为短加劲肋间距;

③$\sigma_{c,cr1}$ 按本标准式(6.3.3-3)至式(6.3.3-5)计算,但式中 $\lambda_{n,b}$ 改用下列 $\lambda_{n,c1}$ 代替。

当梁受压翼缘扭转受到约束时:

$$\lambda_{n,c1} = \frac{a_1/t_w}{87\varepsilon_k} \tag{6.3.5-1}$$

当梁受压翼缘扭转未受到约束时：

$$\lambda_{n,c1} = \frac{a_1/t_w}{73\varepsilon_k} \tag{6.3.5-2}$$

对 $a_1/h_1 > 1.2$ 的区格，式（6.3.5-1）或式（6.3.5-2）右侧应乘以 $\dfrac{1}{\sqrt{0.4+0.5a_1/h_1}}$。

2. 腹板区格的稳定性验算

以上分别介绍了腹板区格在三种应力单独作用下的屈曲问题，在实际梁的腹板中常同时存在几种应力同时作用。当几种应力的组合达到某一特定值时，腹板将产生局部失稳，但是其屈曲条件的求解非常繁杂，《钢标》采用相关公式的方法来表示这一屈曲条件。

1）仅设横向加劲肋的腹板区格

《钢标》有如下规定。

6.3.3 仅配置横向加劲肋的腹板[图6.3.2(a)]，其各区格的局部稳定应按下列公式计算：

$$\left(\frac{\sigma}{\sigma_{cr}}\right)^2 + \left(\frac{\tau}{\tau_{cr}}\right)^2 + \frac{\sigma_c}{\sigma_{c,cr}} \leqslant 1.0 \tag{6.3.3-1}$$

$$\tau = \frac{V}{h_w t_w} \tag{6.3.3-2}$$

式中　σ——所计算腹板区格内，由平均弯矩产生的腹板计算高度边缘的弯曲压应力（N/mm²）；

　　　τ——所计算腹板区格内，由平均剪力产生的腹板平均剪应力（N/mm²）；

　　　σ_c——腹板计算高度边缘的局部压应力（N/mm²），应按本标准式（6.1.4-1）计算，<u>但取式中的 $\psi=1.0$</u>；

　　　h_w——腹板高度（mm）；

　　　σ_{cr}、τ_{cr}、$\sigma_{c,cr}$——各种应力单独作用下的临界应力（N/mm²）。

2）设横向加劲肋和纵向加劲肋的腹板区格

《钢标》有如下规定。

6.3.4 **同时用横向加劲肋和纵向加劲肋加强的腹板**[图6.3.2(b)、(c)]，其局部稳定性应按下列公式计算。

1 **受压翼缘与纵向加劲肋之间的区格**：

$$\frac{\sigma}{\sigma_{cr1}} + \left(\frac{\tau}{\tau_{cr1}}\right)^2 + \left(\frac{\sigma_c}{\sigma_{c,cr1}}\right)^2 \leqslant 1.0 \tag{6.3.4-1}$$

2 **受拉翼缘与纵向加劲肋之间的区格**：

$$\left(\frac{\sigma_2}{\sigma_{cr2}}\right)^2 + \left(\frac{\tau}{\tau_{cr2}}\right)^2 + \frac{\sigma_{c2}}{\sigma_{c,cr2}} \leqslant 1.0 \tag{6.3.4-6}$$

式中　σ_2——所计算区格内由平均弯矩产生的腹板在纵向加劲肋处的弯曲压应力（N/mm²）；

　　　σ_{c2}——腹板在纵向加劲肋处的横向压应力（N/mm²），<u>取 $0.30\sigma_c$</u>。

3）受压翼缘与纵向加劲肋之间配置短加劲肋的区格

《钢标》有如下规定。

6.3.5 **在受压翼缘与纵向加劲肋之间设有短加劲肋的区格**[图6.3.2(d)]，其局部稳定性应按本标准式（6.3.4-1）计算。

3. 加劲肋设计

加劲肋的设置可以减小板件的宽厚比，从而达到提高板件屈曲应力的作用。对于受轴压和受弯板需要设置纵向加劲肋，以减小腹板的宽厚比，横向加劲肋对这两类受力的腹板不起作用。对于受剪腹板，纵、横向加劲肋均能有效提高板件的失稳承载力。

　　轴压板件和受弯板件设置纵向加劲肋的方式不相同。受轴向压力作用的腹板截面承受均匀的压应力，纵向加劲肋应设置在腹板高度的中央位置，以减小一半的板件宽厚比。受弯板件的纵向加劲肋应设置在受压区，一般位于距压受区边缘 1/5~1/4 腹板高度的位置。

　　加劲肋的主要布置原则如下。

　　（1）加劲肋需要有足够大的面外刚度为腹板提供一个平直边，两侧布置或一侧布置均可。但是考虑到受力特点，对于荷载较大时的加劲肋，如支承加劲肋、重级工作制吊车梁加劲肋应双侧对称配置。

　　（2）考虑到安全性和经济性，对横向加劲肋的最大和最小间距应做出基本构造要求。

　　（3）为了使横向加劲肋满足三边简支、一边自由轴压板件的弹性稳定要求，对其厚度 t_s 做出最小限制。

　　（4）腹板一侧设置横向加劲肋时，其外伸宽度和厚度应按与双侧配置时惯性矩相等的原则确定。

　　（5）对加劲肋的刚度提出了一定要求时，对于纵向加劲肋需保证其两侧腹板独立受力变形，对于横向加劲肋需对纵向加劲肋提供充分的支承。

　　《钢标》有如下规定。

6.3.6　加劲肋的设置应符合下列规定。

　　1　加劲肋宜在腹板两侧成对配置，也可单侧配置，但支承加劲肋、重级工作制吊车梁的加劲肋不应单侧配置。

　　2　**横向加劲肋**的最小间距应为 $0.5h_0$，除无局部压应力的梁，当 $h_0/t_w \leqslant 100$ 时，最大间距可采用 $2.5h_0$ 外，最大间距应为 $2h_0$。纵向加劲肋至腹板计算高度受压边缘的距离应为 $h_c/2.5 \sim h_c/2$。

　　3　在腹板**两侧成对配置**的钢板**横向加劲肋**，其截面尺寸应符合下列公式规定。

　　外伸宽度：

$$b_s = \frac{h_0}{30} + 40 \tag{6.3.6-1}$$

　　厚度：

$$t_s \geqslant \begin{cases} \dfrac{b_s}{15} & \text{承压加劲肋} \\[2mm] \dfrac{b_s}{10} & \text{不受力加劲肋} \end{cases} \tag{6.3.6-2}$$

　　4　在腹板**一侧配置**的**横向加劲肋**，其**外伸宽度**应大于按式（6.3.6-1）算得的 1.2 倍，**厚度**应符合式（6.3.6-2）的规定。

　　5　在**同时采用横向加劲肋和纵向加劲肋加强的腹板**中，**横向加劲肋的**截面尺寸除符合本条第 1~4 款规定外，其**截面惯性矩 I_z** 尚应符合下式要求：

$$I_z \geqslant 3h_0 t_w^3 \tag{6.3.6-3}$$

　　纵向加劲肋的截面惯性矩 I_y，应符合下列公式要求。

　　当 $a/h_0 \leqslant 0.85$ 时：

$$I_y \geqslant 1.5 h_0 t_w^3 \tag{6.3.6-4}$$

　　当 $a/h_0 > 0.85$ 时：

$$I_y \geqslant \left(2.5 - 0.45\frac{a}{h_0}\right)\left(\frac{a}{h_0}\right)^2 h_0 t_w^3 \tag{6.3.6-5}$$

　　6　**短加劲肋**的最小**间距**为 $0.75h_1$。短加劲肋外伸宽度应取横向加劲肋外伸宽度的 70%~100%，厚度不应小于短加劲肋外伸宽度的 1/15。

6.3.7　梁的**支承加劲肋**应符合下列规定。

　　1　应按承受梁支座反力或固定集中荷载的轴心受压构件计算其在腹板平面外的稳定性；此受压构件的截面应包括加劲肋和加劲肋每侧 $15t_w\varepsilon_k$ 范围内的腹板面积，计算长度取 h_0。

2　当梁支承加劲肋的端部为刨平顶紧时,应按其所承受的支座反力或固定集中荷载计算其端面承压应力;突缘支座的突缘加劲肋的伸出长度不得大于其厚度的 2 倍;当端部为焊接时,应按传力情况计算其焊缝应力。

3　支承加劲肋与腹板的连接焊缝,应按传力需要进行计算。

支承加劲肋在计算腹板平面外轴压稳定性时的截面面积及突缘支座的设置要求如图 14.18 所示。

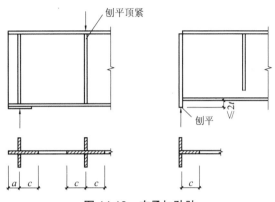

图 14.18　支承加劲肋

14.3.7　考虑腹板屈曲后强度的截面设计

1. 受压翼缘的屈曲后强度

工字形、槽形等截面的受压外伸翼缘,虽然是一边自由的板件,也存在屈曲后强度。板件一旦失稳,近腹板处的承载强度还能有所提升,如图 14.19 所示。但屈曲后继续承载的潜力不是很大,计算也很复杂,一般在工程设计中不考虑利用其屈曲后强度。

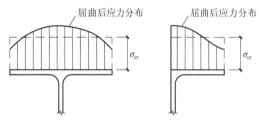

图 14.19　受压翼缘屈曲后的应力分布

2. 腹板的屈曲后强度

理论分析和试验证明,四边支承的薄板屈曲性能与压杆不同,压杆一旦屈曲即达到承载能力极限状态,其屈曲荷载就是其极限荷载。而四边支承的薄板的屈曲荷载并不是它的极限荷载,薄板屈曲后还有较大的继续承载能力,称为屈曲后强度。

四边支承板,如果支承较强,则当板屈曲并产生侧向位移时,板中面内将产生薄膜张力场,张力的作用增强了板的抗弯刚度,可阻止侧向位移的加大,使板能继续承受更大的荷载,直至板屈服或板的四边支承破坏,这就是产生薄板屈曲后强度的由来。

焊接截面钢梁的腹板可看作支承在刚度较大的上、下翼缘板和两横向加劲肋之间的四边支承板而利用其屈曲后强度。

1)考虑腹板受剪屈曲后强度的抗剪承载力

腹板在剪应力作用下产生的主应力分布如图 14.20 所示,σ_1 为沿对角线的主拉应力,σ_2 为沿对角线的主压应力。当剪应力达到临界应力时,腹板区格将沿 45° 斜向屈曲,称为腹板因剪应力而失稳,此时腹板承担的剪力为 V_{cr},如前所述,$V_{cr} = h_w t_w \tau_{cr}$。

如果 $\tau_{cr} < f_{vy}$,腹板虽然受剪屈曲,不能再承受继续增加的斜向压力,但在另一方向的主拉应力尚未达到屈服点,因薄膜张力作用还可继续受拉,最终腹板区格只有斜向张力场在起作用。此时的焊接截面梁的受力模型可以简化成如图 14.21 所示桁架,翼缘板相当于桁架的上、下弦杆,横向加劲肋相当于其竖腹杆,而腹板的张力场则相当于桁架的斜拉腹杆。

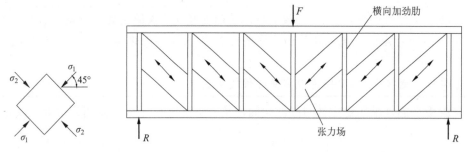

图 14.20　剪应力作用下

腹板的主应力状态

图 14.21　腹板中的张力场作用

随着剪力的继续增加,张力场的张力也不断增大,直到腹板屈服为止。考虑腹板屈曲后张力场的效果,腹板能承担的极限剪力 V_{u} 由两部分组成,一部分为屈曲剪力 V_{cr},另一部分为张力场剪力 V_{tf}。腹板斜向张力场中拉力的水平分力由翼缘板承受,而竖向分力由于翼缘板的弯曲刚度小,则主要由横向加劲肋承担。

腹板能承担的极限剪力 V_{u} 为

$$V_{u}=V_{cr}+V_{tf} \tag{14.42}$$

由于 V_{tf} 的计算方法比较复杂,为了简化计算,《钢标》采用了一个根据数值计算结果得到的拟合函数,即不同尺寸区格腹板考虑屈曲后强度剪切承载力的下限,腹板极限剪力设计值的计算公式如下。

6.4.1　腹板仅配置支承加劲肋且较大荷载处尚有中间横向加劲肋,同时考虑屈曲后强度的工字形焊接截面梁[图 6.3.2(a)],应按下列公式验算受弯和受剪承载能力。

梁受剪承载力设计值 V_{u} 应按下列公式计算。

当 $\lambda_{n,s} \leqslant 0.8$ 时:

$$V_{u} = h_{w}t_{w}f_{v} \tag{6.4.1-8}$$

当 $0.8 < \lambda_{n,s} \leqslant 1.2$ 时:

$$V_{u} = h_{w}t_{w}f_{v}[1-0.5(\lambda_{n,s}-0.8)] \tag{6.4.1-9}$$

当 $\lambda_{n,s} > 1.2$ 时:

$$V_{u} = h_{w}t_{w}f_{v}/\lambda_{n,s}^{1.2} \tag{6.4.1-10}$$

式中　$\lambda_{n,s}$——用于腹板受剪计算时的正则化宽厚比,按本标准式(6.3.3-11)、式(6.3.3-12)计算,当焊接截面梁仅配置支座加劲肋时,取本标准式(6.3.3-12)中的 $h_{0}/a=0$。

上述梁受剪承载力设计值 V_{u} 的计算公式,既适用于焊接工字梁只在梁两端配置支承加劲肋而跨度中不配置横向加劲肋的情况,也适用于同时配置支承加劲肋和横向加劲肋的情况。

图 14.22 给出了《钢标》中不考虑腹板屈曲后抗剪强度的计算公式和考虑腹板屈曲后抗剪强度的计算公式对比曲线,其中阴影部分为屈曲后抗剪强度的增量。可以看出,当 $\lambda_{n,s} \leqslant 1.2$ 即进入弹塑性阶段后,屈曲后强度作用明显减少。

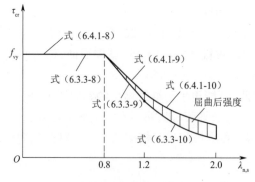

图 14.22　《钢标》考虑屈曲前后强度对比

2）考虑腹板受弯屈曲后强度的抗弯承载力

当梁腹板区格在弯矩作用下受压边缘的最大压应力达到 σ_{cr} 时，腹板发生弯曲屈曲变形，但是由于薄膜张力的作用仍能继续承受增加的弯矩。这就意味着虽然梁腹板区格的弯曲临界应力 $\sigma_{cr} < f_y$，但是屈曲后的腹板受压区边缘应力仍能增大，直至受压区边缘纤维应力达到屈服应力 f_y，可认为达到承载能力极限状态。

极限状态时梁的中和轴也略有下降，腹板受拉区全部有效，而受压区的应力不再是线性分布。如图 14.23 所示，受压区可按有效高度 ρh_c 考虑，扣除中间部分，形成上、下两个有效截面区域。同时，为了简化计算，忽略腹板受压屈曲后梁中和轴的变动，假设弯曲受拉区也有相应高度为 $(1-\rho)h_c$ 的腹板退出工作，计算结果偏于安全。

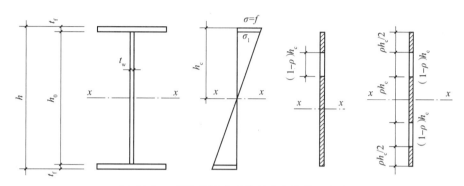

图 14.23　梁腹板屈曲后的假定有效截面高度

利用梁腹板屈曲后强度的抗弯承载力设计值 M_{eu} 按截面有效高度可表示为

$$M_{eu} = \gamma_x \alpha_e W_x f \tag{14.43}$$

式中　γ_x——梁截面塑性发展系数；

　　　W_x——按受拉或受压最大纤维确定的梁毛截面模量；

　　　α_e——梁的毛截面模量考虑腹板有效高度的折减系数。

设 I_x 为梁截面在腹板发生屈曲前绕 x 轴的惯性矩，I_{xe} 为腹板受压屈曲后按有效梁截面考虑的绕 x 轴的惯性矩，可得

$$I_{xe} = I_x - 2(1-\rho)h_c t_w \left(\frac{h_c}{2}\right)^2 = I_x - \frac{(1-\rho)}{2}h_c^3 t_w \tag{14.44}$$

$$\alpha_e = \frac{I_{xe}}{I_x} = 1 - \frac{(1-\rho)}{2I_x}h_c^3 t_w \tag{14.45}$$

式中　h_c——按梁截面全部有效算得的腹板受压区高度；

　　　ρ——梁腹板受压区有效高度系数。

腹板受压区有效高度系数 ρ 和受弯局部稳定计算一样以正则化宽厚比 $\lambda_{n,b}$ 作为参数。ρ 值可分为三个区段，分界点和局部稳定计算相同。

由此，对于考虑腹板受弯屈曲后强度的抗弯承载力计算，《钢标》有如下规定。

6.4.1　腹板仅配置支承加劲肋且较大荷载处尚有中间横向加劲肋，同时考虑屈曲后强度的工字形焊接截面梁[图 6.3.2（a）]，应按下列公式验算受弯和受剪承载能力。

梁受弯承载力设计值 M_{eu} 应按下列公式计算：

$$M_{eu} = \gamma_x \alpha_e W_x f \tag{6.4.1-3}$$

$$\alpha_e = 1 - \frac{(1-\rho)}{2I_x}h_c^3 t_w \tag{6.4.1-4}$$

当 $\lambda_{n,b} \leqslant 0.85$ 时：

$$\rho = 1.0 \tag{6.4.1-5}$$

当 $0.85 < \lambda_{n,b} \le 1.25$ 时：

$$\rho = 1 - 0.82(\lambda_{n,b} - 0.85) \tag{6.4.1-6}$$

当 $\lambda_{n,b} > 1.25$ 时：

$$\rho = \frac{1}{\lambda_{n,b}}\left(1 - \frac{0.2}{\lambda_{n,b}}\right) \tag{6.4.1-7}$$

式中　α_e——梁截面模量考虑腹板有效高度的折减系数；

　　　W_x——按受拉或受压最大纤维确定的梁毛截面模量（mm^3）；

　　　I_x——按梁截面全部有效算得的绕 x 轴的惯性矩（mm^4）；

　　　h_c——按梁截面全部有效算得的腹板受压区高度（mm）；

　　　γ_x——梁截面塑性发展系数；

　　　ρ——腹板受压区有效高度系数；

　　　$\lambda_{n,b}$——用于腹板受弯计算时的正则化宽厚比，按本标准式（6.3.3-6）、式（6.3.3-7）计算。

3）同时受弯受剪的腹板

对于直接承受动力荷载作用的梁，如果腹板反复屈曲，可能促使疲劳裂纹的开展，缩短梁的疲劳寿命，而且动力作用会使薄板产生振动，所以不宜考虑腹板的屈曲后强度。对于承受静力荷载或间接承受动力荷载的组合梁，则可以考虑利用腹板屈曲后的强度。

腹板在横向加劲肋之间的各个区格内通常同时承受弯矩和剪力的共同作用。此时，腹板屈曲后对梁承载力的影响比较复杂，剪力和弯矩的相关性可以用某种曲线表达。《钢标》采用如图 14.24 所示的无量纲相关曲线。

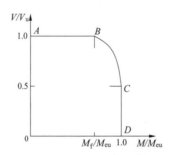

图 14.24　弯矩-剪力无纲量相关曲线

假定抗剪承载力 V_u 只考虑腹板的承载力，抗弯承载力 M_{eu} 由翼缘板和腹板两部分提供，因此当弯矩不超过翼缘所能提供的弯矩 M_f 时，腹板不承担弯矩作用。

梁所受的弯矩在 $M \le M_f$ 的范围内时，腹板因不参与梁的抗弯，故其抗剪承载力不会降低，此阶段对应图 14.24 中的 AB 段，相关曲线为一水平线，$V/V_u=1.0$，弯矩 $M=M_f$ 的 B 点为保持抗剪承载力 $V=V_u$ 的最大弯矩点。

腹板在受弯屈曲时，可以承受的剪应力平均值约为 $0.6f_{vy}$，但由于强度计算时考虑了截面塑性发展系数 $\gamma_x=1.05$，此时腹板可进入塑性区，故偏于安全地将腹板的抗剪能力减小，取为仅能承受剪力最大值 V_u 的 50%，即当 $V/V_u<0.5$ 时，取 $M/M_{eu}=1.0$，对应图 14.24 中的 CD 段。

相关曲线中 B 点和 C 点之间的部分可用抛物线来表达，因此复合应力下梁腹板考虑屈曲后强度的极限承载力计算公式如下。

6.4.1　腹板仅配置支承加劲肋且较大荷载处尚有中间横向加劲肋，同时考虑屈曲后强度的工字形焊接截面梁[图 6.3.2（a）]，应按下列公式验算受弯和受剪承载能力：

$$\left(\frac{V}{0.5V_{\mathrm{u}}}-1\right)^2+\frac{M-M_{\mathrm{f}}}{M_{\mathrm{eu}}-M_{\mathrm{f}}}\leqslant 1.0 \tag{6.4.1-1}$$

$$M_{\mathrm{f}}=\left(A_{\mathrm{f1}}\frac{h_{\mathrm{m1}}^2}{h_{\mathrm{m2}}}+A_{\mathrm{f2}}h_{\mathrm{m2}}\right)f \tag{6.4.1-4}$$

式中　M、V——所计算同一截面上梁的弯矩设计值（N·mm）和剪力设计值（N），当 $V<0.5V_{\mathrm{u}}$ 时取 $V=0.5V_{\mathrm{u}}$，当 $M<M_{\mathrm{f}}$ 时取 $M=M_{\mathrm{f}}$；

　　　　M_{f}——梁两翼缘所能承担的弯矩设计值（N·mm）；

　　　　A_{f1}、h_{m1}——较大翼缘的截面面积（mm²）及其形心至梁中和轴的距离（mm）；

　　　　A_{f2}、h_{m2}——较小翼缘的截面面积（mm²）及其形心至梁中和轴的距离（mm）。

3. 考虑屈曲后强度的加劲肋设计

如前所述，当利用腹板受剪屈曲后强度时，梁的受力类似于桁架（图 14.21）。

对于中间加劲肋来说，横向加劲肋相当于竖杆，承担张力场中的竖向分量，两相邻区格内张力场中的水平分量由翼缘承受。因此，横向加劲肋应按轴心受压杆件计算其在腹板平面外的稳定。

对于支座加劲肋，当和它相邻的区格利用屈曲后强度时，则必须考虑拉力场水平分力的影响，按压弯构件计算其在腹板平面外的稳定。为了增加支承加劲肋抵抗水平分力 H 的能力，还可以将梁端部延长，并设置封头肋板，此时支承加劲肋可以按只承受支座反力 R 的轴心压杆验算腹板平面外的稳定。

6.4.2　加劲肋的设计应符合下列规定。

1　当仅配置支座加劲肋不能满足本标准式（6.4.1-1）的要求时，应在两侧成对配置中间横向加劲肋。中间横向加劲肋和上端受集中压力的中间支承加劲肋，其截面尺寸除应满足本标准式（6.3.6-1）和式（6.3.6-2）的要求外，尚应按轴心受压构件计算其在腹板平面外的稳定性，轴心压力应按下式计算：

$$N_{\mathrm{s}}=V_{\mathrm{u}}-\tau_{\mathrm{cr}}h_{\mathrm{w}}t_{\mathrm{w}}+F \tag{6.4.2-1}$$

式中　V_{u}——按本标准式（6.4.1-8）至式（6.4.1-10）计算（N）；

　　　　h_{w}——腹板高度（mm）；

　　　　τ_{cr}——按本标准式（6.3.3-8）至式（6.3.3-10）计算（N/mm²）；

　　　　F——作用于中间支承加劲肋上端的集中压力（N）。

2　当腹板在支座旁的区格 $\lambda_{\mathrm{n,s}}>0.8$ 时，支座加劲肋除承受梁的支座反力外，尚应承受拉力场的水平分力 H，应按压弯构件计算其强度和在腹板平面外的稳定，支座加劲肋截面和计算长度应符合本标准第 6.3.6 条的规定，H 的作用点在距腹板计算高度上边缘 $h_0/4$ 处，其值应按下式计算：

$$H=(V_{\mathrm{u}}-\tau_{\mathrm{cr}}h_{\mathrm{w}}t_{\mathrm{w}})\sqrt{1+(a/h)^2} \tag{6.4.2-2}$$

式中　a——对设中间横向加劲肋的梁，取支座端区格的加劲肋间距；对不设中间加劲肋的腹板，取梁支座至跨内剪力为零点的距离（mm）。

3　当支座加劲肋采用图 6.4.2 的构造形式时，可按下述简化方法进行计算：加劲肋 1 作为承受支座反力 R 的轴心压杆计算，封头肋板 2 的截面面积不应小于按下式计算的数值。

$$A_{\mathrm{c}}=\frac{3h_0 H}{16ef} \tag{6.4.2-3}$$

4　考虑腹板屈曲后强度的梁，腹板高厚比不应大于 250，可按构造需要设置中间横向加劲肋。$a>2.5h_0$ 和不设中间横向加劲肋的腹板，当满足本标准式（6.3.3-1）时，可取水平分力 $H=0$。

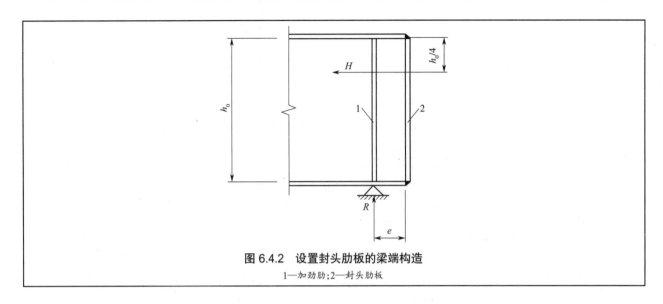

图 6.4.2　设置封头肋板的梁端构造
1—加劲肋；2—封头肋板

14.4　拉弯和压弯构件

　　拉弯或压弯构件受到沿杆轴方向的轴力和绕截面形心主轴的弯矩作用。建筑框架中的钢柱多是典型的压弯构件，高层建筑受到很大的水平作用力时，结构的倾覆力矩会在柱中产生拉力，使柱子成为拉弯构件。

　　拉弯和压弯构件的破坏形式包括强度破坏、整体失稳破坏和局部失稳破坏等。强度破坏指截面的一部分或全部应力达到甚至超过钢材屈服点的状况。单向压弯杆件的整体失稳可分为平面内失稳和平面外失稳两种情况，与理想的轴压杆件不同，压弯构件在弯矩作用平面内的平衡不存在分枝现象，即单向压弯杆件平面的失稳属于极值失稳。在一个主轴平面内弯曲的构件，在压力和弯矩的作用下发生弯曲平面外的侧移与扭转，称为压弯构件平面外的整体失稳或弯扭失稳。对于拉弯构件而言，当弯矩作用很大时也有发生整体失稳的可能性。局部失稳一般发生在构件的受压翼缘和腹板或较大剪力作用的板件，局部失稳对构件的影响可参考前述轴心受力构件和受弯构件的叙述。

14.4.1　拉弯和压弯构件的截面强度

　　拉弯和压弯构件截面上的正应力是由轴力和弯矩共同引起的。弹性阶段，正应力沿截面高度呈线性分布。随着塑性的发展，截面上受拉和受压区的应力分别趋近于钢材的屈服点。拉弯和压弯构件截面正应力的分布规律与受弯构件相似，因此在计算截面强度时，也可以采用前述所讲的边缘屈服准则、全截面塑性准则和截面有限塑性发展准则。

　　按照截面有限塑性发展准则，设计时需考虑截面的削弱以及分项系数，《钢标》采用相关曲线的方法考虑拉弯或压弯构件的截面强度。

8.1.1　弯矩作用在两个主平面内的拉弯构件和压弯构件，其截面强度应符合下列规定。

　　1　除圆管截面外，弯矩作用在两个主平面内的拉弯构件和压弯构件，其截面强度应按下式计算：

$$\frac{N}{A_n} \pm \frac{M_x}{\gamma_x W_{nx}} \pm \frac{M_y}{\gamma_y W_{ny}} \leqslant f \tag{8.1.1-1}$$

　　2　弯矩作用在两个主平面内的**圆形截面**拉弯构件和压弯构件，其截面强度应按下式计算：

$$\frac{N}{A_n} \pm \frac{\sqrt{M_x^2 + M_y^2}}{\gamma_m W_n} \leqslant f \tag{8.1.1-2}$$

式中　N——同一截面处轴心压力设计值（N）；

　　　　M_x、M_y——同一截面处对 x 轴和 y 轴的弯矩设计值（N·mm）；

γ_x、γ_y——截面塑性发展系数,根据其受压板件的内力分布情况确定其截面板件宽厚比等级,**①当截面板件宽厚比等级不满足 S3 级要求时,取 1.0**,**②满足 S3 级要求时,可按本标准表 8.1.1 采用**,**③需要验算疲劳强度的拉弯、压弯构件,宜取 1.0**;

γ_m——圆形构件的截面塑性发展系数,对于实腹圆形截面取 1.2,当圆管截面板件宽厚比等级不满足 S3 级要求时取 1.0,满足 S3 级要求时取 1.15,需要验算疲劳强度的拉弯、压弯构件宜取 1.0;

A_n——构件的净截面面积(mm^2);

W_n——构件的净截面模量(mm^3)。

表 8.1.1　截面塑性发展系数 γ_x、γ_y

项次	截面形式	γ_x	γ_y
1	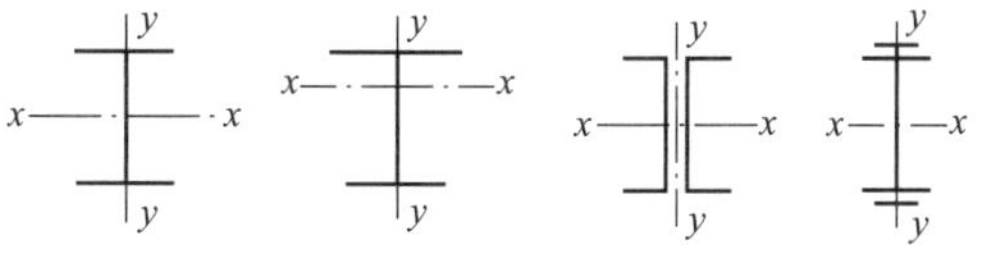		1.2
2	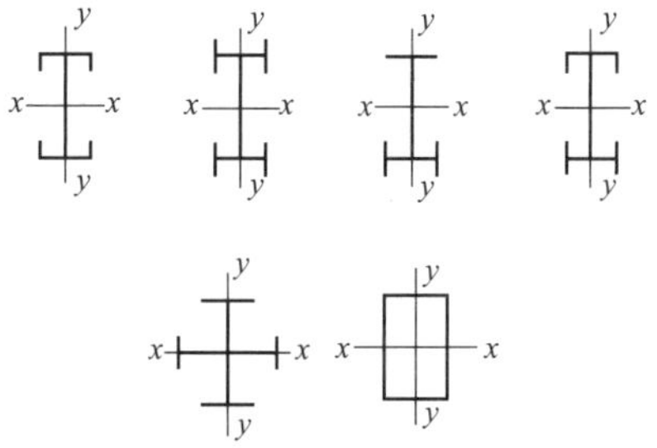	1.05	1.05
3	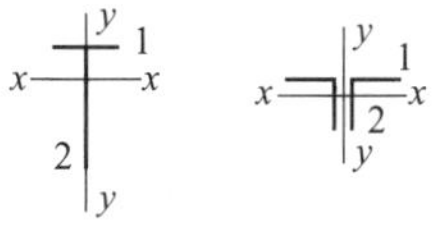	$\gamma_{x1}=1.05$ $\gamma_{x2}=1.2$	1.2
4	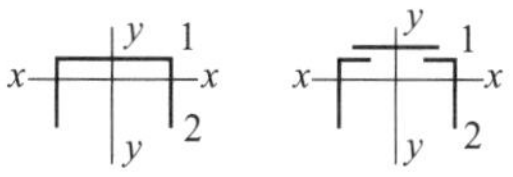		1.05
5	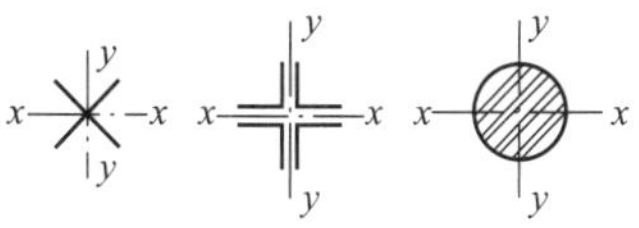	1.2	1.2
6	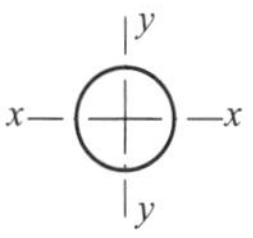	1.15	1.15
7	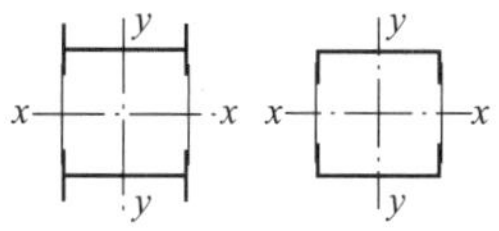	1.0	1.05
8	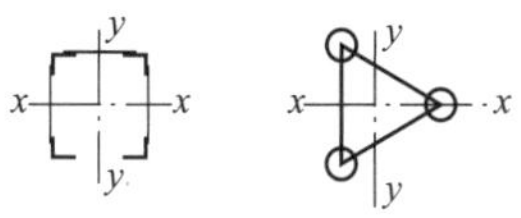		1.0

8.1.1 条文说明(部分)

……本标准对承受静力荷载或不需验算疲劳的承受动力荷载的拉弯和压弯构件,用塑性发展系数的方式将此有影响的部分计入设计中。对需要验算疲劳的构件则不考虑截面塑性的发展。

> 　　截面塑性发展系数 γ 的数值是与截面形式、塑性发展深度和截面高度的比值 μ、腹板面积和一个翼缘面积的比值 α 以及应力状态有关。截面板件宽厚比等级可按本标准表3.5.1根据各板件受压区域应力状态确定。……

14.4.2　实腹式压弯构件的平面内整体稳定

当实腹式压弯构件在弯矩作用平面外的抗扭刚度很大或有足够的侧向支承可以阻止其在弯矩作用平面外的弯扭屈曲时,可能在弯矩作用平面内发生弯曲失稳破坏。

压弯构件的面内失稳与轴力引起的二阶效应有关,即需要考虑轴压力对杆轴侧向挠度 δ 所产生的附加弯矩的影响,这便是所谓的"$P\text{-}\delta$ 效应",其是一种非线性效应。如图 14.6(b)所示,如果按照一阶分析得到压弯杆件跨中截面的侧向挠曲变形为 δ_0,则轴压力在其上引起的弯矩 $N\delta_0$ 一定又会造成杆件的侧向挠曲增量 δ_1,因此轴压力与杆件侧向挠曲变形之间呈非线性关系。

压弯构件面内稳定承载力的计算方法主要有边缘屈服准则和最大强度准则两种。

1. 边缘屈服准则

虽然压弯构件在达到其稳定极限承载力时很可能已进入塑性,但是在工程设计中仍然可以采用边缘屈服准则作为构件稳定承载力的计算原则。

本书 13.5.2 节中叙述了两端铰支且具有初始挠度 $y = v_0 \dfrac{\sin \pi z}{l}$ 的轴心受压杆件,并可得出其跨中截面的最大弯矩值为

$$M_{\max} = \frac{N v_0}{1 - \dfrac{N}{N_{\mathrm{cr}}}} \tag{14.46}$$

式(14.46)中的 $N v_0$ 是考虑轴向力与初始挠度因素的弯矩;$\dfrac{1}{1 - \dfrac{N}{N_{\mathrm{cr}}}}$ 相当于对一阶弯矩的放大系数,且与轴压力的大小有关,当 N 越接近 N_{cr},一阶弯矩被放大越多。许多情况下,可以近似采用该放大因子考虑与构件挠曲有关的二阶效应的影响。

考虑到构件初偏心、初弯曲和残余应力等初始缺陷对压弯杆件的影响,利用等效偏心距 e_0 来综合反映,则受初始弯矩 M 和轴向力 N 作用的压弯构件中央截面的最大弯矩可表示为

$$M_{\max} = \frac{M + N e_0}{1 - N/N_{\mathrm{cr}}} \tag{14.47}$$

压弯构件在受力最不利截面边缘纤维开始屈服时,即采用边缘屈服准则,稳定承载力的表达式为

$$\frac{N}{A} + \frac{M_{\mathrm{x}} + N e_0}{W_{1\mathrm{x}}(1 - N/N_{\mathrm{cr}})} = f_{\mathrm{y}} \tag{14.48}$$

式中　N——作用于构件的轴向压力;

　　　　M_{x}——作用于构件的初始弯矩;

　　　　A——构件的毛截面面积;

　　　　$W_{1\mathrm{x}}$——构件截面受压边缘纤维的毛截面抵抗矩。

式(14.48)中,令 $M_{\mathrm{x}}=0$,并以有缺陷的轴心受压杆件的临界力 $\varphi_{\mathrm{x}} f_{\mathrm{y}} A$ 近似代替 N,可得等效截面偏心距的表达式为

$$e_0 = \frac{W_{1\mathrm{x}}}{\varphi_{\mathrm{x}} A}(1 - \varphi_{\mathrm{x}})(1 - \varphi_{\mathrm{x}} f_{\mathrm{y}} A/N_{\mathrm{cr}}) \tag{14.49}$$

式中　φ_{x}——在弯矩作用平面内,不计弯矩作用时轴心受压构件的稳定系数。

将式（14.49）代入式（14.48）后可得

$$\frac{N}{\varphi_x A} + \frac{M_x}{W_{1x}(1 - \varphi_x N/N_{cr})} = f_y \tag{14.50}$$

以上 N-M 的相关公式是基于两端铰接均匀受弯的压弯构件的弹性理论推导而来的，当压弯构件两端的偏心弯矩不等时，引入等效弯矩系数 β_{mx}，将其他约束及不同荷载情况下弯矩沿杆轴方向的分布形式转化为均匀受弯，并考虑分项系数后，对式（14.50）可做出如下调整：

$$\frac{N}{\varphi_x A} + \frac{\beta_{mx} M_x}{W_{1x}(1 - \varphi_x N/N'_{Ex})} = f \tag{14.51}$$

其中

$$N'_{Ex} = \frac{N_{cr}}{1.1} = \frac{\pi^2 EA}{1.1\lambda_x^2}$$

相当于欧拉临界力除以抗力分项系数的平均值 1.1。

式（14.51）即为压弯构件按边缘屈服准则得出的相关公式。

2. 最大强度准则

实腹式单向压弯构件截面边缘纤维屈服后，仍可以继续承受荷载。这个过程中构件截面会随着荷载的增加而出现部分屈服，进入弹塑性阶段。按照压弯杆件的 N-δ 曲线极值（图 14.6（b）中的 B 点）确定弯矩作用平面内稳定承载力 N_u 的方法，称为最大强度准则，也称为稳定承载力极限准则。采用最大强度准则确定稳定承载力，能够真正反映压弯杆件的实际受力情况。

按照最大强度准则求 N_u 的方法中最常用的是数值分析方法。我国《钢标》采用该方法对 11 种截面近 200 条压弯构件做了大量计算，发现利用边缘屈服准则相关公式的形式可以较好地反映其规律，即

$$\frac{N}{\varphi_x A} + \frac{\beta_{mx} M_x}{\gamma_x W_{1x}(1 - \eta_1 N/N'_{Ex})} = f \tag{14.52}$$

式中　γ_x——截面塑性发展系数；

　　　η_1——修正系数。

对于单轴对称截面的压弯杆件，当弯矩作用在对称轴平面内且使较大翼缘受压时，受拉一侧可能先达到屈服，或拉压两侧同时进入屈服。对于后者，仍用式 14.52 进行验算；对于前者，需根据材料力学验算受拉区边缘纤维的屈服应力，即

$$\frac{N}{A} - \frac{M_x + Ne_0}{W_{1x}(1 - N/N_{cr})} = f_y \tag{14.53}$$

与受压区类似，经过一系列推导和简化，可得相关公式为

$$\left| \frac{N}{A} - \frac{\beta_{mx} M_x}{\gamma_x W_{2x}(1 - \eta_2 N/N'_{Ex})} \right| = f \tag{14.54}$$

式中　W_{2x}——构件截面受拉端（无翼缘端）边缘纤维的毛截面抵抗矩；

　　　η_2——压弯杆件受拉侧的修正系数。

由实腹式压弯杆件的承载力理论计算值 N_u，可以得到压弯杆件稳定系数的理论值 $\varphi_p = N_u/N_p$，N_p 为无弯矩时，全截面屈服承载力极限值，$N_p = f_y A$；采用实用计算公式（14.52）及式（14.54）可以推算出相应的稳定系数计算值 φ'_p。上述修正系数 η_1、η_2 的确定原则是使各种截面的 φ_p/φ'_p 都尽可能接近于 1。通过对比计算后，取修正系数的最优值为 $\eta_1 = 0.8$，$\eta_2 = 1.25$。至此，可以得到《钢标》对压弯杆件面内稳定性验算给出的计算公式。

8.2.1　除圆管截面外,弯矩作用在对称轴平面内的实腹式压弯构件,弯矩作用平面内稳定性应按式(8.2.1-1)计算,弯矩作用平面外稳定性应按式(8.2.1-3)计算;对于本标准表 8.1.1 第 3 项、第 4 项中的单轴对称压弯构件,当弯矩作用在对称平面内且翼缘受压时,除应按式(8.2.1-1)计算外,尚应按式(8.2.1-4)计算;当框架内力采用二阶弹性分析时,柱弯矩由无侧移弯矩和放大的侧移弯矩组成,此时可对两部分弯矩分别乘以无侧移柱和有侧移柱的等效弯矩系数。

平面内稳定性计算:

$$\frac{N}{\varphi_x A f} + \frac{\beta_{mx} M_x}{\gamma_x W_{1x}(1 - 0.8 N/N'_{Ex})f} \le 1.0 \tag{8.2.1-1}$$

$$N'_{Ex} = \pi^2 EA / (1.1\lambda_x^2) \tag{8.2.1-2}$$

$$\left| \frac{N}{Af} - \frac{\beta_{mx} M_x}{\gamma_x W_{2x}(1 - 1.25 N/N'_{Ex})f} \right| \le 1.0 \tag{8.2.1-4}$$

式中　N——所计算构件范围内轴心压力设计值(N);

N'_{Ex}——参数(mm),按式(8.2.1-2)计算;

φ_x——弯矩作用平面内轴心受压构件稳定系数;

M_x——所计算构件段范围内的最大弯矩设计值(N·mm);

W_{1x}——在弯矩作用平面内对受压最大纤维的毛截面模量(mm³);

W_{2x}——无翼缘端的毛截面模量(mm³)。

等效弯矩系数 β_{mx} 应按下列规定采用。

1　无侧移框架柱和两端支承的构件。

1)**无横向荷载作用**时,β_{mx} 应按下式计算:

$$\beta_{mx} = 0.6 + 0.4 \frac{M_2}{M_1} \tag{8.2.1-5}$$

式中　M_1, M_2——端弯矩(N·mm),**构件无反弯点时取同号,构件有反弯点时取异号,$|M_1| \ge |M_2|$。**

2)**无端弯矩但有横向荷载作用**时,β_{mx} 应按下列公式计算。

跨中单个集中荷载:

$$\beta_{mx} = 1 - 0.36 N/N_{cr} \tag{8.2.1-6}$$

全跨均布荷载:

$$\beta_{mx} = 1 - 0.18 N/N_{cr} \tag{8.2.1-7}$$

$$N_{cr} = \frac{\pi^2 EA}{(\mu l)^2} \tag{8.2.1-8}$$

式中　N——弹性临界力(N);

μ——构件的计算长度系数。

3)**端弯矩和横向荷载同时作用**时,式(8.2.1-1)的 $\beta_{mx} M_x$ 应按下式计算:

$$\beta_{mx} M_x = \beta_{mqx} M_{qx} + \beta_{m1x} M_1 \tag{8.2.1-9}$$

式中　M_{qx}——横向均布荷载产生的弯矩最大值(N·mm);

M_1——跨中单个横向集中荷载产生的弯矩(N·mm);

β_{m1x}——取按本条第 1 款第 1 项计算的等效弯矩系数;

β_{mqx}——取按本条第 1 款第 2 项计算的等效弯矩系数。

2　有侧移框架柱和悬臂构件,等效弯矩系数 β_{mx} 应按下列规定采用。

1)除本款第 2 项规定之外的框架柱,β_{mx} 应按下式计算:

$$\beta_{mx} = 1 - 0.36 N/N_{cr} \tag{8.2.1-10}$$

2)有横向荷载的柱脚铰接的单层框架柱和多层框架的底层柱,$\beta_{mx} = 1.0$。

3）自由端作用有弯矩的悬臂柱，β_{mx} 应按下式计算：

$$\beta_{mx}=1-0.36(1-m)N/N_{cr} \tag{8.2.1-11}$$

式中　　m——自由端弯矩与固定端弯矩之比，当弯矩图无反弯点时取正号，有反弯点时取负号。

图 14.25 所示为两端铰支压弯杆件在存在初始弯矩 M_0 作用下，轴力 N 与中点挠度的关系曲线。其中，N_E 为基于弹性理论推导而来的欧拉临界力；虚线为弹性杆的挠度曲线，它以欧拉临界力为渐近线，即接近欧拉临界力时，位移无穷大；实线为考虑材料弹塑性性质的实际挠曲线；A 点处截面边缘开始屈服，A' 点处部分截面屈服（如工字形截面腹板 1/4 高度进入屈服），B 点为压溃点即杆件达到稳定极限承载力或临界力，此时截面的塑性区已经发展得很深，C 点形成塑性铰。

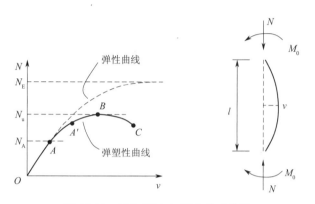

图 14.25　压弯杆轴力-挠度关系曲线

考虑到结构几何缺陷的影响，规范对实腹式构件以截面部分屈服的 A' 点构建平面内稳定承载力的验算公式，对于后文涉及的格构式构件和冷弯薄壁构件，则以截面边缘纤维屈服的 A 点构建相关公式。

14.4.3　实腹式压弯构件的平面外整体稳定

以两端铰接的双轴对称工字形截面压弯杆件弯扭失稳为例，在不考虑弯矩作用平面外杆件初始缺陷的影响时，按照弹性稳定理论分析可以得到构件在发生平面外弯扭失稳时的 N-M 相关方程，即

$$\left(1-\frac{N}{N_{Ey}}\right)\left(1-\frac{N}{N_{Ey}}\cdot\frac{N_{Ey}}{N_\theta}\right)-\frac{M_x^2}{M_{crx}^2}=0 \tag{14.55}$$

式中　N_{Ey}——构件在仅受轴压时绕 y 轴弯曲屈曲的临界力，$N_{Ey}=\dfrac{\pi^2EI_y}{l^2}$；

　　　N_θ——构件在仅受轴压时绕构件纵轴（z 轴）扭转屈曲的临界力，$N_\theta=\left(GI_t+\dfrac{\pi^2EI_\omega}{l_\omega^2}\right)\bigg/i_0^2$，$i_0$ 为截面的极回转半径，$i_0=\sqrt{(I_x+I_y)/A}$；

　　　M_{crx}——构件在仅受绕 x 轴的弯矩时产生整体失稳的临界弯矩，$M_{crx}=\sqrt{i_0^2N_{Ey}N_\theta}$。

通过对钢结构构件中常用截面形式进行分析，在绝大多数情况下 $\dfrac{N_\theta}{N_{Ey}}$ 都大于 1.0，若偏于安全地取 $\dfrac{N_\theta}{N_{Ey}}=1.0$，则式（14.55）经整理后可以写成

$$\frac{N}{N_{Ey}}+\frac{M_x}{M_{crx}}=1 \tag{14.56}$$

将实际工程中的计算表达式 $N_{Ey}=\varphi_yf_yA$，$M_{crx}=\varphi_bf_yW_x$ 代入式（14.56），考虑截面类型为单轴对称、杆件初始缺陷、弹塑性失稳等因素影响下公式的适用性；并将 M_x 乘以等效弯矩系数 β_{tx}，使其他荷载及约束情况等效转换为均匀受弯的情况；最后在考虑截面影响系数 η 及材料抗力分项系数后，便可得到《钢标》中给出的

实腹式压弯构件平面外整体稳定的计算公式。

8.2.1　除圆管截面外,**弯矩作用在对称轴平面内的实腹式压弯构件**,弯矩作用平面内稳定性应按式(8.2.1-1)计算,**弯矩作用平面外稳定性应按式(8.2.1-3)计算**;对于本标准表8.1.1第3项、第4项中的单轴对称压弯构件,当弯矩作用在对称平面内且翼缘受压时,除应按式(8.2.1-1)计算外,尚应按式(8.2.1-4)计算;当框架内力采用二阶弹性分析时,柱弯矩由无侧移弯矩和放大的侧移弯矩组成,此时可对两部分弯矩分别乘以无侧移柱和有侧移柱的等效弯矩系数。

平面外稳定性计算:

$$\frac{N}{\varphi_y Af} + \eta \frac{\beta_{tx} M_x}{\varphi_b W_{1x} f} \leq 1.0 \qquad (8.2.1\text{-}3)$$

式中　φ_y——弯矩作用平面外的轴心受压构件稳定系数,按本标准第7.2.1条确定;

　　　φ_b——均匀弯曲的受弯构件整体稳定系数,按本标准附录C计算,其中工字形和T形截面的非悬臂构件,可按本标准附录C第C.0.5条的规定确定,**对闭口截面 φ_b=1.0**;

　　　η——截面影响系数,闭口截面 η=0.7,其他截面 η=1.0。

等效弯矩系数 β_{tx} 应按下列规定采用。

1　在**弯矩作用平面外有支承**的构件,应根据两相邻支承间构件段内的荷载和内力情况确定。

1)**无横向荷载作用**时,β_{tx} 应按下式计算:

$$\beta_{tx} = 0.65 + 0.35 \frac{M_2}{M_1} \qquad (8.2.1\text{-}12)$$

2)**端弯矩和横向荷载**同时作用时,β_{tx} 应按下式计算。

使构件产生同向曲率时:

　　β_{tx}=1.0

使构件产生反向曲率时:

　　β_{tx}=0.85

3)**无端弯矩有横向荷载作用**时:

　　β_{tx}=1.0

2　弯矩作用平面外为悬臂的构件:

　　β_{tx}=1.0

14.4.4　格构式压弯构件的整体稳定

压弯构件的截面高度较大时,采用格构式构件可以节省材料,实际工程中厂房的框架柱就是常见的格构式压弯构件。

格构式压弯构件由分肢和缀材两部分组成。格构式压弯构件与实腹式构件相同,设计过程中均需要进行强度、整体稳定和局部稳定等方面的计算;不同的是,整体稳定验算时需要针对弯矩绕实轴和虚轴作用两种情况分别进行。

1. 弯矩绕实轴作用的格构式压弯构件

《钢标》有如下规定。

8.2.3　弯矩绕实轴作用的格构式压弯构件,其弯矩作用平面内和平面外的稳定性计算均与实腹式构件相同。**但在计算弯矩作用平面外的整体稳定性时,长细比应取换算长细比,φ_b 应取1.0。**

---

2. 弯矩绕虚轴作用的格构式压弯构件

1)弯矩作用平面内的整体稳定

双肢压弯格构式构件的截面一般是绕虚轴(记为 x 轴,如图14.10(a)(b)(c)所示)的惯性矩和截面模量较大。当以该轴作为弯曲轴时,《钢标》采用边缘屈服准则确定压弯构件在弯矩作用平面内的整体稳定性,即构件在弯矩和轴向力的共同作用下,当受压较大一侧分肢的腹板屈服或者翼缘部分屈服时,表征构件丧失整体稳定(图 14.25 中 A 点)。通常在计算格构式构件绕虚轴的截面模量 $W_x = I_x/y_0$ 时,y_0 按图 14.26 的规定取用。

8.2.2 弯矩绕虚轴作用的格构式压弯构件整体稳定性计算应符合下列规定。

    1 弯矩作用平面内的整体稳定性应按下列公式计算:

$$\frac{N}{\varphi_x Af} + \frac{\beta_{mx} M_x}{W_{1x}\left(1 - \frac{N}{N'_{Ex}}\right)f} \le 1.0 \qquad (8.2.2\text{-}1)$$

$$W_{1x} = I_x/y_0 \qquad (8.2.2\text{-}2)$$

式中 I_x——对虚轴的毛截面惯性矩(mm^4);

       y_0——由虚轴到压力较大分肢的轴线距离或者到压力较大分肢腹板外边缘的距离(mm),二者取较大者;

       φ_x、N'_{Ex}——弯矩作用平面内轴心受压构件稳定系数和参数,由换算长细比确定。

---

2)分肢稳定性计算

实腹式压弯构件在弯矩作用平面外的失稳通常表现为弯扭失稳,而格构式压弯构件由于缀材比较柔弱、分肢之间的整体性不强,在较大压力作用下弯矩作用平面外表现为受力较大分肢的失稳。因此,《钢标》规定,对于弯矩绕虚轴作用的格构式压弯构件,弯矩作用平面外的整体稳定性不必计算,但要求计算分肢的稳定性,只要分肢在两个方向的稳定得到保证,整个构件在弯矩作用平面外的稳定也可以得到保证。

8.2.2 弯矩绕虚轴作用的格构式压弯构件整体稳定性计算应符合下列规定。

    2 弯矩作用平面外的整体稳定性可不计算,但应计算分肢的稳定性,分肢的轴心力应按桁架的弦杆计算。对缀板柱的分肢尚应考虑由剪力引起的局部弯矩。

如图 14.27 所示,将双肢格构式压弯构件的分肢视为平行桁架的弦杆,弯矩绕虚轴作用时,两肢杆所受的轴向力分别为

$$N_1 = \frac{y_2 + e}{y_1 + y_2} N \qquad (14.57\text{-}a)$$

$$N_2 = N - N_1 \qquad (14.57\text{-}b)$$

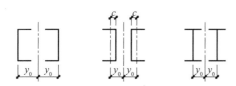

图 14.26 格构式截面 y_0 的取值

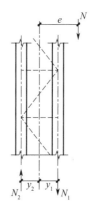

图 14.27 格构式构件分肢的轴力计算

对于缀条格构式压弯构件的分肢稳定性计算,分肢的计算长度应按照《钢标》表 7.4.1-1 的规定,平面内取缀条体系的节间长度 l,平面外取侧向支撑点之间的距离 l_1。

对于缀条格构式压弯构件,分肢除受轴向力 N_1、N_2 的作用外,尚应考虑剪力作用引起的局部弯矩。

> **8.2.7**　计算格构式缀件时,应取构件的实际剪力和按本标准式(7.2.7)计算的剪力两者中的较大值进行计算。

确定剪力后,可根据图14.14所示的受力分析示意确定单肢上的弯矩,然后将一个节间的分肢视为压弯构件,计算其平面内的稳定性。但在计算弯矩作用平面外的稳定性时,仍视为轴心压杆。

14.4.5　框架柱的计算长度

计算长度 l_0 是根据构件的端部约束条件按弹性稳定理论确定的,将其等效为稳定承载力相同而长度为 l_0 的两端铰支杆件,而计算长度系数 μ 就是指计算长度 l_0 与杆件实际长度 l 的比值。

对于端部约束比较简单的压弯构件,可以通过计算长度系数 μ 直接得到构件的计算长度,如《木标》表5.1.5。但是,对于框架结构,情况则较为复杂,考虑框架结构的整体作用,任一根框架柱都不是孤立存在的,柱子的计算长度系数也就不仅与其自身的刚度和约束情况有关,因此框架柱在框架平面内的计算长度需要通过对框架的整体稳定分析得出,框架平面外的计算长度则需要根据支撑点的布置情况确定。

1. 单层等截面框架柱平面内的计算长度

不考虑框架结构的空间作用,取平面框架为计算模型进行框架的整体稳定分析,则框架在平面内的失稳形式有两种。如图14.28(a)(b)所示,对于有支撑的框架,其失稳形式是无侧移的;如图14.28(c)(d)所示,对于无支撑的纯框架,其失稳形式则是有侧移的。由于无侧移框架的稳定临界荷载比相同条件下有侧移失稳框架的临界荷载大得多,因此除非有阻止框架侧移的支撑体系(剪力墙、电梯井、支撑桁架等),否则框架的稳定承载能力分析一般是以有侧移框架进行的。

由于框架柱的上端与横梁刚接,因此横梁对柱子的约束作用取决于横梁与柱子的线刚度比 K_0。

对于单层单跨框架,有

$$K_0 = \frac{I_b/l}{I_c/H} \tag{14.58-a}$$

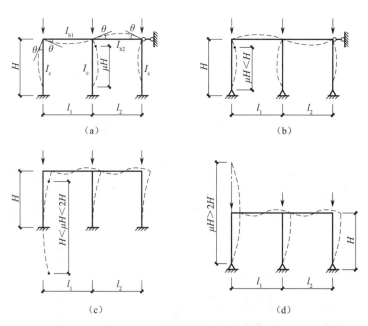

图14.28　单层框架的失稳形式

(a)柱与基础刚接的无侧移框架　(b)柱与基础铰接的无侧移框架　(c)柱与基础刚接的有侧移框架　(d)柱与基础铰接的有侧移框架

对于单层多跨框架,有

$$K_0 = \frac{I_{b1}/l_1 + I_{b2}/l_2}{I_c/H} \tag{14.58-b}$$

《钢标》根据弹性稳定理论确定框架柱的计算长度,并在计算过程中做如下假定:

(1)材料是线弹性的;

(2)框架只承受作用在节点上的竖向荷载;

(3)框架中的所有柱子是同时丧失稳定的,即各柱同时达到其临界荷载;

(4)当柱子开始失稳时,相交于同一节点的横梁对柱子提供的约束弯矩,按柱子的线刚度之比分配给各柱;

(5)无侧移失稳时,横梁两端的转角大小相等、方向相反;

(6)有侧移失稳时,横梁两端的转角不但大小相等而且方向相同。

根据以上基本假定,并为简化计算起见,只考虑直接与所研究的柱子相连的横梁约束作用,略去不直接与该柱子连接的横梁约束影响,对框架按其侧向支撑情况采用位移法进行稳定分析。经分析得到的框架柱的计算长度可表示为

$$H_0 = \mu H \qquad (14.59)$$

式中 H——框架柱的几何长度。

显然,经过以上假定和简化分析后,计算长度系数 μ 仅与单层框架柱柱脚与基础的连接形式及 K_0 有关。单层等截面框架柱的计算长度系数 μ 取值见表 14.1。

表 14.1 单层等截面框架柱的计算长度系数 μ 取值

框架类型	柱与基础的连接形式	相交于上端的横梁线刚度之和与柱线刚度之比									
		0	0.1	0.2	0.3	0.4	0.5	1.0	2.0	5.0	≥10
有侧移框架	铰接	∞	4.46	3.42	3.01	2.78	2.64	2.33	2.17	2.07	2.03
	刚接	2.03	1.70	1.52	1.42	1.35	1.30	1.17	1.10	1.05	1.03
无侧移框架	铰接	1.000	0.981	0.964	0.949	0.935	0.922	0.875	0.820	0.760	0.732
	刚接	0.732	0.721	0.711	0.701	0.693	0.685	0.654	0.615	0.570	0.549

从表 14.1 可以看出:

(1)有侧移框架失稳时,框架柱的计算长度系数均不大于 1.0,无侧移有支撑的框架柱,计算长度系数均不大于 1.0,物理意义如图 14.28(a)(b)所示;

(2)柱脚刚接的有侧移框架柱,μ 值在 1.0~2.0,对应图 14.28(c);

(3)柱脚铰接的有侧移框架柱,μ 值总是大于 2.0,对应图 14.28(d)。

2. 多层等截面框架柱平面内的计算长度

多层多跨框架的失稳形式也可分为无侧移失稳和有侧移失稳两种(图 14.29),但是无论哪一种形式下的失稳,每一根柱都要受到柱端构件以及远端构件的影响。

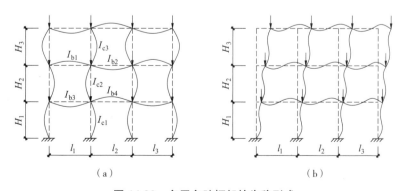

图 14.29 多层多跨框架的失稳形式

(a)无侧移框架 (b)有侧移框架

对于有支撑的框架,按照其抗侧刚度的大小,可分为强支撑框架和弱支撑框架两种。《钢标》规定,当支撑结构的侧移刚度(产生单位侧倾角所需的水平力)S_b满足一定要求时,为强支撑框架,属于无侧移失稳;否则属于弱支撑框架,现行《钢标》不建议采用弱支撑框架。

8.3.1 等截面柱在框架平面内的计算长度应等于该层柱的高度乘以计算长度系数μ。框架应分为无支撑框架和有支撑框架。……当采用一阶弹性分析方法计算内力时,框架柱的计算长度系数μ应按下列规定确定。

2 有支撑框架。

当支撑结构(支撑桁架、剪力墙等)满足式(8.3.1-6)要求时,为强支撑框架,框架柱的计算长度系数μ可按本标准附录E表E.0.1无侧移框架柱的计算长度系数确定,也可按式(8.3.1-7)计算。

$$S_b \geqslant 4.4\left[\left(1+\frac{100}{f_y}\right)\sum N_{bi} - \sum N_{0i}\right] \tag{8.3.1-6}$$

式中　$\sum N_{bi}$、$\sum N_{0i}$——第i层层间所有框架柱用无侧移框架和有侧移框架柱计算长度系数算得的轴压杆稳定承载力之和(N);

S_b——支撑结构层侧移刚度(N),即施加于结构上的水平力与其产生的层间位移角的比值。

多层多跨框架中的未知节点位移数较多,需要展开高阶行列式进行求解,计算工作量大。因此,在实际工程中引入与单层框架相同的杆端简化约束条件,并且只考虑与柱端直接相连构件的约束作用,即框架柱的计算长度系数μ和横梁的约束作用有直接关系,它取决于该柱上端节点处相交的横梁线刚度之和与柱线刚度之和的比值K_1,以及该柱下端节点处相交的横梁线刚度之和与柱线刚度之和的比值K_2。

对于图14.29(a)中的第二层框架柱,K_1、K_2可分别表示为

$$K_1 = \frac{I_{b1}/l_1 + I_{b2}/l_2}{I_{c3}/H_3 + I_{c2}/H_2} \tag{14.60-a}$$

$$K_2 = \frac{I_{b3}/l_1 + I_{b4}/l_2}{I_{c2}/H_2 + I_{c1}/H_1} \tag{14.60-b}$$

多层多跨框架柱的计算长度系数取值及计算详见本书附录C,即《钢标》附录E。对于等截面柱,框架平面内的计算长度系数μ也可按《钢标》给出的近似公式计算。

8.3.1 等截面柱在**框架平面内的计算长度**应等于该层柱的高度乘以计算长度系数μ。框架应分为无支撑框架和有支撑框架。**当采用二阶弹性分析方法计算内力且在每层柱顶附加考虑假想水平力H_{ni}时,框架柱的计算长度系数可取1.0或其他认可的值。**当采用一阶弹性分析方法计算内力时,框架柱的计算长度系数μ应按下列规定确定。

1 无支撑框架。

1)框架柱的计算长度系数μ应按本标准附录E表E.0.2有侧移框架柱的计算长度系数确定,也可按下列简化公式计算:

$$\mu = \sqrt{\frac{7.5K_1K_2 + 4(K_1 + K_2) + 1.52}{7.5K_1K_2 + K_1 + K_2}} \tag{8.3.1-1}$$

式中　K_1、K_2——相交于柱上端、柱下端的横梁线刚度之和与柱线刚度之和的比值,K_1、K_2的修正应按本标准附录E表E.0.2注确定。

2)**设有摇摆柱时,摇摆柱自身的计算长度系数应取1.0**,框架柱的计算长度系数应乘以放大系数η,η应按下式计算:

$$\eta = \sqrt{1 + \frac{\sum(N_1/h_1)}{\sum(N_f/h_f)}} \tag{8.3.1-2}$$

式中　$\sum(N_f/h_f)$——本层各框架柱轴心压力设计值与柱子高度比值之和;

$\sum(N_1/h_1)$——本层各摇摆柱轴心压力设计值与柱子高度比值之和。

3）当有侧移框架**同层各柱的 N/I 不相同**时，柱计算长度系数宜按式（8.3.1-3）计算；当框架附有摇摆柱时，框架柱的计算长度系数宜按式（8.3.1-5）确定；当根据式（8.3.1-3）或式（8.3.1-5）计算而得的**μ_i 小于 1.0时，应取 $\mu_i=1$**。

$$\mu_i = \sqrt{\frac{N_{Ei}}{N_i} \cdot \frac{1.2}{K} \sum \frac{N_i}{h_i}} \tag{8.3.1-3}$$

$$N_{Ei} = \pi^2 EI_i / h_i^2 \tag{8.3.1-4}$$

$$\mu_i = \sqrt{\frac{N_{Ei}}{N_i} \cdot \frac{1.2\sum(N_i/h_i) + \sum(N_{1j}/h_j)}{K}} \tag{8.3.1-5}$$

式中　N_i——第 i 根柱轴心压力设计值（N）；

　　　N_{Ei}——第 i 根柱的欧拉临界力（N）；

　　　h_i——第 i 根柱高度（mm）；

　　　K——框架层侧移刚度（N/mm），即产生层间单位侧移所需的力；

　　　N_{1j}——第 j 根摇摆柱轴心压力设计值（N）；

　　　h_j——第 j 根摇摆柱的高度（mm）。

4）计算单层框架和多层框架底层的计算长度系数时，K 值宜按柱脚的实际约束情况进行计算，也可按理想情况（铰接或刚接）确定 K 值，并对算得的系数 μ 进行修正。

5）当多层单跨框架的顶层采用轻型屋面，或多跨多层框架的顶层抽柱形成较大跨度时，顶层框架柱的计算长度系数应忽略屋面梁对柱子的转动约束。

2　有支撑框架。

当支撑结构（支撑桁架、剪力墙等）满足式（8.3.1-6）要求时，为**强支撑框架，框架柱的计算长度系数 μ可按本标准附录 E 表 E.0.1 无侧移框架柱的计算长度系数确定**，也可按式（8.3.1-7）计算。

$$\mu = \sqrt{\frac{(1+0.41K_1)(1+0.41K_2)}{(1+0.82K_1)(1+0.82K_2)}} \tag{8.3.1-7}$$

式中　K_1、K_2——相交于柱上端、柱下端的横梁线刚度之和与柱线刚度之和的比值。K_1、K_2 的修正见本标准附录 E 表 E.0.1 注。

8.3.1 条文说明（部分）

……附有摇摆柱的框（刚）架柱，其计算长度应乘以增大系数 η。多跨框架可以把一部分柱和梁组成框架体系来抵抗侧力，而把其余的柱做成两端铰接。这些不参与承受侧力的柱称为摇摆柱，它们的截面较小，连接构造简单，从而造价较低。不过这种上下均为铰接的摇摆柱承受荷载的倾覆作用必然由支持它的框（刚）架来抵抗，使框（刚）架柱的计算长度增大。公式（8.3.1-2）表达的增大系数 η 为近似值，与按弹性稳定导出的值接近且略偏安全。

3. 变截面柱平面内的计算长度

·从经济角度考虑，有吊车的单层厂房柱经常采用阶梯形。阶梯形框架柱的计算长度是分段确定的，即各段计算长度应等于各段柱的几何长度乘以相应的计算长度系数 μ_i。由于阶梯形柱的计算长度系数是根据对称单跨框架发生有侧移失稳的条件确定的，因此各段计算长度系数 μ_i 之间必然有一定的内在联系。下面以单阶柱为例简单阐述变截面柱的计算长度取值问题。

当柱上端与横梁铰接时，将柱视为上端自由的独立柱，下段柱的计算长度系数 μ_2 取决于上段柱和下段柱的临界力参数 $\eta_1 = \dfrac{H_1}{H_2} \cdot \sqrt{\dfrac{N_1}{I_1} \cdot \dfrac{N_2}{I_2}}$ 和线刚度之比 $K_1 = \dfrac{I_1}{H_1} \Big/ \dfrac{I_2}{H_2}$。此处的 H_1、I_1、N_1 和 H_2、I_2、N_2 分别为上段柱和下段柱的几何高度、截面惯性矩及最大轴向压力。上段柱的计算长度系数取为 $\mu_1=\mu_2/\eta_1$。

当柱上端与横梁刚接时,虽然横梁的刚度对框架的屈曲有一定的影响,但当横梁线刚度与上段柱的线刚度之比大于 1.0 时,横梁刚度的大小变化对于框架屈曲的影响不大。因此,在确定下段柱的计算长度系数 μ_2 时,可按柱上端可平移但不能转动的独立柱,并按 η_1 和 K_1 查表确定。上段柱的计算长度系数仍取 $\mu_1=\mu_2/\eta_1$。

此外,考虑到受吊车竖向荷载较小的相邻柱会给计算的荷载较大的柱提供变形约束,同时由于厂房的空间整体作用有利于荷载重分配减轻柱子的轴向荷载,《钢标》在计算阶梯形柱的计算长度系数时,根据厂房类型的不同,对根据平面单跨有侧移框架柱计算得到的 μ_i 进行了相应的折减,以反映阶梯形柱在平面内承载力的提高。

以上关于变截面柱平面内计算长度以及带牛腿等截面柱平面内计算长度的取值在《钢标》中的相关规定,此处不予列出。

可以看出,框架柱(压弯构件)的计算长度不仅与它的构件尺寸和支承情况有关,还与荷载分布情况有关,同一框架的同一根柱在不同的荷载分布之下应取不同的数值,否则就不能准确地反映框架的承载能力。

4. 框架柱平面外的计算长度

框架柱平面外的计算长度一般由框架支撑体系的布置情况确定。支撑体系可以提供柱在平面外的支承点,当框架柱在平面外失稳时,支承点可以看作变形曲线的反弯点,因此《钢标》有如下规定。

> **8.3.5**　框架柱在**框架平面外的计算长度**可取面外支撑点之间距离。

14.4.6　压弯构件的局部稳定和屈曲后强度

除圆管形截面外,实腹式构件板件的局部稳定都表现为受压翼缘和腹板的稳定。由于假定截面剪应力均由腹板承受,因此压弯构件受压翼缘的截面应力状态与轴心受压及受弯构件的受压翼缘相同,即可按 14.3.5 节所述的受均布压应力作用的板件考虑其局部稳定。对于实腹式压弯构件腹板的稳定问题,实质上是在剪应力和非均匀压应力联合作用下的屈曲问题,但即使是以剪应力为主的板件,由于主应力中有压应力,其局部稳定问题同样也是在压应力作用下产生的。

当采用板件不允许产生局部失稳的准则对压弯构件进行设计时,其实质便是要求板件的局部屈曲应力不应大于钢材屈服点或构件的整体稳定临界应力,在实用上则是将保证板件局部稳定的要求转换为对板件宽厚比(高厚比)的限制问题。

1. 翼缘的局部稳定

对于工字形截面压弯构件,《钢标》按照不允许出现局部失稳的准则,得到外伸翼缘宽厚比的限制为

$$\frac{b}{t} \leqslant 15\varepsilon_k \tag{14.61}$$

对于箱形截面压弯构件,两边支承翼缘板宽厚比的限制为

$$\frac{b}{t} \leqslant 45\varepsilon_k \tag{14.62}$$

式(14.61)及式(14.62)即对应《钢标》表 3.5.1-1 中压弯构件翼缘宽厚比等级的 S4 级(弹性截面)。

当截面设计时考虑有限塑性发展,即在强度和稳定性设计中考虑截面塑性发展系数 γ_x、γ_y 时,式(14.61)及式(14.62)右侧应分别改为 $13\varepsilon_k$、$40\varepsilon_k$,即对应《钢标》表 3.5.1-1 中压弯构件翼缘宽厚比等级的 S3 级(弹塑性截面)。

2. 腹板的局部稳定

实腹式工字形截面压弯构件腹板的受力状态如图 14.30 所示,相当于四边简支,受到弯矩产生的线性分布的非均匀压应力 σ_M、均匀分布的剪应力 τ 以及轴向力产生的均布压应力 σ_N 的共同作用。

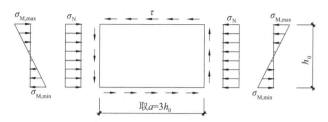

图 14.30　压弯构件腹板的受力状态示意

分析表明,剪应力的存在将降低腹板的屈曲临界应力,但是当腹板全截面受压时,剪应力 τ 对腹板屈曲临界应力的影响较小。取平均剪应力 $\tau=0.3\sigma_{M,\,max}$, $a=3h_0$,与式(14.15)及式(14.31)类似,根据弹性理论可以得到腹板在非均匀压应力和剪应力联合作用下弹性屈曲时的临界应力为

$$\sigma_{cr} = K \frac{\pi^2 E}{12(1-\nu^2)} \left(\frac{t_w}{h_0}\right)^2 \tag{14.63}$$

式中　K——压应力和剪应力联合作用下的弹性屈曲系数,取决于板件截面的应力梯度 α_0, $\alpha_0 = \dfrac{\sigma_{max} - \sigma_{min}}{\sigma_{max}}$;

σ_{max}——腹板计算高度边缘的最大压应力;

σ_{min}——腹板计算高度另一边缘相应的应力,压应力为正,拉应力为负。

《钢标》有如下规定。

3.5.1 条文说明(部分)

四边简支腹板承受压弯荷载时,屈曲系数按下式计算,其中参数 α_0 按本标准式(3.5.1)计算:

$$K = \frac{16}{\sqrt{(2-\alpha_0)^2 + 0.112\alpha_0^2} + 2 - \alpha_0} \tag{2}$$

基于上述假定,《钢标》要求采用边缘屈服准则,即压弯构件边缘纤维达到屈服强度前不出现局部失稳时,腹板的宽厚比应满足:

$$\frac{h_0}{t_w} \leqslant (45 + 25\alpha_0^{1.66})\varepsilon_k \tag{14.64}$$

式(14.64)对应《钢标》表 3.5.1-1 中压弯构件腹板高厚比等级的 S4 级(弹性截面)。

实际压弯构件多在截面受压较大一侧有不同程度的塑性发展,而塑性发展的深度与构件的长细比 λ 有关。当考虑截面塑性的有限发展时,为了与压弯构件整体稳定的控制一致,取塑性发展深度的上限值为 $0.25h_0$,即对应《钢标》表 3.5.1-1 中压弯构件腹板高厚比等级的 S3 级(弹塑性截面),此时腹板的高厚比应满足:

$$\frac{h_0}{t_w} \leqslant (40 + 18\alpha_0^{1.5})\varepsilon_k \tag{14.65}$$

关于箱形截面腹板的高厚比控制,此处不再介绍。《钢标》有如下规定。

8.4.1　实腹压弯构件要求不出现局部失稳者,其腹板高厚比、翼缘宽厚比应符合本标准表 3.5.1 规定的压弯构件 S4 级截面要求。

8.4.3　压弯构件的板件当用**纵向加劲肋**加强以满足宽厚比限值时,加劲肋宜在板件两侧成对配置,其一侧外伸宽度不应小于板件厚度 t 的 10 倍,厚度不宜小于 $0.75t$。

14.4.7　压弯构件腹板的屈曲后强度

当工字形和箱形截面压弯构件的腹板高厚比超过规范规定的 S4 级截面要求时,截面板件的临界应力将达不到钢材的屈服强度或构件整体稳定的临界应力,截面板件屈曲提前,造成构件承载能力降低,因此可以采用有效截面的方法计算构件截面考虑板件屈曲后强度的承载能力。《钢标》有如下规定。

8.4.2 工字形和箱形截面压弯构件的腹板高厚比超过本标准表 3.5.1 规定的 S4 级截面要求时,其构件设计应符合下列规定。

　　2 应采用下列公式计算其承载力。

　　强度计算:

$$\frac{N}{A_{ne}} \pm \frac{M_x + Ne}{\gamma_x W_{nex}} \le f \tag{8.4.2-9}$$

　　平面内稳定性计算:

$$\frac{N}{\varphi_x A_e f} + \frac{\beta_{mx} M_x + Ne}{\gamma_x W_{elx}(1 - 0.8N/N'_{Ex})f} \le 1.0 \tag{8.4.2-10}$$

　　平面外稳定性计算:

$$\frac{N}{\varphi_y A_e f} + \eta \frac{\beta_{tx} M_x + Ne}{\varphi_b W_{elx} f} \le 1.0 \tag{8.4.2-11}$$

式中　A_{ne}、A_e——有效净截面面积和有效毛截面面积($\mathrm{mm^2}$);

　　　　W_{nex}——有效截面的净截面模量($\mathrm{mm^3}$);

　　　　W_{elx}——有效截面对较大受压纤维的毛截面模量($\mathrm{mm^3}$);

　　　　e——有效截面形心至原截面形心的距离(mm)。

由于三边支承、一边自由板件(工字形截面翼缘)的屈曲后强度不高,工程上主要考虑四边支承板,即腹板屈曲后强度的利用。《钢标》规定腹板受压区有效宽度的计算方法如下。

1. 计算腹板截面的应力梯度 α_0

$$\alpha_0 = \frac{\sigma_{max} - \sigma_{min}}{\sigma_{max}} \tag{3.5.1}$$

式中　σ_{max}——腹板计算边缘的最大压应力($\mathrm{N/mm^2}$);

　　　　σ_{min}——腹板计算高度另一边缘相应的应力($\mathrm{N/mm^2}$),**压应力取正值,拉应力取负值**。

2. 计算腹板的屈曲系数 k_σ

$$k_\sigma = \frac{16}{2 - \alpha_0 + \sqrt{(2 - \alpha_0)^2 + 0.112\alpha_0^2}} \tag{8.4.2-4}$$

式中　α_0——参数,应按式(3.5.1)计算。

3. 确定受压区腹板的有效高度 h_e

8.4.2 工字形和箱形截面压弯构件的腹板高厚比超过本标准表 3.5.1 规定的 S4 级截面要求时,其构件设计应符合下列规定。

　　1 应以有效截面代替实际截面按本条第 2 款计算杆件的承载力。

　　1)**工字形截面腹板**受压区的有效宽度应取为

$$h_e = \rho h_c \tag{8.4.2-1}$$

　　当 $\lambda_{n,p} \le 0.75$ 时:

$$\rho = 1.0 \tag{8.4.2-2a}$$

　　当 $\lambda_{n,p} > 0.75$ 时:

$$\rho = \frac{1}{\lambda_{n,p}}\left(1 - \frac{0.19}{\lambda_{n,p}}\right) \qquad (8.4.2\text{-}2b)$$

$$\lambda_{n,p} = \frac{h_w/t_w}{28.1\sqrt{K_\sigma}} \cdot \frac{1}{\varepsilon_k} \qquad (8.4.2\text{-}3)$$

式中　h_c、h_e——腹板受压区宽度和有效宽度(mm),当腹板全部受压时,$h_c = h_w$;

　　　　ρ——有效宽度系数,按式(8.4.2-2)计算。

3)箱形截面压弯构件翼缘宽厚比超限时也应按式(8.4.2-1)计算其有效宽度,计算时取 $k_\sigma = 4.0$。有效宽度在两侧均等分布。

4. 确定有效高度 h_e 在受压范围两端的分布

8.4.2　工字形和箱形截面压弯构件的腹板高厚比超过本标准表 3.5.1 规定的 S4 级截面要求时,其构件设计应符合下列规定。

1　应以有效截面代替实际截面按本条第 2 款计算杆件的承载力。

2)**工字形截面腹板**有效宽度 h_e 应按下列公式计算。

当截面全部受压,即 $\alpha_0 \leqslant 1$ 时[图 8.4.2(a)]:

$$h_{e1} = 2h_e/(4+\alpha_0) \qquad (8.4.2\text{-}5)$$
$$h_{e2} = h_e - h_{e1} \qquad (8.4.2\text{-}6)$$

当截面部分受拉,即 $\alpha_0 > 1$ 时[图 8.4.2(b)]:

$$h_{e1} = 0.4h_e \qquad (8.4.2\text{-}7)$$
$$h_{e2} = 0.6h_e \qquad (8.4.2\text{-}8)$$

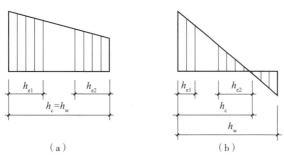

图 8.4.2　有效宽度的分布
(a)截面全部受压　(b)截面部分受拉

3)**箱形截面**压弯构件翼缘宽厚比超限时也应按式(8.4.2-1)计算其有效宽度,计算时取 $k_\sigma = 4.0$。**有效宽度在两侧均等分布**。

14.5　钢结构的连接

实际工程中常见的钢结构连接方式主要有焊接连接、铆钉连接及螺栓连接三种,如图 14.31 所示。

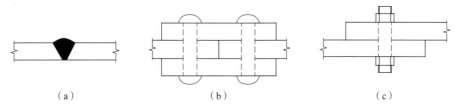

(a)　　　　　　　(b)　　　　　　　(c)

图 14.31　钢结构的主要连接方式
(a)焊接连接　(b)铆钉连接　(c)螺栓连接

焊接连接是现代钢结构工程中最主要的连接方式,它的优点是任何形状的构件都可以采用焊接连接,构造简单。但是焊缝的质量容易受到材料和操作的影响,由于焊接过程中钢材受到不均匀高温和冷却,使结构产生焊接残余应力和残余变形,影响结构的稳定承载力、刚度和使用功能,并会降低其疲劳强度,因此对钢材性能要求较高。

铆钉连接是用一端有半圆形铆头的铆钉,加热到900~1000℃后,迅速插入需要连接的预制铆孔中,用铆钉枪或压铆机将钉端打成或压成铆钉头。其缺点是制作费钢费时、施工噪声大,现已很少采用,但因传力可靠,连接部位的塑性和韧性较好,在经常承受动力荷载作用的结构中仍有采用。

螺栓连接中采用的螺栓可分为普通螺栓和高强螺栓两种。普通螺栓分为A、B、C三级,其中C级螺栓称为粗制螺栓,A、B级螺栓称为精制螺栓。C级螺栓直径与孔径相差1.0~1.5 mm,便于安装,但也正是由于螺栓杆和孔壁之间的缝隙较大,在受剪力作用时会产生较大的剪切滑移,连接变形较大,因此不宜受剪。A、B级螺栓的螺栓杆直径和孔径相同,安装时需要将螺栓杆击入孔中,可用于承受较大剪力、拉力的连接,受力和抗疲劳性能较好,连接变形小,但是制作安装复杂费时、造价昂贵,故一般用在承受较大动力荷载结构的受剪连接中。

《钢标》对于上述三种连接类型的一般规定如下。

11.1.2 同一连接部位中不得采用**普通螺栓或承压型高强度螺栓**与焊接共用的连接;在改、扩建工程中作为加固补强措施,可采用**摩擦型高强度螺栓**与焊接承受同一作用力的栓焊并用连接,其计算与构造宜符合行业标准《钢结构高强度螺栓连接技术规程》(JGJ 82—2011)第5.5节的规定。

11.1.2 条文说明

普通螺栓连接受力状态下容易产生较大变形,而焊接连接刚度大,两者难以协同工作,在同一连接接头中不得考虑普通螺栓和焊接的共同工作受力;同样,承压型高强度螺栓连接与焊缝变形不协调,难以共同工作;而摩擦型高强度螺栓连接刚度大,受静力荷载作用可考虑与焊缝协同工作,但仅限于在钢结构加固补强中采用栓焊并用连接。

11.1.3 **C级螺栓**宜用于沿其杆轴方向受拉的连接,**在下列情况下可用于抗剪连接**:

1 承受静力荷载或间接承受动力荷载结构中的次要连接;

2 承受静力荷载的可拆卸结构的连接;

3 临时固定构件用的安装连接。

11.1.3 条文说明

C级螺栓与孔壁间有较大空隙,故不宜用于重要的连接。例如:

1 制动梁与吊车梁上翼缘的连接,承受着反复的水平制动力和卡轨力,应优先采用高强度螺栓,其次是低氢型焊条的焊接,不得采用C级螺栓;

2 制动梁或吊车梁上翼缘与柱的连接,由于传递制动梁的水平支承反力,同时受到反复的动力荷载作用,不得采用C级螺栓;

3 在柱间支撑处吊车梁下翼缘与柱的连接,柱间支撑与柱的连接等承受剪力较大的部位,均不得用C级螺栓承受剪力。

11.1.8 钢结构的安装连接应采用传力可靠、制作方便、连接简单、便于调整的构造形式,并应考虑临时定位措施。

11.1.8 条文说明

结构的安装连接构造除应考虑连接的可靠性外,还必须考虑施工方便。

1 根据连接的受力和安装误差情况分别采用C级螺栓、焊接、高强螺栓或栓焊接头连接。其选用原则如下:

1)凡沿螺栓杆轴方向受拉的连接或受剪力较小的次要连接,宜用C级螺栓;

2)凡安装误差较大的,受静力荷载或间接受动力荷载的连接,可优先选用焊接或者栓焊连接;

> 3）凡直接承受动力荷载的连接或高空施焊困难的重要连接,均宜采用高强度螺栓摩擦型连接或者栓焊连接。
>
> 2　梁或桁架的铰接支承宜采用平板支座直接支于柱顶或牛腿上。
>
> 3　当梁或桁架与柱侧面连接时,应设置承力支托或安装支托。安装时,先将构件放在支托上,再上紧螺栓,比较方便。此外,这类构件的长度不能有正公差,以便于插接,承力支托的焊接,计算时应考虑施工误差造成的偏心影响。
>
> 4　除特殊情况外,一般不采用铆钉连接。

高强度螺栓在安装时使用特制的扳手,以较大的扭矩上紧螺帽,使螺栓杆产生很大的预应力,该预应力足以在螺栓受剪时产生很大的摩擦力,因而连接的整体性和刚度较好。按照高强螺栓受剪时传力要求的不同,高强螺栓可分为摩擦型和承压型两种。前者只依靠摩擦阻力传力,并以剪力不超过接触面的摩擦力作为设计准则,故称为摩擦型连接;后者允许接触面滑移变形,即可以像普通螺栓一样依靠螺栓杆和孔壁之间的承压传力,故称为承压型连接。高强度螺栓由抗拉强度很高的钢材制作,性能等级分为 8.8 级和 10.9 级,抗拉强度分别不低于 $800 \ N/mm^2$ 和 $1\ 000 \ N/mm^2$,屈强比分别为 0.8 和 0.9。高强螺栓采用的钻孔,摩擦型螺栓的孔径比螺栓公称直径大 1.5~2.0 mm,承压型螺栓的孔径比螺栓公称直径大 1.0~1.5 mm。

14.5.1　焊缝的连接形式

焊缝的连接形式可以按连接构件的相对位置、焊缝构造来划分。

1. 按焊缝构造划分

焊缝连接按照其构造可分为对接焊缝和角焊缝两种。对接焊缝连接的板件常开成各种坡口,焊缝金属填充在坡口内,所以对接焊缝是被连接板件截面的组成部分。角焊缝连接的板件不必开坡口,焊缝金属直接填充在由被连接板件形成的直角或斜角区域内。

按作用力方向与焊缝的位置关系,对接焊缝可分为直缝和斜缝,如图 14.32(a)所示;角焊缝可分为正面角焊缝、侧面角焊缝和斜角焊缝,如图 14.32(b)所示。

其次,角焊缝按照沿焊缝长度方向的布置分为连续角焊缝和断续角焊缝两种形式。连续角焊缝的受力性能较好,是主要的角焊缝形式。断续角焊缝的起、灭弧处容易引起应力集中现象,重要结构应避免采用。

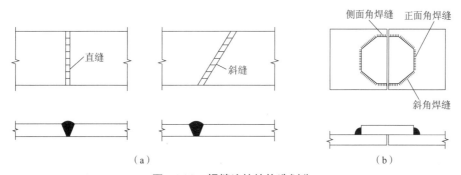

图 14.32　焊缝连接按构造划分

（a）对接焊缝　（b）角焊缝

2. 按构件的相对位置划分

焊缝连接按被连接钢材(常称接头)的相对位置可分为对接、搭接、T 形连接和角接四种,如图 14.33 所示。

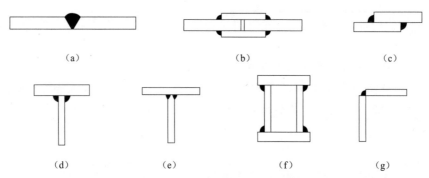

图 14.33　焊缝连接按相对位置划分
（a）对接一　（b）对接二　（c）搭接　（d）T 形连接一　（e）T 形连接二　（f）角接一　（g）角接二

图 14.33（a）为采用对接焊缝的对接连接，这种连接传力路线明确，没有明显的应力集中，受力性能较好，但是对坡口的尺寸要求较为严格。图 14.33（b）为采用双层盖板的角焊缝对接连接，图 14.33（c）为采用角焊缝的搭接连接，这两种连接费钢且传力不均匀，静力和疲劳强度均较低，但是施工简便。图 14.33（d）为采用双面角焊缝的 T 形连接，这种连接省工省料，但是在焊缝截面应力集中现象严重，疲劳强度较低。对于直接承受动力荷载作用结构中的 T 形连接，可以采用图 14.33（e）所示的 K 形坡口对接焊缝。图 14.33（f）（g）为角部连接，主要用于制作箱形截面，其特点同 T 形连接。

3. 焊缝质量等级的选用

《钢标》有如下规定。

11.1.6　焊缝的质量等级应根据结构的重要性、荷载特性、焊缝形式、工作环境以及应力状态等情况，按下列原则选用。

　　1　在承受动荷载且需要进行疲劳验算的构件中，凡要求与母材等强连接的焊缝应焊透，其质量等级应符合下列规定：

　　1）作用力垂直于焊缝长度方向的横向对接焊缝或 T 形对接与角接组合焊缝，受拉时应为一级，受压时不应低于二级；

　　2）作用力平行于焊缝长度方向的纵向对接焊缝不应低于二级；

　　3）重级工作制（A6~A8）和起重量 $Q \geqslant 50$ t 的中级工作制（A4、A5）吊车梁的腹板与上翼缘之间以及吊车桁架上弦杆与节点板之间的 T 形连接部位焊缝应焊透，焊缝形式宜为对接与角接的组合焊缝，其质量等级不应低于二级。

　　2　在工作温度低于或等于 -20 ℃ 的地区，构件对接焊缝的质量不得低于二级。

　　3　不需要疲劳验算的构件中，凡要求与母材等强的对接焊缝宜焊透，其质量等级受拉时不应低于二级，受压时不宜低于二级。

　　4　部分焊透的对接焊缝、采用角焊缝或部分焊透的对接与角接组合焊缝的 T 形连接部位，以及搭接连接角焊缝，其质量等级应符合下列规定：

　　1）直接承受动荷载且需要疲劳验算的结构和吊车起重量大于或等于 50 t 的中级工作制吊车梁以及梁柱、牛腿等重要节点不应低于二级；

　　2）其他结构可为三级。

11.1.6 条文说明

　　……条文所遵循的原则如下。

　　1　焊缝质量等级主要与其受力情况有关，受拉焊缝的质量等级要高于受压或受剪的焊缝；受动力荷载的焊缝质量等级要高于受静力荷载的焊缝。

　　2　凡对接焊缝，除非作为角焊缝考虑的部分熔透的焊缝，一般都要求熔透并与母材等强，故需要进行无损探伤；对接焊缝的质量等级不宜低于二级。

4　根据现行国家标准《焊接术语》（GB/T 3375—1994），凡 **T 形、十字形或角接接头的对接焊缝**基本上都没有焊脚，这不符合建筑钢结构对这类接头焊缝截面形状的要求。**为避免混淆，对上述对接焊缝应一律按现行国家标准《焊接术语》（GB/T 3375—1994）书写为"对接与角接组合焊缝"**（下同）。

14.5.2　焊缝的强度设计指标

《钢标》有如下规定。

4.4.5　焊缝的强度指标应按表 4.4.5 采用，并应符合下列规定。

1　手工焊用焊条、自动焊和半自动焊所采用的焊丝和焊剂，应保证其熔敷金属的力学性能不低于母材的性能。

2　焊缝质量等级应符合现行国家标准《钢结构焊接规范》（GB 50661—2011）的规定，其检验方法应符合现行国家标准《钢结构工程施工质量验收规范》（GB 50205—2020）的规定。其中厚度小于 6 mm 钢材的对接焊缝，不应采用超声波探伤确定焊缝质量等级。

3　**对接焊缝在受压区的抗弯强度设计值取 f_c^w，在受拉区的抗弯强度设计值取 f_t^w。**

4　计算下列情况的连接时，表 4.4.5 规定的强度设计值应乘以相应的折减系数；几种情况同时存在时，其折减系数应连乘：

1）**施工条件较差的高空安装焊缝应乘以系数 0.9；**

2）**进行无垫板的单面施焊对接焊缝的连接计算应乘折减系数 0.85。**

表 4.4.5　焊缝的强度指标（ N/mm² ）

焊接方法和焊条型号	构件钢材		对接焊缝强度设计值				角焊缝强度设计值	对接焊缝抗拉强度 f_u^w	角焊缝抗拉、抗压和抗剪强度 f_u^f
	牌号	厚度或直径（mm）	抗压 f_c^w	焊缝质量为下列等级时，抗拉 f_t^w		抗剪 f_v^w	抗拉、抗压和抗剪 f_f^w		
				一级、二级	三级				
自动焊、半自动焊和 E43 型焊条手工焊	Q235	≤ 16	215	215	185	125	160	415	240
		>16，≤ 40	205	205	175	120			
		>40，≤ 100	200	200	170	115			
自动焊、半自动焊和 E50、E55 型焊条手工焊	Q345	≤16	305	305	260	175	200	480（E50）540（E55）	280（E50）315（E55）
		>16，≤ 40	295	295	250	170			
		>40，≤ 63	290	290	245	165			
		>63，≤ 80	280	280	240	160			
		>80，≤ 100	270	270	230	155			
	Q390	≤ 16	345	345	295	200	200（E50）220（E55）		
		>16，≤ 40	330	330	280	190			
		>40，≤ 63	310	310	265	180			
		>63，≤ 100	295	295	250	170			

续表

焊接方法和焊条型号	构件钢材		对接焊缝强度设计值				角焊缝强度设计值	对接焊缝抗拉强度 f_u^w	角焊缝抗拉、抗压和抗剪强度 f_u^f
	牌号	厚度或直径（mm）	抗压 f_c^w	焊缝质量为下列等级时，抗拉 f_t^w		抗剪 f_v^w	抗拉、抗压和抗剪 f_f^w		
				一级、二级	三级				
自动焊、半自动焊和 E55、E60 型焊条手工焊	Q420	≤16	375	375	320	215	220（E55）240（E60）	540（E55）590（E60）	315（E55）340（E60）
		>16，≤40	355	355	300	205			
		>40，≤63	320	320	270	185			
		>63，≤100	305	305	260	175			
自动焊、半自动焊和 E55、E60 型焊条手工焊	Q460	≤16	410	410	350	235	220（E55）240（E60）	540（E55）590（E60）	315（E55）340（E60）
		>16，≤40	390	390	330	225			
		>40，≤63	355	355	300	205			
		>63，≤100	340	340	290	195			
自动焊、半自动焊和 E50、E55 型焊条手工焊	Q345GJ	>16，≤35	310	310	265	180	200	480（E50）540（E55）	280（E50）315（E55）
		>35，≤50	290	290	245	170			
		>50，≤100	285	285	240	165			

注：表中厚度是指计算点的钢材厚度，对轴心受拉和轴心受压构件是指截面中较厚板件的厚度。

14.5.3　对接焊缝的构造和计算

1. 对接焊缝的构造

对接焊缝用料经济、传力均匀，没有明显的应力集中，对于直接承受动力荷载作用的焊接结构，采用对接焊缝最为有利。但是，一般情况下，每条对接焊缝的两端常因焊接时起、灭弧的影响而出现弧坑及未熔透等缺陷（称为焊口），易引起应力集中和裂缝的出现。因此，常在对接焊缝的两端设置如图 14.34 所示的引弧板，将焊缝的两端施焊至引弧板上后，再将多余的部分割掉，并将板边沿受力方向修磨平整。工厂焊接时采用引弧板比较方便，但是在工地焊接时则比较麻烦，因此除直接承受动力荷载的结构外，一般允许不设置引弧板，而是在计算时将焊缝两端各减去一个连接板件的厚度 t。

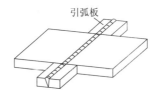

图 14.34　对接焊缝的引弧板

当不同厚度或宽度的板件对接时,《钢标》有如下规定。

11.3.3　不同厚度和宽度的材料对接时,应作平缓过渡,其连接处坡度值不宜大于 1：2.5(图 11.3.3-1 和图 11.3.3-2)。

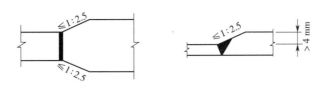

图 11.3.3-1　不同宽度或厚度**钢板**的拼接

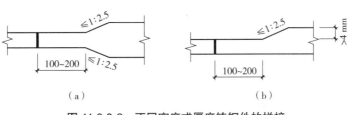

（a）　　　　　　　　　　　　　　　　　（b）

图 11.3.3-2　不同宽度或厚度铸钢件的拼接

（a）不同宽度对接　（b）不同厚度对接

2. 对接焊缝的计算

1)轴心受力的对接焊缝

《钢标》有如下规定。

11.2.1　全熔透对接焊缝或对接与角接组合焊缝应按下列规定进行强度计算。

1　在对接和 T 形连接中,垂直于轴心拉力或轴心压力的对接焊接或对接与角接组合焊缝,其强度应按下式计算:

$$\sigma = \frac{N}{l_w h_e} \leqslant f_t^w \text{ 或 } f_c^w \tag{11.2.1-1}$$

式中　N——轴心拉力或轴心压力(N);

　　　l_w——焊缝长度(mm);

　　　h_e——对接焊缝的计算厚度(mm),在**对接连接节点中取连接件的较小厚度,在 T 形连接节点中取腹板的厚度**;

　　　f_t^w、f_c^w——对接焊缝的抗拉、抗压强度设计值(N/mm²)。

11.2.1 条文说明

凡要求等强的对接焊缝施焊时均应采用引弧板和引出板,以避免焊缝两端的起、落弧缺陷。**在某些特殊情况下无法采用引弧板和引出板时,计算每条焊缝长度时应减去 2t(t 为焊件的较小厚度)**,因为缺陷长度与焊件的厚度有关,这是参照苏联钢结构设计规范的规定。

当承受轴心力的板件用斜焊缝对接,焊缝与作用力间的夹角 θ 符合 tanθ≤1.5 时,其强度可不计算。

2)受剪力作用的对接焊缝

对接焊缝受剪是指作用力通过焊缝形心,且平行于焊缝长度方向,根据材料力学,其计算公式为

$$\tau = \frac{VS_w}{I_w h_e} = \frac{3}{2} \cdot \frac{V}{l_w h_e} \le f_v^w \tag{14.66}$$

式中 V——焊缝承受的剪力设计值；

S_w——计算剪应力处以上焊缝计算截面对中和轴的面积矩；

I_w——焊缝计算截面对其中和轴的惯性矩；

f_v^w——对接焊缝的抗剪强度设计值。

对于梁柱节点处的牛腿，可假定剪力全部由腹板承受，且剪应力分布均匀，其计算公式可简化为

$$\tau = \frac{V}{l_w h_e} \le f_v^w \tag{14.67}$$

3）弯矩和剪力共同作用下的对接焊缝

弯矩作用使焊缝截面产生正应力 σ_M，剪力作用使焊缝截面产生剪应力 τ，对接焊缝在弯矩和剪力共同作用下的应力分布如图 14.35 所示。

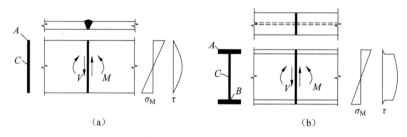

图 14.35 弯矩和剪力联合作用下的对接焊缝
（a）矩形截面应力分布 （b）工字形截面应力分布

弯矩作用下焊缝截面上的 A 点正应力最大，其计算公式为

$$\sigma_M = \frac{M}{W_w} = \frac{6M}{l_w^2 h_e} \le f_t^w \tag{14.68}$$

式中 W_w——焊缝计算截面的截面模量。

剪力作用下焊缝截面上的 C 点剪应力最大，可按式（14.66）进行计算。

对于如图 14.35 所示的工字形（或箱形截面）构件，除进行上述正应力（A 点）及剪应力（C 点）的计算外，对于在腹板与翼缘交接处的 B 点，同时承受较大的正应力和剪应力，因此还应按《钢标》的规定计算折算应力。

11.2.1 全熔透对接焊缝或对接与角接组合焊缝应按下列规定进行强度计算。

　2 在对接和 T 形连接中，承受弯矩和剪力共同作用的对接焊缝或对接与角接组合焊缝，①其正应力和剪应力应分别进行计算；②但在同时受较大正应力和剪应力处（如梁腹板横向对接焊缝的端部）应按下式计算折算应力：

$$\sqrt{\sigma^2 + 3\tau^2} \le 1.1 f_t^w \tag{11.2.1-2}$$

《钢标》式（11.2.1-2）右端的系数 1.1 是考虑到折算应力只出现在局部，而将强度设计值予以适当提高。但需要注意的是，采用该式进行折算应力的计算时，B 点的正应力和剪应力的计算公式分别为

$$\sigma_B = \frac{M}{W_w} \cdot \frac{h_0}{h} \tag{14.69-a}$$

$$\tau_B = \frac{VS_f}{I_w h_e} \tag{14.69-b}$$

式中 h_0、h——焊缝截面处的腹板高度、截面总高度；

S_f——计算点（B 点）以上焊缝截面面积对焊缝截面中和轴的面积矩。

4)弯矩、轴力和剪力共同作用下的对接焊缝

此时焊缝截面的(最大)正应力 σ 应为轴向力引起的正应力 σ_N 以及弯矩引起的正应力 σ_M 之和;剪应力则需根据焊缝截面形式按材料力学的相关公式 14.66 进行验算;折算应力的验算见《钢标》式(11.2.1-2)。

14.5.4　角焊缝的构造和计算

1. 角焊缝的构造

1)焊脚尺寸

角焊缝的焊脚尺寸是指焊缝根角至焊缝外边的尺寸。角焊缝的焊脚尺寸不宜太小,以防止因热输入量过小而使母材影响区冷却过快而形成硬化组织或产生裂缝。由于采用低氢焊条可减少氢脆的影响,最小角焊缝尺寸可比采用非低氢焊条时小一些。《钢标》有如下规定。

11.3.5　角焊缝的尺寸应符合下列规定:

3　角焊缝**最小焊脚尺寸**宜按表 11.3.5 取值,**承受动荷载时角焊缝焊脚尺寸不宜小于 5 mm**;

4　被焊构件中较薄板厚度不小于 25 mm 时,宜采用开局部坡口的角焊缝;

5　采用角焊缝焊接连接,不宜将厚板焊接到较薄板上。

表 11.3.5　角焊缝最小焊脚尺寸(mm)

母材厚度 t	角焊缝最小焊脚尺寸 h_f
$t \le 6$	3
$6 < t \le 12$	5
$12 < t \le 20$	6
$t > 20$	8

注:1. 采用不预热的非低氢焊接方法进行焊接时,t 等于焊接连接部位中较厚件厚度,宜采用单道焊缝;采用预热的非低氢焊接方法或低氢焊接方法进行焊接时,t 等于焊接连接部位中较薄件厚度;

2. 焊缝尺寸 h_f 不要求超过焊接连接部位中较薄件厚度的情况除外。

2)角焊缝的最小计算长度

角焊缝的长度较小时,焊缝起、灭弧所引起的缺陷距离较近,再加上其他焊缝缺陷或尺寸不足将进一步影响其承载能力和可靠性。

同时,参考欧洲规范的相关规定,考虑到大于 $60h_f$ 的长角焊缝在工程中的应用增多,在计算焊缝强度时可以不考虑超过 $60h_f$ 部分的长度,也可以对全长焊缝的承载力进行折减,以考虑长焊缝内力分布不均匀的影响,但有效焊缝计算长度不应超过 $180h_f$。

《钢标》有如下规定。

11.3.5　角焊缝的尺寸应符合下列规定:

1　角焊缝的**最小计算长度**应为其焊脚尺寸 h_f 的 8 倍,且不应小于 40 mm,焊缝计算长度应为扣除引弧、收弧长度后的焊缝长度;

2　断续角焊缝焊段的最小长度不应小于最小计算长度。

11.2.6　角焊缝的搭接焊缝连接中,当焊缝计算长度 l_w 超过 $60h_f$ 时,焊缝的承载力设计值应乘以折减系数 α_f,$\alpha_f = 1.5 - \dfrac{l_w}{120h_f}$,并不小于 0.5。

3)搭接连接的角焊缝构造要求

《钢标》有如下规定。

11.3.6　搭接连接角焊缝的尺寸及布置应符合下列规定。

1　传递轴向力的部件,其搭接连接**最小搭接长度**应为较薄件厚度的 5 倍,且不应小于 25 mm(图 11.3.6-1),并应施焊**纵向或横向双角焊缝**。

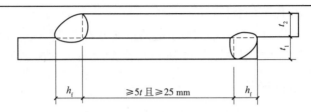

图 11.3.6-1　搭接连接双角焊缝的要求

t—t_1 和 t_2 中较小者；h_f—焊脚尺寸，按设计要求

2　只采用纵向角焊缝连接型钢杆件端部时，型钢杆件的宽度不应大于 200 mm，当宽度大于 200 mm 时，应加横向角焊缝或中间塞焊；型钢杆件每一侧纵向角焊缝的长度不应小于型钢杆件的宽度。

3　型钢杆件搭接连接采用围焊时，**在转角处应连续施焊**。杆件端部搭接角焊缝作绕焊时，绕焊长度不应小于焊脚尺寸的 2 倍，并应连续施焊。

4　搭接焊缝沿母材棱边的**最大焊脚尺寸**，当板厚不大于 6 mm 时，应为母材厚度，当板厚大于 6 mm 时，应为母材厚度减去 1~2 mm（图 11.3.6-2）。

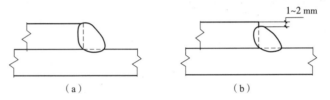

图 11.3.6-2　搭接焊缝沿母材棱边的最大焊脚尺寸

（a）母材厚度小于或等于 6 mm 时　（b）母材厚度大于 6 mm 时

5　用搭接焊缝传递荷载的套管连接可只焊一条角焊缝，其**管材搭接长度 L** 不应小于 5（t_1+t_2），且不应小于 25 mm。搭接焊缝焊脚尺寸应符合设计要求（图 11.3.6-3）。

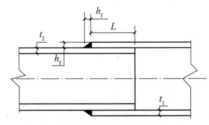

图 11.3.6-3　管材套管连接的搭接焊缝最小长度

h_f—焊脚尺寸，按设计要求

11.3.6 条文说明

为防止搭接部位角焊缝在荷载作用下张开，规定搭接连接角焊缝在传递部件受轴向力时应采用双角焊缝；同时为防止搭接部位受轴向力时发生偏转，规定了搭接连接的最小搭接长度。

为防止构件因翘曲而使贴合不好，规定了搭接部位采用纵向角焊缝连接构件端部时的最小搭接长度，必要时增加横向角焊缝或塞焊。

使用绕角焊时可避免起、落弧的缺陷发生在应力集中较大处，但在施焊时必须在转角处连续焊，不能断弧。

为防止焊接时材料棱边熔塌，规定了搭接焊缝与材料棱边的最小间距。

此外，根据实践经验，增加了薄板搭接长度不得小于 25 mm 的规定。

2. 直角角焊缝的计算

当角焊缝两焊脚边夹角为直角时称为直角角焊缝，两焊脚边夹角为锐角或钝角时称为斜角角焊缝。角焊缝的有效面积应为焊缝计算长度与计算厚度 h_e 的乘积。对任何方向的荷载，角焊缝上的应力应视为作用在这一有效面积上。下面介绍的计算方法仅适用于直角角焊缝。

角焊缝按它与外力方向的不同可分为侧面焊缝、正面焊缝、斜焊缝以及由它们组合而成的围焊缝。由于角焊缝的应力状态极为复杂,因而建立角焊缝计算公式要结合试验分析。国内外的大量试验结果证明,角焊缝的强度和外力的方向有直接关系。其中,侧面焊缝的强度最低,正面焊缝的强度最高,斜焊缝的强度介于两者之间。

国内对直角角焊缝的大批试验结果表明,正面焊缝的破坏强度是侧面焊缝的 1.35~1.55 倍,并且通过对有关的试验数据的加权回归分析和偏于安全的修正,对任何方向的直角角焊缝的强度条件(图 14.36)可表示为

$$\sqrt{\sigma_\perp^2 + 3(\tau_\perp^2 + \tau_{//}^2)} \leqslant \sqrt{3} f_f^w \tag{14.70}$$

式中　$\sigma_\perp$——垂直于焊缝有效截面($l_w h_e$)的正应力(N/mm²);

　　　$\tau_\perp$——有效截面上垂直于焊缝长度方向的剪应力(N/mm²);

　　　$\tau_{//}$——有效截面上平行于焊缝长度方向的剪应力(N/mm²);

　　　f_f^w——角焊缝的强度设计值,即侧面焊缝的强度设计值(N/mm²)。

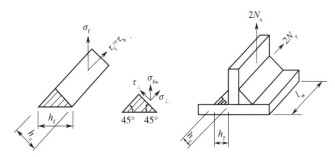

图 14.36　焊缝截面上的应力

现将式(14.70)转换为便于使用的计算式,如图 14.36 所示,令 σ_f 为垂直于焊缝长度方向按焊缝有效截面计算的应力,则有

$$\sigma_f = \frac{N_x}{l_w h_e} \tag{14.71}$$

式中　N_x——垂直于焊缝长度方向的外力(分量)。

式(14.71)中的 σ_f 既不是正应力也不是剪应力,但可以分解为

$$\sigma_\perp = \frac{\sigma_f}{\sqrt{2}}, \quad \tau_\perp = \frac{\sigma_f}{\sqrt{2}} \tag{14.72}$$

又令 τ_f 为沿焊缝长度方向按焊缝有效截面计算的剪应力,则有

$$\tau_f = \tau_{//} = \frac{N_y}{l_w h_e} \tag{14.73}$$

式中　N_y——平行于焊缝长度方向的外力(分量)。

将上述 $\sigma_\perp$、$\tau_\perp$、$\tau_{//}$ 代入式(14.70)中,可得

$$\sqrt{4\left(\frac{\sigma_f}{\sqrt{2}}\right)^2 + 3\tau_f^2} \leqslant \sqrt{3} f_f^w \tag{14.74-a}$$

$$\sqrt{\left(\frac{\sigma_f}{\beta_f}\right)^2 + \tau_f^2} \leqslant f_f^w \tag{14.74-b}$$

式中　β_f——正面角焊缝强度的增大系数, $\beta_f = \sqrt{3/2} = 1.22$;但对直接承受动力荷载的结构,正面角焊缝强度虽高但刚度较大,应力集中现象也较严重,又缺乏足够的试验依据,故规定取 $\beta_f = 1$。

根据上述推导,分别令式 14.74 中的 τ_f 和 σ_f 为零,也可得出计算正面角焊缝和侧面角焊缝的公式,即《钢标》第 11.2.2 条的规定。

11.2.2 **直角角焊缝**应按下列规定进行强度计算。

1 在通过焊缝形心的拉力、压力或剪力作用下。

正面角焊缝(作用力垂直于焊缝长度方向):

$$\sigma_f = \frac{N}{h_e l_w} \leq \beta_f f_f^w \tag{11.2.2-1}$$

侧面角焊缝(作用力平行于焊缝长度方向):

$$\tau_f = \frac{N}{h_e l_w} \leq f_f^w \tag{11.2.2-2}$$

在各种力综合作用下,σ_f 和 τ_f 共同作用处:

$$\sqrt{\left(\frac{\sigma_f}{\beta_f}\right)^2 + \tau_f^2} \leq f_f^w \tag{11.2.2-3}$$

式中　σ_f——按焊缝有效截面($h_e l_w$)计算,垂直于焊缝长度方向的应力(N/mm²);

　　　τ_f——按焊缝有效截面计算,沿焊缝长度方向的剪应力(N/mm²);

　　　h_e——直角角焊缝的计算厚度(mm),**当两焊件间隙 $b \leq 1.5$ mm 时 $h_e = 0.7 h_f$,当 1.5 mm$< b \leq 5$ mm 时 $h_e = 0.7(h_f - b)$,h_f 为焊脚尺寸**(图 11.2.2);

　　　l_w——角焊缝的计算长度(mm),**对每条焊缝取其实际长度减去 $2h_f$;**(编者注:**注意第 11.2.6 条的焊缝承载力折减**)

　　　f_f^w——角焊缝的强度设计值(N/mm²);

　　　β_f——正面角焊缝的强度设计值增大系数,对承受静力荷载和间接承受动力荷载的结构,$\beta_f = 1.22$;**对直接承受动力荷载的结构,$\beta_f = 1.0$。**

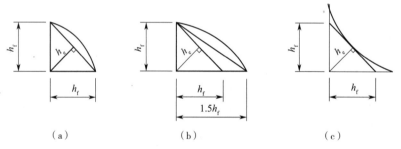

(a)　　　　　　　　　(b)　　　　　　　　　(c)

图 11.2.2　直角角焊缝截面

(a)等边直角角焊缝截面　(b)不等边直角角焊缝截面　(c)等边凹形直角角焊缝截面

11.2.6 角焊缝的搭接焊缝连接中,当焊缝计算长度 l_w 超过 $60h_f$ 时,焊缝的承载力设计值应乘以折减系数 α_f,$\alpha_f = 1.5 - \dfrac{l_w}{120h_f}$,**并不小于 0.5**。

---

3. 各种受力状态下直角角焊缝的连接计算

1)盖板对接连接角焊缝在轴向力作用下的计算

如图 14.37 所示,当钢构件采用盖板连接且三面围焊时,可以假定焊缝破坏时全截面达到承载能力极限状态,则正面角焊缝承担的极限内力为

$$N_{1u} = \beta_f f_f^w 0.7 h_{f1} \sum l_{w1} \tag{14.75}$$

式中　$\sum l_{w1}$——连接一侧正面角焊缝计算长度的总和,应满足《钢标》第 11.2.2 条及第 11.2.6 条的规定;

　　　h_{f1}——正面角焊缝的焊脚尺寸。

因此,侧面角焊缝需承担的极限内力为 $N_{2u}=N-N_{1u}$,根据《钢标》式(11.2.2-2)可得

$$\sum l_{w2} \geqslant \frac{N-N_{1u}}{0.7h_{f2}f_f^w} \qquad (14.76)$$

式中　$\sum l_{w2}$——连接一侧侧面角焊缝计算长度的总和,应满足《钢标》第 11.2.2 条及第 11.2.6 条的规定;

　　　h_{f2}——侧面角焊缝的焊脚尺寸。

2)斜向轴心力作用下角焊缝的计算

对于如图 14.38 所示的承受斜向轴心力作用的角焊缝,可将轴力 N 分解为垂直于焊缝长度方向的分力 $N_x=N\sin\theta$ 以及沿焊缝长度方向的分力 $N_y=N\cos\theta$,按式(14.71)及式(14.73)计算焊缝截面的应力 σ_f 和 τ_f,然后代入《钢标》式(11.2.2-3)验算角焊缝的强度。

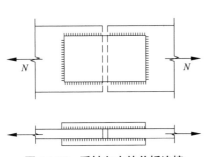

图 14.37　受轴向力的盖板连接

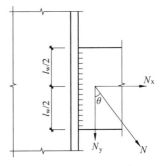

图 14.38　角焊缝受斜向轴力作用

3)角钢与节点板双面连接角焊缝在轴心力作用下的计算

钢桁架中常有腹杆(采用双角钢组合 T 形截面)和节点板用角焊缝相连并受轴向力作用的情况,如图 14.39 所示。为了使角焊缝轴心受力,应使各部分角焊缝所传递力的合力和角钢杆件的轴线重合。

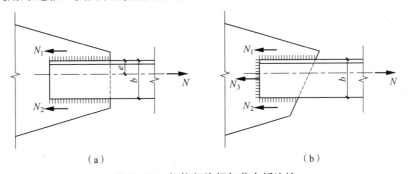

图 14.39　钢桁架腹杆与节点板连接
(a)两侧焊缝　(b)三面围焊

如图 14.39(b)所示,对于三面围焊的情况,认为连接破坏时焊缝全截面达到承载能力的极限状态,此时端部正面角焊缝的极限承载力为

$$N_3 = 2 \times 0.7h_{f3}b\beta_f f_f^w \qquad (14.77)$$

式中　h_{f3}——正面角焊缝的焊脚尺寸。

根据弯矩平衡条件,可得

$$N_1 \cdot b + N_3 \cdot \frac{b}{2} = N \cdot (b-e) \qquad (14.78\text{-a})$$

$$N_2 \cdot b + N_3 \cdot \frac{b}{2} = Ne \qquad (14.78\text{-b})$$

整理后可得

$$N_1 = \frac{N(b-e)}{b} - \frac{N_3}{2} = k_1 N - \frac{N_3}{2} \qquad (14.78\text{-c})$$

$$N_2 = \frac{Ne}{b} - \frac{N_3}{2} = k_2 N - \frac{N_3}{2} \qquad (14.78\text{-d})$$

式中 N_1、N_2——角钢肢背和肢尖的侧面角焊缝所分担的极限轴力；

e——角钢的形心距其肢背的距离；

k_1、k_2——角钢肢背和肢尖的内力分配系数,取值见表14.2。

表14.2 角钢焊缝内力分配系数

角钢类型	连接形式	内力分配系数	
		肢背 k_1	肢尖 k_2
等肢角钢		0.7	0.3
不等肢角钢短肢相连		0.75	0.25
不等肢角钢长肢相连		0.65	0.35

对于如图14.39(a)所示的两侧焊缝的情况,因 $N_3=0$,故有

$$N_1 = k_1 N \tag{14.79-a}$$

$$N_2 = k_2 N \tag{14.79-b}$$

在求得角钢肢背和肢尖侧面角焊缝所分担的轴向力 N_1、N_2 后,按构造假定相应的焊脚尺寸,即可求得侧面焊缝的计算长度:

$$l_{w1} \geqslant \frac{N_1}{2 \times 0.7 h_{f1} f_f^w} \tag{14.80-a}$$

$$l_{w2} \geqslant \frac{N_2}{2 \times 0.7 h_{f2} f_f^w} \tag{14.80-b}$$

式中 h_{f1}、h_{f2}——肢背和肢尖处侧面角焊缝的焊脚尺寸；

l_{w1}、l_{w2}——连接一侧肢背和肢尖的焊缝计算长度,应为焊缝的实际长度减去 $2h_f$。

4)工字形截面梁翼缘和腹板的双面角焊缝连接

《钢标》有如下规定。

11.2.7 焊接截面工字形梁**翼缘与腹板**的焊缝连接强度计算应符合下列规定。

1 **双面角焊缝连接**,其强度应按下式计算,当梁上翼缘受固定集中荷载时,宜在该处设置顶紧上翼缘的支承加劲肋,按式(11.2.7)计算时取 $F=0$。

$$\frac{1}{2h_e} \sqrt{\left(\frac{VS_f}{I}\right)^2 + \left(\frac{\psi F}{\beta_f l_z}\right)^2} \leqslant f_f^w \tag{11.2.7}$$

式中 S_f——所计算翼缘毛截面对梁中和轴的面积矩(mm³)；

I——梁的毛截面惯性矩(mm⁴)；

F、ψ、l_z——按本标准第6.1.4条采用。

2 当腹板与翼缘的连接焊缝采用**焊透的T形对接与角接组合焊缝**时,其焊缝强度可不计算。

对于斜角角焊缝截面以及部分熔透的对接焊缝截面的强度计算,此处不再进行介绍,详见《钢标》第11.2.3条及第11.2.4条的规定。

14.5.5 螺栓连接的构造要求

1. 螺栓孔的孔径与孔型

11.5.1 螺栓孔的孔径与孔型应符合下列规定。

1 B 级普通螺栓的孔径 d_0 较螺栓公称直径 d 大 0.2~0.5 mm，C 级普通螺栓的孔径 d_0 较螺栓公称直径 d 大 1.0~1.5 mm。

2 高强度螺栓**承压型**连接采用标准圆孔时，其孔径 d_0 可按表 11.5.1 采用。

3 高强度螺栓**摩擦型**连接可采用标准孔、大圆孔和槽孔，孔型尺寸可按表 11.5.1 采用；采用扩大孔连接时，同一连接面只能在盖板和芯板其中之一的板上采用大圆孔或槽孔，其余仍采用标准孔。

表 11.5.1 高强度螺栓连接的孔型尺寸匹配（mm）

螺栓公称直径			M12	M16	M20	M22	M24	M27	M30
孔型	标准孔	直径	13.5	17.5	22	24	26	30	33
	大圆孔	直径	16	20	24	28	30	35	38
	槽孔	短向	13.5	17.5	22	24	26	30	33
		长向	22	30	37	40	45	50	55

4 高强度螺栓**摩擦型**连接盖板按大圆孔、槽孔制孔时，应增大垫圈厚度或采用连续型垫板，其孔径与标准垫圈相同，对 M24 及以下的螺栓，厚度不宜小于 8 mm；对 M24 以上的螺栓，厚度不宜小于 10 mm。

2. 螺栓的排列

在垂直于受力方向，当螺栓的排列间距过小时，容易在孔壁周围产生应力集中现象，构件有沿直线或折线净截面破坏的可能。在平行于受力方向，当螺栓的间距或端距过小时，母材有被剪断的可能。当连接构件受压时，若沿受力方向螺栓的间距过大，被连接板件易发生鼓曲和张口的现象。

从构造要求方面，如果螺栓的中距和边距过大将导致被连接板件间不能紧密贴合，潮气侵入缝隙易腐蚀构件。

从施工的角度，应保证一定的施工空间，以便于扳手转动。

《钢标》对螺栓的最小和最大间距做出了相应的规定。

11.5.2 螺栓（铆钉）连接宜采用紧凑布置，其连接中心宜与被连接构件截面的重心相一致。螺栓或铆钉的间距、边距和端距容许值应符合表 11.5.2 的规定。

表 11.5.1 高强度螺栓连接的孔型尺寸匹配（mm）

名称		位置和方向			最大容许间距（取两者的较小值）	最小容许间距
中心间距		外排（垂直内力方向或顺内力方向）			$8d_0$ 或 $12t$	$3d_0$
	中间排	垂直内力方向			$16d_0$ 或 $24t$	
		顺内力方向	构件受压力		$12d_0$ 或 $18t$	
			构件受拉力		$16d_0$ 或 $24t$	
		沿对角线方向			—	
中心至构件边缘距离	垂直内力方向	顺内力方向			$4d_0$ 或 $8t$	$2d_0$
		剪切边或手工切割边				$1.5d_0$
		轧制边、自动气割或锯割边	高强度螺栓			
			其他螺栓或铆钉			$1.2d_0$

注：1. d_0 为螺栓或铆钉的孔径，对槽孔为短向尺寸，t 为外层较薄板件的厚度；

2. 钢板边缘与刚性构件（如角钢、槽钢等）相连的高强度螺栓的最大间距，可按中间排的数值采用；

3. **计算螺栓孔引起的截面削弱时可取 $d+4$ mm 和 d_0 的较大者。**

11.5.6　螺栓连接设计应符合下列规定：

1　连接处应有必要的螺栓施拧空间；

2　螺栓连接或拼接节点中，每一杆件一端的永久性螺栓数不宜少于 2 个；对组合构件的缀条，其端部连接可采用 1 个螺栓；

3　沿杆轴方向受拉的螺栓连接中的端板（法兰板），宜设置加劲肋。

3.其他构造要求

《钢规》有如下规定。

11.5.3　**直接承受动力荷载**构件的螺栓连接应符合下列规定：

1　抗剪连接时应采用摩擦型高强度螺栓；

2　普通螺栓受拉连接应采用双螺帽或其他能防止螺帽松动的有效措施。

11.5.4　高强度螺栓连接设计应符合下列规定：

1　本章的高强度螺栓连接均应按本标准表 11.4.2-2 施加预拉力；

2　采用承压型连接时，连接处构件接触面应清除油污及浮锈，仅承受拉力的高强度螺栓连接，不要求对接触面进行抗滑移处理；

3　**高强度螺栓承压型连接不应用于直接承受动力荷载的结构，抗剪承压型连接在正常使用极限状态下应符合摩擦型连接的设计要求**；

4　当高强度螺栓连接的环境温度为 100~150℃时，其承载力应降低 10%。

11.5.5　当型钢构件拼接采用高强度螺栓连接时，其拼接件宜采用钢板。

14.5.6　普通螺栓连接的计算

根据受力情况的不同，普通螺栓（图 14.40（a））可分为剪力螺栓和拉力螺栓两种。当外力垂直于螺栓杆时，该螺栓为剪力螺栓，抗剪普通螺栓依靠孔壁承压、螺栓杆抗剪传力；当外力平行于螺栓杆时，该螺栓为拉力螺栓，拉力普通螺栓依靠螺栓杆受拉传力。

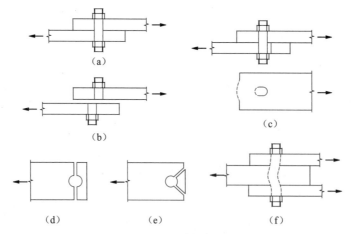

图 14.40　剪力螺栓的破坏

（a）连接示意　（b）剪断破坏　（c）挤压破坏　（d）拉断破坏　（e）冲剪破坏　（f）弯曲变形破坏

1.抗剪螺栓

由于普通螺栓连接螺帽的拧紧程度一般，因此沿螺栓杆产生的轴向力不大，当剪力很小时，外力可以由板件间的摩擦力承受；但是当压力继续增大直至超过板件间的最大摩擦力时，构件间将产生相对滑移，直至螺栓杆的一侧和孔壁接触后，孔壁将产生承压应力，螺栓杆相应受剪；当抗剪螺栓连接达到极限承载力时，可能发生以下形式的破坏：

（1）当螺栓杆直径较小而板件较厚时，可能发生螺栓杆的剪断破坏，如图14.40(b)所示；

（2）当螺栓杆直径较大而板件较薄时，可能发生板件的挤压破坏，如图14.40(c)所示；

（3）当螺栓孔对板的削弱过于严重时，可能发生板件在削弱净截面处的拉断破坏，如图14.40(d)所示；

（4）当螺栓孔的端距较小时，端距范围内的板件可能发生冲剪破坏，如图14.40(e)所示；

（5）当螺栓杆的长径比较小时，可能会因螺栓杆产生过大的弯曲变形而破坏，如图14.40(f)所示。

其中，后两种破坏可以通过采取限制螺栓孔间距和螺栓杆长度等构造措施予以避免。

为防止单个抗剪螺栓发生图14.40(b)(c)所示的破坏，《钢标》规定其抗剪承载力应按下列公式计算。

11.4.1　普通螺栓、锚栓或铆钉的连接承载力应按下列规定计算。

1　在普通螺栓或铆钉**抗剪连接**中，每个螺栓的承载力设计值应**取受剪和承压承载力设计值中的较小者**。受剪和承压承载力设计值应分别按式（11.4.1-1)、式（11.4.1-2)和式（11.4.1-3)、式（11.4.1-4)计算。

普通螺栓：

$$N_v^b = n_v \frac{\pi d^2}{4} f_v^b \tag{11.4.1-1}$$

$$N_c^b = d \sum t f_c^b \tag{11.4.1-3}$$

式中　n_v——受剪面数目；

d——螺杆直径（mm）；

$\sum t$——在不同受力方向中一个受力方向承压构件总厚度的较小值（mm）；

f_v^b、f_c^b——螺栓的抗剪和承压强度设计值（N/mm²）。

11.4.1 条文说明

式（11.4.1-1)和式（11.4.1-2)的相关公式是保证普通螺栓或铆钉的杆轴不致在剪力和拉力联合作用下破坏；式（11.4.1-3)和式（11.4.1-4)是保证连接板件不致因承压强度不足而破坏。

当构件为沿全长有排列较密螺栓的组合构件时，由于螺栓削弱了构件的截面，因此在确定螺栓的布置形式后，还需验算构件的净截面强度，如图14.41所示。《钢标》有如下规定。

7.1.1　轴心受拉构件，当端部连接及中部拼接处组成截面的各板件都由连接件直接传力时，其截面强度计算应符合下列规定。

3　当构件为沿全长都有排列较密螺栓的组合构件时，其截面强度应按下式计算：

$$\frac{N}{A_n} \leq f \tag{7.1.1-4}$$

式中　N——所计算截面处的拉力设计值（N）；

f——钢材的抗拉强度设计值（N/mm²）；

A_n——构件的净截面面积（mm²），当构件多个截面有孔时，取最不利的截面。

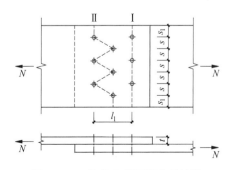

图14.41　构件净截面强度的计算

2. 拉力螺栓

《钢标》有如下规定。

11.4.1 普通螺栓、锚栓或铆钉的连接承载力应按下列规定计算。

2 在普通螺栓、锚栓或铆钉杆**轴向方向受拉的连接**中,每个普通螺栓、锚栓或铆钉的承载力设计值应按下列公式计算:

$$N_t^b = n_v \frac{\pi d_e^2}{4} f_t^b \qquad (11.4.1\text{-}5)$$

式中 d_e——螺栓或锚栓在螺纹处的有效直径(mm);

f_t^b——普通螺栓、锚栓和铆钉的抗拉强度设计值(N/mm²)。

3. 螺栓群的计算

1)轴向力作用下的剪力螺栓群

当轴向力作用下螺栓抗剪时(图 14.41),如果螺栓连接处于弹性阶段,螺栓群中的各螺栓受力并不相等,两端螺栓的受力较中间大;但随着外力的增大,螺栓连接逐渐进入塑性阶段,各螺栓的受力趋于相等,直至达到连接承载力的极限状态而破坏。因此,计算时可假定所有的螺栓受力相同,并按下式计算所需的螺栓数量 n:

$$n \geq \frac{N}{\eta N_{\min}^b} \qquad (14.81)$$

式中 N——连接件所受的轴向力;

$N_{\min}^b$——单个螺栓的抗剪承载力设计值,按《钢标》式 11.4.1-1 及式 11.4.1-3 计算,并取较小值;

η——折减系数,按《钢标》第 11.4.5 条计算。

11.4.5 在构件连接节点的一端,当螺栓沿轴向受力方向的连接长度 l_1 大于 $15d_0$ 时(d_0 为孔径),应将螺栓的承载力设计值乘以折减系数 $\left(1.1 - \dfrac{l_1}{150 d_0}\right)$;当大于 $60 d_0$ 时,折减系数取为定值 0.7。

11.4.5 条文说明

当构件的节点处或拼接接头的一端,螺栓(包括普通螺栓和高强度螺栓)或铆钉的连接长度 l_1 过大时,螺栓或铆钉的受力很不均匀,端部的螺栓或铆钉受力最大,往往首先破坏,并将依次向内逐个破坏。因此,规定当 $l_1 > 15 d_0$ 时,应将承载力设计值乘以折减系数。

2)轴向力和弯矩作用下的拉力螺栓群

如图 14.42 所示的螺栓群,在轴向力和弯矩的共同作用下,受力需要分为两种情况考虑:

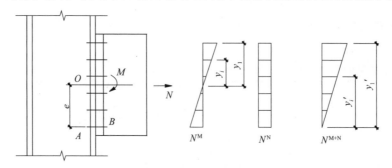

图 14.42 轴力和弯矩共同作用下的螺栓群受力

当 M/N 较小时,构件将绕螺栓群形心轴 O 转动,在弯矩 M 的作用下,各个螺栓所受的力为 $N_i^M = \dfrac{M y_i}{\sum y_i^2}$;

在轴向力 N 的作用下,各个螺栓所受的力为 $N_i^N = \dfrac{N}{n}$;由此可知,螺栓群中最大和最小的受力分别为

$$N_{\max} = \frac{N}{n} + \frac{M y_1}{\sum y_i^2} \qquad (14.82\text{-}a)$$

$$N_{\min} = \frac{N}{n} - \frac{My_1}{\sum y_i^2} \qquad\qquad (14.82\text{-}b)$$

式中　n——螺栓的总数量；

　　　y_i——各螺栓至螺栓群形心 O 的距离；

　　　y_1——y_i 中的最大值。

若由式（14.82-b）算得的 $N_{\min} \geqslant 0$，说明所有螺栓均受拉，构件绕螺栓群的形心 O 转动的假定成立，此时受力最大的螺栓应满足 $N_{\max} \leqslant N_t^b$ 的要求。

当 M/N 较大，使得经式（14.82-b）算得的 $N_{\min} < 0$ 时，构件将绕 A 点（底排螺栓）转动，根据平衡条件可求得螺栓的最大受力为

$$N_{\max} = \frac{(M + Ne)y_1'}{\sum y_i'^2} \qquad\qquad (14.83)$$

式中　e——轴向力到螺栓转动中心 A 点的距离；

　　　y_i'——各螺栓至 A 点的距离；

　　　y_1'——y_i' 中的最大值。

3）拉-剪螺栓群

如图 14.43 所示，当螺栓群同时承受轴向拉力 N、弯矩 M 和剪力 V 的作用时，若设置支托（承托板），则剪力 V 由支托承受，各螺栓只承受弯矩和轴向力引起的拉力，并按式（14.82）及式（14.83）计算。

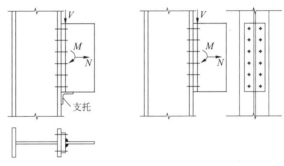

图 14.43　轴向力、剪力和弯矩共同作用下的螺栓群受力

当不设置支托时，螺栓不仅承受拉力，还承受由外剪力 V 引起的 N_v。大量研究表明，同时承受剪力和拉力的螺栓由两种破坏可能，一种是螺栓杆受剪或受拉破坏，另一种是孔壁承压破坏；同时，拉-剪联合作用下螺栓的 $\frac{N_t}{N_t^b} - \frac{N_v}{N_v^b}$ 相关曲线近似为半径为 1.0 的 $\frac{1}{4}$ 圆曲线。《钢标》根据试验成果，采用相关曲线的方法计算拉-剪螺栓的强度。

11.4.1　普通螺栓、锚栓或铆钉的连接承载力应按下列规定计算。

　　3　同时承受剪力和杆轴方向拉力的普通螺栓和铆钉，其承载力应分别符合下列公式的要求：

$$\sqrt{\left(\frac{N_v}{N_v^b}\right)^2 + \left(\frac{N_t}{N_t^b}\right)^2} \leqslant 1.0 \qquad\qquad (11.4.1\text{-}8)$$

$$N_v \leqslant N_c^b \qquad\qquad (11.4.1\text{-}9)$$

式中　N_v、N_t——某个普通螺栓所承受的剪力和拉力（N）；

　　　N_v^b、N_t^b、N_c^b——一个普通螺栓的抗剪、抗拉和承压承载力设计值（N）。

14.5.7　高强度螺栓连接的计算

高强度螺栓通过将螺栓拧紧，使螺栓杆产生预拉力并压紧连接板件间的接触面。高强度螺栓根据受力

性能和极限状态下的破坏特征可分为摩擦型和承压型两种。

当螺栓受剪时,摩擦型高强度螺栓与普通螺栓的重要区别在于,在连接承载力极限状态下前者依靠连接板件间接触面的摩擦力传递外力,后者则依靠螺栓杆的抗剪和孔壁的承压来传递外力;对于承压型高强度螺栓,在剪力超过摩擦力后,构件之间将发生相对滑移,螺栓杆与孔壁开始接触,此时螺栓杆受剪、孔壁承压,极限状态下的破坏形式与普通螺栓相同。

图14.44所示为单个螺栓在受剪时的工作曲线,其中a点为摩擦型连接的受剪承载力极限值,c点为承压型连接的受剪承载力极限值,曲线ab段即表示剪力超过摩擦力后构件间产生的相对滑移。由于承压型连接和摩擦型连接是同一高强度螺栓连接的两个不同阶段,因此可将摩擦型连接定义为承压型连接的正常使用状态。《钢标》第11.5.4条规定,抗剪承压型连接在正常使用极限状态下应符合摩擦型连接的设计要求,即不应出现滑移变形。

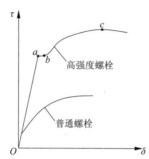

图14.44 单个螺栓剪应力-位移曲线

1. 高强度螺栓摩擦型连接的抗剪计算

高强度螺栓摩擦型连接是依靠被连接板面间的摩擦阻力传递内力,以摩擦阻力刚被克服作为连接承载能力的极限状态。摩擦阻力值取决于板面间的法向压力即螺栓预拉力P、接触表面的抗滑移系数μ以及传力摩擦面数目n_f,故一个摩擦型高强度螺栓的最大受剪承载力为$n_f \mu P$除以抗力分项系数1.111。《钢标》有如下规定。

11.4.2 高强度螺栓**摩擦型连接**应按下列规定计算:

  1 在受剪连接中,每个高强度螺栓的承载力设计值按下式计算:

$$N_v^b = 0.9 k n_f \mu P \tag{11.4.2-1}$$

式中 N_v^b——一个高强度螺栓的受剪承载力设计值(N);

  k——孔型系数,标准孔取1.0,大圆孔取0.85,内力与槽孔长向垂直时取0.7,内力与槽孔长向平行时取0.6;

  n_f——传力摩擦面数目;

  μ——摩擦面的抗滑移系数,可按表11.4.2-1取值;

  P——一个高强度螺栓的预拉力设计值(N),按表11.4.2-2取值。

表11.4.2-1 钢材摩擦面的抗滑移系数μ

连接处构件接触面的处理方法	构件的钢材牌号		
	Q235钢	Q345钢或Q390钢	Q420钢或Q460钢
喷硬质石英砂或铸钢棱角砂	0.45	0.45	0.45
抛丸(喷砂)	0.40	0.40	0.40
钢丝刷清除浮锈或未经处理的干净轧制面	0.30	0.35	—

注:1. 钢丝刷除锈方向应与受力方向垂直;
    2. 当连接构件采用不同钢材牌号时,μ按相应较低强度者取值;
    3. 采用其他方法处理时,其处理工艺及抗滑移系数值均需经试验确定。

螺栓的承载性能等级	螺栓公称直径（mm）					
	M16	M20	M22	M24	M27	M30
8.8 级	80	125	150	175	230	280
10.9 级	100	155	190	225	290	355

表 11.4.2-2　一个高强度螺栓的预拉力设计值 P（kN）

高强度螺栓摩擦型连接中的构件净截面强度计算与普通螺栓不同,被连接钢板的最弱净截面在第一排螺栓孔处,但由于有一部分轴向力已经由孔前板件间的摩擦力传递,因此该截面上所传递的力 N' 小于连接构件所承受的轴向力 N,如图 14.45 所示。试验结果表明,孔前传力系数可取 0.5,即第一排高强度螺栓所分担的内力已有 50%经孔前摩擦面传递。

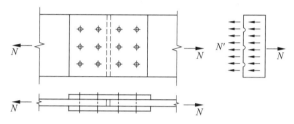

图 14.45　轴向力作用下的高强度螺栓摩擦型连接

设连接一侧的螺栓数量为 n,计算截面上的螺栓数量为 n_1,则构件净截面处承受的轴向力大小为

$$N' = N - 0.5\frac{N}{n} \times n_1 = N\left(1 - 0.5\frac{n_1}{n}\right) \tag{14.84}$$

由此,对于高强度螺栓摩擦型连接构件的截面强度验算,《钢标》有如下规定。

7.1.1　轴心受拉构件,当端部连接及中部拼接处组成截面的各板件都由连接件直接传力时,其截面强度计算应符合下列规定。

　　2　采用高强度螺栓摩擦型连接的构件,其毛截面强度计算应采用式（7.1.1-1）,**净截面断裂**应按下式计算:

$$\sigma = \left(1 - 0.5\frac{n_1}{n}\right)\frac{N}{A_n} \leq 0.7f_u \tag{7.1.1-3}$$

式中　N——所计算截面处的拉力设计值（N）;

　　　　A_n——构件的净截面面积（mm²）,当构件多个截面有孔时,取最不利的截面;

　　　　f_u——钢材的抗拉强度最小值（N/mm²）;

　　　　n——在节点或拼接处,构件一端连接的高强度螺栓数目;

　　　　n_1——所计算截面（最外列螺栓处）高强度螺栓数目。

2. 高强度螺栓摩擦型连接的抗拉计算

试验证明,当外拉力 N_t 过大时,螺栓将发生松弛现象,这样就丧失了摩擦型连接高强度螺栓的优越性。为避免螺栓松弛并保留一定的余量,《钢标》有如下规定。

11.4.2　高强度螺栓**摩擦型连接**应按下列规定计算。

　　2　在螺栓杆轴方向受拉的连接中,每个高强度螺栓的承载力应按下式计算:

$$N_t^b = 0.8P \tag{11.4.2-2}$$

3. 高强度螺栓摩擦型连接的拉-剪计算

同时承受剪力和栓杆轴向外拉力的高强度螺栓摩擦型连接,其承载力可以采用直线相关公式表达,《钢标》有如下规定。

11.4.2 高强度螺栓**摩擦型连接**应按下列规定计算。

    3 当高强度螺栓摩擦型连接同时承受摩擦面间的剪力和螺栓杆轴方向的外拉力时,承载力应符合下式要求:

$$\frac{N_v}{N_v^b} + \frac{N_t}{N_t^b} \leq 1.0 \qquad\qquad (11.4.2\text{-}3)$$

式中 N_v、N_t——某个高强度螺栓所承受的剪力和拉力(N);

         N_v^b、N_t^b——一个高强度螺栓的受剪、受拉承载力设计值(N)。

4. 高强度螺栓承压型连接的计算

    实际上,制造商供应的高强度螺栓并无用于摩擦型连接和承压型连接之分,采用的预应力也无区别。但由于高强度螺栓承压型连接是以承载力极限值作为设计准则,其最后破坏形式与普通螺栓相同,即栓杆被剪断或连接板被挤压破坏,因此其计算方法也与普通螺栓相同。

    对于高强度螺栓承压型连接的强度计算,《钢标》有如下规定。

11.4.3 高强度螺栓承压型连接应按下列规定计算。

    1 承压型连接的高强度螺栓预拉力 P 的施拧工艺和设计值取值应与摩擦型连接高强度螺栓相同。

    2 承压型连接中每个高强度螺栓的**受剪承载力设计值**,其计算方法与普通螺栓相同,但当计算剪切面在螺纹处时,其**受剪承载力设计值应按螺纹处的有效截面面积进行计算**。

    3 在杆轴受拉的连接中,每个高强度螺栓的**受拉承载力设计值**的计算方法与普通螺栓相同。

    4 **同时承受剪力和杆轴方向拉力**的承压型连接,承载力应符合下列公式的要求:

$$\sqrt{\left(\frac{N_v}{N_v^b}\right)^2 + \left(\frac{N_t}{N_t^b}\right)^2} \leq 1.0 \qquad\qquad (11.4.3\text{-}1)$$

$$N_v \leq N_c^b/1.2 \qquad\qquad (11.4.3\text{-}2)$$

式中 N_v、N_t——所计算的某个高强度螺栓所承受的剪力和拉力(N);

         N_v^b、N_t^b、N_c^b——一个高强度螺栓按普通螺栓计算时的受剪、受拉和承压承载力设计值。

11.4.3 条文说明(部分)

    4 同时承受剪力和杆轴方向拉力的高强度螺栓承压型连接,当满足本标准公式(11.4.3-1)、式(11.4.3-2)的要求时,可保证栓杆不致在剪力和拉力联合作用下破坏。

    本标准公式(11.4.3-2)是保证连接板件不致因承压强度不足而破坏。由于只承受剪力的连接中,高强度螺栓对板面有强大的压紧作用,使承压的板件孔前区形成三向压应力场,因而其承压强度设计值比普通螺栓要高得多。但对受杆轴方向拉力的高强度螺栓,板面之间的压紧作用随外拉力的增加而减小,因而承压强度设计值也随之降低。承压型高强度螺栓的承压强度设计值是随外拉力的变化而变化的。为了计算方便,本标准规定只要有外拉力作用,就将承压强度设计值除以 1.2 予以降低。所以本标准公式(11.4.3-2)中右侧的系数 1.2 实质上是承压强度设计值的降低系数。计算 N_c^b 时,仍应采用本标准表 4.4.6 中的承压强度设计值。

14.5.8 螺栓的强度设计指标及调整

    《钢标》有如下规定。

4.4.6 螺栓连接的强度指标应按表 4.4.6 采用。

表 4.4.6　螺栓连接的强度指标（N/mm²）

螺栓的性能等级、锚栓和构件钢材的牌号		强度设计值						锚栓	承压型连接或网架用高强度螺栓			高强度螺栓的抗拉强度 f_u^b
		普通螺栓										
		C级螺栓			A级、B级螺栓							
		抗拉 f_t^b	抗剪 f_v^b	承压 f_c^b	抗拉 f_t^b	抗剪 f_v^b	承压 f_c^b	抗拉 f_t^b	抗拉 f_t^b	抗剪 f_v^b	承压 f_c^b	
普通螺栓	4.6级、4.8级	170	140	—	—	—	—	—	—	—	—	—
	5.6级	—	—	—	210	190	—	—	—	—	—	—
	8.8级	—	—	—	400	320	—	—	—	—	—	—
锚栓	Q235	—	—	—	—	—	—	140	—	—	—	—
	Q345	—	—	—	—	—	—	180	—	—	—	—
	Q390	—	—	—	—	—	—	185	—	—	—	—
承压型连接高强度螺栓	8.8级	—	—	—	—	—	—	—	400	250	—	830
	10.9级	—	—	—	—	—	—	—	500	310	—	1 040
螺栓球节点用高强度螺栓	9.8级	—	—	—	—	—	—	—	385	—	—	—
	10.9级	—	—	—	—	—	—	—	430	—	—	—
构件钢材牌号	Q235	—	—	305	—	—	405	—	—	—	470	—
	Q345	—	—	385	—	—	510	—	—	—	590	—
	Q390	—	—	400	—	—	530	—	—	—	615	—
	Q420	—	—	425	—	—	560	—	—	—	655	—
	Q460	—	—	450	—	—	595	—	—	—	695	—
	Q345GJ	—	—	400	—	—	530	—	—	—	615	—

注：1. A级螺栓用于 $d \leqslant 24$ mm 和 $L \leqslant 10d$ 或 $L \leqslant 150$ mm（按较小值）的螺栓；B级螺栓用于 $d > 24$ mm 和 $L > 10d$ 或 $L > 150$ mm（按较小值）的螺栓；d 为公称直径，L 为螺栓公称长度；

2. A级、B级螺栓孔的精度和孔壁表面粗糙度，C级螺栓孔的允许偏差和孔壁表面粗糙度，均应符合现行国家标准《钢结构工程施工质量验收规范》（GB 50205—2020）的要求；

3. 用于螺栓球节点网架的高强度螺栓，M12~M36 为 10.9 级，M39~M64 为 9.8 级。

对于按本节要求计算的单个螺栓强度以及连接中所需要的螺栓数量，应按《钢标》以下要求进行折减或增加。

11.4.4　在下列情况的连接中，螺栓或铆钉的数目应予增加：

1　一个构件借助填板或其他中间板与另一构件连接的螺栓（摩擦型连接的高强度螺栓除外）或铆钉数目，应按计算增加10%；

2　当采用搭接或拼接板的单面连接传递轴心力，因偏心引起连接部位发生弯曲时，螺栓（摩擦型连接的高强度螺栓除外）数目应按计算增加10%；

3　在构件的端部连接中，当利用短角钢连接型钢（角钢或槽钢）的外伸肢以缩短连接长度时，在短角钢两肢中的一肢上，所用的螺栓或铆钉数目应按计算增加50%；

4　当铆钉连接的铆合总厚度超过铆钉孔径的 5 倍时，总厚度每超过 2 mm，铆钉数目应按计算增加1%（至少应增加 1 个铆钉），但铆合总厚度不得超过铆钉孔径的 7 倍。

11.4.5　在构件连接节点的一端,当螺栓沿轴向受力方向的连接长度 l_1 大于 $15d_0$ 时(d_0 为孔径),应将**螺栓的承载力设计值乘以折减系数**$(1.1-\dfrac{l_1}{150d_0})$;当大于 $60d_0$ 时,折减系数取为定值 0.7。

14.6　梁柱刚性节点设计

在结构设计中,即使每个构件都能满足预定的使用功能,但是如果因设计处理不恰当而造成连接节点的破坏,也会造成结构的整体破坏。可见,节点设计与构件设计同等重要。

在钢结构中,梁与柱之间的连接节点按其受力特点可分为铰接、刚性和半刚性连接三类。在铰接节点中,梁通过角钢、端板等构件与柱连接,柱子只承受梁腹板传递的竖向剪力,梁与柱轴线间的夹角可以自由改变,即节点的转动不受任何约束。在刚性节点中,梁通过完全焊接、螺栓连接或栓焊混合连接的方式与柱连接,柱子除承受梁腹板传来的竖向剪力外,还需承受上、下翼缘传递的弯矩,梁柱轴线间的夹角在节点转动时保持不变。半刚性节点介于铰接节点和刚性节点之间,其中柱除承受梁腹板传递的剪力外,还需要承受一定的弯矩,梁柱轴线间的夹角在节点转动时有一定程度的改变,但又受到一定程度的约束。

14.6.1　梁柱刚性连接的构造要求

由于梁柱刚性连接节点可以增加框架的整体抗侧刚度,减小框架梁的跨中弯矩,因此在多、高层钢框架结构的节点连接中应用较多。梁柱刚性连接构造如图 14.46 所示。

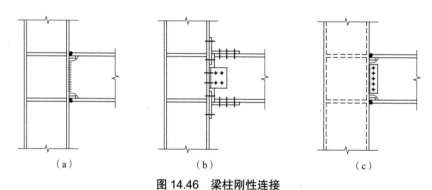

图 14.46　梁柱刚性连接
(a)完全焊接　(b)完全栓接　(c)栓焊混接

图 14.46(a)所示为 H 形截面梁、柱采用完全焊接的刚性连接示意,梁翼缘和柱翼缘采用全熔透的坡口对接焊缝连接。为了便于梁翼缘端部的施焊,在梁腹板和腹板交接处开半圆孔并按规定设置衬板。在梁翼缘对应位置设置柱中的横向加劲肋,且加劲肋的厚度不应小于梁的翼缘厚度。在设计时,考虑梁端内力向柱传递时,原则上梁端弯矩全部由梁的翼缘承担,梁端剪力全部由梁腹板承担(也可由底部支托承受)。图14.46(b)所示为梁柱采用完全栓接,所有的螺栓均为高强度螺栓。图 14.46(c)所示为在梁柱连接中,梁腹板与柱翼缘采用高强度螺栓连接,横梁安装就位后再将梁的上、下翼缘与柱翼缘用坡口对接焊缝连接,称为栓焊混合连接。当柱为箱形截面时,宜在柱内对应于梁上、下翼缘的平面位置处设置横隔板(图 14.46(c))。

对于采用栓焊混合连接的梁柱刚性连接,《钢标》有如下规定。

12.3.5　采用焊接连接或栓焊混合连接(**梁翼缘与柱焊接,腹板与柱高强度螺栓连接**)的梁柱刚接节点,其构造应符合下列规定。

　　1　H 形钢柱腹板对应于梁翼缘部位宜设置横向加劲肋,箱形(钢管)柱对应于梁翼缘的位置宜设置水平隔板。

　2　梁柱节点宜采用柱贯通构造,当柱采用冷成型管截面或壁板厚度小于翼缘厚度较多时,梁柱节点宜采用隔板贯通式构造。

　3　节点采用隔板贯通式构造时,柱与贯通式隔板应采用全熔透坡口焊缝连接。贯通式隔板挑出长度 l 宜满足 $25\,\text{mm} \leqslant l \leqslant 60\,\text{mm}$;隔板宜采用拘束度较小的焊接构造与工艺,其厚度不应小于梁翼缘厚度和柱壁板的厚度。当隔板厚度不小于 36 mm 时,宜选用厚度方向钢板。

　4　梁柱节点区**柱腹板加劲肋或隔板**应符合下列规定:

　1)横向加劲肋的截面尺寸应经计算确定,其厚度不宜小于梁翼缘厚度,其宽度应符合传力、构造和板件宽厚比限值的要求;

　2)横向加劲肋的上表面宜与梁翼缘的上表面对齐,并以焊透的 T 形对接焊缝与柱翼缘连接,当梁与 H 形截面柱弱轴方向连接,即与腹板垂直相连形成刚接时,横向加劲肋与柱腹板的连接宜采用焊透对接焊缝;

　3)箱形柱中的横向隔板与柱翼缘的连接宜采用焊透的 T 形对接焊缝,对无法进行电弧焊的焊缝且柱壁板厚度不小于 16 mm 的可采用熔化嘴电渣;

　4)当采用斜向加劲肋加强节点域时,加劲肋及其连接应能传递柱腹板所能承担剪力之外的剪力,其截面尺寸应符合传力和板件宽厚比限值的要求。

14.6.2　无加劲肋柱的节点计算

在梁柱刚性节点中,当工字形梁翼缘采用焊透的 T 形对接焊缝与 H 形柱的翼缘焊接,同时对应的柱腹板未设置水平加劲肋时,节点的变形如图 14.47 所示。

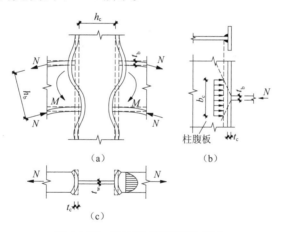

图 14.47　梁柱节点的变形和受力
(a)受力变形示意　(b)柱腹板受压　(c)柱翼缘受拉

在梁的受压翼缘处,由梁端弯矩引起的集中力对柱腹板产生挤压,如图 14.47(b)所示,因此应对与翼缘对接焊缝边缘处柱腹板的局部承压强度和局部稳定进行验算。同时,柱翼缘应能承受梁受拉翼缘传来的拉力作用如图 14.47(c)所示。

1. 柱腹板局部承压强度

对于局部承压强度的验算,《钢标》根据梁受压翼缘与柱腹板在有效宽度 b_e 范围内等强的条件来计算柱腹板所需的厚度。

12.3.4　梁柱刚性节点中当工字形梁翼缘采用焊透的 T 形对接焊缝与 H 形柱的翼缘焊接,同时对应的柱腹板**未设置水平加劲肋**时,**柱翼缘和腹板厚度**应符合下列规定。

　1　在梁的受压翼缘处,柱腹板厚度 t_w 应同时满足:

$$t_w \geqslant \frac{A_{fb} f_b}{b_e f_c} \tag{12.3.4-1}$$

$$b_e = t_f + 5h_y \tag{12.3.4-3}$$

式中　A_{fb}——梁受压翼缘的截面面积（mm^2）；

f_b、f_c——梁和柱钢材抗拉、抗压强度设计值（N/mm^2）；

b_e——在垂直于柱翼缘的集中压力作用下，柱腹板计算高度边缘处压应力的假定分布长度（mm）；

h_y——自柱顶面至腹板计算高度上边缘的距离，对轧制型钢截面取柱翼缘边缘至内弧起点的距离，对焊接截面取柱翼缘厚度（mm）；

t_f——梁受压翼缘厚度（mm）。

2. 柱腹板的局部稳定

当柱腹板的高厚比较大时，柱腹板可能在受压区边缘未达到屈服点前屈曲。按单向受压的四边简支板计算，并偏于安全地取板的长度 $a=\infty$，根据弹性理论可得柱腹板局部稳定的临界应力为

$$\sigma_{cr} = \frac{\pi^2 E}{12(1-v^2)} \left(\frac{t_w}{h_c}\right)^2 \tag{14.85}$$

取钢材的弹性模量 $E=206 \times 10^3\ N/mm^2$，泊松比 $v =0.3$ 后可得

$$\frac{h_c}{t_w} \leqslant 28.1\varepsilon_k \tag{14.86}$$

式中各参数的含义详见前述章节。

对式（14.86）右端取整后，可得《钢标》考虑局部稳定条件后对柱腹板的厚度要求。

12.3.4　梁柱刚性节点中当工字形梁翼缘采用焊透的 T 形对接焊缝与 H 形柱的翼缘焊接，同时对应的柱腹板**未设置水平加劲肋**时，**柱翼缘和腹板厚度**应符合下列规定。

　1　在梁的受压翼缘处，柱腹板厚度 t_w 应同时满足：

$$t_w \geqslant \frac{h_c}{30} \cdot \frac{1}{\varepsilon_{k,c}} \tag{12.3.4-2}$$

式中　h_c——柱腹板的宽度（mm）；

$\varepsilon_{k,c}$——柱的钢号修正系数。

---

3. 柱翼缘的厚度计算

为了使柱翼缘能承受梁受拉翼缘传来的拉力作用，《钢标》有如下规定。

12.3.4　梁柱刚性节点中当工字形梁翼缘采用焊透的 T 形对接焊缝与 H 形柱的翼缘焊接，同时对应的柱腹板**未设置水平加劲肋**时，**柱翼缘和腹板厚度**应符合下列规定。

　2　在梁的受拉翼缘处，柱翼缘板的厚度 t_c 应满足下式要求：

$$t_c \geqslant 0.4\sqrt{A_{ft} f_b / f_c} \tag{12.3.4-4}$$

式中　A_{fb}——梁受压翼缘的截面面积（mm^2）；

f_b、f_c——梁和柱钢材抗拉、抗压强度设计值（N/mm^2）；

A_{ft}——梁受拉翼缘的截面面积（mm^2）。

14.6.3　设置加劲肋的柱节点域计算

如图 14.48 中的阴影面积所示，梁与柱连接节点的节点域由柱翼缘板和横向加劲肋包围而成。节点域在周边剪力和弯矩的作用下，柱腹板存在屈服和局部失稳的可能性。因此，《钢标》有如下规定。

12.3.2　梁柱采用刚性或半刚性节点时，节点应进行在弯矩和剪力作用下的强度验算。

根据受力分析可知，节点域腹板所受的水平剪力为（图 14.48）

$$V = \frac{M_{b1} + M_{b2}}{h_b} - \frac{V_{c1} + V_{c2}}{2} \tag{14.87}$$

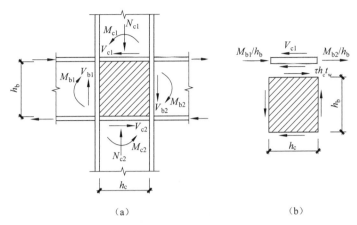

（a）　　　　　　　　　　　　　　　　　（b）

图 14.48　节点域腹板的受力

（a）整体受力分析　（b）腹板受力分析

剪应力应满足：

$$\tau = \frac{M_{b1} + M_{b2}}{h_b h_c t_w} - \frac{V_{c1} + V_{c2}}{2 h_c t_w} \leqslant f_v \tag{14.88}$$

工程中为了简化计算，可偏于保守地略去式（14.88）左端的第二项，即略去柱剪力项。

节点域腹板中的应力复杂，剪应力 τ 在节点域的中心最大，剪切屈服从中心开始逐步向四周扩散。并且，由于节点域的腹板四周均有较强的约束，因此节点域屈服后，剪切承载力仍可提高。参考相关规范、试验成果，并考虑到规范的延续性，《钢标》有如下规定：

（1）当节点域受剪正则化宽厚比 $\lambda_{n,s} \leqslant 0.6$ 时，节点域的受剪承载力可提高 4/3 倍；

（2）受剪正则化宽厚比 $\lambda_{n,s} = 0.8$ 是腹板塑性和弹塑性屈曲的拐点（参考《钢标》第 6.3.3 条），此时节点域的受剪承载力不适宜提高；

（3）$0.6 < \lambda_{n,s} \leqslant 0.8$ 时，节点域的受剪承载力按 $\lambda_{n,s}$ 在 f_v 和 $\dfrac{4}{3} f_v$ 之间插值计算。

由此，对于节点域腹板抗剪承载力的计算，《钢标》有如下规定。

12.3.3　当梁柱采用刚性连接，对应于梁翼缘的柱腹板部位**设置横向加劲肋**时，节点域应符合下列规定。

　1　当横向加劲肋厚度不小于梁的翼缘板厚度时，节点域的受剪正则化宽厚比 $\lambda_{n,s}$ 不应大于 0.8；对单层和低层轻型建筑，$\lambda_{n,s}$ 不得大于 1.2。**节点域的受剪正则化宽厚比 $\lambda_{n,s}$** 应按下式计算。

　当 $h_c / h_b \geqslant 1.0$ 时：

$$\lambda_{n,s} = \frac{h_b / t_w}{37 \sqrt{5.34 + 4(h_b / h_c)^2}} \frac{1}{\varepsilon_k} \tag{12.3.3-1}$$

　当 $h_c / h_b < 1.0$ 时：

$$\lambda_{n,s} = \frac{h_b / t_w}{37 \sqrt{4 + 5.34(h_b / h_c)^2}} \frac{1}{\varepsilon_k} \tag{12.3.3-2}$$

式中　h_c、h_b——节点域腹板的宽度和高度。

　2　节点域的承载力应满足下式要求：

$$\frac{M_{b1} + M_{b2}}{V_p} \leqslant f_{ps} \tag{12.3.3-3}$$

　H 形截面柱：

$$V_p = h_{b1} h_{c1} t_w \tag{12.3.3-4}$$

　箱形截面柱：

$$V_p = 1.8 h_{b1} h_{c1} t_w \tag{12.3.3-5}$$

圆管截面柱：

$$V_p = (\pi/2)h_{b1}d_ct_c \qquad (12.3.3\text{-}6)$$

式中　　M_{b1}、M_{b2}——节点域两侧梁端弯矩设计值（N·mm）；

V_p——节点域的体积（mm³）；

h_{c1}——柱翼缘中心线之间的宽度和梁腹板高度（mm）；

h_{b1}——梁翼缘中心线之间的高度（mm）；

t_w——柱腹板节点域的厚度（mm）；

d_c——钢管直径线上管壁中心线之间的距离（mm）；

t_c——节点域钢管壁厚（mm）；

f_{ps}——节点域的抗剪强度（N/mm²）。

3　节点域的**受剪承载力** f_{ps} 应根据节点域受剪正则化宽厚比 $\lambda_{n,s}$ 按下列规定取值：

1）当 $\lambda_{n,s} < 0.6$ 时：

$$f_{ps} = \frac{4}{3}f_v$$

2）当 $0.6 < \lambda_{n,s} \leqslant 0.8$ 时：

$$f_{ps} = \frac{1}{3}(7 - 5\lambda_{n,s})f_v$$

3）当 $0.8 < \lambda_{n,s} \leqslant 1.2$ 时：

$$f_{ps} = [1 - 0.75(\lambda_{n,s} - 0.8)]f_v$$

4）当轴压比 $\dfrac{N}{Af} > 0.4$ 时，受剪承载力 f_{ps} 应乘以修正系数，**当 $\lambda_{n,s} \leqslant 0.8$ 时，修正系数可取为** $\sqrt{1 - \left(\dfrac{N}{Af}\right)^2}$。

4　当节点域厚度不满足式（12.3.3-3）的要求时，对 H 形截面柱节点域可采用下列补强措施：

1）加厚节点域的柱腹板，腹板加厚的范围应伸出梁的上下翼缘外不小于 150 mm；

2）节点域处焊贴补强板加强，补强板与柱加劲肋和翼缘可采用角焊缝连接，与柱腹板采用塞焊连成整体，塞焊点之间的距离不应大于较薄焊件厚度的 $21\varepsilon_k$ 倍；

3）设置节点域斜向加劲肋加强。

12.3.3 条文说明（部分）

……参考日本 AIJ-ASD，轴力对节点域抗剪承载力的影响在轴压比较小时可略去，而轴压比大于 0.4 时，则按屈服条件进行修正。

节点域柱腹板的加厚补强措施如图 14.49 所示。

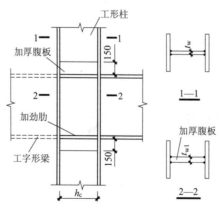

图 14.49　节点域腹板的补强

附录 A 阶梯形承台及锥形承台斜截面受剪的截面宽度

A.1 对于阶梯形承台应分别在变阶处(A_1—A_1，B_1—B_1)及柱边处(A_2—A_2，B_2—B_2)进行斜截面受剪计算(图 A.1)，并应符合下列规定。

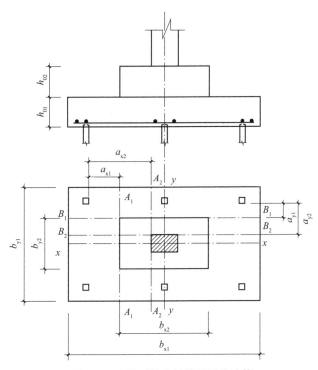

图 A.1 阶梯形承台斜截面受剪计算

1 计算变阶处截面 A_1—A_1，B_1—B_1 的斜截面受剪承载力时，其截面有效高度均为 h_{01}，截面计算宽度分别为 b_{y1} 和 b_{x1}。

2 计算柱边截面 A_2—A_2，B_2—B_2 处的斜截面受剪承载力时，其截面有效高度均为 $h_{01}+h_{02}$，截面计算宽度按下式进行计算：

对 A_2—A_2

$$\frac{b_{y1} \cdot h_{01} + b_{y2} \cdot h_{02}}{h_{01} + h_{02}} \tag{A.1-1}$$

对 B_2—B_2

$$\frac{b_{x1} \cdot h_{01} + b_{x2} \cdot h_{02}}{h_{01} + h_{02}} \tag{A.1-2}$$

A.2 对于锥形承台应对 A—A 及 B—B 两个截面进行受剪承载力计算(图 A.2)，截面有效高度均为 h_0，截面的计算宽度按下式计算：

对 A—A

$$b_{y0} = \left[1 - 0.5\frac{h_1}{h_0}\left(1 - \frac{b_{y2}}{b_{y1}}\right)\right]b_{y1} \tag{A.2-1}$$

对 B—B

$$b_{x0} = \left[1 - 0.5 \frac{h_1}{h_0} \left(1 - \frac{b_{x2}}{b_{x1}} \right) \right] b_{x1} \tag{A.2-2}$$

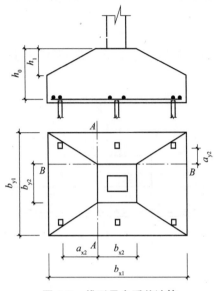

图 A.2　锥形承台受剪计算

附录 B 桩的极限侧阻力和端阻力标准值

B.1 不同桩型的极限侧阻力标准值 q_{sik} 可根据土的性质及物理力学指标按表 B.1 取值。

表 B.1 桩的极限侧阻力标准值 q_{sik}（kPa）

土的名称	土的状态		混凝土预制桩	泥浆护壁钻（冲）孔桩	干作业钻孔桩
填土	—		22~30	20~28	20~28
淤泥	—		14~20	12~18	12~18
淤泥质土	—		22~30	20~28	20~28
黏性土	流塑	$I_L>1$	24~40	21~38	21~38
	软塑	$0.75<I_L\leqslant1$	40~55	38~53	38~53
	可塑	$0.50<I_L\leqslant0.75$	55~70	53~68	53~66
	硬可塑	$0.25<I_L\leqslant0.50$	70~86	68~84	66~82
	硬塑	$0<I_L\leqslant0.25$	86~98	84~96	82~94
	坚硬	$I_L\leqslant0$	98~105	96~102	94~104
红黏土	$0.7<a_w\leqslant1$		13~32	12~30	12~30
	$0.5<a_w\leqslant0.7$		32~74	30~70	30~70
粉土	稍密	$e>0.9$	26~46	24~42	24~42
	中密	$0.75\leqslant e\leqslant0.9$	46~66	42~62	42~62
	密实	$e<0.75$	66~88	62~82	62~82
粉细砂	稍密	$10<N\leqslant15$	24~48	22~46	22~46
	中密	$15<N\leqslant30$	48~66	46~64	46~64
	密实	$N>30$	66~88	64~86	64~86
中砂	中密	$15<N\leqslant30$	54~74	53~72	53~72
	密实	$N>30$	74~95	72~94	72~94
粗砂	中密	$15<N\leqslant30$	74~95	74~95	76~98
	密实	$N>30$	95~116	95~116	98~120
砾砂	稍密	$5<N_{63.5}\leqslant15$	70~110	50~90	60~100
	中密（密实）	$N_{63.5}>15$	116~138	116~130	112~130
圆砾、角砾	中密、密实	$N_{63.5}>10$	160~200	135~150	135~150
碎石、卵石	中密、密实	$N_{63.5}>10$	200~300	140~170	150~170
全风化软质岩	—	$30<N\leqslant50$	100~120	80~100	80~100
全风化硬质岩	—	$30<N\leqslant50$	140~160	120~140	120~150
强风化软质岩	—	$N_{63.5}>10$	160~240	140~200	140~220
强风化硬质岩	—	$N_{63.5}>10$	220~300	160~240	160~260

注：1. 对于尚未完成自重固结的填土和以生活垃圾为主的杂填土，不计算其侧阻力；

2. a_w 为含水比，$a_w=w/w_l$，w 为土的天然含水量，w_l 为土的液限；

3. N 为标准贯入击数，$N_{63.5}$ 为重型圆锥动力触探击数；

4. 全风化、强风化软质岩和全风化、强风化硬质岩是指其母岩分别为 $f_{rk}\leqslant15$ MPa、$f_{rk}>30$ MPa 的岩石。

B.2　不同桩型的极限端阻力标准值 q_{pk} 可根据土的性质及物理力学指标按表 B.2 取值。

表 B.2　桩的极限端阻力标准值 q_{pk}（kPa）

土名称	土的状态	混凝土预制桩桩长 l(m)				泥浆护壁钻(冲)孔桩桩长 l(m)				干作业钻孔桩桩长 l(m)		
		$l \le 9$	$9 < l \le 16$	$16 < l \le 30$	$l > 30$	$5 \le l < 10$	$10 \le l < 15$	$15 \le l < 30$	$l \ge 30$	$5 \le l < 10$	$10 \le l < 15$	$l \ge 15$
黏性土	软塑 $0.75 < I_L \le 1$	210~850	650~1 400	1 200~1 800	1 300~1 900	150~250	250~300	300~450	300~450	200~400	400~700	700~950
	可塑 $0.50 < I_L \le 0.75$	850~1 700	1 400~2 200	1 900~2 800	2 300~3 600	350~450	450~600	600~750	750~800	500~700	800~1 100	1 000~1 600
	硬可塑 $0.25 < I_L \le 0.50$	1 500~2 300	2 300~3 300	2 700~3 600	3 600~4 400	800~900	900~1 000	1 000~1 200	1 200~1 400	850~1 100	1 500~1 700	1 700~1 900
	硬塑 $0 < I_L \le 0.25$	2 500~3 800	3 800~5 500	5 500~6 000	6 000~6 800	1 100~1 200	1 200~1 400	1 400~1 600	1 600~1 800	1 600~1 800	2 200~2 400	2 600~2 800
粉土	中密 $0.75 \le e \le 0.9$	950~1 700	1 400~2 100	1 900~2 700	2 500~3 400	300~500	500~650	650~750	750~850	800~1 200	1 200~1 400	1 400~1 600
	密实 $e < 0.75$	1 500~2 600	2 100~3 000	2 700~3 600	3 600~4 400	650~900	750~950	900~1 100	1 100~1 200	1 200~1 700	1 400~1 900	1 600~2 100
粉砂	稍密 $10 < N \le 15$	1 000~1 600	1 500~2 300	1 900~2 700	2 100~3 000	350~500	450~600	600~700	650~750	500~950	1 300~1 600	1 500~1 700
	中密、密实 $N > 15$	1 400~2 200	2 100~3 000	3 000~4 500	3 800~5 500	600~750	750~900	900~1 100	1 100~1 200	900~1 000	1 700~1 900	1 700~1 900
细砂	中密、密实 $N > 15$	2 500~4 000	3 600~5 000	4 400~6 000	5 300~7 000	650~850	900~1 200	1 200~1 500	1 500~1 800	1 200~1 600	2 000~2 400	2 400~2 700
中砂		4 000~6 000	5 500~7 000	6 500~8 000	7 500~9 000	850~1 050	1 100~1 500	1 500~1 900	1 900~2 100	1 800~2 400	2 800~3 800	3 600~4 400
粗砂		5 700~7 500	7 500~8 500	8 500~10 000	9 500~11 000	1 500~1 800	2 100~2 400	2 400~2 600	2 600~2 800	2 900~3 600	4 000~4 600	4 600~5 200
砾砂	中密、密实 $N_{63.5} > 10$	6 000~9 500		9 500~10 500		1 400~2 000		2 000~3 200		3 500~5 000		
角砾、圆砾	中密、密实 $N_{63.5} > 10$	7 000~10 000		9 500~11 500		1 800~2 200		2 200~3 600		4 000~5 500		
碎石、卵石	中密、密实 $N_{63.5} > 10$	8 000~11 000		10 500~13 000		2000~3000		3 000~4 000		4 500~6 500		
全风化软质岩	— $30 < N \le 50$	4 000~6 000				1 000~1 600				1 200~2 000		
全风化硬质岩	— $30 < N \le 50$	5 000~8 000				1 200~2 000				1 400~2 400		
强风化软质岩	— $N_{63.5} > 10$	6 000~9 000				1 400~2 200				1 600~2 600		
强风化硬质岩	— $N_{63.5} > 10$	7 000~11 000				1 800~2 800				2 000~3 000		

注：1　砂土和碎石类土中桩的极限端阻力取值，宜综合考虑土的密实度，桩端进入持力层的深径比 h_b/d，土越密实，h_b/d 越大，取值越高；

2　预制桩的岩石极限端阻力指桩端支承于中、微风化基岩表面或进入强风化岩、软质岩一定深度条件下极限端阻力；

3　全风化、强风化软质岩和全风化、强风化硬质岩指其母岩分别为 $f_{rk} \le 15$ MPa、$f_{rk} > 30$ MPa 的岩石。

附录 C 柱的计算长度系数

C.1 **无侧移框架柱**的计算长度系数 μ 应按表 C.1 取值,同时符合下列规定。

1 当横梁与柱铰接时,取横梁线刚度为零。

2 对低层框架柱,当柱与基础铰接时,应取 $K_2=0$;当柱与基础刚接时,应取 $K_2=10$;平板支座可取 $K_2=0.1$。

3 当与柱刚接的横梁所受轴心压力 N_b 较大时,横梁线刚度折减系数 α_N 应按下列公式计算。

横梁远端与柱刚接和横梁远端与柱铰接时:

$$\alpha_N=1-N_b/N_{Eb} \qquad\qquad (C.0.1-1)$$

横梁远端嵌固时:

$$\alpha_N=1-N_b/(2N_{Eb}) \qquad\qquad (C.0.1-2)$$

$$N_{Eb}=\pi^2EI_b/l^2 \qquad\qquad (C.0.1-3)$$

式中 I_b——横梁截面惯性矩(mm^4);

l——横梁长度(mm)。

表 C.1 无侧移框架柱的计算长度系数 μ

K_2	K_1												
	0	0.05	0.1	0.2	0.3	0.4	0.5	1	2	3	4	5	≥10
0	1.000	0.990	0.981	0.964	0.949	0.935	0.922	0.875	0.820	0.791	0.773	0.760	0.732
0.05	0.990	0.981	0.971	0.955	0.940	0.929	0.914	0.867	0.814	0.784	0.766	0.754	0.726
0.1	0.981	0.971	0.962	0.946	0.931	0.918	0.906	0.860	0.807	0.778	0.760	0.748	0.721
0.2	0.964	0.955	0.946	0.930	0.916	0.903	0.891	0.846	0.795	0.767	0.749	0.737	0.711
0.3	0.949	0.940	0.931	0.916	0.902	0.889	0.878	0.834	0.784	0.756	0.739	0.728	0.701
0.4	0.935	0.926	0.918	0.903	0.889	0.877	0.866	0.823	0.774	0.747	0.730	0.719	0.693
0.5	0.922	0.914	0.906	0.891	0.878	0.866	0.855	0.813	0.765	0.738	0.721	0.710	0685
1	0.875	0.867	0.860	0.846	0.834	0.823	0.813	0.774	0.729	0.704	0.688	0.677	0.654
2	0.820	0.814	0.807	0.795	0.784	0.774	0.765	0.729	0.686	0.663	0.648	0.638	0.615
3	0.791	0.784	0.778	0.767	0.756	0.747	0.738	0.704	0.633	0.640	0.625	.6160	0.593
4	0.773	0.766	0.760	0.749	0.739	0.730	0.721	0.688	0.648	0.625	0.611	0.601	0.580
5	0.760	0.754	0.748	0.737	0.728	0.719	0.710	0.677	0.638	0.616	0.601	0.592	0.570
≥10	0.732	0.726	0.721	0.711	0.701	0.693	0.685	0.654	0.615	0.593	0.580	0.570	0.549

注:表中的计算长度系数 μ 值按下式计算得出:

$$\left[\left(\frac{\pi}{\mu}\right)^2+2(K_1+K_2)-4K_1K_2\right]\frac{\pi}{\mu}\sin\frac{\pi}{\mu}-2\left[(K_1+K_2)\frac{\pi}{\mu}+4K_1K_2\right]^2\cos\frac{\pi}{\mu}+8K_1K_2=0$$

式中 K_1、K_2——相交于柱上端、柱下端的横梁线刚度之和与柱线刚度之和的比值。当梁远端为铰接时,应将横梁线刚度乘以 1.5,当横梁远端为嵌固时,则将横梁线刚度乘以 2。

C.2 **有侧移框架柱**的计算长度系数 μ 应按表 C.2 取值,同时符合下列规定。

1 当横梁与柱铰接时,取横梁线刚度为零。

2 对低层框架柱,当柱与基础铰接时,应取 $K_2=0$;当柱与基础刚接时,应取 $K_2=10$;平板支座可取 $K_2=0.1$。

3　当与柱刚接的横梁所受轴心压力 N_b 较大时,横梁线刚度折减系数 α_N 应按下列公式计算。

横梁远端与柱刚接时:

$$\alpha_N = 1 - N_b/(4N_{Eb}) \tag{C.0.2-1}$$

横梁远端与柱铰接时:

$$\alpha_N = 1 - N_b/N_{Eb} \tag{C.0.2-2}$$

横梁远端嵌固时:

$$\alpha_N = 1 - N_b/(2N_{Eb}) \tag{C.0.2-3}$$

表 C.2　有侧移框架柱的计算长度系数 μ

K_2	K_1												
	0	0.05	0.1	0.2	0.3	0.4	0.5	1	2	3	4	5	≥10
0	∞	6.02	4.46	3.42	3.01	2.78	2.64	2.33	2.17	2.11	2.08	2.07	2.03
0.05	6.02	4.16	3.47	2.86	2.58	2.42	2.31	2.07	1.94	1.90	1.87	1.86	1.83
0.1	4.46	3.47	3.01	2.56	2.33	2.20	2.11	1.90	1.79	1.75	1.73	1.72	1.70
0.2	3.42	2.86	2.56	2.23	2.05	1.94	1.87	1.70	1.60	1.57	1.55	1.54	1.52
0.3	3.01	2.58	2.33	2.05	1.90	1.80	1.74	1.58	1.49	1.46	1.45	1.44	1.42
0.4	2.78	2.42	2.20	1.94	1.80	1.71	1.65	1.50	1.42	1.39	1.37	1.37	1.35
0.5	2.64	2.31	2.10	1.87	1.74	1.65	1.59	1.45	1.37	1.34	1.32	1.32	1.30
1	2.33	2.07	1.90	1.70	1.58	1.50	1.45	1.32	1.24	1.21	1.20	1.19	1.17
2	2.17	1.94	1.79	1.60	1.49	1.42	1.37	1.24	1.16	1.14	1.12	1.12	1.10
3	2.11	1.90	1.75	1.57	1.46	1.39	1.34	1.21	1.14	1.11	1.10	1.09	1.07
4	2.08	1.87	1.73	1.55	1.45	1.37	1.32	1.20	1.12	1.10	1.08	1.08	1.06
5	2.07	1.86	1.72	1.54	1.44	1.3.7	1.32	1.19	1.12	1.09	1.08	1.07	1.05
≥10	2.03	1.83	1.70	1.52	1.42	1.35	1.30	1.17	1.10	1.07	1.06	1.05	1.03

注:表中的计算长度系数 μ 值按下式计算得出:

$$\left[36(K_1+K_2) - \left(\frac{\pi}{\mu}\right)^2\right]\sin\frac{\pi}{\mu} + 6(K_1+K_2)\frac{\pi}{\mu}\cos\frac{\pi}{\mu} = 0$$

式中　K_1、K_2——相交于柱上端、柱下端的横梁线刚度之和与柱线刚度之和的比值。当横梁远端为铰接时,应将横梁线刚度乘以 0.5,当横梁远端为嵌固时,则应乘以 2/3。

C.3　柱上端为**自由**的单阶柱下段的计算长度系数 μ_2 应按表 C.3 取值。

表 C.3　柱上端为自由的单阶柱下段的计算长度系数 μ_2

简图	η_1	K_1																	
		0.06	0.08	0.10	0.12	0.14	0.16	0.18	0.20	0.22	0.24	0.26	0.28	0.3	0.4	0.5	0.6	0.7	0.8
	0.2	2.00	2.01	2.01	2.01	2.01	2.01	2.01	2.02	2.02	2.02	2.02	2.02	2.02	2.03	2.04	2.05	2.06	2.07
	0.3	2.01	2.02	2.02	2.02	2.03	2.03	2.03	2.04	2.04	2.05	2.05	2.05	2.06	2.08	2.10	2.12	2.13	2.15
	0.4	2.02	2.03	2.04	2.04	2.05	2.06	2.07	2.07	2.08	2.09	2.10	2.10	2.11	2.14	2.18	2.21	2.25	2.28
	0.5	2.04	2.05	2.06	2.07	2.09	2.10	2.11	2.12	2.13	2.15	2.17	2.17	2.18	2.24	2.29	2.35	2.40	2.45
	0.6	2.06	2.08	2.10	2.12	2.14	2.16	2.18	2.19	2.21	2.23	2.25	2.26	2.28	2.36	2.44	2.52	2.59	2.66
	0.7	2.10	2.13	2.16	2.18	2.21	2.24	2.26	2.29	2.31	2.34	2.36	2.38	2.41	2.52	2.62	2.72	2.81	2.90
	0.8	2.15	2.20	2.24	2.27	2.31	2.34	2.38	2.41	2.44	2.47	2.50	2.53	2.56	2.70	2.82	2.94	3.06	3.16
	0.9	2.24	2.29	2.35	2.39	2.44	2.48	2.52	2.56	2.60	2.63	2.67	2.71	2.74	2.90	3.05	3.19	3.32	3.44

简图	η_1	K_1																	
		0.06	0.08	0.10	0.12	0.14	0.16	0.18	0.20	0.22	0.24	0.26	0.28	0.3	0.4	0.5	0.6	0.7	0.8
	1.0	2.36	2.43	2.48	2.54	2.59	2.64	2.69	2.73	2.77	2.82	2.86	2.90	2.94	3.12	3.29	3.45	3.59	3.74
$K_1 = \dfrac{I_1}{I_2}\dfrac{H_1}{H_2}$	1.2	2.69	2.76	2.83	2.89	2.95	3.01	3.07	3.12	3.17	3.22	3.27	3.32	3.37	3.59	3.80	3.99	4.17	4.34
	1.4	3.07	3.14	3.22	3.29	3.36	3.42	3.48	3.55	3.61	3.66	3.72	3.78	3.83	4.09	4.33	4.56	4.77	4.97
$\eta_1 = \dfrac{H_1}{H_2}$	1.6	3.47	3.55	3.63	3.71	3.78	3.85	3.92	3.99	4.07	4.12	4.18	4.25	4.31	4.61	4.88	5.14	5.38	5.62
$\sqrt{\dfrac{N_1}{N_2}\dfrac{I_1}{I_2}}$	1.8	3.88	3.97	4.05	4.13	4.21	4.29	4.37	4.44	4.52	4.59	4.66	4.73	4.80	5.13	5.44	5.73	6.00	6.26
	2.0	4.29	4.39	4.48	4.57	4.65	4.74	4.82	4.90	4.99	5.07	5.14	5.22	5.30	5.66	6.00	6.32	6.63	6.92
N_1——上段柱的轴心力;	2.2	4.71	4.81	4.91	5.00	5.10	5.19	5.28	5.37	5.46	5.54	5.63	5.71	5.80	6.19	6.57	6.92	7.26	7.58
	2.4	5.13	5.24	5.34	5.44	5.54	5.64	5.74	5.84	5.93	6.03	6.12	6.21	6.30	6.73	7.14	7.52	7.89	8.24
N_2——下段柱的轴心力	2.6	5.55	5.66	5.77	5.88	5.99	6.10	6.20	6.31	6.41	6.51	6.61	6.71	6.80	7.27	7.71	8.13	8.52	8.90
	2.8	5.97	6.09	6.21	6.33	6.44	6.55	6.67	6.78	6.89	6.99	7.10	7.21	7.31	7.81	8.28	8.73	9.16	9.57
	3.0	6.39	6.52	6.64	6.77	6.89	7.01	7.13	7.25	7.37	7.48	7.59	7.71	7.82	8.35	8.86	9.34	9.80	10.24

注:表中的计算长度系数 μ_2 值按下式计算得出:

$$\eta_1 K_1 \tan\frac{\pi}{\mu_2}\tan\frac{\pi\eta_1}{\mu_2} - 1 = 0$$

C.4 柱上端可移动但不转动的单阶柱下段的计算长度系数 μ_2 应按表 C.4 取值。

C.4 柱上端可移动但不转动的单阶柱下段的计算长度系数 μ_2

简图	η_1	K_1																	
		0.06	0.08	0.10	0.12	0.14	0.16	0.18	0.20	0.22	0.24	0.26	0.28	0.3	0.4	0.5	0.6	0.7	0.8
	0.2	1.96	1.94	1.93	1.91	1.90	1.89	1.88	1.86	1.85	1.84	1.83	1.82	1.81	1.76	1.72	1.68	1.65	1.62
	0.3	1.96	1.94	1.93	1.92	1.91	1.89	1.88	1.87	1.86	1.85	1.84	1.83	1.82	1.77	1.73	1.70	1.66	1.63
	0.4	1.96	1.95	1.94	1.92	1.91	1.90	1.89	1.88	1.87	1.86	1.85	1.84	1.83	1.79	1.75	1.72	1.68	1.66
	0.5	1.96	1.95	1.94	1.93	1.92	1.91	1.90	1.89	1.88	1.87	1.86	1.85	1.85	1.81	1.77	1.74	1.7	1.69
	0.6	1.97	1.96	1.95	1.94	1.93	1.92	1.91	1.90	1.90	1.89	1.88	1.87	1.87	1.83	1.80	1.78	1.75	1.76
	0.7	1.97	1.97	1.96	1.95	1.94	1.94	1.93	1.92	1.92	1.91	1.90	1.90	1.89	1.86	1.84	1.82	1.80	1.78
	0.8	1.98	1.98	1.97	1.96	1.96	1.95	1.95	7.94	1.94	1.93	1.93	1.93	1.90	1.90	1.88	1.87	1.86	1.84
	0.9	1.99	1.99	1.98	1.98	1.98	1.97	1.97	1.97	1.97	1.96	1.96	1.96	1.96	1.95	1.94	1.93	1.92	1.92
$K_1 = \dfrac{I_1}{I_2}\cdot\dfrac{H_2}{H_1}$	1.0	2.00	2.00	2.00	2.00	2.00	2.00	2.00	2.00	2.00	2.00	2.00	2.00	2.00	2.00	2.00	2.00	2.00	2.00
	1.2	2.03	2.04	2.04	2.05	2.06	2.07	2.07	2.08	2.08	2.09	2.10	2.10	2.11	2.13	2.15	2.17	2.18	2.20
$\eta_1 = \dfrac{H_1}{H_2}$	1.4	2.07	2.09	2.11	2.12	2.14	2.16	2.16	2.18	2.20	2.21	2.22	2.23	2.24	2.29	2.33	2.37	2.40	2.42
$\sqrt{\dfrac{N_1\cdot I_2}{N_2\cdot I_1}}$	1.6	2.13	2.16	2.19	2.22	2.25	2.27	2.30	2.32	2.34	2.36	2.37	2.39	2.41	2.48	2.54	2.59	2.63	2.67
N_1——上段柱的轴心力;	1.8	2.22	2.31	2.31	2.35	2.39	2.42	2.45	2.48	2.50	2.53	2.55	2.57	2.59	2.69	2.76	2.83	2.88	2.93
	2.0	2.35	2.41	2.46	2.50	2.55	2.59	2.62	2.66	2.69	2.72	2.75	2.77	2.80	2.91	3.00	3.08	3.14	3.20
N_2——下段柱的轴心力	2.2	2.51	2.57	2.63	2.68	2.73	2.77	2.81	2.85	2.89	2.92	2.95	2.98	3.01	3.14	3.25	3.33	3.41	3.47
	2.4	2.68	2.75	2.81	2.87	2.92	2.97	3.01	3.05	3.09	3.13	3.17	3.20	3.24	3.38	3.50	3.59	3.68	3.75
	2.6	2.87	2.94	3.00	3.06	3.12	3.17	3.22	2.27	3.31	3.35	3.39	3.43	3.46	3.62	3.75	3.86	3.95	4.03
	2.8	3.06	3.14	3.20	3.27	3.33	3.38	3.43	3.48	3.53	3.58	3.62	3.66	3.70	3.87	4.01	4.13	4.23	4.32
	3.0	3.26	2.34	3.41	3.47	3.54	3.60	3.65	3.70	3.75	3.80	3.85	3.89	3.93	4.12	4.27	4.40	4.51	4.61

注:表中的计算长度系数 μ_2 值按下式计算得出:

$$\tan\frac{\pi\eta_1}{\mu_2} + \eta_1 K_1 \tan\frac{\pi}{\mu_2} = 0$$

C.5 柱上端为自由的双阶柱下段的计算长度系数 μ_3

柱上端为自由的双阶柱下段的计算长度系数 μ_3 应按表 C.5 取值。

表 C.5 柱上端为自由的双阶柱下段的计算长度系数 μ_3

η_1	η_2	0.05											0.10										
K_1 / K_2		0.2	0.3	0.4	0.5	0.6	0.7	0.8	0.9	1.0	1.1	1.2	0.2	0.3	0.4	0.5	0.6	0.7	0.8	0.9	1.0	1.1	1.2
0.2	0.2	2.02	2.03	2.04	2.05	2.05	2.05	2.07	2.08	2.09	2.10	2.10	2.03	2.03	2.04	2.05	2.06	2.07	2.08	2.08	2.09	2.10	2.11
	0.4	2.08	2.11	2.15	2.19	2.22	2.25	2.29	2.32	2.35	2.39	2.42	2.09	2.12	2.16	2.19	2.23	2.26	2.29	2.33	2.36	2.39	2.42
	0.6	2.20	2.29	2.37	2.45	2.52	2.60	2.67	2.73	2.80	2.87	2.93	2.21	2.30	2.38	2.46	2.53	2.60	2.67	2.74	2.81	2.87	2.93
	0.8	2.42	2.57	2.71	2.83	2.95	3.06	3.17	3.27	3.37	3.47	3.56	2.44	2.58	2.81	2.84	2.96	3.08	3.17	3.28	3.37	3.47	3.56
	1.0	2.75	2.95	3.13	3.30	3.45	3.60	3.74	3.87	4.00	4.13	4.25	2.76	2.96	3.14	3.30	3.46	3.60	3.74	3.88	4.01	4.13	4.25
	1.2	3.13	3.38	3.60	3.80	4.00	4.18	4.35	4.51	4.67	4.82	4.97	3.15	3.39	3.61	3.81	4.00	4.18	4.35	4.52	4.68	4.83	4.98
0.4	0.2	2.04	2.05	2.05	2.06	2.07	2.08	2.09	2.09	2.10	2.11	2.12	2.07	2.07	2.08	2.08	2.09	2.10	2.11	2.12	2.12	2.13	2.14
	0.4	2.10	2.14	2.17	2.20	2.24	2.27	2.31	2.34	2.37	2.40	2.43	2.14	2.17	2.20	2.23	2.26	2.30	2.33	2.36	2.39	2.42	2.46
	0.6	2.24	2.32	2.40	2.47	2.54	2.62	2.68	2.75	2.82	2.88	2.94	2.28	2.36	2.43	2.50	2.57	2.64	2.71	2.77	2.84	2.90	2.96
	0.8	2.47	2.60	2.73	2.85	2.97	3.08	3.19	3.29	3.38	3.48	3.57	2.53	2.65	2.77	2.88	3.00	3.10	3.21	3.31	3.40	3.50	3.59
	1.0	2.79	2.98	3.15	3.32	3.47	3.62	3.75	3.89	4.02	4.14	4.26	2.85	3.02	3.19	3.34	3.49	3.64	3.77	3.91	4.03	4.16	4.28
	1.2	3.18	3.41	3.62	3.82	4.01	4.19	4.36	4.52	4.68	4.83	4.98	3.24	3.45	3.65	3.85	4.03	4.21	4.38	4.54	4.70	4.85	4.99
0.6	0.2	2.09	2.09	2.10	2.10	2.11	2.12	2.12	2.13	2.14	2.15	2.15	2.22	2.19	2.18	2.17	2.18	2.18	2.19	2.19	2.20	2.20	2.21
	0.4	2.17	2.19	2.22	2.25	2.28	2.31	2.34	2.38	2.41	2.44	2.47	2.31	2.30	2.31	2.33	2.35	2.38	2.41	2.44	2.47	2.49	2.52
	0.6	2.32	2.38	2.45	2.52	2.59	2.66	2.72	2.79	2.85	2.91	2.97	2.48	2.49	2.54	2.60	2.66	2.72	2.78	2.84	2.90	2.96	3.02
	0.8	2.56	2.67	2.79	2.90	3.01	3.1	3.22	3.32	3.41	3.50	3.60	2.72	2.78	2.87	2.97	3.07	3.17	3.27	3.36	3.46	3.55	3.64
	1.0	2.88	3.04	3.20	3.36	3.50	3.65	3.78	3.91	4.04	4.16	4.26	3.04	3.15	3.28	3.42	3.56	3.70	3.83	3.95	4.08	4.20	4.31
	1.2	3.26	3.46	3.66	3.86	4.04	4.22	4.38	4.55	4.70	4.85	5.00	3.40	3.56	3.74	3.91	4.09	4.26	4.42	4.58	4.73	4.88	5.03
0.8	0.2	2.29	2.24	2.22	2.21	2.21	2.22	2.22	2.22	2.23	2.23	2.24	2.63	2.49	2.43	2.40	2.38	2.37	2.37	2.36	2.36	2.37	2.37
	0.4	2.37	2.34	2.34	2.36	2.38	2.40	2.43	2.45	2.48	2.51	2.54	2.71	2.59	2.55	2.54	2.54	2.55	2.57	2.59	2.61	2.63	2.65
	0.6	2.52	2.52	2.56	2.61	2.67	2.73	2.79	2.85	2.91	2.96	3.02	2.86	2.76	2.76	2.78	2.82	2.86	2.91	2.96	3.01	3.07	3.12
	0.8	2.74	2.79	2.88	2.98	3.08	3.17	3.27	3.36	3.46	3.55	3.63	3.06	3.02	3.06	3.13	3.20	3.29	3.37	3.46	3.54	3.63	3.71
	1.0	3.04	3.15	3.28	3.42	3.56	3.69	3.82	3.95	4.07	4.19	4.31	3.33	3.35	3.44	3.55	3.67	3.79	3.90	4.03	4.15	4.26	4.37
	1.2	3.39	3.55	3.73	3.91	4.08	4.25	4.42	4.58	4.73	4.88	5.02	3.65	3.73	3.86	4.02	4.18	4.34	4.49	4.64	4.79	4.94	5.08

简图：

$$K_1 = \frac{I_1}{I_3} \cdot \frac{H_3}{H_1}$$
$$K_2 = \frac{I_2}{I_3} \cdot \frac{H_3}{H_2}$$
$$\eta_1 = \frac{H_1}{H_3}\sqrt{\frac{N_1}{N_3} \cdot \frac{I_3}{I_1}}$$
$$\eta_2 = \frac{H_2}{H_3}\sqrt{\frac{N_2}{N_3} \cdot \frac{I_3}{I_2}}$$

N_1——上段柱的轴心力;

N_2——中段柱的轴心力;

N_3——下段柱的轴心力

续表

简图中：

$K_1 = \dfrac{I_1}{I_3} \cdot \dfrac{H_3}{H_1}$

$K_2 = \dfrac{I_2}{I_3} \cdot \dfrac{H_3}{H_2}$

$\eta_1 = \dfrac{H_1}{H_3} \sqrt{\dfrac{N_1}{N_3} \cdot \dfrac{I_3}{I_1}}$

$\eta_2 = \dfrac{H_2}{H_3} \sqrt{\dfrac{N_2}{N_3} \cdot \dfrac{I_3}{I_2}}$

N_1——上段柱的轴心力；
N_2——中段柱的轴心力；
N_3——下段柱的轴心力

η_1	η_2	0.05											0.10										
		0.2	0.3	0.4	0.5	0.6	0.7	0.8	0.9	1.0	1.1	1.2	0.2	0.3	0.4	0.5	0.6	0.7	0.8	0.9	1.0	1.1	1.2
1.0	0.2	2.69	2.57	2.51	2.48	2.46	2.45	2.45	2.44	2.44	2.44	2.44	3.18	2.95	2.84	2.77	2.73	2.70	2.68	2.67	2.66	2.65	2.65
	0.4	2.75	2.64	2.60	2.59	2.59	2.59	2.60	2.62	2.63	2.65	2.67	3.24	3.03	2.93	2.88	2.85	2.84	2.84	2.84	2.85	2.86	2.87
	0.6	2.86	2.78	2.77	2.79	2.83	2.87	2.91	2.96	3.01	3.06	3.10	3.36	3.16	3.09	3.07	3.08	3.09	3.12	3.15	3.19	3.23	3.27
	0.8	3.04	3.01	3.05	3.11	3.19	3.27	3.35	3.44	3.52	3.61	3.69	3.52	3.37	3.34	3.36	3.41	3.46	3.53	3.60	3.67	3.75	3.82
	1.0	3.29	3.32	3.41	3.52	3.64	3.76	3.89	4.01	4.13	4.24	4.35	3.74	3.64	3.67	3.74	3.83	3.93	4.03	4.14	4.25	4.35	4.46
	1.2	3.60	3.69	3.83	3.99	4.15	4.31	4.47	4.62	4.77	4.92	5.06	4.00	3.97	4.05	4.17	4.31	4.45	4.59	4.73	4.87	5.01	5.14
1.2	0.2	3.16	3.00	2.92	2.87	2.84	2.81	2.80	2.79	2.78	2.77	2.77	3.77	3.47	3.32	3.23	3.17	3.12	3.09	3.07	3.05	3.04	3.03
	0.4	3.21	3.05	2.98	2.94	2.92	2.90	2.90	2.90	2.90	2.91	2.92	3.82	3.53	3.39	3.31	3.26	3.22	3.20	3.19	3.19	3.19	3.19
	0.6	3.30	3.15	3.10	3.08	3.08	3.10	3.12	3.15	3.18	3.22	3.26	3.91	3.64	3.51	3.45	3.42	3.42	3.42	3.43	3.45	3.48	3.50
	0.8	3.43	3.32	3.30	3.33	3.37	3.43	3.49	3.56	3.63	3.71	3.78	4.04	3.80	3.71	3.68	3.69	3.72	3.76	3.81	3.86	3.92	3.98
	1.0	3.62	3.57	3.60	3.68	3.77	3.87	3.98	4.09	4.20	4.31	4.42	4.21	4.02	3.97	3.99	4.05	4.12	4.20	4.29	4.39	4.48	4.58
	1.2	3.88	3.88	3.98	4.11	4.25	4.39	4.54	4.68	4.83	4.97	5.10	4.43	4.30	4.31	4.38	4.48	4.60	4.72	4.85	4.98	5.11	5.24
1.4	0.2	3.66	3.46	3.36	3.28	3.25	3.23	3.20	3.19	3.18	3.17	3.16	4.37	4.01	3.82	3.71	3.63	3.58	3.54	3.51	3.49	3.47	3.45
	0.4	3.70	3.50	3.40	3.35	3.31	3.29	3.27	3.26	3.26	3.26	3.26	4.41	4.06	3.88	3.77	3.70	3.66	3.63	3.60	3.59	3.58	3.57
	0.6	3.77	3.58	3.49	3.45	3.43	3.42	3.42	3.43	3.45	3.47	3.49	4.48	4.15	3.98	3.89	3.83	3.80	3.79	3.78	3.89	3.80	3.81
	0.8	3.87	3.70	.3.64	3.63	3.64	3.67	3.70	3.75	3.81	3.86	3.92	4.59	4.28	4.13	4.07	4.04	4.04	4.06	4.08	4.12	4.16	4.21
	1.0	4.02	3.89	3.87	3.90	3.96	4.04	4.12	4.22	4.31	4.41	4.51	4.74	4.45	4.35	4.32	4.34	4.38	4.43	4.50	4.58	4.66	4.74
	1.2	4.23	4.15	4.19	4.27	4.39	4.51	4.64	4.77	4.91	5.04	5.17	4.92	4.69	4.63	4.65	4.72	4.80	4.90	5.10	5.13	5.24	5.36

续表

η₁	K₂ / η₂	0.20											0.30										
		0.2	0.3	0.4	0.5	0.6	0.7	0.8	0.9	1.0	1.1	1.2	0.2	0.3	0.4	0.5	0.6	0.7	0.8	0.9	1.0	1.1	1.2
0.2	0.2	2.04	2.04	2.05	2.06	2.07	2.08	2.08	2.09	2.10	2.11	2.12	2.05	2.05	2.06	2.07	2.08	2.09	2.09	2.10	2.11	2.12	2.13
	0.4	2.10	2.13	2.17	2.20	2.24	2.27	2.30	2.34	2.37	2.40	2.43	2.12	2.12	2.18	2.21	2.25	2.28	2.31	2.35	2.38	2.41	2.44
	0.6	2.23	2.31	2.39	2.47	2.54	2.61	2.68	2.75	2.82	2.88	2.94	2.25	2.33	2.41	2.48	2.56	2.63	2.69	2.76	2.83	2.89	2.95
	0.8	2.46	2.60	2.73	2.85	2.97	3.08	3.18	3.29	3.38	3.48	3.57	2.49	2.62	2.75	2.87	2.98	3.09	3.20	3.30	3.39	3.49	3.58
	1.0	2.79	2.98	3.15	3.32	3.47	3.61	3.75	3.89	4.02	4.14	4.26	2.82	3.00	3.17	3.33	3.48	3.63	3.76	3.90	4.02	4.15	4.27
	1.2	3.18	3.41	3.62	3.82	4.01	4.19	4.36	4.52	4.68	4.83	4.98	3.20	3.43	3.64	3.83	4.02	4.20	4.37	4.53	4.69	4.84	4.99
0.4	0.2	2.15	2.13	2.13	2.14	2.14	2.15	2.15	2.16	2.17	2.17	2.18	2.26	2.21	2.20	2.19	2.19	2.20	2.20	2.21	2.21	2.22	2.23
	0.4	2.24	2.24	2.26	2.29	2.32	2.35	2.38	2.41	2.44	2.47	2.50	2.36	2.33	2.33	2.35	2.38	2.40	2.43	2.46	2.49	2.51	2.54
	0.6	2.40	2.44	2.50	2.56	2.63	2.69	2.76	2.82	2.88	2.94	3.00	2.54	2.54	2.58	2.63	2.69	2.75	2.81	2.87	2.93	2.99	3.04
	0.8	2.66	2.74	2.84	2.95	3.05	3.15	3.25	3.35	3.44	3.53	3.62	2.79	2.83	2.91	3.01	3.10	3.20	3.30	3.39	3.48	3.57	3.66
	1.0	2.98	3.12	3.25	3.40	3.54	3.68	3.81	3.94	4.07	4.19	4.30	3.11	3.20	3.32	3.46	3.59	3.72	3.85	3.98	4.10	4.22	4.33
	1.2	3.35	3.53	3.71	3.90	4.08	4.25	4.41	4.57	4.73	4.87	5.02	3.47	3.60	3.77	3.95	4.12	4.28	4.45	4.60	4.75	4.90	5.04
0.6	0.2	2.57	2.42	2.37	2.34	2.33	2.32	2.32	2.32	2.32	2.32	2.33	2.93	2.68	2.57	2.52	2.49	2.47	2.46	2.45	2.45	2.45	2.45
	0.4	2.67	2.54	2.50	2.50	2.51	2.52	2.54	2.56	2.58	2.61	2.63	3.02	2.79	2.71	2.67	2.66	2.66	2.67	2.69	2.70	2.72	2.74
	0.6	2.83	2.74	2.73	2.76	2.80	2.85	2.90	2.96	3.01	3.06	3.12	3.17	2.98	2.93	2.93	2.95	2.98	3.02	3.07	3.11	3.16	3.21
	0.8	3.06	3.01	3.05	3.12	3.20	3.29	3.38	3.46	3.55	3.63	3.72	3.37	3.24	3.23	3.27	3.33	3.41	3.48	3.56	3.64	3.72	3.80
	1.0	3.34	3.35	3.44	3.56	3.68	3.80	3.92	4.04	4.15	4.27	4.38	3.63	3.56	3.60	3.69	3.79	3.90	4.01	4.12	4.23	4.34	4.45
	1.2	3.67	3.74	3.88	4.03	4.19	4.35	4.50	4.65	4.80	4.94	5.08	3.94	3.92	4.02	4.15	4.29	4.43	4.58	4.72	4.87	5.01	5.14
0.8	0.2	3.25	2.96	2.82	2.74	2.69	2.66	2.64	2.62	2.61	2.61	2.60	3.78	3.38	3.18	3.06	2.98	2.93	2.89	2.86	2.84	2.83	2.82
	0.4	3.33	3.05	2.93	2.87	2.84	2.83	2.83	2.83	2.84	2.85	2.87	3.85	3.47	3.28	3.18	3.12	3.09	3.07	3.06	3.06	3.06	3.06
	0.6	3.45	3.21	3.12	3.10	3.10	3.12	3.14	3.18	3.22	3.26	3.30	3.96	3.61	3.46	3.39	3.36	3.35	3.36	3.38	3.41	3.44	3.47
	0.8	3.63	3.44	3.39	3.41	3.45	3.51	3.57	3.64	3.71	3.79	3.86	4.12	3.82	3.70	3.67	3.68	3.72	3.76	3.82	3.88	3.94	4.01
	1.0	3.86	3.73	3.73	3.80	3.88	3.98	4.08	4.18	4.29	4.39	4.50	4.32	4.07	4.01	4.03	4.08	4.16	4.24	4.33	4.43	4.52	4.62
	1.2	4.13	4.07	4.13	4.24	4.36	4.50	4.64	4.78	4.91	5.05	5.18	4.57	4.38	4.38	4.44	4.54	4.66	4.78	4.90	5.03	5.16	5.29

简图

$$K_1 = \frac{I_1}{I_3}\cdot\frac{H_3}{H_1}$$
$$K_2 = \frac{I_2}{I_3}\cdot\frac{H_3}{H_2}$$
$$\eta_1 = \frac{H_1}{H_3}\sqrt{\frac{N_1}{N_3}\cdot\frac{I_3}{I_1}}$$
$$\eta_2 = \frac{H_2}{H_3}\sqrt{\frac{N_2}{N_3}\cdot\frac{I_3}{I_2}}$$

N_1——上段柱的轴心力;

N_2——中段柱的轴心力;

N_3——下段柱的轴心力。

续表

η₁	K₂	0.20											0.30										
	K_1	0.2	0.3	0.4	0.5	0.6	0.7	0.8	0.9	1.0	1.1	1.2	0.2	0.3	0.4	0.5	0.6	0.7	0.8	0.9	1.0	1.1	1.2
1.0	0.2	4.00	3.60	3.39	3.26	3.18	3.13	3.08	3.05	3.03	3.01	3.00	4.68	4.15	3.86	3.69	3.57	3.49	3.43	3.38	3.35	3.32	3.30
	0.4	4.06	3.67	3.48	3.37	3.30	3.26	3.23	3.21	3.21	3.20	3.20	4.73	4.21	3.94	3.78	3.68	3.61	3.57	3.54	3.51	3.50	3.49
	0.6	4.15	3.79	3.63	3.54	3.50	3.48	3.49	3.50	3.51	3.54	3.57	4.82	4.33	4.08	3.95	3.87	3.83	3.80	3.80	3.80	3.81	3.83
	0.8	4.29	3.97	3.84	3.80	3.79	3.81	3.85	3.90	3.95	4.01	4.07	4.94	4.49	4.28	4.18	4.14	4.13	4.14	4.17	4.20	4.25	4.29
	1.0	4.48	4.21	4.13	4.13	4.17	4.23	4.31	4.39	4.48	4.57	4.66	5.10	4.70	4.53	4.48	4.48	4.51	4.56	4.62	4.70	4.77	4.85
	1.2	4.70	4.49	4.47	4.52	4.60	4.71	4.82	4.94	5.07	5.19	5.31	5.30	4.95	4.84	4.83	4.88	4.96	5.05	5.15	5.26	5.37	5.48
1.2	0.2	4.76	4.26	4.00	3.83	3.72	3.65	3.59	3.54	3.51	3.48	3.46	5.58	4.93	4.57	4.35	4.20	4.10	4.01	3.95	3.90	3.86	3.83
	0.4	4.81	4.32	4.07	3.91	3.82	3.75	3.70	3.67	3.65	3.63	3.62	5.62	4.98	4.64	4.43	4.29	4.19	4.12	4.07	4.03	4.01	3.98
	0.6	4.89	4.43	4.19	4.05	3.98	3.93	3.91	3.89	3.89	3.90	3.91	5.70	5.08	4.75	4.56	4.44	4.37	4.32	4.29	4.27	4.26	4.26
	0.8	5.00	4.57	4.36	4.26	4.21	4.20	4.21	4.23	4.26	4.30	4.34	5.80	5.21	4.91	4.75	4.66	4.61	4.59	4.59	4.60	4.62	4.65
	1.0	5.15	4.76	4.59	4.53	4.53	4.55	4.60	4.66	4.73	4.80	4.88	5.93	5.38	5.12	5.00	4.95	4.94	4.95	4.99	5.03	5.09	5.15
	1.2	5.34	5.00	4.88	4.87	4.91	4.98	5.07	5.17	5.27	5.38	5.49	6.10	5.59	5.38	5.31	5.30	5.33	5.39	5.46	5.54	5.63	5.73
1.4	0.2	5.53	4.94	4.62	4.42	4.29	4.19	4.12	4.06	4.02	3.98	3.95	6.49	5.72	5.30	5.03	4.85	4.72	4.62	4.54	4.48	4.43	4.38
	0.4	5.57	4.99	4.68	4.49	4.36	4.27	4.21	4.16	4.13	4.10	4.08	6.53	5.77	5.35	5.10	4.93	4.80	4.71	4.64	4.59	4.55	4.51
	0.6	5.64	5.07	4.78	4.60	4.49	4.42	4.38	4.35	4.33	4.32	4.32	6.59	5.85	5.45	5.21	5.05	4.95	4.87	4.82	4.78	4.76	4.74
	0.8	5.74	5.19	4.92	4.77	4.69	4.64	4.62	4.62	4.63	4.65	4.67	6.68	5.96	5.59	5.37	5.24	5.15	5.10	5.08	5.06	5.06	5.07
	1.0	5.86	5.35	5.12	5.00	4.95	4.94	4.96	4.99	5.03	5.09	5.15	6.79	6.10	5.76	5.58	5.48	5.43	5.41	5.41	5.44	5.47	5.51
	1.2	6.02	5.55	5.36	5.29	5.28	5.31	5.37	5.44	5.52	5.61	5.71	6.93	6.28	5.98	5.84	5.78	5.76	5.79	5.83	5.89	5.95	6.03

简图

$K_1 = \dfrac{I_1}{I_3} \cdot \dfrac{H_3}{H_1}$

$K_2 = \dfrac{I_2}{I_3} \cdot \dfrac{H_3}{H_2}$

$\eta_1 = \dfrac{H_1}{H_3} \sqrt{\dfrac{N_1}{N_3} \cdot \dfrac{I_3}{I_1}}$

$\eta_2 = \dfrac{H_2}{H_3} \sqrt{\dfrac{N_2}{N_3} \cdot \dfrac{I_3}{I_2}}$

N_1——上段柱的轴心力；

N_2——中段柱的轴心力；

N_3——下段柱的轴心力。

注：表中的计算长度系数 μ_3 值按下式计算得出：

$$\frac{\eta_1 K_1}{\eta_2 K_2}\tan\frac{\pi\eta_1}{\mu_3}\tan\frac{\pi\eta_2}{\mu_3} + \eta_1 K_1 \tan\frac{\pi\eta_1}{\mu_3}\tan\frac{\pi}{\mu_3} + \eta_2 K_2 \tan\frac{\pi\eta_2}{\mu_3}\tan\frac{\pi}{\mu_3} - 1 = 0$$

C.6　柱顶可移动但不转动的双阶柱下段的计算长度系数 μ_3 应按表 C.6 取值。

表 C.6　柱顶可移动但不转动的双阶柱下段的计算长度系数 μ_3

简图：

$K_1 = \dfrac{I_1}{I_3} \cdot \dfrac{H_3}{H_1}$

$K_2 = \dfrac{I_2}{I_3} \cdot \dfrac{H_3}{H_2}$

$\eta_1 = \dfrac{H_1}{H_3}\sqrt{\dfrac{N_1}{N_3} \cdot \dfrac{I_3}{I_1}}$

$\eta_2 = \dfrac{H_2}{H_3}\sqrt{\dfrac{N_2}{N_3} \cdot \dfrac{I_3}{I_2}}$

N_1——上段柱的轴心力;

N_2——中段柱的轴心力;

N_3——下段柱的轴心力。

$K_2 = 0.05$

η_1	η_2	K_1=0.2	0.3	0.4	0.5	0.6	0.7	0.8	0.9	1.0	1.1	1.2
0.2	0.2	1.99	1.99	2.00	2.00	2.01	2.02	2.02	2.03	2.04	2.05	2.06
	0.4	2.03	2.06	2.09	2.12	2.16	2.19	2.22	2.25	2.29	2.32	2.35
	0.6	2.12	2.20	2.28	2.36	2.43	2.50	2.57	2.64	2.71	2.77	2.83
	0.8	2.28	2.43	2.57	2.70	2.82	2.94	3.04	3.15	3.25	3.34	3.43
	1.0	2.53	2.76	2.96	3.13	3.29	3.44	3.59	3.72	3.85	3.98	4.10
	1.2	2.86	3.15	3.39	3.61	3.80	3.99	4.16	4.33	4.49	4.64	4.79
0.4	0.2	1.99	1.99	2.00	2.01	2.01	2.02	2.03	2.04	2.04	2.05	2.06
	0.4	2.03	2.06	2.09	2.13	2.16	2.19	2.23	2.26	2.29	2.32	2.35
	0.6	2.12	2.20	2.28	2.36	2.44	2.51	2.58	2.64	2.71	2.77	2.84
	0.8	2.29	2.44	2.58	2.71	2.83	2.94	3.05	3.15	3.25	3.35	3.44
	1.0	2.54	2.77	2.96	3.14	3.30	3.45	3.59	3.73	3.85	3.98	4.10
	1.2	2.87	3.15	3.40	3.61	3.81	3.99	4.17	4.33	4.49	4.65	4.79
0.6	0.2	1.99	1.98	2.00	2.01	2.02	2.03	2.04	2.04	2.05	2.06	2.07
	0.4	2.04	2.07	2.10	2.14	2.17	2.20	2.23	2.26	2.30	2.33	2.36
	0.6	2.13	2.21	2.29	2.37	2.45	2.52	2.59	2.65	2.72	2.78	2.84
	0.8	2.30	2.45	2.59	2.72	2.84	2.95	3.06	3.16	3.26	3.35	3.44
	1.0	2.56	2.78	2.97	3.15	3.31	3.46	3.60	3.73	3.86	3.99	4.11
	1.2	2.89	3.17	3.41	3.62	3.82	4.00	4.17	4.34	4.50	4.65	4.80
0.8	0.2	2.00	2.01	2.02	2.02	2.03	2.04	2.05	2.05	2.06	2.07	2.08
	0.4	2.05	2.08	2.12	2.15	2.18	2.21	2.25	2.28	2.31	2.34	2.37
	0.6	2.15	2.23	2.31	2.39	2.46	2.53	2.60	2.67	2.73	2.79	2.85
	0.8	2.32	2.47	2.61	2.73	2.85	2.96	3.07	3.17	3.27	3.36	3.45
	1.0	2.59	2.80	2.99	3.16	3.32	3.47	3.61	3.74	3.87	3.99	4.11
	1.2	2.92	3.19	3.42	3.63	3.83	4.01	4.18	4.35	4.51	4.66	4.81

$K_2 = 0.10$

η_1	η_2	K_1=0.2	0.3	0.4	0.5	0.6	0.7	0.8	0.9	1.0	1.1	1.2
0.2	0.2	1.96	1.96	1.97	1.97	1.98	1.98	1.99	2.00	2.00	2.01	2.02
	0.4	2.00	2.02	2.05	2.08	2.11	2.14	2.17	2.20	2.23	2.26	2.29
	0.6	2.07	2.14	2.22	2.29	2.36	2.43	2.50	2.56	2.63	2.69	2.75
	0.8	2.20	2.35	2.48	2.61	2.73	2.84	2.94	3.05	3.14	3.24	3.33
	1.0	2.41	2.64	2.83	3.01	3.17	3.32	3.46	3.59	3.72	3.85	3.97
	1.2	2.70	2.99	3.23	3.45	3.65	3.84	4.01	4.18	4.34	4.49	4.64
0.4	0.2	1.96	1.97	1.97	1.98	1.98	1.99	2.00	2.00	2.01	2.02	2.03
	0.4	2.00	2.03	2.06	2.09	2.12	2.15	2.18	2.21	2.24	2.27	2.30
	0.6	2.08	2.15	2.23	2.30	2.37	2.44	2.51	2.57	2.64	2.70	2.76
	0.8	2.21	2.36	2.49	2.62	2.73	2.85	2.95	3.05	3.15	3.24	3.34
	1.0	2.43	2.65	2.84	3.02	3.18	3.33	3.47	3.60	3.73	3.85	3.97
	1.2	2.71	3.00	3.24	3.46	3.66	3.85	4.02	4.19	4.34	4.49	4.64
0.6	0.2	1.97	1.98	1.98	1.99	2.00	2.00	2.01	2.02	2.02	2.03	2.04
	0.4	2.01	2.04	2.07	2.10	2.13	2.16	2.19	2.22	2.26	2.29	2.32
	0.6	2.09	2.17	2.24	2.32	2.39	2.46	2.52	2.59	2.65	2.71	2.77
	0.8	2.23	2.38	2.51	2.64	2.75	2.86	2.97	3.07	3.16	3.26	3.35
	1.0	2.45	2.68	2.86	3.03	3.19	3.34	3.48	3.61	3.74	3.86	3.98
	1.2	2.74	3.02	3.26	3.48	3.67	3.86	4.03	4.20	4.35	4.50	4.65
0.8	0.2	1.99	1.99	2.00	2.01	2.01	2.02	2.03	2.04	2.04	2.05	2.06
	0.4	2.03	2.06	2.09	2.12	2.15	2.19	2.22	2.25	2.28	2.31	2.34
	0.6	2.12	2.19	2.27	2.34	2.41	2.48	2.55	2.61	2.67	2.73	2.79
	0.8	2.27	2.41	2.54	2.66	2.78	2.89	2.99	3.09	3.18	3.28	3.37
	1.0	2.49	2.70	2.89	3.06	3.21	3.36	3.50	3.63	3.76	3.88	4.00
	1.2	2.78	3.05	3.29	3.50	3.69	3.88	4.05	4.21	4.37	4.52	4.66

续表

简图	η_1	K_2 / η_2	0.05											0.10										
		K_1	0.2	0.3	0.4	0.5	0.6	0.7	0.8	0.9	1.0	1.1	1.2	0.2	0.3	0.4	0.5	0.6	0.7	0.8	0.9	1.0	1.1	1.2
	1.0	0.2	2.02	2.02	2.03	2.04	2.05	2.05	2.06	2.07	2.08	2.09	2.09	2.01	2.02	2.03	2.04	2.04	2.05	2.06	2.07	2.07	2.08	2.09
		0.4	2.07	2.10	2.14	2.17	2.20	2.23	2.26	2.30	2.33	2.36	2.39	2.06	2.10	2.13	2.16	2.19	2.22	2.25	2.28	2.31	2.34	2.37
		0.6	2.17	2.26	2.33	2.41	2.48	2.55	2.62	2.68	2.75	2.81	2.87	2.16	2.24	2.31	2.38	2.45	2.51	2.58	2.64	2.70	2.76	2.82
		0.8	2.36	2.50	2.63	2.76	2.87	2.98	3.08	3.19	3.28	3.38	3.47	2.32	2.46	2.58	2.70	2.81	2.92	3.02	3.12	3.21	3.30	3.39
		1.0	2.62	2.83	3.01	3.18	3.34	3.48	3.62	3.75	3.88	4.01	4.12	2.55	2.75	2.93	3.09	3.25	3.39	3.53	3.66	3.78	3.90	4.02
		1.2	2.95	3.21	3.44	3.65	3.82	4.02	4.20	4.36	4.52	4.67	4.81	2.84	3.10	3.32	3.53	3.72	3.90	4.07	4.23	4.39	4.54	4.68
	1.2	0.2	2.04	2.05	2.06	2.06	2.07	2.08	2.09	2.09	2.10	2.11	2.12	2.07	2.08	2.08	2.09	2.09	2.10	2.11	2.11	2.12	2.13	2.13
		0.4	2.10	2.13	2.17	2.20	2.23	2.26	2.29	2.32	2.35	2.38	2.41	2.13	2.16	2.18	2.21	2.24	2.27	2.30	2.33	2.35	2.38	2.41
		0.6	2.22	2.29	2.37	2.44	2.51	2.58	2.64	2.71	2.77	2.83	2.89	2.16	2.30	2.37	2.43	2.50	2.56	2.63	2.68	2.74	2.80	2.86
		0.8	2.41	2.54	2.67	2.78	2.90	3.00	3.11	3.20	3.30	3.39	3.48	2.41	2.53	2.64	2.75	2.86	2.96	3.06	3.15	3.24	3.33	3.42
		1.0	2.68	2.87	3.04	3.21	3.36	3.50	3.64	3.77	3.90	4.02	4.14	2.64	2.82	2.98	3.14	3.29	3.43	3.56	3.69	3.81	3.93	4.04
		1.2	3.00	3.25	3.47	3.67	3.86	4.04	4.21	4.37	4.53	4.68	4.83	2.92	3.16	3.37	3.57	3.76	3.93	4.10	4.26	4.41	4.56	4.70
	1.4	0.2	2.10	2.10	2.10	2.11	2.11	2.12	2.13	2.13	2.14	2.15	2.15	2.20	2.18	2.17	2.17	2.17	2.18	2.18	2.19	2.19	2.20	2.20
		0.4	2.17	2.19	2.21	2.24	2.27	2.30	2.33	2.36	2.39	2.41	2.44	2.26	2.26	2.27	2.29	2.32	2.34	2.37	2.39	2.42	2.44	2.47
		0.6	2.29	2.35	2.41	2.48	2.55	2.61	2.67	2.74	2.80	2.86	2.91	2.37	2.41	2.46	2.51	2.57	2.63	2.68	2.74	2.80	2.85	2.91
		0.8	2.48	2.60	2.71	2.82	2.93	3.03	3.13	3.23	3.32	3.41	3.50	2.53	2.62	2.72	2.82	2.92	3.01	3.11	3.20	3.29	3.37	3.46
		1.0	2.74	2.92	3.08	3.24	3.39	3.53	3.66	3.79	3.92	4.04	4.15	2.75	2.90	3.05	3.20	3.34	3.47	3.60	3.72	3.84	3.96	4.07
		1.2	3.06	3.29	3.50	3.70	3.89	4.06	4.23	4.39	4.55	4.70	4.84	3.02	3.23	3.43	3.62	3.80	3.97	4.13	4.29	4.44	4.59	4.73

$K_1 = \dfrac{I_1}{I_3} \cdot \dfrac{H_3}{H_1}$

$K_2 = \dfrac{I_2}{I_3} \cdot \dfrac{H_3}{H_2}$

$\eta_1 = \dfrac{H_1}{H_3}\sqrt{\dfrac{N_1}{N_3}\cdot\dfrac{I_3}{I_1}}$

$\eta_2 = \dfrac{H_2}{H_3}\sqrt{\dfrac{N_2}{N_3}\cdot\dfrac{I_3}{I_2}}$

N_1 ——上段柱的轴心力;

N_2 ——中段柱的轴心力;

N_3 ——下段柱的轴心力

续表

η₁	K₂	K₁=0.20											K₁=0.30										
	η₂→	0.2	0.3	0.4	0.5	0.6	0.7	0.8	0.9	1.0	1.1	1.2	0.2	0.3	0.4	0.5	0.6	0.7	0.8	0.9	1.0	1.1	1.2
0.2	0.2	1.94	1.93	1.93	1.93	1.93	1.93	1.94	1.94	1.95	1.95	1.96	1.92	1.91	1.90	1.89	1.89	1.89	1.90	1.90	1.90	1.90	1.91
	0.4	1.96	1.98	1.99	2.02	2.04	2.07	2.09	2.12	2.15	2.17	2.20	1.95	1.95	1.96	1.97	1.99	2.01	2.04	2.06	2.08	2.11	2.13
	0.6	2.02	2.07	2.13	2.19	2.26	2.32	2.38	2.44	2.50	2.56	2.62	1.99	2.03	2.08	2.13	2.18	2.24	2.29	2.35	2.41	2.46	2.52
	0.8	2.12	2.23	2.35	2.47	2.58	2.68	2.78	2.88	2.98	3.07	3.15	2.07	2.16	2.27	2.37	2.47	2.57	2.66	2.75	2.84	2.93	3.01
	1.0	2.28	2.47	2.65	2.82	2.97	3.12	3.26	3.39	3.51	3.63	3.75	2.20	2.37	2.53	2.69	2.83	2.97	3.10	3.23	3.35	3.46	3.57
	1.2	2.50	2.77	3.01	3.22	3.42	3.60	3.77	3.93	4.09	4.23	4.38	2.39	2.63	2.85	3.05	3.24	3.42	3.58	3.74	3.89	4.03	4.17
0.4	0.2	1.93	1.93	1.93	1.93	1.94	1.94	1.95	1.95	1.96	1.96	1.97	1.92	1.91	1.91	1.90	1.90	1.91	1.91	1.91	1.92	1.92	1.92
	0.4	1.97	1.98	2.00	2.03	2.05	2.08	2.11	2.13	2.16	2.19	2.22	1.95	1.96	1.97	1.99	2.01	2.03	2.05	2.08	2.10	2.12	2.15
	0.6	2.03	2.08	2.14	2.21	2.27	2.33	2.40	2.46	2.52	2.58	2.63	2.00	2.04	2.09	2.14	2.20	2.26	2.31	2.37	2.42	2.48	2.53
	0.8	2.13	2.25	2.37	2.48	2.59	2.70	2.80	2.90	2.99	3.08	3.17	2.08	2.18	2.28	2.39	2.49	2.59	2.68	2.77	2.86	2.95	3.03
	1.0	2.29	2.49	2.67	2.83	2.99	3.13	3.27	3.40	3.53	3.64	3.76	2.22	2.39	2.55	2.71	2.85	2.99	3.12	3.24	3.36	3.48	3.59
	1.2	2.52	2.79	3.02	3.23	3.43	3.61	3.78	3.94	4.10	4.24	4.39	2.41	2.65	2.87	3.07	3.26	3.43	3.60	3.75	3.90	4.04	4.18
0.6	0.2	1.95	1.95	1.95	1.95	1.96	1.96	1.97	1.97	1.98	1.98	1.99	1.93	1.93	1.92	1.92	1.93	1.93	1.93	1.94	1.94	1.95	1.95
	0.4	1.98	2.00	2.02	2.05	2.08	2.10	2.13	2.16	2.19	2.21	2.24	1.96	1.97	1.99	2.01	2.03	2.06	2.08	2.11	2.13	2.16	2.18
	0.6	2.04	2.10	2.17	2.23	2.30	2.36	2.42	2.48	2.54	2.60	2.66	2.02	2.06	2.12	2.17	2.23	2.29	2.35	2.40	2.46	2.51	2.57
	0.8	2.15	2.27	2.39	2.51	2.62	2.72	2.82	2.92	3.01	3.10	3.19	2.11	2.21	2.32	2.42	2.52	2.62	2.71	2.80	2.89	2.98	3.06
	1.0	2.32	2.52	2.70	2.86	3.01	3.16	3.29	3.42	3.55	3.66	3.78	2.25	2.42	2.50	2.74	2.88	3.02	3.15	3.27	3.39	3.50	3.61
	1.2	2.55	2.82	3.05	3.26	3.45	3.63	3.80	3.96	4.11	4.26	4.40	2.44	2.69	2.91	3.11	3.29	3.46	3.62	3.78	3.93	4.07	4.20
0.8	0.2	1.97	1.97	1.98	1.98	1.99	1.99	2.00	2.01	2.01	2.02	2.03	1.96	1.95	1.96	1.96	1.97	1.97	1.98	1.98	1.99	1.99	2.00
	0.4	2.00	2.03	2.06	2.08	2.11	2.14	2.17	2.20	2.22	2.25	2.28	1.99	2.01	2.03	2.05	2.08	2.10	2.13	2.15	2.18	2.21	2.23
	0.6	2.08	2.14	2.21	2.27	2.34	2.40	2.46	2.52	2.58	2.64	2.69	2.05	2.10	2.16	2.22	2.28	2.34	2.40	2.45	2.51	2.56	2.81
	0.8	2.19	2.32	2.44	2.55	2.66	2.76	2.86	2.96	3.05	3.13	3.22	2.15	2.26	2.37	2.47	2.57	2.67	2.76	2.85	2.94	3.02	3.10
	1.0	2.37	2.57	2.74	2.90	3.05	3.19	3.33	3.45	3.58	3.69	3.81	2.30	2.48	2.64	2.79	2.93	3.07	3.19	3.31	3.43	3.54	3.65
	1.2	2.61	2.87	3.09	3.30	3.49	3.66	3.83	3.99	4.14	4.29	4.42	2.50	2.74	2.96	3.15	3.33	3.50	3.66	3.81	3.96	4.10	4.23

简　图

$$K_1 = \frac{I_1}{I_3} \cdot \frac{H_3}{H_1}$$
$$K_2 = \frac{I_2}{I_3} \cdot \frac{H_3}{H_2}$$
$$\eta_1 = \frac{H_1}{H_3}\sqrt{\frac{N_1}{N_3} \cdot \frac{I_3}{I_1}}$$
$$\eta_2 = \frac{H_2}{H_3}\sqrt{\frac{N_2}{N_3} \cdot \frac{I_3}{I_2}}$$

N_1——上段柱的轴心力;

N_2——中段柱的轴心力;

N_3——下段柱的轴心力。

续表

简图、公式说明：

$$K_1 = \frac{I_1}{I_3}\cdot\frac{H_3}{H_1}\,;\quad K_2 = \frac{I_2}{I_3}\cdot\frac{H_3}{H_2}$$

$$\eta_1 = \frac{H_1}{H_3}\sqrt{\frac{N_1}{N_3}\cdot\frac{I_3}{I_1}}\,;\quad \eta_2 = \frac{H_2}{H_3}\sqrt{\frac{N_2}{N_3}\cdot\frac{I_3}{I_2}}$$

N_1——上段柱的轴心力；
N_2——中段柱的轴心力；
N_3——下段柱的轴心力

η₁	η₂ \ K₂	K₁=0.20											K₁=0.30										
		0.2	0.3	0.4	0.5	0.6	0.7	0.8	0.9	1.0	1.1	1.2	0.2	0.3	0.4	0.5	0.6	0.7	0.8	0.9	1.0	1.1	1.2
1.0	0.2	2.01	2.02	2.03	2.03	2.04	2.05	2.05	2.06	2.07	2.07	2.08	2.01	2.02	2.02	2.03	2.04	2.04	2.05	2.06	2.06	2.07	2.07
1.0	0.4	2.06	2.09	2.11	2.14	2.17	2.20	2.23	2.25	2.28	2.31	2.33	2.05	2.08	2.10	2.13	2.16	2.18	2.21	2.23	2.26	2.28	2.31
1.0	0.6	2.14	2.21	2.27	2.34	2.40	2.46	2.52	2.58	2.63	2.69	2.74	2.13	2.19	2.25	2.30	2.36	2.42	2.47	2.53	2.58	2.63	2.68
1.0	0.8	2.27	2.39	2.51	2.62	2.72	2.82	2.91	3.00	3.09	3.18	3.26	2.24	2.35	2.45	2.55	2.65	2.74	2.83	2.92	3.00	3.08	3.16
1.0	1.0	2.46	2.64	2.81	2.96	3.10	3.24	3.37	3.50	3.61	3.73	3.84	2.40	2.57	2.72	2.86	3.00	3.13	3.25	3.37	3.48	3.59	3.70
1.0	1.2	2.69	2.94	3.15	3.35	3.53	3.71	3.87	4.02	4.17	4.32	4.46	2.60	2.83	3.03	3.22	3.39	3.56	3.71	3.86	4.01	4.14	4.28
1.2	0.2	2.13	2.12	2.12	2.13	2.13	2.14	2.14	2.15	2.15	2.16	2.16	2.17	2.16	2.16	2.16	2.16	2.16	2.17	2.17	2.18	2.18	2.19
1.2	0.4	2.18	2.19	2.21	2.24	2.26	2.29	2.31	2.34	2.36	2.38	2.41	2.22	2.22	2.24	2.26	2.28	2.30	2.32	2.34	2.36	2.39	2.41
1.2	0.6	2.27	2.32	2.37	2.43	2.49	2.54	2.60	2.65	2.70	2.76	2.81	2.29	2.33	2.38	2.43	2.48	2.53	2.58	2.62	2.67	2.72	2.77
1.2	0.8	2.41	2.50	2.60	2.70	2.80	2.89	2.98	3.07	3.15	3.23	3.32	2.41	2.49	2.58	2.67	2.75	2.84	2.92	3.00	3.08	3.16	3.23
1.2	1.0	2.59	2.74	2.89	3.04	3.17	3.30	3.43	3.55	3.66	3.78	3.89	2.56	2.69	2.83	2.96	3.09	3.31	3.33	3.44	3.55	3.66	3.76
1.2	1.2	2.81	3.03	3.23	3.42	3.59	3.76	3.92	4.07	4.22	4.36	4.49	2.74	2.94	3.13	3.30	3.47	3.63	3.78	3.92	4.06	4.20	4.33
1.4	0.2	2.35	2.31	2.29	2.28	2.27	2.27	2.27	2.27	2.27	2.28	2.28	2.45	2.40	2.37	2.35	2.35	2.34	2.34	2.34	2.34	2.34	2.34
1.4	0.4	2.40	2.37	2.37	2.38	2.39	2.41	2.43	2.45	2.47	2.49	2.51	2.48	2.45	2.44	2.44	2.45	2.46	2.48	2.49	2.51	2.53	2.55
1.4	0.6	2.48	2.49	2.52	2.56	2.61	2.65	2.70	2.75	2.80	2.85	2.89	2.55	2.54	2.56	2.60	2.63	2.67	2.71	2.75	2.80	2.84	2.88
1.4	0.8	2.60	2.66	2.73	2.82	2.90	2.98	3.07	3.15	3.23	3.31	3.38	2.64	2.68	2.74	2.81	2.89	2.96	3.04	3.11	3.18	3.25	3.33
1.4	1.0	2.77	2.88	3.01	3.14	3.26	3.38	3.50	3.62	3.73	3.84	3.94	2.77	2.87	2.98	3.09	3.20	3.32	3.43	3.53	3.64	3.74	3.84
1.4	1.2	2.97	3.15	3.33	3.50	3.67	3.83	3.98	4.13	4.27	4.41	4.54	2.94	3.09	3.26	3.41	3.57	3.72	3.86	4.00	4.13	4.26	4.39

注：表中的计算长度系数 μ_3 值按下式计算得出：

$$\frac{\eta_1 K_1}{\eta_2 K_2}\cot\frac{\pi\eta_2}{\mu_3}\cot\frac{\pi}{\mu_3} + \frac{\eta_1 K_1}{(\eta_2 K_2)^2}\cdot\frac{\pi\eta_1}{\mu_3}\cot\frac{\pi}{\mu_3} + \frac{1}{\eta_2 K_2}\cot\frac{\pi\eta_2}{\mu_3}\cot\frac{\pi}{\mu_3} - 1 = 0$$

参考文献

[1] 过镇海. 钢筋混凝土原理[M]. 北京:清华大学出版社,2013.

[2] 程文瀼,王铁成,颜德姮,等. 混凝土结构 上册,混凝土结构设计原理[M]. 5 版. 北京:中国建筑工业出版社,2012.

[3] 高洪健,陈丰,胡正亮. 注册结构工程师规范条文解读:工程可靠性、作用效应及抗震设计[M]. 天津:天津大学出版社,2021.

[4] 抗剪强度计算研究组. 钢筋混凝土的抗剪强度计算[M]//国家建委科学研究院. 钢筋混凝土结构研究报告选集. 北京:中国建筑工业出版社,1977:112-139.

[5] 中国建筑科学研究院. 混凝土结构设计规范(2015 年版):GB 50010—2010[M]. 北京:中国建筑工业出版社,2016.

[6] 施岚青,喻永言,等. 钢筋混凝土构件斜截面抗剪强度计算[G]//中国建筑科学研究院. 钢筋混凝土结构设计与构造:85 年设计规范背景资料汇编.1985:112-139.

[7] 耿皓. 混凝土局部受压承载力计算方法浅析[J]. 哈尔滨师范大学自然科学学报,2004(5):43-45.

[8] 深梁专题组. 钢筋砼深梁的试验研究[J]. 建筑结构学报,1987,8(4):23-35.

[9] 王志军,白绍良,高晓莉. 对钢筋混凝土偏压杆件偏心距增大系数中截面曲率修正系数的讨论[J]. 土木与环境工程学报(中英文),1999,21(5):1-9.

[10] 吴稳. 钢筋混凝土牛腿受力性能与计算方法研究综述[J]. 安徽建筑,2020(5):143-144,148.

[11] 丁斌彦. 钢筋混凝土牛腿的计算和构造[J]. 冶金建筑,1975(8):67-69.

[12] 丁斌彦. 钢筋混凝土牛腿的计算[J]. 冶金建筑,1974(2):33-38,53.

[13] 陈维烈,魏潮文. 钢筋混凝土基础的冲切强度试验研究[J]. 福州大学学报(自然科学版),1987(3):62-70.

[14] 刘立渠. 国内外规范关于钢筋混凝土板冲切承载力的比较研究[J]. 建筑结构,2007(7):46-50.

[15] 洪敦枢. 在纯扭作用下矩形截面钢筋混凝土构件的试验研究[J]. 福州大学学报(自然科学版),1981(2):1-28.

[16] 沙镇平,洪敦枢. 混凝土结构扭转理论研究的进展[J]. 力学进展,1992(3):332-345.

[17] 王振东,叶英华,康谷贻. 钢筋混凝土受扭构件最小配筋率:《混凝土结构设计规范》(GB 50010)受扭专题修订背景介绍(一)[J]. 建筑结构,2004,34(4):60-62.

[18] 蓝宗建,丁大钧. 钢筋混凝土受弯构件裂缝宽度的计算[J]. 南京工学院学报,1985(2):67-75.

[19] 李国平. 预应力混凝土结构设计原理[M]. 北京:人民交通出版社,2000.

[20] 陶学康,王逸,杜拱辰. 无黏结部分预应力砼受弯构件的变形计算[J]. 建筑结构学报,1989,10(1):20-27.

[21] 预埋件专题研究组. 预埋件的受力性能及设计方法[J]. 建筑结构学报,1987,8(3):38-52.

[22] 殷芝霖,李玉温. 钢筋混凝土结构中预埋件的设计方法(一):受剪预埋件[J]. 工业建筑,1988(4):44-53.

[23] 殷芝霖,李玉温. 钢筋混凝土结构中预埋件的设计方法(三):轴心受拉和偏心受拉预埋件[J]. 工业建筑,1988(6):48-56.

[24] 殷芝霖,李玉温. 钢筋混凝土结构中预埋件的设计方法(七):拉剪和拉弯剪预埋件[J]. 工业建筑,1988(10):41-52.

[25] 殷芝霖,李玉温. 钢筋混凝土结构中预埋件的设计方法(五):弯剪和弯剪扭预埋件[J]. 工业建筑,1988(8):50-57.

[26] 殷芝霖,李玉温. 钢筋混凝土结构中预埋件的设计方法(八):压剪和压弯剪预埋件[J]. 工业建筑,1988(11):50-55.

[27] 殷芝霖,李玉温. 钢筋混凝土结构中预埋件的设计方法(二):受剪预埋件[J]. 工业建筑,1988(5):47-56,68.

[28] 框架节点专题研究组. 低周反复荷载作用下钢筋混凝土框架梁柱节点核心区抗剪强度的试验研究[J]. 建筑结构学报,1983,4(6):1-17.

[29] 本书编委会. 建筑地基基础设计规范理解与应用[M]. 北京:中国建筑工业出版社,2012.

[30] 刘金砺,高文生,邱明兵. 建筑桩基技术规范应用手册:JGJ 94—2008[M]. 北京:中国建筑工业出版社,2010.

[31] 俞季民,魏杰. 砂土中桩端阻力深度影响机理分析[J]. 岩土工程学报,1991,13(5):46-53.

[32] 铁道建筑研究所静力触探协作组. 静力触探估算钢筋混凝土打入桩的承载力[J]. 中国铁道科学,1980(1):27-45.

[33] 周景星. 基础工程[M].3 版. 北京:清华大学出版社,2015.

[34] 陈国兴,韩爱民,宰金珉. 对《建筑桩基技术规范》中桩基水平承载力计算方法的讨论与修正意见[J]. 南京建筑工程学院学报,1998(4):8.

[35] 铁三院一总队改规组. 桥梁墩台基础考虑土壤弹性抗力的计算[J]. 铁道标准设计,1972(7):11-45.

[36] 唐岱新. 砌体结构设计规范理解与应用[M]. 北京:中国建筑工业出版社,2002.

[37] 杨伟军,施楚贤. 偏心受压砌体构件偏心距计算的探讨[J]. 建筑结构,1999(11):20-22.

[38] 唐岱新,罗维前,孟宪君. 砖砌体局部受压强度试验与实用计算方法[J]. 建筑结构学报,1980,1(4):55-65.

[39] 唐岱新,王广才,张景吉. 梁端有效支承长度的测定和计算方法[J]. 哈尔滨建筑工程学院学报,1984(3):18-24.

[40] 丁大钧. 砖石结构设计中若干问题的商榷[J]. 南京工学院学报,1980(2):93-107.

[41] 唐岱新,王广才,张景吉. 上部荷载对梁端砌体局部受压的影响[J]. 哈尔滨建筑大学学报,1985(2):36-42.

[42] 砖石结构设计规范修订组. 关于砖石结构设计中的高厚比验算[J]. 建筑结构,1978(2):25-31.

[43] 张达勇,刘立新. 带构造柱墙的高厚比验算探讨[J]. 郑州工业大学学报,1999,20(4):82-85.

[44] 曾大旺. 砖混结构房屋的结构设计(四):房屋结构的静力计算[J]. 建筑知识,1990(5):38-39.

[45] 曾大旺. 砖混结构房屋的结构设计(一):概述[J]. 建筑实践,1990(1):42-43.

[46] 钱义良. 砌体结构设计中的若干问题(25~28)[J]. 建筑结构,1994(7):49-54.

[47] 龚绍熙,李翔,张晔,等. 连续墙梁的试验研究、有限元分析和承载力计算[J]. 建筑结构,2001(9):7-11.

[48] 宋雅涵,张保善. 挑梁的试验研究[C]// 中国工程建设标准化协会砌体结构专业委员会. 砌体结构研究论文集. 1988.

[49] 潘景龙,祝恩淳. 木结构设计原理[M].2 版. 北京:中国建筑工业出版社,2019.

[50] 沈祖炎,陈以一,陈扬骥. 钢结构基本原理[M].3 版. 北京:中国建筑工业出版社,2018.

[51] 李帼昌,张曰果,赵赤云. 钢结构设计原理[M]. 北京:中国建筑工业出版社,2019.

[52] 何延宏,高春. 建筑钢结构设计原理[M]. 北京:机械工业出版社,2019.

[53] 王立军.17 钢标疑难解析 2.0[M]. 北京:中国建筑工业出版社,2021.